Jahrbuch

der

Hafenbautechnischen Gesellschaft

Vierzigster Band

1983/84

Mit 270 Abbildungen

Springer-Verlag Berlin Heidelberg GmbH

Schriftleitung

Anschriften der Autoren der Fachbeiträge

Berény, Tamás, Graf-Zeppelin-Straße 14, 8400 Regensburg · Bergmann, Albert, Dipl.-Ing., Besselstraße 70, 2800 Bremen 1 · Ellmers, Detlev, Museumsdirektor Dr., Van-Ronzelen-Straße, 2850 Bremerhaven-Mitte · Flügel, Heinrich, Ltd. Baudirektor Dipl.-Ing., Mühlenweg 23, 2800 Bremen 33 · Friederici, Klaus-Jürgen, Baudirektor Dipl.-Ing., Seeblick 8, 2315 Kirchbarkau · von Harlem, Dirk, Oberbaurat Dipl.-Ing., Grenzweg 26c, 2057 Reinbek · Hebeler, Horst, Techn. Direktor Dipl.-Ing., Klosterbergenstraße 48a, 2057 Reinbek · Hüpfl, Rudolf, Dipl.-Ing., Friedhofstraße 18, A-2380 Perchtoldsdorf · Keil, Georg-Wilhelm, Ltd. Abteilungspräsident Dipl.-Ing., Hindenburgufer 247, 2300 Kiel · Kohlhase, Sören, Dr.-Ing. habil., Seckbruchstraße 17, 3000 Hannover 61 · Kozák, Miklós, o. Prof. Dr., Muszaki Egyetem, Müegyetem rkp. Kmf. 4, H-111 Budapest XI · Langthaler, Christoph, Stadtbaurat Dipl.-Ing., Anton-Baumgartner-Straße 44/A5/17, A-1232 Wien · Laucht, Hans, Hafenbaudirektor i.R. Prof. Dr.-Ing., Sachsenwaldstraße 53, 2055 Aumühle · Michlmayr, Franz, Oberstadtbaurat Dipl.-Ing., Diesterweggasse 23/1, A-1140 Wien · Naumann, Karl-Eduard, Hafenbaudirektor i.R. Dr.-Ing., Struckholt 7, 2000 Hamburg 63 · Pacejika, Friedrich, Geschäftsführer, Viktor-Kaplan-Straße 18, A-2232 Deutsch Wagram · Partenscky, Hans Werner, o. Prof. Dr.-Ing. Dr. phys., Wiehbergstraße, 3000 Hannover 81 · Pisecky, Franz, Prof. Dr., Scharitzerstraße 2, A-4020 Linz · Roehle, Werner, Direktor i.R. Dipl.-Ing., Hitzinger Hauptstraße 135, A-1130 Wien · Schapp, Heyo, Bauoberrat Dipl.-Ing., Asberger Straße 3, 4100 Duisburg 17 · Scheffer, Hans-Joachim, Dipl.-Ing., Altenhägerstraße 13, 3055 Hagenburg · Schrader, Jens Peter, Oberbaurat Dipl.-Ing., Krähenhorst 16, 2000 Hamburg 55 · Schütt, Gerhard, Ltd. Baudirektor i.R. Dipl.-Ing., Wullestraße 8, 2300 Kiel 17 · Schulz-Schaeffer, Helmut, Ltd. Regierungsdirektor Dr., Grootmor 79, 2000 Hamburg 71 · Spring, Karl, Oberbaurat Dipl.-Ing., An der Karlshöhe 4, 2057 Wentorf · Zitscher, Fritz-Ferdinand, Ministerialdirigent Prof. Dr.-Ing., Düsternbrooker Weg 104–108, 2300 Kiel 1

ISBN 978-3-642-46530-7 ISBN 978-3-642-46529-1 (eBook)
DOI 10.1007/978-3-642-46529-1

Originally published by Springer-Verlag Berlin Heidelberg 1985
Softcover reprint of the hardcover 1st edition 1985
Library of Congress Catalog Card Number: 67-37

Inhaltsverzeichnis

Register

Ehrungen

Ehrenmitglied

Am 29. September 1983 wurde anläßlich der 42. Hauptversammlung in Kiel der Schatzmeister der HTG

Herr Albert Causemann
Hafendirektor i. R.

in Ansehung seiner Verdienste um die Gesellschaft, deren Finanzen er 21 Jahre lang zu ihrem Wohle verwaltet hat,

in Anerkennung seiner hervorragenden Leistungen für den Ausbau der Häfen der Stadt Köln

und in Würdigung seiner langjährigen, erfolgreichen Tätigkeit in den Fachausschüssen des Bundesverbandes öffentlicher Binnenhäfen, als Mitglied des Vorstandes des Bundesverbandes der deutschen Eisenbahnen und Vorsitzender der Fachgruppe Eisenbahnen öffentlicher Häfen und als Leiter der Arbeitsgemeinschaft öffentlicher Rheinhäfen im Lande Nordrhein-Westfalen

zum Ehrenmitglied ernannt.

Ehrenmitglied

Am 29. September 1983 wurde anläßlich der 42. Hauptversammlung in Kiel

Herr Dr.-Ing. Gerhard Finke
Hafendirektor i. R.

in Ansehung seiner Verdienste um die Gesellschaft als langjähriges Mitglied des Vorstandes, in welchem er insbesondere die Probleme der Binnenhäfen vertrat und in die fachliche Arbeit der Gesellschaft einzuordnen wußte,

in Anerkennung seiner hervorragenden Leistungen für die Duisburg-Ruhrorter Häfen, die er in jahrzehntelanger Tätigkeit, zuletzt als Vorstandsmitglied der Duisburg-Ruhrorter Häfen Aktiengesellschaft, vollbrachte, insbesondere für seine Ingenieurleistungen bei der Tieferlegung der Häfen durch Abbau von Kohle unter dem Hafengebiet,

in Anbetracht der langjährigen Leitung des Technischen Ausschusses Binnenhäfen und der langjährigen Mitgliedschaft im Arbeitsausschuß „Ufereinfassungen", wobei die Entwicklung der Spundwandbauweise für Uferbefestigungen in Binnenhäfen eine besondere Rolle spielte,

in Würdigung seiner wissenschaftlichen Arbeiten auf den Gebieten des Hafenbaues, der Umschlagtechnik und des Hafenverkehrs sowie seiner erfolgreichen Tätigkeit in zahlreichen Fachverbänden

zum Ehrenmitglied ernannt.

Die Hafenbautechnische Gesellschaft 1983/1984

Im folgenden wird über die Tätigkeit der HTG in den Jahren 1983 und 1984 berichtet. In diese Zeit fiel die 42. Hauptversammlung, die Ende September 1983 in Kiel stattfand, wo die HTG zuletzt vor 12 Jahren getagt hat.

Das vorliegende Jahrbuch – in dankenswerter Weise wieder von unserer Schriftleitung vorbereitet und zusammengestellt – enthält Beiträge über in- und ausländische Häfen und Wasserstraßen, die Lesern und Fachleuten als Nachschlagewerk von Nutzen sein werden.

Der Schiffahrtsverlag „Hansa“ wurde bei der Veröffentlichung von Aufsätzen und Berichten über Planung, Bau und Betrieb von Häfen und Wasserstraßen und über Küstenschutz in der Zeitschrift „Hansa“, dem Organ der HTG, von Herrn Erster Baudirektor Dipl.-Ing. Höft beraten. Eine Auswahl ist in den Bänden XXVIII und XXIX des „Handbuches für Hafenbau und Umschlagtechnik“ erschienen, die den Mitgliedern ebenso wie dieses Jahrbuch wiederum unentgeltlich überlassen wurden.

Fachausschüsse:

Der Ausschuß für Ufereinfassungen hat weitere Empfehlungen erarbeitet, bereits vorliegende Empfehlungen überarbeitet und die Ergebnisse in den Technischen Jahresberichten 1983 und 1984 veröffentlicht. Insgesamt liegen nun 175 Empfehlungen vor. Sie werden als Sammelveröffentlichung Ende 1985 in der EAU 1985, der siebten aktualisierten Auflage der EAU, erscheinen.

Der Ausschuß für Hafenumschlaggeräte (Hebezeuge) hat seine Arbeit über „Beziehung zwischen Kranbahn und Kransystem“, über deren Problematik bereits in der 42. Hauptversammlung berichtet wurde, abgeschlossen. Sie wird Anfang 1985 als Bericht erscheinen.

Der Ausschuß für Verfahren und Meßtechnik im Küsteningenieurwesen hat seine Arbeiten über Verfahren und Meßtechnik im Küstenvorfeld abgeschlossen. Sie sind in Heft 41/1985 der Schriftenreihe „Die Küste“ (Herausgeber: Kuratorium für Forschung im Küsteningenieurwesen) veröffentlicht worden.

Auch die übrigen Fachausschüsse haben ihre Arbeiten fortgesetzt und dabei neue Ergebnisse erzielen und ihre Empfehlungen und Berichte überarbeiten und erweitern können. Ihre Arbeitsberichte sind in der Zeitschrift „Hansa“ Nr. 18/1983 und im „Handbuch für Hafenbau und Umschlagtechnik“, Band XXIX, veröffentlicht worden.

Beim Ausschuß für Hafenumschlaggeräte (Flurförderzeuge) ist der Vorsitz von Herrn Ing. Ulrich Cramer, Contec, Ganderkesee, übergegangen auf Herrn Prof. Dr.-Ing. Gert Bechtloff, Hochschule der Bundeswehr, Hamburg.

42. Hauptversammlung:

Auf Beschluß der Mitgliederversammlung am 6. Mai 1982 fand die 42. Hauptversammlung vom 29. September bis 1. Oktober 1983 in Kiel statt.

Nach einer Vorstandssitzung am Vortage wurde die Tagung, zu der sich 475 Damen und Herren angemeldet hatten, im Kleinen Saal des Kieler Schlosses vom Vorsitzenden der HTG, o. Prof. em. Dr.-Ing. Dr.-Ing. E. h. Erich Lackner, eröffnet. Nach Grußbotschaften von Vertretern der gastgebenden Stadt Kiel, des Landes Schleswig-Holstein und des Bundesverkehrsministeriums gab Herr Dr. Detlev Ellmers, Direktor des Deutschen Schiffahrtsmuseums Bremerhaven, mit seinem Festvortrag „Häfen der Wikinger“ einen reichhaltig bebilderten Einblick in die Anfänge der Hafenbautechnik in Nordeuropa.

Schwerpunkt der Hauptversammlung waren je sechs am Nachmittag des 29. September und Vormittag des 30. September 1983 vorgetragene Referate: „Der Kieler Hafen – heute“ von Baudirektor Dipl.-Ing. Klaus-Jürgen Friederici, Kiel. „Die Ostseehäfen zwischen Expansion und Konsolidierung“ von Dr. Hans Böhme, Kiel, „Aktuelle Aufgaben und Probleme des Küstenschutzes an der Westküste Schleswig-Holsteins“ von Ministerialdirigent Dr.-Ing. Fritz-Ferdinand Zitscher, Kiel. „Baumaßnahmen zur Sicherung des Nord-Ostsee-Kanals am Beispiel des Streckenabschnittes Rendsburg West“ von Baudirektor Dipl.-Ing. Egon Rassmus, Kiel. „Sicherer Verkehr von Fahrzeugen mit gefährlichen Gütern auf Seeschiffahrtsstraßen“ von Kapitän Ing. grad. Dr. jur. Carl Wilhelm Ballin, Kiel. „Mathematische Kurssimulation für Großschiffe als Planungshilfe im Hafenbau“ von Ltd. Baudirektor Dr.-Ing. Heinz Giszas, Hamburg. „Die schrittweise Anpassung der Elbe an die Entwicklung des Seeschiffsverkehrs“ von Ltd. Baudirektor Dipl.-Ing. Georg-Wilhelm Keil, Kiel. „Die logistischen Anforderungen des Übersee-Containerverkehrs und ihre Lösungen" von Direktor Dipl.-Ing. Horst Hebeler, Hamburg. „Interdisziplinäre Beratung für Häfen und Küsten im mittleren Osten" von Dr.-Ing. Thomas Rogge, Bremen. „Neubauten von Binnenhäfen im letzten Jahrzehnt" von Hafendirektor Dr.-Ing. Joachim Richter, Braunschweig. „Probleme in der Beziehung zwischen Kranbahn und Kransystem" von Dipl.-Ing. Peter Schiller, Bremen. „Ausrüstung von Schiffsliegeplätzen" von Dipl.-Ing. Bernd-Siegfried Wöhlermann, Kiel.

Nach den Fachvorträgen konnten die Anlagen des Kieler Hafens und der Kiel-Holtauer Schleusen oder die Firmen Krupp-MaK Maschinenbau oder Radarleit besichtigt werden. Die Studienfahrt an die Westküste zwischen Husum und der neuen Brunsbütteler Hochbrücke führte 125 Teilnehmer in das nordfriesische Museum Nissenhaus, zur Baumaßnahme Eindeichung Nordstrander Bucht, zum Eidersperrwerk, in den Büsumer Hafen, durch den jetzt abgeschlossenen Speicherkoog Dithmarschen zum neuen Deich mit Siel und Schleuse und zur großen Windenergieanlage Growian im Friedrichskoog.

Gesellschaftliche Höhepunkte stellten der Empfang durch die Stadt Kiel in der Alten Fischhalle, der Begrüßungsabend im Ratskeller und der Gesellschaftsabend im Hotel Maritim dar.

Studienfahrt von Nürnberg nach Wien und Budapest:

Nürnberg als vorläufiger Endpunkt des Main-Donau-Kanals war der Ausgangspunkt für eine Studienfahrt entlang des im Bau befindlichen Kanals und der Donau-Schiffahrtsstraße bis Wien und Budapest vom 1. bis 8. Juni 1983. Knapp 80 Teilnehmer bekamen im Bau befindliche und fertige Schleusen, Wehre, Fluß-Kraftwerke, Rohrturbinen, Kaplanturbinen, Hafen- und Industrieanlagen und Hochwasserschutzanlagen in einer solchen Fülle zu sehen, daß vielseitige Einblicke in die verschiedensten Techniken des Bau- und Maschinenwesens, der Landschaftsplanung und der Umweltgestaltung gewonnen werden konnten.

Studienfahrt zu Häfen und Wasserbauten in den Niederlanden:

Nach 14 Jahren führte vom 8. bis 13. September 1984 wieder einmal eine Studienfahrt in die Niederlande. Mit gespanntem Interesse verfolgten die 107 Teilnehmer die Fachvorträge und Erläuterungen über die Häfen Rotterdam, Amsterdam und Ijmuiden, über die Deltaplan-Sperrwerksbauten an Haringvliet und Oosterschelde, über Wasserwirtschaft und Polderbau und über besondere Projekte im Verkehrswegebau.

Küstenforschung und Küsteningenieurwesen:

Gemeinsam mit dem Kuratorium für Forschung im Küsteningenieurwesen (KFKI) wurde am 8. November 1984 im Gebäude der Patriotischen Gesellschaft die 3. Vortragsveranstaltung mit Themen aus allen Bereichen der Küstenforschung und des Küsteningenieurwesens durchgeführt, die mit 375 Teilnehmern überaus großen Zuspruch fand. Damit wurde an die beiden ersten Veranstaltungen 1973 und 1976 angeknüpft nachdem sich der Kongreß „Intermaritec '82", bei dem auch die Fachsparte Küsteningenieurwesen vertreten war, als auf Dauer nicht durchführbar erwiesen hat.

Vorstands- und Mitgliederbewegung:

Auf Antrag des Vorstandes hat die Mitgliederversammlung am 29. September 1983 beschlossen, die Amtsperiode des Vorstandes von fünf auf drei Jahre zu verkürzen. Beginn und Ende einer Amtsperiode werden künftig auch mit Beginn und Ende des jeweiligen Kalenderjahres zusammen fallen.

Die laufende Vorstandsperiode hätte am 26. September 1984 geendet. Aufgrund der Satzungsänderung wählte die Mitgliederversammlung für die vom 1. Januar 1984 bis 31. Dezember 1986 reichende Amtsperiode am 29. September 1983 einen neuen Vorstand. Die bisherigen Vorstandsmitglieder

Hafendirektor i. R. Albert Causemann,
Direktor Dipl.-Ing. Hans-Joachim Matern,
Kapitän Olaf von Maydell

haben für eine weitere Vorstandstätigkeit nicht mehr kandidiert. Die Mitgliederversammlung stimmte dem Wahlvorschlag des Vorstandes zu. Dem Vorstand gehören nunmehr an:

Konsul Gerhard Beier, Vorstandsvorsitzender der Bremer Lagerhaus-Gesellschaft, Bremen,
Senator E. h. Dipl.-Ing. Harry Bobzin, Vorstandsmitglied der Bilfinger + Berger Bau-AG, Mannheim,
Ltd. Hafenbaudirektor Dipl.-Ing. Heinrich Flügel, Referent beim Senator Hafen, Schiffahrt und Verkehr der freien Hansestadt Bremen, Bremen,
Direktor Albert Geerds, Vorstandsmitglied der Rhenus-WTAG AG, Dortmund,
Erster Baudirektor Dr.-Ing. Harald Göhren, Stellvertretender Amtsleiter und Leiter der Abteilung Strombau des Amtes Strom- und Hafenbau, Hamburg,
Ministerialrat Prof. Dr.-Ing. Martin Hager, Referent für techn. Entwicklung in der Abt. Wasserstraßen des Bundesverkehrsministeriums, Bonn,

Hafendirektor Dipl.-Volkswirt Walter Heck, Leiter des Staatlichen Hafenamtes Mannheim, Mannheim,
o. Prof. em. Dr.-Ing. Dr.-Ing. E. h. Erich Lackner, Beratender Ingenieur VBI, Bremen,
Dipl.-Ing. Reinhard Mau, Vorstandsmitglied des Germanischen Lloyd, Vorsitzender der Schiffbautechnischen Gesellschaft, Hamburg,
Hafendirektor Dr.-Ing. Jochen Müller, Vorstandsmitglied der Duisburg-Ruhrorter Häfen AG, Duisburg,
Hafenbaudirektor Dipl.-Ing. Dieter Nagel, Leiter des Amtes Strom- und Hafenbau, Hamburg,
Dipl.-Ing. Wilhelm Noller, Generalbevollmächtigter Direktor der MAN, Nürnberg,
o. Prof. Dr.-Ing. Dr. phys. Hans Werner Partenscky, Ordinarius für Verkehrswasserbau und Küsteningenieurwesen, Direktor des Franzius-Instituts der Universität Hannover, Hannover,
Dipl.-Kaufmann Dr. Herbert Schmitz, Geschäftsführer der Lübecker Hafengesellschaft, Lübeck,
Hafendirektor Dr.-Ing. Hermann Schwaderer, Leiter der Hafenverwaltung Aschaffenburg, Aschaffenburg,
Direktor Dipl.-Ing. Werner Sievers, Vorstandsmitglied der Dyckerhoff & Widmann AG, München.

Der Vorstand hat folgende Geschäftsverteilung beschlossen:

Vorsitzender:	o. Prof. em. Dr. Dr. Lackner
Stellvertreter:	Min.-Rat Prof. Dr.-Ing. Hager (zugleich i. S. § 26 BGB)
	Hafenbaudirektor Dipl.-Ing. Nagel
	Hafendirektor Dr.-Ing. Schwaderer
Schatzmeister:	Hafendirektor Dipl.-Volkswirt Heck

Mit dem Ausscheiden des bisherigen Schatzmeisters, Herrn Causemann, aus dem Vorstand der HTG und dem bevorstehenden Ruhestand des Leiters der Kassenstelle, Herrn Patt, ist die bei den Häfen der Stadt Köln eingerichtete Kassenstelle mit Wirkung vom 31. Dezember 1983 aufgelöst worden. Seit dem 1. Januar 1984 befindet sich die Kassenstelle der HTG am Dienstsitz des neuen Schatzmeisters, dem Staatlichen Hafenamt Mannheim. Die Kassenstelle wird von Herrn Marx betreut, der im dortigen Hafenbauamt die Abteilung Kaufmännisches Rechnungswesen leitet.

Am 11. Mai 1984 hat Herr Direktor Geerds mitgeteilt, daß er aus Altersgründen sein Vorstandsmandat bei der HTG niederlegen möchte. Der Vorstand hat darauf beschlossen, Herrn Prof. Dr.-Ing. Hans-H. Heuser, Institutsdirektor der Versuchsanstalt für Binnenschiffsbau e.V., Duisburg, in den Vorstand zu berufen. Außerdem hat der Vorstand den Beschluß gefaßt, als Nachfolger für den durch Kapitän von Maydell freigewordenen, aber bei der Vorstandswahl am 29. September 1983 nicht besetzten Vorstandssitz Herrn Ministerialdirigent Dipl.-Ing. Walter Bergmeier, Bundesverkehrsministerium, Bonn, in den Vorstand zu berufen.

Mitgliederbewegung:

Seit Anfang 1983 starben folgende, zum Teil langjährige Mitglieder der HTG:

Kazauskij, Igor, Dr.-Ing. habil., Hannover,
Nebelung, Hermann, o. Prof. em. Dr.-Ing., Aachen,
Peter, Georg, Dipl.-Ing., Duisburg,
Quennet, Hugo, Dipl.-Ing.-Volkswirt, Kehl,
Rausch, Hans, Dr.-Ing., Hamburg,
Rohrßen, Georg, Ing., Bremerhaven,
Schneider, Paul, Hamburg,
Siedek, Peter, Prof. Dipl.-Ing., Köln
Teßmer, Fritz, Bremen,

Die Mitgliederzahl erhöhte sich in der Berichtszeit von 1034 auf 1089. Sie setzte sich am 1. Dezember 1984 wie folgt zusammen:

10	Ehrenmitglieder,
163	Förderer,
821	ordentliche Mitglieder
60	Jungmitglieder,
13	gegenseitige Mitgliedschaften,
22	Schriftenaustausch,
1089	

Hiervon sind 74 Mitglieder im Ausland enthalten.

Förderung jüngerer Mitglieder:

Aus der Spende Goedhart konnten wiederum jüngere Mitglieder Zuschüsse zu den von der HTG durchgeführten Veranstaltungen und zu eigenen Studien im Ausland erhalten.

Kontakte zu anderen Verbänden und Organisationen:

Der Deutsche Verband technisch-wissenschaftlicher Vereine, dem die HTG angehört, unterrichtete Vorstand und Geschäftsführung ständig über seine Tätigkeit und Mitwirkung in deutschen und internationalen Organisationen der Wissenschaft und Forschung. Weiterhin bestehen enge, zum Teil über die Fachausschüsse geführte Kontakte zu vielen anderen technisch-wissenschaftlichen Vereinigungen und Institutionen mit den Zielen des Gedanken- und Informationsaustausches und der gegenseitigen Zusammenarbeit.

Folgende Veranstaltungen anderer Institutionen wurden ideell von der HTG mitgetragen:

Fachkongreß Intermaritec '82 vom 29. bis 30. September 1982 im Rahmen der Ausstellung Schiff, Maschine, Meerestechnik in Hamburg,

Tagung Meerwasserkorrosion vom 21. bis 23. Februar 1983 in Hamburg mit der Thematik Korrosions- und Bewuchsschutz an Schiffen, Hafen- und Offshorebauwerken,

Seminar Korrosion und Korrosionsschutz im Stahlwasserbau vom 25. bis 27. September 1984 in Bremerhaven.

Dipl.-Ing. Hans Haacke

Von der Schiffslände zum Hafenbecken*

Hafenbautechnik an der Nord- und Ostsee von den Anfängen bis zum ausgehenden Mittelalter

Museumsdirektor Dr. **Detlev Ellmers**, Bremerhaven

1 Einführung

Hafenorte waren im frühen Mittelalter die ersten und für viele Jahrhunderte die wichtigsten Knotenpunkte des Handelsverkehrs an Nord- und Ostsee. Entsprechend umfangreich ist die Literatur über ihre Entstehung und weitere Entwicklung [1]. Will man sich jedoch über das wirtschaftliche Herz dieser Orte, die Häfen selbst, Gestalt und Bauweise ihrer Anlage und die Organisation ihres Güterumschlags belesen, so findet man sich von der Forschung weitgehend im Stich gelassen. Ich selbst habe 1972 eine erste Orientierung zur Entwicklung frühmittelalterlicher Hafenanlagen zu geben versucht [1, S. 123–226], bin mir aber der Vorläufigkeit meiner Ergebnisse nur allzu bewußt und habe deshalb diese Thematik in verschiedenen kleineren Arbeiten wieder aufgegriffen [2–7]. Durch immer stärkere Ausgrabungstätigkeit in den Kernbereichen mittelalterlicher Hafenstädte ist nicht nur ganz neues Quellenmaterial zur Beurteilung von Hafenentwicklungen bekannt geworden, sondern das Bedürfnis nach großräumig vergleichender Diskussion der oft schwer verständlichen Grabungsbefunde entstanden. So haben sich 1979 in London [8] und 1983 in Bergen/Norwegen Archäologen und andere Experten zu internationalen Tagungen über „Waterfront Archaeology" zusammengefunden. Die Reihe dieser Tagungen wird wegen der vielen noch ungelösten Fragen im Abstand von einigen Jahren fortgesetzt werden müssen, und es wäre sehr wünschenswert, daß Hafenbauer mit ihrem Ingenieurwissen von heute die Archäologen und Historiker bei der Interpretation ihrer Befunde unterstützen könnten.

Einige Grundzüge der Entwicklung von Hafenanlagen im Mittelalter lassen sich heute schon klar überblicken und sollen hier unter dem Gesichtspunkt der Hafenbautechnik kurz skizziert werden. Fragen der Organisation von Handel und Warenumschlag im Hafen sollen dabei ebenso außer Acht gelassen werden, wie die wechselseitige Beeinflussung von Hafengeschehen und Siedlungsstruktur [2].

2 Auflaufen auf Schiffsländen

Je tiefer man die Hafenentwicklung zeitlich zurückverfolgt, desto mehr muß man sich freimachen von den uns heute geläufigen Vorstellungen von Häfen, in denen riesengroße Schiffe schwimmend an Kaianlagen (= senkrechte künstliche Landkanten am „seeschifftiefen" Wasser) heranfahren und von Kränen oder anderen Hebezeugen gelöscht und beladen werden. Den äußersten Kontrast zu solchen Häfen von heute findet man auf dem Teppich von Bayeux dargestellt [1, S. 123–150 bes. S. 142 f.] der das Landeunternehmen Wilhelms des Eroberers 1066 in England sowie eine Reihe anderer Hafenszenen derselben Zeit in so wünschenswerter Eindeutigkeit wiedergibt (Abb. 1), daß er uns als feste Basis für alle weiteren Schlußfolgerungen sehr willkommen ist. Obwohl die Bilder ohne jede Perspektive dargestellt sind, so daß völlig unrealistische Überschneidungen vorkommen, und obwohl kein einziges Ufer im Detail zu sehen ist, wird das damalige Hafengeschehen in frappierender Weise deutlich:

> Mit vollen Segeln fährt ein Schiff einfach auf den Strand zu. Es wird dabei von langen Stangen und Rudern manövriert, bis die Mannschaft das Segel herunterläßt. Auf dem Wandteppich ist nicht einmal der Mann im Vorschiff vergessen, der mit der Leine die Wassertiefe auslotet und danach die entsprechenden Kommandos gibt. Es ist zu sehen, wie der Anker ausgelegt wird und wie Leute mit geschürzter Kleidung barfuß ins Wasser springen, um durchs Wasser watend Waren (hier Reitpferde) an Land zu schaffen. Endlich wird der Mast umgelegt, das Fahrzeug vollends an Land gezogen und festgemacht.
>
> In umgekehrter Reihenfolge wiederholen sich die Landevorgänge beim Auslaufen. Der Teppich zeigt, wie die Schiffe mit langen Tauen ins flache Wasser zurückgezogen werden, zum Teil mit Hilfe von Winden, die an

* Als Erweiterung eines bei der 42. Hauptversammlung der Hafenbautechnischen Gesellschaft am 29. 9. 1983 in Kiel gehaltenen Vortrages zum Thema „Häfen der Wikinger – die Anfänge der Hafenbautechnik in Nordeuropa"

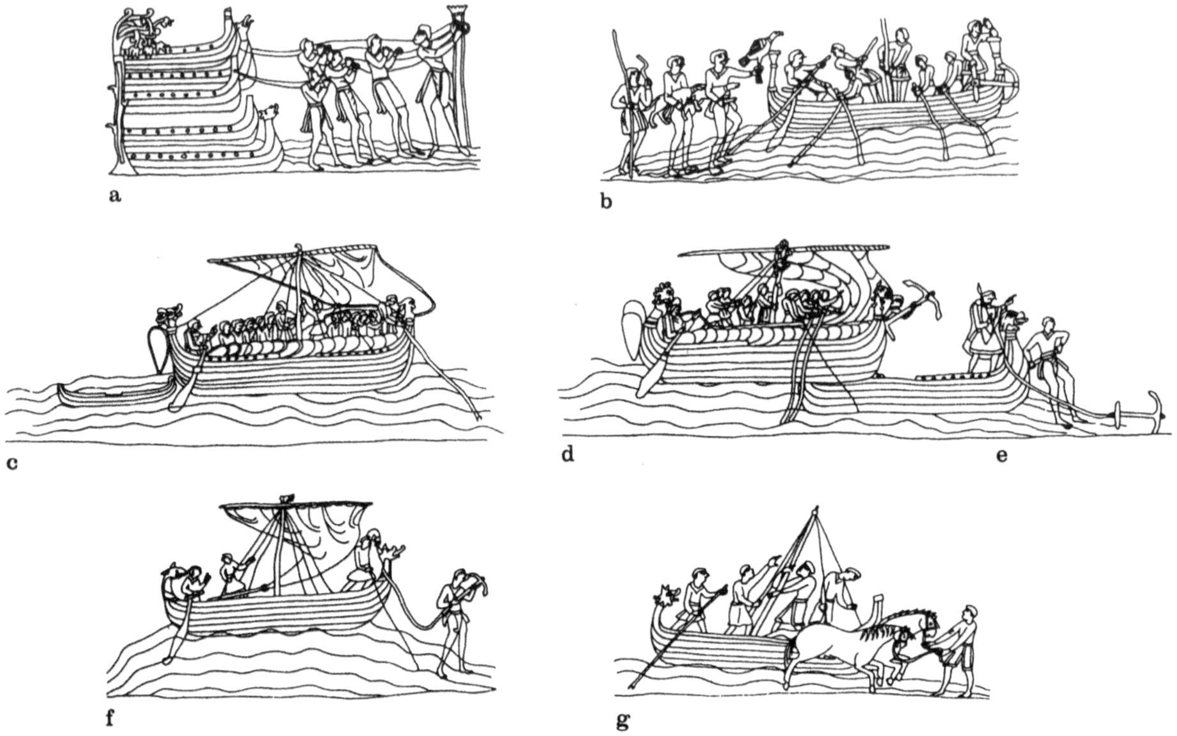

a b c d e f g

Abb. 1 a – g. Ablegen und Landen durch Auflaufen an Schiffsländen. Hafenszenen auf dem Wandteppich von Bayeux, Normandie, bald nach 1066 (Nach [1]); a) Die Schiffe werden mit Tauen an den Steven vom Land ins Wasser gezogen; b) Beladen und Auslaufen eines Schiffes; c) – g) Landen durch Auflaufen auf flachen Strand; c) Sondieren des Untergrundes; d) – f) Ankerwerfen; g) Entladen des Schiffes und Umlegen des Mastes

Pfählen im Wasser angebracht sind. Zum Beladen der Schiffe waten die Männer wieder barfuß durchs Wasser, tragen die Güter an Bord und bringen die Schiffe durch Rudern und durch Abstoßen mit langen Stakstangen in Fahrt. An den Teppichbildern läßt sich die Anstrengung ablesen, mit der sich die Besatzung dabei ins Zeug legt. Wenn die Schiffe dann etwas freieres Wasser erreicht haben, werden schließlich die Segel gesetzt und Stakstangen und Riemen eingezogen.

Der Teppich von Bayeux macht uns also zu Augenzeugen eines Landevorgangs, den wir fortan als das Auflaufen auf Schiffsländen bezeichnen wollen. Natürlich ist diese Landetechnik nur durchzuführen mit Schiffen von der relativ kleinen Größenordnung der Wikingerschiffe, die in Oslo oder Roskilde bewundert werden können. Der Sprung von ihrer mittschiffs nur bis ca. 1,80 m hohen Bordwand erscheint relativ problemlos. Man erkennt aber auch sofort, daß ein Sprung von der ca. 4,50 m hohen Bordwand der 1380 gebauten Bremer Hansekogge, und damit die gesamte Landetechnik des Auflaufens nicht mehr möglich ist. Wir wollen vorläufig festhalten, daß es für solche Koggen seit geraumer Zeit vor 1380 andere Landetechniken und damit auch andere Bauweisen für Häfen gegeben haben muß, wenden uns aber zunächst noch einmal den Schiffsländen zu, die auf den ersten Blick für den Hafenbauer uninteressant sind, weil sie ihm keine Bauaufgaben zu stellen scheinen. Als Hafenplatz geeignet ist ja jeder mit einigermaßen sanfter Böschung ins Wasser abfallende Sand- oder Kiesstrand. Allenfalls an gewissen Strecken der Ostseeküsten konnte sich die Aufgabe stellen, sichere Schiffsländen durch Wegräumen hinderlicher Steinblöcke herzustellen. Auch an den Felsenküsten Englands, Norwegens und Schwedens gab es genügend Buchten mit Sandstränden zum Auflaufen ohne hinderliche Felsbrocken.

Deshalb ist es auch nicht verwunderlich, wenn man das Landen durch Auflaufen auf flaches Ufer bereits auf bronzezeitlichen Felsbildern Skandinaviens (d. h. im 2. und 1. Jahrtausend vor Chr.) wiederfindet [6]. Offensichtlich war das Auflaufen auf Schiffsländen *die* vorgeschichtliche Landetechnik an Nord- und Ostsee. Alles war so einfach: Die vorgeschichtlichen Menschen brauchten noch keine großen Wasserfahrzeuge und nahmen die Natur des Landes wie sie war. Große Eingriffe ersparten sie sich und landeten mit ihren kleinen Fahrzeugen eben nur an denjenigen Ufern, die zum Auflaufen geeignet waren. Allerdings hat der systematische Vergleich vorgeschichtlicher Schiffslandestellen gezeigt, daß die Menschen bei der Festlegung von bestimmtem Landeplätzen nicht wahllos vorgingen. Sie bevorzugten ganz klar die Einmündungsstellen eines kleinen in ein größeres Gewässer, denn der von dem kleineren, meist schneller fließenden Gewässer ins größere ausgeschüttete Schuttkegel bot meist den idealen festen Untergrund, den man ja beim Landen durch Auflaufen brauchte. Auch bot die Mündung selbst einen geschützten Hafen bei Sturm, starker Strömung oder Eisgang auf dem größeren Gewässer.

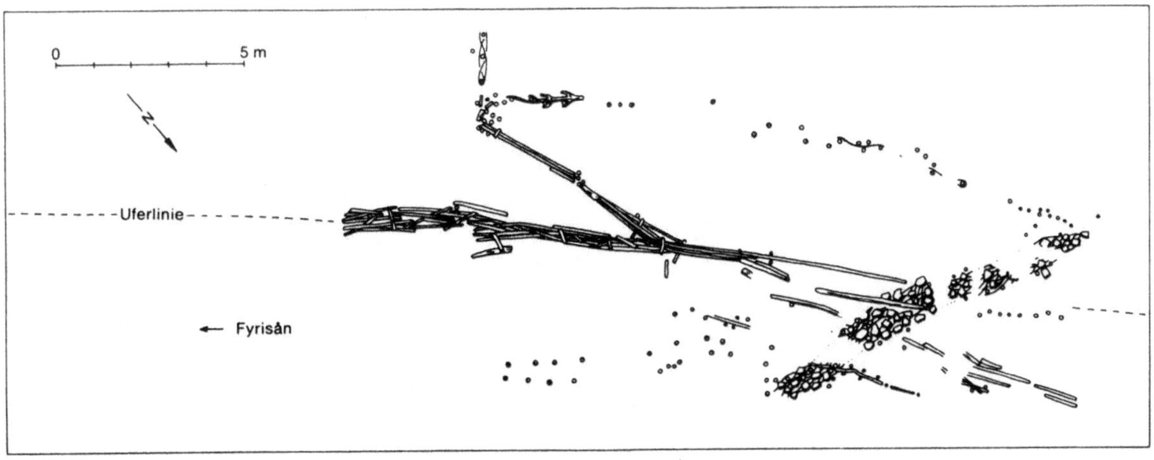

a

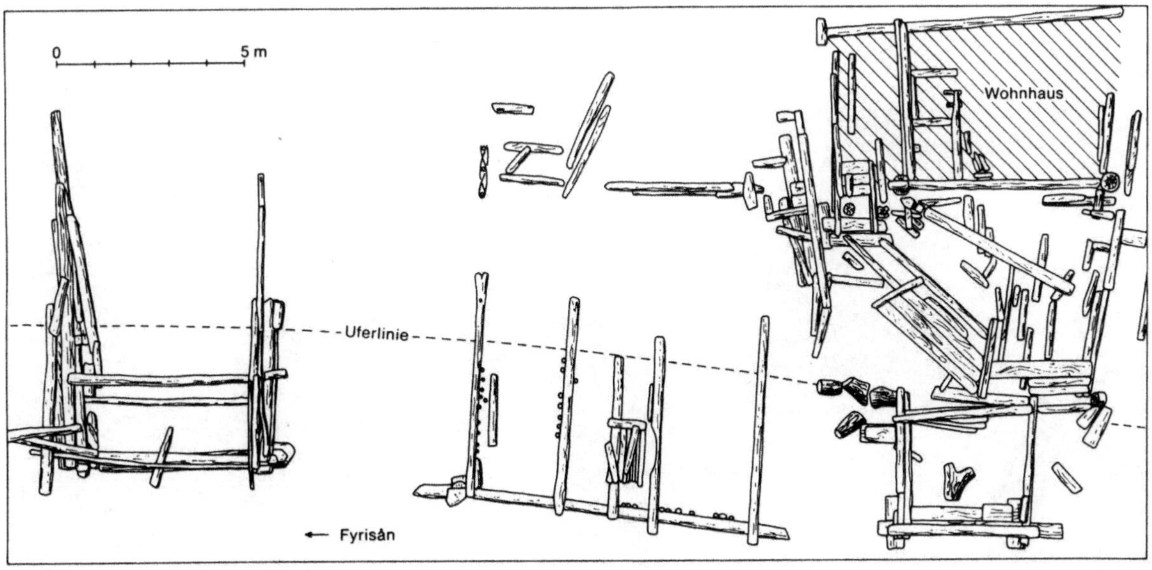

b

Abb. 2a und b. Grabungspläne von der mittelalterlichen Hafensiedlung Uppsala-Studentenholmen, Schweden (Nach [1]); a) Schiffslände mit Uferbefestigung und Steinpflasterung für die Zufahrt von Wagen zu den aufgelaufenen Schiffen, etwa 11. Jahrhundert; b) Landebrücken, etwa 12. Jahrhundert

Aber nicht überall, wo man in jenen Zeiten ständig mit kleinen Schiffen anlegen wollte, waren die natürlichen Voraussetzungen so günstig, so daß man durch gezielte Baumaßnahmen das ausgleichen mußte, was die Natur von sich aus versagte. Der Hafenbauer war also doch schon verhältnismäßig früh ein gefragter Mann, und zwar vor allem dort, wo regelmäßig größere Warenmengen angelandet wurden. Aber seine Bauprobleme waren ganz anders als heute. Man fuhr nämlich mit einem Ochsen- oder Pferdewagen ins flache Wasser längsseits an das aufgelaufene Schiff heran und konnte dann die Waren ganz bequem zwischen beiden Fahrzeugen umladen und anschließend weitertransportieren. Deshalb mußte der Hafenbauer dafür sorgen, daß die Wagen trotz der Punktlast, die ihre Räder auf das Bett des Gewässers ausübten, nicht in den Grund einsanken, sondern immer festen Boden unter den Rädern hatten. Wir kennen frühmittelalterliche Häfen, in denen regelrechte flache Steinschüttungen in langen Streifen wie Straßen unter die Wasseroberfläche führen, damit die Wagen gefahrlos längsseits an die aufgelaufenen Schiffe heranfahren konnten (Abb. 2a). Bei der keltischen Inselsiedlung Glastonbury lakedwelling aus der Zeit kurz vor Chr. Geb. in England ist sogar eine ganze Musterkollektion verschiedenartigster Maßnahmen zur Festigung des moorigen Untergrundes an der Schiffslände ausgegraben worden (Abb. 3). Man hatte es zuerst mit einer langen Steinschüttung versucht. Die war im Laufe der Zeit zerfahren worden. Dann hat man lange Flechtmatten aus starkem Reisig ausgelegt und gegen Aufschwimmen mit einer Lehmpackung bedeckt. Weiter hat man (möglicherweise gleichzeitig) den Untergrund mit reihenweise senkrecht eingeschlagenen Knüppeln verfestigt. Schließlich disponierte man völlig um und verlegte mit veränderter Trasse

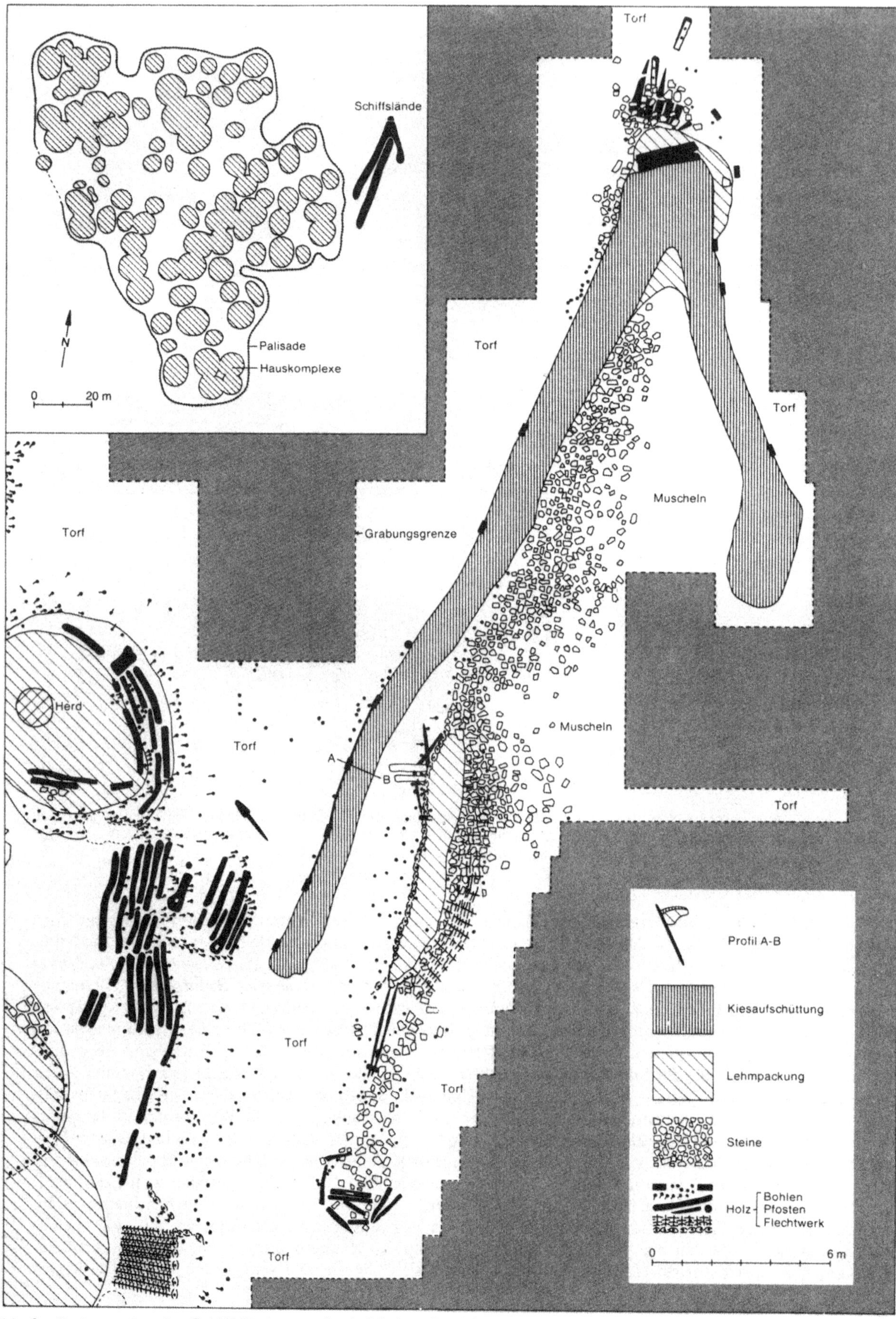

Abb. 3. Grabungsplan der Schiffslände von der keltischen Inselsiedlung Glastonbury, England, um Chr. Geb. und älter. Die Wagenzufahrt zu den Schiffslandeplätzen ist nacheinander in unterschiedlichsten Techniken befestigt worden (Nach [1])

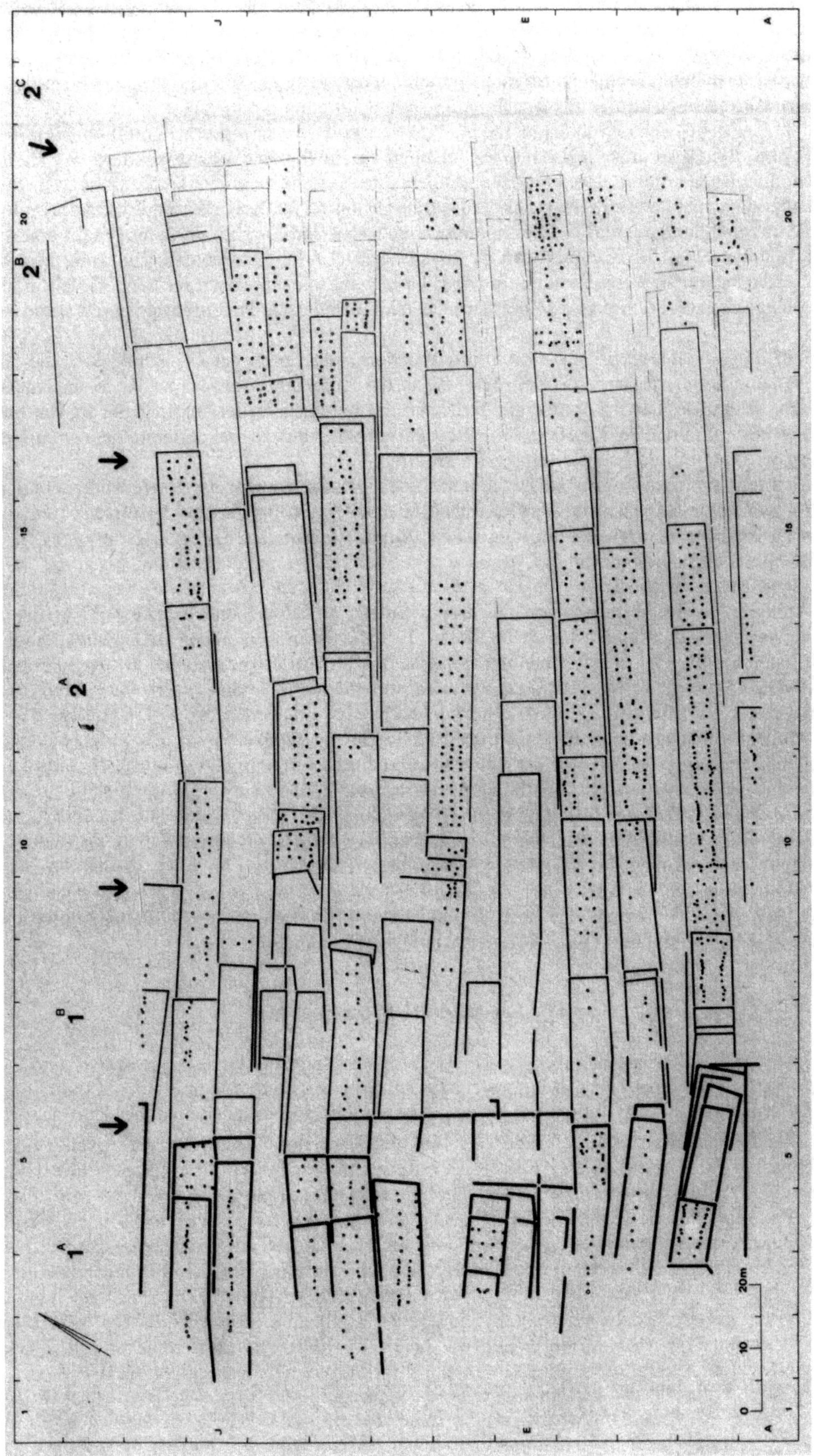

Abb. 4. Grabungsplan der Wagenzufahrten zu den Schiffsländen von Dorestad, Niederlande. Von der Hafensiedlung im Westen (links, außerhalb des Bildausschnittes) wurden die befestigten Zufahrten immer weiter auf das Ufer des nach Osten (rechts) zurückreichenden Flusses vorgeschoben. Periode 1 A – 1 B ca. 675 – 725; Periode 2 A – 2 C ca. 725 – 825 nach Chr. Geb. (Nach [8])

eine lange Lehmpackung, die man mit einer Kiesschüttung bedeckte und gegen seitliches Auswaschen mit einer niedrigen Wand aus hochkant liegenden Brettern schützte, die durch eingerammte Pfähle gehalten wurden.

Ganz hybride Anlagen dieser Art sind ausgegraben worden an der Hafenfront des Handelsplatzes Dorestadt südlich Utrecht, der im 8. und frühen 9. Jahrhundert seine Blütezeit hatte [9]. Hier fungierten als feste Zufahrten von den Kaufmannshäusern zu den Schiffsländen lange, mit Pfahlreihen und Faschinen verstärkte Erddämme, die sich einer parallel neben dem anderen bis zu 200 m weit von der eigentlichen Siedlung zum Wasser hin erstreckten (Abb. 4). Diese niedrigen Dämme sind nicht in einem Zuge erbaut, sondern von ca. 675 bis 825 wieder und wieder verlängert worden, weil der Fluß sich entsprechend weit von der Siedlung weg verlagerte. Das Wasser war allerdings auch am flußseitigen Ende der Dämme jeweils so flach, daß die Schiffe dort nur durch Auflaufen auf den Strand landen konnten. Die Dämme waren so beschaffen, daß auf ihnen Wagen bis an die Schiffe heranfahren konnten. Wie auf dem Teppich von Bayeux gezeigt (Abb. 1), wurden auch hier die aufgelaufenen Schiffe nach Beendigung des Warenaustausches mit Hilfe langer Stakstangen wieder ins tiefe Wasser bugsiert. Die eisernen Endbeschläge solcher Stangen sind entsprechend häufig in diesem Hafengebiet von Dorestad gefunden worden.

Weiter mußten die Hafenbauer in diesen frühmittelalterlichen Häfen das Problem lösen, die ausreichende Trinkwasserversorgung für die auslaufenden Schiffe, die ja oft lange unterwegs waren, in angemessener Weise sicherzustellen. Sie gruben deshalb Brunnen in der freien Fläche zwischen der langen Zeile der Kaufmannshäuser auf dem trockenen Ufer und den Schiffsländen, wie nicht nur in Dorestad, sondern auch in dem ungefähr gleichzeitigen Kaupang am Oslofjord beobachtet werden konnte.

Schließlich mußten sich diese frühen Hafenbauer noch Schutzmaßnahmen gegen Wellenschlag ausdenken. Auch dieses Problem stellte sich nicht erst im frühen Mittelalter. Schon bei dem besterforschten vorgeschichtlichen Hafen in Deutschland, der Inselsiedlung Buchau im württembergischen Federsee aus der Zeit um 1000 v. Chr., war die Uferböschung durch ein breites Band von Steinpflaster gegen Auswaschung geschützt. Außerdem war die ganze Schiffslände eingefaßt von einer im Wasser stehenden Palisade, die den eigentlichen Hafen in weitem Bogen vom übrigen See abtrennte und nur eine schmale Einfahrt freiließ. Diese Pfahlreihe sorgte auch bei stürmischem Wetter für ruhiges Wasser im Hafen. In den Alpenseen sind solche Hafenpalisaden im Wasser stellenweise bis in unsere Tage üblich geblieben und gehörten im Mittelalter zur Ausstattung jedes guten Hafens. Abgefaulte oder durch Eis abgebrochene Pfähle mußten immer wieder durch neue ersetzt werden, was man auch schon bei dem vorgeschichtlichen Hafen von Buchau beobachten konnte [6, bes. S. 238]. Möglicherweise gab es einen solchen Wellenbrecher aus einer bogenförmigen Pfahlreihe im Wasser auch um den wikingerzeitlichen Hafen Haithabu bei Schleswig, wo sich die schmale Ostseebucht kurz vor ihrem innersten Zipfel noch einmal seeartig zum Haddebyer Noor erweitert. Aber die Untersuchungen sind zu dieser Frage noch nicht abgeschlossen [10 u. 1, S. 151]. Den eigentlichen Uferschutz gegen Wellenschlag versuchte man an den frühmittelalterlichen Schiffsländen durch Reihen senkrecht oder schräg eingeschlagener Pflöcke zu erreichen, die man durch Flechtwerk miteinander verband oder mit Brettern landseitig hinterlegte (Abb. 2a). Auch Bäume ließ man direkt am Ufer wachsen, damit sie mit ihrem Wurzelwerk das Erdreich festhielten und so gegen Ausspülung schützten [1, S. 139]. Die gepflasterten oder durch Flechtmatten befestigten Zufahrten zu den Schiffsländen führten dann durch Durchlässe in diesen Uferbefestigungen bis ins flache Wasser hinein (Abb. 2a).

3 Landen durch Trockenfallen

Außer den Schiffsländen mit dem relativ gleichmäßigen Wasserstand der Binnengewässer und Ostseeküsten gab es an der Nordsee mit ihrer Tide ganz vergleichbare Landeplätze, an denen die kleinen Küstenfahrzeuge durch Trockenfallen landeten. D. h. sie fuhren bei hohem Wasserstand möglichst nahe an Land, so daß sie aufliefen, ließen sich mit ablaufendem Wasser trocken fallen und konnten dann ihre Ladung an die längsseitig gefahrenen Pferdewagen übergeben [6]. Bei auflaufend Wasser schwammen sie wieder auf und konnten ihre Fahrt fortsetzen oder liegenbleiben und wieder trockenfallen bzw. ganz aufs Trockene gezogen werden. Im Prinzip entsprach also das Trockenfallen in Tidegewässern dem Landen durch Auflaufen an Schiffsländen, nur daß das Trockenfallen je nach dem Auflaufen der Tide immer an wechselnden Stellen geschah. An den Ostfriesischen Inseln war das Landen durch Trockenfallen noch bis ins späte 19. Jahrhundert üblich. Besondere Befestigungen des Untergrundes sind dort bisher nicht beobachtet worden, so daß der Archäologe keine Möglichkeit hätte, diese Landetechnik für ältere Zeiten nachzuweisen, wäre nicht gelegentlich beim Umladen in die Wagen nicht schwimmfähige Ware (z. B. Keramik oder Steine) ins flache Wasser gefallen und vom Besitzer liegen gelassen worden. Manchmal findet sie der Archäologe wieder und kann dann auf die Landetechnik rückschließen.

Auch die Schiffsform muß für das Landen durch Trockenfallen besonders geeignet sein. Einerseits ist dafür ein flacher Boden nötig, andererseits müssen aber beide Enden des flachen Bodens so hochgezogen sein, daß das auflaufende Wasser in ausreichender Menge unter den Boden gelangt, um den nötigen Auftrieb für das Aufschwimmen zu gewährleisten. Wenn durch zu tiefes Einsinken im Schlick dieser Auftrieb nicht zustandekommt,

Abb. 5. Silbermünze des frühen 9. Jahrhunderts aus Haithabu, Schleswig-Holstein, zeigt eine kleine Kogge mit flachem Boden, der an beiden Enden aufgebogen ist zum Landen durch Trockenfallen in Tidegewässern (Nach [5])

spricht der Schiffer vom Festsaugen der Schiffe. Aus dem frühen 9. Jahrhundert ist die Darstellung einer kleinen Kogge mit einer nur ca. 1,80 m hohen Bordwand bekannt, deren Boden in der für Wattenschiffe charakteristischen Weise an beiden Enden angehoben ist, so daß ausreichender Auftrieb zum Aufschwimmen gewährleistet ist (Abb. 5). Damit ist aber zugleich auch das Landen durch Trockenfallen und Wiederaufschwimmen an der Nordseeeküste dieser Zeit belegt. Wir müssen damit rechnen, daß diese Landeplätze zwar keine Ansprüche an Hafenbauer stellten, wohl aber an Wagenbauer, die Wagen mit möglichst bruchfesten Rädern für das Wenden im Schlickwatt konstruieren mußten. Solche Wagen sind aus dieser Zeit im Zusammenhang mit solchen Landetechniken auch in der Tat bekannt.

Für die Beurteilung der Hafentechnik des Mittelalters muß man zunächst beachten, daß kleinere Wasserfahrzeuge, wie schon erwähnt, noch bis ins späte 19. Jahrhundert, stellenweise sogar noch im 20. Jahrhundert durch Auflaufen oder Trockenfallen landeten. Andererseits hatten wir bereits festgestellt daß diese Landetechniken für die Bremer Hansekogge von 1380 nicht mehr in Frage kam. Wir haben also zu fragen, welcher Art die neuen, für die größeren Schiffe geeigneten Landetechniken waren und wann sie an Nord- und Ostsee erstmals angewendet wurden. An neuen Landetechniken können wir im Mittelalter wenigstens zwei grundsätzlich verschiedene feststellen: einerseits ankerten die größer gewordenen Schiffe auf Reede, so daß Löschen und Laden mit Hilfe von Leichtern abgewickelt werden mußte, andererseits wurden Kaianlagen gebaut, die den großen Schiffen das schwimmende Anlegen an senkrechten Wänden im tiefen Wasser erlaubten.

4 Ankern auf Reede, Laden und Löschen mit Leichtern

Am genauesten sind wir über das Ankern auf Reede für die hansischen Heringsmärkte von Schonen unterrichtet. Große Koggen führten das zur Fischkonservierung nötige Lüneburger Salz über Lübeck heran und schafften als Rückfracht den Hering zurück. Aber der Strand war dort so flach, daß die Schiffe schon mehrere Kilometer vom Ufer entfernt Anker werfen mußten. Flache Prähme [11] fuhren zu den Koggen hinaus, um die Salzfässer, die übrigen Waren und die Personen zu übernehmen (vgl. Abb. 6). Sie landeten nahe am Ufer in der schon bekannten Landetechnik des Auflaufens. Pferdewagen fuhren ihnen ins Wasser entgegen, gingen längsseits und brachten die Salzfässer usw. vollends aufs Trockene. Das Beladen der Koggen erfolgte auf die gleiche umständ-

Abb. 6. Noch 1866 ankerten Küstenfahrzeuge weit draußen vor der flachen Westküste Jütlands. Breite, aber flache Leichter brachten die Fracht näher zur Küste, wo sie dann auf im Wasser stehende Pferdewagen umgeladen wurde (Nach [13])

liche Weise in umgekehrter Reihenfolge. Man kann sich leicht vorstellen, daß diese Landetechnik nicht nur zeitaufwendig war, sondern auch an das Organisationsvermögen der Befrachter höchste Ansprüche stellte, damit jeder Warenposten trotz des mehrfachen Umladens auch den vorgesehenen Empfänger richtig erreichte [12]. Noch in der 2. Hälfte des 19. Jahrhunderts war diese Landetechnik an den flachen Stränden der jütischen Westküste [13] durchaus üblich (Abb. 6). Kurz, man kam im Prinzip auch für große Schiffe noch lange Zeit ganz ohne aufwendige Kaianlagen aus.

Aber auch wenn Personalkosten noch lange nicht zu den ausschlaggebenden Kostenfaktoren des Hafenbetriebes gehörten, hat man das Laden und Löschen mit Hilfe von Leichtern schon im Mittelalter nach Möglichkeit vermieden und nur dort angewandt, wo man wie bei den Heringsmessen von Schonen gar nicht anders konnte, oder wo es andere Vorteile brachte. Das war z. B. vor dem Bau des Sandtorhafens (1862 – 66) in Hamburg der Fall [14]. Die großen seegehenden Schiffe machten vorher durchweg an Duckdalben im tiefen Wasser fest und löschten oder luden durch zwischengeschaltete Leichter, die aber den Vorteil hatten, daß sie direkt an die vielen Speicher und Kaufmannshäuser heranfahren konnten, die in Hamburg an den vielen Fleeten errichtet waren und mit Hilfe von Giebelwinden die Güter ohne weitere Zwischenschaltung direkt aus den Leichtern auf die Lagerböden schaffen konnten (vgl. Abb. 9). Im Gegensatz zu den Reeden von Schonen fiel also in Hamburg ein ganzer zusätzlicher Arbeitsgang, der Zwischentransport über Land, weg.

Leider sind wir noch sehr unzureichend darüber unterrichtet, wann sich dieses Hamburger Hafensystem herausgebildet hat. Klar erkennen läßt sich aber, daß zumindest in Hamburg auch das Liegen auf Reede den Hafenbauer mit Problemen konfrontierte, die er zu lösen hatte: Er mußte Duckdalben im tiefen Wasser so einrammen, daß die Schiffe daran gefahrlos festmachen konnten. Der Hafenbauer mußte aber auch in der Lage sein, die Speicher und Kaufmannshäuser an den Fleeten auf so solide Gründungen am oder im Wasser zu stellen, daß die Leichter unmittelbar unter die Giebelwinde fahren konnten. Für Hamburg können wir leider noch nicht sagen, in welcher Zeit und mit welchen Techniken dieses System erstmals verwirklicht wurde. Aus Bergen in Norwegen wissen wir durch umfangreiche Ausgrabungen, daß die Häuser der Hafensiedlung ursprünglich nur auf dem trockenen Ufer standen. Im späten 12. Jahrhundert wurde die Siedlung dann ins tiefe Wasser vorgeschoben, so daß die äußersten Häuser auf Pfählen standen [15].

Ganz erstaunt wird der heutige Leser zur Kenntnis nehmen, daß man sich selbst in den Zentren des Hansehandels, wo die Schiffe aus allen wichtigen Häfen zusammenkamen, nämlich in Lübeck und Brügge, zu keinem besseren Hafensystem durchringen konnte [12, S. 533–536 u. 16]. Für große Schiffe, die den Lübecker Hafen anlaufen wollten, begannen spätestens in der 2. Hälfte des 15. Jahrhunderts schon an der Travemündung die Schwierigkeiten. Wegen einer vor der Mündung liegenden Sandbank mußten Schiffe mit mehr als ca. 2,50 m Tiefgang bereits dort den ersten Teil ihrer Ladung an Leichter abgeben, welche sie in das immerhin noch 24 km entfernte Lübeck brachten. Ungefähr auf halbem Wege nach Lübeck, wo sich die Trave bei Herrenwyk zum sog. Breitling seeartig verbreitert, begann die nächste, noch flachere Stelle, die abermals zum Leichtern zwang. Schließlich ging das Schiff in der Trave vor Lübeck vor Anker, wo die restliche Ladung wiederum von Leichtern nun auf kürzestem Wege zu dem als Kajenflächen dienenden Uferstreifen zwischen Fluß und Stadtmauer gebracht wurde. Von dort schafften Träger und Karrenführer die Güter durch die Hafentore in die Dielen der Kaufmannshäuser in der Stadt. Dort wurden sie registriert und sortiert und schließlich mit der unter dem Dachfirst installierten Winde in eines der oberen Speichergeschosse gehievt, die als Zwischenlager bis zum Weiterverkauf dienten. Diese Uferfläche des Hafens hieß bezeichnenderweise „stat" (= Gestade), was darauf hindeutet, daß sie anfangs nichts weiter war, als ein unbefestigtes Ufer. Man hat aber schon bald nach Aufnahme des Hafenbetriebs, spätestens beim Bau der hafenseitigen Mauer, eine Uferbefestigung gegen Erosion bauen müssen, ohne daß wir Anhaltspunkte für ihre Konstruktion hätten. Insbesondere wissen wir nicht, ob und gegebenenfalls wie lange die flachen Leichter durch Auflaufen landeten, oder schwimmend an Kaianlagen von geringer Tiefe heranfahren konnten.

Unsere Unsicherheit in der Beurteilung des Lübecker Hafens beruht darauf, daß keine der vielen Stadtansichten des späten Mittelalters und der frühen Neuzeit Lübeck von der Hafenseite zeigt. Erst aus dem frühen 19. Jahrhundert ist eine Hafenansicht erhalten, die uns eine ganz erstaunliche und nach meiner Kenntnis für deutsche Häfen einmalige Einrichtung zeigt, die jetzt endlich auch größeren Schiffen das schwimmende Anlegen erlaubt: Man hat lange, schwimmende Pontons mit dem einen Ende so am Ufer festgelegt, daß größere Schiffe an dem in den Fluß hinausragenden Ende zum Löschen und Laden festmachen konnten. Noch fehlt es an gezielten Untersuchungen, wie alt diese schwimmenden Anleger in Lübeck tatsächlich sind. Im späten 16. Jahrhundert gehörte das Löschen und Laden über Leichter noch zur gängigen Praxis im Lübecker Travehafen, während aus dem 17. Jahrhundert die ersten Anhaltspunkte für das neue System sich abzeichnen. Aber beide Einrichtungen können durchaus lange Zeit nebeneinander bestanden haben.

Das zeigt das Beispiel von Sluis, das im 14. Jahrhundert der Vorhafen des von größeren Schiffen nicht mehr erreichbaren Brügge wurde. Dort bestand zwar die Möglichkeit, unmittelbar an den am Ufer stehenden Häusern der Kaufleute anzulegen, aber diese Möglichkeit blieb aus Mangel an Platz nur wenigen Schiffen unter besonderen Bedingungen vorbehalten. Alle anderen Schiffe mußten im Strom ankern, und zwar je nach Größe in drei oder vier, kleine Schuten sogar in sechs Reihen nebeneinander. Es bleibt das Geheimnis der Organisatoren dieses Hafens, wie unter den gegebenen Umständen ein reibungsloses Löschen und Landen in angemessener Zeit ermöglicht wurde.

5 Landebrücken und Kaianlagen

Dem rückschauenden Historiker von heute stellt sich das Ankern auf Reede und das damit verbundene Löschen und Laden über Leichter als ein hafentechnisches Provisorium dar, das immerhin die Abfertigung auch der größten Schiffe ohne große Änderungen der eigentlichen Anlegeplätze der betreffenden Häfen ermöglichte. In Häfen mit großem Tidenhub scheint die mittelalterliche Wasserbautechnik noch nicht in der Lage gewesen zu sein, Alternativen anzubieten. In anderen Häfen, die weder durch zu hohe Tiden noch durch zu flache Gewässer behindert waren, hat man den Wettlauf mit der wachsenden Schiffsgröße durch den Bau von Kaianlagen aufgenommen.

Intensive archäologische Tätigkeit der letzten Jahrzehnte in Hafenplätzen an Nord- und Ostsee hat die unterschiedlichsten Bautechniken ans Licht gebracht. Am ältesten sind die Landebrücken von Haithabu bei Schleswig, die bis ins Jahr 936 zurückreichen [10]. Auf einem Unterbau von eingerammten Pfählen hat man sie ungefähr im rechten Winkel zum Ufer eine neben der anderen zungenartig uns tiefe Wasser vorgebaut, so daß größere Schiffe an ihren Köpfen schwimmend anlegen konnten. In ihrer eng nebeneinander liegenden parallelen Anordnung entsprechen sie den befestigten Zufahrtswegen von den Kaufmannshäusern zu den Schiffsländen von Dorestad (Abb. 4), von denen sie sich aber dadurch unterscheiden, daß sie nicht am flachen, zum Auflaufen geeigneten Wasser enden, sondern bis zu Wassertiefen führen, die schwimmendes Anlegen gestatten. Natürlich baute man diese Landebrücken nur bis zu solchen Wassertiefen hinaus, daß die größten dort erwarteten Schiffe gerade noch gut anlegen konnten. Da aber die Schiffe vom 9. Jahrhundert bis zur frühen Neuzeit laufend größer wurden, mußten auch die Landebrücken ständig vorgeschuht werden. Außerdem ist schon bei den bisher frühesten Landebrücken des 10./11. Jahrhunderts in Haithabu eine Unart mittelalterlicher Stadtbewohner zu beobachten, gegen die sich noch im Spätmittelalter die Hansestädte mit strengen, oft wiederholten Verboten offenbar nicht besonders erfolgreich zur Wehr setzten [12 u. 16].

Siedlungsabfälle aller Art von Schlachtresten bis zu zerbrochenen Geräten wurden einfach von den Landebrücken aus in den Hafen gekippt. Man sollte denken, daß den Schiffern die Gefahren solcher Handlungsweise bewußt gewesen wären, aber die Schiffer selbst waren weder in Haithabu noch in späteren Hansestädten, wie Danzig, Stralsund oder Wismar besser als die übrige Stadtbevölkerung. Das zeigen die Ansammlungen von Ballaststeinen im Schlamm bei den Landebrücken von Haithabu ebenso an wie die hansischen Verbote gegen das Auswerfen des Ballastes in den Hafen. Selbst die strengen Gebote zur Beseitigung von Wracks, die den Hafen „verderben" konnten, sind schon in Haithabu unmittelbar am Kopf einer Landebrücke nicht befolgt worden. Die Hafenbauer mußten also nicht nur mit dem wachsenden Tiefgang der Schiffe fertig werden, sondern zusätzlich noch mit der fortlaufenden Abnahme der Wassertiefe unmittelbar an den Anlegestellen. So konnte es geschehen, daß um 1100 in Schleswig [17 u. 18] die Landebrücken und anderen Kaianlagen innerhalb weniger Jahre immer wieder neu ins tiefere Wasser vorgeschuht werden mußten (Abb. 7).

Trotz einer wachsenden Zahl von Ausgrabungsbefunden sind wir noch weit davon entfernt, klare Entwicklungslinien von Bautechniken bei den vielen Hafenbaumaßnahmen erkennen zu können [1 u. 8]. In Haithabu und Schleswig baute man die Landebrücken aus reihenweise eingeschlagenen Pfählen. In Skandinavien (Abb. 2b und 8b) und spätslawischen Häfen hingegen bevorzugte man hölzerne Kastenkonstruktionen im Blockverband, die mit Erde, Steinen und Siedlungsabfall gefüllt wurden und hohe Standfestigkeit hatten. Offensichtlich haben die ortsüblichen Zimmertechniken des Hausbaus auch den Bau der senkrechten Wände am seeschifftiefen Wasser beeinflußt. Im Gegensatz zu den massiven Landebrücken Skandinaviens finden wir in vielen Hansestädten entlang der südlichen Ostsee auf Stadtansichten des 15./16. Jahrhunderts leichtere Landebrücken, die auf Pfahljochen ruhen und vom Wasser durchflossen werden.

Obwohl also einzelne, schmale und lange Landebrücken bis in die frühe Neuzeit hinein vielenorts üblich blieben, läßt sich schon im Schleswig des späten 11. Jahrhunderts die Tendenz erkennen, mehrere Landebrücken zu einer breiteren geschlossenen Front am tiefen Wasser zusammenzufassen. In Bergen wurden die einzelnen Landungsbrücken vor den hafenseitigen Hausfronten in der ersten Hälfte des 13. Jahrhunderts zu einer einheitlichen langen Kaifront verbunden (Abb. 8b), wie wir sie aus den Stadtansichten des 16. Jahrhunderts nicht nur von Bergen, sondern z. B. auch von Bremen oder Greifswald finden, wo noch keine Hafengrabungen stattgefunden haben.

Ich möchte meinen Lesern eine detaillierte Auflistung weiterer Konstruktionsdetails nicht mehr zumuten, muß aber an dieser Stelle darauf hinweisen, daß wir trotz aller Detailkenntnisse die für den Hafenbetrieb wichtigste Frage überhaupt noch nicht beantworten können. Sie lautet: waren die Hafenbauer in der Lage, wenigstens in den wichtigsten Häfen dafür zu sorgen, daß die Wassertiefe vor den Landebrücken oder Kaimauern

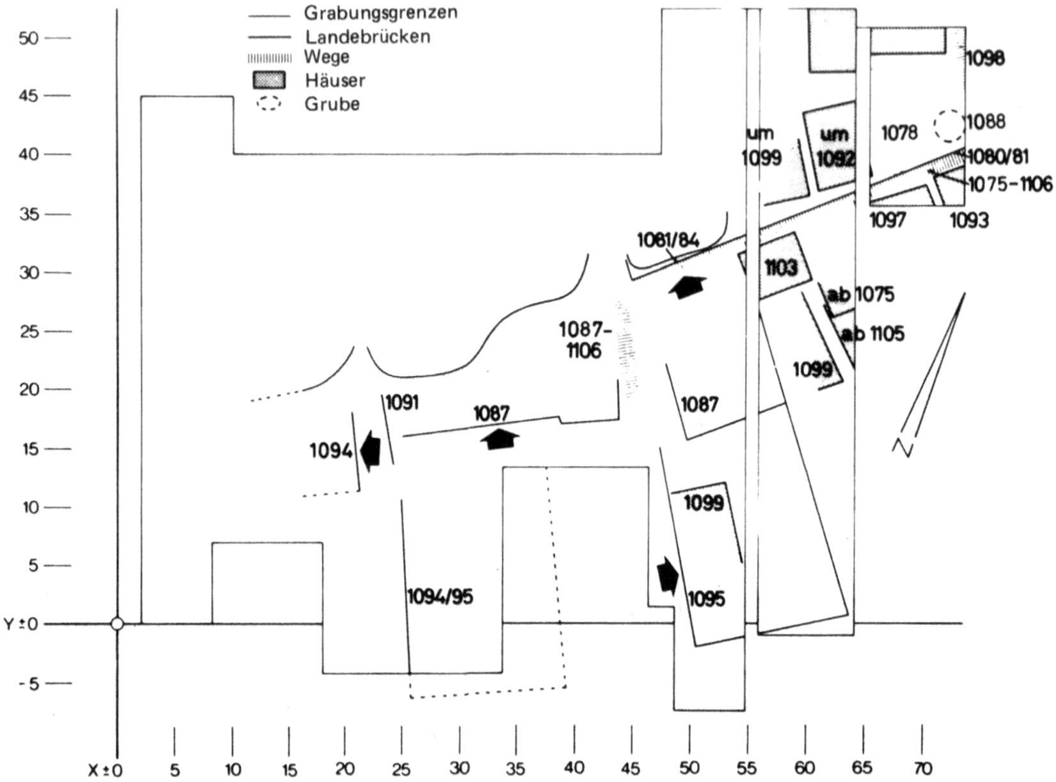

Abb. 7. Bauphasen der Landebrücken von Schleswig um 1100 nach dendrochronologischen Bestimmungen durch D. Eckstein. (Häuser im Norden = oben, seeschifftiefes Wasser im Süden) (Nach [8])

stets ausreichte, um auch den größten Schiffen der jeweiligen Zeit das schwimmende Anlegen zu ermöglichen? Oder mußte man sich hier und da, z. B. wegen ungünstiger lokaler Bedingungen, wie geringer Wassertiefe schon in der Zufahrt, doch entschließen, sekundär wieder auf das Löschen und Laden mit Hilfe von Leichtern zurückzugreifen? Zur Beantwortung dieser Fragen hat die weitere Forschung noch viel lokale Kleinarbeit zu leisten.

6 Winden und Kräne

Dagegen zeichnet sich immer klarer als sekundäre Folge des schwimmenden Landens an Kaianlagen der dadurch möglich gewordene Einsatz von fest installierten Hafenkränen ab. Die Hafenkräne, die heute aus keinem modernen Hafen wegzudenken sind, gehören ebenso (wie z. B. Heckruder oder Kompaß) zu den vielen bis heute

a b

Abb. 8 a und b. a) Das Siegel von Ipswich, England, aus dem 13. Jahrhundert zeigt, daß die Rah mit Hilfe zweier Leinen von der Mannschaft geschwenkt werden konnte; b) Ebenso ließ sich der Baum der „Wippe" schwenken; hier als Hafenkran in Bergen auf der Kaikonstruktion der Mitte des 13. Jahrhunderts (Nach [22])

wirksamen Neuerungen in der Schiffahrt, die uns das Mittelalter beschert hat, die der Antike aber noch unbekannt waren, und wieder müssen wir feststellen, daß die Geschichte der schiffahrtsbezogenen Hebezeuge trotz interessanter Einzeluntersuchungen [14 u. 19–21] noch nicht geschrieben ist. Selbstverständlich kann in diesem knappen Überblick eine solche Forschungslücke nicht ausgefüllt werden. Aber die bisher erkennbaren Entwicklungslinien lassen sich immerhin skizzieren. Natürlich sind die Hafenkräne den mittelalterlichen Hafenbauern nicht einfach in den Schoß gefallen. Sie haben sich vielmehr intensiv mit möglichen Vorbildern befaßt und diese dann auf die Hafensituation übertragen. Wir können heute diese Übertragungsvorgänge nachvollziehen und auf drei ganz unterschiedliche Vorbilder zurückführen.

Mancher Leser mag sich bereits gefragt haben, wie es denn bei dem so häufigen Löschen und Laden über Leichter möglich war, z. B. die schweren Salz- oder Heringsfässer vom Leichter in den tiefen Laderaum der hochbordigen Koggen zu schaffen und umgekehrt, wo man doch weiß, daß mittelalterliche Schiffe kein besonderes schiffseigenes Ladegeschirr hatten. Zwar gab es spätestens seit dem 14. Jahrhundert an Bord größerer Schiffe ein Bratspill als Ankerwinde. Auch kennen wir auf der Bremer Hansekogge von 1380 und von einer etwas späteren Buchmalerei als weitere Winde ein Gangspill auf dem Achterkastell, das wahrscheinlich zum Regieren der Brassen des einen großen Segels diente. Und natürlich ließen sich beide Winden auch einsetzen, um mit Hilfe einer hoch am Mast angebrachten Umlenkrolle schwereres Stückgut aus dem Laderaum zu hieven. Der Nachteil war dabei aber, daß man die solchermaßen hochgeholte Ware damit noch lange nicht auf den Leichter schwenken konnte, der neben dem relativ breiten Handelsschiff im Wasser lag. Anders war es dagegen, wenn man die vorgeheißte Rah gewissermaßen als Ladebaum einsetzte. Man konnte sie ja um ihren hohen Drehpunkt wie einen zweiseitigen Hebel kippen, brauchte also nur das eine Ende der Rah in den Laderaum abzusenken und an der Brasse das zu hebende Faß anzuschlagen. Wenn man dann an der anderen Brasse mit ausreichenden Kräften zog, stieg die abgesenkte Rahhälfte wieder in die Höhe und hob wie ein Lastarm eines Hebels das Faß in die gewünschte Höhe. War diese erreicht, so ließ sich die Rah um denselben Drehpunkt schwenken, bis das Faß über dem Leichter schwebte und durch die Kippbewegung der Rah wieder abgesenkt werden konnte. Beide Bewegungen, sowohl das Kippen wie das Schwenken ließen sich von einer eingespielten Mannschaft mit der Brasse des Kraftarmes regieren [22], wenn nur ein weiterer Mann dafür sorgte, daß der Lastarm an seiner leeren Brasse vor jedem Hebevorgang zum Laderaum heruntergezogen wurde (Abb. 8a). Ob man diese Arbeiten tatsächlich mit den Brassen durchführte, oder ob man dafür andere Taue anschlug (möglicherweise auch an anderer Stelle des Lastarmes, um die Hebelwirkung bei schweren Dingen besser zu nutzen), muß dahingestellt bleiben, bis eine Schriftquelle gefunden wird, die diesen Vorgang näher beschreibt. Wir können nur festhalten, daß es bei der bekannten Ausrüstung mittelalterlicher Schiffe zu diesem Einsatz der Rah beim Umladen zwischen großem Handelsschiff und Leichter keine Alternative gab.

Daß die Rah tatsächlich in der beschriebenen Weise verwendet wurde, läßt sich mit Sicherheit daraus erschließen, daß im Laufe des Mittelalters Hafenstädte, wie Bremen, Bergen (Abb. 8 b) oder London, dazu übergingen, viele Masten mit je einer Rah auf den Kajeflächen nahe der senkrechten Kajefronten aufzustellen. Sie dienten in der oben beschriebenen Weise jetzt als landfeste Hafenkräne und wurden nach der Kippbewegung der Rah „Wippen" genannt. In Bergen blieb eine im Original bis heute erhalten [14]. Im Bergener Stadtrecht aus der Mitte des 13. Jahrhunderts setzt eine Bestimmung über das Anlegen der Schiffe das Vorhandensein von Wippen voraus [15].

Als zweiter Typ von Hebezeugen im Hafenbetrieb wurde die Giebelwinde der Speicher und Kaufmannshäuser an den Hamburger Fleeten bereits erwähnt. Diese unter dem Dachfirst entweder im straßen- oder wasserseitigen Giebel oder auch im Innern des Hauses (so in Lübeck) angebrachten Winden sind zunächst ganz unabhängig vom Hafenbetrieb entstanden. Sie wurden von dem Moment an notwendig, in dem man sich entschloß, Speicher und Kaufmannshäuser mehrstöckig zu bauen und die Waren in den oberen Stockwerken zu speichern. Entsprechende „Saalgeschoßhäuser sind als Wohnhaus des frühen 13. Jahrhunderts in den Rheinlanden geläufig ... und können nahezu überall im nördlichen Mitteleuropa in fernhändlerisch orientiertem Kontext nachgewiesen werden" [23]. Es ist vorauszusetzen, daß derartige Häuser schon bald auch an den Hamburger Fleeten gebaut wurden, so daß ihre Giebelwinden zum unmittelbaren Laden und Löschen der Leichter eingesetzt werden konnten und damit eine besondere Funktion als Hafenkran wahrnahmen (Abb. 9), wie wir sie auf Stadtansichten des 16. Jahrhunderts in vielen anderen norddeutschen Häfen (z. B. Bremen, Stade, Danzig-Speicherinsel usw.) wiederfinden.

In Hamburg und seinem näheren Einzugsgebiet hat sich die Giebelwinde aber auch unabhängig von dem Speichergebäude zu einem eigenständigen Typ von Kaikran entwickelt, den man dort im 19. Jahrhundert „Haspelwinde" nannte [24]: Je zwei starke Pfosten trugen ein kleines Dach, dessen First parallel zur Kajenkante verlief (Abb. 9). Jeder Pfosten diente zugleich als Lager für die unter dem Dach liegende Winde, mit der man die Güter nur senkrecht in die Höhe winden konnte [25]. Um die Güter im Leichter oder an Land (z. B. auf Karren) absetzen zu können, mußte man sie an dem Windenseil jeweils zu sich herziehen (z. B. mit dem Bootshaken). Die ältesten Darstellungen der Haspelwinden finden wir auf Stadtansichten des späten 16. Jahrhunderts. Sie sind aber sicher älter, denn sie nehmen in Hamburg den Platz ein, den in anderen Häfen die Wippen ein-

Abb. 9. Leichter, Speicher und Kaufmannshäuser mit Giebelwinden sowie Haspelwinden am Kai an einem Hamburger Fleet um 1880 (Nach [25])

nehmen: Wie in Bergen die Wippen, stehen in Hamburg die Haspelwinden in großer Zahl nebeneinander am Kai des Kehrwieder. Bis ins späte 19. Jahrhundert blieben die Haspelwinden in Hamburg, Altona und sonst im Umkreis in Betrieb. In Otterndorf, Kr. Cuxhaven, wurde der letzte Vertreter dieses regionalen Sondertyps sogar erst 1942 abgerissen, nach dem 2. Weltkrieg jedoch als Rekonstruktion wieder aufgebaut, so daß es zumindest noch ein Anschauungsobjekt gibt. Giebelwinden sind dagegen noch an vielen Häusern in alten Stadtkernen anzutreffen, werden allerdings unmittelbar an Fleeten und anderen als Hafen genutzten Gewässern, wo sie direkt die Wasserfahrzeuge bedienen konnten, immer seltener.

Den dritten Typ von Hafenkran und zugleich den einzigen, den man im Mittelalter auch als Kran bezeichnete, entlehnten die Hafenbauer von den Baukränen der großen Kirchbauten. Es ist der feststehende Tretradkran mit

Abb. 10. Der Hafen von Stade um 1590 nach Braun-Hogenberg. Der älteste Hafen von Stade lag auf dem rechten (Ost-) Ufer des Flusses Schwinge zu Füßen der Stader Burg (um die Burgkirche St. Pancratius, 11). Auf dem hafenbezogenen Markt (7) steht der Tretradkran und die Waage (23). Die Neubausiedlung um St. Nikolai (13) kam erst später hinzu und machte aus dem einseitigen Uferhafen einen Beckenhafen der vollständig in die Ummauerung der Stadt mit einbezogen wurde. Außerhalb der Mauern wurde schließlich noch ein zweiter Tretradkran („newe winde") aufgestellt (29)

langem, schwenkbaren Ausleger [14 u. 19–21 u. 26–27], der im Gegensatz zu den vielen Wippen oder Haspelwinden in den meisten Häfen nur einmal vorhanden war. In besonders belebten Häfen wurden noch ein zweiter (Abb. 10), gelegentlich sogar noch weitere zusätzlich aufgestellt. Solche Tretradkräne waren spezielle Schwerlastkräne, die nur dann zum Einsatz kamen, wenn das Stückgut von den Wippen oder Haspelwinden nicht zu bewältigen war. Dabei ist freilich verwunderlich, daß dieses Schwergut z. B. im Hamburger Hafen zwischen Seeschiff und Leichter unter Einsatz der Rah durchaus umgeschlagen werden konnte, während man zum Umschlag vom Leichter aufs Land den Tretradkran einsetzen mußte.

Die früheste Nennung eines solchen Krans liegt aus Antwerpen für 1263 und aus Hamburg für 1291 vor, ist dort aber natürlich noch älter. Wahrscheinlich war der Kran in Hamburg bereits 1268 vorhanden, denn für dieses Jahr wird erstmals die unmittelbar neben dem Kran am Ufer stehende öffentliche Waage erwähnt. Beide Einrichtungen bildeten aber in mittelalterlichen Seehäfen eine Funktionseinheit (Abb. 10): das mit dem Kran behobene Gut konnte gleich nebenan gewogen werden. Die öffentliche Waage war ein überdachter Raum mit breiten offenen Zugängen, in dem eine gleicharmige Schalenwaage mit starkem Waagebalken aufgehängt war. Sie gehörte neben dem Kran zur unabdingbaren Ausstattung jedes bedeutenden mittelalterlichen Seehafens [27]. Wenn sie dort, wo sie die Zeiten überdauert hat, nicht mehr in jedem Fall am Hafen steht (wie z. B. die Stadtwaage in Bremen), dann nur deshalb, weil der Hafen inzwischen von seiner ursprünglichen Stelle verlegt und das alte Hafengewässer (in Bremen die Balge) längst überbaut worden ist. Nur in Stade ist nach dem Wiederaufbau des Tretradkrans an seiner ursprünglichen Stelle die alte Einheit von Kran und Waagegebäude am mittelalterlichen Hafen wieder anschauliche Realität geworden. In den Flußhäfen des Binnenlandes, in denen auch der Zubringerverkehr über Landstraßen eine große Rolle spielte, war der enge Zusammenhang von Kran und Waage nicht in dem Maße gegeben. Immerhin haben sich dort in Lüneburg sowie in sechs Hafenorten an Rhein, Main und Mosel noch acht alte Tretradkräne erhalten, von denen der von Andernach noch bis 1911 in Tätigkeit war, um Mühlsteine und Weinfässer auf Rheinschiffe zu verladen.

Neben diesen mit Treträdern betriebenen, feststehenden Hafenkränen haben sich mittelalterliche Hafenbauer aber noch zwei ebenfalls mit Tretradantrieb ausgestattete Varianten für besondere Situationen [3] einfallen lassen: In all jenen Orten an Rhein und Mosel, wo man zwar gerne Weinfässer auf Schiffe verladen wollte, aber sich wegen der Gegebenheiten des Ufers oder auch aus Kostengründen nicht in der Lage sah, einen festen Kran an senkrechter Uferkante aufzustellen (so daß Schiffe schwimmend anlegen konnten), hat man im 15. bis 18. Jahrhundert Schwimmkräne eingesetzt. D. h. man hat einen hölzernen Tretradkran der oben beschriebenen Bauart statt an Land auf einem breiten Ponton aufgebaut, der zum Einsatz zwischen Ufer und das zu beladene Schiff gezogen wurde und die Ladung herüberhievte. Die bisher älteste Erwähnung eines solchen Schwimmkrans kennen wir von 1403/04 für Trier [19 u. 29].

Die zweite Variante des Tretradkrans waren Mastenkräne, die so hoch gebaut waren, daß man mit ihrer Hilfe Masten in neugebaute Schiffe einsetzen und natürlich im Bedarfsfall auch wieder ziehen konnte. Der bekannteste Mastenkran ist das berühmte Danziger Krantor von 1444, das mit seinem oberen Tretrad zum Einsetzen und Ziehen von Masten diente, während das untere den Danziger Schwerlastkran bildete, der allerdings nicht zum Schwenken der Lasten eingerichtet war. Vielmehr konnten die Lastwagen durch das Tor direkt unter die aus dem Schiff gehobene Last fahren und sie dann weitertransportieren. Mastenkranen mit Tretrad hat es auch in anderen Häfen gegeben, wo sie uns auf Stadtansichten des 16. Jahrhunderts begegnen: In Köln auf einem Holzschnitt von 1531 und unabhängig davon auf einem Kupferstich von ca. 1580, und in Bremen auf zwei voneinander abhängigen Stadtansichten ebenfalls um 1580 (Abb. 11). In Köln ist es ein offener Fachwerkturm mit

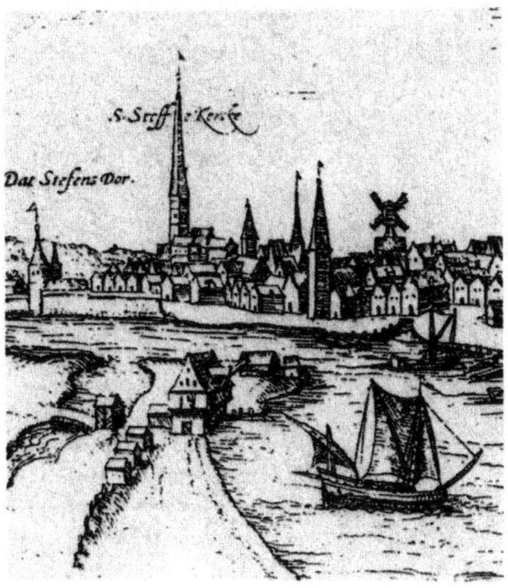

Abb. 11. Werftgelände mit Mastenkran auf der Teerhof-Halbinsel von Bremen um 1580 nach Braun-Hogenberg

deutlich sichtbarem Tretrad, dessen Seil über eine Umlenkrolle im Giebel des Turmes läuft. In Bremen ist es ein hohes Haus auf dem „Teerhof" genannten Schiffszimmerplatz, aus dessen Zwerchgiebel ein Kranausleger herausragt, wie wir ihn von gewöhnlichen Tretradkränen kennen. Wir sehen an diesen wenigen bis jetzt identifizierten Beispielen, daß es für Mastenkräne kein allgemein gültiges Konzept gab, denn in jeder der drei Städte wurde auf der allgemeinen Grundlage des Tretradantriebs für das Einsetzen und Ziehen von Masten ein völlig eigenständiges Bauwerk errichtet.

Ein Rückblick auf die unterschiedlichen Krantypen läßt uns erkennen, daß wir sowohl für Wippen als auch für Winden mit einem Einsatz in den Seehäfen noch vor der Mitte des 13. Jahrhunderts rechnen müssen. Auch der erste (noch indirekte) Hinweis auf einen Tretradkran im Seehafen liegt nur wenig nach der Mitte des 13. Jahrhunderts. Am Rhein und seinen großen Nebenflüssen finden wir die erste Erwähnung 1331 (Frankfurt/M.), alle anderen jedoch erst in der 2. Hälfte des 14. Jahrhunderts. Ob die Kräne am Rhein tatsächlich später eingeführt wurden als in den Seehäfen, oder ob nur eine Verzerrung durch ungünstige Überlieferung vorliegt, läßt sich noch nicht klar genug abschätzen.

7 Militärische Sicherung der Häfen

Daß aber gerade das 13. Jahrhundert auch für andere Aspekte des Hafenbaus an Nord- und Ostsee eine äußerst kreative Zeit war, kann noch an weiteren Beispielen belegt werden. In allen älteren Häfen wurden die Landeeinrichtungen für die Schiffe und die zugehörigen Siedlungen immer nur an einem Ufer des betreffenden Flusses eingerichtet. Im frühen Mittelalter hat man das Sicherheitsproblem durch Anlage von (Flucht-) Burgen zu lösen versucht (Abb. 10), in welche sich sowohl die Bewohner der offenen Hafensiedlung als auch die zu Schiff angekommenen Fremden bei feindlichen Überfällen zurückziehen konnten, wobei freilich Häuser und Schiffe den Feinden preisgegeben werden mußten. Als man im 10. Jahrhundert anfing, die Hafensiedlungen selbst durch umlaufende Wälle oder Mauern zu schützen, stand man vor einer Alternative. Entweder ließ man die Siedlung an der Hafenseite offen, dann konnte zwar der Hafenbetrieb reibungslos ablaufen, aber gegen Überfälle zu Schiff war der Ort nicht geschützt. Oder man zog zwischen dem Hafenufer und den Händlerhäusern eine Mauer, so daß der Verkehr zwischen Schiffen und Händlerhäusern nur noch durch Tore in der hafenseitigen Mauer erfolgen konnte. Dann waren der Ort als ganzer zwar sicherer, der Hafenbetrieb aber komplizierter und die Schiffe auch weiterhin feindlichem Zugriff ausgesetzt. Trotzdem entschieden sich die meisten Hafenstädte für diese Lösung.

In Hamburg und Stade (Abb. 10) dagegen blieb die hafenseitige Nutzung und zugehörige Siedlung nicht auf das eine Ufer der recht schmalen, als Häfen dienenden Wasserläufe des frühen Mittelalters beschränkt, sondern griff auf das andere Ufer über. Deshalb sah man sich vor die Notwendigkeit gestellt, das gesamte als Hafen genutzte Gewässer gewissermaßen als natürliches Hafenbecken in die Ummauerung einzubeziehen und nur eine schmale, besonders geschützte Einfahrt für die Schiffe freizulassen. Man hatte damit einerseits die gesamte Hafen-

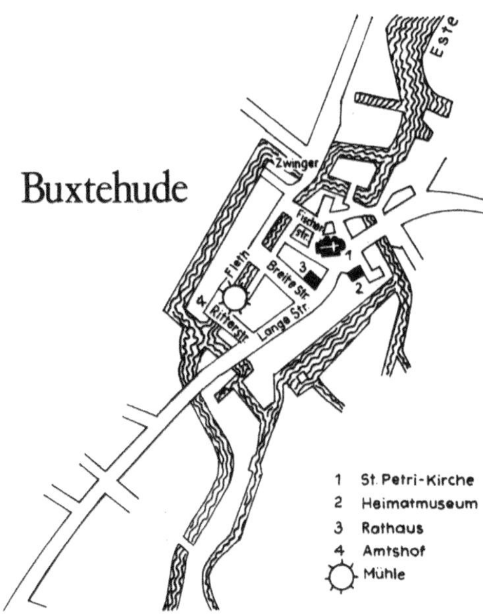

Abb. 12. Stadtplan von Buxtehude mit dem ältesten geplanten Hafenbecken in Deutschland (1285) (Nach [28])

siedlung geschützt, andererseits den ungehinderten Zugang von Schiffen zu den Kaufmannshäusern mit all den entsprechenden Bequemlichkeiten für den Hafenbetrieb beibehalten und konnte überdies noch die im Hafen liegenden Schiffe vor feindlichem Zugriff schützen. Die Vorteile dieses in Stade und Hamburg „gewachsenen" Systems waren so einleuchtend, daß es der Bremer Erzbischof 1285 bei der Neugründung der zwischen Hamburg und Stade gelegenen Hafenstadt Buxtehude (Abb. 12) erstmals von vornherein in die Planung mit einbezog [28]. Buxtehude wurde damit als erste Hafenstadt auf deutschem Boden ganz bewußt um ein etwa in der Mitte gelegenes Hafenbecken herumgebaut. Dabei sorgte man nach Stader Vorbild zugleich dafür, daß ein Fluß dieses Becken durchspülte und damit der Gefahr der Verschlammung des Beckens entgegenwirkte.

Diese seinerzeit modernste Hafengründung lag allerdings so sehr im Schatten der beiden wirtschaftlich viel stärkeren Nachbarstädte, bei denen sich zudem dasselbe Hafensystem sozusagen von selbst eingestellt hatte, daß davon für weitere Neugründungen oder auch nur Hafenbaumaßnahmen im Mittelalter keine weiteren Impulse ausgingen. Erst in der frühen Neuzeit ist dieses Hafensystem in Deutschland in vielen sehr unterschiedlichen Varianten verwirklicht worden.

Schrifttum

1 Ellmers, D.: Frühmittelalterliche Handelsschiffahrt in Mittel- und Nordeuropa. Neumünster: Wachholtz, 1. Aufl. 1972, mit zusammenfassender Darstellung der älteren Literatur
2 Ellmers, D.: Hafentechnik und ihre Bedeutung für die Siedlungsgenese. In: Berichte zur deutschen Landeskunde 52. Meisenheim: Hain 1978, S. 171–202
3 Ellmers, D.: Mittelalterliche Hafeneinrichtungen am Rhein. In: Beiträge zur Rheinkunde 33. Koblenz: Rhein-Museum e.V. 1981, S. 36–46
4 Ellmers, D.: Das Schiff auf dem Dreikönigsaltar der Johanniskirche zu Rostock. In: Schriften zur Mecklenburgischen Geschichte, Kultur und Landeskunde 5. Köln, Wien: Böhlau 1981, S. 9–16
5 Ellmers, D.: Welche Schiffe liefen den Hafen von Haithabu an? In: Beiträge zur Schleswiger Stadtgeschichte 27. Schleswig: Schleswiger Druck- und Verlagshaus 1982, S. 11–28
6 Ellmers, D.: Warenumschlag zwischen Schiff und Wagen im Wasser. In: Deutsches Schiffahrtsarchiv 6. Oldenburg: Stalling 1983, S. 209–241
7 Ellmers, D.: Der mittelalterliche Hafen von Lehe. In: Jahrbuch der Männer vom Morgenstern 62. Bremerhaven: Ditzen 1983, S. 45–72
8 Milne, G. Hobley, B. (Hrsg.): Waterfront archaeology in Britain and Northern Europe. Research Report 41. London: Council for British Archaeology 1981
9 van Es, W. A., Vewers, W. J. H.: Excavations at Dorestad 1. The Harbour: Hoogstraat I. Amersfort: Rijksdienst Oudheidkundig Bodemonderzoek 1980. Dazu die Rezension von Ellmers, D. In: Prähistorische Zeitschrift 59. Berlin: de Gruyter 1984, S. 131–134
10 Schietzel, K.: Stand der siedlungsarchäologischen Forschung in Haithabu – Ergebnisse und Probleme. Berichte über die Ausgrabungen in Haithabu 16. Neumünster: Wachholtz 1981, bes. Anm. 21, S. 94–97
11 Ellmers, D.: Frühmittelalterliche Handelsschiffahrt in Mittel- und Nordeuropa. 2. Aufl. Neumünster: Wachholtz 1984, S. 6
12 Vogel, W.: Geschichte der deutschen Handelsschiffahrt 1. Berlin: Reimer 1915, S. 537
13 Nielsen, C.: Danske Båttyper. Helsingør: Høst 1973
14 Timmermann, G.: Die Entwicklung des Behälterverkehrs in der Schiffahrt. In: Schiff und Hafen 29. Hamburg: Blumenfeld 1977, S. 669–672
15 Herteig, A. E.: The medieval harbour of Bergen. In: [8, S. 80–87]
16 Bruns, F.: Das Frachtherrenbuch der Lübecker Bergenfahrer. Bergen: Griegs 1953, S. 40–46
17 Eckstein, D.: The medieval waterfront of Schleswig. In: [8, S. 96–101]
18 Vogel, V.: Die Anfänge des Schleswiger Hafens. In: Beiträge zur Schleswiger Stadtgeschichte 22. Schleswig: Schleswiger Druck- und Verlagshaus 1977, S. 21–28
19 Matheus, M.: Hafenkrane. Zur Geschichte einer mittelalterlichen Maschine am Rhein und seinen Nebenflüssen. Trierer Historische Forschungen 9. Trier 1985
20 Ders.: Accipio trado qvodlvbet expedio: Flußhäfen und ihre Hebewerke. In dem Sammelband „See- und Flußhäfen". Münster: Institut für vergleichende Städteforschung (im Druck)
21 Himler, A.: Schwere Lastkräne – historische Entwicklung bis ca. 1900, in: Hinterland. Dreimonatliche Zeitschrift, Jg. 30, Juli/August/September. Antwerpen: Publitra 1981, S. 27–33
22 Ewe, H.: Schiffe auf Siegeln. Bielefeld, Berlin: Delius 1972, S. 139
23 Erdmann, W.: Die Entwicklung des Lübecker Bürgerhauses im 13. und 14. Jahrhundert unter dem Einfluß von Profanarchitektur des Ostseeraums. In: Die Heimat, Zeitschr. f. Natur- und Landeskunde von Schleswig-Holstein und Hamburg 89. Neumünster: Wachholtz 1982, S. 220–232, bes. S. 221
24 Bracker, J., Prange, C.: Alster, Elbe und die See. Hamburgs Schiffahrt und Häfen in Gemälden, Zeichnungen und Aquarellen des Museums für Hamburgische Geschichte. Hamburg 1981, S. 68, 70, 108 und 136
25 Hoefer, E.: Küstenfahrten an der Nord- und Ostsee (1880/81). Nachdruck: Frankfurt/M: Weidlich 1979, S. 107
26 Salemke, G.: Die alten Krahnen. In: Das Logbuch 7 Heft 1. Wiesbaden: Arbeitskreis Historischer Schiffbau 1971, S. 25 f.
27 Meyer-Brunswick, U., Prange, C., Wüst, P.: Hamburg an der Wende zur Neuzeit. Hamburg Portrait 9. Hamburg: Museum für Hamburgische Geschichte 1981, bes. S. 6
28 Ellmers, D.: Buxtehude. In: Führer zu vor- und frühgeschichtlichen Denkmälern. Das Elb-Weser-Dreieck II, Band 30. Mainz: Zabern 1976, S. 141–148, bes. S. 146 f.

Der Kieler Hafen einst und jetzt*

Baudirektor Dipl.-Ing. **Klaus-Jürgen Friederici**, Kiel

1 Einführung

Die Jahrestagung der Hafenbautechnischen Gesellschaft im Herbst 1983 in Kiel bot der gastgebenden Stadt Gelegenheit und Anlaß, den Hafen und seine Entwicklung in Erinnerung zu rufen und neu vorzustellen. Es war eine Darstellung, in der das projizierte Bild im Vordergrund stand – in den meisten Fällen überzeugender als viele Worte. Dieses läßt sich hier nicht wiederholen. Die folgende Zusammenfassung geschichtlicher Ereignisse und heute gegebener Tatsachen beleuchtet also den Hafen aus einem anderen Blickwinkel. Das Ergebnis soll das gleiche sein!

Zunächst ist zu beachten, daß es eine klare historische Fortentwicklung des Kieler Hafens von den ersten Anfängen bis heute nicht gibt, sofern man darunter eine Kontinuität des Wachstums, der ständigen Erneuerung, Anpassung und Modernisierung versteht. Seine Geschichte ist so kompliziert wie die Schleswig-Holsteins. Sie macht immer wieder, ja fast brutal, deutlich, wie stark übergeordnete Politik und Weltgeschehen das Schicksal einer Stadt und eines Hafens bestimmen können, die sich in diese Rolle wahrlich nicht gedrängt haben. Ganz zwangsläufig taucht dann irgendwann die Frage auf, zu welcher Bedeutung Stadt und Hafen Kiel wohl ohne solche Einflüsse aufgestiegen wären (Abb. 1).

Dabei ist die Zeit zwischen der Stadtgründung im Jahre 1242 durch den Grafen Adolf IV. von Schauenburg in Holstein und der Mitte des 19. Jahrhunderts zwar historisch interessant, für den Hafen aber – noch – nicht entscheidend. Eine Zeitlang gehört Kiel der seebeherrschenden Hanse an, wird von dieser (1518) ausgeschlossen, entwickelt sich aber selbständig weiter und verfügt Mitte des 19. Jahrhunderts schon über einen ansehnlichen Transithandel mit Linienverkehren nach dänischen, norwegischen und schwedischen Häfen sowie 1851 auch nach Petersburg.

Zu diesem Zeitpunkt hatte zwar die Erhebung der Schleswig-Holsteiner gegen die dänische Herrschaft (1848 bis 50) noch keinen Erfolg gehabt, aber der Kampf um Selbständigkeit und Loslösung von Dänemark war nicht beendet. Die Entscheidung fiel dann im deutsch-dänischen Krieg von 1864: Im Frieden zu Wien vom 30.10.1864 werden Schleswig und Holstein den verbündeten Österreichern und Preußen zugeschlagen. Kiel wird preußisch!

Dieses ist der Zeitpunkt, an dem eine neue, das Schicksal der Stadt eigentlich bis heute bestimmende Entwicklung des Hafens beginnt. Nach Verlegung der preußischen Marinestation von Danzig nach Kiel wird die Stadt zunächst Flottenstation des Norddeutschen Bundes und 1871 dann Reichskriegshafen. Dieser Status blieb der Stadt bis 1945 und in seinen Auswirkungen auch darüber hinaus erhalten und dem Handelshafen Kiel nicht erspart.

2 Der innere Hafen: die „Hörn“

Dem nach Kiel kommenden Fremden wird eine Eigentümlichkeit auffallen, die dem einheimischen Kieler so nicht mehr bewußt ist: Alle Anlagen des Handelshafens befinden sich auf dem Westufer. Auf dem Ostufer sind praktisch ausschließlich Werften und andere wassergebundene Betriebe angesiedelt.

Natürlich ergibt sich dieses aus der geschichtlichen Entwicklung der Stadt. Das Stadtzentrum liegt auf dem Westufer, und hier fand also auch der erste Handelsumschlag statt, für dessen Größenordnungen die dort vorhandene Küstenlinie ausreichte.

Auf dem Ostufer hatten sich in der Hauptsache Fischer und kleinere Betriebe angesiedelt. Ein Handelsumschlag wäre für die Verkehrswege und -verhältnisse einfach zu weit vom Zentrum entfernt gewesen. Als dann diese Entfernungen keine Rolle mehr spielten, waren die großen Flächen, die hier zur Verfügung gestanden und ideale Umschlagsmöglichkeiten geboten hätten, schon von der Marine und den Werften besetzt.

So mußte der Hafen also bis heute mit dem auskommen, was zwischen Stadt und Wasser zur Verfügung stand oder noch ins Wasser vorgebaut werden konnte (Abb. 2).

---

* Nach einem bei der 42. Hauptversammlung der Hafenbautechnischen Gesellschaft am 29.9.1983 gehaltenen Vortrag

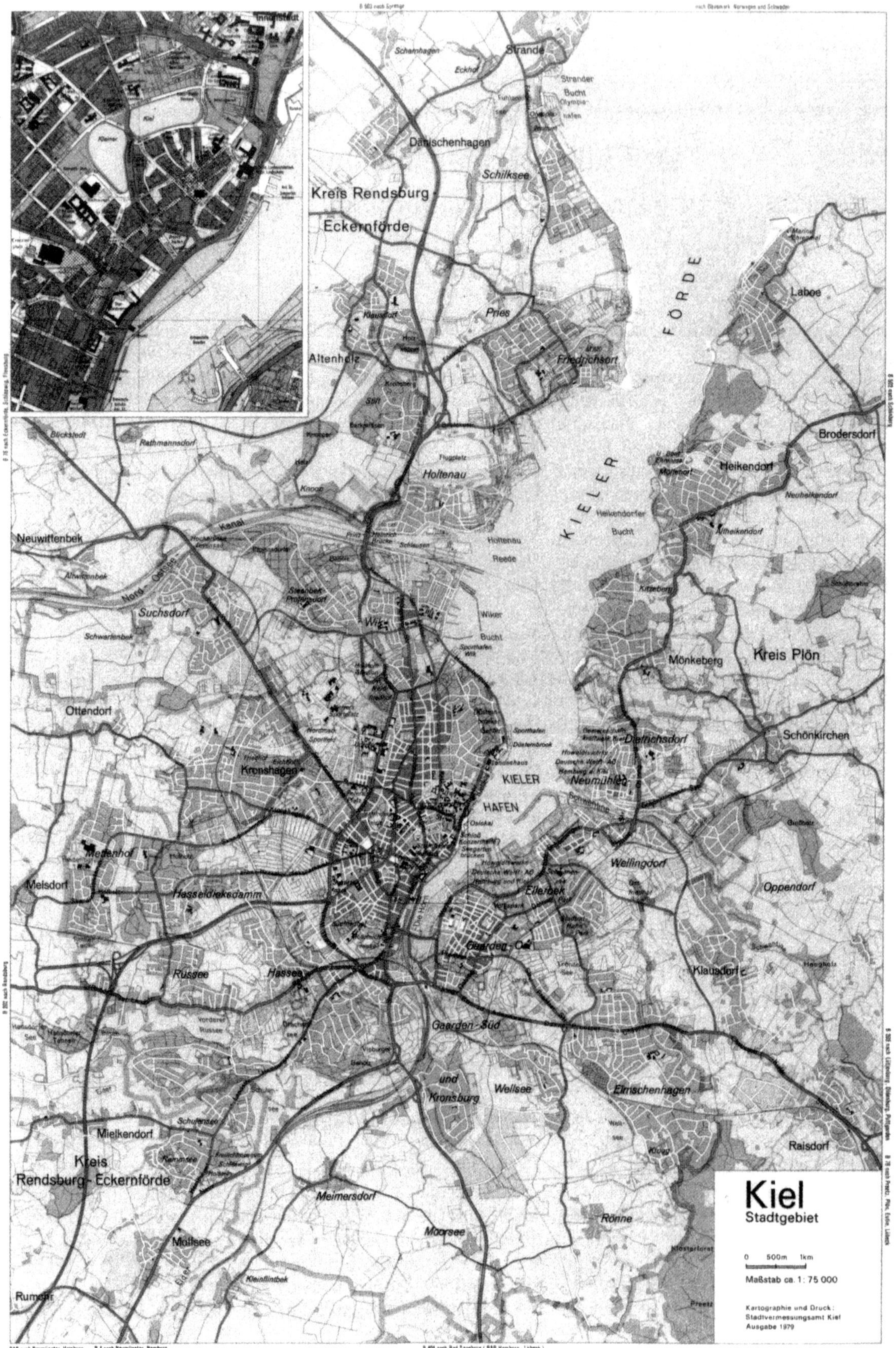

Abb. 1. Kiel, Stadtgebiet

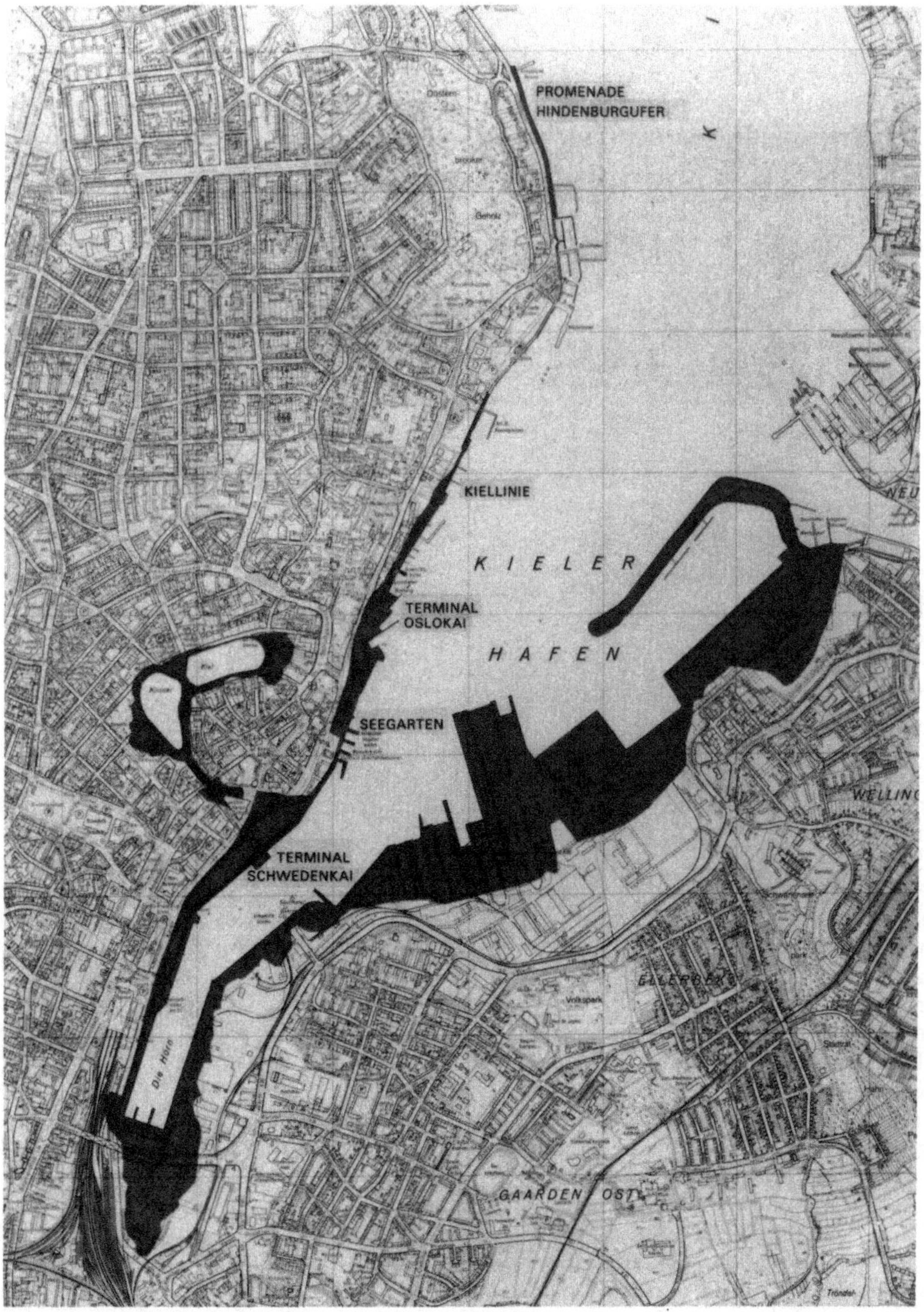

Abb. 2. „Landgewinnung“ im inneren Hafen in den letzten 100 Jahren. Auf dem Westufer der Handelshafen, auf dem Ostufer Marine und Werften

Durch das Reichskriegshafengesetz vom 19. Juni 1883 war von dem südlich der Einfahrt beim Friedrichsorter Leuchtturm gelegenen, rd. 1500 ha großen Teil der Kieler Förde nur der im Bereich der Altstadt gelegene innerste Abschnitt in einer Größenordnung von 30 ha der Handelsschiffahrt vorbehalten. Und an dieser Wasserfläche hatten dann auch noch die schon erwähnten Werften auf dem Ostufer Anteil.

Bei Erlaß dieses Gesetzes waren die dem Handel zur Verfügung stehenden Anlagen schlecht erhalten und ausgerüstet und verfügten auch über eine nur unzureichende Wassertiefe. Der Aufschwung, der sich zu dieser Zeit ankündigte, erforderte also eine grundlegende Erneuerung und Umgestaltung, die sich – abschnittsweise durchgeführt – bis zum Anfang des 20. Jahrhunderts hinzog. Im Jahre 1907 hatte man dann aber auch 2000 m Kai-

Abb. 3. Blick vom Schiffahrtsmuseum auf den Seegarten mit den Anlegebrücken für die Fördeschiffahrt und den Oslokai

Abb. 4. Der innere Hafen. Blick vom Ostufer auf den Sartorikai mit Speichern und Silo und den Oslokai mit Fährschiff der Jahre-Line

mauern auf Pfahlrosten bzw. Holzbohlwerke mit 7 m Wassertiefe und noch einmal 300 m Kaianlagen mit 4,5 m Wassertiefe im „Bootshafen", der einen Teil des Wasserringes um die Altstadt darstellte.

Es konnten nun also auch „besonders tief gehende" Schiffe abgefertigt werden, wenn auch die Kaiflächen nur Breiten zwischen 8 m und 23 m aufwiesen. Aber sie hatten Bahnanschluß mit teilweise gleich drei parallel verlaufenden Gleisen, und die Gesamtfläche der Lagermöglichkeiten in Güterschuppen betrug immerhin rd. 6300 qm. Es waren fünf stationäre, elektrisch betriebene Kräne mit einer Tragfähigkeit von 1,5 t bis 10 t vorhanden. Dazu gab es zwei fahrbare Portalkräne über den Gleisen und zwei „Velocipedkräne" mit je 1,5 t Tragfähigkeit.

Man muß sich diese Daten bewußt machen, wenn man den gleichen und immer noch wichtigsten Abschnitt des Kieler Handelshafens heute betrachtet. Denn was am Ende des 2. Weltkrieges zerstört und verfallen übrig blieb, waren genau diese hier geschilderten Anlagen. Modernisierungen, Reparaturen und geringe Umbauten hatten nichts Grundlegendes geändert.

Wäre es nach dem spontanen Willen bestimmter alliierter Kreise gegangen, so hätte man damals nicht nur Marine- und Werftanlagen zerstört, sondern auch die Reste des Handelshafens und Kiel insgesamt in den Zustand eines Fischerdorfes versetzt. Was die Bevölkerung daraufhin unternahm, würde man heute eine Bürgerinitiative nennen, eine erfolgreiche, denn aufgrund des Protestes wurde die Zerstörung ziviler Anlagen eingestellt. Der Kieler Hafen durfte und sollte wiedererstehen.

Aber als hierfür erste Ansatzpunkte gefunden waren, als man in der Lage war, auch an Investitionen größeren Ausmaßes zu denken, da gab es bereits die Bundesmarine (1956) und damit fast wieder die alte Flächenbeschränkung. In dieser Nachkriegsstunde „Null" mußte die Stadt also ihren Hafenneu- und -ausbau in der Enge der innersten Förde, unmittelbar am Rande der Innenstadt, beginnen.

Der entscheidende Ansatz hierfür bot sich 1960, als die in Norwegen beheimatete Jahre-Line eine regelmäßige Fährverbindung zwischen Oslo und Kiel plante. Die dafür im Hafen Kiel notwendige Investition mußte damals sicher noch als erhebliches Risiko angesehen werden: Wer konnte schon voraussehen oder wagte es sich vorzustellen, welche Entwicklung diese neue Verkehrsart nehmen würde!

Die Kieler Stadtväter hatten nicht nur den Mut, ein solches finanzielles Wagnis einzugehen, sie beschlossen auch, nördlich der Altstadt einen völlig neuen Hafenteil dort zu schaffen, wo sich bisher ein freies Ufer mit einzelnen Bootsstegen befand. Heute ist der „Oslokai" eine Institution, eine Drehscheibe für den Verkehr nach Skandinavien. Schon mehrfach modernisiert und ausgebaut könnte er vier Fährschiffe gleichzeitig annehmen – wofür allerdings die Landflächen nicht mehr ausreichen. Die Jahre-Line (Oslo–Kiel) und die Langeland-Linie (Bagenkop–Kiel) fahren ganzjährig und täglich, und sie befördern längst nicht mehr nur noch Passagiere und deren Autos, sondern auch Güter aller Art in Lastkraftwagen, Aufliegern, Containern usw. Dazu Neuwagen der Automobilproduktion (Abb. 3).

Der südlich an den Oslokai anschließende Bereich bringt dann eine Eigenart des Kieler Hafens besonders zum Ausdruck: die unmittelbare Nähe der Innenstadt läßt eine Trennung zwischen Handels- und Fährhafen einerseits und öffentlichem Publikumsbereich andererseits gar nicht zu. Natürlich führt die enge, oft übergreifende Nachbarschaft gelegentlich auch zu Problemen, aber diese sind selten schwerwiegend. Denn nur in wenigen Fällen wird es dem Bürger wirklich verwehrt, die Wasserkante hautnah zu erleben. Hier, am Seegarten, ist er allerdings die Hauptperson. Von hier fahren die „Dampfer" der Fördeschiffahrt zu den Anlegern der Vororte bis in die Außenförde. Hier liegen Museumsschiffe, und hier ist das kleine, aber feine Schiffahrtsmuseum in einer alten Fischhalle eingerichtet. Hier stauen sich aber auch die Autos der Fährpassagiere nach Dänemark und Norwegen

Abb. 5. Der innere Hafen – die „Hörn"; von unten: Oslokai – Seegartenplatz (Vorfeld Oslokai) mit dem Schiffahrtsmuseum – Satorikai mit alten Speichern – Schwedenkai mit neuem Terminal – Bollhörnkai/Nord – Bollhörnkai/Süd (hier noch im Bau) – Bahnhofskai mit der alten Kailinie. (Foto: Brußat, Freigabe SH 269-1580)

auf dem „Vorfeld Oslokai", und hier rollen auch Container und andere Ladungen von den Fährschiffen in den inneren Hafen (Abb. 4).

Der hiervon wiederum südlich liegende Hafenteil, bestehend aus Sartorikai – Bollhörnkai – Bahnhofskai, entsprach bei Kriegsende noch dem um die Jahrhundertwende entwickelten Konzept: Er verfügte über eine – nach neuen Maßstäben – nur geringe Wassertiefe (7 m – 8 m), besaß praktisch kein Hinterland und nur unzureichende Umschlagsgeräte (Abb. 5).

Zwar gab es inzwischen die Möglichkeit, tiefgehende Schiffe (10 m – 11 m) an den Kajen des Scheerhafens, der unmittelbar südlich des Eingangs zum Nord-Ostsee-Kanal liegt und den man nach Kriegsende von der Marine übernommen hatte, abzufertigen, aber schon standen die Ansprüche der Bundesmarine auf die Südmole dieses Hafens wieder im Raum. Die Stadt mußte die nur gepachtete Mole wieder räumen, bekam allerdings hierfür eine Entschädigung. Und diese bildete dann den Grundstock für den Ausbau des Bollhörnkai.

Um eine solche Investition überhaupt zu rechtfertigen und den Forderungen eines modernen und schnellen Umschlags gerecht zu werden, mußten dabei Grundriß und Silhouette der fast noch mittelalterlich anmutenden Hafenanlage aufgegeben und verändert werden. Die alte Grenze zum Wasser konnte nicht mehr als Maßstab dienen, wollte man Hafenstadt bleiben. Allein die Frage, wie gering die Breite des schlauchartigen innersten Hafens sein dürfe, um nautischen Erfordernissen noch gerecht zu werden, bestimmte die Ausbauplanung. Und nachdem die Antwort hierauf 150 m lautete, wurde eine völlig neue Kailinie in diesem Abstand vom Gegenufer projektiert. Es war ein rigoroser Schnitt, mit dem der historische Hafen Kiel, die alte Bollhörn-Kaizunge – deren hornähnlicher Grundriß diesem Hafenteil einmal seinen Namen gegeben hatte – und die Zufahrt zum alten Bootshafen unter 1 Mio. Kubikmeter Ostseesand verschwanden.

Aber der erreichte Vorteil ging auch über die Vergrößerung der Hafenflächen hinaus: Der am Wasser verlaufende Straßenzug Kaistraße – Eisenbahndamm war dem Verkehrsaufkommen aus dem östlichen und südlichen Umland längst nicht mehr gewachsen. Er mußte verbreitert werden, sollten nicht alle durch die Stadt führenden Straßen diese Ströme aufnehmen müssen und die Innenstadt in ein Verkehrschaos stürzen. Das Ergebnis war also eine dem Verkehrsbedürfnis angepaßte Straße und eine Hafenfläche, mit der man leben kann, wenn man eben die Realitäten hinnimmt, für die es keine Alternativen gibt.

Der gleiche oder doch ähnliche Vorgang wiederholte sich fast 10 Jahre später: Im südlichen Anschluß an den Bollhörnkai wurde der Bahnhofskai auf die 150-m-Distanz zum gegenüberliegenden Ufer gebracht und dabei um fast 24 m ins Wasser vorgezogen. Um der Schiffahrt möglichst einfache Orientierungsmöglichkeiten zu geben,

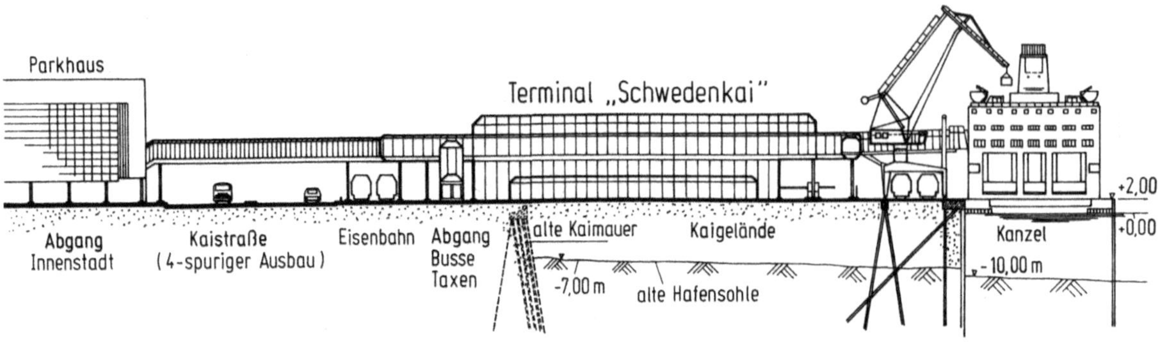

Abb. 6. Schnitt durch die Kaianlage Bollhörnkai – Schwedenkai in Kiel (Verbreiterung um rd. 75 m)

wurde er in Bollhörnkai-Süd umbenannt. Heute ist die alte Kailinie also nur noch im wirklich letzten Abschnitt der innersten Hörn zu erkennen. Und hier wird wohl in absehbarer Zeit keine so umfangreiche Erweiterung erfolgen, da Förde- und Ausflugsschiffahrt, die an dieser Stelle ihren Ausgangs- und Endpunkt haben, mit den vorhandenen Landflächen auskommen.

Sein neues Erscheinungsbild erhielt der hier beschriebene innere Hafen dann 1982 mit der Fertigstellung und Inbetriebnahme eines neuen Fährterminals auf dem nördlichen Bollhörnkai, der aus diesem Anlaß in „Schwedenkai" umbenannt wurde (Abb. 6).

Nachdem der Oslokai die neuen Fährschiffs-Dimensionen der zwischen Göteborg und Kiel verkehrenden Stena-Line nicht mehr aufnehmen und auch nicht entsprechend erweitert oder umgebaut werden konnte, mußte diese Linie „umziehen". Schon bei den ersten Überlegungen zum Bau des neuen Bollhörnkai, 12 Jahre früher, war diese Möglichkeit eingeplant worden, getreu dem Konzept, daß der Hafen jederzeit in der Lage sein müsse, seinen „Anzug zu wechseln", wenn die Schiffahrtskunden dieses fordern sollten. Seit der Eröffnung des Terminals am 21. Juni 1982 besitzt Kiel damit eine Anlage, die funktionell und gestalterisch sicher keinen Vergleich mit anderen Häfen zu scheuen braucht.

Und noch einmal ist für jede Phase der hier geschilderten baulichen Entwicklung des inneren Hafens seit dem 2. Weltkrieg und insbesondere in den 70er Jahren die unmittelbare Nähe dieses Bereiches zur Innenstadt zu beachten. Während andere Städte ihre Hafenerweiterungen zumeist auf der „grünen Wiese" oder zumindest außerhalb empfindlicher Stadtteile vornehmen konnten, gab es in Kiel keine solche Alternative. Eine Art Kuriosum sicherlich an einem so ausgedehnten Naturhafen mit über 50 km Uferlänge – aber aus den schon geschilderten Gründen nicht zu ändern. Die hiermit verbundene Aufgabe, Rücksicht auf die Stadt zu nehmen und auch in der Innenstadt wenigstens die historische und gefühlsmäßige Verbindung zum Wasser aufrechtzuerhalten, ohne die wirtschaftliche Funktion des Hafens mehr als notwendig zu beeinträchtigen, kann wohl als gelöst angesehen werden. Auch früher besorgte und kritische Alt-Kieler haben sich nicht nur an die neue Situation gewöhnt, sondern anerkennen auch Lösungen, die vor allem der Hafen als ein Lebens- und Wirtschaftsfaktor der Stadt brauchte.

3 Der Nordhafen

Bereits während des Baues des Kaiser-Wilhelm-Kanals (heute: Nord-Ostsee-Kanal) gab es in der Verwaltung der Stadt nicht nur die Idee, sondern sogar umfangreiche und exakte Pläne, am Ein- und Ausgang dieses Kanals in der Wiker Bucht einen neuen, großen Hafen anzulegen. Damit wollte man aus dem neuen Schiffahrtsweg Nutzen ziehen und sich gleichzeitig aus der Enge des inneren Hafens befreien.

Eine zukunftsweisende Idee! Aber obwohl das Projekt von den Aufsichtsbehörden schon genehmigt war, scheiterte es an dem Widerstand des Rates der Stadt. Als man dann anderen Sinnes wurde, hatte die Marine schon zugegriffen und auch ein fünfjähriger Prozeß um die Besitzrechte am Hafen und am Strand nutzte nichts mehr. Allerdings wurde der Stadt als „Ersatz" das Recht zugestanden, am Südufer des neuen Kanals, westlich der Holtenauer Hochbrücke (Prinz-Heinrich-Brücke) eine Hafenanlage auszubauen. Das Reich beteiligte sich sogar an den Kosten hierfür, indem es die entsprechende Erweiterung des Kanalquerschnittes an dieser Stelle übernahm.

Mit dem Ausbau der Kaianlage wurde dann 1920 begonnen, also nach der ersten Kanalerweiterung von 1914. Im Jahre 1924 gab es dann schon 470 m Kailänge, einen 12 000-t-Speicher, 13 000 qm stadteigene und private Schuppenfläche und eine Reihe von Umschlagskränen. Vorsorglich hatte man außerdem weiter westlich zusätzliches Gelände angekauft und schon die Böschung bis auf Kaihöhe abgetragen, um weitere 600 m Kaimuaer bauen zu können.

Abb. 7. Der Nordhafen am Nord-Ostsee-Kanal. Von links: Getreidesilo – Verbreiterung um 12 m – Schwimmender Bug-Heck-Anleger – Halle für Papierumschlag

Diese Erweiterung erfolgte dann allerdings erst in den 60er Jahren, wobei die Kailinie nun aber um 12 m vorgeschoben werden konnte, da der Kanal inzwischen durch die Zurücknahme des Nordufers verbreitert worden war. Mit der Installation von zwei Portalkränen, zwei wasserseitigen Eisenbahngleisen und einem schwimmenden Bug-Heck-Anleger gewann der Hafen dann immer mehr an Bedeutung, die man schon um die Jahrhundertwende angestrebt und vorausgesehen hatte (Abb. 7).

Eine weitere Vergrößerung der Hafenfläche war dann nur noch durch die Verbreiterung zur Landseite zu erreichen. Und das bedeutete die Abtragung der immerhin 20 m hohen Böschung. Aber man erwarb rechtzeitig einen entsprechend breiten Streifen, wenn auch die Absicht, dieses Gelände für den Hafen nutzbar zu machen, erst 1963 wieder aufgegriffen wurde. Und wieder vergingen einige Jahre, bis die Stadt 1969 finanziell in der Lage war, einen ersten Abschnitt der Böschungsverlegung in Angriff zu nehmen. Zwar wurde dann nichts aus dem Projekt, dort eine besondere Betonsteinproduktion aufzunehmen, aber heute steht hier eine 8000 qm große Lager- und Umschlagshalle für finnisches Papier. Und dieser Umschlag braucht schon jetzt mehr Raum.

Wie schon beschrieben, ist das hierzu notwendige Abtragen eines weiteren Böschungsabschnittes durch Erwerb und planerische Festlegung seit langem vorbereitet. Trotzdem stößt dieser Vorgang jetzt auf Schwierigkeiten: Im Zeichen einer neuen Umweltbeurteilung glaubt man, die Entfernung des mittlerweile auf dem Hang entstandenen Bewuchses nicht mehr vertreten zu können. Eine Wiederanpflanzung auf der neu entstehenden Böschung wird nicht als ausreichende Lösung angesehen. Sollte sich diese Auffassung durchsetzen, wäre die hier beschriebene Entwicklung des Nordhafens abgeschlossen – allerdings bevor man das schon um die Jahrhundertwende erkannte und angestrebte Ziel erreicht hätte!

Immerhin war ja der Nordhafen der selbst vom Reich geförderte Ausweg aus der Sackgasse, in der alle Versuche der Stadt stecken blieben, in der Förde, außerhalb des Innenstadtbereiches, ein eigenes und zukunftsträchtiges Hafenareal auszubauen.

Das Scheitern des Projektes in der Wiker Bucht – heute der Tirpitzhafen der Marine mit umfangreichem Hinterland – wurde schon erwähnt. Im Jahre 1919, also kurz nach dem 1. Weltkrieg, gelang es dem Magistrat der Stadt, einen Teil des „Marinekohlenhofes" am Ausgang des Nord-Ostsee-Kanals auf 20 Jahre zu pachten und eine Verlängerung dieser Pacht um weitere 10 Jahre für den Fall zu vereinbaren, daß das Reich diese Anlage nicht für eigene Zwecke benötige.

Der Ausbau der angepachteten 300 m langen und 100 m breiten massiven Kaizunge und einer 325 m langen hölzernen Verladebrücke dauerte von 1920–24. Dann besaß man einen Freihafen, d.h. einen Zollausschlußbereich mit 800 m Kailänge am tiefen Wasser, 7000 qm Schuppenfläche auf dem Kai und 11 000 qm im Hinterland sowie einen Eisenbahnanschluß. Ein hoffnungsvoller Anfang – aber nach 20 Jahren schrieb man das Jahr 1940, und spätestens da war der Traum eines Handelshafens zu Ende.

Nach dem 2. Weltkrieg begann die Sache dann von vorne: Die Stadt konnte einen Teil, nämlich die Nordseite, der oben erwähnten Kaizunge übernehmen. Aber wiederum war es nur Pachtgelände und nicht Eigentum. Als solches erhielt sie allerdings die Nordmole dieses Hafenbeckens und damit einen Stützpunkt am Kanaleingang und tiefen Wasser. Das nach dem ehemaligen Marinehafen „Scheermole" genannte Bauwerk hat eine Länge von rd. 300 m und eine nutzbare Breite von rd. 50 m. Die hafenseitige Kaimauer verfügt über eine Wassertiefe von 11 m, während die zur Kanalein- und -ausfahrt gerichtete Nordseite aus einer befestigten Böschung besteht. Der Scheerhafen hat Anschluß an die stadteigene Eisenbahn Suchsdorf–Kiel/Wik.

Diese Scheermole blieb der Stadt also erhalten. Den gepachteten Abschnitt auf der anderen Seite des Hafens, die „Südmole“ aber mußte sie Ende der 60er Jahre wieder herausgeben, wenn auch gegen eine Entschädigung, die ihr den schon erwähnten Grundstock zum Bau des Bollhörnkai verschaffte.

4 Der Hafen Voßbrook

Die Darstellung der immer wieder betriebenen Pläne der Stadt, irgendwo an den Ufern der so idealen Förde einen großen Hafen anzulegen, wären unvollständig ohne die Erwähnung des Projektes „Freihafen bei Voßbrook“. Allerdings ist dieses schon so früh gescheiterte Projekt kaum noch in der Erinnerung selbst alter Kieler.

Die Voßbrooker Bucht liegt zwischen dem Eingang zum Nord-Ostsee-Kanal und der Friedrichsorter Enge. Hier hatte die Stadt nach dem 1. Weltkrieg das gesamte Ufergelände mit rd. 150 ha Hinterland und den schon begonnenen Ausbauten einer U-Boot- und Torpedoboot-Werft der Kaiserlichen Marine erworben. Hier sollte der Ausgleich für das aufgegebene Hafenprojekt in der Wiker Bucht geschaffen werden. Man hatte schon Pläne und begann ihre Verwirklichung mit der Herstellung eines Schutzdammes von 680 m Länge, dessen Bodenmassen aus der Einebnung des künftigen Hafen-Hinterlandes gewonnen wurden. Als der Schutzdamm 1929 fertig war, hatte man ein Vorhaben begonnen, dessen Kosten zu dieser Zeit auf immerhin 110 Mio. Mark veranschlagt waren und das der Stadt wirklich einen Handelshafen beschert hätte.

Eine weitere Beschreibung dieses Projektes erübrigt sich, denn schon 1934 mußte das gesamte Areal an das Reich zurückgegeben werden. Nach dem 2. Weltkrieg konnte die Stadt den Schutzdamm, die heutige „Mole Stickenhörn“ eine Reihe von Jahren nutzen und auf seiner Südseite, der Hafenseite, geflüchtete ostpreußische Fischer und später auch Sportboote unterbringen. Dann beanspruchte die Marine auch diesen schmalen Hafenteil für sich und forderte die Stadt zur Räumung auf.

Mit einiger Mühe gelang es, wenigstens für die Mole Stickenhörn, den alten Schutzdamm, einen Kompromiß zu finden. Sie wurde der Stadt überlassen, die sie zu unterhalten hat. Im Bedarfsfall hat die Marine darüber hinaus ein Mitbenutzungsrecht. Aber damit war wenigstens der Bevölkerung der angrenzenden Wohngebiete der Zugang zum Wasser erhalten, und die Stadt konnte auf der noch freien Nordseite der Mole einen neuen Hafen für Sport- und Fischerboote anlegen. Natürlich brauchte dieser Hafen nun seinerseits wieder ein Schutzbauwerk gegen die offene See. Da tragfähiger Boden hier erst 25 m unter N. N. und tiefer anstand, war aus Kosten- und Platzgründen an einen neuen Molendamm nicht zu denken. Es wurde also eine bis auf – 2,5 m N. N. reichende Tauchwand aus Stahlbeton-Fertigteilen gebaut, die auf Bockkonstruktionen aus Stahlpfählen gelagert ist. Ein in die Konstruktion integrierter, aussteifender Steg ermöglicht die Begehung und die Ausstattung der gesamten Molenlänge mit Bootsliegeplätzen (Abb. 8).

Mit dieser Anlage wird gleichzeitig auch der alte Molendamm geschützt, der, wie beschrieben, aus dem vorhandenen Boden aufgeschüttet wurde. Zwar dürften die Setzungen dieses Dammes innerhalb von 50 Jahren weitgehend abgeklungen sein, aber die mit einem Naturstein-Deckwerk befestigten Böschungen neigen immer noch zu Nachsetzungen und Rutschungen. Extreme äußere Einflüsse werden nun durch den vorgebauten neuen Hafen ferngehalten.

5 Ein neuer Hafen für Kiel?

Das Thema wiederholt sich eigentlich zu oft: Wo immer die Stadt in über 100 Jahren versuchte, ein großflächig zusammenhängendes Hafenareal in die Hand zu bekommen, ist sie früher oder später gescheitert, mußte

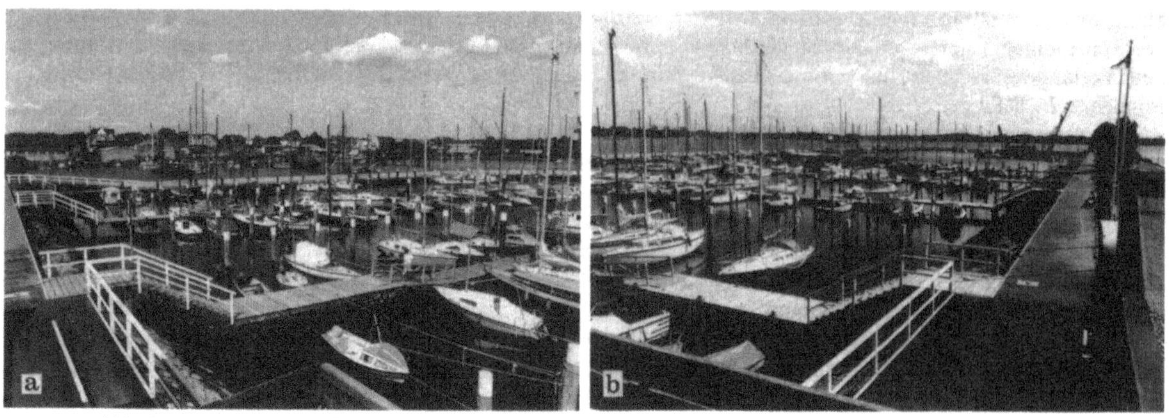

Abb. 8 a und b. Die Mole Stickenhörn (früher: Hafen Voßbrook) mit dem 1983 eröffneten neuen Sporthafen; a) Blick zum Friedrichsorter Ufer; b) Blick zur Förde

sie höheren Interessen nachgeben oder weichen. Könnte sich diese fatale Situation überhaupt noch einmal ändern? Gibt es überhaupt noch eine Chance?

Wohl nur, wenn Marine oder Industrie sich aus solchen Flächen endgültig zurückziehen, denn im Natur-, Erholungs- oder Freizeitbereich muß eine Möglichkeit ausgeschlossen werden.

Die anhaltende Krise des Schiffbaues, verursacht durch gewaltige Überkapazitäten und sinkende Nachfrage, hat auch die größte deutsche Werft, die Howaldtswerke-Deutsche Werft AG in Kiel zu rigorosen Maßnahmen der Rationalisierung veranlaßt. Auf dem Ostufer wurde eine ganze Werftanlage stillgelegt, aufgegeben und der Stadt Kiel zum Kauf angeboten. Die Wirtschaftsstärke der Stadt, lange entscheidend geprägt durch das Umsatz- und Beschäftigungsvolumen gerade dieser Werft, könnte also im Hafenbereich neuen Auftrieb erhalten. Macht man sich die Geschichte des Handelshafens Kiel bewußt, könnte hier ein Traum wahr werden!

Aber geschichtliche Vorgänge wiederholen sich auch: Wie vor fast 100 Jahren tun sich die Stadtväter schwer in dieser zukunftsbestimmenden, politischen Entscheidung. Finanzielle Lähmung und betontes Umweltdenken sind zwar legitime Gewichte, ob sie aber entscheidende Hindernisse hätten sein dürfen, wird vielleicht erst die nächste Generation beurteilen![1]

6 Die Stadt am Wasser

Eine Darstellung der Stadt Kiel wäre unvollständig, würde man nicht den Begriff der Hafenstadt durch den Zusatz „Stadt am Wasser“ ergänzen. Mit besonderer Betonung und wohl auch Berechtigung wird immer wieder die Lebensqualität dieses Raumes hervorgehoben. Hier wird manches ausgeglichen, was sonst als der Nachteil der Entfernung zu den wirtschaftlichen Ballungsräumen der Bundesrepublik gilt (Abb. 9).

Natürlich merkt der Bürger nichts von den Problemen des Handelshafens Kiel und kann sie sich auch nicht vorstellen angesichts des regen Schiffsverkehrs auf dem Nord-Ostsee-Kanal, in der äußeren Kieler Förde und in der Kieler Bucht. Für ihn gibt es großzügige Promenaden und Wanderwege an Wald und Wasser, die Möglichkeit, mit dem bequemen Schiff aus von den Fördevororten den Arbeitsplatz in Kiel zu erreichen, Strandbereiche noch innerhalb des Stadtgebietes und die Vielfalt der Wassersportarten.

Kiel, das „Mekka der Segler“, war zweimal Austragungsort der Olympischen Segelwettbewerbe und veranstaltet mit der jährlichen „Kieler Woche“ eines der entscheidenden segelsportlichen Ereignisse auf der Welt. Eine ganze Kette von Sportboothäfen zieht sich vom inneren Hafen bis in die nördlichen Vororte hinaus, und die hier gebauten Anlagen und Einrichtungen haben schon vielen anderen Häfen als Beispiel und Anregung gedient.

Zusammengefaßt kann man all dies den Freizeitwert nennen, einen Begriff, der angesichts der Passagiere der Ostseefähren und der Ausflugsschiffe, der Touristen und Sportler nicht zwangsläufig mit Unproduktivität und Inaktivität gleichgesetzt werden darf. Für Kiel ist er ein Aktivposten, dessen Wert sicher noch steigen wird. Denn welche Entwicklung der Hafen immer nehmen wird, ob er die Chance erhält, die seinen natürlichen Gegebenheiten entsprechen würde: die Stadt selbst wird das bleiben, was die meisten der Mitmenschen an ihr schätzen: die „Stadt am Wasser“.

Abb. 9. „Stadt am Wasser“. Das nach dem Eiswinter 1978/79 neu gebaute Hindenburgufer

1 Nachtrag: Am 1. Januar 1985 hat die Stadt das Werk Dietrichshof der Howaldtswerke-Deutsche Werft AG (HDW) erworben. Damit ist der Grundstein für einen neuen Abschnitt der Kieler Hafengeschichte gelegt worden

Der Nord-Ostsee-Kanal

Stand der Verkehrsentwicklung und Bestandssicherung

Ltd. Baudirektor a.D. Dipl.-Ing. **Gerhard Schütt**, Kiel

1 Einführung

Als in der Reihe der Jahrbücher der Hafenbautechnischen Gesellschaft über den Nord-Ostsee-Kanal 1972 berichtet wurde, geschah dies vor dem Hintergrund seines 75jährigen Bestehens, das im Jahre 1970 festlich begangen worden war. Damals Anlaß genug für einen Rückblick auf die geschichtliche Entwicklung dieser für den Weltseeverkehr so bedeutenden Wasserstraße, die bis dahin in einer außerordentlichen Steigerung der Schiffspassagen und mehr noch der beförderten Ladung abgelesen werden konnte. Hierauf braucht daher nicht näher eingegangen zu werden.

Wenn jedoch vom Nord-Ostsee-Kanal in seiner geschichtlichen Bedeutung die Rede ist, darf ein Hinweis auf den Schleswig-Holsteinischen Kanal, den er ablöste und ersetzte, nicht fehlen. Dies um so weniger, als sich der Tag seiner Eröffnung am 18. Oktober 1784 im Jahre 1984 zum zweihundertsten Male jährte.

Hält man sich die technischen Möglichkeiten des ausgehenden 18. Jahrhunderts vor Augen, so ist der Kanal, der den glazialen Höhenrücken zwischen der Kieler Förde und der Untereider bis Rendsburg in drei Stufen überwandt, wie die Baugeschichte eindrucksvoll bezeugt, eine bautechnische wie organisatorische Leistung ersten Ranges gewesen. In der Festschrift zur Feier seines hundertjährigen Bestehens heißt es denn auch: „Die Herzogtümer hatten den Ruhm errungen, in den Besitz des bis dahin größten Kanals in ganz Europa gelangt zu sein". Doch dieser Ruhm war bereits Geschichte, denn er war mit dem heraufziehenden Maschinenzeitalter, der raschen Zunahme der Größe der Schiffe sowie der Entwicklung vom Segelschiff zum Dampfschiff zunehmend blasser geworden. So hatte der Gedanke eines modernen Ansprüchen der Seeschiffahrt genügenden Schiffahrtskanals von der Elbe zur Kieler Förde um diese Zeit bereits konkrete Gestalt angenommen. Planungen eines solchen Kanals, der anders als sein Vorgänger zwischen Schleusen allein an seinen Enden auf der Höhe des mittleren Wasserspiegels der Ostsee verlaufen sollte, gehen auf das Jahr 1864 zurück. Den Nachweis der Wirtschaftlichkeit des Projektes führte der Schiffsreeder Hermann Dahlström in seiner Denkschrift „Die Ertragsfähigkeit eines schleswig-holsteinischen Schiffahrtskanals". Sie trug nach langwierigen Auseinandersetzungen über die politische, militärische und wirtschaftliche Zweckmäßigkeit des Kanals ganz wesentlich dazu bei, daß der Deutsche Reichstag das „Reichsgesetz betreffend die Herstellung des Nord-Ostsee-Kanals" am 16. März 1886 beschloß.

Mit dem 1888 beginnenden Bau des Nord-Ostsee-Kanals wurde die alte Verbindung von Nord- und Ostsee den aktuellen Bedürfnissen der Schiffahrt entsprechend gänzlich erneuert; vor allem, indem der Kanal anstelle der tidebeeinflußten Untereider durch eine von Rendsburg zur Elbe bis Brunsbüttel verlaufende neue Trasse verlängert wurde. Dennoch sind in der nun auch schon 90jährigen Geschichte dieses Kanals immer wieder Maßnahmen erforderlich geworden, ihn den wachsenden Anforderungen der Seeschiffahrt und den Entwicklungen der Technik und der Organisation entsprechend zu erweitern, auszubauen oder anzupassen. Seine umfassendste Erweiterung mit einer Vertiefung und Verdoppelung der Sohlenbreite und des Wasserquerschnitts, dem Bau neuer Schleusen und Brücken erfuhr der Kanal 1907–1914. Mit einer erneuten Verdoppelung der Sohlbreite wurde 1965 begonnen. Die Ausführung wird sich bis in die 90er Jahre erstrecken. Über den gegenwärtigen Stand der Verkehrsentwicklung und des 1960 begonnenen Programms zur Bestandssicherung wird im folgenden berichtet.

2 Entwicklung des Kanalverkehrs

2.1 Wegevorteil der Kanalpassage

Als der Schiffahrt die neue Kanalverbindung zwischen Elbe und Ostsee 1895 eröffnet wurde, standen die Industriestaaten am Beginn einer unvorstellbaren technischen und wirtschaftlichen Entwicklung. Unter dem

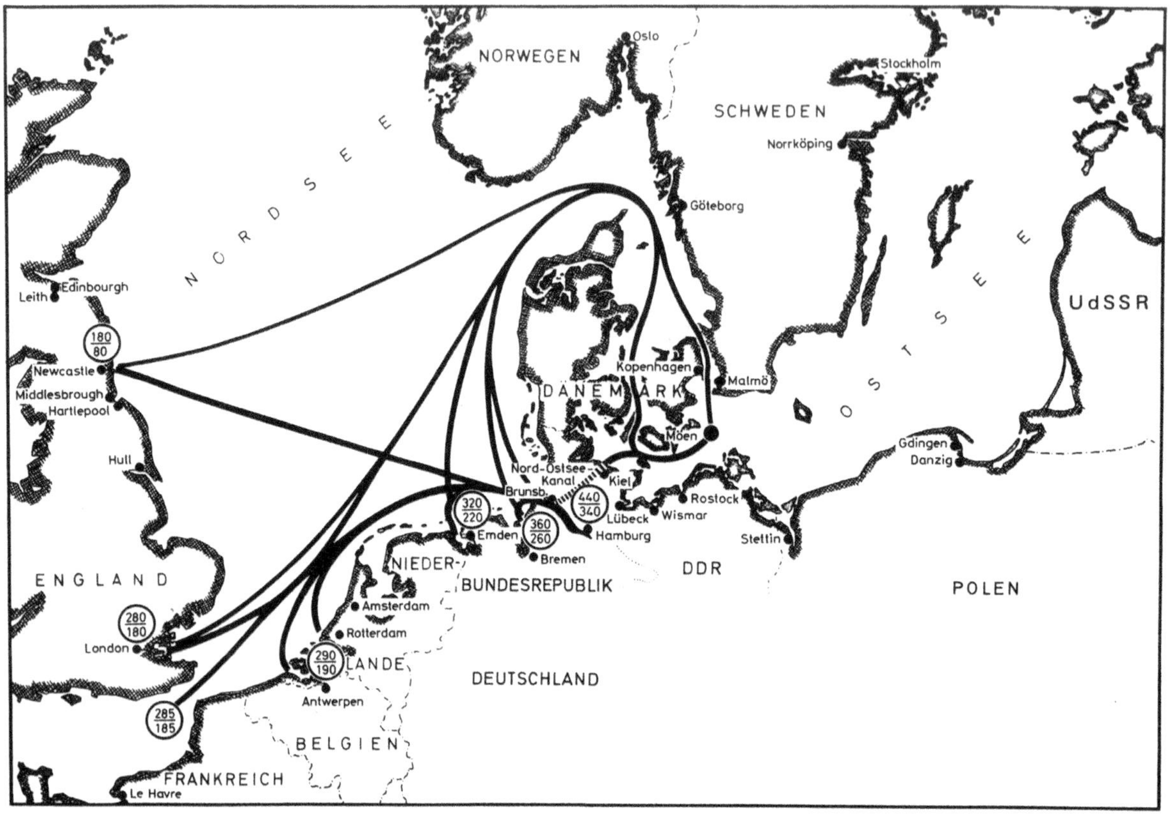

Abb. 1. Die Wegevorteile durch den Nord-Ostsee-Kanal gegenüber dem Weg um Kap Skagen

Einfluß eines nach der Jahrhundertwende stetig expandierenden Welthandels wuchs auch die verkehrswirtschaftliche Bedeutung des Nord-Ostsee-Kanals. Sie hat die Vorstellungen seiner Erbauer weit übertroffen.

Dabei ist der Wegevorteil gegenüber der Fahrt um Kap Skagen nicht gerade bedeutend, vergleicht man ihn mit der Verkürzung des Weges um Kontinente, die Suezkanal oder Panamakanal bieten. Die mit der Kanalpassage verbundenen Wegevorteile zeigt Abb. 1 für den in der Ostsee angenommenen Bezugspunkt vor der dänischen Insel Møn. Schiffe mit einem Tiefgang von mehr als 7,5 m können den Øresund nicht mehr passieren. Sie müssen den 100 sm längeren Weg durch den Großen Belt benutzen.

Dabei ist folgendes zu bedenken. Ein Schiff mit einer Reisegeschwindigkeit von 15 kn – einer Geschwindigkeit, die bei den heutigen Brennstoffpreisen im allgemeinen schon über der economic speed liegt – erzielt durch

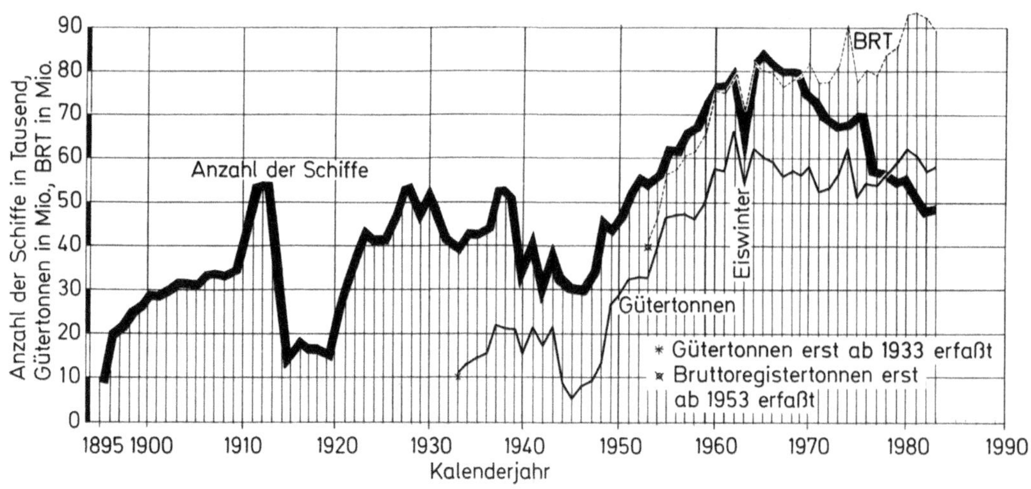

Abb. 2. Gesamtverkehr im Nord-Ostsee-Kanal von 1895 bis 1983

den Suezkanal 10 Tage, beim Panamakanal sogar 15 Tage Zeitgewinn, während der Nord-Ostsee-Kanal gegenüber der Fahrt durch den Øresund lediglich 8 Stunden, durch den Großen Belt 14 Stunden erspart. Dabei wächst der Zeitgewinn mit der Häufigkeit kurzer Reisen. Unter diesen Umständen kommt es auf jede halbe Stunde an. So gilt es bei allen Maßnahmen, die der Erhaltung des Kanals und der Verbesserung seiner Anlagen dienen, zugleich auch eine Beschleunigung des Verkehrsablaufs und damit eine Verkürzung des Zeitbedarfs für die Kanalpassage zu erreichen, um auf diese Weise den Verkehrswert des Kanals zu verbessern.

Dabei wird unter Bruttoverkehrswert die Summe der Vorteile verstanden, die für eine Schiffsreise dadurch entstehen, daß statt der Skagenroute der Nord-Ostsee-Kanal gewählt wird. Diese Vorteile bestehen aus der in Geld bewerteten Zeitersparnis und der Ersparnis an Brennstoffkosten. Um den Anreiz zur Kanalpassage zu erhalten, kann der Bruttoverkehrswert durch Abgaben für die Kanalbenutzung – die sich aus den Kosten für die Inanspruchnahme von Lotsen, Kanalsteurern und Maklern sowie den Befahrungsabgaben zusammensetzen – tariflich nicht voll ausgeschöpft werden. Ein gewisser Teil davon, der Nettoverkehrswert, wird der Schiffahrt belassen. Das positive Ergebnis ist ein hoher Anteil, den der Verkehr durch den Nord-Ostsee-Kanal an der allgemeinen Entwicklung des externen Ostseeverkehrs mit Seeschiffen auch heute noch hält. Präzise Angaben sind wegen der lückenhaften Erfassung der Schiffsbewegungen auf der Skagenroute jedoch nicht möglich.

2.2 Verkehrsentwicklung

Der in der Zahl der Schiffsdurchfahrten 1913 erreichte Spitzenwert (Abb. 2) stellt sich im Verlauf des politisch wie weltwirtschaftlich bedingten Auf und Ab des Welthandels zwar 1928 und 1938 – allerdings mit verdoppelter Bruttotonnage – nochmals ein, wird aber erst 1952 übertroffen. Dies geschieht im Verlauf einer seit 1947 abermalig äußerst expansiven Entwicklung des durch steigenden internationalen Warenaustausch angeregten Seeverkehrs, mit der der Kanalverkehr korrespondiert, wenngleich sich Strukturwandlungen in der Seeschiffahrt (wachsende Schiffsgeschwindigkeiten und Schiffsgrößen sowie die Entwicklung von Spezialschiffen) zugleich teilweise nachteilig auf den Kanalverkehr auswirken. So werden 1964 Spitzenwerte für Bruttotonnage und Ladung, 1965 für die Zahl der Schiffe erreicht, mit denen diese von einem beträchtlichen Aufwärtstrend getragene, nur kurzzeitig von Konjunktureinbrüchen der internationalen Schiffahrt und einem Eiswinter (1963) unterbrochene Entwicklung endet. Der danach auf dem erreichten Niveau verharrende Verlauf der Verkehrsdaten zeigt bereits die konjunkturelle Abschwächung, mit der Ladungsmangel und ein Überangebot an Tonnage einhergehen.

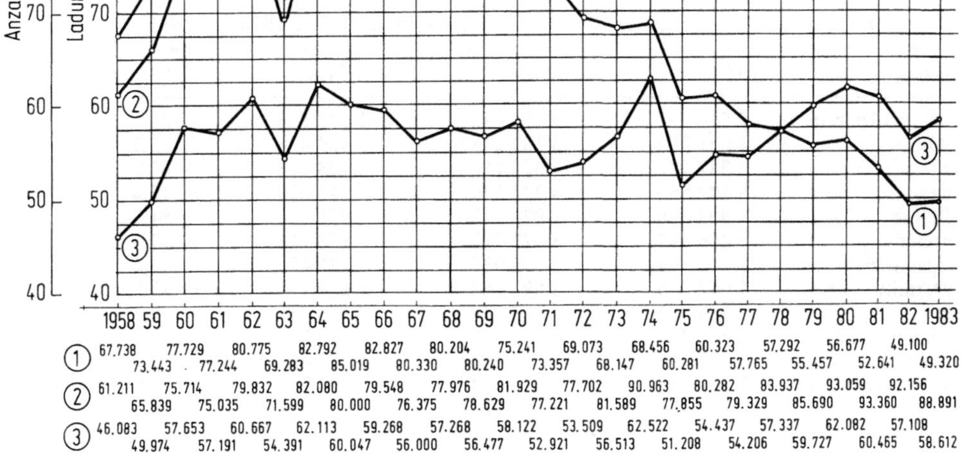

Abb. 3. Verkehr auf dem Nord-Ostsee-Kanal von 1958 bis 1983

Von 1970 an ist die Zahl der den Nord-Ostsee-Kanal passierenden Schiffe dann ständig rückläufig, wird der Spitzenwert für die beförderte Ladungsmenge nur 1974 geringfügig überschritten, 1980 nochmals knapp erreicht, nimmt nur die Bruttotonnage bis 1981 noch deutlich zu (Abb. 3). Erst mit den ab 1981 fallenden Verkehrsdaten macht sich der Einfluß der rezessiven Entwicklung dann voll bemerkbar. Aber bereits ab Mitte 1983 hat sich die Nachfrage nach Transportleistungen, die bis dahin durch ein Überangebot an freier Transportkapazität gekennzeichnet war, im Zeichen einer allgemeinen Erholung des Marktes wieder verstärkt. Diese erfreuliche Entwicklung hat zu einer besseren Auslastung der Schiffahrt geführt. Mit geringerer Bruttotonnage und etwa gleicher Schiffszahl wurde durch den Kanal eine größere Ladungsmenge transportiert.

2.3 Strukturelle Einflüsse auf die Kanalbenutzung

Wachsende Schiffsgeschwindigkeiten verringern die aus der Verkürzung des Weges zu erzielende Zeitersparnis und damit den Bruttoverkehrswert. Wenn der Nord-Ostsee-Kanal diese Entwicklung dennoch nicht voll zu spüren bekommen hat, so deshalb, weil sich die Geschwindigkeiten auf der Skagenroute den geographischen Gegebenheiten entsprechend in Grenzen bewegen, die den Verkehrswert des Kanals noch nicht ernsthaft gefährden. Im übrigen hat dieser Effekt der hohen Brennstoffkosten wegen wieder an Bedeutung verloren.

Wachsende Schiffsgrößen mindern die Zahl der möglichen Benutzer des Kanals, den aufgrund der gegebenen Wassertiefe voll beladen nur Schiffe bis zu rd. 13 000 BRT (25 000 tdw) mit einem Tiefgang bis zu 9,5 m passieren können. Größere Schiffe werden ihren Abmessungen entsprechend mit geringerem Tiefgang und daher nur teilbeladen zugelassen. So haben schon in Ballast fahrende Schiffe von 36 000 BRT den Kanal benutzt. Betroffen ist vor allem der Transport von Massengut.

Demgegenüber hat sich die zunehmende Spezialisierung der Schiffstypen (RoRo-Schiffe, Containerschiffe und andere Spezialschiffe) für den Nord-Ostsee-Kanal im großen und ganzen positiv ausgewirkt. Obwohl kapitalintensive Spezialschiffe in der Regel auch schnelle Schiffe sind, bleibt die Kanalroute für sie interessant, da selbst eine Zeitersparnis von wenigen Stunden es ihnen ermöglicht, mehr Reisen pro Jahr durchzuführen und damit die Rentabilität der kapitalintensiven Investitionen zu steigern.

Besonders positiv hat sich die sogenannte Energiekrise auf den Kanalverkehr ausgewirkt. Die außerordentliche Verteuerung der Brennstoffe hat den Bruttoverkehrswert erheblich ansteigen lassen und dies progressiv mit der Größe der Schiffe, da der Anteil der Brennstoffkostenersparnis am Bruttoverkehrswert mit der Schiffsgröße zunimmt. Immerhin macht die Brennstoffkostenersparnis bei Schiffen über 6000 BRT bereits 80 v.H. des Bruttoverkehrswertes aus. Dies zeigt, in welchem Maße der Bruttoverkehrswert gerade dieser Größenklasse von Veränderungen der Brennstoffpreise abhängt. Daraus folgt, daß der Kanal bei den gegenwärtigen Energiepreisen in Konkurrenz zum Skagenweg nach wie vor als sehr attraktiver Transitweg zwischen der Nord- und Ostsee angesehen werden darf, sofern der Schiffahrt ein angemessener Nettoverkehrswert verbleibt. Dies mag auch die Verkehrsspitze des Jahres 1974 zu einem wesentlichen Teil erklären.

2.4 Veränderungen in der Struktur des Kanalverkehrs

2.4.1 Güterstruktur

Tragende Säule des Kanalverkehrs ist nach wie vor das Massengut. Sein Anteil von rd. 70 v.H. ist im Vergleich der Zahlen von 1970 und 1983 (Tabelle 1) unverändert. Innerhalb der Massenguttransporte haben sich jedoch in

Tabelle 1. Güterstruktur des Transitverkehrs auf dem NOK in den Jahren 1970 und 1983

Güterart	1970	1983	absolut	v. H.
Erdöl und Derivate	4 540 976	3 137 443	– 1 403 533	– 30,9
Kohle	7 021 994	3 152 518	– 3 869 476	– 55,1
Erze	2 337 272	929 156	– 1 408 116	– 60,2
Holz	5 577 560	6 324 570	+ 747 010	+ 13,4
Zellulose	1 903 456	872 432	– 1 031 024	– 54,2
Getreide	2 206 497	3 073 213	+ 866 716	+ 39,3
Düngemittel	2 241 408	2 159 930	– 81 478	– 3,6
Futtermittel	1 067 266	2 691 462	+ 1 624 196	+ 152,2
Salz	785 054	713 738	– 71 316	– 9,1
Eisen und Stahl	2 881 474	4 697 839	+ 1 816 365	+ 63,0
Kiesabbrände	498 903	7 480	– 491 423	– 98,5
Andere Massengüter	3 301 718	7 693 719	+ 4 392 001	+ 133,0
Stückgüter	18 119 338	17 262 123	– 857 215	– 4,7
Total	52 482 916	52 715 623	+ 232 707	+ 0,4

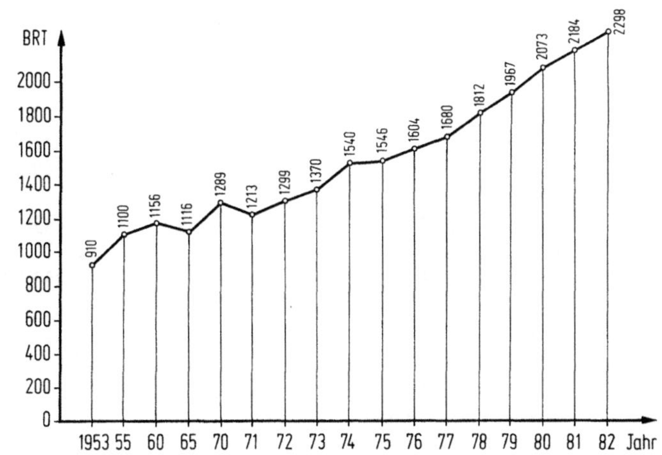

Abb. 4. Entwicklung der durchschnittlichen Schiffsgröße auf dem Nord-Ostsee-Kanal im Transitverkehr der Handelsfahrzeuge

dieser Zeit wesentliche Umlagerungen vollzogen. So ist der Anteil an Erzen und Kohle durch den zunehmenden Einsatz großer Massengutschiffe, die den Kanal nicht befahren können, erheblich gesunken. Darüber hinaus hat sicher auch der allgemeine Rückgang der Stahlerzeugung zu dieser Entwicklung beigetragen. Ähnlich verhält es sich mit Erdöl und Derivaten. Beträchtlich zugenommen haben demgegenüber Transporte von Holz, Getreide, Futtermitteln und anderen Massengütern, so daß die Bilanz insgesamt ausgeglichen ist. Der Umfang der Getreidetransporte ist jedoch ganz wesentlich von den Einfuhren der UdSSR abhängig, die je nach der Eigenerzeugung beträchtlich schwanken können, z.B. für 1977 zu 1978 um 1,7 Mio. t, d.s. 94 v.H. In jüngster Zeit ist wieder eine Belebung des polnischen Exports, insbesondere von Kohle, festzustellen.

2.4.2 Größenstruktur der Handelsschiffe

Im Kanalverkehr mit Handelsschiffen hat sich die Entwicklung zu größeren Schiffen auch nach 1970 stetig fortgesetzt (Abb. 4) und mit 2298 BRT eine Verdoppelung der mittleren Schiffsgrößen erreicht. Dies ist auf eine starke Abnahme der Schiffe bis 500 BRT und eine entsprechende Zunahme bei Schiffen über 4000 BRT zurückzuführen (Tabelle 2). Einem Rückgang von rd. 22 000 Durchfahrten von Schiffen bis 500 BRT steht eine Zunahme von nur rd. 1600 Durchfahrten anderer Größenklassen gegenüber. Dabei hat die Bruttotonnage sogar um 9,6 v.H. zugenommen, obwohl der Anteil der kleinsten Größenklasse um rd. 8 Mio. BRT zurückging. Dies zeigt den Strukturwandel, den vor allem auch die Küstenschiffahrt erfaßt hat. Die Einheiten dieser Größenklassen werden größer und leistungsfähiger und passen sich damit den Bedürfnissen der Seeverkehrsmärkte an.

2.4.3 Transit- und Teilstreckenverkehr

Im Vergleich der Daten für das Jahr 1970 mit denen des Jahres 1983 ist der Anteil des Teilstreckenverkehrs am Gesamtverkehr nahezu unverändert. Er beträgt bei der Ladung gleichbleibend 10 v.H. und ist bei der Bruttotonnage von 12 v.H. auf 11 v.H. zurückgegangen. Dies deutet auf eine etwas günstigere Kapazitätsauslastung der im Teilstreckenverkehr eingesetzten Schiffe hin.

Tabelle 2. Größenklassen der Handelsfahrzeuge im Transitverkehr des Nord-Ostsee-Kanals 1970/83

Größenklasse		Anzahl			BRT		
		1970	1983	v.H.	1970	1983	v.H.
bis	500	36 520	14 364	− 60,7	13 288 871	5 524 327	− 58,4
501	1000	3 584	5 063	+ 41,3	2 977 341	4 707 648	+ 58,1
1001	1500	3 746	1 783	− 52,4	4 714 100	2 280 899	− 51,6
1501	2500	4 149	4 523	+ 9,0	7 687 570	8 336 166	+ 8,4
2501	4000	2 890	2 949	+ 2,0	8 866 432	9 091 783	+ 2,5
4001	6000	1 270	2 054	+ 61,7	6 388 808	10 324 829	+ 61,6
6001	8000	937	1 065	+ 13,7	6 506 474	7 216 336	+ 10,9
8001	10000	828	1 154	+ 39,4	7 410 539	10 385 090	+ 40,1
über	10000	999	1 381	+ 38,2	12 973 384	19 774 165	+ 52,4
Total		54 923	34 336	− 37,5	70 813 519	77 641 243	+ 9,6

Tabelle 3. Der Schiffs- und Güterverkehr auf dem Nord-Ostsee-Kanal in den Jahren 1970 und 1983

		Schiffszahl	BRT	Ladung t
Gesamt-verkehr	1970	75 241	81 929 143	58 122 450
	1983	49 320	88 891 045	58 612 396
	absolut	– 25 921	+ 6 961 902	+ 489 946
	v. H.	– 34,5	+ 8,5	+ 0,8
Transit-verkehr	1970	57 857	72 506 860	52 482 916
	1983	36 255	79 015 210	52 715 623
	absolut	– 21 602	+ 6 508 350	+ 232 707
	v. H.	– 37,3	+ 9,0	+ 0,4
Teilstrecken-verkehr	1970	17 384	9 422 283	5 693 534
	1983	13 065	9 875 835	5 896 773
	absolut	– 4 319	+ 453 552	+ 203 239
	v. H.	– 24,8	+ 4,8	+ 3,6

Andererseits hat die Schiffszahl im Transitverkehr um 37,3 v. H., im Teilstreckenverkehr jedoch nur um 24,8 v. H. abgenommen (Tabelle 3). Danach hat sich die Entwicklung zum größeren Schiff im Transitverkehr stärker ausgewirkt als im Teilstreckenverkehr.

Schließlich lag die Zunahme der Bruttotonnage im Transitverkehr bei nahezu gleicher Ladung mit 9,0 v. H. doppelt so hoch wie im Teilstreckenverkehr (4,8 v. H.). Dabei wurde im Teilstreckenverkehr 3,6 v. H. mehr Ladung befördert. Auch hier zeigt sich die höhere Auslastung der im Teilstreckenverkehr eingesetzten Schiffe.

Die gegenwärtige Entwicklung im Transitverkehr des Nord-Ostsee-Kanals gibt Anlaß zu einem vorsichtigen Optimismus. Da die Gütermengen auch 1984 zugenommen haben, ist die Nachfrage nach Schiffsraum weiter gewachsen. Es bleibt zu hoffen, daß sich dieser Trend mittelfristig fortsetzt. Dies wird z. T. auch davon abhängen, in welchem Maße es dem Seeverkehr zwischen Nord- und Ostsee gelingen wird, seine Marktstellung gegenüber dem Straßengüterverkehr und der Eisenbahn auf Dauer zu behaupten.

3 Bestandssicherung der Kanalanlagen

3.1 Maßnahmen zur Sicherung des Kanalbettes

Die Böschungen des Nord-Ostsee-Kanals sind nur im Bereich des Wasserspiegels durch Deckwerke geschützt. Von Westen her ist das Kanalbett auf 80 km Länge zunächst im Bereich der Elbeniederung in Torf- und Kleischichten, sodann überwiegend in feinsandige Böden eingeschnitten; die letzten 20 km im Osten zur Kieler Förde liegen im Geschiebemergel.

Seit 1954 rasch steigende Baggermengen ließen vermuten, daß der auf der Kanalsohle abgelagerte Boden durch den bei der Durchfahrt größerer Schiffe erzeugten Rückstrom des verdrängten Wassers von den Böschungen erodiert wird. Sorgfältige Untersuchungen (Profilaufnahmen, Messungen der Strömungsgeschwindigkeiten und Beobachtungen der Naturvorgänge) bestätigten in Verbindung mit Modellversuchen, bei denen das Kanalbett in einem Modellsand nachgebildet war, daß insbesondere die Zunahme der Schiffe von 5000 BRT und darüber für die katastrophale Erosion der Böschungen verantwortlich ist. Die Versuche ergaben, daß der Böschungserosion mit vertretbarem Aufwand nur durch eine Verbreiterung des Querschnitts begegnet werden kann.

Für die Bemessung des neuen Kanalquerschnitts (Abb. 5) wurde eine jährliche Erosionsrate von 1 m^3 je Meter Kanallänge zugelassen. Diese Bedingung wird von einem Querschnitt mit 90 m Sohlbreite, 162 m Spiegelbreite und 11 m Wassertiefe erfüllt. Insgesamt wird die Kanalsohle auf 62 km Länge – ohne die bereits ausreichend breiten Ausweichstellen (Weichen) – zwischen Brunsbüttel und der Weiche Königsförde (Abb. 6) von 44 m auf 90 m verbreitert und der Unterwasserquerschnitt auf 1353 m^2, d. h. auf das 1,6fache, vergrößert. Dazu müssen 41 Mio. m^3 Boden bewegt und 1,2 Mio. m^2 Uferdeckwerke neu hergestellt werden. Nach dem Preisstand von 1981 werden dafür einschließlich der Folgemaßnahmen an Straßen, Fährstellen, Schöpfwerken 731 Mio. DM aufgewendet.

Mit der Ausführung wurde 1965 begonnen. Das Bauprogramm ist im zeitlichen Ablauf von dem Grad bereits eingetretener Erosionen und den durch mögliche Rutschungen drohenden Gefahren bestimmt. Danach stand der in der Elbeniederung verlaufende Abschnitt, in dem das Gelände bis zu 3 m unter dem Kanalspiegel liegt, wegen der bei einem Einsturz der Kanaldämme drohenden Überschwemmungsgefahr an erster Stelle. Es folgten die in tieferen Einschnitten verlaufenden besonders rutschungsgefährdeten Abschnitte.

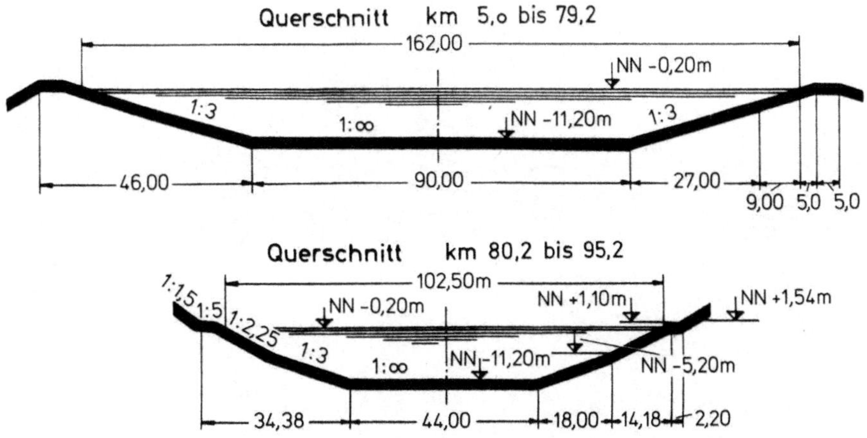

Abb. 5. Querschnitte des Nord-Ostsee-Kanals

Bisher stehen der Schiffahrt bereits 41 km Teilstrecken (Abb. 6) mit dem neuen Kanalquerschnitt zur Verfügung, das sind 66 v. H. der vorgesehenen Gesamtstrecke, für die 452 Mio. DM ausgegeben wurden.

Doch der ursprüngliche Plan, die gesamten Maßnahmen bis zum Jahre 1978 abzuschließen, konnte nicht eingehalten werden. Zum einen blieben die verfügbaren Haushaltsmittel hinter der Planung weit zurück, zum anderen ließen steigende Baupreise die Jahresraten real schrumpfen. In den letzten Jahren stiegen die Aufwendungen für

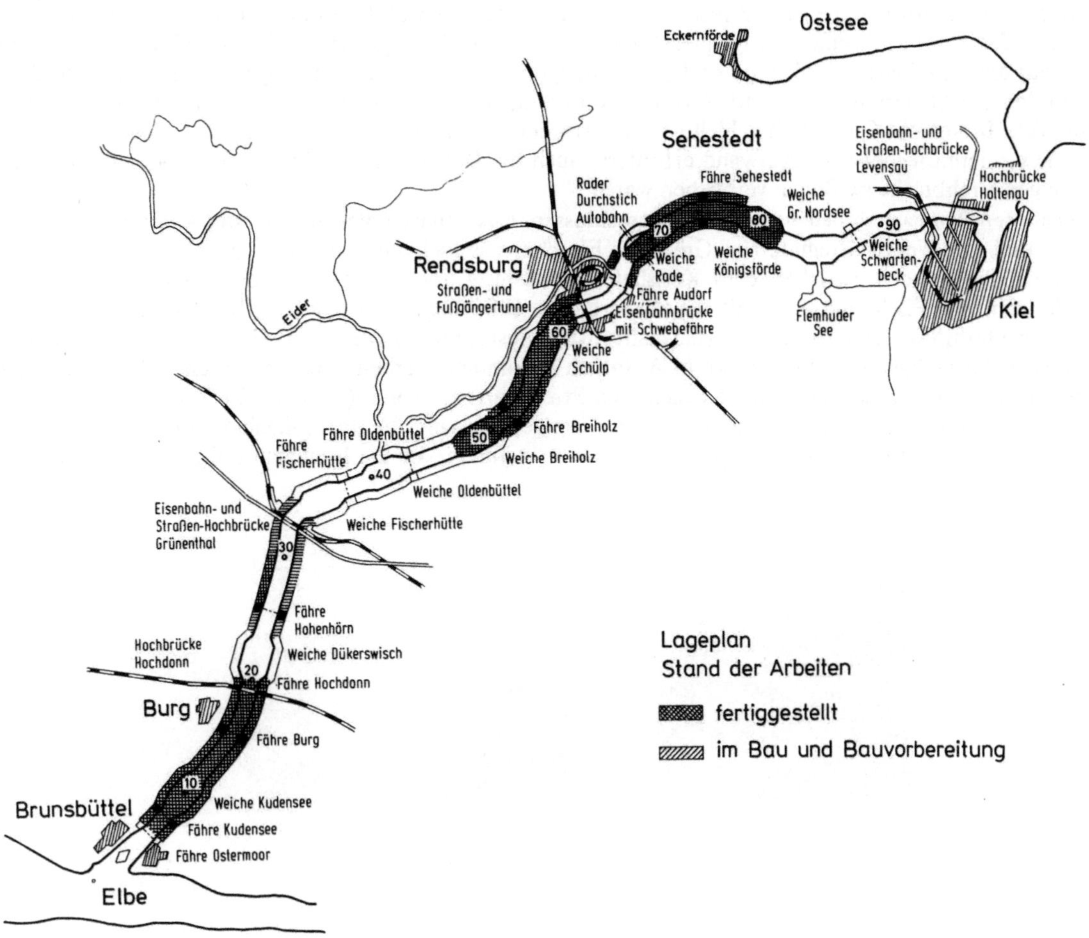

Abb. 6. Stand der Bauarbeiten zur Sicherung des Kanalbettes 1983

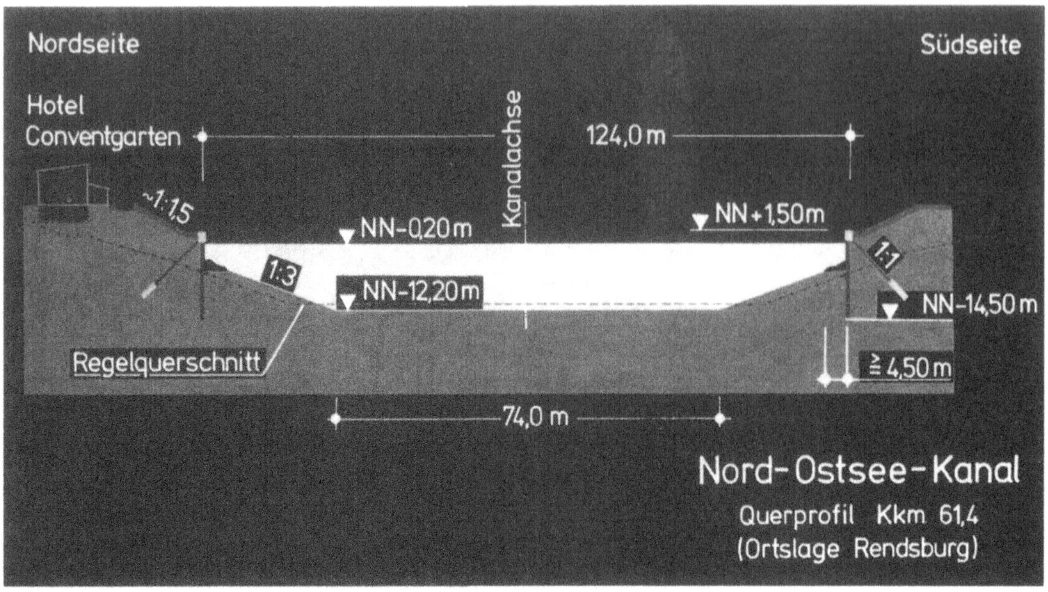

Abb. 7. Querschnitt des Nord-Ostsee-Kanals in der Ortslage Rendsburg

den Streckenausbau auch dadurch, daß in den sogenannten Ortslagen der Neubau von Fährstellen und Kaianlagen sowie besondere Maßnahmen zur Stabilisierung rutschgefährdeter Böschungen erforderlich waren.

In der Ortslage Rendsburg zwischen Fahrzeug- und Fußgängertunnel konnte auf 900 m Länge der Regelquerschnitt wegen der ufernahen Bebauung nicht ausgeführt werden. Gewählt wurden 80 m Sohlbreite zwischen beidseitigen Uferwänden mit einer Wasserspiegelbreite von 124 m (Regelquerschnitt 90 m/162 m) (Abb. 7). Mit Rücksicht auf die nahe Bebauung, den labil gelagerten Baugrund sowie zur Minimierung von Lärm und Erschütterungen wurden die Stahlspundwände mit Verpreßankern ausgeführt. Mit Rücksicht auf die in diesem Abschnitt eingeschränkte Breite des Querschnitts bleibt nach Erfordernis eine spätere Vertiefung um einen Meter vorbehalten. Besonderen technischen Aufwand erforderte auch die Beseitigung der Pfeilerreste, die beim Abbruch der ehemaligen Drehbrücke im Boden verblieben waren.

Die genannten Baumaßnahmen waren 1980 abgeschlossen. Auszuführen bleiben noch der Abschnitt zwischen Hohenhörn und der Weiche Breiholz (im Grüntaler Einschnitt jedoch nur noch das südliche Ufer) sowie die weniger dringliche Strecke zwischen dem Kreishafen Rendsburg und der Weiche Audorf (Abb. 6). Auf der Strecke Hohenhörn – Fischerhütte ist mit den Bauarbeiten 1981 begonnen worden. Doch wird der Baufortschritt auch weiterhin von den verfügbaren Haushaltsmitteln bestimmt, von denen bis 1987 ein wesentlicher Teil für den Ersatz der Grünentaler Hochbrücke in Anspruch genommen werden wird. So schreitet der Verfall der Unterwasserböschungen in den noch nicht gesicherten Strecken rasch voran (Abb. 8). Die Zerstörung der Uferdeckwerke und das Entstehen tiefer Einbrüche in das Ufergelände sind die unausbleibliche Folge. Sie zwingen zu provisorischen und dennoch kostspieligen Sicherungsmaßnahmen, die die Neubaumittel zusätzlich belasten.

Abb. 8. Uferschäden im Mittelabschnitt der zu sichernden Kanalstrecke

Mit der Fertigstellung aller Maßnahmen zur Sicherung des Kanalbettes kann aus heutiger Sicht kaum vor der Mitte der 90er Jahre gerechnet werden.

Was in diesem Zusammenhang an dem Bau des Schleswig-Holsteinischen Kanals (1777–1784), des Nord-Ostsee-Kanals (1888–1895) sowie dessen Erweiterung (1907–1914), d.h. in einer jeweils nur 7jährigen Bauzeit, so bemerkenswert ist, liegt nicht allein in der technischen Leistung, sondern vor allem auch in der Fähigkeit, diese zu finanzieren.

3.2 Neubau der Hochbrücke Grünental

Die 1982 in Betrieb genommene Hochbrücke Grünental überführt die Bundesbahnstrecke Neumünster–Heide sowie die Bundesstraße 204 Itzehoe–Heide. Wegen ihrer nach dem ursprünglichen Kanalprofil bemessenen Spannweite stellt sie bereits seit der ersten Kanalerweiterung mit 87 m, statt 102,5 m Wasserspiegelbreite des Regelquerschnitts (1914), für die Schiffahrt eine Engstelle dar. In bezug auf das neue Ausbauprofil ist ein Neubau mit erheblich größerer Spannweite folglich unabdingbar geworden. Davon unabhängig hatte eine Betriebsfestigkeitsuntersuchung ergeben, daß die Lebensdauer wichtiger Konstruktionsteile der Fahrbahn infolge von Materialermüdung durch Schwell- und Wechselbelastung erschöpft ist und eine Weiterbenutzung der Brücke nur noch bei entlastenden Verkehrsbeschränkungen bis zu ihrem unverzüglichen Ersatz vertreten werden kann. Mit der Bauausführung ist im März 1984 bei einer Bauzeit von zweieinhalb Jahren begonnen worden.

Die neue Brücke wird östlich der alten Brücke errichtet, die nach deren Fertigstellung abgebrochen wird. Den Überbau bildet ein 405 m langer, 18,3 m breiter, 3feldriger, geschweißter Stahl-Fachwerkträger mit untenliegender Fahrbahn für getrennten Straßen- und Eisenbahnverkehr (bei der alten Brücke benutzten Straße und Eisenbahn alternativ denselben Verkehrsraum). Die Brücke stützt sich auf zwei flach gegründete Widerlager und zwei auf Senkkästen gegründete Zwischenpfeiler aus Stahlbeton, die der Brücke über dem Kanal eine Spannweite von 187 m geben (Abb. 9). Die Brücke wird von beiden Kanalufern aus im Freivorbau montiert. Sie ist für eine

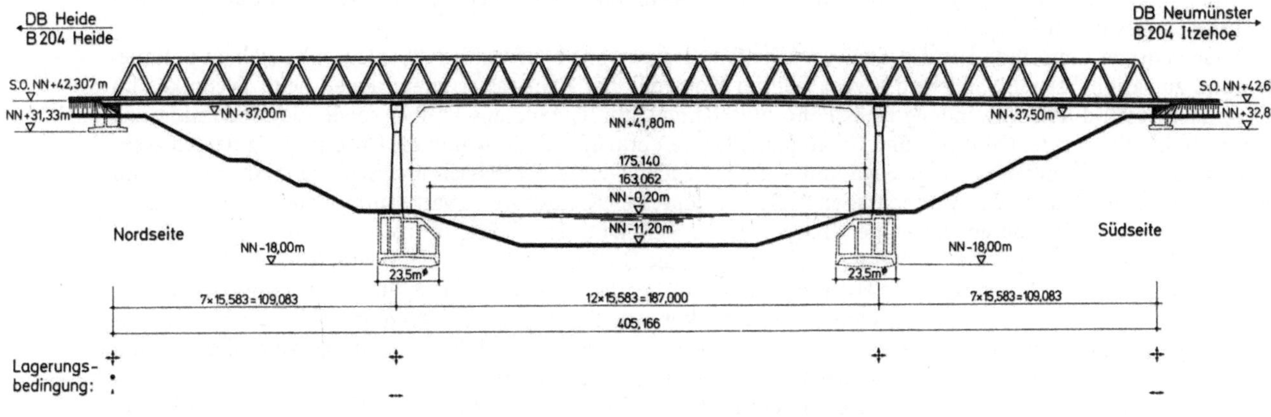

Abb. 9. Längsschnitt der neuen Grünentaler Hochbrücke

Abb. 10. Baustelle der Grünentaler Hochbrücke 1984

Verkehrsbelastung Straße: Brückenklasse 60/30, Militärlastklasse: MLC 100 – 50/50, Eisenbahn: Lastbild UIC 71, bemessen. Den gegenwärtigen Bauzustand zeigt Abb. 10. Auf der linken Seite des Bildes ist die Ankerkonstruktion zu erkennen, mit der die Baugrubenböschung gegen den unmittelbar anschließenden Dammkörper der alten Brücke gesichert wird. Die Baukosten einschließlich des Abbruchs der alten Brücke werden 79 Mio. DM betragen.

3.3 Grundinstandsetzung und Erneuerung der Bau- und Betriebsanlagen sowie ihre Anpassung an die technische Entwicklung

3.3.1 Abgeschlossene Maßnahmen

Bei den durch steigenden Schiffsverkehr und wachsende Schiffsgrößen sowie durch die allgemeine technische Entwicklung ausgelösten Maßnahmen der Grundinstandsetzung oder Erneuerung der Bau- und Betriebsanlagen des Nord-Ostsee-Kanals handelt es sich im wesentlichen um die Anwendung moderner Nachrichtentechnik, die Rationalisierung des Betriebes und Ersatzinvestitionen zur Bestandserhaltung. Immerhin stellen die Kanalanlagen einen Neuwert von etwa 4,5 Mrd. DM dar. Für die genannten Aufgaben wurden, seit 1960 mit der Durchführung des Programms begonnen wurde, jährlich wenig mehr als 0,1 v. H. des Vermögenswertes aufgewendet.

Von den veranschlagten 217 Mio. DM (Preisstand 1981) sind bisher 150 Mio. DM investiert worden. Aus der Vielzahl von bereits ausgeführten Einzelobjekten sei an die wichtigsten erinnert.

Mit Hilfe moderner Signaltechnik wurden alle der Verkehrslenkung dienenden Schiffahrtszeichen auf den Schleusen und in den Weichen auf bei Tag und Nacht einheitliche Lichtsignale umgestellt. Die Einführung eines UKW-Sprechfunks zwischen Schiffslenkungsstelle und Schiff (Revierfunk) und von Fernschreibverbindungen zur Datenübertragung und Information der Schiffslenkung sowie die Ausrüstung der Schleusenbereiche mit Fernseh- und Radaranlagen verbesserten die Wirkungsbreite und die Sicherheit des Informationssystems über Verkehrssituationen, Verkehrsbedingungen und Verkehrsabläufe wesentlich. Dem künftigen Ausbau, der Modernisierung und Rationalisierung des Systems der Schiffslenkung dient auch ein den Kanal entlang verlegtes leistungsfähiges Fernmeldekabel.

Neue zentrale Leitstände auf den Schleusen helfen, den personell aufwendigen Schleusenbetrieb zu optimieren und zu rationalisieren. Gleichem Zweck bei der Kontrolle der Fahrwassertiefen dienen neue Techniken im Tiefenmeßwesen durch Anwendung eines Echolotverfahrens mit Tiefenplanschreiber sowie die Modernisierung und Rationalisierung des Fahrzeug- und Geräteparks für die Verkehrssicherung und die Unterhaltung der Anlagen.

Mehr als 80 v. H. der Wasserfahrzeuge und schwimmenden Geräte der Wasser- und Schiffahrtsdirektion Nord werden auf dem Bauhof des Wasserstraßen-Maschinenamtes in Rendsburg gewartet und instandgesetzt, davon der größte Teil (z. B. Fähren, Schlepper, Baggergeräte, Rammen, Taucherfahrzeuge) für Aufgaben am Nord-Ostsee-Kanal. Im Interesse einer witterungsunabhängigen, die Qualität verbessernden Bearbeitung der Wasserfahrzeuge wurde eine Mehrzweckhalle mit Hauptmagazin, Holzbearbeitungswerkstätten und Sozialräumen errichtet. Über einen neuen Längsslip mit Verschubeinrichtung können die Objekte an jeden gewünschten Platz in der Halle quer verfahren werden. Mit dieser Maßnahme war es möglich, die Arbeitsabläufe zu zentralisieren und durch die Steigerung von Qualität und Arbeitsproduktivität zu rationalisieren.

Da auch die sogenannten Neuen Schleusen bereits 70 Jahre alt sind, bedurften Teile ihrer Anlagen der Erneuerung, so die Antriebe der Schleusentore und Schützen und deren Stromversorgung sowie die massiven Bauteile der Schleusen (Kammerwände, Plattformen, Kantenschutz). Ferner mußten die Schiebetore grundinstandgesetzt und die Schleusenleitwerke verstärkt und verlängert werden.

Nach heutigem Stand ist das Programm zu 70 v. H. verwirklicht. Von den größeren Maßnahmen, die z. Z. ausgeführt werden, sind die folgenden zu nennen.

3.3.2 Alte Schleusen in Brunsbüttel

Während die 1895 in Betrieb genommenen Alten Schleusen in Holtenau bereits modernisiert und instandgesetzt sind, ist mit der entsprechenden Maßnahme in Brunsbüttel jetzt begonnen worden. Dies hat im wesentlichen zwei Gründe. Zum einen wäre eine Stillegung einer Schleusenkammer bei den hohen Schiffszahlen der Vergangenheit und dem zusätzlichen Teilstreckenverkehr hinsichtlich der Verkehrsabwicklung nicht ohne Risiko gewesen, zum anderen mußte die weitere Verkehrsentwicklung abgewartet werden, um über den Umfang der Anpassungsmaßnahmen entscheiden zu können. Nach der ursprünglichen Planung war nämlich daran gedacht, den vorhandenen Schleusenhäuptern zwei neue Häupter vorzusetzen, um die Schleusen von 125 m auf 225 m zu verlängern und ihre Kapazität zu erhöhen. Dabei sollten die Alten Schleusen – wie die Neuen Schleusen – Schiebetore erhalten. Um die Alten Schleusen von der Nebenfunktion eines Entwässerungssieles für das 160 000 ha große Einzugsgebiet des Nord-Ostsee-Kanals zu entlasten und weitere Schleusenkapazität zu gewinnen, war ferner ein besonderer 500 m langer Entwässerungskanal zur Elbe geplant. Beide Planungen, die Verlängerung der Schleusen wie der Entwässerungskanal, sind für den heutigen Verkehr nicht erforderlich und daher

Abb. 11. Grundinstandsetzung der Alten Schleusen Brunsbüttel

Abb. 12. Zum Auswechseln der Torschienen trocken gelegter Drempel der Neuen Schleusen Holtenau

aufgegeben worden. Ziel ist es nunmehr, die Substanz der vorhandenen Schleusenanlagen zu erhalten und diese zu modernisieren.

Ungleiche Setzungen des Schleusenbauwerks und Schäden insbesondere im Bereich der Drempel haben die Toranschläge undicht werden lassen. Dies erhöht die Schlickablagerung im Binnenhafen und damit die Baggerkosten und macht eine gründliche Sanierung der Häupter erforderlich (Abb. 11). Im übrigen erstreckt sich die Grundinstandsetzung auf die Erneuerung der verwitterten Kammerverblendung und die Schleusenplattform, um deren Verkehrssicherheit zu verbessern, ferner auf die Neubeschaffung der Stemmtore und Umlaufschütze, die nunmehr ölhydraulische Antriebe erhalten, und auf die Errichtung eines zentralen Leitstandes, der den Betrieb auch dieser Schleusengruppe optimieren und rationalisieren soll. Altersbedingte Schäden sind schließlich an den Kajen des äußeren Schleusenvorhafens und an den die äußere Schleusenzufahrt schützenden Molen zu beseitigen. Für die abschnittsweise Realisierung der genannten Maßnahmen sind fünf Jahre Bauzeit und 34 Mio. DM vorgesehen.

3.3.3 Alte Schleusen in Holtenau

Instandsetzungsmaßnahmen, die den zuvor beschriebenen entsprechen, sind an den Alten Schleusen in Holtenau seit 1975 weitgehend abgeschlossen. Diese Maßnahme war hier besonders dringlich, weil die Südkammer ständig als Trockendock für Reparaturen und Instandsetzungen der 12 Schiebetore der Neuen Schleusen in Brunsbüttel und Holtenau benötigt wird. Auch stand, anders als in Brunsbüttel, eine Verstärkung der Schleusenkapazität wegen des weniger zeitaufwendigen Schleusungsvorganges nie zur Diskussion. Schließlich hatte die Reparaturanfälligkeit der ursprünglichen Druckwasserantriebe der Schleusentore einen Grad erreicht, der den Ersatz durch ölhydraulische Antriebe unaufschiebbar werden ließ. Mit der Grundinstandsetzung oder Erneuerung weiterer fünf Stemmtore zum Abschluß der Maßnahme wird jetzt begonnen.

3.3.4 Torschienen der Neuen Schleusen in Holtenau

Die Schienen, auf denen die Torunterwagen der Schiebetore der Neuen Schleusen fahren, unterliegen insbesondere unter den Einwirkungen sandigen Sohlenmaterials der Abnutzung. Durch Lockerung verursachte Schäden zeigt auch deren Befestigung mittels Klemmplatten und Steinschrauben auf der Betonsohle des Drempels. Nach mehr als 40 Betriebsjahren wurden die Schienen erstmals 1956/57 auf ganzer Länge erneuert, und zwar in Teilabschnitten von einer unter Druckluft stehenden Taucherglocke aus. Eine Trockenlegung des Drempels zwischen zwei als Notverschluß dienenden Schiebetoren schien aufgrund negativer Erfahrungen, die 1952 in Brunsbüttel ein Aufbrechen des Betons befürchten ließen, nicht ratsam. Deshalb wurden die begrenzten Arbeitsmöglichkeiten in einer Taucherglocke, die alleine die abschnittsweise Ausführung in einem nur oberhalb der Glockenunterkante trockenen Arbeitsfeld ermöglicht, in Kauf genommen. Der Qualität der Instandsetzung der Schienenbefestigung waren damit allerdings enge Grenzen gesetzt.

Mit den durch die Verkehrsentwicklung bestimmten häufigeren Torbewegungen hat die Abnutzung der Laufschienen, vor allem aber auch der Umfang der Schäden an ihrer Befestigung, wiederum einen Grad erreicht, der eine erneute Grundinstandsetzung erforderlich macht. Um die Nachteile zu vermeiden, die mit der Verwendung einer Taucherglocke verbunden sind, sollte die Instandsetzung daher dieses Mal nun doch im Trockenen und auf ganzer Schleusenbreite ausgeführt werden. Hierzu ermutigte die zum gleichen Zweck inzwischen in Brunsbüttel unter Grundwasserentspannung erfolgreich durchgeführte Trockenlegung der Drempel.

Die zwischen den Notverschlüssen trockengelegten Torschienen zeigt Abb. 12 mit Blick gegen die Torkammer. Die auf dem Drempel abgesetzten Betonblöcke sollen der Sohle ausreichende Auftriebssicherheit geben. Bei der Ausführung wölbte sich jedoch die Sohle und brach oberflächlich auf. Ihre dem Einbau des Betons entsprechend horizontal geschichtete Struktur führte schließlich beim Ausbrechen der für die Fundamente der neuen Laufschienen erforderlichen Schlitze zu einem nicht mehr zu beherrschenden Wasserandrang, der eine Fortsetzung der Arbeiten unmöglich machte. An Bohrkernen wurde erkennbar, daß die zwischen den einzelnen etwa 20 cm dicken Schichten des Betons durch den Arbeitsablauf entstandenen Arbeitsfugen keinen Verbund (mehr) besitzen. Beobachtungen mit Unterwasserkameras aus dem Bohrloch heraus bestätigten dies. Aus den nunmehr gewonnenen Erkenntnissen über den Zustand der Betonsohle folgt, daß ihr Tragvermögen nicht ausreicht, um den Auftriebskräften, wie sie bei der Trockenlegung zwischen Notverschlüssen auftreten, zu widerstehen. Eine Entlastung durch Senkung des Grundwassers läßt der in Holtenau anstehende Baugrund wegen des über durchlässige Bodenschichten unmittelbar vom Gewässer her zufließenden Wassers nicht zu.

Unter diesen Umständen gehen die Überlegungen, will man die bekannten Nachteile einer Taucherglocke vermeiden, in Richtung eines drucklosen Tunnels, der das Arbeitsfeld überspannt, an die Betonsohle wasserdicht anschließt und nach Entfernen des Wassers aus dem Tunnel einen trockenen Arbeitsraum bildet, der von der durch einen Vorsatzponton gegen die Schleusenkammer abgeschlossenen und gleichfalls trockengelegten Torkammer aus zugänglich ist.

Für die Schleuse in Ijmuiden, die den Nordseekanal nach Amsterdam gegen die See abschließt, wurde ein solcher Tunnel für Instandsetzungen an den Laufschienen der Schiebetore bereits beim Bau der Schleuse beschafft und wiederholt eingesetzt. Unter Berücksichtigung der dort gesammelten Erfahrungen soll daher nunmehr ein entsprechendes Gerät beschafft werden, mit dem die Laufschienen der Schiebetore der Neuen Schleusen in Brunsbüttel und Holtenau künftig nach Erfordernis in ganzer Länge erneuert werden können. Dies würde es ermöglichen, die dringend notwendigen Instandsetzungen an den Torschienen in Holtenau schon bald auszuführen.

3.3.5 Geplante Maßnahmen

Auf den Schleusenanlagen und im Fahrzeugtunnel Rendsburg sind Einrichtungen zur Brandbekämpfung den heutigen Erfordernissen für einen ausreichenden Objektschutz anzupassen und durch vorbeugende, der Gefahrenminderung dienende Maßnahmen zu ergänzen. Dabei sind die wachsenden Gefahren zu berücksichtigen, die von Transporten mit gefährdender Ladung ausgehen können. Vorgesehen sind ausreichend dimensionierte Leitungen für Löschwasser und Löschschaum und mobile Monitore an den Schleusenschwerpunkten, für den Fahrzeugtunnel eine feuerhemmende Verkleidung des Sichtbetons der Tunnelröhre.

In den verbreiterten Kanalstrecken wird die Streckenbefeuerung (Torfeuer) wegen der bei vergrößertem Uferabstand besseren Sichtbarkeit durch Natriumdampflampen ersetzt. Das neue Torfeuersystem hat sich hervorragend bewährt. Die damit erzielte Verbesserung der Sicherheit und Leichtigkeit des Schiffsverkehrs soll auch für die nicht zu verbreiternde Oststrecke (20 km) im Interesse eines einheitlichen Standards genutzt werden. Bei der unaufhaltsamen Weiterentwicklung der Elektrotechnik ist die Nutzungsdauer von Funk- und Fernmeldeanlagen sowie Signalanlagen relativ gering. Hier sind bei der langen Laufzeit, die die Abwicklung des Gesamtprogramms erfordert, bereits erneute oder weitere Ersatzinvestitionen erforderlich. Darüber hinaus wird an der Entwicklung von Systemen weitergearbeitet, die geeignet sind, die für die Verkehrslenkung erforderliche Datenerfassung und ihre Verarbeitung zu automatisieren. Entscheidungen unterliegen strengen Kosten-Nutzen-Betrachtungen.

In jüngster Zeit ist die Belastung des Bodens unter Brücken mit Blei, das aus den abgewitterten Anstrichstoffen (Bleimennige, Bleiweiß) freigesetzt wird, erkannt worden. Dies zwingt zu unschädlichen Anstrichstoffen und neuen Konservierungspraktiken, um die von Brücken ausgehenden schädlichen Bleiemissionen zu vermeiden oder doch, soweit möglich, zu begrenzen. Nach Bodenuntersuchungen erreicht der Bleigehalt unmittelbar unter den Brücken des Nord-Ostseee-Kanals 2000 mg/kg Boden, in den Grundstücken der Anrainer 50 – 200 mg/kg. Gesetzliche Grenzwerte für den Gehalt des Bodens an Schwermetallen fehlen z. Z.; für Klärschlamm liegt die Grenze bei 100 mg Pb/kg Boden.

Die Konservierung der Brücken des Kanals gewinnt damit eine neue Dimension. Sie erfordert eine Beschichtung der alten Anstriche, die ihren Abtrag durch atmosphärische Einflüsse verhindert. Dabei handelt es sich bei den im Eigentum der Wasserstraßenverwaltung stehenden Brücken um die Beschichtung von insgesamt 53 ha Stahlfläche, für die in den kommenden acht Jahren 34 Mio. DM aufzuwenden sind.

Für die den Kanal überspannenden, im fremden Eigentum stehenden Brücken ist mit den gleichen Problemen zu rechnen.

4 Infrastruktur für den Querverkehr

Bis zum Jahre 1972 blieben die dem Querverkehr dienenden Anlagen auf die Überführung der durch den Bau des Nord-Ostsee-Kanals zerschnittenen Landverkehrswege beschränkt. Es sind dies als höhengleiche Übergänge: 13 Wagenfähren und eine Fußgängerfähre; als kreuzungsfreie Übergänge: zwei Straßen- und Eisenbahnbrücken, zwei Eisenbahnbrücken, eine Straßenbrücke, ein Fahrzeugtunnel und ein Fußgängertunnel, letztere als Ersatz für die Straßendrehbrücke in Rendsburg. Um den enorm gestiegenen Anforderungen des Kraftfahrzeugverkehrs zu genügen, sind seitdem nicht weniger als vier neue Brücken in fremder Baulast hinzugekommen, und zwar eine dreispurige Straßenbrücke (B 503) in Holtenau, eine Autobahnbrücke (A 7) bei Rade, eine vierspurige Straßenbrücke (B 5) bei Brunsbüttel und eine vierspurige Straßenbrücke (B 76) bei Levensau. Mit dem Bau einer weiteren Autobahnbrücke (A 23) bei Hohenhörn wird demnächst begonnen.

Höhengleiche Übergänge werfen wegen der damit unvermeidlich verbundenen Kollisionsgefahren spezifische Sicherheitsprobleme auf. Diese verschärften sich mit der wachsenden Zahl der die Fährstellen passierenden Schiffe und der demzufolge häufigeren Kreuzungsvorgänge; und zwar um so mehr, als die verwendeten Kettenfähren an eine vorgegebene unbeeinflußbare Fahrtroute gebunden sind. Längere Wartezeiten für den kreuzenden Straßenverkehr und folglich eine verringerte Verkehrsleistung der Fähren waren somit unvermeidlich. Um die den Kettenfähren anhaftenden Nachteile auszuschalten, wurden diese nach und nach durch freifahrende Fährschiffe ersetzt, die, von zwei Voith-Schneider-Propellern angetrieben, wesentlich manövrierfähiger sind und geringere Sicherheitsabstände zulassen. Damit konnte die Kapazität für den Straßenverkehr zugleich wieder erhöht werden. Das Programm ist mit Ausnahme einer Fährstelle, deren mögliche Aufhebung zur Zeit geprüft wird, abgeschlossen.

Freifahrende Fährschiffe haben die Sicherheit für den Schiffsverkehr zwar verbessert, die Nachteile eines intermittierenden Straßenverkehrs konnten dadurch kaum gemildert werden. Dafür ist ihre Leistungsfähigkeit gegenüber festen Kanalübergängen, wie die folgenden Verkehrszahlen zeigen, einfach zu gering. Im Jahre 1983 wurden an vier Fährstellen mit Doppelfähren 1,1 – 1,5 Mio. PkwE*, an weiteren fünf Fährstellen 0,3–0,5 Mio. PkwE und an allen Fährstellen zusammen 7,8 Mio. PkwE übergesetzt.

Den Straßentunnel in Rendsburg durchfuhren demgegenüber 10,1 Mio. PkwE.

Für den Straßenverkehr, dem bis 1983 zwischen Rendsburg und Brunsbüttel auf 63 km Kanallänge neben neun Fährstellen nur eine kombinierte Straßen- und Eisenbahnbrücke in Grünental zur Verfügung stand, war eine durchgreifende Verbesserung der Situation überhaupt nur durch neue Brückenschläge möglich. Diesem Ziel dienen die seit 1973 ausgeführten bzw. in Ausführung befindlichen Straßenbrücken, mit denen die Zahl der verfügbaren festen Fahrspuren von 10 auf 29 erhöht sein wird. Mit der Inbetriebnahme der Straßenbrücke Brunsbüttel werden die Fähren in Brunsbüttel und insbesondere in Ostermoor entlastet, so daß die Kapazität der Fährstelle in Ostermoor reduziert werden kann. Dies liegt zugleich auch im Interesse eines sicheren Schiffsverkehrs.

5 Neuordnung der Kanalverwaltung

Als der Nord-Ostsee-Kanal 1895 dem allgemeinen Verkehr eröffnet wurde, trat an die Stelle der seit 1886 für dessen Bau zuständigen Kanal-Commission das Kaiserliche Kanalamt in Kiel, dem von nun an Betrieb und Unterhaltung des Kanals sowie die Durchführung und Kontrolle des Schiffsverkehrs als Mittelbehörde einer dreistufigen Verwaltung oblag. Ihm war für je eine Kanalhälfte eine Wasserbauinspektion in Brunsbüttelkoog und Holtenau für Betrieb und Unterhaltung der Kanalanlagen sowie eine Maschinenbauinspektion mit Staatswerft in Rendsburg für die Unterhaltung des Maschinen-, Fahrzeug- und Geräteparks des gesamten Kanals nachgeordnet. Die Abwicklung des Schiffsverkehrs und der in Regie ausgeführte Schleppbetrieb sowie die Aufsicht über die beamteten Lotsen, das nautische Schleusenpersonal und die Hafenmeister der fiskalischen Häfen lagen demgegenüber in der Hand je eines Hafenkapitäns in Brunsbüttelkoog und Holtenau, der unmittelbar dem Verkehrsdezernenten (Betriebsdirektor) im Kaiserlichen Kanalamt unterstand.

---

* Pkw-Einheit, auf die bezogen ein Krad = 0,5 PkwE, Lkw = 2,0 PkwE und Lastzug = 3,5 PkwE gerechnet werden

Es leuchtet ein, daß diese regionale Mengenteilung der Gesamtaufgabe Verkehr, Betrieb und Unterhaltung aus den vorgegebenen Aufgabenschwerpunkten folgt, die die Kanalzufahrten mit den Schleusenanlagen nun einmal bilden; anders als die an keinen bestimmten Ort gebundene Wahrnehmung der der Maschinenbauinspektion in Rendsburg zugewiesenen Aufgaben.

Bei dieser Organisationsform blieb es prinzipiell auch nach der Reichsverfassung von 1919. Die Mittelbehörde in Kiel führte jetzt die Bezeichnung Reichskanalamt, und der Betriebsdirektor wurde Leiter eines neu geschaffenen Wasserstraßenverkehrsamtes in Holtenau. Allerdings traten die beamteten Lotsen 1922 in das freie Gewerbe über und bildeten selbständige Lotsenbrüderschaften in Brunsbüttelkoog und Holtenau.

Es folgten 1939 die Auflösung des Reichskanalamtes bei der Zusammenfassung aller Aufgaben an den Reichswasserstraßen in Schleswig-Holstein in der Wasserstraßendirektion Kiel sowie 1949 nach Inkrafttreten des Grundgesetzes der Übergang der Verwaltung der Bundeswasserstraßen auf die Wasser- und Schiffahrtsverwaltung des Bundes. Beide Ereignisse änderten für die Kanalverwaltung lediglich die Bezeichnungen der Ortsbehörden, im übrigen blieb es am Nord-Ostsee-Kanal bei der Aufgabentrennung zwischen Betrieb, Unterhaltung und Verwaltung des Kanals und seiner Anlagen durch zwei Wasserbauämter sowie Lenkung und Kontrolle des Verkehrs durch das Kanalamt, während an allen anderen Bundeswasserstraßen Wasser- und Schiffahrtsämter gebildet und mit der Gesamtaufgabe, d.h. zugleich auch mit der Wahrnehmung der Verkehrsaufgaben, betraut wurden.

Als 1976 die Wasser- und Schiffahrtsverwaltung des Bundes neu geordnet wurde, galt es für den Nord-Ostsee-Kanal, die Wirkungen einer Zusammenfassung aller Aufgaben in der Ortsbehörde und damit die Möglichkeit einer Angleichung an das allgemeine Organisationsprinzip der Wasser- und Schiffahrtsverwaltung zu prüfen. Man entschied sich für je ein Amt in Brunsbüttel und Holtenau und nahm von der Bildung nur *eines* Wasser- und Schiffahrtsamtes Nord-Ostsee-Kanal aus Gründen der Ausgewogenheit der Größenstruktur der neuen Ämter und unter Wahrung sozialer Belange, auch mit Rücksicht auf einen zweifelhaften Rationalisierungseffekt, Abstand. Allein die Standortfrage hätte kaum befriedigend gelöst werden können.

Nachdem das Kanalamt somit aufgelöst worden war, blieb zu entscheiden, wie die Verkehrsaufgaben den am Kanal verbleibenden beiden Ortsbehörden zuzuordnen wären. Aus der Analyse und Bewertung verschiedener Lösungsmodelle ergab sich als bei weitem günstigste Lösung, beiden Wasser- und Schiffahrtsämtern die Verkehrsaufgaben in ihrem Zuständigkeitsbereich zu übertragen, aber den dafür in jedem Amt zu bildenden Sachbereich einem gemeinsamen Leiter zu unterstellen (Abb. 13). Auf diese Weise bleibt wie bisher die Einheitlichkeit der für den Verkehrsbereich wesentlichen Entscheidungen für den Kanal insgesamt gewahrt.

Im Verkehr mit der Kanalverwaltung ergibt sich heute für alle nur denkbaren Gesprächspartner auch auf der Ortsebene der unschätzbare Vorteil, in allen Fragen immer das örtlich zuständige Wasser- und Schiffahrtsamt ansprechen zu können.

6 Bilanz des Nord-Ostsee-Kanals

Für einen Verkehrsweg, für dessen Benutzung Abgaben erhoben werden, ist die Frage nach dem Verhältnis von Einnahmen zu Ausgaben legitim. Auch für den Nord-Ostsee-Kanal hat dieses Zahlenverhältnis stets eine wichtige Rolle gespielt und dazu angeregt, alle Anstrengungen zu unternehmen, nicht nur die Einnahmen zu

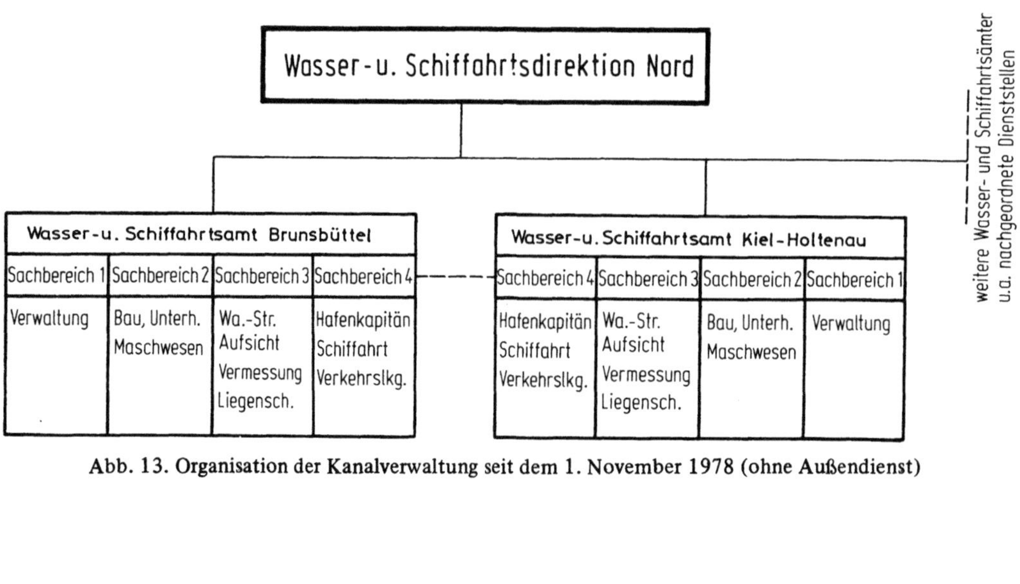

Abb. 13. Organisation der Kanalverwaltung seit dem 1. November 1978 (ohne Außendienst)

verbessern, sondern auch die Ausgaben, soweit möglich, zu senken. Viele der Maßnahmen aus den Ersatzinvestitionsprogrammen verfolgen dieses Ziel.

Das tragende Fundament auf der Aktivseite der Bilanz bilden die Befahrungsabgaben. Sie haben an den Einnahmen der Jahre 1970–1983 einen Anteil von 77,4 v.H. gehabt. Ihr Geldwert ist von der Verkehrs- und Wirtschaftsstruktur und vom Abgabentarif bestimmt, der wiederum im Bruttoverkehrswert seine durch die geographische Lage des Kanals vorgegebene Grenze findet. So haben sich die Einnahmen in dem genannten Zeitraum zwar verdoppelt, aber in dem gleichen Maße sind auch die Ausgaben gestiegen.

Da der Kanal für den Schiffsverkehr rund um die Uhr verfügbar ist, somit jede Funktionsstelle im Betriebsdienst mehr als fünffach besetzt werden muß, entfällt der größte Teil der Ausgaben mit rd. 67 v.H. auf Personalkosten, gefolgt von den Sachausgaben für Unterhaltung der Wasserstraße und Betrieb ihrer Anlagen, deren Anteil rd. 28 v.H. beträgt.

Es kann als ein großer Erfolg fortgesetzter Rationalisierungsbemühungen gelten, daß der Anteil der Personalkosten in den letzten 14 Jahren nicht gestiegen, sondern sogar um 0,8 Prozentpunkte zurückgegangen ist, nämlich von 67,9 v.H. auf 67,1 v.H. Dies, obwohl die Löhne in dieser Zeit wesentlich stärker gestiegen sind als die Preise für Sachleistungen und Arbeitszeitverkürzungen im Schichtdienst Rationalisierungsmaßnahmen z.T. wieder aufgezehrt haben.

Im Mittel der Jahre 1970–1983 waren 50,6 v.H. der Ausgaben des Verwaltungshaushalts durch Einnahmen gedeckt. Dies ist ebenso das Ergebnis einer konsequenten, aber maßvollen Tarifpolitik wie einer erfolgreichen Ausgabenwirtschaft, insbesondere in der Begrenzung der Personalkosten.

Im Verwaltungshaushalt nicht enthalten sind Ausgaben für die Bestanderhaltung und Erneuerung der Kanalanlagen, die vom Investitionshaushalt getragen werden. Sie haben zwischen 20 und 40 Mio. DM, im Mittel 32 Mio. DM/a, betragen.

7 Schlußbetrachtung

Wie die Entwicklung des Verkehrs auf dem Nord-Ostsee-Kanal erkennen läßt, ist dem steilen Anstieg der Schiffszahl, der Bruttotonnage und der beförderten Ladung ein auf dem Erreichten verharrender Verlauf gefolgt, der von den gegenwärtigen konjunkturellen Schwankungen der Weltwirtschaft und ihren Einflüssen auf den Warenverkehr über See bestimmt ist. Während in der expansiven Phase des Kanalverkehrs schon von dem Erfordernis fünfter Schleusen in Brunsbüttel und Holtenau gesprochen wurde, werden inzwischen auch andere auf Kapazitätserhöhung gerichtete Maßnahmen nicht weiter verfolgt. Der 1970 einsetzende Rückgang der Schiffszahl hat kapazitive Ansprüche verstummen lassen.

Zum anderen führt die steigende Zahl großer Schiffe, wie sie der Anstieg der mittleren Schiffsgröße erkennen läßt, zweifellos zu einer stärkeren Belastung des Kanalbetts. Hier gilt es, sorgfältig zu beobachten, ob die bei der Bemessung des neuen Kanalquerschnitts zugrundegelegte Erosionsrate eingehalten wird. Bisherige Messungen in situ lassen darüber noch keine zuverlässigen Aussagen zu. Dafür ist der Beobachtungszeitraum noch zu kurz, das Meßverfahren bei der Größenordnung der Veränderungen in der Morphologie des Kanalbetts und mit Rücksicht auf den vertretbaren Aufwand nicht eng und genau genug. Die Beobachtungen werden deshalb fortgesetzt.

Oft wird nach den Chancen für eine Vertiefung des Kanals gefragt. Es wäre verfehlt, wollte man darauf für absehbare Zeit auch nur geringe Hoffnung setzen. Hierfür müßte neben wirtschaftlichen Voraussetzungen vor allem ein unabweisbares Bedüfnis bestehen. Daß dies nicht der Fall ist, ergibt sich aus der Tatsache, daß der Nord-Ostsee-Kanal seinen Anteil an mindestens 50 v.H. der zwischen der Nordsee und der Ostsee verkehrenden Schiffe hält, obwohl die Zahl der Schiffe mit größerem Tiefgang, die den Weg durch den Großen Belt wählen müssen, zweifellos zugenommen hat.

Darüber hinaus sind einer Vertiefung des Nord-Ostsee-Kanals Grenzen gesetzt, die vollgültige Alternativen zur Fahrt durch den Großen Belt nicht zulassen. Diese Grenze wird von den Abmessungen der Schleusen bestimmt, die bei der Erweiterung des Kanals im Jahre 1907 in ihren Maßen zwar weit in die Zukunft geplant worden sind, aber dennoch bei einer Tiefe des Schleusendrempels von 14 m unter dem mittleren Ostseewasserstand äußerstenfalls eine Vertiefung des Kanals auf 13 m zulassen würden. Damit könnte nur ein Teil derjenigen Schiffe, die den Großen Belt wegen ihres Tiefgangs benutzen müssen, für den Kanal gewonnen werden. Wollte man dagegen die Fahrwassertiefe des Großen Belts anstreben, so müßte mit immensen Kosten für neue Schleusen gerechnet werden. Der dadurch mögliche Zuwachs an Schiffen, die heute die Beltroute wählen müssen, würde derart hohe Investitionen nicht rechtfertigen und würde das Verhältnis der Einnahmen aus Befahrungsabgaben zu den Ausgaben für Betrieb und Unterhaltung des Kanals nicht entscheidend verbessern können. Für den überwiegenden Teil der in der Ostseefahrt eingesetzten Schiffe über 5000 BRT, für die der Øresund wegen seiner geringen Tiefe nicht nutzbar ist, wird der Nord-Ostsee-Kanal seine Anziehungskraft auch fernerhin behalten. Der Weg durch den Großen Belt, der infolge zahlreicher Kursänderungen und enger Durchfahrten schwierig ist, wird auch durch genaue Tiefenaufnahme und bessere Bezeichnung kaum attraktiver werden.

Alle Bemühungen der Wasser- und Schiffahrtsverwaltung des Bundes sind seit mehr als zwei Jahrzehnten darauf gerichtet, den technischen Stand des Nord-Ostsee-Kanals den veränderten Bedürfnissen anzupassen, seine Anlagen zu erneuern und zu modernisieren und das Kanalbett in einer Weise zu sichern, die in ihrer Wirkung der ersten Erweiterung vor 75 Jahren gleichkommt. Hier liegen die Möglichkeiten, unter Ausschöpfung eines ökonomisch vertretbaren Aufwandes den Benutzern des Kanals eine optimal sichere, zügige Durchfahrt zu bieten.

Die geschilderten Maßnahmen entsprechen den Zielvorgaben für Investitionen an Bundeswasserstraßen. Sie sind darauf gerichtet, die bauliche Substanz der vorhandenen Wasserstraßen zu erhalten und zu modernisieren, Verkehrsabläufe sowie Betrieb und Unterhaltung der Wasserstraßen zu rationalisieren und die Sicherheit des Schiffsverkehrs zu erhöhen.

Es gibt keinen Zweifel, daß der Nord-Ostsee-Kanal bei konsequenter Weiterverfolgung dieser Ziele seinen Rang als Transitweg im Seeverkehr zwischen Nord- und Ostsee weiterhin behaupten wird.

Schrifttum

1 Hansen, P. C.: Zur Geschichte des Schleswig-Holsteinischen Kanals. (Nachdruck). Mitteilungen des Canal-Vereins Nr. 5, Rendsburg 1984

2 Jensen, W.: Der Nord-Ostsee-Kanal, eine Dokumentation zur 75jährigen Wiederkehr der Eröffnung. Neumünster: Wachholz 1970

3 Lorenzen, J. M.: Suez-, Panama- und Nord-Ostsee-Kanal, ihre wirtschaftliche Bedeutung und Betriebsform. In: Jahrbuch der Hafenbautechnischen Gesellschaft, Bd. 22. Berlin Göttingen Heidelberg: Springer 1952/54

4 „Nord-Ostsee-Kanal" Schriftenreihe herausgegeben von der Wasser- und Schiffahrtsdirektion Nord, Kiel. Jahresberichte 1980, 1981, 1982 und 1983

5 Ramacher, H.; Plate, U.: Die Sicherung des Nord-Ostsee-Kanals. In: Jahrbuch der Hafenbautechnischen Gesellschaft, Bd. 30/31. Berlin Heidelberg New York: Springer 1966/68

6 Schütt, G.; Mürl, H.: The Kiel Canal-Traffic development and safeguarding of its assets. P.I.A.N.C. Bulletin No. 20, Vol. I/1975

7 Schütt, G.: Zur Neuordnung der Ämter am Nord-Ostsee-Kanal, „Nord-Ostsee-Kanal" Schriftenreihe, herausgegeben von der Wasser- und Schiffahrtsdirektion Nord, Kiel No. 1/2 1979

8 Stolz, R.: Das Sicherungsprogramm für den NOK in den 70er Jahren. Nord-Ostsee-Kanal-Jahresbericht 1981, herausgegeben von der Wasser- und Schiffahrtsdirektion Nord, Kiel

9 Vogel, G.: Der Nord-Ostsee-Kanal, Ausblick aus 75jähriger Entwicklung: Ausbau und Modernisierung sichern seinen Wert für Schiffahrt und Wirtschaftsbelebung. In: Jahrbuch der Hafenbautechnischen Gesellschaft, Bd. 32. Berlin Heidelberg New York: Springer 1969/71

10 Wegner, H.: Studie über die Wasserwege zu den deutschen Seehäfen. In: Jahrbuch der Hafenbautechnischen Gesellschaft, Bd. 23/24. Berlin Göttingen Heidelberg: Springer 1955/57

Die schrittweise Anpassung der Elbe an die Entwicklung des Seeschiffsverkehrs*

Abteilungspräsident Dipl.-Ing. **Georg-Wilhelm Keil**, Kiel

1 Einleitung

Im Hamburger Hafen wurden im Jahr 1982 62 Mio. Tonnen Seeverkehrsgüter umgeschlagen, in Cuxhaven und den neuen Häfen Bützfleth und Brunsbüttel waren es zusammen weitere 10,6 Mio. Tonnen. Hauptschlagader dieser Region mit dem größten deutschen Seehafen ist die Elbe, genauer gesagt die Unter- und Außenelbe, die es heute Schiffen von mehr als 100 000 tdw Tragfähigkeit erlaubt, von See aus 120 km tief ins Land zu fahren, um ihre Ladung dort zu löschen. 1982 fuhren rund 25 000 gelotste Schiffe auf der Elbe von und nach Hamburg, davon rd. 1000 = 4 % mit Tiefgängen > 10 m. Maximal möglich sind heute Schiffstiefgänge von rd. 14 m bei gut 16 m Fahrwassertiefe. Bevor Hamburg Mitte des letzten Jahrhunderts begann, seine seewärtige Zufahrt den größer werdenden Schiffen anzupassen, konnten nur Schiffe mit Tiefgängen bis maximal 4,30 m den Hamburger Hafen erreichen, weil sich bei Blankenese eine Barre quer durch die Elbe zog. Von den 1841 in Hamburg insgesamt angekommenen 2180 Seeschiffen hatten 112 Schiffe = rd. 5 % einen größeren Tiefgang und mußten bei Blankenese leichtern (Abb. 1).

2 Die Arbeiten Hamburgs zur Fahrwasservertiefung der Elbe bis 1921

Vom Jahre 1846, als Hamburg begann, mit einem neuen Bagger von 35 m^3/h Leistung und 5,7 m Grabtiefe die Blankeneser Barre abzubaggern, bis heute, da die Freie und Hansestadt Hamburg innerhalb ihres Staatsgebietes und die Wasser- und Schiffahrtsverwaltung des Bundes auf 105 km Länge von Tinsdahl bis Scharhörn die Fahrrinne der Elbe auf einer Tiefe von 13,5 m unter MTnw halten, war ein langer Weg, von dem im folgenden einige Stationen aufgezeigt werden sollen.

Nicht allein vom Baggern versprach man sich Erfolg, sondern schon früh war erkannt worden, daß zu einer dauerhaften Fahrwasserverbesserung Stromregelungsmaßnahmen erforderlich sind. Der große Strom- und Hafenbauer Hamburgs jener Zeit, Johann Dalmann, führte in seiner Arbeit „Über Stromkorrektionen im Flutgebiet" 1856 aus, daß nur mit Hilfe von Stromregelungen eine kräftige Entwicklung der Tidewelle zu erreichen sei, als Voraussetzung dafür, daß sich in den oft zu mehreren Rinnen verwilderten Stromabschnitten eine tiefe Hauptrinne herausbildet und auf Dauer selbst erhalten kann. Trotzdem war, weil für die teuren Strombaumaßnahmen das Geld fehlte, bis kurz vor die Jahrhundertwende in mehreren Schritten mit immer größeren Baggern versucht worden, die Tiefen herzustellen, die für die schnell anwachsenden Schiffe erforderlich waren. 1897 waren Schiffstiefgänge bis zu maximal 7,9 m möglich, in 50 Jahren also eine Vertiefung um 3,6 m.

Als nächsten Schritt strebte Hamburg 10 m Fahrwassertiefe unter MThw an, die auf der Strecke Altona – Nienstedten (1897 – 1902) und anschließend zwischen Neumühlen und Lühesand (1903 – 1906) in Angriff genommen wurden. Da Hamburg aber damit an den Elbufern außerhalb seines Staatsgebietes arbeiten mußte, wurde eine vertragliche Regelung mit Preußen, dem ab 1866 beide Ufer der Unterelbe gehörten, erforderlich. Das war der zweite Köhlbrandvertrag (Abb. 2).

Die eigentlich große strombauliche Leistung Hamburgs an der Unterelbe aber war die Stromregelung zwischen Hamburg und Stadersand. Vertraglich abgesichert mit Preußen im dritten Köhlbrandvertrag (1908) enthält dieser Plan mit 300 m Fahrwasserbreite bis Stadersand bzw. 400 m unterhalb bereits Abmessungen, die noch heute Gültigkeit haben. Als Fahrwassertiefe waren 10 m nunmehr unter MTnw vorgesehen. Dieser Stromabschnitt war infolge stark wechselnder Breiten verwildert. Nebenrinnen entzogen dem Hauptfahrwasser einen Teil des Wassers und damit Spülkraft. Durch Buhnen und Längswerke sollten Flut- und Ebbestrom auf die Hauptrinne konzen-

---

* Nach einem bei der 42. Hauptversammlung der Hafenbautechnischen Gesellschaft am 29.9.1983 in Kiel gehaltenen Vortrag

Abb. 1. Die Unterelberegion

triert werden. Das große, rd. 8 km lange Längswerk, das damals am linken Ufer geplant und begonnen wurde, hat sich bewährt. Es ist die heutige Insel Hanskalbsand. Bis zum Ersten Weltkrieg waren die geplanten Tiefen und Breiten zwischen Hamburg und Stadersand hergestellt. Das neugeschaffene Fahrwasser erlaubte es den größten Schiffen der damaligen Zeit, Hamburg zu erreichen. Stolzes Symbol dieses Erfolges waren die Riesenschiffe der Imperatorklasse, die die Hamburg-Amerika-Linie bauen und ab 1913 zwischen Hamburg und New York verkehren ließ. Mit 52 000 BRT konnten diese 269 m langen 4-Schrauben-Dampfer 4000 Passagiere und 1200 Mann Besatzung aufnehmen (Abb. 3).

3 Die Arbeiten der Reichswasserstraßenverwaltung

Noch aber gab es auf dem Weg zur See zwei Stromabschnitte, die auf Tiefe zu halten großen Baggeraufwand erforderten und wo auf Dauer nur Stromregelungsmaßnahmen Abhilfe schaffen konnten:

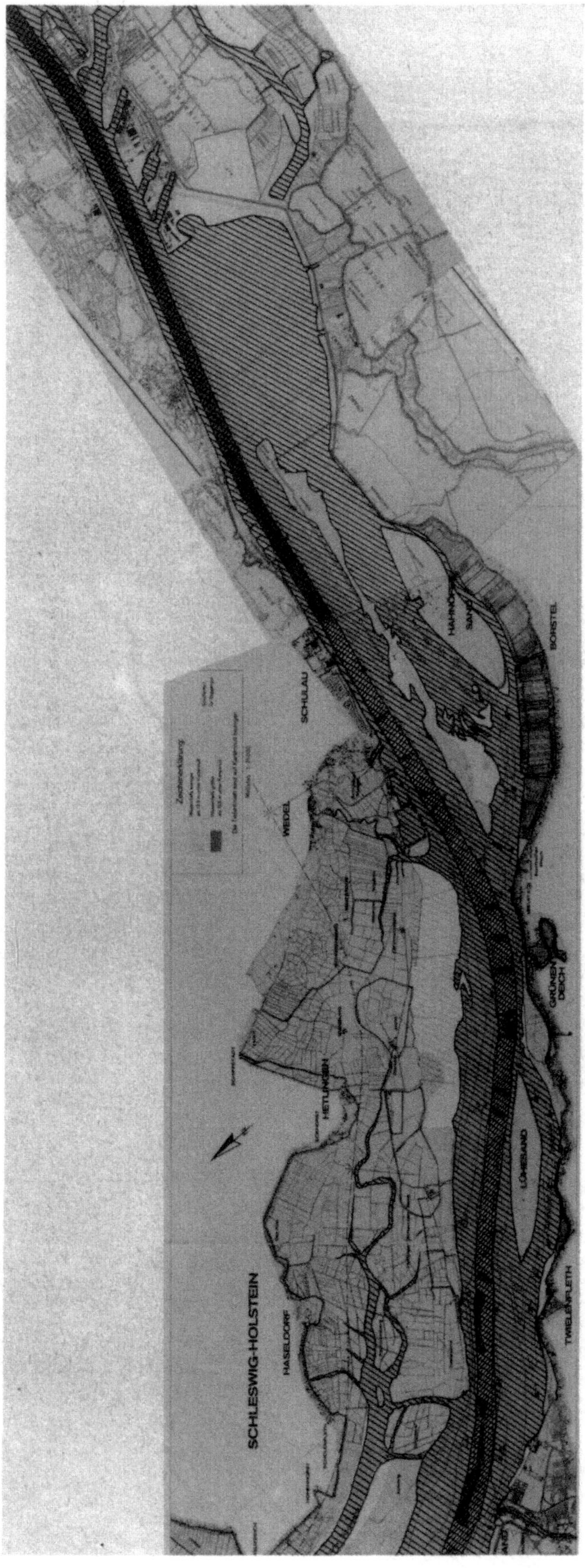

Abb. 2. Die Elbe zwischen Hamburg und Stadersand

Abb. 3. Die „Imperator“ der Hamburg-Amerika-Linie

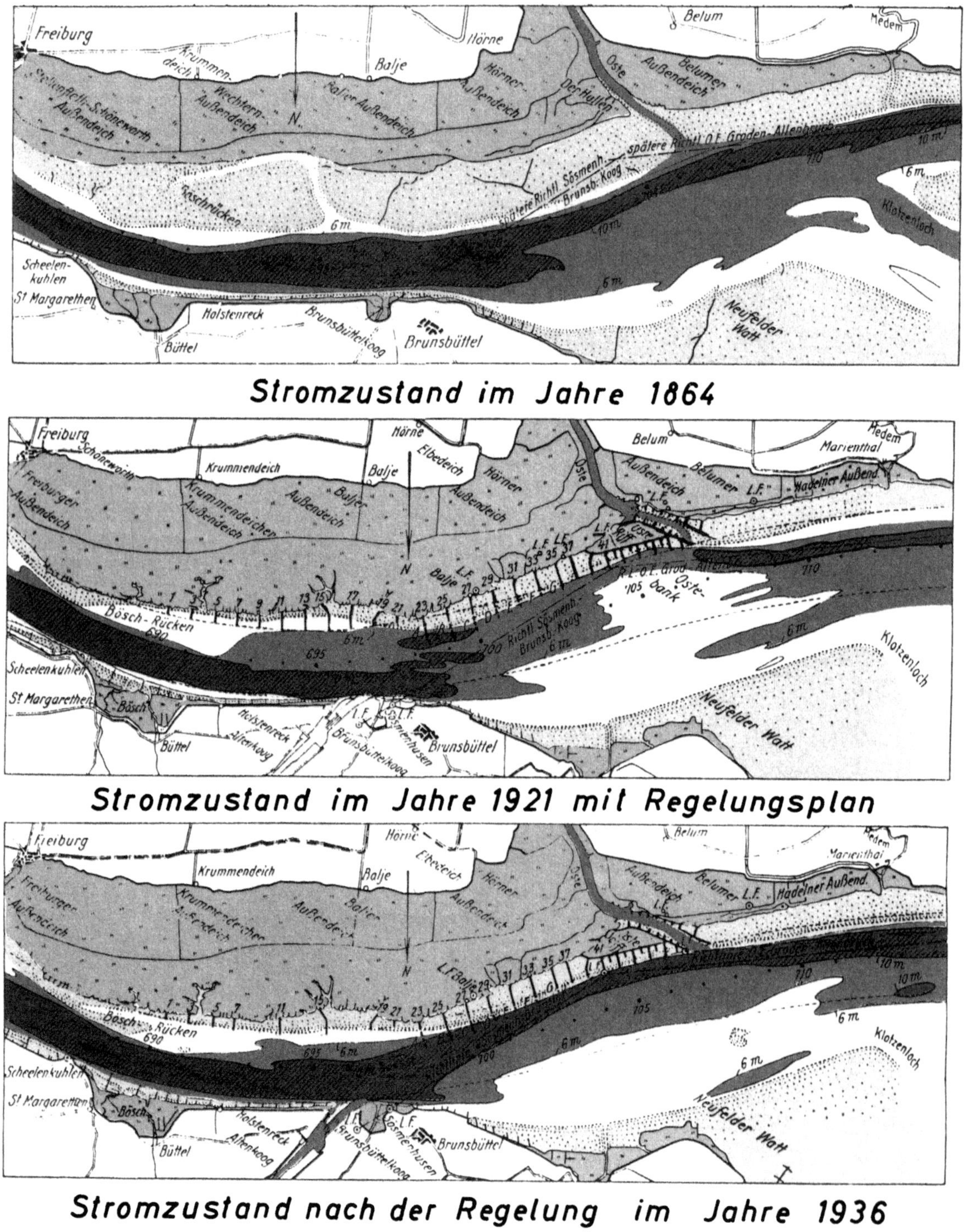

Abb. 4. Stromregelung an der Ostebank

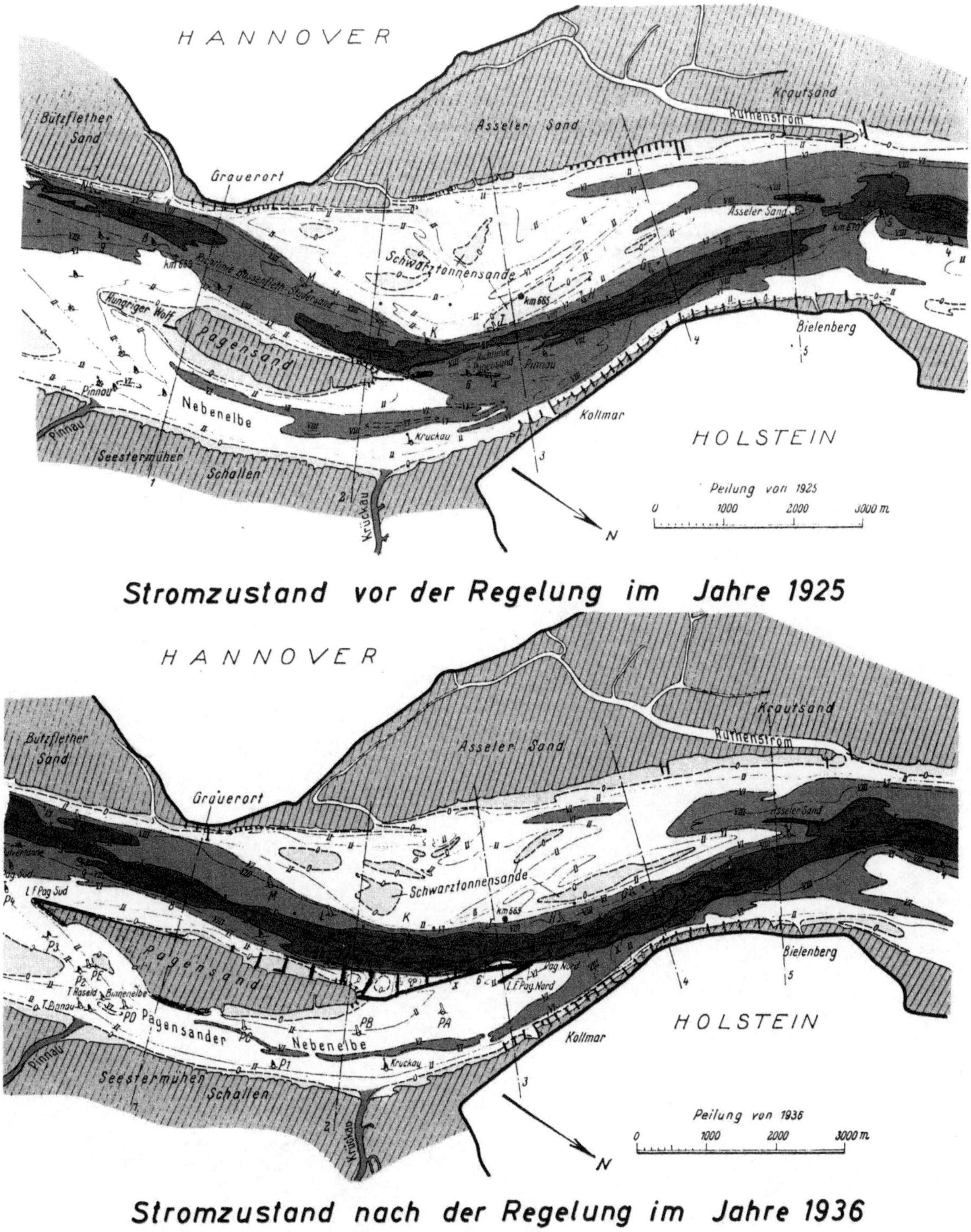

Abb. 5. Stromregelung am Pagensand

1. Die Ostebank zwischen Brunsbüttel und der Ostemündung und
2. das in mehrere Rinnen verwilderte Gebiet um den Pagensand zwischen Pinnau- und Krückaumündung.

Mit beiden Baumaßnahmen, die in den Jahren von 1922 bis 1938 ausgeführt wurden, gab die Reichswasserstraßenverwaltung sozusagen ihren Einstand an der Elbe.

Durch einen Staatsvertrag waren 1921 alle Wasserstraßen von damals verkehrlicher Bedeutung von den Ländern auf das Reich übergegangen, das hier nun natürlich zeigen wollte, daß es mit seinen Anstrengungen für

Abb. 6. Die „Europa" des Norddeutschen Lloyd

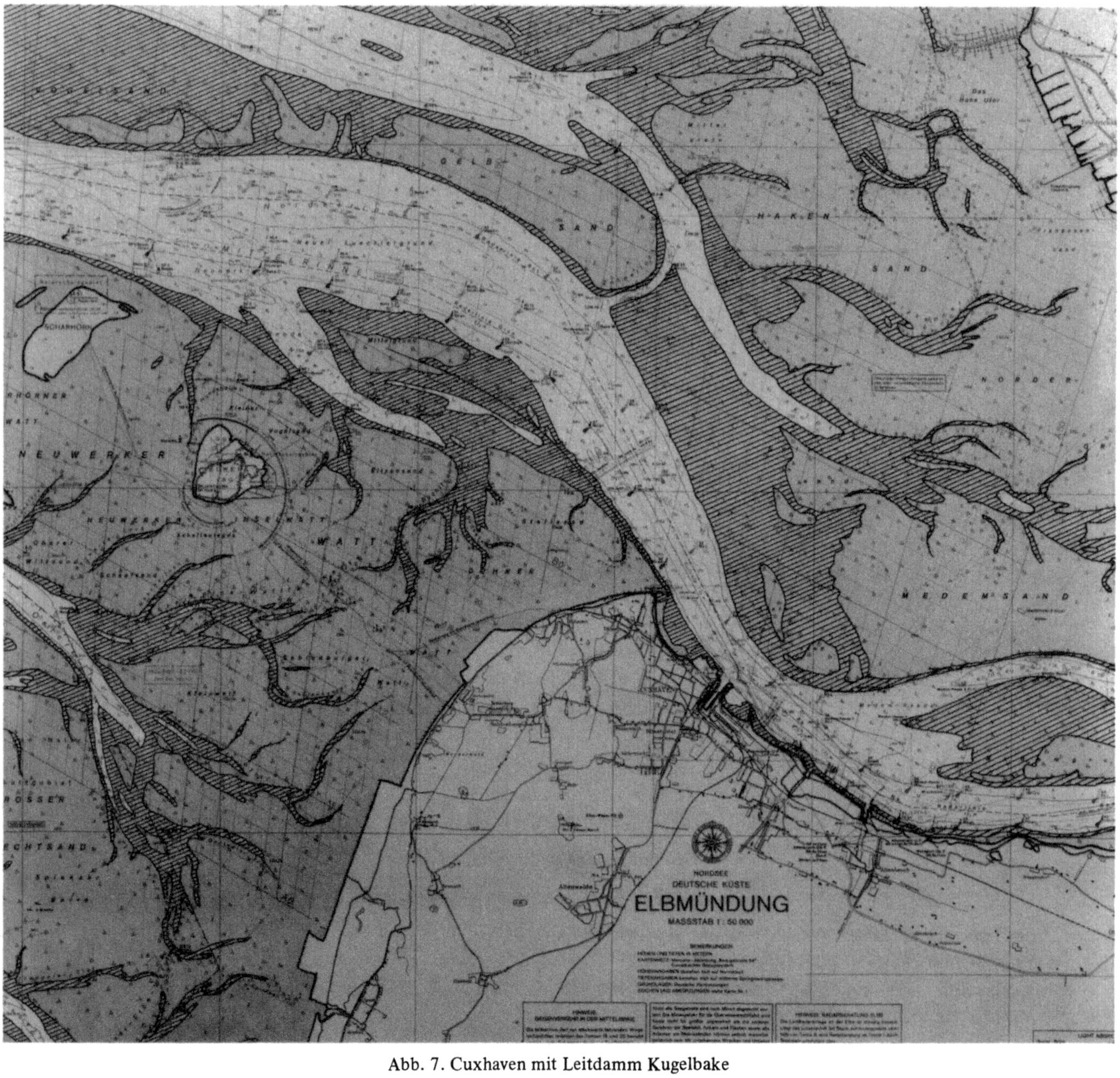

Abb. 7. Cuxhaven mit Leitdamm Kugelbake

die Verbesserung der seewärtigen Zufahrt des größten deutschen Seehafens hinter Hamburg, das diese Last bis 1921 selbst getragen hatte, nicht zurückstand. Zudem hatte sich das Reich Hamburg gegenüber vertraglich verpflichtet, dafür zu sorgen, daß Hamburg „für die größten Seeschiffe unter Ausnutzung des Hochwassers erreichbar" ist.

Bei der Ostebank handelte es sich um einen Grund, der sich an der Nordseite des Stromes bildete, durch die Tideströme von unterhalb und oberhalb mit Sand gespeist wurde, gegen das südliche Ufer vorrückte und damit die gewollte 10 m tiefe Fahrrinne (Abb. 4, dunkle Fläche) versanden ließ. Durch den Bau von Buhnen sollte das südliche Ufer allmählich nach Norden vorgeschoben und die Ostebank selbst entsprechend abgebaggert werden, wodurch die scharfe Krümmung am Osteriff abgeflacht und ein gestrecktes Fahrwasser von 400 m Breite geschaffen werden sollte, das seine Tiefe durch die Räumkraft der Tideströme überwiegend selbst erhalten kann. Einen solchen Zustand hatte es von Natur aus Mitte des vorigen Jahrhunderts schon gegeben. An ihm orientierte sich nun der Regelungsentwurf. Der Stromzustand des Jahres 1936 zeigt schon den Erfolg. Die 10 m tiefe Fahrrinne (Abb. 4, dunkle Fläche) ist durchgehend vorhanden, und wo die Ostebank war, sind jetzt 6 m Wasser.

Der Stromabschnitt bei Pagensand stellte Anfang der 20er Jahre ein verwildertes Mehrrinnensystem dar. In den Übergängen bildeten sich Barren, Flut- und Ebbestrom strebten auseinander und bildeten Querströmungen, die wiederum die Sande, die den Strom noch führen konnten, abtrugen (Abb. 5).

Alten Peilplänen war zu entnehmen, daß sich in dem übermäßig breiten Strombett ein gutes Fahrwasser immer dann ausgebildet hatte, wenn Flut- und Ebbestrom mit ihren Hauptwasserführungen in schlanker Krümmung zwischen Pagensand und Schwarztonnensand verliefen. Einen solchen Stromzustand strebte man mit der Stromregelung, die praktisch aus der Insel Pagensand als Kernstück bestand, an.

Interessant für uns heute ist, wie das Studium alter Unterlagen, das Zurateziehen der Vergangenheit, das Nachverfolgen abgelaufener Naturvorgänge eine ergiebige Erkenntnisquelle sein kann. Voraussetzung für diese historische Methode ist allerdings, daß man solche Unterlagen aufbewahrt, pflegt und sie kontinuierlich weiterführt. Auch hier zeigte sich schon wenige Jahre später (1936) der Erfolg in einem durchgehenden Fahrwasser von 10 m Tiefe unter MTnw. Erfolgsmaßstab war wiederum ein Passagierschiff, die „Europa" des Norddeutschen Lloyd (Abb. 6), die 1935 nach einem Dockaufenthalt in Hamburg mit 10,20 m Tiefgang die Elbe auslaufend befahren konnte, ohne zwischenankern zu müssen. Beide Stromregelungsmaßnahmen haben sich bis heute bewährt, und an der jetzt lebenden Generation von Wasserbauern ist es, die Strombauwerke zu erhalten.

Als letztes Beispiel für eine große Stromregelungsmaßnahme an der Elbe soll hier noch der Leitdamm Kugelbake (Abb. 7) angeführt werden, der 1939 begonnen und bis heute zunächst auf 9 km Länge ausgeführt worden ist. Grundgedanke für den Leitdamm war, das 3-Rinnensystem, in das sich die Elbe unterhalb Cuxhavens aufspalteten und das nach Lage und Tiefe nur schwer zu beherrschen war, dadurch zu stabilisieren, daß man eine Rinne, das Neuwerkerfahrwasser, schwächt und dadurch den Flutstrom verstärkt auf die Mittelrinne lenkt. Wenn sich in diesem Außenelbebereich auch die Einflüsse von Tidefluß und küstenparalleler Strömung überlagern, so ist doch heute dank des Leitdammes diese ehemals kritische Fahrwasserstrecke entschärft und mit normalem Aufwand zu unterhalten.

4 Die Arbeiten der Wasser- und Schiffahrtsverwaltung des Bundes und Hamburgs zur Fahrwasservertiefung auf 11,0 m/12,0 m und 13,5 m unter KN

Während eines Zeitraumes von 4 Jahrzehnten, vom Ersten Weltkrieg bis Ende der 50er Jahre, hatte die Unterelbe eine Fahrwassertiefe von 10 m unter MTnw. Voll ausgenutzt wurde diese Tiefe anfangs nur von den großen Passagierschiffen. Massengut- und Stückgutschiffe kamen noch mit geringeren Fahrwassertiefen aus, wenn auch ihre Abmessungen während dieses Zeitraumes langsam zunahmen. Praktisch aber konnten die größten Seeschiffe der Zeit den Hamburger Hafen erreichen, so wie es vereinbart war.

Dies änderte sich Mitte der 50er Jahre mit dem stürmischen Anwachsen der Tankergrößen und der nachfolgend ähnlichen Entwicklung bei den Erzschiffen. Die „Tina Onassis" (Abb. 8), das 1953 bei Howaldt gebaute größte Tankschiff mit 45 700 tdw Tragfähigkeit und 11,53 m Tiefgang konnte Hamburg voll abgeladen gerade nicht mehr erreichen. Als sie es 1962 nach dem 11 m Ausbau konnte, war sie allerdings nicht mehr das größte Tankschiff.

Durch zwei Elbevertiefungen, den 11-m-Ausbau (1957/62) und den 12-m-Ausbau (1964/69) versuchte man, mit der Entwicklung der Schiffsgrößen Schritt zu halten, wobei aber bald deutlich wurde, daß dies nicht gelingen konnte, weil die Größen der Massengutschiffe allen technisch-wirtschaftlichen Möglichkeiten des Fahrwasserausbaues davonliefen. Voraussetzung für die Vertiefungen war allerdings der Bau der Staustufe Geesthacht.

Mitte der 60er Jahre war nun mit dem Container ein neues Stückguttransportsystem aufgekommen, das seine eigene stürmische Dynamik entwickelte und bald über die 1. und 2. zu den Containerschiffen der 3. Generation führte, mit Tiefgängen bis zu max. 43′ oder 13,10 m. Die in Abb. 9 gezeigte „Frankfurt Express" mit 51 540 tdw und 3045 Containern ist eines der größten Schiffe der 3. Generation.

Abb. 8. Die „Tina Onassis“

Abb. 9. Die „Frankfurt Express“

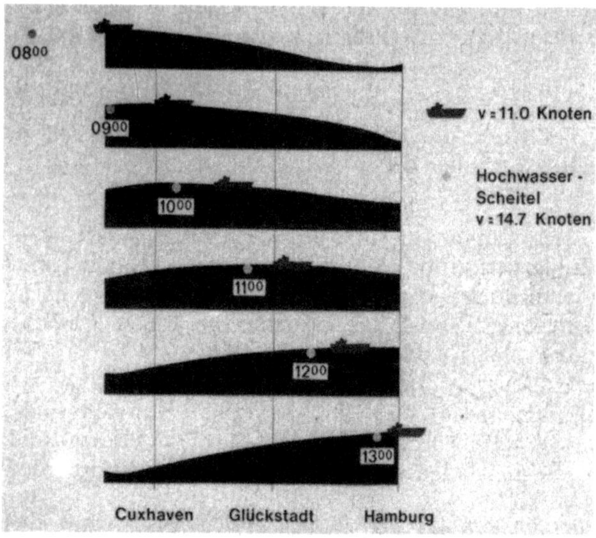

Abb. 10. Tideabhängig einlaufendes Schiff

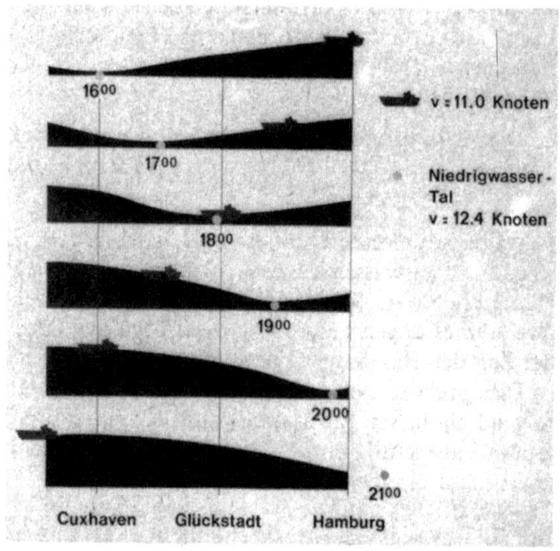

Abb. 11. Auslaufendes Schiff

Weil in der Stückgutfracht die volle Abladung gewichtsmäßig aber selten erreicht wird, braucht man für diese Großcontainerschiffe in der Hamburgfahrt nur mit Tiefgängen von rd. 12 m zu rechnen, was tideabhängig noch im Rahmen des zu jener Zeit vorhandenen 12-m-Ausbaus mit Fahrwassertiefen von gut 14,50 m möglich gewesen wäre.

Der entscheidende Unterschied zum Massengutschiff, das tideabhängig nach Hamburg fahren und damit den Tidehub von rd. 2,90 m ausnutzen kann, ist der, daß Containerschiffe den Hafen auch beladen wieder verlassen müssen und dabei nicht die Flutwelle zur Hilfe nehmen können, weil es in dieser Fahrtrichtung keine gibt. Für Containerschiffe ist daher die Tiefe des Fahrwassers bei Niedrigwasser maßgebend. Mit den Abb. 10 und 11 sollen diese Zusammenhänge veranschaulicht werden. Hier sind schematisch dargestellt Längsschnitte durch das Fahrwasser der Unterelbe von Cuxhaven bis Hamburg in stündlichem Abstand. Der Hochwasserscheitel (Abb. 10, heller Punkt) wandert mit einer Fortschrittsgeschwindigkeit von 14,7 kn stromauf.

Das große tideabhängig einlaufende Massengutschiff (Abb. 10), das am zweckmäßigsten auf ihm fahren müßte, weil es dann am meisten Wasser hätte, kann im Flachwasser aber maximal nur eine Geschwindigkeit von 11 kn halten. Daher muß das Schiff dem Hochwasserscheitel soweit vorauslaufen, daß es erst im Hamburger Hafen von ihm eingeholt wird.

Ganz anders das auslaufende Schiff (Abb. 11). Für es gibt es keinen Hochwasserscheitel, sondern nur ein Niedrigwassertal, das ihm überall, je nach Abfahrtszeit in Hamburg, begegnen kann und durch das es immer hindurch muß.

Als Ergebnis umfangreicher Prognoseüberlegungen und wasserbaulicher Modellversuche ergab sich Anfang der 70er Jahre, daß das Fahrwasser der Elbe um 1,5 m auf 13,5 m unter MTnw vertieft werden mußte, damit Containerschiffe der 3. Generation von und nach Hamburg fahrplanmäßig und das heißt tideunabhängig verkehren können. Gleichzeitig bedeutet das für die tideabhängig fahrenden Massengutschiffe mögliche Tiefgänge von gut 14 m, womit die Klasse der 100/110 000 tdw Schiffe Hamburg erreichen kann. Damit haben die Passagierschiffe ihre frühere maßstabsetzende Bedeutung verloren. Daß es sie aber noch gibt, zeigt Abb. 12.

Der 13,5-m-Ausbau wurde 1974 begonnen, die Baggerungen zur Fahrwasservertiefung 1978 abgeschlossen. Strombaumaßnahmen und der Bau von Schiffahrtszeichen dauern noch an. Technisch gab es keine Schwierigkeit, rd. 40 Mio. m^3 zu baggern, aber neu war bei diesem Ausbau, daß er voll in die Zeit des gewachsenen Umweltbewußtseins fiel.

Die Wasser- und Schiffahrtsverwaltung des Bundes sah sich im Planfeststellungsverfahren einer Flut von Einwendungen gegenüber, obwohl sie bisher bei ihren Ausbauten und Stromregelungsmaßnahmen stets auch die Erhaltung, möglichst sogar die Verbesserung des Freizeitwertes der Unterelbe im Rahmen des wirtschaftlich überhaupt noch Vertretbaren im Auge hatte. Dabei ist unbestreitbar, daß ein Teil dessen, was heute den Freizeit- und Erholungswert der Unterelbe ausmacht und unter Naturschutz steht, erst im Rahmen von Ausbauarbeiten und Aufspülungen entstanden ist. Seit mehr als einem halben Jahrhundert werden erhebliche Anstrengungen unternommen, um die Ufer der aufgespülten Inseln durch Anpflanzungen zu schützen und in die grüne Landschaft miteinzubeziehen. Die mit dem gebaggerten Boden aufgespülten Elbinseln, wie die Rhinplatte bei Glückstadt, Pagensand, Lühesand, Schwarztonnensand, Hanskalbsand, geben Beispiele für dieses stets naturverbundene Bauen am Wasser. Leider ist es nicht in allen Uferbereichen möglich, den Uferschutz durch Lebendverbau zu erreichen. Wo Wellenangriff und Strömung zu stark sind, müssen Deckwerke den Bestand der Ufer sichern. Weiterhin wurde zur Erhaltung eines natürlichen Stromregimes und Landschaftsbildes besonderer Wert darauf gelegt, daß alle Nebenelben offen blieben und nicht abgedämmt wurden, obwohl dadurch die Strömungsverhältnisse im Hauptfahrwasser hätten verbessert und die Unterhaltungsbaggerungen verringert werden können.

Abb. 12. Die „Europa" der Hapag-Lloyd im Hamburger Hafen

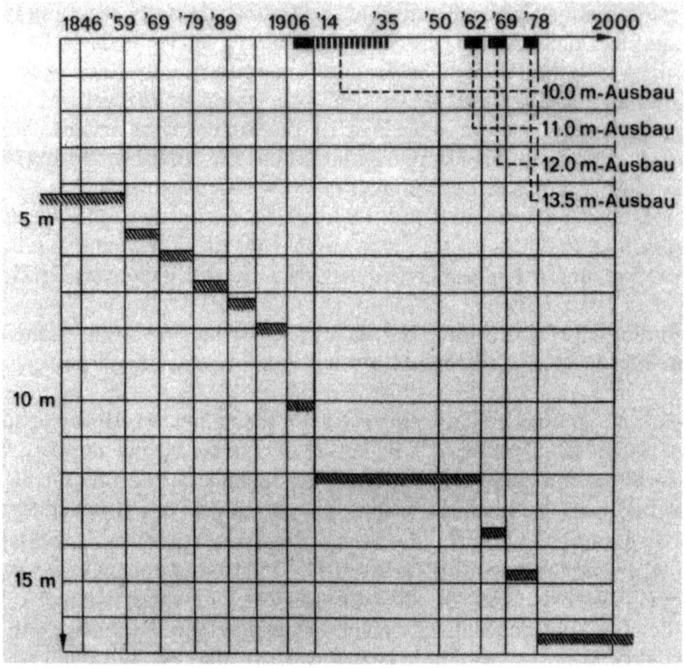

Abb. 13. Fahrwassertiefen unter MThw bei den verschiedenen Ausbauperioden

Diese drei kurz aufeinander folgenden Ausbauten, der 11-, 12- und 13,5-m-Ausbau machen zusammen eine Vertiefung von 3,5 m in 20 Jahren aus und haben den Verlauf der Tidewelle beeinflußt. Die Tidewelle braucht heute weniger Zeit für den Weg von Cuxhaven nach Hamburg, und die Tidehübe haben sich besonders im oberen Flußbereich vergrößert. Dabei sind die Tnw mehr abgesunken als die Thw angestiegen sind. Allein den Ausbauten läßt sich diese Niedrigwasserabsenkung aber nicht anlasten, weil es auch Einflüsse von See gibt, wie gerade in einem Gutachten festgestellt worden ist.

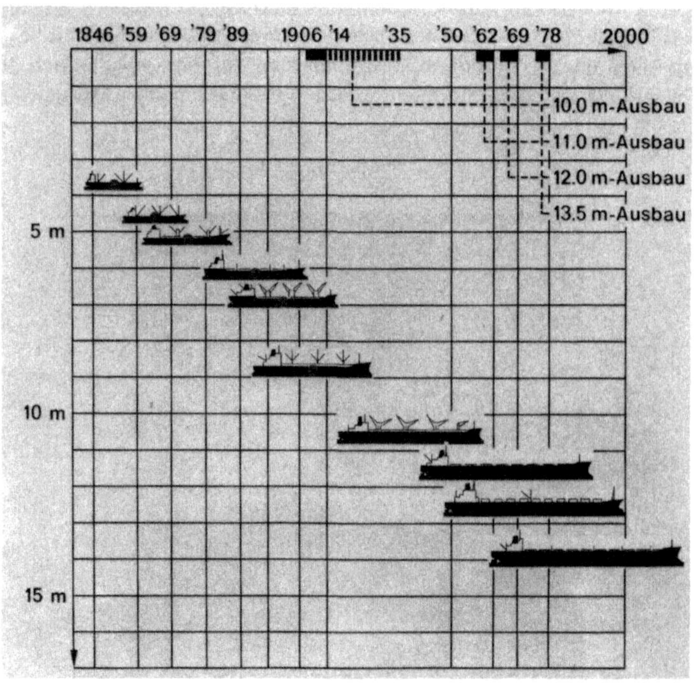

Abb. 14. Mögliche Tiefgänge einlaufender Schiffe bei den verschiedenen Ausbauperioden

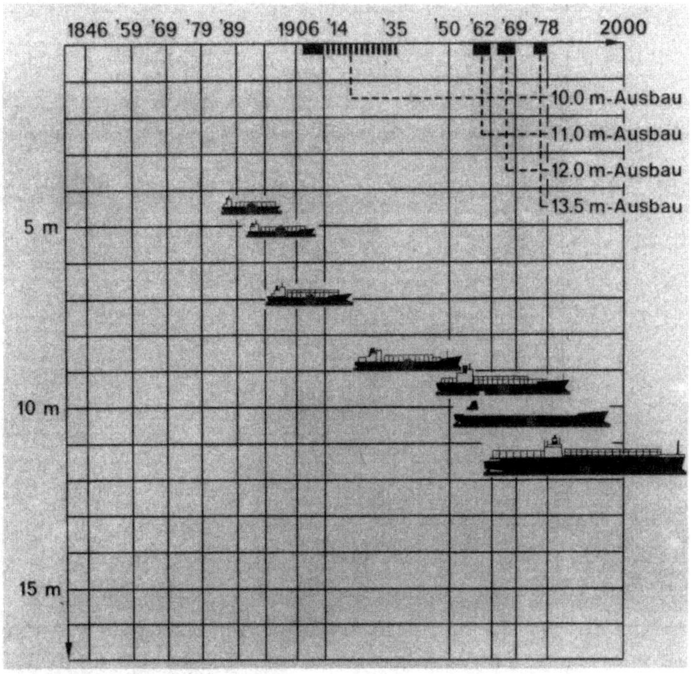

Abb. 15. Mögliche Tiefgänge auslaufender Schiffe bei den verschiedenen Ausbauperioden

Als Abschluß dieses Teiles der Darlegungen soll noch einmal ein Gesamtüberblick über die Entwicklung der Fahrwassertiefen gegeben werden (Abb. 13). In zehn Schritten führte dieser Weg von den 4,30 m über der Blankeneser Barre bis zu den 16,4 m bei Tidehochwasser heute. Die ersten Jahrzehnte, da nur gebaggert und 7,9 m erreicht wurde, der Beginn der Stromregelungen, die für weitere Fahrwasservertiefungen unumgänglich geworden waren, die rd. vier Jahrzehnte des 10-m-Ausbaus mit 12 m Fahrwassertiefe unter Tidehochwasser und die letzten drei Ausbauten innerhalb von 20 Jahren, wovon der 13,5-m-Ausbau unter Berücksichtigung des Tidehubs von 2,90 m eine Fahrwassertiefe von 16,4 m ergeben hat. Wie diese Fahrwassertiefen von der Schiffahrt heute ausgenutzt werden können, wird in Abb. 14 und 15 gezeigt. Darin sind moderne Schiffe den jeweiligen Fahrwasserperioden der Vergangenheit zugeordnet, einkommend, tideabhängig Massengutschiffe und tideunabhängig Stückgut-/Containerschiffe.

5 Die Unterhaltung des Fahrwassers der Elbe

Nach diesen Ausbaumaßnahmen, die immer etwas Einmaliges darstellen und meist ausführlich in der Fachliteratur beschrieben werden, nun ein Blick auf das Alltägliche, die Unterhaltung des ausgebauten Fahrwassers. Abbildung 16 zeigt die jährlichen Unterhaltungsbaggermengen und die Ausbaubaggermengen. Es ist abzulesen, daß sich der Unterhaltungsaufwand mit jeder Vertiefung erhöht hat.

Alle Unterhaltungsbaggerungen auf der Elbe wurden bis jetzt mit verwaltungseigenen Geräten durchgeführt, alle Ausbaubaggerungen an Firmen vergeben. Die Abb. 17 zeigt den verwaltungseigenen Großraumbagger „Nordsee", der bisher zusammen mit einem weiteren Gerät „Johannes Gährs" das Fahrwasser der Elbe zum Nutzen der Schiffahrt auf Tiefe gehalten hat. Erst mit Hilfe dieser Großraumsaugbagger, die die Verwaltung ab 1960 für die einzelnen Reviere beschaffte, konnte der Entschluß zur weiteren Vertiefung der Elbe und der anderen Tideströme gewagt werden. Heute unterschätzt man leicht das Gewicht dieser Entscheidung, die die Verantwortlichen damals vor rd. 25 Jahren zu treffen hatten, als es darum ging, die Elbe und auch die anderen Tideflüsse der größeren Schiffstiefgänge wegen zu vertiefen. Es war nicht vorherzusagen, wie der bisher unter dem Einfluß von Gezeiten, Sandwanderungen, Oberwassereinfluß im dynamischen Gleichgewicht befindliche Tidestrom reagieren würde, wenn in sein Regime mit künstlichen Vertiefungen eingegriffen würde. Erfolgreich waren Elbevertiefungen langfristig bisher nur gewesen, wenn sie von Stromregelungen begleitet waren. Was würde

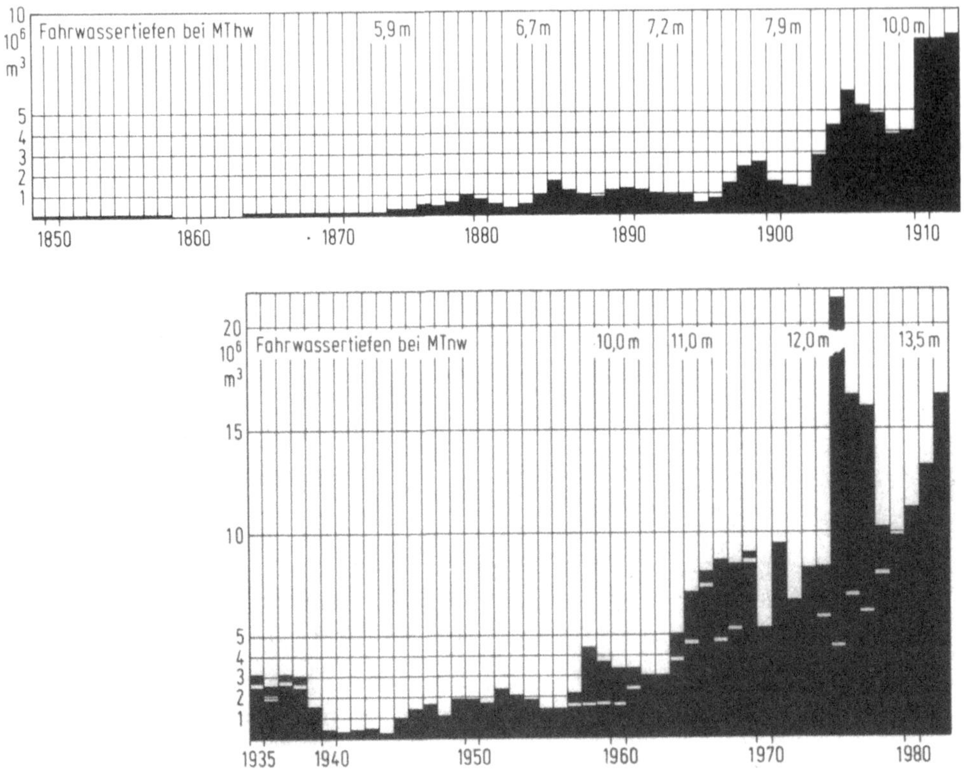

Abb. 16. Entwicklung der Baggermengen in der Unter- und Außenelbe

an Unterhaltungsbaggerungen zusätzlich anfallen? Wie kurzfristig müßte reagiert werden? Da die Schiffahrt die Vertiefungen sofort nutzen sollte, könnte man Rückschläge nicht hinnehmen. Bagger müßten sofort zur Verfügung stehen.

Nur mit eigenen, leistungsfähigen Baggergeräten und eigenen Besatzungen, die sich ausschließlich auf ein Revier konzentrieren konnten und deren Kenntnis von ihrem Tidefluß eine vorausschauende Fahrwasserpflege garantierte, glaubte man damals, die Vertiefungen angehen zu können. Denn die modernen Ortungs-, Lotungs- und Datenverarbeitungssysteme, die heute praktisch eine kontinuierliche Fahrwasserüberwachung und gezielte Baggereinsätze möglich machen, standen damals ja nicht zur Verfügung.

Abb. 17. Hoppersaugbagger „Nordsee“

6 Der 13,5-m-Ausbau sichert die Wettbewerbsfähigkeit des Hamburger Hafens

Hinter all den Ausbau- und Unterhaltungsarbeiten stehen natürlich wirtschaftliche Notwendigkeiten. Hat sich das alles gelohnt bzw. lohnt es sich noch? Wie die Statistik zeigt, hat der Hafen Hamburg in der Tendenz eine stetige Zunahme seiner Umschlagmengen (Abb. 18), besonders beim hochwertigen Stückgut, das 1982 mit 18,5 Mio. t einen Anteil von 30 % am Gesamtumschlag hatte. Der Anteil der Container am Stückgut betrug 1982 über 40 %. Diese Stückgutmengen und dieser Containerisierungsgrad waren im Hafenentwicklungsplan von 1976 erst für 1985 vorausgesagt worden. Ein Zeichen dafür, daß sich der 13,5-m-Ausbau, der den größten Containerschiffen ein jederzeitiges Anlaufen und Verlassen des Hafens gewährleistet, auf die Wettbewerbsfähigkeit Hamburgs im Stückgut- und Containervkehr noch günstiger als erwartet ausgewirkt hat. Aber auch im Massenverkehr sind die Schiffe der Größenordnung 100 000 tdw, die Hamburg jetzt tideabhängig anlaufen können, für Verlader und Empfänger von wirtschaftlicher Bedeutung. Dies gilt besonders auch im Hinblick auf westliche Konkurrenzhäfen Hamburgs, wie Dünkirchen, Gent, Antwerpen, Amsterdam, die ebenfalls auf diese Größenklasse festgelegt sind durch Drempeltiefen ihrer neuen Seeschleusen bzw. Amsterdam durch die Tiefe des Nordseekanals.

Nun gibt es immer wieder kritische Fragen, für wieviel tiefgehende Schiffe im Jahr die Fahrwassertiefe der Elbe eigentlich vorgehalten würde, und ob sich die großen Unterhaltungsaufwendungen für die relativ wenigen Schiffe, die diese Tiefe brauchen, überhaupt lohne. Dabei wird leicht übersehen, daß die verschiedenen Funktionen, die einen Universalhafen ausmachen, in enger Abhängigkeit zueinander stehen. Die Bedeutung des Universalhafens Hamburg liegt nicht allein im Umschlag von Stück- und Massengut sondern auch in seiner Lagerfunktion: Hamburg ist der größte Siloplatz Europas, Importeure und Exporteure errichten im Freihafen zentrale Vorrats- und Pufferlager. Durch eigene umfangreiche Lagerfazilitäten der Reeder und der Händler werden automatisch langfristig Warenströme an Hamburg gebunden. Import- und Transitgüter können im Freihafen ohne zollrechtliche Beschränkungen und daraus resultierenden Kosten gelagert werden. Ebenso wichtig ist die Dienstleistungsfunktion des Hafens: Packen von Containern, Containerreparatur, Warenpflege und allgemein das vielseitige Know-how der Hafenbetriebe gehören dazu. Ferner seine Industriefunktion mit einem hohen Beschäftigungspotential: Veredelung von Umschlagsgütern, Werften, Raffinerien, Grundstoff- und Futtermittelindustrie. Dies alles soll nur beispielhaft aufzeigen, ein wie komplexes Gebilde ein moderner Universalhafen ist und wie lebenswichtig eine ausreichende und stets vorhandene Wassertiefe seiner seewärtigen Zufahrt ist.

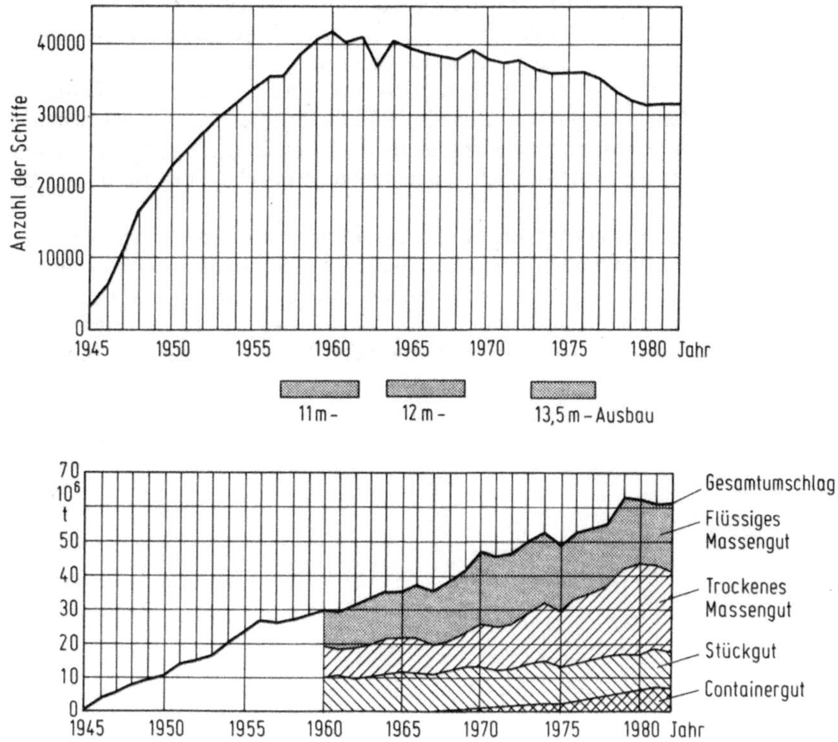

Abb. 18. Entwicklung des Umschlags der Seeverkehrsgüter in Hamburg

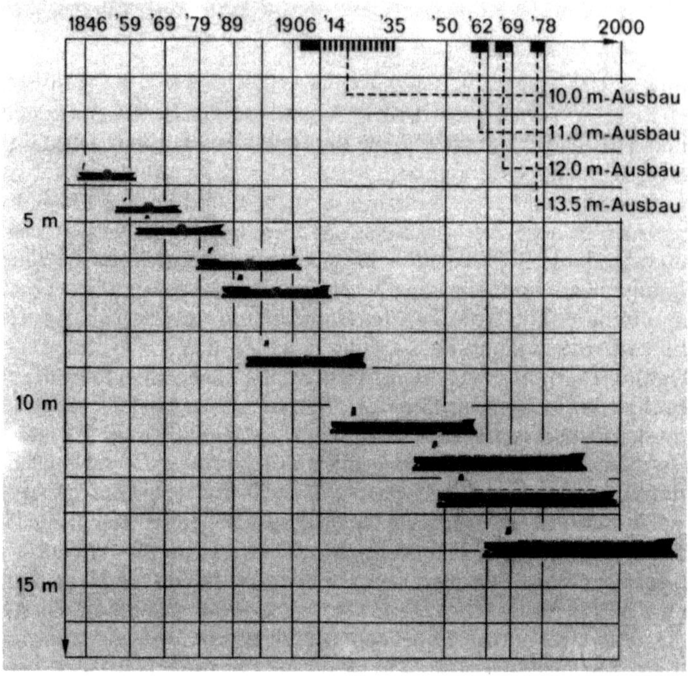

Abb. 19. Noch mögliche Tiefgänge einlaufender Schiffe beim Versanden der Fahrrinne

Zur Attraktivität für den Stückgut- und Containerverkehr gehört auch die Zahl der den Hafen anlaufenden Linien. Von der Liniendichte der Containerschiffe der 3. Generation geht dabei eine Sog- und Multiplikatorwirkung aus. Hamburg ist z.B. für Skandinavien der Ostasienhafen, und oft haben die Zubringer-Kümos auch für andere Fahrtgebiete zugeladen, die dank der Liniendichte von Hamburg aus weiter befördert werden können. Es sind also gerade diese relativ wenigen Großschiffe, die das Rückgrat des Stückgutverkehrs ausmachen und wovon gut 50 % des Gesamtstückgutverkehrs des Hamburger Hafens abhängt. Wenn Großcontainerschiffe abwandern müßten, weil sie den Hafen wegen unzureichender Fahrwassertiefen nur noch unter Inkaufnahme von Risiken und Abladeeinbußen anlaufen könnten, würden sie auch ihre Zubringerdienste nachziehen. Darüber hinaus hätte der Hafen weitere Einbußen auf dem Stückgutsektor, weil die Verlader ihre Ware natürlich lieber über solche Häfen disponieren, die alle modernen Transportmöglichkeiten für die betreffenden Fahrtgebiete anbieten können. Damit verringerte sich zwangsläufig die Abfahrtsdichte der Linien, und Hamburg würde als Universalhafen uninteressant werden.

Zum Schluß sei noch mit einer bereits bekannten Abbildung gezeigt, wohin die Entwicklung gehen könnte, wenn man die vorhandenen Fahrwassertiefen nicht mehr unterhalten würde, sondern die Elbe langsam versanden ließe, was schon vorgeschlagen wurde (Abb. 19). Man brauchte die Zeitachse nur rückwärts zu gehen und könnte ziemlich genau ablesen, welche Schiffe wann noch fahren könnten. Dies aber nicht eintreten zu lassen, sondern das Werk vieler Generationen zu erhalten, ist für die Wasser- und Schiffahrtsverwaltung des Bundes Aufgabe und Verpflichtung zugleich.

Das hamburgische Hafenentwicklungsgesetz von 1982

Chronik der Entstehungsgeschichte eines Sonderplanungsgesetzes

Ltd. Regierungsdirektor Dr. jur. **Helmut Schulz-Schaeffer**, Hamburg

Die folgende Abhandlung soll keine systematische Darstellung des Inhalts und der Rechtsprobleme des hamburgischen Hafenentwicklungsgesetzes vom 25. Januar 1982[1] sein. Wer sich darüber informieren will, findet in dem Buch von Badura/Schmidt-Aßmann, Hafenentwicklung in Hamburg[2], reiches Material, nicht zuletzt in der dort mit abgedruckten Gesetzesbegründung.

Im folgenden soll einmal nachgezeichnet werden, was alles geschehen muß oder nicht geschehen darf, damit ein Gesetz entstehen kann. Es ist sicher auch interessant zu verfolgen, welche Rechtsinstitute des Hafenentwicklungsrechts sich bereits bewährt haben, welche Fragen bei der Schaffung eines Sonderplanungsgesetzes für den Hafen Hamburg besonders problematisch wurden, welche Lösungen frühzeitig gefunden werden konnten, welche Einflüsse sich auf die Lösung der Probleme ausgewirkt haben und wo Kompromisse um des Kompromisses willen gefunden werden mußten.

Auf eine historische Einleitung folgt zunächst anhand der Rechtsprechung zum Hafenerweiterungsgesetz von 1961 eine Einstimmung auf die Problematik, der das Hafenentwicklungsgesetz gerecht werden sollte. Daran schließt sich die Entstehungsgeschichte des neuen Gesetzes an.

1 Die Vorgeschichte bis 1961[3]

Bis in die 60er Jahre des 19. Jahrhunderts lag der Hamburger Hafen überwiegend am Nordufer der Elbe im Binnen- und Niederhafen und auf Steinwerder. Bis 1882 kamen der Sandtor- und der Grasbrookhafen am nördlichen Elbufer hinzu. Als Hamburg sich dem Zollgebiet des Deutschen Reiches anschloß, wurde mit dem Generalplan von 1882 eine etwa 1000 ha umfassende, großzügige Hafenplanung auf dem linken Elbufer beschlossen, die etwa das Gebiet des heutigen östlichen (alten) Freihafens von der Norderelb-Eisenbahnbrücke bis zum Köhlbrand umfaßte. Das war ein Teil der ca. 4000 ha, die Hamburg vorsorglich im Gottorper Vergleich von 1768 zwischen der Kaltehofe im Osten und dem Westrand Finkenwerders am linken Elbufer von Dänemark erworben hatte.

Niemand sah damals voraus, daß diese Hafenerweiterung, die im Süden bis zur Landesgrenze mit Preußen reichte, schon 20 Jahre später vollzogen sein würde. Ohne die weitsichtige Grundstückspolitik wäre das nicht möglich gewesen. Die Flächensicherung bot dann auch die Grundlage für den Generalplan von 1908, der den gesamten Rest des im Gottorper Vergleich erworbenen Gebiets westlich des Köhlbrands einschließlich des hamburgischen Wasserdreiecks im Mühlenberger Loch (westlich von Finkenwerder) in das Hafengebiet einbezog. Das betraf im wesentlichen den heutigen westlichen Freihafen und den althamburgischen Nordteil von Finkenwerder und reichte im Süden bis an die hamburgisch-preußische Landesgrenze. Damit waren die Flächenreserven für den Seehafen auf hamburgischem Hoheitsgebiet ausgeschöpft.

Preußen hatte den Harburger Hafen bis an die hamburgische Exklave in Moorburg ausgebaut und mit der Erweiterung in das nördlich anschließende Gebiet (mit dem Reiherstieg im Osten und der Süderelbe im Westen) begonnen, in dem die Hohe Schaar, die Kattwyk-Halbinsel und Neuhof liegen. Damit stießen das Harburger und das hamburgische Hafengebiet an der Landesgrenze in Neuhof aneinander, und es bot sich eine gemeinsame Hafenpolitik an (vgl. hierzu und zum folgenden die Abb. 1).

Diese Hafenpolitik wurde durch den Staatsvertrag vom März 1929[4] über die Hamburgisch-Preußische Hafengemeinschaft verwirklicht, die sich auf das Harburger Hafengebiet von der Hohen Schaar bis Neuhof bezog.

---

1 Hamburgisches Gesetz- und Verordnungsblatt (im folgenden: GVBl.) S. 19. Das Gesetz ist hier unten auf den Seiten 85–90 abgedruckt. Die Anlagen zu § 2 des Gesetzes (Hafengebietsplan und Grenzbeschreibung) sind hier nicht mit abgedruckt. Das Hafengebiet ist aber aus Abb. 2 ersichtlich

2 Vgl. Fußnote (im folgenden: FN) 49

3 Vgl. die Denkschrift „Grundlagen für den künftigen Ausbau des Hafens Hamburg“ der Behörde für Wirtschaft und Verkehr, Strom- und Hafenbau, Hamburg, 1960, Anlage zur Mitteilung des Senats an die Bürgerschaft Nr. 158 vom 8. August 1961, Verhandlungen zwischen Senat und Bürgerschaft 1961 S. 405. Vgl. im übrigen die Hafenkarten (Abb. 1)

4 GVBl. 1929 S. 261

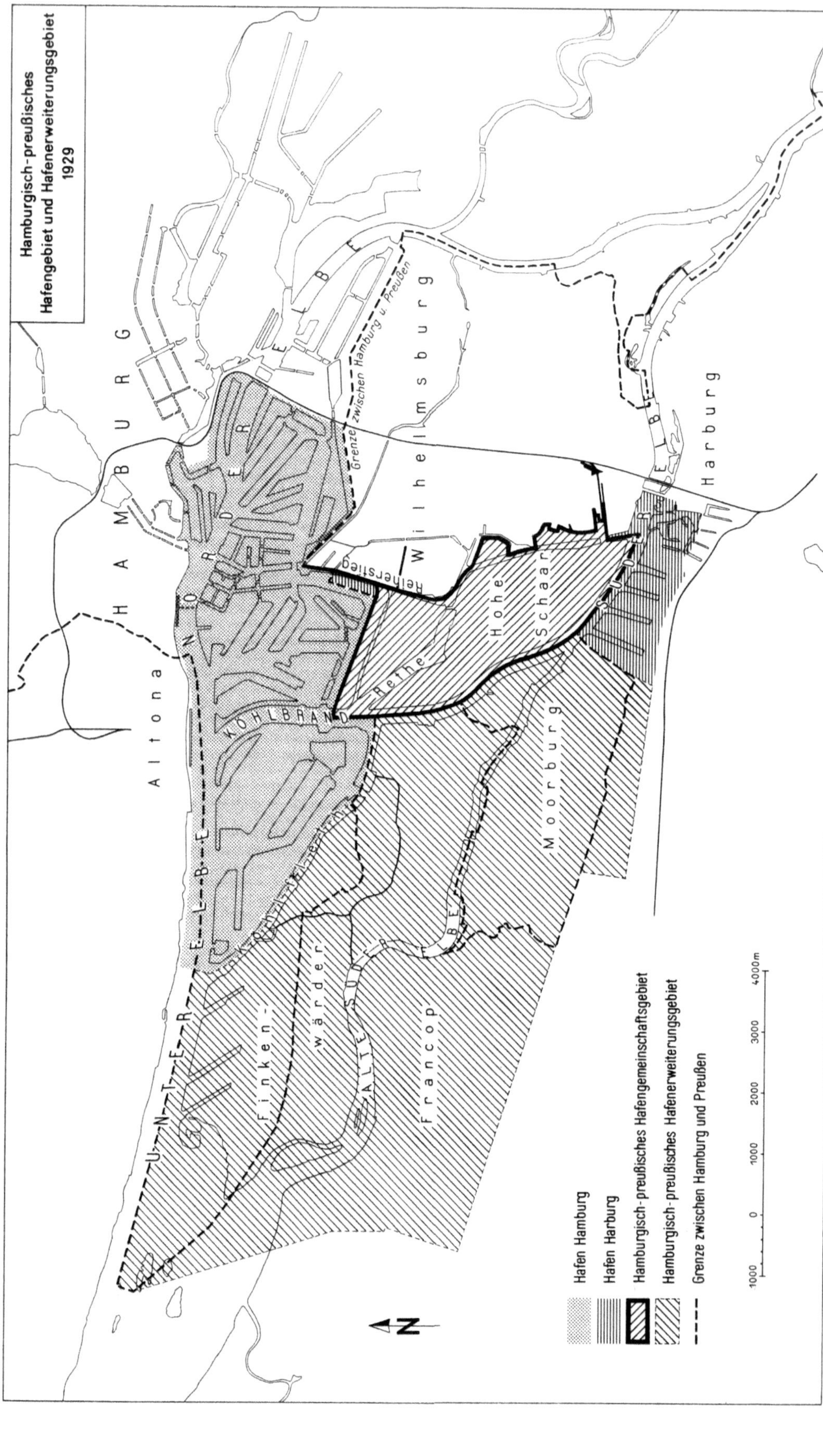

Abb. 1. Hafen Hamburg; hamburgisch-preußisches Hafengebiet und Hafenerweiterungsgebiet 1929

Außerdem wurde zum erstenmal ein Hafenerweiterungsgebiet politisch abgegrenzt: Es lag westlich und südwestlich des noch vorhandenen und des ehemaligen Köhlfleets und westlich der Süderelbe und schloß Finkenwerder, Neuenfelde, Francop, Altenwerder und das hamburgische Moorburg ein. Die Exklave Moorburg hatte sich Hamburg schon im 14. Jahrhundert gesichert.

Das Groß-Hamburg-Gesetz vom 26. Januar 1937[5] machte den Harburger und den Altonaer Hafen sowie den preußischen Teil des hamburgisch-preußischen Hafenerweiterungsgebiets und das hamburgisch-preußische Hafengemeinschaftsgebiet zu hamburgischem Hoheitsgebiet.

2 Das Hafenerweiterungsgesetz von 1961

2.1 Entstehung

Nach 1945 galt es zunächst, die zerstörten Hafenteile wiederaufzubauen. Bis 1960 wurde aber auch das Gebiet Neuhof–Kattwyk–Hohe Schaar ausgebaut bzw. zum Ausbau vergeben, so daß eine weitere Geländesicherung erforderlich wurde. Das Hafenerweiterungsgesetz von 1961[6] (HEG 1961) schnitt aus dem nur verwaltungsintern verbindlichen Hafenerweiterungsgebiet der Hamburgisch-Preußischen Hafengemeinschaft mit seinen rund 4500 ha ein nunmehr den Bürgern gegenüber rechtsverbindlich ausgewiesenes Hafenerweiterungsgebiet von rund 2500 ha heraus (Abb. 2). Außerhalb blieben die Hafenteile nördlich der Wohnbebauung von Finkenwerder, fast alle bebauten Teile Finkenwerders, Neuenfelde, Francop und Moorburg (bis auf Moorburg Ost). Damit war im Gegensatz zur Planung der Hamburgisch-Preußischen Hafengemeinschaft der nach dem Krieg gefaßte Entschluß bestätigt worden, Finkenwerder als Wohngebiet zu erhalten.

Die im Hafenerweiterungsgebiet liegenden Teile von Finkenwerder-Süd (die 1974 aus dem Hafenerweiterungsgebiet herauskamen) und Altenwerder wurden nur einer beschränkten Veränderungssperre unterworfen, die den Umbau vorhandener Wohnräume und die Errichtung landwirtschaftlicher Wohn- und Betriebsbauten zuließ. Das übrige Hafenerweiterungsgebiet von 1961 umfaßte im wesentlichen das Tal der Alten Süderelbe und das Gebiet zwischen Altenwerder, dem westlichen Freihafen und Finkenwerder sowie eine Erweiterungsfläche für die Binnenschiffahrt in Neuland (südlich der Süderelbe und ostwärts des Harburger Hafens). In diesem Gebiet galten eine Veränderungssperre mit Ausnahmemöglichkeiten, ein Vorkaufsrecht Hamburgs und die Zulässigkeit der Enteignung zugunsten Hamburgs.

Bei der Erörterung des Hafenerweiterungsgesetzes wurde im Hafen- und im Rechtsausschuß der hamburgischen Bürgerschaft eine Änderung des § 11 des Gesetzentwurfs diskutiert, in dem abweichend von § 100 des Bundesbaugesetzes (BBauG) bestimmt war, daß die Enteignungsentschädigung in Geld zu leisten sei. Die Anordnung der Entschädigung in Ersatzland konnte nur dadurch vermieden werden, daß die Senatsvertreter ihre Zustimmung zu dem folgenden, dann auch vom Parlament beschlossenen Ersuchen[7] gaben:

„Die Bürgerschaft ersucht den Senat,

1. jede Möglichkeit auszuschöpfen, um die vom Hafenerweiterungsgesetz Betroffenen durch vorhandenes oder zu erwerbendes Ersatzland anstatt durch Geld zu entschädigen;“
2. der Bürgerschaft halbjährlich über die Handhabung der Enteignungs- und Entschädigungsbestimmungen zu berichten.

2.2 Bewährung

2.2.1 Enteignungsrechtliche Fragen

Die im Jahre 1962 von vier Beschwerdeführern gegen das Hafenerweiterungsgesetz eingelegte Verfassungsbeschwerde hat das Bundesverfassungsgericht am 19. Juli 1966 durch Beschluß als unzulässig nicht zur Entscheidung angenommen. Das Gericht hat zur Begründung erklärt, vor erfolgloser Durchführung eines Baugenehmigungsverfahrens und vor der Ausschöpfung des Verwaltungsgerichtsverfahrens sei kein Rechtsschutzinteresse daran ersichtlich, die Verfassungsmäßigkeit der beschränkten Veränderungssperre nach § 2 Abs. 1 Satz 3 HEG prüfen zu lassen. Insbesondere sei nicht auszuschließen, daß im Baugenehmigungsverfahren eine Ausnahme von der Veränderungssperre bewilligt würde. Die Verfassungsbeschwerde sei keine Popularklage, sondern diene dem Schutz individueller Rechte.

---

5 Reichsgesetzblatt I S. 91
6 Hafenerweiterungsgesetz vom 30. Oktober 1961 (GVBl. S. 339)
7 Vgl. das Protokoll der 13. Bürgerschaftssitzung am 25. Oktober 1961, Stenographische Berichte 1961, S. 405

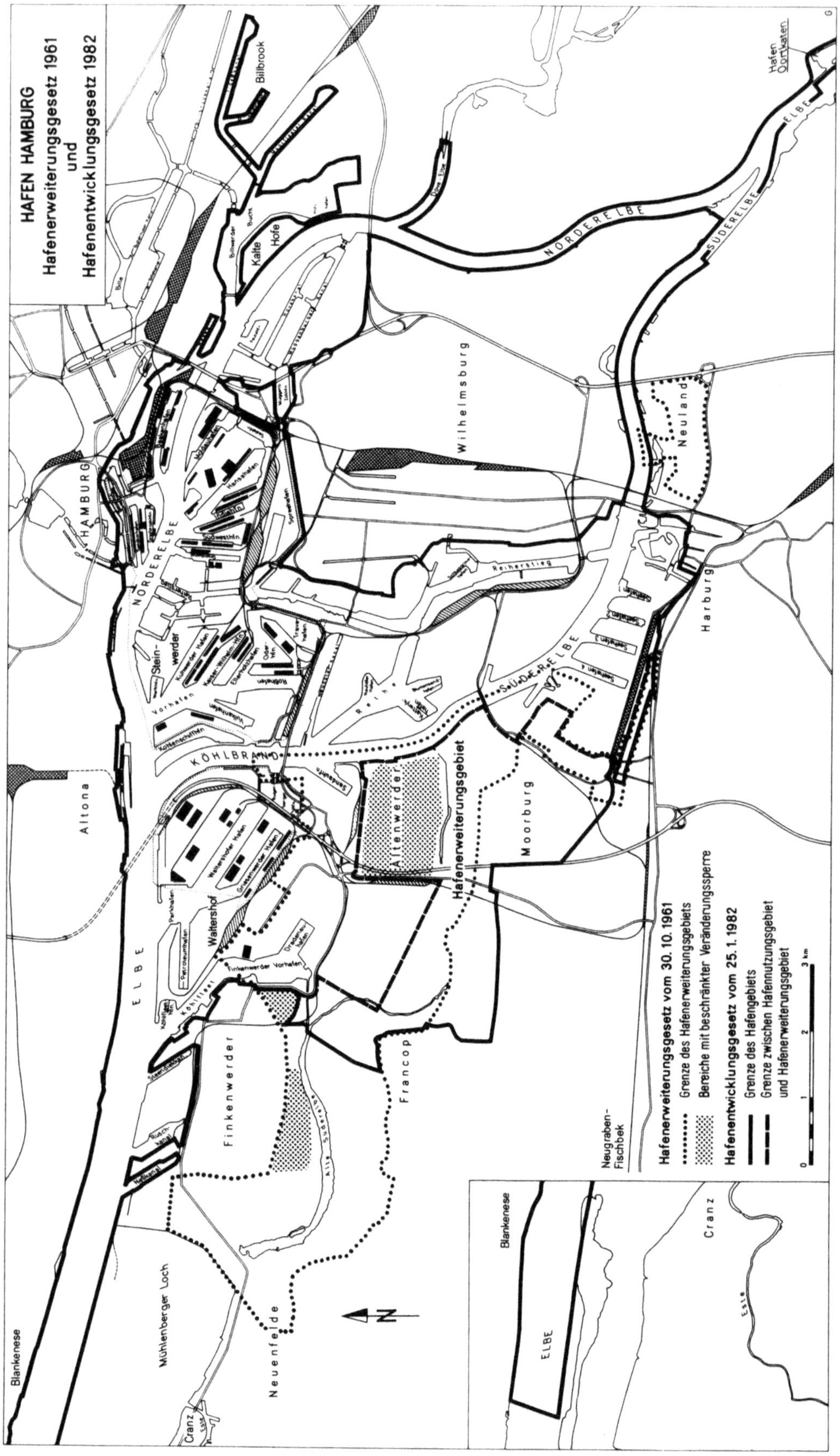

Abb. 2. Hafen Hamburg; Hafenerweiterungsgesetz 1961 und Hafenentwicklungsgesetz 1982

In den 60er Jahren sind im Zusammenhang mit wasserwirtschaftlichen Maßnahmen aufgrund des Hafenerweiterungsgesetzes kleinere Enteignungen durchgeführt worden. In einem Fall ist der Streit über die Höhe der Enteignungsentschädigung bis vor das Hanseatische Oberlandesgericht getragen worden. Es hat dabei im Jahre 1969[8] als verfassungsmäßig anerkannt, daß das Gesetz den Verkehrswert von Bauland im Zeitpunkt des Enteignungsbeschlusses von 1964 zum Maßstab für die Entschädigung machte (§ 8 Abs. 1 HEG 1961) und sah in der Übernahmepflicht Hamburgs gemäß § 4 HEG 1961 einen ausreichenden Ausgleich für die durch die gesetzliche Veränderungssperre mögliche Beeinträchtigung des Verkehrswertes der Grundstücke im Hafenerweiterungsgebiet.

2.2.2 Gesetzgebungszuständigkeit Hamburgs

Im Jahre 1974 hat das Hamburgische Oberverwaltungsgericht[9] in einem Eilverfahren bezüglich der Aussetzung der sofortigen Vollziehung einer immissionsschutzrechtlichen Genehmigung für einen Hafenindustriebetrieb zustimmend auf die Ausführungen von Zinkahn/Bielenberg[10] verwiesen. Danach sei das hamburgische Hafenerweiterungsgesetz von 1961 als landesrechtliche Regelung einer überregional bedeutsamen Sonderobjektplanung von nicht überwiegend städtebaulicher Natur neben dem Bundesbaugesetz zulässig. Bei der im Eilverfahren stattfindenden überschlägigen Prüfung sei im übrigen davon auszugehen, daß der vom Hafenerweiterungsgesetz sicherzustellende „Ausbau des Hamburger Hafens" (§ 1 Abs. 1 HEG 1961) „auch die Ansiedlung von hafenabhängigen Industrien gestattet".

> „Denn immerhin sind im Hamburger Hafen seit langem Gewerbe- und Industriebetriebe ansässig, die auf die Nähe des Hafens angewiesen sind und sich ihrerseits fördernd auf Rentabilität und Nutzung der eigentlichen Hafenanlagen auswirken."

Der Verwaltungsgericht Hamburg[11] hat 1977 erklärt, im Rahmen der nicht überwiegend städtebaulichen Hafenplanung sei das Hafenerweiterungsgesetz von 1961 mit seinen Entschädigungsnormen eine rechtmäßige Regelung der Gesamtgrundstückssituation. Grunderwerb und Gebäudeabbrüche durch Hamburg seien als Vorbereitungsmaßnahmen für eine spätere Hafenerweiterung planerisch nicht zu beanstanden[12].

Neben der Behauptung, angesichts des Bundesbaugesetzes fehle Hamburg die Gesetzgebungsbefugnis für das Hafenerweiterungsgesetz, ist von den Betroffenen und einer von ihnen gebildeten Arbeitsgruppe Süderelbe (einschließlich einer Notgemeinschaft für das Hafenerweiterungsgebiet Hamburg e.V.) immer wieder vorgetragen worden, die Veränderungssperre des § 2 HEG 1961 sei mit der zur Sicherung einer Bebauungsplanung ausgebrachten Veränderungssperre nach den §§ 14 ff. BBauG vergleichbar und löse wie diese vom 5. Jahr ihrer Geltungsdauer ab einen Entschädigungsanspruch des betroffenen Grundeigentümers aus. Beide Fragen hat der Bundesgerichtshof in seinem Urteil vom 8. März 1979 eindeutig zugunsten Hamburgs entschieden. Er hat ausgeführt[13]:

> „Soweit das Bundesbaugesetz und die Baunutzungsverordnung die Ausweisung von Hafengebieten zulassen . . ., betrifft dies nur die städtebauliche örtliche Planung, die zum „Bodenrecht" im Sinne von Art. 74 Nr. 18 GG gehört (BVerfGE 3, 407, 424 ff.; Maunz/Dürig/Herzog/Scholz GG Art. 74 Rdn. 99). Dagegen steht die Befugnis zur Gesetzgebung über die Seehäfen herkömmlicherweise den betreffenden Ländern zu (vgl. JöR Band 1 S. 548; BGH LM Nr. 2 Art. 82 GrundG unter II 2 a; v. Mangoldt Bonner Grundgesetz Art. 74 zu Z. 21; vgl. auch Amtl. Begr. zu § 11 der Novelle 1977 zur BauNVO, BR-Drucks. 261/77). Die Zuständigkeit Hamburgs beschränkt sich insoweit nicht auf die reine Objektplanung. Als notwendiger Annex dieser Sonderplanung gehören dazu auch die mit der Entwicklung des Seehafens verknüpften Fragen des Vorkaufsrechts, der Veränderungssperre und der Enteignung (Ernst/Zinkahn/Bielenberg aaO § 9 Rdn. 4). Sie können deshalb grundsätzlich auch in einer vom Bundesbaugesetz abweichenden Weise geregelt werden."

2.2.3 Verbindlichkeit der Planung

Zur Veränderungssperre des § 2 HEG hat der BGH festgestellt, daß sie nicht mit der befristeten Veränderungssperre des § 14 BBauG vergleichbar sei, und erklärt[14]:

> „Die Veränderungssperre des § 2 HEG sichert vielmehr (auch) die Durchführung der Planung, die hier eine die private Nutzung verdrängende Zielrichtung hat, für einen im Gesetz bereits räumlich genau bestimmten Bereich."

8 HansOLG, Urt. v. 10. Oktober 1969 – 1 U 61/68 Baul. –
9 HmbOVG, Beschl. v. 23. Oktober 1974 – OVG Bs II 51/74 S. 20 f.
10 Zinkahn/Bielenberg, BBauG-Komm. Stand April 1971, § 9 RNr. 4
11 VG Hamburg, Beschl. v. 22. April 1977 – IX VG 798/77 – S. 9
12 Das OVG Hamburg (Beschl. v. 14. Juni 1977 – OVG Bs II 30/77) hat im 2. Rechtszug dahingestellt sein lassen, ob das Hafenerweiterungsgesetz von 1961 eine ausreichende Grundlage sei, weil die fraglichen Vorbereitungsmaßnahmen noch keinen Einfluß auf die planungsrechtliche Situation hätten
13 BGH, Urt. v. 8. März 1979 – III ZR 7/78 – S. 4 f. Das HansOLG hatte die Gesetzgebungsbefugnis Hamburgs in seinem vorinstanzlichen Urteil vom 25.11.1977 – 1 U 116/76 – unter Bezugnahme auf Zinkahn/Bielenberg (wie hier FN 10) mit der „vom Bundesbaugesetz nicht erfaßten überregionalen Sondermaterie" begründet
14 BGH wie FN 13, S. 8; vgl. auch das wörtliche Zitat bei FN 15

2.2.4 Erforderlichkeit der Eigentumsübertragung

Zuvor heißt es in dem gleichen Urteil, daß die Regelung des § 4 HEG 1961 verfassungsmäßig sei, wonach der in unzumutbarer Weise von der Veränderungssperre betroffene Grundeigentümer statt eines Geldentschädigungsanspruchs nur einen Anspruch hat, daß Hamburg sein Grundstück gegen Entschädigung übernimmt. Der Bundesgerichtshof hat die Parallele zu § 40 Abs. 2 BBauG gezogen und die Rechtfertigung der Regelung darin gesehen, daß die Verwirklichung der Hafenplanung nach der Zielrichtung des Hafenerweiterungsgesetzes von 1961 letztlich die Übertragung des Eigentums an Hamburg erfordere. Dazu hat das Gericht die folgenden bemerkenswerten Ausführungen gemacht[15]:

„Das Hafenerweiterungsgesetz legt in § 1 die für den künftigen Ausbau des Hamburger Hafens beanspruchten Grundflächen verbindlich fest. Gelände für künftige Seehafenanlagen steht aus naturgegebenen Gründen nur noch westlich des Köhlbrand im Raum Altenwerder–Moorburg–Francop–Finkenwerder zur Verfügung. Diese zum großen Teil niedrig, meist im Sturmflutbereich liegenden Flächen müssen zunächst aufgehöht, d. h. mit Baggergut aufgespült werden, das bei Unterhaltungsarbeiten im Hafen und bei der Vertiefung von Hafenbecken und von Elbarmen anfällt. Diese Aufgabe kann in wirtschaftlicher Weise nur bewältigt werden, wenn anfallender Baggerboden sofort auf den Flächen gelagert wird, auf denen er zur Aufhöhung endgültig verbleiben soll. Das aufgehöhte Gelände muß längere Zeit ablagern, ehe es bebaut werden kann. Die Aufhöhung muß daher so rechtzeitig erfolgen, daß das Gelände im Zeitpunkt des Bedarfs baureif zur Verfügung steht und weitere Aufschließungsarbeiten – Bau von Sraßen, Eisenbahnanlagen und Kanälen – rechtzeitig durchgeführt werden können. Die gegenseitigen Abhängigkeiten von Hafenplanung, Hafennutzung, Bagger- und Spülprogramm bedingen langfristige und großräumige Vorkehrungen und eine rechtzeitige Bereitstellung der benötigten Flächen (Mitteilung des Hamburger Senats Nr. 158 vom 8. August 1961 an die Bürgerschaft zum Hafenerweiterungsgesetz, Amtl. Begr. des Gesetzes Teil A)[16]. Dazu stellt das Gesetz die Instrumente des Vorkaufsrechts (§ 5 HEG) und der Enteignung (§ 6 HEG) zur Verfügung. Das Vorkaufsrecht soll spätere Enteignungen überflüssig machen. Die Stadt soll in die Lage versetzt werden, das für die Hafenerweiterung benötigte Land zu erwerben. Gemäß § 6 HEG können Flächen im förmlich festgelegten Hafenerweiterungsgebiet . . . enteignet werden. Für die hier zu treffende Entscheidung kommt es nicht darauf an, ob in § 6 HEG die Enteignungsvoraussetzungen erschöpfend umschrieben sind oder ob im Einzelfall noch Fachplanungsakte erforderlich sind. In jedem Fall zielt das Gesetz auf eine Inanspruchnahme aller für die Hafenerweiterung benötigten Grundstücke unter Übertragung des Eigentums an den Aufgabenträger (vgl. Amtl. Begr. Teil A).“

2.2.5 Planungsermessen bei Abschätzung des Raumbedarfs

Von bleibendem Interesse sind auch die folgenden Ausführungen[17], mit denen das Gericht den Ausschluß der Geldentschädigung durch § 4 HEG 1961 auch für diejenigen Eigentümer gelten läßt, deren Grundstücke in den 1974 aus dem Hafenerweiterungsgebiet entlassenen Südspitzen von Finkenwerder lagen und die vor 1974 keinen Übernahmeanspruch nach § 4 HEG 1961 geltend gemacht hatten:

„Die spätere Herausnahme des Grundstücks aus dem Hafenerweiterungsgebiet vermag an dieser Rechtslage nichts zu ändern. Diese Änderung der Hafenplanung allein erlaubt nicht den Schluß, der Umfang der Sicherstellung der Grundstücke sei von vornherein überzogen gewesen und die öffentliche Hand habe private Flächen gewissermaßen ‚auf Vorrat‘ für ihren Bedarf in Anspruch genommen. Der Raumbedarf kommender Hafenentwicklungen läßt sich bei Seehäfen dieser Bedeutung nicht exakt abschätzen, weil dazu nicht zuletzt auch die wirtschaftlichen Entwicklungstendenzen in Weltwirtschaft und -verkehr bedacht werden müssen. Da für die Erweiterung des Hamburger Hafens ohnehin nur bestimmte Flächen in Betracht kamen (vgl. Amtl. Begr. Teil A), ist es nicht zu beanstanden, daß das Gesetz den künftigen Bedarf eher etwas größer eingeschätzt hat (vgl. Abschn. I der Mitteilung Nr. 158 des Senats an die Bürgerschaft vom 8. August 1961). Bei einer zu engen Grenzziehung hätte die Gefahr bestanden, daß später doch benötigte Grundstücke in dem für die Bearbeitung erforderlichen Zeitpunkt für die öffentliche Hand nicht verfügbar gewesen wären.“

2.2.6 Die Ausnahmepraxis

Von der Veränderungssperre sind im Hinblick auf den Zeitpunkt, für den der Beginn der Vorbereitungsmaßnahmen für die Hafenerweiterung zu erwarten war, je nach der Örtlichkeit und der beantragten Baumaßnahme verschieden befristete Ausnahmen genehmigt worden. Für die Modernisierung von Wohnräumen durch Einbau

15 BGH wie FN 13, S. 6 f.; zum vorstehenden vgl. BGH a.a.O. S. 5 f.
16 Abgedruckt in: Verhandlungen zwischen Senat und Bürgerschaft 1961, S. 405
17 BGH wie FN 13, S. 9 f.

von Sammelheizungen, Badezimmern oder Toiletten wurden unbefristete und für Garagen und erdgeschossige Anbauten bis zu 15 qm Grundfläche befristete Ausnahmen bewilligt. In der Zeit vom 1. Januar 1966 bis Ende Februar 1975 wurden z.B. für das Gebiet der unbeschränkten Veränderungssperre 74 unbefristete, 16 bis zu zehn Jahren befristete und 223 jederzeit widerrufliche Genehmigungen ausgesprochen und 17 Anträge abgelehnt. Zu Gerichtsverfahren wegen der Ablehnung von Ausnahmegenehmigungen nach § 2 Abs. 4 HEG 1961 ist es während der Geltungszeit dieses Gesetzes nicht gekommen.

Man kann also feststellen, daß sich das Hafenerweiterungsgesetz von 1961 als Instrument zur planerischen Sicherung des Hafenerweiterungsgebiets und zur Abwehr einer über den bereits erreichten Zustand hinausgehenden Bebauung bewährt hat.

In den vorstehenden statistischen Angaben sind diejenigen Ausnahmegenehmigungen nicht berücksichtigt, die im Hafenerweiterungsgebiet erteilt wurden, um die Errichtung von Hafenbetrieben wie des Reynolds Aluminiumwerks und der Hamburger Stahlwerke zu ermöglichen.

2.3 Mängel des Hafenerweiterungsgesetzes von 1961

2.3.1 Die beschränkte Zielrichtung des Hafenerweiterungsgesetzes von 1961

Daß das Hafenerweiterungsgesetz von 1961 nur die Hafenerweiterung im Auge hatte und ein gesetzlich nicht definiertes Hafengebiet als Faktum voraussetzte, wurde frühzeitig als Mangel erkannt. Auch die fehlende Vorsorge für die auf die vorbereitende Geländeaufhöhung folgende Hafenbauphase ließ das Gesetz – insbesondere im Hinblick auf die Entwicklung des Bauplanungsrechts in Form des Bundesbaugesetzes vom 23. Juni 1960 – fragmentarisch erscheinen. Den entscheidenden Anstoß zur Schaffung des Hafenentwicklungsgesetzes gaben dann die Gerichtsurteile, die den Charakter des Hafenerweiterungsgesetzes von 1961 als eines Sonderplanungsgesetzes infrage stellten. Bis dahin hatte die Verwaltung keinen Zweifel daran gehabt, daß das Hafenerweiterungsgesetz von 1961 die für das Hafenerweiterungsgebiet erlassenen Baustufenpläne außer Kraft gesetzt hatte. Die alte Planung sah fast ausschließlich Außengebiet mit dem Zusatz „Untersuchungsgebiet für Hafenerweiterungen" vor und neben nicht überplanten Teilen auch schon Industriegebiet auf dem Korbmacher Sand und auf dem Ellerholz.

Das Hafenerweiterungsgesetz von 1961 galt schwerpunktmäßig der Sicherung von Gelände für die Hafenerweiterung und für die Unterbringung von Baggergut. Wie aus der Mitteilung des Senats zum Hafenerweiterungsgesetz[18] und der ihr beigefügten Denkschrift „Grundlagen für den künftigen Ausbau des Hafens Hamburg"[19] ersichtlich ist, rechnete man damals mit einem erheblichen Anfall von Baggergut aus der Vertiefung der Elbe auf 12 m und aus dem Bau neuer Hafenbecken im alten Hafengebiet sowie im Hafenerweiterungsgebiet. Das sollten für einen begrenzten Zeitraum 50 Mio. cbm sein, während man sich aus den laufenden Baggerungen für die Zukunft nur noch geringere Bodenmengen versprach, die für eine Aufhöhung von Hafengelände verwendbar wären.

Man ging damals davon aus, daß das voraussichtliche Baggergut nicht für das auf NN + 5,7 m sturmflutfrei aufzuhöhende Hafengelände ausreichen würde. Dementsprechend wollte man sich die aus dem Baggerprogramm der Jahre 1960 bis 1965 erwarteten 22 Mio. cbm Baggergut für die Hafenaufhöhung sichern. Da man die Kosten eines zweimaligen Anfassens des Baggerguts und einer anderweitigen Sandbeschaffung für unvertretbar hielt, sollte das Hafenerweiterungsgesetz von 1961 die Grundlage für den Erwerb neuer, noch im Privateigentum befindlicher Hafenerweiterungsflächen sein, um das Baggergut unmittelbar nach seinem Anfall als dringend benötigtes Aufhöhungsmaterial verwenden zu können.

Angesichts dieser vordringlichen Zielrichtung des Gesetzes wird verständlich, daß der Gesetzgeber keine Regeln für den Hafenausbau als solchen getroffen hatte, zumal der Hafenausbau auch in der Vergangenheit ohne Planungsrecht vonstatten gegangen war. Der hamburgische Seehafen war traditionell auf hamburgischem Grundeigentum errichtet worden und im wesentlichen überhaupt nicht rechtsförmlich überplant. Die ehemals preußischen Hafenteile waren baustufenplanmäßig als Industriegebiet ausgewiesen. Hinsichtlich des gesamten Hafens waren sich der für die Landesplanung zuständige Bausenator und der für den Hafen zuständige Wirtschaftssenator einig, daß von der Arbeit mit Bebauungsplänen nach dem Bundesbaugesetz abgesehen werden sollte, um die erforderliche Flexibilität der Hafenplanung zu wahren.

2.3.2 Kritik seitens der Rechtsprechung

Das Hafenerweiterungsgesetz hatte nun aber die neue Situation geschaffen, daß für die Errichtung von Hafenbetrieben im Hafenerweiterungsgebiet Ausnahmen von der Veränderungssperre genehmigt werden mußten, obwohl die Ausnahmevorschrift des § 2 Abs. 4 HEG 1961 eigentlich nur der vorübergehenden Fortsetzung der

18 Vgl. das Zitat und die teilweise Inhaltswiedergabe der Gesetzesbegründung oben nach FN 15

19 Vgl. FN 3; insbesondere S. 16–18

bisherigen, nicht hafenmäßigen Nutzung dienen sollte. Bevor man größere erschlossene Teile (durch Gesetz!) aus dem Hafenerweiterungsgebiet herausnehmen konnte, mußte man sich also mit Ausnahmen nach § 2 Abs. 4 HEG 1961 behelfen, was dem Sinne des Gesetzes gewiß entsprach, aber in einem Beschlußentwurf des Verwaltungsgerichts Hamburg von 1976[20] auf die folgende harte Kritik stieß:

„Dieses Gesetz enthält nämlich keine Vorschriften darüber, wie sich der Ausbau des Hamburger Hafens im Erweiterungsgebiet im einzelnen vollziehen soll, sondern dient nur der ‚Sicherstellung' oder ‚Sicherung' der Hafenerweiterung (vgl. § 1 Abs. 1 sowie Überschrift des II. Abschnittes), indem es u. a. eine Veränderungssperre verhängt (§ 2) und der Stadt Möglichkeiten gibt, Grundstücksflächen zu erwerben (§ 5, Vorkaufsrecht; §§ 6 ff., Enteignung) und Vorarbeiten wie Vermessungen und Untersuchungen durchzuführen (§ 16). Die erwähnte Veränderungssperre beinhaltet sogar im Gegenteil, daß Grundstücke im Hafenerweiterungsgebiet grundsätzlich nicht bebaut werden und gewerbliche oder industrielle Betriebe grundsätzlich nicht errichtet werden dürfen (§ 2 Abs. 1); nur in Ausnahmefällen soll dies geschehen dürfen (§ 2 Abs. 4). Bestimmungen, die eine Bebauung oder Nutzung des Gebiets in Abweichung von dem Baustufenplan ermöglichten, enthält das Gesetz nicht. Wenn die Antragsgegnerin darauf hinweist, das Hafenerweiterungsgesetz sei bisher in ständiger Praxis stets anders verstanden worden, so ist zu bemerken, daß eine etwaige fehlerhafte Handhabung des Gesetzes die in ihm enthaltenen Rechtsnormen nicht verändern kann."

Im Zuge der Räumung von Altenwerder beschloß der Senat der Freien und Hansestadt Hamburg im Oktober 1977 die „Ausbauplanung Altenwerder" mit einer groben Aufteilung des Geländes in Hafenbahn-, Hafennutz- und Stichhafenflächen, um im Rahmen einer Bedarfsplanung die Notwendigkeit des Eigentumserwerbs für die Aufhöhung des Geländes und für die Bodengewinnung im Bereich des späteren Hafenbeckens darzutun[21]. Nachdem der größte Teil von Altenwerder bereits aufgekauft war, kam es zum Enteignungsverfahren gegen einen Landwirt, dem Handtuchgrundstücke quer durch den ganzen Ortsteil gehören. Die vorzeitige Besitzeinweisung, die § 12 HEG 1961 für den Fall vorsah, daß

„die sofortige Ausführung von Maßnahmen zur vorbereitenden oder endgültigen Herrichtung von Gelände für Hafenzwecke geboten ist,"

wurde durch das Urteil des Landgerichts Hamburg vom 23. Februar 1979 – Baul. 0 38-41 – abgelehnt.

Das Landgericht hat zwar den Sachzwang, unter dem das Hafenerweiterungsgesetz entstanden ist, z. T. anerkannt und bestätigt, daß für die Unterbringung von Baggergut benötigte Privatgrundstücke im Hafenerweiterungsgebiet notfalls enteignet werden könnten. Es hat aber ausgeführt:

„Der Streitfall ist anders zu beurteilen als die Inanspruchnahme von Flächen für die Aufspülung von Baggergut aus Vertiefungen der Hafenelbe. Mit der Notwendigkeit, eine zügige Fortführung der Elbevertiefung auf Hamburger Gebiet zu ermöglichen und die für die Unterbringung des Baggerguts (etwa 50 Mio. cbm) benötigten Privatgrundstücke im Hafenerweiterungsgebiet notfalls gegen den Willen der Eigentümer in Staatseigentum zu überführen, sind aber seinerzeit die Vorschriften über die Enteignung und Entschädigung im Hafenerweiterungsgesetz (III. Abschnitt) begründet worden (vgl. amtliche Begründung Ziffern II–IV). Werden auf diese Weise sich hierfür nach ihrer Lage anbietende Flächen je nach Anfall des nutzbringend zu verwendenden Baggerbodens aufgehöht, ohne daß deren spätere Verwendung nach Art und Zeitpunkt für den Ausbau des Hafengeländes feststeht, kann naturgemäß eine förmliche Ausbauplanung nicht zur Voraussetzung für die Heranziehung derartiger Flächen als Spülfelder erhoben werden. Demgegenüber werden die streitigen Flächen des Beteiligten zu 2.) nicht in Anspruch genommen, um im Zusammenhang mit Vertiefungsmaßnahmen der Elbe gegenwärtig anfallendes Baggergut als vorsorgliche Maßnahme zur Erleichterung zukünftiger Ausbaumaßnahmen abzuladen, sondern um innerhalb des Ausbauzeitplans für die Schaffung eines Container-Terminals die hierfür erforderlichen Aufschließungsarbeiten in Angriff nehmen zu können[22]."

Damit hat das Landgericht den anderen Teil der amtlichen Begründung[23], den der Bundesgerichtshof in seinem kurz nach dem Landgerichtsurteil ergangenen Urteil[24] gewürdigt hat, übergangen. Bei der Hafenerweiterung besteht nämlich auch der Sachzwang, daß das aufgehöhte Gelände längere Zeit ablagern muß, ehe es bebaut werden kann. Außerdem muß die Herstellung der staatlichen Infrastruktur (Straßen, Hafenbahn und Hafenbecken) zwar möglichst früh begonnen werden, um frühzeitig Interessenten für die Hafennutzung zu gewinnen, aber möglichst lange planerisch flexibel gehalten werden, um den Wünschen der künftigen Hafennutzer möglichst

---

20 VG Hamburg, Beschl.-Entwurf vom 31. August 1976, S. 13 f. – VIII VG 479/76 –. Der wegen Antragsrücknahme nicht zugestellte Beschluß hat trotz der zitierten Kritik die aufschiebende Wirkung der vorliegenden Klage gegen eine immissionsschutzrechtliche Betriebsgenehmigung nicht ausgesprochen, weil er ein überwiegendes Interesse des Klägers verneint hat

21 Vgl. die Bürgerschaftsdrucksache 8/2931 vom 11. Oktober 1977

22 LG Hamburg, a.a.O. S. 21 f. In der Veröffentlichung des Urteils in DVBl. 1979, 321 nicht mit abgedruckt.

23 Abschnitt II Abs. 2 und 3 der Mitteilung des Senats an die Bürgerschaft Nr. 158 vom 8. August 1961, Verhandlungen zwischen Senat und Bürgerschaft 1961, S. 405

24 BGH wie in und bei FN 15

aktuell entsprechen zu können. Die Aufbauplanung Altenwerder sah für ein Plangebiet von ca. 170 ha Vorbereitungsmaßnahmen von 1978–82 und den überlagernden Bau der Infrastruktur von 1981–85 vor.

Es ist nicht einzusehen, daß zwar die bloße Unterbringung von Baggergut (ohne Ausbauplan) die Enteignung rechtfertigen, die vorbereitende Geländeaufhöhung aber nicht ohne planerische Festlegung des Endausbaus vor sich gehen können sollte, zumal § 12 HEG 1961 die vorzeitige Besitzeinweisung schon allein für die vorbereitende Geländeherrichtung erlaubte.

Noch deutlicher ist das Landgericht vom Sinn und Zweck des Hafenerweiterungsgesetzes von 1961 abgewichen, indem es ihm im Gegensatz zur Grundtendenz des Bundesgerichtshofsurteils vom 8. März 1979[25] den Charakter eines dem Bürger gegenüber verbindlichen Sonderplanungsgesetzes absprach, obwohl es die Gesetzgebungszuständigkeit Hamburgs dafür anerkannte. Dementsprechend verlangte es als planerische Voraussetzung für den Ausbau von Altenwerder einen Bebauungsplan nach dem Bundesbaugesetz sowie Fachpläne für den Endausbau und sah im Hafenerweiterungsgesetz von 1961 nur ein Flächensicherungsgesetz. Wieso dieses Gesetz dann so weit gehen konnte, auf eine Inanspruchnahme des Eigentums aller für die Hafenerweiterung benötigten Grundstücke abzuzielen – wie der Bundesgerichtshof ausgeführt hat – und dafür Vorkaufsrecht, vorzeitige Besitzeinweisung und Enteignung vorzusehen, vermochte das Landgericht nicht zu erklären.

Das Hafenerweiterungsgesetz von 1961 sah kein Rechtsmittel gegen das Urteil des Landgerichts im Besitzeinweisungsverfahren vor. Hamburg hat aber auch davon abgesehen, das dem Urteil zugrunde liegende Enteignungsverfahren als solches fortzusetzen. Die seit langem bekannten Mängel des Gesetzes ließen eine Novellierung so oder so unumgänglich erscheinen, und das Landgerichtsurteil machte es erforderlich, den Charakter als Sonderplanungsgesetz, das die städtebauliche Planung nach dem Bundesbaugesetz ausschließt, ausdrücklich im Gesetz zu verankern. Schließlich schien es dem hamburgischen Senat ratsam, dem sich abzeichnenden Wandel in der Rechtsanschauung durch eine Konkretisierung des Planungsrechts unter Wahrung der erforderlichen Flexibilität Rechnung zu tragen.

3 Entwürfe bis zur Novelle vom 21. Januar 1974

3.1 Ausdehnung der Hafenerweiterung und Anstaltsgedanke

Anfang 1969 ist beim Amt Strom- und Hafenbau der Behörde für Wirtschaft und Verkehr[26], das damals unter der Leitung des Hafenbaudirektors Dr.-Ing. Karl-Eduard Naumann stand, zum erstenmal an eine Novelle zum Hafenerweiterungsgesetz von 1961 gedacht worden. Sie sollte nach der Bürgerschaftswahl vom Februar 1970 in den Senat eingebracht werden. Dabei ging es zunächst nur um eine räumliche Ausdehnung, vor allem in den Süderelberaum hinein, und um die volle Einbeziehung Altenwerders, das der unbeschränkten Veränderungssperre unterstellt werden sollte.

Mit der Prüfung der rechtlichen Fragen einer Novellierung wurde der Verfasser dieser Abhandlung als Leiter des Justitiariats des Amtes Strom- und Hafenbau beauftragt, der im folgenden die Federführung für die Gesetzesnovelle und deren Fortschreibung zum Hafenentwicklungsgesetz übernahm. Die ersten Rechtsfragen, die mit dem Amt für Wirtschaft der Wirtschaftsbehörde erörtert wurden, betrafen die Verfestigung des Sonderobjektcharakters des Hafens durch dessen Ausgestaltung im Sinne einer unselbständigen öffentlich-rechtlichen Anstalt, um die Gesetzgebungszuständigkeit Hamburgs abzusichern und den Bezugspunkt für die dauernde Enteignung für Hafenzwecke zu konkretisieren.

In dieses Hafenobjekt sollte die Hafenindustrie ausdrücklich einbezogen werden, die aus dem Gesichtspunkt des Universalhafens längst zum Hamburger Hafen gehörte. Das Hafenerweiterungsgesetz von 1961 sprach nur vom „Ausbau des Hamburger Hafens". Die Zugehörigkeit der Hafenindustrie zum Hafen ist aber in Abschn. II der Senatsvorlage und in der Begründung zu § 1 Abs. 2 HEG 1961 erwähnt.

Ursprünglich bestand auch die Absicht, Hafenerweiterungsgelände zunächst für die Verpachtung an Trockenindustrie vorzusehen, bis es für Hafenzwecke benötigt würde. Dem versagte aber das Rechtsamt bei der Senatskanzlei von vornherein seine Zustimmung, weil die Enteignung für ein solches Vorhaben nicht zugelassen werden könne.

3.2 Neuer Plan für die Ausdehnung des Hafenerweiterungsgebiets

Am 13. August 1969 legte Wirtschaftssenator Helmuth Kern einen neuen stufenweise zu verwirklichenden Plan für die Entwicklung des Hafens vor. Darin wurde das Gebiet südlich der Alten Süderelbe bis an die Bebauungsachse Harburg–Neugraben-Fischbek und westlich des Hafenerweiterungsgebiets von 1961 bis zur Landes-

---

25 BGH bei FN 14 und FN 15

26 Seit dem 21. April 1975 (GVBl. S. 77): Behörde für Wirtschaft, Verkehr und Landwirtschaft

grenze (einschließlich der Wasserfläche des Mühlenberger Lochs – westlich von Finkenwerder und nördlich des Cranzer Ufers) in die Zukunftsplanung einbezogen. Das Konzept enthielt zwei große Hafeneinfahrts-Schleusen für 250 000-Tonnen-Schiffe, eine südlich des Köhlfleets und eine ostwärts der Estemündung durch das Mühlenberger Loch.

Der erste interne Entwurf einer Gesetzesnovelle stammt vom 15. August 1969. Er sah den hamburgischen Hafenbetrieb als nichtrechtsfähige öffentliche Anstalt vor und als gesondert geführten Betrieb gewerblicher Art im Sinne von § 2 Abs. 3 und § 15 Abs. 6 des Umsatzsteuergesetzes vom 29. Mai 1967[27]. Der vorhandene Hafen sollte als Hafengebiet gesetzlich ausgewiesen und das Hafenerweiterungsgebiet im Süden und Westen in zwei Zonen verschieden intensiver Veränderungssperren auf den Umfang des vorstehenden Konzepts erweitert werden. Zu den Aufgaben des Hafenbetriebs sollte außer Bau und Betrieb die Verwaltung der Hafenanlagen gehören, und zwar einschließlich der Vermietung der hamburgischen Hafengrundstücke.

In späteren Entwürfen erscheint Anfang 1970 eine über 200 ha große Fläche in Obergeorgswerder (gegenüber der Dove-Elbe-Mündung) als Binnenschiffshafen-Erweiterungsgelände der Zone II (Gebiet einer beschränkten Veränderungssperre).

Im November 1969 stimmte der für die Landesplanung zuständige Bausenator angesichts des „erfreulichen Interesses für größere Industrieansiedlungen" einer Ausdehnung des Hafenerweiterungsgebiets als der gegenüber der Anwendung des Bundesbaugesetzes rechtlich vorzuziehenden Lösung prinzipiell zu.

3.3 Hafenverwaltungs- oder Hafenerweiterungsgesetz?

In der intensiven Diskussion mit allen Ämtern und dem zentralen Justitiariat der Wirtschaftsbehörde im ersten Viertel des Jahres 1970 gab es weit von dem Konzept des Amtes Strom- und Hafenbau abweichende Gegenvorschläge. Es seien nur die Vorschläge erwähnt, den Binnenhafenteil beiderseits der Norderelbe bis zur Bunthäuser Spitze sowie über die Landesgrenze hinaus auszudehnen und den dem Bundesrat bereits am 2. Januar 1970 von der Bundesregierung vorgelegten Entwurf eines Städtebauförderungsgesetzes[28] so umzugestalten, daß man damit den Hafenausbau betreiben könne. In mehreren Sitzungen mit allen Beteiligten und in kleineren Arbeitsgruppen stand immer wieder die Alternative zwischen

- der großen Lösung mit der Schaffung eines Hafenverwaltungsgesetzes für den Hafen als nichtrechtsfähige öffentliche Anstalt unter Einbeziehung des vorhandenen Hafens und
- der kleinen Lösung in Form einer möglichst unauffälligen rechtlichen Fortschreibung des Hafenerweiterungsgesetzes von 1961 unter Ausdehnung des Hafenerweiterungsgebiets

zur Debatte.

Seitens des Amtes für Hafen, Schiffahrt und Verkehr der Wirtschaftsbehörde, das für die Beurteilung der hafenpolitischen Aspekte zuständig ist, wurde die kleine Lösung bevorzugt. Es berief sich dabei auf die abschließend am 6. Januar 1970 vom Senat verabschiedete „neue Hafenordnung"[29], eine Reform der Wettbewerbsordnung im Hafen. Sie sah vor, die im ausschließlichen Eigentum Hamburgs befindliche Hamburger Hafen- und Lagerhaus AG (HHLA) ihrer Vorrangstellung als Mieterin und Untervermieterin sämtlicher (Hamburg gehörender) Grundstücke und der städtischen Anlagen und Einrichtungen im Freihafen zu entkleiden und so einen marktwirtschaftlichen Wettbewerb zwischen allen Hafenunternehmen zu ermöglichen. Damit ging die Finanzierung der Suprastruktur, soweit sie bisher von Hamburg geleistet wurde, auf die Umschlagsbetriebe einschließlich der HHLA über, wobei die HHLA zugleich ihrer bisherigen quasi-behördlichen Funktionen entbunden wurde. Die z.T. schon seit 1967 eingeleitete neue Hafenordnung diente dem Zweck, die für den Hafenbau verfügbaren hamburgischen Haushaltsmittel auf die Infrastruktur zu konzentrieren und die volle privatwirtschaftliche Entfaltung unternehmerischer Initiative zu ermöglichen.

Es war also verständlich, daß Bedenken bestanden, eine anstaltliche Hafenkonzeption könne der Absicht zuwiderlaufen, den Hafen von privaten Unternehmern statt vom Staat betreiben zu lassen. Allerdings waren sich

27 Das neue Umsatzsteuerrecht war am 1. Januar 1968 in Kraft getreten. Die Unterstellung des Hafenbetriebs unter das Umsatzsteuerrecht brachte Steuervorteile, weil die absetzbaren Vorsteuern höher waren als die Umsatzsteuerschuld des Hafenbetriebs. Die Erklärung des Hafenbetriebs zum umsatzsteuerrechtlichen Betrieb gewerblicher Art der Freien und Hansestadt Hamburg ist am 5. Dezember 1967 durch die Aufnahme in die entsprechende Liste derartiger Betriebe (Mitteilungen für die Verwaltung 1967, S. 236) erfolgt. Nachdem die Steuerverwaltung die vorhandene Organisationsstruktur endgültig anerkannt hatte, bedurfte die Hafenorganisation steuerrechtlich später keiner Straffung mehr

28 Bundesrats-Drucks. 1/70 vom 2. Januar 1970, Fristablauf am 13. Februar 1970. Die Prüfung des Vorschlags ergab, daß er nicht in das Konzept des Städtebauförderungsgesetzes paßt, das wie das Bundesbaugesetz städtebauliches Bodenrecht betrifft und auf Art. 74 Nr. 18 GG gestützt wird. Vgl. dazu hier oben in und bei FN 13

29 Vgl. S. 21ff. des Berichts über die Lage und Entwicklungsaussichten des Hamburger Hafens, den sog. Hafenreport (Mitteilung des Senats an die Bürgerschaft – Bürgerschafts-Drucks. VI/571 vom 21. März 1967) und die Mitteilung des Senats an die Bürgerschaft über Maßnahmen zur Wettbewerbsordnung im Hafen („Hafenordnung") – Bürgerschafts-Drucks. VI/2800 vom 6. Januar 1970

alle Beteiligten darüber einig, daß es bei der Praxis bleiben sollte, die Hafeninfrastruktur durch Hamburg zu erstellen und die Hafengrundstücke durch Hamburg an die Hafenunternehmer zu vermieten. Insofern bezog sich der vom Gesetzentwurf vorgesehene öffentliche Hafenbetrieb auch nicht auf die Errichtung der Suprastruktur, geschweige denn auf die wirtschaftlichen Entscheidungen der privaten Hafenbetriebe, sondern auf die Erstellung der Infrastruktur in Form von Wasserwegen, Kaimauern, Geländeaufhöhungen sowie landseitigen Verkehrsanschlüssen und auf die Ansiedlung hafenbezogener Betriebe als Mietvertragspartner des öffentlichen Hafenbetriebs.

Es wurde auch befürchtet, daß die förmliche Konzentrierung der Hafenverwaltung in einer öffentlichen Anstalt zu Aufgabenüberschneidungen innerhalb der Wirtschaftsbehörde und mit der Finanzbehörde – Liegenschaftsverwaltung – führen könne, bei der in Hamburg die fiskalische und grundstückspolitische Verwaltung der Hafengrundstücke (einschließlich der federführenden Zuständigkeit für die Mietverträge) liegt[30]. Das für die Industrieansiedlung zuständige Amt für Wirtschaft sah sich als Motor der Gewerbeansiedlung im Süderelbraum. In seinem Sinne beschloß der Senat am 10. Februar 1970 auf Antrag der Wirtschaftsbehörde, daß

> die Senatskanzlei – Planungsstab –, Baubehörde, Behörde für Ernährung und Landwirtschaft, Finanzbehörde, das Bezirksamt Harburg und die Behörde für Wirtschaft und Verkehr (federführend) unter Wahrung der gegebenen Zuständigkeiten einen „Behördenausschuß Süderelbe"

zu bilden hatten. Der Ausschuß sollte die Bereitstellung von Hafen- und Arbeitsstättenflächen im Süderelbraum planen und die Tätigkeit der Behörden zwecks Bereitstellung der Flächen koordinieren.

Am 19. Februar 1970 wurde die Deputation (der Verwaltungsausschuß) der Wirtschaftsbehörde über die Pläne für die HEG-Novelle unterrichtet, ohne daß ein Entscheidungsvorschlag für die juristische Konstruktion gemacht werden konnte.

Als Unterausschuß des vom Amt für Wirtschaft geleiteten Behördenausschusses Süderelbe befaßten sich unter Vorsitz des Verfassers zehn Juristen aller beteiligten Behörden in fünf Sitzungen mit ausführlichen Sitzungsprotokollen vom Mai bis Juni mit den juristischen Fragen der HEG-Novelle.

Der Unterausschuß hat den erheblichen Einwänden gegen die Anstaltslösung Rechnung getragen. Dabei gab schließlich den Ausschlag, daß die Senatskanzlei – Rechtsamt – die Auffassung vertrat, verfassungsrechtlich entscheidend sei weniger die Bezeichnung „nichtrechtsfähige öffentliche Anstalt" als die ausdrückliche gesetzliche Zuweisung der Befugnisse, auf die es ankomme. § 1 Abs. 1 des Entwurfs erhielt somit die Fassung:

> „Der Ausbau des Hamburger Hafens als Verkehrs-, Handels- und Industriehafen ist eine öffentliche Aufgabe. Er wird im Hafenerweiterungsgebiet nach den Bestimmungen dieses Gesetzes sichergestellt."

3.4 Definition der Hafenindustrie

Am 22. Oktober 1970 lag ein einvernehmlicher (elfter) Entwurf des Unterausschusses vor. Nachdem der wiederholt vorgetragene Wunsch, die Gewerbeansiedlung nicht auf Hafengewerbe einzuschränken, aus verfassungsrechtlichen Gründen abgelehnt worden war, wurde in langem Ringen um Formulierungen derjenige Kompromiß für die Definition der Hafenindustrie gefunden, der heute in § 1 Abs. 4 Satz 2 des Hafenentwicklungsgesetzes steht:

> „Zur Hafenindustrie gehören
>
> 1. industrielle Unternehmen, für die es einen wirtschaftlich erheblichen Standortvorteil bedeutet, am Wasserweg zu liegen, sowie
> 2. Unternehmen, für die es nach dem Gegenstand ihrer Tätigkeit aus wirtschaftlichen Gründen geboten ist, mit Unternehmen im Sinne der Nummer 1 räumlich verbunden zu sein."

Für ihre Güte bürgt die Tatsache, daß diese Definition im weiteren Verlauf des Gesetzgebungsverfahrens – auch in den politischen Gremien – sowohl als zu eng als auch als zu weit gefaßt kritisiert worden ist. Am Anfang dieser Diskussion war vom Rechtsamt und von der Liegenschaftsverwaltung der Nachweis gefordert worden, daß die Hafenindustrie als wirtschaftlicher Bestandteil des Hafens angesehen werden könne. Da sich keine anderen Möglichkeiten ergaben, studierte der Verfasser selbst nicht nur juristische, sondern auch volkswirtschaftliche Literatur und Statistik unter Einbeziehung historischer und ausländischer Erfahrungen. Sein Kurzgutachten mit Dokumentation überzeugte dann den Unterausschuß, daß zu einem Universalhafen wie dem Hamburger Hafen neben der Funktion als Verkehrs- und Handelshafen auch die Industriehafen-Funktion gehört.

Im Anschluß wurden die Entwurfsarbeiten unterbrochen, um die Ergebnisse der Arbeit des Behördenausschusses Süderelbe abzuwarten.

---

30 Diese Zuständigkeit zusammen mit der Verwaltung der City-Grundstücke und des Hamburger Grundstücksfonds „Grundstock für Grundstückserwerb" bietet den Vorteil einer einheitlichen sachverständigen Grundstücksverwaltung (mit der Aufsicht über die Liegenschaftsdienststellen der Bezirksämter) und einer größeren finanziellen Manövriermasse

3.5 Flächennutzungsplan 1973

Die Wirtschaftsbehörde trat erst wieder mit einem Entwurf vom 24. Januar 1973 an die anderen Behörden heran, der diesmal bereits eine Begründung und einen Erläuterungsplan enthielt. Es war bei dem bisherigen juristischen Konzept geblieben, aber das Hafenerweiterungsgebiet war inzwischen den Vorstellungen angepaßt worden, welche die Senatskommission „Flächennutzungsplan 1973“[31] entwickelt hatte. Danach schieden das Mühlenberger Loch und das Landgebiet westlich des Hafenerweiterungsgebiets von 1961 für die Hafenerweiterung aus, und nach Süden sollte das vorhandene Hafenerweiterungsgebiet nur etwa in demjenigen Umfang nach Moorburg-Mitte und Moorburg-West/Francop-Ost ausgedehnt werden, in dem das durch das Hafenentwicklungsgesetz schließlich geschehen ist.

Auch von der Binnenhafenfläche in Obergeorgswerder war nicht mehr die Rede. Finkenwerder-Südost sollte aus dem Hafenerweiterungsgebiet entlassen werden. Etwas später entschloß man sich, das im Flächennutzungsplan 1973 für die Technische Hochschule Harburg reservierte Gelände hinter dem neuen Deich in Neuland ebenfalls zu entlassen. Dafür war im Neuländer Vordeichgelände im Interesse der Binnenschiffahrt eine Vergrößerung des Hafenerweiterungsgeländes vorgesehen.

Die Deputation der Wirtschaftsbehörde wurde im April 1973 mit dem Entwurf befaßt. Die Diskussion drehte sich darum, daß das Gebiet der beschränkten Veränderungssperre in Finkenwerder-Südwest auf Wunsch der Finkenwerder Bevölkerung aus dem Hafenerweiterungsgebiet entlassen werden solle. Als Ersatz dafür sollte versucht werden, den im Flächennutzungsplan 1973 südlich des Hafenerweiterungsgebiets vorgesehenen Grünstreifen um etwa 100 m schmaler werden zu lassen.

Die anschließenden Beratungen über die Einstufung des Hafenerweiterungsgebiets, insbesondere Altenwerders und Moorburgs, in die Zone der beschränkten oder der unbeschränkten Veränderungssperre und über die Frage, ob Finkenwerder-Nord und das Gebiet für einen Haupthafenbahnhof im Ortsteil Hausbruch in das Erweiterungsgebiet einbezogen werden sollten, dauerten bis über die Sommerpause hinaus. Vor allem ebbte die Diskussion über die Verwendung des Süderelbraums südlich von Finkenwerder nicht ab und begannen die Überlegungen über einen Sozialplan für die Umsiedlung der Altenwerder Bevölkerung Gestalt anzunehmen.

3.6 Die Novelle vom 21. Januar 1974

Da ein Gesetzentwurf in der laufenden Legislaturperiode nur noch vor den im Dezember 1973 stattfindenden Haushaltsberatungen in der Bürgerschaft beraten werden konnte, beschränkte der Senat die Novellierung des Hafenerweiterungsgesetzes darauf,

- die Veränderungssperre für den Ortsteil Altenwerder von einer beschränkten in eine unbeschränkte umzuwandeln und
- die der beschränkten Veränderungssperre unterliegenden Gebiete von Finkenwerder-Südwest und -Südost ganz aus dem Hafenerweiterungsgebiet zu entlassen.

Diese Novelle vom 21. Januar 1974[32] beschloß die Bürgerschaft aufgrund einer Mitteilung des Senats an die Bürgerschaft vom 30. Oktober 1973[33], die den Titel „Maßnahmen zur Hafenerweiterung“ trug und zugleich die Antwort auf ein Ersuchen der Bürgerschaft war, über die Hafenerweiterung und Härteregelungen für betroffene Anlieger zu berichten. Hierin wurde die planungsrechtliche Entscheidung erläutert, sich angesichts der beiden Schiffszufahrten zum Hafenerweiterungsgebiet

- im Westen über das Köhlfleet zum Finkenwerder Vorhafen und
- im Osten über den Köhlbrand zur Süderelbe

aus finanziellen Gründen für die nähere Zukunft auf den östlichen Teil des Hafenerweiterungsgebiets mit der Ausbauachse Sandauhafen–Altenwerder–Moorburg zu konzentrieren und die Umsiedlung der Altenwerder Bevölkerung auch deshalb einzuleiten, weil der Betrieb der Massengutumschlaganlage Hansaport am Sandauhafen nördlich von Altenwerder das Wohnen in Altenwerder unvermeidbar ab 1977 belasten würde. Für die Umsiedlung wurden Härteregelungen dargelegt und die Einsetzung einer Dienststelle „Umsiedlungshilfe für Altenwerder“ mit einem Senatsbeauftragten als Ansprechpartner an Ort und Stelle angekündigt[34].

Konsequenterweise erließ der Senat am 9. Juli 1974 aufgrund des § 2 Abs. 3 HEG 1961 durch eine Verordnung zur Durchführung des Hafenerweiterungsgesetzes (GVBl. S. 237) eine vollständige Veränderungssperre für Altenwerder.

---

31 Der Flächennutzungsplan 1973 ist am 3. Dezember 1973 (GVBl. S. 42) von der Bürgerschaft beschlossen worden

32 Das Zweite Gesetz zur Änderung des Hafenerweiterungsgesetzes vom 21. Januar 1974 (GVBl. S. 12) beruhte auf dem 17. Novellierungsentwurf. Das Erste Änderungsgesetz vom 10. Dezember 1963 (GVBl. S. 229) hatte den § 17 HEG 1961 eingeführt, der die Grunderwerbsteuerbefreiung betraf

33 Bürgerschafts-Drucks. VII/3278

34 Die Dienststelle hat ihre Arbeit bereits am 1. Dezember 1973 aufgenommen

4 Entwürfe für die dritte HEG-Novelle in der 8. Legislaturperiode 1974–1978

4.1 Hafenbaugenehmigung

Nach der Neuwahl der Bürgerschaft am 3. März 1974 begann das Justitiariat des Strom- und Hafenbau eine neue Runde der Gesetzesnovellierung mit einem Entwurf vom 15. August 1974. Die Ausdehnung des Hamburger Hafenerweiterungsgebiets wurde auf die Ausweisungen des Flächennutzungsplans 1973 beschränkt, d.h. nur bezüglich Moorburg-Mitte und Moorburg-West/Francop-Ost vorgesehen[35].

Die entscheidende Neuerung des nunmehr „Hafenbaugesetz" genannten Entwurfs bestand darin, daß der vorhandene Hafen nicht nur als planerischer Anknüpfungspunkt für den Hafenausbau im Hafenerweiterungsgebiet in das Gesetz einbezogen werden sollte, sondern auch als Objekt einer planmäßigen Weiterentwicklung des Hafens. Das Bauen im Hafen sollte nämlich unbeschadet der Vorschriften des Bauordnungsrechts von einer Hafenbaugenehmigung abhängig gemacht werden, die zu versagen war, wenn die beabsichtigte Maßnahme den Hafenausbau oder die Nutzung des Baugeländes für Hafenzwecke behindern würde. Diese Entwicklung war durch die Überlegung ausgelöst worden, wie man Finkenwerder-Nord behandeln solle, das schon aufgehöht war und gewerblich genutzt wurde, also gar nicht mehr in das Hafenerweiterungsgebiet paßte, andererseits aber für eine künftige hafenkonforme Nutzung gesichert werden sollte.

Am 1. Oktober 1974 übernahm Professor Dr.-Ing. Hans Laucht die Aufgaben des Hafenbaudirektors. Zu dieser Zeit arbeitete die Planungsabteilung des Strom- und Hafenbau – zusammen mit der Hafendirektion des Amtes für Hafen, Schiffahrt und Verkehr – federführend an einem Entwicklungsplan für den Hafen Hamburg, der die wirtschaftlichen und technischen Prognosen für den Hafenausbau darlegen und die planerischen Entwicklungslinien des Hafens aufzeigen sollte. Da es erforderlich erschien, die Gesetzesnovelle auf den Entwicklungsplan abzustützen, mußte die Diskussion der Novelle mit anderen Behörden zunächst zurückgestellt werden.

Als die Abstimmung des (vierten) Entwurfs nebst Begründung vom 1. Oktober 1975 begann, wurde seitens der Hafendirektion und der Liegenschaftsverwaltung der Finanzbehörde geltend gemacht, eine hafenplanungsrechtliche Baugenehmigung könne einen bedenklichen Eingriff in die Verantwortung des Hafenunternehmers bedeuten. Mit der in den Mietverträgen vorgesehenen Zustimmungsbedürftigkeit von Baumaßnahmen und dem Planungsprotokoll über das Zusammenwirken von öffentlichen Infrastruktur- und privaten Suprastrukturmaßnahmen habe man doch ausreichende Einwirkungsmöglichkeiten.

Dem wurde vom Amt Strom- und Hafenbau entgegengehalten, daß es in der Praxis auf Schwierigkeiten stoße, öffentlich-rechtliche Planungsgesichtspunkte gegenüber privaten Bauvorhaben – eventuell auch vor den Zivilgerichten – allein aufgrund von Mietvertragsklauseln durchzusetzen, zumal die Mieter die mietvertragliche Zustimmung als selbstverständlich vorauszusetzen pflegten und die Liegenschaftsverwaltung erst im Baugenehmigungsverfahren einschalteten, wenn sie die Kosten für die Bau- und Produktionspläne bereits aufgewandt haben und unter Termindruck stehen. Mit dem Erfordernis der Planungsgenehmigung könne dagegen erreicht werden, den Bauherrn frühzeitig an den Tisch des Hafenplaners zu bringen, um Bauvorhaben mit den beiderseitigen Interessen in Einklang zu bringen. Das Planungsprotokoll versage, wenn ein privates Bauvorhaben von vornherein oder bei nachträglichen Erweiterungsbauten nicht von öffentlichen Infrastrukturmaßnahmen begleitet werde. Um jede unvertretbare Beschneidung der Unternehmerverantwortung zu vermeiden, ist im folgenden immer wieder an der Formulierung der Genehmigungsbedingungen gearbeitet worden. Den Bedenken wegen eines zusätzlichen Verwaltungsaufwands konnte dadurch entgegengewirkt werden, daß auf Vorschlag des Baurechtsamtes der Baubehörde auf eine gesonderte hafenplanungsrechtliche Genehmigung verzichtet und nach dem Vorbild des § 30 BBauG auf planungsrechtliche Zulässigkeitsvoraussetzungen für Baugenehmigungen übergegangen wurde.

4.2 Die Zeit nach dem Senatsauftrag vom März 1976

Inzwischen hatte der Senat am 30. März 1976 den „Entwicklungsplan" für den Hafen Hamburg[36] mit dem Untertitel „Konzepte für morgen" beschlossen. Er enthält das Hafenerweiterungsgebiet im Umfang des Novellierungsentwurfs vom 15. August 1974. In diesem Zusammenhang hatte die Wirtschaftsbehörde den Senatsbeschluß vom 9. März 1976 erwirkt:

---

35 Nachdem in den Entwürfen bis zum 22. Oktober 1970 (oben unter 3.4) die ganze hamburgische Exklave zur Zone II (beschränkte Veränderungssperre) des Hafenerweiterungsgebiets gehört hatte, erschien im Entwurf vom 15. August 1974 nur das für den Tiefwasserhafen Neuwerk-Scharhörn vorgesehene Gebiet, das auch im Flächennutzungsplan 1973 für den Hafen ausgewiesen ist, als Bestandteil des Hafenerweiterungsgebiets. Die Wirtschaftsbehörde nahm es im Oktober 1975 heraus, um Befürchtungen entgegenzutreten, der Tiefwasserhafen solle alsbald verwirklicht werden

36 Die Bürgerschaft hat ihn am 24. November 1976 aufgrund der Bürgerschafts-Drucks. Nr. 8/1425 vom 30.3.1976 betr. Hafenentwicklung zur Kenntnis genommen

„Die Behörde für Wirtschaft, Verkehr und Landwirtschaft wird beauftragt, eine Novelle zum Hafenerweiterungsgesetz vorzubereiten, mit der die Grenzen des Hafenerweiterungsgebietes denen des Flächennutzungsplanes angepaßt werden und das gesamte Hafengebiet planungsrechtlich für Hafenzwecke festgelegt wird."

Im Herbst und Winter 1976/77 wies das Baurechtsamt, das mit Rechtsbehelfen gegen immissionsschutzrechtliche Genehmigungen für das Reynolds Aluminium Werk und die Hansaport-Betriebe zu tun hatte, auf die bei den Betroffenen bekannt gewordene Ansicht der VIII. Kammer des Verwaltungsgerichts Hamburg[37] hin, daß der alte Baustufenplan noch gelte, und regte eine beschleunigte gesetzliche Klarstellung an, daß die Ausweisung des Hafenerweiterungsgebiets eine planungsrechtliche Regelung enthalte.

Die Einwendungen von Altenwerder Einwohnern, die vergünstigte Umsiedlungsbedingungen nicht angenommen hatten, sich aber mit nachbarrechtlichen Immissionsschutzansprüchen gegen den Ausbau von Hansaport wandten, führten zum Vorschlag der Liegenschaftsverwaltung, die Regelung des § 4 HEG[38] (Entschädigung durch Grundstücksübernahme seitens Hamburgs statt durch Geld) auf diese Situation auszudehnen. Die entsprechende Vorschrift des Entwurfs vom 1. Juni 1977 ist in Gestalt einer mit der geschilderten Entschädigungsausgestaltung gekoppelten Immissionsduldungspflicht im Hafenerweiterungsgebiet mit den §§ 10 und 11 Abs. 1 Nr. 2 HafenEG[38a] Gesetz geworden.

Mit den Entwürfen vom 1. und 8. Juni 1977 zog der Verfasser die Konsequenz aus Bedenken gegen zu weit gefaßte planungsrechtliche Zulässigkeitsvoraussetzungen für die Suprastruktur des Hafens. Dem Hinweis der Justizbehörde – Justizamt[39] – folgend, die Baufreiheit könne nur durch eine rechtlich verbindliche Planung eingeschränkt werden, wurde nunmehr die mit der planerischen Bauprüfung beabsichtigte Sicherung planerischer Belange dadurch vorgenommen, daß die Hafenbaumaßnahmen an Hafenplanungsverordnungen gebunden wurden. Dementsprechend erhielt der Gesetzentwurf eine Ermächtigung zum Erlaß von Hafenplanungsverordnungen im Sinne des § 9 BBauG, insbesondere zur Festsetzung von Flächen für die Infrastruktur, den Hochwasserschutz und die Freihaltung von Radarsektoren. Dabei wurde auch auf die Klausel verzichtet, Baumaßnahmen seien nur zulässig, wenn sie mit der Kapazität der zur Verfügung stehenden Hafeninfrastruktur vereinbar seien[39a]. Man tröstete sich damit, daß entsprechende Bedenken, soweit ihnen nicht durch Hafenplanungsverordnungen begegnet werden kann, über die bauaufsichtliche Prüfung zur Geltung gebracht werden müssen, wenn sie die Intensität einer konkreten Polizeigefahr annehmen.

Für das Hafenerweiterungsgebiet wurde wieder auf das Instrument der Veränderungssperre zurückgegriffen. Die Überschrift lautete nunmehr „Hafenentwicklungsgesetz", um den Bedenken der Finanzbehörde Rechnung zu tragen, „Hafenbaugesetz" klinge dem Bundesbaugesetz zu ähnlich, von dem mit dem hamburgischen Landesgesetz aber gerade abgerückt werden solle.

4.3 Einflußnahme einer neuen Behördenleitung

Auf der Grundlage des Entwurfs vom 8. Juni 1977 beschloß die seit dem ersten Halbjahr 1976 aus Senator Dr. Wilhelm Nölling und Staatsrat Klaus Abend bestehende Behördenleitung den Versuch, die grundsätzliche Gesetzesnovellierung in der laufenden 8. Legislaturperiode zu erreichen. Neben der routinemäßigen Abstimmung mit den Referenten der beteiligten hamburgischen Behörden fanden Besprechungen des Hafenbaudirektors mit dem Oberbaudirektor bei der Baubehörde und mit den Bezirksamtsleitern der Bezirke Harburg, Hamburg-Mitte und Altona statt. Das Hauptproblem waren die Frage der bürgerlichen Mitwirkung an Hafenplanungsverordnungen für die Randgebiete des Hafens und natürlich die Grenzen des Hafengebiets und des Hafenerweiterungsgebiets. Bei der Baubehörde zeichnete sich die Abneigung ab, den genutzten Hafen in das Hafenentwicklungsgesetz einzubeziehen. Finanzbehörde und Baubehörde hatten Bedenken, die bisherige einhellige Behördenauffassung gegenüber den Tendenzen in den Gerichtsurteilen aufrechtzuerhalten und gesetzlich bestätigen zu lassen, daß das Hafenerweiterungsgesetz von 1961 die alten Baustufenpläne und Bebauungspläne aufgehoben habe.

Letzteres sah dann aber der (achte) Entwurf vom 13. Juli 1977 vor. Dieser Entwurf führte im übrigen die öffentliche Auslegung von Hafenplanungsverordnungsentwürfen ein, um den Bürgern den Vortrag von Bedenken und Anregungen zu ermöglichen, wie das endgültig im § 4 HafenEG geregelt worden ist. Die Behördenleitung stimmte dem Konzept ausdrücklich zu, das Sonderplanungsobjekt des vorhandenen Hafens zur Absicherung der Gesetzgebungszuständigkeit und Enteignungsbefugnis Hamburgs im Hafenentwicklungsgesetz auszuweisen. Staatsrat Abend steuerte den Vorschlag bei, den genutzten Hafen über die gesetzliche Ausweisung für Hafenzwecke hinaus durch Nutzungszonen zu strukturieren.

---

37 Vgl. hier oben in und bei FN 20

38 Vgl. hier oben vor FN 15

38a Vgl. den Text auf S. 87 f. hier unten

39 Das Justizamt hatte inzwischen im wesentlichen die Aufgaben des aufgelösten Rechtsamtes bei der Senatskanzlei übernommen.

39a Vgl. die spätere endgültige Fassung von § 6 Abs. 3 und § 7 HafenEG hier unten auf S. 87

Nach der Sommerpause 1977 ergab sich die gleiche Situation wie vier Jahre zuvor. Die große Hafenerweiterungsgesetznovelle mußte auf die nächste Legislaturperiode verschoben werden, weil die Zeit bis zu den Haushaltsberatungen nicht mehr reichte, um die politische Diskussion im Vorfeld der Senatsentscheidung über das Schicksal des Süderelbraums südlich von Finkenwerder zu beenden und weil die Politiker im Jahre 1978 bis zur Wahl am 4. Juni wegen des Wahlkampfs keine Zeit haben würden, sich in intensiven Ausschußberatungen mit dem neuen Gesetz zu befassen.

Die Abstimmung des Gesetzes lief diesmal aber weiter. Staatsrat Abend, selbst Jurist, ergriff im August 1977 die Initiative, um mit Staatsrat Dr. jur. Diether Haas, dem Staatsrat der Baubehörde, auf der Staatsratsebene[40] zu einer Einigung zu kommen. Damit begann die Erörterung wieder von ganz vorn, ob es nicht genüge, das Gesetz auf das Hafenerweiterungsgebiet beschränkt sein zu lassen und vorbereitete Flächen aus dem Hafenerweiterungsgebiet in das nicht überplante, genutzte Hafengebiet zu entlassen. Im genutzten Hafengebiet könne dann mit der Prüfung nach § 34 BBauG gearbeitet werden, ob sich ein Vorhaben in die vorhandene Bebauung einfügt. Die Baubehörde legte später einen Plan vor, nach dem westlich und nördlich von Finkenwerder und in den Randzonen des Hafens (nördlich und auf der Unterelbe, im Ortsteil Veddel, in Wilhelmsburg-West, auf der Norderelbe, auf der Süderelbe oberhalb der Harburger Brücken und im Harburger Seehafenbereich) mit Bebauungsplänen gearbeitet werden sollte, um Stadtplanung und Hafenplanung aufeinander abzustimmen.

Staatsrat Abend erklärte sich zu einer vorurteilsfreien Überprüfung des bisherigen Konzepts der Wirtschaftsbehörde bereit. Dem Verfasser gelang es, seinen Staatsrat davon zu überzeugen,

- daß die Einbeziehung des genutzten Hafens in die gesetzliche Regelung nicht allein unter dem planungsrechtlichen Aspekt betrachtet werden kann, sondern auch die dauernde Enteignung von Gelände für Hafenzwecke eine dauernde Einbindung der Grundstücke in eine quasi-anstaltsmäßige öffentliche Einrichtung Hafen erfordert,
- daß aber auch unter planungsrechtlichen Aspekten nicht ohne ein rechtlich zusammengefaßtes einheitliches Sonderobjekt genutzter Hafen auszukommen ist.

Um den Überlegungen der Baubehörde entgegenzukommen, übermittelte die Wirtschaftsbehörde der Baubehörde neben den vorstehenden Überlegungen den von Herrn Abend angeregten Plan einer differenzierten planungsrechtlichen Behandlung des Hafengebiets. Danach solle die Überleitung von aufgehöhtem Hafenerweiterungsgebiet in den genutzten Hafen durch eine Hafenplanungsverordnung erfolgen, die zugleich eine Zuweisung zu den Nutzungszonen des genutzten Hafens enthalten würde. Im genutzten Hafen komme die Arbeit mit § 34 BBauG nicht in Betracht, da diese Bestimmung nicht als Planersatz mißbraucht werden dürfe. Anstatt dessen werde mit hafenrechtlichen Nutzungszonen eine gegenüber Bebauungsplänen erheblich grobmaschigere Ausweisung vorzusehen sein. Nur in den Randzonen lasse sich eine detailliertere Planung sicher nicht umgehen. Um den Anstaltsgedanken jedoch konsequent beizubehalten, komme hierfür auch nur eine Planung nach dem Hafenentwicklungsgesetz infrage. Dabei sei zu berücksichtigen, daß die Wirtschaftsbehörde das Randzonenproblem bereits durch die Zurücknahme der bisher vorgesehenen bzw. behördenintern geltenden Hafengrenze am Haken (westlich der Billwerder Bucht), in Obergeorgswerder und in Wilhelmsburg-West entschärft habe.

Die Diskussion konnte im Mai 1978 mit einer Staatsrätebesprechung abgeschlossen werden, in der Fragen der Hafengebietsgrenzen offen blieben und weitere Prüfungsaufträge erteilt wurden. Die Baubehörde machte aber keinen entschiedenen Widerstand mehr gegen eine Einbeziehung des genutzten Hafens in das Gesetz geltend, wobei sie darauf hinwies, daß die federführende Behörde natürlich die Hauptverantwortung für den praktischen Erfolg einer solchen Regelung trage.

5 Die Schlußphase der Entstehung des Behördenentwurfs

5.1 Enteignungsplanfeststellung für das Hafenerweiterungsgebiet

5.1.1 Arbeitsgruppe „Rechtsfragen der Hafenentwicklung"

Am 5. Oktober 1978 lehnte die bei der Finanzbehörde bestehende Enteignungsbehörde, die nach dem Hamburgischen Enteignungsgesetz mit einem Vorsitzenden und zwei Beisitzern unabhängig entscheidet, die von der Finanzbehörde – Liegenschaftsverwaltung – für Altenwerder Grundstücke beantragte vorzeitige Besitzeinweisung nach § 12 HEG[41] mit der Begründung ab, es müßten zunächst Planfeststellungsbeschlüsse für den Bau von Hochwasserschutzanlagen und eines Hafenbeckens nach dem Hamburgischen Wassergesetz und für die Errichtung

40 Die Staatsräte (vormals Senatssyndici) sind den hamburgischen Fachbehörden zugeordnet, wie die Staatssekretäre in den Landstaaten den Ministerien. 1977 waren sie noch nicht politische Beamte wie die Staatssekretäre

41 Es handelte sich um das oben nach FN 21 geschilderte Besitzeinweisungsverfahren

von Bahnanlagen nach dem Landeseisenbahngesetz gefaßt werden. Die Liegenschaftsverwaltung beantragte daraufhin die „gerichtliche Entscheidung" des Landgerichts.

Am 27. November 1978 rief Staatsrat Abend eine Arbeitsgruppe „Rechtsfragen der Hafenentwicklung" ins Leben, die im folgenden mit Juristen der Baubehörde – Baurechtsamt –, Finanzbehörde – Liegenschaftsverwaltung – und Justizbehörde – Justizamt – (zeitweilig der Hafendirektion und der Finanzbehörde – Enteignungsbehörde –) unter Leitung des Verfassers allein bis zum Oktober 1979 zehn Sitzungen abhielt. Sie befaßte sich hauptsächlich mit dem vom Justizamt unterstützten Vorschlag der Liegenschaftsverwaltung, die Enteignung für Vorbereitungsmaßnahmen im Hafenerweiterungsgebiet – auch im Hinblick auf das laufende Besitzeinweisungsverfahren Altenwerder – von einer hafenrechtlichen Planfeststellung abhängig zu machen, und prüfte gründlich die Möglichkeit, anstelle dessen aufgrund eines Bebauungsplans nach dem Bundesbaugesetz oder einer hafenrechtlichen Planungsverordnung zu enteignen.

5.1.2 Ungeeignete Bebauungsplanung

Die Arbeit mit Bebauungsplänen wurde abgelehnt, weil sich damit weder ein Hafenerweiterungsgebiet im Sinne des Hafenerweiterungsgesetzes von 1961 mit einer dauernden Veränderungssperre schaffen ließe, noch für alle Hafenzwecke enteignet werden könnte, ohne nach Durchführung der Vorbereitungsmaßnahmen reprivatisieren zu müssen. Als schwerstes Hindernis erschien der Zwang, gemäß der Enteignungspraxis, die sich anhand von Bebauungsplänen herausgebildet hatte, Details eines Endausbaus ausweisen zu müssen, die mindestens zehn Jahre vor Inbetriebnahme eines neuen Hafengebiets planerisch nicht verantwortet werden können. Die mindestens zehn Jahre zwischen Planbeschluß und Aufnahme des Hafenbetriebs kommen in Hamburg durch die Enteignungs- und abschließende Umsiedlungsphase sowie ca. sieben Jahre Aufhöhungs-, Ablagerungs- und Ausbauphase zustande.

Bremen, das als Beispiel herangezogen wurde, hatte die von der Bremer Lagerhausgesellschaft betriebenen Umschlaganlagen des Neustädter Hafens auch nicht gemäß dem Bebauungsplan 500 vom 18. Januar 1962 mit fünf Hafenbecken ausführen können. Ende 1978 war erst ein Hafenbecken gebaut und nur noch ein einziges weiteres Becken geplant, weil inzwischen wegen der veränderten Transport- und Umschlagtechnik mit einem viel größeren Bedarf an Landflächen gerechnet werden mußte.

5.1.3 Sonderplanung

Bei der verbleibenden Alternative einer landesrechtlichen Sonderplanung schien die abstrakte Hafenplanungsverordnung als Instrument für die Regelung vieler künftiger Fälle weniger geeignet als die Planfeststellung, die als Verwaltungsakt einen konkreten Sachverhalt zu regeln bestimmt ist und nach Ablauf der Rechtsbehelfsfrist bestandskräftig wird.

Inzwischen erging das oben (bei FN 22) erwähnte Landgerichtsurteil im Besitzeinweisungsverfahren Altenwerder vom 23. Februar 1979, das allen beteiligten Behörden Anlaß gab, sich um die beschleunigte Verabschiedung des neuen Gesetzes zu bemühen. In der Debatte über eine Große Anfrage der CDU-Opposition erklärte der Abgeordnete Kern (SPD) am 13. Juni 1979, die Verzögerung der Hafenentwicklung sei zwar ärgerlich, gebe aber die Chance, eine Neuformulierung des Gesetzes zu finden, die „gleichzeitig Rechtssicherheit und Flexibilität in der Planung bewahrt"[42]. Dazu gehöre:

„1. Die Besitzeinweisung und Enteignung müssen im Hafenerweiterungsgebiet vor der Aufhöhung von Gelände möglich sein, ohne daß bereits eine detaillierte Endausbauplanung vorzuliegen braucht. ...
2. Das gesamte Hafengebiet muß planungsrechtlich für öffentliche Zwecke bestimmt werden, ...
3. Der Hafen im Hafenerweiterungsgebiet muß als kommunaler Seehafen hergestellt und betrieben werden, das heißt auf Grundstücken, bei denen, wie es bei uns Tradition im Hafen ist, auf Dauer auch das städtische Eigentum gesichert bleibt."

5.2 Randbemerkungen

5.2.1 Personalplanung

Zur Förderung der Gesetzgebungsarbeit gelang es der Behördenleitung, dem Justitiariat des Amtes Strom- und Hafenbau für die Zeit vom 1. Juli 1979 bis 30. August 1980 einen juristischen Hafenentwicklungsreferenten zuzuordnen. Vorher wurde der Verfasser für vier Wochen bis Mitte Juni von seinen laufenden dienstlichen Verpflichtungen freigestellt. Das Ergebnis war die beschleunigte Fertigstellung eines neuen, neunten Gesetzentwurfs (vom 11. Juni 1979) nach fast zweijähriger Pause.

Es muß vermerkt werden, daß die generell vorgeschriebene Prüfung der infolge des Erlasses eines Gesetzes entstehenden Personal- und Sachkosten auch im vorliegenden Gesetzgebungsverfahren erfolgt ist. Das Ergebnis

42 Sitzungsprotokoll der 23. Bürgerschaftssitzung der 9. Wahlperiode am 13. Juni 1979, S. 1238

ist unter Nr. 6 der Mitteilung des Senats an die Bürgerschaft zur Einbringung des Hafenentwicklungsgesetzes (FN 51) dargestellt.

5.2.2 Hafenverkehrsgesetz

Zu erwähnen wäre noch, daß das Amt für Hafen, Schiffahrt und Verkehr sich bei der Vorbereitung der Neufassung der Verkehrsregeln des hamburgischen Hafengesetzes nur ungern von dem seit 1954 gewohnten Titel „Hafengesetz" trennte und zur Unterscheidung vom „Hafenentwicklungsgesetz" auf den Titel „Hafenverkehrsgesetz" überging, der den Regelungsgegenstand konkret bezeichnet. Auch das Anwendungsgebiet des Hafenverkehrsgesetzes[43] unterscheidet sich terminologisch vom „Hafengebiet". Da der Bund die Wasserflächen des „Hamburger Hafens" von seinen Verkehrsregeln für die Bundeswasserstraße Elbe ausspart, mußte auch das Hamburger Gesetz diesen Begriff für seinen Kernbereich verwenden. Es bezieht darüber hinaus Umschlaganlagen in seinen Geltungsbereich ein, weil die Hafensicherheitsvorschriften auch für diese gelten sollen. Deshalb heißt es in der amtlichen Begründung[44]:

> „‚Hamburger Hafen' wird hier, bedingt durch den Zweck des Gesetzes in einer vorwiegend auf die Wasserfläche ausgerichteten Bedeutung verstanden. Eine weiterreichende Bedeutung in anderen Sachbereichen – so zum Beispiel im Rahmen des Hafenerweiterungsrechts – bleibt unberührt."

5.3 Verfassungsrechtliche Gutachten

5.3.1 Beauftragung von Gutachtern

In den neuen Gesetzentwürfen ab Juni 1979 erschien nun eine Planfeststellung für Vorbereitungsmaßnahmen im Hafenerweiterungsgebiet, die

- nur von einer Prognose des Bedarfs an bestimmten hafenwirtschaftlichen Nutzflächen,
- nicht aber von einer Endausbauplanung (auch nicht von Endausbauplänen, die nach anderen Fachplanungsgesetzen erforderlich sind)[45]

abhängt und Grundlage für eine Enteignung sein sollte. Ein vereinfachter Enteignungsplan sollte möglich sein, wenn die Bodenaufhöhung lediglich der Unterbringung anfallenden Baggerguts zu dienen hatte.

In Übereinstimmung mit Wünschen aus dem politischen Raum beschloß der seit dem 1. Juli 1978 amtierende Wirtschaftssenator Jürgen Steinert Ende Juni 1979, Gutachten angesehener Juristen außerhalb der hamburgischen Verwaltung einzuholen, in erster Linie zum vorstehenden Planfeststellungskonzept. Dafür wurde unter den Behörden eine Darstellung der Problematik für den Gutachterauftrag abgestimmt. Erfreulicherweise konnte den Gutachtern der erst im September bekanntgewordene Wortlaut des Urteils des Bundesgerichtshofs vom 8. März 1979 (FN 13) zur Verfügung gestellt werden, das die Gesetzgebungszuständigkeit Hamburgs für das Hafenerweiterungsgesetz bestätigt hatte.

Die Suche nach zwei fachlich speziell qualifizierten, verfassungsrechtlichen Gutachtern, die bereit waren, kurzfristig tätig zu werden, mündete in einen Senatsbeschluß vom 30. Oktober und die Mittelbewilligung durch den Bürgerausschuß des Parlaments vom 28. November 1979. In diesen Vorlagen wurden die Namen der Gutachter, der Inhaber öffentlich-rechtlicher Lehrstühle Professor Dr. Peter Badura, München, und Professor Dr. Eberhard Schmidt-Aßmann, Heidelberg, genannt, weil die Gutachten eine objektive Entscheidungshilfe werden sollten und deshalb die Möglichkeit gegeben sein sollte, Bedenken gegen die Person der Gutachter vorzutragen.

5.3.2 Der begutachtete Entwurf

Den Gutachtern wurden unabhängig voneinander gleichlautende Fragen vorgelegt und mündlich erläutert. Sie erhielten den (sechzehnten) Entwurf vom 10. Dezember 1979 und dann noch den Entwurf vom 24. Januar 1980, den sie ihrer endgültigen Stellungnahme zugrunde legten. Die Tatsache von bis dahin acht Fortschreibungen des Entwurfs vom 11. Juni 1979 zeigt die intensive Zusammenarbeit mit der Arbeitsgruppe und den sonstigen Abstimmungspartnern. Das Ergebnis war der Entwurf eines neuen Hafenentwicklungsgesetzes anstelle eines Änderungsgesetzes zum Hafenerweiterungsgesetz. Von den Entwurfsänderungen, die in die Endfassung Eingang gefunden haben, seien beispielhaft erwähnt[45a]:

---

43 Das Gesetz vom 3. Juli 1979 (GVBl. S. 177) enthält z.B. auch Vorschriften über Entgelte der Hafenschiffahrt und heißt deshalb Hafenverkehrs- und Schiffahrtsgesetz

44 Bürgerschafts-Drucks. 9/171 vom 3. Oktober 1978, Begründung Teil B, Zu § 1 Nr. 3, S. 8

45 Diese Voraussetzung hatten aber die Enteignungsbehörde (vgl. bei FN 41) und das Landgericht Hamburg (vgl. nach FN 25) aus allgemeinen Rechtsgrundsätzen abgeleitet. – Vgl. die Endfassung des § 14 HafenEG hier unten auf S. 89

45a Vgl. den auf den Seiten 85–90 abgedruckten Text des Hafenentwicklungsgesetzes

zu § 1: wirtschaftspolitische Begründung für die öffentliche Aufgabe der Hafenentwicklung, ausdrückliche Bestimmung des Hafengebiets für Hafenzwecke, Charakterisierung der Hafenplanung als sondergesetzliche Planung gemäß § 5 Abs. 6 BBauG, Verbleiben hamburgischer Grundstücke unter der einmal ausgesprochenen Bestimmung für Hafenzwecke[46];
zu § 2: Bezeichnung des genutzten Hafens als „Hafennutzungsgebiet", des Hafennutzungsgebiets und des Hafenerweiterungsgebiets zusammen als „Hafengebiet";
zu § 7 (endgültig § 6): Ausnahmegenehmigung und Bestandsgarantie für nicht hafenkonforme Nutzungen im Hafennutzungsgebiet;
zu § 16 (endgültig § 15): subsidiäre Geltung der Enteignungsvorschriften des Hamburgischen Enteignungsgesetzes statt derjenigen des Bundesbaugesetzes[47]; Fortfall eines besonderen Enteignungsplans für die bloße Unterbringung von Baggergut;
zu § 17 (endgültig § 16): eingeschränkte Entschädigung in Land, die bisher nicht gesetzlich vorgeschrieben war[48];
zu § 18 (endgültig § 17): Rückerwerbsrecht hinsichtlich enteigneter Grundstücke.

5.3.3 Auswertung der Gutachten

Um eine handliche authentische Übersicht über die Gutachten zu bekommen, waren die Gutachter gebeten worden, neben den (im Ergebnis über 100 Schreibmaschinenseiten umfassenden) Gutachten auch noch Kurzgutachten (im Ergebnis sieben bis fünfzehn Seiten) vorzulegen. Die Gutachten gingen Ende Februar und Anfang April 1980 ein[49]. Sie enthalten die Feststellung, daß die eingangs dieses Abschnitts dargestellte hafenrechtliche Planfeststellung grundsätzlich verfassungsrechtlich zulässig sei, daß die Gesetzgebungszuständigkeit Hamburgs gegeben und Gelände für die Hafenindustrie aus wirtschaftspolitischen (nicht schon aus ökonomischen) Gesichtspunkten in das Enteignungsobjekt Hafen einbezogen werden dürfe[50].

Aus den kritischen Anmerkungen der Gutachter ergaben sich im wesentlichen folgende Konsequenzen für den Gesetzentwurf[50a]:

- für § 1 Abs. 2: Die wirtschaftspolitischen Gründe für die Hafenentwicklung wurden um die Erhaltung der „Konkurrenzfähigkeit" „aus wirtschafts- und arbeitsmarktpolitischen Gründen" und um die Sicherung eines festen Ladungsaufkommens „aus strukturpolitischen Gründen" erweitert.
- für § 15 Abs. 2 (endgültig § 14): Anstelle der Pflicht des Trägers des Vorhabens zu einer Bedarfsprognose steht nunmehr die materiell-rechtliche Voraussetzung, daß der Plan für Vorbereitungsmaßnahmen im Hafenerweiterungsgebiet nur festgestellt werden darf, wenn die Vorbereitungsmaßnahmen aufgrund einer Bedarfsprognose „im Rahmen einer umfassenden Planung der Entwicklung des Hafens" zeitlich und örtlich „geboten sind".
- für § 15 Abs. 3: „In die Abwägung sind die Grundzüge der Planung für die endgültige Nutzung des Plangebiets einzubeziehen."
- für § 15 Abs. 4: In die Planfeststellung darf für Hafenindustrie vorgesehenes Gelände nur einbezogen werden, wenn damit einer der wirtschaftspolitischen Zwecke des § 1 Abs. 2 verfolgt wird.

Mit der Notwendigkeit einer Abwägung der Grundzüge der Endausbauplanung wurde zugleich einer in diese Richtung zielenden Vorstellung der Finanzbehörde Rechnung getragen. Bezüglich der Hafenentwicklungsplanung haben die Gutachter es Hamburg anheimgestellt, dafür – wie das dann auch geschehen ist[51] – einen verwal-

46 Die ausdrückliche Erklärung des Hafens zu einer unselbständigen öffentlichen Anstalt ist wegen ihres polizeistaatlichen Beigeschmacks aus politischen Gründen abgelehnt und von den mit der Wirtschaftsbehörde an der Hafenverwaltung beteiligten Dienststellen nicht unterstützt worden. Badura (Hafenentwicklung, wie FN 49, S. 17, 79, 196) betrachtet den Hafen Hamburg mit Recht als eine unselbständige öffentliche Anstalt. Der gleichen Ansicht war z. B. Professor Dr. jur. Herbert Weichmann, Erster Bürgermeister von Hamburg 1965 bis 1971, wie dem Verfasser mitgeteilt worden ist. Schmidt-Aßmann (Hafenentwicklung, wie FN 49, S. 139) spricht davon, daß das Hafenentwicklungsgesetz in seiner Grundlage dazu bestimmt sei, das Funktionsgefüge des Hafens bei all seiner Verschiedenheit als Personal- und Sachgesamtheit zu verstehen, die damit – untechnisch gesprochen – anstaltliche Züge gewinne

47 Aufgrund einer Entscheidung des Rechtsausschusses der Bürgerschaft bei Erlaß des Landeseisenbahngesetzes sollte der Einheitlichkeit des hamburgischen Enteignungsrechts der Vorzug gegenüber dem Einwand gegeben werden, der Bürger werde nun zunächst auf das Hamburgische Enteignungsgesetz und von dort doch wieder auf das Bundesbaugesetz verwiesen

48 Vgl. hier oben Abschn. 2.1 am Ende, bei FN 7

49 Sie sind abgedruckt in: Badura/Schmidt-Aßmann, Hafenentwicklung in Hamburg, Rechtsfragen der Planung und Enteignung nach dem hamburgischen Hafenentwicklungsgesetz, Münchener Universitätsschriften, Verlag Rolf Gremer, Ebelsbach 1983

50 Vgl. Badura/Schmidt-Aßmann, a.a.O. S. 80 f., 178 ff.

50a Vgl. den auf den Seiten 85–90 abgedruckten Text des Hafenentwicklungsgesetzes. § 15 des Entwurfs ist in der Endfassung § 14 HafenEG geworden

51 Vgl. die amtliche Begründung zum Hafenentwicklungsgesetz Teil A Nr. 4.2, Mitteilung des Senats an die Bürgerschaft vom 24. Februar 1981, Bürgerschafts-Drucks. 9/3205 S. 22; abgedruckt in: Badura/Schmidt-Aßmann, Hafenentwicklung (wie FN 49) S. 255 ff. (260 f.)

tungsinternen Plan vorzusehen, es aber abgelehnt, eine verfassungsrechtliche Pflicht zur Aufstellung eines gesetzlichen Plans anzunehmen.

Die Frage, ob anläßlich einer Aufhöhung zur bloßen Baggergutunterbringung eine hafenrechtliche Planfeststellung zwecks Vollenteignung von Grundstücken möglich sei, haben die Gutachter ebenso wie der Entwurf vom 24. Januar 1980 im Sinne der die Vorratsenteignung verneinenden neueren Rechtsprechung[52] abgelehnt[53]. Da für die bloße Baggergutunterbringung ohne eine Endausbauabsicht heute nur noch die zwangsweise Einräumung eines Nutzungsrechts in Betracht kommt, konnte angesichts der Möglichkeit, nach dem Hamburgischen Enteignungsgesetz vorzugehen, auf eine Sonderregelung im Hafenentwicklungsgesetz verzichtet werden.

5.4 Arbeit am Gesetzestext

Am 1. Juni 1979 hatte Dipl.-Ing. Dieter Nagel das Amt des Hafenbaudirektors übernommen.

Der Entwurf vom 24. Januar 1980 ging in die Behördenabstimmung. Er wurde intern bis zur nächsten Behördenabstimmungsrunde mit dem (23.) Entwurf vom 1. Oktober 1980 sechsmal – z. T. nur durch redaktionelle Änderungen – fortgeschrieben. Daran waren die Arbeitsgruppe mit vier Sitzungen und die Behörden mit Änderungswünschen beteiligt. Durch Umstellungen wurden die bisherigen §§ 7 bis 18 zu den endgültigen §§ 6 bis 17, was für das Verständnis der Professorengutachten wichtig ist.

Abgesehen von den bereits erwähnten Konsequenzen aus den Gutachten spielten die folgenden Themen bei der Abfassung des Entwurfstextes vom 1. Oktober 1980 eine Rolle.

5.4.1 Gesetzliche Grenzdarstellung

Auf Wunsch der Senatskanzlei mußten die amtlichen Grenzen des Hafengebiets und des Hafenerweiterungsgebiets nunmehr aus einer dem Gesetz beigelegten wörtlichen Grenzbeschreibung hervorgehen, weil eine weitere verfassungsändernde Ausnahme von Art. 52 der Hamburgischen Verfassung – HmbVerf –, wie sie für Bauleitpläne nach dem Bundesbaugesetz besteht[54], nicht vertretbar erschien. Art. 52 HmbVerf schreibt vor, daß Gesetze im Hamburgischen Gesetz- und Verordnungsblatt zu verkünden sind. Die Verkündung der 441 parzellenscharfen Hafengebietspläne 1 : 1000 im Format 60 x 60 cm im Gesetzblatt hätte bei doppelseitigem Druck und Faltung auf das Gesetzblattformat mehrere Sonderbände in der Gesamtstärke von etwa 1 300 Blatt erfordert, ein auch finanziell indiskutables Vorgehen.

Dem Hafenentwicklungsgesetz ist zur Erläuterung der wörtlichen Grenzbeschreibung ein Übersichtsplan im Maßstab 1 : 50 000[55] beigelegt worden. Außerdem ist zum gleichen Zweck auf Pläne im Maßstab 1 : 1000 verwiesen worden, die beim Staatsarchiv und den betroffenen Behörden kostenfrei eingesehen werden können.

5.4.2 Naturschutz und Landschaftspflege

Auf Wunsch der Behörde für Bezirksangelegenheiten, Naturschutz und Umweltgestaltung ist die Zulässigkeit von Maßnahmen für Naturschutz und Landschaftspflege im Hafenerweiterungs- und im Hafennutzungsgebiet ausdrücklich ausgesprochen sowie eine Ermächtigung für Hafenplanungsverordnungen zur Festsetzung solcher Maßnahmen vorgesehen worden[56].

5.4.3 Umstrukturierungsverordnung

Im übrigen können in diesem Bericht unmöglich alle Erörterungen über Einzelfragen der Ausgestaltung des Gesetzes aufgezählt werden. Es sei nur noch ein Beispiel für einen gesetzgeberischen Gedanken angeführt, der wieder fallengelassen worden ist. Es wurde die Ermächtigung für eine Hafenplanungsverordnung zur Sicherung von Umstrukturierungen im Hafennutzungsgebiet erwogen. Um eine geplante Veränderung des Grundstückszuschnitts – evtl. mit Zuschüttung von Wasserflächen und Geländeaufhöhung – von der Belastung mit Entschädigungen für zwischenzeitliche private Baumaßnahmen und mit Räumungsverfahren gegen neue Nutzer freizuhalten, war eine zeitlich begrenzte Veränderungssperre erörtert worden. Da eine solche Veränderungssperre aber

52 Vgl. BGH, Urt. vom 19.12.1966 – III ZR 62/66 – VerwRspr. Bd. 18, 699 S. 704, bezüglich der Bebauungsplanung nach §§ 8 ff. BBauG: „Eine Planung ist danach unzulässig, wenn mit einer Verwirklichung überhaupt nicht oder erst in einer noch nicht übersehbaren fernen Zukunft vielleicht gerechnet werden kann."

53 Badura/Schmidt-Aßmann, Hafenentwicklung (wie FN 49), S. 92 ff., 165 ff.

54 Gesetz über die Feststellung von Bauleitplänen und ihre Sicherung in der Fassung vom 4. April 1978 (HmbGVBl. S. 89). Danach ist die Verkündung in Form der Verweisung auf ein beim Staatsarchiv niedergelegtes maßgebliches Stück eines Planes zugelassen. Der Gesetzesbeschluß bedurfte der verfassungsändernden Mehrheit von zwei Dritteln der anwesenden Abgeordneten bei Anwesenheit von mindestens drei Vierteln der gesetzlichen Mitgliederzahl

55 Vgl. Abb. 2

56 In der Endfassung: § 3 Abs. 2 Nr. 1, § 6 Abs. 2 und § 7 Abs. 2 Nr. 4 HafenEG (auf den Seiten 86 f. abgedruckt)

als Vorwirkung einer Enteignung (Entzug von Mietrechten oder Eigentum) anzusehen wäre, erschien es zweifelhaft, ob die Erforderlichkeit eines enteignenden Eingriffs zum Zeitpunkt des Erlasses einer Veränderungssperre hinreichend plausibel begründet werden könnte.

Im Gegensatz zur Hafenerweiterung handelt es sich bei der Weiterentwicklung des vorhandenen Hafens um Eingriffe in eingerichtete, in der Regel hafenkonforme Gewerbebetriebe und um die schwierige Prognose schlechter Entwicklungschancen für den einen und guter Entwicklungschancen für einen neuen oder zu erweiternden Betrieb. In diesem Fall – so meinte man – muß dem evtl. auszusiedelnden Betrieb wohl doch die volle unternehmerische Entwicklungsfreiheit gelassen werden, bis eine Umstrukturierung – notfalls mit Enteignungsverfahren – unmittelbar in Angriff genommen werden kann.

5.5 Abgrenzung des Hafengebiets

Die Verzögerung der Fortsetzung der Behördenabstimmung zwischen den Monaten Januar und Oktober 1980 ist vor allem auf die Auseinandersetzung über die Hafengebietsgrenzen zurückzuführen. Inzwischen ging in der Wirtschaftsbehörde angesichts des Ausscheidens von Staatsrat Abend die Zuständigkeit auf Staatsrat Dr. Harald Schulze über. Zum Thema Gebietsabgrenzung haben zwischen den Staatsräten der Wirtschafts- und der Baubehörde, zwischen dem Hafenbaudirektor und sechs Amtsleitern aus anderen Behörden und auf politischen Ebenen Gespräche stattgefunden, an denen die Planungsabteilung unter ihrem Leiter, Ltd. Baudirektor Dr.-Ing. Heinz Giszas, wegen der erheblichen planerischen Belange maßgeblich beteiligt war.

5.5.1 Der Raum Finkenwerder

Im November 1979 hatte der Senat wegen der positiven Entwicklung der Flugzeugindustrie im Westen Finkenwerders, die eine räumliche Ausdehnung wünschte, sozusagen als Ausgleich die Erörterung einer Begrenzung des Hafenerweiterungsgebiets von 1961 beschlossen, wobei auf die Lebensinteressen Finkenwerders Rücksicht genommen werden und eine Insellage Finkenwerders im Sinne einer Einkreisung durch Hafenbetriebe und Trockenindustrie möglichst vermieden werden sollte. Die Wirtschaftsbehörde erkannte die Notwendigkeit des Verzichts auf das Hafenerweiterungsgelände westlich von Finkenwerder an und versuchte vergeblich, das Gebiet der Alten Süderelbe südlich von Finkenwerder für die Hafenerweiterung zu erhalten. Dieses Gebiet mußte aber auf Drängen der betroffenen Ortsausschüsse der Bezirksverwaltung und der Baubehörde bis auf einen Streifen preisgegeben werden, der eine als Hafenbecken nutzbare Hafenzufahrt vom Köhlfleet in den Raum Francop-Ost/Moorburg-West ermöglicht (Abb. 2).

5.5.2 Vorländereien

Der Vorschlag der Wirtschaftsbehörde für die Abgrenzung des vorhandenen Hafens (Hafennutzungsgebiet) hatte sich an dem traditionellen wasserwirtschaftlichen Hafengebiet orientiert, das in der Anordnung des Senats über Zuständigkeiten auf dem Gebiet des Wasserrechts und der Wasserwirtschaft[57] für die Wirtschaftsbehörde ausgewiesen wird. Es bezieht die Oberläufe der Norder- und der Süderelbe oberhalb der Eisenbahnelbbrücken mit dem Deichvorland und die Vorländereien am Nordufer der Unterelbe – im Gegensatz zum Flächennutzungsplan 1973 – ein. Diese Vorländereien einschließlich des Naturschutzgebiets Heuckenlock sind aus dem Hafennutzungsgebiet herausgenommen worden, um angesichts vorgetragener Bedenken zu verdeutlichen, daß diese Flächen in ihrem natürlichen Zustand erhalten bleiben sollen.

5.5.3 Wasserflächen

Nicht entsprochen wurde der Vorstellung der Baubehörde, die Wasserflächen generell aus dem Hafengebiet herauszulassen oder wenigstens insoweit, als die oberen Elbarme nicht von Landflächen des Hafengebiets flankiert werden. Die Position der Wirtschaftsbehörde wurde schließlich akzeptiert, daß

- es nicht angehe, die Hafengrenze bei jeder Umwandlung von Wasser in Land und umgekehrt ändern zu müssen,
- Wasserstraßen und Hafenbecken das „Knochengerüst" des Hafens seien, das was den Hafen erst zum Hafen mache,
- die Delegation der Bundeswasserstraße Elbe (von Oortkaten an der Oberelbe bis Tinsdal an der Unterelbe) in die Verwaltung und Unterhaltung Hamburgs im hamburgischen Hafeninteresse erfolgt sei und die Elbe in diesem Bereich auch zum Hamburger Hafen im Sinne des Hafenverkehrs- und Schiffahrtsgesetzes gehöre,
- ein berechtigtes Interesse besteht, Hafen-Wasserstraßen unter dem vorwiegenden Gesichtspunkt der Hafenbelange und nicht der städtebaulichen Belange zu überplanen, auch wenn ein nachbarlicher Interessenausgleich erzielt werden muß.

---

57 Anordnung vom 14. März 1961 mit Änderungen bis zum 30. Oktober 1979 (Amtl. Anz. 1961, S. 305, 1979 S. 1875). Die letzte Änderung datiert vom 14. Dezember 1982 (Amtl. Anz. S. 2265)

5.5.4 Finkenwerder-Nord und Peute

Die Hafenzugehörigkeit des ehemaligen Werftgeländes in Finkenwerder-Nord und der Peute (= Ortsteil Veddel) war umstritten. Die betroffenen Ortsausschüsse fanden sich aber bereit, dem Allgemeininteresse am Hafen den Vorrang einzuräumen. Der Bezirksversammlung Hamburg-Mitte hat der Senat schließlich auf ihren Wunsch in der Senatsvorlage an die Bürgerschaft für die fraglichen Gebiete Nutzungsbeschränkungen durch Hafenplanungsverordnungen zugesagt. Kleinere Grenzkorrekturwünsche von Hamburg-Mitte am Haken und am Müggenburger Zollhafen hat die Wirtschaftsbehörde noch aufgrund der abschließenden Stellungnahme der Bezirksversammlung berücksichtigt.

5.5.5 Begründungen

Bis zum Oktober 1980 hat natürlich auch die Arbeit an der Allgemeinen Begründung und der Einzelbegründung zum Gesetz, an der die Arbeitsgruppe teilgenommen hat, viel Mühe gemacht. So nebenbei sind dann für eines der vielen Informationspapiere, diesmal für politisch verwendbare Erläuterungen des Gesetzesvorhabens, neun Entwurfsfassungen hergestellt worden. In diesem Fall waren wie stets die Leitung und die Planungsabteilung des Strom- und Hafenbau maßgeblich beteiligt.

5.6 Endabstimmung

5.6.1 Bezirksebene

Anfang Oktober 1980 wurde der Entwurf vom 1. Oktober 1980 samt Begründung und Erläuterungsvorlage (kurze Inhaltsangabe und Darlegung einiger streitiger Gebietsabgrenzungsprobleme) mit der Bitte an die Bezirksamtsleiter der Bezirke Altona, Bergedorf, Hamburg-Mitte und Harburg gesandt, die Stellungnahme der Bezirksversammlungen aufgrund des § 14 Abs. 1 des Bezirksverwaltungsgesetzes – BezVG[58] – herbeizuführen. Nach dieser Gesetzesbestimmung ist dem Verwaltungsausschuß des Bezirks, der „Bezirksversammlung", bei Entscheidungen über Landesangelegenheiten, die einen Bezirk besonders betreffen, Gelegenheit zur Stellungnahme zu geben. Das Hafengebiet ist von der Bezirkseinteilung Hamburgs nicht ausgenommen, liegt also im Verwaltungsbereich der vier genannten Bezirke, die im Hafen für alle bevölkerungsbezogenen Aufgaben zuständig sind.

Die Bezirksversammlung Bergedorf, deren Bezirk nur geringfügige Hafenflächen enthält, verzichtete auf eine Stellungnahme. Der Hafenbaudirektor, der Verfasser, ein Vertreter der Planungsabteilung und Oberregierungsrat Filter von der Hafendirektion erläuterten den Gesetzentwurf in sechs Sitzungen von Sonder-, Haupt- oder Ortsausschüssen auf der Bezirksebene, wobei sie auf viel Skepsis stießen. Die Bezirksversammlungen gaben ihre Stellungnahmen aufgrund der Ausschußbeschlüsse bis Ende Januar 1981 ab. Die Ergebnisse sind der Bürgerschaft gemäß § 17 BezVG in der Senatsvorlage[59] vorgetragen worden, auf die wegen der Einzelheiten verwiesen werden muß. Der Wunsch der Bezirksversammlung Altona, den Altonaer Fischereihafen aus dem Hafengebiet herauszulassen, ist dem Senat von der Wirtschaftsbehörde streitig vorgetragen worden. Er hat ihn mit seinem Gesetzesbeschluß vom 24. Februar 1981 abgelehnt. Dagegen hat der Senat am Ende die streitige Forderung des Bezirks Harburg akzeptiert, auf die bisherigen oder auch neu zugeschnittenen Hafenerweiterungsflächen für die Binnenschiffahrt im Bereich von Neuland zu verzichten. Das fragliche Gebiet in Neuland, das inzwischen auch nicht mehr für Hochschulzwecke vorgesehen war, soll als Grüngebiet ausgewiesen werden.

5.6.2 Politiker auf Behördenebene

Die Deputation (der Verwaltungsausschuß) der Wirtschaftsbehörde befaßte sich anhand der Kurzfassung der Begründung, die nachher der Mitteilung des Senats an die Bürgerschaft vorangestellt wurde, zweimal mit dem Entwurf vom 1. Oktober 1980 und stimmte ihm nach Beantwortung verschiedener Fragen zu. In die Einzelbegründung zu § 1 wurde daraufhin die seemäßige Verpackung als Beispiel für die Tätigkeit eines hafengebundenen Hilfsbetriebes aufgenommen. Am 19. Februar 1981 ist der Deputation anhand einer Vorlage noch einmal über den Stand der Abstimmung des Gesetzentwurfs berichtet worden.

Aus einem politischen Arbeitskreis kam im Oktober 1980 die Frage, ob es zweckmäßig sei, die Hamburg gehörenden Hafengrundstücke in öffentliches Eigentum zu übernehmen, wie das § 4 des Hamburgischen Wegegesetzes[60] für öffentliche Wege und § 4 a des Hamburgischen Wassergesetzes[61] für öffentliche Hochwasserschutz-

---

58 Gesetz vom 22. Mai 1978 (HmbGVBl. S. 178), inzwischen geändert am 19. Mai 1982 und 27. Juni 1984 (HmbGVBl. 1982 S. 117, 1984 S. 135)

59 Mitteilung des Senats an die Bürgerschaft vom 24. Februar 1981 wie FN 51

60 Hamburgisches Wegegesetz in der Fassung vom 22. Januar 1974 (GVBl. S. 41, 83), inzwischen zuletzt geändert am 5. Juni 1984 (GVBl. S. 104)

61 Hamburgisches Wassergesetz vom 20. Juni 1960 (GVBl. S. 335), geändert am 29. November 1977 (GVBl. S. 363) und inzwischen zuletzt geändert am 17. Dezember 1982 (BGBl. I S. 1777)

anlagen vorschreibe. Die Frage wurde von der Wirtschaftsbehörde mit der Begründung verneint, daß das Bundesverfassungsgericht der Zulässigkeit landesrechtlichen öffentlichen Eigentums zurückhaltend gegenüberstehe[62]. Die Nichtanwendung der bürgerlich-rechtlichen Besitz- und Eigentumsvorschriften auf das öffentliche Eigentum schließe außerdem die Vermietung von Hafengrundstücken und damit eine, auch nachbarrechtlich erwünschte, private Rechtsstellung der Hafennutzer aus.

5.6.3 Verbände

Am 17. November 1980 hat der Präsident des Senats, Herr Erster Bürgermeister Hans-Ulrich Klose, den Referentenentwurf des Gesetzes mit der erwähnten Kurzfassung der Begründung an den Präsidenten der Bürgerschaft zur Übermittlung an die Fraktionen der Bürgerschaft geschickt. Davon hing nach einem Senatsbeschluß die Einschaltung von außerhalb der unmittelbaren Staatsverwaltung stehenden Organisationen ab. Der wesentliche Inhalt der Stellungnahmen der Handelskammer, der Gewerkschaft öffentliche Dienste, Transport und Verkehr sowie des Unternehmensverbandes Hafen Hamburg e.V. ist in der Mitteilung des Senats an die Bürgerschaft (FN 51) wiedergegeben.

- Die Handelskammer hielt das Gesetz für unabdingbar, hatte aber Bedenken gegen die vielen Anhörungsvorschriften.
- Der Unternehmensverband war bereit, das Gesetz mitzutragen, befürchtete aber einen erhöhten Zeitbedarf für künftige Planungen und Entscheidungen und damit negative Auswirkungen.
- Die ÖTV stimmte dem Entwurf zu. Sie wies auf die Zusammenhänge zwischen Arbeitsplatzsicherung und schnellen und kurzen Entscheidungswegen sowie auf die Notwendigkeit hin, daß der Senat das Recht zur Entscheidung in Ansiedlungsfragen bei allen verständlichen Forderungen der Bezirke nach Beteiligung in der Hand behalten müsse.

Bei der Handelskammer und dem Unternehmensverband war seitens des Amtes Strom- und Hafenbau referiert worden. Im politischen Raum wurden vielfältige Kontakte gehalten und Gremien besucht. Auch einem Arbeitskreis der CDU-Opposition wurde ein Referent zur Verfügung gestellt.

5.6.4 Landesplanungsamt

Die Fortsetzung der Behördenabstimmung ergab in der Diskussion mit dem Landesplanungsamt der Baubehörde, daß für die bisher vorgesehene Einteilung der Nutzungszonen im Hafennutzungsgebiet in Zonen mit oder ohne Hafenindustrie keine ausreichende planerische Begründung zur Verfügung steht. Als Hauptzonen wurden daher im Entwurf vom 12. Januar 1981 in Anlehnung an die §§ 8 und 9 der Baunutzungsverordnung eine Zone für alle Hafenzwecke und eine Zone für Hafenzwecke mit Ausnahme erheblich belästigender Gewerbebetriebe vorgesehen (§ 6 Abs. 1 HafenEG), weil die Zulässigkeit von Emissionen der bedeutendste planerische Abwägungsgesichtspunkt zu sein schien. Industriebetriebe brauchen ja nicht belästigend zu sein, und andere Betriebe können durchaus Belästigungen hervorrufen.

5.6.5 Staatsrätebesprechung

Am 27. Januar 1981 hat noch einmal eine Besprechung der Staatsräte der Wirtschafts-, Bau-, Bezirks-, Finanz- und Justizbehörde sowie der Senatskanzlei stattgefunden, aus der für die 25. und letze Behördenentwurfsfassung die folgenden Konsequenzen gezogen wurden:

- Es wurde die Übergangsvorschrift des § 22 HafenEG geschaffen, wonach Bebauungspläne im Hafengebiet weitergelten, bis sie im Verfahren nach dem Bundesbaugesetz aufgehoben werden. Der Vorschlag der Wirtschaftsbehörde, die Weitergeltung bis zum 31. Dezember 1984 zu begrenzen, wurde mit dem Argument abgelehnt, die Aufhebung lasse sich sicher schneller durchführen; die Ablehnung der Terminierung ändere aber nichts daran, daß die Aufhebung der Bebauungspläne eine Formsache sei, die Rechtssicherheit schaffen solle[63].
- Der Wunsch zweier Bezirksversammlungen, ihre Beteiligung nach § 14 BezVG für bestimmte Fälle, wie Planfeststellungen und den Erlaß von Hafenplanungsverordnungen, im Gesetz ausdrücklich zu erwähnen, wurde mit der Begründung abgelehnt, daß Doppelregelungen zwecks Eindämmung der Normenflut nach Möglichkeit vermieden werden sollen[64].

---

62 Vgl. BVerfG, Urt. v. 18.12.1968 zum hamb. Deichordnungsgesetz, NJW 1969, 309

63 Der rechtlich nicht gebotene Kompromiß ist in einem Stadtstaat wie Hamburg möglich, weil Staat und Gemeinde identisch sind. Im Landstaat wäre es undenkbar, den für die Aufhebung von Bebauungsplänen zuständigen Gemeinden eine Handhabe zu geben, die Durchführung eines Landesgesetzes zu verhindern

64 Unter Teil A Nr. 4 a der amtlichen Begründung zum HafenEG (vgl. FN 51) ist festgehalten worden, daß die Rechte der Bezirksversammlungen nach dem BezVG durch das HafenEG nicht berührt werden

– Da zur Zeit der Entscheidung zwei Hafenbetriebe am Rande des Hafenerweiterungsgebiets vorhanden waren, die bei einer Hafenerweiterung hätten enteignet werden müssen, wurde die Vorschrift des § 16 Abs. 3 HafenEG eingeführt, daß der grundsätzlich auf Grundstücke außerhalb des Hafengebiets beschränkte Ersatzlandanspruch ausnahmsweise innerhalb des Hafengebiets zu befriedigen ist, wenn der zu Enteignende zur Sicherung seiner Erwerbstätigkeit u. ä. auf Ersatzland im Hafengebiet angewiesen ist[65].

6 Von der Senatsvorlage bis zum Gesetzesbeschluß

6.1 Der Senatsbeschluß im allgemeinen

Der Senat hat die Gesetzesvorlage am 24. Februar 1981[66] beschlossen. Die wesentlichen streitigen gebietsmäßigen Entscheidungen sind oben[67] bereits dargestellt worden. Der Senat hat außerdem den Staatsrätevorschlag akzeptiert, die Regelung des § 14 BezVG nicht im Hafenentwicklungsgesetz zu wiederholen. Schließlich hat er den Vortrag der Behörde für Bezirksangelegenheiten, Naturschutz und Umweltgestaltung sowie der Wirtschaftsbehörde zur Kenntnis genommen, daß die nunmehr aus dem im Flächennutzungsplan 1973 ausgewiesenen Hafen entlassenen Flächen unter Beachtung bestehender Bebauungspläne durch eine Flächennutzungsplanänderung soweit wie möglich als Grünflächen ausgewiesen werden sollen.

6.2 Die Behandlung des westlichen Hafenerweiterungsgebiets

Seit Dezember 1979 wurde mit der Bezirksversammlung Harburg über die Hafenerweiterung im Moorburger Raum verhandelt. Am 2. April 1980 hatte Senator Steinert der Bevölkerung auf einer Versammlung die Pläne des Senats für den neuen Zuschnitt des Hafenerweiterungsgebiets erläutert. Der Gesetzentwurf und der Kompromiß, der im folgenden als abschließender Beschluß des Senats dargestellt ist, sind im Sonderausschuß der Bezirksversammlung Harburg von November 1980 bis Januar 1981 diskutiert worden. Das Ergebnis war, daß die Bezirksversammlung verlangte, Francop-Ost und Moorburg-West, das Gebiet westlich der Bundesautobahn A 7, einer Zone II mit beschränkter Veränderungssperre zuzuordnen und deren Umwandlung in die Zone I (unbeschränkte Veränderungssperre) von einem Gesetzesbeschluß abhängig zu machen.

Der Senat beschloß aber am 24. Februar 1981 für das westliche Hafenerweiterungsgebiet die unbeschränkte Veränderungsperre, um die Bevölkerung nicht darüber im unklaren zu lassen, daß das verkleinerte Hafenerweiterungsgebiet endgültig für die Hafenerweiterung herangezogen werde. (Deshalb hatte die Wirtschaftsbehörde es für die Zone I vorgesehen.) Andererseits räumte der Senat[68] den Einwohnern des westlichen Hafenerweiterungsgebiets die gleichen Räumungskonditionen ein, die für Moorburg-Mitte (das Hafenerweiterungsgebiet östlich der BAB A 7) vorgesehen wurden, um denjenigen die Umsiedlung zu erleichtern, die den Zustand der Ungewißheit beenden wollten. In der Senatsvorlage[69] teilte der Senat der Bürgerschaft seine Absicht mit, hafenrechtliche Planfeststellungsverfahren zunächst nur für das Hafenerweiterungsgebiet östlich der Bundesautobahn A 7 durchzuführen. Mit dem gleichzeitigen Beschluß, das bisherige Hafenerweiterungsgebiet in Neuland aufzugeben[70], entfiel nunmehr die in der Behördenvorlage vorgesehene Einteilung in die Zonen I und II des Hafenerweiterungsgebiets, so daß die Senatsvorlage an die Bürgerschaft kurzfristig umzuarbeiten war.

6.3 Abschluß der Gesetzgebung

6.3.1 Behandlung in der Bürgerschaft

Bei der Einbringung des Gesetzes in die Bürgerschaft betonte Senator Steinert am 25. März 1981, das Hafenentwicklungsgesetz sei für den Wirtschaftssenator das wichtigste Gesetz der Legislaturperiode[71]. U. a. erwähnte er, die Einführung der Planfeststellung für die Vorbereitung von Hafengelände und das Erfordernis von Hafen-

65 Die Wirtschaftsbehörde hatte vorgeschlagen, in diesem Fall die Option auf eine Anmietung im Hafengebiet und Geldentschädigung für einen verbleibenden Schaden vorzusehen. – Inzwischen ist der Anlaß für die fragliche Regelung fortgefallen und wird nach aller Voraussicht auch nicht wieder entstehen

66 Vgl. die Mitteilung des Senats an die Bürgerschaft (Senatsvorlage) vom 24. Februar 1981 wie FN 51

67 Vgl. oben nach FN 59

68 Die Einzelheiten stehen in der Mitteilung des Senats an die Bürgerschaft vom 20. Januar 1981 betr. Räumung von Moorburg und Francop-Ost, Bü-Drucks. 9/3077. Die besonderen Konditionen sind darin auch den Bewohnern einer Randzone von 200 m Breite um das Räumungsgebiet herum eingeräumt worden, damit sie der möglicherweise störenden Nachbarschaft des Hafengebiets ausweichen können

69 Mitteilung des Senats an die Bürgerschaft wie FN 51 unter Nr. 4.4 Buchst. i, S. 4

70 Vgl. oben nach FN 59

71 Protokoll der 71. Bürgerschaftssitzung der 9. Wahlperiode am 25. März 1981, S. 4218 f.

planungsverordnungen brächten als Neuerung die Beteiligung von Bürgern und Bezirksversammlungen an der Hafenplanung mit sich; in beiden Fällen erfolge eine öffentliche Auslegung, um Kritik und Anregungen zu ermöglichen. Die Senatsvorlage wurde an den Ausschuß für Hafen und Wirtschaft (federführend) und den Bauausschuß, die dann gemeinsam beraten haben, sowie an den Rechtsausschuß überwiesen. Die Ausschüsse erhielten die Rechtsgutachten[72]. Die Ausschüsse berieten vorweg über das Verfahren und die Gliederung ihrer Erörterungen und dann von Ende Oktober bis Anfang Dezember je zweimal über den sachlichen Inhalt des Entwurfs.

In den Doppelausschußberatungen[73] wurde die Befürchtung geäußert, die Definition der Hafenindustrie (§ 1 Abs. 4 HafenEG) könne zur traditionellen Gewerbeansiedlung benutzt werden. Dem wurde seitens des Senats mit juristischen und hafenpolitischen Argumenten wiedersprochen, insbesondere mit dem Hinweis des Senators, daß die Flächen im Hafen knapp und teuer seien. Dabei wurde auch unterstrichen, daß die Hafenerweiterungsflächen nach dem Gesetz nur noch etwa 1 200 ha betrügen, während sie nach dem Hafenentwicklungsplan von 1976 etwa 2 000 ha umfaßt hätten[74]. Die Opposition fragte nach den zeitlichen Perspektiven der Inanspruchnahme des östlichen Hafenentwicklungsgebiets und nach dem Umfang des Bestandsschutzes gegenüber Nutzungsbeschränkungen durch Hafenplanungsverordnungen. Man schloß sich den Empfehlungen des Rechtsausschusses an.

6.3.2 Beratung im Rechtsausschuß

Vor dem Rechtsausschuß erklärte der der Opposition angehörende Vorsitzende, bei der Senatsvorlage handele es sich um ein außergewöhnlich sorgfältig vorbereitetes Gesetz. Der Verfasser trug die Grundgedanken des Gesetzes vor[75]. Der Ausschuß empfahl auf Vorschlag der Senatsvertreter eine Präzisierung der Enteignungsentschädigungsbestimmung für das Hafennutzungsgebiet (§ 12 Abs. 1 HafenEG). Die Bestimmung soll für die Fälle gelten, daß die gesetzliche Festlegung für Hafenzwecke (§ 1 Abs. 3 HafenEG) oder die planerischen Festsetzungen einer Hafenplanungsverordnung für Nutzungszonen oder zur Nutzungsbeschränkung (§ 6 Abs. 1, § 7 HafenEG) enteignend in die zulässige Nutzung eines Grundstücks eingreifen, dessen Erschließung gesichert ist. (Andernfalls handelt es sich nicht um ein baureifes Grundstück.)

Hauptgegenstand der Beratungen im Rechtsausschuß war der Wunsch, die Bürgerschaft an der Planfeststellung für die Vorbereitung von Hafenerweiterungsgebiet (§ 14 HafenEG) und an der Überweisung von Teilen des Hafenerweiterungsgebiets in Nutzungszonen des Hafennutzungsgebiets (§ 5 Nr. 1 HafenEG) zu beteiligen. Der Ausschuß akzeptierte die Bedenken der Senatsvertreter, daß die Mitwirkung der Bürgerschaft am Planfeststellungsbeschluß eine verfassungsrechtlich unzulässige Vermischung von Aufgaben der Gesetzgebung und der Verwaltung wäre. Er zeigte auch Verständnis für den Hinweis, daß die gesetzliche Überweisung von Gelände in eine Nutzungszone auch die künftige Änderung der Nutzungszone von einem Gesetzgebungsakt abhängig mache und eine solche zeitliche Verzögerung künftiger Bauvorhaben gegen das aktuelle politische Gebot verstoße, investitionshemmende Vorschriften zu vermeiden.

Da der Rechtsausschuß die haushaltsrechtliche Mitwirkung der Bürgerschaft an den in Rede stehenden Vorbereitungs- und Hafenausbaumaßnahmen als unzureichend ansah, empfahl er nach einer Fühlungnahme mit dem Senat ein Ersuchen an den Senat, die Bürgerschaft jeweils vor den beiden fraglichen Planungsschritten zu unterrichten.

6.3.3 Beschluß und Verkündung

Die Bürgerschaft hat das Hafenentwicklungsgesetz am 20. Januar 1982 gemäß der Empfehlung der Ausschüsse in erster und zweiter Lesung einstimmig angenommen[76]. Der Senat hat das Gesetz am 25. Januar für die Veröffentlichung im Gesetzblatt ausgefertigt[77]. Das Gesetz ist nach Art. 54 HmbVerf mit dem auf die Ausgabe des Gesetzblattes (3. Februar 1982) folgenden Tag, also am 4. Februar 1982 in Kraft getreten.

Der letzte administrative Akt war die Zusammenstellung von Gesichtspunkten für eine Rede des Wirtschaftssenators, die nicht gehalten wurde (weil eine Aussprache in der Bürgerschaft entfiel), sondern die Form einer Erklärung vor der Presse annahm. Darin sagte Wirtschaftssenator Steinert[78]:

> „Wir brauchten eine langfristige und dauerhafte rechtliche Sicherung der Hafenentwicklung innerhalb festgelegter räumlicher Grenzen. Diese Sicherung haben wir nun."

---

72 Vgl. dazu oben Abschnitt 5.3
73 Vgl. den Gemeinsamen Bericht des Ausschusses für Hafen und Wirtschaft und des Bauausschusses über die Drucksache 9/3205: Hafenentwicklungsgesetz (Senatsvorlage) vom 6.1.1982, Bü-Drucks. 9/4086
74 Der Unterschied beruht darauf, daß das bisherige Hafenerweiterungsgebiet südlich und westlich von Finkenwerder und in Neuland aufgegeben worden ist
75 Vgl. die Wiedergabe im Bericht des Rechtsausschusses vom 1.12.1981, Bü-Drucks. 9/3961
76 Vgl. das Protokoll der 90. Bürgerschaftssitzung der 9. Wahlperiode am 20. Januar 1982, S. 5273
77 Vgl. FN 1
78 Veröffentlichung der Staatlichen Pressestelle Hamburg vom 29. Januar 1982

Hafenentwicklungsgesetz (HafenEG)

Vom 25. Januar 1982

Der Senat verkündet das nachstehende von der Bürgerschaft beschlossene Gesetz:

Inhaltsübersicht

I.

Allgemeine Bestimmungen

§ 1

Hafenentwicklung

(1) Dieses Gesetz regelt die Entwicklung des Hamburger Hafens als Universalhafen.

(2) Die Hafenentwicklung erfolgt durch Hafenerweiterung und Weiterentwicklung des vorhandenen Hafens im Rahmen der hamburgischen Raumordnung. Sie ist zur ständigen Anpassung an die wirtschaftlichen und technischen Erfordernisse notwendig, um

1. die Konkurrenzfähigkeit des Hamburger Hafens als internationaler Universalhafen aus wirtschafts- und arbeitsmarktpolitischen Gründen aufrechtzuerhalten,
2. dem Hafen aus strukturpolitischen Gründen ein festes Ladungsaufkommen zu sichern und
3. die aufwendige öffentliche Infrastruktur möglichst wirkungsvoll für Hafenzwecke zu nutzen.

(3) Das Hafengebiet ist für Hafenzwecke bestimmt und damit Gegenstand einer Sonderplanung im Sinne des § 5 Absatz 6 des Bundesbaugesetzes.

(4) Die Hafenzwecke des Hamburger Universalhafens umfassen den Hafenverkehr, den hafengebundenen Handel und die Hafenindustrie. Zur Hafenindustrie gehören

1. industrielle Unternehmen, für die es einen wirtschaftlich erheblichen Standortvorteil bedeutet, am Wasserweg zu liegen, sowie
2. Unternehmen, für die es nach dem Gegenstand ihrer Tätigkeit aus wirtschaftlichen Gründen geboten ist, mit Unternehmen im Sinne der Nummer 1 räumlich verbunden zu sein.

(5) Die Hafenentwicklung und die dafür erforderliche dauernde Bereitstellung für Hafenzwecke nutzbarer Flächen obliegen als öffentliche Aufgabe der Freien und Hansestadt Hamburg. Zur Erfüllung dieser Aufgabe soll sie das Eigentum an den Grundstücken des Hafengebiets erwerben und behält sie die ihr im Hafengebiet gehörenden Grundstücke in ihrem Eigentum.

§ 2

Gebietsbeschreibungen

(1) Das Hafengebiet gliedert sich in das bereits in Nutzung genommene oder für Hafennutzung vorbereitete Gebiet (Hafennutzungsgebiet) und das Hafenerweiterungsgebiet.

(2) Die Grenzen des Hafengebiets, des Hafennutzungsgebiets sowie des Hafenerweiterungsgebiets sind in dem Hafengebietsplan (Anlage 1) dargestellt. Die genauen Grenzen ergeben sich aus der Grenzbeschreibung (Anlage 2). Der Hafengebietsplan kann im Maßstab 1 : 1000 beim Staatsarchiv, bei der Behörde für Wirtschaft, Verkehr und Landwirtschaft, der Baubehörde sowie bei den Bezirksämtern Altona, Bergedorf, Hamburg-Mitte und Harburg kostenfrei eingesehen werden.

II.

Sicherung und Ordnung der Hafenentwicklung

§ 3

Zulässige Nutzungen im Hafenerweiterungsgebiet

(1) Im Hafenerweiterungsgebiet dürfen die Grundstücke nicht wesentlich verändert, insbesondere nicht bebaut werden. Ebenso dürfen weder bauliche Anlagen verändert noch Betriebe errichtet oder verändert werden. Soweit nicht neue Bauanlagen errichtet werden sollen, bleiben zulässig:

1. Maßnahmen zur Erhaltung bestehender Anlagen,
2. Maßnahmen, die sich im Rahmen einer bisher ausgeübten landwirtschaftlichen Bewirtschaftung halten.

(2) Ferner bleiben zulässig:

1. staatliche Maßnahmen zur Hafenerweiterung sowie zum Schutz, zur Pflege und zur Entwicklung von Natur und Landschaft,
2. Maßnahmen der Wasser- und Bodenverbände im Rahmen ihrer satzungsgemäßen Aufgaben, soweit sie nicht durch Maßnahmen der Hafenerweiterung entbehrlich werden, sowie Maßnahmen der Wasserwirtschaftsverwaltung und des öffentlichen Hochwasserschutzes.

(3) Der Senat wird ermächtigt, durch Rechtsverordnung für Teile des Hafenerweiterungsgebiets, die innerhalb von fünf Jahren nach Inkrafttreten der Verordnung umgestaltet werden sollen, jede Veränderung zu untersagen.

(4) Die zuständige Behörde kann für das Hafenerweiterungsgebiet Ausnahmen von den Verboten nach Absatz 1 und von den Verboten der auf Absatz 3 gestützten Rechtsverordnungen zulassen. War die Ausnahme befristet oder war der Widerruf vorbehalten worden, so sind nach Ablauf der Frist oder bei Widerruf Entschädigungsansprüche ausgeschlossen.

§ 4

Vorschriften über Hafenplanungsverordnungen

(1) Der Senat beschließt die in diesem Gesetz vorgesehenen Hafenplanungsverordnungen als Rechtsverordnungen. Bei ihrem Erlaß sind die öffentlichen und privaten Belange gegeneinander und untereinander abzuwägen.

(2) Die zuständige Behörde hat den Entwurf einer Hafenplanungsverordnung mit der Begründung auf die Dauer eines Monats öffentlich auszulegen. Ort und Zeit der Auslegung sind mindestens eine Woche vorher im Amtlichen Anzeiger bekanntzumachen. Dabei ist darauf hinzuweisen, daß Bedenken und Anregungen während der Auslegungsfrist bei einer zu bezeichnenden Stelle vorgebracht werden können.

(3) Die zuständige Behörde legt dem Senat den Entwurf der Hafenplanungsverordnung mit einer Stellungnahme zu den nicht berücksichtigten Bedenken und Anregungen vor.

(4) Nach der Beschlußfassung durch den Senat teilt die zuständige Behörde den Einwendenden das Ergebnis der Prüfung der fristgemäß vorgebrachten Bedenken und Anregungen mit, soweit diese nicht berücksichtigt worden sind. Haben mehr als einhundert Personen Bedenken und Anregungen vorgebracht, so kann die Mitteilung des Ergebnisses der Prüfung dadurch ersetzt werden, daß diesen Personen die Einsicht in das Ergebnis ermöglicht wird. Im Amtlichen Anzeiger ist bekanntzumachen, bei welcher Stelle das Ergebnis der Prüfung während der Dienststunden eingesehen werden kann.

§ 5

Änderung der planungsrechtlichen Ausweisung

Der Senat wird ermächtigt, durch Hafenplanungsverordnung

1. Flächen nach Abschluß der Vorbereitungsmaßnahmen aus dem Hafenerweiterungsgebiet herauszunehmen und gemäß § 6 Absatz 1 als Nutzungszonen des Hafennutzungsgebiets auszuweisen;

2. die Grenzen des Hafennutzungsgebiets oder des Hafenerweiterungsgebiets unwesentlich zu ändern, wenn Rechte anderer dadurch nicht beeinträchtigt werden.

§ 6

Zulässige Nutzungen im Hafennutzungsgebiet

(1) Im Hafennutzungsgebiet werden durch Hafenplanungsverordnung folgende Nutzungszonen ausgewiesen:

1. Hafenzwecke;
2. Hafenzwecke mit Ausnahme erheblich belästigender Gewerbebetriebe; zulässig sind alle Nutzungen für Hafenzwecke, soweit sie für die Umgebung keine erheblichen Nachteile oder Belästigungen zur Folge haben können;
3. Besondere Anlagen für Hafenzwecke.

(2) Auch soweit damit keine Hafenzwecke verfolgt werden, können Flächen des Hafennutzungsgebiets für den Verkehr und Hochwasserschutz, für die Ver- und Entsorgung, zum Schutz vor schädlichen Umwelteinwirkungen sowie für Naturschutz und Landschaftspflege genutzt werden. Für Wassersportanlagen kann die zuständige Behörde Ausnahmen zulassen.

(3) Im Hafennutzungsgebiet darf die Nutzung oder Bebauung der Grundstücke nur dann wesentlich verändert oder erweitert werden, wenn die Maßnahmen

1. weder den Regelungen des § 1 noch den Festsetzungen einer Hafenplanungsverordnung widersprechen oder
2. durch Absatz 2 gedeckt sind.

Die zuständige Behörde darf Ausnahmen zulassen, wenn es im öffentlichen Interesse oder zur Vermeidung einer offenbar nicht beabsichtigten Härte erforderlich ist.

(4) Das Verbot des Absatzes 3 gilt nicht für Maßnahmen, die der Fortführung einer bisher ausgeübten Nutzung dienen. Hafenplanungsverordnungen nach § 7 sind aber auch in diesem Fall anzuwenden.

§ 7

Nutzungsbeschränkungen durch Hafenplanungsverordnungen

(1) Der Senat wird ermächtigt, durch Hafenplanungsverordnung für Teile des Hafennutzungsgebiets

1. im Rahmen des § 1 und des § 6 Absätze 1 und 2 Festsetzungen zur Freihaltung von Flächen vorzunehmen, insbesondere für die Infrastruktur oder den Hochwasserschutz;
2. Nutzungsbeschränkungen festzusetzen, soweit es erforderlich ist, insbesondere zur Rücksichtnahme auf die planerische Ausweisung außerhalb des Hafengebiets und um Radarsektoren offenzuhalten.

(2) Im Rahmen der Nutzungsbeschränkungen nach Absatz 1 Nummer 2 können festgesetzt werden

1. das Maß der baulichen Nutzung im Sinne des Zweiten und Dritten Abschnitts der Baunutzungsverordnung in der Fassung vom 15. September 1977 (Bundesgesetzblatt I Seite 1764);
2. die Gebiete, in denen bestimmte Emissionsgrenzwerte nicht überschritten werden dürfen;
3. die von der Bebauung freizuhaltenden Schutzflächen und ihre Nutzung, die Flächen für besondere Anlagen und Vorkehrungen zum Schutz vor schädlichen Umwelteinwirkungen sowie die zum Schutz vor solchen Einwirkungen oder zur Vermeidung oder Minderung solcher Einwirkungen zu treffenden Vorkehrungen;
4. Maßnahmen zum Schutz, zur Pflege und zur Entwicklung von Natur und Landschaft.

§ 8

Veränderungssperre

(1) Wenn eine Hafenplanungsverordnung nach § 6 Absatz 1 oder § 7 Absatz 1 Nummern 1 oder 2 erlassen werden soll, kann der Senat zur Sicherung der Planung für den künftigen Planbereich durch Rechtsverordnung eine Veränderungssperre mit dem Inhalt beschließen, daß

1. erhebliche oder wesentlich wertsteigernde Veränderungen der Grundstücke nicht vorgenommen werden dürfen;
2. nicht genehmigungsbedürftige, aber wertsteigernde bauliche Anlagen nicht errichtet oder wertsteigernde Änderungen solcher Anlagen nicht vorgenommen werden dürfen;
3. genehmigungsbedürftige bauliche Anlagen nicht errichtet, geändert oder beseitigt werden dürfen.

(2) Wenn Belange der Hafenentwicklung und andere öffentliche Belange nicht entgegenstehen, kann die zuständige Behörde Ausnahmen von der Veränderungssperre zulassen. War die Ausnahme befristet oder war der Widerruf vorbehalten worden, so sind nach Ablauf der Frist oder bei Widerruf Entschädigungsansprüche ausgeschlossen.

(3) Unterhaltungsarbeiten und die Fortführung einer bisher ausgeübten Nutzung werden von der Veränderungssperre nicht berührt.

§ 9

Geltungsdauer der Veränderungssperre

(1) Die Veränderungssperre tritt nach Ablauf von zwei Jahren außer Kraft. Der Senat kann die Frist um ein Jahr verlängern. Wenn besondere Umstände es erfordern, kann er die Frist bis zu einem weiteren Jahr nochmals verlängern.

(2) Ist die Veränderungssperre außer Kraft getreten, so kann sie der Senat, soweit die Voraussetzungen für ihren Erlaß fortbestehen, erneut beschließen.

(3) Die Veränderungssperre ist vor Fristablauf ganz oder teilweise außer Kraft zu setzen, sobald die Voraussetzungen für ihren Erlaß weggefallen sind. Sie tritt in jedem Fall mit dem Inkrafttreten einer Hafenplanungsverordnung nach §§ 6 oder 7 außer Kraft.

§ 10

Duldungspflicht

Soweit eine Duldungspflicht nicht bereits nach anderen Vorschriften besteht, haben Eigentümer von Grundstücken im Hafenerweiterungsgebiet Einwirkungen auf ihre Grundstücke, die sich aus rechtmäßigen Maßnahmen der Hafenentwicklung oder aus rechtmäßigen Nutzungen des Hafengebiets ergeben, zu dulden. Dies gilt sinngemäß für Nutzungsberechtigte.

§ 11

Übernahme und Ablösung

(1) Auf Verlangen des Eigentümers ist die Freie und Hansestadt Hamburg verpflichtet, Grundstücke im Hafenerweiterungsgebiet gegen Entschädigung zu übernehmen, wenn und soweit

1. anzunehmen ist, daß das Grundstück ohne die Beschränkungen, die dieses Gesetz oder die auf dieses Gesetz gestützten Rechtsverordnungen enthalten, zulässigerweise neu oder anderweitig bebaut werden würde;
2. es dem Eigentümer infolge einer Duldungspflicht gemäß § 10 oder infolge der Beschränkungen, die dieses Gesetz oder die auf dieses Gesetz gestützten Rechtsverordnungen enthalten, wirtschaftlich nicht mehr zuzumuten ist, das Grundstück zu behalten oder wie bisher zu nutzen.

(2) Ist die Freie und Hansestadt Hamburg zur Übernahme nicht bereit oder kommt eine Einigung über die Entschädigung nicht zustande, so kann der Eigentümer die Entziehung des Eigentums bei der Enteignungsbehörde beantragen.

(3) Für die Übernahme und für die Entschädigung gelten die §§ 15 und 16 entsprechend. Hat der Eigentümer die Übernahme verlangt und die Freie und Hansestadt Hamburg daraufhin ein Angebot auf Übernahme zu angemessenen Bedingungen gemacht, so bleiben Werterhöhungen, die nach dem Angebot eingetreten sind, bei der Bemessung der Entschädigung außer Betracht; dies gilt nicht für Werterhöhungen, die der Eigentümer in zulässiger Weise durch Aufwendung von Vermögen oder Arbeit herbeigeführt hat.

(4) Nutzungsberechtigte können unter den Voraussetzungen des Absatzes 1 die Ablösung ihrer Rechte verlangen. Die Absätze 2 und 3 gelten entsprechend. An die Stelle der Entschädigung tritt der Ablösungsbetrag.

§ 12

Entschädigung in Geld

(1) Wird im Hafennutzungsgebiet die zulässige Nutzung eines Grundstücks, dessen Erschließung gesichert ist, durch § 1 Absatz 3 oder durch eine auf § 6 Absatz 1 oder § 7 gestützte Hafenplanungsverordnung aufgehoben oder geändert und stellt dies eine Enteignung dar, so kann der Betroffene für die eingetretenen Vermögensnachteile von der Freien und Hansestadt Hamburg angemessene Entschädigung in Geld verlangen.

(2) Die Entschädigung nach Absatz 1 kann auch für Vermögensnachteile verlangt werden, die dadurch entstehen, daß eine Veränderungssperre nach den §§ 8 und 9 länger als vier Jahre dauert.

(3) Die für die Enteignung geltenden Entschädigungsvorschriften des § 15 gelten sinngemäß. Die Entschädigung ist ab Eingang des Entschädigungsantrags bei der zuständigen Behörde mit 2 vom Hundert über dem Diskontsatz der Deutschen Bundesbank jährlich zu verzinsen. Der Anspruch erlischt, wenn der Entschädigungsberechtigte die Leistung der Entschädigung nicht innerhalb von drei Jahren nach Ablauf des Kalenderjahres, in dem der Vermögensnachteil eingetreten ist, schriftlich beantragt.

(4) Kommt eine Einigung über die Entschädigung nicht zustande, entscheidet die zuständige Behörde.

(5) Abweichend von Absatz 1 kann der Eigentümer nur die Übernahme des Grundstücks und der Nutzungsberechtigte nur die Ablösung seines Rechts nach Maßgabe des § 11 verlangen, soweit

1. das Grundstück durch eine Hafenplanungsverordnung nach § 7 Absatz 1 Nummer 1 für öffentliche Zwecke freigehalten wird;
2. das Grundstück im Falle des Absatzes 2 nach dem Stand der Planungen durch eine Hafenplanungsverordnung nach § 7 Absatz 1 Nummer 1 für öffentliche Zwecke freigehalten werden soll.

§ 13

Vorkaufsrecht

(1) Der Freien und Hansestadt Hamburg steht an allen Flächen im Hafengebiet ein gesetzliches Vorkaufsrecht zu. Es hat den Rang vor allen anderen Vorkaufsrechten und bedarf nicht der Eintragung in das Grundbuch. § 24 Absätze 4 und 5 des Bundesbaugesetzes gelten sinngemäß.

(2) Übersteigt der vereinbarte Kaufpreis die im Falle einer Enteignung des Grundstücks zu zahlende Entschädigung, so ist die Freie und Hansestadt Hamburg berechtigt, bei der Ausübung des Vorkaufsrechts den von ihr zu zahlenden Betrag auf den Entschädigungswert herabzusetzen. Die Vertragsparteien sind hierzu vor der Ausübung des Vorkaufsrechts zu hören. Auf Verlangen einer der Vertragsparteien hat die Freie und Hansestadt Hamburg ein Gutachten des Gutachterausschusses für Grundstückswerte einzuholen. Durch das Verlangen wird die Frist für die Ausübung des Vorkaufsrechts bis zum Eingang des Gutachtens unterbrochen; das gilt entsprechend, wenn die Freie und Hansestadt Hamburg von sich aus ein Gutachten des Gutachterausschusses einholt und dies den Parteien vor Ablauf der Frist mitteilt.

(3) Der Verkäufer ist berechtigt, bis zum Ablauf eines Monats nach Unanfechtbarkeit des Bescheids über die Herabsetzung des Kaufpreises (Absatz 2) vom Vertrag zurückzutreten. Das Rücktrittsrecht ist ausgeschlossen, soweit

1. das veräußerte Grundstück im Geltungsbereich eines Planes nach § 14 liegt oder
2. die Enteignung des Grundstücks nach den Festsetzungen eines Enteignungsplanes oder eines Planes nach anderen gesetzlichen Vorschriften zulässig wäre.

Besteht das Rücktrittsrecht nur für einen Teil des Grundstücks, so kann in dem Bescheid nach Absatz 2 der Entschädigungswert für den anderen Teil gesondert festgesetzt werden.

(4) Der Rücktritt (Absatz 3) ist sowohl gegenüber dem Käufer als auch gegenüber der Freien und Hansestadt Hamburg zu erklären. Im übrigen gelten die §§ 346 bis 348, 350 bis 354 und 356 des Bürgerlichen Gesetzbuchs entsprechend. Im Falle des Rücktritts trägt die Freie und Hansestadt Hamburg die Kosten des Vertrags auf der Grundlage des festgesetzten Entschädigungswerts.

(5) Das Eigentum an dem Grundstück geht auf die Freie und Hansestadt Hamburg über, wenn der Bescheid über die Ausübung des Vorkaufsrechts unanfechtbar geworden ist oder ein Urteil nach § 20 Absatz 1 Satz 2 rechtskräftig festgestellt hat, daß das Vorkaufsrecht ausgeübt werden durfte, und wenn der Übergang des Eigentums in das Grundbuch eingetragen worden ist. Die Eintragung in das Grundbuch erfolgt auf Ersuchen der zuständigen Behörde.

(6) Wer ein vertragliches Recht zum Erwerb des Grundstücks hatte, bevor das Vorkaufsrecht der Freien und Hansestadt Hamburg nach diesem Gesetz oder anderen gesetzlichen Vorschriften, insbesondere nach dem Hafenerweiterungsgesetz vom 30. Oktober 1961 mit den Änderungen vom 10. Dezember 1963 und 21. Januar 1974 (Hamburgisches Gesetz- und Verordnungsblatt 1961 Seite 339, 1963 Seite 229, 1974 Seite 12), begründet worden ist, kann für die ihm durch die Ausübung des Vorkaufsrechts entstandenen Vermögensnachteile von der Freien und Hansestadt Hamburg Entschädigung verlangen. Kommt eine Einigung über die Höhe der Entschädigung nicht zustande, entscheidet die zuständige Behörde.

III.

Planfeststellung und Enteignung

§ 14

Planfeststellung für Vorbereitungsmaßnahmen

(1) Soweit Teile des Hafenerweiterungsgebiets zur vorbereitenden Herrichtung für Hafenzwecke (Aufhöhung und Bodengewinnung) in Anspruch genommen werden sollen, legt die zuständige Behörde die Grenzen dieses Gebiets durch Planfeststellungsbeschluß fest.

(2) Der Plan darf nur festgestellt werden, wenn die Vorbereitungsmaßnahmen im Rahmen einer umfassenden Planung der Entwicklung des Hafens

1. nach Art und Umfang des zu erwartenden hafenwirtschaftlichen Flächenbedarfs und
2. im Hinblick auf die Lage des Planungsgebiets

zum geplanten Zeitpunkt und am geplanten Ort zum Wohle der Allgemeinheit geboten sind.

(3) Bei der Planfeststellung sind die von den Vorbereitungsmaßnahmen berührten öffentlichen und privaten Belange gegeneinander und untereinander abzuwägen. In die Abwägung sind die Grundzüge der Planung für die endgültige Nutzung des Plangebiets und die durch diese Planung betroffenen Belange einzubeziehen.

(4) In die Grundzüge der Planung für die endgültige Nutzung des Plangebiets darf Gelände für Hafenindustrie im Sinne des § 1 Absatz 4 Satz 2 nur einbezogen werden, wenn damit einer der Zwecke des § 1 Absatz 2 Satz 2 Nummern 1 bis 3 verfolgt wird.

(5) Bei Vorbereitungsmaßnahmen von unwesentlicher Bedeutung kann von der Planfeststellung abgesehen werden.

(6) Vorbereitungsmaßnahmen können ohne vorherige Durchführung eines Planfeststellungsverfahrens genehmigt werden, wenn mit Einwendungen nicht zu rechnen ist. Absätze 1 und 2 gelten entsprechend. In dem Verfahren sind dem Träger des Vorhabens Auflagen zu machen, die im öffentlichen Interesse oder zur Vermeidung nachteiliger Wirkungen auf Rechte anderer erforderlich sind, sowie der Ausgleich von Schäden anzuordnen.

(7) Wird mit der Durchführung des Planes nicht innerhalb von fünf Jahren nach dem Zeitpunkt begonnen, in dem das für seine Durchführung benötigte Gelände zur Verfügung steht, so tritt er außer Kraft.

§ 15

Enteignung

Für die Enteignung gelten im Hafengebiet die Bestimmungen des Hamburgischen Enteignungsgesetzes in der Fassung vom 11. November 1980 (Hamburgisches Gesetz- und Verordnungsblatt Seite 305) in seiner jeweiligen Fassung mit folgenden Abweichungen:

1. Eines Enteignungsplanes (§ 6 des Hamburgischen Enteignungsgesetzes) bedarf es nicht, wenn dem Vorhaben ein Plan nach § 14 oder nach anderen gesetzlichen Vorschriften zugrunde liegt. Das Enteignungsverfahren kann erst eingeleitet werden, wenn der den Enteignungsplan ersetzende Plan vollziehbar ist; dieser Plan ist dem Enteignungsverfahren als bindend zugrunde zu legen.
2. Zur Durchführung eines Planes nach § 14 ist die Entziehung des Eigentums an den Grundstücken des Planungsgebiets zugunsten der Freien und Hansestadt Hamburg zulässig. Die Enteignung setzt voraus, daß sich die Freie und Hansestadt Hamburg um den freihändigen Erwerb des zu enteignenden Grundstücks zu angemessenen Bedingungen vergeblich bemüht hat. Weitere Voraussetzungen, insbesondere nach anderen Gesetzen vorgeschriebene Planfeststellungen für die endgültige Herrichtung von Gelände für Hafenzwecke, sind nicht erforderlich.
3. Bei der Enteignung von Grundstücken des Hafenerweiterungsgebiets ist eine Verwendungsfrist nicht festzusetzen.
4. Bei der Bemessung der Entschädigung für Grundstücke im Hafenerweiterungsgebiet bleiben auch außer Betracht:
   a) Wertänderungen, die infolge der Hafenerweiterung nach Inkrafttreten dieses Gesetzes — für die vom Hafenerweiterungsgesetz vom 30. Oktober 1961 erfaßten Grundstücke nach dessen Inkrafttreten — eingetreten sind;
   b) wertsteigernde Veränderungen, die unter Verstoß gegen § 3 dieses Gesetzes oder eine auf Grund dieser Vorschrift erlassenen Rechtsverordnung vorgenommen worden sind.
5. Entschädigung in Land kann nur nach Maßgabe des § !6 beantragt werden.
6. Für Grundstücke des Hafenerweiterungsgebiets, die nach den Bestimmungen dieses Gesetzes enteignet werden, kann die Rückübereignung nur nach Maßgabe des § 17 gefordert werden.

§ 16

Entschädigung in Land

(1) Die Entschädigung ist auf Antrag des Eigentümers anstatt in Geld in geeignetem Ersatzland festzusetzen, wenn

1. a) er zur Sicherung seiner Berufs- oder Erwerbstätigkeit oder zur Erfüllung der ihm wesensgemäß obliegenden Aufgaben auf Ersatzland angewiesen ist oder
   b) das Grundstück mit einem Eigenheim oder einer Kleinsiedlung bebaut ist, der Eigentümer dort wohnt und
2. die Freie und Hansestadt Hamburg außerhalb des Hafengebiets
   a) über als Ersatzland geeignete Grundstücke verfügt, die nicht zur Erfüllung der ihr obliegenden Aufgaben benötigt werden, oder
   b) geeignetes Ersatzland freihändig zu angemessenen Bedingungen beschaffen kann.

(2) Ist die Entschädigung für ein landwirtschaftlich genutztes Grundstück nach einem höheren als dem innerlandwirtschaftlichen Verkehrswert zu bemessen, so gilt Absatz 1 nur, wenn die Entschädigung in Land bei gerechter Abwägung der Interessen der Allgemeinheit und des Betroffenen dennoch geboten ist. Dabei sind die begrenzten Möglichkeiten der Freien und Hansestadt Hamburg, geeignetes Ersatzland zu stellen, zu berücksichtigen, insbesondere auch im Hinblick auf den Landbedarf der Stadt zur Erfüllung ihrer sonstigen Aufgaben.

(3) Die Beschränkung des Ersatzlandanspruchs nach Absatz 1 Nummer 2 auf Grundstücke außerhalb des Hafengebiets entfällt, wenn der Eigentümer zur Sicherung seiner Berufs- oder Erwerbstätigkeit oder zur Erfüllung der ihm wesensgemäß obliegenden Aufgaben auf Ersatzland im Hafengebiet angewiesen ist.

(4) Im übrigen bleibt es bei den Bestimmungen des Hamburgischen Enteignungsgesetzes mit Ausnahme der in § 5 Absatz 2 dieser Bestimmungen für anwendbar erklärten § 100 Absatz 1, Absatz 3 Satz 1 und Absatz 4 sowie § 101 des Bundesbaugesetzes.

§ 17

Rückerwerbsrecht für enteignete Grundstücke im Hafenerweiterungsgebiet

(1) Soweit das Eigentum an Grundstücken des Hafenerweiterungsgebiets durch Enteignung entzogen worden ist, kann der frühere Eigentümer die Rückübereignung verlangen, wenn

1. die Vorbereitungsmaßnahmen fünf Jahre nach dem Zeitpunkt, in dem das für die Durchführung des Planes nach § 14 benötigte Gelände zur Verfügung steht, oder
2. die Maßnahmen zur endgültigen Herrichtung des Geländes für Hafenzwecke zehn Jahre nach dem Zeitpunkt, in dem es der Freien und Hansestadt Hamburg nach Abschluß der Vorbereitungsmaßnahmen zur Verfügung steht,

noch nicht begonnen worden sind.

(2) Die Rückübereignung kann auch dann verlangt werden, wenn die Freie und Hansestadt Hamburg die Absicht aufgegeben hat, das Grundstück für Hafenzwecke herzurichten.

(3) Im übrigen bleibt es bei den Bestimmungen des Hamburgischen Enteignungsgesetzes mit Ausnahme des in § 5 Absatz 2 dieser Bestimmungen für anwendbar erklärten § 102 Absatz 1 Nummer 1 des Bundesbaugesetzes.

IV.

Schlußvorschriften

§ 18

Vorarbeiten auf Grundstücken

(1) Beauftragte der zuständigen Behörden sind befugt, im Hafengebiet Grundstücke zu betreten, um Vermessungen, Untergrunduntersuchungen und Wertschätzungen vorzunehmen. Die Absicht, solche Arbeiten auszuführen, ist den Verfügungsberechtigten vorher mitzuteilen. Wohnungen dürfen nur mit Zustimmung des Wohnungsinhabers betreten werden.

(2) Entstehen durch Maßnahmen nach Absatz 1 dem Eigentümer oder Besitzer eines Grundstücks unmittelbare Vermögensnachteile, so sind sie angemessen in Geld zu entschädigen. Kommt eine Einigung über die Entschädigung nicht zustande, so entscheidet die zuständige Behörde.

§ 19

Verhältnis zu anderen Vorschriften

(1) Bundes- und Landesgesetze, in denen Planfeststellungen geregelt sind, bleiben von den Vorschriften dieses Gesetzes unberührt.

(2) Soweit in diesem Gesetz Bestimmungen des Bundesbaugesetzes für anwendbar erklärt werden, ist die Fassung vom 18. August 1976 mit den Änderungen vom 3. Dezember 1976 und 6. Juli 1979 (Bundesgesetzblatt I 1976 Seiten 2257, 3281, 3617, 1979 Seite 949) maßgebend.

(3) Das Veränderungsverbot nach der Verordnung zur Durchführung des Hafenerweiterungsgesetzes vom 9. Juli 1974 (Hamburgisches Gesetz- und Verordnungsblatt Seite 237) gilt weiter, bis die Vorbereitungsmaßnahmen (§ 14 dieses Gesetzes) im betroffenen Gebiet abgeschlossen sind. Der Senat bleibt ermächtigt, die Verordnung aufzuheben.

§ 20

Verfahren vor den Gerichten

(1) Für die Anfechtung von Entscheidungen nach § 12 Absatz 4, § 13 Absätze 2 und 6 sowie nach § 18 Absatz 2 gilt § 9 des Hamburgischen Enteignungsgesetzes in seiner jeweiligen Fassung entsprechend. In den Fällen des § 13 Absatz 2, in denen kein Rücktrittsrecht nach § 13 Absatz 3 besteht, hat das Gericht auf Antrag eines der Beteiligten vorab über die Wirksamkeit der Ausübung des Vorkaufsrechts zu entscheiden.

(2) Für die Einhaltung des Abwägungsgebots bei der Aufstellung von Hafenplanungsverordnungen (§ 4 Absatz 1) oder Plänen für Vorbereitungsmaßnahmen (§ 14 Absätze 2 und 3) ist maßgebend, ob die Abwägung sachgerecht ist. Verletzungen von Verfahrens- oder Formvorschriften oder Mängel im Abwägungsvorgang sind nur beachtlich, wenn sie offensichtlich sind und das Abwägungsergebnis beeinflußt haben.

§ 21[79]

Grunderwerbsteuerbefreiung

Rechtsvorgänge, die der Durchführung dieses Gesetzes dienen und an denen die Freie und Hansestadt Hamburg beteiligt ist, sind von der Besteuerung nach § 1 des Grunderwerbsteuergesetzes in der Fassung vom 26. April 1966 (Sammlung des bereinigten hamburgischen Landesrechts II 61 – 1) ausgenommen. Der Erwerber, der die Grunderwerbsteuerbefreiung in Anspruch nimmt, hat dem Finanzamt eine schriftliche Bestätigung der zuständigen Behörde darüber vorzulegen, daß die Voraussetzungen für eine Steuerbefreiung nach Satz 1 vorliegen.

§ 22

Übergangsvorschrift

Bebauungspläne gelten im Hafengebiet weiter, bis sie im Verfahren nach dem Bundesbaugesetz aufgehoben werden.

§ 23

Aufhebung des Hafenerweiterungsgesetzes

Mit dem Inkrafttreten dieses Gesetzes tritt das Hafenerweiterungsgesetz vom 30. Oktober 1961 mit den Änderungen vom 10. Dezember 1963 und 21. Januar 1974 (Hamburgisches Gesetz- und Verordnungsblatt 1961 Seite 339, 1963 Seite 229, 1974 Seite 12) außer Kraft.

Ausgefertigt Hamburg, den 25. Januar 1982.

Der Senat

79 § 21 ist durch § 25 Abs. 5 Nr. 10 des Grunderwerbsteuergesetzes vom 17. Dezember 1982 (BGBl. I 1982 S. 1777) aufgehoben worden

Die logistischen Anforderungen des Überseecontainerverkehrs und ihre Lösungen*

Technischer Direktor Dipl.-Ing. **Horst Hebeler**, Hamburg

1 Einführung

Die Logistik im Bereich der Warenlagerung und des Transportes der Waren hat im innerdeutschen Verkehr in den letzten Jahren eine zunehmende Bedeutung erhalten, um die Kosten der Materiallagerung und der Verteilung der Waren weiter zu reduzieren. Im internationalen Verkehr haben sich durch die Einführung des Containersystems zusätzliche Möglichkeiten der Verfeinerung der logistischen Systeme dadurch ergeben, daß der Container durch die international durchgeführte Standardisierung es ermöglicht, kostengünstig sowohl in Schiffen der verschiedensten Größen als auch auf Waggons und Lkws befördert zu werden. Hierbei sind die Umschlagskosten der genormten Einheiten pro Tonne weit niedriger als die Kosten, die bei manuellem Umladen der Waren von einem Transportmittel auf das andere in früheren Zeiten entstanden sind.

Innerhalb der internationalen Transportketten bilden die zu Konsortien zusammengeschlossenen Reedereigruppen mit ihren Großcontainerschiffen die die Kontinente verbindenden Glieder. Die Häfen mit ihren hochmodernen Containerterminals bilden die Knotenpunkte, von denen aus sich die Transportströme ins Binnenland hin verzweigen und mit dem jeweils günstigeren kleineren Transportmittel die Endverbraucher kostengünstig und schnell versorgt werden. Durch intensive Anstrengungen ist es gelungen, daß sich Hamburg unter den 10 größten Containerhäfen behaupten konnte und auch Bremen/Bremerhaven in der Rangfolge dicht aufliegt. Allein in den drei großen deutschen Containerterminals werden täglich zwischen 6000 und 16 000 Containereinheiten von

Abb. 1. Containerterminal Wilhelm Kaisen in Bremerhaven, 3,2 km Kailänge. – 18 Containerbrücken, 60 Van Carrier und diverse Terminalzugmaschinen arbeiten auf 160 ha befestigter Fläche mit 2 zentralen Gleisanlagen

* Nach einem bei der 42. Hauptversammlung der Hafenbautechnischen Gesellschaft e.V. am 30. 9. 1983 in Kiel gehaltenen Vortrag

Abb. 2. 4 Containerbrücken bearbeiten ein Schiff gleichzeitig und erreichen eine Umschlagsleistung von über 100 Container/h

Abb. 3. Container-Blockzug verläßt den Hamburger Eurokai-Terminal in Richtung Dänemark

20 Fuß Größe (TEU) zwischengelagert auf Terminalarealen, die zwischen 350 000 m² und 1,6 Mio. m² Größe variieren. Die tägliche Umschlagsleistung der Terminals beträgt mehrere tausend Container, wobei alleine an den großen Containerschiffen der dritten Generation Umschlagsleistungen von über 1000 Container pro 24 Stunden die Regel sind. Während auf der Schiffseite sich Spitzenbelastungen durch das gleichzeitige Abfertigen mehrerer Schiffe nicht vermeiden lassen, da von den Reedereien Wartezeiten wegen der hohen Tageskosten der teuren Schiffe nicht akzeptiert würden, ergibt sich bei der landseitigen Anlieferung und Abholung der Container ein weit gleichmäßigerer Ladungsfluß. So werden aus jedem der vorgenannten deutschen Seehäfen durchschnittlich 10 Regelzüge täglich mit Containern ins Binnenland gefahren bzw. aus dem Binnenlande kommend entladen. Hinzu kommen eine Vielzahl von Lkw-Unternehmen, die sich mit ihren Fahrzeugen auf die Abholung und Anlieferung derjenigen Container spezialisiert haben, die in den mit einem Radius von ca. 200 km um die Häfen befindlichen Ballungsräumen benötigt werden.

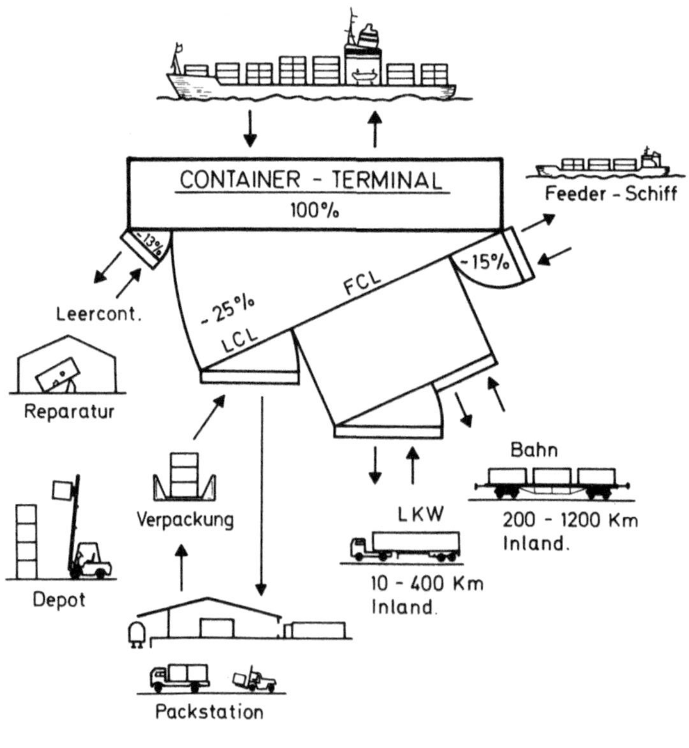

Abb. 4. Containerfluß am Beispiel eines Container-Terminals

2 Notwendigkeit des Datenaustausches

Wie aus den kurzen einführenden Darstellungen zu entnehmen ist, haben die Einführung des Containers und die Entwicklung zu Schiffen der dritten Generation mit über 3000 TEU Stellplatzkapazität zu erheblichen Konzentrationen geführt, mit den hieraus resultierenden großen Mengen, die in kürzester Zeit hantiert werden müssen. Zur Bewältigung dieser Probleme wurden bereits vor 10 Jahren von den Reedereien, den Terminals und den großen Binnenverkehrsträgern gesonderte EDV-Anlagen beschafft, programmiert und für die Lösung ihrer jeweiligen Teilprobleme eingesetzt. Leider wurde es versäumt, in der Anfangsphase des Containerverkehrs, als Container und Fahrzeuge aufeinander abgestimmt und standardisiert wurden, auch die zur rechtzeitigen Information notwendigen Transportdatensätze ebenfalls zu standardisieren. Erfreulicherweise sind in dem Ausschuß der Hafenbautechnischen Gesellschaft für betriebliche Systeme im Hafenumschlag die großen deutschen Containerterminals tatkräftig vertreten und konnten in den vergangenen 10 Jahren durch intensive Verhandlungen mit den übrigen Verkehrsträgern Informationssysteme aufbauen, die unter Nutzung der Möglichkeiten der EDV in der Lage sind, den effektiv sehr schnellen Containertransporten noch vorzueilen und so zur Vorbereitung der nachfolgenden Umschlags- und Weitertransportarbeiten zu dienen.

3 Anforderungen an Container-Terminals
– Verteilerlager, Sammelladungen, seemäßige Verpackung, Feederdienste, Leercontainer, Reparaturbetrieb –

Ehe jedoch auf diese Lösungen der logistischen Probleme näher eingegangen wird, ist auf einige Besonderheiten hinzuweisen, die speziell die deutschen Containerumschlagsterminals auszeichnen. Neben dem vorbeschriebenen Umschlag von sogenannten FCL-Containern, d. h. Full Container Loads, also direkt vom Schiff bis zum Endempfänger durchlaufenden Containern haben die deutschen Seehäfen ihre traditionelle Funktion als Zwischenlagerplatz für die Ware auch im Containerverkehr weitgehend erhalten können. So werden auch heute noch etwa 15 bis 30% der im Seeschiffstransport containerisierten Ladung in den Seehäfen ausgepackt und in den Schuppen zwischengelagert. Somit werden die Seehafenläger als direkte Verteilerläger der Importeure genutzt, wobei die Auslieferung in vielen Kleinpartien erfolgt, die direkt zum Endverbraucher befördert werden.

Umgekehrt werden auf den Terminals aus einer Vielzahl von zu exportierenden Kleinsendungen wiederum komplette Containerladungen zusammengestellt, um einmal im Überseeverkehr den Rationalisierungsvorteil der Containerisierung zu erreichen und nach Möglichkeit bei relationsweiser Zusammenstellung auch am anderen Ende der Seereise z. B. einem Kunden wieder direkt zugestellt zu werden.

Eine weitere wesentliche Funktion für die deutsche Maschinenbau- und Fahrzeugindustrie haben die Containerterminals dadurch übernommen, daß sie Maschinenbauteile und Fahrzeuge, deren Abmessungen größer sind als die der genormten Container, seemäßig verpacken und auf Transportplattformen (Flats) so befestigen, daß die Ladungen trotzdem mit den genormten Containerumschlagsgeräten schnell und sicher hantiert und in den Seeschiffen an bestimmten Plätzen auch sicher gestaut werden können. Auch diese Ladungen können im Export teilweise bereits 20% der Containerstauplätze im Schiff ausfüllen. Man erkennt hieran, daß das Containersystem nicht nur geeignet ist für Stückgut, Kühlgut, Flüssigkeiten in Tankcontainern sowie Schüttgut in Bulkcontainern, sondern auch der Transport abnormal großer und schwerer Investitionsgüterteile im Containersystem kostengünstig möglich ist.

Abb. 5. Auch der letzte Teil des Containerladeraumes wird noch mit Export-Sammelladungspackstücken fachgerecht im Seehafen vollgestaut

Abb. 6. Auch überbreite und überhohe Maschinenteile können auf Flats befestigt und dann im Container-System rationell hantiert und befördert werden

Abb. 7. Fahrzeuge lassen sich an Deck, geschützt durch Containerreihen, sicher befördern

Abb. 8. Tankcontainer stehen für die verschiedensten Flüssigkeiten zum Transport zur Verfügung

Eine weitere Besonderheit der deutschen Seehäfen liegt darin, daß sie traditionsgemäß eine Verteilerfunktion für die Ladung des skandinavischen Raumes ausüben, wie auch Exportgut dieser Länder kostengünstig und schnell in alle Welt versandt werden können, da die Abfahrtsdichte der Linien in den deutschen Seehäfen vergleichsweise sehr hoch ist. So ist es auch nicht verwunderlich, daß zwischen 15 und 20% der Überseecontainer mit kleineren sogenannten Feederschiffen wieder seewärtig weiter in den nord- und osteuropäischen Raum verteilt werden. Auch die mit der Abfertigung dieser Schiffe, die zwischen 60 und 400 Container tragen, verbundenen logistischen Probleme werden täglich aufs Neue von den Shipsplanning-Zentralen der Terminals in direkter Abstimmung mit den Großreedereien gelöst.

Da die Ladungsströme erfahrungsgemäß zwischen den einzelnen Kontinenten teilweise sehr ungleichförmig sind, andererseits aber jedes Containerschiff etwa die Zahl an Containern, die es ausgehend mitgenommen hat, bei der Rückreise wieder zurückbringen muß, um die Container für die nächste Ladung bereit zu haben, ergeben sich auch Transport und Umschlag von Leercontainern. Diese müssen in den Terminals zwischengelagert werden. Darüber hinaus bieten eine ganze Reihe von Terminals auch die Servicefunktionen der Inspektion dieser Container und der sofortigen Reparatur evtl. Beschädigungen. Auch die Reinigung von Containern für Lebensmitteltransporte sowie die Versorgung von Kühlcontainern mit Energie gehören zu den Serviceleistungen, die in den Seehäfen innerhalb der Transportkette am zweckmäßigsten angeboten und durchgeführt werden.

4 Einflußgrößen bei Transportvorgängen im Zu- und Ablauf

Die wirtschaftliche Begründung dafür, daß die vorgenannten vielfältigen Tätigkeiten in den Seehafen-Containerterminals ausgeführt werden, liegt in der unterschiedlichen Leistungs- und Kostenstruktur der verschiedenen Verkehrsträger. Aus dem Kostendiagramm, das die Veränderung der Kosten pro transportiertem Containerkilometer in Abhängigkeit von der Art, Größe und Auslastung des Transportmittels zeigt, geht eindeutig hervor, daß die Transportkosten per Lkw, der derzeit maximal zwei 20 Fuß-Container mit einem Fahrer bewegen kann, am höchsten sind, sie sind hier mit 100% angesetzt. Die Transportkosten der Eisenbahn liegen bereits je nach Auslastung der Züge bei 80 bis 50% der Kosten des Lkw-Transportes. Hieraus resultiert z. B. die Erfahrungstatsache, daß ab Entfernungen von ca. 200 bis 300 km der Marktanteil der Bahn im Binnenlands-Containertransport bis auf über 80% steigt. So werden von den deutschen Seehäfen in Blockzügen die europäischen Länder Schweiz, Österreich, Ungarn sowie nach Norden, Dänemark, mit Blockzügen bedient. Die Kostenkurven der verschiedenen Seeschiffe zeigen, daß die Kosten pro Containerkilometer bis unter 5% der Lkw-Kosten bzw. 10% der Eisenbahnblockzugkosten sinken. Diese ökonomische Überlegenheit der Seeschiffe zeigt eindeutig, warum die in der Anfangsphase des Containerverkehrs geäußerten Ideen von einem Großcontainerhafen in Spanien und der Verteilung sämtlicher Container von hier über ganz Europa keine ökonomische Basis haben. Selbst ein Containerschiff der dritten Generation, das nur zu 10% seiner Kapazität beladen ist, fährt noch kostengleich mit einem Blockzug. Andererseits zeigt das Diagramm, daß kleinere Containerschiffe wegen des geringeren Investitionsvolumens für kleinere zu verteilende Containermengen weit besser geeignet sind, als die Großcontainerschiffe. Demzufolge nimmt der Einsatz von Feederschiffen ständig zu, damit die Großcontainerschiffe nicht mehr als etwa 4–5 Häfen auf jedem Kontinent anlaufen müssen.

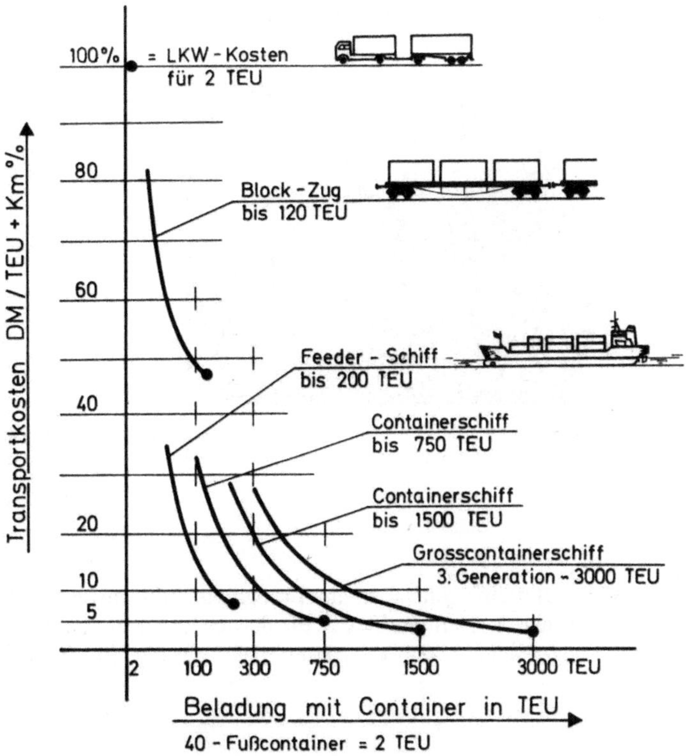

Abb. 9. Transportkosten-Vergleich (ohne Umschlagkosten)

Aus diesen Kostenverlaufsdiagrammen ergeben sich für die Transportgesellschaften die entsprechenden Tarife und darüber dann die Entscheidungen der Reedereien bzw. Inlandskunden, auf welchem Wege und mit welchem Fahrzeug sie ihre Container empfangen oder weiter versenden wollen. Insbesondere dann, wenn ein Verkehrsträger keinen entscheidenden Kostenvorteil bieten kann, fällt die Entscheidung zwischen konkurrierenden Verkehrsträgern von Tag zu Tag neu, da dann oft die schnellstverfügbare Verbindung gewählt wird. So können z.B. bei der Inlandsverbindung von Hamburg nach Kopenhagen die Container per Feederschiff laufen, über Blockzüge von Intercontainer gefahren werden, oder auch z.B. bei eiligem Kühlgut per Lkw transportiert werden. An diesem Beispiel ist zu ersehen, wie schwierig es für die Umschlagsterminals ist, den verschiedenen Anforderungen jeweils sofort termingerecht durch die Verladung auf eines dieser Verkehrsmittel nachzukommen. Auch die Seehafenterminals stehen unter erheblichem Konkurrenzdruck mit der Notwendigkeit, so ratio-

Abb. 10. 3 Containerstapelkrane (Constacker) bedienen einen Containerlagerplatz, in dem über 3000 Container in 4 Lagen übereinander gestapelt werden können

Abb. 11. In der Kranführerkanzel eines Constackers bedient der Kranführer das Bildschirmdatenterminal, um einerseits die automatische Containerpositionierung auszulösen und andererseits den Zentralrechner mit zusätzlichen Daten zu versorgen

nell wie möglich zu arbeiten. Dies bedeutet einerseits, Container möglichst konzentriert zu lagern und möglichst wenig Umschlagsbewegungen durchzuführen. Dem steht die Forderung der Kunden entgegen, die Container möglichst so weit auf dem Gelände auszufächern, daß die spätere Auslieferung ohne Verzögerung und Umstaubewegungen erfolgen kann.

5 Anwendung der Datenverarbeitung

Hier nun haben die Informationen über die Logistikkette: Reederei – Terminal – Binnenverkehrsträger und umgekehrt: Spediteur – Binnenterminal – Seehafenterminal – Reederei – eine erhebliche Bedeutung gewonnen. Auf Grund der rechtzeitig vorliegenden Informationen kann auf den Terminals merkmalsrein vorsortiert werden, d. h. es können mehrlagige Stapel gebildet werden, die später ohne Umstaubewegungen wieder abgearbeitet werden können. Durch besondere Staustrategien wird nicht nur das Beladen der Schiffe optimiert, sondern auch das hafenweise Entladen zeit- und kostenminimierend vorgeplant. Beim Verladen der Container auf Blockzüge wird durch relationsweise Verladung der spätere Rangieraufwand verringert.

Es sei bei dieser Gelegenheit noch erwähnt, daß die Informationsdatensätze natürlich auch Angaben enthalten über die Ladung, soweit sie in Gefahrengutklassen einzuordnen ist, soweit bestimmte Temperaturen einzuhalten sind und gesonderte Abmessungen, Überhöhen oder Überbreiten zu berücksichtigen sind. Auch die Gewichte sind selbstverständlich neben dem Endbestimmungsort in diesen Daten enthalten.

6 Weiterentwicklung der Datenverarbeitung

Dieser Aufsatz soll nicht abgeschlossen werden, ohne auch über die neuesten Entwicklungen zu berichten, diesmal auf Anregung der Firma Transfracht, die den Reedern, die ihre Container über die deutschen Seehäfen leiten, einen weiteren Servicevorteil bieten wird. Die derzeit in den deutschen Terminals für ihre Kunden durchgeführte Containerbestandskontrolle, die täglich Online auf dem neuesten Stand gehalten wird, wird verbunden mit einer Inlandsbestandskontrolle und Transportkettenverfolgung, die die Transfracht derzeit aufbaut. Durch die Koppelung beider EDV-gestützter Bereiche erhalten die Logistikzentralen der gemeinsamen Kunden eine jeweils auf dem neuesten Stand befindliche Übersicht über Ort und Zustand jeder ihrer Container, soweit sie sich im Einzugsbereich der Häfen und der Transfracht-Binnenumschlagsanlagen befinden. Durch diese Zusammenfassung und die Transparenz aller Vorgänge wird es möglich werden, noch gezielter zu disponieren, wobei die allen Beteiligten nur kostenverursachenden Leertransporte weiter minimiert werden können. Dies wird insgesamt zu einer Reduzierung der Inlandstransportkosten der über deutsche Seehäfen umgeschlagenen Container führen und damit dazu beitragen, ihre Stellung im internationalen Wettbewerb zu festigen.

7 Soziale Auswirkungen

Abschließend noch einige Bemerkungen zu den sozialen Auswirkungen der Containerrevolution und der Verbesserung der Informationsketten. Im Gegensatz zu vielen ausländischen Häfen, in denen bei dem Übergang auf den Containerverkehr die Zahl der Hafenarbeiter drastisch reduziert wurde und sämtliche Nebenaktivitäten ins Inland verlagert wurden, haben die deutschen Umschlagsunternehmen es verstanden, durch Investitionen und organisatorische Maßnahmen die im Containerverkehr neu entstandenen Arbeitsbereiche wie Container Ein- und Auspacken, Laschen und Pallen, Seemäßige Verpackung sowie Containerreparatur und Wartung in den Seehäfen zu belassen und so für viele Hafenfacharbeiter neue Arbeitsplätze im Ausgleich geschaffen. Auch die Serviceleistungen im Bereich der Informationsverarbeitung erforderten nicht nur erhebliche Investitionen in EDV-Anlagen, sondern eine ganze Reihe von Dauerarbeitsplätzen wurde geschaffen für die Erfassung und intelligente Verarbeitung der Transportdaten. So haben z. B. auch eine ganze Reihe von Seeoffizieren an Land als Shipplanner einen neuen Arbeitsplatz gefunden.

Da ständig weitere Länder in die weltweiten Containerdienste einbezogen werden, werden die Umschlagsmengen weiter steigen. Sowohl die Ausbildung junger Menschen wie auch die hohen Investitionen in den Häfen und den Terminals werden sich als richtige Maßnahme erweisen, um sowohl die deutsche Exportindustrie zu unterstützen wie auch den Lebensstandard der Bevölkerung durch preiswerte Importe zu erhalten.

8 Ausblick in die Zukunft

Die hochmodernen Container Terminals in den deutschen Seehäfen haben in der Vergangenheit ihre Leistungsfähigkeit unter Beweis gestellt. Sie sind durch gezielte Ausbaumaßnahmen in der Lage, auch in Zukunft die Containerschiffe einer vierten Generation sicher und schnell abzufertigen. In guter Kooperation mit den Binnenverkehrsträgern auf der Schiene, der Straße und den Wasserstraßen können unter Nutzung hochentwickelter EDV-gestützter Transportinformations- und Kontrollsysteme auch die schwierigsten logistischen Anforderungen der Kunden gelöst werden.

Beziehungen zwischen wirtschaftlichen Rahmenbedingungen und Entwicklungen des wasserbaulichen Versuchswesens für eine integrierte Hafenplanung

Dipl.-Ing. **Hans-Joachim Scheffer**, Hagenburg und Dr.-Ing. habil **Sören Kohlhase**, Hannover

1 Zur Bedeutung des Hafenbaus in Entwicklungsländern

Der internationale Seehandel ist gleichermaßen für die Industrienationen wie für die sich entwickelnden Länder der sogenannten 3. Welt von großer Bedeutung, auch wenn seine Stellung in den jeweiligen Volkswirtschaften unterschiedlich ist. Die Entwicklung des Transportträgers Schiff sowie der Schnittstelle Hafen zwischen Land- und Seeweg mit seinen Umschlagseinrichtungen gewinnt somit direkt einen großen Einfluß auf die wirtschaftliche Lage eines Landes.

Der sich in der zweiten Hälfte der 70er Jahre beruhigende sprunghafte Anstieg im Großschiffbau kann nicht darüber hinwegtäuschen, daß die Entwicklung des Seeverkehrsträgers Schiff zu immer größeren Einheiten mit umfangreicher technischer (Spezial-)Ausrüstung weitergeht [1]. Dieser Entwicklung haben sich die Häfen der Industrienationen – auch wegen des Konkurrenzdruckes untereinander – weitestgehend angepaßt, während die Entwicklungsländer zumeist nicht Schritt halten konnten.

Ihre oftmals zu geringen Hafenkapazitäten erhöhen im Zusammenhang mit ansteigenden Kapitalkosten der auf Abfertigung wartenden Schiffe die Frachtraten, veraltete Hafeneinrichtungen (Infrastruktur, Umschlagseinrichtungen) und die nautischen Verhältnisse verhindern oftmals einen Anschluß an die Fahrtrouten großer Schiffahrtslinien, wie sie zum Beispiel besonders im Containerdienst üblich sind. Der Zwang, sich dieser Entwicklung des internationalen Seeverkehrs anzupassen, lastet schwer auf den Entwicklungsländern. Einerseits bringt der Bau neuer Hafeneinrichtungen gewaltige Belastungen der nationalen Wirtschaftssituation und wirkt durch notwendige Verschuldungen auf politische, soziale und gesellschaftliche Verhältnisse, andererseits vermögen Investitionen im Hafenbau durchaus, wirtschaftliche Entwicklungen einzuleiten, die auf Dauer das Elend dieser Länder beseitigen helfen.

Am Anfang der ersten Initiativen zum Bau neuer Hafeneinrichtungen oder der Planung eines neuen Hafens stehen wirtschaftliche Überlegungen, die langfristige und weitreichende Entwicklungen und Verhältnisse prognostizieren müssen. Eine Beurteilung der Aussagekraft von zum Beispiel Nutzen-Kosten-Analysen ist jedoch wegen fehlenden Zahlenmaterials allgemein schwierig. Auch im Einzelfall ist es selten möglich, die prognostizierten Zahlen nachträglich mit der tatsächlichen Entwicklung zu überprüfen; konkrete Daten fehlen meist oder werden zumindest nicht allgemein zugänglich veröffentlicht. Ob in diesem Zusammenhang Wirtschaftlichkeitsuntersuchungen auch den Zweck bekommen, politischen Druck (Entscheidungsschub) auszuüben, sei dahingestellt.

Die allgemeine Lage, daß in Entwicklungsländern neue Hafenkapazitäten geschaffen werden müssen, ist unbestreitbar. Um einen Anhaltspunkt für die wirtschaftliche Bedeutung zu geben, seien an dieser Stelle die Zahlenangaben von Frankel [2] und Vernigora [3] wiedergegeben, die in Vorträgen auf der erstmalig 1983 in Colombo/ Sri Lanka ausgerichteten „Conference on Coastal and Port Engineering in Developing Countries" genannt wurden. Frankel [2] schätzt den Anteil der Kosten der auf Abfertigung wartenden Schiffe auf 26 % der weltweit für den Seeverkehr 1981 aufgewendeten 54 Milliarden US $. Wenn man die von Vernigora [3] anhand einer Fallstudie gemachten Angaben verallgemeinert, wonach bei Wirtschaftlichkeitsuntersuchungen davon ausgegangen werden kann, daß ca. 50 % der künftig einzusparenden Wartekosten als kostenmindernd oder – anders ausgedrückt – als ertragssteigernd dem lokalen Hafenbetreiber zufallen und der Rest zwischen Exporteur und Reeder zu verteilen ist, dann gewinnen die weltweit 1982 geschätzten 6,2 Milliarden im Hafenbau investierten US $ [2] eine vergleichbare Größe. Die zweifellos gewaltigen Belastungen der Volkswirtschaft eines Entwicklungslandes beim Bau neuer Hafenanlagen erscheinen im Kontext dieser Zahlen als eine sinnvolle Zukunftsinvestition.

2 Rahmenbedingungen der Hafenplanung

Für den Hafenbauer bedeuten diese allgemeinen wirtschaftlichen Rahmenbedingungen in verstärktem Maße, daß er bei seinen Untersuchungen für den Hafenentwurf und bei der Diskussion alternativer Varianten detaillierte Wirtschaftlichkeitsberechnungen durchführen muß, wobei hafenbetriebliche Gesichtspunkte zunehmend an Bedeutung gewinnen.

Der planende Ingenieur muß die am Gesamtkonzept zu beteiligenden Fachrichtungen mit ihren Detailaussagen in eine Gesamtplanung integrieren, detaillierte Fragestellungen formulieren und die Ergebnisse der beauftragten Spezialisten in einer Wirtschaftlichkeitsuntersuchung zusammenfügen. Selbst die Aufstellung möglicher Ausführungsvarianten der geplanten Anlagen ist oftmals erst Ergebnis umfangreicher wirtschaftlicher und betrieblicher Basisberechnungen.

Bei der Diskussion von Alternativen treffen die unterschiedlichen Anforderungen und Interessen zusammen: Forderungen der lokalen Hafenbetreiber (Bauherrschaft) nach einer auch für zukünftige Generationen gültigen optimalen Hafenauslegung mit möglichst hohem technischen Standard, finanzielle Beschränkungen, oftmals durch die kreditgebenden internationalen Institute, besondere politische Forderungen der Entwicklungsländer im Hinblick auf angestrebte soziale Rahmenbedingungen des zukünftigen Wirtschaftsbetriebes Hafen, hinsichtlich der Einbeziehung lokaler Unternehmen beim Bau der Anlagen und viele andere mehr müssen miteinander vereinbar sein. Dazu können die örtlichen Verhältnisse des Baustoffmarktes in Bezug auf Verfügbarkeit und Qualität, die Möglichkeiten des Arbeitsmarktes der Region sowie weitere soziale und kulturelle Bedingungen die Planung beeinflussen, wenn ein großes Bauvorhaben in Entwicklungsländern durchgeführt werden soll.

Bei der gesamten Planung ist gegebenenfalls auch die Forderung nach Technologietransfer zu berücksichtigen, beispielsweise durch Beteiligung lokaler Ingenieurbüros oder Durchführung notwendiger hydraulischer Modellversuche in hierfür aufzubauenden Laboreinrichtungen in den Entwicklungsländern selbst.

Die an einer Hafenplanung beteiligten Fachrichtungen sind im einzelnen bei Burkhardt [4] dargestellt. Aus der Fachveranstaltung – Häfen: Planung, Bau, Betrieb – wird deutlich, daß ozeanographisch/seebauliche Untersuchungen nur eine Komponente aller durchzuführenden Untersuchungen darstellen, die jedoch die vorher genannten Bedingungen in zunehmenden Maß berücksichtigen müssen.

In den letzten Jahren haben sich die Methoden, Aussagemöglichkeiten und -fähigkeiten der technischen Untersuchungen auf diesem Gebiet (Messungen in der Natur, Untersuchungen im numerischen, mathematischen und besonders hydraulischen Modell) sprunghaft entwickelt, die im Planungsstadium und bei der Detailoptimierung wertvolle Hilfe leisten.

Sie werden selbstverständlich nicht nur bei Hafenplanungen in Entwicklungsländern eingesetzt, dort verlangt jedoch der enorme Zwang knapper Finanzierungsmittel in stärkerem Maße als in den kapitalstarken Industrienationen, daß diese Untersuchungen mit besonderer Sorgfalt und unter Einbeziehung aller relevanter Einflüsse berücksichtigt werden. Andererseits sind jedoch manchmal Bauherr und Finanzier geneigt, auch bei den ingenieursmäßigen Planungsleistungen zu „sparen", obwohl sich eine solche Einstellung erfahrungsgemäß im Endeffekt nicht bezahlt macht.

Ohne den Anspruch auf eine umfassende Darstellung zu stellen, sollen anhand einiger Beispiele Möglichkeiten vorgestellt und kritisch beurteilt werden, die zunehmend Eingang in die Hafenbaustudien finden.

3 Ermittlung der hydrographisch/hydrologischen Verhältnisse

Während für die Küsten der Industrienationen zumeist umfangreiche Messungen, Beobachtungen und statistische Berechnungen der natürlichen Verhältnisse vorliegen, fehlen diese oftmals für die interessierenden Standorte geplanter Hafenneubauten in Entwicklungsländern gänzlich oder liegen im statistischen Sinn nur unzureichend vor.

Eine frühzeitige, genaue Erfassung der örtlichen Verhältnisse – schon in der Planungsphase – kann spätere unliebsame Verzögerungen beim Bau und nachträgliche Modifikationen des Projektes verhindern. Die Ermittlung der Wasserstände und Strömungen, eine Zusammenstellung der klimatischen Verhältnisse, Aufschlüsse über anstehende Bodenverhältnisse sowie die Land- und Seevermessung des interessierenden Küstenabschnittes sind relativ problemlos durchzuführen. Deshalb wird hier auf eine Darstellung und Diskussion verzichtet. Der Seegang hat als Rahmenbedingung für die Planung eine besondere Bedeutung, da hierüber zumeist nur wenige brauchbare Angaben vorhanden sind. In statistischen Handbüchern veröffentlichte Daten beziehen sich oft auf das großräumige Seegebiet und beruhen fast ausschließlich auf Beobachtungen. Diese Beobachtungen können durchaus fehlerhaft sein und kennzeichnen den Seegang mit idealisierenden Parametern wie mittlerer oder signifikanter Wellenhöhe, mittlerer Wellenperiode und -richtung. Sollten nur diese Angaben zur weiteren Untersuchung herangezogen werden, so müssen sie auf die lokalen Verhältnisse im Hafenbereich umgerechnet werden. Für eine Reihe von Fragestellungen wie beispielsweise nach extremen Belastungen der Wellenschutzbauwerke oder der statistischen Häufigkeit bestimmter Bewegungsgrößen festgemachter Schiffe reichen diese Angaben jedoch oft nicht aus.

Üblicherweise wird die unregelmäßige Aufeinanderfolge von Wellenbergen und -tälern im natürlichen Seegang durch ein Energiedichtespektrum S (in der Dimension $m^2 \cdot s$) in Abhängigkeit der Frequenz f (in Hz) dargestellt. Das Spektrum wird durch eine spektrale Analyse einer gemessenen Zeitreihe ermittelt (Fourier-Analyse). Durch Ermittlung einer Richtungsfunktion $F(f, \Theta)$ kann dann die Richtungsverteilung der Wellenenergie (Kurzkämmigkeit der Wellen) eines Seegangsereignisses beschrieben werden, so daß die natürliche Frequenz- und Richtungsverteilung mit der Funktion $D(f, \Theta) = S(f) \cdot F(f, \Theta)$ beschrieben werden kann. Die Funktion $D(f, \Theta)$ wird Richtungsspektrum genannt. In Abb. 1 ist beispielhaft ein Richtungsspektrum um eine mittlere Anlaufrichtung dargestellt, wobei der kurzperiodische, energiereiche Seegang und die weithin als Dünung bezeichneten langperiodischen Anteile deutlich zu erkennen sind.

Mit neuesten Meßsystemen ist es möglich, die tatsächlichen Verhältnisse im natürlichen Seegang zu erfassen. Eine Auswertung der Meßdaten ist ohne den Einsatz leistungsfähiger Computer nicht mehr möglich. Es soll jedoch nicht verschwiegen werden, daß Messungen, Auswertungen und Interpretationen von Richtungsspektren noch weitgehend in den Kinderschuhen stecken und die beteiligten Wissenschaften noch nicht in der Lage sind, das Richtungsspektrum tatsächlich für ingenieurmäßige Zwecke in parametrisierter Form als Belastungsgröße für weitergehende Berechnungen darzustellen. Eine Beschränkung auf ein Energiedichtespektrum S (f) mit mittlerer Anlaufrichtung ist daher bis auf weiteres erforderlich und dürfte für planerische Aufgaben im Hafenbau vielfach auch in Zukunft ausreichend sein.

Neben der Ermittlung der frequenten Verteilung der Wellenenergie ist auch eine statistische Auswertung der Seegangsverhältnisse über einen längeren Zeitraum (einige Jahre) von großer Bedeutung, um Überschreitungshäufigkeiten bestimmter interessierender Größen zu ermitteln.

Bei der Erfassung der Seegangsverhältnisse interessieren besonders auch die langperiodischen Energieanteile, da sie als ursächlich für langperiodische Hafenschwingungen angesehen werden können, die wiederum zu großen horizontalen Bewegungen und den damit zusammenhängenden extremen Belastungen der Vertäuung von Schiffen im Hafen führen. Nach den Ergebnissen neuester Forschungen werden diese langperiodischen Wellen nicht ausschließlich als Dünungswellen, sondern auch als an Wellengruppen ‚gebundene lange Wellen' oder auch „Second Order Long Waves" (SOLW) interpretiert [5]. Die Höhen und Frequenzen dieser Wellen können aus dem energiereichen „Short Wave Spectrum" (SWS) berechnet oder aus Messungen durch eine Spektralanalyse direkt ermittelt werden.

In Abb. 2 sind beispielhaft ein unregelmäßiger Wellenzug, die in ihm enthaltenen langen Wellen sowie die Spektralanalyse dieses Ereignisses dargestellt. Dargestellt ist die Nachbildung natürlicher Seegangsverhältnisse im hydraulischen Modell, die im Franzius-Institut der Universität Hannover durchgeführt wurde. In das Modell wurde nur das „Short Wave Spectrum" (SWS) eingesteuert, die Messung zeigt auch das damit verbundene „Second Order Long Wave Spectrum" (SOLWS).

Da jedoch Naturmessungen im Zusammenhang mit einer Hafenplanung zum Beispiel infolge geringer Planungsmittel oft erst in einer recht späten Planungsphase und auch zumeist nur über einen kurzen Zeitraum (im Vergleich mit üblichen Beobachtungszeiten in der Hydrologie) durchgeführt werden können, können Seegangsdaten nicht immer ausreichende Aussagekraft für statistische Berechnungen gegeben werden. Eine Korrelationsrechnung zwischen örtlichen Seegangs- und Windverhältnissen nahegelegener meteorologischer Stationen ist recht problematisch, da die Wetterstationen die typischen Küstenwinde aufzeichnen und nicht unbedingt die

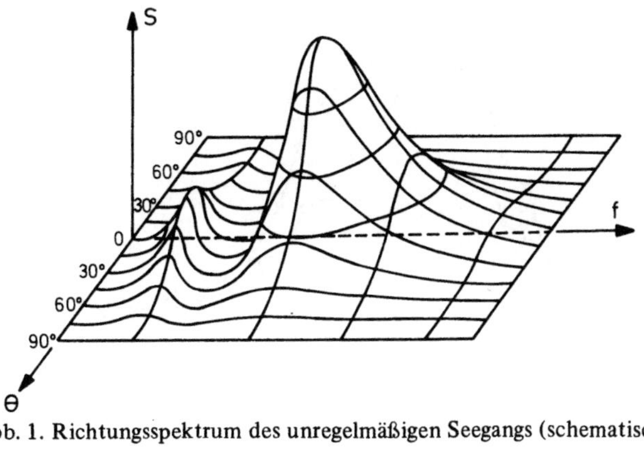

Abb. 1. Richtungsspektrum des unregelmäßigen Seegangs (schematisch)

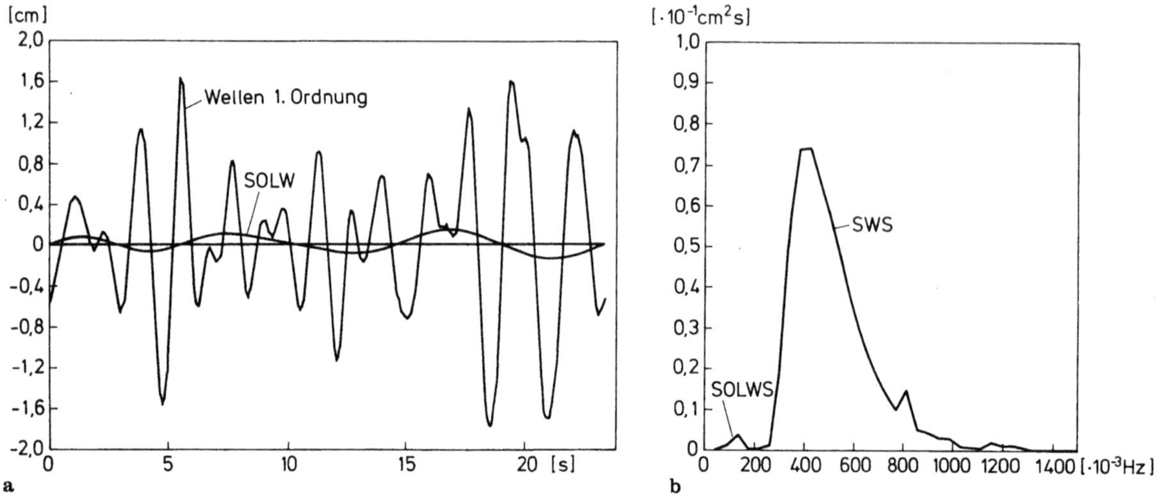

Abb. 2a und b. Short Wave Spectrum and Second Order Long Wave Spectrum. a) Zeitbereich, b) Frequenzbereich

den Seegang erzeugenden Verhältnisse auf dem offenen Meer erfassen. Eine wave-hindcasting-Berechnung mit diesen Winddaten (die statistisch ausreichend vorliegen) führt dann zu ungenügenden Ergebnissen.

Es werden daher hohe Anforderungen an halbempirische Verfahren gestellt, die auf der Grundlage großräumiger Wetterkarten (Isobaren-Karten) die Wellenverhältnisse rechnerisch ermitteln. In Abb. 3 ist beispielhaft das Ergebnis einer Messung signifikanter Wellenhöhen und einer vergleichenden Berechnung dargestellt [6]. In neuesten Arbeiten werden solche hindcasting-Untersuchungen auch unter Einbeziehung der Richtungsverteilung des Seegangs durchgeführt [7].

Es bleibt anzumerken, daß diese Methoden (zumindest zur Zeit noch) nicht auf jegliche Messungen verzichten können, da eine Eichung des numerischen Modells auf jeden Fall durchgeführt werden muß, um mit vorliegenden statistischen Daten über die meteorologischen Verhältnisse statistische Aussagen über den Seegang machen zu können. Mit einem solchen geeichten Modell können dann allerdings auch sehr anschaulich extremale Seegangsereignisse ermittelt werden (z. B. Jahrhundertereignisse), die bei langandauernden Naturmessungen nicht erfaßt (bzw. nicht erkannt) würden.

Oftmals werden bei Hafenbauprojekten von lokalen Institutionen Daten über die Seegangsverhältnisse zur Verfügung gestellt, die mit sehr einfachen Geräten ermittelt wurden (z. B. Lattenpegelabmessungen). Solchen Informationen sollte großer Wert beigemessen werden. Allerdings muß es möglich sein, Beobachtungs- und Interpretationsmethoden nachträglich zu rekonstruieren, da anderenfalls die Angaben beispielsweise durch abweichende Definitionen zu falschen Planungswerten führen können, wie die Verfasser aus eigenen Studien bestätigen können [8].

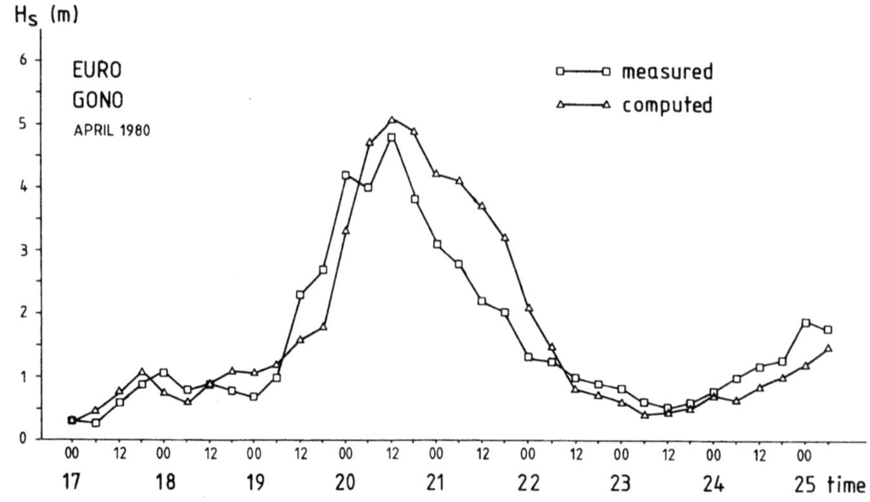

Abb. 3. Beispiel einer Wellenvorhersage mit numerischen Verfahren (nach Blaauw u. a.)

Naturmessungen sind auf jeden Fall über einen längeren Zeitraum anzustreben. Die Kosten hierfür erscheinen auch schon in einem frühen Planungsstadium eines Hafenbauprojektes als sinnvolle Ausgabe, auch wenn die Realisierung des Projektes noch unsicher ist.

4 Untersuchungen für den Hafenentwurf

4.1 Aufgaben

Die funktionelle Gestaltung des Hafens ist den Anforderungen nach Wirtschaftlichkeit besonders untergeordnet. In den seltensten Fällen werden die Größe eines geplanten Hafens, Anzahl der Liegeplätze, Art und Umfang der Umschlagseinrichtungen und erforderliche Infrastruktur vom Hafenbetreiber und Bauherren festumrissen vorgegeben. Die Planungsrichtlinien sind unter Einbeziehung möglicher zukünftiger Hafenerweiterungen selbst erst Ergebnis gesamtwirtschaftlicher Untersuchungen unter Einbeziehung sämtlicher kostenrelevanter Entwurfseinzelheiten, wobei verschiedene Ausführungsvarianten alternativ untersucht werden müssen. Wirtschaftlich/technische Detailuntersuchungen und Berechnungen werden oftmals sogar gegen die Wünsche der lokalen Hafenbetreiber von den kreditgebenden Institutionen verlangt.

4.2 Hafenzufahrt

Im Rahmen dieses Beitrags soll nicht auf verkehrswirtschaftliche Studien eingegangen werden, die zu dem Entwurfsschiff führen, für das Hafenzufahrt und Hafeneinrichtungen ausgelegt werden müssen. Die wesentlichen Hauptabmessungen des Entwurfsschiffes, d. h. Länge, Breite und Tiefgang bestimmen neben anderen Einflüssen die Dimensionierung der Hafenzufahrt und -einfahrt sowie der Anker- und Wendebereiche, die wegen erforderlicher Baggerungen einen sehr entscheidenden Kostenfaktor in der Erstellung und Unterhaltung darstellen. Zur Problematik der Abmessungen sei auf den Aufsatz von Höft [9] über die Arbeit einer PIANC-Studienkommission hingewiesen.

Die Hafenzufahrt hat die problemlose und sichere Manövrierfähigkeit der ein- und auslaufenden Schiffe bei möglichst geringer Schlepperassistenz zu berücksichtigen, die Untersuchungen beziehen sich zumeist auf das Entwurfsschiff, andere mögliche Schiffstypen sollten jedoch ebenfalls einbezogen werden.

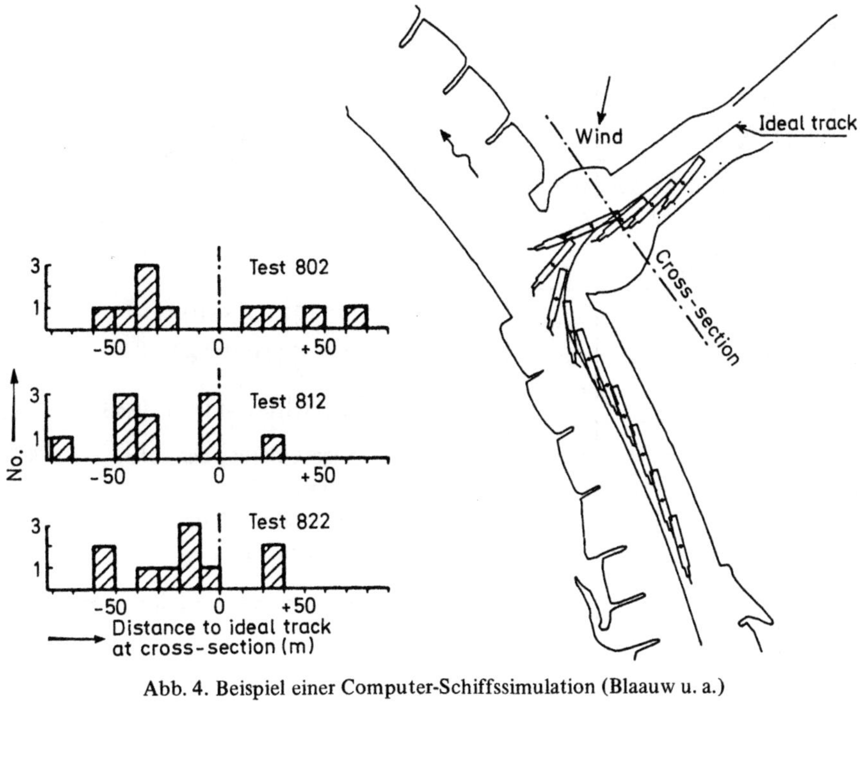

Abb. 4. Beispiel einer Computer-Schiffssimulation (Blaauw u. a.)

Mit Simulationsanlagen oder mit Hilfe einer ausschließlichen Computerberechnung werden die nautischen Verhältnisse der Einfahrt des Schiffes in den Hafen und auch Anlegemanöver getestet. Schiffssimulatoren wie zum Beispiel die Schiffsführungs- und Simulations-Anlage „SUSAN" der Fachhochschule Hamburg [10] ermöglichen im Gegensatz zu ausschließlichen Computersimulationen auch die Einbeziehung des Faktors Mensch in die Untersuchungen. Realitätsnahe nautische Manöver können somit auch mit erfahrenen lokalen Kapitänen und Lotsen durchgeführt werden. Diese Anlagen werden selbstverständlich von Prozeßrechnern in real-time Schritten gesteuert. Ein Beispiel einer Manövriersimulation ist in Abb. 4 dargestellt.

Für einen Besucher ist eine real-time Simulation sehr beeindruckend, oder auch nur der Computerplot einer solchen Untersuchung (wie z. B. Abb. 4) ist sehr imponierend. Großanlagen wie „SUSAN" können die dynamischen Eigenschaften der Schiffe und ihres Antriebes (Propeller und Ruder), den Einfluß von Strömungen, Wellen und Winddruck, Schlepperassistenz und sogar den von begegnenden Schiffen simulieren.

Der planende Ingenieur, der letztendlich die Übertragbarkeit der Versuche auf den zu bauenden Hafen beurteilen muß, sollte sich jedoch immer bewußt sein, daß die mathematische Formulierung der physikalischen Wechselwirkungen deren Kenntnis voraussetzt, daß insofern deren Güte ein Maß für die Genauigkeit und die Übertragbarkeit auf die Naturverhältnisse darstellt. Wie bei vielen anderen ingenieurmäßigen Spezialgebieten wird der verantwortlich planende Ingenieur nicht immer in der Lage sein, mathematische Details eines Computer-Programms selbst zu überprüfen. Vergleichende Untersuchungen von Modellwerten und Naturdaten können dann sehr hilfreich sein, die allerdings zur Zeit kaum vorliegen. Bei einer konkreten Planungsaufgabe sollte durch eine vertrauensvolle Zusammenarbeit mit den Betreibern einer Anlage nicht nur die Möglichkeiten sondern auch Grenzen eines Simulators diskutiert und berücksichtigt werden.

Die Bestimmung der notwendigen Wassertiefe (und somit Baggertiefe) im Zufahrtsbereich wie im Hafen selber hat die vertikalen Bewegungen des Schiffes, den „squat" sowie wellenerzeugte Schiffsbewegungen zu berücksichtigen. Eine hinreichende rechnerische Ermittlung dieser Größen ist möglich, da die Übertragungsfunktion zwischen Wellen- und Schiffsbewegung frequenzabhängig bei Kenntnis der schiffseigenen dynamischen Koeffizienten recht genau ermittelt werden kann [11], wie beispielsweise in Abb. 5 dargestellt ist. Eine Einschaltung von Schiffsbauern, die auf diesem Sektor sehr erfahren sind, ist manchmal zu empfehlen.

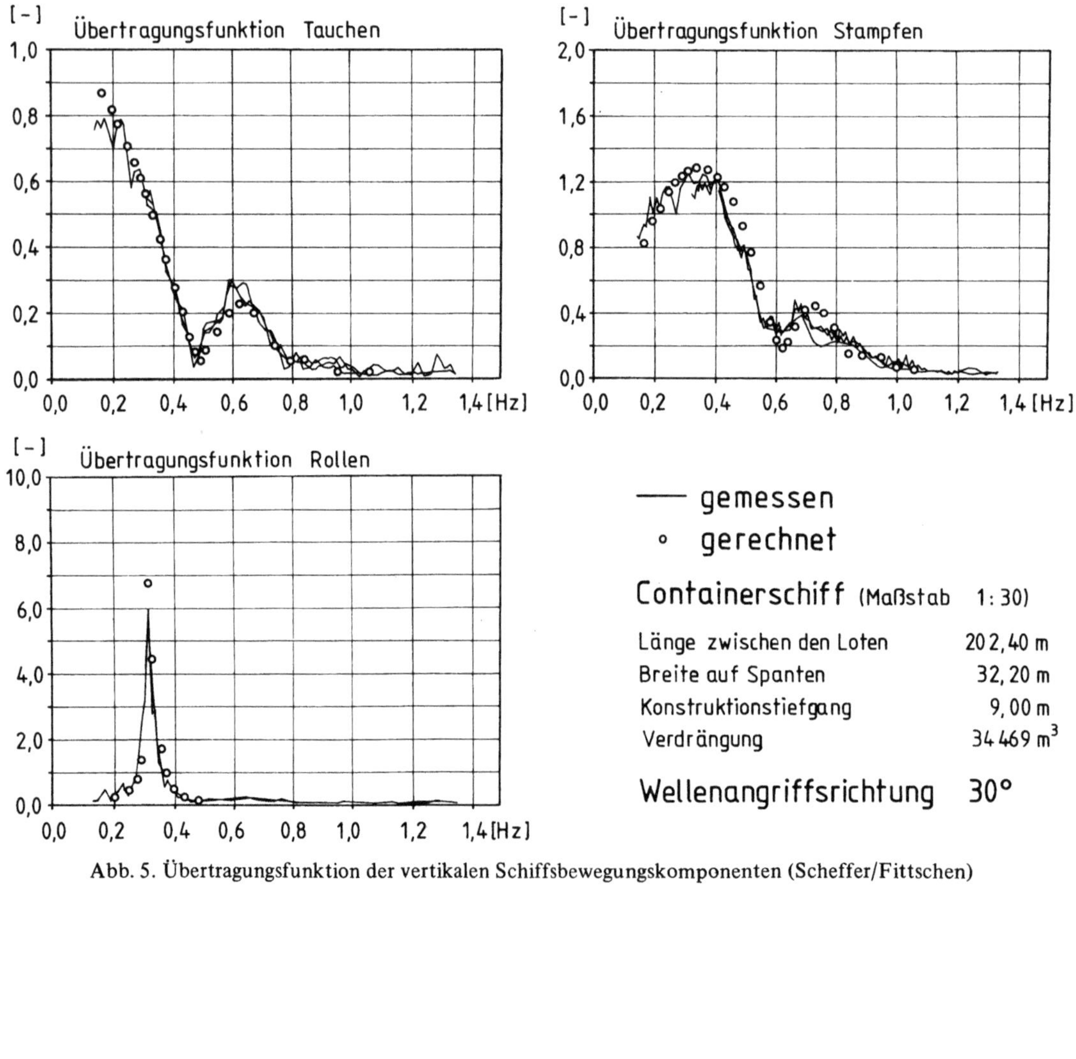

Abb. 5. Übertragungsfunktion der vertikalen Schiffsbewegungskomponenten (Scheffer/Fittschen)

Es sollten bei der Planung der Hafenzufahrt auch abschätzende Berechnungen der zu erwartenden Sedimentationen durchgeführt werden, da diese im Hinblick auf eine Vorratsbaggerung oder/und Unterhaltungsbaggerung maßgeblich die gesamte Planung beeinflussen können.

4.3 Hafenentwurf

Ein Hafen hat von alters her die Funktion, den Schiffen Schutz gegen Seegangskräfte zu bieten. Deshalb wurden in früheren Jahren die Untersuchungen über erforderliche Wellenschutzbauwerke fast ausschließlich im Hinblick auf eine Abminderung extremer Wellen durchgeführt, so daß die Schiffe sicher im Hafen liegen können. Heutzutage tritt die Funktion des Hafens als Umschlagsplatz dominierend in den Vordergrund aller Untersuchungen, und die Forderung nach ausreichendem Wellenschutz geht dahin, nach den zu erwartenden Beeinträchtigungen des Umschlagsbetriebes zu fragen. Bei zunehmend in größerer Wassertiefe anzuordnenden Wellenbrechern und den damit enorm ansteigenden Kosten gehen die Untersuchungen dahin, einen erforderlichen Wellenschutz so auszulegen, daß die im Hafen verbleibende Wellenunruhe nur ein bestimmtes, für den Umschlag noch tolerierbares Maß erreicht. Es wird aus wirtschaftlichen Überlegungen nicht möglich sein, eine Beeinträchtigung des Umschlagsbetriebs gänzlich auszuschließen, eine Festlegung von tolerierbaren Ausfallzeiten durch die Aufstellung eines „operational down-time"-Kriteriums hat dann unter wirtschaftlichen Gesichtspunkten in einer Nutzen-Kosten-Analyse zu erfolgen. So wurde zum Beispiel bei einer Neuplanung eines Bananenexporthafens in Costa Rica als Kriterium für die erforderliche Länge eines Wellenbrechers eine vertikale Schiffsbewegung von 0,30 m als tolerierbar für den Umschlagsbetrieb festgesetzt und eine Überschreitungshäufigkeit von durchschnittlich 18 Tagen im Jahr als zulässig angesehen [12].

Die Aufstellung eines Kriteriums dieser Art kann sogar soweit gehen, daß der Wellenschutz für extreme Ereignisse (die statistisch eben auch selten auftreten) nicht ausreichend ist und die Schiffe dann den Sturm außerhalb des Hafens „abreiten" müssen.

Infolgedessen gewinnen neben der Ermittlung der verbleibenden Wellenunruhe zunehmend auch die von ihr verursachten Bewegungen festgemachter Schiffe einschließlich der Trossen- und Fenderkräfte für die Untersuchungen erforderlicher Wellenschutzbauwerke Bedeutung bei der Hafenplanung. Die für den Umschlagsbetrieb zulässigen Bewegungsgrößen müssen von Hafenbetriebsfachleuten festgelegt werden, hier sei dazu auf die Arbeit von Kohlhase [13] verwiesen.

Um detaillierte Aussagen machen zu können, sind auf jeden Fall hydraulische Modellversuche anzuraten, denn es ist in naher Zukunft nicht abzusehen, daß die Veränderung des Seegangs (als Belastungsgröße) beim Eindringen vom offenen Meer in den Hafen und durch die verbleibende Wellenunruhe im Hafen erzwungene Bewegungen eines Schiffes (als interessierende Größe) rein rechnerisch ermittelt werden könnte. Theoretische Modelle (mathematische und/oder numerische Verfahren) können jedoch die Ergebnisse experimenteller Untersuchungen sehr positiv beeinflussen, das heißt, die vorhandenen Methoden sollten nicht als alternativ und sich gegenseitig ausschließend betrachtet werden. Es muß jedoch unter dem Aspekt der konkreten Aufgabenstellung jedes Projektes beurteilt werden, welche Methode jeweils die beste und detaillierteste Antwort in der zur Verfügung stehenden Zeit bei vertretbarem Aufwand ermöglicht.

Bei Hafenneubauten sind hydraulische Modelle normalerweise unumgänglich. Sie liefern zur Optimierung der Planungen die genauesten und auch die am leichtesten überprüfbaren Ergebnisse.

An die entsprechenden Ingenieurbüros und (Hochschul-)Institute, die in der Lage und erfahren genug sind, solche Untersuchungen durchzuführen und zu bewerten, werden hinsichtlich Labor- und Meßeinrichtungen große Anforderungen gestellt, vielfach befinden sich adäquate Einrichtungen noch im Entwicklungsstadium.

Die Aussagefähigkeit hydraulischer Modellversuche steht und fällt mit der genauen Reproduktion der natürlichen Seegangsverhältnisse (Abschn. 3). Renomierte Wasserbaulaboratorien sind mittlerweile in der Lage, die Unregelmäßigkeit des natürlichen Seeganges, einschließlich der langen Wellen (Abb. 2) im Modell nachzubilden. Im hydraulischen Modell können Lage und Abmessungen der erforderlichen Wellenbrecher, Anordnung der Hafenanlagen bis hin zu einer Wahl der Pierkonstruktion (Reflexionseigenschaften) optimiert werden. Die Bewegungen festgemachter Schiffe sowie – mit Einschränkungen – die Trossen- und Fenderkräfte können ermittelt werden.

In einigen westlichen Ländern wurden und werden sogar Einrichtungen geschaffen, die es erlauben, auch die Dreidimensionalität des Seegangs (Abschn. 3) nachzubilden. In der Bundesrepublik existiert allerdings noch kein solches 3-D-Wellenbecken.

Es ist schon an anderer Stelle (Abschn. 3) auf die besondere Bedeutung der Einbeziehung langperiodischer Hafenschwingungen mit ihren Auswirkungen auf Schiffe und Trossenkräfte hingewiesen worden. Es sollte an dieser Stelle ergänzt werden, daß Wellenschutzbauwerke die Frequenzanteile des Wellenspektrums, die diese Hafenschwingungen anregen, kaum wirkungsvoll dämpfen können. Lediglich durch eine Veränderung der Abmessungen und Zuordnungen der Hafenbecken ist es möglich, Resonanzerscheinungen zu vermeiden, indem die Eigenfrequenz und auch Dämpfung beeinflußt wird. Eine Betrachtung dieser langen Wellen ist im Hafenbau deshalb besonders wichtig, da die Eigenfrequenzen der horizontalen Schwingungen festgemachter großer Schiffe durchaus im Bereich der erregenden Wellen liegen können. Diese Einflüsse und Verhältnisse im geplanten Hafen sollten bekannt sein, wozu das hydraulische Modell viele Aufschlüsse geben mag. Durch eine gezielte Veränderung der Liegeplatzanordnung im Hafen lassen sich auch die Auswirkungen der langen Wellen auf die Schiffe in gewissem Maße beeinflussen. Auch die Entwicklung energieabsorbierender Fendersysteme ist in diesem Zusammenhang zu nennen.

In einigen Fällen ist es auch sinnvoll, die Eigenfrequenzen der horizontalen Schwingungen der vertäuten Schiffe durch eine gezielte Auslegung des Trossensystems (Zuordnung, Vorspannung, Materialeigenschaften) so zu beeinflussen, daß sie im energiearmen Frequenzbereich zwischen SOLWS und SWS (Abb. 2) liegen. In einem Industrie- oder Fährhafen wird es eventuell möglich sein, entsprechende Festmacheeinrichtungen für die (wenigen, oftmals werkseigenen) Spezialschiffe zu planen. Für die meisten (general cargo) Häfen sind Untersuchungen in diese Richtung allerdings als akademisch einzuschätzen, da auch weiterhin in erster Linie die Schiffscrew für die Vertäuung des Schiffes verantwortlich ist, die zumeist die besonderen Verhältnisse des Hafens nicht kennt. Technische Einrichtungen wie Winden sowie die Trossen selber befinden sich auf den Schiffen, während die Häfen nur Festmacherpoller anbieten.

Es ist sicherlich notwendig, auch grundsätzlich neue Ideen und technische Hafenkonzepte zu diskutieren, auch wenn zum Beispiel die Frage „Breakwater or mooring system?", die in einem Aufsatz von Bruun [14] angesprochen wird, manchem Hafenbauer provokatorisch erscheint.

Aufgeschreckt durch Schadensfälle in jüngster Vergangenheit an Wellenbrechern in Schüttsteinbauweise werden oftmals Stabilitätsuntersuchungen in hydraulischen Ausschnittsmodellen verlangt, da theoretische Berechnungen allein nicht immer ausreichen. Eine genaue vorherige Diskussion des Schadensrisikos ist in jedem Fall notwendig, die bauliche Realisierung und Möglichkeiten der Unterhaltung (Reparatur von kleinen Schäden) haben dabei große Bedeutung. Das Für und Wider von massiven Bauwerken in Vergleich zu Schüttsteinkonstruktionen sollte dabei genau – auch unter wirtschaftlichen Berechnungen – gegenübergestellt werden.

Die heute vorhandenen Methoden und Aussagemöglichkeiten von verfeinerten Modelluntersuchungen dürfen jedoch nicht dazu führen, anzunehmen, daß ohne sie keine Planungen mehr durchzuführen wären. Umfassende, die Komplexität der Naturverhältnisse berücksichtigende Modellversuche verlangen sehr genaue Kenntnis aller einflußnehmender Randbedingungen, um tatsächlich auch die gestellten Fragen ausreichend beantworten zu können. Oftmals werden dabei notgedrungen auch Vereinfachungen und Annahmen getroffen, die erst die Durchführung der Versuche erlauben und weitergehende Berechnungen ermöglichen (besonders statistische Aussagen). Dabei hat der planende Ingenieur, bei dem die Teilergebnisse zusammenlaufen, jedoch darauf zu achten, inwieweit diese noch für das Gesamtprojekt unter den Bedingungen der Planungsalternativen aussagefähig sind, wenn er diese Untersuchungen vergibt. Es muß auch an dieser Stelle darauf hingewiesen werden, daß hochspezialisierte Technologie, gepaart mit Computerberechnungen, durch die Art der Darstellung und ungenügende Allgemeinverständlichkeit eine Sachkompetenz vortäuschen kann, die sie möglicherweise gar nicht besitzt.

So ist es beispielsweise nicht sinnvoll, technisch aufwendige und entsprechend teure Modelle für die Untersuchung von Wellenspektren (mit oder ohne Richtungsspektrum) anzubieten oder umgekehrt als unumgänglich zu fordern, wenn die natürlichen Seegangsverhältnisse nicht bekannt sind oder die spezielle Aufgabenstellung dieses nicht verlangt. In solchen Fällen ist es doch eher ratsam, Untersuchungen zum Beispiel mit regelmäßigen Wellen durchzuführen, zumal wenn diese aufgrund langjähriger Beobachtungen statistisch abgesichert sind. Untersuchungen mit regelmäßigen Wellen erlauben es auch, deutlicher als Untersuchungen mit Spektren physikalische Einflüsse herauszustellen und den Entwurf gezielt zu verändern.

4.4 Hafenbau und Küstenschutz

Neue Häfen werden in vielen Fällen an sandigen Küsten geplant, wobei Hafenbauwerke (Wellenbrecher) immer einen Eingriff in die natürlichen morphologischen Verhältnisse bedeuten, deren Gleichgewicht oft sehr empfindlich auf Eingriffe reagiert. Besondere Bedeutung hat dabei der durch Wellen und Strömungen im Küstenbereich bedingte Transport sandigen Materials. Jede Studie sollte deshalb auch eine Bestandsaufnahme der Verhältnisse und die zu erwartenden Veränderungen (wie Luv-Anlandung, Sedimentation und Lee-Erosion) beinhalten. Die dazu beste Methode ist immer noch eine gründliche Beobachtung und Messung in der Natur. Theoretische Berechnungen können wertvolle Ergebnisse liefern, verlangen jedoch dann eine genaue Kenntnis über beispielsweise den verursachenden Seegang. Hydraulische Wellenmodelle mit beweglicher Sohle sind immer noch problematisch.

Untersuchungen zum Sedimenttransport sind unter wirtschaftlichen Gesichtspunkten aber sehr wichtig, da zum Beispiel zu erwartende Sedimentationen Unterhaltungsbaggerungen in einer Zufahrtsrinne verlangen, die in die Kalkulationen einbezogen werden müssen. Ebenfalls müssen später erforderliche weitere Küstenschutzmaßnahmen in eine Nutzen-Kosten-Analyse des gesamten Projektes einbezogen werden.

5 Schlußbemerkungen

Es ist in den vorherigen Abschnitten dargestellt worden, was wirtschaftliche Hafenplanung – und diese Forderung muß bei Hafenplanungen in Entwicklungsländern mit Nachdruck gestellt werden – bei der technischen Planung bedeuten kann, und wie man durch Naturuntersuchungen, rechnergestützte Modellberechnungen und hydraulische Modelluntersuchungen diesen Anforderungen ausreichend gerecht werden kann. Die mit diesen Untersuchungen verbundenen Kosten bilden nur einen Bruchteil der Gesamtinvestition und sollten in die Planungskosten einbezogen werden. Detailliertere Planungsergebnisse werden auch eine sichere Kostenschätzung ermöglichen und letztlich für den Bauherrn Kosteneinsparungen durch verminderte Restrisiken erbringen.

Es ist schon darauf hingewiesen worden, daß für die einzelnen Spezialaufgaben die verschiedensten Fachleute und spezielle Institute eingeschaltet werden müssen, die eine ausreichende Erfahrung auf diesem Gebiet besitzen. In der Bundesrepublik sind diese Institutionen nicht in einem großen Küsteningenieur-Institut an einem Ort vereint, wie es schon Hensen [15] gefordert hat. Das hat zur Folge, daß eine integrierte gemeinsame Projektbearbeitung schwierig ist, der planende Ingenieur muß einzelne Fachleute und Institute koordinieren. Besonders Hochschuleinrichtungen haben dabei ihre Schwierigkeiten, sich in eine interdisziplinäre Arbeitsweise einzuordnen. Große Anfangsschwierigkeiten sind dabei zu überwinden, und es sollte nicht verschwiegen werden, daß auch Konkurrenzen untereinander einer gemeinsamen innovatorischen Entwicklung auf diesem Sektor nicht unbedingt förderlich sind.

Bei unseren europäischen Nachbarn (beispielsweise in den Niederlanden und in Dänemark) werden diese Leistungen den potentiellen Auftraggebern in einer Hand angeboten, welches zu einer erheblichen Vereinfachung und Konzentrierung auf die Bearbeitung von Teilaufgaben führt und eine Absprache und gegenseitige Berücksichtigung der Ergebnisse erleichtert. Eine gezielte Entwicklung und Beschaffung teurer technischer Einrichtungen ist besser möglich. Man kann auch nicht übersehen, daß diese teilweise privatwirtschaftlich ausgerichteten (mit staatlicher Unterstützung arbeitenden) Institutionen zielgerichteter und langfristiger bei Einrichtungen und Personal planen können als zum Beispiel Hochschuleinrichtungen. Die neuen technischen Möglichkeiten verlangen hohe Investitionen.

Großeinrichtungen wie beispielsweise die Schiffssimulationsanlage „SUSAN" der Fachhochschule Hamburg oder der neue „Große Wellenkanal" der Universität Hannover und der TU Braunschweig sind ohne Frage vorbildliche Anlagen. Bei allen Investitionen und selbst bei kleineren Beschaffungen ist aber die Finanzierung äußerst schwierig. Die Struktur der Universitäten macht eine Entscheidungsfindung für die Notwendigkeit einer Beschaffung nicht gerade einfach, feste Etats für einzelne Institute sind auf Lehraufgaben beschränkt.

Diese Situation, verbunden mit dem teilweisen vornehmen Skrupel der Wissenschaftler, mit angemessenen Marketing-Methoden die eigenen Ingenieurleistungen zu offerieren, führt dazu, daß notwendige Untersuchungen (Naturmessungen, numerische und mathematische Modellberechnungen, hydraulische Modelluntersuchungen) für neue Hafenanlagen zunehmend an der BRD vorbei in unsere westlichen Nachbarländer vergeben werden, teilweise gehen auch die deutschen Consultants dazu über, ausländische Institute in ihre Untersuchungen einzubeziehen.

Schrifttum

1 Fock, J.: Entwicklung der Schiffsgrößen und Auswirkungen auf die Hafenplanung. In: Jahrbuch der Hafenbautechnischen Gesellschaft, Bd. 38, S. 39–47. Berlin Heidelberg New York: Springer 1981

2 Frankel, E. G.: Prefabricated relocatable harbour facilities – an opportunity for low cost port development; Proceedings Int. Conf. on Coastal and Port Engrg. in Developing Countries (1983) 368–384

3 Vernigora, E.; Dick, M.; Vetter, A.; Morisse, M.: Adaptability of existing port structures to provide low-cost container facilities; Proceedings Int. Conf. on Coastal and Port Engrg. in Developing Countries (1983) 430–439

4 Fachveranstaltung – Häfen: Planung, Bau. Betrieb; (Leitung: Burkhardt, O.); Mitt. des Franzius-Instituts 54 (1982) 4–269

5 Ottesen Hansen, N.-E.: Long period waves in natural wave trains; Inst. Hydrodyn. and Hydraulic Engrg. – Tech. Univ. Denmark; Prog. Rep. 46 (1978) 13–24

6 Blaauw, H. G.; Lindenberg, J.; Strating, J.; Vellinga, P.: Numerical models in port design; Proceedings Int. Conf. on Coastal and Port Engrg. in Developing Countries (1983) 552–569

7 Lygre, A.; Barstow, S. F.; Krogstad, H. E.; Eide, L.; Reistad, M.; Guddal, J.: The directional seas resulting from extreme atlantic depresssions; Proceedings Symp. on description and modelling of directional Seas (1984) Paper C-3

8 Daemrich, K.-F.; Kohlhase, S.; Partenscky, H.-W.: Investigations of longshore transport and morphological changes of the coastline in the vicinity of Lomé/Togo; Proceedings 4. Congr. of APD – IAHR (1984) 497–507

9 Höft, H.-D.: Fahrwasser für große Seeschiffe – Einige Erkenntnisse aus der Arbeit einer PIANC-Studienkommission. In: Jahrbuch der Hafenbautechnischen Gesellschaft, Bd. 38, S. 29–37. Berlin Heidelberg New York: Springer 1981

10 Sander, C.: Schiffsführungs- und Simultations-Anlage „SUSAN"; Hansa, 119. Jahrg. (1982) 327–328 und 469–470

11 Scheffer, H.-J.; Fittschen, T.: Ship response to irregular oblique seawaves; Proceedings Symp. on description and modelling of directional seas (1984), Paper D-6
12 Scheffer, H.-J.; Kohlhase, S.; Burkhardt, O.: Wave attenuation investigations for harbour design with consideration of ship motions; Proceedings int. conf. on coastal and port engrg. in Developing Countries (1983) 570–579
13 Kohlhase, S.: Ozeanographisch-seebauliche Grundlagen der Hafenplanung; Mitt. des Franzius-Instituts, H. 57 (1983) 1–327
14 Bruun, P.: Breakwater or mooring system?; The Dock & Harbour Authority 62 (1981) 126–129
15 Hensen, W.: Ingenieurwissenschaftliche Aufgaben in der Küstenforschung; Die Küste, H. 18 (1969) 15–23

Zwanzig Jahre Planen und Bauen für den Hamburger Hafen

Aus der Arbeit des „Strom- und Hafenbau" 1960 bis 1980

Hafenbaudirektor a.D. Dr.-Ing. **Karl-Eduard Naumann**, Hamburg,
und Hafenbaudirektor a.D. Prof. Dr.-Ing. **Hans Laucht**, Aumühle

1 Einleitung

In diesem Jahrbuch (Band 36 und 37) hat Bolle Erinnerungen aus seiner vierzigjährigen Tätigkeit im und für den Hamburger Hafen dargestellt [86, 91]. Sein Berichtszeitraum umfaßt die Jahre von 1922 bis 1962 und somit diejenige Epoche, in welcher der Hafen Hamburg Hoch- und Tiefpunkte seiner Entwicklung von einer schicksalhaften Spannweite durchlebt und durchlitten hat, wie sie in der Neuzeit nur einigen wenigen europäischen Häfen und nur in unserem Jahrhundert zuteil geworden ist.

Die Verfasser des hiermit beginnenden Beitrages wollen Bolles Bericht bis etwa zum Jahre 1980 fortsetzen, dabei aber den Inhalt ihres Beitrages weniger auf persönliche Erinnerungen stützen – obwohl solche für die Abfassung eines solchen Berichts nahezu unentbehrlich sind – als vielmehr vorzugsweise auf verfügbares amtliches Material. Das ist infolge größerer Zeitnähe des Berichtszeitraumes möglich und wegen der selbstverständlich auch über 1980 hinaus weitergehenden Entwicklung geboten, weil diese unvermeidlich auf derjenigen in der Berichtsperiode aufbaut. Diese Interdependenz besteht in ausgeprägter Form erst seit den sechziger Jahren, nachdem die Periode des Wiederaufbaus nach den Kriegszerstörungen im wesentlichen abgeschlossen war. Freilich läßt sich kein genaues Datum – nicht einmal ein Jahr angeben, welches das Ende des Wiederaufbaus und den Beginn neuer Entwicklungen markiert; der Übergang vollzog sich vielmehr fließend. Denn auch in den fünfziger Jahren ist schon in neue, vor dem Kriege nicht vorhanden gewesene Anlagen investiert und auch in den sechziger und siebziger Jahren sind noch Kriegsschäden beseitigt worden. Aber es ist unverkennbar, daß das Schwergewicht der Hafeninvestitionen sich ab 1960 zunehmend vom Wiederaufbau auf Anlagen mit ganz neuer Zielsetzung verlagert hat.

Im vorliegenden Bericht wird das Wirken des Amtes „Strom- und Hafenbau", das die verkehrswirtschaftlichen Notwendigkeiten und die Impulse aus der Seewirtschaft in planerische Ideen und gestalterische Realisationen umzusetzen, daneben aber noch eine Fülle anderer Aufgaben im Interesse des Hafens zu erfüllen hatte und hat, unvermeidlich im Vordergrund stehen. Wir beginnen deshalb im zweiten Kapitel mit einer Darstellung der Aufgaben dieses Amtes, seiner Stellung innerhalb Hamburgs und außerhalb der hamburgischen Verwaltung, seiner inneren Struktur und seiner Arbeitsweise.

In weiteren Kapiteln werden sodann Ausführungen folgen über

- die Verkehrsentwicklung
- die Planung
- die Verkehrsanbindungen des Hafens
- die Investitionen der öffentlichen Hand
- die privaten Investitionen im Hafen
- außergewöhnliche Anforderungen,

alles bezogen auf die Berichtsperiode 1960 bis 1980, wobei insbesondere auf bemerkenswerte Entwicklungen einzugehen sein wird, während Zustandsbeschreibungen in den Hintergrund treten sollen.

Die Verfasser des vorliegenden Beitrages haben an den Aufgaben, die dem Amt in der Berichtszeit gestellt waren, in leitender Funktion mitgewirkt, von Anfang 1963 an nacheinander als Amtsleiter. Sie wollen mit diesem Beitrag auch den zahlreichen Mitarbeitern, die ihnen in dieser Zeit bei der Erfüllung der Aufgaben des Amtes tatkräftig und ideenreich zur Seite gestanden haben, ihren Dank abstatten. Ein weiterer Dank gilt den jetzt tätigen Mitarbeitern, die das Zustandekommen des Beitrages durch Überlassung von Unterlagen, Lieferung von Daten und Fakten sowie durch Schreib- und Zeichenhilfe ermöglicht haben.

2 Das Amt Strom- und Hafenbau und seine Aufgaben

2.1 Stellung und allgemeine Aufgaben

Stellung, Bedeutung und Aufgaben des Amtes Strom- und Hafenbau, dessen Entstehung auf das Ende des achtzehnten Jahrhunderts zurückgeht, sind begreiflicherweise im Laufe der Zeit immer wieder an die Entwicklungen im Seeverkehr, im Hafenbau und -betrieb, in den Gesellschafts- und Verwaltungsstrukturen und in der Technik angepaßt worden. Die dadurch bedingten Veränderungen, vermehrt durch einige aus rein politisch-administrativen Gründen, haben jedoch zu keiner prinzipiellen Änderung geführt, auch wenn man berücksichtigt, daß die Bedeutung des Hafens für die Stadt während der letzten etwa drei Jahrzehnte trotz seiner immer noch überragenden Größe und seines enormen Wachstums in dieser Periode relativ abgenommen hat, weil bedeutende, nicht hafengebundene Wirtschaftsfunktionen hinzugekommen sind. Der Strom- und Hafenbau ist jedoch mit seinem vielseitigen Fachwissen und seinen Arbeitsmöglichkeiten die wichtigste stadtstaatliche Institution für Planung, Ausbau, Modernisierung und Unterhaltung der gesamten Infrastruktur des größten deutschen Seehafens geblieben und das einzige Amt mit derart umfassenden Aufgaben in Deutschland.

Diese Stellung des Amtes, die Vielfalt und häufige Neuartigkeit seiner Aufgaben, das ständige Mitwirken an dynamischen wirtschaftlichen und technischen Entwicklungen sowie das Bewußtsein einer bedeutenden Tradition waren gewiß die Hauptgründe für die oft besonders ausgeprägte Motivation und das persönliche Engagement der Mitarbeiter in allen Funktionen. Ohne dies wären zahlreiche schwierige Situationen wohl nicht zu meistern gewesen.

2.1.1 Innerhalb Hamburgs

Nach dem vom Senat der Freien und Hansestadt Hamburg herausgegebenen Hamburg-Handbuch (hier: Ausgabe 1979) nimmt Strom- und Hafenbau die hamburgischen Landesaufgaben für den Hafen, die Seeschiffahrtsstraßen und die Binnenwasserstraßen wahr. Dazu gehören Planung, Neubau, Unterhaltung und Verwaltung der baulichen Anlagen und Wasserflächen des Hamburger Hafens, des hamburgischen Teiles des Cuxhavener Hafens und der Inseln Neuwerk und Scharhörn an der Elbmündung. Im Hamburger Bereich gehören die Bundeswasserstraßen dazu, die entsprechend einem Zusatz zum Staatsvertrag von 1921 betr. den Übergang der Wasserstraßen von den Ländern auf das Reich innerhalb der Landesgrenzen, die durch das sog. Groß-Hamburg-Gesetz von 1937 erweitert worden sind, vom Reich/Bund auf Hamburg „delegiert" sind. Delegation bedeutet in diesem Falle die umfassende Wahrnehmung der sonst dem Bund obliegenden Rechte und Pflichten, also Verwaltung, Nutzung, Unterhaltung und ggf. Ausbau einschl. Kostentragung. Es handelt sich also nicht um eine Auftragsverwaltung im sonst üblichen Sinne.

Die Behörde für Wirtschaft und Verkehr (BWV), seit 1976 Behörde für Wirtschaft, Verkehr und Landwirtschaft (BWVL), in der Strom- und Hafenbau das nach Personal und Haushaltsvolumen größte Amt darstellt, hat im Stadtstaat Hamburg außer den kommunalen Funktionen auch die eines Ministeriums wie in einem deutschen Flächenlande. An ihrer Spitze stehen der Senator (Minister) und der Staatsrat (Staatssekretär); die Amtsleiter sind Senatsdirektoren (Ministerialdirektoren) sowie der Hafenbaudirektor als Leiter des Amtes Strom- und Hafenbau, der einen ständigen Vertreter (Erster Baudirektor) zur Seite hat. Es ist das einzige Amt, das seine umfangreichen Personalangelegenheiten weitgehend selbständig regelt und einen eigenen Personalrat hat, dessen Gesprächspartner nicht – wie bei den anderen Ämtern der Behörde – der Senator oder der Staatsrat, sondern der Hafenbaudirektor oder sein ständiger Vertreter sind (2.4.2).

Die räumliche und sachliche Zuständigkeit des Strom- und Hafenbau ist in Grenzbereichen des öfteren verändert worden, längere Zeit lediglich durch interbehördliche Verwaltungsvereinbarungen mit dem Tiefbauamt der Baubehörde. Schließlich gab es am 14.3.1961 eine Anordnung des Senats über die Zuständigkeiten auf den Gebieten des Wasserrechts und der Wasserwirtschaft, auf der alle späteren Abgrenzungsänderungen beruhten. Andererseits ist der Tätigkeitsbereich des Amtes in einigen wenigen besonderen Fällen, wie z. B. bei den Hochwasserschutzmaßnahmen nach 1962 und 1976, aus reinen Zweckmäßigkeitsgründen räumlich oder sachlich vorübergehend erheblich verändert worden. Nicht nur dadurch zeigte sich wiederholt, daß es ratsam war, endlich zu einer Abgrenzung zu kommen, die allen neueren Gesichtspunkten, vor allem denen der Hafen- und der Stadtentwicklung, weitgehend Rechnung trug.

Grundlegende Besprechungen darüber fanden zwischen der Leitung der Baubehörde und dem Amtsleiter Strom- und Hafenbau für seine Behörde ab Oktober 1975 statt. Sie bekamen durch die Sturmflut von 1976 und ihre Folgemaßnahmen noch einige neue Akzente. Mehrere Änderungen der Senatsanordnung von 1961 erbrachten dann bis 1979 die seitdem geltende Regelung (Abb. 1). Damit war nicht nur grundsätzlichen Überlegungen Geltung verschafft worden, es waren auch einige bis dahin immer noch vorhandene Unklarheiten in Grenzbereichen und in betrieblichen Angelegenheiten, z. B. bei einigen Schleusen und Sperrwerken, beseitigt.

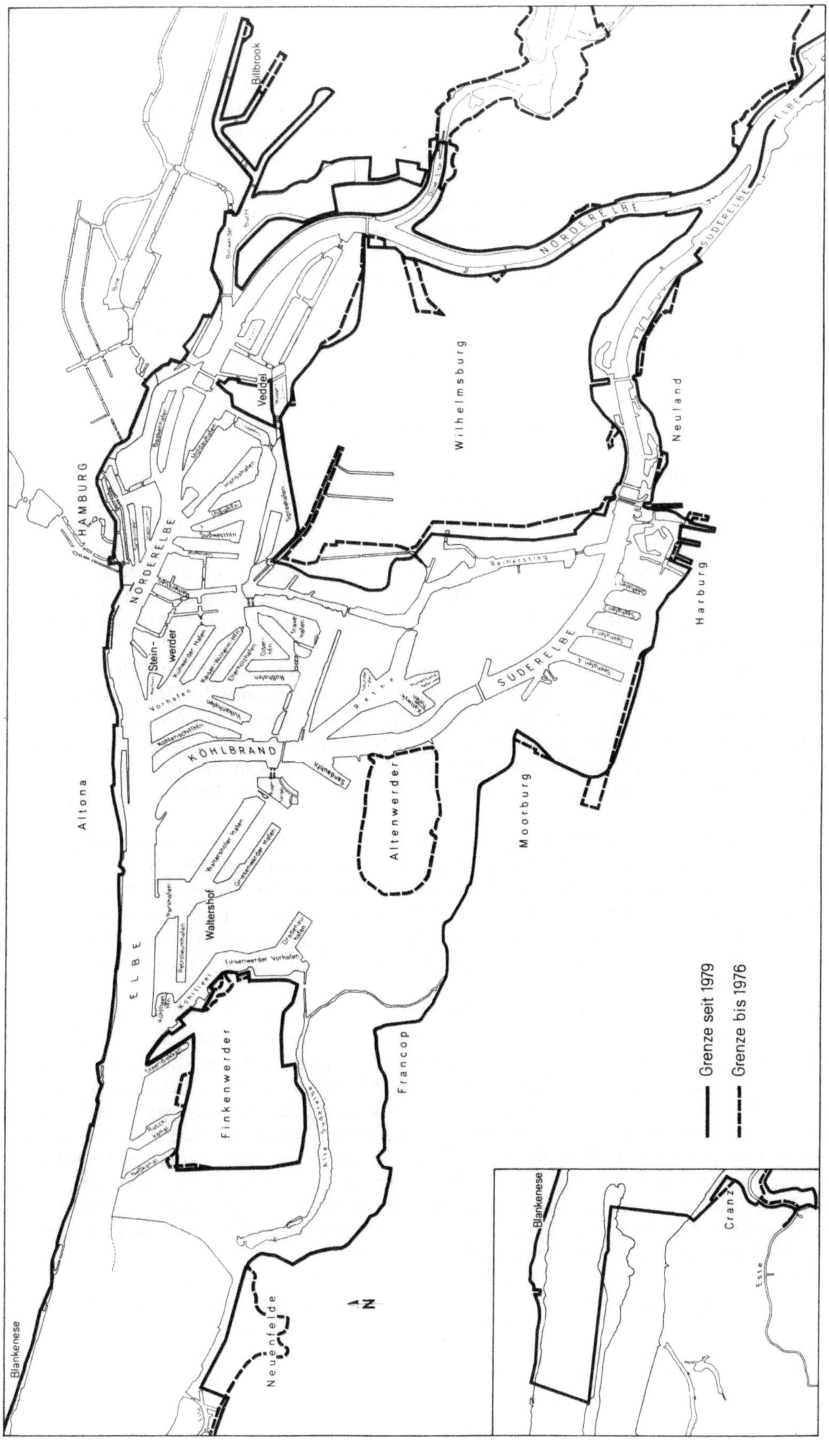

Abb. 1. Räumlicher Zuständigkeitsbereich des Amtes Strom- und Hafenbau

Das Wirken von Bürgermeister Engelhard als Präses der Behörde (1957 bis 1966) hat Bolle bereits weitgehend beschrieben. Der Nachfolger war Senator Helmuth Kern (1966 bis 1976), der mit viel Tatkraft, Risikobereitschaft, Verständnis für Hafenbelange, praktischem Sinn und politischem Gespür tätig gewesen ist. In seine Amtszeit fällt die Umorganisation der Behörde und die Einführung der „neuen Hafenordnung" (2.1.3), beides mit erheblichen Auswirkungen auf die Arbeit des Strom- und Hafenbau, sowie die Zusammenlegung mit großen Teilen der Behörde für Ernährung und Landwirtschaft 1976 zur BWVL, die nun so groß geworden war, daß ihre Einzelbereiche politisch nicht mehr so intensiv betreut werden konnten, wie es wünschenswert und vordem üblich war.

Der 1967 durchgeführten Umorganisation der (damals noch) BWV lag die Überlegung zugrunde, sich nach der Wiederaufbauphase nun angesichts immer komplizierter werdender Wirtschaftsfragen den neuen Herausforderungen der nationalen und internationalen Lage zu stellen. Dabei sollten zugleich „in sich geschlossene Verwaltungseinheiten mit möglichst klar abgegrenzter Aufgabenstellung" geschaffen werden, um Verwaltungswege und Abstimmungsvorgänge innerhalb der Behörde auf das erforderliche Minimum zu reduzieren. Dazu waren erhebliche Änderungen und Zusammenlegungen mehrerer Ämter vorgesehen. Das Ziel war erstrebenswert, wurde jedoch, was die Hafenbelange anbetrifft, nicht in dem erwünschten Umfang erreicht. Auch nicht durch die vermeintlich zentrale hafenpolitische Lenkungsinstanz mit der Einrichtung einer neuen Abteilung „Hafendirektion" im Amt für Hafen, Schiffahrt und Verkehr, denn diese sog. Hafendirektion ist nicht vergleichbar mit solchen anderer großer Seehäfen, weil sie in der Verwaltungsstruktur viel tiefer und mit nur einem Bruchteil der sonst üblichen Kompetenzen angesetzt ist.

Dennoch mußte nun nach dem neuen Organisationsschema mit der entsprechenden Aufgabenverteilung gearbeitet werden, vor allem in Planungsfragen. Dies bedeutete im wesentlichen, daß sich der Strom- und Hafenbau künftig auf die technische und betriebliche Hafenplanung beschränken sollte, während vom Amt für Hafen, Schiffahrt und Verkehr die hafenpolitischen und hafenwirtschaftlichen Gesichtspunkte beigesteuert werden sollten. Wollte man dabei unnötige Reibungen und Verzögerungen infolge der dauernden sachlichen Überschneidungen vermeiden, dann ging das nur auf eine typisch hamburgische Art, nämlich durch dauernde persönliche Kontakte und direkte Routinebesprechungen über alle zu klärenden Punkte. Dies hat sich – unter der wechselnden Leitung der beiderseitigen Amtsleiter – gut bewährt.

In diese laufenden Abstimmungen fielen auch alle Investitionen, die aus dem Staatshaushalt zu leisten waren. Es blieb aber dabei, daß der Strom- und Hafenbau seinen Haushalt für alle Maßnahmen des Hafenbaues und der Unterhaltung selbst aufstellte, von nun an jedoch bei den Punkten, die hafenwirtschaftlich relevant waren, in Abstimmung mit dem anderen Amt. Alle übrigen Haushaltsangelegenheiten, und das sind wegen der Fülle der zweckgebundenen Konten und der ständigen Überraschungen im Baugeschehen nicht wenige, wurden nach wie vor direkt zwischen Strom- und Hafenbau und der Finanzbehörde geregelt, soweit sie nicht Senat und Bürgerschaft (Parlament) vorzulegen waren.

In diesen und anderen wichtigen Fällen, auch wenn sie nichts mit dem Haushalt zu tun hatten, wurden die entsprechenden Vorlagen vom Strom- und Hafenbau erarbeitet, und zwar stufenweise für die Deputation der Behörde (ein ehrenamtlich tätiges Gremium, das unter Vorsitz des Senators wichtige Dinge der Behörde mitbeschließt), für den Senat und für die Bürgerschaft und/oder ihre Ausschüsse. Erläutert und vertreten wurden die Vorlagen vor der Deputation vom Amtsleiter oder Vertreter und/oder Abteilungsleiter und/oder Sachbearbeiter, vor dem Senat von Senator und/oder Staatsrat, vor bürgerschaftlichen Ausschüssen je nach Bedeutung und erforderlichen Sachkenntnissen von allen diesen Personen.

Die Nachfolger von Senator Kern waren die Senatoren Dr. Wilhelm Nölling (1976 bis 1978) und Jürgen Steinert (1978 bis 1982), die sich ebenfalls innerhalb des weitgespannten Arbeitsgebietes der BWVL nach Kräften für die Hafenbelange einsetzten. In ihrer Zeit machte sich indessen bereits deutlich und zunehmend die Tendenz bemerkbar, politische und verwaltungsmäßige Vorgänge durch äußere Einflüsse in immer mehr außerparlamentarischen Gremien zu erschweren, was zur Folge hatte, daß vor allem grundsätzliche und vorbereitende Tätigkeiten in bisher nicht gekanntem Ausmaß und keineswegs immer aus sachlichen Gründen verzögert wurden, daß die Papierflut unaufhaltsam anstieg und daß die Dienstkräfte der Behörde – somit auch beim Strom- und Hafenbau – immer mehr und unproduktiver belastet wurden. Die Ursachen dafür waren nicht nur in der allgemeinen gesellschaftlichen Entwicklung, sondern auch in den oft widersprüchlichen politischen Auffassungen des Senats und der hinter ihm stehenden Parteien zu sehen, wobei es keinen wesentlichen Unterschied machte, ob die Regierung von einer Koalition (SPD/FDP) oder nur von einer Partei (SPD) getragen war.

Speziell kam noch hinzu, daß in Hamburg die Bezirksverwaltungen mit den Bezirks- und Ortsämtern mehr Befugnisse als bisher eingeräumt bekamen. Bemühungen, aus dieser gesetzlichen Neuregelung das Hafengebiet räumlich und sachlich herauszuhalten, schlugen fehl, so daß seitdem in diesem Gebiet vier Bezirksämter in noch stärkerem Maße kommunalpolitisch, also z. B. auch stadtplanerisch, zuständig sind, davon zwei besonders ausgeprägt. Hatten bis dahin zwischen dem Strom- und Hafenbau und ihnen recht gute Verhältnisse bestanden, so galt es nun, das Miteinander möglichst noch zu verstärken, um das gegenseitige Verständnis für die beiderseitigen Belange zu fördern und schädliche Kontroversen zu vermeiden. Nur so war es – wenn auch mit beträchtlichem zusätzlichem Aufwand – möglich, wenigstens den wichtigsten Erfordernissen des Hafens Geltung zu verschaffen, wobei jedoch manchmal schmerzliche Kompromisse geschlossen werden mußten.

Dieses Feld blieb dem Strom- und Hafenbau ohne nennenswerte politische Unterstützung fast allein zu beackern. Dabei hatte man es zwar mit aufgeschlossenen, sachlich denkenden Bezirksamtsleitern und deren engeren Mitarbeitern zu tun, nicht immer jedoch in gleicher Weise mit den Abgeordneten der Bezirksversammlungen und Ortsausschüsse, die zuweilen mit rein kommunalpolitischen Zielsetzungen an die Beurteilung der ihnen fern liegenden Hafenbelange herangingen. Damit bestätigte sich wiederholt die alte Erfahrung, daß auch in Weltstädten Kirchturmspolitik betrieben wird. Etwas gedämpft wurden diese Schwierigkeiten allerdings dadurch, daß die Hafenerweiterung längst nicht mehr in dem Tempo vorangetrieben zu werden brauchte, wie das in Überschätzung der weltwirtschaftlichen Entwicklung bis in die siebziger Jahre angenommen worden war. Leider neigte nun aber manche politische Richtung dahin, jede künftige Erweiterung zu verneinen, was die Dinge wiederum erschwerte.

Von den hamburgischen Behörden, mit denen besonders eng zusammengearbeitet werden mußte, sei hier des weiteren die Baubehörde genannt, mit der es zahlreiche Berührungspunkte und Überschneidungen gab, die abschließend erst 1979 nach zähen Verhandlungen geklärt und geregelt werden konnten. Trotzdem waren auch danach noch laufende Abstimmungen in mehreren Bereichen auf verschiedenen Ebenen erforderlich. Diese Zusammenarbeit, sei es wegen des Alltagsgeschehens oder infolge von besonderen Anlässen, war von Verständnis und Sachwissen geprägt, wodurch jedoch Schwierigkeiten nicht von selbst gelöst wurden. Da der Strom- und Hafenbau für seine eigenen und die von ihm beaufsichtigten Bauten selbst die baupolizeilichen Befugnisse wahrnimmt, erstreckte sich die Zusammenarbeit vor allem auf Fragen der Raumordnung, der Gestaltung von stadtnahen oder repräsentativen Großobjekten, der kartographischen Vermessung, der Verkehrsanschlüsse, der Abwasser- und Müllentsorgung einschl. des Baues von Klärwerken im Hafengebiet und der Wasserwirtschaft.

Dieser letzte Punkt war nicht nur wegen der notwendigen Abstimmung in allen Fragen des Hochwasserschutzes nach den Sturmfluten von 1962 und 1976 besonders wichtig, sondern weil es in Hamburg zwei Wasserbehörden gibt: Die Behörde für Wirtschaft, Verkehr und Landwirtschaft für das gesamte Tide- und Hafengebiet, in vollem Umfang ausgeübt vom Strom- und Hafenbau, und die Baubehörde mit ihrer Hauptabteilung Wasserwirtschaft für alle übrigen Gewässer. Diese Einteilung ist historisch gewachsen, weil der Strom- und Hafenbau vor 1921 für Ausbau, Unterhaltung und quantitative Gewässerkunde der Tideelbe zwischen Geesthacht (oberhalb Hamburgs) und der Mündung bei Cuxhaven, also für rd. 160 Stromkilometer, zuständig gewesen ist; und sie ist zweckmäßig, weil die nach 1921 an Hamburg delegierten Reichs-/Bundeswasserstraßen untrennbar zum Hafengebiet gehören.

Sodann müssen noch zwei Senatsämter erwähnt werden, zu denen Strom- und Hafenbau in vielen seiner eigenen Angelegenheiten direkte Verbindung hält: Das Organisationsamt und das Personalamt, mit denen besonders die häufigen organisatorischen und Stellenplanänderungen einschl. zuweilen geforderter Einsparungsmaßnahmen verhandelt werden müssen. Außerdem sei erwähnt, daß die Finanzbehörde in zwei hamburgischen Kommissionen bei der Beschaffung von maschinellen und elektrotechnischen Anlagen und Geräten sowie von Kraftfahrzeugen gutachterlich beraten wurde. Ferner war das Amt allgemein an bauaufsichtlichen Verfahren und Prüfungen von Krananlagen im Rahmen anderer Zuständigkeiten beteiligt.

Umgekehrt gibt es etliche Dienststellen anderer hamburgischer Behörden, die aus eigener Kompetenz im Hafen tätig sind, wie z. B. der Polizei, der Feuerwehr, des hafenärztlichen Dienstes und des Arbeitsschutzes, die in mancher Hinsicht betreut und bei Planungen berücksichtigt werden müssen.

Schließlich, aber nicht zuletzt, sei bemerkt, daß Strom- und Hafenbau die ihn betreffenden Mitteilungen des Rechnungshofes selbständig bearbeitet und beantwortet, wobei die Antworten über Behördenleitung und Senat laufen. Dabei wurden in der Berichtszeit – und auch schon früher – diese Mitteilungen weder von vornherein als sakrosankt noch als Herausforderung zu unbedingter Rechtfertigung angesehen. Waren Beanstandungen berechtigt oder waren Unklarheiten vorhanden, dann wurde dies selbstverständlich zugegeben und berichtigt; dies traf für die große Mehrzahl zu. Schien eine Beanstandung dagegen unberechtigt zu sein, weil sie vielleicht die Vernetzung technischer, betrieblicher und wirtschaftlicher Probleme nicht erkannte oder Auffassungsunterschiede im Ermessensspielraum bestanden, dann wurde ihr mit gebotener Entschiedenheit entgegengetreten; dabei ist es auch vor dem Parlament nicht immer zu einem Konsens gekommen.

2.1.2 Außerhalb der hamburgischen Verwaltung

Ist schon bei der Arbeit „vor Ort“ und besonders in den Grenzbereichen oft ein allgemeines Bedürfnis nach Gesprächen und Abstimmungen mit den Verwaltungen des Bundes und der Nachbarländer vorhanden, so wird das in weiterem Sinne zu einem Zwang hinsichtlich der ministeriellen Aufgaben, die der Strom- und Hafenbau für seine Behörde wahrzunehmen hat. Hinzu kommt die vielfache Beteiligung von Angehörigen des Amtes in fachlich oder wissenschaftlich orientierten Vereinigungen. Im folgenden sollen – ohne Anspruch auf Vollzähligkeit und ohne Trennung nach der Art der Motivation – einige Hinweise auf diese Tätigkeiten gegeben werden.

Zunächst ist allgemein festzustellen, daß das Amt des öfteren auf der Basis seines Fachwissens bei der Vorbereitung einschlägiger Bundesgesetze und z. B. des Staatsvertrages von 1961 zwischen Hamburg und Niedersachsen über Gebietsänderungen in Cuxhaven und Neuwerk mitwirken mußte, und zwar fachlich und juristisch. Desgleichen hatte es bei besonderen Anlässen die Belange Hamburgs anderen gegenüber mit zu vertreten, so z. B. bei den Elbevertiefungen, beim Elbeseitenkanal, bei Straßen- und Bahnplanungen, beim Hochwasserschutz u. a. m. Betrachtet man jedoch die Sachgebiete, die dauernde Fühlungnahmen unerläßlich sein ließen, so ergeben sich einige größere Komplexe.

Eine sehr intensive Zusammenarbeit bestand lange Zeit für das Gebiet der Wasserstraße Elbe mit der Wasser- und Schiffahrtsdirektion Hamburg (jetzt WSD Nord). Ausbaupläne, die über örtliche Hafenbereiche hinausgingen, also besonders die mehrfache, stufenweise Vertiefung der Elbe vom Hafen bis zur See mit sämtlichen technischen, hydraulischen, rechtlichen und finanziellen Fragen, der damit zusammenhängende Bau der Staustufe Gesthacht, die neue Sicherung des Fahrwassers und seine Ausnutzung durch Großschiffe unter Berücksichtigung der Tide, ja selbst einzelne Baumaßnahmen erforderten ständige Abstimmungen, sogar über die Ausführung und Termine. Da auf beiden Seiten Fachleute dasselbe Ziel verfolgten, konnten Schwierigkeiten, die es technisch, juristisch und politisch reichlich gab, in den meisten Fällen kollegial überwunden werden.

Ähnliches trifft – mit anderen Schwerpunkten und vermehrt um die Mitarbeit von Länderdienststellen – für die Forschungsarbeiten im Watten- und Elbegebiet von Neuwerk/Scharhörn zu, die Strom- und Hafenbau von 1963 bis 1979 durchführte. Auch hier gab es manche Gemeinsamkeiten; so wurde die Hamburger Funkortungskette, die erste an der deutschen Küste für diese Zwecke, von der Bundesverwaltung für ihre Peilungen mitbenutzt.

Für den Elbeseitenkanal, der den Sinn hatte, Hamburg endlich vollschiffig an das Binnenwasserstraßennetz anzuschließen und in dieser Hinsicht mindestens konkurrenzfähig zu machen, wurde beim Strom- und Hafenbau bereits Anfang der fünfziger Jahre eine überschlägliche Grobtrassierung vom Zweitverfasser durchgeführt. Im Aufsichtsrat der zu seiner Finanzierung gebildeten Elbe-Mittellandkanal-GmbH hatte der Erstverfasser einen der beiden hamburgischen Sitze inne (5.2.3). Die Abrechnung gestaltete sich schwierig, weil hier nicht so klare Abgrenzungen vorliegen, wie z. B. beim Ausbau der Unterelbe.

Ebenfalls eine umfangreiche, direkte Zusammenarbeit bestand mit der Oberfinanzdirektion Hamburg, einmal wegen der Zollfragen in Planungsangelegenheiten, zum anderen wegen der Durchführung von Zollbauten aller Art durch den Strom- und Hafenbau (2.2.3).

Im Falle von Sturmfluten war und bleibt eine enge Fühlungnahme mit dem Deutschen Hydrographischen Institut unerläßlich, auch nachdem beim Strom- und Hafenbau speziell für den Hamburger Hafen und den Bereich der Stadt ein eigener, differenzierter Sturmflutwarndienst eingerichtet worden ist (2.3.3).

Von den ständigen Bund-Länder-Gremien ist an erster Stelle wohl der Küstenausschuß Nord- und Ostsee zu nennen, der bald nach dem letzten Kriege zwecks einheitlicher Zielsetzung der nunmehr elf an der Küste tätigen Verwaltungen gebildet worden war. Strom- und Hafenbau war in ihm bis zu seiner Auflösung vertreten, ebenso in seiner Nachfolgeorganisation, dem seit 1973 bestehenden Kuratorium für Forschung im Küsteningenieurwesen (KFKI), dem manche Impulse gegeben werden konnten.

Eine sehr wichtige Einrichtung ist auch der seit 1975 bestehende Ölunfallausschuß See/Küste (ÖSK), in dem Bund und Küstenländer gemeinsam Maßnahmen zur Abwehr und Beseitigung von Ölverschmutzungen größeren Ausmaßes, die durch Schiffe verursacht werden, treffen. Ferner gibt es seit Mai 1977 eine Arbeitsgemeinschaft der drei Anrainerländer der Elbe mit einer Gastbeteiligung des Bundes, die Arge Elbe, die gegründet wurde, nachdem der Bund durch ein höchstrichterliches Urteil seine bis dahin wahrgenommenen Kompetenzen wasserwirtschaftlicher Art verloren, aber auf Wunsch der Länder seine Arbeiten in der Elbe zunächst noch fortgesetzt hatte. Zu den Initiatoren dieser Arbeitsgemeinschaft gehörte der Strom- und Hafenbau, der am Anfang die meisten Fahrzeuge und Untersuchungsgeräte sowie das Personal einbringen konnte. Die Arge bemüht sich um die Voraussetzungen zur Verbesserung der Wasserqualität in der Elbe und unterhält zu diesem Zweck einen ständigen technischen Ausschuß und eine Wassergütestelle, die von den drei Ländern getragen wird, räumlich aber aus Zweckmäßigkeitsgründen nach wie vor beim Strom- und Hafenbau untergebracht ist, obwohl das Amt seit dem Übergang der betreffenden Aufgaben auf die Behörde für Bezirksangelegenheiten, Naturschutz und Umweltgestaltung ab 1981 nicht mehr hamburgisches Vollmitglied der Arge ist, sondern – wie auch die Wasser- und Schiffahrtsverwaltung des Bundes – nur noch als Gast mitwirkt.

In Wahrnehmung wasserbehördlicher Aufgaben Hamburgs war das Amt ferner von Anfang an (1959) in der Länderarbeitsgemeinschaft Wasser (LAWA) vertreten, die sich, teilweise in Arbeitsgruppen, mit allen wasserwirtschaftlichen und wasserrechtlichen Angelegenheiten in der Bundesrepublik befaßt, Zielvorstellungen erarbeitet, auf einheitliche Entwicklungen hinwirkt und zweckdienliche Empfehlungen ausspricht. Hier kam vor allem eine Mitarbeit bei speziellen Problemen der Tidegewässer in Betracht, die sonst – weil sie der großen Mehrheit der binnenländischen Wasserwirtschaftsverwaltungen fremd sind – nicht immer die ihnen gebührende Berücksichtigung gefunden hätten.

Einen sehr praxisnahen Hintergrund hat die Mitwirkung in einem ständigen Arbeitskreis Brückenprüfung des Bundes und der Länder in Anbetracht der rd. 190 Brücken aller Art, die vom Strom- und Hafenbau im Hafengebiet zu beaufsichtigen und zu unterhalten sind. Dagegen hat die Teilnahme eines leitenden Beamten in einer Bund-Länder-Kommission über langfristige Aufgabenplanung (seit 1972) nicht so unmittelbare Folgen für das Amt, dient aber sicher dazu, die Aufgaben der deutschen Seehäfen deutlich zu machen. Ein anderer war jahrelang als Berater der Bundesregierung zur Vorbereitung mehrerer internationaler Gewässerschutzkonventionen tätig (London 1973, Oslo/London 1972/1975, Paris 1974, Straßburg 1974). Und schließlich sei hier noch die Mitwirkung an Vorbesprechungen über die Internationale Seerechtskonferenz und an Verhandlungen über eine Wattenmeer-Konvention genannt. Diese und ähnliche Aufgaben erforderten eine Menge Arbeit und Zeit.

Einen ganz besonderen Komplex stellt die fortdauernde Zusammenarbeit mit der Bundesbahn (DB) dar, die von der Abteilung Hafenbahn des Amtes wahrgenommen wird. Das ergibt sich daraus, daß nach dem Hafenbahnbetriebsvertrag von 1929 Hamburg – de facto also Strom- und Hafenbau – alle Bahnanlagen im Hafen plant, baut und unterhält, während die DB den Betrieb auf Rechnung und Gefahr Hamburgs ausführt. Dieser Verkehr hat so zugenommen, daß er nicht nur für den Hafen, sondern auch für die DB große Bedeutung hat. Infolgedessen sind gerade in den letzten Jahrzehnten erhebliche Anstrengungen zur Verbesserung und Erweiterung der Anlagen nach den jeweils neuesten technischen Erkenntnissen gemacht worden, so daß die Leistungsfähigkeit der Hafenbahn bisher stets den steigenden Bedürfnissen angepaßt werden konnte (5.2.1).

Da das Amt seinen Nachwuchs an technischen Beamten – von einigen Ausnahmen und Spezialisten abgesehen – selbst ausbildete (2.4.2), hatten die damit besonders betrauten Mitarbeiter ständig mit dem Oberprüfungsamt für den höheren technischen Verwaltungsdienst in Frankfurt zu tun, um an der Abstimmung von Ausbildungsgängen, ja sogar in starkem Maße an Reformen, sowie an den Prüfungen selbst mitzuwirken.

Neben allen diesen auch nach außen wirkenden Tätigkeiten darf nicht übersehen werden, daß es nicht nur für den Wissensstand, sondern auch für die Stellung und das Ansehen des Amtes bedeutend ist, wenn ein Teil seiner Angehörigen als Mitglieder in technisch-wissenschaftlichen oder fachlich-praktisch tätigen nationalen und internationalen Vereinen und Gesellschaften mitwirken. Dies war immer in beachtlichem Maße, durch Abordnung oder persönliche Initiative, der Fall und erstreckte sich auf die einschlägigen Gebiete des Bauingenieurwesens einschließlich des Eisenbahnwesens, aber auch des Maschinenbaues, der Förder-, Elektro- und Radartechnik und andere.

Das überzeugendste Beispiel ist wohl die Hafenbautechnische Gesellschaft, die immer viele, sehr aktive Mitglieder aus dem Strom- und Hafenbau hatte und deren Geschäftsführung hier ansässig ist. Die Verfasser waren lange Zeit Vorsitzender und Vorstandsmitglied, während andere Angehörige des Amts ebenfalls als Vorstandsmitglieder sowie in der Geschäftsführung und in mehreren Arbeitsausschüssen, teils als deren Vorsitzende, tätig waren. Als weiteres Beispiel sei noch der Internationale Ständige Verband für Schiffahrtskongresse genannt, in dem bei Themen, die sowohl für die Schiffahrt wie für die Häfen wichtig sind, an teilweise maßgebenden Stellen mitgearbeitet wurde.

Alle anderen Aktivitäten, z. B. bei nationalen und internationalen Fachtagungen, und die Mitwirkungen in ingenieurwissenschaftlichen Vereinen der für das Amt bedeutenden Disziplinen hier auch nur aufzuzählen, würde ebenso zu weit führen wie die Aufzählung der praktischen und wissenschaftlichen Tätigkeiten einzelner Mitarbeiter, obwohl das Amt einen namhaften Teil seines Ansehens im In- und Ausland diesen freiwilligen Tätigkeiten verdankt (2.3.4).

2.1.3 Zusammenarbeit mit Hafennutzern; Hafenordnung

Diese vielseitige Aufgabe ist um so wichtiger, je besser das allgemeine Ziel, sowohl die staatlichen wie die privaten Investitionsmittel so sinnvoll und wirksam wie möglich einzusetzen, erreicht werden soll. Schon wenn es um Generalplanungen für die fernere Zukunft geht, empfehlen sich Fühlungnahmen mit den Verbänden der Hafennutzer; eine engere Zusammenarbeit wird immer zwingender, je näher man der Verwirklichung kommt. Schließlich sind, so bald und so weit wie zweckmäßig, auch die potentiellen Nutzer selbst mit heranzuziehen, und zwar oft auch dann, wenn dies nicht sowieso im Rahmen besonderer Verfahren vorgeschrieben ist. In vielen Fällen kann die Einzelplanung erst dadurch optimal gestaltet und die politische Durchsetzbarkeit verbessert werden. In Hamburg sind Investitionsmittel für neue und zur Modernisierung alter Anlagen im Berichtszeitraum nur dann bewilligt worden, wenn sie wirtschaftlich hinreichend begründet werden konnten.

Von den zahlreichen Verbänden, Vereinigungen, Arbeitsgemeinschaften u.a., die meist branchenspezifisch strukturiert sind, seien hier nur zwei genannt, mit denen besonders häufige Kontakte stattgefunden haben: Die Handelskammer Hamburg, die alle Sparten des Handels und der Industrie vertritt, und der Unternehmensverband Hafen Hamburg e.V., der seit 1968 ein Zusammenschluß der Umschlagbetriebe ist. Bis etwa zu diesem Zeitpunkt war die staatliche Hamburger Hafen- und Lagerhaus AG mit dem größten Anteil am Stückgutumschlag der wichtigste Gesprächspartner des Amtes mit erheblich mehr Rechten als andere. Dies mag aus der Schilderung der dann vollzogenen Änderungen hervorgehen:

Bis zur Umorganisation der Behörde unter Senator Kern 1967 wurden Vermietungen von Grundstücken im Hafengebiet zwischen dem Strom- und Hafenbau und der Liegenschaftsverwaltung der Finanzbehörde einerseits sowie den Interessenten andererseits abgestimmt und ausgehandelt; danach kam auf der Behördenseite noch die neugebildete Abteilung Hafendirektion dazu.

Für die Entwicklung des Hafens bedeutender war die sog. Neue Hafenordnung, die 1967 in einem Bericht der Behörde über die Lage und Entwicklungsaussichten des Hamburger Hafens, ausgehend von Leitlinien der Hamburger Wirtschaftspolitik, die der Senat 1965 verabschiedet hatte, dargestellt und Anfang 1970 von der Bürgerschaft beschlossen wurde. Damit sollte die „Wirtschaftsordnung" im Hafengebiet den Erfordernissen der Zeit angepaßt werden. Hieraus ergaben sich, nicht zuletzt auch für den Strom- und Hafenbau, so wichtige Konsequenzen, daß hier einige Auszüge aus dem Bericht folgen sollen, die überdies einen Vergleich der Situationen vorher und nachher ermöglichen.

Zu den Grundzügen der bis dahin praktizierten Hafenordnung heißt es u. a.: „(1) Die Freie und Hansestadt Hamburg (FHH) ist Eigentümerin eines großen Teiles der für Umschlags- und Lagerzwecke in Frage kommenden Grundstücke im Hafen. – (2) Die FHH hat der Hamburger Hafen- und Lagerhaus Aktiengesellschaft (HHLA), deren einzige Gesellschafterin sie ist, alle im Freihafen gelegenen, für Umschlag und Lagerung geeigneten Grundstücke sowie die von der FHH darauf errichteten Anlagen und Einrichtungen vertraglich überlassen. Die HHLA besitzt nur wenige eigene Umschlaganlagen; dafür gehören ihr aber die meisten Speicher und Lagerhäuser. – (3) Die HHLA betreibt den größeren Teil der ihr überlassenen Umschlaganlagen in eigener Regie. Die übrigen Anlagen hat sie an private Kaibetriebe vermietet. Sie hat auch Grundstücke verpachtet, auf denen private Unternehmen eigene Anlagen betreiben. Die privaten Betriebe bewältigen insgesamt 40 % des Stückgutumschlages über den Kai, so daß der Umschlaganteil der HHLA 60 % beträgt. Von ihren Speicher- und Lagerhausflächen verwendet die HHLA selbst 40 % als Lagerhalter; 60 % . . . hat sie vermietet. – (4) Alle privaten Kaibetriebe im Freihafen sind . . . als Pächter der HHLA vertraglich verpflichtet, nur bestimmte, ihnen von der HHLA generell zugestandene oder im Einzelfall zugewiesene Liniendienste bzw. Schiffe abzufertigen. Dabei sind sie an den von der HHLA ausgehandelten (und vom Senat genehmigten) Kaitarif gebunden. . .

Eine weitgehende Verfügungsmacht der öffentlichen Hand über Grund und Boden im Hafen ist als Voraussetzung einer Gesamtplanung in allen größeren Häfen gegeben. Auch der Ausbau der Infrastruktur wird allgemein als öffentliche Aufgabe anerkannt. Unterschiedlich geregelt ist jedoch die . . . Finanzierung der Suprastruktur. – Die HHLA hat vergleichsweise sehr weitgehende hafenpolitische Aufgaben. Die dargestellte rechtliche Konstruktion versetzt dieses Unternehmen in die Lage, sowohl den Zugang zum Markt zu kontrollieren . . . als auch die Wettbewerbsverhältnisse auf diesem Markt im wesentlichen zu bestimmen. . . . Gleichzeitig ist die HHLA aber auch der größte potentielle Konkurrent auf dem gleichen Markt. – Dieses System wirkt sich – wirtschaftlich gesehen – in doppelter Hinsicht nachteilig aus. Bei den Pachtkaibetrieben vermindert die Abhängigkeit von der HHLA in der Akquisition die Bereitschaft, mit haftendem Kapital Investitionen für eigene Umschlaganlagen vorzunehmen. Bei der HHLA kann andererseits eine Einschränkung der unternehmerischen Handlungsbereitschaft zu Lasten des eigenen Unternehmens Platz greifen, weil sie sich wegen der übertragenen quasi-hoheitlichen Funktionen im Wettbewerb zurückhalten muß, um sich nicht dem Vorwurf auszusetzen, Ordnungsaufgaben unternehmensegoistisch auszunutzen."

Und zu den erstrebten Änderungen der Hafenordnung: „Um einen verstärkten Einsatz privaten Kapitals im Hafen zu erreichen, aber auch um durch verschärften Wettbewerb eine höhere Produktivität insgesamt zu erzielen, erscheint es deshalb notwendig, die Funktionen der HHLA neu zu regeln. Sie sollte möglichst von allen quasi-behördlichen Verpflichtungen entbunden und voll in die Konkurrenz – auch um Hafengrundstücke und staatliche Infrastrukturmaßnahmen – hineingestellt werden. Die wirtschaftlich relevanten Konditionen in den Verträgen mit den privaten Kaibetrieben würden dann nach einheitlichen Maßstäben von der Behörde für Wirtschaft und Verkehr und der Finanzbehörde im gegenseitigen Einvernehmen festgelegt werden; die Verwaltung der städtischen Grundstücke im Hafen- und Hafenerweiterungsgebiet würde dabei wie bisher der Finanzbehörde (Liegenschaftsverwaltung) obliegen. Einschränkungen von Umschlagsrechten sollten in der Regel aufgehoben bzw. gar nicht erst vorgesehen werden. Jeder Kaibetrieb sollte im freien Wettbewerb Liniendienste oder einzelne Schiffe akquirieren können. . ."

Die in dieser Form durchgeführte Umstrukturierung hat sich sehr zum Nutzen des Hafens ausgewirkt, auch wenn die gleichzeitig vorgeschlagenen organisatorischen Konsequenzen mit dem Ziel der Zusammenfassung aller hafenpolitischen Hoheitsfunktionen und Kompetenzen nicht in vollem Umfang erreicht wurden. Zwar konnten Verbesserungen erzielt werden, doch blieb auch die neue Verwaltungsstruktur noch ziemlich weit von einer einheitlichen Hafenverwaltung mit allen erforderlichen, klar gegliederten Kompetenzen entfernt. Inter- und innerbehördlich wurden die Schwierigkeiten qualitativ nicht geringer, quantitativ wegen des Überganges der hafenpolitischen Funktionen im Freihafen von der HHLA auf die Behörde sogar größer (2.1.1).

In größerem Umfange entlastet wurde der Strom- und Hafenbau mit dieser Neuregelung dadurch, daß von nun an sämtliche Kaibetriebe – wie alle anderen Umschlag- und Industriebetriebe schon immer – ihre Suprastruktur selbst herstellen und unterhalten mußten. Direkt betroffen waren die Abteilung Maschinenbau, die bis dahin für Bau oder Beschaffung von Kränen, anderen Fördereinrichtungen, maschinellen, heiz- und elektrotechnischen Anlagen verantwortlich gewesen war, und die Unterabteilung Hochbau, die alle – zweckbedingt sehr verschiedenartigen – Hochbauten im Suprastrukturbereich ausgeführt hatte. Eine möglichst genaue, grundsätzliche Abgrenzung zwischen Infra- und Suprastruktur, die juristisch, technisch und betrieblich unerläßlich war, aber natürlich nicht alle Einzelheiten erfassen konnte, wurde 1971 durch Richtlinien des Amtes bestimmt (4.3.2).

Auf die Gepflogenheit, im Hafengebiet keine Grundstücke an Private zu verkaufen, hatte die Neuordnung keinen Einfluß. Gesetzlich festgelegt wurde dies – zusammen mit der Bestimmung, daß Grundstücke überhaupt nur an hafenkonforme Betriebe abgegeben werden sollten – allerdings erst im Januar 1982 mit dem Hafenentwicklungsgesetz, für dessen Zustandekommen in dem hier betrachteten Berichtszeitraum schon lange und gründlich gearbeitet worden ist.

2.2 Planungs- und Bauaufgaben

2.2.1 Planung und Konstruktion

In dem Maße, wie seit den fünfziger Jahren Seeverkehr, Umschlagbetrieb und Binnenverkehr umfangreicher und spezialisierter, die Anforderungen an Bau- und Verkehrstechnik größer und finanzielle Entscheidungen risikoreicher geworden sind, ist auch die Planung in einem so großen Universalhafen wie dem Hamburger infolge der Verflechtung und gegenseitigen Rückkopplung zahlreicher wirtschaftlicher und technischer Probleme immer komplizierter geworden. Das wurde noch verstärkt durch den Zwang, schneller und spezieller als in früheren Zeiten auf rasch ablaufende Entwicklungen, deren Ergebnis kaum jemals abzusehen war, reagieren zu müssen und dabei dennoch stets genügend Flexibilität zu behalten, um überraschenden Änderungen sowohl generell als auch im Einzelfall bis zum Baubeginn, manchmal sogar noch danach, folgen zu können.

Diese Umstände bewirkten eine ständige Zunahme und Differenzierung der Planungsarbeit. Zwar blieb es noch längere Zeit bei der grundsätzlichen Einteilung des Planungsreferats in Generalplanung, Einzelplanung und Grundstücksangelegenheiten, freilich mit allmählich zunehmender Personalausstattung. Später genügte diese einfache Gliederung nicht mehr, so daß schließlich nach 1980 die Planungsabteilung nach einer Anzahl von sachlichen Arbeitsgebieten neu gegliedert wurde. Die zwangsläufige Folge war ein höherer Personalbedarf; er stieg allmählich von 30 in 1960 auf 43 in 1980. Für die Eisenbahnplanungen waren daneben noch (in enger Zusammenarbeit) etwa 10 bis 12 Personen mit ebenfalls leicht steigender Tendenz bei der Abteilung Hafenbahn tätig, und zwar einschließlich spezieller Einzelplanungen bis zu sicherungstechnischen und konstruktiven Fragen. Überdies mußten bei den anderen Abteilungen, wenn auch mehr sporadisch bei besonderem Bedarf, gleichfalls spezielle Planungsarbeiten in ihren Fachgebieten ausgeführt werden.

Stehen solche Planungen sehr im Blickwinkel der Öffentlichkeit, so trifft das auf konstruktive Tätigkeiten weniger zu. Sie fanden mehr das Interesse der Bauindustrie, die sich im Rahmen der zahlreichen Ausschreibungen stark daran beteiligte. Dafür hatte das Amt bis September 1966 ein besonderes Referat Konstruktion, das dann in die Abteilung Hafenbau eingegliedert wurde. Mit zunehmender Kompliziertheit des Baugeschehens hatte sich nämlich herausgestellt, daß es besser wäre, wenn diejenigen, die ein Bauvorhaben konstruktiv vorbereitet hatten, dann auch unmittelbar an der Bauleitung beteiligt sein würden. Dadurch wurde erreicht, nicht nur allgemeine Verwaltungserschwernisse zu vermindern, sondern auch die wesentlichen konstruktiven und bauwirtschaftlichen Ideen eines Objektes in ihrer Verflechtung optimal weiter zu verfolgen. Außerdem wurde der damit nicht immer berechtigte, aber leicht entstehende Gegensatz von Konstrukteuren (= Theoretikern) und Bauleitern (= Praktikern) verhindert.

Da die Bauvorhaben ziemlich rasch in immer größerer Zahl aufwendiger und anspruchsvoller wurden und besonders wirtschaftliche Bauweisen immer weniger von vorher zu bestimmenden Regeln und Erfahrungen abhingen, sondern immer mehr vom Baubetrieb, der von den temporären Möglichkeiten der Firmen bestimmt wird, hatte es in vielen Fällen kaum noch einen Zweck, vollständige Konstruktionen auszuschreiben (2.2.4). Auf jeden Fall mußten aber die vorbereitenden Arbeiten im Amt so weit ausgeführt werden, daß die Zielvorstellungen klar umrissen, möglichst alle Randbedingungen kalkulierbar erfaßt und verläßliche Kostenvoranschläge aufgestellt werden konnten. Die in Betracht kommenden Angebote mußten dann auf Durchführbarkeit, Zweckmäßigkeit, Statik, Terminangaben usw. sowohl nach den neuesten Erkennnissen der Bautechnik als auch untereinander vergleichend beurteilt werden. Durch diese Entwicklung war die Arbeit der Konstrukteure schwieriger, verantwortungsvoller und umfangreicher geworden als bei den früher positionsmäßig festgelegten Ausschreibungen, aber auch interessanter.

2.2.2 Ausbau und Unterhaltung der Infrastruktur

Über den gesamten Umfang der Infrastruktur im Hamburger Hafen und die wichtigeren Einzelmaßnahmen wird später berichtet. Hier zunächst nur einige allgemeine Bemerkungen, an deren Anfang die lapidare Feststellung stehen muß, daß die Entwicklung und das Gedeihen des Hafens immer entscheidend von der Qualität der Infrastruktur abhing. Sie bei Erweiterungen auf der sogenannten „grünen Wiese" herzustellen, ist – trotz etwas größerer planerischer Freiheiten – keineswegs einfach, weil auch dort in einem Ballungsraum wie dem hamburgischen zahlreiche Zwangspunkte und Hemmnisse zu überwinden sind, besonders in rechtlicher Hinsicht. Noch schwieriger sind Modernisierungsvorhaben an alten Anlagen mit dem Ziel, seit langem gewachsene Strukturen neuen, weitergehenden Forderungen anzupassen, um damit Hafengelände in guter Lage, mit guten Verkehrsanschlüssen und womöglich noch in dem wirtschaftlich wichtigen Freihafengebiet nicht verarmen oder gar veröden zu lassen. In diesen Fällen spielen planerische Zwänge freilich mehr in räumlicher und technischer Hinsicht eine Rolle.

Überall jedoch sind die Verhältnisse nach dem Kriege im allgemeinen dauernd komplizierter und aufwendiger geworden. Planerisch und rechtlich infolge der politisch-gesellschaftlichen Entwicklung, deren Berechtigung in vielen Punkten nicht verkannt werden soll, die aber doch ideologisch begründete Hindernisse erzeugte, die zuweilen geradezu grotesk anmuteten, besonders wenn widersprüchliche Willensäußerungen von maßgebenden Politikern innerhalb derselben Parteien kurz hintereinander abgegeben wurden. Konstruktiv und finanziell infolge des allzu raschen Wachsens aller Ansprüche, die zwar auch oft ihre Berechtigung hatten, aber nur selten in dem gewünschten Umfang und in der erwarteten Zeit erfüllt werden konnten. Trotzdem kann mit Befriedigung festgestellt werden, daß der Hafen, von sehr wenigen Ausnahmen abgesehen, stets die an ihn gestellten Aufgaben erfüllt hat. Das lag – und darf hier nüchtern festgestellt werden – nicht allein an all denen, die von Übersee und aus dem Binnenland Ladung auf den Hafen zogen, die für die Abfertigung der Schiffe und den Umschlag sorgten, sondern nicht zuletzt auch an dem Engagement und der Leistung der Strom- und Hafenbauer.

Seit dem Wiederbeginnen nach dem Kriege war es üblich, Neubauvorhaben und größere Erneuerungsarbeiten auszuschreiben und zu vergeben (2.2.4). Das setzte nicht nur die schon geschilderten planerischen und konstruktiven Vorarbeiten voraus, es erforderte auch – da häufig mehr als nur eine der Ausführungsabteilungen des Amtes daran beteiligt waren – mit wachsender Größe und Komplexität der Bauvorhaben eine immer stärkere Koordinierung innerhalb des Amtes. Es hatte ferner des öfteren personelle Konsequenzen zur Folge, da sich die Bauvorhaben ja nicht über längere Zeiträume gleichmäßig auf die Abteilungen und ihre vorhandenen Dienststellen verteilen ließen.

In diesem Zusammenhang ist gelegentlich immer wieder versucht worden, zur gezielten Entlastung Architekten- und Ingenieurbüros heranzuziehen. In manchen speziellen Bereichen oder bei besonders starkem Arbeitsanfall war das ohnehin zwingend geboten. Wenn es darum ging, beim Strom- und Hafenbau nicht vorhandene Spezialkenntnisse für seine Arbeit nutzbar zu machen oder fest umrissene Einzelaufgaben zu lösen, waren die Ergebnisse meistens sehr nützlich und gut. Desgleichen, wenn es sich um Prüfungen von Entwürfen oder Ausführungen aller Art handelte. In diesen Fällen lassen sich auch die Verantwortlichkeiten eindeutig festlegen.

Wurde jedoch angestrebt, gesamte Arbeitsbereiche, z. B. in Vorbereitung, Konstruktion, Ausführungsüberwachung und Abrechnung, gleich ob bei größeren oder kleineren Vorhaben, auf Private zu übertragen, so waren die Erfahrungen meistens nicht zufriedenstellend. Selbst wenn Büros herangezogen wurden, deren Wissens- und Erfahrungsschatz technisch der gestellten Aufgabe genügte, dann fehlte es leider oft (und auch verständlicherweise) an zweierlei: Einmal an Erfahrungen mit den Bedürfnissen der direkt oder indirekt betroffenen Hafennutzer und -kunden, deren Belange in jedem Fall so weit wie möglich berücksichtigt werden sollten, sowie der sonst noch zu beteiligenden Behörden und Verbände; zum anderen an Kenntnissen der Vielzahl der Gesetze, Erlasse, Verordnungen, Richtlinien usw., die für öffentliche Arbeiten bindend sind, auch wenn sie zuweilen übertrieben oder unnötig erscheinen mögen. Im Endergebnis lag dann oft die Vor-, Begleit- und Nacharbeit durch Angehörige des Amtes in derselben Größenordnung, als wenn der Auftrag selbst ausgeführt worden wäre, so daß in diesen – keineswegs seltenen – Fällen keine Arbeitsersparnis beim Amt, insgesamt aber mehr Zeitaufwand und höhere Kosten verursacht wurden.

Wenn man in den Gesamtkomplex der Infrastruktur auch die Beschaffungen von Geräten, Maschinen, Wasser- und Landfahrzeugen sowie die Bauten für den Betriebs-, Verwaltungs- und Unterhaltungsbedarf einbezieht, dann stellt sich dies als ein sehr vielseitiges und umfangreiches, für den Außenstehenden kaum noch überschaubares Arbeitsgebiet dar. Immerhin sind seit Beginn des Wiederaufbaues an entsprechenden Hochbauten mit ihren gesamten Einrichtungen und Ausrüstungen ausgeführt worden: Zahlreiche Betriebsgebäude für Schleusen, Sperrwerke und Radarstationen einschließlich Zentrale; mehrere Wasserstandsanzeiger; die neue Fernsprechzentrale Hafen; Werkstätten und Lagerhallen; Stellwerke und Stationsgebäude; die Baustoffprüfstelle u. a.

Hinzu kamen noch die Tätigkeiten, die mehr oder ganz im betrieblichen Bereich liegen, aber dennoch zur Infrastruktur gerechnet werden müssen: Die Verkehrssicherung zu Wasser und zu Land einschließlich der Leuchtfeuer und Radaranlagen; der Eisdienst an schwimmenden Anlagen; der Eisbrechdienst, der in manchen Wintern enormen Einsatz erforderte; der laufende Betrieb von Schleusen, beweglichen Brücken verschiedener Konstruktion und des 1912 gebauten, immer noch unverzichtbaren St. Pauli-Elbtunnels mit seinen Fahrzeugaufzügen; Betrieb und Unterhaltung von Heizungsanlagen, Fernmeldeeinrichtungen, Beleuchtungen und anderen elektrotechnischen Einrichtungen; der Peil- und Vermessungsdienst (2.3.1), die Tätigkeiten für den hamburgischen Hafenteil in Cuxhaven; Reparatur- und Notdienste verschiedenster Art; vor dem Bau der Köhlbrandbrücke der sehr bedeutende Fährdienst über den Köhlbrand; und nicht zuletzt Modernisierung, Unterhaltung und Betrieb von Werkstätten, Sozialeinrichtungen u. a. m.

Endlich gab und gibt es noch eine Reihe von Aufgaben, die nicht zur Infrastruktur des Hafens gehören.

2.2.3 Suprastruktur und Dienste für andere

Für die qualitative Bedeutung der Suprastruktur gilt natürlich dasselbe wie für die Infrastruktur, gleich ob sie nach früheren „Hafenordnungen" weitgehend behördlicherseits oder nach der seit 1970 geltenden fast ausschließlich von privater Hand hergestellt wurde. Bis zu diesem Termin sind seit Beginn der fünfziger Jahre ausgeführt worden: Um- und Neubau aller Hochbauten im Fischereihafen Altona samt Ausrüstung, Kühleinrichtungen usw.; zahlreiche Kaischuppen mit Betriebsgebäuden; Ausrüstung der Kais mit Hebezeugen; mehrere Lagerhäuser, darunter der besonders große Kaispeicher A mit Seeschiffsanschluß; der Bananenschuppen; der Verteilungsschuppen (Übersee-Zentrum); fünf öffentliche Kaffeehallen; Um- und Neubauten in Cuxhaven und Neuwerk; zahlreiche kleinere Objekte.

Aber auch nach 1970 war der Strom- und Hafenbau nicht völlig aus der Mitwirkung an der Suprastruktur entlassen. Denn abgesehen von der bereits erwähnten Zusammenarbeit bei der Planung und Koordinierung während der Ausführung wurde oft weitere Unterstützung als technische Beratung erwartet und gewährt, soweit das unmittelbar mit den Aufgaben des Amtes zusammenhing. Und obwohl dem Amt mit der neuen Hafenordnung ein beträchtlicher Arbeitsbereich beim Hochbau, bei der Maschinen- und Elektrotechnik und bei der Beschaffung von Hebezeugen verloren ging, mußten doch weiterhin in Amtshilfe Aufgaben der Baupolizei und der Überwachung wahrgenommen werden. Dies blieb bei privaten Bauvorhaben im Hafen von z.B. jährlich 61 Mio. DM in 1960, 220 Mio. DM in 1970 und 300 Mio. DM in 1980 eine umfangreiche Aufgabe.

Unberührt von der neuen Hafenordnung blieben die für den Eigenbedarf und für andere Behörden durchgeführten Suprastrukturmaßnahmen. Dabei beanspruchten die eigenen Vorhaben, soweit sie nicht zweckmäßigerweise zur Infrastruktur gezählt werden (2.2.2), keineswegs den größten Teil der Bearbeitungskapazität. Der war vielmehr erforderlich für die Planung und Herstellung von speziell eingerichteten Hochbauten für andere Behörden, z.B. Wachen von Löschbootstationen für die Feuerwehr, neue Revierbauten und der Umbau einer Schule für die Wasserschutzpolizei, Dienststellen für den Gesundheitsdienst. Einen dauernden und größeren Umfang nahmen Tätigkeiten für das Bundesfinanzministerium wahr, für das der Strom- und Hafenbau sämtliche Bauten der Zollverwaltung im Hamburger und Cuxhavener Raum, auch außerhalb seines eigenen örtlichen Zuständigkeitsbereiches, ausführte. Das waren seit Kriegsende etwa 30 kleine bis große Objekte.

Eine weitere wichtige Aufgabe entstand 1972 durch die aus Rationalisierungsgründen angeordnete Übernahme der relativ kleinen Werft der Wasserschutzpolizei und ihre Integration in die vom Strom- und Hafenbau betriebene Staatswerft in Harburg. Ferner wurde 1974 zusätzlich zum Neubau auch der Betrieb der öffentlichen Straßenbeleuchtung und der Verkehrszeichen im Hafengebiet übernommen.

Nicht unmittelbar dem Hafen dienend war 1972 die Übernahme eines Brandversuchshauses, das solange die Baubehörde, vornehmlich im Interesse ihres Hochbaues, betrieben hatte, nun aber nicht mehr benötigte. Auf Drängen von Schiffbaubetrieben, die es nicht entbehren zu können meinten, wurde es von Strom- und Hafenbau an seine Baustoffprüfstelle angeschlossen, was zu personell günstigen Regelungen führte. Da die Baustoffprüfstelle teilweise auch für Fremde gegen Gebühren arbeitete, war es nicht schwierig, für die Aufträge, die das Brandversuchshaus aus dem In- und Ausland erhielt (und erhält), kostendeckende Gebühren zu erheben. Beispielsweise wurden 1982 über 100 verschiedene Materialien und 30 Konstruktionen auf ihre Feuerbeständigkeit oder feuerhemmende Wirkung geprüft.

2.2.4 Vergabewesen und Haushaltskontrolle

Um die Fülle der Bauaufgaben und Beschaffungen möglichst optimal zu bewältigen, mußten Ausschreibungen und Vergaben nach den technischen und verwaltungsmäßigen Vorschriften und Richtlinien vorgenommen werden. In diesem Punkt gab es während der betrachteten Jahrzehnte keinen Zweifel und auch keine prinzipielle Änderung. Um den Verwaltungsaufwand nicht unnötig groß zu halten und Zeitverluste zu vermeiden, waren schon immer einige Bedienstete befugt, in ihren Kompetenzbereichen kleinere Beschaffungen und Vergaben bis zu festgesetzten Beträgen freihändig oder nach Umfrage selbst vorzunehmen. Diese Spielräume wurden etwas gelockert. Im übrigen wurde so genau wie möglich nach der VOB oder der VOL ausgeschrieben, und zwar nach Form und Inhalt.

Dabei galt der Grundsatz, die Ausschreibungsunterlagen möglichst einwandfrei kalkulierbar zu machen, was im Grund- und Wasserbau, zumal im Raum diluvialer und alluvialer Ablagerungen, noch dazu oft in früher schon bebaut gewesenen Bereichen, trotz engmaschiger Sondierungen sehr schwierig ist. Waren Zweifel angebracht, mußten Alternativ-Positionen vorgesehen werden. Und selbst diese schützten nicht vor späteren Überraschungen. Manchmal, wie bei der Abrechnung der Baggerarbeiten zur Vertiefung der Hafenelbe mit ihren nicht genau genug zu lokalisierenden Bodenverhältnissen, sind für Aufmaß und Abrechnung mit Erfolg neue Wege beschritten worden.

Die alte Frage, ob öffentlich oder beschränkt ausgeschrieben werden sollte, wurde ziemlich pragmatisch – nie dogmatisch – entschieden, meist zugunsten der öffentlichen Ausschreibung, sofern nicht die Art des Objektes und die zu erwartenden Anbieter, vielleicht auch die Terminlage, die beschränkte Ausschreibung geboten. Preisanfragen mit freihändiger Vergabe kamen nur selten vor. Die Termine für die Bearbeitung der Ausschreibungen wie auch für die geforderten Ausführungen mußten natürlich ausreichend, aber zuweilen auch knapp bemessen sein, wenn dadurch – z. B. wegen der Witterungsabhängigkeit oder der Verzahnung mit anderen Vorhaben oder der Konkurrenzsituation des Hafens – viel gewonnen werden konnte.

Je komplexer und umfangreicher die Bauvorhaben und Bauweisen und je spezialisierter und aufwendiger die Baugeräte wurden, um so mehr mußten Sonderangebote zugelassen werden. Das war zwar schon immer üblich gewesen, nahm aber im Laufe der Zeit zu, bis es in manchen Fällen kaum noch sinnvoll war, der Ausschreibung einen fertigen, bauseitigen Entwurf zugrunde zu legen. Man beschränkte sich dann auf die unerläßlichen Vorgaben und Rahmenbedingungen oder schritt sogar zum Ideenwettbewerb. Das erste Beispiel dafür war wohl der Neubau des Steubenhöftes in Cuxhaven Anfang der fünfziger Jahre, das spektakulärste die Köhlbrandbrücke in den siebziger Jahren, beide typisch für außergewöhnliche Situationen.

Ob normale Ausschreibungen oder Ideenwettbewerbe: die Prüfung der Angebote mußte sorgfältig vorgenommen werden in bezug auf Vollständigkeit, technische Güte, Ausführbarkeit, Garantien, Termine, Preise, Eignung der Anbieter, u. U. auch ausreichende Kenntnisse der örtlichen Verhältnisse. Infolgedessen änderten sich die Gesamtpreise nach endgültiger Abstimmung auf die Bauherrenwünsche und Herstellung der Vergleichbarkeit untereinander oft erheblich. Aber auch dann waren die Preise nicht das einzige Entscheidungskriterium, häufig nicht einmal das wichtigste. Das Ziel war stets, den Zuschlag nicht einfach auf das billigste Angebot zu erteilen, sondern auf das preiswerteste, wenn man darunter dasjenige versteht, das allen Bedingungen bei angemessenen Preisen voraussichtlich am besten entsprach.

Dieses Ziel konnte allerdings hinsichtlich der Preise dann nicht optimal erreicht werden, wenn zwei Umstände eintraten, die echte Wettbewerbspreise verhinderten, aber nur selten nachweisbar waren: Einmal, wenn unter den Anbietern Preisabsprachen stattgefunden hatten. Dann konnte die betreffende Ausschreibung im Fall stark überhöhter Preise aufgehoben und danach freihändig verhandelt werden. Zum anderen, wenn Firmen, an deren Bonität und Leistungsfähigkeit nicht zu zweifeln war, von vornherein mit kalkuliertem Verlust anboten, um einen Auftrag, z. B. aus Prestigegründen oder um über eine zeitweilig flaue Beschäftigungslage mit ihrem Stammpersonal hinwegzukommen, unbedingt zu erhalten. Zuweilen kamen dann noch Hinweise aus dem parlamentarischen Raum, daß man doch keineswegs – falls man der Firma die Arbeit zutraue – Steuergelder zugunsten eines höheren Anbieters verschenken dürfe.

Bestanden bei großen Objekten Zweifel an den angebotenen Leistungsfähigkeiten einzelner Firmen oder schien es aus anderen Gründen, z. B. wegen des erforderlichen Geräte-Einsatzes ratsam, dann sind in einigen Fällen zweckmäßige Arbeitsgemeinschaften angeregt worden. Meistens hatten sie sich jedoch schon vorweg gebildet.

Jeder Fachmann weiß, daß trotz guter Vorbereitung die Bauten unterschiedlich vorankommen, schneller oder langsamer, als angenommen. Das kann erheblichen Einfluß auf den jährlichen Bedarf an Haushaltsmitteln haben, die jedoch infolge der vom Parlament beschlossenen Haushaltsgesetze ziemlich starr limitiert sind. Nun ist man in Hamburg schon flexibler als z. B. beim Bund, aber auch damit waren alljährliche Reste nicht zu vermeiden, die bei etlichen Vorhaben entstanden, bei anderen fehlten, aber im ganzen bei den Abgeordneten stets von neuem den Eindruck erweckten, als sei zu viel Geld angefordert und bereitgestellt worden. Um diese – meist unberechtigten – Vorwürfe und nachteiligen Folgen zu vermeiden sowie laufende Bauvorhaben zügig weiter betreiben zu können, mußte man sehr frühzeitig über die Ausgabenentwicklung des Jahres Bescheid wissen. Daher sind beim Strom- und Hafenbau zusätzliche interne Kontrollen und Meldesysteme eingeführt worden, die über die allgemein vorgeschriebenen hinausgingen und mit den Jahren verbessert und wirksamer gemacht wurden.

Damit gelang es, die Haushaltsreste bei den Investitionen bis Anfang der achtziger Jahre durchschnittlich auf erheblich unter 10 % zu senken. Wobei noch zu berücksichtigen ist, daß ein Teil dieser Reste leider deshalb entstand, weil einige Firmen gegen Ende eines Jahres, entweder aus steuerlichen oder personellen Gründen, keine Rechnungen für geleistete Arbeiten mehr vorlegten oder Schlußabrechnungen, weil arbeitsintensiv und lästig, über Gebühr verzögerten.

2.3 Besondere Aufgaben

2.3.1 Gewässerkunde und Gewässerschutz

Seitdem die Seeschiffahrt in ihren Fahrwassern künstliche Eingriffe benötigte, um sicheren Verkehr zu gewährleisten, ist die Kenntnis der Wasserstände und Strömungsverhältnisse mit ihren Ursachen und Wirkungen eine lebenswichtige Angelegenheit der Seehäfen geworden. Mit der Elbe und ihrem Mündungsgebiet haben sich hamburgischerseits Fachleute über die empirische Deutung von Beobachtungen hinaus seit etwa Anfang des 19. Jahrhunderts wissenschaftlich beschäftigt. Das ist bis zur Gegenwart beim Strom- und Hafenbau so geblieben, wenngleich wissenschaftliche Arbeit – auch im Bereich der Gewässerkunde der Tidegebiete – so umfangreich geworden ist, daß sie nur noch mit viel Mühe und Begeisterung neben den praktischen Aufgaben getan werden kann. Das führt zu der Frage, ob sie überhaupt besser und effektiver wissenschaftlichen Instituten überlassen bleiben sollte. Denen fehlt es aber andererseits oft an praktisch-technischen Erfahrungen.

Infolgedessen hat sich in den letzten Jahrzehnten eine fruchtbare Zusammenarbeit mit Wissenschaftlern und Instituten herausgebildet, um Probleme zu lösen, wie es sie vor den immer größeren und teureren Strombaumaßnahmen der Nachkriegszeit, aber auch der stärkeren Bedrohung durch Sturmfluten, bis dahin nicht gegeben hatte. Nicht nur laufender Gedanken- und Erfahrungsaustausch, sondern auch zahlreiche wasserbauliche Modellversuche, seit etwa der Sturmflut von 1962 zunehmend auch Modellrechnungen, waren die Folge. Sie umfaßten kleinere Einzelvorhaben, größere Stromabschnitte und Hafenteile bis hin zu Untersuchungen in der gesamten Tideelbe und großen Wattgebieten an der Mündung.

Die Fragestellungen waren so vielseitig, wie sie es in einem großen Universalhafen und seinen Wasserstraßen nur sein können. Je nach Situation mußten auch ihre Wirkungen infolge von Baumaßnahmen und Wassernutzungen untersucht werden: alle Arten von Strömungsvorgängen aus nautischer, wasserbaulicher und ökologischer Sicht, die Beeinflussung von Wasserständen, Erosionen, Sedimentationen, Durchmischungsvorgänge, die Wassermengen, Kräfte auf Bauwerke und Schiffe und manches andere. Das alles unter dem Einfluß der Tide, für deren Behandlung Durchschnittswerte oft nicht mehr genügten.

Die Einzelfragen wurden im Laufe der Zeit so subtil, daß hydraulische Modelle allein trotz ihrer dauernden Verbesserungen den Anforderungen nicht mehr in jedem Fall entsprachen. Die numerischen Modellrechnungen entwickelten sich als willkommene Ergänzung, konnten aber in der hier betrachteten Zeit auch nicht alle Wünsche erfüllen. Das Amt war stets für neue Entwicklungen aufgeschlossen und unterstützte sie, sofern das die Erfüllung seiner Aufgaben irgend fördern konnte, auch wenn dies nur längerfristig abzusehen war.

Eine überaus wichtige Voraussetzung für all das war jedoch das kontinuierliche Sammeln von Meßdaten, wobei eine lange Tradition zu wahren blieb. Seit 1863 gibt es Aufzeichnungen des ältesten Pegels St. Pauli; heute sind es 11 Schreibpegel moderner Bauarten, einige davon mit Fernübertragungen. Die Auswertung ihrer Daten mit Wasserständen und Zeiten findet ihren Niederschlag in den gewässerkundlichen Jahrbüchern, die für den Bereich des unteren Elbegebietes vom Strom- und Hafenbau bearbeitet werden. Seit 1901 werden planmäßig Wassermengenmessungen an der Teilungsspitze in Norder- und Süderelbe durchgeführt. Sie haben zwar heute nicht mehr die Bedeutung, die man ihnen lange Zeit – auch aus politischen Gründen – gab, sind aber für Vergleiche und für die Beobachtung der Gesamtentwicklung nach wie vor wichtig.

Für die Sicherheit der Schiffahrt wie für gewässerkundliche Erkenntnisse unerläßlich sind die fortwährenden Peilungen der Sohlen von Fahrwassern und Hafenbecken, die nach dem Kriege zunächst noch mühsam und zeitraubend in alter Weise mit dem Handlot, inzwischen mit neuesten Lot-, Ortungs- und Zeichengeräten an Bord eines eigens für den Hafen mit seinen schwierigen Bedingungen entwickelten Peilschiffes ausgeführt werden. Der Prototyp wurde 1962, das verbesserte Nachfolgefahrzeug 1970 in Dienst gestellt, wobei manche Pionierarbeit geleistet wurde. Vereinzelt wurden aus bestimmten Anlässen Messungen von Strömungen und Bewegungen der Wasserkörper unternommen, desgleichen Untersuchungen über die Schwebstofführung.

Sie greifen bereits über in die Aufgaben der qualitativen Gewässerkunde, denen sich Strom- und Hafenbau gleich nach Kriegsende, zunächst notgedrungen mit primitiven Mitteln, dann nach jeweils neueren Methoden sich ständig steigernd, annahm. Als Flußwasseruntersuchungsamt für vorwiegend chemische und bakteriologische Untersuchungen war das Hygienische Institut der Freien und Hansestadt Hamburg tätig, übrigens auch im Bereich der Elbe in der damals britischen Besatzungszone außerhalb Hamburgs. Diese Zusammenarbeit war sachlich und persönlich sehr eng, anderenfalls wären wegen des desolaten Zustandes des Hafens und seiner Rechtsverhältnisse wohl kaum Erfolge erzielt worden. Mit großem Interesse und Gewinn wurden ferner Untersuchungen von fischereibiologisch orientierten Dienststellen und Instituten beobachtet und ausgewertet.

Große Schwierigkeiten machten die anfangs völlig unzureichenden Rechtsgrundlagen, der katastropale Zustand der städtischen Abwasserentsorgung sowie das Aufkommen der Ölverunreinigungen durch die Schiffahrt und die ständige Zunahme der Industrieabwässer. Trotzdem ist auf diesem Gebiet Beachtliches geleistet worden (8.3.1).

Ab 1.1.1980 sind diejenigen Aufgaben, die mit der Wassergüte zusammenhängen, auf die neu geschaffene Behörde für Bezirksangelegenheiten, Naturschutz und Umweltgestaltung übergegangen, während die Aufgaben der quantitativen Gewässerkunde einschließlich des Hochwasserschutzes mit den entsprechenden Rechtsangelegenheiten beim Strom- und Hafenbau verblieben.

2.3.2 Landschaftspflege, Natur- und Umweltschutz

Bereits ab 1946, also noch in der sog. Reichsmarkzeit, als an einen Wiederaufbau nur in sehr bescheidenem Maße zu denken war und die völlig verfallene Währung, die miserable Versorgungslage und nicht zuletzt das Besatzungsregime alle Arbeiten außerordentlich erschwerten, wurden beim Strom- und Hafenbau Pläne gefaßt und mit ihrer Ausführung begonnen, kahle Uferstrecken und Böschungen an den Hamburger Tidegewässern – wo irgend möglich – zu bepflanzen und damit die Landschaft gestalterisch zu verbessern. Dies war nach der bis dahin dominierenden technisch-rationalen Denkweise eine neue Richtung im Wasserbau, die aus der ehemaligen Reichswasserstraßenverwaltung kam, sich aber noch nicht allgemein durchgesetzt hatte. Erfahrungen, besonders in vielen Einzelfragen des Tide- und Hafengebietes, lagen daher kaum vor, doch konnten sie mit

Unterstützung durch private Fachleute bald gewonnen werden, so daß dann genügend fachkundige Mitarbeiter vorhanden waren, um die Pflanz- und Pflegearbeiten mit Erfolg auszuführen. Dazu gehörte, daß die entsprechenden Aufgaben organisatorisch eingeordnet und bestimmt wurden.

Im Laufe der Zeit wurden diese Tätigkeiten von den Uferregionen auf kleine ungenutzte Winkel und Grundstücksreste, auf schmale Ödlandstreifen, auf die Umgebung von Gebäuden, auf Wind- und Sichtschutzpflanzungen, auf die Festlegung großer Spülfelder und die Betreuung von Naturschutzgebieten ausgedehnt. Bei alledem dürften viele Zigtausende von Gehölzen gepflanzt worden sein, wobei es sich selbstverständlich stets um standortgemäße Arten und Sorten handelte, die sich in Versuchen bewährt hatten.

Bei den eben erwähnten Naturschutzgebieten handelt es sich um zwei Auwälder, die beide in Strombaumaßnahmen ihren Ursprung haben: Das eine, Heuckenlock, vor mehr als einem Jahrhundert an der Süderelbe bei Moorwerder infolge von Regulierungsarbeiten entstanden, mit schönem, altem Baumbestand und einigen Seltenheiten aus der Pflanzen- und Vogelwelt. Das andere zum kleineren Teil erst während des Krieges, im wesentlichen 1967/68 im Rahmen der Vertiefung der Unterelbe aus Baggergut als Insel gegenüber Blankenese aufgespült, erhielt den Namen Neßsand. Hier ist viel angepflanzt worden, was sich von Anfang an so gut entwickelt hat, daß die Gesamtfläche, die in den drei Ländern Hamburg, Niedersachsen und Schleswig-Holstein liegt, von ihnen gemeinsam unter Naturschutz gestellt wurde, von Hamburg im Oktober 1952. Beide Gebiete, wie auch einige andere landschaftlich reizvolle sind im Einvernehmen mit dem Naturschutzamt, teilweise auf Anregung örtlicher Instanzen, durch Pfade erschlossen worden.

Außerdem hat sich Strom- und Hafenbau seit dem Kriege ständig um zwei Vogelschutzgehölze in unmittelbarer Nachbarschaft seines Verwaltungsbereiches gekümmert, von denen eins im sumpfigen Marschgelände, das andere auf einem alten, trockenen Spülfeld liegt; ein drittes kam später an der Süderelbe hinzu. Diese Natur- und Vogelschutzgebiete werden, bis auf eine kleine Fläche an der Oberelbe, weiterhin vom Strom- und Hafenbau betreut.

Auch die Betreuung des „Hafengrüns" liegt weiter bei dem Amt, das sich laufend um Verbesserungen bemüht. Nur darf man dabei nicht die Maßstäbe neuerdings manchmal stark überzogener Forderungen anlegen. Denn ein Hafengebiet ist nun einmal weder ein Erholungs- noch ein Wohngebiet und kann nie eins werden.

So wie im Hamburger Raum Naturschutzgebiete durch die Tätigkeit der Wasserbauingenieure entstanden sind, trifft das auch für das Dünengelände von Scharhörn an der Elbmündung zu, das zusammen mit dem Neuwerker Gebiet nach kurzem preußisch-niedersächsischen Interregnum (1937 bis 1961) wieder zu Hamburg gehört. Dort war in den dreißiger Jahren begonnen worden, Flugsand zu fangen und damit mehrere Meter hohe Dünen zu bilden und zu bepflanzen, wodurch schnell eine wertvolle Brutstätte für Seevögel entstanden war. Die vom Niedersächsischen Hafenamt Cuxhaven nach dem Kriege getätigten Förderungsmaßnahmen sind vom Hamburgischen Hafen- und Bauamt Cuxhaven, das zum Strom- und Hafenbau gehört, nach 1961 fortgeführt worden. Es gelang, das Dünengelände von etwa 14 ha in 1960 auf 23 ha in 1975 zu vergrößern, obwohl es insgesamt infolge von Wind- und Wellenangriffen unaufhaltsam um einige Meter jährlich ostwärts wandert. Während der späteren Forschungsarbeiten im umliegenden Wattengebiet von dem wichtigen Stützpunkt Scharhörn aus ist auf die Belange des Vogelschutzes selbstverständlich in ständigem Einvernehmen mit den Vogelwarten, die auch sonst nach Kräften unterstützt wurden, Rücksicht genommen worden.

Auf weitere Angelegenheiten des Umweltschutzes wird unter 8.3 eingegangen.

2.3.3 Hochwasserschutz und -warnung

Bis zur großen Sturmflut von 1962 gab es im Hafengebiet, also vor den Hauptdeichen, deren Instandhaltung nicht Sache des Strom- und Hafenbau war, keinen nennenswerten Hochwasserschutz. Zwar gab es einige Flächen in den älteren Hafenteilen, deren Höhe unter derjenigen der bis dahin höchsten Sturmflut von 1825 lag, aber das war den Nutzern bekannt. Hafenflächen, die unmittelbar vor den Deichen in sturmflutfrei angenommener Höhe entstanden waren, galten wegen dieser Höhe und ihrer Breite nicht mehr als Deiche. Zwar hatte man aufgrund der katastrophalen Holland-Sturmflut von 1953 auch in Hamburg neuere Untersuchungen angestellt mit dem Ergebnis, die Hauptdeiche stellenweise erhöhen und verstärken zu müssen, doch kamen diese Arbeiten nur langsam voran. Sie wären als Abwehr gegen das, was dann 1962 geschah, auch nicht ausreichend gewesen.

Über diese Sturmflut hat Bolle einiges berichtet, weiteres wird nachzutragen sein (8.1.1). Da im Hafengebiet nur relativ geringe Schäden zu beseitigen und wegen der errechneten Seltenheit eines solchen Ereignisses nur wenig vorsorgliche Schutzmaßnahmen zu treffen waren, bekam Strom- und Hafenbau zur Entlastung der Baubehörde wichtige, umfangreiche Arbeiten übertragen, denn nun war, sowohl aus den traurigen Folgen als auch aus der Analyse dieser Sturmflut erkannt worden, wie dringend ein besserer Schutz der Bevölkerung geworden war. Die zügig durchgeführten Arbeiten sollten sich schon bald darauf, bei der noch höheren Sturmflut von 1976, für die Stadt als segensreich erweisen. Nicht jedoch für den Hafen, der nun zwar keine Personen-, aber schwere Sachschäden davongetragen hatte. Sie für die Zukunft möglichst auszuschließen, stellte alle Betroffenen technisch, rechtlich, organisatorisch, finanziell und betrieblich vor so außerordentliche Aufgaben, daß sie nur gemeinsam gelöst werden konnten (8.1.2).

Außerdem war es notwendig geworden, bei hohen Sturmfluten speziell für den Bereich des Hafens differenziertere und gezieltere Warnungen zu verbreiten, als das bis dahin in der zwar frühzeitigen, aber mehr allgemeinen Form durch die „klassische" Warnstelle, das Deutsche Hydrographische Institut, geschehen war und weiter geschehen wird, weil darauf auch in Zukunft nicht verzichtet werden kann. Diese zusätzliche, von zahlreichen örtlichen und funktionellen Bedingungen beeinflußte Aufgabe konnte der Strom- und Hafenbau übernehmen, weil dort schon seit 1962 erhebliche Vorarbeit hinsichtlich der Belange der Stadt und des Hafens geleistet worden war und weil das für diese Notfälle in beträchtlichem Umfang erforderliche Personal bereitgestellt werden kann (8.1.3).

Alle mit Bau und Einrichtung von Sturmflutschutz und -warnung zusammenhängenden neuen Aufgaben haben das Amt zeitweilig stark überlastet, weil es wegen der notwendig vorauszusetzenden hafenspezifischen Kenntnisse und der Dringlichkeit nicht möglich war, auf „Außenseiter" zurückzugreifen oder sie erst anzulernen. Inzwischen sind die daraus verbliebenen Aufgaben zum täglichen Geschäft geworden, auch wenn gelegentlich noch Verbesserungen eingeführt werden.

2.3.4 Veröffentlichungen, Beratungen, wissenschaftliche Tätigkeiten

Die Fülle der Veröffentlichungen in den verschiedensten Fachzeitschriften, Büchern, Tageszeitungen, Denkschriften usw. hier auch nur einigermaßen erschöpfend wiederzugeben, ist ausgeschlossen. Sie umfaßten die gesamten, sehr unterschiedlichen Arbeitsbereiche in Planungen, Bauausführungen und Erfahrungen. Eingeschlossen waren natürlich auch solche, die sich mit einigen Beratungen und wissenschaftlichen Tätigkeiten befaßten, sofern sie Interesse beanspruchen durften. Auch Vorträge und Referate wurden immer wieder vor allerlei Körperschaften, Vereinigungen und Versammlungen mehr oder weniger öffentlich gehalten.

Trotzdem sei nicht verkannt, daß auch beim Strom- und Hafenbau eine bedauerliche Eigenschaft des Ingenieurs zu erkennen war, nämlich die, seine Arbeit, die doch viel öffentliches Interesse verdient, nur zögernd in Wort und Schrift zu publizieren. Der Mangel an Zeit spielte dabei sicher eine bedeutende Rolle, doch war außerdem festzustellen, daß es vielen Ingenieuren, wie anderswo auch, an der nötigen Ausdruckskraft mangelte. Infolgedessen war es stets nur ein begrenzter Kreis, der sich dieser – meist freiwilligen – Aufgabe unterzog; dennoch waren die Ergebnisse in der Menge zufriedenstellend und in der Qualität sicherlich gut, denn anderenfalls wäre die Nachfrage seitens der Verlage nicht so groß gewesen.

Auf beratende Tätigkeiten, die sich ursächlich aus den Aufgaben des Amtes ergeben, ist schon kurz hingewiesen worden (2.1 und 2.2). Darüber hinaus sind ab und zu Mitglieder des Amtes zur Lösung von Fachfragen abseits der Amtsgeschäfte gebeten worden, wenn ihr besonderes Wissen um spezielle Probleme das ratsam erscheinen ließ. Einen besonderen Komplex nimmt dabei die Entwicklungshilfe ein. Zwar war das Amt aus personellen Gründen nur ganz selten in der Lage, qualifizierte Mitarbeiter für mehrere Monate oder gar Jahre abzugeben, wie das – meist unnötigerweise – oft gefordert wird, doch konnte in mehreren Fällen mit kürzerem Einsatz geholfen werden. Das geschah auch unter dem Aspekt, daß derartige Auslandstätigkeiten für die weitere Entwicklung besonders jüngerer Ingenieure sehr nützlich sein können. Ohne auf die einzelnen Aufträge einzugehen, seien hier wenigstens die wichtigsten Länder genannt, in denen Angehörige des Amtes tätig gewesen sind: Ägypten, Äthiopien, Indonesien, Kolumbien, Malta, Nigeria, Philippinen, Portugal, Saudi-Arabien.

Für wissenschaftliche Tätigkeiten haben sich schon immer einige Angehörige des Amtes als Ergänzung zu ihren beruflichen Aufgaben interessiert. Das hat sich nicht nur in der oft kreativen Zusammenarbeit mit Wissenschaftlern, die zu Rate gezogen wurden, erschöpft, sondern zu eigenen Überlegungen, Untersuchungen und Forschungen geführt. Natürlich war dabei der Rahmen des Möglichen enger als z. B. an wissenschaftlichen Instituten und der Zwang, solche Arbeiten immer neben dem eigentlichen Dienst zu leisten, wirkte stets hinderlich. Um so mehr ist anzuerkennen, daß es auch in der Zeit nach dem letzten Krieg fortgesetzt eine ganze Anzahl von Promotionen sowie einige Lehraufträge und Professuren gegeben hat.

2.4 Interne Aufgaben des Amtes

2.4.1 Verwaltung, Organisation, Rationalisierung

Trotz seiner heterogenen Zusammensetzung, auf die schon Bolle hingewiesen hat und die auch hier immer wieder deutlich wird, hat das Amt eine weitgehend einheitliche Verwaltung, natürlich unter Berücksichtigung vieler Eigenheiten der Abteilungen. Die nicht immer reibungslose, aber doch verständnisvolle Kooperation zwischen Verwaltung und Technik war nur möglich, wenn fortlaufend darauf geachtet wurde, daß weder die Verwaltung – und sei es auch nur in Teilbereichen – zu Selbstzweck oder unnötigem Aufwand ausartete noch die Ingenieure Verwaltungsangelegenheiten als allzu belanglos ansahen. Dabei hat es der öffentliche Dienst erheblich schwerer als die Privatwirtschaft, weil er an kaum noch überschaubare Direktiven gebunden ist, die er nicht oder nur über lange, mühsame Wege in Ausnahmefällen ändern kann, auch wenn sie sich als unzweckmäßig erweisen.

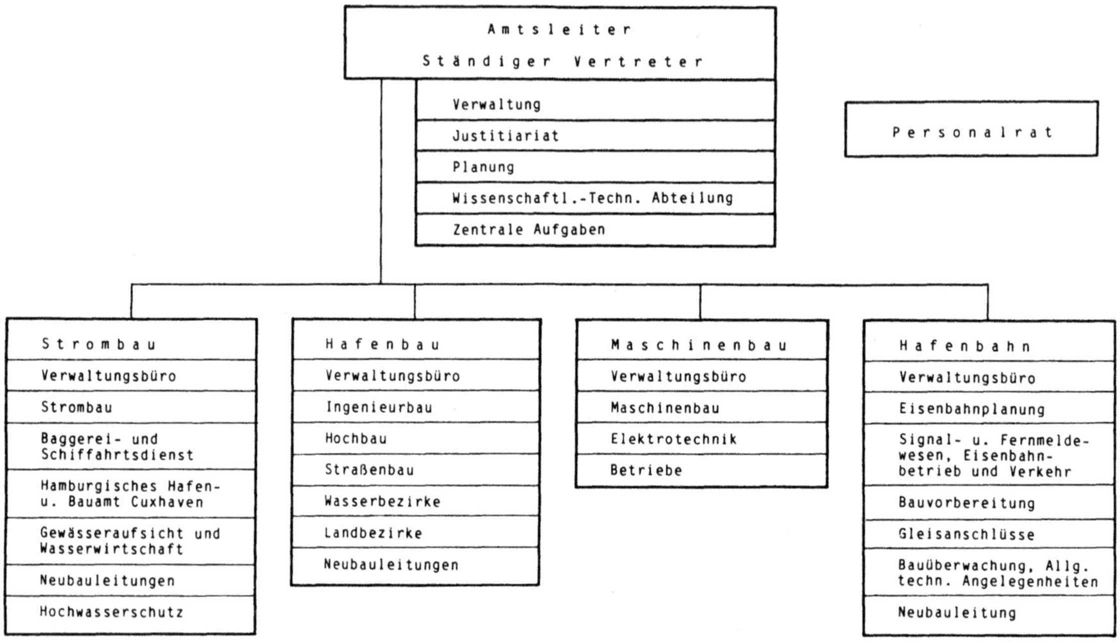

Abb. 2. Gliederungsplan des Amtes Strom- und Hafenbau 1967

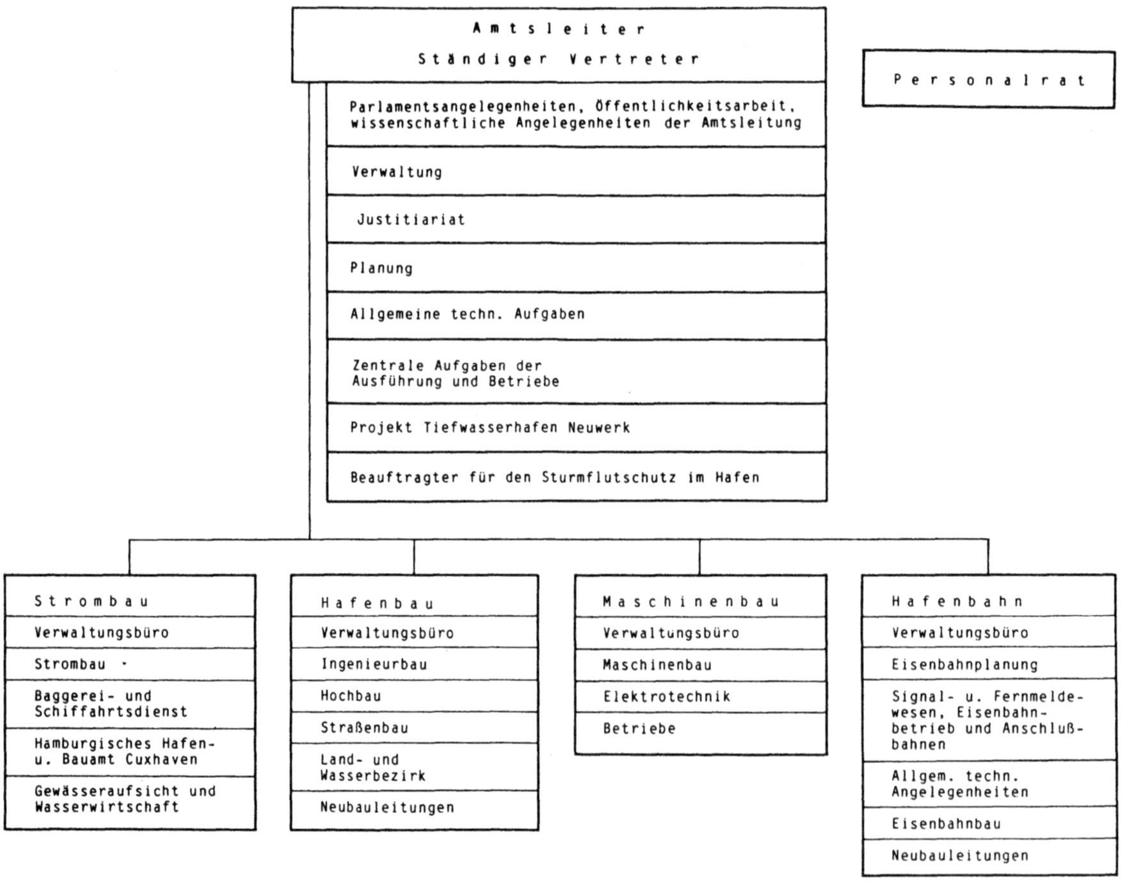

Abb. 3. Gliederungsplan des Amtes Strom- und Hafenbau 1979

Sich im Innen- wie Außenverhältnis unentwegt um gegenseitiges Verständnis zu bemühen, blieb eine Daueraufgabe aller leitenden Beamten und Angestellten. Darüber hinaus durfte von diesen Personen nicht das Risiko gescheut werden, ihre Ermessensspielräume bis zum äußersten auszunutzen. Und die Verwaltung mußte flexibel genug sein, um sich den häufigen Aufgabenänderungen anzupassen. Das gelang fast immer, jedenfalls im organisatorischen Bereich. Personell waren die Schwierigkeiten wegen der oft geforderten Spezialkenntnisse und des relativ kleinen Personalkörpers meist größer. In den grobmaschigen Gliederungsplänen des Amts, auf die auch Bolle eingeht (siehe besonders den von 1958), schlugen sich nur die größeren organisatorischen Änderungen, nicht die Fülle der kleinen nieder, mit denen man sich laufend auseinanderzusetzen hatte.

Trotzdem seien hier noch zwei dieser Gliederungspläne, und zwar aus den beiden Amtsleiterzeiten der Verfasser, wiedergegeben, nicht weil sie besonders hervorstehende Merkmale aufweisen, sondern um den unaufhaltsamen Wandel trotz Beibehaltens der Grundstruktur zu verdeutlichen (Abb. 2 und 3). Dieser Wandel hatte im wesentlichen vier Ursachen:

Erstens konnte es sich um Änderungen handeln, die durch eine Aufgabenverteilung oder Organisationsform innerhalb der Behörde entstand, wie sie schon geschildert worden ist, die also „von oben" erzwungen wurde und sich nicht aus der Arbeit des Amtes ergab.

Zweitens waren Änderungen der Aufgaben des Strom- und Hafenbau – Wegfall oder Hinzukommen von Tätigkeiten, Verlagerung von Schwerpunkten – die wohl bedeutendste Ursache. Dabei waren nicht nur allmählich oder plötzlich von außen kommende Anforderungen maßgebend, sondern auch die Tendenz, überflüssig werdende Tätigkeiten selbst abzubauen, was sich gegen Ende der Berichtszeit zu einer permanenten Aufgabenkritik entwickelte.

Drittens wirkten gelegentlich auch personelle Fragen bei der Besetzung von leitenden oder besonders exponierten Stellen mit, um zwecks größerer Effizienz organisatorische Änderungen vorzunehmen.

Viertens jedoch gab es in diesen Jahrzehnten eine Entwicklung, die wie nie zuvor auch auf die Organisation einwirkte, nämlich die der unaufhörlichen Rationalisierung. Da das Amt auf allen Gebieten mit den technologischen Verbesserungen Schritt halten mußte und zudem immer ein gesunder Ehrgeiz vorhanden war, für den Hafen das Beste und Wirkungsvollste zu erreichen, wurde jede Verbesserung aufgenommen, in einigen Fällen sogar angeregt oder selbst entwickelt, sofern sie günstigere, d. h. bessere, schnellere und wirtschaftlichere Arbeitsergebnisse versprach.

Nur durch die größere Mobilität der Bediensteten, die stärkere Mechanisierung mittels leistungsfähiger Geräte und die besseren Nachrichtenübermittlungen war es z. B. möglich, einige Außendienststellen der Ausführungsabteilungen zu größeren, zweckmäßigeren Einheiten zusammenzulegen. Andere Beispiele, die bis in die Gliederungspläne hineinwirken, ließen sich anführen, ebenso wie eine Fülle von kleineren Modernisierungen aller Art, auch auf dem Verwaltungssektor, die nach außen nicht in Erscheinung traten. Vieles davon hatte Rückwirkungen auf die Personalausstattung und damit auf den Stellenplan und in vielen Fällen war die Zustimmung des Personalrates erforderlich. Dazu muß noch einiges gesagt werden.

2.4.2 Personal- und Ausbildungsangelegenheiten

Wie schon anfangs erwähnt, hat der Strom- und Hafenbau einen eigenen, von der Behörde unabhängigen Personalrat. Seit seiner Wiedereinführung nach dem Gesetz Nr. 22 des Kontrollrates („Betriebsrätegesetz") vom 10.4.1946 bestand zwischen Amtsleitung und Personalrat, insbesondere seinem Vorstand, ein persönlich gutes, vertrauensvolles Verhältnis, das sich in den etwas veränderten Strukturen nach dem Hamburgischen Personalvertretungsgesetz vom 18.10.1957 fortsetzte. Über die vorgeschriebenen Diskussionen mit dem Plenum des Personalrates (meist 15 Personen, davon 8 Arbeiter, 5 Angestellte und 2 Beamte) hinaus war es die Gepflogenheit der Amtsleitung, alle Angelegenheiten, die ihn irgendwie berührten, so früh wie möglich mit ihm zu erörtern, zum Nutzen des Ganzen oft sogar solche, zu denen eine Mitbestimmung oder Anhörung nicht vorgesehen war. Grundsatz auf beiden Seiten war dabei, erst dann etwas an höhere Instanzen weiterzugeben, wenn eine Einigung zwischen Amtsleitung und Personalrat nicht mehr möglich schien. Aber diese Fälle ließen sich für die ganze Nachkriegszeit wohl an den Fingern einer Hand abzählen.

Das Zusammenwirken war also durchweg – trotz oftmals verschiedener Meinungen – gut und lediglich in den Jahren 1974/75 infolge von Schwierigkeiten im Bereich der Lohnempfänger stark erschwert, obwohl auch durch diesen Umstand an den Grundsätzen nicht gerüttelt wurde. Merkwürdigerweise rief dieses interne Verhalten, dessentwegen das Amt von vielen anderen Dienststellen beneidet wurde, bei den eigenen Behördenleitungen – je nach Einstellung der Personen – nicht nur Wohlwollen, sondern zuweilen Mißtrauen wegen möglicherweise zu großer Selbständigkeit hervor. Deshalb bemühten sich die Amtsleiter, neuen Senatoren und Staatsräten gleich zu Beginn ihrer Tätigkeit in der Behörde verständlich zu machen, daß der Strom- und Hafenbau mit seinem Personalrat geprägt war durch starkes Traditionsbewußtsein, durch die zwar vielseitige, aber faszinierende Arbeit mit dem einheitlichen Ziel und Engagement, dem Hafen zu dienen, und durch die nicht zu unterschätzende Tatsache, daß hier nur eine Gewerkschaft, die ÖTV, maßgebend war, so daß gewerkschaftliche Interessengegensätze unter den Mitarbeitern praktisch keine Rolle spielten.

Dabei waren die gemeinsam zu lösenden Fragen nicht einfach, ob es sich nun um Änderungen in der Organisation aus den geschilderten Anlässen oder um solche des Stellenplanes oder der Arbeits- und Sozialverhältnisse handelte oder um die Erfüllung der seit 1974 mehrmals wiederkehrenden Sparbeschlüsse für den Personalbestand, bei denen Personaleinsparungen infolge von freiwillig vorangegangenen Rationalisierungen leider nicht berücksichtigt wurden. Andererseits wurde seitens der Amtsleitung und der Verwaltung stets versucht, die Möglichkeiten zur qualitativen Verbesserung des Stellenplanes auszuschöpfen. Damit wurde nicht nur der allgemeinen tariflichen Entwicklung, aus der man sich nicht absondern durfte, gefolgt, sondern auch der Tatsache Rechnung getragen, daß der Schwierigkeitsgrad der zu bewältigenden Aufgaben dauernd größer wurde.

Diese Tendenz kommt sogar rein zahlenmäßig bei der Betrachtung des Personalbestandes zum Ausdruck, da die Zahl der Arbeiter laufend abgenommen, die der Angestellten dagegen zugenommen hat:

	1965	1980
Arbeiter	1860	1400
Angestellte	850	920
Beamte	210	210
gesamt	2920	2530

Besonders beachtlich ist aber, daß die Gesamtzahl der Bediensteten nicht etwa wegen des Aufgabenzuwachses stetig zugenommen hat, wie bei vielen anderen Behörden, sondern als Folge der Rationalisierungseffekte sogar ohne Qualitätseinbuße vermindert werden konnte. Allerdings mußten dabei zeitweise Überlastungen, z.B. infolge des zahlreiche Kräfte zusätzlich bindenden Sturmflutschutzes, in Kauf genommen werden.

Durch möglichst weitsichtige Personalpolitik der jeweiligen Amtsleitung wurde stets versucht, rechtzeitig geeignete Personen für frei werdende leitende Stellen selbst heranzubilden, sofern nicht der Zwang zu sehr speziellen Fachkenntnissen dagegen sprach. Die seit Anfang der siebziger Jahre seitens des Senates obligatorischen Ausschreibungen dieser Stellen brachten daher nur selten andere als die beabsichtigten Ergebnisse. Das lag teilweise auch daran, daß in den meisten Fällen neben den erforderlichen Kenntnissen in bestimmten Fachbereichen und in der hamburgischen Verwaltung auch solche der Hafenwirtschaft und des Hafenbetriebes verlangt werden mußten, was bei dem eigenen Nachwuchs vorausgesetzt werden konnte. Dagegen hat in den hier betrachteten Jahrzehnten seit Kriegsende irgendeine Parteizugehörigkeit bei der Neubesetzung leitender Stellen im Unterschied zu vielen anderen Verwaltungen keine entscheidende Rolle gespielt.

Um günstige Grundvoraussetzungen für besonders geeigneten Nachwuchs im höheren wie gehobenen Dienst zu schaffen, hat Strom- und Hafenbau in der Regel Baureferendare und Technische Inspektoren-Anwärter selbst ausgebildet, erstere im Rahmen der Ausbildungs- und Prüfungsordnung des Oberprüfungsamtes für den höheren technischen Verwaltungsdienst in Frankfurt, zu deren praxisnäherer Verbesserung nach den Erfahrungen intensiv beigetragen wurde. Das Amt galt für ganz Hamburg als Ausbildungsbehörde in der Fachrichtung Bauingenieurwesen, Fachgebiet Wasserwesen, in der Fachrichtung Maschinenbau und Elektrotechnik, Fachgebiet Maschinen- und Elektrotechnik der Wasserstraßen, und in der Fachrichtung Eisenbahnwesen, Fachgebiete Bauingenieurwesen und Nachrichtentechnik. Es entsandte infolgedessen bei Bedarf auch einige Prüfer nach Frankfurt. Die Anwärter des gehobenen Dienstes wurden entsprechend im Amt selbst ausgebildet und geprüft.

Alles in allem sind etwas mehr Anwärter ausgebildet worden, als selbst benötigt wurden; einige kamen von auswärts mit der vorgefaßten Absicht, das Amt nach der Ausbildung wieder zu verlassen, einige konnten nicht übernommen werden und ein paar verließen es nach der Übernahme aus persönlichen Entschlüssen. Von 1964 (frühere Unterlagen sind nicht mehr vorhanden) bis 1969 befanden sich jedes Jahr vier Referendare im Amt, bei zweijähriger Ausbildungszeit; danach sank die Zahl mangels Bedarf bis 1977 auf einen. Beim gehobenen Dienst waren es von 1964 bis 1970 durchschnittlich jährlich sieben Anwärter, von 1971 bis 1979 drei. Zeitweise bedurfte es wegen der im Vergleich zur Privatwirtschaft schlechteren Einkommenserwartungen sehr großer Bemühungen, um überhaupt noch Anwärter für diese Beamtenlaufbahn zu bekommen.

Eine andere, allgemeine Entwicklung wirkte sich auch hier nachteilig aus, daß nämlich die graduierten Ingenieure, die ja unter anderem die Hauptlast der Bauausführung zu tragen haben, mit immer weniger praxisbezogenen Kenntnissen die Fachhochschulen verließen.

Auf Wunsch jüngerer akademischer Nachwuchskräfte begann das Amt Mitte der siebziger Jahre mit Seminaren zur Entwicklung von Führungsqualitäten unter der Leitung eines anerkannten Fachmannes, die schließlich auf andere Gruppen ausgedehnt wurden. Obwohl die Meinungen darüber je nach Blickwinkel verschieden waren, fanden daraufhin ähnliche Veranstaltungen durch das Senatsamt für den Verwaltungsdienst Eingang in die Hamburger Verwaltung.

Von der Möglichkeit des neu eingeführten sog. Bildungsurlaubs haben nur sehr wenige Mitarbeiter sporadisch Gebrauch gemacht; glücklicherweise, denn da keinerlei Ausgleich der dadurch fortfallenden Arbeitskapazität vorgesehen war, hätte der Dienstbetrieb erheblichen Schaden nehmen können.

Große Mühe hat das Amt seit je auf die Ausbildung von Lehrlingen einiger Gewerke verwandt, was sich stets in den durchschnittlich guten Noten seitens der Handwerkskammer ausdrückte. 1967 mußte die Zahl der Auszubildenden stark reduziert werden, so daß von da an über zehn Jahre alljährlich nur noch 11 Ausbildungsplätze für Neuzugänge zur Verfügung standen. Selbst diese Plätze konnten häufig nicht alle besetzt werden, weil nicht genügend Bewerber vorhanden waren. Ab 1977 sollten wegen der starken Jahrgänge der Schulabgänger die jährlichen Einstellungen wesentlich erhöht werden, wobei jedoch die Bereitstellung zusätzlicher Mittel für Ausbildungsplätze und -personal beträchtliche Schwierigkeiten bereitete. Trotzdem gelang es, die Kapazität auf jährlich 23 Neueinstellungen zu erhöhen, und zwar für 8 Maschinenschlosser, 5 Energieanlagenelektroniker, 5 Bauschlosser, 3 Holzmechaniker und 2 Dreher. Dabei blieb es bis 1981, danach wurde die Zahl – unter anderen Voraussetzungen – erneut erhöht. Die Gesamtzahlen der Ausbildungsplätze waren von 1967 bis 1976 jährlich 44 und von 1977 bis 1981 jährlich 82.

2.4.3 Arbeitsverhältnisse

Der Unterschied zwischen den Beamten- und Angestelltenfunktionen war nur in wenigen Bereichen so bedeutend, daß der Einsatz von Beamten unerläßlich war. Im allgemeinen konnten – wenn es die Erfüllung bestimmter Aufgaben erforderte – Angestellte vorübergehend auf Beamtenstellen gesetzt oder in beiden Richtungen Stellen umgewandelt werden. Trotz der Erleichterung durch diese organisatorische Anpassungsfähigkeit erschwerten die relativ starren Stellenpläne, wie überall sonst auch, das schnelle Reagieren auf besondere Einflüsse, ein systemimmanenter Umstand, der häufig zu Unrecht „den Beamten" angelastet wird. Improvisationen waren daher keine Seltenheit.

Eine weitere bekannte Schwierigkeit, die im öffentlichen Dienst größer ist als im privaten Bereich, obwohl sie häufig genug auch dort auftritt, ist die Durchsetzung des Leistungsprinzips bei Beförderungen und Höhergruppierungen. Abgesehen davon, daß es durch Gesetze und Tarife Regelungen gab, die derartige Verbesserungen für bestimmte Personengruppen ohne entsprechende Leistungen vorsahen, spielten neben der fachlichen Leistung oft noch andere Kriterien eine Rolle. Trotzdem waren Amtsleitung und Personalrat bemüht, so weit irgend möglich, attraktive und wichtige Stellen mit Mitarbeitern zu besetzen, die mehr nach Leistung und Persönlichkeit als nach anderen Merkmalen geeignet erschienen. Obwohl dem Beurteilungswesen durchweg große Aufmerksamkeit gewidmet wurde, fiel die Entscheidung oft nicht leicht.

Auf mancherlei Gebieten haben sich die Arbeitsverhältnisse in den letzten drei Jahrzehnten wesentlich geändert: Von den teilweise zerstörten, überbelegten, schlecht ausgestatteten Diensträumen mit völlig unzureichenden Geräten und Materialien gleich nach dem Kriege bis zu den zwar nicht üppigen, aber Menschen und Aufgaben im allgemeinen gerecht werdenden gegenwärtigen Räumen war ein weiter, keineswegs einfacher Weg. Die Sozialeinrichtungen wurden bei allen Dienststellen verbessert, ebenso der personalärztliche Dienst und der Unfallschutz, dem immer größere Bedeutung zugemessen wurde und der infolgedessen viel Mühe erforderte.

Das hierarchische Prinzip, das im ganzen nicht entbehrt werden kann, wurde jedoch bei mehreren Sonderaufgaben, bei denen es zweckmäßig schien, zugunsten von Gruppenarbeit durchbrochen, meist mit gutem Erfolg. Bei dem allgemeinen Bestreben, Verantwortlichkeiten weitgehend nach unten zu verlagern, gab es neben sehr viel Zustimmung auch einige Schwierigkeiten; einmal, weil nicht alle Vorgesetzten ohne weiteres bereit waren, Verantwortung zu delegieren oder die de facto schon vollzogene Verlagerung sichtbar anzuerkennen, zum anderen aber auch, weil nicht alle Mitarbeiter bereit waren, für das, was sie taten, nun auch die Verantwortung nach außen zu übernehmen. Doch hat das den Dienstbetrieb nicht nennenswert beeinträchtigt.

Die dauernde Modernisierung der Arbeitsabläufe durch Mechanisierung, Automation, Einsatz von Elektronik und Mikroprozessoren hat die Arbeit auf allen Gebieten erheblich effizienter und schneller, durch Personaleinsparungen teilweise auch billiger gemacht. Manuell wurde sie dadurch außerdem erleichtert, während das Arbeiten mit elektronischen Rechenanlagen zunächst neue geistige Anforderungen auslöste.

Die mehrfachen Arbeitszeitverkürzungen ließen sich infolge der verschiedenartigen Tätigkeiten des Amtes nicht einheitlich auffangen. Am einfachsten war es beim Dienst im Hauptbüro, wo ab März 1972 überdies die gleitende Arbeitszeit eingeführt wurde, und zwar trotz der damit verbundenen Einführung von Kontrolluhren mit großer Zustimmung der Betroffenen. Schwieriger war es bei den Schichtdiensten, die es teils in Doppelschichten, teils im 24-Stunden-Betrieb gab: In der Abteilung Strombau beim Baggerei- und Schiffahrtsdienst einschließlich Lotsenversetzdienst und Hafenaufsicht für das Oberhafenamt; in der Abteilung Hafenbau beim Pförtner des Zimmerplatzes Lübecker Ufer; in der Abteilung Maschinenbau bei den Schleusen, beweglichen Brücken und Sperrwerken, beim Elbtunnel St. Pauli und bei der Fernsprech-Hafenzentrale; in der Abteilung Hafenbahn bei der Signalmeisterei (ab Oktober 1969). Gleitende Arbeitszeiten waren hier, wie bei allen Werkstatt- und tideabhängigen Diensten, natürlich nicht möglich.

2.4.4 Eigenbetriebe

Ihre Notwendigkeit ist oft bezweifelt worden, leider häufig mit allzu pauschalen oder sogar unrichtigen Behauptungen, bei denen stets die angeblich im Vergleich zur Privatwirtschaft zu hohen Kosten hervorgehoben wurden, obwohl diese Kosten meistens gar nicht bekannt waren. Schon Anfang der fünfziger Jahre richtete das Amt bei seinem betriebswirtschaftlichen Referat eine Betriebskostenrechnung ein, um Arbeitsvorgänge kritisch zu durchleuchten und daraus Schlüsse ziehen zu können. Daneben wurden fortlaufend ganze Bereiche kostenmäßig erfaßt. Aber gerade dabei ergab sich, daß keineswegs immer allein die Kosten das wirklich Entscheidende sind.

Betrachtet man, als ein Beispiel, den Baggereibetrieb, so ist er nach dem Kriege grundlegend erneuert und verbessert worden, wobei er nicht nur den stark gewachsenen Anforderungen an Wassertiefen, Bodenmengen, schweren Bodenarten, Spülweiten u.a.m. angepaßt, sondern auch auf immer bessere Wirtschaftlichkeit ausgerichtet wurde. Das gelang, so daß er nachweislich auch bei privatwirtschaftlicher Betrachtungsweise nicht teurer war als private Unternehmen. Solche Vergleiche konnten indessen nur bei einigermaßen kontinuierlichem Einsatz angestellt werden, wie bei Neubaubaggerungen und Unterhaltungsbaggerungen über längere Stromstrecken. Im Hafengebiet traten zu viele, beinahe tägliche Störungen auf durch Arbeitsplanänderungen aus Prioritätsgründen, durch Hindernisse im Grund, durch (immer noch) Bomben- und Munitionsfunde, durch Rücksichtnahmen auf Schiffe und Bauwerke, durch Schwierigkeiten bei der Unterbringung des Baggergutes usw.

Trotz der dadurch höheren Kosten mußte aber an dem alten Grundsatz festgehalten werden, daß der Hafenbetrieb Vorrang vor dem Baggerbetrieb haben sollte, daß also z.B. plötzlich entdeckte Untiefen an gefährlichen oder besonders hinderlichen Stellen unverzüglich zu beseitigen waren, auch wenn dadurch Bagger- und Spülprogramme immer wieder ganz kurzfristig geändert werden mußten, und daß Reparaturen an den Geräten oder an Teilen von ihnen auf der Staatswerft oder an Bord auch sonntags durchgeführt werden mußten, wenn dadurch größere Nachteile vermieden werden konnten. Aus all diesen Gründen hatte sich schon frühzeitig die Richtlinie gebildet, zwar die kontinuierlich laufenden Neubaubaggerungen an Private zu vergeben, die Unterhaltung aber weitgehend dem Eigenbetrieb zu überlassen, weil damit dem Hafen am besten gedient war.

Für die meisten Eigenbetriebe gilt, daß sie für die ständige Betriebsbereitschaft und Verkehrssicherheit der Verkehrsanlagen zu Wasser und zu Lande einschließlich der Hochwasserschutzanlagen, nicht zuletzt aber auch für den Sturmflutwarndienst, notwendig sind, also auch zur raschen Beseitigung von Störungen, Unregelmäßigkeiten und Unfallschäden wie für den umfangreichen, vielseitigen Winterdienst. Teilweise handelt es sich dabei sogar um Leistungen, die von privaten Unternehmern gar nicht angeboten werden. Somit ergeben sich in vielen Bereichen sozusagen Feuerwehr-Funktionen, für die einige Mannschaften, sogar oft im Bereitschaftsdienst, mit besonders geeigneten Geräten zur Verfügung stehen müssen. Natürlich muß dafür gesorgt werden, daß sie auch zu anderen Zeiten sinnvoll und nutzbringend eingesetzt werden.

Selbst wo diese Funktionen nicht ausschlaggebend sind, bleibt oftmals das Argument notwendiger Spezialtätigkeiten unter den eigenartigen Bedingungen der Hafentechnik, des Hafenbetriebes sowie der Tide- und Witterungseinflüsse.

Das alles galt in der Nachkriegszeit zunächst nicht für den Gesamtumfang aller Eigenbetriebe, die im Laufe eines langen Zeitraumes gewachsen und stellenweise zu umfangreich geworden waren. Infolgedessen sind sie allmählich reduziert worden, soweit ein Rückgriff auf private Leistungen möglich geworden war. Was übrig blieb, wurde mit neuzeitlichen Maschinen, Geräten, Fahrzeugen und Arbeitsmethoden ausgestattet, so daß kein Vergleich mehr gescheut zu werden brauchte. Was nicht ausschließt, daß weitere Veränderungen vorgenommen werden sollten, sobald dies zweckmäßig wird.

3 Verkehrsentwicklung

Eine der wichtigsten Grundlagen für die Hafenplanung und erst recht für jegliche Investitionsentscheidung im Hafenbau ist eine sorgfältig analysierte und interpretierte Statistik des abgelaufenen Verkehrsgeschehens und der daraus abzuleitenden Entwicklungstendenzen. Zwar wird der letztgenannte Schritt – die Herleitung zukünftiger Tendenzen aus dem statistisch erfaßten bisherigen Ablauf – stets problematisch sein und sich niemals in einer einfachen Extrapolation erschöpfen dürfen; aber wer als Hafenplaner vor diesem Problem kapitulieren wollte, müßte damit zugleich auf die wichtigste rationale Begründung für Art und Umfang seiner Planungen und Investitionsvorschläge verzichten. Kein Gremium, das über die Bereitstellung beträchtlicher Investitionssummen für einen Hafen zu befinden hat – mag er in privatem oder öffentlichem Eigentum stehen –, kann solche Entscheidungen treffen und verantworten, wenn fundierte Begründungen fehlen oder nicht stichhaltig sind. Aber auch der Planer selbst ist ohne klare Vorstellungen über die bisherige und voraussichtlich eintretende künftige Entwicklung nicht in der Lage, qualitativ und quantitativ richtige Planungen zu entwickeln; er müßte „mit der Stange im Nebel herumstochern". Freilich darf nicht verkannt werden, daß die Statistik allein als Grundlage für Beschlüsse über hohe Investitionen nicht ausreicht und daß sie auch nicht immer alle wünschenswerten Daten und Fakten zu liefern vermag.

Auch in Hamburg hat das Amt Strom- und Hafenbau die meist von anderen Dienststellen erhobenen statistischen Daten des Hafenverkehrs stets sorgfältig beobachtet und als Planungsgrundlage ausgewertet. Die folgende Darstellung kann sich daher auf Unterlagen des Amtes stützen. Allerdings haben dessen einschlägige Arbeiten nicht das Ziel, die Verkehrsentwicklung im Hafen Hamburg bis in die feinsten Verästelungen zu verfolgen oder wirtschaftliche Zusammenhänge auch dort aufzuspüren, wo es sich nur um marginale Schwankungen handelt. Dementsprechend wird dieser Bericht auch nur jene Entwicklungen berücksichtigen, die für die Hafenplanung und für Investitionsentscheidungen von Bedeutung waren oder sind. Deren Zahl ist bedeutsam genug.

3.1 Seeverkehr

Der wichtigste Teilbereich einer Seehafenstatistik ist natürlich der Seeverkehr. Allgemein – nicht nur in Hamburg – erfaßt man statistisch einerseits den Schiffsverkehr, d. h. Zahl und Größe der eingelaufenen Schiffe, andererseits den Warenverkehr, also Art und Menge der umgeschlagenen Güter. Abbildung 4 zeigt zunächst die Entwicklung des Schiffsverkehrs in der Berichtsperiode. Weil zum Zeitpunkt der Niederschrift des vorliegenden Beitrages auch die Daten der Jahre 1981 und 1982 vorlagen, konnten diese – sozusagen nachrichtlich – in diese wie auch die nachfolgenden statistischen Darstellungen einbezogen werden. Das dürfte im Sinne der Trenderkennung vorteilhaft sein, wenn diese Werte auch streng genommen nicht zur Berichtsperiode gehören.

Aus Abb. 4 ist zunächst zu entnehmen (Linie 1), daß die Zahl der angekommenen Seeschiffe fortwährend abgenommen hat, und zwar von 1960 bis 1976 – von dem „Ausreißer" 1963 abgesehen – etwa gleichmäßig mit durchschnittlich minus 175 Schiffen pro Jahr. Von 1976 bis 1980 verstärkte sich diese Tendenz auf ein Minus von 575 Seeschiffen pro Jahr; ab 1980 scheint sich dieser statistische Wert zu stabilisieren (15 600 Seeschiffe pro Jahr). Linie 2 in Abb. 4 – die Summe der Rauminhalte aller im jeweiligen Jahr angekommenen Seeschiffe darstellend – zeigt im Gegensatz zu Linie 1, von geringfügigen Rückgängen in den sechziger Jahren abgesehen, einen progressiven Anstieg, der von 1974 bis 1979 stürmisch verläuft; auch dieser Wert scheint sich ab 1980 auf dem erreichten hohen Niveau zu stabilisieren. Linie 3 stellt den Quotienten aus den Werten der Linien 2 und 1 dar, also den mittleren Rauminhalt des einzelnen angekommenen Seeschiffes. Hier ergibt sich ein ähnlicher Verlauf wie bei Linie 2: von 1960 bis etwa 1973 zeigt auch Linie 3 einen mäßig progressiven, 1973 bis 1979 stürmischen Anstieg, ab 1980 eine Stabilisierung auf dem erreichten hohen Niveau.

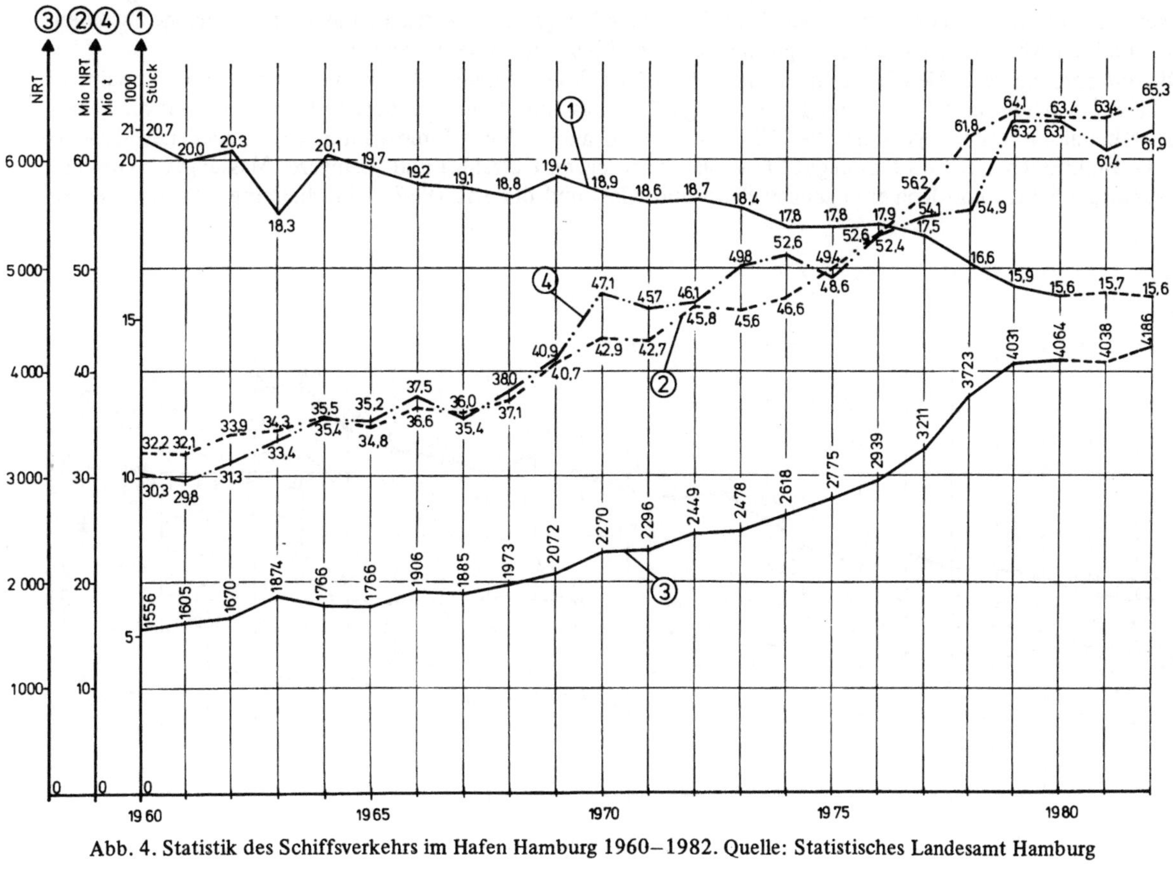

Abb. 4. Statistik des Schiffsverkehrs im Hafen Hamburg 1960–1982. Quelle: Statistisches Landesamt Hamburg

Schließlich gibt Linie 4 die insgesamt im jeweiligen Jahr im Hafen Hamburg umgeschlagenen Gütermengen in Mio. t wieder; man erkennt, daß diese Linie tendenziell der Linie 2 sehr ähnlich verläuft und streckenweise fast mit jener identisch ist. Dies bedeutet, daß im Berichtszeitraum bei der in Hamburg gegebenen Zusammensetzung der Ladung nach Güterarten in grober Näherung 1 t Ladung (Import und Export zusammengerechnet) in 1 NRT Schiffsraum befördert worden ist. Natürlich darf dieser grobe Durchschnittswert nicht auf einzelne Güterarten übertragen werden: 1 t Rohöl erfordert sicher weniger als 1 NRT Laderaum, 1 t Eisenerz noch weniger; beim herkömmlichen Stückgut ist die Raumausnutzung sehr unterschiedlich je nach Art und Sperrigkeit der Ladung, bei Containerschiffen wird je NRT am wenigsten zahlende Ladung transportiert, zumal ein beträchtlicher Anteil an Leercontainern befördert werden muß. Wo sich in Abb. 4 zwischen den Linien 2 und 4 merkliche Unterschiede zeigen, waren die Schiffe stärker (1970/71 und 1973/74) bzw. schwächer (1960 bis 1964 und ab 1977) ausgelastet als in den Jahren, in denen beide Linien nahe beieinander liegen.

Was bedeutet die durch diese statistischen Werte und die Linien der Abb. 4 beschriebene Entwicklung?

Der allmähliche Rückgang der jährlichen Schiffsankünfte (Linie 1) entspricht weltweitem Trend und ist keine Besonderheit Hamburgs. Ihm steht die Zunahme der durchschnittlichen Schiffsgröße (Linie 3) gegenüber, die den Rückgang der Schiffszahlen überkompensiert, wie Linie 2 beweist. Die Schiffsabmessungen nahmen in allen drei Koordinaten zu, in der Schiffslänge, der Schiffsbreite und im Tiefgang. Hafenbautechnisch erforderten die längeren Schiffe längere Liegeplätze; ein Kai von 600 m Länge, der in den fünfziger Jahren noch vier durchschnittlich große Stückgutschiffe aufnehmen konnte, ergab in den Siebzigern nur noch drei Liegeplätze. Der vergrößerte Tiefgang erforderte größere Wassertiefen in der seewärtigen Zufahrt zum Hafen, den Wasserwegen innerhalb des Hafens und an den Liegeplätzen. Die größere Ladefähigkeit der Schiffe je Meter Schiffslänge, entstanden durch den größeren Tiefgang und die größere Schiffsbreite, erforderte auf dem Kai zum Bereitstellen der Ladegüter und zum Absetzen der Löschgüter mehr Fläche je Meter Kai, also eine Verbreiterung der Kaifläche – senkrecht zum Kai.

Diese strukturelle Veränderung des Schiffsverkehrs wurde überlagert von einem Wachstum des Güterverkehrs, das in den Sechzigern durchschnittlich 1,06, in den Siebzigern 2,32 Mio. t pro Jahr betrug. Daher war auch eine erhebliche Vermehrung der Umschlaganlagen erforderlich, wobei die Struktur des Güterverkehrs entscheidend auf deren Gestaltung einwirkte. Abbildung 5 analysiert deshalb diese Strukturentwicklung.

Die Linie 1 repräsentiert darin den gesamten Güterumschlag des Hafens im Berichtszeitraum; sie ist identisch mit Linie 4 in Abb. 4. Linie 3 grenzt die trockenen von den flüssigen Gütern ab; der Unterschied zwischen den Ordinaten der Linien 1 und 3 stellt die Mengen an flüssigem Massengut dar. Linie 5 trennt das Massengut vom Stückgut, die Fläche zwischen den Linien 3 und 5 gibt die Mengen an trockenem Massengut, diejenige zwischen Linie 5 und der Abszissenachse die Stückgutmengen (einschließlich Containergut) an.

Die unterbrochenen Linien 2, 4 und 6 trennen innerhalb des jeweiligen Sektors zwei Untergruppen voneinander: Linie 2 scheidet im Sektor „flüssiges Massengut" „rohes Erdöl" von „anderem flüssigen Massengut" (darunter: Mineralölderivate, vegetabile Öle, Alkohole, Chemikalien, Wein), Linie 4 im Sektor „trockenes Massengut" die Fraktionen „leichtes Massengut" (Sauggut, vorwiegend Getreide) und „schweres Massengut" (Greifergut, vorwiegend Erze und Kohlen, daneben Sand und Kies) und die erst 1967 in Erscheinung tretende Linie 6

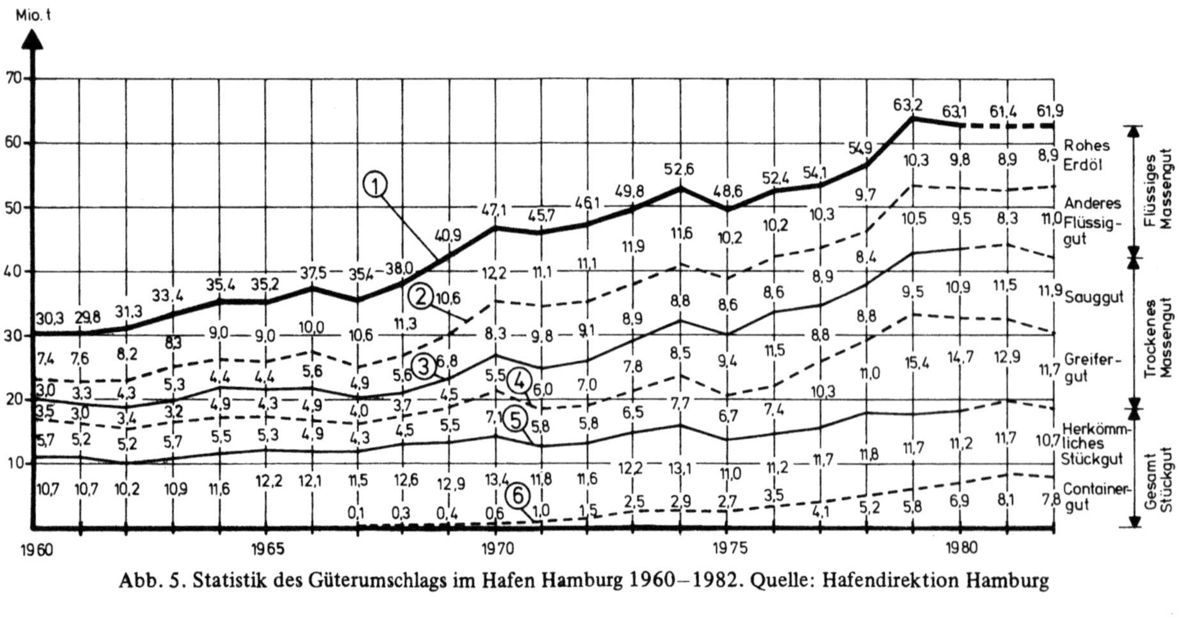

Abb. 5. Statistik des Güterumschlags im Hafen Hamburg 1960–1982. Quelle: Hafendirektion Hamburg

Tabelle 1. Vomhundertsätze der Güterarten bezogen auf den jeweiligen Jahresgesamtumschlag = 100 %
Spalte 5: Containerisierungsgrad des Stückguts

Jahr	Container	herkömmliches Stückgut	Gesamtstückgut 2 + 3	$\frac{2}{2+3}$	trockenes Massengut	flüssiges Massengut
1	2	3	4	5	6	7
1960	0	35,31	35,31	0	30,36	34,33
1965	0	34,66	34,66	0	27,27	38,07
1970	1,27	28,45	29,72	4,28	26,76	43,52
1975	5,55	22,64	28,19	19,71	33,13	38,68
1980	10,95	17,78	28,73	38,12	40,63	30,64
1981	13,19	19,06	32,25	40,90	39,74	28,01
1982	12,60	17,12	29,72	42,40	38,13	32,15

schließlich die in Containern beförderten (Stückgut-)Mengen vom sonstigen (herkömmlichen) Stückgut. Die Zahlen über der Linie 1 geben die Gesamtumschlagmengen in den einzelnen Jahren an, die Zahlen zwischen den Linien die Mengen der jeweiligen Güterarten.

Eine Interpretation des Schaubildes liefert folgende wesentlichen Feststellungen (in Stichworten):

- Stückgut: Anstieg mit Schwankungen von 10,7 Mio. t (1960) auf 16,0 Mio. t (1974), d. h. 0,38 Mio. t im Jahresdurchschnitt. 1975 Rückgang auf 13,7 Mio. t („Ölschock"), dann verstärkter Anstieg auf 18,1 Mio. t in 1980, d. h. 0,55 Mio. t. im Jahresdurchschnitt.
- Auftreten des Containers ab 1967 mit steigendem Anteil am Stückgutaufkommen. Tabelle 1, Spalte 5, zeigt den jeweiligen „Containerisierungsgrad", der auch bei rückläufigem Aufkommen (z. B. 1981 auf 1982) noch wächst (Abb. 6).
- Herkömmliches Stückgut pendelt seit 1971 um einen Mittelwert von 11,7 Mio. t und zeigt bisher keinen vom Container bewirkten nachhaltigen Rückgang. Andererseits hat aber der Container offensichtlich den Zuwachs an Stückgut auf sich gezogen, so daß das herkömmliche Stückgut tendenziell stagnierte.
- Greifergut pendelt 1960 bis 1975 zwischen 5 und 7 Mio. t, wächst dann bis 1979 auf 15,4 Mio. t (neue Großumschlaganlage für Greifergut „Hansaport"), um dann langsam zurückzugehen (Stahlkrise).
- Sauggut – vorwiegend Getreide – ist wesentlich abhängig vom Transit in Ostblockländer, deren Importbedarf von den eigenen Ernten abhängt. Dementsprechend stark schwanken die über Hamburg gegangenen Mengen: 1960 bis 1970 zwischen 3 und 5,5 Mio. t, dann bis 1980 Anstieg mit Schwankungen auf fast 11 Mio. t. 1981/82 weiteres Wachstum.
- Flüssigladung: Rohöl von 1960 bis 1973 von 7,4 auf fast 12 Mio. t ansteigend. Danach Rückgang bis auf 9,8 Mio. t in 1980 mit weiter fallender Tendenz. Andere flüssige Ladung steigt mit schwankenden, gelegentlich auch negativen Zuwachsraten von 3,0 Mio. t in 1960 auf ca. 10 Mio. t am Ende der Siebziger.

Zusammenfassend kann festgestellt werden, daß der Güterumschlag im Hamburger Hafen sich in der Berichtsperiode insgesamt verdoppelt hat. Stückgut einschließlich Container stieg auf 169 %, Greifergut auf 258 %, Sauggut auf 311 %; Rohöl kletterte bis 1973 auf 161 % der Menge von 1960, fiel dann bis 1980 auf 132 % und geht weiter zurück. Dafür wuchsen andere flüssige Güter auf 317 %. Die Anteile der Güterarten am Gesamtumschlag

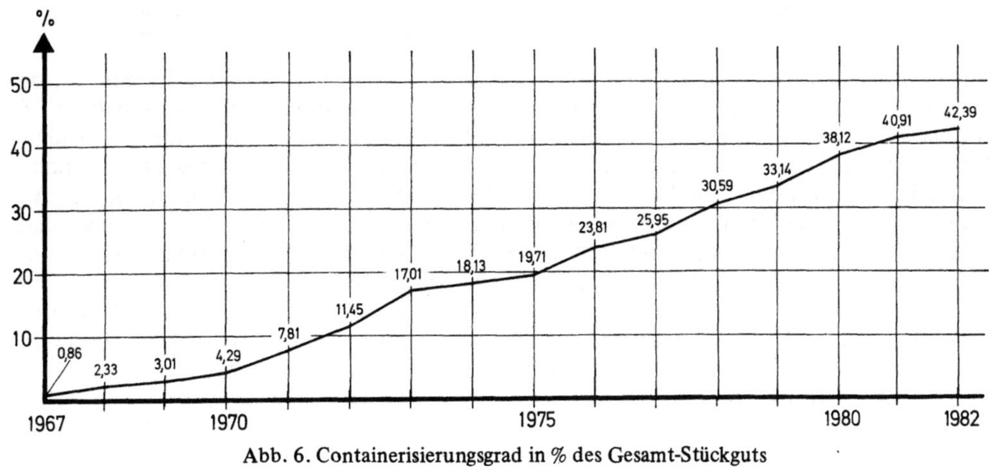

Abb. 6. Containerisierungsgrad in % des Gesamt-Stückguts

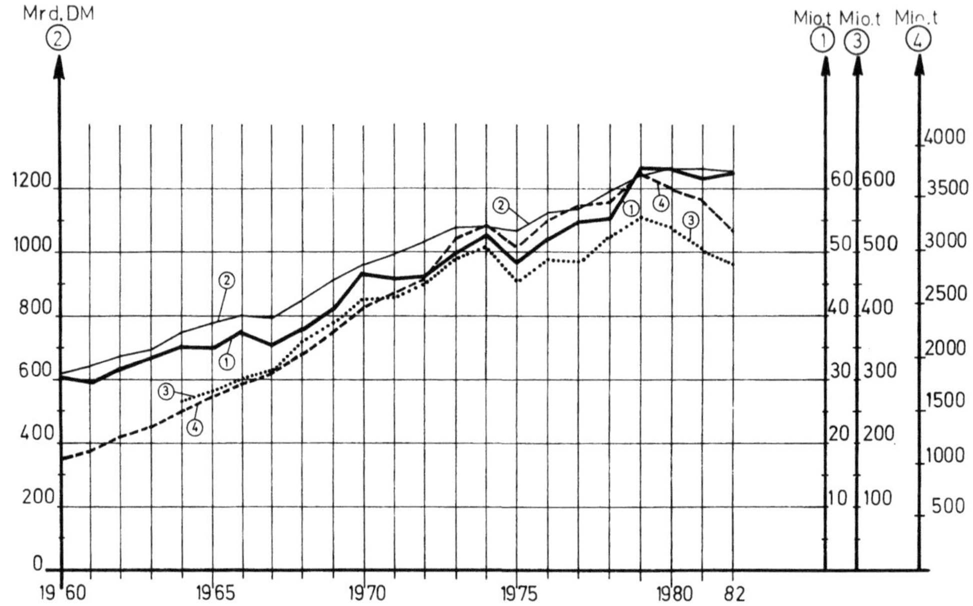

Abb. 7. Hamburger Hafenumschlag, Bruttosozialprodukt, Gesamt-Warenverkehr mit dem Ausland, Weltgüterverkehr zur See. Quellen: wie Tabelle 2

Tabelle 2. Zahlenwerte zu Abb. 7:
GU HH = Güterumschlag Hafen Hamburg, Quelle: Hafendirektion Hamburg, Linie ①; BSP BRD = Bruttosozialprodukt in der Bundesrepublik Deutschland zu Preisen von 1976, Linie ②; I + E BRD = Im- und Exportmengen der Bundesrepublik Deutschland, Linie ③; Quelle: Statist. Jahrbuch für die Bundesrepublik Deutschland, jeweiliger Jahrgang; WGVzS = Weltgüterverkehr zur See, Quelle: Fearnleys, Oslo, Review 1980, Linie ④

Dargestellte Größe	Jahr / Einheit	1960	1961	1962	1963	1964	1965	1966	1967	1968	1969	1970	1971
GU HH	10^6 t	30,3	29,8	31,3	33,4	35,4	35,2	37,5	35,4	38,0	49,9	47,1	45,7
BSP BRD	10^9 DM	613,4	643,1	671,7	692,5	738,5	778,7	799,3	798,9	847,9	911,6	957,5	988,1
I + E BRD	10^6 t					264,3	283,2	299,1	313,2	357,2	386,1	423,2	427,0
WGVzS	10^6 t	1070	1140	1250	1350	1507	1638	1772	1864	2041	2239	2482	2577

Dargestelle Größe	Jahr / Einheit	1972	1973	1974	1975	1976	1977	1978	1979	1980	1981	1982
GU HH	10^6 t	46,1	49,8	52,6	48,6	52,4	54,1	54,9	63,2	63,1	61,4	61,9
BSP BRD	10^9 DM	1029,0	1075,9	1080,8	1063,9	1123,0	1154,1	1194,0	1241,6	1264,3	1261,9	1248,6
I + E BRD	10^6 t	442,5	490,4	506,3	451,9	484,8	486,0	523,8	557,1	543,5	509,7	485,5
WGVzS	10^6 t	2763	3121	3248	3047	3324	3423	3491	3755	3632	3506	3213

verschoben sich dabei nicht unerheblich gegeneinander (Tabelle 1). Wichtig ist auch die Erkenntnis, daß die Gesamt-Gütermenge (Linie 1 in Abb. 5) immer dann rückläufig war, wenn eine allgemeine wirtschaftliche Rezession eintrat, so besonders deutlich 1966/67, 1970/71 und 1974/75. Abbildung 7 zeigt die Entwicklung des Hamburger Hafenumschlags in der Berichtszeit (Linie 1) im Vergleich zu der des Bruttosozialprodukts (BSP, Linie 2) in der Bundesrepublik Deutschland und derjenigen des Im- und Exports (I + E, Linie 3); beide werden hier als Indikatoren der jeweiligen konjunkturellen Situation und Entwicklung dargestellt und zeigen einen im Prinzip ähnlichen Verlauf. Daß die Linie 2 des BSP in Abb. 7 weniger starke Schwankungen zeigt als die des Hafenumschlags, ist einerseits eine Folge des aus Platzgründen gewählten Maßstabs, andererseits aus der Tatsache zu erklären, daß das BSP auch die Inlandsproduktion, Dienstleistungen u.a.m. enthält, deren konjunkturelle Schwankungen nicht notwendigerweise zeitgleich mit denen des Warenim- und -exports ablaufen. Insoweit steht die I + E-Linie 3 dem Hafenumschlag näher als die des BSP, obgleich auch sie ein „hafenfremdes" Element, nämlich die Ein- und Ausfuhr über die trockene Grenze, enthält. Schließlich läßt die Linie 4, den Welt-Güterverkehr über See darstellend, erkennen, daß auch im Vergleich zu dessen Entwicklung der Hafenumschlag in Hamburg „im allgemeinen Trend" lag.

3.3 Hinterlandverkehr

Ein Seehafen, der ausschließlich über See angekommene Importgüter auf binnenländische Transportmittel (Eisenbahn, Binnenschiff, Lastkraftwagen, Pipeline) sowie im umgekehrten Sinne Exportgüter umschlägt, müßte im Hinterlandverkehr statistisch dieselben Gütermengen abfertigen wie im Seeverkehr. Das ist bei den wenigsten Seehäfen der Fall, und zwar aus folgenden Gründen:

Zunächst gibt es den sogenannten Seetransit, Güter also, die über See hereinkommen und – ggf. nach Zwischenlagerung und/oder Bearbeitung – wieder über See weiterbefördert werden, also in der Statistik des Hinterlandverkehrs nicht, in der des Seeverkehrs zweimal erscheinen, nämlich ein- und ausgehend. Dann gibt es über See hereingekommene Güter, die in der Hafenstadt verbleiben; auch sie erscheinen selbstverständlich nicht in der Statistik des Hinterlandverkehrs. Drittens werden viele importierte Güter im Hafen mehr oder weniger lange gelagert; hier gibt es schwerlich lösbare Abgrenzungsprobleme gegen die im Hafen oder in der Hafenstadt verbleibenden Waren. Schließlich werden auch Güter im Hafen aus importierten und/oder aus dem Binnenland antransportierten Rohstoffen hergestellt; natürlich sind die – stets in Gewichtstonnen erfaßten – Mengen dieser Produkte nicht identisch mit denen der verarbeiteten, über See hereingekommenen Rohstoffe.

Zwei Beispiele seien angeführt: Die drei Groß- und drei kleineren Mineralölraffinerien importieren Rohöl und Mineralölzwischenprodukte und liefern Fertigprodukte des Mineralölsektors ins Hinterland. Deren Gewichtsmenge ist eine völlig andere als die über See importierte. Oder: Ein im Freihafen ansässiger Kaffeehändler importiert Rohkaffee und liefert ihn geröstet und somit im Gewicht vermindert ins Hinterland aus; wieder ist die letztgenannte Menge eine ganz andere als die importierte.

Aus diesen Gründen muß die Statistik des Seeverkehrs eines Universalhafens sich von derjenigen seines Hinterlandverkehrs wesentlich und so stark unterscheiden, daß Relationen zwischen beiden kaum herzustellen sind. Trotzdem wird in Hamburg eine allumfassende Statistik wie für den Seeverkehr für den Hinterlandverkehr nicht geführt.

Infolgedessen muß auf manche sowohl theoretisch-wissenschaftlich als auch praktisch-planerisch interessierenden Erkenntnisse verzichtet werden; andererseits ist das Allgemeininteresse an den Daten des Hinterlandverkehrs offenbar nicht groß genug, um den Aufwand für eine umfassende Statistik des Hinterlandverkehrs zu rechtfertigen.

Um wenigstens in einem Teilbereich des Hinterlandverkehrs statistische Daten und daraus ableitbare Erkenntnisse zu gewinnen, führt die Abteilung Hafenbahn des Strom- und Hafenbau seit 1967 eine Statistik des ein- und ausgehenden Bahnverkehrs durch. Die so gewonnenen Daten sind zwar als absolute Zahlen verläßlich und beispielsweise durchaus geeignet, um Leistungsfähigkeit und Auslastung der Rangierbahnhöfe im Hafenbahnsystem zu beurteilen, sie sagen aber nichts über den Anteil der Bahn am Hinterlandverkehr des Hafens aus. Denn die auf den beiden anderen Verkehrsträgern, Binnenschiff und Lkw, beförderten Mengen werden nicht entsprechend erfaßt und können zudem nicht mit dem erforderlichen Minimum an Genauigkeit gegen solche abgegrenzt werden, die nicht aus dem Hafen kommen bzw. in den Hafen bestimmt sind. Aus dem gleichen Grunde ist auch die Gesamtgütermenge des Hafen-Hinterlandverkehrs, also Bahn + Binnenschiff + Lkw, nicht bestimmbar; daß sie auch aus der Statistik des seewärtigen Verkehrs nicht abgeleitet werden kann, wurde vorher bereits dargelegt.

Die eigentlich doch recht wichtige, mindestens aber interessante Frage nach den Anteilen der Verkehrsträger am Hinterlandverkehr des Hafens muß somit unbeantwortet bleiben.

4 Planung

Unter Planung soll im Rahmen dieses Beitrages zweierlei verstanden werden:

1. Die „Generalplanung“, d.h. die Erarbeitung von Vorstellungen über langfristige künftige Entwicklungsmöglichkeiten des Hafens einerseits und über die Voraussetzungen technischer und insbesondere räumlicher Art andererseits, die erfüllt werden müssen, damit sein weiterer Ausbau ohne vermeidbare Hemmnisse verwirklicht werden kann, sobald die verkehrswirtschaftliche Entwicklung dies erfordert.
2. Die „Objektplanung“ – auch als Einzelplanung bezeichnet –, deren Aufgabe es ist, für anstehende Projekte die Ausführungsunterlagen zu erstellen. Zu diesen gehören die Grundrißlösung der projektierten Anlage einschließlich ggf. deren Hauptabmessungen in der Vertikalen, die Verkehrsanschlüsse für Seeschiff, Binnenschiff, Eisenbahn, Straße (nicht alle vier sind bei jedem Projekt beteiligt), die Energieversorgung, Vermeidung von Umweltbelastungen und ggf. die Nachrichtenverbindung. Auch Umbauten bestehender Anlagen sind Projekte in diesem Sinne. Dagegen gehört die Erarbeitung konstruktiver Lösungen für geplante Bauwerke nicht hierher, sondern in eine nachgeschaltete Phase, die bereits der Verwirklichung (Bauausführung) nahe steht.

Diese Einteilung in zwei Kategorien läßt sich freilich nicht lupenrein auf alle Planungsarbeiten anwenden. Zwar gehört die Raumsicherung für künftige Hafenerweiterungen eindeutig zur Generalplanung, die Planung einer Umschlaganlage, eines Hafenbahnhofes, einer Schleuse oder Brücke, um nur ein paar Beispiele aus der Fülle der in einem Großhafen vorkommenden Projekte herauszugreifen, eindeutig zur Objektplanung. Dagegen enthält die Planung für den Umbau ganzer Hafenteile, die im Zuge der Entwicklung veraltet und damit mehr oder weniger unbrauchbar geworden sind, Elemente beider Kategorien. Was im Zeitraum 1960 bis 1980, über den hier berichtet wird, auf dem Gebiet der raumsichernden Generalplanung erarbeitet worden ist, wird im Abschnitt 4.4 dieses Beitrages (Vorsorge für die Zukunft) dargestellt; verwirklichte Einzelprojekte sollen in den Abschnitten 6 und 7 behandelt werden[1]. Hier ist zunächst über den Rahmen zu sprechen, der allen Planungen für den Hafen Hamburg teils von der Natur, teils von Rechtsnormen, teils durch Baumaßnahmen früherer Generationen vorgegeben ist, und damit die Ausgangslage für die bearbeiteten Planungen darstellt (4.1 und 4.2). Danach wird, ohne auf Einzelobjekte näher einzugehen, über die Konzepte zu sprechen sein, die den Planungen der Berichtsperiode zugrunde gelegt worden sind (4.3).

4.1 Die Grundkonfiguration des Hafens als Planungsrahmen

Im nördlichen Teil des Stromspaltungsgebietes der Elbe zwischen Hamburg im Norden und Harburg im Süden ist der Hafen Hamburg in den letzten rund 120 Jahren entstanden. Dabei fallen alle wesentlichen, das Bild des Hafens im Jahre 1960 prägenden Baumaßnahmen, sieht man vom Wiederaufbau nach dem zweiten Weltkrieg ab, in die erste Hälfte dieses Zeitraumes, d.h. in die Zeit vor dem ersten Weltkrieg. Dieses historische Werden des Hafens zu schildern, gehört nicht zum Thema dieses Beitrages. Für die innerhalb der Berichtszeit bearbeiteten Planungsfragen setzt jedoch das in den vorangegangenen Jahrzehnten Geschaffene einen Rahmen, der nur mit enormen Aufwendungen hätte gesprengt werden können, wofür ein hinreichender Anlaß niemals gegeben war. Sehen wir uns deshalb die Grundkonfiguration des Hafens näher an, wie sie 1960 bestand; dabei werden gelegentlich auch historische Vorgänge gestreift werden müssen.

4.1.1 Wasser- und Landflächen

Der Planungsraum für den Hafen war am rechten Ufer der Norderelbe von jeher äußerst begrenzt, im westlichen Teil (Altona) durch das hohe Geestufer, weiter ostwärts durch das längst an das Elbufer herangerückte Weichbild der Stadt. Nur auf dem Großen Grasbrook (Abb. 8 auf Tafel I)[2] war Platz für drei Hafenbecken (die ältesten des Hafens) und die Speicherstadt; für letztere hatte im Zusammenhang mit dem Anschluß Hamburgs an das Zollgebiet des Deutschen Reiches (1881 bis 1888) bereits städtisch bebautes Gebiet von ca. 20 000 Bewohnern und den entsprechenden Wohngebäuden geräumt werden müssen [21].

So entwickelte sich der Hafen im wesentlichen am linken Ufer der Norderelbe im Bereich des Kleinen Grasbrook (ostwärts vom Reiherstieg) und im Kuhwerder Bereich (zwischen Reiherstieg und Köhlbrand). Nach Osten – also elbaufwärts – ist er durch die Brücken der Eisenbahnlinie Hamburg–Harburg (und weiter nach Bremen und Hannover) und die benachbarten Straßenbrücken begrenzt, soweit Seeschiffsverkehr infrage kommt (Abb. 8 auf Tafel I). Die Umschlaganlagen im Kuhwerder Bereich waren gegenüber jenen ostwärts vom Reiherstieg bevorzugt, weil sie jünger, also moderner waren, weil sie größere Wassertiefen aufwiesen und weil der (alte) Elbtunnel von St. Pauli nach Steinwerder (Abb. 8 auf Tafel I) nur eine Wassertiefe von 10 m bei MTnW zuließ, was den Hafenbereich östlich davon in seiner Ausbaufähigkeit beschränkte.

Im ersten Jahrzehnt des 20. Jahrhunderts war zu erkennen, daß dieses Areal in absehbarer Zukunft durch Hafenanlagen für den Stückgutumschlag und durch Hafenindustrie (insbesondere Werften) belegt sein würde; somit wurde die Frage akut, wo für Hafenerweiterungen mit großem Raumbedarf der erforderliche Platz zu finden sei. Erweiterungen nach Süden schieden aus, weil die Landesgrenze mit Preußen (Abb. 9 und 10) nicht überschritten werden konnte. Dagegen verfügte Hamburg über erhebliche Raumreserven auf der (im wesentlichen damals unbewohnten) Elbinsel Waltershof (Abb. 8 auf Tafel I); Hafenerweiterungen in diesem Bereich stand jedoch zunächst das Problem einer landfesten Verbindung für Schiene und Straße zwischen Kuhwerder und Waltershof im Wege. Denn der Köhlbrand als seewärtige Zufahrt zum (damals noch preußischen) Hafen Harburg durfte nicht überbrückt werden; immerhin vereinbarten aber Hamburg und Preußen im (dritten) Köhlbrandvertrag von 1908 unter anderem, daß Hamburg den Köhlbrand mit einem Tunnel unterfahren dürfe, dessen Konstruktionsoberkante im Köhlbrand auf 11 m unter Hamburger Null (HN = NN – 3,54 m) festgelegt wurde; dies hätte bei einer Mindestüberdeckung des Tunnels von 2 m eine heute mögliche Wassertiefe von rund 11,5 m bei MTnw bedeutet. Bis zur Betriebsbereitschaft dieses Tunnels sollte Hamburg den Köhlbrand als Provisorium mit einer Trajektfähre für Eisenbahn- und Straßenfahrzeuge kreuzen dürfen.

Es könnte verlockend sein, die Abmachungen dieses Vertrages einer Kritik aus heutiger Sicht zu unterziehen, aber solche Kritik wäre allzu billig. Niemand konnte 1908 die Entwicklung des Seeverkehrswesens voraussehen, wie sie nach 1945, aber insbesondere in der Berichtszeit abgelaufen ist. Man muß im Gegenteil den Vätern des

1 Im Band 41 dieses Jahrbuches
2 Tafel I befindet sich hinter Seite 160

Vertrages bestätigen, daß sie aus damaliger Sicht durchaus großzügig geplant haben. Vergleicht man immerhin aus heutiger Sicht die damalige Festlegung der Wassertiefe im Köhlbrand auf 11,5 m bei MTnw mit der heute an der Kreuzungsstelle bereits hergestellten von 13,5 m bei MTnw, so muß man geradezu dankbar sein, daß der im Köhlbrandvertrag vereinbarte Tunnel nie hergestellt worden ist; er hätte sich – in der vereinbarten Höhenlage gebaut – als ein Entwicklungshindernis ersten Ranges erwiesen.

Mit dem erwähnten Vertrag war der Weg zu Hafenerweiterungen auf Waltershof frei. Das Fährenprovisorium wurde 1912 eingerichtet (wie viele Provisorien erwies es sich als äußerst zählebig und erreichte ein Lebensalter von 62 Jahren); der Bau der ersten beiden Hafenbecken (Waltershofer und Griesenwerder Hafen, Abb. 8 auf Tafel I) wurde noch vor dem ersten Weltkrieg in Angriff genommen.

Danach trat, verursacht durch die beiden Weltkriege, ein zweimaliger Rückfall des Güterumschlags auf praktisch Null ein. Die 1913 umgeschlagene Gütermenge von 25,5 Mio. t wurde zwischen den Kriegen nur in zwei Jahren (1928 und 1929) überschritten (um 16 bzw. 12 %) und – da im ersten Weltkrieg nichts zerstört worden war – ohne Schwierigkeiten bewältigt. Die Verkehrsentwicklung gab also keinen Anstoß zu größeren Erweiterungen. Trotzdem wurden – zum Teil im Zuge von Arbeitsbeschaffungsmaßnahmen – die ersten Kaimauern im Waltershofer Bereich gebaut. Der erste Betrieb, die Holzhandels- und -umschlagfirma Müller & Sohn – heute „Holzmüller" –, siedelte sich dort an.

Nach dem zweiten Weltkrieg konzentrierten sich die planerischen Überlegungen zunächst auf den Wiederaufbau der zerstörten Umschlaganlagen in modernisierter Form, wobei der Fischereihafen (Altona) und die Stückgutanlagen im Vordergrunde standen. Der Planungsrahmen hatte aber schon 1937 durch das „Groß-Hamburg-Gesetz" eine grundlegende Veränderung erfahren: unter anderem war die bis dahin preußische Stadt Harburg-Wilhelmsburg von Preußen zu Hamburg gekommen und damit die in den vorangegangenen Jahrzehnten so hinderliche Landesgrenze aus dem Hafenbereich verschwunden. Dies machte aus der Fiktion im Vertrag von 1928 über die Hamburg-Preußische Hafengemeinschaft: „Planung und Entwicklung, *als ob* Landesgrenzen nicht vorhanden wären" (4.4.1) eine Realität. Hamburg konnte nunmehr selbständig und ohne Hemmnisse durch einen anderen Hoheitsträger das gesamte Gebiet zwischen Norderelbe und Köhlbrand-Süderelbe überplanen; für Gebiete westlich der Süderelbe (Moorburg, Altenwerder, Dradenau) galt das gleiche. Hier interessiert jedoch zunächst nur das Gebiet zwischen Süderelbe, Reiherstieg und der ehemaligen Landesgrenze auf Neuhof, das schon in den fünfziger Jahren weitgehend verplant worden war: für Anlagen der Mineralölindustrie, eine Kokerei der Hamburger Gaswerke und für Erweiterungen bereits vor dem zweiten Weltkrieg entstandener Getreideumschlag- und -lagereinrichtungen (Abb. 8 auf Tafel I). Auf Hohe Schaar standen danach in der Berichtszeit Flächen für neue Anlagen nur noch in begrenztem Umfang (etwa 100 ha) zur Verfügung.

Zusammenfassend kann der am Beginn des hier behandelten Zeitabschnitts (also 1960) gegebene Planungsrahmen hinsichtlich der Wasser- und Landflächen wie folgt charakterisiert werden:

- im Freihafen ostwärts vom Reiherstieg in zahlreichen Hafenbecken von sehr unterschiedlichen Abmessungen im wesentlichen Stückgutanlagen (z. T. noch zerstört, z. T. in modernisierter Form wiederaufgebaut), Wassertiefe am Kai maximal 9 m bei MTnw;
- im Freihafen zwischen Reiherstieg und Köhlbrand außer Stückgutanlagen mehrere Großwerften, Wassertiefe bis 11 m bei MTnw;
- in Waltershof zwei Hafenbecken, teilweise mit Kaimauern versehen; auf der ganzen SW-Seite des Griesenwerder Hafens und auf der Kaizunge zwischen diesem und dem Waltershofer Hafen, deren Länge zu etwa einem Viertel beanspruchend, Umschlagbetriebe; Raum für ein weiteres großes Hafenbecken; der von geböschten Ufern begrenzte Maakenwerder Hafen (Abb. 9) als Liegeplatz für Kleinschiffahrt genutzt;
- auf Neuhof und Kattwyk – Hohe Schaar verfügbares Gelände nur noch in begrenztem Umfange;
- Geländereserven für zukünftige Hafen und/oder Hafenindustrieanlagen mit größerem Flächenbedarf nur südwestlich von Waltershof auf der Dradenau, auf Horn- und Blumensand, Korbmachersand und auf den Vollhöfner Weiden vorhanden (Abb. 8 auf Tafel I), jedoch unerschlossen, außendeichs und überwiegend etwa 3 m unter dem damals geltenden HHThw liegend und somit erst nach zeitraubenden, kostenträchtigen Erschließungsmaßnahmen verfügbar.

4.1.2 Hauptlinien der Hafenbahn, Bahnhöfe

Der dargestellte Planungsrahmen bedarf, um ein vollständiges Bild zu geben, einer Ergänzung: die Hauptlinien des Eisenbahn- und Straßensystems bilden eine wichtige Komponente des Planungsrahmens und stellen ebenso wie die unter 4.1.1 behandelten in der Praxis unveränderliche Ausgangsdaten für die Planung dar. Deshalb müssen diese Hauptlinien hier kurz skizziert werden.

Zunächst zur Hafenbahn. Abbildung 9 zeigt deren Zustand im Jahre 1960: Aus dem Rangierbahnhof Wilhelmsburg der Deutschen Bundesbahn an der Hauptstrecke Hamburg–Harburg zweigt die Verbindung zum Haupthafenbahnhof Hamburg-Süd ab, an den eine Anzahl Bezirksbahnhöfe und einige einzelnen Kaizungen vorge-

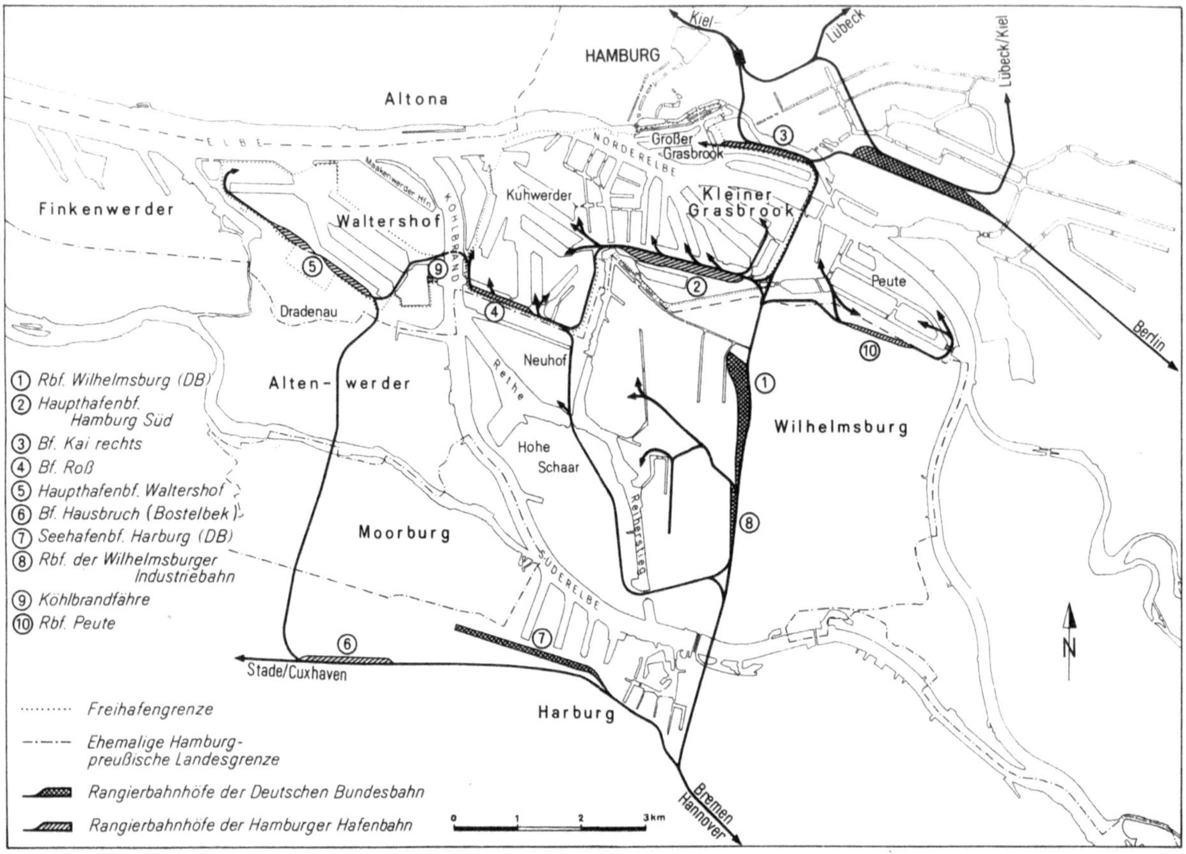

Abb. 9. Hafenbahnnetz 1960

schaltete Gleisgruppen angeschlossen sind. Dieses System versorgt den Freihafen zwischen Köhlbrand und Elbbrücken. Außerdem zweigt aus dem Rangierbahnhof Wilhelmsburg die sogenannte Peutebahn ab, die das Industriegebiet der Elbinsel Peute ostwärts der Elbbrücken versorgt und einen eigenen Rangierbahnhof besitzt.

Zur Versorgung der Industrie im Westen Wilhelmsburgs war die als Privatfirma in staatlichem Eigentum organisierte „Wilhelmsburger Industriebahn GmbH“ noch zu preußischer Zeit (also vor 1937) gegründet worden. Sie versorgte außerdem über eine rd. 5 km lange eingleisige Anschlußbahn die sogenannte Hohe-Schaar-Bahn, Getreidesilos am Westufer des Reiherstiegs, eine Kali-Umschlaganlage am Südufer der Rethe und die Betriebe auf Neuhof.

Um den Bereich Waltershof bahnmäßig zu erschließen, war, wie erwähnt, ursprünglich an einen Tunnel unter dem Köhlbrand gedacht, durch den Waltershof mit dem Haupthafenbahnhof Hamburg-Süd verbunden worden wäre. Da die Verhältnisse nach dem ersten Weltkrieg den Bau dieses Tunnels nicht ermöglichten, wurde in den zwanziger Jahren eine ebenfalls schon im Köhlbrandvertrag anvisierte, rund 7 km lange, von der Hauptstrecke Harburg – Stade – Cuxhaven abzweigende eingleisige Anschlußbahn nach Waltershof gebaut (die sogenannte Waltershofer Bahn) und dort ein zunächst bescheidener, aber ausbaufähiger Hafenbahnhof angelegt (Abb. 9). Diese Lösung machte die Entwicklung des Hafenteiles Waltershof vom Bau einer landfesten Eisenbahnverbindung mit dem Freihafen ostwärts vom Köhlbrand einigermaßen unabhängig; sie erwies sich für den Hinterlandverkehr der Waltershofer Häfen damals und bis in die sechziger Jahre als ausreichend. Als Querverbindung der Freihafenteile beiderseits des Köhlbrands war sie nicht gedacht, zumal ja die Trajektfähre zur Verfügung stand. Diese wurde jedoch für Eisenbahnzwecke immer weniger benutzt, weil sie wenig leistungsfähig, betrieblich umständlich und damit teuer war. Waggons vom östlichen Freihafen nach Waltershof oder umgekehrt beförderte die Bundesbahn über Harburg, was kostspielig und vor allem sehr zeitraubend war.

Die Harburger Häfen am Südufer der Süderelbe schließlich waren schon zu preußischer Zeit eisenbahnmäßig über den Seehafenbahnhof Harburg erschlossen (Abb. 9), der aber nicht von einer preußischen Hafenverwaltung, sondern von der preußischen Staatsbahn gebaut, unterhalten und betrieben worden war. Er gehört daher heute zum Bereich der Deutschen Bundesbahn.

Diese kurze Darstellung der Hamburger Hafenbahnanlagen in ihren Hauptbestandteilen zeigt ein in Jahrzehnten gewachsenes, auf die Bedürfnisse der jeweiligen Hafenbezirke abgestimmtes, in Grenzen durchaus anpassungs-

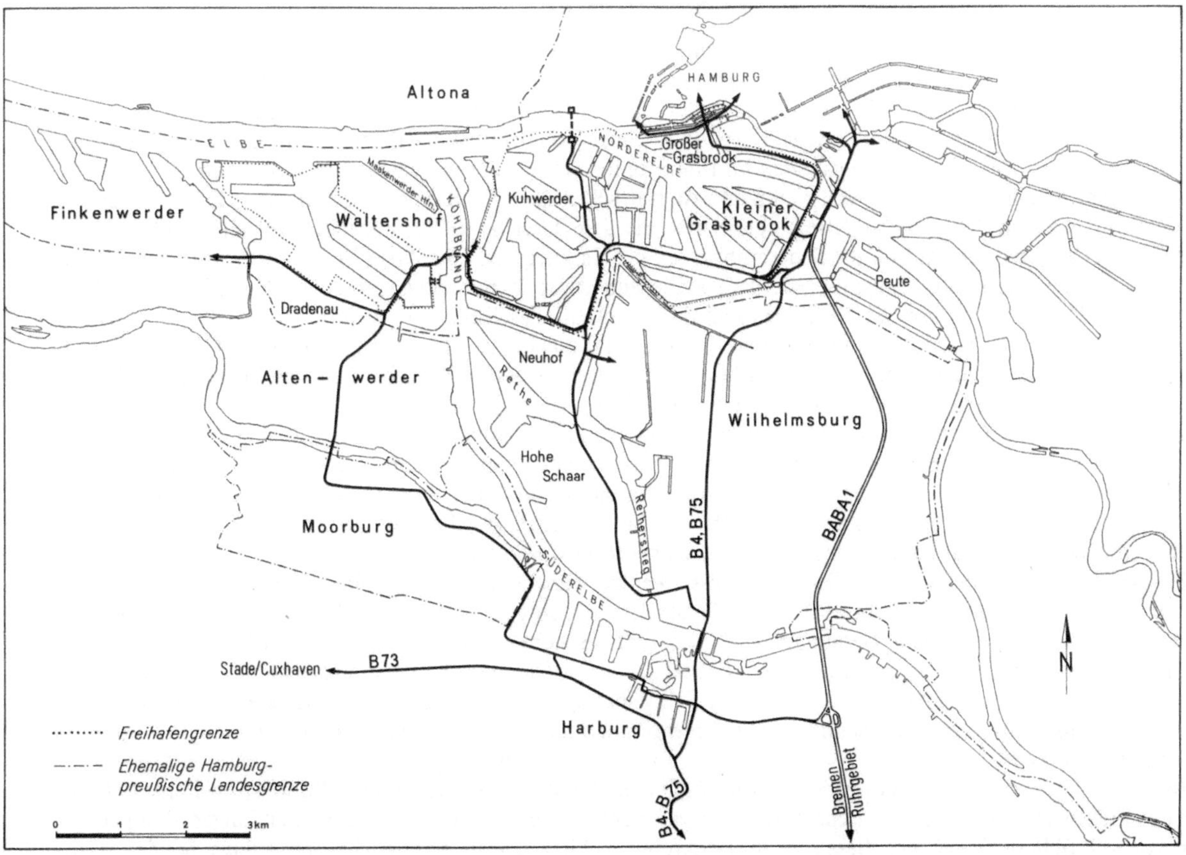

Abb. 10. Hauptstraßennetz des Hamburger Hafen 1960

fähiges System, das als solches jedoch einen im Prinzip unabänderlichen Bestandteil des Planungsrahmens für den Hafen bildet.

4.1.3 Hauptlinien des Straßennetzes

Ähnliches gilt für das Straßensystem des Hafens, dessen Zustand im Jahre 1960 ebenfalls kurz dargestellt werden muß (Abb. 10). Hier ist zunächst einzuschalten, daß der Gesamtbereich der Hafenanlagen auf dem Großen und Kleinen Grasbrook, auf Kuhwerder und Waltershof Freihafen ist, also von einer Zollgrenze (Abb. 10) umschlossen wird, die nur an bestimmten, mit Zollabfertigungsanlagen versehenen Stellen passiert werden kann. Solche Stellen sind an der Nahtstelle zur Hamburger Innenstadt im Norden des Großen Grasbrook verständlicherweise besonders zahlreich, und hier beginnt auch der Hauptstraßenzug des Hafens. Er kreuzt die Norderelbe auf der „Freihafenelbbrücke", hat nach Osten zwei mit entsprechend leistungsfähigen Zollanlagen ausgestattete Anschlüsse an das überörtliche (Bundesautobahn A 1, Bundesstraßen B 4 und B 75) und an das städtische Straßennetz und verläuft dann parallel zum Bahnhof Hamburg-Süd bis zur Kreuzung mit dem Reiherstieg. Von dort führt ein Abzweig nach Norden zum (alten) Elbtunnel; der wichtigere Ast umfährt die südlichen Kuhwerder Häfen und erreicht über die Köhlbrandfähre Waltershof. Zollinländische Anschlußstrecken führen über im Jahre 1960 noch gänzlich unzureichende Zollanlagen einerseits von Neuhof über Hohe Schaar zur B 4/B 75 im südlichen Wilhelmsburg, andererseits von Waltershof durch Altenwerder und Moorburg zu den Harburger Seehäfen, den Bundesstraßen B 4, B 73, B 75 und zur Autobahn A 1.

Das dargestellte Straßensystem war im Jahre 1960 durchweg noch zweispurig; streckenweise wurde die ursprünglich großzügig (für Pferdefuhrwerke) bemessene Fahrbahnbreite von 10 bis 11 m vierspurig benutzt, was die Verkehrssicherheit beeinträchtigte. Im Freihafen genügte das Straßennetz dem wachsenden Verkehr kaum noch; auf Neuhof, Hohe Schaar, südlich von Waltershof, in Moorburg und im Bereich der Harburger Seehäfen war es von einem verkehrsgerechten Ausbauzustand weit entfernt. Somit waren gerade die neueren, zukunftsträchtigen Hafenbezirke unzureichend an das städtische und überörtliche Straßennetz angeschlossen. Dennoch gab es kaum Alternativen zur Linienführung der Hauptschlagader des Straßenverkehrs im Hafen, die somit einen weiteren, größtenteils unabänderlichen Bestandteil des Planungsrahmens bildete.

4.1.4 Wasserstraßenkreuzungen

Ein Seehafen ist stets empfindlich gegen Kreuzungen seiner internen Wasserstraßen, soweit sie von Seeschiffen zu befahren sind, mit Verkehrsanlagen aller Art, mag es sich dabei um Brücken, Tunnel, Rohr- oder Kabeldüker handeln: in verstärktem Maße gilt dies – wegen der höheren Fahrgeschwindigkeit der Schiffe – für seine seewärtige Zufahrt. Andererseits sind solche Kreuzungen aus verkehrswirtschaftlichen – oft auch allgemeinwirtschaftlichen – Gründen, die dann meist auch im Interesse des Hafens liegen, nie ganz zu vermeiden.

Am Beginn der Berichtszeit (1960) waren an festen Brücken über die Hauptwasserwege des Hafens außer den Norderelbbrücken an der östlichen Freihafengrenze, die den Bereich der Seeschiffahrt endgültig und wohl für immer begrenzen (dasselbe gilt für die Süderelbbrücken bei Harburg), nur die Argentinienbrücke über den Reiherstieg im Zuge der Haupthafenstraße und die danebenliegende Hafenbahnbrücke vorhanden. Diese Brücken bilden jedoch kein Hindernis für die Seeschiffahrt, weil der Abschnitt des Reiherstieges nördlich der Kreuzungsstelle von Norden, derjenige südlich davon von Süden für Seeschiffe zugänglich ist, soweit solche nach Größe und Tiefgang diese Wasserstraße überhaupt befahren können. Alle übrigen festen Brücken im Hafen kreuzen nur Wasserwege für die Binnen- und Hafenschiffahrt (Abb. 8 auf Tafel I).

Bewegliche Brücken setzen für den Seeschiffsverkehr zwar keine „unerbittliche“ Begrenzung, blockieren aber, wenn sie für eine Schiffspassage geöffnet werden, den kreuzenden Landverkehr; aus diesem Grunde stellen sie nur dann eine annehmbare Lösung des Kreuzungsproblems dar, wenn entweder der Seeschiffs- oder der kreuzende Landverkehr (oder beide) gering sind. Das trifft für die Klappbrücke über den Reiherstieg (Verbindung von Neuhof und Wilhelmsburg) zu, die nur ziemlich selten geöffnet werden muß.

Bei der Rethe-Hubbrücke liegen die Verhältnisse weniger günstig. Sie muß im Jahr 5- bis 6000mal geöffnet werden, pro Tag also im Durchschnitt 15- bis 20mal; das bedeutet für den Landverkehr, zu dem hier auch die Hafenbahn gehört, eine tägliche Gesamtsperrzeit von fünf bis sieben Stunden, von der allerdings ein Teil in die Nacht fällt (Die Brücke ist rund um die Uhr „betriebsbereit“). Dennoch ist der Landverkehr zuweilen unangenehm behindert. Andererseits steigt die Zahl der Schiffspassagen nicht, sondern ist trotz steigender Umschlagmengen eher rückläufig, weil die Schiffsgrößen zugenommen haben. Ob das auch künftig so bleiben wird, muß abgewartet werden.

Im Vergleich zu festen oder beweglichen Brücken bilden Wasserstraßenkreuzungen durch Tunnel eine betrieblich bedeutend weniger problematische Lösung. Zwar ergeben sich durch die erforderlichen langen Rampen oft planerische Probleme; lassen sich diese aber im konkreten Fall bewältigen, so entsteht eine Anlage, bei der gegenseitige Behinderungen der kreuzenden Verkehre ausgeschlossen sind.

Der Tunnel muß allerdings so tief unter der Wasserstraße liegen, daß er die Anpassung der Wassertiefe an jede in der Zukunft denkbare Schiffsgröße erlaubt. Das vorher erwähnte Beispiel des 1908 anvisierten Tunnels unter dem Köhlbrand zeigt, daß eine sichere Vorausschau künftiger Entwicklungen für Bauwerke mit extrem langer Lebensdauer nur schwer zu verwirklichen ist. Auch der 1910 bis 1913 erbaute Elbtunnel St. Pauli – Steinwerder war ursprünglich nur für 8 m bei MTnw entworfen; erst eine in den 50er Jahren durchgeführte genaue Nachrechnung seiner statischen Verhältnisse ergab die Möglichkeit, im Tunnelbereich eine Wassertiefe von 10 m unter MTnw zuzulassen. Diese wurde auch hergestellt, genügte aber 20 Jahre später wiederum den Ansprüchen der Schiffahrt nicht mehr, so daß Anfang der 80er Jahre eine sehr schwierige und komplizierte Ingenieurarbeit notwendig wurde, um eine Wassertiefe von 12 m zu erreichen [93, 98]. Auch Tunnel als Lösung für Kreuzungsprobleme können also neue Probleme verursachen, wenn ihre Tiefenlage oder Konstruktion späteren Anforderungen nicht mehr genügt.

Andere Wasserstraßenkreuzungen, nämlich Rohrdüker für Trinkwasser, Abwasser, Erdgas und Mineralöl sowie Kabeldüker für den Transport elektrischer Energie und Informationen (Telefon, Radar u. a.) sind im Hafenbereich zwar zahlreich vorhanden, schränken jedoch eine freizügige Planung kaum ein, da sie im Bedarfsfalle verlegt werden können; die rechtlichen Grundlagen dafür sind vorhanden.

4.2 Hydrologische Daten

Zur Beschreibung des Rahmens, an welchen alle planerischen Überlegungen für den Hafen Hamburg gebunden sind, gehören auch die hydrologischen Daten des Elbstroms, der die Existenz des Hafens ermöglicht. Das ist nun freilich ein ungemein weites Feld, denn in einem Tidegewässer mit nach Richtung und Stärke stark wechselnden Windstaueinflüssen, mit in weiten Grenzen schwankendem Oberwasserzufluß, Schwebstoff- und Sandtransport, das noch dazu ein Stromspaltungsgebiet mit zahlreichen Abzweigungen und Verästelungen darstellt, ist die Hydrologie selbst dann ein außergewöhnlich umfangreiches und schwieriges Spezialgebiet, wenn man die Probleme der Gewässerverschmutzung und -reinhaltung unberücksichtigt lassen wollte, was aber zweifellos unzulässig wäre (2.3.1 und 2.3.3).

Hier beschränken wir uns darauf, die für die Hafenplanung wichtigsten Daten zu besprechen, da eine weitergehende Erörterung hydraulischer Probleme und hydrologischer Fragestellungen auch bei Beschränkung auf die Elbe den Rahmen des vorliegenden Beitrages sprengen würde.

4.2.1 Normaltiden

Die täglich zweimal auftretenden Hoch- und Niedrigwasserstände schwanken in beträchtlichen Grenzen, abhängig von der astronomischen Tide, dem herrschenden Windfeld auf der Nordsee, dem Oberwasserzufluß und weiteren Faktoren.

Auch die Jahresmittelwerte für das Hoch- und Niedrigwasser streuen erheblich, wie beispielhaft an folgenden Werten zu erkennen ist (Tabelle 3).

Tabelle 3. Mittlere Wasserstände und mittlerer Tidenhub

	MThw	MTnw	MThb
1960	NN + 1,56	NN – 0,94	2,50
1965	1,87	– 0,79	2,66
1970	1,86	– 0,92	2,78
1975	2,01	– 1,07	3,08
1980	2,10	– 1,27	3,37

Da man in der Praxis nicht mit ständig oder auch nur jährlich wechselnden Werten arbeiten kann, werden langjährige Mittelwerte gebildet und behördlich festgestellt. Diese sind für Hamburg:

	MThw	MTnw
bis 1.4.1967	NN + 1,60	NN – 0,70
ab 1.4.1967	NN + 1,70	NN – 0,80
ab 1.1.1978	NN + 1,80	NN – 1,00

Daraus ist ersichtlich, daß diese Werte, die vorher jahrzehntelang unverändert geblieben waren, in der Berichtszeit zweimal neu festgesetzt wurden, wobei das MThw um insgesamt 20 cm angehoben, das MTnw um 30 cm niedriger angesetzt wurde. Die Ursache dieser Entwicklung liegt in der Vertiefung und streckenweisen Begradigung des Fahrwassers der Unterelbe und der dadurch erzeugten Verminderung des Strömungswiderstandes, wodurch die Tide leichter ein- und ausschwingen kann. Dabei ist der mittlere Tidenhub von 2,30 m auf 2,80 m angestiegen. Diese Wasserstandsmittelwerte sind für die Hafenplanung unmittelbar nur von geringer Bedeutung (immerhin verursacht aber das Absinken des MTnw einen gleich großen Verlust an nutzbarer Wassertiefe am Kai); andererseits verändern sich die Tideströmungen mit der dargestellten Entwicklung, was nautisch, besonders bei Abzweigungen aus dem vom Tidestrom durchflossenen Hauptfahrwasser, zu Problemen führen kann und deshalb die Aufmerksamkeit des Planers erfordert.

4.2.2 Sturmflutwasserstände

Als HHThw (höchstes bekanntes Tidehochwasser), allgemein vereinfacht höchster Sturmflutwasserstand genannt, galt 1960 noch immer der schon 1825 beobachtete Pegelstand von NN + 5,20 m, der seitdem niemals überschritten und nur einmal (1855) mit NN + 5,08 m fast wieder erreicht worden war. Entsprechend galten Deiche mit einer Kronenhöhe von NN + 5,70 m und auf diese Höhe gebrachtes Hafengelände als sturmflutsicher. Dieses Datum des Planungsrahmens wurde im Februar 1962 durch eine schwere Sturmflut korrigiert, die bis NN + 5,70 m auflief, an vielen Stellen die Deiche durchbrach und außer riesigen Sachschäden auch allein in Hamburg 315 Menschenleben kostete. Diese schlimme Erfahrung gab natürlich Veranlassung zu der Frage, welches der höchstmögliche Sturmflutwasserstand sei, wenn schon die bisherigen diesbezüglichen Annahmen korrigiert werden müßten. Eingehende Untersuchungen wissenschaftlicher Autoritäten ergaben jedoch, daß ein höchst möglicher Sturmflutwasserstand nicht bestimmt werden kann, weil die Festlegung einer ungünstigsten Wetterlage nicht möglich ist. Empfohlen wurde daher, allen Schutzmaßnahmen und insbesondere einem neuen Deichbestick die Annahme eines um 1 m über dem Wasserstand der Februarsturmflut 1962 liegenden Wasserstandes zugrunde zu legen. Seither gilt NN + 6,70 m als maßgebender Sturmflutwasserstand. Daß er keineswegs ins Reich der Utopie gehört, bewies eine weitere Sturmflut im Januar 1976, die in Hamburg bis NN + 6,45 m auflief, also nur 25 cm unter dem maßgebenden Wasserstand blieb. Auch haben die Wissenschaftler keineswegs ausgeschlossen, daß auch der Wasserstand NN + 6,70 m überschritten werden kann, und deshalb gefordert, alle Deiche und sonstigen Hochwasserschutzanlagen konstruktiv so auszubilden, daß sie überströmt werden können, ohne zu brechen. Über die Folgerungen, die aus diesen Erfahrungen gezogen wurden, wird im Abschn. 8.1 berichtet[1].

1 Vorgesehen für Band 41 dieses Jahrbuches

4.2.3 Niedrigste Wasserstände

Der Vollständigkeit wegen gehört auch der niedrigste überhaupt beobachtete Wasserstand in den Rahmen der Planungsdaten. Er liegt bei NN – 3,32 m und wurde im Januar 1937 gemessen. Weil so niedrige Wasserstände sehr selten sind, ist dieses Datum für die allgemeine Planung kaum von Bedeutung. Wichtig ist es aber für Wasserentnahme- und -einleitungsbauwerke, für den Grundwasserüberdruck bei Ufereinfassungen u. a. mehr.

4.3 Planungskonzepte

In diesem Abschnitt ist weder über Zukunftsplanungen zu berichten (siehe Abschn. 4.4) noch über einzelne Projekte, sondern über die grundsätzlichen Konzepte, die dem Ausbau des Hafens und seiner Anlagen für die verschiedensten Zwecke in der Berichtszeit zugrunde gelegt wurden. Behandelt werden die Umschlaganlagen für herkömmliches Stückgut, für Container und für Massengut, die Maßnahmen zur Ansiedlung hafenindustrieller Betriebe, der Ausbau der Hafenbahn und des Straßennetzes, aber auch ein nicht-technisches Konzept: die „Neue Hafenordnung".

4.3.1 Stückgut

Beim Wiederaufbau der Stückgutumschlaganlagen hatte Strom- und Hafenbau schon unmittelbar nach dem zweiten Weltkriege in Zusammenarbeit mit den Betreibern der Anlagen ein neues Konzept entwickelt, das von dem der Vorkriegsanlagen grundsätzlich abwich; es bestand darin, die Abfertigung der Landverkehrsmittel, Bahn und Lkw, am Schuppen strikt voneinander zu trennen, um beiden Freizügigkeit im Zu- und Ablauf unabhängig voneinander zu verschaffen. Dabei wurde der Bahn die Wasserseite, dem Lkw die Landseite des Kaischuppens zugewiesen. Zwischen Kaikante und Schuppen wurden drei Gleise und eine breite Schuppenrampe angelegt, über dem wasserseitigen Gleis Vollportalkrane aufgestellt. Zwischen Schuppen- und Rampenfläche einerseits, Straßen- und Gleisflächen andererseits befand sich die 1,1 m hohe Rampenmauer, die den Straßenfahrzeugen das Einfahren in den Schuppen verwehrte, aber dem Schuppengerät (Gabelstapler usw.) das Einfahren in Eisenbahnwaggons und Lkw erlaubte. Dieses Grundkonzept wurde bis Anfang der sechziger Jahre beibehalten. Der Einsatz größerer und schwererer Gabelstapler im Zusammenhang mit dem Aufkommen von unit loads und anderen Schwergütern erforderte dann aber den Fortfall der Rampenmauer und das Absenken des Schuppenfußbodens auf Straßen- bzw. Gleisniveau, um dem schwereren Flurfördergerät, das in Waggon oder Lkw nicht mehr hinein *fahren* konnte, das Hinein*laden* in diese Fahrzeuge, überdies auch Freizügigkeit auf der ganzen Kaifläche zu ermöglichen. Die beiderseitigen Schuppenrampenflächen „versanken" damit in der Straßen- bzw. der nunmehr weitgehend eingepflasterten Gleisfläche, behielten aber im Prinzip ihre Funktion.

Das Größenwachstum der Schiffe geht in deren Länge, Breite und Tiefgang. Die größere Länge bewirkt, daß ein Liegeplatz am Kai heute nicht mehr durchschnittlich 150 m erfordert wie noch in den fünfziger Jahren, sondern 200 m (bei Stückgut- und kleineren Containerschiffen). Auf die Leistungsfähigkeit einer Kaistrecke hat das jedoch keinen Einfluß, weil das größere Schiff normalerweise auch mehr Ladung befördert. Die dadurch bewirkte Verringerung der Anzahl der Liegeplätze ist nicht nachteilig, weil mit dem Größenwachstum der Schiffe deren Zahl sinkt (3.1). Dagegen wirken die größere Breite der Schiffe und deren größerer Tiefgang auf die Gestaltung der Kaianlage entscheidend ein: der größere Tiefgang erfordert tiefer gegründete, stärkere Kaimauern, beide zusammen ergeben je Meter Kailänge drastisch gesteigerten Platzbedarf auf der Kaifläche, der nur durch deren Verbreiterung – senkrecht zum Kai – gedeckt werden kann. Solche verbreiterten Kaiflächen auf den vorhandenen schmalen, beiderseits mit Kaianlagen ausgestatteten Kaizungen herzustellen, war allerdings fast überall ausgeschlossen. In vielen Fällen war es aber möglich, dank der bei der ursprünglichen Anlage der Hafenbecken sehr großzügig bemessenen Wasserflächen zu deren Lasten die Kaiflächen zu verbreitern. Dabei kamen Vorbaumaße bis zu 33 m zustande. Dieses Grundkonzept wurde in der Berichtszeit mehrfach angewandt (Amerikakai, Afrikakai, Kirchenpauerkai, O'swaldkai), am Auguste-Viktoria-Kai (Schuppen 73) in abgewandelter Form, indem eine hintere Ecke des Kaiser-Wilhelm-Hafens durch eine abgewinkelte neue Kaimauer abgeschnitten und zugeschüttet wurde. Nur in einem Falle war es möglich, die größere Kaiflächenbreite durch Verbreiterung „nach hinten" zu schaffen: an der nur einseitig mit Kaianlagen bebauten Kaizunge am Sthamerkai (Schuppen 80/81) konnte ein auf deren Rückseite vorhandener Kanal für Binnenschiffe und Hafenschuten zugeschüttet und die Kaifläche so von 100 auf 220 m verbreitert werden. Auch das – freilich nicht für Seeschiffe bestimmte – Überseezentrum (Annahme- und Verteilerschuppen für Export-Stückgut) steht auf einer früheren Wasserfläche des Moldauhafens [24].

4.3.2 Neue Hafenordnung

Ab 1970 galt offiziell die „Neue Hafenordnung" (2.1.3). Sie ist kein (technisches) Planungskonzept, muß aber dennoch an dieser Stelle erneut behandelt werden, denn sie hat die Entwicklung des Hafens ungemein beflügelt und dessen stürmischen Ausbau ab etwa 1968 überhaupt erst ermöglicht. Sie ist daher ein (Entwicklungs- oder Planungs-)Konzept besonderer Art.

Während vorher Umschlaganlagen grundsätzlich zu 100 % – d.h. von der Kaimauer über Schuppen, Gleise, Krananlagen bis zum Schuppengerät – vom Hafeneigentümer, also dem Hamburger Staat finanziert und somit vom Strom- und Hafenbau geplant und erstellt wurden, galt hinfort die Aufteilung in „Infrastruktur" und „Suprastruktur"; erstere wurde weiterhin vom Hafeneigentümer finanziert, letztere hatte der Betreiber zu finanzieren, also auch zu planen und zu erstellen (2.1.3). Somit ergab sich die Notwendigkeit, die beiderseitigen Planungen eng aufeinander abzustimmen, was zwangsläufig den Planungsprozeß schwerfälliger machte, als er vorher war, und anfangs auch zu einigen Schwierigkeiten führte; diese nie ganz auszuschließenden Probleme milderten sich jedoch, nachdem die Neuordnung sich eingespielt hatte und praktische Verfahrensregeln gefunden waren. Grund für die Neuordnung war unter anderem die Erkenntnis, daß mit dem Einsatz immer größerer Schiffe im Weltgüterverkehr zur See sowie durch das Aufkommen des Containers und anderer neuartiger Transportmethoden (unit loads, roll on- roll off-Schiffe) gewaltige Investitionen notwendig wurden, wenn der Hafen auf diesem Gebiet mit der Entwicklung Schritt halten sollte.

In der diesbezüglichen Mitteilung des Senats der Freien und Hansestadt Hamburg an die Bürgerschaft (das hamburgische Landesparlament) wird diese Entwicklung dargestellt und wie folgt charakterisiert [44]: „Im Grunde handelt es sich hier um einen ähnlichen Entwicklungsvorgang wie früher im industriellen Bereich, nämlich den Übergang von handwerklicher Einzelfertigung zu hochmechanisierten Fertigungsmethoden. Diese Entwicklung erfordert Anpassungsinvestitionen in bisher nicht üblichen Größenordnungen ... Hamburg wäre in Anbetracht des stark steigenden Investitionsbedarfs im Hafen überfordert, wenn es – wie bisher – sowohl die Infra- als auch die Suprastrukturinvestitionen finanzieren sollte."

An dieser Stelle ist eine Definition der Begriffe „Infra- und Suprastruktur" sowie „Neue Hafenordnung" einzuschalten. Infrastruktur umfaßt in *diesem* Zusammenhang, d.h. als Bestandteile von Umschlaganlagen: die Kaimauern, die Herstellung und Unterhaltung der entsprechenden (vertraglich vereinbarten) Wassertiefe vor dem Kai und in der Zufahrt für Seeschiffe dorthin, die Bereitstellung des auf planmäßige Höhe gebrachten baureifen Betriebsgrundstücks, die Heranführung von Gleis- und Straßenanschluß bis zur Grundstücksgrenze. Alles andere, was zur Betriebsbereitschaft der Umschlaganlage erforderlich ist, gehört zur Suprastruktur, insbesondere alle Hochbauten, Krananlagen, Flächenbefestigungen und Gleisanlagen innerhalb des Betriebsgrundstückes, jegliches bewegliche Gerät und anderes mehr.

Unter Hafenordnung ist weder eine Rechtsvorschrift zu verstehen noch eine Verkehrsordnung noch die Art der Verkehrsabwicklung im Hafen. Es handelt sich vielmehr um eine – nicht kodifizierte – Wettbewerbsordnung, die den Wettbewerb zwischen den Anbietern von Hafendienstleistungen durch eine größere Anzahl einzelner Maßnahmen neu regelte und dadurch den Spielraum, innerhalb dessen sich die Hafenwirtschaft betätigen und entfalten konnte und kann, deutlich erweiterte (2.1.3) mit der Folge, daß diese in großem Umfange Investitionskapital mobilisieren konnte und so in die Lage versetzt wurde, sehr bedeutende Suprastrukturinvestitionen zu finanzieren. Dies galt und gilt nicht nur für Container-Umschlaganlagen, sondern auch für solche, die herkömmliches Stückgut umschlagen. Häufig entschieden sich private Investoren bzw. Betreiber auch für kombinierte Anlagen, die für den Umschlag von Containern und herkömmlichem Stückgut und somit auch für die Abfertigung von Schiffen geeignet sind, die beide Arten von Ladung fahren [57, 59, 64, 70].

Es gibt keine Statistik darüber, wieviel privates Kapital auf diese Weise in Hafenanlagen investiert worden ist (und noch investiert wird). Man kann jedoch grob schätzen, daß im allgemeinen die Investitionen beider Seiten sich etwa wie 50 : 50 verhalten; bei hoch technisierten Anlagen dürfte der Anteil der Suprastruktur allerdings nicht unerheblich höher sein als derjenige für die Infrastruktur.

Hier ist anzumerken, daß der Begriff „Infrastruktur" in dem Sinne, wie er hier verwendet wird (man sollte ihn zum Unterschied vom nachfolgend definierten „spezielle" Infrastruktur nennen), nicht verwechselt werden darf mit der allgemeinen Infrastruktur des Hafens, worunter die allen Hafenbetrieben dienenden Anlagen und Einrichtungen im Hafen zu verstehen sind, also das Straßennetz einschließlich der zahlreichen Brücken, die Wasserwege und Hafenbecken, die Anlagen der Hafenbahn einschließlich ihrer Rangierbahnhöfe, das Fernmeldenetz, die Energieversorgung und anderes mehr. Diese Infrastruktur war und ist mit Ausnahme des öffentlichen Fernmeldenetzes, für das die Bundespost, und der Energieversorgung, für die entsprechende Unternehmen zuständig sind, auch nach der neuen Hafenordnung allein Sache des Hafeneigentümers – also der Stadt Hamburg –, und es kann nicht verwundern, daß in einer Zeit starker, durch die neue Hafenordnung angeregter Investitionen in Umschlaganlagen auch im Bereich der allgemeinen Infrastruktur umfangreiche Maßnahmen erforderlich wurden, welche die Investitionskraft der Stadt stark beanspruchten. Das ging so weit, daß die Stadt zeitweise nicht in der Lage war, zu anstehenden Investitionen der Hafenwirtschaft in die Suprastruktur ihrer jeweiligen Umschlaganlagen die korrespondierende „spezielle" Infrastruktur zeitgerecht zu finanzieren. Die Fälle sind zahlreich, in denen aus diesem Grunde die der Stadt obliegenden Maßnahmen für die spezielle Infrastruktur von dem jeweiligen Hafenbetrieb, natürlich mit Hilfe von Banken, vorfinanziert wurde, um den angestrebten Zweck – Schaffung neuer oder erweiterter Umschlagkapazität – trotzdem zeitgerecht zu erreichen. Diese Entwicklung ist ein starker Beweis für den ungewöhnlich durchschlagenden Erfolg der neuen Hafenordnung.

4.3.3 Containerverkehr

Die Erscheinungsformen des Containerverkehrs sind allgemein hinreichend bekannt, so daß hier auf deren eingehende Darstellung verzichtet werden kann. Wir beschränken uns deshalb darauf, die Konzepte vorzustellen, mit denen im Hafen Hamburg den Anforderungen des Containerverkehrs begegnet wurde.

Als die ersten Containerschiffe in Hamburg erschienen, handelte es sich zunächst um Semi-Container-Schiffe, die auch gewöhnliches Stückgut beförderten. Hamburg stellte sich auf diese Entwickling ein, indem in der zweiten Jahreshälfte 1966 im Waltershofer Hafen am Burchardkai (Abb. 8 auf Tafel I) zwei vorhandene, vorher für die Verladung von Export-Pkw genutzte Liegeplätze mit 400 m Kailänge kurzfristig für die Abfertigung solcher Schiffe umgerüstet wurden. Die Maßnahme war kaum abgeschlossen, als erkennbar wurde, daß in Kürze auch Vollcontainer-Schiffe mit einer Ladefähigkeit von 1000 Containern zu erwarten seien, so daß die Herrichtung eines dritten Liegeplatzes erforderlich wurde, und Ende 1967 wurde bereits der Bau des vierten Liegeplatzes beschlossen. Für die Aufnahme der gelöschten und die Bereitstellung der zu ladenden Container rechnete man einschließlich des notwendigen Verkehrs- und Operationsraumes bei der damaligen Größe der Vollcontainerschiffe mit einem Flächenbedarf von 40 000 m^2 je Liegeplatz, was einer Flächenbreite (senkrecht zum Kai) von 200 m entsprach.

In der ersten Hälfte des Jahres 1969 entschlossen sich die in der Australien- und der Ostasienfahrt tätigen Reedereien, in diesen Fahrtgebieten Vollcontainerschiffe der sogenannten dritten Generation mit bis zu 3200 Containern einzusetzen. Da Hamburg für diese Fahrtgebiete traditionell die Rolle eines besonders potenten Ladungsanbieters spielte, traf sich das Interesse der Reeder, Hamburg anzulaufen, mit dem des Hafens, diese als besonders zukunftsträchtig angesehenen Verkehre auf sich zu ziehen. Dafür wurde der Bau zweier weiterer Liegeplätze am Burchardkai beschlossen, diesmal für eine Wassertiefe von 13 m unter MTnw entsprechend dem größeren Tiefgang der vorgesehenen Schiffe. Zugleich wurde die Aufstellfläche für Container auf 300 m Breite gebracht und eine besondere Gleisanlage für das Be- und Entladen von Eisenbahnwaggons mit Containern hergestellt (Abb. 8 auf Tafel I). Damit wurde die bei der Anlage der Waltershofer Hafengruppe vor dem ersten Weltkrieg vorgesehene Kaizungenbreite von 200 m überschritten; die Containeraufstellflächen griffen in den Raum des hier ursprünglich geplanten weiteren Hafenbeckens (des Mühlenwerder Hafens, Abb. 8 auf Tafel I, dessen geplante Umrisse seit Jahrzehnten in den Hafenkarten eingetragen waren) hinein, das damit als Projekt aufgegeben wurde. Seine Fläche wurde vielmehr aufgehöht und gänzlich in den Containerterminal Burchardkai einbezogen (Abb. 8 auf Tafel I). Der Vorgang zeigt einmal mehr, wie flexibel Hafenplanung sein muß. In späteren Jahren kamen noch ein 7. und ein 8. Liegeplatz hinzu, der 7. an der Westseite des Gesamtareals mit der Front zum Parkhafen, der 8. an der Nordseite mit der Front zur Elbe; weitere Operations-, Verkehrs- und Container-Aufstellflächen wurden befestigt, Packhallen für Container und Roll on-/Roll off-Einrichtungen kamen hinzu.

Die Frage nach dem Konzept beim Aufbau dieser räumlich umfangreichsten Umschlaganlage des Hamburger Hafens ist so zu beantworten: am Anfang gab es noch keine Gesamtplanung; Entscheidungen wurden von Fall zu Fall im Einvernehmen mit dem Betreiber, der Hamburger Hafen- und Lagerhaus AG (HHLA), getroffen, wobei jedoch als streng beachtete Grundregel galt, so lange wie möglich alle denkbaren Zukunftsentwicklungen offen zu halten. Die schließlich verwirklichte Gesamtplanung entwickelte sich nach und nach und stand etwa zu dem Zeitpunkt endgültig fest, als der Bau des fünften und sechsten Liegeplatzes beschlossen wurde.

Die von der HHLA betriebene Containeranlage am Burchardkai blieb nicht die einzige in Hamburg. Die neue Hafenordnung stimulierte das Interesse auch anderer Hafenfirmen, in das Umschlaggeschäft mit Containern einzusteigen. So entstand – ebenfalls am Waltershofer Hafen, aber dem Burchardkai gegenüberliegend – die Umschlaganlage der Eurokai KG a.A. mit anfänglich 200 m Kailänge (ein Liegeplatz), die später auf 770 m erweitert wurde (Abb. 8 auf Tafel I). Der wesentliche planerische Unterschied dieser Anlage gegenüber derjenigen am Burchardkai besteht darin, daß hier nur eine begrenzte Geländetiefe von 230 m verfügbar gemacht werden konnte. Während die Container am Burchardkai normalerweise nur zweifach übereinander gestapelt werden, mußte hier von vornherein eine Stapelung von vier Containern übereinander vorgesehen werden. Dies setzte die Ausstattung der Anlage mit entsprechend hohen (Portal-)Stapelkranen voraus und legte damit Lage und Größe der Stapelfläche ein für allemal fest, da die Portalkrane auf festgegründeten Kranbahnen laufen. Dieses gegenüber dem Burchardkai ganz andere Planungskonzept wurde zwar aus der (Flächen-)Not geboren, hat sich aber ebenso wie jenes am Burchardkai durchaus bewährt und hohe Umschlagzahlen ermöglicht.

Noch andere Umschlagbetriebe gingen im Laufe der Entwicklung dazu über, Einrichtungen für den Containerumschlag zu schaffen, doch würde es zu weit führen, sie alle aufzuführen und zu beschreiben. Durchweg handelt es sich dabei um Betriebe, die schon vorher normales Stückgut umgeschlagen hatten und sich durch Erweiterung bzw. Umrüstung ihrer Anlagen die Möglichkeit verschafften, auch Container umzuschlagen, ohne ihr bisheriges Geschäft aufzugeben.

Alle Anlagen für den Containerumschlag im Hamburger Hafen sind nach den Regeln der neuen Hafenordnung entstanden, d.h. Hamburg finanzierte die Infrastruktur, der jeweilige Betreiber die Suprastruktur. Das Amt Strom- und Hafenbau konnte sich daher auf den Bau der Kaimauern, die baureife Herrichtung der Baugrundstücke, die Heranführung der Verkehrsanschlüsse (Straße und Hafenbahn) und die Herstellung der vertraglichen Wassertiefen beschränken. Trotzdem ergab es sich in der Praxis, daß der gesamte Planungsprozeß für jede Anlage mit dem jeweiligen Betreiber gemeinsam abgewickelt wurde, weil Infra- und Suprastruktur nicht getrennt voneinander geplant werden können, sondern sich gegenseitig bedingen.

4.3.4 Trockenes Massengut

Bei diesen unverpackt in loser Schüttung im Laderaum der Schiffe beförderten Gütern unterscheidet man leichtes Massengut (Sauggut), das mit pneumatischen Geräten gelöscht werden kann (hauptsächlich Getreide aller Art, aber auch Ölsaaten, Sojabohnen u. a. m.), und schweres Massengut (Greifergut), das den Einsatz von Greifern erfordert (Erz, Kohle, Kies, Sand u. a.).

Im Getreideumschlag hatte Hamburg seit jeher eine starke Position. Das Löschen der Getreideschiffe, die an Dalben festmachten, besorgten ursprünglich ausschließlich schwimmende Getreideheber, die an den Seeschiffen längsseits festmachten und das Löschgut in Hafenschuten, Binnenschiffe oder Küstenschiffe schütteten. Später wurden auch zahlreiche Silos errichtet und mit Löscheinrichtungen versehen. Damit verfügte Hamburg über große Lagerkapazitäten, die sich sämtlich in Privathand befinden; ihre Standorte liegen am Neuhofer Kanal, an der Rethe, am Reiherstieg, in Harburg und am Kaiser-Wilhelm-Hafen. Außer der letztgenannten besaß jedoch keine Anlage einen adäquaten Liegeplatz für Seeschiffe, weil die Silos unter der Prämisse errichtet waren, der Umschlag gehöre an die im Hafen in großer Zahl vorhandenen Dalbenreihen, wo durch Einsatz zahlreicher schwimmender Getreideheber eine hohe Löschleistung zu erreichen ist und bereits disponiertes Gut direkt in Anschlußfahrzeuge (Binnenschiff, Küstenschiff) umgeschlagen werden kann. Nur das zur Einlagerung oder Verarbeitung in Hamburg bestimmte Gut wurde mit Hafenschuten zu den Lagerbetrieben bzw. Empfängern befördert; zum Löschen genügten dort relativ geringe Löschleistungen.

In der Berichtszeit änderte sich das Bild. Außer der beträchtlichen Steigerung der Umschlagmengen erhöhte sich der Anteil der Eisenbahn und des Lkw am Abtransport der Ware ins Hinterland. Damit war für die Getreidelagerbetriebe der Anlaß gegeben, ihre Anlagen so umzubauen, daß Seeschiffe dort unmittelbar anlegen können. Das erforderte insbesondere für die Siloanlagen an Rethe und Reiherstieg, aber auch am Neuhöfer Kanal wegen der überall nur begrenzt verfügbaren Wasserflächen komplizierte Planungsarbeit, die von den beratenden Ingenieuren der Lagereiunternehmen gemeinsam mit der Planungsabteilung des Strom- und Hafenbau geleistet wurde und zu im allgemeinen zwar ähnlichen, in den Einzelheiten jedoch recht unterschiedlichen Lösungen führte. In jedem Falle wurde vor den Silos ein pierartiges Bauwerk errichtet, die vorhandene Löschkapazität wesentlich verstärkt und an Land die Gleisanlage sowie der Straßenanschluß verbessert. Die größeren Getreideschiffe, die nun die Rethe-Hubbrücke passieren mußten, erforderten eine Verstärkung der Pfeiler der Rethe-Hubbrücke, eine wegen der Empfindlichkeit dieses Bauwerkes gegen Setzungen und Verkantungen seiner Hubtürme äußerst heikle Arbeit.

Der Umschlag von Greifergut umfaßte am Beginn der Berichtszeit vornehmlich Kohle für die Elektrizitäts- und Gaswerke in Hamburg sowie Erz und andere Rohstoffe für die Norddeutsche Affinerie. Er wurde bzw. wird, soweit die Werke für Seeschiffe zugänglich sind, unmittelbar an eigenen mit entsprechenden Lagerflächen verbundenen Umschlaganlagen, im übrigen vorwiegend mit Schwimmgreifern an Dalben bewerkstelligt, von wo die Ware in Schuten den an flußschifftiefem Wasser gelegenen Werken zugeführt wird. Nur zwei für fremde Rechnung arbeitende Umschlaganlagen für Greifergut existierten damals bereits, und zwar am Seehafen 1 und am Seehafen 2 in Harburg; sie verfügen über 300 bzw. 500 m Kailänge mit einer Wassertiefe von 7,5 bzw. 8,5 m (für einen Liegeplatz verstärkt auf 11 m), aber nur über begrenzte Leistungsfähigkeit und Lagerkapazität. Diese merklich zu erhöhen, lag kein Anlaß vor, da keine Aussicht auf Erhöhung des Ladungsangebots bestand; denn die Hauptmengen wurden, wie gesagt, unmittelbar bei den Verbrauchern umgeschlagen, und die Importmengen an Kohle waren (und sind) zum Schutz des Ruhrbergbaus gesetzlich beschränkt. Die Hamburger Gaswerke stellten sich um 1970 nach und nach auf den Bezug von Erdgas um, wodurch ihre Kokereien entbehrlich wurden und der Bezug von Kohle entsprechend sank.

Auch im Hinterland Hamburgs war ein wesentliches Anwachsen des Bedarfs an importiertem Greifergut nicht zu erwarten, weil der dafür vornehmlich in Betracht kommende Raum Braunschweig – Salzgitter – Peine – Hannover vom Ruhrgebiet via Mittellandkanal mit Industrie- und Hausbrandkohle versorgt wurde, und die dort ansässigen Hütten- und Stahlwerke ihren Erzbedarf an Ort und Stelle aus eigenem Vorkommen deckten. Somit war im Hamburger Raum längere Zeit kein Planungsbedarf für Erweiterungen der Umschlagkapazität für Greifergut gegeben.

Diese Lage änderte sich von Grund auf, als die eben genannten Hütenwerke in Peine und Salzgitter sich 1972 entschlossen, den eigenen Erzbergbau nach und nach aufzugeben und nach einer Übergangszeit nur noch Importerze zu verhütten. Sie entschieden sich für Hamburg als Umschlagplatz für diese zum Teil aus Skandinavien, zum überwiegenden Teil jedoch aus Übersee stammenden Importerze. Dabei spielte der im Bau befindliche Elbe-Seitenkanal (5.2.3) ebenso eine Rolle wie die Aussicht auf eine in wenigen Jahren verfügbare seewärtige Zufahrt von 13,5 m Wassertiefe bei MTnw, die Massengutschiffen bis 100 000 tdw auf der Tidewelle „reitend“ das

Anlaufen Hamburgs erlauben würde (5.2.1). Mitbestimmend war aber auch die Tatsache, daß es gelungen war, in gemeinsamer Arbeit von Vertretern der Hüttenwerke und von Strom- und Hafenbau eine allen Anforderungen der Nutzer entsprechende, großzügige, moderne Hochleistungs-Umschlaganlage für das Importerz (und im Bedarfsfalle anderweitiges Greifergut) zu entwerfen. Sie erhielt die Bezeichnung „Hansaport" und liegt an dem vom Köhlbrand gegenüber der Rethe nach Südwesten abzweigenden neu geschaffenen „Sandauhafen", dem mit 14 m und einer Wanne am Kai von 16 m bei MTnw tiefsten Becken im Hamburger Hafen. Diese Wanne ist notwendig, um Äquivalenz mit der Wassertiefe in der Zufahrtwasserstraße zu erreichen, weil die mit der Flut elbaufwärts fahrenden und kurz vor Hochwasser ankommenden Massengutfrachtschiffe mit Greifergut anders als Tankschiffe (4.3.5) nicht so schnell gelöscht werden können, daß die Verminderung ihres Tiefganges dabei mit dem Fallen des Wasserspiegels während der Ebbe Schritt hält.

Die Umschlaganlage hatte zunächst am Südufer des Dradenauhafens errichtet werden sollen; als die Planung für diesen Standort schon weit fortgeschritten war, wurde sie jedoch aus mehreren Gründen für eine Lage an dem eigentlich als Tankschiffhafen konzipierten Sandauhafen umgeplant. Als Ersatz für diesen wurden der Blumensandhafen an der Rethe (4.3.5) geschaffen und die Tanklagerfirmen dort angesiedelt, die sonst einen Standort am Sandauhafen erhalten hätten. Auch hier konnte somit die Hafenplanung nur durch große Flexibilität zu optimalen Lösungen gelangen. Über das Planungskonzept im einzelnen, die Bau- und Betriebsplanung, die Bauausführung sowie betriebliche Einzelheiten der Umschlaganlage ist an anderer Stelle berichtet worden [77, 78, 88].

4.3.5 Flüssiges Massengut

Der Umschlag flüssiger unverpackter Güter (liquid bulk cargo) trug nach einer in den fünfziger Jahren geltenden Faustregel etwa ein Drittel zum Gesamtumschlag des Hamburger Hafens bei. 1960 betrug er 35 %, stieg bis 1970 auf 43 % und fiel dann bis 1980 auf 30 % zurück. Die absoluten Zahlen enthält Abb. 5, aus der auch ersichtlich ist, daß 1960 etwa zweieinhalbmal so viel Rohöl wie andere flüssige Ladung umgeschlagen wurde, die im Laufe der Berichtszeit stark aufholte und um 1980 mit dem Rohöl gleichzog.

Der Wiederaufbau der drei großen Mineralölraffinerien nach dem Kriege war Mitte der fünfziger Jahre und deren weiterer Ausbau Anfang der sechziger – unbeschadet auch weiterhin fortgesetzter Zusatzinvestitionen – im wesentlichen abgeschlossen. Die Esso AG hatte ihr Stammgelände westlich des Seehafens 4 in Harburg auf etwa das Dreifache vergrößert. Die Deutsche Shell AG, deren Gelände am Ostufer des Seehafens 4 nicht erweitert werden konnte, hatte im Südteil der Hohe Schaar eine Fläche erworben, die etwa siebenmal so groß war wie das Stammgelände, und sie mit diesem durch einen Rohrbündeldüker unter der Süderelbe verbunden. Die Benzin und Petroleum AG (BP) schließlich hatte ihr Stammgelände am Südufer des Petroleumhafens zwar nicht wesentlich erweitert, aber durch Auslagerung von Lagertanks auf neue, außerhalb gelegene Flächen im ursprünglichen Gelände Platz für zusätzliche Fabrikationsanlagen geschaffen. Alle drei Raffinerien hatten also ihr Produktionsvolumen drastisch erhöht. Zugleich ergab sich das Problem der immer größer werdenden Tankschiffe. Die Liege- und Löschplätze im Seehafen 4 (Esso und Shell) und im Petroleumhafen (BP) waren nur für Schiffe von höchstens 18 000 tdw geeignet und nicht ausbaufähig. Strom- und Hafenbau entwickelte daher in ständigem Kontakt mit den Reedereiabteilungen der drei Mineralölgesellschaften ein Programm zur Schaffung neuer Tankerliegeplätze, das folgendes vorsah (Abb. 8 auf Tafel I):

- einen Tankschiffhafen auf Kattwyk („Kattwykhafen") mit Zufahrt über Köhlbrand und Rethe und zunächst zwei Liegeplätzen an einer Mittelpier zur Versorgung der Shell-Raffinerie;
- einen weiteren Tankschiffhafen an der Westspitze von Waltershof bzw. an der Abzweigung des Köhlfleets von der Elbe („Köhlfleethafen") mit Zufahrt unmittelbar von der Elbe und zunächst ebenfalls zwei Liegeplätzen an einer Mittelpier (Wassertiefe 12,8 m bei MTnw) zur Versorgung der unmittelbar benachbarten Raffinerie der BP und derjenigen der Esso AG in Harburg; letztere wurde durch eine 8 km lange Rohrleitung mit dem Köhlfleethafen verbunden [7].

Der Bau des Köhlfleethafens machte es notwendig, den vorher an gleicher Stelle befindlichen „Jachthafen Waltershof" mit 400 Liegeplätzen für Sportsegelboote aufzuheben. Als Ersatz wurde ein neuer Seglerhafen am Nordufer der Unterelbe bei Wedel, etwa 14 km stromabwärts vom alten Standort, geschaffen, der zunächst für die in Waltershof verdrängten Boote bemessen wurde, aber relativ leicht für weitere Liegeplätze ausgebaut werden konnte. Das ist in der Zwischenzeit auch geschehen; heute sind im hamburgischen Jachthafen bei Wedel 1800 Liegeplätze für Segelboote vorhanden [13].

Die Reihe der neuen Tankschiffhäfen war mit den genannten Projekten nicht erschöpft. Für die Shell wurde noch der kleine „Hohe-Schaar-Hafen" zur Beladung von Fluß-Tankschiffen am rechten Ufer der Süderelbe gebaut; außerdem entstanden ein Tankschiffhafen am Ostufer des südlichen Reiherstiegs, der „Schluisgrove-Hafen" (Wassertiefe 10 m bei MTnw) mit einem Liegeplatz für Tankschiffe bis etwa 12 000 tdw und zwei Plätzen für Küsten- oder Binnentankschiffe bis 1000 t. Nutzer dieses Hafens ist die Firma Haltermann, die dort eine Raffinerie mittlerer Größe für Spezialöle betreibt, und zwei Mineralölgroßhandelsfirmen. Schließlich folgte noch der Neuhöfer Hafen an der NO-Seite der Rethe mit ähnlichen Abmessungen und zwei Liegeplätzen für Tanker (Wassertiefe 12 m bei MTnw). Er wird von dem östlich benachbarten Großtanklager der Hansamatex und der nördlich und westlich anschließenden Raffinerie BP-Schindler genutzt.

Die Frage nach dem übergeordneten Planungskonzept für die Vielzahl von Tankschiffhäfen ist wie folgt zu beantworten: einerseits ging es darum, den Groß-Raffinerien die Schaffung von Löschplätzen für „Supertanker" – so nannte man damals Tankschiffe von etwa 48 000 bis 50 000 tdw – zu ermöglichen, die in den dafür zu kleinen, bisher benutzten Hafenbecken (Seehafen 4 in Harburg, Petroleumhafen auf Waltershof) nicht hergestellt werden konnten; andererseits mußten zahlreiche, im Laufe der Zeit an den Ufern verschiedener Wasserstraßen – Unterelbe, Rethe, Reiherstieg – entstandene Löschplatzprovisorien beseitigt werden, die aus Sicherheitsgründen mit steigendem Schiffsverkehr auf diesen Wasserstraßen immer weniger toleriert werden konnten. Dabei wurde eine Konzentration zahlreicher Tankerliegeplätze in einem Hafenbecken, wie sie vor Jahrzehnten beim Bau des Petroleumhafens für richtig gehalten worden war, aus Sicherheitsgründen von vornherein verworfen. Andererseits sollten die Liegeplätze in möglichst kleinen, keinesfalls durchströmten, auf drei Seiten von Land umgebenen und an der vierten Seite durch Sperreinrichtungen [11, 12] absperrbaren Hafenbecken angelegt werden, um bei Unfällen aller Art das Ausfließen von Öl aus dem Hafenbecken verhindern zu können, und die gegenseitige Gefährdung von Schiffen und Landanlagen sowie Schiffen untereinander klein zu halten. Hinsichtlich der Wassertiefe wurde unterstellt, daß die Tanker „auf der Tidewelle reitend" die Elbe heraufkommen, kurz vor Hochwasser eintreffen, sofort festmachen und zu löschen beginnen; dabei vermindert sich ihr Tiefgang schneller, als der Wasserspiegel während der anschließenden Ebbe fällt, so daß die Schiffe flott bleiben. Das Gesamtkonzept wurde Mitte der fünfziger Jahre erarbeitet, im Herbst 1956 dem Senat der Freien und Hansestadt Hamburg vorgelegt und von ihm gebilligt. Die Ausführung zog sich bis weit in die Berichtszeit hinein [7, 15].

Im Zusammenhang mit dem Konzept für die Tankschiffhäfen wurde eben bereits das Unternehmen Hansamatex erwähnt. Es hatte sich schon Anfang der fünfziger Jahre auf Neuhof angesiedelt, um einen Umschlag- und Lagereibetrieb für flüssige Güter aller Art zu betreiben, und sich dort im Laufe der Jahre – insbesondere in der Berichtszeit – immer mehr vergrößert. Schließlich griff es noch auf die andere Seite der Rethe hinüber und errichtete dort weitere Lagertanks, die mit der Stammanlage durch einen Rohrdüker verbunden sind. Ihm gesellten sich später andere Unternehmen mit ähnlichem Geschäftszweck hinzu, die ihre Anlagen auf Hohe Schaar errichteten. Aus diesem Anlaß wurde dort ein weiterer Tankschiffhafen – der „Blumensandhafen"[1] hergestellt, in welchem die Betreiber der Umschlag- und Lagereinrichtungen ebenfalls eine Mittelpier bei einer Wassertiefe von 13,80 m MTnw errichteten. Die Ansiedlung dieser Unternehmen und ihre kräftige Expansion stand im Zusammenhang mit dem starken Anwachsen des Umschlag- und Lagereigeschäftes anderer flüssiger Güter als Rohöl, wie er aus Abb. 5 hervorgeht. Dabei handelte es sich zwar vorwiegend um Zwischen- und Endprodukte des Mineralölsektors, aber auch um technische Alkohole, vegetabile Öle, Melasse u. a. m.

4.3.6 Hafenindustrie

Zum Bilde eines Universalhafens gehört auch die Hafenindustrie. Darunter wird solche Industrie verstanden, die entweder in ihrer Tätigkeit auf die Schiffahrt ausgerichtet ist (z. B. Werften) oder massenhaft importierte Rohstoffe verarbeitet, so daß ein Standort im Seehafen unerläßlich oder mindestens vorteilhaft ist.

Mit Schiffswerften aller Größenordnungen war der Hafen Hamburg seit Jahrzehnten reichlich versehen. Fast alle waren nach Kriegszerstörungen und Demontage in den Fünfzigern wiedererstanden und hatten teilweise sogar expandiert, als der Wiederaufbau der deutschen Handelsflotte und das Wachstum der Welthandelsflotte ihnen volle Auftragsbücher brachten. Dieses erfreuliche Bild trübte sich im Laufe der Berichtsperiode, als massive Subventionen für manche ausländischen Wettbewerber und das hohe Gefälle zwischen in Deutschland und in Ostasien gezahlten Löhnen es den deutschen Schiffswerften immer schwerer machten, Aufträge zu buchen. So wurde ein Schrumpfungsprozeß in der Werftindustrie unausweichlich, der auch am Ende der Berichtsperiode noch nicht abgeschlossen war. Dennoch gab es im Bereich der hamburgischen Werften, insbesondere in den sechziger Jahren, Projekte, die im Strom- und Hafenbau konzeptionelles Planen erforderten, z. B. das Auslegen weiterer Schwimmdocks oder der Bau zusätzlicher Ausrüstungskaistrecken. Die jeweils gefundenen Lösungen waren allerdings stets standort- und bedarfsbedingt, so daß man von einem einheitlichen Planungskonzept nicht sprechen kann.

Das gleiche gilt von den Getreide- und Ölmühlen, von denen einige Erweiterungsprojekte verwirklichten, ohne daß dabei nennenswerte hafenplanerische Probleme aufkamen.

Von außerordentlicher hafenplanerischer Bedeutung war dagegen die Verwirklichung zweier industrieller Großprojekte: der Ansiedlung eines Elektrostahl- und Walzwerkes sowie eines Aluminiumwerkes. Beide Werke konnten für Hamburg gewonnen werden, weil quantitativ und qualitativ geeignetes Gelände verfügbar war oder

1 Dieser und andere Namen der neuen Hafenbecken wurden nach den früher an der jeweiligen Stelle vorhandenen Elbinseln gewählt

kurzfristig hergerichtet werden konnte. Dazu gehörte (Abb. 8 auf Tafel I) die Ausbaggerung des Finkenwerder Vorhafens in Verlängerung des Köhlfleets mit einem Wendebecken von 350 m Durchmesser und die Schaffung des Dradenauhafens – alle auf 12 m Wassertiefe bei MTnw; am Nordufer des Dradenauhafens wurde eine 300 m lange Kaimauer für 15 m Wassertiefe bei MTnw gebaut und davor eine Wanne mit der gleichen Tiefe hergestellt; dieser Liegeplatz kann somit Massengutfrachter bis etwa 70 000 tdw aufnehmen. An ihn schließt sich nach Osten noch eine 180 m lange Kaistrecke für Binnen- und Küstenschiffe an. Diese Kaianlage bildete neben der Herstellung der beschriebenen seewärtigen Zufahrt und der Heranführung von Gleis- und Straßenanschluß, die keine besonderen planerischen Probleme aufwarfen, das Paket von Infrastrukturmaßnahmen, die Strom- und Hafenbau für das Elektrostahl- und Walzwerk durchzuführen hatte, das eine Fläche von rd. 25 ha einnimmt („Hamburger Stahlwerke", Abb. 8 auf Tafel I).

Für das „Hamburger Aluminium-Werk" (Abb. 8 auf Tafel I), das nicht den Naturrohstoff Tonerde verarbeitet, sondern ein Zwischenprodukt, das sogenannte „Alumina", ein pulverförmiges Aluminiumoxyd, hatte Strom- und Hafenbau im wesentlichen das Gelände aufzuhöhen und eine Löschbrücke mit Dalben für eine Wassertiefe von 14 m bei MTnw herzustellen. Das sehr große Areal des Werkes (etwa 100 ha) mußte nach dem Ende 1969 gefaßten Beschluß über die Ansiedlung des Betriebes überwiegend noch um drei bis vier Meter aufgehöht werden, was vornehmlich mit dem Aushubboden aus dem Dradenauhafen und dem Finkenwerder Vorhafen geschah. Beide Werke sind Verbraucher großer Mengen von elektrischer Energie, die in Form von Hochspannung herangeführt und in neu errichteten Umspann- und Schaltwerken verteilt wird. Das Problem der nicht unerheblichen Flächen für diese Anlagen wurde nach einigen anfänglichen Schwierigkeiten gelöst.

Das Planungskonzept für diese Ansiedlungsmaßnahme war im Grunde einfach: es handelte sich um den ersten Schritt zur Aufschließung des seit langem anvisierten Hafenerweiterungsgebietes südwestlich von Waltershof zwischen Finkenwerder und Altenwerder. Die Einzelheiten mußten sich natürlich nach den Bedürfnissen der anzusiedelnden Betriebe richten, gerieten dabei jedoch mit dem planerischen Grundkonzept in keinem Falle in Konflikt. Für weitere Betriebe steht noch freies Gelände zur Verfügung; im Bedarfsfalle kann auch der Dradenauhafen noch verlängert werden.

4.3.7 Das Hafenbahnnetz

Über den Ausbau des Hamburger Hafenbahnnetzes in der Berichtszeit ist mehrfach – auch in diesem Jahrbuch – berichtet worden [28 (S. 134), 35 (S. 169), 65, 72, 95, 97]. Um Wiederholungen zu vermeiden, werden deshalb hier nur stichwortartig die wichtigsten Maßnahmen aufgezählt, die sich auch aus einem Vergleich der Abb. 11 mit Abb. 9 ergeben; im übrigen wird auf die Literatur verwiesen:

- Umbau des Haupthafenbahnhofes Hamburg-Süd von einer zweiseitigen in eine einseitige Anlage. Zweck und Ergebnis: Kapazitätssteigerung von 1800 Waggons/Tag auf 2800 Waggons/Tag. Der Umbau mußte unter voller Aufrechterhaltung des Betriebes vor sich gehen, da keine Ausweichanlage vorhanden ist; er konnte daher nur allmählich durchgeführt werden und erforderte 10 Jahre Bauzeit.
- Neubau des Hafenbahnhofs Hamburg-Hohe Schaar und Übernahme der Wilhelmsburger Industriebahn auf die Hafenbahn [94] in der ersten Hälfte der sechziger Jahre; seitdem mehrfach Erweiterungen.
- Ausbau und Erweiterung des Hafenbahnhofes Waltershof und Neubau des Bezirksbahnhofes Mühlenwerder auf Waltershof.
- Bau der Verbindungsbahn vom Hafenbahnhof Hohe Schaar zur Waltershofer Bahn mit Kreuzung der Süderelbe; damit wurden die bis dahin voneinander getrennten Teilnetze der Hafenbahn östlich und westlich der Wasserstraße Köhlbrand–Süderelbe zu *einem* Netz vereinigt [60].
- Zweigleisiger Ausbau der Waltershofer Bahn.
- Neubau und Erweiterung mehrerer Bezirksbahnhöfe in verschiedenen Teilen des Hafengebietes.
- Elektrifizierung der Waltershofer Bahn, der Verbindungsbahn Hohe Schaar – Hausbruch, der Hohe-Schaar-Bahn sowie der Ein- und Ausfahrgleisgruppen in jenen Hafenbahnhöfen, die von der DB mit E-Lok-bespannten Zügen angefahren werden. Der Rangierbetrieb in den Hafenbahnhöfen und der Zustell- und Abholdienst für die Kaianlagen und Gleisanschlüsse wird weiterhin und auch in Zukunft mit Diesellokomotiven durchgeführt, da an Kais, wo Krane arbeiten, und in Industriebetrieben elektrische Oberleitungen nicht errichtet werden können.

Diese Liste nur der wichtigsten Maßnahmen enthält nicht die zahllosen in der Berichtszeit durchgeführten Verbesserungen und Modernisierungen, wie Errichtung neuer Stellwerke und Ablaufanlagen modernster Bauart, Weichenheizungen u. a. m., zeigt aber dennoch, daß die Expansion des Hafens in allen Bereichen – Umschlag von Stückgut, Massengut, Containern sowie Ansiedlung von Hafenindustrie – auch der Hafenbahn enorme Anstrengungen abverlangt hat. Dabei bildeten die Planungen der Hafenbahn jeweils einen wesentlichen Bestandteil der entsprechenden Konzepte der Gesamt-Hafenplanung. Alle Projekte wurden von der Abteilung Hafenbahn des Strom- und Hafenbau geplant, mit der betriebführenden DB abgestimmt und durchgeführt.

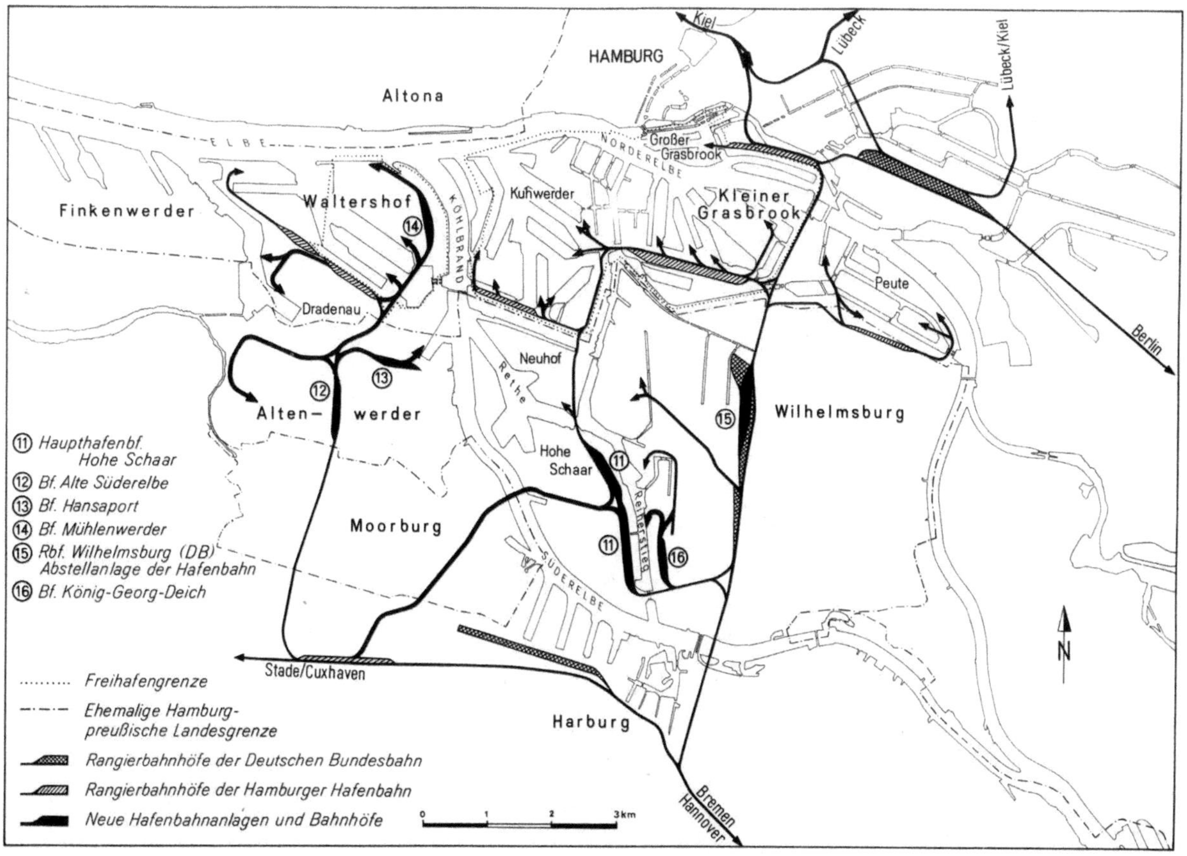

Abb. 11. Hafenbahnnetz 1980

4.3.8 Das Straßennetz im Hafen

Das 1960 vorhandene Straßennetz im Hafen ist in Abb. 10 dargestellt und in 4.1.3 beschrieben. Daraus geht hervor, daß dieses System dringend erweitert und verbessert werden mußte. Was insoweit in der Berichtszeit erreicht werden konnte, zeigt Abb. 12 im Vergleich zu Abb. 10. Die hauptsächlichsten Erweiterungen sind:

- die Bundesautobahn A 7, die das Hafenerweiterungs- und Hafengebiet westlich vom Köhlbrand durchzieht und über den neuen Elbtunnel das Nordufer der Elbe erreicht; sie ist im Zentrum des Waltershofer Hafengebietes über die Anschlußstelle „Waltershof" mit dem Straßennetz des Hafens verbunden;
- die den Köhlbrand kreuzende Querverbindung zwischen dem östlichen und dem westlichen Freihafenteil, mit weiterführendem Anschluß durch das Hafenerweiterungsgebiet nach Finkenwerder, zugleich Zubringerstraße zur A 7;
- der ausgebaute Straßenzug von Neuhof über die Rethe-Hubbrücke und den Bereich der Hohe Schaar zum südlichen Wilhelmsburg und zur Anschlußstelle „Stillhorn" der Bundesautobahn A 1;
- die die Süderelbe kreuzende Straßenverbindung von der Hohe Schaar nach Moorburg, Harburg und zur B 73;
- die Straßenverbindung von Waltershof nach Süden zur B 73;
- die die Norderelbe kreuzende Autobahnverbindung der A 1 mit der Autobahn nach Lübeck und Berlin;
- der vierspurige Ausbau des Hauptstraßenzuges im östlichen Freihafen.

Neben diesen großen Bauvorhaben wurden zahllose kleinere durchgeführt, auf die hier jedoch nicht näher eingegangen werden soll; wir beschränken uns auf die Darstellung der den großen Maßnahmen zugrunde liegenden Planungskonzepte. Die Bundesautobahn A 7 mit dem neuen Elbtunnel wurde von der Baubehörde Hamburg als Auftragsverwaltung des Bundes geplant und ausgeführt. Strom- und Hafenbau war an der Planung beteiligt, soweit das Hafengebiet berührt wird. Zunächst hatte – vor dem zweiten Weltkrieg – diese Autobahn nach dem Konzept der damaligen Machthaber als gigantisches „Tor zur Welt" die Elbe in 80 m Höhe im Bereich des Petroleumhafens auf einer zweigeschossigen Brücke überqueren sollen; sie hätte das Hafenerweiterungsgebiet in unerträglicher Weise zerschnitten und wurde deshalb vom damaligen Amtsleiter des Strom- und Hafenbau in höflicher Form, jedoch eindeutig kritisiert (was zu seiner vorzeitigen Pensionierung führte). Nach dem Kriege

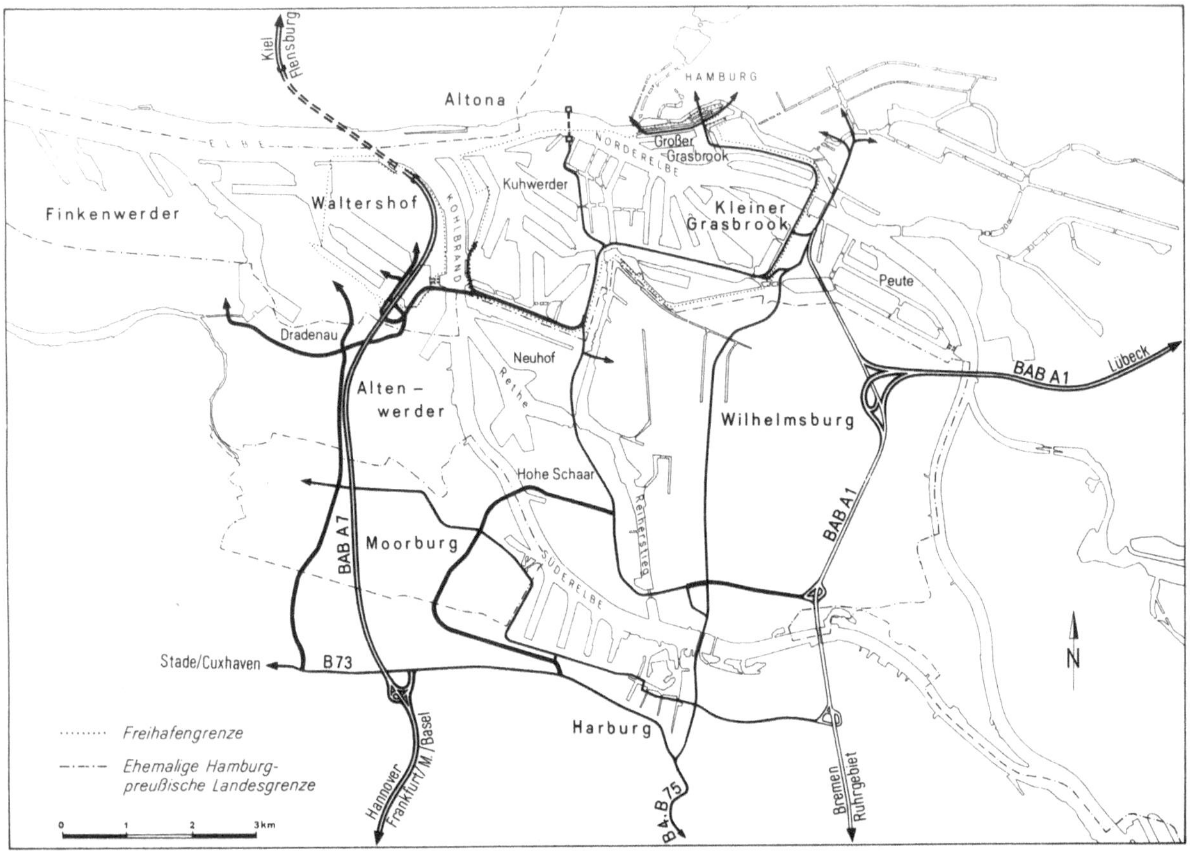

Abb. 12. Hauptstraßennetz des Hamburger Hafens 1980

wurde dieser Plan nicht wieder aufgegriffen und eine Kreuzung mit der Elbe durch einen Tunnel vorgesehen, der im Bereich von Finkenwerder liegen sollte. Auch diese Autobahntrasse hätte das Hafenerweiterungsgebiet, über dessen Gestaltung im einzelnen damals noch keinerlei Aussagen möglich waren, zerschnitten und die für ein solches Gebiet unerläßliche Planungsfreiheit unerträglich eingeengt. Schließlich gelang es dem Strom- und Hafenbau, den Autobahnplanern die Vorteile der schließlich ausgeführten Trasse deutlich zu machen, die weitgehend an das schon vorhandene Verkehrsband (Waltershofer Straße, Altenwerder Damm, Waltershofer Bahn) angeschmiegt die Planungsfreiheit für den Hafen kaum einengt. Aus dieser Entwicklung, die das Projekt der A 7 genommen hat, darf jedoch nicht geschlossen werden, Strom- und Hafenbau sei dessen Gegner gewesen, um im Hafen Planungsfreiheit zu behalten; man sah den gewaltigen „Sprung nach vorn" sehr wohl, den der Bau dieser Autobahn für den Hafen bringen würde und war bestrebt, diesen zu optimieren. So war der Sachstand Ende der fünfziger Jahre.

Der Beitrag des Strom- und Hafenbau zur Planung der A 7 umfaßte in den sechziger Jahren auch die Randbedingungen für die Kreuzung der A 7 mit der Elbe. Mit der planenden Baubehörde bestand von Anfang an Einvernehmen darin, daß dafür keinesfalls eine Brücke – in welcher Höhenlage auch immer –, sondern nur ein Tunnel in Betracht komme. Dieses Konzept wurde auch durchgehalten, als von interessierter Seite ein Hochbrückenprojekt vorgelegt wurde, das angeblich wesentliche Vorteile zu bringen versprach. Dies konnte erreicht werden, obwohl die Festlegung der Tiefenlage des Tunnels nicht einfach war (4.1.4). Spekulationen über künftige Entwicklungen im Schiffbau waren und sind stets unsicher, da es hier nicht um einen Zeitraum von ein paar Jahren, sondern um mindestens viele Jahrzehnte geht. Man kam schließlich zum Ergebnis, indem man die Ausbaufähigkeit der Unterelbe hinsichtlich noch größerer Wassertiefen, als heute hergestellt sind, zugrunde legte; sie wurde dabei auf 15 m unter MTnw eingeschätzt (5.1.1). Somit wurde für den Tunnel als Randbedingung formuliert, daß seine Tiefenlage die Herstellung eines 250 m breiten Fahrwassers mit einer Wassertiefe von 15 m unter MTnw ermöglichen müsse. Danach ist der Entwurf des Tunnels aufgestellt worden.

Die Anschlußstelle der A7 im Bereich Waltershof wäre natürlich ausschließlich für den Hafenbereich Waltershof von Bedeutung geworden, wäre nicht ein Autobahnzubringer vom Freihafen östlich des Köhlbrands von vornherein in das Projekt der A7 einbezogen worden. Dessen Planung und Ausführung lag allein beim Strom- und Hafenbau, da der Zubringer voll im Hafengebiet liegt und den Interessen des Hafens dient. Von besonderer Bedeutung und planerischer Schwierigkeit war dabei das Problem der Köhlbrandkreuzung. Seit Jahrzehnten war diese Kreuzung vorgesehen – und zwar als Tunnel (4.1.1, Köhlbrandvertrag). Als Mitte der sechziger Jahre deutlich wurde, daß im Autobahnprogramm des Bundes die A7 ihrer Verwirklichung näher rückte, mußte für diese Köhlbrandkreuzung ein realisierbares Konzept erarbeitet werden. Dabei ging man zunächst wieder von einer Tunnellösung aus, die sich aber im Laufe der Planungsarbeit infolge ungünstiger örtlicher Randbedingungen – von den viel höheren Bau- und Betriebskosten abgesehen – als so nachteilig erwies, daß man zum Konzept einer Brücke überging, das Ende 1968 von Senat und Bürgerschaft gutgeheißen wurde. Nach einem Entwurfs- und Bauwettbewerb wurde der Bau in den Jahren 1970 bis 1974 ausgeführt und die Brücke im September 1974 in Betrieb genommen. Über dieses zweifellos größte und eindrucksvollste, aber auch schwierigste Einzelbauvorhaben, das vom Strom- und Hafenbau in der Berichtszeit durchgeführt worden ist, liegen ausführliche Berichte vor, so daß hier auf die Wiedergabe von Einzelheiten verzichtet werden kann [56, 76]. Wenige Monate nach Inbetriebnahme der Köhlbrandbrücke ging auch die Autobahn A7 mit dem neuen Elbtunnel in Betrieb, so daß die Verkehrsanbindung des Hafens für den Straßenverkehr ab 1975 ganz erheblich verbessert war. Zugleich hatten die Freihafenteile östlich und westlich eine leistungsfähige interne (zollausländische) Straßenverbindung erhalten.

Nicht gelöst waren jedoch durch den Bau der zum Freihafengebiet gehörenden Köhlbrandbrücke das Problem der Gleisverbindung zwischen den beiden Teilnetzen der Hafenbahn beiderseits von Köhlbrand/Süderelbe und das des zollinländischen Straßenverkehrs über diese Wasserstraße. Zwar ist für letzteren der Bau einer zweiten (zollinländischen) Köhlbrandbrücke neben der bestehenden grundsätzlich möglich und sowohl planerisch wie bautechnisch berücksichtigt; deren Verwirklichung muß jedoch angesichts der hohen Kosten aufgeschoben werden, bis die jetzige Brücke den Verkehr nicht mehr bewältigen kann. Es ist nämlich von großer Bedeutung, daß Pkw und leere Lkw die zollausländische Brücke ohne Zollformalitäten benutzen können, auch wenn sie von Zollinland nach Zollinland fahren. Dagegen können solche Fahrzeuge, wenn sie beladen sind, die zollausländische Brücke im Prinzip nicht benutzen; aber selbst dafür ist ein zolltechnisches Verfahren gefunden worden, das auch dem zollinländischen Lastverkehr mit Ladung die Überfahrt ohne allzu komplizierte Zollvorgänge ermöglicht. Somit konnte der Betrieb der Köhlbrandfähre schon wenige Tage nach Eröffnung der Hochbrücke eingestellt werden, der – im Zollinland liegend – sonst wegen dieses zollinländischen Güterverkehrs hätte aufrechterhalten werden müssen.

Zum Konzept der Köhlbrandkreuzung gehörte auch die Gleisverbindung zwischen den beiden Teilnetzen der Hafenbahn (4.3.7). Mit der Hochbrücke (übrigens auch mit dem Tunnel) war dieses Problem nicht zufriedenstellend lösbar, weil die starken „verlorenen" Steigungen nur Zugfahrten mit stark reduzierter Wagenzahl und arg erhöhten Zugförderungskosten zugelassen hätten. Es mußte also eine Lösung ohne solche Steigungen gefunden werden; sie war nur durch den Bau einer beweglichen Brücke möglich, bei der die Gleisgradiente etwa in der normalen Geländehöhe bleibt. Eine solche Brücke konnte aber nur an einer Stelle errichtet werden (4.1.4), wo in Gegenwart und Zukunft die Gewähr gegeben ist, daß der Seeschiffsverkehr gering bleibt; daher wurde eine Kreuzungsstelle etwa 3300 m oberhalb der Köhlbrandbrücke gewählt (Abb. 8 auf Tafel I). Die dort errichtete „Kattwykbrücke" erlaubt außer dem Eisenbahnverkehr auch Straßenverkehr und bildet somit eine Alternative zur Köhlbrandbrücke für den zollinländischen Straßenverkehr. Sie besteht aus drei Überbauten von je etwa 100 m Spannweite, deren mittlere als Hubbrücke eine Schiffahrtsöffnung mit der gleichen Durchfahrtshöhe freigibt, wie sie die Köhlbrandbrücke besitzt (NN + 53,0 m) [60]. Man kann feststellen, daß mit dem hier nur kurz skizzierten Konzept der beiden Brücken, das im Zusammenhang gesehen werden muß, das seit etwa der Jahrhundertwende bestehende Problem einer Verbindung der Hafenteile östlich und westlich der Köhlbrand-Süderelbe-Wasserstraße eine ausgezeichnete Lösung gefunden hat, die auch noch für späteren Verkehrszuwachs heute schon bekannte Möglichkeiten bietet. Überdies erforderte diese Lösung einschließlich der zunächst noch nicht erbauten zweiten Hochbrücke nur rd. 75 % derjenigen Investitionssumme, die für einen Tunnel aufzuwenden gewesen wäre.

Über die vier restlichen für den Hafen relevanten Straßenprojekte aus der eingangs dieses Abschnittes aufgeführten Liste ist folgendes zu berichten:

Die planerischen Konzepte für den Straßenzug Neuhof – Rethebrücke – Hohe Schaar – Anschlußstelle Stillhorn der BAB A 1 und die Verbindungsstraße Waltershof – Altenwerder – Moorburg – B 73 waren vergleichsweise einfacher Natur; in beiden Fällen handelt es sich um die Schließung höchst lästiger Lücken im Straßennetz des Hafens. Der Straßenzug Neuhof – Hohe Schaar war zwar 1960 bereits vorhanden, mußte aber auf teilweise neuer Trasse neu gebaut werden, um eine verkehrsgerechte Anlage zu schaffen. Seinen Anschluß an die BAB A 1 erhielt er anschließend ebenfalls in der Berichtszeit. Der zweite Straßenzug von Waltershof zur B 73 existierte 1960 überhaupt noch nicht. Man konnte von Waltershof nach Harburg nur unter Benutzung der Dorfstraßen von Altenwerder und Moorburg gelangen, die streckenweise von Lkw nur einspurig (mit Ausweichstellen) zu befahren waren. Er wurde in den Sechzigern zweispurig verkehrsgerecht ausgebaut, wobei zwar mancherlei bautechnische, aber kaum planerische Probleme zu lösen waren.

Von der Verbindung der beiden Äste der Autobahn A 1 nach Bremen einerseits, nach Lübeck andererseits wird der Hafen räumlich nicht berührt. Somit hatte Strom- und Hafenbau auch mit der Planung und Durchführung nichts zu tun, wenn man davon absieht, daß die wasserbehördlichen Bedingungen für die Kreuzung der neuen Autobahn mit der Norderelbe festzulegen waren. Für den Hafen bedeutete die Verbindung der beiden Autobahnen aber einen großen Nutzen, weil damit ein unmittelbarer Anschluß an die Vogelfluglinie nach Skandinavien hergestellt war sowie an die Autobahn nach Berlin, die allerdings erst Anfang der achtziger Jahre fertiggestellt wurde.

Der Ausbau des Hauptstraßenzuges im östlichen Freihafen begann im Haushaltsjahr 1963, hat sich über den Rest der Berichtszeit hingezogen und ist im Zeitpunkt der Niederschrift dieses Berichtes (1984) noch nicht voll abgeschlossen. Diese lange Bauzeit, die auch längere Pausen einschloß, ist dadurch entstanden, daß der Ausbau nicht als einheitliches Vorhaben zügig durchgeführt werden konnte, weil die Dringlichkeit des Ausbaus sich in den verschiedenen Abschnitten des Straßenzuges unterschiedlich darstellte und der Haushalt durch zahlreiche Großbauten mit hohen Investitionssummen jahrelang übermäßig belastet war. Zunächst wurde in den Jahren 1963 bis 1966 ein besonders hinderlicher Engpaß beseitigt: der schienengleiche Bahnübergang westlich der Argentinienbrücke; hier wurde der von Süden kommende, damals noch zweispurige Roßdamm auf einer zweispurigen Hochstraße über die Verbindungsgleise zwischen dem Hafenbahnhof Hamburg-Süd und den Bezirksbahnhöfen Buchheisterstraße (Schuppen 74 – 77) und Nehlsstraße (Schuppen 69 – 73) überführt; dieser schienengleiche Bahnübergang war vorher nicht nur durch lebhaften Zubringer- und Abholverkehr zwischen den erwähnten Bahnhöfen stark belastet, sondern fast noch mehr durch Rangiermanöver in den beiden Bezirksbahnhöfen, bei denen die Ausziehbewegungen über den Bahnübergang hinweggingen [28, S. 92; 35, S. 168].

Schon in den Fünfzigern war im Zusammenhang mit dem Neubau des Straßenzollamtes Veddel die Teilstrecke südlich der Freihafenelbbrücke vierspurig und verkehrsgerecht ausgebaut worden; an diesen Abschnitt schloß sich räumlich die zweite Niedernfelder Brücke (1973/74) an, womit an dieser Stelle die angestrebten vier Spuren geschaffen waren.

Die Strecke von dort bis zur Argentinienbrücke war etwa zur gleichen Zeit durch Verbreiterung auf vier Spuren, Einbau von Abzweigspuren und Ausstattung der zahlreichen Bahnübergänge mit zuggesteuerten Signalampeln weitgehend verkehrsgerecht ausgebaut worden. Dabei bewirken neue Ausziehgleise auf der Nordseite der Straße, daß diese von Rangierbewegungen auf den nördlich anschließenden Kaizungen bzw. in den dortigen Bezirksbahnhöfen nicht berührt wird, sondern nur bei Überführungsfahrten vom und zum Hauptbahnhof.

Als Alternative zu dieser Lösung, die wegen der sieben höhengleichen Gleiskreuzungen hinter dem Ideal einer hundertprozentig verkehrsgerechten Straße zurückbleibt, ist untersucht worden, ob eine die Gleiskreuzungen vermeidende Hochstraße ein besseres Konzept wäre. Das Ergebnis fiel negativ aus, weil – abgesehen von den beträchtlichen Mehrkosten – die erforderlichen Rampen bei den Abzweigungen zu den Kaizungen und die Stützen der Hochstraße selbst unvermeidlich zu einer Starrheit des Systems geführt hätten; sie hätte spätere Umbauten, die in einer stets veränderungsträchtigen Umgebung nie für alle Zukunft ausgeschlossen werden können, außerordentlich erschwert und verteuert. Da nach Herstellung der erwähnten Ausziehgleise nördlich der Straße die Sperrzeiten für den Straßenverkehr durch Waggonbewegungen der Hafenbahn nach Häufigkeit und jeweiliger Dauer drastisch vermindert waren, konnte die Entscheidung nur zugunsten der ausgeführten Lösung fallen.

Besonders schwierig gestaltete sich die Planung für den vierspurigen Ausbau des sogenannten Argentinienknotens, nämlich des acht Straßen zusammenführenden Straßenknotens beiderseits der Argentinienbrücke über den Reiherstieg. Sie kann in der hier gebotenen Kürze nicht im einzelnen beschrieben werden; das wird im Kapitel 6 dieses Beitrages[1] geschehen. Hier waren auf engstem Raum so schwierige Planungsarbeiten zu leisten, daß dazu mehrere Jahre erforderlich waren. Inzwischen ist der Ausbau des Knotens vollendet; auch hier war eine mehrjährige Bauzeit erforderlich, weil wegen fehlender Umleitungsmöglichkeiten der gesamte Umbau unter vollem Verkehr durchgeführt werden mußte.

Nachdem auch der Roßdamm – die Verbindung vom Argentinienknoten zur Köhlbrandbrücke – noch während der Berichtszeit vierspurig ausgebaut worden ist, blieb den achtziger Jahren die rechtselbische Strecke von der Freihafenelbbrücke zu den Zollämtern am Rande der Innenstadt vorbehalten; ihr Ausbau ist jetzt (1984) im Gange. Man kann somit erwarten, daß der Hauptstraßenzug des Freihafens östlich vom Köhlbrand in Bälde auf volle Länge vierspurig und so verkehrsgerecht ausgebaut sein wird, wie das in einem Seehafen mit seinen vielfältigen Zwangspunkten, einander kreuzenden Verkehrslinien und der nie außer acht zu lassenden Wahrscheinlichkeit künftiger Änderungsbedürfnisse möglich ist.

4.4 Vorsorge für die Zukunft

Im Interesse der Entwicklung eines universalen Seehafens von überregionaler Bedeutung zwingen die geographischen und hydrologischen Gegebenheiten, die Einbindung in alle Verkehrsadern und die Erfüllung der Aufgaben als weithin bedeutsames Wirtschaftsinstrument zu fortwährenden Versuchen, weiter in die Zukunft zu

1 Vorgesehen für Band 41 dieses Jahrbuches

schauen, als dies bei den meisten Städten und Industriezentren sonst der Fall ist. Das wird häufig von Vertretern anderer, meist aktuell-kurzfristiger Interessen oder von Politikern mit wenig Weitblick nicht erkannt oder geht beim Aushandeln vordergründiger Kompromisse allzu leicht unter, wie auch die Tatsache, daß ein Zurückbleiben mangels zeitgemäßer Infrastruktur infolge der ständigen Konkurrenzsituation zu anderen Häfen kaum wieder aufgeholt werden kann. Entsprechende Entschlüsse, die zugunsten späterer, oft ungewisser Entwicklungen in der Gegenwart Opfer verlangen, sind in demokratisch verwalteten Gemeinwesen nie leicht durchzusetzen gewesen, auch nicht in Hamburg.

Dennoch ist es bisher gelungen, dem Hafen stets rechtzeitig Entwicklungsmöglichkeiten zu verschaffen. In neuester Zeit wirken allerdings einige Umstände, die früher nicht so in Erscheinung traten, erschwerend: Das Hafengebiet ist inzwischen fast völlig von Stadtteilen mit Wohngebieten umschlossen, die ihre eigenen Bedürfnisse geltend machen. Die wissenschaftliche Aufmachung von Prognosen verführt zu der Auffassung, daß man sowohl sachlich als auch terminlich ziemlich exakt längere Zeiträume übersehen könne, was jedoch wegen der Vielfalt und Verflochtenheit weltweiten menschlichen Handelns und damit zahlreicher nicht erfaßbarer Varianten nicht zutrifft. Manche Sünden der Vergangenheit haben zu einer zwar unklaren, aber die Politik beeinflussenden Technikfeindlichkeit geführt. Die notwendige Einschränkung und Verhinderung weiterer Umweltbelastungen erfordert härtere Maßstäbe.

4.4.1 Rückblick

Zum besseren Verständnis der Vorsorgemaßnahmen, wie sie in dem hier betrachteten Zeitraum getroffen worden sind, empfiehlt sich ein ganz kurzer Rückblick auf frühere Anstrengungen dieser Art.

Bereits seit dem Mittelalter hat Hamburg, das ursprünglich an Seitenarmen und Nebenflüssen der Elbe lag, seine Wasserstraßen, entsprechend der Entwicklung der Seeschiffe, systematisch ausgebaut, womit überhaupt erst die Voraussetzungen für die adäquate Entwicklung seines Seehafens geschaffen wurden. Es hat ferner – nach langen inneren Streitigkeiten und gegen eine damals hohe Summe – 1768 umfangreiche Ländereien, vor allem im künftigen Hafengebiet, von Dänemark erworben. Es hat große Opfer auf sich genommen, um nach dem Zollanschluß von 1888 an das Deutsche Reich seinen Freihafen mit der Speicherstadt zu schaffen. Es hat sich in drei Verträgen mit Preußen (1868, 1896, 1908) über den endgültigen Ausbau des Stromspaltungsgebietes der Elbe, also im Bereich der Norderelbe, Süderelbe und des Köhlbrandes, geeinigt. Und es hat schließlich nach dem ersten Weltkrieg, als verfassungsgemäß alle wichtigeren Wasserstraßen von den Ländern auf das Reich übergingen,

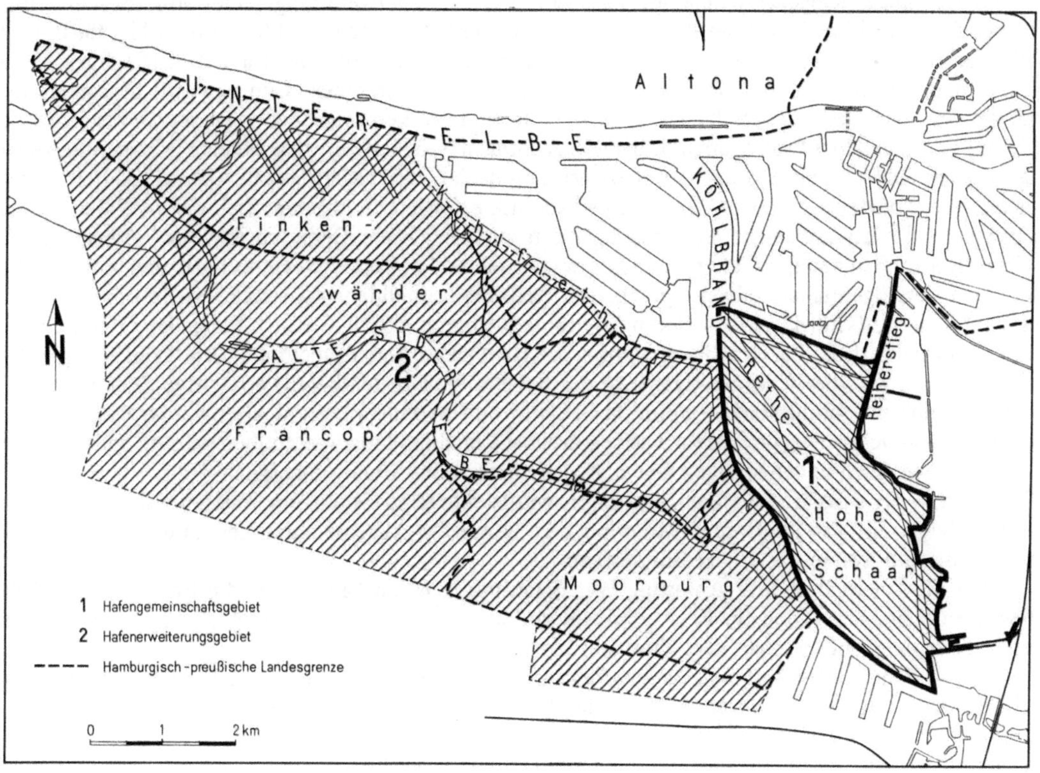

Abb. 13. Gebiet der Hamburgisch-Preußischen Hafengemeinschaft 1928

trotz der damit verbundenen hohen Kosten erreicht, weiterhin für Unterhaltung und Ausbau der neuen Reichswasserstraßen innerhalb seiner Landesgrenzen zuständig und somit allein Herr in seinem Hafengebiet zu bleiben.

Die weltwirtschaftliche Expansion in den zwanziger Jahren zeigte jedoch, daß Hamburg räumlich entschieden zu klein war, um der Bedeutung seines Hafens langfristig gerecht bleiben zu können. Daher traten schon damals Überlegungen zu einer großräumigen Erweiterung Hamburgs zutage, und es wurden Generalpläne gezeichnet, die weit in preußisches Gebiet übergriffen. Dies blieb nicht reine Theorie, denn 1928 wurde durch Staatsvertrag die Hamburgisch-preußische Hafengemeinschaft mit einheitlicher Hafen- und Landesplanung in einem Bereich gegründet, der große Teile hamburgischer und preußischer Ländereien umfaßte (Abb. 13). Der gemeinsame Hafenausbau im engeren Gebiet dieser Gemeinschaft zeitigte mit einigen Umschlaganlagen schon bald gute Ergebnisse an der Rethe, also unmittelbar südlich an die bereits bestehenden Hamburger Hafenanlagen anschließend.

Weitere Bemühungen in dieser Hinsicht wurden überflüssig, als 1937 durch ein Reichsgesetz, das sog. Groß-Hamburg-Gesetz, die Grenzen der Stadt zu Lasten des preußischen Umlandes bis in ihre heute noch bestehende Lage erweitert wurden. Das war ein für die Stadt- und Hafenentwicklung günstiger Schritt, der indessen längst nicht so weit ging, wie das in weit vorausschauenden Überlegungen vordem als wünschenswert erachtet worden war. Besonders bedauerlich aber war, daß Hamburg im Zuge dieser Neuregelung die Stadt Cuxhaven mit dem sie umgebenden Amt Ritzebüttel und der Insel Neuwerk an Preußen abtreten mußte (4.4.6), auch wenn es dabei den Amerikahafen und noch nicht erschlossene, angrenzende Ländereien teils in Eigentum, teils zur Verfügung für einen künftigen Vorhafen behielt. In und um Hamburg selbst hatte die Stadt nun jedoch für längere Zeit räumlich bessere Möglichkeiten erhalten, ihren Hafen zu erweitern.

4.4.2 Das Hafenerweiterungsgesetz von 1961

Nach dem Kriegsende von 1945 bestand zunächst jede Art der Zukunftsvorsorge lediglich darin, die Trümmer zu beseitigen und den notwendigsten Wiederaufbau zu betreiben. Doch schon bald wurde erkennbar, daß künftige Hafenerweiterungen wegen der rasch einsetzenden Zunahme an Umschlaggütern, der Umstrukturierung des Seeverkehrs und der viel Raum beanspruchenden Hafen- und Industrieentwicklungen unumgänglich werden würden und gesetzlich gesichert werden mußten. So kam es nicht nur zu mehr oder weniger phantasievollen Planungsüberlegungen, sondern auch nach langen Vorbereitungen, die u. a. durch das Nebeneinander von hamburgischem, preußischem und Bundesrecht erschwert wurden, am 30.10.1961 zu dem Gesetz über die Erweiterung des Hamburger Hafens (Hafenerweiterungsgesetz).

Im wesentlichen auf der Grundlage von Untersuchungen der Behörde für Wirtschaft und Verkehr, an denen das Amt Strom- und Hafenbau maßgebend beteiligt war, wurde ein Hafenerweiterungsgebiet von 2500 ha Größe ausgewiesen, von denen 2370 ha im Gebiet der Alten Süderelbe für Seeschiffe erreichbar und 130 ha für Binnenschiffe östlich Harburg lagen (Abb. 14). In der Begründung wurde gesagt, daß der Raumbedarf schwer einzuschätzen sei, daß man jedoch eher etwas reichlich als zu knapp disponieren müsse. Und es wurde begründet, daß die Verwendung des Geländes seine frühzeitige Aufhöhung und Verkehrserschließung voraussetze, daß dies wirtschaftlich nur im Rahmen sowieso notwendiger Baggerungen möglich sei, daß längere Ablagerungszeiten berücksichtigt werden müßten und daß der Grunderwerb sich nach diesen gegenseitigen Abhängigkeiten richten müsse. Daher sei eine strafffe und kräftige Grunderwerbspolitik erforderlich mit dem Ziel, die im Hafenerweiterungsgebiet liegenden Privatgrundstücke in Staatseigentum zu überführen. Denn, so hieß es: „Versuche, die benötigten Grundstücke freihändig zu erwerben, sind wegen fehlender Verkaufsbereitschaft oder unvertretbar hoher Forderungen der Eigentümer teilweise gescheitert. Mit den vorhandenen gesetzlichen Bestimmungen ist somit eine rechtzeitige Aufschließung des Hafenerweiterungsgebietes durch Bereitstellung der erforderlichen Spülfelder für die zügige Fortführung der Elbevertiefung auf Hamburger Gebiet nicht möglich.“ Ein wesentlicher Bestandteil des Gesetzes war die Veränderungssperre der Bebauung über den bereits erreichten Zustand hinaus, wobei diese Sperre zunächst für die stark bewohnten Gebiete von Finkenwerder und Altenwerder eingeschränkt blieb, weil deren Inanspruchnahme für Hafenzwecke soweit wie möglich hinausgeschoben werden sollte. Außerdem blieben Ausnahmen, auch in den anderen Gebietsteilen, je nach der Situation möglich.

Bei der Behandlung der wasserrechtlichen Nutzungen wurde mit Hinweis auf das Wasserhaushaltsgesetz des Bundes von 1957 klargestellt, daß die Hafenerweiterung dem Wohle der Allgemeinheit diene, und zwar nicht nur der Freien und Hansestadt, sondern auch der Bundesrepublik.

Sodann wurden die Übernahme und Ablösung von Eigentum, das Vorkaufsrecht, die Enteignung und die Entschädigungsgrundsätze, diese auch für Rechtsverluste und andere Vermögensnachteile, geregelt. Ebenso die vorzeitige Besitzeinweisung, auf die nicht verzichtet werden konnte.

Diese durch das Hafenerweiterungsgesetz geschaffene neue Rechtslage lag auch dem Bericht über die Lage und Entwicklungsaussichten des Hamburger Hafens, die die Behörde für Wirtschaft und Verkehr im April 1967 herausgab, zugrunde, aus dem dann die neue Hafenordnung (2.1.3) resultierte.

Mit diesem Gesetz waren zwar die Voraussetzungen für Planungen zur Hafenerweiterung und deren Durchführung gegeben, doch muß einschränkend vermerkt werden, daß es in seinen Grundlagen, Definitionen und Bestim-

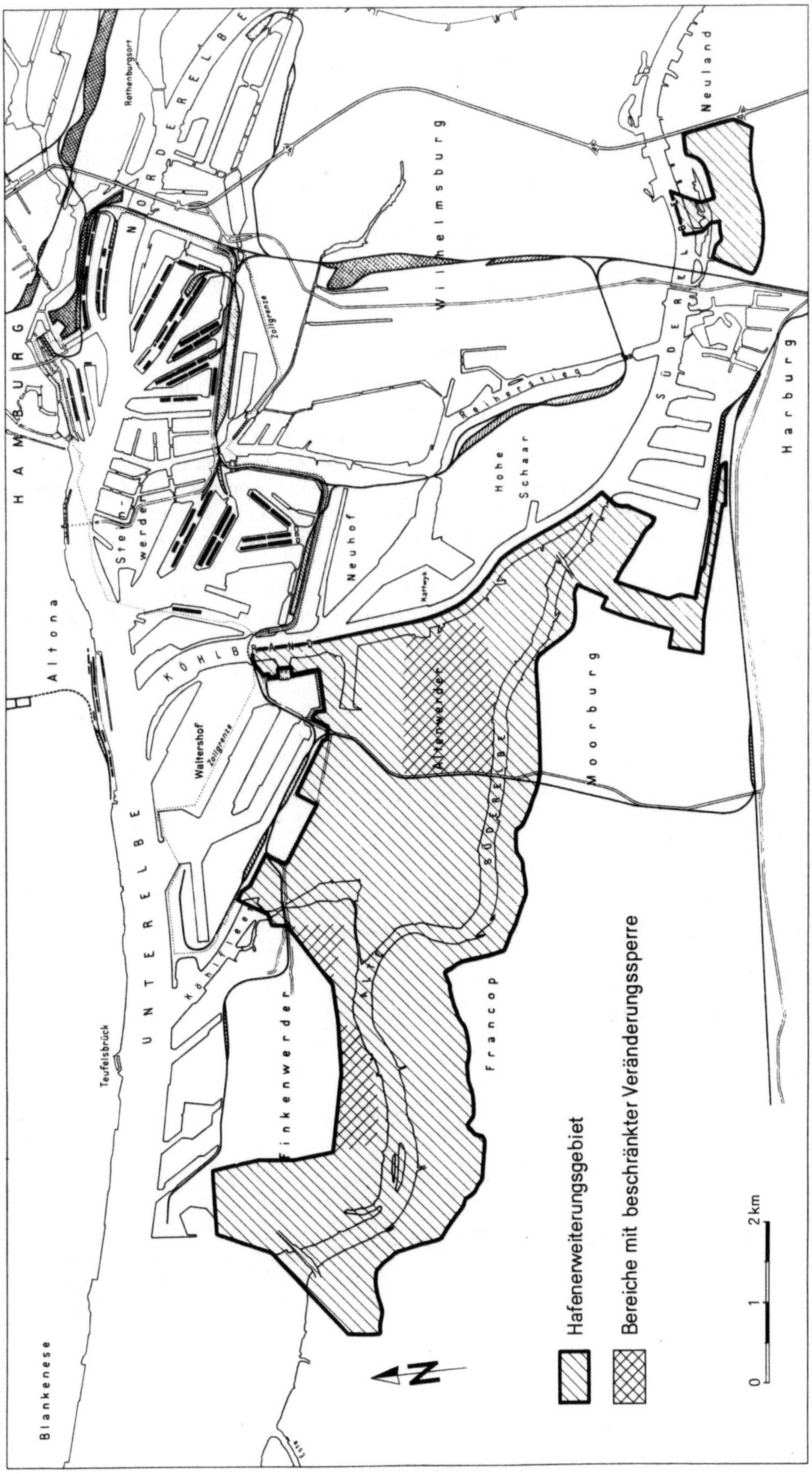

Abb. 14. Hafenerweiterungsgebiet von 1961

mungen – vor allem gegenüber dem Bürger – nicht klar genug war, um den späteren Anforderungen und Belastungen zu genügen. Daher traten mit fortschreitender Zeit immer stärkere Hindernisse und Verzögerungen auf, weil einerseits einige Grundeigentümer alle denkbaren Rechtsmittel ausschöpften und andererseits das politische Durchsetzungsvermögen des Senates schwächer wurde.

Infolgedessen kam die Räumung Altenwerders, die inzwischen dringend geworden war, viel langsamer als beabsichtigt voran, und dies wurde nur teilweise dadurch kompensiert, daß sich wegen der weltweiten wirtschaftlichen Stagnation die Zunahme des Verkehrsaufkommens ebenfalls verlangsamte. Dieser Umstand gab generell den immer stärker in Erscheinung tretenden Gegnern sämtlicher Hafenerweiterungspläne Auftrieb und angesichts der parteipolitischen Situation mehr Gewicht, als ihnen nach ihrer Zahl hätte zukommen können. Jedenfalls wurden die Schwierigkeiten bei der Unterbringung des Baggergutes immer größer, ohne daß politisch entsprechende Konsequenzen gezogen wurden.

Eine wesentliche Änderung der Grenzen des Hafenerweiterungsgebietes ergab sich Anfang 1974 als Folge des Flächennutzungsplanes von 1973.

4.4.3 Der Flächennutzungsplan von 1973

Dieser Plan war ein Rahmenplan nach den Vorschriften des Bundesbaugesetzes und des Raumordnungsgesetzes und löste den Aufbauplan von 1960 ab. Er trat nach ungefähr fünfjährigem Planungsprozeß am 29.12. 1973 in Kraft und sollte bis etwa 1985 gelten. Natürlich mußte er die voraussichtlichen Hafenausbau- und -erweiterungsmaßnahmen enthalten. Das geschah in enger Zusammenarbeit zwischen der Baubehörde und der Behörde für Wirtschaft und Verkehr mit ihren betroffenen Ämtern, besonders dem Strom- und Hafenbau. Dabei wurden neuere Gesichtspunkte, die sich aus veränderten Entwicklungs- und Zeitvorstellungen ergeben hatten, berücksichtigt. Außerdem mußten einige Forderungen der Stadtplanung hingenommen werden.

Der eine Zeitlang erwogene Gedanke, das Hafenerweiterungsgebiet von der Unterelbe her über das auszubauende Köhlfleet und eine große Seeschleuse für Seeschiffe zugänglich zu machen, war zugunsten einer Vertiefung des Köhlbrandes bis zum Kattwykhafen und zum neuen Sandauhafen auf KN – 13,5 m fallen gelassen worden.

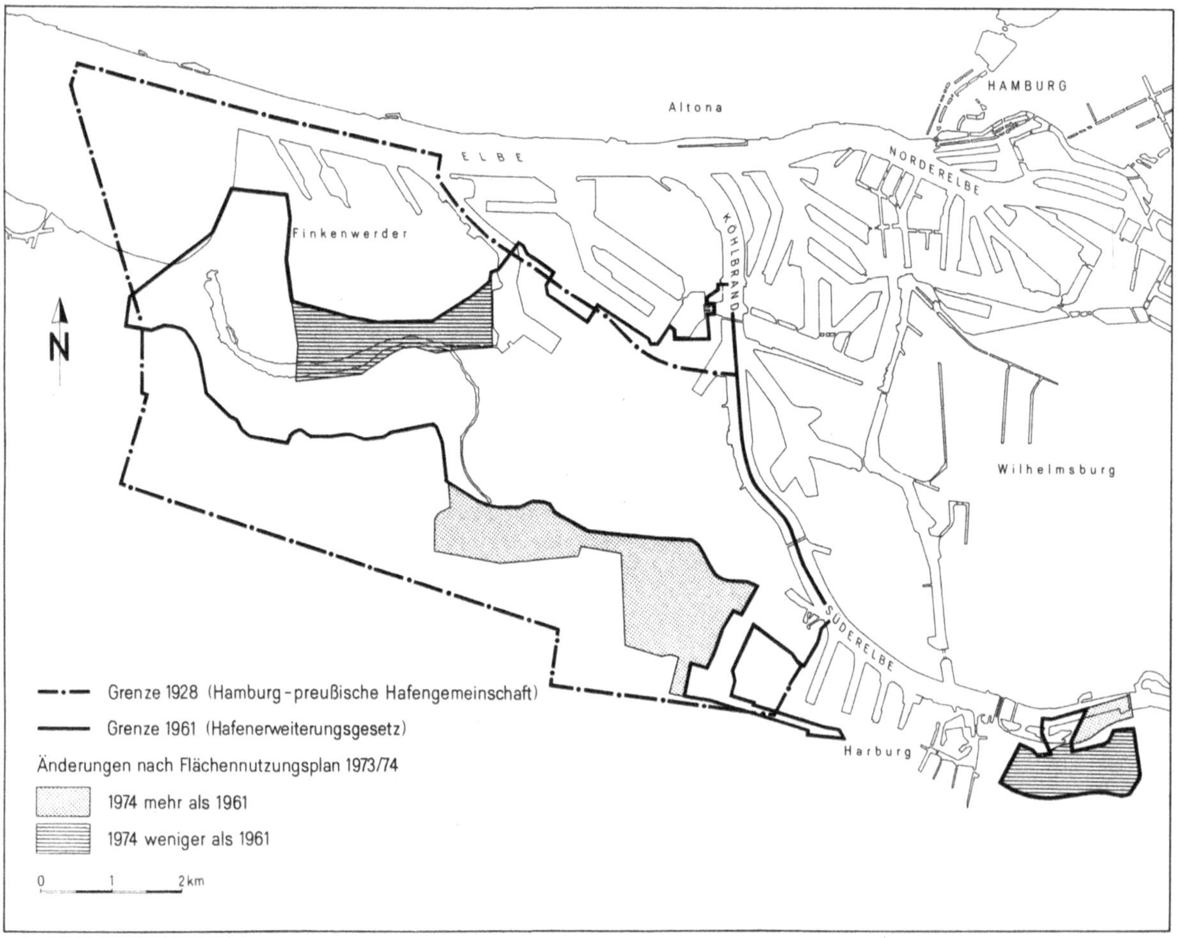

Abb. 15. Hafenerweiterungsgebiete von 1928 bis 1974

Das bedeutete die Möglichkeit des Heranbringens von vollbeladenen Massengutschiffen bis zu etwa 110 000 tdw (oder teilbeladen noch größeren) unter Ausnutzung der Tide oder von Containerschiffen der 3. Generation ein- und auslaufend zu jeder Zeit. Und es bedeutete ferner, das Hafenerweiterungsgebiet zunächst von Köhlbrand und Süderelbe her zu entwickeln, d.h. als nächstes Altenwerder in Anspruch nehmen zu müssen und Moorburg zusätzlich dafür vorzusehen. Statt dessen mußte die Konzession gemacht werden, auf die voraussichtliche Inanspruchnahme des südlichen Teiles von Finkenwerder für Hafenzwecke zu verzichten. Damit wurde der im Westen verbleibende Teil des Hafenerweiterungsgebietes sehr schmal und planerisch nahezu wertlos, doch sollte die Lösung dieses Konfliktes wegen der langsamer ablaufenden Entwicklungen der Zukunft überlassen bleiben.

Infolge dieser Überlegungen und der politischen Einwirkungen auf den Planungsprozeß wies der Flächennutzungsplan entsprechende Veränderungen des Hafenerweiterungsgebietes aus. Auf weiteren stadtplanerischen Druck mußte auch das für Binnenschiffsanlagen ausgewiesene Gelände in Neuland, östlich von Harburg, stark reduziert werden. Und schließlich mußte an die neue Grenze westlich von Harburg südlich anschließend ein 1200 m breiter Grünstreifen als Abschirmung für die erst in jüngerer Zeit entstandenen Wohngebiete in Kauf genommen werden, womit künftige Erweiterungen in dieser Richtung ausgeschlossen wurden. Diese bei der Bearbeitung des Flächennutzungsplanes zustande gekommenen Kompromisse wurden dann im Januar 1974 mit dem Zweiten Gesetz zur Änderung des Hafenerweiterungsgesetzes in bindendes Recht umgesetzt (Abb. 15). Neben den allgemeinen hafenplanerischen Überlegungen standen dabei im Vordergrund die Ansiedlung der Massengutumschlaganlage Hansaport am Sandauhafen und die starke Zunahme des Containerverkehrs, für den am besten und wirtschaftlichsten neue Möglichkeiten in Altenwerder zu schaffen waren. Um dies endlich schneller voranzubringen, wurde als ständiger Ansprechpartner der betroffenen Bevölkerung an Ort und Stelle ein Senatsbeauftragter für Altenwerder eingesetzt, der auf eine zügige und Härten vermeidende Abwicklung der Verlagerungen hinwirken sollte. Dem standen allerdings Mängel des Hafenerweiterungsgesetzes entgegen (4.4.5).

4.4.4 Der Hafenentwicklungsplan von 1975/76

Teilweise übergreifend mit den vorstehend geschilderten gesetzlichen Regelungen lief die Arbeit an einem Hafenentwicklungsplan, der sich mit der weiteren Entwicklung des gesamten Hafens, also nicht nur der Erweiterungsgebiete, befaßte und nach mehrjährigen Bemühungen erstmalig Ende 1975 in den Senat gegeben wurde. Nach einigen Änderungen aufgrund weiterer Erörterungen mit anderen Behörden wurde er am 30.3.1976 beschlossen. Die Bürgerschaft nahm ihn, nach ausführlicher Beratung in ihrem Ausschuß für Hafen und Wirtschaft, am 24.11.1976 zur Kenntnis. Diese Unterrichtung war das eine Ziel des Planes, das andere, ihn an interessierte Kreise innerhalb und außerhalb Hamburgs zu verteilen, um über die Probleme des Hafens, seine Chancen und Entwicklungsaussichten zu informieren.

In der Einleitung wurde nochmals gesagt, daß es im Seetransportwesen viele, teilweise weltweite Einflußfaktoren gebe und daher Vorhersagen über ihre Auswirkungen auf den Hafen nur sehr eingeschränkt möglich seien.

Trotzdem müßten größere Spielräume für – meist sehr kurzfristige – Einzelentscheidungen bleiben. Ein solcher Plan sei also nicht mit baulichen Fachplänen zu vergleichen, da der Hafenplanung trotz genereller Festlegungen ein großes Maß an Flexibilität verbleiben müsse. Wichtig sei vor allem die rechtzeitige Bereitstellung von Flächen für Umschlag und Hafenindustrie, wobei Konfliktsituationen mit Nachbarbereichen, insbesondere Wohngebieten, beachtet werden müßten. Das Beispiel Altenwerder habe gezeigt, daß die Räumung geschlossener Siedlungsgebiete schwierig sei; deshalb müßten schon jetzt weitere Räumungen untersucht werden, zuerst für Moorburg.

Der damalige Präses der Behörde für Wirtschaft, Verkehr und Landwirtschaft, Senator Kern, veröffentlichte den Hafenentwicklungsplan im April 1976. Sein Inhalt sei in wenigen Stichworten angegeben: Die drei grundsätzlichen Einleitungskapitel befaßten sich mit der wirtschaftlichen Bedeutung des Hafens, mit den bisherigen und künftigen Zielsetzungen der Hafenpolitik und mit den Schwerpunkten der Hafenentwicklung.

In 12 weiteren Kapiteln wurden dann anhand anschaulicher Pläne und Graphiken folgende Themen abgehandelt: Lage des Hafens; See- und Hinterlandverbindungen; Hafengebiet (gesamt einschließlich Ober- und Unterelbe 8900 ha, davon 6800 ha bereits genutzt, und zwar 3700 ha als Land- und 3100 ha als Wasserflächen, Hafenerweiterungsgebiet 2100 ha, Freihafen 1600 ha); Nutzung des Hafengebietes (dargestellt für zwei Arten Stückgutumschlaganlagen, fünf Arten Massengutumschlag- und Lageranlagen, fünf Arten Industrie- und Gewerbeanlagen); Stückgutumschlag (Entwicklung, Strukturwandel); Massengutumschlag; Industrie- und Gewerbe; Binnen- und Hafenschiffahrt; Wasserstraßen und Hafenbecken; Eisenbahn; Straßen; Planungsmodell Tiefwasserhafen Scharhörn.

Neben den allgemein bekannten und angewandten Planungsgrundsätzen enthielt der Plan drei neue Kriterien, die besonders erwähnt zu werden verdienen: Es wurde nicht mehr erneut der untaugliche Versuch unternommen, die Umschlagentwicklung in vermeintlich genauen Zahlen zu prognostizieren, vielmehr wurden in allen Sparten die Möglichkeiten der Zuwachsraten sorgfältig abgeschätzt und die denkbaren Steigerungen in mehr oder weniger weiten Bereichen angegeben. Des weiteren wurde die Terminalkonzeption, die sich allmählich immer mehr durchsetzte, für die entsprechenden Umschlagarten übernommen und somit Richtlinie künftiger Einzelplanungen.

Und schließlich wurde die Grundlage dafür geschaffen, alte und nur schlecht genutzte Hafenteile so zu verändern und zu modernisieren, daß sie wieder neuzeitlichen Ansprüchen genügen würden. Ein ähnliches Ziel dieser Art war mit solcher Konsequenz bis dahin von keinem anderen Seehafen bekannt geworden.

Der Senat verband mit seiner Zustimmung die Forderungen, das gesamte Hafengebiet planungsrechtlich für Hafenzwecke festzulegen, dabei weiter davon auszugehen, daß die Flächen im Hafen- und Hafenerweiterungsgebiet nur für Hafen-, Industrie- und Gewerbezwecke benutzt werden sollen, ferner zu ermitteln, wie dabei die Grundsätze des Umweltschutzes zu realisieren seien, und Untersuchungen über den Zeit- und Kostenaufwand sowie alle anderen Fragen einer Räumung Moorburgs zu beginnen. Angesichts der schlechten Erfahrungen bei der rechtlichen Durchsetzung des Hafenerweiterungsgesetzes von 1961 und des Wandels der Rechtsanschauungen ordnete er ferner die vom Strom- und Hafenbau und seiner Behörde seit langem geforderte Novellierung dieses Gesetzes an. Dabei ging es jedoch inzwischen um weit mehr als um eine bloße Novellierung.

4.4.5 Das Hafenentwicklungsgesetz von 1982

Das Amt hatte sich bereits seit Anfang der 70er Jahre um eine Verbesserung des Hafenerweiterungsgesetzes bemüht, war aber damit infolge von dauernden kommunalpolitischen Einzelforderungen, die in einem Stadtstaat ein größeres Gewicht haben als in einem Flächenland, und wegen ausgeprägter eigener, nicht hafenkonformer Interessen anderer Behörden und daraus resultierender Widerstände nicht über Entwürfe hinausgekommen. Sogar das Rechtsamt des Senates stellte sich lange Zeit dagegen, mindestens weil es wegen der politischen Lage und der verschachtelten Verwaltungszuständigkeiten ein stärkeres Gesetz nicht für einführbar hielt, vielleicht auch weil es seine Notwendigkeit im Interesse des Gedeihens des Hafens noch nicht erkannte. Auch nach dem Beschluß, den der Senat 1976 mit der Verabschiedung des Hafenentwicklungsplanes gefaßt hatte, dauerte es noch einige Jahre, bis der Entwurf des neuen Hafenentwicklungsgesetzes einschließlich verfassungsrechtlicher Beurteilung durch anerkannte Gutachter Anfang 1981 vorlag.

Den letzten Impuls dazu gab ein Urteil des Landgerichtes Hamburg, das 1979 in einem Prozeß, den ein Altenwerder Bürger führte, feststellte, die von der Stadt geforderte Besitzeinweisung in ein Grundstück im Hafenerweiterungsgebiet setze aufgrund eines höherrangigen rechtsstaatlichen Gebots Planfeststellungsbeschlüsse über die endgültige Gestaltung des Hafenausbaus voraus. Da derartige Beschlüsse jedoch weder aus juristischen noch aus planerischen Gründen gefaßt werden konnten, war die Hafenerweiterung in Altenwerder damit zunächst gestoppt und – über längst bestehende Bedenken hinaus – nun auch eine rechtliche Zwangslage entstanden. Dies kam später in der Einleitung der Begründung des angestrebten Hafenentwicklungsgesetzes zum Ausdruck, in der es hieß: „Das Hafenentwicklungsgesetz soll die Absichten, die der Gesetzgeber mit dem Hafenerweiterungsgesetz von 1961 verfolgt hat, deutlicher formulieren und dem Wandel der Rechtsanschauung durch neue planungs- und enteignungsrechtliche Vorschriften Rechnung tragen. Da sich das Gesetz in diesem Rahmen nicht mehr auf das Hafenerweiterungsgebiet beschränken kann, sondern auch die rechtliche Qualifizierung und die Weiterentwicklung des vorhandenen Hafens regeln muß, wird anstelle einer Änderung des Hafenerweiterungsgesetzes von 1961 ... ein neues Hafenentwicklungsgesetz vorgelegt."

Ziel dieses Gesetzes sei es vor allem, die flexible Anpassung der Entwicklung des planerischen Sonderobjektes Hafen an die weltwirtschaftlichen Prozesse ohne konkrete Definition der Bauabsichten langfristig zu gewährleisten, wofür das Bundesbaugesetz ungeeignet sei. Daher müsse und könne hier eine landesrechtliche Regelung als öffentliche Aufgabe stattfinden. Zur Erfüllung dieser Aufgabe sehe das Gesetz vor, daß die Grundstücke des Hafens für Hafenzwecke ausgewiesen werden und im Eigentum der Stadt bleiben. Räumlich müsse also das gesamte Hafengebiet erfaßt werden, d.h. sowohl das bereits in Nutzung befindliche „Hafennutzungsgebiet" als auch das Hafenerweiterungsgebiet.

Nach parlamentarischer Behandlung und einigen Änderungen beschloß die Bürgerschaft das Gesetz am 20.1. 1982 einstimmig, da die Grünen und die Alternativen (später aus wahlrechtlichen Gründen in der GAL zusammengefaßt), die sich gegen jede Hafenerweiterung aussprachen, im Parlament noch nicht vertreten waren. Es wurde vom Senat am 25.1.1982 ausgefertigt und damit rechtskräftig. Gleichzeitig trat das Hafenerweiterungsgesetz von 1961 mit seinen Änderungen außer Kraft. Damit war erstmalig in Hamburg eine umfassende und weitreichende Rechtsgrundlage für die künftige Entwicklung des Hafens geschaffen worden, wenn auch mit einigen neuen räumlichen Einschränkungen, die vor allem durch Konzessionen an die Stadtentwicklung und den Umweltschutz, teilweise auch aus reinen Zweckmäßigkeitsgründen, hervorgerufen waren.

So wurden die aus Tradition bereits bestehenden, in der Nachkriegszeit jedoch schon mehrfach geänderten Grenzen des Hafengebietes auf eine Lage zurückgenommen, die den Belangen des Hafens noch entspricht. Zum Beispiel gingen die Vorländereien zwischen Hauptdeichen und Ufersicherungen an den Hauptwasserläufen wie auch am Altonaer Nordufer der Elbe an die Bezirksverwaltungen, während der Fischereihafen Altona und angrenzende Bereiche im Hafengebiet verblieben.

Das hier besonders interessierende Hafenerweiterungsgebiet wurde erneut geändert (Abb. 16), und zwar im wesentlichen mit erheblicher Verkleinerung durch Fortfall von bisher ausgewiesenen Flächen im Südosten von Finkenwerder und in Neuland; dagegen kam im südlichen Bereich von Moorburg noch etwas hinzu. Damit beträgt

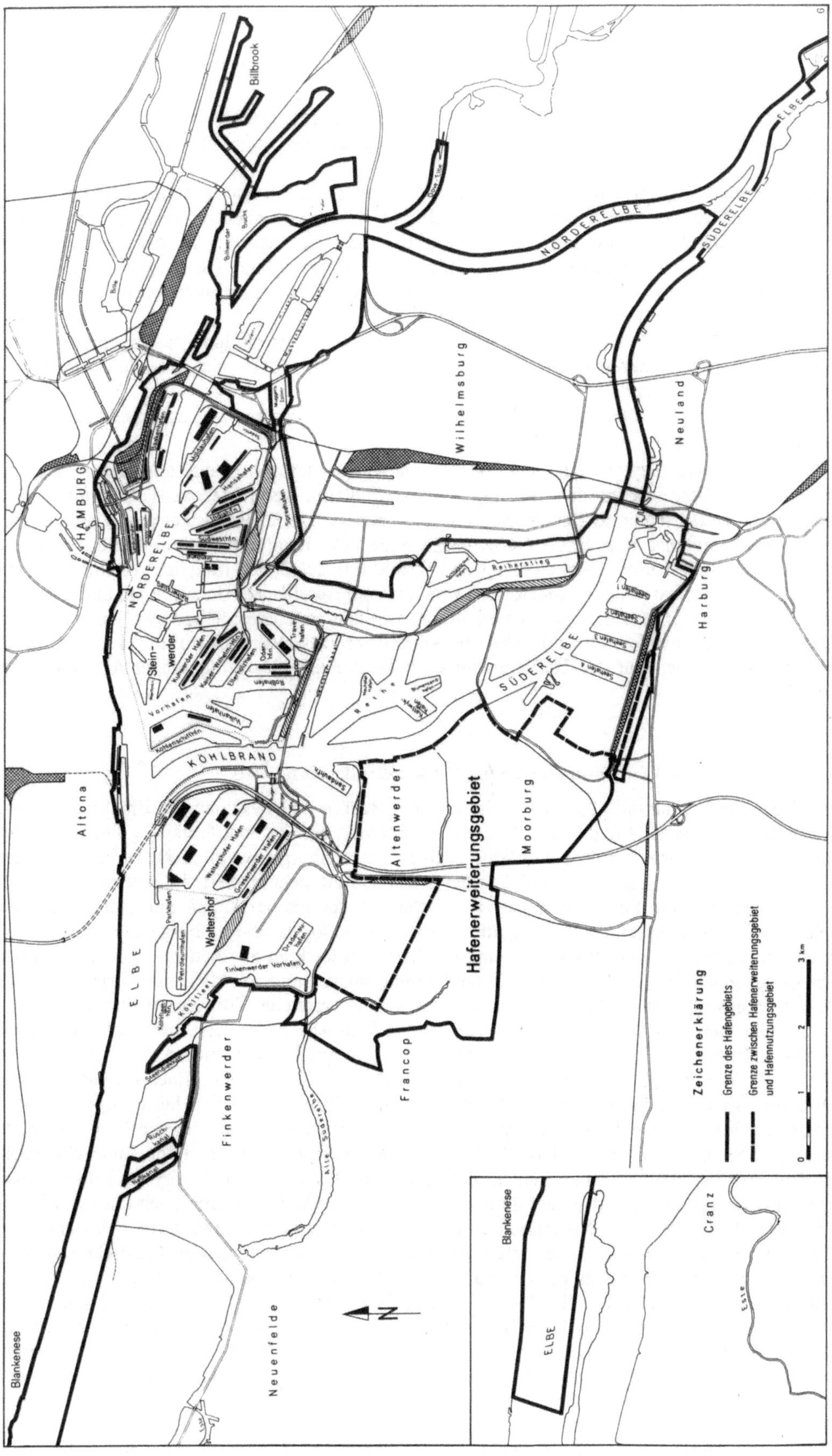

Abb. 16. Hafennutzungs- und Hafenerweiterungsgebiete 1982

nun das gesamte Hafengebiet 7500 ha, wovon 6300 ha auf das Hafennutzungsgebiet einschließlich Freihafen und 1200 ha auf das Hafenerweiterungsgebiet entfallen.

Die Hauptzielsetzungen des neuen Gesetzes lassen sich, ohne auf Einzelheiten einzugehen, in folgenden Kernpunkten darlegen:

1. Das gesamte Hafengebiet (Hafennutzungsgebiet und Hafenerweiterungsgebiet) wurde durch eindeutige Festlegung seiner Grenzen räumlich-rechtlich bestimmt, einwandfrei definiert und für Hafenzwecke gewidmet.
2. Nicht nur für die unumgängliche Hafenerweiterung und damit für die Expansion vorhandener und die Ansiedlung neuer Betriebe wurden Voraussetzungen geschaffen, sondern auch für künftige Anpassungen der älteren Hafenteile durch Verbesserung ihrer Infrastruktur und Modernisierung der Anlagen.
3. Die alte hamburgische Seehafentradition, Hafengelände nur für Hafenzwecke, die ebenfalls so genau wie möglich definiert wurden, zu erwerben, zu behalten und zweckgebunden zeitlich befristet an Unternehmer zu vermieten, wurde konsequent als öffentliche Aufgabe bestätigt.
4. Sowohl im Hafennutzungsgebiet als auch im Hafenerweiterungsgebiet wurde hafenspezifisches Planungsrecht eingeführt, das die notwendige Entwicklung des Hafens sichert und ausreichende Bürgerbeteiligung auf mehreren Ebenen gewährleistet.
5. Für die Fälle, in denen eine Enteignung nicht zu umgehen sein sollte, wurden dafür dauerhafte und zweckmäßige Grundlagen geschaffen.

Zwar stehen einige Folgeverordnungen aus dem Hafenentwicklungsgesetz noch aus, doch muß es als ein wesentlicher Fortschritt im Vergleich zu den früheren Rechtsgrundlagen betrachtet werden. Wenn manche Befürchtungen der Hafenbetriebe sicher zu Recht bestehen, daß nach dem nunmehr festgelegten Planungs- und Genehmigungsablauf für Ansiedlungs- oder Erweiterungswillige lange Vorlaufzeiten entstehen werden, so ist darauf zu verweisen, daß dies ein allgemeines Zeichen dieser Zeit ist und infolge der gegenwärtigen Rechtsauffassungen kaum irgendwo geändert werden könnte. Andererseits sind mit dem Gesetz viele Unklarheiten und Unsicherheiten beseitigt worden. Das betrifft besonders das Verhältnis von Staat zu Bürger, in gewisser Weise auch das Verhältnis der Behörden untereinander, obwohl dabei die komplizierte Verwaltungsstruktur des Stadtstaates trotz eines allgemeinen Wohlwollens für den Hafen immer noch Möglichkeiten gegensätzlicher Aktivitäten aus internen Gründen offen läßt.

4.4.6 Vorhafenplanung Neuwerk/Scharhörn

Schon seit dem Ende des 13. Jahrhunderts hat sich Hamburg Rechte und Besitz an der Elbmündung, und zwar im Raum des späteren Cuxhaven und der Insel Neuwerk, verschafft, um den Schiffahrtsweg die Elbe herauf, der von der Grenze zwischen offener Nordsee und Wattengebiet bis Hamburg noch rd. 130 km beträgt, gegen räuberische Überfälle sowie durch Seezeichen und Uferbefestigungen zu sichern. Seit der zweiten Hälfte des 18. Jahrhunderts kamen Hafenbaumaßnahmen hinzu: Es entstanden der Fischereihafen und Anlagen für den Fahrgastverkehr über den Nordatlantik. Als Hamburg in Auswirkung des sog. Groß-Hamburg-Gesetzes von 1937 große Teile seines Gebietes mit der Stadt Cuxhaven und der Insel Neuwerk an Preußen zwangsweise abtreten mußte (4.4.5), behielt es jedoch den Amerikahafen mit den Fahrgastanlagen und anschließendes Eigentums- und Interessengelände mit der erklärten Möglichkeit, dort später einmal einen größeren Vorhafen einzurichten.

Als nach dem zweiten Weltkrieg Cuxhaven infolge der Teilung Preußens zu Niedersachsen gehörte und die Seefischerei auch hier kräftig expandierte, aber darin durch den hamburgischen Besitzstand räumlich behindert war, wurden schon bald Wünsche an Hamburg herangetragen, auf wesentliche Teile seines Hafengebietes in Cuxhaven zu verzichten. Ernsthafte Verhandlungen darüber begannen Mitte der fünfziger Jahre, zogen sich aber lange hin. Denn einerseits wagte man in Hamburg wegen der ebenso stürmischen wie unübersichtlichen Entwicklung im Weltverkehr, im Seeschiffbau und in den Möglichkeiten des Ausbaues der Unterelbe kaum eine stichhaltige Prognose über die Ansprüche an einen künftigen Vorhafen und mußte deshalb vorsichtig disponieren, auch wenn man zu der Überzeugung kam, daß das hamburgische Gebiet in Cuxhaven dafür nach Lage und Größe nicht mehr geeignet war. Andererseits war Niedersachsen als der eigentliche Verhandlungspartner Hamburgs nur zögernd bereit, brauchbare Alternativen zu akzeptieren. Außerdem waren nur sehr schwer juristische Lösungen zu finden, die den Auffassungen beider Seiten gerecht wurden und Bestand haben konnten.

Schließlich kam es nach vielem Hin und Her 1961 zu einem Staatsvertrag, der 1962 ratifiziert wurde. Auf seine komplizierten Einzelbestimmungen und deren Hintergründe sowie auf die noch notwendigen Folgeverhandlungen und bundesgesetzlichen Regelungen soll hier nicht eingegangen werden. Das Wesentliche war ein größerer Gebietsaustausch: Hamburg gab in Cuxhaven den größten Teil seines Gebietes ab und behielt nur noch den Amerikahafen mit einigen quasi-hoheitlichen Befugnissen; dafür erhielt es mit vollen Hoheitsrechten eine Exklave mit den Inseln Neuwerk und Scharhörn (Abb. 17), deren Begrenzung wegen der nicht ganz klaren Verhältnisse der Grenzen der Bundesrepublik in der Nordsee und Schleswig-Holsteins in der Außenelbe nach See zu offen blieb.

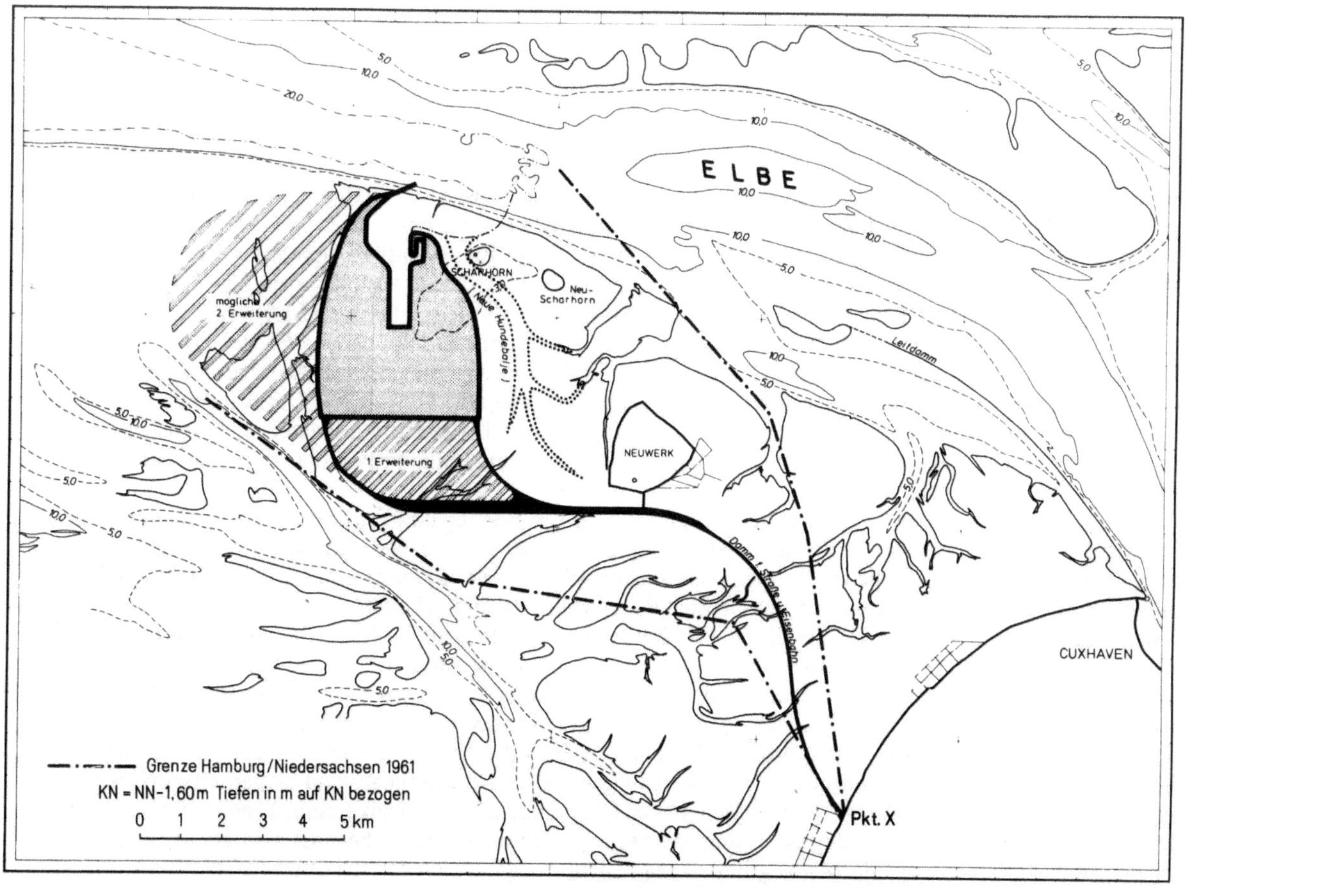

Abb. 17. Projekt eines Tiefwasserhafens bei Scharhörn – letzter Stand von 1977

Hamburg hatte diesem Tauschgebiet den Vorzug vor anderen, die an der Elbe oberhalb Cuxhavens gedacht waren, gegeben, weil hier räumlich großzügig geplant werden konnte und in wenig Rechte anderer eingegriffen werden mußte, in erster Linie aber deshalb, weil die Zufahrt von See her schon von Natur aus über 20 m unter KN betrug, wie das sonst an der ganzen Nordseeküste bis so dicht an Land heran nirgends der Fall ist, und weil diese Rinne der Außenelbe als stabil angesehen werden mußte.

Inzwischen waren nämlich Tanker mit Größen von über 100 000 tdw auf den Meeren erschienen und die Entwicklung ging, beschleunigt durch die Schließung des Suez-Kanals, sehr rasch auf noch viel größere zu. Wenige Jahre später gab es den 250 000-tdw-Tanker, mit 20 bis 21 m Tiefgang schon als eine Art Regelschiff für den Öltransport. Bei den Schüttgutfrachtern und Containerschiffen war die Größenzunahme nicht so spektakulär, doch war damals zu vermuten, daß auch sie schon bald nicht mehr die Elbe herauf bis nach Hamburg gebracht werden könnten. Allgemein entstand allmählich der Begriff Tiefwasserhafen, der später dahin definiert wurde, daß er nur Häfen mit der Empfangsmöglichkeit von Schiffen mit wesentlich mehr als 100 000 tdw zukam.

Um objektv zu untersuchen, ob in absehbarer Zeit deutsche Tiefwasserhäfen erforderlich seien und wo sie ggf. an der deutschen Küste gebaut werden könnten, setzte der Bundesverkehrsminister 1969 auf Vorschlag Hamburgs eine Tiefwasserhäfenkommission ein, die aus leitenden Beamten des Bundes und der Küstenländer sowie Vertretern der Seeschiffahrt, der einschlägigen Industrien und des wissenschaftlichen Wasserbaues bestand. Drei Amtsleiter der Behörde für Wirtschaft und Verkehr waren Mitglieder, darunter der des Amtes Strom- und Hafenbau, das vom Senat sämtliche Aufgaben in dem neuen Gebiet übertragen bekommen hatte. In ihrem ausführlichen Abschlußbericht äußerte sich die Kommission 1972 vorsichtig zur wirtschaftlichen Entwicklung, so weit sie für die Tiefwasserhäfen ausschlaggebend war, stellte aber für Deutschland aufgrund der Fakten eindeutig fest, daß der Platz bei Neuwerk der geeignetste wäre.

Das lag nicht nur an der äußerst günstigen Lage für den Verkehr mit Schiffen, die wegen ihres großen Tiefganges überhaupt noch die südliche Nordsee befahren konnten, sondern auch an den bis dahin gewonnenen Erkenntnissen über die Stabilität des dort vorhandenen Sandwatts, des Baugrundes und des nicht ungünstigen Einflusses auf die Strömungsverhältnisse, Sturmfluten usw., woraus sich im Verhältnis zu anderen Projekten auch überraschend geringe Baukosten ergaben. Diese Erkenntnisse waren durch eine intensive Erkundung des Gebietes und der angrenzenden Bereiche durch eine Forschungsgruppe des Strom- und Hafenbau gewonnen worden, die bereits 1962 mit ihren Arbeiten begonnen hatte. Sie arbeitete meßtechnisch und wissenschaftlich nach den damals neuesten Methoden, auch im Zusammenwirken mit anderen Dienststellen des Bundes und der Nachbarländer sowie mit zahlreichen Wissenschaftlern mit dem Ziel, möglichst bald zu konkreten Aussagen zu kommen.

Das gelang, dauerte aber ungefähr ein Jahrzehnt, weil nicht alles auf einmal getan werden konnte und weil großräumige Veränderngen im Watt sowieso nur längerfristig zu erkennen sind. Dabei wurden frühzeitig und noch bevor dieser Begriff Allgemeingut geworden war, Umweltbeeinflussungen sehr weitgehend berücksichtigt. Das entsprach der allgemeinen Einstellung des Amtes (2.3.2) und führte gegen Ende – aber noch vor Abschluß – der Planungsarbeiten zur Berufung eines wissenschaftlichen Ausschusses für gesamtökologische Fragen, für den sich dankenswerterweise anerkannte und erfahrene Wissenschaftler verschiedener Disziplinen zur Verfügung stellten. Er betrachtete seine Aufgabe, die in dieser Form erstmalig war, als beispielhaft und leistete trotz mancher Schwierigkeiten in etwa zweieinhalb Jahren so viel, daß es in seinem Abschlußbericht Ende 1976 nur in sehr komprimierter Form wiedergegeben werden konnte. Seine Grundeinstellung kam, nach Abwägung der ökonomischen und ökologischen Gesichtspunkte, am besten wohl in dem Satz zum Ausdruck: „Der Ausschuß empfiehlt daher, einen Industriehafen bei Scharhörn nur dann zu bauen, wenn dies aus gesamtvolkswirtschaftlichen Erwägungen notwendig wird und wenn gleichzeitig sichergestellt ist, daß eine Standortalternative mit vergleichsweise geringeren Umweltbelastungen nicht vorhanden ist."

Für diesen Fall hatte er – natürlich auf der Basis des damaligen Rechts- und Erkenntnisstandes und unter der Voraussetzung künftiger weiterer Verbesserungen – eine Reihe von Vorschlägen gemacht, wie Nachteile für die Umwelt vermieden oder klein gehalten und teilweise sogar noch Vorteile für die erholungssuchende Bevölkerung gefunden werden könnten. Dies wurde in dem letzten Plan (Abb. 17) eingearbeitet.

Danach hätten die erforderlichen Verfahren zum Bau eines Vorhafens als Tiefwasserhafen eingeleitet werden können. Eine erste Baustufe hätte etwa 1200 ha groß sein können mit beträchtlichen Erweiterungsmöglichkeiten. Aber es bestand noch immer kein zwingendes Bedürfnis dafür, ja es schien inzwischen sogar ferner zu liegen als etwa ein Jahrzehnt zuvor. Denn seitdem hatte sich herausgestellt, daß die Unterelbe auf KN – 13,5 m vertieft werden konnte, was den besonders wichtigen Containerschiffen der dritten Generation ein- und auslaufend genügte. Ferner war der Größenwahnsinn beim Tankerbau, gegen den sich Hafenbau- und Sicherheitsexperten seit langem ausgesprochen hatten, infolge der Ölkrise und der Überkapazitäten an Tankerraum beendet worden. Und schließlich war die hektische Industrieexpansion der sechziger Jahre ebenfalls beendet und überdies nicht zu erkennen, daß sich die Welt aus der Anfang der siebziger Jahre begonnenen wirtschaftlichen Stagnation wieder bald erholen würde. Daran konnte auch eine Studiengesellschaft, die von der Behörde für Wirtschaft, Verkehr und Landwirtschaft 1973 ins Leben gerufen wurde, nichts ändern. Ihr gehörten maßgebende Vertreter der etwa infrage kommenden Industrie an, doch konnte sie keine überzeugenden Vorschläge für die industrielle Entwicklung des Vorhafengebietes mehr vorlegen. Als reiner Umschlaghafen war der Vorhafen aber ebenfalls nicht zu rechtfertigen.

Infolgedessen wurde dieses Projekt, das übrigens nie mehr als ein Projekt gewesen war, auch wenn übereifrige Journalisten anders darüber berichteten, nicht weiter verfolgt. Das geschah leider unter bedenklichen politischen Begleitumständen, war aber sachlich berechtigt. Trotzdem darf nicht vergessen werden, daß dieses Projekt unter anderen Umständen wieder einmal wichtig werden könnte. Dann wäre es relativ leicht möglich, die vorliegenden Untersuchungen und Vorschläge weiter zu entwickeln. Auf jeden Fall stellt das Gebiet von Neuwerk/Scharhörn ein überaus günstiges Entwicklungspotential dar.

Abschließend sei bemerkt, daß sich die hamburgische Forschungsgruppe, die ihren Sitz in Cuxhaven hatte, innerhalb des deutschen und des internationalen Küsteningenieurwesens und der Küstenforschung einen guten Ruf verschafft hatte, was in zahlreichen Veröffentlichungen zum Ausdruck kam. Sie geschahen in Fachzeitschriften und Büchern, in der vom Strom- und Hafenbau herausgegebenen Schriftenreihe „Hamburger Küstenforschung", in vielen Vorträgen und Diskussionsbeiträgen auf Tagungen und Kongressen, wie auch in der fruchtbaren Mitarbeit innerhalb deutscher, länderübergreifender Programme.

4.4.7 Zunehmende Behinderungen

In den vorangegangenen Abschnitten (4.4.2 bis 4.4.6) ist schon mehrfach darauf hingewiesen worden, daß im Laufe der Berichtszeit nicht nur die technischen Aufgaben schwieriger, sondern auch die von außen auf den Hafen wirkenden Behinderungen immer größer wurden. Da diese Entwicklung eine ernste Bedrohung für die Hafenvorsorge darstellt, soll sie noch einmal kurz zusammengefaßt und ergänzt dargestellt werden. Die Tendenz ging dahin, daß es in Hamburg immer weniger selbstverständlich war, sich politisch auch für das künftige Gedeihen des Hafens einzusetzen – wenn man von rein verbalen Beteuerungen absieht. Die Ursachen dafür sind sehr verschiedenartig, teils zwangsläufig und unabänderlich, teils wären sie aber bei Besonnenheit und gutem Willen mindestens teilweise vermeidbar gewesen.

Zunächst einmal muß man von der Tatsache ausgehen, daß sich das 1937 geschaffene größere Hamburg nach dem letzten Kriege zu der (nächst Westberlin) größten deutschen Industriemetropole entwickelt hat. Das

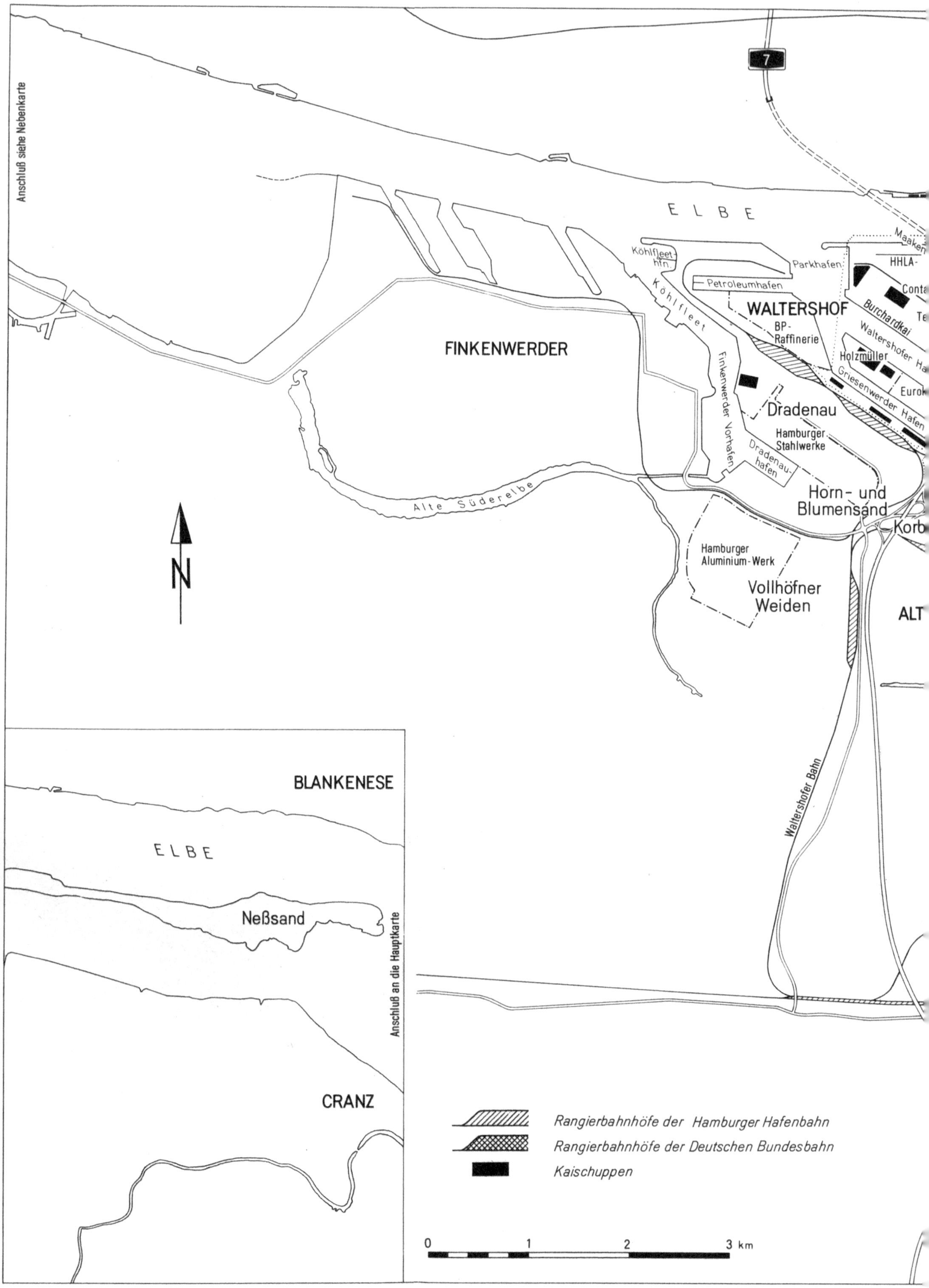
Anschluß siehe Nebenkarte
7
ELBE
HHLA-
Köhlfleet-hfn.
Parkhafen
Petroleumhafen
WALTERSHOF
Burchardkai
BP-Raffinerie
Holzmüller
Griesenwerder Hafen
Köhlfleet
Finkenwerder Vorhafen
FINKENWERDER
Dradenau
Hamburger Stahlwerke
Dradenauhafen
Horn- und Blumensand
Alte Süderelbe
N
Hamburger Aluminium-Werk
Vollhöfner Weiden
Waltershofer Bahn
BLANKENESE
ELBE
Neßsand
Anschluß an die Hauptkarte
CRANZ
Rangierbahnhöfe der Hamburger Hafenbahn
Rangierbahnhöfe der Deutschen Bundesbahn
Kaischuppen
0
1
2
3 km

Abb. 8. Gesamtübersichtspl

Tafel I

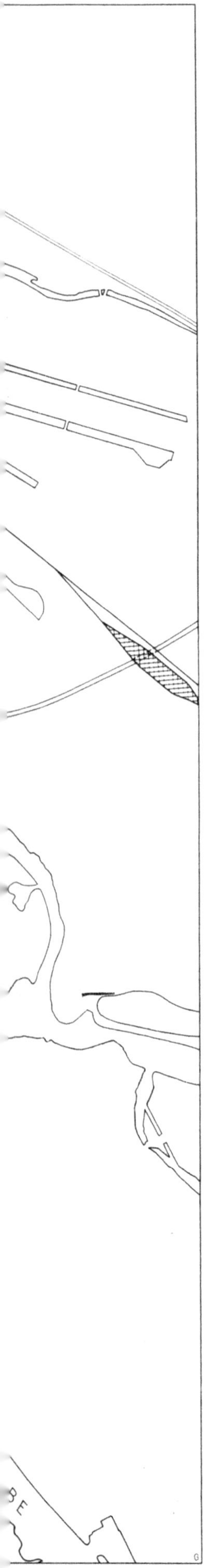

…n des Hamburger Hafens

bedeutet einmal, daß es nicht mehr so ausschließlich von seinem Hafen geprägt ist wie früher, zum anderen, daß die Aufgaben, die ihm infolge der Metropolfunktion in Norddeutschland trotz des föderalistischen Systems zufallen, vergleichsweise größer geworden sind. Beides wirkt dahin, daß der Hafen, auch wenn von ihm noch etwa 100 000 Arbeitsplätze direkt oder indirekt abhängen, in allmählich wachsender Konkurrenz zu anderen Aufgaben und Bereichen steht.

Dasselbe gilt in noch ausgeprägterem Maße hinsichtlich der Stadtentwicklung, die sich mit der Bereitstellung von geeigneten Räumen für alle nur denkbaren Zwecke innerhalb der zu engen Grenzen der Stadt schwer tut. Hier hätte freilich etwas mehr Vorausschau und Einsicht, z. B. bei der Einkreisung des Hafengebietes durch Wohngebiete, walten können, um nicht stellenweise zu einem unerfreulichen Nebeneinander zu führen. Wobei das Unbehagen der Betroffenen noch verstärkt wird durch die tatsächlichen Belastungen ihrer Umwelt und durch das teils berechtigte, teil indoktrinierte Bedürfnis nach mehr Lebensqualität, um dieses gänzlich undefinierte Schlagwort der siebziger Jahre zu gebrauchen. Das erzeugt immer wieder unnötig überspannte Erwartungen.

In den sechziger Jahren war die Fortschrittsgläubigkeit groß; vielen Menschen wurde suggeriert, es müsse alles gemacht werden, was technisch machbar sei. Als dieser stark ausgeweitete Erwartungshorizont dann wegen der wirtschaftlichen Entwicklung wieder verengt werden mußte, setzte sich häufig nicht etwa kühle Besinnung, sondern eher Enttäuschung durch mit dem Ergebnis, nun umgekehrt alles für verkehrt zu halten, was technisch machbar ist. Dazu trugen die Erkenntnisse über die zweifellos zu starke Umweltbelastung durch menschliches Handeln bei und beschworen, oft in radikaler, wenig sachgerechter Form publiziert, unerfüllbares, einseitiges Wunschdenken und damit erhebliche Hindernisse auch für die Hafenentwicklung herauf. Sie wurden verstärkt durch den Wandel der Rechtsauffassung, der dem einzelnen Bürger mehr Rechte gegenüber der Allgemeinheit einräumte. Leider hielten die Rechtsgrundlagen damit nicht Schritt, so daß sich mehr Unsicherheiten und Belastungen auf beiden Seiten ergaben.

Auch dies war der Entwicklung sehr abträglich, vor allem, weil zugleich das rücksichtslose Streben nach Eigennutz, gepaart mit visionären Ideen, in breitere Kreise der Bevölkerung Eingang fanden. Sachlich nüchterne Zukunftsplanung war, weil wenig spektakulär, zunehmend weniger gefragt, schon gar nicht, wenn sie Einsicht und Opfer verlangte. Und wo vielleicht noch Bereitschaft dafür vorhanden war, wurde sie oft mit geschickter Agitation und pauschalen Argumenten zunichte gemacht. Das Fazit war vielfach, daß Minderheiten nicht nur ihren berechtigten Schutz in Anspruch nehmen, sondern bei politischen Entscheidungsprozessen ausschlaggebend sein wollten – was sie manchmal auch erreichten.

Erschwerte diese allgemeine gesellschaftliche Entwicklung Vorsorgeplanungen und akute Bauvorhaben schon sehr, so kamen in Hamburg (vielleicht ähnlich auch anderswo) noch einige eigenständige Umstände hinzu. Politisch gewannen gegenüber dem Senat und der Bürgerschaft einerseits die Parteien und andererseits die regional gegliederten Bezirke immer mehr Gewicht. Politische Entscheidungen verlagerten sich in einem Maße dorthin, daß z. B. mit speziellen Hafenfragen Gremien befaßt wurden, die sachlich nichts damit zu tun hatten und des Verfassungsauftrages dafür entbehrten. Diese Verfahrensweise wurde immer undurchsichtiger und konnte gelegentlich sogar zu politischen Tauschgeschäften zwischen Hafenbelangen und hafenfremden kommunalen Anliegen führen. Dieses in einem Stadtstaat leicht mögliche Vorgehen zeichnete sich gegen Ende der Berichtszeit als erhebliches Hemmnis, ja als Gefahr ab. Ob sie durch eine damals wieder ins Gespräch gekommene Verwaltungsreform gebannt werden könnte, ist fraglich. Wollte man den Bezirken mehr Befugnisse in ihren kommunalen Bereichen geben, wofür manches sprechen mag, dann sollte klar erkannt werden, daß der Hafen eine überregionale Aufgabe darstellt, seine Entwicklung also nicht den Entscheidungen mehrerer Bezirke überlassen werden darf. Er müßte dann auf irgendeine Weise mehr Eigenständigkeit bekommen, was nicht unüberwindlich sein dürfte, weil es die typischen kommunalen Aufgaben in seinem Bereich nicht gibt.

Wuchsen diese Sorgen schon erheblich, so war dies noch stärker wegen der Unterbringung des Baggergutes der Fall. Bis dahin war es möglich gewesen, den Schlick, den Mischboden und den Sand aus den Unterhaltungs- und Neubaubaggerungen zur Aufhöhung von landwirtschaftlich genutzten Flächen und zur Hafenerweiterung unterzubringen. Freilich machte die rechtzeitige Bereitstellung genügend großer Flächen zunehmende Schwierigkeiten, wie besonders augenfällig die Hafenerweiterung im Bereich Altenwerder zeigte. Dieses Thema war also allmählich zu einem wichtigen Punkt der Vorsorgeplanung geworden. Das Amt hatte schon frühzeitig und wiederholt darauf hingewiesen, daß in absehbarer Zeit die Solltiefen des Hafens nicht mehr zu halten sein würden, aber keine ausreichende politische Entscheidung erhalten. Dabei bedurfte es keiner hellseherischen Gabe, um vorauszusehen, daß insbesondere das Baggergut aus den Unterhaltungsbaggerungen alsbald, trotz unwirtschaftlicher Anstrengungen, nicht mehr unterzubringen sein würde.

Überdies zeichnete sich ab, daß dieses Problem noch schwerer werden würde, weil durch verfeinerte Analysenverfahren und durch stärker gewordene Belastung mit schädlichen Fremdstoffen der Schlick für die landwirtschaftliche Nutzung, für die er früher sehr begehrt gewesen war, unbrauchbar wurde. Eine Lösung dieses Problems war am Ende der Berichtszeit noch nicht in Sicht, und es war kein Trost, daß es anderen großen Seehäfen damit nicht besser ging.

5 Verkehrsanbindungen des Hafens

5.1 Seewärtige Zufahrt

5.1.1 Fahrwasser

Als Rechtsnachfolger des Deutschen Reiches verwaltet der Bund aufgrund des Staatsvertrages von 1921, der in Erfüllung des Artikels 97 der Weimarer Reichsverfassung abgeschlossen wurde, auch die für Hamburg lebenswichtige Bundeswasserstraße Elbe. Bei diesem Übergang der Wasserstraßen von den Ländern auf das Reich hatte sich das Reich allgemein verpflichtet, die Interessen der Länder bei der Verwaltung und dem Ausbau der übernommenen Wasserstraßen zu berücksichtigen und begonnene Bauten fortzuführen, soweit das Bedürfnis fortbesteht. Darüber hinaus ist in einem Zusatzvertrag mit Hamburg vom 18.2.1922 folgende Regelung vereinbart worden: „Hamburg hat bisher in der Elbe für ein derartiges Fahrwasser gesorgt, daß in der Regel die größten Seeschiffe Hamburg unter Ausnutzung des Hochwassers erreichen konnten. Das Reich wird das gleiche tun. Zunächst soll die Elbe auf eine Tiefe von 10 Meter bei mittlerem Niedrigwasser oberhalb Cuxhaven und von 11 Meter unterhalb Cuxhaven gebracht werden."

Außerdem wurden durch den Zusatzvertrag die Verwaltung und Unterhaltung der Hafenelbe, worunter die Stromstrecken innerhalb der hamburgischen Landesgrenzen zu verstehen sind, dem Land Hamburg durch Delegation übertragen.

Diese vorläufigen Ausbauziele von 10 bzw. 11 m unter KN waren, wenn man von stets kurzfristig zu behebenden Unstetigkeiten absieht, bis etwa 1950 zwar im wesentlichen, aber noch nicht ganz befriedigend erreicht, weil einige notwendige Strombaumaßnahmen in der Unterelbe bei der Rhinplate und in der Außenelbe am Leitdamm bei Cuxhaven zu langsam vorangingen. Zu dieser Zeit war jedoch schon zu erkennen, daß diese Fahrwassertiefen bald nicht mehr ausreichen würden. Impulse und Argumente für weitere Vertiefungen gingen nicht zuletzt vom Strom- und Hafenbau aus. Dabei brachten es die strukturellen Veränderungen im Seeverkehr mit sich, daß nun der Massenguttransport maßgebend wurde, vor allem – aber nicht ausschließlich –, weil Hamburg sich zu einem bedeutenden Zentrum der Rohölverarbeitung entwickelt hatte.

Wiederholt wurden Anträge auf weitere Vertiefung an den Bund gestellt, doch kam er jahrelang seinen vertraglichen Verpflichtungen gegenüber Hamburg nicht nach. Auch eine von Hamburg veranlaßte Intervention des Bundesratsverkehrsausschusses wurde ohne Begründung abgelehnt. Andererseits unterstützte Hamburg Mitte der fünfziger Jahre den vom Bund betriebenen Bau der Staustufe Geesthacht in der Oberelbe, wobei eines von mehreren Argumenten war, daß dieses Bauwerk ungünstige Einflüsse der geforderten Unterelbevertiefung auf die Oberelbe verhindern und somit dem Bund den Entschluß zur Vertiefung der Unterelbe erleichtern würde. Schließlich kam es 1956 auf unablässiges Drängen von Senator Plate zu einer Annäherung, nämlich unbeschadet von noch ausstehenden Untersuchungen 1957 mit der weiteren Vertiefung zu beginnen.

Alle damit zusammenhängenden Kriterien wurden in einer von Strom- und Hafenbau aufgestellten Denkschrift der Behörde für Wirtschaft und Verkehr im November 1956 ausführlich erläutert. Dabei wurde auch festgelegt, daß ein Rohöltransport von Cuxhaven nach Hamburg per Pipeline sowohl aus eigenwirtschaftlichen Gründen als auch wegen des damit nicht zu bewältigenden Transportes von Kohle, Erzen und Mineralölfertigprodukten nicht in Betracht kam. Schließlich wurde unter Berücksichtigung der damals absehbaren Schiffsgrößen, der Ausnutzung der Tidewelle durch einlaufende Schiffe, also auch des über die Fahrstrecke unterschiedlichen Tidehubes, der Fortschrittszeiten der Hochwasserwelle, der Schiffsgeschwindigkeiten sowie der Unterschreitungshäufigkeiten der Tidewasserstände, bezogen auf ihre Mittelwerte, und der notwendigen Bodenfreiheit „für die nächste Zukunft die Herstellung einer Tiefe von 12,00 m unter MTnw sowohl für die Außen- wie auch für die Unterelbe als Ausbauziel" gefordert. Gespräche zwischen den Referenten des Bundesministers für Verkehr, Abteilung Wasserstraßen, und der Behörde für Wirtschaft und Verkehr, Strom- und Hafenbau, ergaben Einvernehmen darüber, daß ab 1957 ein erster Bauabschnitt mit Baggerungen auf 11 m unter KN in Hamburg und unterhalb seiner Grenze begonnen werden sollte. In einem zweiten Bauabschnitt sollte die gesamte Unter- und Außenelbe auf 11 m und daran anschließend in einem dritten Bauabschnitt auf 12 m gebracht werden. Im Hamburger Bereich sollten die Fahrwasser des Köhlbrandes und der Rethe eingeschlossen sein. Da Hamburg die Kosten auf den delegierten Elbstrecken selbst zu tragen hatte, mußte es nach damaliger Schätzung mehr als ein Viertel der Gesamtkosten dieser Maßnahmen übernehmen.

Wiederum bedurfte es dauernden Drängens Hamburgs, um einigermaßen ausreichende Jahresraten im Bundeshaushalt bereitgestellt zu bekommen. Dadurch war die 11-m-Vertiefung allein durch Baggerungen im wesentlichen erst 1961 abgeschlossen. Inzwischen waren nach dem Wasserhaushaltsgesetz des Bundes vom 10.2.1959 und dem Hamburgischen Wassergesetz vom 20.7.1960 Planfeststellungsverfahren obligatorisch geworden. Deshalb schlossen Bund und Hamburg 1961 eine Vereinbarung über die Durchführung des Ausbauverfahrens für die anschließend vorgesehene Vertiefung der Elbe auf 12 m MTnw (= etwa KN).

Über die technische Durchführbarkeit gab es unter Experten und infolge von inzwischen ausgeführten Untersuchungen keine prinzipiellen Zweifel mehr, doch gab es Unterschiede in den Auffassungen über die Art der

Ausbaumaßnahmen und deren Kosten. Es setzte sich die Meinung von Professor Hensen durch, das Vorhaben ohne besonders umfangreiche Strombaumaßnahmen, also im wesentlichen mittels Baggerungen, auszuführen. Der Bund begann mit den Arbeiten 1964, Hamburg in seinem Bereich schon früher. Die Fertigstellung des Leitdammes bei Cuxhaven wurde nicht mehr nur als Relikt aus früheren Zeiten, sondern in erweitertem Umfang weiter betrieben.

Zu dieser Zeit hatte die Entwicklung im Schiffbau den Seehafenbau fast überall in große Bedrängnis gebracht. In Hamburg erkannte man einerseits, daß die Elbe „für die größten Seeschiffe" nicht mehr ausbaufähig war, andererseits wollte man seine Rechte aus dem Wasserstraßen-Staatsvertrag von 1921 mit Zusatz von 1922 wahren und die Elbe als seewärtige Zufahrt so weit ausgebaut haben, wie das verantwortet werden konnte. Untersuchungen und Modellversuche bei der Bundesanstalt für Wasserbau, Außenstelle Küste, sowie beim Franzius-Institut der Technischen Universität Hannover, diese in weitestem Sinne ausgelöst durch die bis dahin höchste Sturmflut von 1962 (8.1.1), hatten eine Vertiefung bis auf KN – 13,5 m für ohne weiteres ausführbar und bis auf KN – 15 m für voraussichtlich noch möglich ergeben.

Die 13,5-m-Tiefe war für Hamburg inzwischen von größter Bedeutung geworden, weil sich klar abzeichnete, daß bald (tatsächlich ab 1972) die Containerschiffe der sog. dritten Generation, deren Größe sich u. a. nach den Abmessungen des Panama-Kanals richtete und die in dem für Hamburg besonders interessanten Ostasienverkehr eingesetzt werden sollten, auch die Elbe würden befahren müssen. Diese Schiffe konnten jedoch, wenn sie beladen ausliefen, nicht die Tidewelle ausnutzen, wie es die lediglich beladen einkommenden Massengutschiffe taten. Wollte Hamburg seine Stellung im Stückgutverkehr behalten (3.1), dann mußte es diese weitere Vertiefung durchsetzen. Dagegen sprachen auch nicht die längerfristigen Überlegungen und Untersuchungen über einen Vorhafen Neuwerk/Scharhörn (4.4.6).

Die angestrebte Fahrwassertiefe von 13,5 m unter KN (etwa MTnw) würde also den größten Containerschiffen mit ihren rd. 12 m Tiefgang sowie entsprechend großen Roll on/roll off-Schiffen, Bulk- und Combi-Carriern fast jederzeit vollbeladen ein- und auslaufenden Verkehr erlauben. Das war nicht nur für den Stückguttransport, sondern auch z. B. für den über Hamburg laufenden, sehr bedeutsamen Kali-Export wichtig. Vollbeladen lediglich einlaufende Schiffe, also Tanker und Bulk-Carrier mit Erz, Kohle und Getreide, konnten bei der üblichen Ausnutzung der Tidewelle bis zu rd. 14 m Tiefgang haben und damit Tragfähigkeiten bis zu etwa 110 000 tdw. Wegen des ziemlich gestreckten Verlaufes des Elbefahrwassers würde der Verkehr noch größerer Schiffe, also mit über 270 m Länge, teilbeladen oder in Ballast zu Reparaturzwecken möglich sein. Tatsächlich sind später Schiffe der Größenordnung von 250 000 tdw des öfteren nach Hamburg gebracht worden.

Verhandlungen mit dem Bund über diese neue Vertiefung begannen durch einen Antrag Hamburgs vom 5.9.1969; sie waren wegen der schwierigen Aufbringung der Mittel langwierig und endeten mit einer schriftlichen Vereinbarung am 2.9.1973. Die wichtigsten Punkte darin waren, daß der Bund die notwendigen Baggerarbeiten von 1974 bis 1978 ausführen wollte, die übrigen Arbeiten sollten bis 1980 erledigt sein. Insgesamt wurden die Kosten für den Bund damals auf 350 Mio. DM geschätzt, in deren Rahmen Hamburg, um den Beginn zu erleichtern, am Anfang 15,5 Mio. DM als zinsloses Darlehen leisten sollte. Um eine zu starke Haushaltsausweitung zu vermeiden, sah sich Hamburg gezwungen, für seine eigenen Gesamtausgaben, d. h. für etwa 120 Mio. DM, eine Finanzierungsgesellschaft zu gründen.

Die Baggerarbeiten sollten aus ökonomischen Gründen von der Wasser- und Schiffahrtsverwaltung des Bundes und der Behörde für Wirtschaft und Verkehr, Strom- und Hafenbau, gemeinsam ausgeschrieben und vergeben werden. Sie nahmen gegenüber den früheren Vertiefungen überproportional zu, weil immer mehr Stromstrecken in den Baggerbereich einbezogen, die Breiten der Fahrrinnen von bisher 300 bis 400 auf 400 bis 500 m vergrößert und einige Kurven erweitert werden mußten, um den nach Fahrplan verkehrenden großen Containerschiffen Begegnungen und Überholungen zu ermöglichen sowie Sicherheitsrisiken bei ungünstigen Wasserständen und Witterungsverhältnissen möglichst auszuschalten. Außerdem waren nun mehr als bisher Strombauwerke, u. a. die Verlängerung des Leitdammes bei Cuxhaven um 3 km, und Sicherungsmaßnahmen (5.1.2) erforderlich.

Um schon bald Verbesserungen für die tideunabhängige Containerschiffahrt zu erreichen, wurde mit den Baggerungen an beiden Seiten der Ausbaustrecke begonnen, also in der Außenelbe und im Hamburger Bereich sowie unterhalb davon. Infolge zahlreicher Einwendungen in den Planfeststellungsverfahren und anderer Schwierigkeiten gab es Verzögerungen, so daß die angestrebten Termine nicht ganz eingehalten werden konnten.

Für die Unterhaltung des neuen Fahrwassers mußten wegen der größeren Baggertiefen einige neue Geräte beschafft werden, wobei man in Hamburg wegen der räumlichen Enge und der notwendigen Genauigkeit der Baggerarbeiten nicht vom bewährten Eimerbaggerprinzip auf das eines Saugbaggers übergehen konnte, sondern einen neuen tiefgreifenden Eimerbagger beschaffte. Leider erwies sich schon während der Vertiefungsarbeiten und in vermehrtem Maße danach, daß die neue Fahrwassertiefe auf einigen Strecken im Hamburger und Bundesbereich schwieriger zu erhalten war, als das aufgrund von Untersuchungen und Überlegungen – gegen die Skepsis einiger Praktiker – vorher angenommen worden war. Seitliche Eintreibungen und Riffelbildungen schufen noch auf Jahre hinaus Hindernisse, die laufend beseitigt werden mußten. Trotz eingehender Studien über die Entstehung von Großriffeln gab es bis zum Ende der Berichtszeit noch kein anderes Verfahren zu ihrer Beseitigung als eben die Baggerung.

Es sei noch erwähnt, daß schon einige Jahre vor diesen Vertiefungsarbeiten Vorschläge veröffentlicht worden waren, die Unterelbe bei oder oberhalb Cuxhaven abzudämmen. Diese Pläne wurden sowohl von der Wasser- und Schiffahrtsverwaltung des Bundes als auch von Hamburg aus hydraulischen, bautechnischen, nautischen und verkehrlichen Gründen abgelehnt. Dabei blieb es nach gründlichen Studien auch nach der Sturmflut von 1976 (8.1.2).

5.1.2 Schiffahrtshilfen

Die Sicherung des Elbefahrwassers durch Landmarken, Leuchtfeuer und Tonnen ist in der ganzen Zeit der hamburgischen Verwaltung und danach bis in die Gegenwart gut gewesen, weil sie immer wieder den Bedürfnissen der Schiffahrt nach besonderen Erfahrungen, neuesten technischen Möglichkeiten und internationalen Regeln angepaßt wurde. Auch hierbei haben sich nach dem letzten Kriege infolge der raschen technischen Entwicklung, der Zunahme des Verkehrs großer und schneller Schiffe und des Elbeausbaues erhebliche Veränderungen ergeben.

Dabei ging es allgemein auf See, an der Küste und in den Revieren nicht nur um moderne und leistungsfähigere Seezeichen oder um den Ersatz der überholten Feuerschiffe durch weitgehend mechanisierte Leuchttürme, es ging auch um bessere Verkehrsanlagen und Organisationsformen, an denen das Amt als Vertreter des Hauptinteressenten Hamburg mitgewirkt hat. Als wichtigste Verbesserungen muß man wohl die Einführung von Funkortungs- und -sprechsystemen ansehen.

Das alles war für die seewärtige Zufahrt zum Hafen Hamburg überaus wichtig und ohne dies hätte der Ausbau des Fahrwassers nicht voll wirksam werden können. Da die Nordsee als flaches Randmeer nicht nach Belieben befahren werden kann, mußten schon dort die Hilfen zur Sicherung der Schiffahrt durch den Bund einsetzen, und zwar um so mehr, als ihr südlicher Bereich mit den Zufahrten zu Jade, Weser und Elbe mit dem Nord-Ostsee-Kanal zu den am stärksten befahrenen Seewasserstraßen der Welt gehört. Hier wurden in der Berichtszeit neben manchen anderen Maßnahmen als entscheidende Verbesserungen kollisionsfreie Wege und ein besonderer Tiefwasserweg eingerichtet.

In der Außen- und Unterelbe mußten im Zuge der Vertiefungen des Fahrwassers auf 12,0 und auf 13,5 m unter KN einige Tagesmarken verändert oder geschaffen, Feuerschiffe eingezogen, neue Leuchtfeuer gebaut, Richtfeuerlinien verlegt und damit neu eingerichtet sowie Tonnen erneuert und auf neue Positionen gelegt werden. Das geschah nicht zuletzt auch aus nautischen und strombaulichen Gründen, weil z. B. die verbreiterte Fahrrinne streckenweise zur Ersparnis von Baggerkosten nicht dieselbe Achse wie die bisherige haben konnte oder auf die Fahrweise sehr großer Schiffe Rücksicht genommen werden mußte. Und es wirkte sich bis in den Hamburger Bereich mit entsprechenden, abgestimmten Maßnahmen aus.

Wie im Hamburger Hafengebiet, wo die erste Radarkette der Welt zur Schiffsberatung von Land aus durch den Strom- und Hafenbau entstand (6.2.5), begann auch die Seezeichenverwaltung des Bundes schon bald nach Kriegsende, etwa 1950, mit diesbezüglichen Untersuchungen und Versuchen unter etwas anderen Voraussetzungen. Im Unterschied zum Hafengebiet gab es an Außen- und Unterelbe zwar weniger störende Bebauung, doch waren die Entfernungen zwischen den Stationen weit größer, so daß Bildübertragungen und Fernsteuerungen nicht mittels Kabeln vorgenommen werden konnten, sondern Richtfunkanlagen eingerichtet werden mußten. Mitte 1965 war schließlich die Radarkette der Elbe, nunmehr die längste der Welt, mit den Zentralen in Cuxhaven und Brunsbüttel und dem nahtlosen Anschluß an die Hamburger Kette fertiggestellt.

Für Lotsen und Schiffsführungen begann damit bei unsichtigem Wetter eine ganz neue Ära, in die sie sich schnell hineinfanden. Und es verdient an dieser Stelle vermerkt zu werden, daß das verständnisvolle Zusammenwirken von See-, Elb- und Hafenlotsen wesentlich dazu beigetragen hat, die Zahl der unvermeidbaren Unfälle sehr gering zu halten.

5.2 Hinterlandverbindungen

Jeder Seehafen von mehr als lokaler Bedeutung bedient ein mehr oder weniger umfangreiches Hinterland und lebt davon, dessen Im- und Exportwaren, soweit sie über See befördert werden, den Übergang vom Seeschiff auf binnenländische Transportmittel bzw. umgekehrt zu ermöglichen. Doch ist dies nur seine primäre Funktion. Meist entwickelt sich dabei das zusätzliche Bedürfnis, Importgüter im Seehafen zu lagern, bis sie im Binnenland gebraucht werden, und Exportgüter bis zum Termin der günstigsten Seeschiffsabfahrt zu stapeln. In jedem Falle sind gute Verkehrsverbindungen zwischen Seehafen und Hinterland erforderlich; dessen räumliche Begrenzung hängt weitgehend von der Qualität der Hinterlandverbindungen eines Seehafens einerseits, den entsprechenden seiner Wettbewerber andererseits ab. „Qualität" bedeutet in diesem Zusammenhang sowohl möglichst hohe Leistungsfähigkeit als auch möglichst niedrige Kosten.

Das mitteleuropäische Wirtschaftsgebiet, umfassend etwa das Gebiet des Deutschen Reiches (vor 1937), der Tschechoslowakei, Österreichs, Ungarns und der Schweiz, war seit jeher umstrittenes Hinterland mehrerer bedeutender Universal-Seehäfen, nämlich der Benelux-Häfen (Amsterdam, Rotterdam, Antwerpen) und der deutschen Nordseehäfen Bremen und Hamburg. (Im Süden des Wettbewerbsgebietes konkurrieren auch Genua, Triest und Rijeka.) In diesem Wettbewerb sind die Beneluxhäfen im Westen Deutschlands eindeutig im Vorteil infolge ihrer vorzüglichen Hinterlandverbindungen auf dem Rhein und den ihn begleitenden Eisenbahnen und Autobahnen. Über Hinterlandverbindungen von ähnlicher Qualität verfügen die deutschen Seehäfen nicht; Hamburg insbesondere ist zusätzlich benachteiligt durch die Teilung Deutschlands nach dem zweiten Weltkrieg, die es gerade von jenem Teil seines natürlichen Hinterlandes abschneidet, welches ihm früher von den Wettbewerbshäfen kaum streitig gemacht werden konnte. Um so wichtiger sind gute Verbindungen zum verbliebenen Hinterland. Was in dieser Beziehung in der Berichtszeit an Fortschritten erzielt werden konnte, soll im folgenden kurz festgehalten werden.

5.2.1 Eisenbahn

Um 1960 waren die Anlagen der Deutschen Bundesbahn wiederhergestellt, die Kriegsschäden beseitigt und viele Anlagen über den Vorkriegszustand hinaus verbessert. Dagegen waren die Eisenbahnlinien, die vor dem Kriege von Hamburg aus nach Berlin, Magdeburg, Sachsen und Thüringen bestanden, entweder außer Betrieb oder nur noch eingleisig und folglich von minimaler Leistungsfähigkeit.

Für den Bereich der Deutschen Bundesbahn wurde in den ersten sechziger Jahren die Elektrifizierung der Hauptstrecken durchgeführt, die diesen eine erhebliche Steigerung ihrer Leistungsfähigkeit brachte. Nun konnten längere und schwerere Züge mit höherer Geschwindigkeit gefahren werden; die letztere – für Gütertransporte nicht primär entscheidend – erlaubt, mehr Züge je Zeiteinheit zu fahren, womit eine weitere Erhöhung der Leistungsfähigkeit der Strecke verbunden ist. Insgesamt wurde somit auf den beiden für Hamburg wichtigsten Strecken, der einen nach Hannover und weiter über Bebra nach Süddeutschland, Österreich und Südwestdeutschland bis in die Schweiz und der anderen über Bremen ins Rhein-Ruhrgebiet, eine bedeutende Qualitätsverbesserung erzielt. Die mit Elektro-Lokomotiven bespannten Züge können seitdem bis in die Haupthafenbahnhöfe Hamburg-Süd und Hohe Schaar ein- bzw. aus ihnen ausfahren; dasselbe galt wenig später auch für die Bahnhöfe Waltershof und Mühlenwerder (4.3.7).

Eine andere Maßnahme der Deutschen Bundesbahn, der Neubau des Verschiebebahnhofes Maschen, der 1977 nach mehrjähriger Bauzeit mit einem seiner beiden Rangiersysteme in Betrieb ging, ergab eine weitere bedeutende Qualitätssteigerung für die Hinterlandverbindung des Hafens Hamburg auf der Schiene. Der Plan zu diesem Vorhaben entsprang zwar internen Rationalisierungsbestrebungen der DB, nicht etwa irgendeiner Einflußnahme Hamburgs zur Verbesserung seiner Hinterlandverbindung, brachte jedoch im Ergebnis eine erhebliche Beschleunigung der unvermeidlichen Rangiervorgänge und damit Fahrzeitverkürzung für die beförderten Güter [139, 142]. Als Nebenerfolg konnte Hamburg einen Teil des Rangierbahnhofs Wilhelmsburg übernehmen; er wird für Hafenbahnzwecke genutzt (Abb. 11).

Eine Stärkung der Wettbewerbslage Hamburgs gegenüber seinen Konkurrenzhäfen war mit beiden Maßnahmen allerdings nicht verbunden, weil auch deren Hinterlandverbindungen entsprechend – und im zeitlichen Ablauf sogar früher – verbessert wurden. Das Amt Strom- und Hafenbau hatte sich im Zusammenhang mit diesen Maßnahmen der DB mit der Elektrifizierung der Hafenbahn in dem oben (4.3.7) dargestellten Umfange und mit der Teilübernahme des Rangierbahnhofs Wilhelmsburg zu befassen. Bei der Elektrifizierung wurde ein besonderer Weg beschritten: alle dazu erforderlichen Bauarbeiten einschließlich Gründung und Montage der Masten für die Fahrleitung führte die Hafenbahn aus; die Fahrleitung selbst wurde aber von der DB im Auftrag und auf Kosten Hamburgs montiert; sie wird unter gleichen Bedingungen von der DB unterhalten. Grund für diese ungewöhnliche Arbeitsteilung war, daß die Hafenbahn dadurch von der Bildung einer eigenen technischen Organisation (Fahrleitungsmeisterei) entlastet wurde, die im Vergleich zu den Fahrleitungsmeistereien der DB einen zu kleinen Wirkungsbereich gehabt hätte und daher wenig wirtschaftlich gewesen wäre.

5.2.2 Fernstraßen

Das Fernstraßennetz der Bundesrepublik Deutschland ist in der Berichtszeit insbesondere durch den Bau neuer Autobahnverbindungen erheblich erweitert und verbessert worden. Für den Hinterlandverkehr des Hafens Hamburg waren unter den zahlreichen neuen Strecken folgende besonders wichtig (in Klammern Zeitpunkte der jeweiligen Verkehrsübergabe):

A 7 Hamburg – Hannover (Dezember 1960)
A 7 Hannover – Kassel (Juli 1962).

Damit waren Frankfurt (Main) und die von dort weiterführende Autobahn nach Karlsruhe und weiter nach Stuttgart bzw. Basel erreichbar.

Es folgten:

A 1	Südumgehung Hamburgs	(Mai 1963)
A 7	Kassel – Würzburg	(Juli 1968)
A 1	Bremen – Dortmund	(Dezember 1968).

Die Südumgehung brachte den unmittelbaren Anschluß des Hafens an die „Vogelfluglinie" nach Skandinavien, die „Rhön-Autobahn" Kassel – Würzburg verkürzte den Weg nach Bayern und Österreich sowie in den Raum Stuttgart erheblich, die „Hansalinie" Bremen – Dortmund den zum Rhein-Ruhrgebiet, das vorher nur auf dem Umweg über Hannover auf Autobahnen erreichbar war. Hierauf folgten:

A 45	Dortmund – Gießen	(Oktober 1971)
A 7	Westumgehung Hamburgs	(Januar 1975)
A 24	Hamburg – Berlin	(November 1982).

Die „Sauerlandlinie" Dortmund – Gießen ergab zusammen mit der „Hansalinie" eine Alternative zur Fahrt nach Frankfurt/Main über Hannover und Kassel; die Westumgehung Hamburgs, die unmittelbar durch den Hamburger Hafen führt und deshalb schon in 4.3.8 ausführlich besprochen worden ist, brachte den Hafenteilen westlich vom Köhlbrand den unmittelbaren Autobahnanschluß, denjenigen östlich vom Köhlbrand eine Alternative zur A 1, beiden die Autobahnverbindung nach Norden (Kiel, Flensburg, Dänemark). Schließlich war es gegen Ende der Berichtszeit gelungen, mit der DDR ein Abkommen über den Bau der Autobahn Hamburg – Berlin zu schließen, die Ende 1982 eine schon lange vermißte unmittelbare Verbindung nach Berlin, aber auch zu anderen Zielen im früher so besonders auf Hamburg ausgerichteten östlichen und südöstlichen Hinterland brachte.

Zusammenfassend kann die Feststellung getroffen werden, daß die aufgezählten Autobahnstrecken die Hinterlandverbindungen des Hafens Hamburg für den Fernstraßenverkehr auf den heute in Westeuropa üblichen Standard gebracht haben. Eine Verbesserung der Wettbewerbslage Hamburgs im umstrittenen Hinterland war damit allerdings nicht verbunden, denn die Interessen der konkurrierenden Häfen wurden natürlich beim Ausbau des Autobahnnetzes ebenso berücksichtigt wie diejenigen Hamburgs.

5.2.3 Wasserstraßen

Auf dem Gebiet der Hinterlandverbindungen des Hafens für das Binnenschiff ist im Gegensatz zu den wettbewerbsneutralen Fortschritten im Eisenbahn- und Fernstraßennetz eine Verbesserung der Position Hamburgs durch den Bau des Elbe-Seitenkanals erreicht worden. Zur Begründung dieser Aussage muß kurz auf die Vorgeschichte dieses Kanalbaus eingegangen werden.

Die traditionelle Wasserstraße ins Hinterland des Hafens, der Elbe-Strom mit seinen Nebenflüssen, hatte die Position des Hafens in seinem südöstlichen Hinterland begründet und über lange Zeiträume erhalten. Dabei hatten sich die Größen und vor allem die Tiefgänge der Binnenschiffe in den Grenzen gehalten, die der Natur der Elbe als eines ausgesprochenen Flachlandflusses angemessen waren und bei einer Tragfähigkeit von wenigen 100 t bis etwa 600 t (um 1900) lagen. Die zunehmende Industrialisierung und der damit einhergehende steigende Bedarf auch an Massengütern erforderten dann jedoch größere Binnenschiffe. Es entstand das 1000-t-Kanalschiff mit den Abmessungen l x b x t = 80,0 m x 9,2 m x 2,0 m und das – besonders für die Elbe gedachte – 1000-t-Flußschiff mit 80,0 m x 10,5 m x 1,6 m. Aber auch dieses breitere und weniger tiefgehende Flußschiff, welches nur in sehr geringer Stückzahl gebaut worden ist, konnte die Elbe nur ausnahmsweise ganzjährig voll beladen befahren, denn an vielen Stellen wies das Fahrwasser, besonders im Spätsommer und im Herbst, nur Wassertiefen auf, die 1 m nur wenig oder sogar überhaupt nicht übertrafen. Im Vergleich zum Rhein und dem aufgrund des preußischen Wasserstraßengesetzes von 1905 entstandenen westdeutschen Kanalnetz, das über den Mittellandkanal schon 1916 mit Hannover und 1938 mit der Elbe bei Magdeburg verbunden wurde – es konnte mit 2,0 m tief gehenden 1000-t-Schiffen ganzjährig befahren werden –, war die Elbe in ihrer Leistungsfähigkeit stark zurückgeblieben. Damit war nicht nur die Hinterlandverbindung Hamburgs im Verhältnis zur allgemeinen Entwicklung deklassiert, der Mittellandkanal eröffnete auch den westlichen Wettbewerbshäfen einen „vollschiffigen" Zugang zum angestammten Hinterland Hamburgs um Magdeburg und über das Märkische Wasserstraßennetz in den Raum Berlin.

Der für Planung und Entwicklung des deutschen Binnenwasserstraßennetzes verantwortlichen Reichswasserstraßenverwaltung (einer Abteilung des Reichsverkehrsministeriums) waren diese für Hamburg nachteiligen Entwicklungen bewußt: sie entwickelte um 1930 zu deren Abwendung folgendes Konzept:

1. Die Elbe sollte eine „Niedrigwasserregulierung" erhalten – im wesentlichen eine Einengung des bei niedrigen Wasserständen noch benetzten Flußbettes durch Buhnen usw. – mit dem Ziel, dem 1,75 m tief gehenden 700-t-Schiff, dem damaligen Regelschiff auf der Elbe, ganzjährig die Fahrt mit mindestens Dreiviertelladung (also etwa 500 t) zu ermöglichen, wozu eine Fahrwassertiefe von mindestens 1,50 m notwendig war.
2. Da man frühzeitig erkannte, daß die Niedrigwasserregulierung allein das – ohnehin bescheidene – Ziel nicht erreichen würde, wurden zwei Talsperren an der oberen Saale gebaut, die in Zeiten schwacher Wasser-

führung der Elbe Zuschußwasser liefern sollten. Ein geplantes drittes Becken bei Pirna, oberhalb von Dresden, kam nicht mehr zur Ausführung.

3. Als jederzeit vollschiffige Verbindung von Hamburg ins Rhein-Ruhrgebiet sollte der Hansakanal gebaut werden, der von der Elbe unterhalb Hamburgs abzweigend die Weser bei Achim (unweit Bremens) kreuzen und den Mittellandkanal bei Bramsche (nördlich Osnabrück) erreichen sollte; über den Dortmund-Ems-Kanal hätte er Anschluß an alle westdeutschen Kanäle und an den Rhein gefunden. Obwohl die Vorarbeiten für dieses Projekt weit fortgeschritten waren, kam es vor dem Ausbruch des zweiten Weltkriegs nicht zum Baubeginn.

Nach dem Kriege war die Lage, von Hamburg aus gesehen, folgende: Die Wiederaufnahme der im Kriege eingestellten Arbeiten zur (noch unvollendeten) Niedrigwasserregulierung der Elbe zu betreiben, war angesichts der Zonentrennung aussichtslos; auch war das bestenfalls damit erzielbare Ergebnis nicht geeignet, große Anstrengungen zu rechtfertigen. Den Bau des rund 200 km langen Hansakanals zu fordern, war ebenfalls wenig aussichtsreich und hätte auch nur *einen* der für Hamburg bedeutsamen Hinterlandbereiche erschlossen, nämlich das Ruhrgebiet. Dagegen wäre mit dem Hansakanal für das Hinterland Hamburgs im Elberaum und um Berlin nichts gewonnen worden, ebenso wenig für den industriell immer interessanter gewordenen Raum Hannover – Peine – Braunschweig – Salzgitter.

In dieser Situation empfahl der damalige Amtsleiter des Strom- und Hafenbau, Baudirektor Mühlradt, in einem Vortrag vor dem Senat der Freien und Hansestadt Hamburg im März 1947 (!), das aus dem Jahre 1911 stammende Projekt eines Nordsüdkanals als künftige Hinterlandwasserstraße des Hafens Hamburg in Erwägung zu ziehen, der von der Elbe oberhalb Hamburgs abzweigen und über Lüneburg und Uelzen den Mittellandkanal erreichen sollte. Dessen Vorteile zählte er dabei wie folgt auf: der Nordsüdkanal

- erfordere geringere Investitionen als der weit längere Hansakanal,
- die Weglänge zum Ruhrgebiet sei noch tragbar,
- die Weglänge nach Magdeburg via Nordsüdkanal/Mittellandkanal sei kürzer als über die Elbe,
- der Nordsüdkanal erschließe ein industriell wichtiges Gebiet (Hannover, Peine, Braunschweig, Salzgitter) für Hamburg.

Der Senat nahm von diesem Vorschlag zunächst nur Kenntnis. Für eine Beschlußfassung und ein Engagement des Senats war damals weder die Zeit noch das Projekt reif. Erst zehn Jahre später stellte sich der Senat hinter das Projekt, das inzwischen durch technische und verkehrswirtschaftliche Gutachten untermauert und ausgereift war.

Aber noch war der Bundesminister für Verkehr skeptisch. Er ließ zunächst von einer Anfang 1959 eingerichteten Untersuchungsstelle bei der Wasser- und Schiffahrtsdirektion Hamburg eingehend prüfen, ob eine Kanalisierung der Elbe bis Magdeburg, der Hansakanal oder eines von zwei weiteren Kanalprojekten für die Lösung des Problems einer Wasserstraßenverbindung Hamburgs mit seinem Hinterland vielleicht günstiger seien als der Nordsüdkanal. Als nach mehr als zwei Jahren das Ergebnis dieser Untersuchungen vorlag und den Nordsüdkanal eindeutig als günstigste Lösung auswies, machte der Minister das Projekt zum Bestandteil eines umfassenden Programms zum Ausbau des nordwestdeutschen Binnenwasserstraßennetzes für das inzwischen von der Europäischen Verkehrsministerkonferenz zum „Europaschiff" erhobene 1350-t-Schiff; dieses Netz umfaßt außer den Kanälen im Bereich des Ruhrgebietes den Dortmund-Ems-Kanal, den Küstenkanal, den Mittellandkanal und den Nordsüdkanal. Das nach dem Preisstand von 1964 Investitionen von drei Milliarden DM erfordernde Programm, das die beteiligten bzw. interessierten Bundesländer zu einem Drittel finanzieren sollten, wurde im Dezember 1964 von deren Verkehrsministern bzw. -senatoren und den Bundesministern für Verkehr und für Finanzen gebilligt und im September 1965 in drei Regierungsabkommen festgeschrieben. Danach hatte Hamburg ein Drittel, der Bund zwei Drittel der Bausumme für den Nordsüdkanal aufzubringen, der fortan den Namen Elbe-Seitenkanal erhielt. Für die Aufbringung der Baukosten wurde eine Finanzierungsgesellschaft gegründet. Nach weiteren zweieinhalb Jahren intensiver Bauvorbereitungen konnte Anfang Mai 1968 der erste Rammschlag für den Kanalbau feierlich begangen werden.

Die Baugeschichte des Kanals braucht hier nicht nachgezeichnet zu werden; darüber existiert reichliche Literatur [121, 125, 129, 130, 131, 133, 138, 140]. Zum Thema des vorliegenden Beitrages gehört aber eine kurze Darstellung der Aktivitäten des Strom- und Hafenbau im Zusammenhang mit dem Nordsüdkanal. Sie begannen mit dem schon erwähnten Vortrag des Amtsleiters vor dem Senat der Freien und Hansestadt Hamburg. Danach ließ Mühlradt in der Strombauabteilung eine Projektstudie für den Kanalbau anfertigen, die vom Zweitverfasser dieses Beitrages – damals Referent in der Strombauabteilung – bearbeitet wurde. Sie versuchte eine zweckmäßige Kombination früherer, unter anderen Prämissen entstandener Studien (wie sie dann später auch ungefähr der Ausführung zugrunde lag) und ergab eine erste grobe Kostenschätzung, die aber wegen der nur überschläglichen Untersuchung und der damaligen wirtschaftlichen Situation kurz nach der Währungsreform ziemlich unsicher war.

Im Jahre 1951 gründeten von Mühlradt dafür gewonnene Persönlichkeiten und Körperschaften aus Industrie und Handel, Landkreisen und Städten des vom Nordsüdkanal begünstigten Raumes (Hamburg, Lübeck, Lüneburg,

Uelzen, Braunschweig, Peine, Salzgitter, Hannover) den „Nordsüdkanalverein" mit Sitz in Lüneburg, der es sich zur Aufgabe machte, den Bau des Kanals und den Ausbau des Elbe-Lübeck-Kanals zu propagieren. Für den Nordsüdkanal gab der Verein, in dem Hamburg durch Mühlradt und Naumann vertreten war, drei grundlegende Gutachten in Auftrag:

- ein technisches Planungsgutachten, Bearbeiter Professor Dr.-Ing. F. Zimmermann, Technische Universität Braunschweig,
- ein verkehrswirtschaftliches Gutachten, Bearbeiter Professor Dr. A. Predöhl, Universität Münster,
- ein Gutachten über die Auswirkungen des Kanalbaus auf die Landwirtschaft im Bereich der Kanaltrasse, Bearbeiter Landwirtschaftskammer Hannover.

Alle drei Gutachter wurden vom Strom- und Hafenbau durch Lieferung von Daten und Fakten unterstützt. Nachdem die Gutachten vorgelegt waren, begann ein zäher Kampf um deren Anerkennung durch den Bundesminister für Verkehr, in welchem der zuständige hamburgische Senator, Bürgermeister Engelhard, sich in technischer Hinsicht auf den Strom- und Hafenbau, in verkehrswirtschaftlicher und verkehrspolitischer Hinsicht auf das Amt für Verkehr und den Strom- und Hafenbau stützte. In dieser Zeit gaben sowohl der Nordsüdkanalverein als auch die hamburgische Behörde für Wirtschaft und Verkehr mehrere Werbeschriften für den Kanalbau heraus; an deren Herstellung war Strom- und Hafenbau in jedem Falle maßgeblich beteiligt. Das machte viel Arbeit, die neben den ja weiterlaufenden eigentlichen Aufgaben des Amtes geleistet werden mußte. Schließlich mündeten diese Aktivitäten in die vorher skizzierte Entwicklung ein, die am Ende zum Abschluß der Regierungsabkommen über den Ausbau des nordwestdeutschen Wasserstraßennetzes führte. An den dann folgenden Vorarbeiten für die Bauausführung und an dieser selbst war Strom- und Hafenbau offiziell nicht beteiligt; der Erstverfasser, damals Amtsleiter des Strom- und Hafenbau, der bei Gründung der Finanzierungsgesellschaft von Hamburg in deren Aufsichtsrat entsandt worden war, konnte jedoch über diese Position in geeigneten Fällen fördernd auf den Baufortschritt und die Lösung gelegentlich auftretender Schwierigkeiten einwirken.

Nach achtjähriger Bauzeit konnte der Kanal im Juni 1976 in Betrieb genommen werden. Infolge eines nur vier Wochen später eingetretenen Schadens mußte er aber noch einmal für fast ein Jahr außer Betrieb gesetzt werden, um den Schaden zu beheben und um an anderen Stellen aufgrund der durch den Schadensfall gewonnenen Erkenntnisse Vorkehrungen gegen ähnliche unglückliche Ereignisse zu treffen.

Über den Elbe-Seitenkanal wurden in den letzten Jahren im Durchschnitt rund fünf Millionen Gütertonnen befördert. Das ist etwa die Hälfte des vom Gutachter des Bundesverkehrsministeriums, Professor Dr. Dr. Berkenkopf, Universität Köln, prognostizierten Verkehrs. Der Gründe für dieses Zurückbleiben des Verkehrs hinter der Prognose sind mehrere:

- die Fertigstellung der Wasserstraße fiel in eine Periode rückläufiger Konjunktur, was das Ingangkommen des Verkehrs behinderte,
- der kurz nach der Eröffnung des Kanals eingetretene Schadensfall zwang die Wirtschaft zu kurzfristigen (und damit stets kostenträchtigen) Umdispositionen, die sich nach der erneuten Inbetriebnahme nicht ohne weiteres wieder zurücknehmen ließen,
- die Deutsche Bundesbahn hatte bei Aufnahme des Importerzverkehrs von Hamburg (Hansaport) nach Peine und Salzgitter die Binnenschiffahrt im Wettbewerb um diese Transporte unter Gewährung von Sondertarifen ausmanövriert; dagegen hatte sich die Binnenschiffahrt nicht durchsetzen können. Dieses Transportvolumen beläuft sich derzeit (trotz Stahlkrise) auf etwa vier Mio. t jährlich, was allein die an der Prognose fehlende Menge nahezu ausgleichen würde.

Die erwähnten Sondertarife wären ohne den potentiellen Wettbewerb der Binnenschiffahrt, d. h. ohne die Existenz des Elbe-Seitenkanals nicht zustande gekommen; damit wäre ein wichtiger Grund entfallen, die Erztransporte über Hamburg zu leiten, und die Massengut-Umschlaganlage Hansaport schwerlich gebaut worden. Insgesamt hat sich das Engagement Hamburgs für den Bau des Elbe-Seitenkanals gelohnt; das wird noch stärker sichtbar werden, als es heute schon der Fall ist, wenn der östliche Teil seines Hinterlandes wieder stärker von den Möglichkeiten Gebrauch macht, die der Hafen Hamburg bietet.

6 Schlußbemerkung

Dieser Beitrag mit dem Titel „Zwanzig Jahre Planen und Bauen für den Hamburger Hafen" handelt viel vom Planen, dagegen wenig vom Bauen; er füllt eigentlich nur den ersten Teil des Themas aus. Die Verfasser beabsichtigen daher, in einem zweiten Beitrag, der im nächsten Band dieses Jahrbuches erscheinen soll, auf die eigentliche Bautätigkeit im Hamburger Hafen einzugehen. Aber gerade der vorliegende Beitrag läßt – so meinen sie – sehr deutlich erkennen, welche in vielfacher Hinsicht umstürzenden Wandlungen sich in der Berichtsperiode im Hamburger Hafen ebenso wie im Weltgüterverkehr zur See vollzogen haben.

Schrifttum

Anmerkung: Dieses Verzeichnis erhebt nicht den Anspruch, alle mit dem behandelten Themenkreis irgendwie zusammenhängenden Publikationen zu erfassen. Weitere Literaturhinweise enthalten die hierunter aufgeführten Arbeiten. Diese sind den einzelnen Kapiteln zugeordnet, innerhalb derselben zeitlich geordnet.

Abkürzungen: JbHTG = Jahrbuch der Hafenbautechnischen Gesellschaft. Berlin, Heidelberg, New York, Tokyo: Springer
HHU = Handbuch für Hafenbau und Umschlagtechnik. Hamburg: Schiffahrtsverlag Hansa

zu Kapitel 2:
1 Bolle, A.: Zur Frage einer optimalen Verwaltungsstruktur großer Seehäfen. HHU IX 1964 S. 70
2 Laucht, H.: Die Aufgaben des Ingenieurs im öffentlichen Dienst des Hafens Hamburg. HHU XVII 1972 S. 94

zu Kapitel 3:
3 Paffenholz, H.: Über Strukturwandlungen im Ablauf des Hamburger Hafenverkehrs nach dem Kriege. HHU V 1960 S. 77
4 Naumann, K.-E.: Die heutige Lage des Hamburger Hafens. HHU X 1965 S. 109

zu Kapitel 4:
5 Bolle, A.: Vorhäfen. Hansa (1950) S. 114
6 Bolle, A.: Der Generalplan des Hamburger Hafens im Wandel der Zeiten. JbHTG 20/21 1953 S. 34
7 Laucht, H.: Planung und Bau neuer Tankschiffhäfen in Hamburg. HHU III 1957 S. 233
8 Mühlradt, F.: Der Einfluß des Schiffbaues auf den Hafen. Wirtschaftscorrespondent (1957) S. 21
9 Naumann, K.-E.: Die Anpassung der Seehäfen an die Wandlungen des Weltverkehrs. Intern. Arch. f. Verkehrswesen (1957) S. 292
10 Naumann, K.-E.: Planerische Gesichtspunkte beim Wiederaufbau des Australia- und Bremer Kais im Hamburger Hafen. HHU III 1957 S. 250
11 Laucht, H.: Berechnungsgrundlagen für Preßluft-Ölsperren. HHU VI 1961 S. 88
12 Stehr, E.: Schutzmaßnahmen gegen das Ausbreiten von Öl im Wasser. HHU VI 1961 S. 95
13 Boe, C.: Bau eines neuen hamburgischen Jachthafens bei Wedel. HHU VII 1962 S. 68
14 Mühlradt, F.: Stückgutumschlag in Seehäfen. Ein deutscher Beitrag zum Internationalen Schiffahrtskongreß 1961 in Baltimore HHU VII 1962 S. 243
15 Naumann, K.-E.: Mineralölumschlag in Seehäfen. Ein deutscher Bericht für den Internationalen Schiffahrtskongreß 1961 in Baltimore. HHU VIII 1963 S. 198
16 o.V. Hafen der Zukunft (erste Erörterung des Containersystems). HHU VIII 1963 S. 117
17 o.V. Steigende Verwendung von Containern, die Lage in USA und Europa. HHU VIII 1963 S. 234
18 Mävers, J.: Der Straßenverkehr im Hamburger Hafen. HHU VIII 1963 S. 146
19 Naumann, K.-E. The port of Hamburg, past history and present problems with special reference to the development of an outport. The Dock and Harbour Authority 1962, S. 55
20 Hansen, H.: Behälterverkehr und Seeschiffahrt. HHU IX 1964 S. 214
21 Hencke, K. J.: Der Wiederaufbau der Speicherstadt im Hamburger Hafen. HHU IX 1964 S. 146
22 Mühlradt, F.: Strukturwandel in der Weltwirtschaft und seine Auswirkungen auf Weltschiffahrt und Häfen. HHU IX 1964 S. 68
23 Naumann, K.-E.: Hafenplanung für morgen. Wirtschaftscorrespondent (1963) S. 21
24 Mävers, J.: Planungsgrundlagen des neuen Verteilungsschuppens im Hamburger Hafen. HHU X 1965 S. 187
25 Naumann, K.-E.: Wirtschaftspolitische und technische Aspekte der heutigen Situation des Hamburger Hafens. HHU X 1965 S. 115
26 Bolle, A.: Neuere Entwicklungen und Erfahrungen beim Umschlag von Stückgütern, dargelegt am Beispiel des Hamburger Hafens. HHU XI 1966 S. 209
27 Laucht, H.: Hamburgs Vorsorge an der Elbmündung. HHU XI 1966 S. 74
28 Vom Wiederaufbau und weiteren Ausbau des Hafens Hamburg 1953 bis 1963. JbHTG 27/28, 1965 mit Beiträgen: Naumann, K.-E.; Benrath, H.; Thode, G.; Laucht, H.: Planung für Gegenwart und Zukunft S. 88; Feuerhake, K.; Laucht, H.; Stehr, E.: Die Strombauaufgaben im hamburgischen Elbebereich S. 96; Kuntsche, D.; Mävers, J.; Förster, K.; Reimer, O.: Neuere Bauwerke des Hafens, Entwurfsgrundlagen und Gestaltung S. 109; Krischke, K.: Neuzeitlicher Ausbau der Verkehrsanlagen im Hafen S. 134; Neumann, H.: Mechanische Ausrüstung des Hafens S. 140
29 Wittenbecher, H.: Neuzeitliche Hafenbahnhöfe in Hamburg. HHU XI 1966 S. 114
30 Naumann, K.-E.; Schwab, R.: Der technische Strukturwandel in den Seehäfen. In: Seewirtschaft, Beiträge zur ökonomischen Entwicklung in Seehäfen und Seeschiffahrt. Hamburg: Verlag Okis 1966
31 Bolle, A.: Seewirtschaftliche Probleme nordwesteuropäischer Häfen. HHU XIII 1968 S. 52
32 Hebeler, H.: ISO-Container – technisch-wirtschaftlich betrachtet. HHU XIII 1968 S. 132
33 Agatz, A.: Seehäfen, Seeschiffe, Verkehrswege. HHU XIV 1969 S. 59
34 Naumann, K.-E.: Hafenbau im Strukturwandel des Stückgutverkehrs. Wirtschaftscorrespondent (1968) S. 65
35 Hamburg und seine Bauten 1954 bis 1968. Hrsg.: Architekten- und Ingenieurverein Hamburg e.V., Hamburg 1969 mit Beiträgen: Naumann, K.-E.: Hafenentwicklung S. 142; Laucht, H.: Strombau S. 147; Förster, K.: Hafenbauliche Anlagen S. 154; Commentz, J.: Straßen und Brücken S. 166; Krischke, K.: Ausbau der Eisenbahnanlagen S. 169; Thode, G.: Anlagen der Hafenindustrie S. 174. Hamburg: Hammonia-Verlag 1969
36 Riedel, G.: Der neue Elbtunnel im Zuge der Bundesautobahn Westliche Umgehung Hamburgs. HHU XIV 1969 S. 107
37 Schröder, W.: Hamburg, ein Hafen für den modernen Stückgutverkehr. HHU XIV 1969 S. 142
38 Voss, W.: Funktionswandel der Seehäfen im Containerverkehr. HHU XIV 1969 S. 122
39 Hebeler, H.: Eurokai – Terminal Hamburg-Waltershof. HHU XV 1970 S. 123
40 Jolmes, L. V.: Gedanken über zukünftige Entwicklungen im Seetransport. JbHTG 30/31 1969 S. 98
41 Laucht, H.: Voraussetzungen für den Bau von Tiefwasserhäfen. Schiff und Hafen 1969 S. 736

42 Naumann, K.-E.: Der Hafenbau im Teleobjektiv der Futurologie. Wirtschaftscorrespondent (1969) S. 32
43 Naumann, K.-E.: Hafenbau für den Stückgutumschlag im 8. Jahrzehnt des 20. Jahrhunderts. In: Jahrbuch des Schiffahrtswesens, 8. Folge 1969. Darmstadt: Hestra-Verlag S. 69
44 Senat der Freien und Hansestadt Hamburg: Maßnahmen zur Änderung der Wettbewerbsordnung im Hafen. Mitteilung an die Bürgerschaft Nr. 2800/70 vom 6.1.1970
45 Thode, G.: Zur Frage der Bereitstellung von Gelände für Hafenerweiterungen. HHU XV 1970 S. 123
46 Voss, W.: Probleme des Containerverkehrs für die Seehäfen. HHU XV 1970 S. 167
47 Agatz, A.: Schiff- und Hafenbau – Handel und Schiffahrt – ein unteilbares Ganzes! HHU XVI 1971 S. 59
48 Kaschner, R.: Containerisation, ein Situationsbericht aus genereller Sicht. HHU XVI 1971 S. 150
49 Mävers, J.: Container-Terminal Hamburg 1970. HHU XVI 1971 S. 170
50 Naumann, K.-E.: Tiefwasserhafen in der Elbmündung, offene Fragen und gesicherte Antworten. Wirtschaftscorrespondent (1970) S. 16
51 Hebeler, H.: Betriebserfahrungen und Erweiterungen des Eurokai-Terminals Hamburg-Waltershof. HHU XVII 1972 S. 196
52 Mävers, J.: Burchardkai Hamburg, Universalanlage für Container. HHU XVII 1972 S. 162
53 Naumann, K.-E.: Hafenprojekt Neuwerk/Scharhörn tritt in eine neue Phase. Wirtschaftscorrespondent (1971) S. 17
54 Nagel, D.; Schulze, H.: Betrieb und Planung von Stückgutanlagen heute. HHU XVIII 1973 S. 86
55 Naumann, K.-E.: Inhalt und Konsequenzen des Tiefwasserhafen-Berichts. Wirtschaftscorrespondent (1972) S. 25
56 Schwab, R.: Die Köhlbrand-Hochbrücke im Hamburger Hafen. HHU XVIII 1973 S. 125
57 Bast, F.: Tollerort-Terminal, Vielzweckanlage auch für Containerschiffe. HHU XIX 1974 S. 91
58 Bolle, A.: Wandlungen bei der Gestaltung von Anlagen für Stückgutumschlag im Hamburger Hafen. HHU XIX 1974 S. 62
59 o.V. Die Ro-Ro-Anlage des Holzmüller-Terminals. HHU XIX 1974 S. 95
60 von Harlem, D.: Die Kattwykbrücke über die Süderelbe und die neue Verbindungsbahn Hohe Schaar – Hausbruch. HHU XIX 1974 S. 125
61 Hönicke, A.: Das Überseezentrum im Hamburger Hafen. HHU XIX 1974 S. 89
62 Mävers, J.: Container- und Stückgutumschlag an den Kaiumschlaganlagen der HHLA im Jahre 1972. HHU XIX 1974 S. 85
63 Haacke H.: Antrieb und Steuerung der Kattwyk-Hubbrücke. HHU XX 1975 S. 147
64 Hebeler, H.: Eurokai-Terminal, Erweiterung der Anlagen für den Containerverkehr. HHU XX 1975 S. 132
65 Höfer, R.: Der Hafen Hamburg und die Eisenbahn. HHU XX 1975 S. 58
66 Kretschmer, M.; Junge, H.: Der BAB-Tunnel in Hamburg; die Bauarbeiten im Strom und ihre nautische Sicherung. HHU XX 1975 S. 140
67 Naumann, K.-E.: Die neuere Entwicklung im Hamburger Hafen; wirtschaftliche, verkehrliche und technische Aspekte. Schiff und Hafen (1974) S. 267
68 Laucht, H.; Giszas, H.; Wiedemeyer, P.: Wasserbau in Meer und Häfen, nach dem Generalbericht für die 6. Internationale Hafentagung 1974 in Antwerpen. HHU XXI 1976 S. 96
69 Fock J.; Göllner, K.-U.: Nautische Probleme bei der Lösung technischer Fragen der Hafenentwicklung. HHU XXI 1976 S. 127
70 o.V. Terminal 80/81 im Hamburger Hafen. HHU XXI 1976 S. 113
71 Thode, G.: Die Infrastruktur des Hamburger Hafens. HHU XXI 1976 S. 75
72 Höfer, R.: Die Eisenbahnanlagen im Hamburger Hafenerweiterungsgebiet westlich des Köhlbrands. HHU XXII 1977, S. 60
73 Krause, D.; Roskamp, G.: Der Containerumschlag in Seehäfen. JbHTG 34 1975 S. 233
74 Laucht, H.: Planungsprobleme im Seehafenbau. HHU XXII 1977 S. 32
75 Nagel, D.; Höfer, R.; Thode, G.: Die Infrastruktur des Hafens Hamburg und ihr Ausbau. JbHTG 34 1975 S. 137
76 Neue Großbrücken im Hamburger Hafen. JbHTG 34 1975
I. Die Köhlbrandkreuzung:
1. Schwab, R.: Überblick über die planerische Vorbereitung eines großen Brückenbauprogramms, S. 157
2. Schorn, E.: Entwurf und Ausführung der Pfeiler, S. 169
3. Boué, P.: Der Stromüberbau (Stahl), S. 177
4. Jeche, H.: Die Rampenbauwerke (Spannbeton), S. 185
II. Rüster, R.: Die Kattwyk-Hubbrücke, S. 193
77 Schwarz, A.: Die Massengut-Umschlaganlage Hansaport – Planung und Entwurf. HHU XXII 1977 S. 138
78 Filter, G.; Schrader, J. P.: Hansaport – Neue Massengutumschlaganlage im Hamburger Hafen. HHU XXIII 1978 S. 125
79 Fock, J.; Giszas, H.; Höfer, R.; Wiedemeyer, P.: Sauggutumschlag im Hamburger Hafen. HHU XXIII 1978 S. 64
80 Gramlich, W.; Krause, D.: Massenstückgutumschlag am HHLA-Terminal Burchardkai. HHU XXIII 1978 S. 120
81 Kretschmer, M.; Fliegner, E.: Untertunnelungen in Seehäfen und von Seeschiffahrtsstraßen unter besonderer Berücksichtigung internationaler Bauausführungen. JbHTG 35 1977 S. 91
82 Siefert, W.: Hamburger Sturmflutwarndienst (WADI). HHU XXIII 1978 S. 70
83 Stehr, E.: Über die Ursachen der Strombank- und Riffelbildung. JbHTG 35 1977 S. 363
84 Wiedemeyer, P.; Becker, W.: Die Hafen- und Binnenschiffahrt im Hafen Hamburg. JbHTG 35 1977 S. 181
85 Laucht, H.: Vorsorge für die Entwicklung des Hamburger Hafens früher und heute. HHU XXIV 1979 S. 40
86 Bolle, A.: Erinnerungen aus 40 Jahren Arbeit für den Strom- und Hafenbau und den Hamburger Hafen, Teil I. JbHTG 36 1979 S. 45
87 Höfer, R.: 50 Jahre Hafenbahnbetriebsvertrag, Bestandsaufnahme einer über hundertjährigen Partnerschaft zwischen Seehafen und Schiene. HHU XXV 1980 S. 57
88 Höfer, R.; Schrader, J. P.; Thomas, E.: Hansaport, eine neue Umschlaganlage für Massengut. JbHTG 36 1979 S. 111
89 Laucht, H.: Überlegungen zur künftigen Entwicklung des Hamburger Hafens, seiner Seeschiffahrtsstraße und seines Vorhafens. HHU XXV 1980 S. 84
90 Schmidt-Pathmann, W.: HHLA-Fruchtzentrum Hamburg, ein Beispiel für die Umstrukturierung des alten Freihafens. HHU XXV 1980 S. 44
91 Bolle, A.: Erinnerungen aus 40 Jahren Arbeit für den Strom- und Hafenbau und den Hamburger Hafen, Teil II. JbHTG 37 1980 S. 59
92 Tiedemann, W.; Wiedemeyer, P.: Verbesserung der Infrastruktur im Hafen Hamburg. HHU XXVI 1981 S. 70
93 Höft, H. D.: Sicherung des Alten Elbtunnels. HHU XXVII 1982 S. 39

94 von Harlem, D.: Vergangen, Vergessen – und doch voller Leben – die Wilhelmsburger Industriebahn 1892–1962. Eisenbahn-Magazin (1982) Nr. 7
95 Höfer, R.: Eisenbahn für den Hamburger Hafen. HHU XXVIII 1983 S. 103
96 Laucht, H.: Hafenprojekt Scharhörn – Eine Planung im Spiegel der Zeit (1948 bis 1980), Selbstverlag des Verfassers, nicht im Buchhandel
97 Höfer, R.: Die Hamburger Hafenbahn – Betrieb und Ausbau. JbHTG 39 1982 S. 173
98 Höft, D.; Sievers, W.: Die Sicherung des St. Pauli Elbtunnels in Hamburg. JbHTG 39 1982 S. 205
99 Hamburg und seine Bauten 1969–1984. Hrsg.: Architekten- und Ingenieurverein Hamburg e.V. (erscheint Ende 1984 mit Beiträgen über Hafenentwicklung, Wasserstraßen, Straßen und Brücken, Eisenbahnanlagen, Ausbau von Umschlaganlagen, Kaimauern, Dalben und Pontons, Hafenindustrie)

zu Kapitel 5:
100 Hensen, W.: Zustand und Entwicklungsmöglichkeiten der deutschen Seewasserstraßen. Schiff und Hafen (1949) S. 146
101 Krause, M.; Klein, H. A.: Schiffbarkeit der Unterelbe unter Ausnutzung der Tide 1956. HHU III 1957 S. 50
102 Krause, W. A.: Elektrische Sichtgeräte als Hilfsmittel der Schiffsführung. Schiff und Hafen (1949) Heft 3/4
103 Krause, W. A.: Die Sicherung der Schiffahrt bei Nebelfahrten auf engen Gewässern. JbHTG 19 1951 S. 46
104 Krause, W. A.: Landradar für den Hamburger Hafen. Schiff und Hafen (1957) Heft 4
105 Mühlradt, F.: Seeschiffahrt und Seehafen. Hansa (1951) S. 645
106 Wegner, H.: Der Ausbau der deutschen Seewasserstraßen Hansa (1959) S. 378
107 Wiedemann, G.: Funktechnik und Seezeichen JbHTG 19 1951 S. 53
108 Wiedemann, G.: Versuche mit Landradaranlagen als neuer Technik im Seezeichenwesen. Hansa (1953) S. 2065
109 Wiedemann, G.: Sicherungsradar auf deutschen Wasserstraßen. Hansa (1959) Heft 44/45
110 Bolle, A.: Häfen und Hinterland. Ausbauzustand der Zubringerwege für die nordwesteuropäischen Kontinenthäfen. HHU VI 1961 S. 45
111 Naumann, K.-E.: Hamburg und die Binnenschiffahrt. HHU VII 1962 S. 179
112 Krause, M.: Ein Beitrag zum Nordsüdkanal. HHU X 1965 S. 93
113 Sohnke, F.: Kollisionsschutzwege und Wege für tiefgehende Schiffe. Hansa (1964) S. 2345
114 Wegner, H.: Entwicklung und Ausbau der Seeschiffahrtsstraßen. HHU X 1965 S. 46
115 Wetzel, G.: Die Elbe, Schiffahrtsstraße zum Hamburger Hafen. HHU X 1965 S. 70
116 Wiedemann, G.; Burghart, W.: Die Leuchtturmneubauten im Küstengebiet. HHU X 1965 S. 56
117 Braun, J.: Sicherungsradaranlagen an der Elbe. HHU XI 1966 S. 60
118 Poppe, G.: Die Binnenschiffahrtsstraßen 1914 bis 1964. JbHTG 27/28 1965 S. 281
119 Wetzel, G.: Schiffsgröße und Tiefgang auf der Elbe. HHU XIII 1968 S. 27
120 Laucht, H.: Ausblick auf das Verhältnis des Hamburger Hafens zu seiner seewärtigen Zufahrt. HHU XIV 1969 S. 34
121 Illiger, J.: Der Elbe-Seitenkanal. HHU XIV 1969 S. 53
122 Wiedemann, G.: Planungen und Maßnahmen für sichere Zufahrten zu deutschen Häfen. JbHTG 30/31 1969 S. 17
123 Laucht, H.: Zur Frage einer Abdämmung der Unterelbe. HHU XVI 1971 S. 11
124 Wetzel, G.: Absperrung der Unterelbe? Bautechnik (1970) S. 260
125 Büttner, H.: Die Abstiegsbauwerke des Elbe-Seitenkanals. HHU XVII 1972 S. 60
126 Hensen, W.: Ausbau der seewärtigen Zufahrten zu den deutschen Nordseehäfen – A. Die wissenschaftlichen Aspekte. HHU XVII 1972 S. 47
127 Wegner, H.: Ausbau der seewärtigen Zufahrten zu den deutschen Nordseehäfen – B. Ausbauarbeiten und Planungen. HHU XVII 1972 S. 50
128 Rohde, H.: Eine Studie über die Entwicklung der Elbe als Schiffahrtsstraße. Mitteil. d. Franzius-Inst. (1971) Heft 36
129 Breitschwerdt, H.: Über den Bau des Elbe-Seitenkanals. HHU XVIII 1973 S. 41
130 Gärtner, K.: Konstruktion und Bau des Schiffshebewerks Lüneburg. HHU XVIII 1973 S. 143
131 Illiger, J.: Der Elbe-Seitenkanal und seine Abstiegbauwerke. JbHTG 32 1972 S. 38
132 Laucht, H.: Weitere Vertiefung der Elbe und Bau des Tiefwasserhafens Neuwerk/Scharhörn. Hansa (1972) S. 1133
133 Schorn, E.: Schleuse Uelzen, Konstruktive und ausführungstechnische Besonderheiten. HHU XVIII 1973 S. 137
134 Nagel, H.-N.: Die Vertiefung der Elbe auf KN – 13,5 m. Zeitschr. f. Binnenschiffahrt (1973) S. 498
135 Naumann, K.-E.: Verkehrswirtschaftliche Bedeutung der Unterelbe. Wirtschaftscorrespondent (1973) S. 21
136 Höft, H.-D.: Betrachtungen zur wirtschaftlichen Bedeutung der Unterelbevertiefung. HHU XX 1975 S. 36
137 Reuter, F.: Außen- und Unterelbe, die seewärtige Zufahrt des Hamburger Hafens. HHU XXI 1976 S. 46
138 Wasser- und Schiffahrtsverwaltung des Bundes (Hrsg.): Elbe-Seitenkanal, Natur und Technik. Hamburg: Christians-Verlag 1976
139 Höfer, R.: Der Rangierbahnhof Maschen und seine Bedeutung für den Hamburger Hafen. HHU XXIII 1978 S. 132
140 Lackner, E.; Hager, M.: Der Schadensfall an der Unterführung Lüneburg – Nutzfelde des Elbe-Seitenkanals und Folgerungen JbHTG 37 1980 S. 199
141 Laucht, H.: Kann das Fahrwasser der Unterelbe noch weiter vertieft werden? Schiff und Hafen (1980) S. 57
142 von Harlem, D.: Grünes Licht für Europas größten Rangierbahnhof. Eisenbahn-Magazin (1982) Nr. 1
143 Hammermeister, G.: Die Entstehung und die Fortentwicklung von Eisenbahnanlagen. Die Bundesbahn (1983) Nr. 7

Hinweis: Seit September 1968 gibt das Amt Strom- und Hafenbau eine Schriftenreihe mit dem Titel „Hamburger Küstenforschung" heraus, in der vornehmlich die Ergebnisse seiner Forschungsarbeiten in der Elbmündung dokumentiert werden. Die Hefte erscheinen in zwangloser Folge (bisher 42 Hefte) und können in einschlägigen Bibliotheken (z. B. Technischen Universitäten) eingesehen oder entliehen werden.

Der Panama-Kanal

Ltd. Hafenbaudirektor Dipl.-Ing. **Heinrich Flügel**, Bremen

1 Vorbemerkung

In der deutschsprachigen Literatur gibt es nur wenige Veröffentlichungen über den Panama-Kanal. In der technischen Literatur wird das noch weniger und in den Jahrbüchern der Hafenbautechnischen Gesellschaft gibt es nur die Arbeit des verstorbenen Präs. i. R. Dr.-Ing. e. h. Johann M. Lorenzen über eine vergleichende Betrachtung des Suez-, Panama- und Nordostsee-Kanals, in der die Betriebsformen der Kanäle im Vordergrund stehen [1]. Sinn der nachfolgenden Darstellungen ist es, die Lücke in der Literatur zu schließen und einen zusammenfassenden Bericht über Vorgeschichte, Bau und gegenwärtige Situation des Kanales zu geben. Zugleich stellen sie aber auch einen Dank für eine Möglichkeit zu einer Studienreise dar, ohne die der Bericht nicht möglich gewesen wäre.

2 Vorgeschichte

Die Verkürzung der Seewege durch Schiffahrtkanäle ist von jeher ein Traum der Menschheit gewesen. Die ältesten Überlieferungen über solche Kanäle finden wir schon im Jahre 2000 vor Christi Geburt, wo überliefert ist, daß der Pharao Sesostris I. eine Kanalverbindung zwischen dem Nil und dem Roten Meer geplant und gebaut haben soll, der also einem ersten Suez-Kanal entsprach. Von Panama wissen wir erst seit der Entdeckung Amerikas, während die Zeit vorher im Dunkeln der Geschichte verschwindet.

Interessant ist aber, daß die Ureinwohner den Eroberern Andeutungen über eine Verbindung zum Pazifik machten. Diese ist aber nie gefunden worden. Schon Columbus suchte auf seiner vierten und letzten Reise den

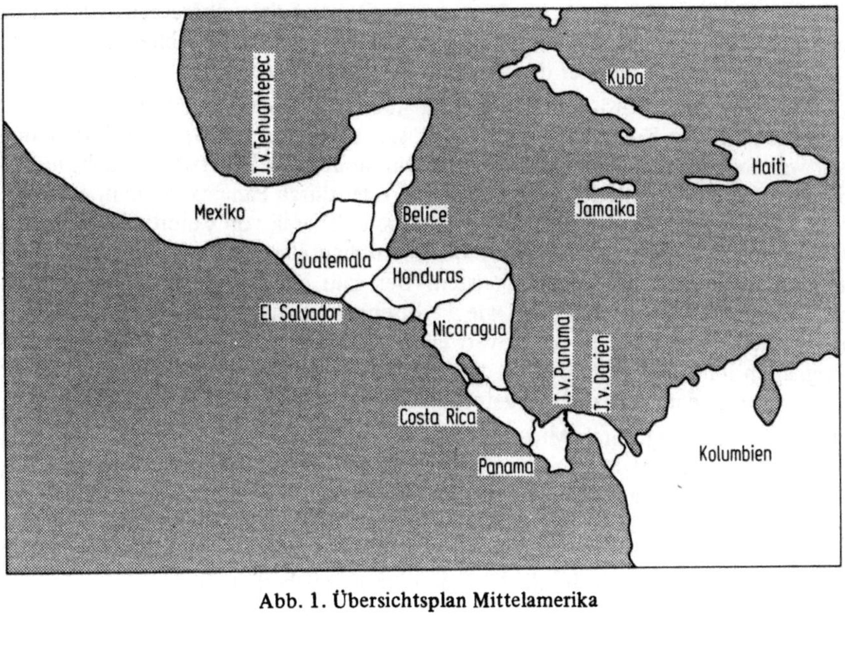

Abb. 1. Übersichtsplan Mittelamerika

Isthmus von Panama auf und folgte dem Lauf des Krokodilflusses, dem Rio Chagres, in der Hoffnung, auf diesem Wege eine Verbindung, wie er glaubte, nach China zu finden. Schon 1502 entstand die Festung „Puerto Bello" östlich von Colón und war Ausgangspunkt verschiedener Expeditionen auf der Suche des Seeweges zum Pazifischen Ozean. Auch Amerigo Vespucci war auf der Suche nach diesem Wasserweg und drang rd. 320 km in das Landesinnere ein. Er hat offensichtlich aber die falsche Richtung eingeschlagen, denn in der Luftlinie ist der Isthmus von Panama nur rd. 60 km breit. Der erste Europäer, der 1513 den Stillen Ozean erblickte, war der Spanier Val Balboa. 1516 ließ er vier Briggschoner und Material für zwei weitere Schiffe über den Isthmus von Panama zum Pazifischen Ozean schaffen in der Absicht, das neue Meer zu befahren. Auch Cortez, der Eroberer Mexikos, schickte Schiffe aus und ließ intensiv die Ufer Panamas nach einem Wasserweg absuchen. 15 Jahre lang setzte man hartnäckig die Nachforschungen fort, aber es wurde kein Weg entdeckt.

Wegen der großen Länge des Seeweges von Europa durch die Magellanstraße nach Peru gingen die Warenströme von dort an der Westküste Südamerikas nach Panama. Auf Befehl des Königs baute man eine Straße zwischen Panama und Nombre de Dios, die 1519 fertig wurde.

Diese Straße, die eher die Bezeichnung Maultierpfad als Straße hätte führen müssen, bildete den Landweg zur Karibik. Dort nahmen die spanischen Silberflotten die Güter auf und brachten sie einmal im Jahr nach Europa. Dieser Landweg durch Panama war aber so beschwerlich, daß man bald nach Abhilfe suchte. Des nutzlosen Suchens nach einer natürlichen Verbindung müde, war Cortez der Erste, der an die Möglichkeit eines Kanals zur Verbindung des atlantischen mit dem pazifischen Ozean dachte. Viele Pläne wurden seitdem für einen Kanalbau aufgestellt, und es waren vier wesentliche Routen, die diskutiert wurden, die von Panama, Nicaragua, Tehuantepec und Darien (Abb. 1).

Karl V. (1519–1556) drängte seine Vertreter in Hispanola zur Beschleunigung eines solchen Werkes, und sein Sohn Philipp II. entsandte Ingenieure, um mit dem Kanalbau zu beginnen. In diese Zeit fällt aber auch der Beginn des Wettstreites zwischen England und Spanien um die Vorherrschaft zur See. Dabei befürchtete Philipp, den Engländern könnte ein von ihm erbauter Kanal in die Hände fallen, und so beschloß er, die Kanalpläne aufzugeben. Auch die Engländer verfolgten die Idee eines Kanals, und insbesondere der Gründer der Bank von England, der Schotte Wilhelm Paterson, befaßte sich mit solchen Überlegungen. Konkrete Pläne hat es aber nicht gegeben, und aus heutiger Sicht muß man sagen, daß die technischen Möglichkeiten der damaligen Zeit auch nicht gereicht hätten, ein solches Werk zu vollenden.

Bemerkenswert ist auch, daß Alexander von Humboldt Anfang des 19. Jahrhunderts allein neun verschiedene Wege für einen Kanal von der Karibik zum Pazifik vorgeschlagen hat. Diese Pläne waren aber alle nur theoretische Überlegungen, er hat selbst keine der vorgeschlagenen Routen bereist. Interessant ist auch, daß er einen Kanal durch Nicaragua als die Lösung bezeichnet hat, die am wenigsten Schwierigkeiten bereiten würde.

Mit dem Niedergang der spanischen Kolonialmacht, wiederholten Überfällen von Piraten und Aufständen im Landesinneren, verlor der Landweg über Panama nach und nach an Bedeutung. Als schließlich die mittel- und südamerikanischen Staaten ihre Unabhängigkeit erklärten, geriet der Landweg über den Isthmus von Panama fast ganz in Vergessenheit. Schlagartig änderte sich erst die Situation, als am 24. Januar 1848 James Marschall im Tal von Sacramento Gold gefunden hatte und das kalifornische Goldfieber ausbrach. Nach anfänglichen kleinen Gruppen setzte ein förmliches Rennen von der nordamerikanischen Ostküste zur Westküste ein. Die Pazifik-Eisenbahnen quer durch die Vereinigten Staaten gab es noch nicht, und viele schreckten vor dem Landweg über die Rocky Mountains, nicht zuletzt wegen der Gefahren durch Indianer, zurück. So blieben nur zwei Wege übrig, entweder zu Schiff um Südamerika herum oder der Weg über Mittelamerika.

Die Seefahrt entlang der Ostküste Nord-, Mittel- und Südamerikas, durch die Magellanstraße und entlang der Westküste Südamerikas bis nach San Francisco erforderte rd. sechs Monate. Der Weg über Mittelamerika dauerte nur einige Wochen, er war aber durch die Strapazen bei der Durchquerung des Urwaldes nicht minder beschwerlich. Zwei Routen wurden benutzt, entweder durch Nicaragua oder durch Panama. So kam es zur Gründung der „Panama-Railroad", die 1850–1855 eine Eisenbahn quer durch Panama von Colón nach Panama-City baute. Es wird berichtet, daß nach 1850 jährlich mehr als 30 000 Menschen über Panama und Nicaragua von der Ostküste der USA nach Kalifornien und umgekehrt reisten. Der Bau der Bahn soll zahlreiche Menschenleben gefordert haben, und man spricht von soviel Toten, wie die Eisenbahn Schwellen hatte. Diese Berichte sind aber wohl übertrieben und in den Bereich der Fabel zu verweisen. Man darf aber nicht verkennen, daß die großen klimatischen Schwierigkeiten und die Probleme, die die Sümpfe und tropischen Krankheiten mit sich brachten, sicherlich schwere Verluste unter dem Baupersonal gefordert haben.

Die Bedeutung, die dieser Landweg durch Mittelamerika gewonnen hatte, ließen die Gedanken für die Kreuzung Mittelamerikas durch einen Kanal wieder aufkommen, und die Vollendung des Suezkanals 1869 zeigte, daß auch die dem Menschen zur Verfügung stehenden technischen Möglichkeiten es nunmehr gestatteten, solche Objekte in Angriff zu nehmen. So entsandte der damalige Präsident der Vereinigten Staaten, Ulysses S. Grant, 1870/74 mehrere Expeditionen, die den Auftrag hatten, exakte Vermessungen vorzunehmen und Pläne für die günstigste Möglichkeit zum Bau eines Kanals durch Mittelamerika zu erarbeiten.

3 Die topographischen Möglichkeiten für den Bau eines Kanals

Während, wie oben erwähnt, noch Alexander von Humboldt nicht weniger als neun mögliche Linien für einen Kanal durch Mittelamerika nennt, verringert sich ihre Zahl bei eingehender Prüfung der Situation auf nur noch zwei Routen. Es sind dies die Linien durch Panama und durch Nicaragua. Bei der Panama-Linie ist der Bereich von Colón gemeint, während die Zone weiter östlich, die in der Literatur als „Darien" bezeichnet wird, sich wegen der Höhen der Cordilleren als ungeeignet erwies. Andere Trassen wären wesentlich länger und hätten gleichfalls Gebirgsketten durchschneiden müssen.

3.1 Die Route durch Panama

Panama liegt auf rd. 9° nördlicher Breite. Auf der karibischen Seite schließt sich an eine sandige Küste ein hügeliger tropischer Regenwald an. Er wird in nordwestlicher Richtung vom Krokodilfluß, dem Rio Chagres, durchzogen. An diesen tropischen Regenwald schließt sich eine Mittelgebirgskette mit mittleren Höhen zwischen 100 und 200 m über dem Meeresspiegel an. Die geringste Höhe ü.M. liegt bei „Culebra" auf rd. 84 m. Südlich dieser Mittelgebirgskette folgt zur pazifischen Küste ein etwa 10 km breiter Streifen eines flacheren Hügellandes.

Das Klima ist voll tropisch. Die jährliche Niederschlagshöhe schwankt von 1780–7620 mm. Tagesmengen von mehr als 100 mm sind keine Seltenheit, solche Mengen können sogar in einer Stunde fallen. Nördlich der Cordilleren regnet es auch in der Trockenzeit von Dezember bis März immer wieder. Die monatlichen Durchschnittstemperaturen erreichen am Tage 29° bis 32 °C und die Nachttemperaturen 21° bis 23 °C. Die Wassertemperaturen liegen zwischen 26° und 28 °C. Trotz der hohen Verdunstung schwillt bei den plötzlichen starken Regenfällen der Chagres in wenigen Stunden von einem gemächlich dahin fließenden Flüßchen zu einem reißenden Strom an. Der Boden wird als trachytische und doloritische Tuffe und Konglomerate beschrieben. Er ist nahezu in der Oberfläche wasserundurchlässig, und für Erdarbeiten stellt der Schlamm eines der größten Probleme dar. Während heute unter den tropischen Ländern Panama eines der gesündesten ist, regierten im vergangenen Jahrhundert Gelbfieber und Malaria.

Die Luftlinie von Colón nach Panama beläuft sich auf nicht mehr als rd. 60 km. Der mittlere Tidehub beträgt in Colón auf der karibischen Seite 0,26 und in Panama 3,88 m.

3.2 Die Route durch Nicaragua

Nicaragua wird vom Nordwesten nach Südosten von einem Grabenbruch durchzogen. In ihm liegen der Managua See mit einer Fläche von 1234 km² und der mit dem Rio Tipitapa verbundene Nicaragua-See mit einer Fläche von 8430 km². Hart an der Grenze zu Costa Rica bildet der Rio San Juan den Ausfluß des Nicaragua-Sees in die Karibik. An seiner Mündung liegt das Städtchen San Juan del Norte (Greytown).

Am Südrand des Grabenbruches verläuft eine Kette von während der Tertiärzeit entstandenen Vulkanen mit Höhen von etwa 1000 bis 1500 m ü.M. Dieser Bereich ist stark erdbebengefährdet. So wurde z.B. 1972 die Stadt Managua durch ein Erdbeben zerstört. Auf der Nordostseite des Grabenbruches ziehen sich die Zentralcordilleren entlang, die sich dann dachförmig zur Karibik abflachen.

Auf der pazifischen Seite, südlich der vorgenannten Vulkan-Kette, geht das Gelände in ein hügeliges Bergland von bis 900 m ü.M. über.

Das Klima ähnelt dem von Panama sehr. Die Niederschläge liegen zwischen 2500 und 6000 mm im Jahr, und die Temperaturen schwanken am Tage in Managua zwischen 30° und 32 °C. Die Regenzeit dauert von Mai bis November, die Trockenzeit ist aber ausgeprägter als in Panama.

Die Luftlinie von der karibischen zur pazifischen Seite beträgt rd. 300 km. Der Nicaragua-See hat eine Breite von rd. 70 km und ist bis zu 70 m tief. Sein Wasserspiegel liegt 32 m ü.M. Der Landstreifen zwischen der pazifischen Küste und dem Nicaragua-See ist bei San Juan del Sur 20 km breit. Die Paßhöhe zwischen dem Nicaragua-See und San Juan del Sur liegt auf 47 m ü.M. Zwischen seiner Ausmündung aus dem Nicaragua-See und seiner Mündung in die Karibik beträgt die Länge des Rio San Juan etwa 200 km. In seinem Lauf befinden sich mehrere Katarakte. Das Land Nicaragua ist zu mehr als 50 % von tropischem Regenwald bedeckt.

4 Rechtliche Verhältnisse

Panama gehörte – wie Nicaragua, das übrige Mittelamerika bis auf Belice und der größte Teil Südamerikas – zu den spanischen Kolonien. Mit dem Niedergang des Handels in der zweiten Hälfte des 18. Jahrhunderts und der Unabhängigkeit der Vereinigten Staaten von Nordamerika von Großbritannien wuchsen auch die Unabhängigkeitsbestrebungen in Mittel- und Südamerika. Die Kaufleute und Großgrundbesitzer versuchten deshalb, Anschluß an die revolutionären Bewegungen in Kolumbien und an die allgemeine Erhebung der spanischen Kolonien zu finden. Eine erste Erhebung 1810/1811 konnte Spanien noch im Keime ersticken. Erst nach der Trennung von Venezuela, Kolumbien und Ecuador von Spanien unter Führung von Simón Bolivar erklärten die spanischen Provinzen in Mittelamerika am 28. November 1821 ihre Unabhängigkeit. Panama schloß sich damals Kolumbien, dem früheren Neu-Granada an.

Die mittelamerikanischen Staaten stellten in der ersten Hälfte des 19. Jahrhunderts keine großen Machtfaktoren dar, und so gab es in diesem Raum nach dem Verzicht Mexikos auf die Gebiete Nordamerikas westlich von Lousiana eine gewisse Rivalität zwischen den Vereinigten Staaten und Großbritannien. Britisch-Honduras (Belice) war schon lange englische Kolonie, und das Gebiet der Mosquito-Indianer an der karibischen Seite Nicaraguas nördlich der Mündung des San Juan war praktisch Londoner Protektorat. Dies war deshalb um so bedeutsamer, weil ja der Weg über den San Juan und Nicaragua damals als die beste Linie für einen Kanal durch Mittelamerika galt.

Zeitweilig hatten britische Truppen 1848 Greytown an der Mündung des San Juan besetzt. Dieses britische Engagement in Mittelamerika stieß in Kolumbien im Hinblick auf den Isthmus von Panama auf Unbehagen, das mit persönlichen Aktivitäten des amerikanischen Geschäftsträgers B. A. Bidlack zusammentraf. Es kam am 12. Dezember 1846 zu einem Vertrag, wonach Kolumbien den Vereinigten Staaten das exklusive Transitrecht über den Isthmus von Panama „über jegliche Verkehrswege, die gegenwärtig bestehen oder möglicherweise in Zukunft konstruiert werden", einräumte. Demgegenüber garantierten die Vereinigten Staaten „absolut und wirksam" sowohl die völlige Neutralität des Isthmus als auch die Souveränitätsrechte Kolumbiens in diesem Gebiet. Dieser Vertrag stieß in den Vereinigten Staaten auf wenig Interesse und wurde erst nach Entsendung eines Sonderbotschafters von Kolumbien nach Washington 1848 ratifiziert. Zugleich wurde der Vertrag aber die Basis für den Bau der Eisenbahn durch Panama.

Die Meinungsverschiedenheiten zwischen Großbritannien und den Vereinigten Staaten wurden hinsichtlich der Interessen im karibischen Raum durch einen Vertrag zwischen beiden Staaten 1850 beigelegt. 1849 hatte Großbritannien einen neuen Botschafter in die Vereinigten Staaten entsandt, H. L. Bulwer, der auch bald das Thema der gegenseitigen Beziehungen im karibischen Raum aufgriff. Im Clayton/Bulwer-Vertrag vom 19.04.1850 verpflichteten sich beide Länder, auf eine eigenständige Kontrolle über eine Kanalroute zu verzichten, keine Befestigungsanlage auf dieser Route zu bauen, über keinen Teil Mittelamerikas ihre Herrschaft auszuüben und die Neutralität eines zukünftigen Kanals zu garantieren [2].

Trotz dieses Vertrages gab es auch in den folgenden Jahren Auseinandersetzungen, wobei nach einem tätlichen Angriff auf den amerikanischen Geschäftsträger in San Juan del Norte (Greytown) und Weigerung der Briten zu einer Genugtuung die Stadt von einer amerikanischen Korvette beschossen wurde. Insgesamt war es aber zu einer Regelung der gegenseitigen Interessen zwischen den Briten und den Vereinigten Staaten gekommen.

5 Der Bau des Kanals unter Ferdinand Lesseps 1878–1889

5.1 Entscheidung für einen Bau bei Panama

Vicomte Ferdinand de Lesseps kam – wie seine Vorfahren – aus dem diplomatischen Dienst Frankreichs, und er hatte sich schon immer für den Bau eines Suez-Kanals interessiert. Er hatte den späteren Vizekönig von Ägypten Mohammed Said schon als kleinen Jungen kennengelernt und war mit ihm befreundet. Aufgrund dieser Freundschaft war es zu einem Besuch von Lesseps in Ägypten gekommen, bei dem er Said Pascha von der Zweckmäßigkeit eines Suezkanals überzeugen konnte. Obwohl Lesseps keinerlei technische Ausbildung besaß und in Verwaltungs- und Finanzdingen über keine großen Erfahrungen verfügte, wurde ihm trotzdem die Leitung des Unternehmens übertragen. Dank seiner diplomatischen Fähigkeiten, seines persönlichen Charmes, seiner Energie, seines Arbeitseinsatzes und seiner Überredungskunst wurde unter seiner Oberleitung der Suezkanal vollendet, und 1870 stand er auf dem Höhepunkt eines weltweiten Ansehens.

Trotz der Niederlage im deutsch-französischen Krieg 1870/71 gab es in Paris schon bald wieder reges wirtschaftliches und geistiges Leben. Allgemein herrschte großes Interesse an den Dingen der Welt, und ein Forum für diese geistige Bewegung war die Sociéte de Géographie de Paris. Auf einem internationalen Kongreß dieser Gesellschaft erklärte Lesseps 1875 erstmals öffentlich sein Interesse an einem interozeanischen Kanal in Mittelamerika. Er wies dabei auf die beiden aus seiner Sicht entscheidenden Probleme hin, nach der zu wählenden Route und der Art eines Kanals, ob es sich um einen Seespiegelkanal oder einen Schleusenkanal handeln solle. Lesseps äußerte dabei seine persönliche Überzeugung, daß es sich um einen Seespiegelkanal handeln müsse, und ohne genaue Kenntnis der tatsächlichen Verhältnisse war man aufgrund der Persönlichkeit Lesseps der Überzeugung, so müsse es sein [3].

Bald darauf erwarb England die finanzielle Kontrolle über den Suez-Kanal, und wenn Lesseps auch noch Leiter der Gesellschaft war, so war sein Einfluß doch wesentlich geringer geworden. Inzwischen lagen auch die Ergebnisse der oben erwähnten Vermessungsarbeiten, die Präsident Grant in Auftrag gegeben hatte, vor, nach denen die amerikanische interozeanische Kanalkommission sich einstimmig für einen Kanal in Nicaragua entschieden hatte, der aufgrund der örtlichen Situation nur ein Schleusenkanal sein konnte. Kurze Zeit nach dieser Entscheidung berief die Societe de Geographie de Paris einen großen internationalen Kongreß ein, der den Bau eines zentralamerikanischen Kanals wissenschaftlich prüfen sollte. Es hieß dabei, die amerikanischen Bemühungen seien unzureichend gewesen.

Der ursprüngliche Plan der Geographischen Gesellschaft sah eine Reihe grundlegender Forschungs- und Vermessungsreisen vor, die ein französisch-amerikanisches, völlig neutrales Unternehmen unter Beteiligung entsprechender Wissenschaftler ausführen sollte. Noch während der Vorarbeiten hatte sich aber in Paris das sogenannte „Türr-Syndikat" gebildet, dessen offizielle Bezeichnung lautete: „Société Civile Internationale du Canal Interocéanique de Darien". Diese Gesellschaft hatte ein Grundkapital von 300 000 Franc, deren Hauptanteilseigner die drei Aufsichtsratsmitglieder General Türr, der Bankier Reinach und der Kapitänleutnant Wyse waren. Dieses Syndikat bot sich an, alle notwendigen Untersuchungen, Forschungen usw. für einen Kanalbau in Mittelamerika auszuführen. Nach Einholen einer Genehmigung, Forschungen auf kolumbianischem Territorium durchzuführen, wurde Anfang November 1876 eine Expedition unter Leitung von Wyse nach Panama entsandt. Er hatte den Auftrag eine Kanalroute zu finden und zu vermessen, die im Bereich von Darien, also östlich der Eisenbahnlinie, Panama kreuzte. Diese Expedition kehrte sechs Monate später zurück und war völlig entmutigt. Jeder litt unter Malaria, zwei Mann der 17köpfigen Expeditionsgruppe starben im Dschungel, ein dritter auf der Heimreise, Wyse war völlig abgemagert und bedeckt von winzigen Insektennarben.

Es war ihm zwar gelungen, den Isthmus in entsprechendem Abstand von der Eisenbahnlinie zu überqueren, aber das Ergebnis seiner Arbeiten lautete, daß nur ein Kanal mit einem nicht weniger als 14 km langen Tunnel möglich wäre.

Dieses Ergebnis war völlig unbefriedigend. Lesseps als Vorsitzender des Initiativkomitees der Société erklärte nach Anhörung von Wyse, er werde nur einem Kanal in Meereshöhe zustimmen, er sollte keine Schleusen und keinen Tunnel erhalten. Er wisse nun auch, wo dieser Kanal zu bauen sei, nämlich im Bereich der Eisenbahn. Wyse und seine Mitarbeiter wurden erneut nach Mittelamerika entsandt und Lesseps äußerte, wenn sie mit einem günstigen Bericht über einen Kanal in Meereshöhe auf dieser Route zurückkommen, würde er sich dafür einsetzen.

Wyse fuhr erneut nach Panama und überzeugte sich – bei nur halbherzigen Anstrengungen, da er die Meinung von Lesseps kannte –, daß bei San Blas – also östlich der Bahnlinie – ein Kanal ohne einen Tunnel nicht zu bauen war. Wyse begab sich unverzüglich nach Bogotá und erlangte am 22.03.1878 die Konzession für den Bau eines Kanals. Seine Mitarbeiter sollten in derselben Zeit parallel zur Eisenbahnlinie die Trasse für einen Kanal vermessen. Nach vorliegenden Berichten ist dies aber eher ein Spaziergang durch den Urwald, der wegen Erkrankungen vorher abgebrochen werden mußte, gewesen, als eine Vermessung.

Im Anschluß an seine Panama-Reise führte Wyse noch eine Fahrt nach Nicaragua durch. Mit dem Schiff fuhr er den San Juan aufwärts und überquerte den Nicaragua-See. Von dort folgte er dem von den Amerikanern geschlagenen Weg durch den Urwald, den diese für ihre Vermessungsarbeiten benutzt hatten. Abgesehen von der Entnahme einiger Gesteinsproben führte Wyse aber keine besonderen Vermessungen mehr durch. Im nachhinein betrachtet hat Wyse zwar eine örtliche Information unternommen, aber Material über die örtliche Situation, das jeglicher Kritik standhalten konnte, hatte er nicht geschaffen.

Sein großer Erfolg war die Konzession. Danach gewährte Kolumbien der Société Civile – Türrsyndikat – das ausschließliche Recht mit einer Gültigkeit von 99 Jahren, einen Kanal über den Isthmus von Panama zu bauen. Die Gesellschaft hatte bis spätestens 1882 eine Garantiesumme von 750 000 Francs bei einer Londoner Bank zu hinterlegen. Weiter wurde durch eine internationale Kommission aus qualifizierten Ingenieuren eine Vermessung gefordert, zwei Jahre standen für die Organisation einer Kanalgesellschaft und schließlich 12 Jahre zum Bau des Kanals zur Verfügung. Die Kanalgesellschaft hatte innerhalb der ersten 25 Jahre 5 % der Bruttoeinnahmen, für die folgenden 25 Jahre 6 %, für die dann folgenden 25 Jahre 7 % und für die letzten Jahre der Konzession 8 % jährlich zu zahlen. Ein Mindestbetrag über 250 000 Dollar jährlich war zudem vereinbart. Die Konzession umfaßte 500 000 ha staatliches Land mit einem je 200 m breiten Landstreifen seitlich des Kanals. Die Endhäfen und der Kanal selbst wurden auf immer für neutral erklärt.

Nach Ablauf der 99 Jahre sollte der Kanal an Kolumbien fallen. Schließlich durfte zwar die Konzession an andere Einzelpersonen oder Gesellschaften übertragen werden, aber eine Übertragung an einen fremden Staat war ausgeschlossen. Es blieb schließlich der Gesellschaft überlassen, sich mit der Panamabahn über deren Rechte und Privilegien zu einigen.

Der in der Konzession geforderte internationale Kongreß fand im Mai 1879 in Paris unter Leitung von Lesseps statt. Lesseps hatte sich persönlich um jede einzelne Einladung und um den genauen Ablauf der Veranstaltung gekümmert. Es sollte nichts dem Zufall überlassen werden. Insgesamt waren 22 Staaten mit 136 Delegierten

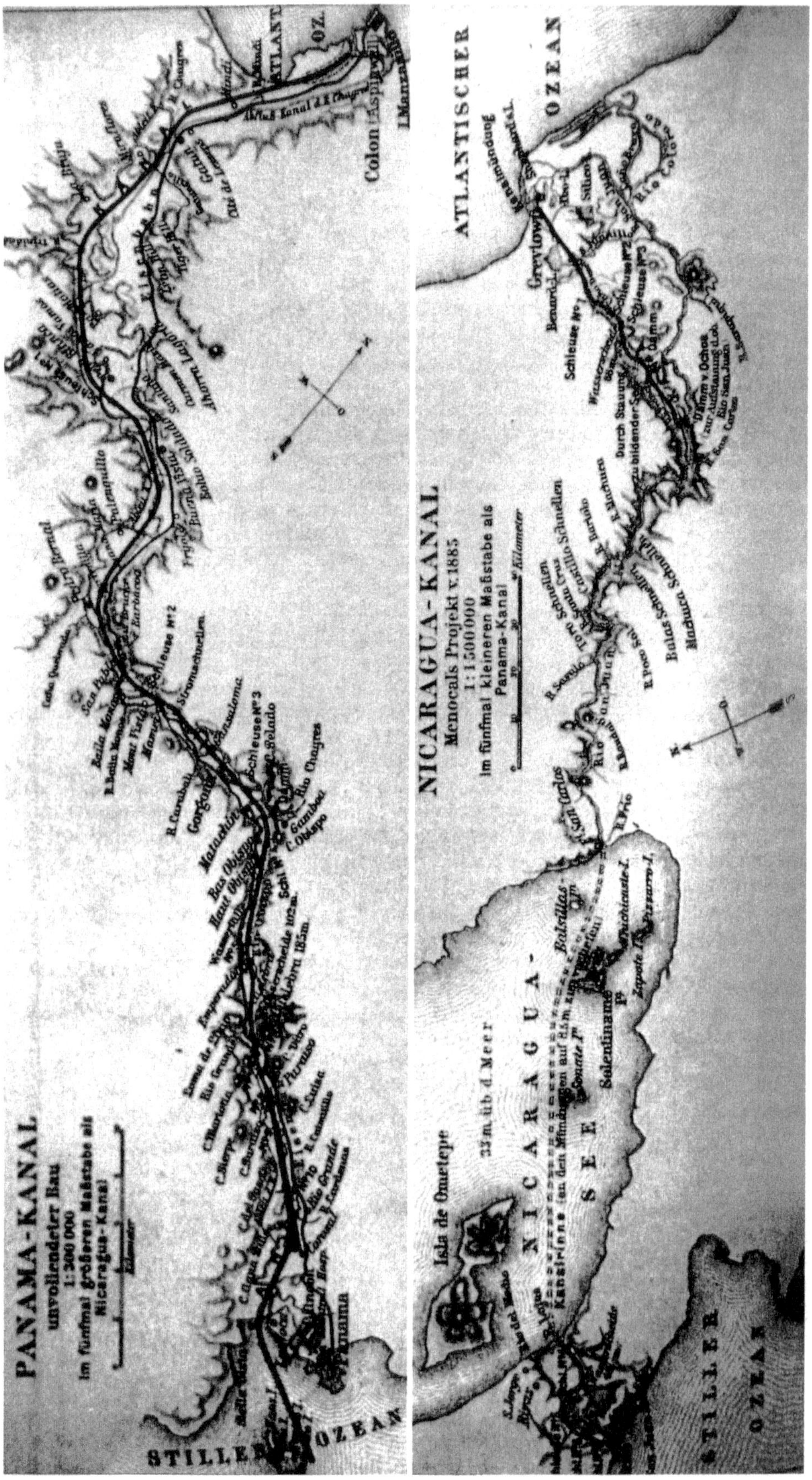

Abb. 2. Historische Pläne für einen Seeschiffahrtskanal in Panama und Nicaragua nach Meyers Lexikon 1888

vertreten. Neben Lesseps und Wyse waren die Delegierten der Vereinigten Staaten, die persönlich eine echte Vermessung sowohl in Panama wie in Nicaragua ausgeführt hatten, die wichtigsten Teilnehmer. Schon am zweiten Tage kam es zu einer Sensation. Der amerikanische Delegierte Menocal legte anhand von exakten Plänen und Berechnungen dar, daß ein Kanal durch Nicaragua 65,6 Mio. Dollar, rd. ein Drittel weniger als ein Kanal durch Panama kosten würde (Abb. 2). Aufgrund der örtlichen Situation unter Einbeziehung des Nicaragua-Sees schied ein Seespiegelkanal in Nicaragua aus. Auch für Panama planten die Amerikaner einen Schleusenkanal, der mit Schleusentreppen von je 12 Schleusen auf der karibischen und pazifischen Seite in 38 m Höhe ü. M. den Isthmus von Panama kreuzen sollte. Entscheidend hierbei war, daß Menocal ausführte, daß das größte Problem des Kanalbaus in Panama der Rio Chagres sei (Abb. 3).

Er selbst, so führte er aus, habe erlebt, wie dieser Fluß innerhalb weniger Stunden zu einem reißenden Strom werden könnte, und jeder Kanalbau müsse den Chagres mindestens einmal kreuzen. Er sah deshalb den Bau einer Kanalbrücke von 460 m Länge vor.

Den präzisen Angaben der Amerikaner hatte Wyse nichts Gleichwertiges entgegenzusetzen. Sein Plan sah einen schleusenlosen Kanal vor, der in einem Tunnel die Cordilleren unterqueren sollte. Weder für die Kreuzung des Rio Chagres, noch den Gezeiteneinfluß des Pazifik hatte er eine Lösung parat. Seine Kostenermittlung kam trotz der völlig anderen Konstruktion auf dieselbe Größenordnung wie die der Amerikaner. Wenn an diesem Tage über die technische Lösung abgestimmt worden wäre, hätte mit großer Wahrscheinlichkeit die Entscheidung Nicaragua gelautet.

Aufgrund der betrieblichen Erfahrungen und der technischen Möglichkeiten eines Seespiegelkanals wegen des geringen Tidehubs am Suezkanal war Lesseps von der Idee eines schleusenlosen Kanals überzeugt. Etwas anderes kam für ihn nicht in Betracht. Ein Kanal durch Panama war sozusagen die französische Route und eine andere Lösung war für ihn nicht denkbar. So setzte er hinter den Kulissen alle Hebel in Bewegung, um möglichst viele Delegierte von der Route in Panama zu überzeugen. Wyse überarbeitete seinen Plan noch einmal und berücksichtigte nun für den Rio Chagres einen Umlaufkanal, und zur Bewältigung des Tidehubs sah er eine Gezeitenschleuse vor. Diese Schleuse sollte wesentlich größer werden als eine normale Kammerschleuse, und man muß sie sich als einen längeren Kanalabschnitt mit zwei Sperrtoren vorstellen. Im technischen Ausschuß kam es zu harten Kontroversen. Erstmals wurde auch die Frage der Erdbebengefährdung in Nicaragua angesprochen.

Bei der Abstimmung enthielt sich der amerikanische Abgeordnete Daniel Ammen der Stimme und erklärte, nur ausgebildete Ingenieure sollten bei einem solchen Projekt stimmberechtigt sein. Insgesamt stimmten für die Durchführung des Kanals in Panama als Seespiegelkanal 74 Delegierte, 8 stimmten dagegen, 16 enthielten sich der Stimme und 38 Delegierte waren abwesend. Die Abstimmung war ein voller Erfolg für Lesseps.

Wenn man heute über diese damalige Entscheidung nachdenkt, berücksichtigt man immer, mit was für einem Fiasko der französische Kanalbau endete. Versetzt man sich aber in die Lage derer, die damals nach ihrer Meinung gefragt wurden, wird man nachdenklicher. Mit einer Gezeitenschleuse hätte man zweifellos das Tideproblem beherrschen können, und ein Ableitungskanal für den Rio Chagres muß jedem, der nicht vor Ort die Verhältnisse erlebt hat, denkbar erscheinen. Was Erdbebengefährdung bedeutete, war schon damals bekannt und mag manchen bewogen haben, sich für Panama zu entscheiden. Alle nicht technisch ausgebildeten Teilnehmer, und das war die Mehrzahl, hatten keine Vorstellung, was ein Einschnitt von bis zu rd. 100 m Tiefe auf rd. 30 km Länge für Risiken mit sich brachte.

5.2 Der Kampf im Urwald gegen Schlamm, Fieber und Seuchen

Die Beschaffung der Mittel für den Bau des Panama-Kanals machte zunächst große Schwierigkeiten. Eine erste Aktienemission war ein Schlag ins Wasser. Lesseps ließ sich aber nicht beirren, er fuhr persönlich nach Panama und informierte sich an Ort und Stelle. Anschließend erklärte er, der Bau des Kanals werde nicht mehr als 131 720 000 Dollar kosten. Er schaltete dann den Vizepräsidenten der mächtigen Franko-Ägyptischen Bank ein, den er mit der Emission der Aktien beauftragte. Das Kapital der Gesellschaft wurde auf 60 000 000 Dollar sicherheitshalber begrenzt. Eine Subventionierung von Zeitungen sorgte zudem für ein ausgesprochen positives Klima. Am 7. Dezember 1880 begann die Aktienemission und innerhalb von drei Tagen hatten über 100 000 Personen 1 206 609 Aktien gezeichnet. Das war mehr als das Doppelte dessen, was benötigt wurde, und die Beschränkung des Kapitals in der Sorge, man könne nicht genug Zeichner der Aktien finden, erwies sich als völlig unbegründet. Im Gegenteil, es wäre klug gewesen zu einer Zeit, als die Idee des Baus des Panama-Kanals hoch in der Gunst der Bevölkerung stand, über ein größeres Kapital zu verfügen, als später zusätzliche Aktien unter wesentlich erschwerten Konditionen verkaufen zu müssen.

Am 1. Februar 1881 begannen die Arbeiten. Es zeigte sich, daß vor Ort alles viel, viel schwieriger war, als theoretisch erwartet. Fast alles mußte improvisiert werden, mit exakten Berechnungen war wenig zu erreichen.

Die in Suez gesammelten Erfahrungen waren im Sandboden bei größten Geländehöhen von 15 m und einem jährlichen Niederschlag von etwa 230 mm gemacht worden. In Panama traten immer wieder kleinere steile Berge auf, und in der Wasserscheide lag der Culebra-Einschnitt. Wie oben dargestellt, beträgt die Niederschlagshöhe in

Abb. 3. Rio Chagres

Abb. 4. Urwald am Rio Chagres

Panama etwa das 20- bis 25fache von Suez, und während das Klima in Ägypten zwar heiß, aber trocken ist, beträgt die mittlere Luftfeuchtigkeit in Panama 98 %. Es lagen kaum Bohrergebnisse vor, und wie ich selbst gesehen habe, ist der Boden, und das bei den ungeheuren Niederschlägen, nahezu undurchlässig. Das Wasser, das bei der Hitze nicht verdunstete, mußte oberflächlich abgeleitet werden. Auch heute noch steht in ebenen Bereichen rechts und links der Straße zwischen den Bäumen das blanke Wasser. Abgesehen von der so mühsam gebauten Eisenbahn gab es damals nichts. Jedes Werkzeug, jede Baumaschine, jegliches Baumaterial, alles mußte unter ungeheuren Mühen durch den Schlamm des Dschungels zur Baustelle geschafft werden (Abb. 4).

Als erste Maßnahme wurde ein 15 m breiter Streifen in der geplanten Trasse frei gemacht und für entsprechende Einrichtungen für die Arbeiter und Angestellten gesorgt. Auf hohen Betonpfeilern zum Schutz gegen Ratten usw. wurden qualitativ gute Baubaracken errichtet und für Spitäler gesorgt.

Ein den Franzosen sehr kritisch gegenüberstehender Arzt, der sich kurz vorher in Panama niedergelassen hatte, schrieb: „Die Kanalkrankenhäuser auf der Panama-Seite bilden ohne Zweifel das beste und perfekteste Krankenhaussystem, das es je in den Tropen gab." Diese Aussage zeigt, daß man schon zu Beginn der Arbeiten die gesundheitlichen Probleme nicht ignoriert hat und Vorwürfe, die Franzosen hätten, was die gesundheitliche Seite angeht, leichtfertig gehandelt, nicht gerechtfertigt sind. Das Krankenhaus in Ancon kostete 5,6 Mio. Dollar, eine zu jener Zeit astronomische Summe.

Nach einer englischen Darstellung war Panama hinsichtlich seines Klimas die Hölle auf Erden. Durch die hohe Luftfeuchtigkeit waren Eisen und Stahl in wenigen Stunden vom Rost verfärbt. Bücher, Schuhe, Gürtel, Rucksäcke, Instrumentenbehälter, alles schimmelte über Nacht. Geleimte Möbel fielen in sich zusammen. Kleider wurden nur selten trocken. Die Leute von der Baustelle kamen bis auf die Haut von Regen und Schweiß durchnäßt von der Arbeit und mußten am nächsten Morgen wieder in denselben Kleidern anfangen, die noch ebenso naß waren wie am Abend zuvor.

Im Baustellenbetrieb machte die noch in amerikanischer Hand befindliche Eisenbahn erhebliche Schwierigkeiten. Es blieb der französischen Kanalgesellschaft nichts anderes übrig, als trotz eines weit überhöhten Preises mit Gesamtkosten von mehr als 20 Mio. Dollar die ganze Bahn zu kaufen. Damit war, ohne auch nur eine nennenswerte Leistung vor Ort, schon fast ein Drittel des zur Verfügung stehenden Kapitals ausgegeben!

Mit Beginn der Regenzeit 1881 setzte auch das Auftreten von Gelbfieber ein. So wird z. B. berichtet, daß von einer Gruppe von 22 Mann, die Vermessungen am oberen Chagres auszuführen hatte und des Fiebers wegen nach wenigen Wochen umkehren mußte, 20 ins Krankenhaus kamen, von denen 10 starben. Von den beiden Ingenieuren, die sich nicht krank fühlten, starb einer einen Tag später in wenigen Stunden. Es ist ungewiß, wieweit jeweils Malaria und Gelbfieber Krankheitsursachen waren. Wenn einer Gelbfieber überstanden hatte, wurde er nicht erneut befallen, während man an Malaria immer wieder erkranken kann. Seinerzeit war man sich auch noch nicht über die Ausbreitung des Gelbfiebers im klaren. Man glaubte, es handele sich wie um einen Pesthauch, der aus dem Urwald käme, und man müsse sich davor z. B. durch weitgehendes Schließen der Fenster in den Unterkünften nachts schützen. Es gab zwar erste Berichte, wonach von Moskitos Krankheiten übertragen werden könnten, aber diese wurden nicht ernst genommen.

Man ging davon aus, daß Malaria und Gelbfieber aus der Luft kämen, die Seuche also vom Wind abhinge, und alle Gefahren ganz besonders von Dünsten aus Teichen und Sümpfen ausgingen. Dementsprechend sei auch nicht jedermann gleichermaßen gefährdet. Man nahm an, daß die Überlebenschance in einem direkten Verhältnis zur moralischen Stärke eines jeden stände. Besonders in den Vereinigten Staaten bestand die Auffassung, daß die Sterblichkeit der Franzosen vor allem ihrer moralischen Dekadenz zuzuschreiben sei.

Wie bei allen großen Unternehmen, bei denen keine ganz besonders straffe Ordnung auch nach Feierabend durchgesetzt wurde, blühten auch in Panama das Glücksspiel und andere Laster. Daß gerade bei den schwierigen

Trinkwasserverhältnissen und den französischen Lebensgewohnheiten Wein in großem Umfang verbraucht wurde, versteht sich von selbst. Insgesamt waren zu dieser Zeit Menschen aus allen Ländern der Erde in Panama vertreten. Die Masse der Arbeiter waren aber englischsprechende Schwarze aus Mittelamerika oder den Vereinigten Staaten. Hinzu kam ein großer Teil von Maschinisten und Geräteführern, die gleichfalls aus den Vereinigten Staaten kamen. So war viel mehr Englisch die Sprache auf der Baustelle als Französisch.

Die eigentlichen Erdarbeiten begannen im Januar 1882. Eine französische Firma hatte den Generalauftrag übernommen und einen Unterauftrag für die Arbeiten auf der karibischen Seite einer amerikanischen Firma übertragen. Mehrere kleinere Unternehmen begannen an anderen Stellen der Trasse.

Die hauptsächlichen Geräte waren Dampflöffelbagger, Lorenzüge, Spitzhacke und Schaufel. Aber noch im selben Jahr zog sich der französische Generalunternehmer zurück, und auch andere leitende Herren verließen Panama, zum Teil einfach, weil sie sich nicht in der Lage sahen, der Unordnung auf der Baustelle Herr zu werden. So hatte z. B. jede Firma für ihren Feldbahnbetrieb andere Spurweiten, und es war eine ungeheure Vielfalt von guten Geräten. Doch paßte nichts zueinander. Dank der Persönlichkeit von Lesseps wurden aber alle Probleme, selbst ein Erdbeben, überspielt. Auswirkungen auf die Kurse der Aktien der Panama-Kanal-Gesellschaft gab es zunächst nicht. Die Arbeiten wurden fortan unter Leitung der Kanal-Gesellschaft von einer Reihe kleinerer Unternehmen ausgeführt. Es ist wahrscheinlich, daß die französische Firma deshalb aufgegeben hat, weil sie die großen Probleme und Risiken der Arbeiten in Panama erkannt hatte.

1883 übernahm der französische Ingenieur J. I. Dingler die Leitung vor Ort. Es gelang ihm eine gewisse Straffung der Arbeiten, und er stellte auch den ersten und einzigsten endgültigen Plan der Franzosen für den Kanalbau auf. Er sah einen Seespiegelkanal mit einer Tiefe von 9 m, einer Sohlenbreite von 22 m und 27,5 m Wasserspiegelbreite im Culebra-Einschnitt vor. Oberhalb des Wasserspiegels sollten die Böschungsneigungen 1 : 1 betragen. Die Kanallänge war mit 72 km angegeben, und mittels einer Gezeitenschleuse auf der pazifischen Seite sollte ein gleichbleibender Wasserstand im Kanal gehalten werden. Um den Chagres zu beherrschen, sollte ein großer Erddamm bei Gamboa, das ist die Stelle, an der der Chagres sich mit dem Kanal vereinigt, gebaut werden. Es hat aber nie einen Plan gegeben, wie dieser Damm nun aussehen sollte. Man sprach nur von einer Höhe von 48 m. Man schob das Problem vor sich her in der Hoffnung, es würde sich schon eine Lösung finden.

Im Culebra-Einschnitt wurde nach Herstellung entsprechender Trassen mit auf Schienen laufenden Eimerkettenbaggern der Aushub getätigt und das Material in Feldbahnzügen zur Kippe gefahren. In der Trockenzeit blieb das Material auch liegen, aber in der Regenzeit war der Teufel los. Weder im Einschnitt noch auf der Kippe hielten sich die Böschungen. Es gab immer und immer wieder Rutschungen, und statt der geplanten Böschungsneigung von 1 : 1 schien eine Böschungsneigung von 1 : 4 oder noch flacher erforderlich zu werden. Wenn man sich vor Augen hält, was eine Vergrößerung der Böschungsneigung von 1 : 1 auf 1 : 4 bei einem 100 m tiefen Einschnitt bedeutet, wird einem bewußt, in welch ausweglose Situation die Kanalgesellschaft geriet. Statt daß sich mit der Zeit die Schwierigkeiten besser meistern ließen, wuchsen die Probleme mit jedem Meter des tieferen Einschnitts.

Auch die gesundheitliche Situation fand keine Besserung. Besonders hart wurde der Chefingenieur Dingler getroffen, der innerhalb von wenigen Monaten Tochter, Schwiegersohn und schließlich seine Frau in Panama zu Grabe tragen mußte. Er selbst blieb weniger als zwei Jahre am Isthmus. Die Aufnahme in ein Hospital entsprach in Panama fast einem Todesurteil, und insbesondere viele Schwarze, die erkrankten, ließen sich nicht in ein Krankenhaus einweisen. So ist es nicht möglich, die genaue Zahl der Toten anzugeben. Man schätzt, daß es zwischen 20 000 und 22 000 gewesen sind.

5.3 Der Zusammenbruch der französischen Kanalgesellschaft

Etwa ab 1885 mehrten sich die Stimmen, den Gedanken eines Seespiegelkanals aufzugeben und statt dessen zunächst einen Schleusenkanal mit je fünf Schleusen zu bauen (Abb. 2). Die Überlegung ging dahin, die auf der karibischen Seite mit gutem Erfolg eingesetzten Eimerkettenschwimmbagger auch auf oberen Kanalhaltungen einzusetzen, um so unter Verkehr Haltung für Haltung tiefer zu legen und so die Fortsetzung der Arbeiten durch die einzunehmenden Abgaben zu finanzieren. Lange konnte Lesseps sich mit diesen Ideen nicht anfreunden, und trotz der rapide dahin schmelzenden finanziellen Mittel zeigte er nach außen strahlenden Optimismus und verkündete, innerhalb weniger Jahre werde der Kanal fertiggestellt sein. Hätte er rechtzeitig den Mut gehabt, die Planung auf einen Schleusenkanal umzustellen, wäre ihm trotz der schweren Menschenverluste und der baulichen Probleme der Zusammenbruch der Kanalgesellschaft wohl erspart geblieben. Als die Beschaffung weiterer Mittel durch neue Schuldverschreibungen immer schwieriger wurde, bemühte sich die Kanalgesellschaft, Obligationen in Form einer Lotterie zu vergeben. Nach langem Mühen stimmte die französische Regierung endlich im Sommer 1888 dieser Lotterie zu.

Es war aber zu spät. Trotz intensiver Öffentlichkeitsarbeit, die nicht unerheblicher finanzieller Unterstützung durch die Gesellschaft bedurfte, konnte die Lotterie nicht mehr untergebracht werden. Die Gesellschaft mußte am 14.12.1888 den Konkurs anmelden. Viele französische Kleinaktionäre verloren ihr Vermögen, und es kam noch 1891 zu einem parlamentarischen Untersuchungsausschuß, einem Rücktritt der französischen Regierung und entsprechenden Prozessen. Insgesamt hat der französische Versuch, einen Panama-Kanal zu bauen, 1 435 000 000 Francs gekostet, geleistet wurden rd. 50 Mio. m^3 an Bodenbewegung.

Bemerkenswert bei dem Versuch, den Panama-Kanal als Seespiegelkanal zu bauen, sind die großen planerischen Parallelen zum Suez- und Nord-Ostsee-Kanal [4]. Wie beim Panama-Kanal hatte der Bau des Suez-Kanals vor seinen Erweiterungen eine Sohlenbreite von 22 m und entsprechend den damals noch kleineren Schiffen eine Tiefe von 7,9 m. Der Nord-Ostsee-Kanal, dessen Bau 1886 begonnen wurde, hatte gleichfalls eine Sohlenbreite von 22 m, aber wie beim Panama-Kanal eine Wassertiefe von 9 m. Auch der Nord-Ostsee-Kanal ist ein Seespiegelkanal, und seine Schleusen in Holtenau sollten in der Regel offen sein. Wegen des Tideeinflusses an der Elbe war es von jeher selbstverständlich, daß in Brunsbüttel geschleust werden müßte. Die Praxis hat gezeigt, daß auch in Holtenau ein regelmäßiges Schleusen stattfindet. Auch Eimerkettenbagger auf Schienen laufend, die von entsprechenden Terrassen aus den Erdaushub tätigten, gab es am Nord-Ostsee-Kanal und schließlich waren am Suez-Kanal, am Panama-Kanal und am Nord-Ostsee-Kanal schwimmende Eimerkettenbagger in Betrieb, die vom Oberturas das Baggergut über ein etwa 50 m langes Spülrohr auf die Kanalseiten beförderten.

6 Der Bau des Kanals unter der Leitung der Vereinigten Staaten

6.1 Die Zeit der Vorarbeiten bis 1903

Trotz des Fehlschlages von Lesseps für den Bau eines Kanals in Mittelamerika hat es auch nach 1888 nicht an Stimmen gefehlt, ein solches Werk auszuführen. In Paris war nach dem Konkurs eine neue Panama-Gesellschaft gegründet worden, die nicht nur das Eigentum der alten Gesellschaft übernommen hatte, sondern die außerdem auch im Besitz einer neuen Konzession für den Bau eines Kanals war, die ihr zur Vollendung mehr Zeit zur Verfügung stellte. Unabhängig von Panama hatte sich in den Vereinigten Staaten eine Kanalgesellschaft für den Bau eines Kanals in Nicaragua gebildet, die, ohne wesentliche Arbeiten zu leisten, aus finanziellen Gründen auch wieder hatte schließen müssen. So hatte es sich gezeigt, daß ein solcher Kanal nur als öffentliche Aufgabe, also unter staatlicher Finanzierung, gebaut werden konnte.

Die Überzeugung, daß ein Kanal in Mittelamerika, möglichst in Nicaragua, von großer Bedeutung wäre, bestand vor allem in den Vereinigten Staaten. Diese zunächst theoretischen Überlegungen wurden untermauert durch die Erfahrungen im spanisch-amerikanischen Krieg 1898, in dem sich das Fehlen eines Kanals als außerordentlich nachteilig gezeigt hatte. Es wurden deshalb intensive Vorarbeiten für einen Kanalbau in Nicaragua geleistet, und ein entsprechender Gesetzentwurf wurde am 9. Januar 1902 im Repräsentantenhaus der Vereinigten Staaten mit 308 : 2 Stimmen beschlossen.

Gefühlsmäßig neigten die Amerikaner zu einem Kanal in Nicaragua, dies war sozusagen „ihr" Kanal, während in Gedanken Panama ein gewisser Makel anhaftete. Bemerkenswert ist aber, daß der Bericht der amerikanischen Kommission, der sich mit den Möglichkeiten eines Kanals in Mittelamerika auseinandersetzte, sich nur wegen zu hoher Entschädigungsforderungen der neuen Panama-Gesellschaft für die alten Anlagen gegen Panama aussprach. Der neuen Panama-Kanal-Gesellschaft gehörte nahezu das gesamte für den Bau eines Kanals notwendige Gelände, die Panama-Bahn, eine Vielzahl von Baggern, Gebäuden und sonstigen Geräten. Außerdem waren ihre Aktivposten die wiederverwertbaren schon geleisteten Erdarbeiten und die neue Konzession.

Es sollte aber nicht bei dieser Entscheidung bleiben. Die Route über Panama hatte eine eigene Lobby, und hier war der schon unter Lesseps beim Bau des Panama-Kanals tätige Philippe Bunau-Varilla sehr aktiv. Er erreichte, daß die neue französische Gesellschaft sich bereit erklärte, für 40 000 000 Dollar, gegenüber einem ursprünglich zur Diskussion stehenden Wert von 109 000 000 Dollar, alle Rechte und Ansprüche in Panama an die Vereinigten Staaten zu verkaufen.

Der Meinungsstreit in den Vereinigten Staaten für einen Kanal in Panama oder in Nicaragua wogte hin und her. Die Planung für einen Kanal in Panama hatte sich inzwischen voll von einem Seespiegelkanal gelöst und sah das Aufstauen des Chagres in einer Form vor, daß ein großer Binnensee entstehen sollte, der weitgehend den Schiffahrtsweg aufnehmen würde. Schleusen auf der karibischen und pazifischen Seite sollten den Auf- und den Abstieg zu diesem See schaffen. Wesentliches Argument für Panama und gegen Nicaragua wurde schließlich die Gefährdung durch Erdbeben und Vulkane. Wie sich 1882 gezeigt hatte, ist Panama auch nicht frei davon. In Nicaragua sind aber von den 14 im Land vorhandenen Vulkanen noch acht tätig, und die Schreckensmeldung von der Explosion des Mont Pelée auf der Insel Martinique, bei der am 8. Mai 1902 die Stadt St. Pierre mit 30 000 Menschen innerhalb von zwei Minuten völlig vernichtet wurde, blieb in der entscheidenden Abstimmung nicht ohne Einfluß. Ein Hauptbefürworter eines Kanals in Panama war der Senator Hanna, der seine Meinung wie folgt begründete:

„1. Wäre ein Panama-Kanal von Ozean zu Ozean um 216,56 km kürzer.
2. Hätte er erheblich weniger Krümmungen aufzuweisen.
3. Wäre die Durchfahrt unter Dampf um mehr als die Hälfte kürzer als in Nicaragua – 12 Stunden statt 33.
4. Würden in Panama weniger Schleusen benötigt.
5. Besitze Panama bessere Häfen.
6. Sei Panama der Zivilisation schon lange erschlossen.
7. Besitze Panama eine Eisenbahnlinie, die in jeder Hinsicht perfekt sei.
8. Würde der Betrieb eines Panama-Kanals weniger kosten.
9. Seien alle technischen und praktischen Fragen, die sich beim Bau des Panama-Kanals stellen würden, zufriedenstellend gelöst."

Am 19. Juni 1902 entschied der amerikanische Senat mit 42 Stimmen für und 34 Stimmen gegen den Bau eines Panama-Kanals. Am 26. Juni 1902 wurde die vom Senat verabschiedete Vorlage mit einer Mehrheit von 259 zu 8 Stimmen vom Repräsentantenhaus angenommen. Der damalige Präsident Theodore Roosevelt unterzeichnete das Gesetz zwei Tage später. Das Kanalgesetz trat am 28.06.1902 in Kraft.

Nach der Entscheidung für den Bau eines Kanals in Panama begannen intensive Verhandlungen mit Kolumbien. Der Vertragsentwurf sah eine einmalige Zahlung von 10 Mio. Dollar und eine jährliche Zahlung von 250 000 Dollar vor. Eine Kanalzone sollte eine Breite von 10 km unter amerikanischer Kontrolle haben. Die Souveränität Kolumbiens wurde zwar ausdrücklich anerkannt, aber die Vereinigten Staaten sollten das Recht erhalten, innerhalb der Kanalzone eigene Gerichte einzusetzen und für die Beachtung ihrer Bestimmungen hinsichtlich des Kanals, der Häfen und der Eisenbahn selbst zu sorgen. Kolumbien würde den Polizeischutz stellen, aber falls es zu irgendeinem Zeitpunkt nicht in der Lage wäre, dieser Verpflichtung nachzukommen, sollten die Vereinigten Staaten in Notfällen auch ohne Einwilligung Kolumbiens selbst handeln können. Der entsprechende Vertragsentwurf stieß in Kolumbien auf heftigen Widerstand. Nicht nur die Zahlungen der Vereinigten Staaten erschienen zu gering, sondern vor allem die Einschränkung der Souveränitätsrechte in der Kanalzone stießen auf Widerstand.

Am 12. August 1902 lehnte der kolumbianische Senat einstimmig den Vertragsentwurf ab. Die Vereinigten Staaten waren über diese Entwicklung verärgert und erwogen unter anderem auch, mit Gewalt sich der Kanalzone zu bemächtigen oder aber nun doch den Kanal durch Nicaragua zu bauen. Es kam dann mit amerikanischer Unterstützung am 3. November 1903 zu einer Revolution in Panama. Die Provinz Panama von der Grenze zu Costa Rica bis zum eigentlichen Südamerika sagte sich von Kolumbien los und erklärte ihre Selbständigkeit. Zu Kriegshandlungen ist es seinerzeit nicht gekommen. Die Revolution war aber nur dadurch möglich, daß amerikanische Kriegsschiffe vor Panama und Colón lagen und den regulären kolumbianischen Truppen die Sinnlosigkeit eines militärischen Widerstandes klar war.

Um diese Revolution hat sich sehr der o.g. Bunau-Varilla bemüht, der sich noch vor der Revolution von dem Präsidentschaftskandidaten Dr. Amador die Zusage zu einer Bestellung als erster panamaischer Botschafter in Washington geben ließ. Bevor eine erste Regierungsdelegation aus Panama in Washington eintraf, handelte er die Konzession für den Bau des Kanals durch die Vereinigten Staaten aus, und es gelang ihm, durch sachlich nicht begründete, aber im Text sehr besorgt klingende Telegramme die neue Regierung in Panama so unter Druck zu setzen, daß der Vertrag mit den USA am 2. Dezember 1903 ohne Veränderungen akzeptiert wurde.

Der amerikanische Senat ratifizierte den Vertrag am 23. Februar 1904. Er gestattete den Vereinigten Staaten die Übernahme der bisher der neuen französischen Panama-Gesellschaft erteilten Konzession zum Bau eines Kanals. Sie sah weiter eine einmalige Zahlung von 10 Mio. Dollar und eine jährliche Zahlung von 250 000 Dollar, beginnend neun Jahre nach Vertragsabschluß, vor. Die Kanalzone erhielt eine Breite von 16 km, Colón und Panama-City gehörten aber nicht zu dieser Zone. Die Gesundheitspflege, Kanalisation, Wasserversorgung und die Aufrechterhaltung der öffentlichen Ordnung in beiden Städten wurden der Kontrolle der Vereinigten Staaten unterstellt. Weiterhin wurden vier kleine Inseln in der Bucht von Panama den Vereinigten Staaten überlassen, und die USA hatten das Recht, weitere Landgebiete oder Wasserflächen zu enteignen, die für den Bau, den Betrieb oder die Verteidigung des Kanals notwendig und dienlich wären. Die USA garantierten im übrigen die Unabhängigkeit Panamas. Schließlich erhielten die Vereinigten Staaten das Recht, sich so in der Kanalzone zu verhalten, als ob ihnen die Souveränität zugesprochen worden wäre. Schließlich sollte die Kanalzone auf ewig im Besitz der Vereinigten Staaten bleiben.

6.2 Der Bau des Kanals unter amerikanischer Führung und seine Fertigstellung

Unmittelbar nach Ratifizierung des Vertrages mit Panama wurde in den Vereinigten Staaten eine siebenköpfige Kommission gebildet, die mit dem Kanalbau betraut wurde. Die im kleinen Umfang von der neuen französischen Panama-Kanal-Gesellschaft seit dem Konkurs der ersten französischen Gesellschaft in Culebra weitergeführten Erdarbeiten wurden intensiviert, und man begann, die vorhandenen Bauten und die liegengebliebenen Maschinen wieder instand zu setzen. In dem Bestreben, auch nicht den kleinsten Anlaß zu Beanstandungen wegen finanzieller Großzügigkeit oder gar Korruption zu geben, bedurfte z. B. schon die Inanspruchnahme von Brettern von mehr als 3 m Länge durch die Zimmerleute einer Genehmigung. Jede Genehmigung erforderte entsprechende Formulare, und in der Anfangszeit erstickte man in der selbstgeschaffenen Bürokratie. Dies führte dazu, daß die langen Postwege zwischen Panama und Washington durch zu große Vorratsbestellungen umgangen wurden, und so Materialmengen in Panama eintrafen, die man weder zunächst benötigte noch entsprechend lagern konnte.

Inzwischen gehörte zum medizinischen Wissen, daß das Gelbfieber durch Mücken übertragen wurde. Der amerikanische Militärarzt, der Tropenmediziner Dr. Gorgas, der für die sanitären Verhältnisse in der Kanalzone verantwortlich war, führte zunächst einen fast auswegslosen Kampf zur Bekämpfung der Seuchen. Seine Forderung, alle überflüssigen Wasserbehälter zu beseitigen, sie im übrigen aber mit Gaze abzudecken, stieß auf völliges Unverständnis und wurde als amerikanischer Spleen abgetan. Anfang 1905 häufen sich die negativen Berichte aus Panama, und Gelbfieber und Malaria begannen sich wieder auszubreiten.

Schließlich legte der Chefingenieur John Wallace im Frühjahr 1905 seine Arbeit nieder. Es ist schwer, den wahren Grund für diese Entscheidung zu finden. Einerseits hatte er ein verlockendes Angebot für eine andere Aufgabe, andererseits befaßte er sich zu sehr mit Einzelheiten, ohne die große Linie zu sehen, und schließlich lebte er wohl in großer Furcht vor den Seuchen. Insgesamt herrschte eine fast panikartige Stimmung und auf der Baustelle nahezu ein Chaos. Von der so gepriesenen amerikanischen Tüchtigkeit war in dieser Phase nichts zu spüren. Ein Jahr Bauzeit war ohne nennenswerte Erfolge verstrichen, und es gab noch nicht einmal einen endgültigen Plan. Bohrungen hatten ergeben, daß der geplante Damm bei Bohio nicht ausführbar war, weil gewachsener Fels erst in 51 m Tiefe u. M. anstand. In dieser Zeit wurde ernsthaft wieder über einen Kanal in Meeresspiegelhöhe diskutiert.

Ende Juni 1905 wurde John Stevens als neuer Chefingenieur berufen. Er war von Hause aus Eisenbahningenieur und hatte große Leistungen beim Bau der transkontinentalen Eisenbahnen in den Vereinigten Staaten vollbracht.

Nach kurzer Anwesenheit in Panama erkannte er, daß ohne durchgreifende Ordnung und Bekämpfung der Seuchen gute Bauleistungen nicht zu erzielen waren. So ließ er zeitweilig die Bauarbeiten im Culebra-Durchstich einstellen und widmete seine ganze Kraft zunächst einmal der Baustelleneinrichtung, der Verbesserung der Unterkünfte und der Förderung des Gesundheitswesens. Mit Unterstützung von Stevens konnte Dr. Gorgas das kostspieligste Gesundheitsprogramm, das es bis dahin auf der Welt gegeben hatte, verwirklichen. In Panama wurde z. B. jedes Haus ausgeräuchert, dasselbe geschah in Colón. Einmal wöchentlich ließ er Zisternen und Senkgruben mit Öl besprühen. Vor allem erhielten alle Wohnsiedlungen fließendes Wasser, so daß man auf die Wasserbehälter in den Häusern verzichten konnte. Sobald Gorgas Programm voll angelaufen war, ging das Gelbfieber schlagartig zurück. Im Dezember 1905 war die Krankheit praktisch vom Isthmus verschwunden.

Die besondere Leistung von Stevens war die Erkenntnis, daß der Schlüssel zum Bau des Panama-Kanals die Eisenbahn war. Sie war nicht nur die Nachschublinie für Mensch und Material, sondern zugleich auch die beste Möglichkeit zum Abtransport der riesigen Massen aus dem Culebra-Durchstich. Innerhalb eines Jahres wurde die Bahn von Grund auf modernisiert und zweigleisig ausgebaut. Stärkere Schienenprofile wurden verlegt, Brücken verstärkt, Ausweichgleise gebaut und neben einer Erneuerung des Wagenparks allein 100 neue Lokomotiven beschafft.

Die Einrichtungen auf der Baustelle gingen sehr weit. Es wurden ganze Siedlungen für das Personal gebaut, es gab Schulen, Sportplätze und Clubhäuser. Wegen der überhöhten Preise der einheimischen Kaufleute wurden die wichtigsten Versorgungsgüter in eigener Regie beschafft und verkauft. Entsprechend der Verbesserung der örtlichen Situation vermehrte sich auch ständig das eingesetzte Personal, und das Tief in der allgemeinen Stimmung war behoben.

Die Reorganisation der Eisenbahn war innerhalb weniger Monate so weit fortgeschritten, daß Anfang 1906 die Erdarbeiten wieder aufgenommen werden konnten. Stevens entwickelte ein System, daß die beladenen Züge immer mit Gefälle abfahren konnten und ständig leere Wagen zur Beladung zur Verfügung standen. Es kam darauf an, jeden Stillstand der Bagger zu vermeiden und das Aushubmaterial, sozusagen wie mit einem Fließband, kontinuierlich abzufahren. Dabei war es dann gleichgültig, ob es sich um große oder kurze Entfernungen handelte. Durch den zweigleisigen Streckenausbau war der Abtransport sowohl zur pazifischen wie zur karibischen Seite möglich, und es war kein Problem, den Aushub von Culebra für etwaige Dammbauten am Rio Chagres einzusetzen. Aber noch immer war die Entscheidung, ob der Kanal nun als Schleusen- oder Seespiegelkanal gebaut werden sollte, nicht gefallen.

Um dieses Thema wurde in den Jahren 1905/06 intensiv gerungen. Die Meinungen gingen hin und her, und nicht zuletzt im Hinblick auf den Suez-Kanal hielt man zeitweilig einen Seespiegelkanal für die richtige Lösung. Stevens war anfangs offen. Nachdem er aber im Herbst 1905 ein schweres Hochwasser am Rio Chagres erlebt hatte, hielt er den Seespiegelkanal für nicht ausführbar. Seine Auffassung wurde weiter dadurch beeinflußt, daß ein Seespiegelkanal auf einer Länge von etwa 40 km bis zu 100 m tief im Einschnitt gelegen hätte. Es wären zusätzliche Weichen, also Begegnungsstellen, erforderlich geworden. Er sah bei den ungünstigen geologischen Verhältnissen, wie es später ja auch selbst bei dem Schleusenkanal eingetreten ist, wiederholte Rutschungen vor-

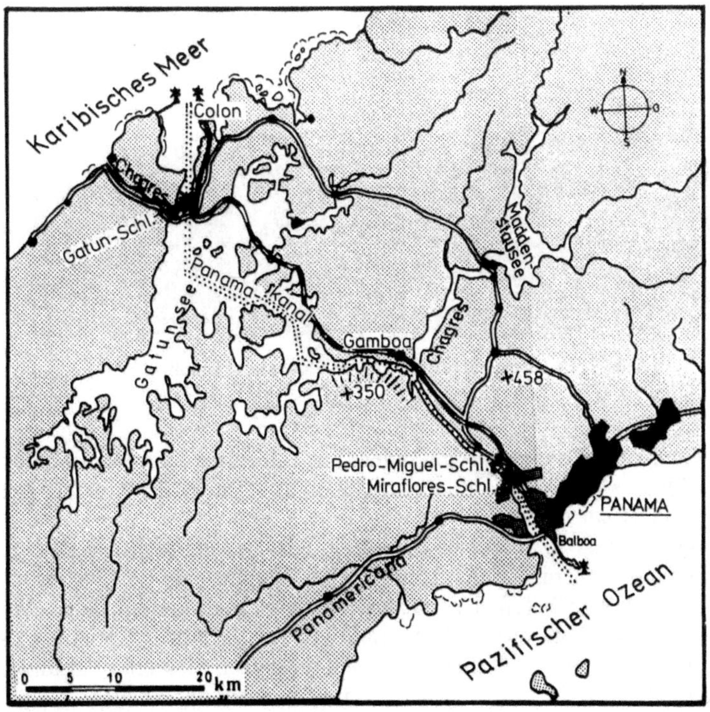

Abb. 5. Plan des Panama-Kanals

aus, die zu einer Verschüttung ganzer Kanalabschnitte hätten führen müssen. Für den Schleusenkanal galt als Muster der Soo-Kanal zwischen den Großen Seen, der den Oberen-See mit dem Huron-See verbindet. Trotz der Schleusen waren 1905 auf dem Soo-Kanal 44 Mio. t befördert worden, wesentlich mehr als auf dem Suez-Kanal. Trotz der Schleusen lief der Verkehr im Soo-Kanal reibungslos, und ein Schleusenkanal erschien in Panama wesentlich betriebssicherer zu sein als ein Seespiegelkanal. Nachdem auch die Bedenken wegen der Standsicherheit eines Staudammes für den Rio Chagres ausgeräumt werden konnten, entschied sich der amerikanische Senat mit 36 : 31 Stimmen für einen Schleusenkanal. Im nachhinein erkannte man, daß diese Entscheidung richtig war. Goethals bemerkte später, es gäbe in der ganzen Welt nicht genug Geld, um in Panama einen Kanal in Meereshöhe zu bauen.

Mit dieser Entscheidung waren die Würfel für die endgültige Ausführung des Kanals gefallen. Unverzüglich wurden die entsprechenden Dispositionen getroffen und der Kanal im einzelnen wie folgt ausgeführt (Abb. 5 und 6).

Von der karibischen See kommend, benutzt die Schiffahrt zunächst die durch zwei Molen gegen die freie See geschützte Limon Bay und passiert dabei Colón. Die Fahrt durch die Limon Bay läuft fast genau in südlicher Richtung und ist 8,5 km lang. Daran schließt sich eine Kanalstrecke von rd. 4 km Länge an, bis man die Schleusen in Gatun erreicht. Dieser Kanalabschnitt unterliegt den Wasserstandsschwankungen der Karibik, der mittlere Tidehub beträgt hier, wie oben ausgeführt, 0,26 m. Das NNTnW liegt auf −0,36 m, das HHThW auf +0,55 m ü. M. Die Sohle dieses Abschnittes ist rd. 150 m breit und liegt 13,7 bis 14 m tief.

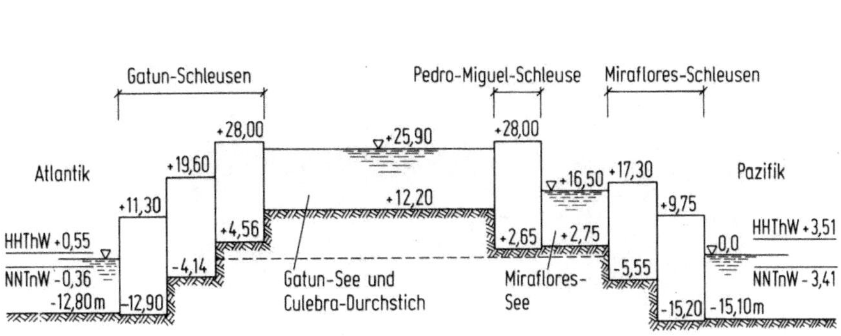

Abb. 6. Längsschnitt des Panama-Kanals

Abb. 7. Container-Schiff im Panama-Kanal bei Gamboa

Der Rio Chagres ist bei Gatun 26 m aufgestaut und bildet mit zahlreichen kleinen und kleinsten Inseln einen See von 425 km^2. Mit den Schleusen bei Gatun wird dieser Höhenunterschied überwunden. Der Gatun-See bietet oberhalb der Schleuse eine ideale Reede.

Die Schiffahrt folgt auf dem Gatun-See in groben Zügen dem Bett des alten Rio Chagres in südöstlicher Richtung und erreicht nach einer Fahrt von rd. 38 km Gamboa. Hier mündet der Rio Chagres in den Kanal, gleichzeitig ist Gamboa Liegeplatz und Werfthafen der kanaleigenen Unterhaltungsfahrzeuge. Wenn auch auf den letzten 10 km vor Gamboa die Wassertiefe nur noch der Solltiefe von 13,7 m entspricht, so sind die seitlichen Wasserflächen noch so groß, daß auch hier der Kanal noch einen seeartigen Charakter hat und Begegnungen ohne Schwierigkeiten möglich sind. Bis hierhin bestehen auch keinerlei Standsicherheitsprobleme der Böschungen, und Fragen der Rückstromgeschwindigkeiten der Schiffahrt spielen keine Rolle (Abb. 7).

Bei Gamboa beginnt mit einer Länge von rd. 14,5 km bis zur Schleuse Pedro Miguel der Culebra-Einschnitt. Abgesehen von kleineren Krümmungen verläuft der Kanal hier verhältnismäßig geradlinig in südöstlicher Richtung.

Bei Pedro Miguel befindet sich eine Schleuse mit einer Fallhöhe von 9,5 m, mit der der Abstieg zum Pazifischen Ozean beginnt. Es schließt sich der Miraflores-See mit rd. 2,5 km Länge an, der bei der gleichnamigen Schleuse durch einen Damm aufgestaut ist. Mit der Passage der Schleuse Miraflores ist der Abstieg zum Pazifischen Ozean beendet. Die folgende Rinne ist im Wasserspiegel rd. 220 m breit und erreicht nach einer Fahrstrecke von rd. 4 km die Bucht von Balboa. Eben südlich bei La Boca kreuzt die Pan-American-Autobahn den Kanal. Hier beträgt der mittlere Tidehub 3,88 m, das NNTnW liegt auf – 3,41 m und das HHTW auf + 3,51 m ü.M. (Abb. 8).

Danach geht der Kanal in die freie See über. Zum Schutz von Eintreibungen im Bereich der Kanalmündung besteht ein molenartiger Verbindungsdamm bis zur Insel Flamenco. Die Fahrstrecke von der Bucht bei Balboa bis zur Insel Flamenco beträgt rd. 8 km. Soweit ist eine geradlinige Kanalrinne gebaggert. Erst hier wird die 10 m-Tiefenlinie erreicht. Die genannten Ortschaften Balboa und La Boca sind nur durch kleinere Berge von Panama-City getrennt, und in diesem Sinne kann man Panama als den pazifischen Endpunkt des Kanals betrachten.

Die einzigste Straße, die den Kanal kreuzt, ist die Pan-American-Autobahn. Ihre Brücke überspannt im großen Bogen in rd. 70 m Höhe die pazifische Kanalmündung und wurde 1978 fertiggestellt.

Bis dahin kreuzte die Straße mittels Drehbrücken im Unterhaupt der Schleuse Miraflores den Kanal. Für eine örtliche Landwegverbindung sorgen kurzflügelige einspurige Drehbrücken im Unterhaupt der Schleuse Gatun. Der Kanal wird sonst von keinem Verkehrsweg, sei es Brücke, Tunnel oder Fähre, gekreuzt. Beim Aufstau des Gatun-Sees wurde die Panama-Eisenbahn zwischen Colón und Gamboa völlig neu gebaut. Von Panama bis

Abb. 8. Hochbrücke der Pan American Autobahn über den Panama-Kanal bei Balboa

Abb. 9. Gatun-Schleusen

Gamboa verläuft – wenn auch mit größeren Abständen – eine gut ausgebaute Straße parallel zum Kanal. Von dort führt die Straße weiter östlich um den Gatun-See herum bis nach Colón. Erst von dort kann man Gatun wieder erreichen.

Die Bauarbeiten konzentrierten sich entsprechend dem vorstehenden allgemeinen Überblick besonders auf die Schleusen, den Culebra-Durchstich und die Sperrdämme. Diese Objekte sind daher in den nachfolgenden Kapiteln besonders behandelt. Anfang 1907 gab es noch einen Wechsel in der technischen Leitung. Stevens schrieb damals an Präsident Roosevelt, daß ihn die Arbeit in Panama wenig befriedige und er in den Staaten bessere Angebote bekommen könne. Dieses Schreiben wurde als Rücktrittsgesuch gewertet und nun, statt eines Zivilisten, der Major im Ing. Korps Goethals mit der Leitung beauftragt.

Mit dem Fortschreiten der Arbeiten begann auch der allmähliche Stau des Chagres. Nach Beendigung der Betonarbeiten an der Schleuse in Gatun Ende Mai 1913 wurden die Grundablässe endgültig geschlossen und am 10. Dezember 1913 passierte noch während der Bauzeit ein alter französischer Bagger von Ost nach West den Kanal. Die feierliche Einweihung war für Januar 1915 vorgesehen, es sollte ein großer Flottenverband von Hampton Roads über den Panama-Kanal nach San Francisco fahren und dort zur Eröffnung der Panama-Pazifischen Internationalen Ausstellung eintreffen.

Durch den Ausbruch des Ersten Weltkrieges ist es dazu nicht gekommen. In aller Stille wurde der Verkehr am 15.08.1914 freigegeben.

6.3 Die Schleusen

Wie sich aus den vorstehenden Ausführungen ergibt, hat der Panama-Kanal drei Schleusengruppen in Gatun, Pedro Miguel und Miraflores (Abb. 9). Diese Schleusen sind alle Doppelschleusen. Dabei sind die Schleusen in Gatun und Miraflores auch als Kuppelschleusen anzusprechen. In Gatun handelt es sich um eine Schleuse mit drei hintereinander gekuppelten Kammern, bei der das Oberhaupt der unteren Schleuse zugleich Unterhaupt der mittleren und das Oberhaupt der mittleren zugleich Unterhaupt der oberen Schleuse ist. In Miraflores befinden sich zwei hintereinander gekuppelte Kammern, bei denen das Oberhaupt der unteren Schleuse zugleich Unterhaupt der oberen ist. Bei Pedro Miguel befindet sich nur eine einfache Doppelschleuse. Durch die Schleusengruppe bei Gatun ist die Wasserspiegeldifferenz zwischen dem Atlantischen Ozean und dem Gatunsee von 25,9 m zu überwinden, bei Pedro Miguel der Niveauunterschied zwischen dem Gatunsee und dem Mirafloressee von 9,42 m und bei Miraflores der Höhenunterschied zwischen dem Mirafloressee und dem Pazifischen Ozean von 16,5 m.

Die Schleusen haben eine nutzbare Länge von 305 m, eine lichte Breite von 33,53 m und eine Drempeltiefe von 12,8 m. Zur Schleusung zugelassen werden Schiffe mit einer Maximalbreite von 32,5 m. Die vorgenannten Abmessungen, insbesondere die Schiffsbreite, haben für den Weltschiffbau heute eine außerordentliche Bedeutung. Wegen des großen Wegevorteils, den der Panama-Kanal bietet, hütet sich jeder Reeder, ein Schiff in Auftrag zu geben, das den Panama-Kanal nicht mehr passieren kann, es sei denn, er hat besondere Gründe.

Dementsprechend gibt es kaum Schiffe, die nur geringfügig breiter sind als der Wert von 32,50 m. Die z. Z. im Bau befindlichen Container-Schiffe der IV. Generation mit einer Kapazität von rd. 4200 Containern sind 295 m lang und 32,24 m breit. In der Ausdrucksweise zur Bezeichnung früherer deutscher Binnenschiffe kann man diese Container-Schiffe fast als „Groß-Panama-Maßschiffe" bezeichnen. Aus dieser starken Abhängigkeit des Weltschiffbaus von den Abmessungen der Schleusen des Panama-Kanals ergibt sich für den Hafenbau die Konsequenz, daß für Häfen, die nicht die größten Schiffe der Welt aufnehmen können, die Abmessungen der Schleusen des Panama-Kanals eine geeignete Richtschnur sind. Man sollte nur bei Schleusenbreiten einen etwas größeren Spielraum zwischen Schleusenmauer und Bordwand lassen, weil die geringen Toleranzen an den Schleusen des Panama-Kanals nur aufgrund der besonderen örtlichen Verhältnisse zulässig sind.

Abb. 10. Doppelter Stemmtorverschluß am Oberhaupt der unteren Schleuse in Miraflores

Abb. 11. Wasserbewegung bei der Füllung der mittleren Kammer in Gatun

Um die Wasserverluste beim Schleusen gering zu halten, sind die Schleusen mit Zwischenhäuptern ausgerüstet. Außerdem befinden sich an Oberhaupt und Unterhaupt der Oberschleusen in Gatun und Miraflores sowie am Oberhaupt und Unterhaupt der Schleuse in Pedro Miguel aus Sicherheitsgründen je zwei Torpaare (Abb. 10). Schließlich besitzen die Unterschleusen in Gatun und Miraflores sowie die Schleuse in Pedro Miguel ein Schutztor gegen Sturmfluten der Karibischen See und des Pazifischen Ozeans oder höherer Wasserstände am Miraflores See. Im täglichen Betrieb werden grundsätzlich bei Schleusungen zu Tal die zweiten Torpaare mit bedient, um bei einer Havarie über die notwendige Sicherheit zu verfügen. Durch diese Anordnung verfügt die Doppelschleuse in Gatun über 20, die bei Pedro Miguel über 12 und die bei Miraflores über 14 Schleusentorpaare. Dabei ist zu bemerken, daß die Unterschleuse in Miraflores über kein Zwischenhaupt verfügt. Die Schleuse in Gatun hat ohne die Leitwerke eine Gesamtlänge von fast 1200 m.

Als Verschlüsse dienen Stemmtore in Riegelbauart [5]. Sie sind bis zu 23,64 m hoch, ihre Stegblechhöhe beträgt 2,18 m. Im unteren Teil haben sie Luftkammern. Überwiegend sind die Außen- und Innenseiten der Tore parallel, nur die Enden sind mit einem Radius von 4,57 m abgerundet. Das Gewicht eines Flügels wird mit 300 bis 630 t angegeben. Der Antrieb erfolgt über waagerecht liegende Zahnräder von rd. 6 m Durchmesser, die über Vorgelege von Elektromotoren angetrieben werden und die Tore über Zugstangen bewegen.

Das Füllen und Leeren der Schleusenkammern erfolgt durch Umlaufkanäle von 5,5 m Durchmesser in den Seitenmauern und 5,70 m Durchmesser in der Mittelmauer. Von diesen Umlaufkanälen zweigen abwechselnd Grundläufe mit 3,8 m^2 Querschnitt von der einen oder der anderen Seite ab und führen unter die Schleusensohle. Über die Sohlenbreite sind 5 Öffnungen von je 1,11 m^2 Querschnitt gleichmäßig verteilt. Insgesamt dienen dem Füllen und Leeren einer Schleusenkammer 14 gegenseitig versetzte Grundläufe, so daß das Wasser durch insgesamt 70 Öffnungen von unten her einströmt oder nach unten abfließt.

Schulze [6] begrüßte zwar grundsätzlich die Idee, auf diese Weise möglichst weitverzweigt das Wasser in die Schleusenkammern einströmen zu lassen, meinte aber gleichzeitig, ob nicht eine technisch einfachere Lösung möglich gewesen wäre. Beobachtet man an Ort und Stelle einen Schleusungsvorgang, ist man erstaunt, wie gleichmäßig das Wasser einströmt und wie völlig ruhig die Schiffe in der Kammer liegen (Abb. 11). Meines Erachtens

Abb. 12 und 13. Fahrt eines Massengutschiffes von der unteren in die mittlere Schleusenkammer bei Gatun

Abb. 14. Treidellokomotiven beim Verholen eines Massengutschiffes in die mittlere Schleuse in Gatun

ist dies einer der Gründe, weshalb bei einer Hubhöhe von rd. 9 m so geringe Toleranzen zwischen Schiff und Schleusenwand zugelassen werden könnten.

Abgesehen von Kleinfahrzeugen werden die Schiffe von Treidel-Lokomotiven, sogenannten „Muli", in die Schleusen gezogen und von Kammer zu Kammer weiterbugsiert. Die Muli sind zweiachsige Lokomotiven, die z. T. zusätzlich auf einer Zahnstange laufen und von beiden Seiten der Schleusenkammer über Trossen die Schiffe schleppen. Durch den gleichmäßigen Einsatz der Muli liegen die Schiffe nahezu mittig in der Kammer (Abb. 12 und 13), und dies ist der weitere Grund, warum an den Schleusen des Panama-Kanals so geringe Toleranzen zwischen Schiff und Schleusenmauer zulässig sind. Die Schleusenmauern sind nackter Beton, ohne Scheuerleisten, Schwimmfender, Reibehölzer usw. Bei größeren Schiffen werden paarweise mehrere Muli eingesetzt (Abb. 14), wobei z. B. vier Muli ziehen und zwei achtern als Manövrierhilfe und zum Aufstoppen tätig sind. Die Plattformen der einzelnen Schleusenkammern liegen entsprechend der Wasserstände in den Kammern auf unterschiedlichem Niveau. Im Bereich der Häupter überwinden die Muli über Schrägrampen die Höhenunterschiede (Abb. 15). Nach meiner Beobachtung unterstützten große Schiffe durch kurzzeitigen Einsatz der eigenen Maschine die Lokomotiven. Durch Funksprechgeräte verständigt sich das Personal mit der Schiffsführung. Die Muli verfügen über Dieselantrieb und können über Ausweichgleise aneinander vorbeifahren. Zur zusätzlichen Sicherung gegen Havarien waren früher Schutzketten vor den Schleusentoren vorhanden, und außerdem konnten bei Beschädigung der Tore von den beweglichen Brücken in Miraflores und Gatun besondere Schutztafeln angebracht werden. Von einem Einsatz von Schutzketten habe ich bei meinem Besuch nichts sehen können, ob Schutztafeln noch angebracht werden können, ist mir nicht bekannt.

Die Schleusenkammern sind massiv in Beton erstellt, es wurden Standorte ausgewählt, wo zur Gründung Felsboden ansteht. Wegen dieser günstigen Gründungsverhältnisse sind die Sohlen verhältnismäßig schwach, die Mittelmauer hat eine Breite von 18,3 m, die Kammermauern der oberen Kammer in Gatun sind 23,24 m hoch.

Die Schleusen werden jeweils von einem zentralen Leitstand, der zusammen mit den Schleusen errichtet wurde, bedient. Modellartig ist die gesamte Anlage dort nachgebildet, und über entsprechende Schalter werden die einzelnen Bewegungen der Schleusentore, der Schützen usw. gesteuert. Mit der Bewegung in der Natur

Abb. 15. Treidellokomotive auf der Schrägrampe zwischen mittlerer und oberer Schleuse am Leitstand bei der Schleuse Gatun

Abb. 16. Leitstand an der Schleuse Miraflores

Abb. 17. Culebra-Durchstich. Rechts der Golden Hill

bewegen sich auch an diesem Modell die Schleusentore, und optisch kann auch das Bedienungspersonal den jeweiligen Stand der Schleusentore verfolgen (Abb. 16).

6.4 Der Culebra-Durchstich

Die eigentliche Einschnittstrecke im Culebra-Durchstich ist rd. 11 km lang. Als größte Höhe erhebt sich der Gold Hill etwa im $^2/_3$-Punkt von Gamboa gesehen zur Schleuse Pedro Miguel hart an der Ostseite des Kanals. Der Berg ragt steil neben dem Kanal bis auf eine Höhe von 201 m ü. M. empor (Abb. 17). Die Höhe auf dem gegenüberliegenden, dem Westufer, beträgt 177 m. Zwischen diesen Höhen wird die eigentliche Wasserscheide zwischen der Karibik und dem Pazifischen Ozean durchschnitten, nach Norden und nach Süden zu sind die Geländehöhen geringer. Unmittelbar an den Gold Hill schließt sich auf der Nordseite auf etwa 2 km Länge der besonders rutschungsgefährdete Bereich bei Culebra an (Abb. 18). Südlich des Gold Hill gibt es eine kleinere rutschgefährdete Stelle bei Cucaracha (Abb. 19). Die planmäßige Sohlenbreite im Culebra-Durchstich beträgt 300 Fuß, entsprechend rd. 91,5 m . Im Bereich der stärksten Rutschungen beträgt heute die Oberflächenbreite des Einschnittes 1800 Fuß, entsprechend rd. 550 m. Durch die wiederholten Rutschungen läßt sich praktisch ein Sollprofil nicht angeben. Die Wassertiefe beträgt 13,7 bis 14 m.

Insgesamt wurden im Culebra-Durchstich rd. 96 Mio. m^3 ausgehoben, davon haben die Franzosen etwa 19 Mio. m^3 bewegt. Der wesentliche Teil des Gesamtbodens wurde im Trockenen ausgehoben, nur die restlichen Mengen, und das, was durch Rutschungen nach 1913 in den Kanal brach, wurde mit schwimmenden Geräten beseitigt. Wie oben ausgeführt, war der Schlüssel für den Erfolg der Erdarbeiten der Einsatz der Panamabahn.

Ein Teil des Aushubs, soweit er dafür geeignet war, wurde für die Dämme bei Miraflores und Gatun eingesetzt, die Masse wurde in den Seitentälern des Chagres abgelagert. Zum Ablagern bediente man sich einer sehr einfachen Methode. Das Aushubmaterial wurde auf große Plattformwagen, die einseitig einen Abschluß hatten, geladen und auf der Kippe streifte ein Abräumbalken, unter dem der Zug hindurchfuhr, das Material wieder von den Wagen. So konnten beträchtliche Zeiten, die man sonst für das manuelle Betätigen von Kippeinrichtungen

Abb. 18. Culebra-Durchstich. Blick auf die Rutschungshänge bei Culebra in Richtung Colón. Rechts der Hang des Golden Hill

Abb. 19. Blick in den Culebra Durchstich Richtung Panama. Links der Cucaracha-Hang

Abb. 20. Unterlauf des Rio Chagres unterhalb des Gatun-Dammes

Abb. 21. Reste des französischen Kanals bei Gatun

benötigt hätte, eingespart werden. Um die Bewältigung der Aufgabe, die Probleme des Culebra-Durchstichs zu lösen, hat sich besonders der amerikanische Major des Ingenieurcorps David D. Gaillard verdient gemacht, nach dem heute in der Literatur der Culebra-Durchstich viel als „Gaillard-Cut" genannt wird.

6.5 Die Sperrdämme

Die Beherrschung des Rio Chagres war für den Bau eines Kanals in Panama eine entscheidene Voraussetzung (Abb. 20). Die ganzen Jahre, bis zur endgültigen Entscheidung über die zu treffenden Maßnahmen, war dieses Thema sozusagen der „Alptraum" der Verantwortlichen. Die tatsächliche Bauausführung war nachher problemlos. Durch Bohrungen hatte man festgestellt, daß bei Gatun ein geeigneter Baugrund zur Verfügung stand, und nun machte man sich die Vorarbeiten der Franzosen und den Einsatz der Panamabahn zunutze. Während der Gründungsarbeiten und des Einbaus der Grundablässe benutzte man die früher von den Franzosen ausgeführten Umleitungskanäle (Abb. 21), und geeignetes Schüttmaterial wurde aus dem Culebra-Durchstich mit der Bahn im rollenden Einsatz herangeschafft.

Der Damm erhebt sich auf 30 m ü.M. und ist in seinem Fuß rd. 500 m breit. In der Mitte befindet sich eine Bogenstaumauer aus Beton mit entsprechenden Überläufern. Gleichzeitig ist in die Seite zur Gatunschleuse hin ein Kraftwerk eingebaut, das zur Stromversorgung aller technischen Anlagen des Kanals dient. Der Damm hat eine Länge von 2,4 km (Abb. 22).

Die Schleuse Pedro Miguel ist durch entsprechende Einschüttungen in das umliegende Gelände eingebunden. An der Schleuse Miraflores befindet sich ein zusätzlicher Damm mit beweglichen Schützen, mit denen der Mirafloressee aufgestaut ist. An einem kleinen Seitenkanal ist ein zusätzliches Kraftwerk angeordnet.

Abb. 22. Gatun-Damm

Abb. 23. Maddan-Staudamm

7 Die heutige Situation des Panama-Kanals

7.1 Die Verkehrsentwicklung

Der Verkehr im Panama-Kanal hat sich infolge des ersten Weltkrieges zunächst nur zögernd entwickelt. In den ersten Jahren durchfuhren ihn täglich 4 oder 5 Schiffe, und das Jahresergebnis lag unter 2000 Passagen. Ein erstes Spitzenergebnis brachte das Jahr 1929 mit rd. 7300 Durchfahrten, 21,6 Mio. NRT und 31,7 Mio. t Ladung. Diese Werte wurden vor dem Zweiten Weltkrieg nicht wieder erreicht, und 1944 war der Verkehr wieder auf rd. 1800 Schiffe mit rd. 4,8 Mio. NRT und 7,3 Mio. t Ladung abgesunken. Erst 1952 wurde das Ergebnis von 1929 überschritten. Spitzenwerte brachte 1982 mit rd. 14 000 Durchfahrten, 192,9 Mio. NRT und 185,5 Mio. t Ladung (Tabelle 1).

Das Jahr 1983 zeigt einen plötzlichen Sprung im Verkehrsaufkommen auf nur noch rd. 11 700 Durchfahrten, 169,5 NRT und 145,6 Mio. t Ladung. Dieses zunächst unerklärliche Ergebnis ist auf die Inbetriebnahme einer Pipeline durch Panama zurückzuführen, die im November 1982 ihren Betrieb aufgenommen hat. Über diese Leitung wird Öl von Alaska von der pazifischen Seite Panamas zur Karibik gepumpt, und von dort bringen es Tanker weiter zur nordamerikanischen Ostküste. Auf diese Weise können jeweils Großtanker, die den Panama-Kanal selbst nicht passieren können, diesen Verkehr abwickeln.

Der Güterverkehr war im Panama-Kanal in Ost-West-Richtung (vom Atlantik zum Pazifik) und in West-Ost-Richtung (vom Pazifik zum Atlantik) bis zum Oktober 1982 weitgehend ausgeglichen. Einmal überwog der Verkehr von Ost nach West, einmal von West nach Ost, es gab auch Monatsergebnisse, in denen die Differenz der einzelnen Verkehrsrichtungen sehr gering war. Seit Inbetriebnahme der vorgenannten Ölleitung dominiert der Verkehr vom Atlantik zum Pazifik eindeutig (Tabelle 2). Ob sich diese Unterschiede im Laufe der Jahre wieder ausgleichen, läßt sich z. Z. nicht beurteilen. Hinsichtlich der Güterarten dominiert in beiden Fahrtrichtungen das Mineralöl bzw. Mineralölprodukte. Aber auch die anderen Güter haben eine erhebliche Bedeutung, und man kann in keiner Weise von einer einseitigen Verkehrsbelastung sprechen.

Eine Aufteilung des Güterverkehrs auf die verschiedenen Arten zeigt Tabelle 3.

Schließlich sind auch für den Panama-Kanal die Verkehrsrichtungen von Interesse. Von 963 Durchfahrten im April 1984 gehörten 35 zum Küstenverkehr der Vereinigten Staaten, 133 zur Verkehrsrichtung Ostküste USA –

Tabelle 1. Verkehr im Panama-Kanal

	Zahl der Durchfahrten (in Tsd.)	NRT (Mio.)	Ladung t (Mio.)
1920	2,8	6,2	9,7
1925	5,3	16,6	24,8
1930	7,0	21,7	31,1
1935	6,0	20,1	25,7
1939	6,9	21,3	28,9
1940	6,3	18,9	28,3
1945	2,3	6,6	8,9
1950	6,3	21,9	29,9
1955	9,7	31,8	45,5
1960	11,7	46,3	63,5
1965	12,3	58,1	80,2
1970	15,3	115,6	118,9
1975	14,6	136,4	140,6
1976	13,0	128,5	117,4
1977	12,8	134,0	123,2
1978	13,6	157,6	142,8
1979	14,0	168,3	154,5
1980	14,4	183,0	167,6
	Zahl der Durchfahrten (in Tsd.)	**Tragfähigkeit (in tdw) (Mio.)**	**Ladung t (Mio.)**
1981	13,9	188,7	171,2
1982	14,0	192,9	185,5
1983	11,7	169,5	145,6

Tabelle 2. Verkehr im Panama-Kanal im 1. Halbjahr 1984, aufgeteilt auf die Richtungen vom Pazifik zum Atlantik und umgekehrt

Monat	Zahl	Tragfähigkeit	Ladung Paz. – Atl.	Ladung Atl. – Paz.	Ladung Summe
I.	913	13 553 000	4 873 000	6 566 000	11 403 000
II.	899	12 877 000	5 308 000	5 776 000	11 084 000
III.	984	13 706 000	5 191 000	6 447 000	11 638 000
IV.	963	13 295 000	5 303 000	6 039 000	11 342 000
V.	996	14 378 000	5 717 000	6 638 000	12 355 000
VI.	950	14 056 000	5 672 000	6 467 000	12 139 000
	5 705	81 865 000	32 064 000	37 933 000	69 971 000

Südamerika, 32 Ostküste USA – Mittelamerikas, 235 Ostküste USA – Ferner Osten, 16 Ostküste USA/Kanada – Australien, 64 Europa – Westküste Nordamerika, 95 Europa – Westküste Südamerika, 28 Europa – Australien, und 325 Passagen zählten zu allen anderen Verkehrsrichtungen. Die vorstehende Aufschlüsselung der Verkehrsrichtungen zeigt, welche Bedeutung der Kanal für die Vereinigten Staaten hat.

Tabelle 3. Aufteilung des Verkehrs im Panama-Kanal im Juni 1984 nach Güterarten

1. Pazifik – Atlantik Güterart	Tonnen
Mineralöle und -produkte	1 304 635
Eisen- und Stahlwaren	511 666
Erze	459 369
Holz und Produkte	311 412
Kohlen, Koks	311 267
Weizen	288 558
Kühlgüter	272 704
Schwefel	259 356
Zellulose	164 796
Autos, Traktoren und Zubehör	162 382
Rohzucker	148 602
Getreide	140 519
Metalle	97 252
Fischmehl	87 206
Chemische und petrochemische Produkte	84 998
Sonstige Güter	1 066 951
	5 671 673

2. Atlantik – Pazifik Güterart	Tonnen
Mineralöle und -produkte	972 846
Mais	777 843
Weizen	567 354
Phosphat	563 492
Sojabohnen	550 380
Kohlen und Koks	483 798
Chemische und petrochemische Produkte	297 219
Schrott	221 999
Eisen- und Stahlwaren	204 447
Düngemittel	190 387
Papier und -produkte	133 836
Rohzucker	126 817
Ammoniak-Verbindungen	67 460
Ätzsoda	58 776
Tonerde	50 261
Sonstige Güter	1 200 431
	6 467 346

7.2 Die bauliche Entwicklung des Panama-Kanals seit Eröffnung

Nach der Eröffnung des Kanals erwiesen sich die baulichen Anlagen, insbesondere die Schleusen mit ihren Einrichtungen, als ausgesprochen gut. Besondere Probleme haben sich hier bisher nicht ergeben. Mit den Jahren wurden wohl Verbesserungen der nautischen Einrichtungen wie Befeuerung usw. vorgenommen, und die Schleusen erhielten schwerere Treidel-Lokomotiven. Grundsätzliche Veränderungen hat es aber in diesem Bereich nicht gegeben.

Als der Kanal fertiggestellt war, glaubte man, auch das Problem der Rutschungen sei erledigt. Tatsächlich aber ist der Kanal im Culebra-Durchstich bisher nicht zur Ruhe gekommen.

Im Oktober 1914 kam der Hang bei Cucaracha in Bewegung, und eine halbe Stunde später war der ganze Kanal blockiert. Im August des folgenden Jahres geschah das gleiche. Am 18. September 1915 ging ein Erdrutsch nieder, der den Verkehr im Kanal für sieben Monate unterbrach. Im Laufe der Jahre hat es weitere Rutschungen gegeben, und allein 1974 mußten 750 000 m^3 wieder geräumt werden. Um der Gefahr einer Blockierung des Kanals zu begegnen, ist inzwischen der Culebra-Durchstich auf 152 m im Wasserspiegel verbreitert worden.

Ein besonderes Problem des Panama-Kanals, an das ein Außenstehender zuletzt denken würde, ist seine Wasserwirtschaft. Man sollte annehmen, daß bei den großen Niederschlägen und der Fläche von 425 km^2 des Gatunsees immer genügend Wasser zur Aufrechterhaltung der vollen Fahrwassertiefe zur Verfügung stände. Tatsächlich ist dies aber anders. Die Schwankungen im Zulauf zum Gatunsee, von dem aus die Schleusensysteme auf beiden Seiten mit Wasser versorgt werden, betragen zwischen rd. 2,5 Mio. m^3 in extrem trockenen Monaten bis zu rd. 3 Mrd. m^3. Das heißt, daß zwischen dem höchsten und dem niedrigsten Zufluß ein Verhältnis wie zwischen 1 und 1000 besteht. Um eine Mindestwassertiefe von 12,5 m im Kanal aufrechtzuerhalten, sind die zulässigen Wasserstandsschwankungen auf 5 Fuß entsprechend 1,5 m begrenzt. Das Fassungsvolumen des Gatunsees umfaßt zwischen dem Mindeststauziel von 25 m ü. M. bis zum Wasserstand von 26,5 m ü. M. rd. 615 Mio. m^3.

Schon innerhalb der ersten Jahre erkannte man, daß ein zusätzlicher Stauraum zur Wasserversorgung notwendig würde. So ist 1935 etwa 15 km oberhalb von Gamboa am Rio Chagres eine Talsperre, der Madden-Damm, mit einem nutzbaren Stauraum von rd. 580 Mio. m^3 zwischen einem niedrigsten Wasserspiegel von 60 m ü.M. und 76 m ü.M. errichtet worden (Abb. 23). Im Mittel der Jahre 1947 – 1968 verteilte sich die Nutzung des Wassers wie folgt:

Schleusenbetrieb 31 %,
Trinkwasser 1 %,
Kraftwerksverbrauch 35 %,
Verdunstung 10 %,
Hochwasserüberlauf 23 %.

Der Madden-Damm ist eine Betonstaumauer und staut den Chagres um rd. 50 m auf. Er ist zusätzlich mit einem Wasserkraftwerk ausgerüstet, und getrennt vom eigentlichen Damm ist eine Trinkwasserentnahme vorhanden [7].

7.3 Der Übergang des Panama-Kanals in panamaische Verwaltung

Die großen Rechte, die Panama den Vereinigten Staaten 1903 eingeräumt hatte, insbesondere die Einschränkung der Souveränität, haben im Laufe der Jahre immer wieder zu Auseinandersetzungen geführt. Es ist zeitweilig sogar nach Studentenunruhen 1964 zu einem Abbruch der diplomatischen Beziehungen zwischen beiden Ländern gekommen. Am 7. September 1977 kam es dann zu einem Vertrag zwischen den Präsidenten Jimmy Carter und Omar Torrijos in Washington, in dem der Übergang des Kanals innerhalb von 23 Jahren, also zum 01.01.2000, an Panama vereinbart wurde.

In der Kanalzone gibt es in Zukunft weder eine Regierung noch einen Gouverneur, Panama übernimmt allein die Regierungsgewalt. Es gilt ausschließlich die panamaische Gesetzgebung. Bisherige kommerzielle Tätigkeiten der Kanalverwaltung, wie Verkauf von Lebensmitteln usw., enden. Diese Dinge werden nur noch durch die Gesetze Panamas geregelt.

Panama erklärt einseitig die Neutralität des Kanals, damit in Friedens- und Kriegszeiten dieser sicher und für den friedlichen Verkehr der Schiffe aller Nationen auf der Grundlage der absoluten Gleichberechtigung geöffnet bleibt. Während der Geltungsdauer des Vertrages tragen Panama und die USA gemeinsam die Verantwortung für den Schutz des Kanals. Panama erhält eine steigende Beteiligung an seiner Verteidigung. Die Streitkräfte und die Zivilangestellten der USA enthalten sich jeder politischen Tätigkeit in Panama sowie jeder sonstigen Einmischung in deren innere Angelegenheiten. Bis zum 31. Dezember 1999 haben die USA die vorrangige Verantwortung für den Betrieb des Kanals. Der Kanal wird durch eine Behörde der USA verwaltet, die die Bezeichnung „Kommission" trägt. Diese Kommission wird von einem Vorstand geleitet, der sich aus neun Mitgliedern zusammensetzt.

Fünf von ihnen sind Staatsangehörige der USA und vier sind von der Regierung von Panama gewählte Panamesen. Vom Inkrafttreten des Vertrages bis zum 31.07.1989 ist der stellvertretende Leiter ein Panamese und der Leiter Staatsangehöriger der USA. Vom 01.01.1990 an bis zum 31.12.1999 ist der Leiter Panamese und der stellvertretede Leiter Staatsangehöriger der USA.

Zusätzlich wird ein Beratungsausschuß gebildet, der sich aus einer gleichen Anzahl von Vertretern Panamas und der USA zusammensetzt, der die Regierung beider Länder hinsichtlich des Betriebs des Kanals berät.

Bemerkenswert ist schließlich die Passage, in der über die Möglichkeit des Baus eines Kanals in Meereshöhe gesprochen wird. Danach werden sich beide Länder während der Laufzeit des Vertrages, sofern sie der Auffassung sind, daß ein Kanal auf Meereshöhe von Bedeutung sein kann, verpflichten, gemeinsam die Durchführbarkeit eines solchen Kanals zu prüfen. Im Falle der Durchführbarkeit werden sie Verhandlungen hinsichtlich des Baus führen, und zwar zu den Bedingungen, die Panama und die USA zum gegebenen Zeitpunkt festlegen.

Finanziell wurde geregelt, daß Panama einen durchschnittlichen jährlichen Betrag von 80 Mio. Dollar erhält, zu dem noch 10 Mio. Dollar für öffentliche Dienste, die die Regierung von Panama als Folge des Betriebes des Kanals leistet, hinzukommen. Im neuen Vertrag wird weiter die ständige Stationierung von Truppen auf Militärbasen innerhalb der heutigen Kanalzone völkerrechtlich sanktioniert. Über den neuen Vertrag hat sich Präsident Carter wie folgt geäußert:

„Wir behalten die totale Kontrolle über den Betrieb des Kanals bis zum Ende dieses Jahrhunderts und außerdem das Recht, ihn zu verteidigen... Nach dem Jahr 2000 übernehmen die Panamesen diese Aufgabe. Wir werden das Recht behalten, einseitig darüber zu entscheiden, was von unserer Seite notwendig ist, um die Neutralität des Kanals zu garantieren, damit er dem internationalen Schiffsverkehr geöffnet bleibt."

Wichtig ist auch, daß in dem Zusammenhang mit der Prüfung der Durchführbarkeit des Baus eines Kanals auf Meeresebene das Recht zum Bau dritter Schleusen vereinbart wurden.

7.4 Pläne für den Umbau des bestehenden oder den Bau eines neuen Kanals in Mittelamerika

Seit dem Bau der großen Fahrgastschiffe Normandie, Queen Elisabeth und insbesondere der großen Flugzeugträger nach dem Zweiten Weltkrieg hat es nicht an Plänen für eine Kapazitätserweiterung der Schleusen und den Bau eines neuen Kanals in Mittelamerika gefehlt. Diese Überlegungen, die sich zunächst nur auf verhältnismäßig wenige große Schiffe stützten, wurden seit Mitte der 50er Jahre mit dem Bau der Supertanker und großer Massengutschiffe immer aktueller. Eine Lösung sah den Bau entsprechend größerer dritter Schleusenkammern unter völliger Beibehaltung des übrigen Systems des Panama-Kanals vor, während andere Vorschläge dahin gingen, in Mexiko bei Tehuantepek, parallel zum Panama-Kanal, oder im Grenzgebiet zwischen Panama und Kolumbien einen neuen Seespiegelkanal zu bauen. Für diese Objekte bestand die Überlegung, die Kanaltrasse durch eine Reihe von Nuklearsprengungen zu öffnen.

Wegen der zum Teil recht dichten Besiedlung und der Freisetzung von radioaktiven Strahlen ist es um die Pläne für den Bau des Kanals durch Nuklearsprengungen still geworden. Die Panama-Kanal-Kommission hat seit 1977 eine Reihe von Entwürfen erarbeitet, wobei besonders aussichtsreich eine Linie ist, die verhältnismäßig dicht nördlich des heutigen Panama-Kanals einen Kanal auf Meeresspiegelhöhe durch Panama vorsieht. Die Kosten dieses Objektes sind nach dem Stand von 1980 mit 15 Mrd. Dollar veranschlagt.

Unabhängig von diesem Plan ist von panamaischer Seite ein sehr interessanter Vorschlag zum Umbau des bestehenden Kanals gemacht worden. Darin wird vorgeschlagen, den bestehenden Kanal um eine Schleusenstufe von 26 m ü.M. auf 15 m ü.M. abzusenken und zusätzlich je eine dritte Schleuse in Gatun und Miraflores zu bauen. Die Kosten für ein solches Objekt sind auf 3,5 Mrd. Dollar veranschlagt.

Wesentlicher Ausgangspunkt aller Überlegungen für Umbau oder Neubau eines Kanals war die Tatsache, daß Schiffe mit einer Tragfähigkeit von mehr als rd. 65 000 tdw den Kanal nicht passieren können, und die Kapazität Ende der 80er Jahre ausgeschöpft sein würde. Als Kapazitätsgrenze werden aus wasserwirtschaftlicher Sicht 17 000 Passagen genannt, während an anderer Stelle von einer Kapazität von etwa 26 000 Durchfahrten gesprochen wird. Da Ende der 70er Jahre schon die Zahl von 15 000 Passagen erreicht war, war zu diesem Zeitpunkt die Frage des Umbaus oder des Neubaus eines Kanals aktuell. Der Bau der Pipeline zwischen Porto Armuelles (Pazifik) und Chiriqui Grandes (Atlantik), die Ende Oktober 1982 in Betrieb gegangen ist, hat die Situation entscheidend verändert. Das Gütervolumen hat sich nicht nur um rd. 23 % vermindert, sondern zugleich ist auch der Bedarf für eine Öffnung des Kanals für Großtanker weitgehend entfallen. Diese Veränderung der Gesamtsituation zwingt zu einer kritischen Prüfung aller Pläne nicht zuletzt im Hinblick auf die gewaltigen Kosten eines Neubaus. Berücksichtigt man weiter, daß aus ökologischen Gründen erhebliche Bedenken gegen einen Seespiegelkanal angemeldet werden, gewinnt der von Panama entwickelte Vorschlag zur Absenkung des Wasserspiegels des Kanals um eine Schleusenstufe erheblich an Bedeutung.

Bisher ist eine Entscheidung nicht gefallen, und es sieht z. Z. auch nicht so aus, daß sie kurzfristig fallen würde.

Wegen der erheblichen Bauzeit für den Neu- oder Umbau eines Kanals wird der Panama-Kanal in seinen gegenwärtigen Abmessungen mit großer Wahrscheinlichkeit etwa bis zum Jahre 2000 für den Weltschiffbau Maßstäbe setzen. Bis zu diesem Zeitpunkt wird das Panama-Max-Schiff ein entscheidendes Kriterium für die Bemessung von Hafenanlagen sein.

Ein weiterer Ausbau oder Neubau des Panama-Kanals ist unabhängig vom Mineralölverkehr wegen des Transports anderer Massengüter, insbesondere der australischen Erze, nur schwer begründbar. Meines Erachtens kann der entscheidende Anstoß zum Um- oder Neubau nur von einer beträchtlichen Zunahme des Verkehrs kommen, der die Leistungsfähigkeit des Kanals so übersteigt, daß auch Modernisierungsmaßnahmen keinen durchgreifenden Erfolg mehr bringen.

Schrifttum

1 Lorenzen, J. M.: Suez-, Panama- und Nord-Ostsee-Kanal, ihre wirtschaftliche Bedeutung und Betriebsform. In: Jahrbuch der Hafenbautechnischen Gesellschaft, Bd. 22, S. 31. Berlin, Göttingen, Heidelberg: Springer 1955
2 Cullought, D. Mc.: Sie teilten die Erde. Droemer/Knaur, 1977
3 Schubert, A.: Panama, Geschichte eines Landes und eines Kanals. Wagenbachs Taschenbücher, Bd. 48 (1978)
4 Flügel, H.: Suez-Kanal, Panama-Kanal, Nord-Ostsee-Kanal, eine vergleichende Betrachtung. NOK I/II, 1971
5 Press, H.: Seewasserstraßen und Seehäfen. Berlin: Ernst & Sohn 1962
6 Schulze, O.: Seehafenbau, Bd. III. Berlin: Ernst & Sohn 1936
7 Press, H.: Talsperren. Berlin: Ernst & Sohn 1958

Die großen Häfen der Republik Südafrika

Oberbaurat Dipl.-Ing. **Jens Peter Schrader**, Hamburg

1 Vorwort

In diesem Bericht werden Informationen und Eindrücke mitgeteilt, die der Autor während eines zweiwöchigen Aufenthalts in der Republik Südafrika im November 1982 sammeln konnte. Anlaß war die Teilnahme an der 18th International Conference on Coastal Engineering (ICCE) in Kapstadt. Vorträge, Fachgespräche, der Besuch eines Meeresforschungsinstitutes, gut organisierte technische Exkursionen und ein persönlich vermittelter Hafenbesuch gaben dabei Gelegenheit, die wasser- und hafenbautechnischen Gegebenheiten des Landes in Theorie, Modell und Realität kennenzulernen. Der Besuch der ICCE '82 wurde dem Autor dank finanzieller Unterstützung durch das Kuratorium für Forschung im Küsteningenieurwesen ermöglicht; der Autor verbindet mit diesem Bericht seinen Dank an das KFKI.

Die Aufzeichnungen knüpfen teilweise an den Bericht von K. Spring [1] an, der die Ergebnisse einer Studienreise nach Südafrika im März/April 1974 wiedergibt. Seinerzeit war in der Republik Südafrika gerade die offizielle Entscheidung gefallen, den Containerverkehr einzuführen. Über die zwischenzeitlich eingetretene Entwicklung wird im folgenden u. a. berichtet.

Auf die Struktur der Hafenverwaltung wird hier nicht erneut eingegangen. Sie ist heute grundsätzlich die gleiche wie 1974, die in [1] ausführlich dargestellt ist.

Zunächst soll der Leser in die Geographie und Wirtschaft des Landes, das Küsteningenieurwesen und die Containerisierung eingeführt werden. Anschließend werden die großen Häfen in der Reihenfolge Durban, Kapstadt, Port Elizabeth, Saldanha Bay und Richards Bay behandelt.

2 Geographie und Wirtschaft des Landes

Die Republik Südafrika ist mit rd. 1,1 Mio. km^2 mehr als viermal so groß wie die Bundesrepublik Deutschland. Das Land besteht vorwiegend aus einem 1000 m bis 1500 m hohen Binnenhochland, das sich nach Norden und Westen zum Kalahari-Becken absenkt (Abb. 1). Im Osten und Süden fällt es stufenweise – z. T. abrupt – zu einem schmalen Küstensaum ab. Die Randgebirge im Osten, die Drakensberge, erreichen Höhen bis über 3000 m. Die Flüsse des Hochlandes (Oranje, Vaal, Limpopo) sind wegen ungleicher Wasserführung, die kurzen Küstenflüsse wegen starken Gefälles für die Schiffahrt praktisch nicht nutzbar.

Mit seiner geographischen Lage zwischen dem südlichen Wendekreis und dem 35. Breitengrad ist die Republik Südafrika den warm-gemäßigten Trockengebieten der Subtropen zuzurechnen. Die Temperaturen werden im Landesinnern von der Höhenlage, an der Ostküste durch den warmen Agulhasstrom und an der Westküste durch den kalten Benguelastrom bestimmt. Beide Meeresströme beeinflussen auch die Niederschläge, die deshalb nicht nur von Süden nach Norden, sondern auch von Osten nach Westen abnehmen. An die feuchtgemäßigten Hochflächen im Osten und die regenreichen Küstenzonen im Südosten schließen sich nach Westen das Winterregengebiet, das semiaride Innere und im Norden und Westen die ariden Gebiete der Kapprovinz an. 70 % des Landes erhalten weniger als 625 mm Regen im Jahresmittel.

Etwa zwei Drittel des Landes sind von Trockenvegetation bedeckt. Hier ist bestenfalls extensive Weidewirtschaft (Schafe, Rinder) möglich. In den Hauptanbaugebieten – der südlichen Kapprovinz, Natal und Transvaal – werden Weizen, Obst, Wein, Zitrusfrüchte, Tabak, Zuckerrohr, Mais und Hirse für die Eigenversorgung und den Export geerntet.

Südafrika ist reich an Bodenschätzen und zählt zu den führenden Bergbauländern. Es besitzt alle bedeutenden Mineralien außer Bauxit. Neben Kohle und Eisenerz werden abgebaut: Gold, Diamanten, Chrom, Vanadium, Mangan, Platin, Silber, Zink, Kupfer, Nickel, Antimon, Asbest und – mit erheblichen Zuwachsraten – Uran. Die Suche nach Erdöl verlief allerdings ergebnislos. Bereits betriebene Kohleverflüssigungs-Anlagen sollen die Abhängigkeit von Ölimporten mindern.

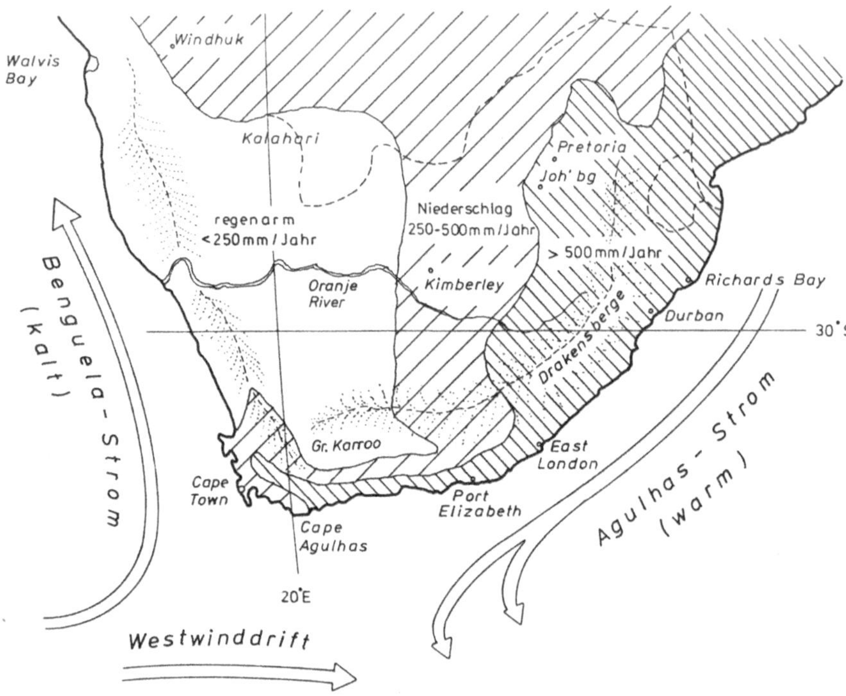

Abb. 1. Südafrika, Geographie

Schwerpunkte des Bergbaus liegen im Witwatersrand-Revier um Johannesburg (Kohleabbau und -verflüssigung, Gold, Platin, Uran) und in der nördlichen Kapprovinz, wo im Bereich Sishen-Kuruman Erze – vor allem Eisen und Mangan – gewonnen werden (Abb. 2). Von beiden Bergbauzentren sind in letzter Zeit Eisenbahnverbindungen zur Küste hergestellt worden, wo leistungsfähige Verladeanlagen entstanden und teilweise noch ausgebaut werden. Die bedeutendste Bahnlinie ist die über 1400 km lange Strecke Johannesburg–Kapstadt. Neben dem weitmaschigen Eisenbahnnetz (alle Strecken mit „Kapspur" = 1067 mm) existiert heute ein gut ausgebautes, recht dichtes Straßennetz.

Abb. 2. Südafrika, Wirtschaft

Die Republik Südafrika ist das am stärksten industrialisierte Land Afrikas. Bergbau, Industrie, Energiewirtschaft, Verkehr und Landwirtschaft sind hochentwickelt und geprägt von der europäischen Zivilisation der weißen Siedler. An den überall sichtbaren Aufbauleistungen haben jedoch auch die anderen Bevölkerungsgruppen (Bantu, Inder u. a.) erheblich mitgewirkt, insbesondere im Bergbau und Wegebau, in der Landwirtschaft, im Handel und Handwerk.

Heute leben in der Republik Südafrika rd. 23,8 Mio. Menschen, davon ca. 16,0 Mio. (67,5 %) Schwarze (fast ausschließlich Bantu), etwa 4,5 Mio. (19 %) Weiße, 2,5 Mio. (10 %) Mischlinge („Coloureds ') und 800 000 (3,5 %) Asiaten.

Die Politik der „getrennten Entwicklung", die immer noch die Mehrheit der Bevölkerung von politischer Mitbestimmung und gesellschaftlicher Gleichstellung ausschließt, versucht gegenwärtig, sich u. a. mit Hinweisen auf die teilweise desolaten politischen und wirtschaftlichen Verhältnisse schwarz-afrikanisch regierter Nachbarländer zu rechtfertigen. Bürgerkrieg und Hungersnot scheinen die Republik Südafrika gegenwärtig nicht zu bedrohen. Das große Problem heute ist die wachsende Arbeitslosigkeit, von der vor allem die schwarze Bevölkerung betroffen ist – aber auch Weiße, insbesondere ehemalige Farmer.

Das Rohstoff-Exportland begann in den 20er Jahren mit dem Aufbau eigener Industrien und trachtete seit Ende des 2. Weltkrieges nach wirtschaftlicher Autarkie. Einem kräftigen Wirtschaftswachstum in den Jahren 1960 bis 1974 – u. a. ermöglicht durch Investitionen aus dem Ausland (Großbritannien, USA, Bundesrepublik Deutschland) – folgte Mitte der 70er Jahre eine Rezession, ausgelöst vor allem durch den Anstieg des Erdölpreises. 1978 setzte wieder ein Aufschwung ein, begünstigt durch den Goldpreisanstieg und steigende Industrieproduktion, aber begleitet von Arbeitslosigkeit und hoher Inflation. Die weltweite Wirtschaftsschwäche hat auch die Republik Südafrika spürbar getroffen. Das Land unternimmt dabei große Anstrengungen, die Krise zu meistern, was auch im Ausbau der Häfen deutlich wird.

3 Küsteningenieurwesen

Rund 3000 km lang sind die Küsten der Republik Südafrika am Atlantischen und Indischen Ozean. Der Tidehub entlang dieser Küsten erreicht durchweg nur 1,5 m bis 2,0 m. Ideale Standorte für Häfen („Naturhäfen") sind hier jedoch kaum zu finden. Es fehlen geeignete Buchten, Förden, Flußmündungen, die größeren Häfen bei ausreichender Wassertiefe natürlichen Schutz bieten könnten. So liegen die bedeutenden Häfen Südafrikas entweder an offenen Buchten (Kapstadt, Saldanha, Port Elizabeth) oder in ursprünglich flachen Lagunen (Durban, Richards Bay). Lediglich der kleinere Hafen East London konnte geschützt in einer Flußmündung angelegt werden.

Die Küsten sind vor allem durch zwei Naturerscheinungen gekennzeichnet:

- hohe, langperiodische Wellen und
- küstenparallele Sanddrift.

Ursache für beide Erscheinungen sind die oft heftigen Winde aus überwiegend südwestlicher Richtung in dieser Region. Der küstennahe Sandtransport (littoral drift) ist an der Atlantikküste von Süden nach Norden – gleichsinnig mit dem Benguelastrom – gerichtet; an der Küste des Indischen Ozeans setzt die ausgeprägte Sanddrift nach Nordosten, also entgegen der Richtung des weiter seewärts verlaufenden Agulhasstroms. Diesen Naturerscheinungen, ihren Folgen und den Abwehrmaßnahmen haben sich die Wasserbauingenieure seit dem Beginn der Besiedlung in besonderem Maße annehmen müssen.

Grundlagenforschung und Projektuntersuchungen werden vom Council for Scientific and Industrial Research (CSIR) seit 1974 zentral im National Research Institute for Oceanology (NRIO) in Stellenbosch bei Kapstadt durchgeführt. Ein Stab von Wissenschaftlern und Ingenieuren arbeitet hier auf den Gebieten: Küsteningenieurwesen und Hydrodynamik, Ozeanographie, Meeresbiologie und -chemie, Ästuar-Forschung, Seevermessung u. ä. Hierfür werden in Stellenbosch vorgehalten: 2 Hallen für physikalische Modelle, ein Windwellen-Kanal und weitere Test-Gerinne, ein Rechenzentrum, Labors, Werkstätten usw. Für die Untersuchungen vor Ort stehen ein Forschungsschiff und Vermessungsboote mit entsprechender Ausrüstung zur Verfügung.

Zahlreiche hafenbezogene Projekte sind in den vergangenen Jahren im NRIO bearbeitet worden, zum Beispiel:

- Seegangsuntersuchungen: Wellenklima vor den Küsten, Resonanzerscheinungen im Hafen von Kapstadt (derzeitiger und evtl. künftiger Ausbauzustand).
- Schiffsbewegungen: Seegangsabhängige Bewegungen großer Schiffe in den Hafenzufahrten von Richards Bay und Saldanha Bay. Bewegungen und Trossenkräfte vertäuter Massengutschiffe an der Erzpier von Saldanha.
- Sandtransport: Messung und Bilanzierung des Sandtransportes in den Brandungszonen z. B. bei Durban und Richards Bay. Vorschläge für die Technik des Baggerns und Strandaufspülens.

– Schadstoffausbreitung von Abwassereinleitungen in Küstengewässer unter Einfluß der Tideströmung. Messungen in der Table Bay, Kapstadt und Untersuchungen anhand eines zweidimensionalen Rechenmodells für Saldanha Bay und Langebaan Lagoon.
– Wellenbrecher: Grundsätzliche Untersuchungen über optimalen Aufbau und Querschnitt von Wellenbrechern aus Schüttsteinen. Schutzwirkung unterschiedlich großer Dolosse.

Die Aktivitäten des NRIO haben in erster Linie die wasserbautechnischen Voraussetzungen für die Anlage der neuen Massenguthäfen Saldanha Bay und Richards Bay geschaffen. Aber auch zur Klärung mancher Frage im Zusammenhang mit der Einführung des Containerverkehrs in Südafrika, worüber im folgenden Kapitel berichtet wird, haben diese Arbeiten ihren Beitrag geleistet.

4 Ausbau der Containerhäfen

Bereits 1968 wurde eine Arbeitsgruppe, bestehend aus Vertretern der South African Transport Services und der staatlichen südafrikanischen Reederei Safmarine, damit beauftragt, Nutzen und Folgen einer möglichen Containerisierung im Südafrika-Verkehr zu untersuchen. Die offizielle Entscheidung zugunsten der Container-Einführung fiel im März 1974, bestärkt durch die Situation der damals permanent verstopften Häfen Südafrikas, die der Schiffahrt erhebliche Verlustzeiten durch langes Liegen auf Reede zumuteten [1]. Die Aufnahme des Containerverkehrs ließ eine spürbare Beschleunigung beim Stückgutumschlag erwarten.

In den drei großen Stückguthäfen der Republik Südafrika, Durban, Kapstadt und Port Elizabeth sind seitdem Container Terminals mit einem Investitionsaufwand von rund 1,0 Mrd. DM hergerichtet worden. Das erste Containerschiff wurde im Juli 1977 in Durban abgefertigt. Die Safmarine, Mitglied der Südafrika-Konferenz, beschäftigt gegenwärtig 9 Containerfrachter in der Europa-Südafrika-Relation.

Der Entwicklungsstand des Terminal-Ausbaus für den Übersee-Containerverkehr ist für 1981 durch folgende Daten gekennzeichnet:

Hafen	Liegeplätze	Containerbrücken	Jahresumschlag in TEU
Durban	5	7	335 000
Kapstadt	3	4	170 000
Port Elizabeth	2	3	100 000
Summe	10	14	605 000

Die Terminals sind lediglich für den Umschlag der Container eingerichtet. Sie dienen als Zwischenlager, gepackt werden Container hier in der Regel nicht. Für die Zwischenlagerung verderblicher Güter, wie Obst, Weintrauben, Zitrusfrüchte werden Kühleinrichtungen vorgehalten. So wurde in Kapstadt 1982 eine Halle für die Klimatisierung von max. 500 Containern in Betrieb genommen.

Die Liegeplätze weisen Wassertiefen zwischen 12,2 m und 14,0 m unter Kartennull auf. Für Umschlagtechnik und Lagerbetrieb wurde in allen drei Häfen das gleiche Konzept angewendet: Containerbrücken (2 Stück pro

Abb. 3. Wannentrailer, Container Terminal Kapstadt

Liegeplatz) setzen die Container vom Schiff auf „Wannentrailer" (bathtub trailer, Abb. 3), auf denen sie zur Stellfläche gefahren werden. Hier werden die Container von Torstaplern (straddle carrier) oder Portalkranen (Transtainer) abgesetzt bzw. gestapelt.

Die inzwischen gemachten Erfahrungen haben gezeigt, daß der Torstapler für das container handling offenbar besser geeignet ist als der Transtainer: er ist flexibler und weniger windanfällig. Die häufig auftretenden hohen Windgeschwindigkeiten in den Häfen beschränken auch die Stapelhöhe auf zwei Container übereinander.

Der Landtransport der Container – insbesondere von und zu den industriellen Ballungsgebieten um Johannesburg – wird ganz überwiegend von der Eisenbahn bewältigt, deren Lichtraumprofil auch bei der schmalen Kapspur für den Containertransport noch ausreicht. Zwischen den Häfen und dem City Deep Terminal bei Johannesburg werden Container-Ganzzüge eingesetzt. Die Reisezeit von Durban beträgt 15 bis 18 Stunden, von Port Elizabeth 36 Stunden.

Probleme hat es in den vergangenen Jahren durch nicht ausgeglichene Verkehre gegeben. Die Importe überwogen zeitweise erheblich die Exporte, was zur Ansammlung „leerer Kisten" im Hinterland führte. Leercontainer sind bereits in größerer Zahl nach Simbabwe gebracht worden mit dem Ziel, die Containerisierung im Tabakhandel zu steigern. Weitere Überlegungen zielen darauf ab, das Exportmodell der Ford Motor Company of South Africa in Containern auszuführen, ja sogar Schüttgüter hierin zu exportieren: Getreide nach Fernost und evtl. Kohle nach Europa [5]. Nachdem in jüngster Zeit beim Stückgut ein Ausgleich zwischen Import und Export, teilweise ein Überwiegen der Ausfuhrmengen registriert wird, kann mit dem Abbau der Containerhalden gerechnet werden.

Am Ende der ersten Ausbauphase ist die Hafenverwaltung Südafrikas optimistisch und wertet die Einführung des Containerverkehrs schon jetzt als Erfolg.

Auf die drei Häfen, die zu Containerhäfen ausgebaut wurden, wird – in der Reihenfolge ihrer Bedeutung – anschließend näher eingegangen.

5 Durban

Durban ist als Hauptumschlagplatz für die Industrieregion um Johannesburg der wichtigste Hafen des Landes. Hier wird rund ein Viertel des Gesamtumschlags und der größte Stückgutumschlag aller südafrikanischen Häfen abgewickelt.

5.1 Geschichte

Die 1823 gegründete Siedlung wurde nach dem Kapgouverneur Sir Benjamin D'Urban benannt. Der Hafen liegt geschützt in der Bucht von Natal, einer ursprünglich landumschlossenen, seichten Lagune, woran Wattflächen und Reste eines Mangrovenwaldes heute noch erinnern. Die seeseitige Barre wies, wie Vasco da Gama 1497 berichtete, eine Wassertiefe von nur 1,8 m auf. Bis zur Mitte des 19. Jahrhunderts mußten die Waren aus den Seeschiffen in kleinen Landungsbooten durch die Brandung zum Strand transportiert und hier von Ochsenkarren übernommen werden. Damals wie heute profitiert der Landeplatz von dem Höhenzug „The Bluff", der sich südwestlich der Lagune in den Indischen Ozean erstreckt und die Bucht vor Sturm und Wellen aus südlicher Richtung schützt, (Abb. 4).

5.2 Der Hafen heute

Im Schutze des Bluff-Rückens wurde dann auch die Zufahrt in die Lagune, den heutigen Hafen, angelegt. Diese Zufahrt ist zwischen einem südlichen, 700 m langen, und nördlichen, 335 m langen Wellenbrecher auf 12,8 m Wassertiefe ausgebaut. Die nur 183 m breite Einfahrt – Fahrwasserbreite nur knapp 100 m – schirmt den Hafen zwar gegen Wellenunruhe weitgehend ab, macht das Einlaufen für große Schiffe jedoch zu einem heiklen Manöver. So sind generelle Passierbeschränkungen für Schiffe mit gefährlicher Ladung festgelegt worden: Schiffslänge bis 244 m, Tiefgang bis 12,2 m (bei Tidehochwasser, Tidehub ca. 1,5 m) und Durchfahrt nur zur Tageszeit. Mit Ausnahmegenehmigung haben aber schon (geleichterte) Tanker mit erheblich größeren Abmessungen – bis 230 000 tdw – den Hafen angelaufen.

Auch zwei der größten Passagierschiffe, die „Quen Elizabeth II" und die „France" sind in Durban schon abgefertigt worden. Der bedeutende Übersee-Reiseverkehr wird am citynahen „Ocean Terminal" abgewickelt, der 1962 in Betrieb genommen wurde und moderne Einrichtungen wie Teleskop-Gangways zwischen Abfertigungshalle und Liner aufweist.

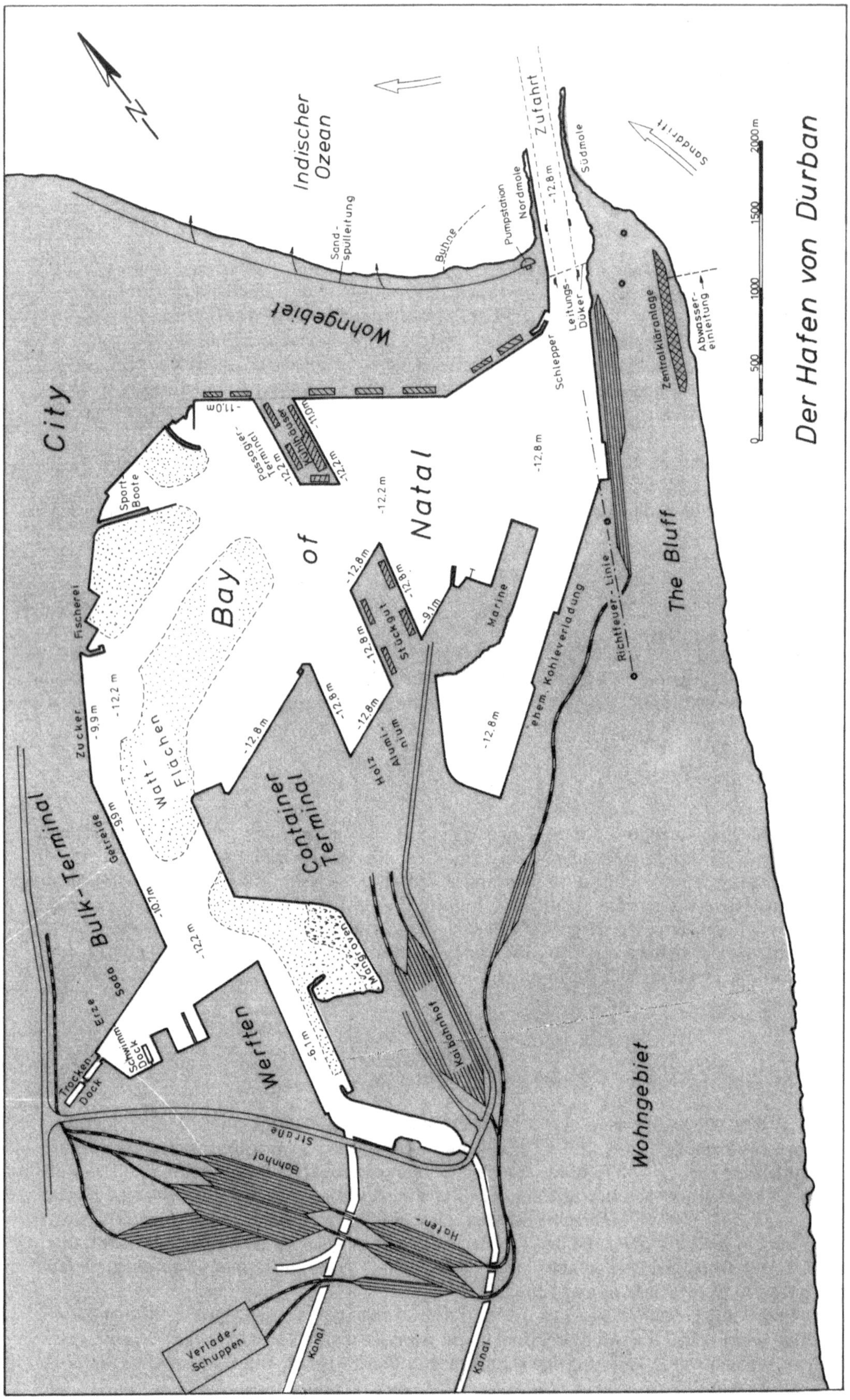

Abb. 4. Der Hafen von Durban

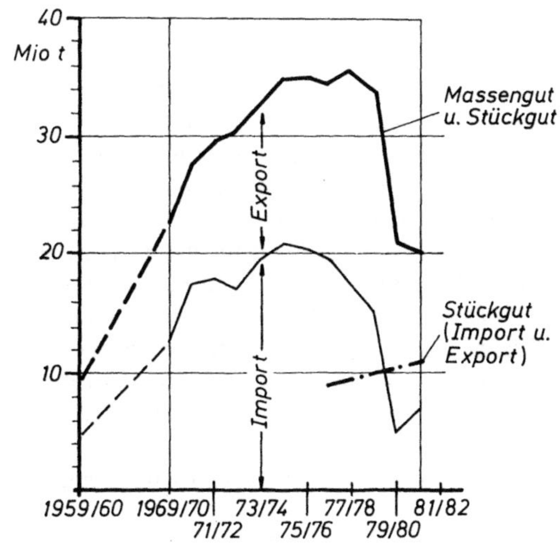

Abb. 5. Hafen Durban, Umschlagsentwicklung

Die Umschlagentwicklung des Hafens spiegelt den wirtschaftlichen Aufschwung und Verfall der vergangenen Dekade wider, (Abb. 5).

Die stürmische Zunahme des Gesamtumschlages Anfang der 70er Jahre ist in erster Linie den hohen Importsteigerungen zuzuordnen, die seinerzeit zur Verstopfung der südafrikanischen Häfen führten. Der starke Einbruch nach 1976/78 ist auf die gezielte Drosselung der Massengut-Einfuhren zurückzuführen. Beim Stückgutumschlag sind dagegen auch in den letzten Jahren Steigerungen eingetreten.

Durban besitzt als Universalhafen Umschlagfazilitäten für ein breites Güterspektrum. Erwähnt seien hier die Anlagen für den Export von Kohle, Eisen- und Manganerzen, von Zucker (Silokapazitäten 520 000 t), Getreide (rd. 35 000 t), Holzspänen (rd. 80 000 t), Maisprodukten, Erdnüssen und Sojabohnen (30 000 t), Pflanzenölen (6500 t) sowie Weizenprodukte, Gerste, Reis, Malz und für den Import von Soda-Asche (22 000 t Lagerkapazität) und Bauxit (32 000 t). Weitere Anlagen existieren für Umschlag und Lagerung von Chemikalien und Mineralöl. Für Supertanker wird seit 1970 eine privat betriebene single buoy mooring auf der äußeren Reede vorgehalten.

Nach dem Stand von 1981 hatte der Hafen an insgesamt 12,9 km Kaistrecken 60 Schiffsliegeplätze aufzuweisen. Dazu kommen noch etwa 10 weitere Liegeplätze für Schiffsreparaturen, Marine- und Fischereifahrzeuge. 20 Schuppen mit insgesamt 96 000 m^2 Lagerfläche und 3 Kühlhäuser mit rd. 7500 m^3 Inhalt – letztere hauptsächlich für den Export von Zitrusfrüchten – stehen zur Verfügung.

Folgende Umschlaggeräte waren 1981 im Einsatz:

	Anzahl	Hubkraft in t
Kaikräne	190	4– 15
	1	80
Mobilkräne	13	6– 35
Schwimmkräne	3	25–200
Gabelstapler	329	3– 12,5
	1	25
Containerbrücken für Überseeschiffe	7	40
Containerbrücken für Küstenfrachter	1	40
Torstapler	36	30

Für Schiffsreparaturen hält Durban zwei Docks vor: Das Prince Edward Trockendock, 352 m x 34 m x 12,5 m, kann durch ein Zwischentor in zwei Kammern geteilt werden. Das Schwimmdock hat eine Tragfähigkeit von 3629 t. Zum Betrieb des Hafens stehen 9 Schlepper mit Feuerlöscheinrichtungen, 2 Lotsenboote und 23 Barkassen zur Verfügung.

Der konventionelle Stückgutumschlag konzentriert sich auf die Kaizunge „Pier No. 1“ mit 7 Liegeplätzen auf 1714 m Kailänge und 12,8 m Wassertiefe. Die breite Kaizunge ist ausgerüstet mit 4 flachen Schuppen, wasserseitigen Gleisen und umfangreichen Gleisanlagen im Mittelteil.

5.3 Container Terminal

Der Container Terminal entstand Mitte der 70er Jahre durch Ausbau der „Pier No. 2“ (Abb. 6). Das 102 ha große Areal weist auf 1585 m Kailänge 5 Liegeplätze mit 12,8 m Wassertiefe für Vollcontainerschiffe und zwei weitere Liegeplätze für Küsten- und Feederschiffe auf. Als Stapelflächen stehen 26 ha zur Verfügung, für jeden Überseeliegeplatz im Durchschnitt 4,4 ha, auf denen nach offiziellen Angaben jeweils gut 3000 TEU bei einer Stapelhöhe von 1 bis 2 Containern übereinander zwischengelagert werden können.

Die Torstapler (straddle carrier) werden fast ausschließlich für das Stapeln der Container sowie das Be- und Entladen von Container-Lastwagen eingesetzt. Die längeren Transportwege zwischen der Containerbrücke am Schiff und dem Stapelplatz bzw. dem Containerbahnhof legen die Container auf Wannentrailern (bathtub trailer) zurück. Dafür sind rd. 800 Trailer und 50 Zugmaschinen im Einsatz. Der Containerbahnhof ist mit 2 Transtainern ausgerüstet. Laut Fahrplan verkehren täglich 5 Container-Einheitszüge zwischen Durban und Johannesburg. Der Wagenpark der staatlichen Eisenbahn wurde hierfür 1981 auf 3622 Spezialwaggons aufgestockt.

Der Containerumschlag in Durban konnte seit dem Startjahr deutlich gesteigert werden:

Haushaltsjahr	1976/77	1977/78	1978/79	1979/80	1980/81
Anzahl in 1000 TEU	45	85	200	255	335

5.4 Betrieb des Hafens

Der Hafen wird staatlich betrieben. Auch das Umschlaggeschäft wird in wichtigen Bereichen von Staatsbediensteten geleitet und ausgeführt, wie der Betrieb des Container Terminals, der Kohle- und der Getreideverladung sowie der Kühlhäuser. Die Statistik weist für 1981 12413 Beschäftigte aus, u. a. beim Hafenamt, der Verwaltung, den staatlichen Betrieben, Polizei, Feuerwehr und Werkstätten. Die nach Rassen (White, Coloured, Indian, Bantu) aufgeschlüsselten Angaben zeigen, daß die Verwaltung praktisch nur mit Weißen besetzt ist. Neben den staatlichen gibt es auch privat geführte Betriebe wie den Zuckerterminal, Anlagen für den Umschlag von Holzspänen, landwirtschaftlichen Produkten, Soda und Manganerz.

In den nächsten 5 Jahren beabsichtigt die Verwaltung, über 350 Mio. DM in den Hafen zu investieren u. a. für die Verbesserung der Seezufahrt, die Anlage eines Wendebeckens, die Modernisierung der Getreide-Umschlaganlage und zweier Liegeplätze und die Erneuerung von Kaikränen.

Der Hafen ist gegenwärtig bei weitem nicht ausgelastet. Diesen Eindruck hatte der Autor bei seinem Besuch Ende November 1982. Während im Hafen kaum Schiffe abzufertigen waren, lagen draußen auf Reede fast ein Dutzend Frachter, die auf Beschäftigung warteten. Vor etwa 8 Jahren ankerten hier auch zahlreiche Schiffe; sie warteten damals auf einen Kailiegeplatz und Abfertigung im überfüllten Hafen.

Abb. 6. Durban, Container Terminal

Abb. 7. Durban, Strandabbruch

Abb. 8. Durban, Sandvorratsbecken und Pumpstation

5.5 Strandauffüllung

Der Ausbau der Hafenzufahrt, d. h. der Bau der Molen und die Vertiefung der Fahrrinne, mußte zwangsläufig die küstenparallele Sanddrift stören. Mit den Folgen hat die Stadtverwaltung von Durban seit der Mitte des vorigen Jahrhunderts zu kämpfen. In der Hafeneinfahrt und südlich davon kommt es zu ständiger Sandablagerung; nördlich davon, entlang der attraktiven Strandpromenade wird der Sandstrand auf mehreren Kilometern Länge in bedrohlichem Maße abgetragen (Abb. 7). Der jährliche Sandverlust beträgt gegenwärtig 70–100 000 m^3. Seit Jahrzehnten versucht die Stadt durch den Bau von Buhnen und zeitweisen Sandaufspülungen den Rückgang des Strandes aufzuhalten. Der Erfolg blieb bislang aus.

Nach eingehenden Studien und Planungen soll jetzt ein festinstalliertes Sandpump-System für ständigen und gezielten Sandnachschub sorgen. Kern der neuen Anlage ist ein Sandvorratsbecken mit halbkreisförmigem Grundriß (Abb. 8). Dieses Becken nimmt den in der Hafenzufahrt und südlich davon gebaggerten Sand von den Staatsbaggern auf – bis zu 4000 m^3. Hier wird der Sand nach Bedarf mittels Wasserstrahl wieder aufgenommen und über die insgesamt 3,5 km lange Rohrleitung auf den Strand gespült. 4 Zwischenpumpstationen sind vorgesehen. Man hofft, rund 300 m^3 Sand pro Stunde aufspülen zu können und plant, jährlich etwa 100 000 m^3 Sand über das Abtragsvolumen hinaus aufzubringen, um den Strand wieder aufzubauen. Die Spülarbeiten sollen Anfang 1983 aufgenommen werden. Gegenwärtig wird auch untersucht, ob die Auffüllung durch den Bau strandparalleler Unterwasserbuhnen unterstützt werden kann.

6 Kapstadt

6.1 Geschichte

Die Geschichte dieses Umschlagplatzes begann, als der Holländer Jan van Riebeck 1652 am Fuße des Tafelberges landete und hier eine Versorgungsstation für die Dutch East India Company gründete. Der eigentliche Hafenausbau begann jedoch erst 1860 mit dem Bau eines 646 m langen Wellenbrechers, der dem ersten Hafenbecken, dem Prince Alfred Dock, Schutz bieten mußte. Dieses Becken mit 3,4 ha Wasserfläche wurde 1870 von seinem Namensgeber eröffnet (Abb. 9).

Die Goldfunde in Südafrika belebten Handel und Schiffahrt so nachhaltig, daß der Hafen bereits ab 1889 um ein 27 ha großes Becken, das Victoria Basin, vergrößert werden mußte. Zu dessen Schutz mußte ein neuer Wellenbrecher angelegt werden. Erst in den Jahren 1937 bis 1945 entstand dann das Duncan Dock mit 118 ha Wasserfläche, 12 m Wassertiefe und 1830 m Kailänge, das sind 12 Liegeplätze. Mit dem Baggergut aus diesem Hafenbecken wurden 195 ha Landfläche für die City von Kapstadt aufgehöht. Das 1945 erbaute Sturrock-Trockendock konnte mit 422 m Länge, 38 m Breite und 12 m Tiefe die damals größten Schiffe aufnehmen. Der Tankerhafen entstand in den Jahren 1965 bis 1972, die Rollanlage ging 1976 in Betrieb. Mit der Fertigstellung des Container-Terminals am neuen Ben Schoeman-Becken 1977/78 ist die vorerst letzte Phase der Hafenerweiterung abgeschlossen.

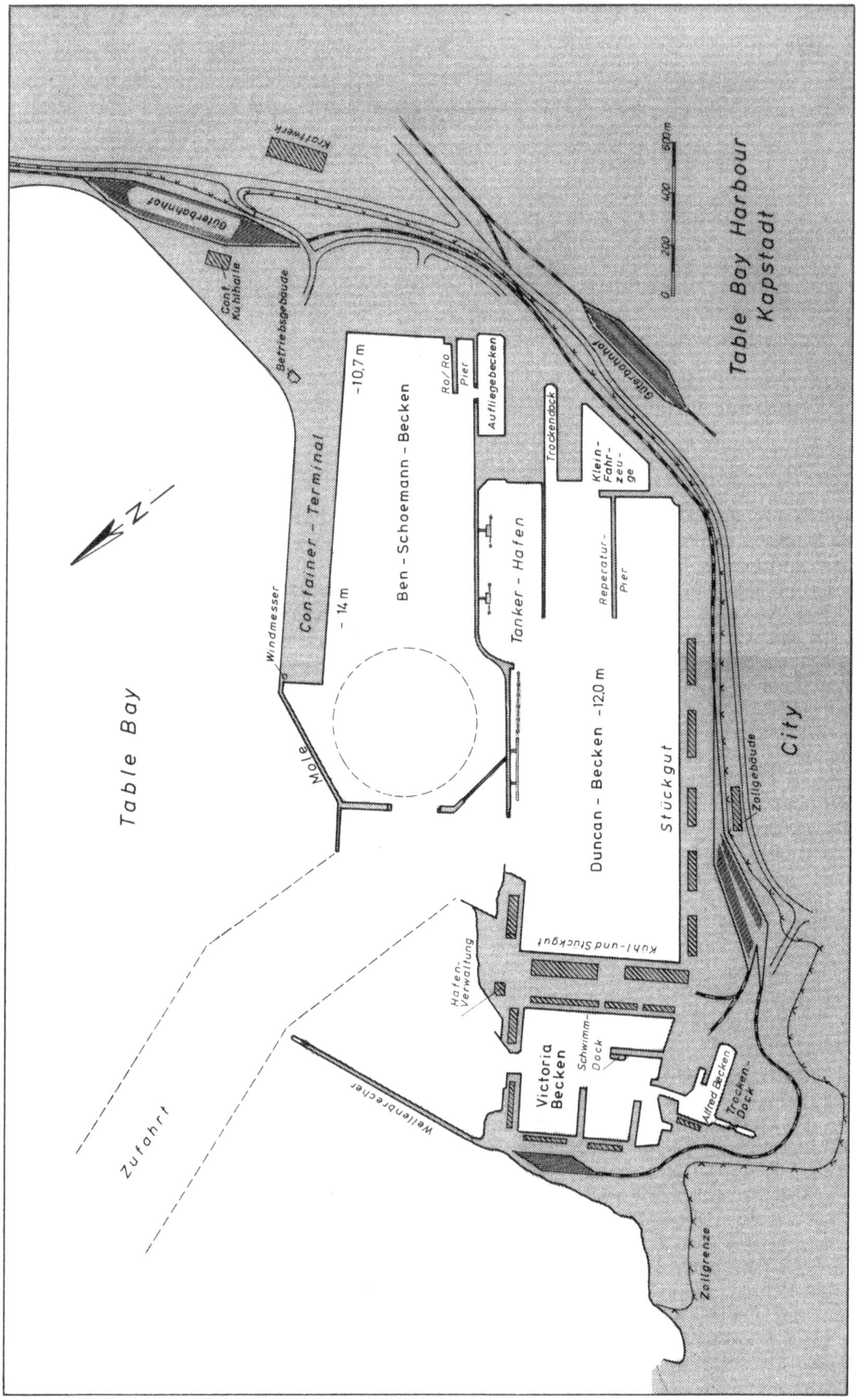

Abb. 9. Der Hafen von Kapstadt

Abb. 10. Gebäude der Hafenverwaltung vor dem Tafelberg

6.2 Der Hafen heute

Der zweitgrößte Stückguthafen der Republik Südafrika dient in erster Linie der Ausfuhr landwirtschaftlicher Produkte der südlichen Kapprovinz, der Versorgung dieser Region und der Küstenschiffahrt. 1981 wurden hier rd. 5 Mio. t (ohne Mineralöl) umgeschlagen, davon rd. 1 Mio. t typischer Kapprodukte wie Zitrusfrüchte, Weintrauben, Äpfel und Birnen. Weitere Ausfuhrgüter sind Mais, Getreide, Gefrierfleisch und Fischereierzeugnisse. Neben den vorherrschenden Stückgutanlagen weist der Hafen Liegeplätze und Fazilitäten für den Ölimport auf. Zentral im älteren Stückguthafen steht heute das moderne Gebäude der Hafenverwaltung (Abb. 10).

Der Hafen im Süden der Table Bay ist zwar vor der Hauptwindrichtung geschützt. Er litt jedoch nicht selten unter langperiodischen Wellen und Schwingungen (Resonanz) in der Zufahrt und den Hafenbecken. Mit der Verlängerung des Hauptwellenbrechers im Norden und der Anordnung zusätzlicher Molen vor den Einfahrten der Hafenbecken konnte diese Erscheinung auf ein tragbares Maß reduziert werden. Der Tidehub beträgt 1,5 m bis 2,0 m. Wesentlich erhöhte Wasserstände treten auch bei Stürmen nicht auf. Besondere Probleme durch Sanddrift oder Verschlickung gibt es hier nicht.

6.3 Container Terminal

Der Bau des Container Terminals erforderte schon wegen des großen Flächenbedarfs die Erweiterung des Hafens in nordöstlicher Richtung in die Tafelbucht hinein. Hierzu mußte zunächst der Hauptwellenbrecher, der die Hafeneinfahrt gegen Wellenangriff aus NW schützt, um weitere 156 m auf 880 m verlängert werden. Das geschah – anders als in der bisherigen Blockbauweise und z. T. mit Dolossen armierten Böschungen – diesmal mit Hilfe von Caissons. Das neu zu erschließende Areal war dann durch einen Damm gegen Wellenangriff aus nordöstlicher Richtung zu schützen. Für die Bemessung ist eine Wellenhöhe von 4,3 m angesetzt worden. Aufbau und Querschnitt dieses Dammes, der ca. 2 Jahre später die seeseitige Böschung der aufgespülten Kaizunge bildete, zeigt Abb. 11.

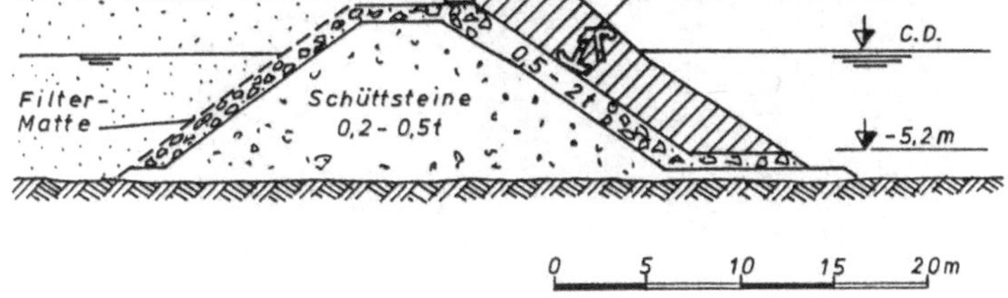

Abb. 11. Kapstadt, Neuer Seedamm zum Schutz des Container Terminals

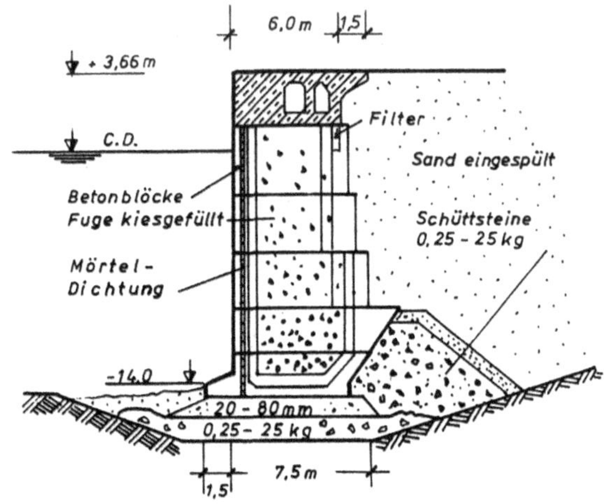

Abb. 12. Kapstadt, Kaimauer Container Terminal

Das neue Ben Schoeman-Becken mußte eine Wassertiefe von 14 m unter Kartennull (C.D. = Chart Datum ≙ MTnw) erhalten. Dazu waren umfangreiche Sprengungen im felsigen Untergrund auszuführen. Die Lage des neuen Hafenbeckens konnte zwar dem Erosionsbett eines früheren Flusses angepaßt werden, dennoch waren 250 000 m^3 Fels auszuräumen.

Der Untergrund favorisierte auch hier wieder die in afrikanischen Häfen häufig angewendete Blockbauweise für die Kaimauer (Abb. 12). Hierbei wurden massive, 3,5 m breite Betonblöcke auf der planierten Steinschüttsohle gegründet, in abgestuften Größen aufeinandergesetzt, die Hohlräume zwischen den I-förmigen Blöcken mit Kies und Steinen verfüllt und die wasserseitigen Vertikal-Fugen vergossen.

Der Kaimauerkopf besteht aus Betonfertigteilen, die die beiden Leitungstunnel enthalten und der Kappe aus Ortbeton. 5 von insgesamt 6 Mio. m^3 Füllboden zum Aufhöhen der Kaizunge zwischen Damm und Kaimauer wurden an Land in einer 6 km entfernten Niederung gewonnen, hydraulisch gefördert und eingebracht. 1 Mio. m^3 stammte aus der Hafenbecken-Baggerung und der Stadtsanierung (Bauschutt).

Die exponierte Kaizunge ist den häufig herrschenden Starkwinden voll ausgesetzt. Die auf der Container-Stellfläche installierten, schienengebundenen Portalkräne haben sich als windanfällig erwiesen, was bereits zu Betriebsstörungen geführt hat.

6.4 Container-Kühlhalle

Neueste Errungenschaft des Hafens ist die Kühlhalle für Container, die am landseitigen Ende des Container Terminals errichtet und Mitte 1982 in Betrieb genommen wurde (Abb. 13). Aufgabe dieser Halle ist es, für den Export bestimmte Container mit leichtverderblichen Produkten (z. B. Früchte, Kühlfleisch und Fisch) hier bis zur Verschiffung gekühlt zwischenzulagern.

Abb. 13. Kapstadt, Container-Kühlhalle

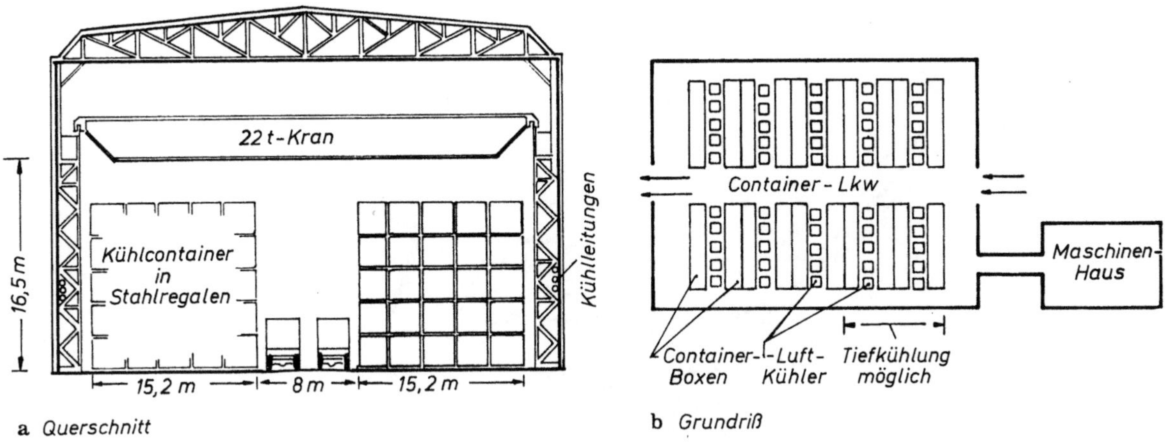

a *Querschnitt* b *Grundriß*

Abb. 14a und b. Container-Kühlhalle

Die Halle in Stahlträgerbauweise kann zweispurig von Container-Lkws befahren werden und maximal 500 Container aufnehmen (Abb. 14). Die angelieferten Container werden mit Hilfe des Hallenkranes sortiert nach Inhalt und Bestimmungsort in Regalboxen abgesetzt und an das Luftkühlsystem angeschlossen. An allen Boxen kann der Containerinhalt auf Temperaturen zwischen + 15 und – 2 °C gekühlt werden, wie es z. B. für Zitrusfrüchte erforderlich ist. Für maximal 200 Container besteht die Möglichkeit der Tiefkühlung (– 12 bis – 25 °C, z. B. für Fleisch, Geflügel, Fisch). Häufig sind die angelieferten Container, insbesondere beim Fruchtexport, herunterzukühlen, wobei man im Durchschnitt mit einer Leistung von 5 °C pro Tag rechnet.

Das Kühlsystem entspricht dem der Containerschiffe Südafrikas: Die isolierten Container haben an der Rückseite zwei Öffnungen, über die Kühlluft eingeblasen und erwärmte Luft abgezogen wird. Die Luft wird mit Wärmetauschern an den Boxen mit Hilfe flüssigen Ammoniaks gekühlt. Die für den Kreislauf des Kühlmittels erforderlichen maschinellen Anlagen sind in einem separaten Gebäude neben der Halle installiert. Die Disposition der Container geschieht selbstverständlich mit Hilfe der EDV.

Die Kühlhalle wurde von der South African Transport Services unter Beteiligung des South African Perishable Products Export Control Board für rund 30 Mio. DM hergestellt.

7 Port Elizabeth

7.1 Geschichte

Port Elizabeth, im Westen der Algoa Bay 1820 von Siedlern gegründet, war bis zu den 30er Jahren unseres Jahrhunderts kein geschützter Hafenplatz Eine Flotte von Leichtern brachte die Ladung der auf Reede ankernden Schiffe an die Landungsbrücken.

Der Bau eines geschützten Hafens wurde lange Zeit durch Sanddrift verhindert. Über die unbewachsenen Flächen des südlich der Stadt vorgelagerten Cape Recife wehte der vorherrschende Südwest-Wind große Sandmengen in die Algoa-Bucht, wo sie in Suspension mit dem Küstenstrom nach Norden verfrachtet wurden. So war der 1860 erbaute 400 m lange Wellenbrecher bereits vor seiner Fertigstellung von Sandmassen begraben. Die Hauptsandzufuhr konnte schließlich dadurch gedrosselt werden, daß die Stadt ihren Müll auf den Ödlandflächen ablagerte und eine geeignete Bepflanzung vornahm. Der 1933 fertiggestellte Wellenbrecher war Voraussetzung für die Entwicklung des Hafens. Bis heute hat jedoch die Versandung im Hafenbereich nicht aufgehört. Sie ist allerdings von Jahresmengen um 400 000 m^3 in den 40er Jahren bis auf weniger als 100 000 m^3 zurückgegangen.

In der ersten Ausbauphase des Hafens entstanden im Massengut-Terminal für den Erzexport und Ölimport mit 360 m Kailänge und 12,2 m Wassertiefe, 4 Liegeplätze für Stückgutumschlag mit 915 m Kaistrecke und 10 m bis 11 m Wassertiefe sowie Einrichtungen für die Fischereiflotte, Schiffsreparaturen und Schlepper (Abb. 15).

7.2 Container Terminal

Die zweite, gegenwärtig abgeschlossene Ausbauphase ist gekennzeichnet durch die Schaffung des Container Terminals an der Nordflanke des Hafens. Dazu mußte zunächst der Wellenbrecher um weitere 335 m nach Nor-

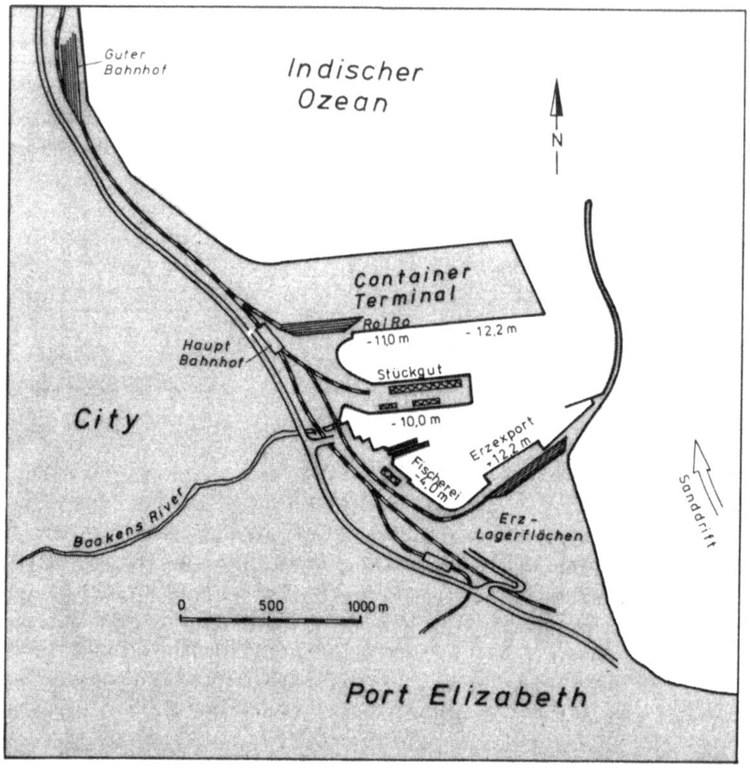

Abb. 15. Port Elizabeth

den verlängert werden. Um die Sanddrift so zu lenken, daß die Hafeneinfahrt weitgehend von Versandung freibleibt, entschied man sich, die Molenverlängerung seewärts zu richten, auch wenn die Wellenabschirmung für die Einfahrt dadurch weniger günstig ausfällt.

Im Schutze des Wellenbrechers konnte dann die vorhandene schmale Kaizunge hinter dem Charl Malan-Kai nach Norden hin auf gut 400 m verbreitert werden, wodurch die 70 ha große Fläche für den Container Terminal bereitgestellt werden konnte. Der Charl Malan-Kai bietet mit einer Länge von 1450 m und 11,0 m bis 12,2 m Wassertiefe 2 Übersee-Containerschiffen und weiteren Küsten- und Feederschiffen Liegeplätze. An der Kaiwurzel ist eine Rollanlage eingerichtet. Der Container Terminal ist ausgerüstet mit drei 40 t-Container-Brücken, 10 Torstaplern sowie mit Zugmaschinen und Wannentrailern, die den Zwischentransport der Container übernehmen. Die Torstapler werden für die Stapelarbeit auf den Stellflächen und für die Be- und Entladung der Waggons auf dem angeschlossenen Containerbahnhof eingesetzt. Die Stapelflächen sollen künftig durch Portalkräne bedient werden, ein Konzept, das angesichts der Erfahrungen in Kapstadt sicherlich überprüft wird.

Seit Inbetriebnahme des Terminals im Juli 1977 ist der jährliche Durchsatz auf 100 000 TEU gesteigert worden. Die derzeitige Kapazität wird mit 150 000 TEU/Jahr angegeben. Steigerungsmöglichkeiten liegen u. a. in der Umwandlung zweier vorhandener Stückgut-Liegeplätze in Containerkais.

Die Planer visieren bereits die Verdoppelung der Umschlagkapazität an, für die die jetzige Kaizunge nochmals verbreitert und an der Nordseite mit einer weiteren Kaimauer ausgestattet werden müßte. Ein neuer Wellenbrecher im Norden wäre Voraussetzung für diese Hafenerweiterung. Zur Realisierung so weitreichender Pläne gibt die derzeitige wirtschaftliche Situation vorerst aber wohl keinen Anlaß.

7.3 Das St. Croix-Projekt

Port Elizabeth war in den 70er Jahren noch Hauptausfuhrhafen für Erze. Die Kapazitätsgrenze wird mit 6 Mio. t/Jahr angegeben. Eine Privatfirma betreibt hier den Umschlag von Eisen- und Manganerzen aus dem Minengebiet um Kuruman. Die gesteigerte Nachfrage nach Rohstoffen insbesondere in Japan und Europa (u. a. Deutschland, Italien, Türkei) initiierte in den 70er Jahren großzügige Erweiterungspläne. Auf der Insel St. Croix, nordöstlich von Port Elizabeth in der Algoa Bay gelegen, sollten Verladeanlagen für den Export von 10 bis

20 Mio. t Erz pro Jahr gebaut werden. Der Anschluß an das vorhandene Eisenbahnnetz lag nahe. Die Wassertiefenverhältnisse hätten die Abfertigung von Massengutfrachtern bis 350 000 tdw ermöglicht. Diese ehrgeizigen Planungen privater Unternehmen sind inzwischen zurückgestellt worden. Neben dem realisierten staatlichen Konkurrenzprojekt in der Saldanha Bay (vgl. nächstes Kapitel) wäre das St. Croix-Projekt angesichts der anhaltenden Marktschwäche wohl kaum lebensfähig.

8 Saldanha Bay Harbour

Die Saldanha Bucht, etwa 52 km² groß und 120 km von Kapstadt entfernt, ist praktisch der einzige größere natürliche Hafenplatz an der südafrikanischen Atlantikküste. Die günstige Küstenfiguration wurde vor einigen Jahren genutzt, um hier den größten Erzexporthafen Südafrikas zu schaffen (Abb. 16).

8.1 Geschichte

Seit der Entdeckung im Jahre 1601 wurde die Bucht von Seefahrern aufgesucht, um Schutz vor den Kapstürmen zu finden. Das Fehlen von Trinkwasser behinderte jedoch die Entwicklung dieses Naturhafens über drei Jahrhunderte. Dessen ungeachtet wurden hier mehrere Seeschlachten ausgetragen, die bekannteste 1795 zwischen englischen und holländischen Schiffen. Auch nachdem 1913 die Eisenbahnverbindung mit Kapstadt hergestellt war, 1943 die Rohrleitung vom Berg River Süßwasser lieferte und 1945 eine neue Pier in Betrieb genommen werden konnte, wuchs Saldanha nicht über eine kleine Fischereisiedlung hinaus. Das änderte sich in den 70er Jahren.

8.2 Der neue Hafen

Die staatliche South African Iron and Steel Industrial Corporation, ISCOR, entschied im Jahre 1969, die Erzminen bei Sishen im Norden der Kapprovinz (Abb. 2) durch eine Eisenbahnlinie mit der Saldanha Bucht zu verbinden und hier einen modernen Tiefwasserhafen für den Erzexport zu schaffen und zu betreiben. Der Hafenbau begann im Mai 1973; die erste Erzladung wurde im September 1976 verschifft.

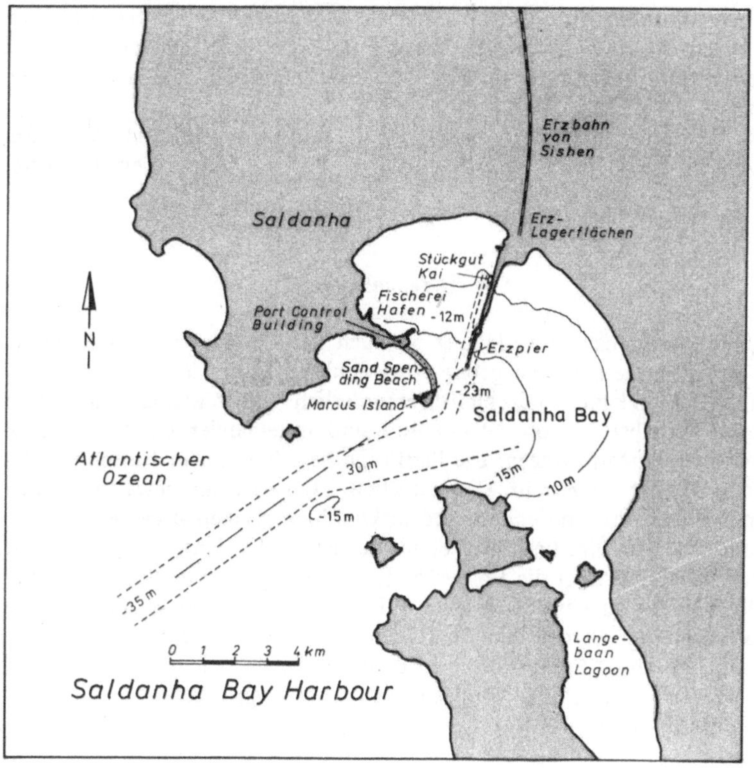

Abb. 16. Saldanha Bay

Abb. 17. Saldanha Bay, Erzverladepier im Schutze des Sandstrand-Wellenbrechers

Das geplante Stahlwerk [1] jedoch, das 1977 hier zunächst die Produktion von Halbzeug aufnehmen sollte, ist bislang nicht in Angriff genommen worden. Ebenso wenig ist der ursprünglich vorgesehene Bau und Betrieb von zwei Reparaturdocks für Superschiffe bis 500 000 tdw über erste Planungsstadien hinausgekommen.

Die innere Saldanha Bay weist überwiegend Wassertiefen von weniger als 15 m auf. Um große Massengutschiffe hier abfertigen zu können, mußte die Erzpier außerhalb dieser „Flachwasserbereiche" angelegt, die beiden Großschiffsliegeplätze auf 23 m und die Zufahrt auf 30 m unter Kartennull vertieft werden.

8.3 Wellenbrecher

Die exponierte Lage der Pier erforderte als erste Maßnahme ein Schutzbauwerk gegen Wellen aus südwestlicher Richtung. Die Bemessungswelle – 6 m im offenen Atlantik, auf 3 m in der äußeren Bucht reduziert – sollte bei den Liegeplätzen eine Höhe von nur noch 0,6 m erreichen. Nach eingehenden Untersuchungen insbesondere des Wasserbaulaboratoriums in Delft, wurde ein Wellenbrecher aus Sand mit seeseitigem flachen Strand (sand spending beach, Abb. 17) aufgespült, der die Halbinsel bei Saldanha mit der Felseninsel Marcus Island verbindet. Der bogenförmig trassierte, rd. 2 km lange Wellenbrecher fügt sich bei guter Absorption der Wellenenergie in geradezu idealer Weise in das Landschaftsbild.

Allerdings hat der Wellenbrecher nicht nur einmalig für die Aufspülung rd. 20 Mio. m^3 Sand erfordert. Die bisherigen Kontrollen zeigen, daß spürbare Verluste eintreten, die von Zeit zu Zeit durch Spülereinsatz ausgeglichen werden müssen.

8.4 Hafenanlagen

Die Tiefwasserpier, die sowohl der Erzverladung als auch der Entladung von Öltankern dient, wird von 25 Stahlbeton-Caissons getragen, die auf einer gebaggerten Sohle in 28 m Tiefe abgesetzt sind. Die gegenwärtig ausreichende Wassertiefe von 23 m kann – falls künftig erforderlich – noch größeren Schiffen angepaßt werden. Die Caissons haben einen Achsabstand von 39,5 m und sind miteinander durch nachträglich vorgespannte Träger verbunden, die die Pierplattform tragen. Die Pierfläche liegt 7,7 m über Kartennull. Der für 21 Caissons typische Querschnitt ist in Abb. 18 dargestellt. Die restlichen 4 Caissons am seewärtigen Ende sind kreisförmig ausgeführt. Die Pier ist mit pneumatischen Fendern und ausklinkbaren Haken ausgerüstet.

Der Verbindungsdamm zwischen Ufer und der Verladepier ist 3,2 km lang, hat ein Volumen von 9 Mio. m^3 überwiegend Steinbruchmaterial und trägt die Förderbänder, Rohrleitungen und die Zufahrtsstraße. Der Damm bildet gleichzeitig die Verbindung zu einer ufernahen Kaianlage mit 12 m Wassertiefe, an der Stückgutschiffe und kleinere Erzfrachter abgefertigt werden. An der Dammwurzel ist die Lagerfläche (400 m x 800 m) für die Zwischenlagerung von bis zu 3,6 Mio. t Erz mit den erforderlichen betrieblichen Einrichtungen hergestellt.

Für den Erzumschlag werden folgende Einrichtungen und Geräte vorgehalten:

1 Anlage zur gleichzeitigen Kipp-Entleerung von 2 Eisenbahnwaggons (tandem wagon tippler) mit einer Leistung von 7200 t/h.

2 Erzabsetz-/aufnahmegeräte (stacker-reclaimer), Kapzität je Gerät 8000 t/h.

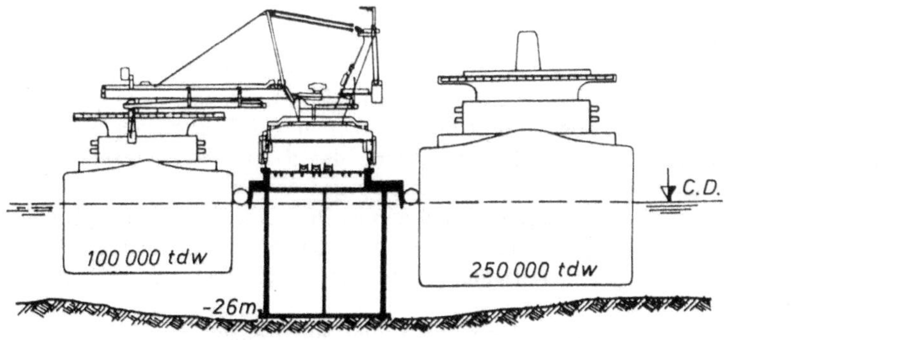

Abb. 18. Querschnitt Erzpier

2 Schiffsbelader, jeder für 8000 t/h ausgelegt.
Förderbandsystem, das mit seiner Leistungsfähigkeit die Umschlagleistung auf maximal 8000 t/h beschränkt, elektronisch vom zentralen Kontrollturm aus gesteuert.
3 Assistenzschlepper mit Voith-Antrieb.
Labor, Werkstätten, Serviceeinrichtungen.

8.5 Eisenbahn- und Umschlagbetrieb

Die 860 km lange Bahnlinie von den Erzminen bei Sishen ist eingleisig in Schmalspur („Kapspur" = 1067 mm) mit zweigleisigen Ausweichstellen angelegt. Züge mit 210 Wagen mit je 85 t Erz werden mit 3 elektrischen Lokomotiven in 20 Stunden von Sishen nach Saldanha Bay gebracht. Pro Tag können max. 3 volle und 3 leere Züge abgefertigt werden. Das Erz hat einen Eisengehalt von i. M. 66,5 % und wird nach Körnung – 6 mm und 25 mm – getrennt im Regelfall zwischengelagert.

Es wird nach Wiederaufnahme von den Lagerhalden – ggf. auch direkt von der Waggonentladung – über Transportbänder den Massengutfrachtern zugeführt.

Der Hafen ist ausgebaut für Umschlagleistungen von 18 Mio. Jahrestonnen. Hauptabnehmer sind Japan und Europa. Der gegenwärtige Absatz ist stark rückläufig: 1981 wurden noch 14 Mio. t exportiert, 1982 nur noch 4,5 Mio. t. Besser als erwartet waren dagegen Einnahmen aus dem Export von Nichteisenerzen wie Blei/Silbererz und Kupfererz (rd. 160 000 t/a), die über die Stückgutkaianlage verschifft werden.

8.6 Umweltfragen

Der Besucher ist beeindruckt von den technischen Leistungen, die hier in unwirtlicher Szenerie erreicht wurden und registriert zugleich die offensichtlich geringe Ausnutzung der Anlagen als Folge der weltweiten Stahlkrise. Dabei drängt sich die Frage auf, ob die Eingriffe dem faszinierenden Naturraum der Saldanha Bay und der südlich anschließenden Langebaan Lagoon ernsthafte Schäden zugefügt haben. Zumindest der Sandstrand-Wellenbrecher, den die Ingenieure der Natur nachgestaltet haben, macht die Bestrebungen deutlich, negative Wirkungen der Eingriffe in die natürliche Umwelt auf ein erträgliches Maß zu begrenzen.

Ob das auch langfristig gelingt, wird u. a. an einer Besonderheit dieses Lebensraumes beobachtet werden können: Auf den Felsen von Marcus Island leben hunderte von Pinguinen, die dank des kalten Benguelastroms in diesen Breiten noch existieren können und ihre Nahrung mit artistischer Geschicklichkeit in der Brandung fischen. Wird diese Kolonie auch künftig fortbestehen?

9 Richards Bay Harbour

Sechs Jahre nach der Inbetriebnahme des Hafens im April 1976 ist hier eine der größten Industrieregionen Afrikas entstanden und in weiterer Expansion begriffen. Die Aluminiumhütte der staatlichen Alusaf wird für rund 600 Mio. DM, das Phosphorsäurewerk von Triomf für rund 70 Mio. DM erweitert. Anlagen zur Holzverarbeitung und Titangewinnung werden gebaut, die Kohleverladeanlagen werden z. Z. von 2 auf 4 Liegeplätze verdoppelt.

9.1 Geschichte

Bis zum Beginn der 1970er Jahre war die 160 km nordöstlich Durbans gelegene Lagune – von den Zulus Umhlatuze, von den Portugiesen Rio dos peixes (fischreicher Fluß) genannt – ein Paradies für Pelikane, Flußpferde, Meerkatzen und zahlreiche andere subtropische Tier- und Pflanzenarten. Lediglich 1878 wurde der Friede der Natur vorübergehend gestört, als der Admiral der Royal Navy Frederick William Richards hier 250 Mann an Land setzte, die die Briten in den Kämpfen gegen die Zulus unterstützen sollten. Aus dieser Zeit stammen die ersten Seekarten dieser Gegend und der heutige Ortsname. Die Siedlung Richards Bay zählte noch 1969 nur 62 weiße Einwohner. Im April 1981 waren es bereits 8360, 1985 sollen es 14 000 und im Jahr 2000 etwa 100 000 Weiße sein. 16 km östlich Richards Bay entsteht die Bantutown Esikhawini, geplant für die Ansiedlung von 350 000 Schwarzen.

Richards Bay verdankt seinen industriellen Aufstieg vor allem einem geographischen und einem energiepolitischen Grund:

- Die Lagune bot die Möglichkeit, hier einen geschützten Tiefwasserhafen anzulegen, der Hauptausfuhrhafen für das Bergbau- und Industrierevier Witwatersrand bei Johannesburg werden sollte.
- Die „Ölkrise" Anfang der 70er Jahre erhöhte die Nachfrage nach Steinkohle drastisch; Südafrika sah hier in der Bereitstellung leistungsfähiger Kohleverladeeinrichtungen die Chance, den Absatz eigener Kohle erheblich zu steigern.

9.2 Die Lagune

Der Hafenbau begann 1972. Die etwa 28 km^2 große und nur 1 bis 2 m tiefe Lagune wurde durch einen Trenndamm halbiert. Der südliche Teil soll als Lagune möglichst unberührt erhalten bleiben; der nördliche Teil

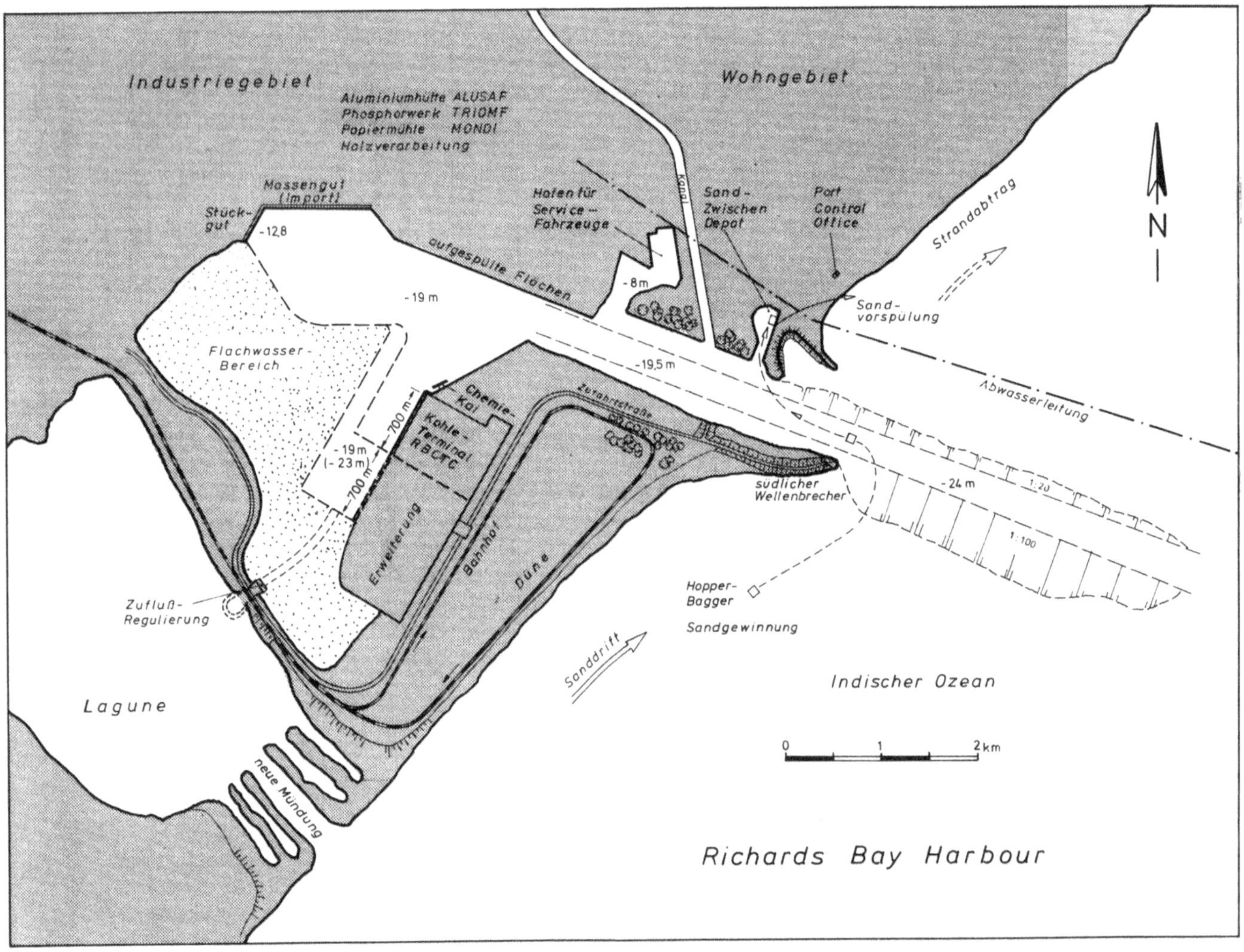

Abb. 19. Richards Bay Harbour

ist zum Hafen umgestaltet (Abb. 19). In die Lagune mündet der Mhlatuze River; die mitgeführten Schwebstoffe setzen sich hier und nicht im Hafenbereich ab. Mit einem Durchstich durch die strandnahe Dünenkette erhielt die Lagune eine neue Mündung in den Indischen Ozean. Über einen regulierbaren Auslaß kann im Bedarfsfall Überschußwasser in den Hafenbereich abgeführt werden, was dort Spülung und Wasseraustausch bewirkt.

9.3 Hafenzufahrt, Wellenbrecher und Sandtransport

Die frühere Mündung der Lagune ist inzwischen in den Zufahrtskanal zum Hafen umgestaltet worden: der äußere Teil mit 24 m Wassertiefe bei 400 m breiter Sohle, flacher Unterwasserböschung auf der Südseite (1 : 100) und steiler Nordböschung (1 : 20), der innere Kanal mit 19,5 m Wassertiefe bei 300 m Breite. Die Einfahrt wird in der Brandungszone durch Wellenbrecher aus Schüttsteinen flankiert. Die 1,3 km lange Hauptmole an der Südseite trägt eine Brandungsmauer und Straße aus Beton und wird am seeseitigen Kopf durch 30 t-Dolosse, landwärts durch 5 t-Dolosse vor Wellenangriff geschützt. Die nur 550 m lange Nordmole ist mit Dolossen von maximal 15 t Gewicht armiert. Die Südmole hat sich im Strandbereich als wirksamer Sandfang erwiesen. Der landseitige Abschnitt ist unter dem Flugsand, der vom vorherrschenden Südwestwind parallel zu Strand und Dünenkette geweht wird, schon weitgehend begraben. Die Zufahrtstraße muß ständig geräumt werden (Abb. 20).

Auch der Sandtransport im Küstenstrom wurde durch die Eingriffe – ähnlich wie vor Durban – merklich gestört. Südlich der Hafenzufahrt, aber auch in der gebaggerten Fahrrinne sedimentieren große Sandmengen, nördlich der Einfahrt ist der Strand in wenigen Jahren bereits bedrohlich abgetragen worden. Bis auf weiteres sind deshalb 2 Hopperbagger eingesetzt, um jährlich rd. 800 000 m^3 Sand im Zufahrtskanal und südlich hiervon aufzunehmen, diesen in einem Becken nahe der Nordmole zu verklappen, um ihn von dort – wiederum mit Baggerhilfe – erneut aufzunehmen und über eine Rohrleitung an den Nordstrand zu verspülen.

9.4 Die Kohle-Verladeanlage

Neben einer Tankschiffpier für Chemikalienimporte, 3 Liegeplätzen für den Umschlag von Massengut unterschiedlicher Art und einem Massenstückgutkai ist der Kohleterminal die beherrschende Einrichtung des Hafens. Die Umschlaganlage war ursprünglich für den Export von jährlich 12 Mio. t Transvaal-Kohle geplant. Der ersten Ausbauphase von 1972 bis 1976 – hierüber wurde mehrfach berichtet, z.B. in [7] – folgte bereits 1978 die zweite Stufe mit dem Umschlagziel von 20 Mio. t/a. Die gegenwärtige Verdoppelung der Anlage soll Ende 1985 die Umschlagleistung von 44 Mio. t/a ermöglichen. Die Planer visieren darüber hinaus eine weitere Steigerung auf 80 Mio. t/a bis zum Jahr 2000 an.

Die bisherige Entwicklung des Kohleumschlags spiegeln folgende Zahlen:

Haushaltsjahr	1976/77	1977/78	1978/79	1979/80	1980/81	1981/82	1982/83
Kohleumschlag in Mio. t/a	6,5	12,6	14,8	25,2	27,3	28,0	31,0

Die wichtigsten Bezieher der Kohle sind Europa und Japan.

Abb. 20. Südmole als „Sandfang“

Abb. 21. Richards Bay, Kohle-Terminal, im Hintergrund: Erweiterungsfläche und abgetrennte Lagune

Betrieben wird die Umschlaganlage von der privaten Richards Bay Coal Terminal Company (RBCTC), für die Bereitstellung der Infrastruktur (Kaimauern, Baggern von Liegeplätzen und Zufahrten) ist wieder South African Transport Services der zuständige staatliche Planer und Geldgeber.

Bisher existieren 2 Liegeplätze mit je 350 m Länge, 19 m Wassertiefe und je einem Schiffsbelader mit 6500 t/h Leistung (Abb. 21). Im Bau sind weitere 700 m Kaistrecke für zunächst 19 m Wassertiefe, ausbaufähig auf 23 m, womit künftig Großschiffe von 250 000 tdw abgefertigt werden können im Vergleich zu gegenwärtig 150 000-Tonnern. Die Leistungsfähigkeit der vorhandenen Verladebrücken soll auf 9000 t/h gesteigert werden, eine dritte Brücke mit einer Kapazität von 10 000 t/h ist vorgesehen.

9.5 Die neue Kaimauer

Die neue Kaistrecke wird aus 25 Caissons mit den Abmessungen 28 x 26 x 15,5 m (L x H x B) hergestellt (Abb. 22). Die Caissons werden bis zu einer Höhe von 16,2 m in einem Schwimmdock hochbetoniert, ausgeschwommen und in schwimmender Lage fertigbetoniert. Sie werden in einer Tiefe von 24,5 m unter Kartennull abgesetzt auf felsiger Sohle, die nach Abtragung mit einer Ausgleichsschicht aus Bruchsteinmaterial überdeckt wurde. Der Kaimauerkopf mit den Versorgungstunneln wird in Ortbeton hergestellt. Die Kaimauer wird ausgerüstet mit zylindrischen Gummifendern mit 2,0 m Durchmesser und 150 t-Pollern. Die Kaimauerkosten werden mit etwa 44 000 DM/m beziffert.

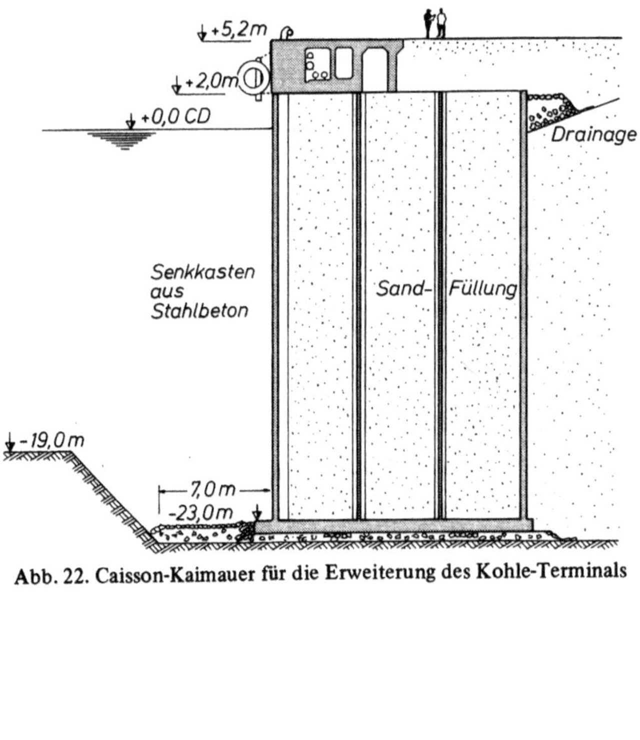

Abb. 22. Caisson-Kaimauer für die Erweiterung des Kohle-Terminals

Etwa 12 Mio. m^3 Baggergut müssen bei der Erweiterung des Hafenbeckens entfernt werden. Das Material ist für die Aufspülung der Flächen hinter der neuen Kaimauer zu feinkörnig und wird deshalb fast ausschließlich am Nordstrand in den Ozean gepumpt. Für die Aufhöhung der rund 90 ha großen Erweiterungsflächen werden dagegen 6 Mio. m^3 Sand von der Meeressohle gebaggert.

Die 1982 begonnenen Infrastrukturmaßnahmen einschließlich der Flächenaufhöhung sollen 1984 abgeschlossen sein.

9.6 Die Bahnlinie

Die 500 km lange Bahnlinie von Witbank bei Johannesburg über Ermelo mit 234 Brücken, 24 Tunneln, Gradienten von 1 : 66 und Kurvenradien bis herab zu 500 m ist gegenwärtig die Schwachstelle des Kohleexport-Systems. Bislang sind nur 10 % der Strecke zweigleisig ausgebaut, Gleisbett und -material limitieren Geschwindigkeit und Achslasten der Züge.

Zur Leistungssteigerung werden z.Z. folgende Maßnahmen vorrangig durchgeführt:

- Zweispuriger Ausbau weiterer Strecken
- Durch Verstärkung des Oberbaus soll die Achslast von 18,5 t auf zunächst 20 und später 26 t heraufgesetzt werden können. Ersatz der 58 t-Waggons durch 84-Tonner.
- Verbesserung der Gradiente durch Beschränken der Steigungen und Gefälle auf 1 : 160, was den Einsatz von Zügen mit 200 Waggons und 4 Lokomotiven zwischen Ermelo und Richards Bay ermöglicht.

Nach Abschluß dieses Programms wird die „Kohlenlinie" die leistungsfähigste Bahnlinie mit Kapspur sein.

9.7 Abwasserprobleme

Die forcierte industrielle Entwicklung in Richards Bay beginnt sich bereits nachteilig auf die natürliche Umwelt auszuwirken. In der veränderten Lagunenlandschaft sind Luft-, Wasser- und Bodenverunreinigungen eingetreten. Die begrenzten Süßwasser-Ressourcen werden stark in Anspruch genommen. Als ein gravierendes Problem zeichnet sich die Entsorgung des neuen Ballungsgebietes ab: 1984 wird mit täglich 64 000 m^3 Abwasser gerechnet, das bis zum Jahr 2013 auf über 175 000 m^3/d zunehmen kann. Nur etwa 3 % hiervon sind häusliche Abwässer, die zusammen mit den Industrie-Abwässern ungeklärt in den Indischen Ozean eingeleitet werden sollen. Hierfür ist eine Stahlrohr-Leitung mit einem Durchmesser von 1200 mm vorgesehen, die – ausgehend von Sammeltanks in der Industriezone – an die Küste nördlich der Hafeneinfahrt und von dort aus 3,5 km weit in den Ozean verlegt werden soll.

Das industrielle Abwasser ist hauptsächlich belastet mit Gipsschlämmen und Fluoriden aus dem Phosphorsäurewerk sowie mit Schwermetallen wie Blei, Cadmium, Kobalt und Quecksilber. In einer Reihe von Studien, u.a. vom NRIO, sind technische Lösungen und Folgen der Einleitung untersucht worden. Zahlreiche Einwände von Vertretern ökologischer Institute und Körperschaften sowie der Fischerei sind inzwischen vorgebracht worden. Neben den toxischen Wirkungen auf die marine Fauna und Flora und damit u.U. auf die Nahrungskette wird die Überdeckung und Sterilisierung des Meeresbodens über weite Flächen durch ausgefällten Gips befürchtet.

Die vorgebrachten Bedenken und Auflagen haben bei den Abwasserproduzenten Anstrengungen aktiviert, die Abfallstoffe durch geeignete Prozesse zu reduzieren oder als Rohstoff bei anderen Produktionen einzusetzen.

1984 wird die Abwassereinleitung beginnen, begleitet von einem Kontrollprogramm. Sollten sich untragbare Folgen abzeichnen, dann wäre man vorbereitet, so meinen die Planer, durch gezielte Maßnahmen Schäden zu begrenzen.

10 Schlußbetrachtung

Mit dem vorliegenden Bericht wurde versucht, einen Einblick in die Entwicklung der großen südafrikanischen Häfen zu geben und ihre gegenwärtige Situation angesichts geographischer, technischer und wirtschaftlicher Gegebenheiten darzustellen.

Ausbau und Sicherung dieser Häfen hat in ständiger Auseinandersetzung mit den Naturgewalten an den ungeschützten Ozeanküsten zu geschehen, woraus sich reizvolle Aufgaben für den Wasserbau-Ingenieur ergeben. Die Anpassung der Häfen an erhöhte technisch-verkehrliche Anforderungen geschieht zwar teilweise im Nachvollzug der Entwicklungen in den großen Industriestaaten – Südafrika findet hier aber auch eigene Lösungen. Die Einführung des Containerverkehrs zeichnet sich schon heute als Erfolg für den Südafrika-Handel ab.

Die technischen Einrichtungen, die Südafrika in jüngster Zeit für den Export von Rohstoffen wie Erz und Kohle geschaffen hat und z.T. weiter ausbaut, finden weltweit kaum ihresgleichen. Inwieweit sie die Erwartungen ihrer Planer erfüllen können, hängt allerdings von der weltwirtschaftlichen Entwicklung ab, deren gegenwärtige „Talfahrt" auch Südafrika hart zu spüren bekommt.

Schrifttum

1 Spring, K.: Die großen Häfen der Südafrikanischen Republik, Bericht einer Studienreise, Jahrbuch der Hafenbautechnischen Gesellschaft, Bd. 34. Berlin Heidelberg New York: Springer 1976
2 South African Transport Services: The South African Harbours, 1982
3 SATS-Information Broschure: Durban Harbour 1981
4 ICCE-Unterlagen für die technischen Exkursionen, Nov. 1982
5 Hicks, P.: South Africa-seeking a blueprint for container success, Cargo Systems, März 1982
6 Hicks, P.: Cape Towns Computerised reefer storage shed to open in May, Cargo Systems, März 1982
7 Becker, H.: Der Bau des neuen Hafens Richards Bay in Südafrika, Hansa 1974, Nr. 9
8 Die Sieviele Ingenieur in Suid-Afrika, Mai 1982, mit den Beiträgen: Richards Bay – prospects are brighter than elsewhere. Richards Bay's coal line – exeeding all expectations. The harbour – large scale expension to prepare for increased coal exports. The sea effluent pipeline – environmental blunder or socio-economic boon?

Die Donau, eine europäische Wasserstraße

Prof. Dr. **Miklós Kozák**, Budapest; Abteilungsleiter **Tamás Berény**, Budapest/Regensburg; Dipl.-Ing. **Dirk von Harlem** und Dipl.-Ing. **Karl Spring**, Hamburg; Prof. Dr. **Franz Pisecky**, Linz; Dipl.-Ing. **Rudolf Hüpfl**, Dipl.-Ing. **Christoph Langthaler**, Dipl.-Ing. **Franz Michlmayr**, Geschäftsführer **Friedrich Paceijka** und Dipl.-Ing. **Werner Roehle**, Wien

Vorbemerkung

Oberbaurat Dipl.-Ing. **Dirk von Harlem**, Hamburg

Es ist schon fast Tradition geworden, an dieser Stelle nach jeder HTG-Auslandsstudienfahrt ein Resümee aus der Sicht deutscher Wasser- und Hafenbauingenieure zu bringen; Fakten, Eindrücke, Hintergründe über das Gesehene und Erlebte aufzuzeigen [1, 2]. Solange dabei, wie bislang Hafenanlagen und Wasserstraßen im Mittelpunkt standen, deren Probleme, Leistungen und Ausbauvorhaben ständige Beachtung in der Fachliteratur finden, war dies eine zwar zeitaufwendige, doch erfüllbare Aufgabe. Wo die Kürze der Besichtigung ‚vor Ort' manches ungesehen und ungefragt bleiben lassen mußte, konnte anschließend ein umfassendes Literaturstudium Lücken schließen und subjektive Beobachtungen objektivieren, konnte nachgefragt werden.

Bei der HTG-Studienfahrt 1983, die vom 1. bis 8. Juni mit 76 Teilnehmern zur Rhein-Main-Donau-Wasserstraße zwischen Nürnberg und Budapest führte, waren diese Voraussetzungen teilweise jedoch nicht gegeben. Überwiegend mit dem Bau- und Umschlagsgeschehen von Seehäfen bzw. bei deutschen Binnenwasserstraßen und -häfen beschäftigt, stand ein Großteil der Mitreisenden bei dieser Exkursion sowohl in technischer Hinsicht als auch unter geographischem Aspekt zwar sehr erwartungsvoll, aber wenig vorinformiert, vor wasserbautechnischem Neuland. Während einerseits über den Rhein-Main-Donaukanal, speziell im Abschnitt Nürnberg-Kelheim, sowie den anschließenden Ausbau der Donau bis Passau ständig positiv wie negativ berichtet wird, sind Wasserbauvorhaben und die Organisation des Wasserbauwesens in Österreich und Ungarn hierzulande – sehr zu Unrecht im übrigen – weitgehend unbekannt. Dabei stehen auch in diesen beiden Donauländern Wasserbauten kurz vor der Vollendung bzw. Ausführung, die vom Umfang und bautechnischen Schwierigkeitsgrad her größte Beachtung verdienen; existieren hier Binnenhäfen, die keinen Vergleich mit hiesigen Anlagen zu scheuen brauchen.

Auch die HTG-Schriftleitung sah sich deshalb bei der Vorbereitung dieses Jahrbuches vor besonderen Schwierigkeiten. Wer konnte mit der an dieser Stelle gewohnten wissenschaftlichen Akribie, Detailfülle und Vollständigkeit über das Gesehene berichten, wenn das gedrängte Reiseprogramm dem Teilnehmer aus dem obligaten Zeitmangel solcher Veranstaltungen heraus zwar starke und bleibende, letztlich aber dennoch nur unvollständige Eindrücke vermitteln konnte und keine Möglichkeit zur nachträglichen Vertiefung bestand? Doch wohl nur die Fachleute, die während der Studienfahrt mit viel persönlichem Einsatz und umfassendem Fachwissen die verschiedenen Bauprojekte und Hafenanlagen vorstellten und uns, losgelöst von jeglicher west-/östlicher Staatsideologie, im persönlichen Gespräch oder in Referaten keine fachliche Frage unbeantwortet ließen. So entstand dann zusammen mit dem Verfasser dieser Zeilen – als Organisator und Leiter der HTG-Studienfahrt auch mit der redaktionellen Federführung und Zusammenstellung dieses Beitrages betraut – das nachstehende Konzept, anhand einzelner Bauwerke und Wasserbauproblematiken exemplarisch aufzuzeigen, welch technisch hohen Stand heute das Wasserbau- und -wirtschaftswesen im Donauraum zwischen Passau und Budapest hat.

Daß in diesem Rahmen der Rhein-Main-Donaukanal sowie der Donau-Ausbau auf deutscher Seite unerwähnt bleibt, dafür sei um Verständnis gebeten. Hierüber wurde und wird an anderen Stellen laufend berichtet. Die verschiedenen HTG-Publikationen haben dieses Thema bereits mehrfach aufgegriffen [3, 4]. Auch über den gesamten Fahrtverlauf der Studienfahrt zur Rhein-Main-Donau-Wasserstraße wurde bereits ausführlich geschrieben [5].

Schon einmal stand die Donau als europäische Wasserstraße im Mittelpunkt umfangreicher Beiträge an dieser Stelle. Es dürfte interessant sein, die damals genannten Fakten [6 – 8] zehn Jahre später mit dem heutigen ‚Ist-Zustand' zu vergleichen.

Es erfüllt die HTG mit Freude und Dank, daß dieses Konzept auch bei den verschiedenen Autoren in Österreich und Ungarn ohne Einschränkung Anerkennung fand und sie mit gleichem Engagement wie bei ihren Erläuterungen während unseres Besuches die Beiträge verfaßten oder den Abdruck der damals gehaltenen Referate freigaben. Mein persönlicher Dank gilt ihnen aber auch für die von vornherein gewährte redaktionelle Freiheit, die Beiträge – selbstverständlich ohne Abstriche an ihrer Aussage und Informationsfülle – gegebenenfalls zu aktualisieren, dem Stil des HTG-Jahrbuches anzupassen und mit Bild- und Planmaterial sowie einigen fachtechnischen Reiseeindrücken zu ergänzen. Dank aber auch meinen Kollegen vom Strom- und Hafenbau, Hamburg, die kurzfristig die Auswertung und Übersetzung von Fachunterlagen für diesen Aufsatz übernommen haben.

Schrifttum

1 Becker, W.; von Harlem, D.; Kuchenbrandt, R.; Schrader, J. P.; Kestner, F. J. T.: Englische Häfen aus der Sicht deutscher Hafenbau-Ingenieure – Fakten, Eindrücke, Hintergründe. In: Jahrbuch der Hafenbautechnischen Gesellschaft, Bd. 38 S. 119–170. Berlin, Heidelberg, New York: Springer 1982

2 Antfang, H.; Becker, W.; Brückner, M.; Haacke, M.; von Harlem, D.: Häfen der nördlichen Adria aus der Sicht deutscher Hafenbau-Ingenieure – Fakten, Eindrücke, Hintergründe. In: Jahrbuch der Hafenbautechnischen Gesellschaft, Bd. 39 S. 121–171. Berlin, Heidelberg, New York: Springer 1983

3 Friese, Dr. J.: Die Main-Donau-Wasserstraße. Hansa 120 (1983) S. 808

4 Rümelin, B.: Planung und Bau im Abschnitt Nürnberg-Vilshofen der Europawasserstraße Rhein-Main-Donau. In: Jahrbuch der Hafenbautechnischen Gesellschaft, Bd. 35 S. 203–211. Berlin, Heidelberg, New York: Springer 1977

5 von Harlem, D.; Wasserbauten für die Zukunft – Geschichtsreiche Landschaften. Hansa 120. Jg. Nr. 15/16, S. 1421–1424; Nr. 18 S. 1681–1682

6 Roehle, W.: Der Ausbau der Österreichischen Donau zur modernen Kraftwasserstraße. In: Jahrbuch der Hafenbautechnischen Gesellschaft, Bd. 35 S. 213–230. Berlin, Heidelberg, New York: Springer 1977

7 Fenz, Dr. R.; Rohle, W.: Der Ausbau der mittleren und unteren Donau – von Österreichs Ostgrenze zur Mündung. In: Jahrbuch der Hafenbautechnischen Gesellschaft, Bd. 35 S. 231–236. Berlin, Heidelberg, New York: Springer 1977

8 Fekete, Dr. Dr. G.: Die Donau als Wasserstraße in Gegenwart und Zukunft, ihre Schiffahrt und die Tätigkeit der Donaukommission. In: Jahrbuch der Hafenbautechnischen Gesellschaft, Bd. 35 S. 193–202. Berlin, Heidelberg, New York: Springer 1977

1 Verkehrsbedeutung, Donaukommission, Wasserwirtschaft

1.1 Rhein-Main-Donau, Europa und Österreich*

Prof. Dr. **Franz Pisecky**, Linz

1.1.1 Allgemeine Einführung – Geschichte

Der Main-Donau-Kanal wird das Bindeglied einer 3500 km langen Transversale von der Nordsee zum Schwarzen Meer sein. Durch sie wird die Rheinregion als eines der dichtest besiedelten und höchstindustrialisierten Gebiete der Welt mit dem Donauraum verbunden, der sich mit Ausnahme von Bayern, Österreich und der CSSR erst seit wenigen Jahrzehnten in einem gewaltigen Umwandlungsprozeß von einer früher vorwiegend agrarwirtschaftlichen Region zu einer immer stärker industriell ausgeprägten Staatengruppe befindet. Diese Tatsache findet in der Entwicklung des Güterverkehrs auf den beiden Wasserstraßen sowie in der wirtschaftlichen Potenz der Uferländer ihren Niederschlag.

Die Donau ist mit 2888 km Länge, wovon ca. 2400 km von der heutigen Großschiffahrt benutzbar sind, der zweitlängste Strom und zugleich der wasserreichste Europas. Seit den Anfängen unserer Zeitrechnung kommt dieser mächtigen, die Mitte Europas mit dem Südosten verbindenden Wasserstraße sowohl wirtschaftlich als auch politisch „raumbildende" Kraft zu. Dies gilt es zu bedenken, wenn man die Bedeutung des Stromes als europäische Verkehrsader von heute erfassen will. Ohne geschichtlichen Rückblick und geopolitische Perspektive ist eine realistische Betrachtung nicht möglich.

Die Großmachtpolitik des Römischen Reiches wurde von den Epochen des byzantinischen und des türkischen Reiches abgelöst. Es folgte die Vorherrschaft der österreichisch-ungarischen Habsburger Monarchie sowie dann in wesentlich rascherer Abfolge die Periode des Einflusses der Siegermächte des Ersten Weltkrieges in den zwanziger Jahren, der dem Hegemoniestreben des „Dritten Reiches" weichen mußte, und nach 1945 schließlich der große Erbe an der mittleren und unteren Donau – die UdSSR.

Das internationale Rechtsregime der Donau, ausgehend von den Beschlüssen des Wiener Kongresses von 1815 über die Akte der Europäischen Donaukommission von 1856 und die Internationale Donaukonvention von Paris

* Mit Fußnoten aus einer Information des Verfassers für die Teilnehmer der HTG-Studienfahrt 1983

1921 bis zur Belgrader Donaukonvention von 1948 bietet ähnlich wie etwa die jeweilige Zusammensetzung der internationalen Donauflotte das Spiegelbild einer historisch gewachsenen Realität, an der niemand vorbeisehen kann, der sich mit den Aufgaben, Möglichkeiten und Chancen auseinandersetzen will, die sich wirtschaftlich sowohl für die Anrainerländer am Strom als auch für Gesamteuropa ergeben.

Diese realistische Betrachtungsweise hat nicht das geringste mit politischem Fatalismus oder Einordnung in großmachtpolitische Tendenzen zu tun, sondern dient lediglich einer nüchternen Sachverhaltsdarstellung – gleichermaßen, wie man etwa am Rhein die Position Großbritanniens als Signatarstaat der Mannheimer Akte zu registrieren hat. Und letztlich sind gerade hierin Ansätze dafür zu sehen, daß nach der 1992 zu erwartenden Vollendung der Rhein-Main-Donau-Verbindung die Transversale zwischen den großen Stromsystemen als Katalysator für ein wirtschaftlich enger zueinanderstrebendes Gesamteuropa wirksam sein kann.

1.1.2 Donauraum und Rheinregion – ein verkehrswirtschaftlicher Vergleich

Wohl sind die Größenordnungen sehr unterschiedlich, wobei jedoch auch hieraus sich wieder viele Möglichkeiten der wirtschaftlichen Ergänzung bzw. Kommunikation ergeben. Das Einzugsgebiet der Donau umfaßt mit 817 000 km^2 etwa ein Zwölftel des Kontinents und ist viermal so groß wie jenes des Rheins, die schiffbare Länge übertrifft jene des Rheins um nahezu das Dreifache. Während jedoch auf dem Rhein auf nur 840 km Schiffahrtsstraße rd. 270 Mio. t befördert werden, sind es auf der Donau 1982 lediglich 80 Mio. t gewesen, also nur ein Drittel des Volumens auf dem Rhein – der dichtest befahrenen Wasserstraße der Welt.

Immerhin beträgt der Gesamtgüterverkehr auf der Donau gegenüber der Zwischenkriegszeit trotz konjunktureller Rückschläge in den allerletzten Jahren noch immer rund das Siebenfache der früheren Menge, während er auf dem Rhein in diesem Zeitraum sich nur mehr etwa verdreifacht hat[1]. Wesentlich hierfür ist der Umstand, daß die Rheinregion schon seit dem vorigen Jahrhundert der industrieintensivste Ballungsraum des Kontinents ist, hingegen die Donauländer bis auf Bayern, Österreich und die CSSR wirtschaftlich bis nach dem Zweiten Weltkrieg vornehmlich agrarisch orientiert waren. Der Industrieindex in den südöstlichen Donauländern ist im Vergleich zu den dreißiger Jahren durchschnittlich auf das Sechsfache angestiegen, in der bereits seit langem hochindustrialisierten Rheinregion lediglich auf noch das Zweifache[2].

Dies sind allerdings nur relative Vergleiche. Sowohl die Siedlungsdichte als auch die Wirtschaftskraft der Rheinregion ist ungleich größer als jene des Donauraumes. Die Rheinregion zählt etwa 120 Mio. Bewohner, der Donauraum im engeren Sinne, nämlich die Länder Österreich, CSSR, Ungarn, Jugoslawien, Bulgarien und Rumänien ca. 80 Mio. Menschen. Pro km^2 Bodenfläche leben in der Rheinregion 170 Menschen, in den Donauländern 95 Bewohner.

Die Staaten der Rheinregion importierten 1981 insgesamt Waren im Werte von 997,5 Mrd. DM und exportierten ein Volumen von 965,3 Mrd. DM. Die Donauländer importierten 1981 insgesamt 189,5 Mrd. DM und erzielten einen Export von 137 Mrd. DM. Am Welthandel ist die Rheinregion somit sowohl auf der Ein- als auch der Ausfuhrseite zu etwas mehr als einem Fünftel beteiligt, die Länder an der Donau lediglich zu knapp einem Zwanzigstel (4,2 %) und im Export nicht einmal zu einem Dreißigstel (3 %).

Die Rhein-Main-Donau-Transversale wird jedoch über die Einzugsgebiete der beiden Stromsysteme im engeren Sinne hinausgreifen und auch die beiden großen Wirtschaftsblöcke einander näherbringen[3], welche das Bild Europas von heute prägen, nämlich den Wirtschaftsraum der EG und den der Länder des COMECON bzw. des Rates für gegenseitige Wirtschaftshilfe. Die EG-Länder umfassen insgesamt 1,41 Mio. km^2 mit mehr als 251 Mio. Einwohnern und sind am Welthandel zu einem Drittel beteiligt. Die sieben europäischen Länder des COMECON[4]

1 Der Güterverkehr auf der Donau stieg von 1953 bis 1980 von 14,5 Mio. t auf etwa 90,34 Mio. t. Der „traditionelle" Güterverkehr auf dem Rhein nahm in diesem Zeitraum (bis 1979) von 77 Mio. t auf 205,47 Mio. t zu. Für den gesamten Rheinverkehr, der 1979 287,2 Mio. t erreichte, gilt die gleiche Wachstumsquote

2 Laut Statistiken der Vereinten Nationen (Statistical Yearbook United Nations) stieg der Industrieindex in den sechs Donauländern im engeren Sinne von 1953 bis Ende der siebziger Jahre um mehr als 598,6 % an, hiervon in Österreich um 306,25 %, in der CSSR um 431,03 %, in Ungarn um 328,57 %, in Jugoslawien um 778,94 %, in Rumänien um 1433,33 % und schließlich in Bulgarien um 1150,0 %. In den bereits seit langem hochindustrialisierten Staaten der Rheinregion erhöhte sich hingegen der Industrieindex um 174,8 %, hiervon in Belgien um 148,93 %, in Holland um 309,67 %, in Luxemburg um 73,68 %, in Frankreich um 260,0 %, in der BRD um 274,19 % und in der Schweiz von 1958 bis 1977 um 106,0 %. Diese Entwicklung konzentrierte sich besonders auf die letzten zwei Jahrzehnte

3 Die Bedeutung des künftigen Güterverkehrs zwischen West und Ost zeigt sich auch in der zunehmenden Handelsverflechtung der Länder des COMECON mit den westlichen Industrieländern. Die Exporte der COMECON-Staaten in die westlichen Industrieländer expandierten von 1960–1980 auf nahezu das Vierzehnfache, die Importe erhöhten sich auf rund das Siebzehnfache. Auch wenn man die inzwischen eingetretenen Wechselkursänderungen berücksichtigt, so nahm der Handel mit dem Westen stärker zu als der Welthandel, der in dem genannten Zeitraum auf rund das Zehnfache bzw. wertmäßig auf das dreifache Volumen anstieg. Auch der gesamteuropäische Außenhandel expandierte in diesem Zeitraum auf etwa das Zehn- bzw. das Dreifache. Erst in den letzten Jahren traten eine gewisse Stagnation bzw. manche Rückschläge ein

4 UdSSR, Bulgarien, CSSR, DDR, Polen, Rumänien, Ungarn

umfassen flächenmäßig 6,56 Mio. km^2 und bilden einen Markt von 343 Mio. Menschen; am Welthandel nimmt das COMECON jedoch nur zu einem Zehntel Anteil.

1.1.3 Rhein und Donau als Schiffahrtswege – ein Vergleich

Zweifelsohne wird nach Realisierung der Rhein-Main-Donau-Verbindung dem Transportgeschehen auf dem europäischen Wasserstraßensystem in mancher Hinsicht die Funktion eines kommunizierenden Gefäßes zukommen. Hierbei ist für den Binnenschiffsverkehr an sich insofern eine unterschiedliche Breiten- bzw. Flächenwirkung zu gewärtigen, als der Rhein auch Schiene des überaus weitverzweigten Geflechtes der westeuropäischen Wasserstraßen ist, das weite Teile Frankreichs, die Benelux-Länder sowie die nördliche Bundesrepublik umfaßt und über welches de facto auch ein erheblicher Teil der DDR, Polens, ja über die Elbe sogar auch der CSSR erreichbar wäre. Die Donau hingegen weist nur sehr wenige schiffbare Zuflüsse bzw. künstliche Seitenkanäle auf. Eine Verwirklichung des Donau-Oder-Elbe-Systems ist zeitlich ebenso wenig absehbar wie etwa die technisch noch ungleich schwierigeren Projekte von Wasserstraßen, welche Donau und Adria verbinden sollen.

Selbst als die DDSG (= Donaudampfschiffahrtsgesellschaft) mit mehr als 1000 Schiffen und 12 000 Mitarbeitern die größte Binnenreederei der Welt war und die österreichisch-ungarische Monarchie drei Viertel des Donauraumes beherrschte[5], verfügte die DDSG lediglich über ein Wasserstraßennetz von ca. 4000 km Gesamtlänge, wovon 2400 km bzw. 60 % unmittelbar dem Stromverlauf zuzurechnen waren. Von der Großschiffahrt können lediglich nur die Theiß, die Drau und die Save streckenweise benützt werden. Das alte Kanalsystem, wie etwa der Franzens-Kanal etc., ist in den Abmessungen nicht mehr ausreichend.

Sicherlich trifft dies auch für Teile des westeuropäischen Wasserstraßennetzes zu. Doch stehen immerhin nicht weniger als etwa 8000 km Wasserstraßen zur Verfügung, die zumindest von 1350 t-Schiffen, dem „klassischen" Europa-Güterkahn, und größeren Einheiten befahren werden können, wobei dieses Europa-Güterschiff tonnagemäßig vielfach als überholt zu erachten ist und nicht nur in der Rheinregion, sondern eben auch auf der Donau vom 1900- bis 2000-t-Schiff abgelöst wurde.

Es liegt daher nicht nur an der wesentlich geringeren Siedlungs- und Industriedichte des Einzugsbereiches der Donau, daß die internationale Donauflotte zahlen- und tonnagemäßig nur etwa 40 % der internationalen Rheinflotte erreicht, sondern auch an der unterschiedlichen Größenordnung des zur Verfügung stehenden Wegenetzes. Nicht übersehen seien hierbei auch die wesentlich größeren Transportentfernungen im Donauverkehr.

Die Rheinflotte wies 1982 insgesamt 13 163 Einheiten mit einer Tragfähigkeit von 12 682 308 t auf, die internationale Donauflotte 4910 Einheiten mit 4 049 380 t Tragfähigkeit. Während am Rhein nur 19,5 % des Flottenbestandes bzw. 2588 Schiffe nicht motorisiert sind, gilt dies auf der Donau für etwa 70 % bzw. 3627 Einheiten. Dieser Umstand ist jedoch nur mehr zu einem geringen Teil auf Überalterung am Schiffsbestand zurückzuführen. Viel ausschlaggebender sind die anderen navigatorischen Verhältnisse, insbesondere auf der unteren und mittleren Donau, die auf etwa der doppelten Streckenlänge des Rheins Transporte mit wesentlich größeren Schiffsverbänden zulassen als in Westeuropa. So ist auf der Donau zwar die Zahl der spezifischen Schubschiffe mit 230 etwa gleich dem Bestand innerhalb der Rheinflotte (237), der Bestand an Schubbargen mit 1575 Einheiten jedoch wesentlich höher (Rhein: 1208). Die Schubschiffahrt am Rhein ergibt am Gesamtflottenstand 10,9 %, auf der Donau hingegen etwa 37 %.

Hieraus erklärt sich auch der niedrigere Motorisierungsgrad auf der Donau pro Tonne Tragfähigkeit der Güterflotte. Auf ein PS Motorisierungskraft entfallen auf der Donau heute 4,4 t, hingegen auf dem Rhein rd. 2,7 t.

Neben der größeren Mächtigkeit des Stromes – die Wasserführung der Donau erreicht etwa das Volumen von Rhein, Elbe und Weser zusammen genommen – ist im Vergleich zum Rhein auch ein wesentlich geringeres Gesamtgefälle ausschlaggebend. Wohl wurde die Donau nicht zu Unrecht in früheren Zeiten gelegentlich als ein „gigantischer Wildbach" bezeichnet – unberechenbar in der Wasserführung und den Geschiebeveränderungen, doch gilt dies im wesentlichen lediglich für den oberen Stromverlauf und den Durchbruch durch das Banater Gebirge bzw. die Kataraktenstrecke des Eisernen Tores. Im allgemeinen weist die Donau auf der 2400 km schiffbaren Länge ein Gefälle von nur 346 m, hingegen der Rhein auf 840 km ein solches von 248 m auf. Und mehr als die Hälfte des Gefälles der schiffbaren Donau konzentriert sich auf der bayerisch-österreichischen Strecke, während das Gefälle ab Hainburg (östlich von Wien) bzw. Strom-km 1884 bis zur Mündung, also auf einem mehr als doppelt so langen Verlauf wie der Rhein, lediglich noch 150 m beträgt.

Diese orologische Besonderheit der Donau zwingt zum Ausbau von Staustufen bzw. einer kontinuierlichen Kraftwerkskette an der bayerischen und insbesondere österreichischen Strecke, um sie ganzjährig für die moderne Großschiffahrt voll beladen nutzen zu können. Am mittleren und unteren Stromverlauf ergibt sich der Zwang zu derartigen Projekten nur auf einigen wenigen Abschnitten, wovon Djerdap I bzw. die Doppelstaustufen am

5 Mit der heutigen DDSG hat Österreich eine im Vergleich zur Gesamtschiffahrt auf der Donau relativ kleine Flotte, aber dafür mit hochmodernen und leistungsfähigen Einheiten. Von den rund 4500 Schiffen, die auf der Donau im Gütertransport verkehren, entfallen auf Österreich etwa 5 %. An der maschinenmäßigen Ausstattung der internationalen Donauflotte – gemessen in Kilowatt – ist Österreich mit nahezu 7 % beteiligt. Die kleine österreichische Flotte von heute befördert mit ca. 3 Mio. Jahrestonnen ebensoviel Güter wie einst die DDSG während ihrer o.g. größten Ausdehnung

Eisernen Tor bereits realisiert sind und die Kataraktenstrecke auf mehr als 240 km Länge überstauen. Neben Djerdap II bei Prahovo unterhalb des Banater Durchbruchtales kommt noch der Furtstrecke bei Gönyi wesentliche Bedeutung zu.

Die aufgrund der Donau-Konvention von 1948 in Budapest errichtete Donau-Kommission beschloß in den fünfziger Jahren Empfehlungen für den Ausbau der Schiffahrtsrinne in der Donau, die als erste Etappe für die Strecke unterhalb von Wien eine Mindestfahrwassertiefe von 2,5 m vorsah und oberhalb von Wien eine solche von 2,0 m. Für Österreich, das 1960 der Donau-Kommission beitrat, wurden diese Empfehlungen ab diesem Zeitpunkt bedeutsam, wobei die vorerwähnte erste Ausbauetappe Österreich schon lange vor dem festgesetzten Termin (1971) Anfang der sechziger Jahre realisiert hatte. Die zweite Ausbauetappe von 3,5 m unterhalb Wiens und von 2,7 m am oberen Stromverlauf hatte als unbedingte Voraussetzung die Schaffung einer Kette von Staustufen, die nunmehr von der deutschen Grenze flußabwärts zu nahezu drei Viertel realisiert ist[6]. Für diese dem Wasserlauf folgende Reihung der Kraftwerksbauten waren vielerlei Erwägungen maßgebend, vor allem jedoch jene, zunächst einen leistungsfähigen Anschluß an den nun mit Anfang der neunziger Jahre zu gewärtigen durchgehenden Rhein-Main-Donau-Verkehr herzustellen.

Österreich hat damit für die Erfordernisse des künftigen kontinentalen Transportgeschehens Vorleistungen erbracht, die im Hinblick auf die Größenordnung des Staatswesens und seiner Volkswirtschaft ein gewaltiges und weit überproportionales Ausmaß erreichen. Nach der heutigen Wertbasis berechnet, wurden von Österreich für den Ausbau der Donau als Schiffahrtsstraße und Energiequelle rd. 70 Mrd. Schilling (ca. 10 Mrd. DM) aufgewendet, hiervon etwa 31 Mrd. (ca. 4,5 Mrd. DM) für Anlagen, die, wie Schleusen, Länden und dergleichen, sowie die Arbeiten der Bundeswasserstraßenverwaltung ausschließlich der Verkehrsnutzung dienen. Mehr als eine weitere Milliarde (rd. 142 Mio. DM) kommt noch hinzu für die erfolgte Modernisierung der Umschlagsanlagen in den Handelshäfen und den Werkshäfen der Industrie. Nicht berücksichtigt sind hierbei die Investitionen, die von der Industrie für Produktionsanlagen erfolgt sind, bezüglich deren Errichtung der Schiffahrtsweg nach West und Ost ausschlaggebend gewesen ist.

1.1.4 Die künftige Bedeutung der Rhein-Main-Donau-Wasserstraße – Verkehrsprognosen

Die künftige Bedeutung der Donau und der Main-Donau-Verbindung als europäische Verkehrsader ist von einem Strukturwandel im Transportgeschehen gezeichnet, der sich in den letzten Jahrzehnten vollzogen hat; er äußert sich u.a. darin, daß hinsichtlich der Zusammensetzung der beförderten Güter im Gegensatz zur Zeit vor dem Zweiten Weltkrieg, als auf der Donau Getreide und Öl dominierten, zugleich mit der volumenmäßigen Expansion viele Parallelen zum Rheinverkehr Platz gegriffen haben. Auch die Donau ist nun zu einem Massengutweg der Versorgung mit industriellen Rohstoffen geworden und andererseits eine Transportverbindung für industrielle Erzeugnisse. Landwirtschaftliche Produkte einschließlich Getreide und Futtermittel usw. spielen bezüglich des perzentmäßigen Anteiles am beförderten Gesamtvolumen sogar eine geringere Rolle als auf dem Rhein, wo diese Gruppen immerhin 8 % erreichen. Es dominieren Erz, Kohle, Baustoffe, Metalle und Industrieerzeugnisse, wobei diese Entwicklung immer noch weiter voranschreitet, und zwar vor allem im internationalen Güterverkehr auf dem Strom. Dieser erreicht, bedingt durch die andere Wirtschaftsstruktur der Anrainerländer und die wesentlich größeren Beförderungsweiten, bisher nur ein Drittel des gesamten Transportgeschehens auf der Donau, während zwei Drittel des Gütervolumens im Kabotageverkehr befördert werden. Hingegen gestaltet sich am Rhein bei nahezu dem dreifachen Beförderungsvolumen dieses Verhältnis zwischen grenzüberschreitendem Verkehr und Kabotage gerade umgekehrt. Zwei Drittel der Güterbeförderung am Rhein erfolgen im internationalen Verkehr.

Wohl haben die internationalen Transporte auf der Donau wesentlich stärker zugenommen als der Gesamtverkehr, und es steht außer Zweifel, daß diese Bewegung künftighin noch ihre Fortsetzung finden wird[7], und

6 Das Gesamtgefälle von 156 m auf dem 350 km langen österreichischen Doanuabschnitt erfordert hier den Bau von 12 Staustufen (einschl. Jochenstein an der deutsch/österreichischen Grenze). Neun davon sind bereits realisiert, die zehnte Staustufe bei Hainburg (siehe auch Abb. 1 in Abschn. 3.1.1) steht unmittelbar vor Baubeginn, nachdem im November 1984 eine Einigung über die Berücksichtigung der Naturschutzbelange erzielt werden konnte, die nach den krawallartigen Auseinandersetzungen ‚vor Ort' um den Jahreswechsel 1984/85 jedoch wieder zweifelhaft ist. Schon heute ist die österreichische Donau damit zu 72 % der Strecke durchgehend für eine ganzjährige Mindestfahrwassertiefe von 2,7 m bzw. das 2000-t-Schiff oder den 3500 bis 4000 t transportierenden Schubverband ausgestaltet

7 Eine weitere Komponente für eine überproportionale Zunahme des Schiffsverkehrs auf der Donau ist darin zu finden, daß der Anteil der Binnenschiffahrt an der Gesamtbeförderungsleistung in den RGW-Ländern im Vergleich zu Westeuropa noch relativ gering ist. Nur in der UdSSR liegt sie bei mehr als 4 % der Gesamtbeförderungsleistung.
In Westeuropa und vor allem in der Bundesrepublik hingegen ist die Binnenschiffahrt ein überaus wichtiger Verkehrsträger. Von dem 1980 in der BRD rund 896 Mio. t betragenden Aufkommen im Güterfernverkehr der traditionellen Verkehrsträger sowie des Werkverkehrs auf der Straße beförderte die Binnenschiffahrt allein 245 Mio. t, das sind mehr als 27 % des Gesamtbeförderungsvolumens. Dieser Anteil ist auch deshalb bemerkenswert, weil dem Binnenschiffsverkehr – gemessen an Bahn (31 500 km) und Straße (Straßennetz des überörtlichen Verkehrs: 171 500 km) – nur ein Verkehrswegenetz von rund 4000 km zur Verfügung steht

zwar sowohl in den westlichen Relationen bzw. als Folge der künftigen Rhein-Main-Donau-Verbindung sowie auch in südöstlicher Richtung bzw. über die Häfen der Donaumündung.

Der internationale Gesamtverkehr über Main-Donau ist laut dem Ausschußbericht der Experten des Bonner Verkehrsministeriums und der bayerischen Staatsregierung vom Jahre 1982 in einer Größenordnung zwischen vier und sieben Millionen Tonnen anzunehmen. Der mögliche Österreich-Anteil ist auch nach den jüngsten Überprüfungen durch Industrie und Energiewirtschaft mit 3,5 bis 5,5 Mio. t zu prognostizieren. Eine vom Bayerischen Lloyd angestellte Prognose, die stark von den Erfahrungen in der Spedition bestimmt ist, schätzt auf 5,5 Mio. t, wobei angenommen wird, daß ein Teil dieser Transporte via Hamburg auf der Schiene nach Würzburg oder Nürnberg gehen und erst von dort auf dem Wasser nach Donauländern befördert wird. Es ist mithin zu erwarten, daß nach einer gewissen Übergangszeit die Main-Donau-Wasserstraße nicht nur den unmittelbaren Anrainern, sondern letztlich auch den deutschen Nordseehäfen und der Deutschen Bundesbahn Impulse verleihen wird.

Die Weltmarktverbundenheit und Rohstoffabhängigkeit Europas, und zwar sowohl der marktwirtschaftlichen Länder als auch der Staatshandelsländer, nimmt zu – auch bzw. trotz der infolge des Preisschocks bei Erdöl in den letzten Jahren eingetretenen Verringerung dieser Importe. Allein der Umschlag der 36 wichtigsten westeuropäischen Seehäfen, der 1938 ca. 285 Mio. t betrug und bis 1979 auf das Rekordvolumen von 1242 Mio. t anstieg, erreichte 1982 immerhin 1046 Mio. t. Hiervon entfallen etwa zwei Drittel des Volumens auf Importe. Europa hat einerseits zu wenig Rohstoff- und Energiereserven und andererseits ist die Urproduktion kostenmäßig höher belastet als in überseeischen Gebieten. So ist es als symptomatisch zu erachten, daß etwa Australien an der Donaumündung (Constanta) ein Konsignationslager für die Erzversorgung Südost- und Mitteleuropas anzulegen beabsichtigt. Nicht minder kennzeichnend ist es, daß der Donau-See-Verkehr über den Sulina-Kanal sich von 1970 (1,5 Mio. t) bis Anfang der achtziger Jahre auf etwa das Vierfache erhöht hat. Der österreichische Seehafentransit beträgt heute rund das Sechsfache von 1937, einschließlich der durch Pipeline via Triest bezogenen Rohölimporte mehr als das Zwölffache. Der Anteil am Außenhandelsvolumen ist von 11 % auf rund 25 % angestiegen[8].

1.1.5 Donaumündung – Hafengebiet mit Zukunft

Die Häfen an der Donaumündung werden in immer weiterreichendem Umfange zu Alternativen gegenüber den Atlantik- und Adriahäfen. Die Sowjetunion hat vor der Mündung des Kiliaarmes das neue Umschlagszentrum Ust-Dunajsk errichtet, das von der Seeseite her mit 60 000-t-Frachtern angefahren werden kann, überwiegend für Massenguttransporte aus Übersee zur Verfügung steht, und dessen Umschlag 1972 bereits mehr als 2 Mio. t betrug. Rumänien ist im Begriff, den kürzlich eröffneten Cernavoda-Schwarzmeer-Kanal auch für den internationalen Verkehr freizugeben und sieht den großzügigen Ausbau von Constanta und weiterer Häfen mit Wassertiefen von 14,5 und 18 m für Hochsee-Großfrachter vor. Dieser Kanal verkürzt den Donauweg zum Meer um rund 250 km und weist eine garantierte Wassertiefe von 7 m auf.

Der Donau-See-Verkehr wird von der SDP in Zusammenarbeit mit der DDSG und dem Bayerischen Lloyd forciert und umfaßt nunmehr neben den konventionellen, bereits 25 Jahre betreuten Transportverbindungen auch spezielle Containertransporte und den fahrplanmäßigen Einsatz von Mutterschiffen und Bargen im Lash-Verkehr. Dieses System ist im Rahmen der internationalen Firma Interlighter (Budapest) ja bereits seit mehreren

8 Damit bekommt auch die These „Donauland Österreich – Drehscheibe im Europa-Verkehr" für den heutigen und künftigen Verkehr auf der Donau eine besondere Gewichtung. Auch wenn die österreichische Wirtschaft keineswegs ausschließlich donauorientiert ist, so ist die Situation dennoch durch die Tatsache gekennzeichnet, daß etwa 70 % der österreichischen Industriekapazität im unmittelbaren Einzugsbereich der Donau konzentriert sind – in jenem Raum, in welchem sich die europäischen Transversalen des Schienen- und Fernstraßenverkehrs mit der Wasserstraße des Stromes kreuzen. Als neutrales Land der europäischen Mitte erfüllt Österreich in mehrfacher Hinsicht, nicht zuletzt aber verkehrspolitisch eine wichtige Brückenfunktion. Die Relationen strahlen hierbei nach allen Richtungen aus, nach West und Ost, nach Nord und Süd. Zugleich ist Österreich eines der bedeutendsten Transitländer des Kontinents. Dies zeigt sich nicht nur in der Binnenschiffahrt, sondern vor allem auch im Straßengüterverkehr, wo der Transit bereits auf 17,3 Mio. t pro Jahr angestiegen ist, und ebenso auch im Transportgeschehen auf der Schiene.
Österreich ist ein Land mit einem großen Massengutbedarf, insbesondere an Kohle und Erz. Derzeit werden rund 5 Mio. t Kohle pro Jahr eingeführt und 3,5 Mio. t Erz. Die Kohleimporte werden sich in den nächsten Jahren voraussichtlich stark erhöhen. Diese Rohstoffeinfuhren sind bis zu 80 % mit Transportkosten belastet. Aber auch im Export muß die österreichische Industrie zu den Seehäfen eine bis zu sechsmal so große Transportkostenbarriere überwinden als die mit ihr im Wettbewerb befundlichen Industrien im Rheingebiet oder in Oberitalien. Etwa 40 % der österreichischen Exporte werden über Entfernungen bis zu 1000 km geliefert, etwa ein Drittel über Entfernungen bis zu 2000 km und etwa ein weiteres Drittel über Entfernungen von 3000 bis 20 000 km. Naturgemäß spielt insbesondere für Massen- und Schwergut der kostengünstige Schiffstransport auf Binnengewässern und den Weltmeeren für die österreichische Wirtschaft eine entscheidende Rolle. Die wichtigsten Partnerhäfen Österreichs sind Hamburg, Rijeka, die polnischen Häfen und Triest – im Abstand sodann gefolgt von Bremen, Rotterdam, Koper und den belgischen Häfen Antwerpen und Zeebrugge. An siebenter Stelle in der Liste rangiert der Donau-See-Verkehr. Die Quote am internationalen Donaugüterverkehr liegt bei 17 %, obwohl Österreich nur über 14 % der schiffbaren Donaustrecke verfügt

Jahren in Anwendung mit Verbindungen bis nach Fernort via Usti Dunajsk. Neben dem probeweisen Einsatz von Küstenmotorschiffen im Donau-See-Verkehr, wie es derzeit auf Initiative des Hafens Wien in Zusammenarbeit mit einer norddeutschen Reederei praktiziert wird, haben bekanntlich verschiedene Arten des kombinierten Verkehrs eine expansive Entwicklung genommen, so insbesondere der linienmäßige Ro-Ro-Verkehr der bulgarischen Transportgesellschaft SOMAT mit dem Bayerischen Lloyd ab Passau-Schalding und in Verbindung mit dem Hafen Linz ab der oberösterreichischen Landeshauptstadt. Die Transportdauer für die Spezialschiffe, welche mit 49 Trailern von Passau bzw. Linz rund 1500 km nach Vidin befördert werden, beträgt knapp fünf Tage und ist dadurch gegenüber dem direkten Straßenverkehr auch zeitmäßig durchaus konkurrenzfähig (siehe auch Abb. 6 in Abschn. 2.1.4.6).

Die Mündungshäfen der Donau sind dazu prädestiniert, Ausfallstore zu den Ländern des Nahen Ostens zu sein, deren Außenhandelsvolumen in den letzten Jahren gewaltig zugenommen hat – einesteils bedingt durch das Ansteigen der Ölpreise, andernteils nicht zuletzt auch durch den Golfkrieg. Das Importvolumen allein der fünf Staaten Iran, Irak, Kuwait, Saudi-Arabien und Vereinigte Arabische Emirate (VAE) betrug wertmäßig 1978 93,3 Mio. DM und 1982 211,9 Mio. DM, die Ausfuhr 1978 187,9 Mio. DM und 1982 325,2 Mio. DM. Obgleich diese krisenanfällige Region in ihren Wirtschaftsbeziehungen starken Schwankungen unterworfen ist – 1981 waren Ein- und Ausfuhr noch erheblich höher –, so ist auch langfristig mit einem überaus hohen Bedarf an Industriegütern, aber auch manchen Rohstoffen (Holz etc.) zu rechnen. Abgesehen davon handelt es sich hierbei ja nicht um die einzigen Relationen, die für die Donaumündung als zukunftsträchtig zu erachten sind, insbesondere bezüglich der schon erwähnten Massengutbezüge aus Übersee.

Unter diesem Blickpunkt wird es sich für die Nordseehäfen und nicht zuletzt auch etwa für die DB künftighin noch als sehr wichtig erweisen, mit der Main-Donau-Wasserstraße über eine Transversale mit starker Katalysatorwirkung in westlicher Richtung verfügen zu können. Es kommt ja nicht nur auf den Schiffahrtsweg an sich an, sondern auch bzw. zuvorderst auf alles das, was sich um eine derartige Verkehrsschiene standortmäßig und handelspolitisch rankt und eine eigene Dynamik zu entfalten vermag.

1.1.6 Rechtsnormen und Verträge

Die Problematik des Zusammentreffens zweier unterschiedlicher Wirtschaftssysteme soll hierbei keineswegs bagatellisiert werden, doch scheint ihre Lösung durch die Zusatzbestimmungen zu den Mannheimer Akten und durch die vorgesehenen bilateralen Verträge zwischen der Bundesrepublik bzw. den Rheinanliegern und den Donaustaaten bereits entsprechend vorgegeben zu sein.

Österreich hat die Anerkennung des Main-Donau-Kanals als deutsche Bundeswasserstraße bereits mehrmals betont und im paraphierten deutsch-österreichischen Schiffahrtsvertrag neuerlich bestätigt. Durch das österreichische Binnenschiffahrts-Konzessionsgesetz, welches die Bestimmung enthält, daß nur Österreicher bzw. zu 75 % in österreichischem Besitz befindliche Gesellschaften eine Schiffahrtsberechtigung erhalten können – diese Struktur muß durch Namensaktien gewährleistet sein –, ist die Frage des Flaggen- und Niederlassungsrechtes in einer für Gesamteuropa beispielgebenden Weise geklärt. Ähnliches gilt überdies auch bezüglich der Güterbeförderung im Straßenverkehr und damit für den Vor- und Nachlauf zu dem seit zwei Jahren aufgenommenen Ro-Ro-Verkehr auf der Donau. Durch das 1983 verabschiedete Gesetz über den grenzüberschreitenden Binnenschiffsverkehr bzw. das sogenannte „Reziprozitätsgesetz“ ist ebenso wie durch den schon erwähnten Schiffahrtsvertrag mit der Bundesrepublik eine Transportbeteiligung an beiderseitigen Verkehren im Ausmaß von 50 : 50 festgelegt.

Die Signatarstaaten der Mannheimer Akte haben durch die Verabschiedung eines mehrheitlich bereits ratifizierten Zusatzprotokolls gegen ein unkontrolliertes Vordringen der Flaggen staatswirtschaftlicher Länder im Rheinverkehr Vorsorge getroffen. Die Probleme des Flaggen- und Niederlassungsrechtes werden durch eine Ausführungsverordnung geregelt, deren Inkrafttreten bevorsteht.

Österreich ist bemüht, mit den Signatarstaaten bzw. den EG-Staaten am Rhein gleichgestellt zu werden. Dieses Anliegen ist aufgrund der Wirtschaftsordnung Österreichs und aufgrund der Tatsache, daß es geographisch Rheinanlieger ist, legitim. Es wäre für das Rheinregime gewissermaßen auch am einfachsten, Österreich als das anzuerkennen, was es ist – eben als Rheinuferstaat.

Überdies ist in diesem Zusammenhang festzuhalten, daß im Rahmen der alle Donaureedereien umfassenden Interessengemeinschaft des sogenannten „Bratislavaer Abkommens“ es den westlichen Mitgliedsreedereien DDSG und Bayerischer Lloyd gelungen ist, das seit 1955 eingefrorene Tarifniveau in den letzten Jahren schrittweise den wirtschaftlichen Gegebenheiten entsprechend aufzulockern.

Letztlich wird es mithin auf die unternehmerische Initiative, das Selbstvertrauen in eine marktwirtschaftliche Ordnung und den überzeugenden Willen zu einer gleichberechtigten Partnerschaft ankommen, um der wirtschaftlichen Vernunft zum Durchbruch zu verhelfen und mitzuwirken, daß Rhein-Main-Donau nicht nur eine gesamtwirtschaftlich dynamische Verkehrsader des Kontinents sein wird, sondern auch eine völkerverbindende Traverse des Brückenschlages zwischen West und Ost.

Tabelle 1.1.1. Entwicklung des Donauverkehrs 1911–1982/83

Gesamtverkehr Jahr	in 1000 t	Prozentindex 1911 = 100	1961 = 100
1911	13 020	100	
1937	13 947	107	
1961	24 895	191	100
1974	70 197	539	282
1975	75 899	583	305
1976	73 095	561	293
1980	90 342	694	362
1981	86 123	661	346
1982	79 506	611	319
davon Österreich			
Jahr	in 1000 t	1911 = 100	1961 = 100
1911	1776	100	
1937	1667	94	
1961	5493	309	100
1974	7272	409	132
1975	7003	394	128
1976	6393	360	116
1977	6676	376	122
1981	7104	400	129
1982	6623	373	121
1983	6534	370	119

Tabelle 1.1.2. Der Umschlag der deutschen und österreichischen Donauhäfen und ihr Anteil am Donau-Gesamtumschlag*

Jahr	Deutsche Häfen Österr. Häfen in Mio. t	Donau-Gesamtumschlag	Anteil in Prozent
1950	1,364		
	1,245		
	2,609	18,322	14,24
1955	2,976		
	2,922		
	5,898	28,673	20,57
1960	3,198		
	6,700		
	9,898	41,732	23,72
1965	4,303		
	6,060		
	10,363	63,930	16,35
1970	4,665		
	7,417		
	12,082	93,691	12,90
1975	3,194		
	7,248		
	10,442	131,053	7,97
1978	3,215		
	6,907		
	10,122	147,357	6,87
1982	3,590		
	6,062		
	9,652	132,337	7,31

* Aus der vergleichenden Statistik ist zu ersehen, daß sich die expansive Entwicklung an der Donau nach dem Zweiten Weltkrieg zunächst auf Österreich und Bayern konzentriert hat – ein Zeichen für den raschen und erfolgreichen Wiederaufbau der marktmäßig orientierten Volkswirtschaften und den folgenden starken Wachstumsprozeß. Erst wesentlich später holten die südöstlichen, staatswirtschaftlichen Donauanrainer in gewissem Umfange auf

1.2 Die Aufgaben und Arbeit der Donaukommission*

Der 18. August 1983 ist als der 35. Jahrestag der Unterzeichnung der Konvention über die Donauschiffahrt von sieben Donaustaaten, und zwar Bulgarien, Ungarn, Rumänien, Tschechoslowakei, Sowjetunion, Jugoslawien und der Sozialistischen Sowjetrepublik Ukraine gekennzeichnet. Österreich trat dieser Konvention am 7. Januar 1960 bei.

Im Sinne dieses Vertrages ist die Schiffahrt auf der Donau frei und offen für alle Staatsbürger, alle Handelsschiffe und Waren aller Staaten gemäß dem Prinzip der Gleichheit, was die Hafen- und Schiffahrtsgebühren ebenso wie die Konditionen der Handelschiffahrt betrifft.

Die Konvention bildet die völkerrechtliche Grundlage der Donauschiffahrt, deren Aufgabe es ist, die freie Schiffahrt auf der Donau in Übereinstimmung mit den Interessen und souveränen Rechten der Donaustaaten zu garantieren sowie die wirtschaftlichen und kulturellen Beziehungen der Donaustaaten untereinander und mit anderen Ländern zu stärken.

Kraft der Konvention verpflichten sich die Donaustaaten, ihre Donaustrecken in einem für die Flußschiffe bzw., wo es möglich ist, auch für Seeschiffe befahrbaren Zustand zu halten, die nötigen Arbeiten für Sicherung und Verbesserung der Schiffahrtsbedingungen ausführen zu lassen und die Schiffahrt in den Fahrrinnen der Donau weder zu hemmen noch zu verhindern.

Die Donaustaaten führen große Arbeiten aus und opfern bedeutende Mittel, um die Schiffahrtsmöglichkeiten garantieren bzw. verbessern zu können und um den technischen Stand der Donauflotte und der Donauhäfen weiter zu entwickeln bzw. zu vervollkommnen.

1.2.1 Die Donaukommission

Die Donaukommission setzt sich aus den Repräsentanten der Mitgliedstaaten zusammen – je einer pro Staat. Sie wurde kraft Artikel 5 der Konvention gegründet, um über die Durchführung ihrer Entscheidungen zu wachen und um normale Schiffahrtskonditionen auf der Donau zu garantieren.

Sie besteht aus den Repräsentanten der Republik Österreich, der Volksrepublik Bulgarien, der Ungarischen Volksrepublik, der Sozialistischen Republik Rumänien, der Sozialistischen Republik Tschechoslowakei, der Union der Sozialistischen Sowjetrepubliken und der Föderativen Sozialistischen Republik Jugoslawien. Die Sozialistische Sowjetrepublik Ukraine wird durch den Repräsentanten der Sowjetunion vertreten.

Seit 1957 nehmen die Experten des Verkehrsministeriums der Bundesrepublik Deutschland auf Einladung des Sekretariates der Donaukommission an den Arbeiten der Kommission teil, wie auch Repräsentanten verschiedener internationaler Organisationen aufgrund von Abkommen oder über Einladung teilnehmen.

Die von der Donaukommission ausgearbeiteten Dokumente werden durch Beschlüsse der Jahresversammlung (Session) angenommen und gelangen in den Donaustaaten durch Ratifizierung nach den nationalen gesetzgebenden Maßnahmen jedes Landes zur Anwendung.

Die Kommission wählt aus ihren Mitglieder den Präsidenten, den Vizepräsidenten und den Sekretär für eine Periode von drei Jahren.

Die Kommission hat ein Sekretariat, dessen Mitglieder aus qualifizierten Fachleuten besteht, die von den Mitgliedstaaten für eine Periode von sechs Jahren entsandt werden.

An der Spitze des Sekretariates steht der Direktor. Das Sekretariat besteht aus einer technischen, einer administrativen und einer Finanz-Abteilung. Die nautischen, die hydrotechnischen, die hydrometeorologischen und die statistischen Fragen zählen zur technischen Abteilung. Die juristischen Fragen, Verwaltungsaufgaben und die Dokumentation gehören in die Kompetenz der administrativen Abteilung. Die finanziellen Angelegenheiten und die Buchhaltung schließlich ressortieren bei der Finanz-Abteilung.

Der Präsident und der Sekretär üben die allgemeine Aufsicht und die Kontrolle über die Tätigkeit des Sekretariats aus.

Die Kompetenz der Donaukommission (und demzufolge ihre Aufgaben) erstrecken sich auf die Schiffahrtsstraße der Donau von Ulm bis zum Schwarzen Meer beim Mündungsarm von Sulina mit Zufahrt zum Meer durch den Kanal von Sulina (Artikel 8 der Konvention).

Es folgt nun eine kurze Übersicht der hauptsächlichen Arbeiten und Aktivitäten der Donaukommission, die sie in den letzten 35 Jahren auf dem Gebiet der Donauschiffahrt entfaltet hat:

* Eine offizielle Verlautbarung der Donaukommission zum 35. Jahrestag der Konvention über die Schiffahrt auf der Donau, als Kurzreferat gehalten am 6. Juni 1983 vor den Teilnehmern der HTG-Studienreise

1.2.2 Nautische Fragen

In Erfüllung ihrer von der Konvention zugedachten Aufgaben betreffend die Regeln der Donauschiffahrt hat die Donaukommission eine beachtliche Arbeit geleistet und einen großen Teil zur Regelung der internationalen Schiffahrt sowie zur Verbesserung und Vervollkommnung der Bedingungen der Donauschiffahrt beigetragen. In diesem Zusammenhang hat die Donaukommission in enger Zusammenarbeit mit den Experten der Donaustaaten mehrere Empfehlungen sowie wichtige und notwendige Dokumente ausgearbeitet bzw. angenommen, die für die Donaustaaten mit Einführung auf ihren eigenen Streckenabschnitten eine Grundlage bilden in den Fragen der Sicherheit und in Bezug auf die für die Ermöglichung der Schiffahrt angenommenen Bestimmungen und Schiffahrtszeichen.

Von diesen Empfehlungen und Dokumenten wären folgende mit größerer Bedeutung zu erwähnen:

- Grundsätzliche Anordnungen betreffend die Donauschiffahrt und die Änderungen und Zusätze dieser Anordnungen,
- Lotsenbuch der Donau,
- Regelung der Stromaufsicht,
- Schiffskarten für sämtliche schiffbaren Donaustrecken,
- Schiffshandbücher und
- verschiedene Empfehlungen, die die moderne Technik, die Entwicklung der Schubschiffahrt und die Vereinheitlichung der Schiffahrtsdokumente behandeln.

Es erscheint im übrigen auch erwähnenswert, die Arbeiten von großer Tragweite hervorzuheben, die die Donaukommission zur Errichtung eines einheitlichen Systems der Schiffahrtszeichen der Donau ausarbeitete. Besonders zu nennen sind hier die von der Kommission ausgearbeiteten und angenommenen Empfehlungen für die hauptsächlichen technischen Abmessungen, die Radareinrichtungen der Schiffe, die optimalen Radarreflektoren und ihren Einsatz im Signalwesen.

Die Aufstellung eines einheitlichen Radiokommunikationssystems für die gesamte Schiffahrtsstraße der Donau, das mit Hilfe von Uferstationen und an Bord liegenden Stationen für die nautischen Bedürfnisse und den Hafenbetrieb errichtet wurde, ist im Hinblick auf die Verbesserung der internationalen Donauschiffahrt von großer Wichtigkeit. Mit diesem Ziel wurden innerhalb der Donaukommission verschiedene Empfehlungen, die die Radioverbindungen in der Donauschiffahrt regeln, ausgearbeitet und angenommen.

1.2.3 Hydrotechnische Fragen

Laut Artikel 8 der Konvention über die Schiffahrt auf der Donau ist auf hydrotechnischem Gebiet eine der wichtigsten Aufgaben, einen allgemeinen Plan der Großbauvorhaben an der Donau im Interesse der Schiffahrt zu erstellen, der aufgrund von Vorschlägen und Entwürfen der Donaustaaten zustande kommt. Um diesem Plan eine gleiche Grundlage zu sichern, hat die Kommission Empfehlungen zur Errichtung der Fahrrinnen, der hydrotechnischen und anderer Bauarbeiten angenommen, die den Besonderheiten der verschiedenen Stromabschnitte Rechnung tragen. Die Realisierung der Großbauvorhaben garantiert die ständige Verbesserung der Schiffahrtsbedingungen auf der Donau und die gewünschten Abmessungen der Fahrrinne.

Die Donaukommission hat diesen Plan zunächst für 1961–1965, nachfolgend für 1966–1970 und später bis 1980 angenommen und nimmt ihn bis 2000 in Aussicht. Momentan ist der Plan der Großbauvorhaben, der für den Zeitraum von 1981–1990 ausgearbeitet wurde, in Begutachtung.

Das Hauptziel der in Aussicht genommenen Arbeiten für die genannte Periode ist es, die empfohlenen Abmessungen der Fahrrinnen, vor allem aber die Mindestwassertiefen auf der gesamten schiffbaren Donaustrecke in erster Linie durch den Bau von Wasserkraftwerken zu garantieren. Bis heute bestehen auf der Donau schon 14 Wasserkraftwerke, deren vollständiger Stauraum 542 km beträgt, was 22,4 % der gesamten Schiffahrtsstrecke der Donau bedeutet (2414,72 km).

Die jedes Jahr herausgegebene Information über dem Zustand des Fahrwassers und der Donaufurten von Ulm bis Sulina enthält die Angaben über die erzielten und erreichten Abmessungen der Fahrrinne sowie die Angaben über die durch die Donaustaaten und die Sonderstromverwaltungen zur Verbesserung der Schiffahrtsbedingungen gemäß Artikel 3 der Konvention über die Schiffahrt auf der Donau durchgeführten Arbeiten.

Die Kommission hat darüber hinaus auf dem Gebiet der Hydrotechnik auch noch andere Arbeiten herausgegeben, wie den Bericht über die Eisführung, das Schema des Längenprofils der Donau von Ulm bis Sulina, das Sammelwerk der Donaubrücken, das Sammelwerk der Donaukurven sowie das Sammelwerk der Häfen und der Winterschutzhäfen.

Die Kommission befaßt sich auch mit dem Schutz des Donauwassers gegen Verschmutzung durch die Schiffahrt und sie bereitet zur Zeit den Entwurf eines Dokumentes über dieses Thema vor.

1.2.4 Hydrometeorologische Fragen

Um die Koordinierung der in den Donaustaaten für die Donauschiffahrt tätigen hydrometeorologischen Dienste zu erreichen, nahm die Donaukommission die Empfehlungen zur Koordinierung der Tätigkeit der hydrometeorologischen Dienste an. Diese Empfehlungen behandeln die Beobachtungen, die Prüfung der Angaben, die Methoden der Feststellung der Vorhersagen sowie das Verfahren des Austausches der Daten unter den Ländern.

Die Ergebnisse der hydrometeorologischen Angaben über die Donau werden seit dem 1. Januar 1977 laut internationalem Hydrologischen Code der Meteorologischen Weltorganisation mitgeteilt.

Um die Sicherheit der Donauschiffahrt zu verbessern, nahm die Donaukommission die Empfehlungen über die Form der Einführung und Mitteilung von Sturmwarnungen an die Schiffsführer an.

Um die Methoden und die Analyse der Vergleiche der Angaben der Wasserstände zu vereinheitlichen, nahm die Kommission die Empfehlungen über Maßnahmen zur genauen Bestimmung der Wasserstandsangaben an.

Die Kommission veröffentlicht jedes Jahr ein hydrologisches Jahrbuch der Donau. Dieses Jahrbuch bringt einheitlich für die gesamte Donau die an den Hauptpegeln erfaßten Angaben.

Außerdem veröffentlicht sie alle zehn Jahre ein Elaborat über die hydrologischen Verhältnisse der Donau, welches die mehrjährigen hydrologischen Gegebenheiten der ganzen Schiffahrtsstraße charakterisiert.

1.2.5 Statistische Fragen

Auf dem Gebiet der Statistik der Donauschiffahrt sammelt und studiert die Kommission die von den Donaustaaten gelieferten statistischen Angaben, veröffentlicht Jahrbücher, Berichte und andere mit der Statistik der Donauschiffahrt verbundene Arbeiten.

Die Kommission vervollkommnet ständig ihre Methoden der Sammlung statistischer Angaben.

Das zur Zeit von der Kommission herausgegebene statistische Jahrbuch beinhaltet detaillierte Angaben über den Güterverkehr, den Güterumschlag an der gesamten Schiffahrtsstrecke der Donau, über die Flotten, den Hafenumschlag nach Warengattungen, über Personentransport sowie andere für die mit dem Wassertransport beschäftigten Organisationen und Fachleute interessante Problemen.

Als Ergebnis der wirtschaftlichen Entwicklung der Donaustaaten und dank der Verbesserung der Schiffahrtsbedingungen ist das Volumen des Wassertransportes in 1981 auf das 8,8fache im Vergleich zu 1950 gestiegen, d.h. auf 86,1 Mio. t, während der Hafenumschlag in derselben Periode auf das Achtfache stieg. Im Jahre 1981 wurden in den Donauhäfen mehr als 147 Mio. t Güter umgeschlagen.

Im Vergleich zu 1962 ist die Tragfähigkeit der Donauflotte auf das Doppelte gestiegen, d.h. auf 3,7 Mio. t, während ihre Leistungsfähigkeit auf das Dreifache, d.h. auf 707 736 kW stieg.

Die Rentabilität der Donauflotte zeigt ebenso eine Verbesserung: Während 1962 die auf eine Tonne Tragfähigkeit bezogenen transportierten Güter 14,2 t betrugen, liegt diese Zahl jetzt bei 23,3 t. Was die Leistung der Donauflotte betrifft, kann festgestellt werden, daß 1962 111,1 t Güter pro 1 kW Leistungsfähigkeit, 1981 bereits 121,7 t transportiert wurden.

1.2.6 Rechtsfragen

Die Kommission schenkt den juristischen, zolltechnischen, sanitären sowie anderen Fragen, die mit der Donauschiffahrt, mit ihrer Organisation und ihrer Tätigkeit verbunden sind, große Aufmerksamkeit.

Um ihr Statut laut der Konvention über die Schiffahrt auf der Donau sowie um die rechtlichen Verhältnisse mit dem Gastland Ungarn zu regeln, hat die Kommission einen multilateralen Vertrag über die Privilegien und Immunitäten ihrer Mitarbeiter sowie einen Staatsvertrag mit der Volksrepublik Ungarn über ihren Amtssitz in der Ungarischen Volksrepublik unterzeichnet. (Die Anschrift der Donaukommission lautet: Commission du Danube, Benczur u. 25, H-1068 Budapest).

Es wurden auch juristische Dokumente über die Vorschriften und die interne Funktion der Kommission sowie über die Normen der Organisation und Tätigkeit des Sekretariates ausgearbeitet und angenommen, d.h. Verfahrensregeln der Donaukommission, Anordnungen das Sekretariat der Donaukommission und ihre Tätigkeit betreffend, Dienstvorschriften über die Rechte und Verpflichtungen der Angestellten des Sekretariates und Dienstvorschriften der finanziellen Verwaltung der Kommission.

Um die internationalen Urkunden und die Tätigkeit der Donaustaaten besser kennenzulernen, erfaßte die Kommission in Sammelwerken die auf dem Gebiet der Donauschiffahrt unterzeichneten Verträge ebenso wie die Texte und Anordnungen der Schiffahrtsunternehmen.

Die Kommission studiert auch die mit der Binnenschiffahrt verbundenen Fragen des Völkerrechts.

1.2.7 Publikationen der Kommission

Die Donaukommission gibt eine große Zahl von Publikationen heraus, die die Ergebnisse ihrer Tätigkeit wiederspiegeln und auch solche, die über die Fragen der Donauschiffahrt Auskunft geben.

Alle Publikationen erscheinen in den zwei offiziellen Sprachen der Donaukommission, d.h. in russisch und französisch. Sie werden an die Donaustaaten und aufgrund eines Austausches auch an internationale und andere Organisationen verteilt. Die Organisationen, aber auch private Interessenten, können jederzeit Publikationen der Kommission anfordern.

Das jährlich erscheinende Protokoll der Tagung der Kommission, das die Interventionen der Repräsentanten der Länder in der Kommission und die von den Tagungen stammenden Dokumente enthält, stellt eine der wichtigsten periodisch erscheinenden Publikationen der Kommission dar. Bis heute wurden 40 Protokolle der Kommission veröffentlicht.

In den vergangenen 35 Jahren hat die Kommission mehr als 250 Werke herausgegeben.

1.2.8 Internationale Zusammenarbeit der Donaukommission

Um die mit der Donauschiffahrt verbundenen Fragen ausarbeiten zu können, entfaltet die Kommission und ihr Sekretariat ihre Tätigkeit in enger Zusammenarbeit mit den kompetenten Behörden der Donaustaaten sowie mit internationalen Organisationen.

Die Kommission arbeitet schon seit 25 Jahren mit der Europäischen Wirtschaftskommission (ECE) der UN zusammen, in der sie seit 1977 einen Konsultativ-Status besitzt. 1975 hat sie einen Vertrag mit dem Rat der Gegenseitigen Wirtschaftshilfe unterzeichnet.

Ebenso arbeitet sie mit der Weltorganisation für Meteorologie, mit der Internationalen Organisation für Nachrichtenwesen, mit der Weltorganisation für das Gesundheitswesen, der Internationalen Organisation für Seeschiffahrt, der Permanenten Internationalen Vereinigung der Schiffahrtskongresse (PIANC), mit der Zentralkommission für die Rheinschiffahrt, der Oderkommission, der Direktorenkonferenz der Donauschiffahrts-Unternehmen (Mitglieder der Bratislavaer Abkommen) und mit der Internationalen Atomenergiebehörde zusammen.

Die Kommission hält Kontakt oder tauscht Dokumente und Publikationen mit verschiedenen Organisationen, wie mit der Organisation der UN für Erziehungswesen, für Wissenschaft und Kultur, der Organisation der UN für den Umweltschutz, dem Rat für Zusammenarbeit im Zollwesen, dem Internationalen Arbeitsamt, der Internationalen Organisation der Normen u.a.

Im Jahre 1976 hat die Donaukommission die Frage der Intensivierung ihrer Arbeit im Sinne des Schlußaktes von Helsinki der Konferenz für Sicherheit und Zusammenarbeit in Europa geprüft. Die Entscheidung, die zu diesem Thema getroffen wurde, unterstreicht die große Wichtigkeit, die die Mitgliedstaaten der Kommission dem Schlußakt der Konferenz beimessen. Dies gilt auch für die Annahme der entsprechenden Maßnahmen, die geeignet erscheinen, die Arbeit der Kommission im Sinne dieses Dokumentes zu aktivieren.

In diesem Sinne wäre festzuhalten, daß die Donaukommission in den vergangenen 35 Jahren wichtige Erfolge auf dem Gebiet der Einrichtung günstiger Voraussetzungen für die Donauschiffahrt durch Zusammenarbeit mit den zuständigen Behörden der Donaustaaten und mit den internationalen Organisationen sowie mit der Vereinheitlichung der Bestimmungen auf nautischem, hydrotechnischem, hydrologischem, statistischem und rechtlichem Gebiet, die sich aus der Donauschiffahrt ergeben, erzielt hat, die zudem für die Zukunft der europäischen Binnenwasserstraßen von internationalem Interesse sind.

Die Donaukommission wird auch in Zukunft im gleichen Geist der konstruktiven Zusammenarbeit und des gegenseitigen Verständnisses für die Ziele, die in der am 18. August 1948 unterzeichneten Konvention über die Donauschiffahrt festgelegt sind, ihr Bestes für eine erfolgreiche Erfüllung leisten.

1.3 Ungarns wasserwirtschaftliche Eigentümlichkeiten und Aufgaben

o. Prof. univ. Dr. **Miklós Kozák**, Budapest

1.3.1 Die Naturverhältnisse der ungarischen Wasserwirtschaft

Ungarns Wasserwirtschaft wird von den geographischen, hydrologischen, morphologischen und gesellschaftlich-wirtschaftlichen Verhältnissen des Landes geprägt. Die Entwicklung des Wirtschaftslebens hat sich in unserem Land beschleunigt. Als eine natürliche Konsequenz dessen nehmen die Wasseransprüche zu.

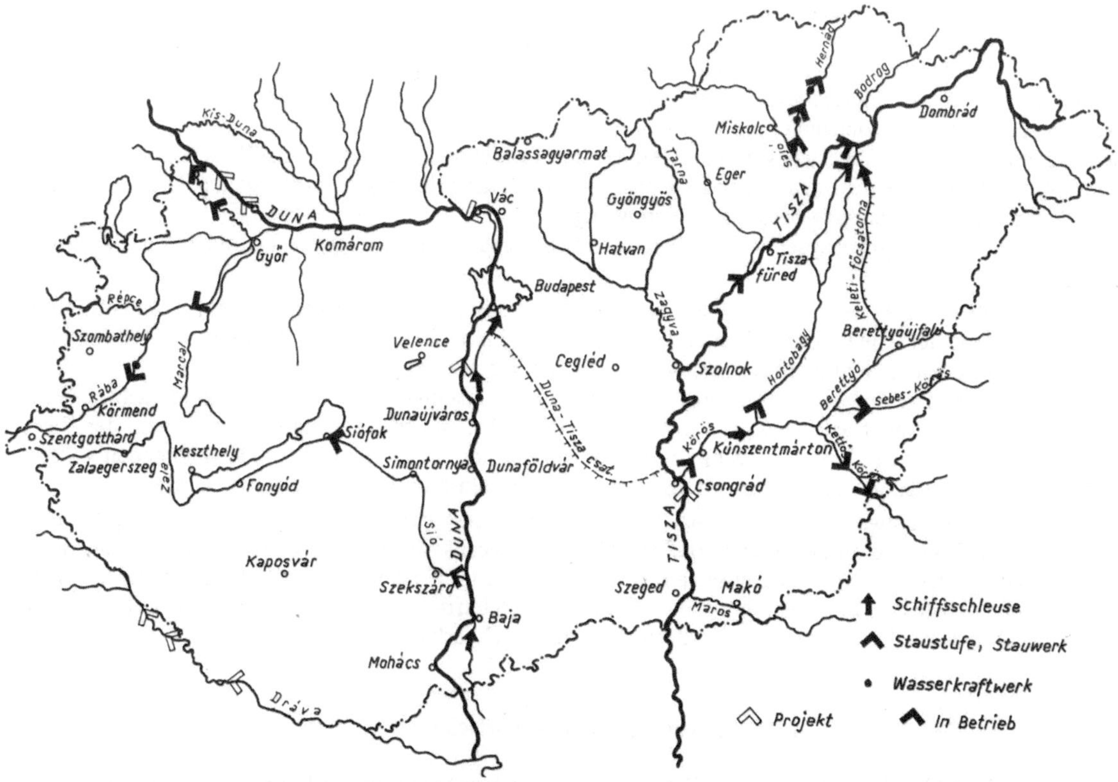

Abb. 1. Lageplan der wichtigsten vorhandenen und geplanten wasserwirtschaftlichen Anlagen in Ungarn

Infolge der Zunahme des Wasserbedarfs der Gesellschaft wurde das Wasser, dieses ursprünglich unbegrenzte Geschenk der Natur, zu einem beschränkt zur Verfügung stehenden Naturschatz. In entsprechender Menge und Güte sowie zeitlicher und räumlicher Verteilung kann das Wasser nur mittels eines beträchtlichen gesellschaftlichen Aufwandes der Volkswirtschaft zur Verfügung gestellt werden.

In Ungarn nahmen sowohl Bevölkerung als auch Nationalvermögen auf den von Hochwasserüberschwemmungen gefährdeten Gebieten ebenfalls rasch zu.

Der Wasserwirtschaft kommt wegen unserer geographischer Gegebenheiten eine besondere Bedeutung zu.

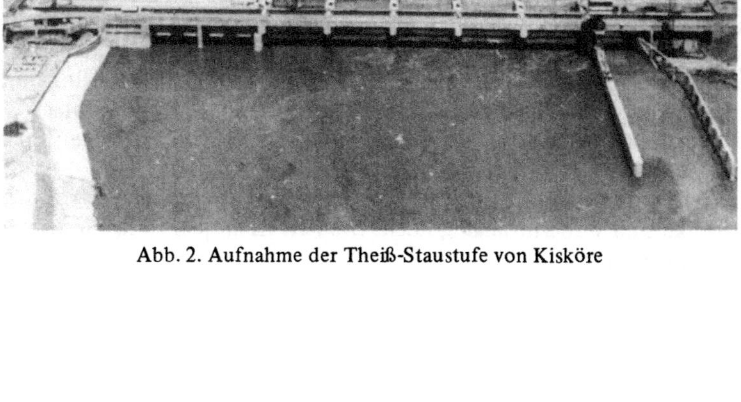

Abb. 2. Aufnahme der Theiß-Staustufe von Kisköre

Das Gerüst des Gewässersystems Ungarns bilden drei große Flüsse: die das Land auf einer 417 km langen Strecke durchquerende Donau, die durch die Große Ungarische Tiefebene fließende Theiß (600 km) sowie die Drau, deren 140 km lange Strecke größtenteils die Grenze zwischen Jugoslawien und Ungarn bildet. Diesem Gerüst schließen sich die in Transdanubien und in Nord-Ungarn entspringenden Kleingewässer sowie die künstlichen Kanalsysteme der Flachlandgebiete an (Abb. 1 und 2).

In den mäandrierenden Flußbetten geringen Gefälles der Tiefebene bewegt sich das Wasser schon langsam. Das durchschnittliche Gefälle des ungarischen Donauabschnittes beträgt 6 cm/km, dasjenige der Theiss 2 cm/km und das Gefälle des Flusses Hármas-Körös sogar noch weniger.

Bei der Beurteilung der hydrologischen Verhältnisse Ungarns müssen u. a. folgende Tatsachen berücksichtigt werden:

- Die Landesmittelwerte der Niederschlagshöhe der Vegetationsperiode liegen zwischen 200 mm und 500 mm, jenseits der Theiß aber zwischen 200 mm und 400 mm. Es ist keine Seltenheit, daß während der Vegetationsperiode der Niederschlag sogar für drei bis vier Wochen ausbleibt.
- 96 % unseres Oberflächenwasserdargebotes gelangen von den Nachbarländern in unser Landesgebiet. Während der sommerlichen Niedrigwasserperioden ist lediglich 1 % des Wasservorrats inländischen, der Rest, also 99 %, ausländischen Ursprungs. Demzufolge können die sich auf größere Räume auswirkenden wasserwirtschaftlichen Aufgaben nur in enger Zusammenarbeit mit den Nachbarstaaten gelöst werden.

Das nutzbare Oberflächenwasserdargebot wird dadurch noch weiter verringert, daß zwecks Wahrung des biologischen Gleichgewichtes und an den Wasserstraßen außerdem zwecks Sicherstellung der benötigten Fahrtiefe, von den ohnehin schon geringen Niedrigabflüssen ein beträchtlicher Anteil in den Flußbetten belassen werden muß.

Aus den Naturverhältnissen Ungarns folgt also, daß hier die Beschaffung des Wassers und die Abwehrtätigkeit dagegen wesentlich größere Anstrengungen erfordern als in den Nachbarländern.

1.3.2 Ungarns Flußwasserwirtschaft

In dieser Hinsicht bilden Fluß- und Seeregulierung sowie Wassernutzung unsere Sorgen und Aufgaben. 25 % des 93 030 km^2 großen ungarischen Landesgebiets bilden die durch Hauptschutzlinien des Hochwasserschutzes geschützten einstigen Überschwemmungsgebiete. Auf diesem Gebiet lebt die Hälfte der Bevölkerung, und hier befinden sich mehr als 350 000 Wohnhäuser, ein Eisenbahnnetz von 2900 km und Landstraßen von 4500 km Gesamtlänge. Der Wert des auf dem vor Hochwasser geschützten Gebiet befindlichen Nationalvermögens wird mit 450 bis 500 Mrd. Forint (ca. 20 – 23 Mrd. DM) veranschlagt. Der seit anderthalb Jahrhunderten andauernde Ausbau des Hochwasserschutzes in Ungarn ist eine auch im Weltmaßstab beachtliche Leistung. Die Größe des vom 4200 km langen Deichsystem geschützten Gebietes steht an der Spitze der europäischen Liste.

Die Technik und die Organisation des ungarischen Hochwasserschutzes sind einwandfrei. Die rasche Zunahme des Wertes des in den Schutzgebieten befindlichen Nationalvermögens erfordert, daß die gegenwärtige Sicherheit der Schutzanlagen noch weiter erhöht wird.

In Ungarn bezweckt die Flußregulierung einerseits die Verhütung der von den Flüssen verursachten Schäden, andererseits die Nutzbarmachung der Gewässer und hat folgende Ziele:

- Erhöhung der Hochwasserschutzsicherheit,
- Verhütung der Eisschäden,
- Schutz der Uferanlagen, der landwirtschaftlichen Gebiete und der in die Flußbetten eingebauten Objekte,
- Erhöhung der Nutzungsmöglichkeiten der Gewässer im Interesse der Schiffahrt, der Wasserversorgung und der Wasserkraftnutzung.

Die Gesamtlänge der Donau, der Theiß, der 18 Nebenflüsse und der zwei Kanäle, wofür die ungarische Flußregulierung zuständig ist, beträgt 2820 km.

Die Aufgabe der Seeregulierung bildet die Regelung des Wasserstandes, der Uferlinie und des biologischen Gleichgewichts. In dieser Hinsicht erfordern in erster Linie die drei großen ungarischen Seen (der Balaton (Plattensee), der Velencei See und der Neusiedlersee) regelmäßige Eingriffe.

Von den insgesamt über 1600 km langen Wasserstraßen Ungarns können 1200 km ununterbrochen und 400 km zeitweilig befahren werden. Unsere diesbezüglichen Möglichkeiten sind noch keineswegs genügend ausgenutzt. Lediglich 1 % des ungarischen Frachtverkehrs entfällt auf die Wasserstraßen. Hinsichtlich Tonnenkilometer-Leistung bewältigt der Wassertransport lediglich 7 % bis 8 % des Landes-Frachtumsatzes.

In längerer Perspektive bildet auch der Ausbau des Donau-Theiß-Kanals eine wichtige Voraussetzung für die vollwertige Entwicklung des ungarischen Wasserstraßennetzes.

Infolge seiner geographischen Lage verfügt Ungarn nur über einen geringen Wasserkraftvorrat. Die spezifischen Baukosten der Wasserkraftwerke sind verhältnismäßig hoch. Die Zeit treibt jedoch das Wasser auf die Mühle der sich in der Natur erneuernden Energiearten.

Die Zielsetzung der Entwicklung des Energiesystems bildet bis 1995 der Ausbau des Donau-Staustufensystems Gabcikovo-Nagymaros. Wird es verwirklicht, bedeutet dies für Ungarn eine Leistungsfähigkeit von 440 MW und eine Energieproduktion von 1800 Mio. kWh/Jahr. (Die Leistung der z. Z. bestehenden Wasserkraftwerke liegt bei 60 MW.) Hierüber wird jedoch an anderer Stelle noch berichtet.

Für die Befriedigung des Spitzenbedarfes dürfte das Pumpkraftwerk mit 600 MW Leistung bei Prédikálószék (in der Nähe der Staustufe Nagymaros) von großer Bedeutung sein. Es kann später bis 1200 MW weiterentwickelt werden.

1.3.3 Die landwirtschaftliche Wasserwirtschaft Ungarns

In dieser Hinsicht bilden Flachlandgewässerregulierung, Bewässerung und Fischteichwirtschaft unsere Aufgaben. Der Schutz vor den im Flachland stagnierenden Wässern bildet eine der wichtigsten Voraussetzungen unserer Nationalexistenz.

Z. Zt. beträgt die Gesamtlänge unserer planmäßig regulierten, bereinigten Kleingewässer rd. 15 000 km (60 %), wozu eine 450 000 ha große entwässerte Fläche gehört.

Die Gewässer werden heutzutage schon aufgrund umfassender, technisch und wirtschaftlich begründeter Pläne reguliert. Die Leistungsfähigkeit des Kanalnetzes der Flachlandentwässerung hat sich bis zu unseren Tagen verdoppelt. Die Gesamtlänge des Kanalnetzes erreichte die 33 000 km, die Leistung der größtenteils elektrifizierten Pumpanlagen die 650 m^3/s, der durchschnittliche Ausbaugrad der Flachlandentwässerungssysteme erreichte hingegen den spezifischen Ableitungswert von 25 $l/s \cdot km^2$.

Die langfristige Entwicklung der Flachlandgewässerregulierung sieht eine Erhöhung des letzteren Wertes bis 37 $l/s \cdot km^2$ und eine Gesamtleistung der Pumpanlagen von 840 m^3/s vor. Dies bedeutet, daß die durchschnittliche Ableitungszeit der stagnierenden Wässer von den derzeitigen 19 Tagen auf 12 Tage vermindert wird.

Vor dem zweiten Weltkrieg wurden 2 ‰, heutzutage werden 6,5 % unseres landwirtschaftlich bebauten Gebietes bewässert (450 000 ha).

Ungarns Rohstoffvorräte sind verhältnismäßig knapp. In unserem Außenhandel bilden unsere landwirtschaftlichen Produkte einen beträchtlichen Teil des Gegenwertes der eingeführten Stoffe. Die Weiterentwicklung der Bewässerung ist eine wichtige Bedingung für die Biomasseproduktion.

Vor dem zweiten Weltkrieg betrug die Gesamtfläche der Fischteiche lediglich 1700 ha, heute wird eine Gesamtfläche von 27 000 ha genutzt. Jährlich wird 22 000 t Fischfleisch produziert. Die Möglichkeiten sind noch keineswegs völlig ausgenutzt.

1.3.4 Aufgaben auf dem Gebiet der Wasserversorgung und der Kanalisation

In dieser Hinsicht bilden Wasserversorgung, Wasserreinigung und Thermalwasserbewirtschaftung unsere Aufgaben.

1945 waren lediglich 22 % der Bevölkerung mit Wasserleitungen versorgt und nur 17 % lebten auf kanalisiertem Gebiet. Die öffentliche Wasserversorgung und Kanalisation beschränkte sich im wesentlichen auf die Hauptstadt und einige größere Städte im Land.

Die Entwicklung hat sich besonders auf dem Gebiet der Wasserversorgung, insbesondere ab 1958, beschleunigt. Während der vergangenen 35 Jahre bekamen mehr als 1000 Siedlungen neue Wasserwerke, infolgedessen sind heutzutage schon 84 % (8,5 Mio. Menschen) mit Leitungswasser versorgt. Die Gesamtlänge der Wasserleitungen wuchs während der 35 Jahre von 5000 km auf 19 000 km, die Wasserförderkapazität aber von 0,5 auf 4,2 Mio. m^3/Tag.

Das Entwicklungstempo der Abwasserableitung und -reinigung bleibt hinter demjenigen der Trinkwasserversorgung zurück. Zwischen 1945 und 1982 wuchs die Gesamtlänge des Kanalnetzes von 1700 km auf 5500 km. Gleichzeitig wuchs die Anzahl der ausgebauten Kanalisationswerke von 50 auf 250. Zur Zeit leben 4,4 Mio. Seelen, d. h. 42 % der Bevölkerung, auf kanalisiertem Gebiet.

Infolge der Auswirkung der Industrieentwicklung auf die Wasserversorgung hat sich der Gesamtwasserbedarf (der totale Wasserumsatz) unserer Fabrikindustrie zwischen 1949 und 1975 verfünffacht.

90 % ihres Wasserbedarfes produzieren die Betriebe mit ihren eigenen Wasserförderanlagen, 7 % beziehen sie von Trinkwasserwerken und 3 % von öffentlichen Industriewasserwerken. 85 % des Industriewasserbedarfs wird aus dem Oberflächenwasservorrat, 15 % aus den unterirdischen Wasservorräten gedeckt, 85 % des Industriewasserbedarfs dient als Kühlwasser.

Die Industrie stellt eine Verschmutzungsquelle der Gewässer dar. Die Verhütung der Wasserverschmutzung ist eine beträchtliche Belastung für die Volkswirtschaft. Unsere Bestrebungen gehen dahin, daß die Abwasserreinigung der abschließende Teil der Industrietechnologie werde. Es ist jedoch unmöglich, die Gewässer vor den Abwasserauswirkungen völlig zu schützen. Diese Auswirkungen sind größtenteils ausländischen Ursprungs. Wir sind darauf eingerichtet, die aus den Oberflächengewässern gewonnenen Trinkwassermengen in mehreren Stufen aufzubereiten. Die Wasserlieferung nahm bereits einen fabrikbetriebsmäßigen Charakter an. Auch die Abwasserreinigung stellt einen Tätigkeitskreis dar, der strenge technologische Disziplin erfordert.

In mehreren Fällen bilden die größeren Industrieunternehmen selbständige wasserwirtschaftliche Betriebseinheiten. Ihr Anschluß an die Wasservorräte wird jedoch durch entschiedene wasserwirtschaftlich-technische Verordnungen geregelt.

Im Interesse des Wassergüteschutzes hat die Regierung 1961 die Abwassereinleitungen mit einem Erlaß geregelt, wobei Sanktionen für die Urheber schädlicher Wasserverschmutzungen vorgeschrieben wurden. Es wurde zur Pflicht der Betriebe gemacht, entsprechende Abwasserkläranlagen zu installieren.

Infolge der günstigen hydrologischen Verhältnisse Ungarns kann unser Thermalwasservorrat im europäischen, ja sogar im Weltmaßstab sehr bedeutend genannt werden. Während in der Erdkruste, wenn man sich dem Zentrum nähert, die Temperatur durchschnittlich alle 33 m um 1 °C zunimmt, beträgt dieser Wert (der geothermische Gradient) in Ungarn lediglich 18 m/°C. Infolgedessen eignen sich 40 bis 45 % unseres Landgebietes zur Thermalwasserförderung.

Heutzutage werden etwa 25 % der von den Tiefbohrbrunnen kontinuierlich zutage geförderten Thermalwassermenge genutzt. Größtenteils werden davon Reinigungs- und Strandbäder sowie unsere allbekannten Heilbäder versorgt.

1.3.5 Die wichtigsten Aufgaben unserer Wasservorratswirtschaft

Die Grundlagen für eine planmäßige Bewirtschaftung der Wasservorräte bilden die Erschließung der Wasservorräte, ihr Vergleich mit den Wasseransprüchen und ihre Verteilung.

Die auf das ungarische Landesgebiet fallende Niederschlagsmenge beträgt durchschnittlich 58 Mrd. m^3/Jahr. Ein großer Anteil davon (54 Mrd. m^3/Jahr) verdunstet oder sickert den tiefer gelegenen Schichten zu. Die Befriedigung der Wasseransprüche wird dadurch erschwert, daß die Flüsse im allgemeinen während des Sommers die geringsten Wassermengen führen, während der Wasserbedarf der Bewässerung gerade im Juli und August am höchsten ist. Auch der Kühlwasserbedarf der Industrie und der Wasserverbrauch der Bevölkerung kulminieren in dieser Zeit. Während 1949 der Gesamtwasserbedarf des Landes 1 Mrd. m^3 betrug, betrug dieser Wert 1970 5,3 Mrd. m^3 und wird 1985 die 6 Mrd. m^3 erreichen.

Das Wasserdargebot Ungarns kann – bereits mit den gegenwärtigen Wasseransprüchen verglichen – als ungünstig bezeichnet werden. Unsere Lage wird besonders erschwert durch den Umstand, daß lediglich 4 % unseres Oberflächenwasserdargebots unserem Landesgebiet entspringt, während 96 % es aus dem Ausland erreichen. Dabei müssen wir, den berechtigten und anerkannten Wasserbedarf der von uns flußabwärts liegenden Staaten respektierend, einen bedeutenden Teil der in unser Landesgebiet gelangenden Wässer weiterlassen.

Mit der wissenschaftlich begründeten Erfassung der Wasservorräte in regionalem und Landesmaßstab wurde Anfang der 1950er Jahre begonnen. Das Ergebnis dieser großzügigen Arbeit erschien zuerst 1965 im Landes-Rahmenplan der Wasserwirtschaft.

Der ständig zunehmende Wasserbedarf wird die nutzbare Menge des Wasservorrats bald erreichen und sogar überschreiten. Die Entwicklung erfordert also die Erhöhung des nutzbaren Wasservorrats. Dies erfordert in erster Linie den Ausbau von Speichern und von Flußbettspeicherungen mittels Einstauen der Flüsse. Während 1945 das gespeicherte Wasservolumen kaum die 50 Mio. m^3 erreichte, können wir 1982 bereits eine künstlich gespeicherte Wassermenge von 1000 Mio. m^3 bewirtschaften.

Bis 1995 werden weitere mehrere hundert Speicher mit einem Gesamtvolumen von etwa 500 Mio. m^3 im Berg- und Hügelland erbaut. Sie werden bei der Befriedigung sowohl der industriellen als auch der landwirtschaftlichen Wasseransprüche große Hilfe leisten.

1.3.6 Ergebnisse und Aufgaben

Die zunehmenden Aufgaben der Wasserwirtschaft erforderten auch eine organisatorische und inhaltliche Entwicklung dieser Wirtschaftssparte. 1945 stellte die Zentralorganisation der wasserwirtschaftlichen Forschung allein eine Abteilung für Hydrographie mit 25 Mitarbeitern dar. Als Ergebnis der Entwicklung entstand das Forschungszentrum für Wasserwirtschaft (VITUKI) mit einem großen neuen Laboratorium.

Neben der Entwicklung der zentralen Organisation für wasserwirtschaftliche Forschung wurden auch die regionalen Forschungseinheiten gestärkt.

Von den Forschungen der Wirtschaftssparte Wasserwirtschaft übernehmen einen bedeutenden Teil auch die Lehrstühle der Institutionen für Hochschulunterricht und die Forschungsinstitute verschiedener Industriezweige.

Im Interesse der Weiterentwicklung wird der geistige Wirkungsgrad des somit entstandenen Forschungsorganismus mittels Mechanisierung, Einführung zeitgemäßer Methoden und Ergänzung des EDV-Potentials erhöht.

Unter der Leitung des Staatsamtes für Wasserwirtschaft (OVH) waren 1970 rund 2600 Leute – darunter 700 Ingenieure – auf dem Gebiet technischer Entwurf beschäftigt.

Die Verwirklichung wasserwirtschaftlicher Anlagen, der Bau von Hochwasserschutzdeichen, Pumpanlagen, Ufermauern, Rohrleitungen und Wasserreinigungsanlagen sowie die Regulierung von Flüssen und Seen benötigen eine spezielle Bauorganisation.

Der Produktionsetat der Organisation für Wasserbauindustrie überschritt 1980 10 Mrd. Forint (ca. 450 Mio. DM).

Im letzten Jahrzehnt hat sich auch das technische Niveau der Wasserbauindustrie beträchtlich erhöht.

Auch der Strömungsmaschinenbau wird durch einen ähnlichen Fortschritt charakterisiert. Die Zunahme der bewässerten Flächen und der zunehmende Wasserbedarf erforderten die Entwicklung schwimmender Wasserentnahmewerke hoher Leistungsfähigkeit sowie die Modernisierung von Pumpen-Maschinengruppen.

Für die Ausbildung der Wasserbauingenieure sorgt die Technische Universität Budapest, wobei sie auch die Hilfe der Fachleute der Wirtschaftssparte Wasserwirtschaft erfolgreich in Anspruch nimmt. Die Ausbildung auf Universitätsniveau wird durch zeitgemäße Fachausbildung mittleren und unteren Grades ergänzt.

Das Forschungszentrum für Wasserwirtschaft (VITUKI) hat, mit Unterstützung der UNESCO, einen Internationalen Fortbildungskurs für Hydrologie organisiert, dessen vierzehnter Kurs gerade zu Ende ging (jeder Kurs dauert ein halbes Jahr). In diesem sich alljährlich wiederholenden Kurs werden Hydrologen der Entwicklungsländer in englischer Sprache ausgebildet.

1.3.7 Internationale Beziehungen

Die Erhöhung der Bedeutung des Wassers im Weltmaßstab, besonders aber in der Zusammenarbeit der Nachbarländer, wirkt sich immer kräftiger auf die Gestaltung der internationalen Beziehungen aus. Ungarn ist daran besonders interessiert, erreicht ja der größte Teil seines Oberflächenwasserdargebotes sein Gebiet vom Ausland aus und bilden verschiedene Gewässer etwa ein Drittel seiner Landesgrenzen.

Heutzutage hat sich das Tempo der technisch-wissenschaftlichen Entwicklung beschleunigt, hat sich die technische Revolution in aller Welt mächtig entfaltet und infolge all dessen haben sich auch die internationalen Kontakte vervielfacht. In unseren Tagen kann sich schon kein Land auf eine autarke Entwicklung der Wissenschaft und der Technik einrichten, ohne seine eigene wissenschaftliche Entwicklung in der internationalen Konkurrenz zu gefährden.

Während der vergangenen Jahre hat sich auf dem Gebiet der ungarischen Wasserwirtschaft eine vielseitige und weitverbreitete internationale Zusammenarbeit entfaltet, und zwar:

- die Zusammenarbeit mit den auf demselben Einzugsgebiet liegenden Ländern zwecks koordinierter Lösung der speziellen wasserwirtschaftlichen Probleme des gemeinsamen Einzugsgebietes;
- technisch-wissenschaftliche Zusammenarbeit zwecks Lösung der wissenschaftlichen und technischen Fragen der Wasserwirtschaft;
- wirtschaftliche Zusammenarbeit auf dem Gebiet des Außenhandels.

Unsere internationalen Beziehungen, die Anerkennung der Ergebnisse der ungarischen Wasserwirtschaft wurden von unserer sich stufenweise entwickelnden Außenhandelstätigkeit erheblich gefördert.

Zu unseren wichtigeren Exportprodukten gehören komplette Einrichtungen für Wasserversorgung, Stahlkonstruktions-Wassertürme, Kleinwasserwerke, Trinkwasserreiniger und -filter, schwimmende Wasserentnahmewerke, Einrichtungen für Wassererschließung und Bohrung, Bewässerungseinrichtungen usw.

Im Rahmen unserer geistigen Exporttätigkeit wirkten unsere Fachleute, aufgrund von FAO-Aufträgen, an Entwurfsarbeiten im Sudan, Yemen, Irak und Algerien mit. Unsere Experten haben in Algerien den Entwicklungsplan des hydrologischen und hydrometeorologischen Beobachtungsnetzes Algeriens sowie einen Studienplan über die Nutzbarmachung von Einzugsgebieten in Marokko ausgearbeitet.

Für die Zusammenarbeit mit den Entwicklungsländern ist in erster Linie die Mitwirkung ungarischer Experten kennzeichnend. Zur Zeit sind fast 400 Mitarbeiter der ungarischen Wasserwirtschaft in Entwicklungsländern tätig und 80 Experten wurden von verschiedenen staatlichen und internationalen Organisationen angestellt.

2 Donauhäfen

2.1 Der Wiener Hafen

Geschäftsführer **Friedrich Paceijka**, Wien

2.1.1 Geschichte

Der Ursprung der Wiener Hafenanlagen liegt in der Zeit der Donauregulierung des Jahres 1873, als mit dem Ausbau des Hafenbeckens Freudenau begonnen wurde. In den Jahren 1940 – 1942 wurde das Hafenbecken Albern mit der Widmung als Getreidehafen errichtet. Der Bau des Ölhafens Lobau erfolgte in den Jahren 1942 – 1944. 1979 wurde im Bereich des Wiener Hafens eine Umstrukturierung durchgeführt und das erste Hafenausbaukonzept erstellt. Gleichzeitig wurde auch mit dessen Realisierung begonnen.

1980 verkaufte die Stadt Wien sämtliche Hafengrundstücke und -objekte an die Wiener Hafen Ges.m.b.H. (nachstehend Wiener Hafen genannt), die seither Eigentümerin aller Hafenanlagen ist.

2.1.2 Gesamtübersicht

Der Wiener Hafen (Abb. 1) umfaßt insgesamt drei Hafenanlagen, den Hafen Albern, den Hafen Freudenau und den Hafen Lobau. Außerdem zählen noch das Betriebsbaugebiet Albern und verschiedene kleinere Grundstücke im Wiener Raum zu seinem Bereich. Insgesamt verfügt der Hafen über rund 3 Mio. m^2 Fläche. Davon sind unter Abzug der Wasserflächen und sonstigen nicht kommerziell verwertbaren Flächen rund 1,3 Mio. m^2 betrieblich nutzbar, wovon bereits über 800 000 m^2 verpachtet sind.

Der Gesamtschiffsumschlag im Jahre 1983 betrug etwa 1,5 Mio. t, davon entfielen rund 800 000 t auf Mineralölprodukte und rund 700 000 t auf sonstige Güter. Mit Ausnahme der Mineralölprodukte, die von den angesiedelten Firmen selbst umgeschlagen werden, wurde die genannte Menge an sonstigen Gütern fast zur Gänze vom Wiener Hafen umgeschlagen. Das Schiffsaufkommen im Jahre 1983 betrug 1900 Einheiten.

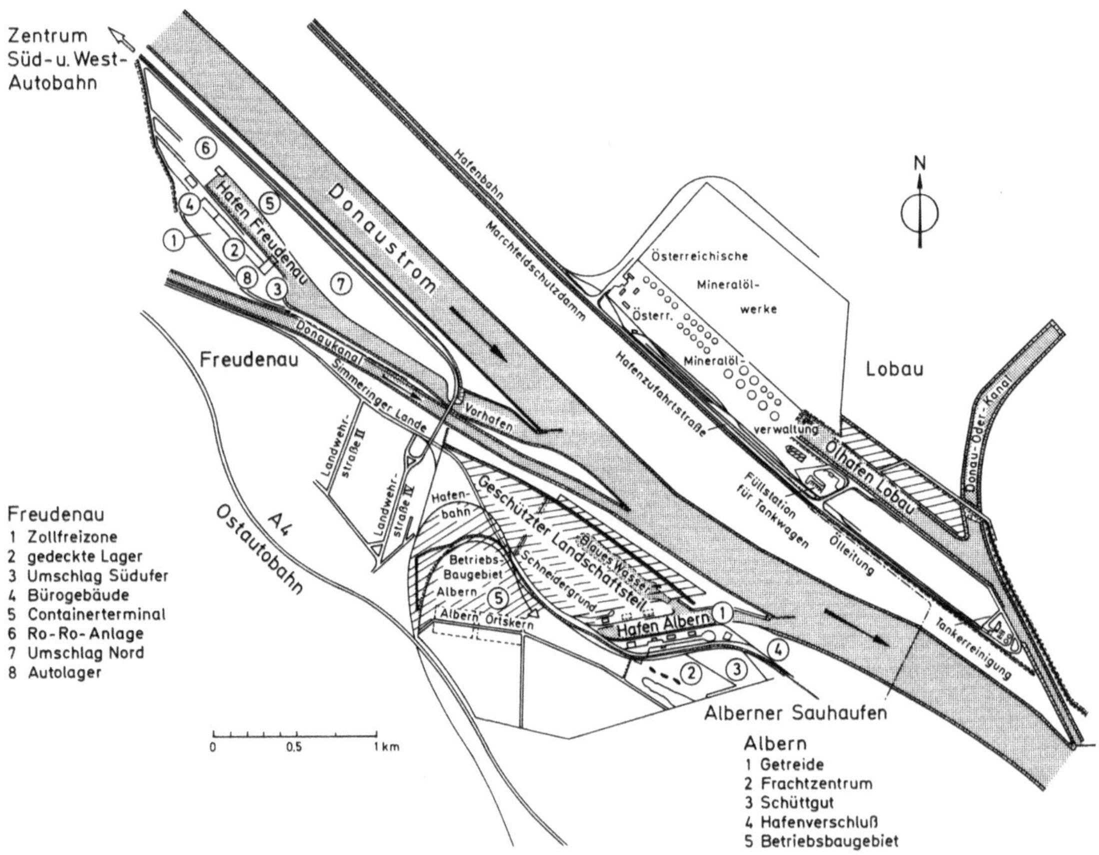

Abb. 1. Lageplan des Wiener Hafens

Abb. 2. Verteilerband im Getreidesilo

2.1.3 Albern

Die Gesamtfläche des Hafengebietes beträgt ca. 340 000 m^2, wovon 90 000 m^2 Wasserfläche sind. Rund 70 000 m^2 sind derzeit an Fremdfirmen verpachtet. Das Hafenbecken selbst weist eine Länge von 700 m und eine Breite von 90 m auf. Die Uferbefestigung erfolgte bereits bei der Errichtung des Hafenbeckens in Form von Stahlspundwänden. Die Wassertiefe beträgt bei Mittelwasserstand der Donau gut 5 m. Im Hafen Albern werden derzeit jährlich rund 150 Schiffe abgefertigt.

2.1.3.1 Getreide

Ursprünglich wurde der Hafen Albern als Getreide-Importhafen konzipiert, über den die Millionenstadt Wien versorgt werden sollte. Nachdem Österreich jedoch in der Getreideversorgung autark ist und sogar Getreide in den Osten exportiert, wurden von hier in den letzten Jahren erhebliche Mengen in Richtung Comeconstaaten verschifft (Abb. 2). Das Gesamtfassungsvermögen der fünf Getreidespeicher beträgt 90 000 t. Obwohl die Gebäude und Anlagen bereits vor mehr als 40 Jahren errichtet wurden, befinden sie sich noch immer in einem relativ guten Zustand. Man hat jedoch in den letzten Jahren mit verschiedenen Umbau- bzw. Rationalisierungsmaßnahmen begonnen.

2.1.3.2 Frachtenzentrum

Im Zuge der Realisierung des Hafenausbaukonzeptes wurde mit der Errichtung eines Frachtenzentrums begonnen. Der erste Schritt war in einer Baulücke zwischen zwei bestehenden Getreidesilos die Errichtung eines Stückgutlagers mit einer entsprechenden Umschlagsanlage. Die Nutzfläche der Halle A beträgt rund 3000 m^2 mit einer Bodentragfähigkeit von max. 5000 kg. Zum Umschlag von Land auf Wasser und umgekehrt steht ein überdachter Laufkran mit einer Tragfähigkeit von 8,3 t zur Verfügung. Die Verbringung der Waren innerhalb der Halle erfolgt mittels Stapler.

Den nächsten Schritt im Frachtenzentrum stellte die erste Ausbaustufe der 10 000 m^2 großen Halle B samt zugehörigen Büroeinheiten dar. Diese Halle befindet sich landseits der Getreidesilos und wurde von einem Speditionsunternehmen selbst errichtet, das auch den Betrieb führt.

2.1.3.3 Schüttgut

Am Beginn des Hafenbeckens, noch vor dem ersten Getreidesilo, entsteht derzeit eine Schüttgutumschlagsanlage. Diese Anlage ermöglicht den Umschlag von Schüttgut von Schiff auf Land mit anschließendem Weitertransport des Gutes auf Lagerflächen im Hinterland des Hafengebietes Albern, wo für den weiteren Ausbau entsprechender Schüttgutlagerflächen sowie für die Erweiterung des Frachtenzentrums noch rund 200 000 m^2 zur Verfügung stehen.

2.1.3.4 Hafeneinfahrtsverschluß

Derzeit wird – wie nachstehend noch geschildert – an der Fertigstellung eines Hochwasserschutzprojektes für Wien gearbeitet, welches im wesentlichen die Erhöhung bzw. Errichtung von Hochwasserschutzdämmen sowie die Schaffung eines zweiten Donaugerinnes vorsieht. Nach diesem Projekt würde das Hafengebiet Albern auch zukünftig bei extremen Hochwasserständen der Donau überflutet werden. Es wurden daher gemeinsam mit der Stadt Wien Überlegungen angestellt, das Hafengebiet Albern durch Errichtung eines Hafeneinfahrtsverschlusses hochwasserfrei zu machen.

Seitens der Stadt Wien wird derzeit dafür am Detailprojekt gearbeitet. Durch diese Maßnahme ist dann sichergestellt, daß das gesamte Hafengebiet Albern einschließlich der Erweiterungsflächen südlich des derzeitigen Hafenumschließungsdammes hochwasserfrei gehalten werden kann.

2.1.3.5 Betriebsansiedlungen

Zur Ansiedlung von Betrieben, welche nicht unmittelbar am Hafenumschlag interessiert sind, wurde im Nahbereich des Hafengebietes Albern das Betriebsbaugebiet Albern geschaffen. Dieses Gebiet liegt östlich der A 4-Flughafenautobahn direkt an der Bahnstrecke Zentralverschiebebahnhof Kledering–Hafen Albern und weist ein Gesamtausmaß von rund 300 000 m^2 auf.

Als erstes Unternehmen wurde hier die Fa. Tupack, ein Unternehmen, das Tuben und Verpackungen herstellt, angesiedelt. In den neuen und leistungsfähigen Produktionsanlagen finden über 200 Mitarbeiter Beschäftigung. Eine weitere Betriebsanlage auf einem Grundstück von 10 000 m^2, und zwar ein Zentralersatzteillager für die Fa. Subaru, wird derzeit errichtet.

2.1.4 Freudenauer Hafen

Der Freudenauer Hafen stellt die älteste Wiener Hafenanlage dar. Er wurde zum Teil bereits im Zusammenhang mit der zwischen 1873 und 1876 durchgeführten Donauregulierung im Wiener Bereich gebaut, konnte aber erst knapp nach der Jahrhundertwende in Betrieb genommen werden. Ursprünglich diente der Hafen Freudenau als reiner Schutz- und Winterhafen; diese Funktion erfüllt er auch heute noch. Die Größe des Hafenbeckens Freudenau beträgt rund 1,4 Mio. m^2, die Wasserfläche rund 400 000 m^2. Dieser Hafen ist in zwei Hafenbecken gegliedert, und zwar in den Vorhafen mit einer Länge von 570 m und einer Breite von 150 m. Die Uferbefestigung in diesem Bereich besteht aus geböschtem Ufer mit entsprechender Pflasterung.

Durch die zwischen dem Vorhafen und dem Innenhafen vorhandene Engstelle, welche derzeit entsprechend den Schleusenabmessungen auf der unteren Donau auf 35 m verbreitert wird, ist die Möglichkeit des Eindringens eines Eisstoßes von der Donau bis in den Innenhafen verhindert.

Die Tiefe bei Mittelwasser beträgt 5 m, im gesamten Hafenbereich Freudenau können bis zu 400 Schiffe aufgenommen werden.

Sämtliche Gleisanlagen stehen, genauso wie in den anderen Hafenanlagen, im Eigentum der Österreichischen Bundesbahnen (ÖBB).

2.1.4.1 Zollfreizone

In der Freudenau stellt auch die Zollfreizone eine wesentliche Funktion für den Hafen dar. Die Zollfreizone Wien ist die östlichste Zone des Westens und damit eine Drehscheibe zwischen Ost- und Westhandel.

Das gesamte Areal der Zollfreizone beträgt rund 100 000 m^2, wobei jedoch in der nächsten Zeit eine Vergrößerung vorgesehen ist. In der Zollfreizone können sowohl Zollgüter als auch Inlandsgut und exportabgefertigte Waren im selben Lager untergebracht werden. Das gesamte Gebiet steht rund um die Uhr unter Zollbewachung und stellt rechtlich Zollausland dar. Die Zollfreizone im Hafen Freudenau besteht seit dem Jahr 1965.

2.1.4.2 Gedeckte Lager

2.1.4.2.1 Zentrallagerhaus

Nach der Gründung der Zollfreizone wurde das Zentrallagerhaus mit einer Bruttolagerfläche von 35 000 m^2 erbaut. Das Gebäude umfaßt acht Geschosse, zu deren Bedienung zehn Lastenaufzüge mit einer Tragfähigkeit zwischen 1,5 und 4,5 t installiert sind. Die Verbringung der Lagergüter innerhalb des Gebäudes erfolgt mittels Elektrostapler. Die Lagerung selbst findet großteils in versperrbaren Kojen statt, die auch zur Bearbeitung von Waren geeignet sind. Die Tragfähigkeit der einzelnen Geschosse beträgt 2000 kg/m^2. An Transportgeräten, wie z. B. Stapler oder Hubwagen, stehen insgesamt 75 Stück zur Verfügung.

2.1.4.2.2 Zubau I und II

Zur Erweiterung der Lagerflächen im Zentrallagerhaus am stromabwärtigen und am stromaufwärtigen Ende des Gebäudes wurde ein Zubau I und II mit einer Gesamtlagerfläche von rund 15 000 m^2 errichtet. Hier wurde der Beginn für die Errichtung eines Warenverteilzentrums für Markenartikelfirmen gemacht.

Abb. 3. Überdachte Kranhalle am Südufer des Freudenauer Hafens

Abb. 4. Container-Terminal Freudenau

2.1.4.3 Umschlag Südufer

Dieser Umschlagsplatz befindet sich am stromabwärtig gelegenen Ende des Lagerhauszubaues I und steht in direkter Verbindung mit diesem. Über eine gedeckte Kranhalle mit einer Tragfähigkeit von 6,0 t kann die Ware vom Schiff direkt zum Lager bzw. umgekehrt verbracht werden (Abb. 3). In diesem Bereich stellt die Uferverbauung eine rund 200 m lange Stahlspundwand dar. Das Umschlagsgut selbst setzt sich aus dem Bereich der Stückgüter zusammen.

2.1.4.4 Bürogebäude

Dieses acht Stock hohe Gebäude am Beginn der Zollfreizone nimmt den gesamten Verwaltungsbereich des Wiener Hafens auf. Einige Geschosse sind auch an Fremdfirmen verpachtet. Außerdem ist hier das Zollamt Zollfreizone untergebracht.

2.1.4.5 Containerterminal

Am Nordufer des Hafens Freudenau befindet sich auf einer Fläche von rund 45 000 m^2 Österreichs größter Containerterminal (Abb. 4). Hier wird sowohl Depothaltung und Umschlag der Container als auch die Reparatur und Wartung von Containern durchgeführt. Mit den Verkehrsträgern Schiene, Straße und Wasser ist der Terminal voll aufgeschlossen. Außerdem stehen dem Umschlag eine Containerbrücke und ein Mehrzweckkran mit 32 bzw. 35 t Tragfähigkeit zur Verfügung (Abb. 5). Im Jahr 1983 wurden am Containerterminal rund 23 000 Container umgeschlagen.

Abb. 5. 35-t-Containerbrücke im Hafen Freudenau

Abb. 6. Bulgarisches Ro-Ro-Schiff auf der Donau, hier in der Wachau bei Dürnstein

Abb. 7. Umschlagsanlage Freudenau Nord mit SGP-Mehrzweckkran

2.1.4.6 Ro-Ro-Anlage

Mit der Errichtung einer Ro-Ro-Anlage im Hafen Freudenau versucht der Wiener Hafen, auch dieser Entwicklung im Schiffsverkehr Rechnung zu tragen.

Die ersten Ro-Ro-Schiffe auf der Donau sind vier von der bulgarischen Firma Somat eingesetzte Schiffe mit einer Länge von 115 m und einer Breite von 23 m, wodurch sie von der Abmessung her gesehen die größten Schiffe auf der Donau derzeit überhaupt sind. Diese Schiffe können 49 Trailer gleichzeitig aufnehmen und verkehren derzeit zwischen Deutschland und Bulgarien bzw. Österreich und Bulgarien (Abb. 6).

Um den Ro-Ro-Schiffen und Verbänden herkömmlicher Donauschiffe bzw. Donau-Seeschiffen das gefahrlose Einlaufen in den Freudenauer Hafen zu ermöglichen, wird derzeit auch eine Verbreiterung der Hafeneinfahrt auf 35 m vorgenommen.

2.1.4.7 Umschlag Nord

Im Bereich Freudenau Nord wird der Hauptteil der Umschlagsleistung des Wiener Hafens erbracht. Hier werden sowohl Stück- als auch Schüttgut umgeschlagen (Abb. 7). Die Leistung betrug bei Stückgut 1983 rund 210 000 t und bei Schüttgut rund 260 000 t. Zusammen mit dem Umschlag Süd wurde 1983 erstmals eine Umschlagsleistung von über 500 000 t erzielt. Insgesamt wurden 1983 im Bereich Umschlag Nord fast 900 Schiffe entladen. Die größten Anteile im Umschlag hatten Ölfeldrohre, Schnittholz, Baustoffe, Brennstoffe und Eisenwaren. Dem Umschlag Nord sind direkt vier Hallenlaufkräne, zwei Mehrzweckkräne, wovon einer teilweise für den Containerumschlag genützt wird, drei Stapler und ein Traktor zugeordnet.

2.1.4.8 Autolager

Seit Mitte 1983 befindet sich in der Zollfreizone Freudenau das Zentralautolager eines der größten österreichischen Autoimporteure. Der Wiener Hafen führt für diese Firma die Entladung, die Entkonservierung und die Lagerung der Fahrzeuge durch. Der Antransport der Fahrzeuge erfolgt derzeit per Bahn bzw. auch per Lkw, mittelfristig gesehen, ist jedoch an den Antransport von Pkws per Schiff gedacht. Die Zollfreizone besitzt momentan einen Lagerplatz für rund 2500 Pkws und kann bei Bedarf jederzeit noch wesentlich erweitert werden. Die Anzahl der durchschnittlichen Ein- und Auslagerungen pro Monat liegen bei 1750 Einheiten, wobei Spitzenleistungen von 459 Autos pro Tag schon erreicht wurden.

2.1.5 Lobau

Am donauseitigen Ende des Donau-Oder-Elbe-Kanales entstand bereits vor rund 40 Jahren das Hafenbecken Lobau. Seine Lage unmittelbar angrenzend an das Naturschutzgebiet Lobau ermöglichte den Ausbau nur am Südufer des Hafenbeckens.

Abb. 8. Fahrt des ersten Seeschiffes zwischen der Türkei und Wien

Der Ölhafen Lobau hat eine Gesamtgröße von rund 750 000 m², wovon 450 000 m² Wasserfläche oder nichtnutzbares Areal darstellen. Das Hafenbecken selbst ist 1300 m lang und 90 m breit und zeigt bei Mittelwasser eine Tiefe von 5 m.

Im Hafen Lobau befinden sich neun Abfüll- bzw. Befüllanlagen für Tankschiffe sowie zwei Vorwärmestationen. Zwischen diesen Betriebsanlagen und dem Donaustrom wurde eine Preßluftölsperre errichtet. Am West- und Südufer sind die Grundstücke an Mineralölfirmen verpachtet, welche dort ihre Lager und Betriebsanlagen errichtet haben.

Der Umschlag und die Manipulation der Produkte wird von den jeweiligen Firmen selbst vorgenommen. Der Beschäftigtenstand liegt derzeit bei allen Pachtfirmen gemeinsam bei rund 380 Arbeitern und Angestellten.

2.1.6 Grundstücksverpachtung

Die Einnahmen aus Grundstücksverpachtung stellen für den Wiener Hafen eine Tragsäule des Unternehmerns dar. Das gesamte Grundstücksvermögen des Wiener Hafens inklusive aller Flächen, die nicht unmittelbar an das Hafengebiet angrenzen, beträgt derzeit rund 3 Mio. m², wovon rund 1,3 Mio. m² betrieblich nutzbar sind. Von dieser Fläche sind bereits 800 000 m² verpachtet. Im Hafen Freudenau und Hafen Lobau kann davon ausgegangen werden, daß weitere Betriebsansiedlungen nur in ganz geringem Umfang noch möglich sind. Über Reserveflächen verfügt der Wiener Hafen im Bereich Hafen Albern und im Betriebsbaugebiet Albern.

2.1.7 Erweiterung

2.1.7.1 Sauhaufen

Das Gebiet des Sauhaufens (südlich des Alberner Hafenbeckens) stellt für die Erweiterung des Wiener Hafens eine unumfängliche Notwendigkeit dar, ohne deren Nutzung der Wiener Hafen den steigenden Anforderungen der Wirtschaft in Zukunft nicht mehr gerecht werden könnte. Auf dem Areal ist die Errichtung von Lagereinrichtungen sowie die Erweiterung des Frachtenzentrums vorgesehen bzw. bereits realisiert.

2.1.7.2 Sonstige Erweiterungen

Um auch nach Besiedelung der derzeit dem Hafen noch zur Verfügung stehenden Freiflächen eine Ausweitungsmöglichkeit zu besitzen, wird bereits derzeit über den Ankauf von weiteren Grundstücken verhandelt. Konkret handelt es sich hierbei um Gebiete im Nahbereich des Alberner Hafens bzw. zwischen Alberner Hafen und Freudenauer Hafen. Für nicht hafenorientierte Betriebe werden aber bereits auch in anderen Teilen von Wien konkrete Überlegungen angestellt.

2.2 Der Hafen Budapest*

Abteilungsleiter **Tamás Berény**, Budapest/Regensburg

Die ungarische Hauptstadt Budapest hat sich infolge ihrer günstigen politischen und wirtschaftlichen Lage im letzten Viertel des 19. Jahrhunderts zu einer Großstadt entwickelt. Auch die damaligen Kaianlagen der Stadt entsprachen nicht mehr den durch den immer größer werdenden Donauverkehr gestellten Anforderungen. In diesen Jahren ist deshalb das erste Mal die Idee aufgetaucht, einen Hafen für Budapest auf der naheliegenden Insel Csepel zu bauen. Ein ausführliches Projekt wurde umgehend ausgearbeitet, auch gebilligt, konnte dann aber wegen Mangel an Geld nicht realisiert werden.

In den folgenden Jahren entstanden weitere, modifizierte Pläne, und es wurde auch mit kleineren Vorbereitungsarbeiten begonnen. Intensiver wurde aber die Arbeit erst in den 20er Jahren, und endlich – im Jahre 1926 – wurde der eigentliche Hafen fertiggestellt; auf die Eröffnung mußte man aber nochmals zwei weitere Jahre warten.

Der Hafen prosperierte und wurde bald erweitert. Neue Hafenbecken und weitere Lagerhäuser entstanden. Im zweiten Weltkrieg blieb auch der Hafen nicht verschont: 40 % der Krankapazität, 12 % der Lagerhäuser, 19 % der Kaimauer wurden vernichtet, der verbliebene Teil war schwer beschädigt. Die Kriegsschäden wurden zwar relativ schnell beseitigt – im Jahre 1948 erreichte die Leistung des Hafens wieder die der Vorkriegszeit –, es fehlte aber wiederum das Geld für eine weitere Entwicklung. Es konnten nur kleinere Investitionen realisiert werden. Erst in den sechziger Jahren ermöglichte die wirtschaftliche Lage wieder eine bescheidene Fortentwicklung. Bald schon stand aber die Leitung des Hafens einer außerordentlich schweren Aufgabe gegenüber: die Hafenkapazität mußte erweitert werden, gleichzeitig hatte man die Voraussetzungen zur Einführung neuer Technologien zu schaffen und die beinahe 50 Jahre alten Anlagen zu erneuern. Diese Aufgabe konnte zwar bislang nicht vollständig gelöst werden, doch erhebliche Ergebnisse sind in dieser Zeit erreicht worden. Ein neues Lagerhaus und neue Kräne werden gebaut, auch kam es zur verbreiteten Verwendung von Gabelstaplern, und es wurde mit der Errichtung des Containerterminals begonnen.

Der Hafen hatte bei seiner Gründung den Namen „Ungarischer Königlicher Budapester Freihafen“ und firmierte als ein selbständiges Unternehmen. Später wurde der Name mehrmals geändert. Auch gehörte er dann jahrelang der Mahart-Reederei an, bevor er wieder selbständig wurde; seit 1964 ist der „National- und Freihafen Csepel“ wiederum in der Hand der Mahart Ungarische Schiffahrts-AG.

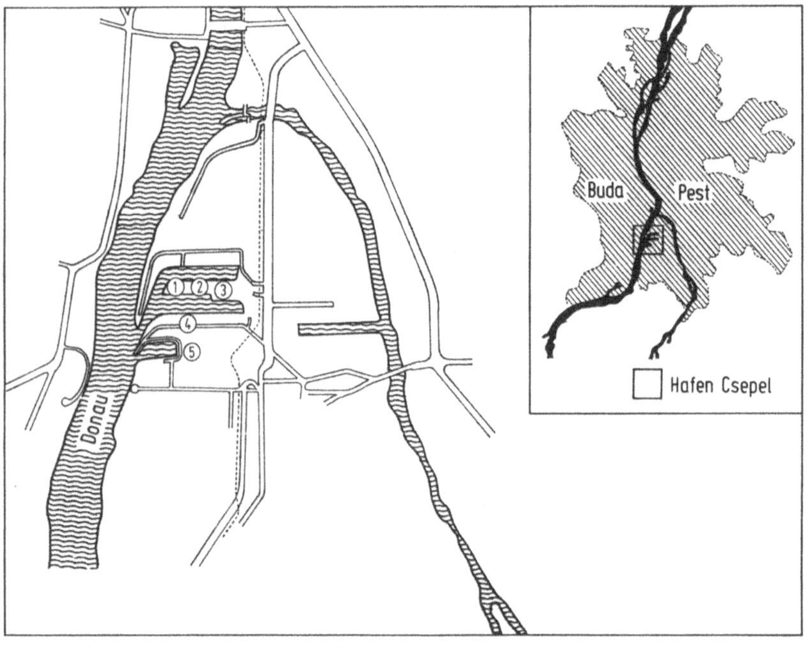

Abb. 9. Lageplan des Hafens Budapest. 1 Container; 2 Getreide; 3 Lagerei; 4 Massenstückgut (Eisen und Stahl); 5 Ölhafen

* Überarbeitung eines Referates von Tamás Berény, Abteilungsleiter Container des Hafens Budapest, gehalten am 6. Juni 1983 anläßlich einer Hafenbereisung im Rahmen der HTG-Studienreise. Herr Berény leitet heute die Mahart-Vertretung in Regensburg

Abb. 10. Seegängiges Donauschiff am Getreidesilo

Abb. 11. 35-t-Kran im Budapester Hafen

Die Firma Mahart ist eigentlich eine Reederei. Ihre Haupttätigkeit richtet sich auf die Donau- und auf die Seeschiffahrt. Sie ist gut bekannt in allen Donauländern, aber auch bei Touristen, die gern eine Reise auf ihren Fahrgastschiffen oder auf den zwischen Budapest und Wien verkehrenden Tragflügelbooten machen. Die Seeflotte der Mahart besteht aus 18 Schiffen mit einer Gesamtkapazität von etwa 100 000 dwt. Die Seeschiffe verkehren vor allem auf dem Mittelmeer, auf dem Roten und auf dem Schwarzen Meer. Mit größeren Einheiten unterhält die Mahart einen regelmäßigen Dienst zwischen dem Nordkontinent und dem Fernen Osten.

Der Hafen liegt im südlichen Teil von Budapest, nur wenige Kilometer vom Stadtzentrum entfernt (Abb. 9). Er besteht aus drei Becken mit einer gesamten Wasserfläche von 36 Hektar. Das südlichste Becken – der Ölhafen – hat eine separate Einfahrt, die beiden anderen eine gemeinsame. Im Ölhafen sind einige Industriebetriebe angesiedelt, hier führt die Mahart keinen Umschlag durch. Alle Anlagen im Ölhafen – ausgenommen die Kaimauer – sind Eigentum dieser Industriebetriebe. In den beiden anderen Becken und in deren Umgebung arbeitet aber fast ausschließlich die Mahart. Ausnahmen bilden nur einige Kunden, die Lagerflächen oder Lagerhäuser angemietet haben.

Es ist üblich, den Budapester Hafen Seehafen zu nennen. Das ist vielleicht etwas übertrieben, Tatsache ist aber, daß die „Apollinaris III" (240 dwt), die früher im Rhein-See-Verkehr eingesetzt war, bereits im Jahre 1933 von See kommend den Hafen besuchte. Kleinere Seeschiffe (mit einer Tragfähigkeit von 1200 dwt) kommen auf der Donau seit dieser Zeit – mit einer zehnjährigen Unterbrechung – regelmäßig vom Schwarzen Meer nach Budapest herauf (Abb. 10).

Die Länge der befestigten Ufer des Hafens beträgt 5500 m, als Kaimauern sind davon 1200 m ausgebildet. Zum regelmäßigen Umschlag werden nur etwa 2000 m der befestigten Uferstrecken benutzt.

Die Mahart verfügt im Hafen über folgende Anlagen und Einrichtungen:

gedeckte Lagerfläche etwa 95 000 m^2,
Getreidesilo mit einer Kapazität von 12 000 t,
offene Lagerfläche etwa 90 000 m^2,
Containerterminal 16 000 m^2,
17 schienengebundene Kräne, Tragfähigkeit bis zu 35 t (Abb. 11)
4 Mobilkräne,
2 Containerstapler,
3 Zugmaschinen und 6 Chassis (eins davon mit Selbstladeeinrichtung) für den Container-Straßentransport,
Hafenbahnnetz von 21 km,
4 Lokomotiven.

In den ersten beiden Jahrzehnten nach der Eröffnung des Hafens dominierten im Verkehr die landwirtschaftlichen Produkte. In diesen Jahren erreichte der Hafen eine Umschlagsleistung von 700 000 – 800 000 t jährlich. In den Nachkriegsjahren änderte sich aber die Warenzusammensetzung grundsätzlich. Der Umschlag von schweren Schüttgütern, wie Erze und Kies, wurde in außerordentlich großem Maße erhöht, so konnte der Hafen eine Leistung von fast 1,7 Mio. t im Jahre 1955 erreichen. Später fiel die Leistung von einem Jahr auf das andere plötzlich zurück und stieg nur allmählich wieder an, bis im Jahre 1981 ein Rekord mit 1,892 Mio. t erreicht wurde. Der Anteil der Schüttgüter ist aber in der Zwischenzeit auf 20 % – 25 % gesunken. Der gegenwärtige Umschlag von etwa 1,8 Mio. t mit einem immer größeren Anteil an Stückgütern fordert unvergleichbar mehr Arbeit, Anstrengungen und Technik als die fast so große Leistung in den 50er Jahren.

Abb. 12. Umschlagsanlage für Massenstückgut

Die Hauptaufgabe des Hafens ist natürlich der Umschlag und die Zwischenlagerung der auf der Donau transportierten Güter. Den größten Anteil bilden seit Jahren schon bei weitem die Eisenwaren. Die weltweite Krise der Stahlindustrie machte sich auch im Verkehr des Budapester Hafens bemerkbar, über 20 % der behandelten Güter sind trotzdem Eisenwaren (Abb. 12). An zweiter Stelle stehen die Phosphate, von denen jährlich 200 000 bis 300 000 t umgeschlagen werden. Der Rest setzt sich aus vielen kleineren Partien zusammen, von denen Getreide, Düngemittel (sowohl Schütt- als auch Sackgüter) und Kohle hervorgehoben werden können.

Die Kapazität des Hafens, vor allem die Lagerkapazität, ist mit dem Donauverkehr nicht vollkommen ausgelastet. Zum Teil aus diesem Grunde, zum Teil aber zur Milderung der saisonalen Schwankungen in der Kapazitätsauslastung, beschäftigt sich die Mahart auch mit der Lagerung solcher Güter, die nicht auf der Donau transportiert werden. Diese Güter bilden heute ungefähr 20 % des Gesamtverkehrs.

Im Hafen befindet sich eine Zollfreizone. Ihre Auslastung war jahrelang nicht befriedigend, die Nachfrage nach den dadurch ermöglichten Dienstleistungen wächst aber in der letzten Zeit spürbar. Die Zollfreizone gestattet nicht nur die Lagerung, sondern auch die Manipulation von Gütern unter günstigen Bedingungen.

Ein wichtiger Teil der Tätigkeit der Mahart ist die Behandlung von Containern. Der Containerterminal im Budapester Hafen (Abb. 13 – 15) – er wurde im Jahre 1972 fertiggestellt – war der erste sowohl in Ungarn als auch an der Donau. Die Aktivität der Mahart im Containerterminal beschränkt sich nicht nur auf den Umschlag der Container, sie ist auch Depothalter für mehrere Reedereien und Leasing-Gesellschaften und beschäftigt sich auch mit der Reparatur von Containern.

Was die Zukunft des Hafens betrifft: Die Mahart unternimmt große Anstrengungen, den Hafen weiterzuentwickeln. Ein Zeichen dafür ist die 12,5-t-Brücke, die 1983 in Dienst gestellt wurde und eine zweite, gleiche Brücke, die bald danach übergeben wurde. Im gleichen Jahr wurde ebenfalls eine – gemeinsam mit einer Außenhandelsfirma durchgeführte – Investition, eine Einrichtung zum Sacken von Schüttgütern, beendet.

Abb. 13. Der Containerterminal mit der neuen Umschlagsbrücke

Abb. 14. Gesamtübersicht über das Hafenbecken mit Getreidesilo (rechts), dahinter der Containerterminal und links die Massenstückgut-Umschlagsanlage

Abb. 15. Sowjetischer Schubverband läuft in den Budapester Hafen ein

Es wurde nun auch ein Perspektivplan zur Erweiterung des Hafens erstellt. Er sieht den Bau weiterer Hafenbecken vor. Das Grundstück dafür steht zur Verfügung. Die gegenwärtige Nachfrage nach den Dienstleistungen des Hafens macht aber eine derartige Erweiterung noch nicht unbedingt notwendig. Vielmehr ist die kontinuierliche Modernisierung, Erneuerung der Hafenanlagen, die Schaffung spezieller, leistungsfähiger Umschlagseinrichtungen gerechtfertigt und angestrebt.

3 Technische Großbauten

3.1 Das Donaukraftwerk Greifenstein bei Wien

Direktor i.R. Dipl.-Ing. **Werner Roehle** und Dipl.-Ing. **Rudolf Hüpfl**, Wien

3.1.1 Allgemein

Die moderne Energieerzeugung aus der Donau begann durch die kurz zuvor gegründete Rhein-Main-Donau AG in den Jahren 1922–1927, die als erstes Großkraftwerk an der Donau das oberhalb Passau liegende Kachletwerk errichtete. Damit war nicht nur der erste Schritt zur Energienutzung, sondern auch zur Verbesserung der Schiffahrtsverhältnisse der Donau getan.

Seit der Inbetriebnahme des Werkes Greifenstein im Frühjahr 1984 werden im Regeljahr rund 12 Mio. kWh bei einer installierten Leistung von 1988 MW als Donaustrom ins österreichische Netz geliefert, wobei wegen der ausgeglichenen Wasserführung der Donau im Winterhalbjahr nahezu die Hälfte des Jahresstromaufkommens erzeugt werden kann. Die Energieerzeugung aus den Donaukraftwerken entspricht rund 32 % der derzeitigen österreichischen Stromerzeugung von etwa 37000 GWh, welche zu etwa 75 % aus Wasserkraft erzeugt wird.

Durch den mit der Energieerzeugung verbundenen Aufstau der Donau wurden aber auch bisher 53 der insgesamt 67 vorhandenen bedeutenden Schiffahrtshindernisse beseitigt und rund 250 km oder 72 % der etwa 350 km langen österreichischen Donau entsprechend den Ausbaugrundsätzen der Belgrader Donaukonvention zu einer leistungsfähigen europäischen Wasserstraße ausgebaut. Auf dieser Strecke sind nicht nur alle bisherigen Einbahnregelungen verschwunden und die Talfahrt auch bei Nacht und schlechter Sicht möglich, sondern es können auch die Kähne jederzeit bis zu ihrer vollen Tragfähigkeit ausgenützt werden.

Nach Ausbau der restlichen drei Kraftwerksstufen: Wachau, Wien und Hainburg, ist im Bereich der österreichischen Donau das für die Energiegewinnung so günstige und für die Schiffahrt so gefährliche und eine große Zugkraft benötigende Steilgefälle des Flusses von 44 cm/km durch eine ununterbrochene Folge von Stauseen

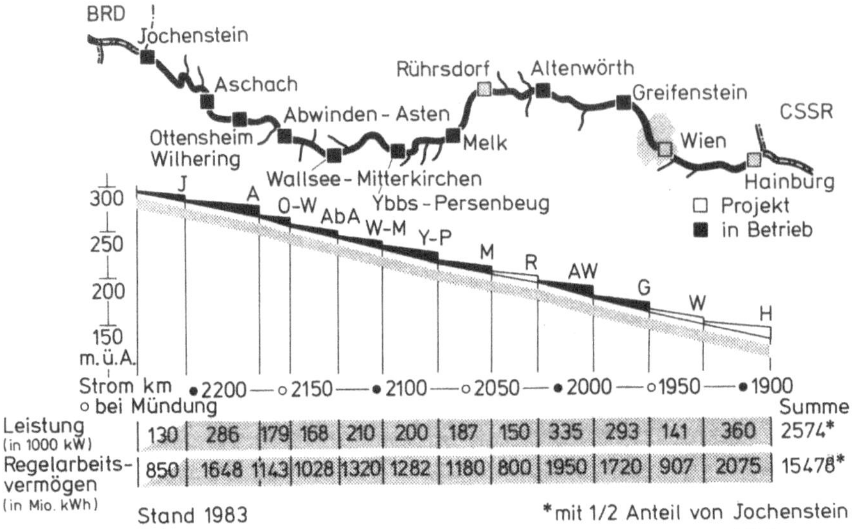

Abb. 1. Stufenplan der Österreichischen Donaukraftwerke AG, Fassung 1983

mit dazwischenliegenden Schleusen umgewandelt. Der bereits begonnene weitere Ausbau der Gefällstrecke der Donau im tschechoslowakisch-ungarischen Grenzbereich durch die Kraftwerke Gabčikovo und Nagymaros verwirklicht schließlich die technischen Voraussetzungen für die durchgehende europäische Wasserstraße Rhein-Main-Donau. Österreich konnte damit den Großteil seiner Aufgabe in diesem Rahmen erfüllen. Es ist zu hoffen, daß nicht die Tagespolitik und hochgespielte Meinungen von Minderheiten die Vollendung verhindern (Abb. 1).

3.1.2 Das Donaukraftwerk Greifenstein

3.1.2.1 Vorbemerkung über die technischen Probleme und deren Lösung

Über die bis 1975 errichteten Anlagen hat Roehle bereits in einem Vortrag bei der Jahrestagung der HTG 1975 in München berichtet. Siehe auch HTG-Jahrbuch, 35. Band, Jahrgang 1975/76, Seite 213 ff.

Abb. 2. Kraftwerk Greifenstein: Bauzustand und Baugrube neben dem Strom (BMfLV, Z/13080/193–1.6/83)

Abb. 3. Kraftwerk Greifenstein: Die umgelegte Donau und der neu geschaffene „Altarm" (BMfLV, Z/13088/97–1.6.83)

3.1.2.2 Besondere Anlageverhältnisse

Das Hauptbauwerk wurde im linksufrigen Augelände bei Strom-km 1949,270 in einer einzigen etwa 157 ha großen und hochwasserfreien Baugrube errichtet. Diese Bauweise wurde 1965 – 1968 beim Bau des Kraftwerkes Wallsee erstmals angewendet und bietet die optimalen Voraussetzungen zur Errichtung aller Bauteile des Sperrenbauwerkes in einer einzigen großen, nicht beengten, hochwassersicheren Baugrube ohne gegenseitige Behinderung von Schiffahrt und Baudurchführung (Abb. 2 und 3). Durch die Wahl der Bauabwicklung in Verbindung mit den Vorteilen aus Rationalisierung und Einsatz eines bereits bei fünf gleichartigen Kraftwerken bewährten Planungs- und Ausführungsteams gelang es erstmals, die Bauzeit von Baubeginn bis zur Inbetriebnahme des ersten Maschinensatzes auf 30 Monate zu reduzieren. Gleichzeitig stellt diese Disposition auch sicher, daß die alljährlich wiederkehrenden Wasserführungen der Donau bis zum bordvollen Wasserstand des Donaubettes etwa bei 5800 m^3/s (ca. HQ_2) durch die Bauausführung überhaupt nicht beeinträchtigt werden. Die Baugrube selbst wurde gegen das hundertjährliche Hochwasser durch entsprechende Baugrubenumschließungen vor Überflutung gesichert. Die umfangreichen Variantenuntersuchungen für die Lage der Baugrube garantieren die geringst mögliche Beeinträchtigung der Landschaft. Eine Besonderheit sind die Maßnahmen zur baulichen Erhaltung der weitreichenden schönen Badesiedlung am rechten Ufer und zur Erhaltung des Erholungswertes für dessen Besitzer. Um die Errichtung eines verhältnismäßig steilen Dammes direkt vor den Badehütten der ersten Reihe verhindern zu können, wurde dieser Damm sanft ansteigend bis zu 70 m in die Donau vorgeschüttet.

Zur Materialgewinnung für die umfangreichen Schüttungen (ca. 13 Mio. m^3) und zur Aufrechterhaltung des Abflußquerschnittes auch während der Bauzeit wurde das linke kaum besiedelte Ufer in diesem Bereich ausgebaggert. Daß hierfür auch Auwald geopfert werden mußte, fand keinen Kritiker. Wie bei allen Anlagen in der Ebene mußten zur Abflachung der Spitzenhochwässer und zur Abminderung der Ablaufgeschwindigkeit der Hochwasserwelle Möglichkeiten zur Ausuferung und Aktivierung der vorhandenen Retentionsräume geschaffen werden. Hierzu wurden die Uferbereiche am oberen Ende des Stauraumes auf rund 6 km Länge überströmbar belassen und die vorhandenen Altarme und Grabensysteme im Bereich der Retentionsräume so aktiviert, daß nicht nur bei Abklingen der Hochwasserwelle ein geregelter Abfluß durch die Au in das Unterwasser gesichert ist, sondern auch bereits kleine Hochwässer in das Grabensystem einrinnen und damit den Wasserhaushalt der Auen verbessern. Im Bereich der industriell bedeutenden Kleinstadt Tulln (Zuckerfabrik, Schulen und Industrieanlagen) kreuzt sowohl eine vielbefahrene Eisenbahnstrecke als auch eine leistungsfähige Straßenbrücke die Donau. Durch den Aufstau, welcher in diesem Bereich rund 5,20 m bei MW beträgt, war eine Hebung der Brücken erforderlich, um die für die Schiffahrt erforderliche Durchfahrthöhe von mindestens 8 m zu sichern. Die Brückenhebung, die praktisch ohne wesentliche Unterbrechung des Verkehrs durchgeführt werden mußte, stellte eine interessante, aber auch risikoreiche Ingenieuraufgabe dar.

Bei allen Anlagen stellt die Einleitung der bisherigen Nebenflüsse im Bereich des Stauraumes ein echt zu lösendes Problem dar, wobei im wesentlichen drei Varianten zu untersuchen sind:

1) Errichtung eines Pumpwerkes,
2) Ableitung des Flusses entlang des Begleitdammes zum Unterwasser oder
3) Aufstau des Flusses mit entsprechender Eindeichung.

Bei der Einleitung des Tulln-Flusses hat man sich nach genauen Modellversuchen und Wirtschaftlichkeitsüberlegungen entschlossen, die Variante „Aufstau" zu wählen, obwohl in der auszubildenden rund 7 km langen Staustrecke 6 Straßenbrücken und 1 Eisenbahnbrücke gehoben bzw. errichtet werden mußten.

3.1.2.3 Das Hauptbauwerk

Grundsätzlich sind als „Hauptbauwerk" das Krafthaus, die Wehranlage und die Schleusenanlage zu errichten.

3.1.2.3.1 Das Krafthaus

Wurden die Maschinensätze der ersten drei Anlagen (bis 1967) noch mit vertikalen Kaplanturbinen ausgestattet, so wählte man erstmals bei Altenwörth – der technischen Entwicklung folgend – horizontale Kaplanturbinen, sogenannte Rohrturbinensätze (Abb. 4). Ebenfalls der technischen Entwicklung entsprechend wurde der Ausbaugrad von einer ursprünglich 97tägigen Wasserführung (Ybbs) auf eine nunmehr 35tägige gesteigert. Dies bedeutet, daß durchschnittlich nur an 35 Tagen mehr Wasser zur Verfügung steht, als von den Turbinen geschluckt werden kann. Da die Bauart der Rohrturbinen bei Donauverhältnissen 9 Maschinensätze (Ybbs 6, Aschach 4) erfordert, kann die Gesamtanlage durch Anpassung der rotierenden Maschinensätze an den vorhandenen Durchfluß mit einem günstigeren Wirkungsgrad genützt werden.

Für die Schiffahrt haben damit aber auch die bei einer plötzlichen Abschaltung (vom Nutzfall der Anlage) entstehenden Sunk- und Schwallwellen an Gefahr verloren. Es muß die von der Schiffahrt gestellte Forderung erfüllt werden, daß innerhalb einer Minute nach Abschaltung des Werkes die gesamte vorhandene Durchflußmenge über das Wehr abgeführt werden kann. Hierzu waren entsprechende Ausbildungen der Wehrantriebe und Verschlüsse erforderlich.

Abb. 4. Modellansicht, Rohrturbinenkraftwerk

Abb. 5. Doppelkammerschleuse Greifenstein, vom Oberwasser vor Stauerrichtung

Jeder einzelne Maschinensatz der Anlage Greifenstein hat eine installierte Leistung von 34,6 MW; im Regeljahr erzeugt die Anlage 1720 GWh. Damit ist Greifenstein nach Altenwörth und der noch zu errichtenden Stufe Hainburg die drittgrößte Anlage an der österreichischen Donau. Für die Anwendung von Rohrturbinen anstelle von vertikalen Turbinen sprechen aber auch bauliche und preisliche Überlegungen. Grundsätzlich ist die Herstellung des Bauwerkes wegen der geringeren Gründungstiefe leichter und damit auch kostengünstiger durchzuführen. Aber auch im Bereich der Maschinensätze waren durch die Weiterentwicklung und die Auswertung der gewonnenen Erfahrungen bei den vorherigen Anlagen nicht unbedeutende Preisreduktionen möglich.

3.1.2.3.2 Die Wehranlage

Um die an 35 Tagen sicher vorhandene Überschußwassermenge, aber auch die volle, im Flußbett verbleibende Hochwasserwelle schadlos abführen zu können, dient die Ausbildung der Wehranlage. In 6 Feldern von 24 m Breite sind bewegliche Verschlüsse installiert, welche zur Regelung der Durchflußverhältnisse, aber auch zur Eis- und Schwemselabfuhr entsprechende Querschnitte freigeben können. Insbesondere haben Pfeiler- und Verschlußausbildung die hier in den häufig kalten Wintern zu erwartende Eisbildung zu berücksichtigen. Die Breite von 24 m ist für Eis- und Wasserabfluß günstig, sie entspricht der Breite der Schleusenanlage, so daß die Notverschlüsse für beide Bauteile gleich und unter den einzelnen Anlagen austauschbar ausgebildet sind. Waren bis Ende der 60er Jahre aus verschiedenen Gründen, insbesondere wegen der Notwendigkeit der bereits erwähnten Maßnahmen zur Verhinderung von Sunk und Schwall, die Ausbildung zweiteiliger Hubsenktore, sogenannter Hakendoppelschütze, zweckmäßig, so konnte man im Zusammenhang mit dem Übergang auf Rohrturbinen und höheren Ausbaugrad auf Segmentverschlüsse mit aufgesetzter Klappe übergehen. Diese letztgenannten Verschlüsse haben wegen ihrer Torsionsfestigkeit den Vorteil, ohne aufwendige Gleichlaufeinrichtung den einfachen robusten und praktisch wartungsfreien ölhydraulischen Antrieb zu ermöglichen. Die elektromechanischen Windwerke mit Ketten und selbstsperrenden Schnecken haben bei allen Vorzügen einer klaren Steuerung den entscheidenden Nachteil einer aufwendigen ständigen Wartung. Während beim Hakendoppelschütz der Sunk- und Schwallschutz durch ein Schnellabsenken der Obertafel erreicht wurde, geschieht dies nun durch ein Umlegen der Klappe. Allerdings steht durch die spezielle Konstruktion dieses Segmentverschlusses ein Teil der Durchflußbreite nicht zur Verfügung, und außerdem ist die Höhe der Klappe aus konstruktiven Gründen begrenzt. Für die derzeitigen Anforderungen stellt die jetzt gewählte Ausführung ein Optimum dar.

3.1.2.3.3 Die Schleusenanlage

Obwohl bei einem derzeit vorhandenen Schiffsverkehr auf der Donau mit einer Fracht von ca. 6 Mio. t pro Jahr eine Schleusenkammer 24 m x 230 m ausreichen würde, waren entsprechend der Belgrader Donaukonvention eine Doppelkammerschleuse mit zwei Kammern dieser Abmessung auszuführen (Abb. 5). Die engen Anlageverhältnisse im Bereich der tief eingeschnittenen Gebirgstäler bei den ersten Stufen Jochenstein, Ybbs und Aschach ließen es wünschenswert erscheinen, für den seltenen Fall der katastrophalen Hochwässer die Schleusenkammern zur Abfuhr heranziehen zu können. Dies ist bei allen bisher ausgeführten Anlagen vorgesehen und möglich. Diese Forderung beeinflußt ganz wesentlich die Ausbildung der Verschlüsse und Antriebe, aber auch das System von Füllung und Entleerung. Ein weiterer, die Gesamtanlage beeinflussender Umstand ist die Notwendigkeit, noch vor Stauerrichtung die Schleusenanlage zur Schiffsdurchfahrt zu benützen. Wegen des großen natürlichen Gefälles der Donau ist bei diesem Bauzustand bereits ein Aufstau von über 1 m, der dem natürlichen

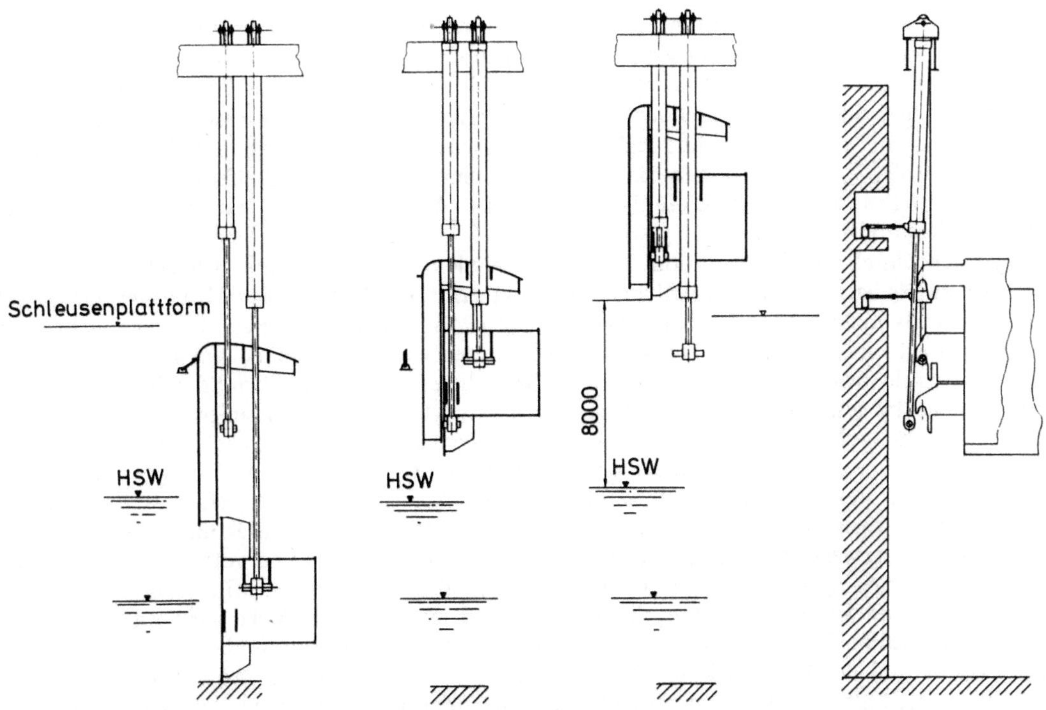

Abb. 6. Oberhauptverschluß mit Antriebsschema während des Betriebes vor Stauerrichtung und bei Heranziehung der Schleuse zur Hochwasserabfuhr

Gefälle zwischen den Endpunkten des Durchstichs entspricht, so daß zu diesem Zeitpunkt die Schiffe nicht durchfahren, sondern durchgeschleust werden müssen. Sowohl Hochwasserabfuhr als auch Schleusung vor Stauerrichtung bedingen einen tiefliegenden Drempel der Schleusenverschlüsse, der bei Hochwasserabfuhr einen möglichst großen, also den vollen Kammerquerschnitt, freigeben muß. Einer der beiden Kammerverschlüsse muß

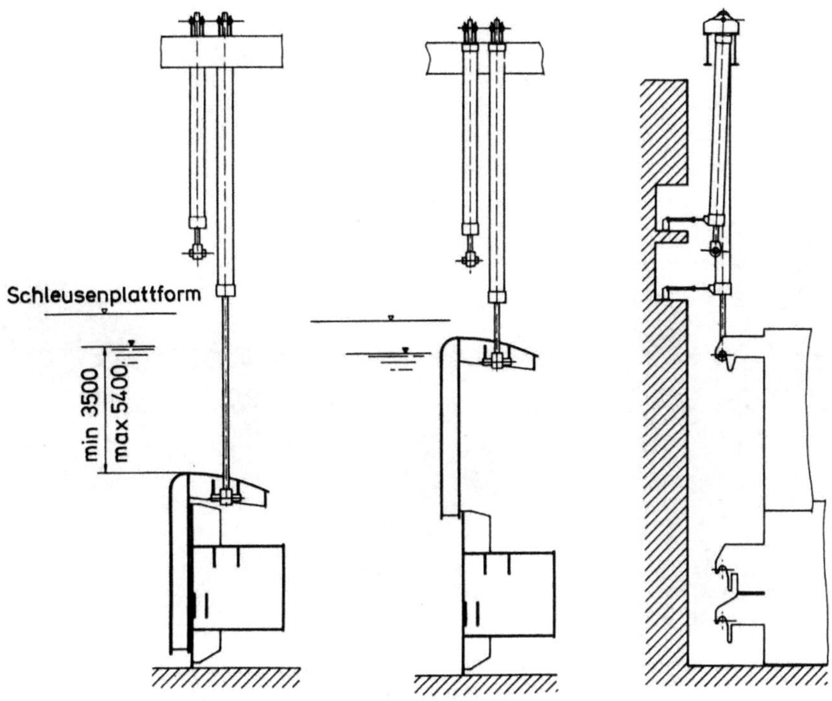

Abb. 7. Oberhauptverschluß mit Antriebsschema während des Normalbetriebes der Schleusenanlage

aber außerdem wegen der Hochwasserregelung gegen Wasser- und Strömungsdruck geöffnet und geschlossen werden können. Das gewählte zweiteilige Hubsenktor im Oberhaupt aller bisher errichteten Anlagen, das ähnlich einem Wehrverschluß als Hakendoppelschütz ausgebildet ist, erfüllt, wie die Abb. 6 und 7 zeigen, alle diese Aufgaben, bewältigt aber auch alle im Zuge der Stauerrichtung vorhandenen Zwischenwasserstände. Die unbedingte Forderung, die internationale Schiffahrt ohne jegliche Unterbrechung aufrecht erhalten zu können, ist damit erfüllt. Im Unterhaupt der Kammern wurden die bewährten Stemmtore, die bei Greifenstein die beachtliche Höhe von 19,3 m erreichen, angeordnet. Diese Tore werden seit Aschach, also ca. seit 1960, mit einem ölhydraulischen Zylinderantrieb ausgestattet.

Aus verschiedenen, durch die Konstruktion bedingten Gründen, ist ein absoluter Gleichlauf der beiden Antriebsseiten der zweiteiligen Hakendoppelschütze unbedingt erforderlich. Das tolerierbare Maß der Schiefstellung eines Verschlußkörpers beträgt 3 cm bei einer Breite von 24 m. Da die Obertafel mit einer Geschwindigkeit von 2 m/min bewegt wird, genügt also bereits ein einseitiger Lauf von einer Sekunde, um die Toleranzgrenze zu erreichen. Bei einem elektromechanischen Kettenantrieb kann dieser absolute Gleichlauf durch die sogenannte elektrische Welle eindeutig gesichert werden. Die bereits in Abschnitt 3.1.2.3.2 (Wehranlage) erwähnten Nachteile bei der Instandhaltung der Kettenantriebe ließen es wünschenswert erscheinen, auch hier ölhydraulische Zylinderantriebe anwenden zu können. Durch die Anwendung bekannter Gleichlaufeinrichtungen bei ähnlichen Anlagen konnte, wie auch Versuche zeigten, der absolute Gleichlauf, insbesondere bei extremen Wetterverhältnissen, auf die Dauer nicht gesichert werden. Auch die Störungen elektronischer Anlagen unter diesen Betriebsbedingungen ließen eine Anwendung erst zu, wenn ein robustes, störungsfreies und vor allem einfaches, ich möchte fast sagen, primitives System, gefunden ist. In Zusammenarbeit zwischen Fachfirmen und Ingenieuren der DoKW gelang es, jenes System zu finden, das seit der Inbetriebnahme von Melk ohne jegliche Störung arbeitet und nunmehr auch in Greifenstein seit rund einem Jahr seine Bewährungsprobe abgelegt hat.

Bei diesem System wird der Weg des Kolbenhubes auf der einen Seite gemessen und mit dem des parallel laufenden auf der anderen Seite verglichen. Seil- und Lochbandeinrichtungen außerhalb des Zylinders schieden ebenso aus wie steilgängige Schraubenspindeln im Inneren des Zylinders. Gewählt wurden schließlich Zahnstangen und Ritzel zur Übertragung der Wege und der Überwachung des Gleichlaufes. Nach langjährigen Erprobungen besteht die Gleichlaufeinrichtung auf der elektrischen Seite aus von zwei Zahnstangen betriebenen Drehfeldgebern. Die Übertragung der Fehlerwinkel, welche zwischen Geber 1 und 2 auftreten können, erfolgt über einen Differential-Drehmelder auf eine Schaltscheibe. Durch diese Schaltscheibe werden stufenweise Magnetschalter zum Ansprechen gebracht. Diese wiederum betätigen Mengenregelventile, welche dem voreilenden Zylinder stufenweise Öl entnehmen, bis der Gleichlauf wieder hergestellt ist.

Für speziell Interessierte sei auf die Zeitschrift „Der Stahlbau", 52. Jahrgang 1983, Heft 9, W. Roehle, „Problemlösungen im Stahlwasserbau", verwiesen.

Abb. 8. Blick in eine Schleusenkammer gegen das künftige Oberwasser

Abb. 9. Blick vom Unterhaupt auf das künftige Unterbecken und den Abfangedamm der Baugrube. Dahinter das verlegte Flußbett der Donau

Auch Füllung- und Entleerungssysteme mußten auf die Hochwasserabfuhr und die damit vorhandene Geschiebefracht im Bereich der Kammersohlen und Drempel berücksichtigt werden. Das seit Wallsee bei unseren Donauschleusen verwendete System sieht eine zentrale Füllung und Entleerung durch die Sohle im Schwenkbereich des Stemmtores vor. Während und nach der Hochwasserabfuhr kann durch ein natürliches Spülsystem die Verlegung der vorhandenen entsprechend geformten Zu- und Ablaufkanäle optimal verhindert werden. Modellversuche und die praktische Erfahrung zeigten, daß dieses einfache System, das eine Füllung und Entleerung in einer Zeit von jeweils 14 Minuten zuläßt, den Anforderungen der internationalen Schiffahrt einwandfrei entspricht. Die übrigen Ausstattungen der Schleusenanlage mit Radar, Fernsehanlage, Schwimm- und Nischenpollern, Kantenschutz, Verheftungsmöglichkeiten in den Vorhäfen etc. entsprechen im wesentlichen jenen, wie sie an großen internationalen Schiffahrtswegen im Schleusenbereich anzutreffen sind.

3.1.3 Geplante Schleusenanlagen donauabwärts von Wien

Der in Angriff genommene Ausbau des tschechoslowakisch-ungarischen Donauabschnittes, der, wie bereits erwähnt, außerhalb Österreichs die letzte unausgebaute Gefällstrecke der Donau darstellt, läßt erwarten, daß größere Schiffseinheiten bis zum gut ausgebauten Hafen Preßburg vordringen werden. Auch die geplante Donau-Oder-Elbe-Verbindung wird sicher in ferner Zukunft zu einer Belebung des Schiffstransports in diesem Bereich führen. Die Interessen des Hafens Wien, einen möglichst großen Umschlag aus diesem zu erwartenden Transportaufkommen zu erhalten, aber auch das vitale Interesse der großen Schiffswerft oberhalb von Wien (Korneuburg), welche schon immer große Schiffskörper für Wolga- und Schwarzmeerschiffe herstellt, sind volkswirtschaftlich so bedeutend, daß ihnen durch eine Ausbildung von längeren und breiteren Schleusenkammern bei den noch nicht errichteten Staustufen unterhalb von Wien Beachtung geschenkt werden mußte. Die Vorschreibung der Belgrader Donaukonvention noch verschärfend, hat sich die Bundesrepublik Österreich entschlossen, in diesem österreichischen Donaubereich bei weiteren Staustufen mindestens eine der beiden Schleusenkammern mit den Abmessungen 34 m x 275 m auszubilden. Die Detailplanungen für das vorgesehene Kraftwerk Hainburg sind bereits im wesentlichen abgeschlossen.

3.1.4 Zusammenfassung

Der vorliegende, keinesfalls vollständig umfassende Bericht über das Donaukraftwerk Greifenstein und seine Eingliederung in die Kraftwasserstraße Donau soll allen Interessierten, aber insbesondere den immer willkommenen Besuchern der von der HTG veranstalteten Exkursionen erneut einen Überblick über die verwirklichten und geplanten Bestrebungen der Österreichischen Donaukraftwerke AG geben und das Interesse an den auch hier schon fast verwirklichten Gedanken der europäischen Wasserstraße Rhein-Main-Donau wachhalten.

Einige während der HTG-Studienfahrt aufgenommmene Fotos aus dem Baugeschehen der Staustufe sollen zum Abschluß den Umfang dieses 1,2-Milliarden-DM-Projektes noch verdeutlichen und die bautechnische Meisterleistung dokumentieren, ein solches Vorhaben in nur 30 Monaten vollendet zu haben (Abb. 8 bis 11).

Abb. 10. Blick auf den Montageplatz der Wehrtore. Rechts oben Burg Greifenstein

Abb. 11. Blick gegen das Unterhaupt der Schleuse, rechts die Wehranlage

3.2 Hochwasserschutz Wien

3.2.1 Der Werdegang eines Großprojektes aus technischer Sicht

Oberstadtbaurat Dipl.-Ing. **Franz Michlmayr**, Wien

3.2.1.1 Einleitung

Die bestehenden Hochwasserschutzanlagen an der Donau in Wien wurden im Zusammenhang mit dem Donaudurchstich der Jahre 1870 – 1875 errichtet und sind für eine Hochwassermenge von 11 700 m^3/sec bemessen (Pegel Reichsbrücke 9,32 m) (Abb. 12). Bereits nach den Katastrophenhochwässern der Jahre 1897 und 1899 mit Durchflüssen bis zu 10 500 m^3/sec tauchten berechtigte Zweifel über deren ausreichende Dimensionierung auf (Abb. 13). Es entstand eine Reihe von Projekten zur Verbesserung des Hochwasserschutzes im Wiener Raum, von denen jedoch keines in ein konkretes Stadium trat. Erst das katastrophale Hochwasser im Juli 1954 führte die Notwendigkeit der Verbesserung des Donauhochwasserschutzes drastisch vor Augen und bewirkte schließlich seine Realisierung.

Daten und Fakten zum Wiener Durchstich:

Historisches Hochwasser 1501	14 000 m^3/sec (vergleichbar Pegel Reichsbrücke 10,30 m)
Hochwasser 1899	10 500 m^3/sec (Pegel Reichsbrücke 8,66 m)
Hochwasser 1954	9 600 m^3/sec (Pegel Reichsbrücke 8,61 m)
Hochwasser 1975	8 560 m^3/sec (Pegel Reichsbrücke 8,04 m)
Frühjahr 1870	Arbeitsbeginn
14. April 1875	Einleitung des Wassers in den Durchstich
bis 1884	Vollendungsarbeiten im Raume Wien
1894 – 1898	Wehr und Schleuse Nußdorf.

Im Jahre 1957 lag eine vom Stadtbauamt – gemeinsam mit einem Zivilingenieurbüro – ausgearbeitete Studie vor, die als Kernstück ein Hochwasserentlastungsgerinne anstatt des Inundationsgebietes vorsah.

Diese Studie wurde 1965 als geeignete Grundlage für die Verbesserung der Hochwassersituation im Raume Wien anerkannt. Am 26. April 1968 erklärte das Bundesministerium für Land- und Forstwirtschaft als Oberste Wasserrechtsbehörde die Arbeiten zur Verbesserung des Donauhochwasserschutzes zum bevorzugten Wasserbau. Am 31. Oktober 1968 lag ein generelles Projekt vor, welches am 7. Juli 1970 wasserrechtlich genehmigt wurde (Abb. 14). (Im Rahmen der Entwurfsbearbeitung erfolgten noch kleinere Planungsänderungen. Im besonderen

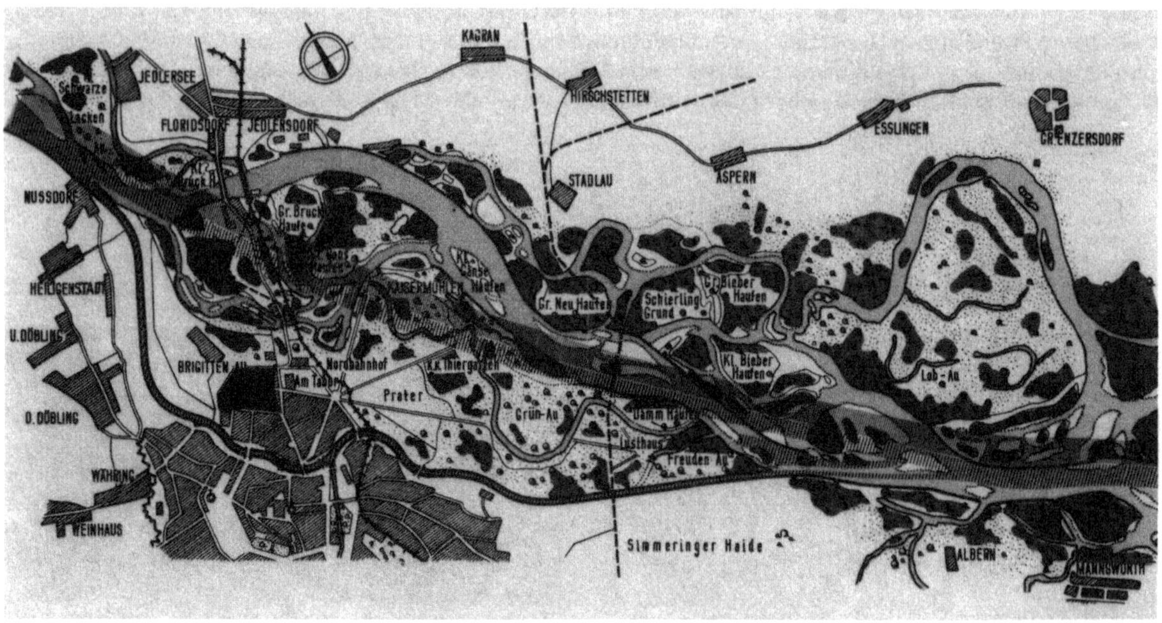

Abb. 12. Die Donau in Wien vor dem Durchstich (1867)

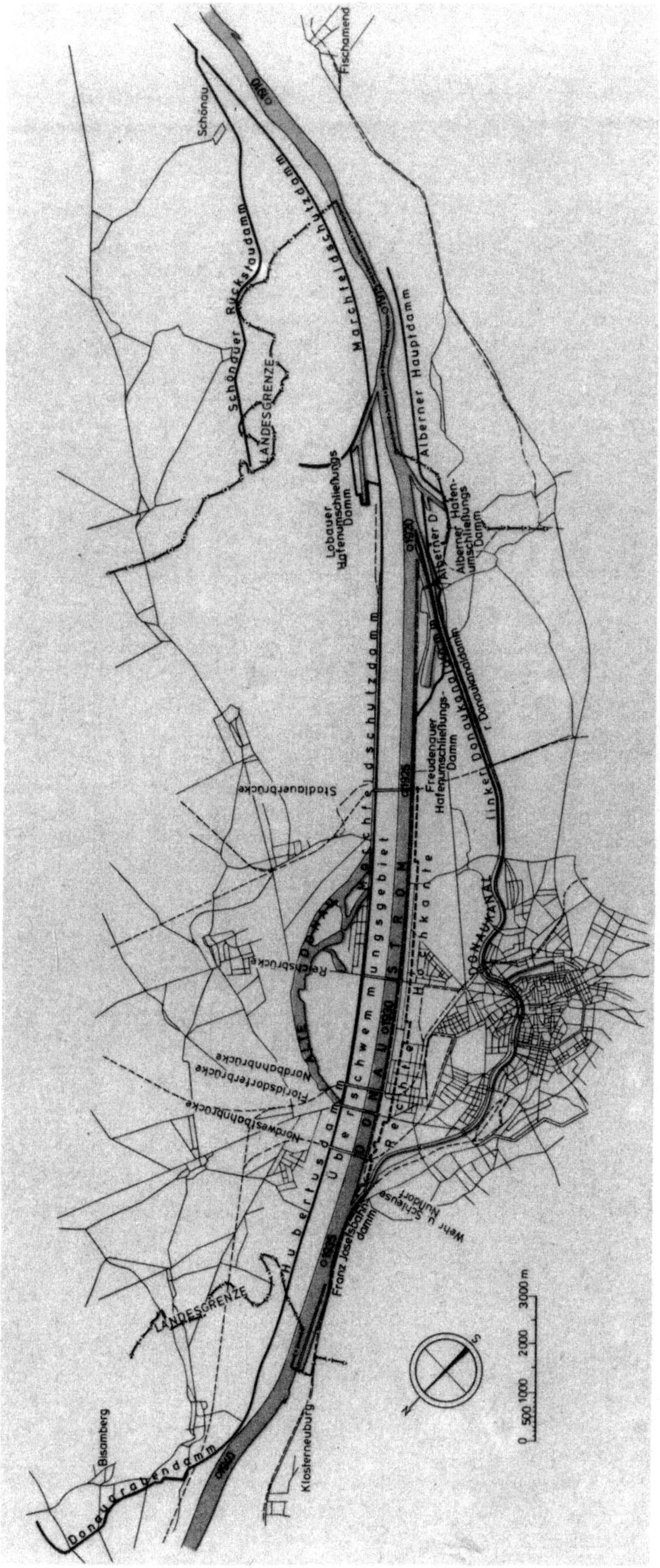

Abb. 13. Schutzsystem nach dem Durchstich

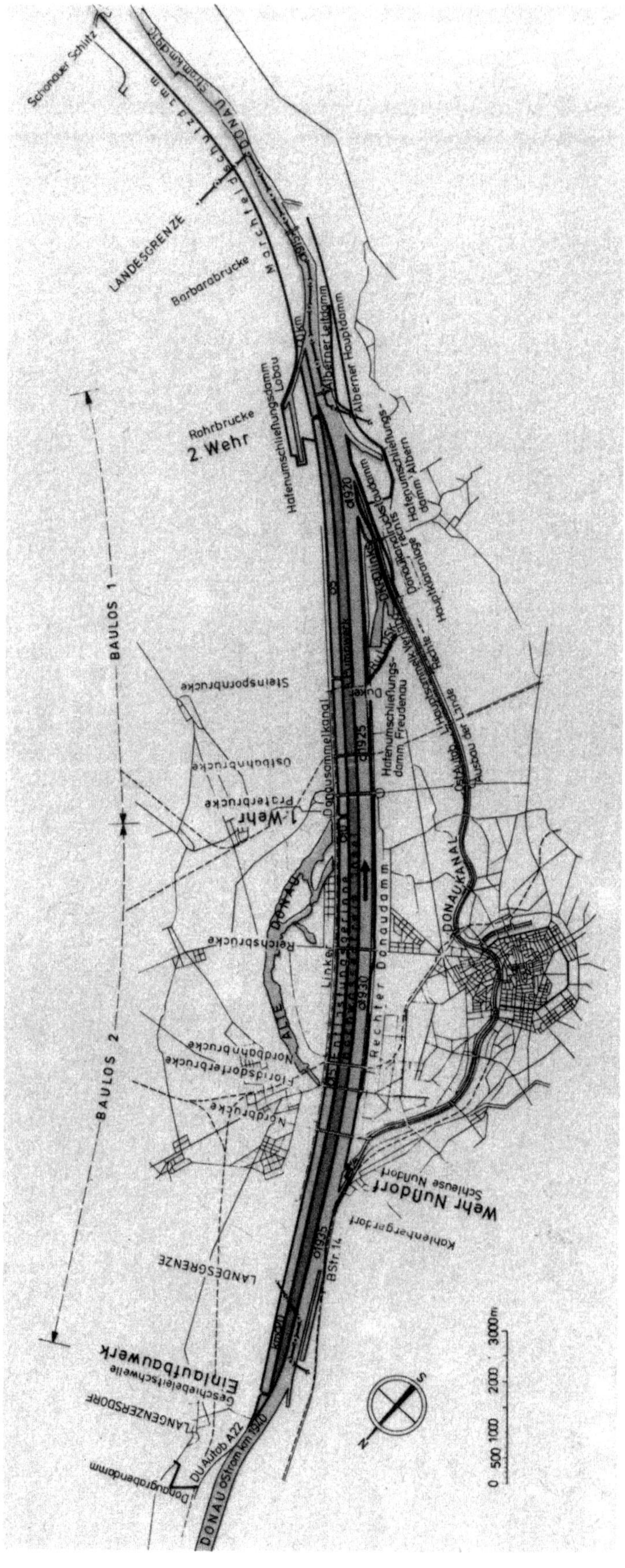

Abb. 14. Donauhochwasserschutz Wien. Projektübersicht 1969

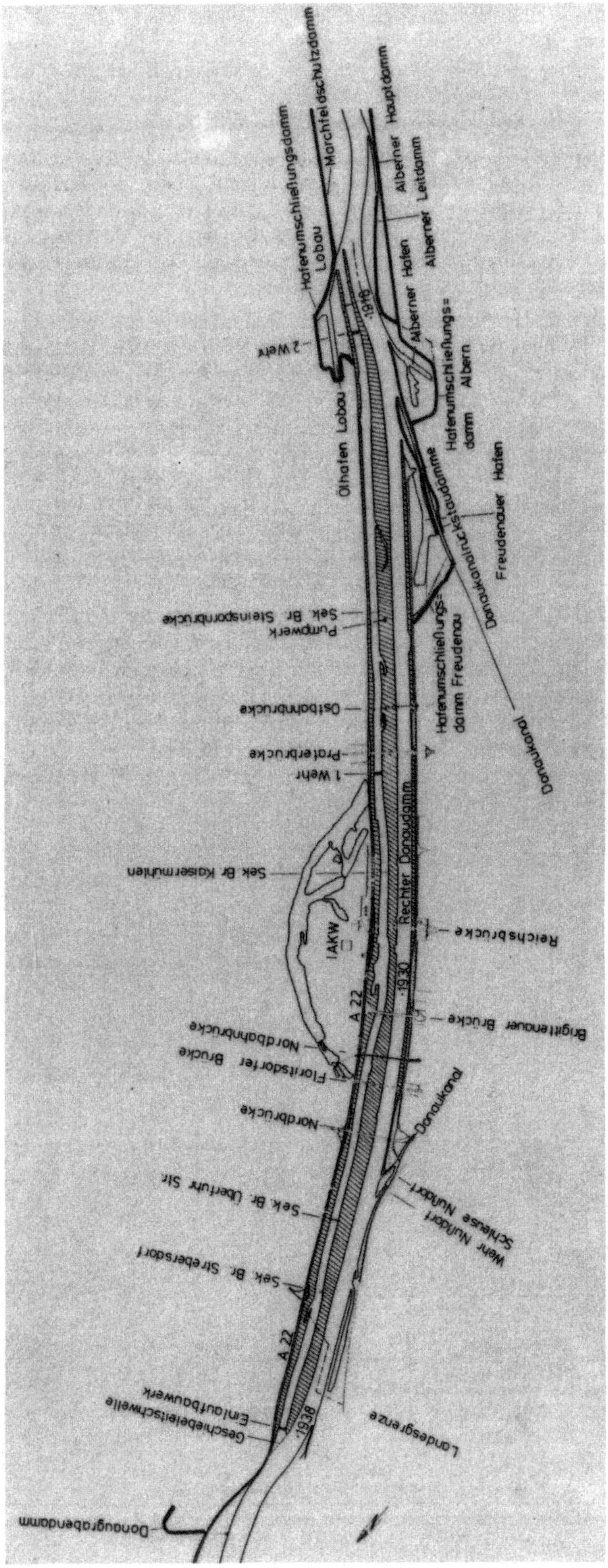

Abb. 15. Donauhochwasserschutz Wien. Ausführungsübersicht 1980

betrafen sie – wie Abb. 15 zeigt – eine landschaftsgerechtere und natürlichere Ausgestaltung der hochwasserfreien Insel zwischen Donau und ‚Neuer Donau'. – Anmerkung des HTG-Redakteurs). Im folgenden soll kurz auf das Projekt und schwerpunktartig auf die Probleme bei seiner Ausführung eingegangen werden.

3.2.1.2 Grundzüge des Projekts

Dieses Projekt erreicht die Verbesserung des Hochwasserschutzes durch Vergrößerung der Konsumtionsfähigkeit, läßt aber dabei das Regime des Stromes im Hinblick auf Geschiebebetrieb und die Normalwasserstände für die Schiffahrt unverändert. Bei Normalabfluß verbleibt der Donaustrom in seinem Hauptgerinne, so daß es zu keiner Störung der natürlichen Verhältnisse kommt. Erst im Hochwasserfall tritt ein längs des Hubertus- und Marchfeldschutzdammes im ehemaligen Inundationsgebiet verlaufendes Hochwasserentlastungsgerinne – die „Neue Donau" – in Funktion und nimmt direkt am Abfluß teil.

Die dem Projekt zugrundeliegende Hochwassermenge von 14 000 m^3/sec wurde aus wahrscheinlichkeitstheoretischen Untersuchungen und der Auswertung alter Hochwassermarken ermittelt. Die hydraulische Dimensionierung der „Neuen Donau" erfolgte unter der Festlegung, daß diese Projekthochwassermenge eine mögliche Hochwasserspiegellage von 9 m, gemessen am Pegel Nußdorf, nicht übersteigen darf. Demgegenüber steht ein Wert von 9,90 m bei Abfluß dieser Wassermenge innerhalb des alten Dammsystems, d. h. das Projekt bewirkt im Katastrophenfall eine Spiegelabsenkung um nahezu 1 m gegenüber den derzeitigen Verhältnissen.

Die Wassermengenaufteilung zwischen Strom und „Neuer Donau" unter den gewählten Vorgaben ergab sich mit 5200 m^3/sec für die „Neue Donau" und 8800 m^3/sec für den Hauptstrom. Die Aufteilung bei Hochwasser übernimmt das am Beginn der Neuen Donau gelegene Einlaufbauwerk, das bei Normalwasserführung das Eindringen von Donauwasser verhindert bzw. in den Wintermonaten der Dotierung dient. Durch zwei weitere Wehranlagen wird das Entlastungsgerinne in zwei Stauhaltungen unterteilt (Abb. 16, 17). Die Stauspiegel sind in erster Linie der Mittelwasserführung des Donaustromes angepaßt, doch ist auch die Möglichkeit eines Überstaues gegeben. Damit sollen eine ausgeglichene Grundwassersituation landseitig des Hubertus- und Marchfeldschutzdammes sowie eine günstige Beeinflussung des Wasserstandes der Alten Donau erreicht werden.

Die aus der Zeit der ersten Regulierung stammenden Begleit-, Umschließungs- und Rückstaudämme bleiben weitgehend erhalten, müssen jedoch je nach Örtlichkeit der geänderten Situation angepaßt und nach den neuesten Erkenntnissen der Bodenmechanik verfestigt bzw. erhöht und verstärkt werden.

Nach Fertigstellung des Gesamtprojekts werden in Wien und Niederösterreich die Flächen, die bisher von Überflutungen bedroht waren, um rund 170 km^2 geringer sein.

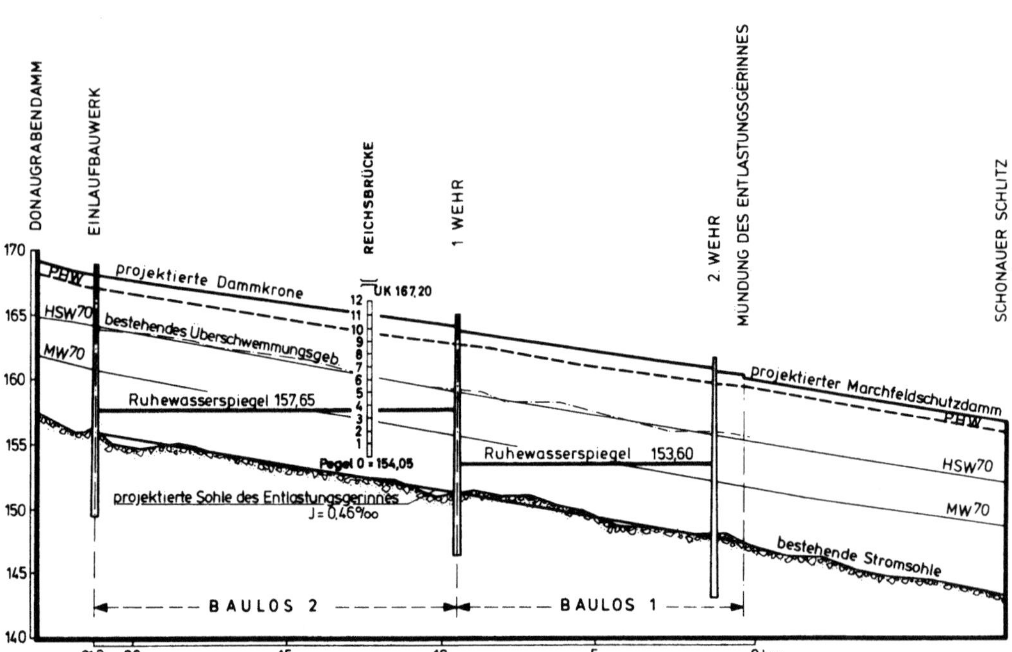

Abb. 16. Übersichtslängenschnitt

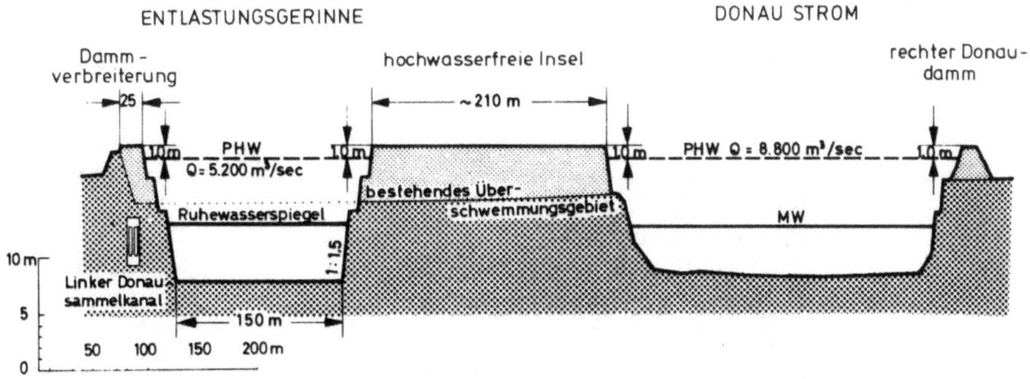

Abb. 17. Profil in der Regelstrecke

3.2.1.3 Die Maßnahmen am rechten Ufer

Der Hochwasserschutz – die Hochkante – am rechten Ufer besteht derzeit im wesentlichen aus dem Straßenzug Engerthstraße – Wehlistraße und kann nicht erhöht werden. Um den vorwiegend mit Wohnhäusern bebauten Bereich zwischen diesem Straßenzug und dem Handelskai sowie diesen und die Donauuferbahn – zwei wichtige Verkehrsbänder – zu schützen, wird die Hochkante direkt an den Strom gelegt. Dieser rund 13 km lange ‚Rechte Donaudamm' beginnt bei der Schleuse Nußdorf und reicht bis zur Freudenauer Hafeneinfahrt.

Den Anschluß im Nordwesten bilden ein Verbindungsdamm zum Wehr Nußdorf, das Wehr selbst und der anschließende Bahnkörper der Franz-Josefs-Bahn, bis schließlich über die Bundesstraße B 14 beim Kahlenbergerdorf die Flanken des Leopoldsberges erreicht werden. Stromabwärts findet der Rechte Donaudamm seine Fortsetzung in den Hafenumschließungsdämmen Freudenau und Albern, den Donaukanalrückstaudämmen, dem Alberner Leit- und Hauptdamm, wovon letzterer bei der Schwechatmündung endet. Insgesamt erstrecken sich die rechtsufrigen Dämme über eine Länge von rund 40 km:

1. Rechter Donaudamm	13,0 km
2. andere Dämme, vom Kahlenbergerdorf bis Albern	8,5 km
3. Hafenumschließungsdämme	3,6 km
4. Donaukanalrückstaudämme	14,8 km
gesamt	39,9 km

3.2.1.4 Die Maßnahme am linken Ufer

Als einer der wichtigsten Teile des Donauhochwasserschutzes stellt der Donaugrabendamm den Anschluß des linksufrigen Schutzsystems an den Bisamberg her. Bis zum Beginn der „Neuen Donau" beim Einlaufbauwerk über nimmt der Autobahndamm der A 22 gleichzeitig auch den Hochwasserschutz. Die rund 21 km lange „Neue Donau" bildet zusammen mit der Verstärkung des Hubertus- und Marchfeldschutzdammes zwischen Langenzersdorf und Hafeneinfahrt Lobau das Kernstück der Hochwasserschutzanlagen am linken Ufer. Die „Donauinsel" entsteht dabei als „Nebenprodukt" durch die Deponierung des beim Aushub gewonnenen Materials am verbleibenden Teil des alten Inundationsgebietes. Der Hafenumschließungsdamm Lobau und der Marchfeldschutzdamm übernehmen den Hochwasserschutz bis zum Schönauer Schlitz. Weiter stromabwärts wird das Dammsystem durch die Überströmstrecke bei Stopfenreuth und den Witzelsdorfer Rückstaudamm ergänzt. Zusammen genommen ergibt das Dammsystem am linken Ufer (mit Ausnahme des Bereiches der „Neuen Donau") eine Länge von 20 km:

1. Donaugrabendamm	1,4 km
2. Hafenumschließungsdamm Lobau	3,3 km
3. Marchfeldschutzdamm bis Schönauer Schlitz	8,1 km
4. Überfallstrecke (Stopfenreuth)	2,3 km
5. Witzelsdorfer Rückstaudamm	5,2 km
gesamt	20,3 km

3.2.1.5 Technische Daten

Neue Donau:	Länge	21,1 km
	Sohlbreite	150 m
	Sohlgefälle	0,46 ‰ (46 cm auf 1 km)
	Maximaldurchfluß (bei PHW)	5200 m^3/sec
	Wassertiefe bei PHW	11,5 m
	Dotationswassermenge (nach Bedarf in den Wintermonaten)	8 m^3 – 25 m^3
	Wassertiefe in der hochwasserfreien Zeit:	
	Obere Stauhaltung	1,6 m – 6,3 m
	Untere Stauhaltung	2,0 m – 6,0 m
	Wasserfläche	330 ha
	Wehranlagen	3
Donauinsel: (einschließlich Verstärkung des Hubertus- und Marchfeldschutzdammes)	Breite der Insel	70 m – 210 m
	Breite der Dammverstärkung	25 m – 100 m
	Fläche (inkl. Böschungen)	400 ha
	– davon hochwasserfrei Donauinsel	215 ha
	linke Dammverstärkung	78 ha
	Wegenetz	135 km
	Ufer- und Böschungsmauern	12 km
Rechter Donaudamm:	Länge	13,0 km
	Basis-Breite	16 m – 60 m
	Höhe über Gelände	3,5 m
	Mauern	2,5 km
	Befestigte Flächen (Wege und Plätze)	75 000 m^2
	Gesamtfläche (als Park nutzbar)	30 ha
Hauptmassen: (der Gesamtbaumaßnahme)	Aushub	26,5 Mio. m^3
	Schüttungen	21,0 Mio. m^3
	Böschungs- und Sohlrollierungssteine	3,5 Mio. t
	Beton	250 000 m^3
	Betonstahl	6000 t
	Stahlbetonausrüstungen der Wehranlagen	2000 t
	Spundbohlen	53 000 m^2
	Betongras-Steine	400 000 m^2

		Baulos 1	Baulos 2
Massenaufstellung Entlastungsgewinne: (in vorstehenden Massen bereits enthalten)	Aushub Auftrag	8 330 000 m^3	10 118 000 m^3
	Abtrag	9 555 000 m^3	14 778 000 m^3
	Humus	209 000 m^3	901 000 m^3
	Sohlrollierung ϕ 15/30	595 000 m^3	755 000 m^3
	Böschungsrollierung	136 000 m^3	207 000 m^3
	Betongras-Steine	132 000 m^3	203 000 m^3
	Spundbohlen	51 000 m^2	–
	Wege	154 055 m^2	240 000 m^3
	Ufermauern	1 180 m	10 680 m
	Baulänge	10,5 km[a]	11,08 km[b]

a Von Stromkilometer 1926,80 (Wehr 1) bis Stromkilometer 1916,50
b Von Stromkilometer 1937,88 (Einlaufbauwerk) bis Stromkilometer 1926,80 (Wehr 1)

3.2.1.6 Bauvorbereitung

Als Vorarbeiten – zum Teil noch vor Ausarbeitung des generellen Projekts – wurden umfangreiche hydraulische und bodenmechanische Modell- und auch Feldversuche durchgeführt.

Auf einem Areal von 10 000 m^2 im Gelände des Freudenauer Hafens wurde ein Freiluftmodell der Regulierungsstrecke (einschließlich der Übergangsbereiche) im Maßstab 1 : 100 aufgebaut. In siebenjähriger Versuchsarbeit von 1963 – 1971 wurden Fragen des Geschiebetransportes, der Verhinderung des Geschiebeeinzuges in

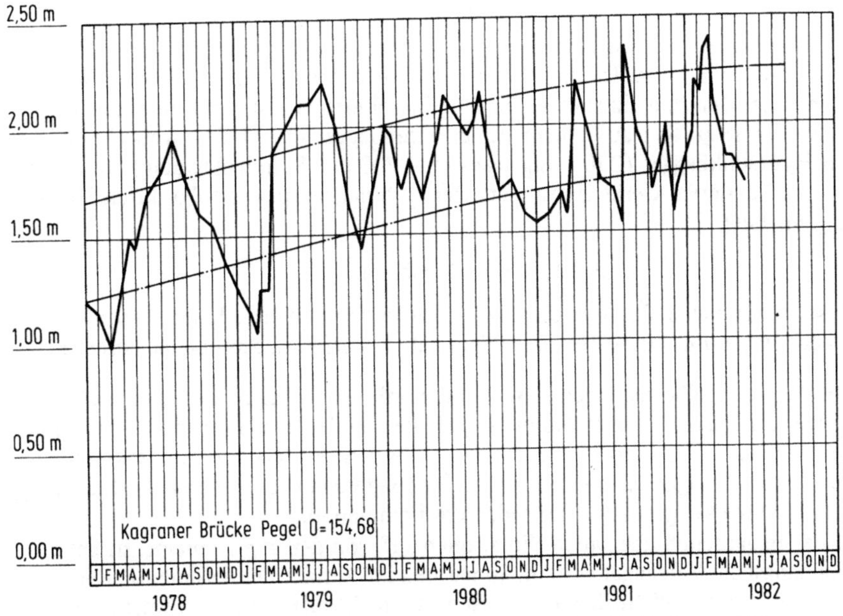

Abb. 18. Ganglinie „Alte Donau" (nach Angaben MA 45, Hydrographie)

die „Neue Donau" durch eine „Geschiebeleitschwelle", weiter Fragen der Schiffahrt und einer zusätzlichen Kraftnutzung geklärt. Die Frage der Wassermengenaufteilung und die Kontrolle der berechneten Wasserspiegellagen waren ebenso Ziele der Versuche wie die Untersuchung von Bauzuständen (Abb. 18).

Hydraulische Detailversuche an Voll- und Schnittmodellen betrafen vor allem die Wehranlagen (Verschlüsse, Tosbeckenausformung, Kolkschutz), die Geschiebeleitschwelle sowie das „Absturzbauwerk" und wurden an den Technischen Universitäten in Wien und Graz vorgenommen.

Im Bereich des Lobauer Hafens wurden Belastungsversuche am bestehenden Damm und im Bereich des ehemaligen Stürzelwassers ein Pumpversuch durchgeführt. Dabei wurden die Möglichkeiten, Dämme und Untergrund durch Rütteldruckverdichtung gegen innere Erosion zu stabilisieren, untersucht. Die dabei gewonnenen Erkenntnisse flossen direkt in die Planung ein.

3.2.1.7 Bauvorgang

Für die Wahl des Bauvorganges waren in erster Linie zwei Kriterien maßgebend:

1. Die bestehende Hochwassersicherheit durfte durch die Bauarbeiten keinesfalls verschlechtert werden;
2. mit dem Fortschreiten der Bauarbeiten sollte eine schrittweise Verbesserung der Hochwassersicherheit erreicht werden.

Sinnvollerweise waren also die Arbeiten oben beginnend in stromabwärtiger Richtung durchzuführen und die Verstärkung jener Dammabschnitte, die den schlechtesten Bauzustand aufwiesen, vorzuziehen. Die Baggerung der „Neuen Donau" in Fließrichtung konnte nur im Schutz einer oberhalb liegenden Wehranlage oder eines provisorischen Absturzbauwerkes (das den Übergang vom Niveau des Inundationsgebietes zur Sohle der „Neuen Donau" vermittelt) erfolgen, um bei Hochwässern während des Baues eine rückschreitende Erosion zu verhindern. Da der linke Donausammler noch im Bau war, wurde unterhalb seines Endes auf Höhe des Kraftwerkes Donaustadt (Stromkilometer 1923,5) ein solches Absturzbauwerk errichtet und dort 1972 mit dem Aushub der „Neuen Donau" und mit der Inselschüttung begonnen (Baulos 1). Es folgte das Einlaufbauwerk, in dessen Schutz 1975 die Arbeiten mit dem zweiten Baulos fortgesetzt wurden. Der Aushub hat dabei immer der Inselschüttung vorzueilen. Dadurch werden bei Hochwasser Spiegelhebungen, die durch das Ausströmen aus der „Neuen Donau" ins Inundationsgebiet entstehen, so gering gehalten, daß sie durch die vorweg erfolgte Erhöhung der linksufrigen Dämme kompensiert werden.

Besonderes Augenmerk ist jenen „Schließvorgängen" zu widmen, bei denen, von oben kommend (in Flußrichtung), der Anschluß an bereits fertiggestellte Abschnitte der „Neuen Donau" und der Insel hergestellt wird. Hier muß das Bett der „Neuen Donau" vor der Inselschüttung durchbaggert werden, um im Falle eines Hochwassers den Wassermengenausgleich zwischen Donau und „Neuer Donau" zu ermöglichen, ohne unzulässige Spiegelhebungen zu verursachen.

3.2.1.8 Baubetrieb

Auf den Baustellen des Donauhochwasserschutzes Wien sind ‚vor Ort' rund 60 Ingenieure und Techniker sowie 300 Arbeiter im direkten Einsatz. Darüber hinaus sind viele Arbeitskräfte vor allem für Stahlwasserbauarbeiten in Werkstätten tätig. Der zum Einsatz gelangende Maschinenpark umfaßt eine Leistungskapazität von 22 000 KW (30 000 PS). Er setzt sich aus einem Eimerkettenbagger (120 t Eigengewicht, 400 m^3 Stundenleistung) sowie einem Hydraulikbagger (250 t Eigengewicht, 700 m^3 Stundenleistung) sowie Hydraulik- und Seilbagger, Laderaupen und anderem Gerät zusammen. Der Materialtransport erfolgt durch 30 Großraumkipper mit 18 – 20 m^3 (35 t) Zuladung.

3.2.1.9 Einzelprobleme

Eine detaillierte Beschreibung aller Bauteile und Bauvorgänge würde den Rahmen dieses Berichtes sprengen, es sollen daher lediglich einige Einzelobjekte, Bauabläufe und Ausführungsprobleme kurz skizziert werden:

Aushub der „Neuen Donau". Erdbewegungen dieser Größenordnung stellen heute technisch keinerlei Probleme dar. Wegen des nachfolgenden Einbaues einer Rollierung wurde von den ausführenden Firmen jedoch eine hohe Ausführungsgenauigkeit verlangt. Dies führte beim ersten Baulos zum Einsatz eines Eimerkettenbaggers, der pro Tag bis zu 10 lfm „Neue Donau" baggerte. Im zweiten Baulos folgte den voreilenden Schürfkübelbaggern ein auf einem Ponton stehender Hydraulikbagger zum Herstellen des Feinplanums.

Es traten während der Bauarbeiten aber auch Situationen auf, von denen man meint, sie gehören – 40 Jahre nach dem Krieg – schon längst der Vergangenheit an. So wurden im Verlauf der Aushubarbeiten bisher insgesamt 60 Fliegerbomben aus dem zweiten Weltkrieg angetroffen, die nicht alle entschärft werden konnten und zum Teil an Ort und Stelle gesprengt werden mußten.

Herstellung der Sohle. Wegen des fehlenden Geschiebes muß die Sohle der „Neuen Donau" stabil ausgebildet werden, d.h. sie wird mit einer Rollierung aus Wasserbausteinen mit 15 – 30 cm Durchmesser versehen, die auch beim Maximaldurchfluß unverändert liegen bleibt. Für die Bauausführung ergab sich nun das Problem, diese Rollierung bei Wassertiefen von mehreren Metern möglichst gleichmäßig einzubringen. Das führte zum Bau von zwei Pontonbrücken, von denen aus die Rollierungssteine vom Lkw in eigens entwickelte Steinschütteinrichtungen abgeladen und von dort ins Wasser gekippt oder gerüttelt werden, wobei durch eingebaute Zähne und Schikanen die Steine möglichst gleichmäßig verteilt werden.

Eine dieser mehr als 150 m langen Pontonbrücken wurde anläßlich einer Bauumstellung über eine Strecke von 2 km im ganzen zu Land transportiert. Sie wurde zu diesem Zweck mit 45 Zwillingsräderpaaren versehen und stellte sicherlich eines der größten je bewegten Landfahrzeuge dar.

Neubau der Donaubrücken. Ausgelöst durch den Einsturz der Reichsbrücke kam es in kurzer Folge zu einer Reihe von Brückenneubauten über die Donau, die alle sowohl zeitlich als auch örtlich unmittelbar die Bauführung am Donauhochwasserschutz beeinflußten, ja im Hinblick auf die Erhaltung der Hochwassersicherheit während der Bauzeit sogar beeinträchtigten. Im Zuge der Brückenneubauten waren Schüttungen im bestehenden Inundationsgebiet notwendig. Solche Inselschüttungen bewirken im Hochwasserfall zusätzliche Spiegelanhebungen, die sich stromauf nur langsam abbauen und daher überlagern. Mittels eingehender Modellversuche und Staukurvenberechnungen wurden für die fertiggestellten Wehranlagen (Einlaufwerk, Wehr 1) Betriebsordnungen in Abhängigkeit von den jeweiligen Bauzuständen entwickelt, die eine vom Endzustand abweichende Wassermengenaufteilung zwischen Donau und „Neuer Donau" vorsahen. Die negativen Einflüsse auf die Hochwassersicherheit konnten damit weitgehend gemildert werden.

Pfeilerunterfangungen. Die bestehenden alten Pfeilerfundamente der Nordbrücke, der Nordbahnbrücke und Stadlauer Ostbahnbrücke im Bereich des ehemaligen Überschwemmungsgebietes lagen mit ihrer Unterkante teilweise höher als die Sohle der „Neuen Donau", sie mußten daher unterfangen bzw. vertieft werden. Das wurde durch Pfahlreihen, die um die alten Fundamente gelegt und durch vorgespannte Stahlbetonmanschetten mit ihnen verbunden wurden, erreicht.

Beim Bau der Praterbrücke war seinerzeit durch entsprechend tiefe Pfahlfundierungen die Lastabtragung in tiefere Bodenschichten unterhalb der Gerinnesohle berücksichtigt worden. Es sollten nach dem Aushub für die „Neue Donau" lediglich die Gründungspfähle verkleidet werden. Bei der Ausarbeitung des Projekts für die Verkleidung wurde jedoch festgestellt, daß die nach dem Aushub der „Neuen Donau" noch im Boden verbleibende Pfahllänge nicht ausreicht, um das Gewicht des Verkleidungsbetons über die Mantelreibung aufzunehmen. Es war daher eine zusätzliche Pfahlfundierung notwendig. Im Verlauf der Bauarbeiten mußten außerdem an zwei Pfeilern Hilfsunterfangungen hergestellt werden, um zunächst die alten Pfähle abschnittsweise freilegen und sanieren zu können. Erst dann war es möglich, die Ummantelung, wie vorgesehen, herzustellen.

Alle diese Pfeilerunterfangungen stellten Eingriffe in die Gründung dar, die naturgemäß mit Pfeilerbewegungen und daraus resultierenden Tragwerksverformungen verbunden waren. Während sich die zulässigen Verformungen bei den jeweils zweifeldrigen Stahltragwerken der Eisenbahnbrücken im Zentimeterbereich bewegten (maßgebend war hier meist die Gleisnivelette), lagen sie bei den Durchlaufträgern der Nord- und Praterbrücke (Verbund- bzw. Spannbetontragwerke) sogar noch um rund eine Größenordnung darunter. Der meßtechnischen Überwachung kam daher bei all diesen Bauvorhaben besondere Bedeutung zu. Mit Hilfe von Setzungsmeßpegeln, deren Fixpunkte bis zu 47 m unter dem ursprünglichen Gelände lagen, und mit Präzisionsnivellements wurden je nach Notwendigkeit die absoluten und relativen Verformungen erfaßt. Die Meßdurchgänge erfolgten während der kritischen Bauphasen mehrmals am Tag. Die kontinuierliche Überwachung und die Ermittlung von Zeitsetzungsdiagrammen waren die Voraussetzung, kritische Verformungstendenzen frühzeitig zu erkennen und entsprechende Gegenmaßnahmen, notfalls Lagerkorrekturen, setzen zu können. So gelang es zum Beispiel bei der Pfeilerunterfangung der Nordbrücke durch zeitliche und örtliche Steuerung des Aushubes im unmittelbaren Bereich der benachbarten Pfeiler einen für das Tragwerk unschädlichen Setzungsverlauf zu erzielen und Lagerkorrekturen zu vermeiden. Mit Ausnahme einiger Langsamfahrstellen auf den Eisenbahnbrücken konnten die Unterfangungsarbeiten bei voller Verkehrsbelastung durchgeführt werden.

Kompensation negativer Auswirkungen. In jenen Bereichen unterhalb der Wehranlagen, in denen der Stauspiegel der „Neuen Donau" (in der hochwasserfreien Zeit) tiefer liegt als der Horizont des begleitenden Grundwasserstromes der Donau, wird die „Neue Donau" aus dem Grundwasser gespeist. Wenn diese Anspeisung von der Donau her durch die Insel erfolgt, so ist dies durchaus erwünscht. Erfolgt sie aber aus dem linksufrigen Bereich jenseits des Hubertus- und Marchfeldschutzdammes, so führt das zu einer unerwünschten Absenkung des Grundwasserspiegels im Hinterland. Mit einfachen Rütteldruckverdichtungen, die sich im Bereich der linksufrigen Dammverstärkung von den Wehranlagen einige Kilometer stromab erstrecken, können diese negativen Auswirkungen hintangehalten werden. Die Oberkante dieser Dichtwände ist dabei so angeordnet, daß sie bei Hochwasser sehr wohl überströmt und der Grundwasserkörper von der „Neuen Donau" aus gespeist werden kann.

3.2.1.10 Zeittafel

Fertiggestellte oder im Bau befindliche Bauteile:

1964/66	Umbau der Schleuse Nußdorf
1970/78	Linker Donausammelkanal
1971	Rechter Donaudamm Abschnitt Schleuse Nußdorf – Nordbrücke
1971/72	Rechter Donaukanalrückstaudamm (Dammverschwenkung im Bereich Hafen Albern)
1971/75	Umbau des Wehres Nußdorf
1. März 1972	Baubeginn an der Neuen Donau (Entlastungsgerinne-Baulos 1)
1972/74	Steinspornbrücke
1972/75	Einlaufbauwerk und Geschiebeleitschwelle
1973/74	Rechter Donaudamm Abschnitt Bahnhof Brigittenau (Mauer)
1974/77	Linker Donaukanalrückstaudamm, Bereich Hafen Freudenau
1975/78	Wehr 1
November 1975	Baubeginn am Nordteil der „Neuen Donau" (Entlastungsgerinne-Baulos 2)
1978/79	Pfeilerunterfangung Nordbrücke
1978/79	Hafenumschließungsdamm Freudenau im Zuge der Errichtung des Verbindungskanals vom Donaudücker zum linken Hauptsammelkanal
1979	Pfeilerunterfangung Ostbahnbrücke
1979/80	Pfeilerummantelung Praterbrücke
1979/80	Pfeilerunterfangung Nordbahnbrücke
1980/81	Rohrbrücke über die „Neue Donau" und Umlegung der ÖMV-Leitungen
1980/82	Rechter Donaudamm Abschnitt Bahnhof Brigittenau – Nordbahnbrücke
1981/83	Rechter Donaudamm Abschnitt Nordbahnbrücke – Traisengasse
1981/83	Rechter Donaudamm Abschnitt DDSG – Machstraße
1981/83	Donaugrabendamm
1981/83	Ufer- und Böschungsmauern im Bereich Reichsbrücke und Kaisermühlen
1982/84	Sekundärbrücke Überfuhrstraße.

In Vorbereitung befindliche Bauteile:

1983/84	Um- und Neubau der Pegel Nußdorf und Korneuburg, Pegelfernübertragung
1983/85	Rechter Donaudamm Abschnitt Traisengasse – DDSG
1983/86	Wehr 2
1984/85	Rechter Donaudamm Abschnitt Machstraße – Donaukaibahnhof
1984/85	Hafenumschließungsdamm Lobau.

Mit der Gesamtfertigstellung aller Anlagen des Donauhochwasserschutzes von Wien ist nach dem derzeitigen Stand etwa 1990 zu rechnen.

Abb. 19. Bereits fertiggestellter Teilabschnitt der „Neuen Donau“

3.2.1.11 Ausblick

Der verbesserte Hochwasserschutz von Wien war von Anfang an als Mehrzweckanlage konzipiert. Die bereits fertiggestellten Teilabschnitte machen dies auf eindrucksvolle Weise deutlich (Abb. 19). Neben der Schutzfunktion ist die Freizeit- und Erholungsnutzung am augenfälligsten. Nicht so spektakulär ist die in den letzten Jahren eingetretene spürbare Verbesserung der Wasserstandsverhältnisse in der „Alten Donau“. Dies ist der Anfang einer Entwicklung, die sich auch auf das Altarmsystem der Lobau ausdehnen wird. Hier besteht die Möglichkeit, durch Errichtung einer Dotierungsanlage diesen Effekt noch zu steigern und die Verhältnisse so weit zu stabilisieren, daß ein Fortbestand dieser Aulandschaft gesichert wird. Die Konzeption der „Neuen Donau“ und der Insel eröffnet für die Zukunft noch eine Reihe weiterer Möglichkeiten: die Errichtung von Grundwasserwerken in den nördlichen und südlichen Randbereichen der Insel, eine von der Wohnbebauung Kaisermühlens abgerückte und damit lärmgünstigere Lage der A 22, wirtschaftliche Errichtung einer Donaustaustufe in Wien durch Heranziehung der „Neuen Donau“ zur verstärkten Hochwasserabfuhr während der Bauzeit, um nur einige der wichtigsten zu nennen.

Der Bau des Hochwasserschutzes hat die Landkarte im Donaubereich verändert und nach seiner Fertigstellung wird auch das Schlagwort „Wien an die Donau“ keine leere Phrase mehr sein.

3.2.2 **Die Wehranlagen in der „Neuen Donau“**

Oberstadtbaurat Dipl.-Ing. **Franz Michlmayr**, Wien

3.2.2.1 Anlageverhältnisse

Der Wasserstandsregelung in der „Neuen Donau“ dienen drei Wehranlagen: das Einlaufbauwerk am Beginn der „Neuen Donau“ in Langenzersdorf (Stromkilometer 1938,06), das Wehr (Ruhewasserspiegel 157,65 m NN) auf Höhe des unteren Endes der Alten Donau (Stromkilometer 1926,15) und das Wehr 2 (Ruhewasserspiegel 153,60 m NN) im Bereich des Hafens Lobau. Sie sind grundsätzlich gleich ausgebildet. Die Hauptabmessungen wurden in Anlehnung an die Wehre bei den Donaukraftwerken gewählt.

Jede Anlage ist 148 m lang und umfaßt fünf Wehrfelder mit je 24 m lichter Weite, vier Wehrpfeiler zu je 4 m und zwei Randpfeiler zu je 6 m Breite (Abb. 20 – 24). Über die Wehranlagen führen einfeldrige Straßenbrücken, deren Querschnitte beim Einlaufbauwerk als schlaff bewehrter Plattenbalken und bei den beiden übrigen Anlagen als vorgespannter Hohlkasten ausgebildet sind. Die Wehrbrücken nehmen die elektrischen und hydraulischen Versorgungsleitungen von der Wehrwarte bzw. den Hydraulikräumen zu den einzelnen Wehrpfeilern auf. Die Betriebsräume befinden sich in der Regel im Anschluß an den rechten Randpfeiler auf der Donauinselseite. Die Wehrverschlüsse sind als einfache hydraulisch betriebene Drucksegmente mit fester Überfallhaube ausgebildet. Beim Wehr 2 werden zwei Verschlüsse zusätzlich mit einer Stauklappe ausgerüstet sein.

Eine Besonderheit stellen bei den Wehranlagen in der „Neuen Donau“ die Not-, oder besser gesagt, die Revisionsverschlüsse dar. Da keine Notwendigkeit besteht, ein Wehrfeld während eines Hochwasserereignisses

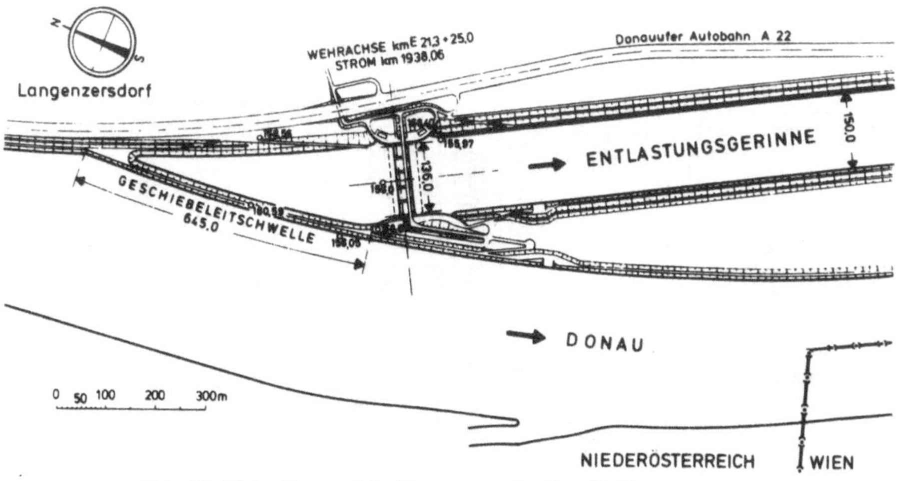

Abb. 20. Einlaufbauwerk bei Langenzersdorf km 1938, Lageplan

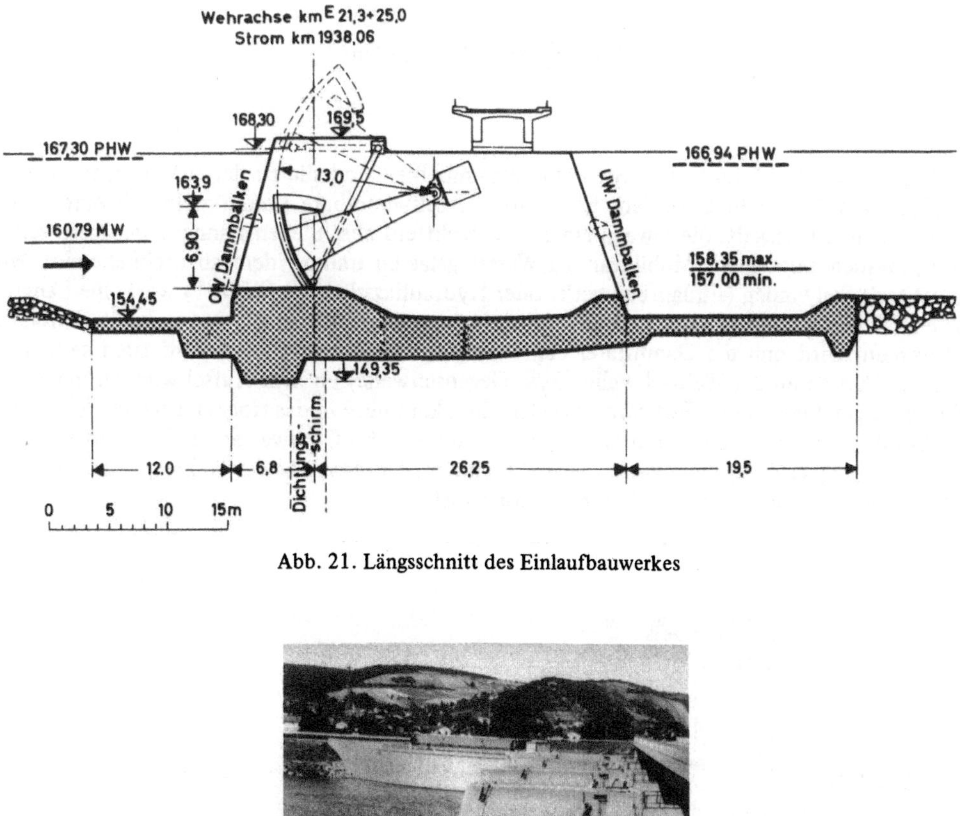

Abb. 21. Längsschnitt des Einlaufbauwerkes

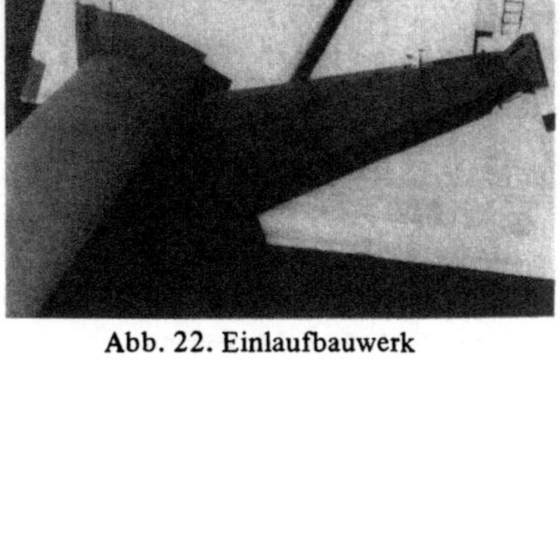

Abb. 22. Einlaufbauwerk

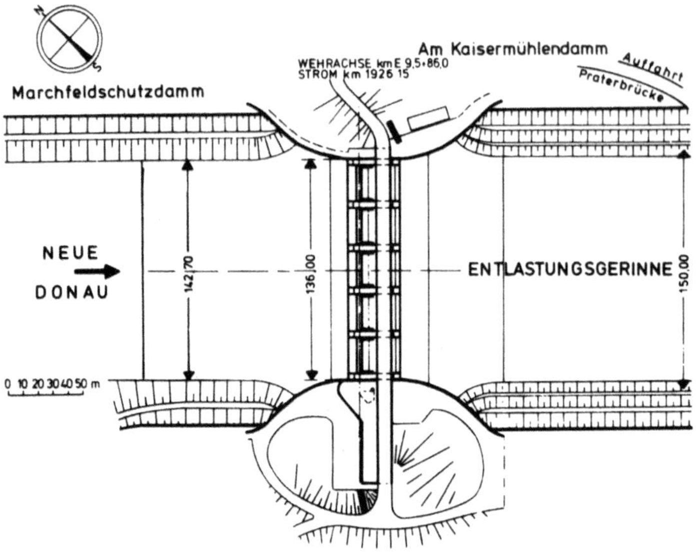

Abb. 23. Wehr 1, km 1926, Lageplan

abzuschließen, konnte auf den Einsatz von Strömungsdammbalken und die zu deren Versetzen notwendigen Einrichtungen (Portalkran) verzichtet werden. Es wurden einschwimmbare Dammtafeln mit einer Stauwandfläche von 24 m x 5,5 m entwickelt, die jeweils ein ganzes Wehrfeld abschließen können. Sie lagern seitlich auf den Ufermauern, werden mit einem Mobilkran zu Wasser gelassen und zu dem abzuschließenden Wehrfeld geschwommen. Mittels Seilwinden (Einlaufbauwerk) oder Hydraulikzylindern (Wehr 1) wird eine Längsseite an den benachbarten Pfeilerstirnseiten hochgehoben (in Staustellung gebracht) und dort verriegelt. Durch Flutung der Schwimmkammern wird nun die Dammtafel abgesenkt und legt sich an die Dichtleisten seitlich an den Pfeilerstirnseiten und unten an der Wehrschwelle (bzw. Gegenschwelle) an. Das Aufschwimmen nach erfolgter Revision im Wehrfeld geschieht durch Entleeren der Schwimmkammern in das trocken gelegte Wehrfeld hinein. Für alle drei Wehranlagen reichen vier Dammtafeln aus, wovon eine im Oberwasser des Einlaufbauwerkes, eine in dessen Unterwasser (gleichzeitig Oberwasser Wehr 1), eine im Unterwasser des Wehres 1 (gleichzeitig Oberwasser Wehr 2) und eine im Unterwasser des Wehres 2 situiert ist.

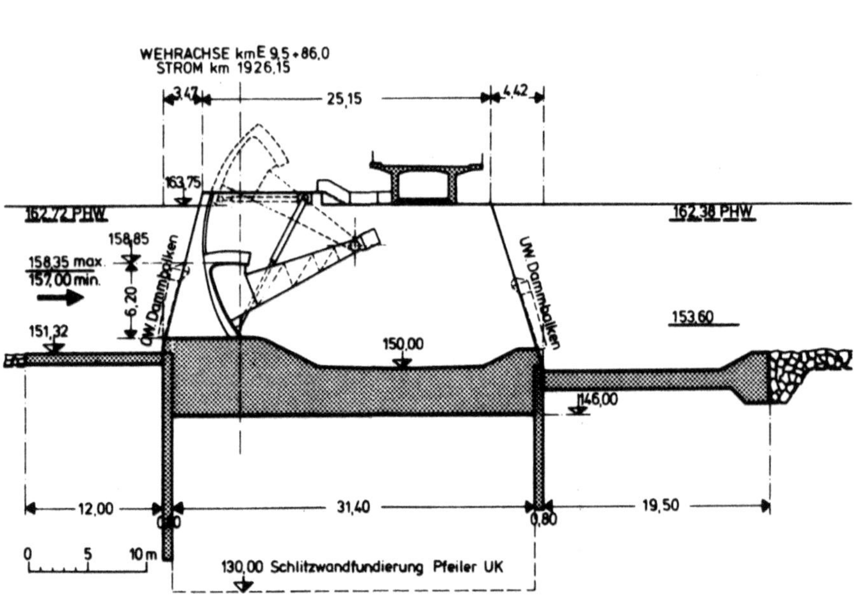

Abb. 24. Wehr 1, Längsschnitt

Abb. 25. Modellversuch Wehr 2, Kolkbildungen im Unterwasserbereich

Die Formgebung der Tosbecken und die Ausbildung des Kolkschutzes wurde besonders für das Einlaufbauwerk eingehend in hydraulischen Modellversuchen studiert (Abb. 25). Da jede Vergrößerung des Tosbeckens eine Verlängerung der Pfeiler und damit eine Baukostenerhöhung mit sich bringt, wurde getrachtet, dieses möglichst kurz zu halten. In den Versuchen stellte sich schließlich eine Lösung mit zwei hintereinander liegenden Tosbecken als die günstigste heraus, die auch beim Wehr 1 beibehalten wurde. Das zweite Tosbecken entsteht dabei durch Anordnung einer weiteren Gegenschwelle am Ende der unterwasserseitigen Kolkplatte.

Beim Wehr 2 können als Besonderheit auch Betriebsfälle auftreten, bei denen das Wehr in entgegengesetzter Richtung durchströmt wird. Da die Wasserspiegelunterschiede aber in diesem Fall nicht sehr groß sein werden, ergeben sich für die Wehrsohle keine Auswirkungen, lediglich die Segmente sind auch auf Zugbeanspruchung auszulegen.

3.2.2.2 Baudurchführung

Wie heute allgemein üblich, werden solche Anlagen, wenn es die Platzverhältnisse zulassen, in einer einzigen großen Baugrube errichtet, deren Umschließung möglichst hochwassersicher ausgebildet und die mit Schmalwänden, die in den dichten Untergrund einbinden, gedichtet ist. Obwohl die äußerlichen Anlageverhältnisse und Hauptabmessungen aller drei Wehranlagen gleich sind, erzwang die Verschiedenartigkeit der Untergrundverhältnisse grundsätzlich unterschiedliche Gründungs- und Baumethoden.

Das Einlaufbauwerk ist in Gesteinen der Flyschzone (Sandsteine, Mergel, Mylonite) gegründet, die sofort nach ihrem Freilegen durch Schutz- und Spritzbeton vor dem Austrocknen geschützt werden mußten, um ihre Festigkeit zu erhalten. Hier waren zur Schließung der durch die Aushubarbeiten entstandenen Auflockerungen im Schichtgefüge unter der Gründungssohle und zur Unterströmungssicherung Kontakt- und Dichtungsinjektionen notwendig. Da noch keinerlei Erfahrung über Injektionen in diesen Gesteinen vorlag, wurde zunächst mit zu hohen Drücken operiert, was große Injektionsmengen zur Folge hatte und überdies bei einem Wehrpfeiler zu Hebungen von mehreren Zentimetern führte. Erst Druck- und Mengenbegrenzung führten hier zum gewünschten Erfolg.

Die Gründung des Wehres 1 erfolgte auf Schlitzwänden in tertiären Sanden und Tegeln, die hier in mehreren Horizonten übereinander liegen. Bei den Aufschlußbohrungen wurde eine Störungszone angefahren, deren ungünstige Lage eine Verschiebung der Wehrachse erzwang. Durch eine Grundwasserabsenkung innerhalb der Baugrube konnten die Schlitzwände, die in den untersten Tegelhorizont einbinden mußten, von einem tieferen Niveau aus hergestellt und damit Kosten gespart werden.

Am vorgesehenen Standort für das Wehr 2, der aufgrund der Probebohrungen bereits um 470 m verschoben werden mußte, steht der Tegel in mehr als 40 m Tiefe an und wird von 30 m mächtigen, sehr durchlässigen Tertiärsanden überlagert. Der zu erwartende große Wasserzudrang von unten und die damit verbundene Grundbruchgefahr stellen für den Bauvorgang einige Probleme dar. Es sind auch hier Schlitzwände als kostengünstige Lösung vorgesehen, jedoch werden die Ansatzniveaus im Verhältnis zum Wehr 1 wesentlich höher liegen. Mit einer sehr klein gehaltenen Baugrube und Belassen eines möglichst hohen Wasserspiegels innerhalb derselben soll versucht werden, die Wasserhaltungskosten gering zu halten.

Massenaufstellung	Einlaufbauwerk	Wehr 1
Aushub	1 600 000 m^3	450 000 m^3
Beton	70 000 m^3	60 000 m^3
Stahlwasserbauteile	800 t	470 t
Baustahl	1 000 t	2 000 t
Wasserbausteine	180 000 t	45 000 t

3.2.2.3 Betrieb

Anders als bei Wehranlagen, die Teile von Kraftwerken sind und laufend betrieben, d.h. bewegt werden, stellen die Wehranlagen in der „Neuen Donau" im Normalfall starre Systeme dar, d.h. sie werden nicht bewegt bzw. dürfen nicht bewegt werden, da ja kein Donauwasser die Wasserqualität der „Neuen Donau" beeinträchtigen soll. Dies gilt grundsätzlich für die Badesaison, während der Wintermonate ist fallweise eine Dotierung der „Neuen Donau" von der Donau her notwendig, um den Stauspiegel halten zu können. Bei Hochwasser aber müssen die Wehrverschlüsse funktionstüchtig sein. Es wurde daher beim Bau der Anlagen auf mehrfache Betriebssicherheit Wert gelegt. So ist jede Anlage mit einem eigenen Notstromaggregat ausgerüstet. Die Hydraulikantriebe können wahlweise jedem Wehrfeld zugeschaltet werden. Als äußerster Notbehelf ist ein Benzinmotor vorgesehen, mit dem jeweils ein Hydraulikaggregat betrieben werden kann. Um auch den sicheren Winterbetrieb zu gewährleisten, sind die Seitendichtungen mit elektrischen Widerstandsheizungen versehen. Außerdem sind vor und hinter jedem Verschluß Druckluftenteisungen installiert. Dabei wird Luft mit 2 bar durch Düsen an der Wehrsohle ausgeblasen und versetzt das Wasser darüber in Turbulenz. Damit kann der Verschluß bei Bedarf eisfrei gehalten werden.

Die Steuerung der Wehrverschlüsse kann jeweils von drei Punkten aus erfolgen (Pfeilersteuerung bei Revision, Ortssteuerung vom Hydraulikraum aus, Fernsteuerung) und ist auf drei Arten möglich. Die Handsteuerung als die einfachste Form wird in der Regel bei Revisionsarbeiten angewendet werden. Eine Zielkotenvorwahlsteuerung ermöglicht das Eingeben einer gewünschten Verschlußstellung, die dann automatisch angefahren wird. Soll eine Verschlußstellung über längere Zeit beibehalten werden, was im Falle der Dotierung notwendig sein wird, sorgt eine Leckölautomatik dafür, daß nach Absinken des Verschlusses um ein gewisses Maß (4 cm) dieser wieder angehoben wird.

Der Betrieb bzw. die Steuerung der drei Wehranlagen bei Hochwasser soll in Zukunft von der Wehrwarte des Einlaufbauwerkes aus erfolgen. Hierher werden auch jene Wasserstandswerte übertragen, die die Grundlage für die Steuerung der Wehrverschlüsse bilden. Die den Wasserständen zugeordneten Durchflußmengen in der „Neuen Donau" wurden zunächst nur durch Modellversuche und Berechnungen ermittelt. Im Verlauf der nächsten Jahre wird es notwendig sein, entsprechende Durchflußmengenmessungen durchzuführen und auch für die „Neue Donau" Pegelschlüsselkurven zu erstellen. Den letzten technischen Entwicklungen Rechnung tragend, soll für diese Zwecke im Bereich des Einlaufbauwerkes eine Meßseilbahn über die „Neue Donau" errichtet werden. Einhergehend mit dem weiteren Ausbau der Donau wird die Durchflußmengenerfassung die reine Wasserstandsmessung ablösen, und es wird möglich sein, von einer wasserstandsabhängigen auf eine wassermengenbezogene Steuerung der Wehranlagen in der „Neuen Donau" (die den tatsächlichen Verhältnissen eher entspricht) überzugehen.

3.2.3 **Der rechte Donauarm**

Stadtbaurat Dipl.-Ing. **Christoph Langthaler**, Wien

3.2.3.1 Grundzüge der Hochwasserschutzanlagen am rechten Donauufer

Die vor etwa 100 Jahren durchgeführte Donauregulierung brachte für Wien eine wesentliche Verbesserung der Sicherheit gegen die fast alljährlich wiederkehrenden Donauhochwässer. Erreicht wurde diese Verbesserung durch Schaffung einer Hochkante am rechten Ufer des neuen Donaubettes. Der ursprünglich vorgesehenen Errichtung eines Dammes im Anschluß an das Ufer wurde die Schaffung eines rund 190 m breiten, flach ansteigenden Freiraumes für bessere Lande- und Lademöglichkeiten vorgezogen. Die Hochkante bildete somit die im Zuge der Regulierungsarbeiten errichtete Engerth- bzw. Wehlistraße. Die weitere Stadtentwicklung führte dazu, daß in diesem Freiraum Lagerhäuser, Fabriken, Wohnhäuser und sogar eine Bahnlinie errichtet wurden, die zum Teil bis an die Stromkante herangerückt wurden.

Jedoch stellte sich bereits bei den Hochwässern der Jahre 1897 und 1899 heraus, daß die Besiedelung dieser etwa 190 m breiten, ursprünglich freigehaltenen Fläche eine Fehlentwicklung darstellte. Die Hochwässer bewirkten, daß die errichteten Anlagen bei Hochwasser überflutet wurden und nur mit Zillen zu erreichen waren. Erst der Beschluß des Wiener Gemeinderates vom 12. September 1969, das Projekt des Stadtbauamtes für eine Verbesserung des Hochwasserschutzes der Stadt Wien gegen Donauhochwässer baulich auszuführen, stellte eine reale Verbesserung der Hochwassersituation am rechten Donauufer in Aussicht. Die in der Folge ausgearbeiteten Detailprojekte für die einzelnen Abschnitte basierten auf den Grundzügen des generellen Projektes, eine durchgehende Hochkante mit einer Sicherheitshöhe von mindestens 1 m am Strom zu errichten.

3.2.3.2 Gestalterische Aspekte am rechten Donaudamm

Der technischen und wasserbaulichen Notwendigkeit der Ausbildung einer neuen Hochkante am rechten Donauufer stand die Möglichkeit gegenüber, diese neu errichteten hochwasserfreien Flächen durch optimale Gestaltung der Bevölkerung als Naherholungsgebiet zur Verfügung zu stellen und damit dem Bedürfnis der Bevölkerung nach Errichtung neuer Grünflächen zu entsprechen. Von den planenden Architektengruppen wurde im wesentlichen die Anlage von Baumgruppierungen mit Alleecharakter entlang der hochwasserfreien Hauptwege gutgeheißen, wobei in Verlängerung der Querstraßen zum Handelskai die alleeartige Bepflanzung zugunsten einer platzartig-parkähnlichen Ausgestaltung unterbrochen wurde. Zur besseren Zugänglichkeit der parkähnlichen Dammflächen sollten von den Brücken Abgänge errichtet werden bzw. sollten in den dichtbesiedelten Gebieten, wo keine Brücken über die Donau führten, in gewissen Abständen Fußgängerstege über den Handelskai und die Donauuferbahn neu gebaut werden. Die Brückenköpfe der Donaubrücken (Floridsdorfer Brücke, Nordbahnbrücke, Reichsbrücke) sollten mit gestalterischen Akzenten hinsichtlich Form und Materialauswahl versehen werden.

3.2.3.3 Technische Umsetzung

Die Arbeiten zur Verbesserung des rechtsufrigen Hochwasserschutzes umfassen den Schutz gegen die frei abfließenden Oberflächenwässer und den Schutz gegen den im Laufe eines Hochwassers auftretenden erhöhten Grundwasserandrang.

Gegen die Oberflächenwässer werden die Schutzbauten in Form von Dämmen und Mauern errichtet. Die Dammquerschnitte müssen mindestens dem von der Obersten Wasserrechtsbehörde vorgeschriebenen Mindestprofil entsprechen (Dammkrone 5 m, Böschungen 1 : 2). Kann aus Platzgründen oder wegen gestalterischer Forderungen das Mindestprofil nicht erreicht werden, so ersetzen Mauern die Dämme. Diese Engstellen befinden sich im Bereich der drei Bahnhöfe der Donauuferbahn (Brigittenauer Bahnhof, Donauuferbahnhof, Donaukaibahnhof) und stromab der Seitenhafenstraße.

Die nach den gestalterischen Grundsätzen vorzusehende Baumbepflanzung der Hochwasserschutzdämme ist nach den Regeln des Wasserbaues nicht zulässig. Es mußte daher ein vertretbarer Weg gesucht werden, um dem Wunsch nach Bäumen gerecht werden zu können. Die Lösung des Problems wurde im Einvernehmen mit der Obersten Wasserrechtsbehörde durch die Festlegung gefunden, daß innerhalb der Dammflächen ein Mindestprofil von Baumbewuchs freizuhalten ist, hingegen alle weiteren Flächen durchaus mit Bäumen bepflanzt werden können, soweit sie nicht im Hochwasserabflußbereich liegen (Abb. 26).

Im Bereich des Donauuferbahnhofes entlang des Handelskais verbleibt nur wenig Raum zwischen dem Strom und den Gleisen, so daß in diesen Bereichen vorerst nur die Alternativen bestanden, entweder einen Damm mit Mindestprofil zu errichten oder landseitig eine Stützmauer vorzusehen. In beiden Fällen hätte ohne zusätzliche Maßnahmen auf eine Baumbepflanzung verzichtet werden müssen. Man entschloß sich daher, statt der zuerst vorgesehenen landseitigen Stützmauern eine bepflanzbare Raumgitterwand zu projektieren.

Für die Dammschüttungen wird gut verdichtbarer sandiger Kies verwendet, der von den HW-Baustellen am linken Donauufer, wo er als Überschußmaterial anfällt, zugeführt wird. Auf den Kies wird eine 20 cm – 30 cm starke Auflage von Ausand (ebenfalls aus dem Überschwemmungsgebiet) aufgebracht, der die Eigenschaft besitzt, daß er sich im Laufe der Zeit verfestigt und dann einen Stauhorizont für Niederschlagswässer bildet. Für die Anpflanzung von Sträuchern und Bäumen werden am fertigen Kiesdamm Bodenauswechslungen durchgeführt, die eine Mächtigkeit von 50 cm – 150 cm erreichen. Beim Abschnitt 1 (Brigittenauer Bahnhof bis Nordbahnbrücke) wurde die Erfahrung gewonnen, daß eine Ausandschichte von 20 cm – 30 cm eine zu geringe Wasserspeicherkapazität für eine Bepflanzung aufweist. Es wurde daher bei den weiteren Abschnitten die Festlegung getroffen, daß bei ausreichender Breite des Dammes auch sandig-bindiges Material als Dammschüttmaterial

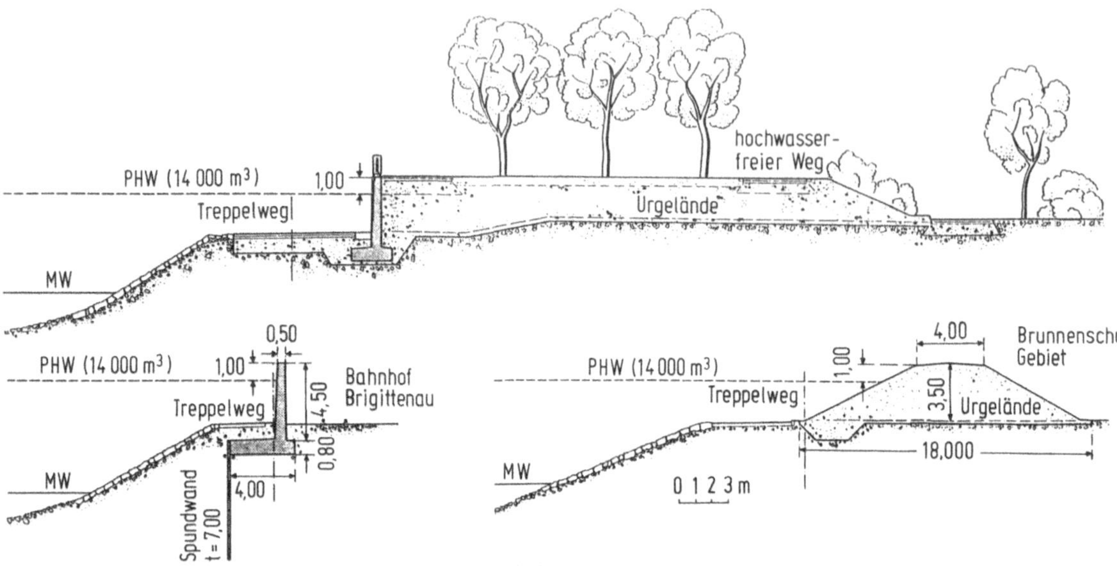

Abb. 26. Regelquerschnitte des rechten Donaudammes

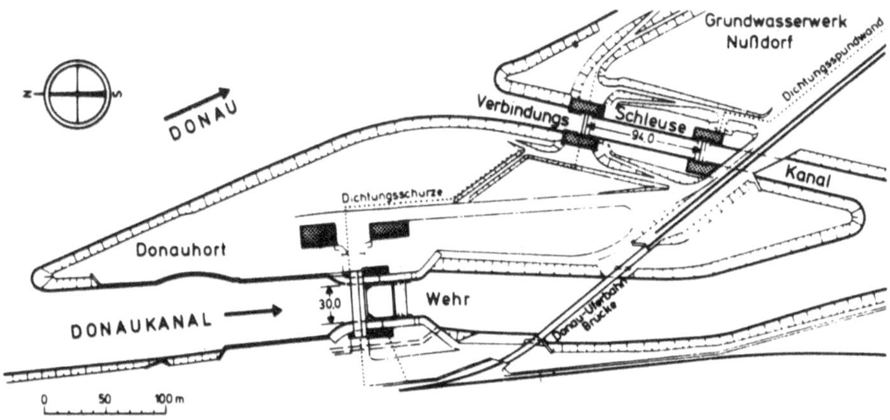

Abb. 27. Wehr und Schleusenanlage Nußdorf

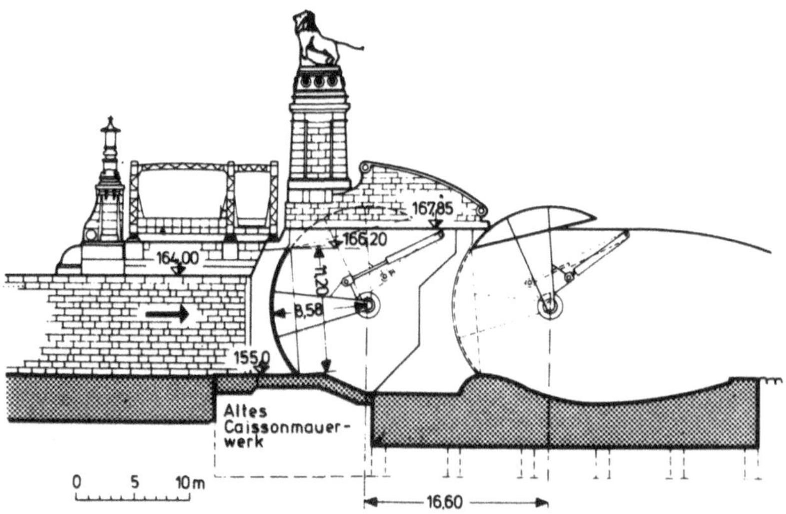

Abb. 28. Schnitt durch die Wehranlage

verwendet werden darf, sofern es in der Art eines durchgehenden „Dichtkernes" eingebaut ist. Nicht zuletzt deshalb wurde auch die Möglichkeit des Einbaues von sandig-bindigem Material geschaffen, weil für die Fundierung von vorgesehenen Bauwerken (Mauern, Aussichtsterrassen, Stege usw.) großflächiger Materialaustausch durchgeführt werden mußte und auf die Fernverfuhr des ausgehobenen Materials daher verzichtet werden konnte. Lediglich in eben diesen Bereichen der vorgesehenen Bauwerke soll sandiger Kies auf die ganze Breite eingebaut werden. Das landseitig bei Hochwasser auftretende Sickerwasser wird durch eine Sickerberme aus Filterkies in den Untergrund abgeführt. Eine derartige Ausbildung des Dammkörpers läßt durch die größere Speicherkapazität des Bodens ein besseres Pflanzenwachstum bei geringerer künstlicher Beregnung erwarten.

Für die Abhaltung des Grundwassers war es vorerst erforderlich festzustellen, wo die Zonen mit erhöhtem Grundwasserandrang lagen. Es handelt sich hierbei um die zugeschütteten Seitenarme der vor der Donauregulierung stark verästelt fließenden Donau. Die lagenartige Ermittlung der Altarme erfolgte unter Zugrundelegung von Katasterplänen des Bereiches Prater und Freudenau aus den Jahren 1820 und 1846. Diese Katasterpläne (Maßstab 1 : 2880) wurden in moderne Stadtvermessungspläne eingearbeitet, die die Grundlage für die Projektierung der Untergrunddichtungen bildeten.

Generell gilt für alle Dichtungsmaßnahmen am rechten Donauufer: Untergrunddichtungen sind in den Bereichen aller Altarme vorzusehen. Ist der Dammquerschnitt nicht größer als das Mindestprofil bzw. bilden anstatt des Dammes Mauern den Hochwasserschutz, so sind ebenfalls Untergrunddichtungen vorzusehen. Ist der Damm nur als Mindestprofil ausgebildet, so ist der Damm ebenfalls mit einer geeigneten Dichtung auszustatten.

Als weitere Projektierungsrichtlinie waren folgende von diversen Dienststellen eingebrachte Forderungen zu beachten: Es sollte eine Uferberme auf eine Breite von 6 m für einen durchgehenden Treppelweg freigehalten werden. Weiter mußten alte Kaimauern und Poller für die Schiffahrt erhalten bleiben.

3.2.3.4 Ausführung

Wehr und Schleuse Nußdorf: Die beiden aus der Zeit der ersten Regulierung stammenden Anlagen, die das Eindringen von Hochwasser und Eis in den Donaukanal verhindern sollen, entsprachen nicht mehr den Anforderungen und mußten daher umgebaut werden. Die Schleuse wurde mit zwei Hubkipptoren unter Beibehaltung der Hauptabmessungen der vorhandenen Schleusenkammer versehen (Abb. 27). Beim Wehr Nußdorf sollte die von Otto Wagner stammende Architektur möglichst unverändert erhalten bleiben (Abb. 28), das alte 40 m breite Nadelwehr konnte jedoch die Sicherheitsanforderungen, die an den Hochwasserschutz einer Großstadt gestellt werden mußten, nicht mehr erfüllen. Es gelang, zwei hintereinanderliegende Segmentverschlüsse von nur 30 m Breite und je 200 t Gewicht so anzuordnen, daß sie in gehobener Stellung weder die alte Wehrbrücke noch die charakteristischen Löwenpylone wesentlich beeinträchtigen (Abb. 29).

Massenaufstellung:

Beton	22 000 m^3
Baustahl	600 t
Bohrpfähle	180 Stück
Spundwände	1 800 m^2.

Bahndammauer Nußdorf: Im stromaufwärtigen Anschluß an das Wehr Nußdorf übernimmt der Bahndamm der Franz-Josefs-Bahn, an dessen wasserseitiger Böschung (zum Treppelweg hin) sich eine Stützmauer befindet, die Hochwasserschutzfunktion. Eine Untersuchung der Mauer durch ein Zivilingenieurbüro ergab, daß bei

Abb. 29. Wehranlage Nußdorf, ein gelungenes Zusammenspiel von alter Architektur und neuzeitlichem Wasserbau

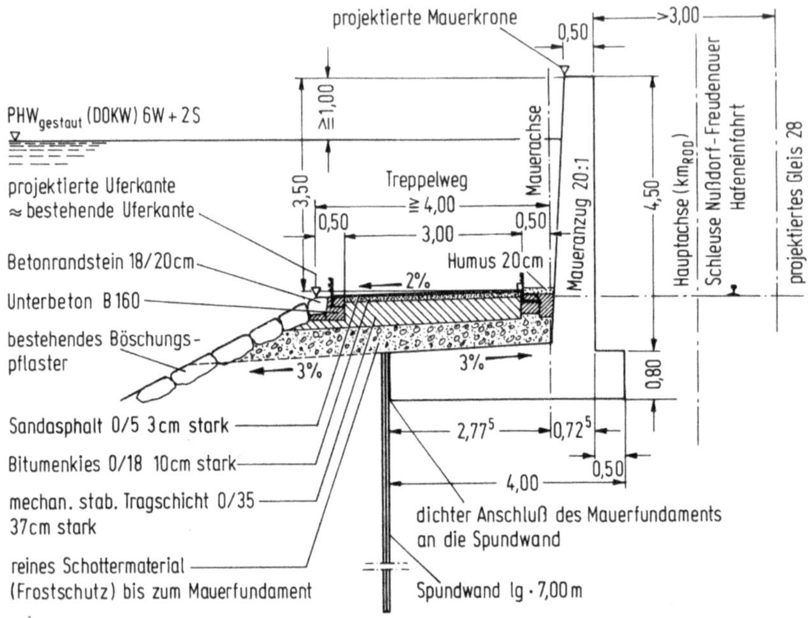

Abb. 30. Regelquerschnitt der Hochwasserschutzmauer entlang des Bahnhofes Brigittenau

bestimmten Lastfällen unzulässig hohe Randspannungen in der Sohlfuge auftreten können, deren Wirkung bereits durch teilweises Schiefstellen der Mauer in Erscheinung trat. Eine Sanierung oder ein Neubau der Mauer mußte daher angestrebt werden. Der Ausbau der Bundesstraße B 14 mit der Brücke entlang der Franz-Josefs-Bahn hätte durch die vorgesehene Situierung der Brückenpfeiler kostenaufwendige Eingriffe an der bestehenden Mauer gefordert. Man entschloß sich daher gleich zu einem Neubau der Mauer.

Die schlechten Untergrundverhältnisse (Anschüttungen bis zu 6 m) ließen eine Schwergewichtsmauer wegen der unwirtschaftlich großen Fundamentplatten nicht zu. Ebenso mußte eine Pfahlfundierung für die Mauer ausgeschlossen werden, da die Anschüttung statisch nicht in Rechnung gestellt werden konnte. Der gewählte Mauerquerschnitt als Kragplattenmauer ergab sich als optimale Lösung (Abb. 30).

Abschnitt Schleuse Nußdorf bis Nordbrücke und Bereich Brigittenauer Bahnhof: Dieser im Jahr 1971 errichtete Dammabschnitt mit dem Mindestquerschnitt weist keine besonderen Merkmale auf. Auf eine Dichtung des Dammes konnte verzichtet werden, da das Hinterland relativ hoch ansteht und der Schnittpunkt der Sickerlinie mit der landseitigen Böschung unter dem anstehenden Gelände zu liegen kommt. Eine Dichtung des Untergrundes durfte wegen des Grundwasserwerkes Nußdorf nicht erfolgen.

Abb. 31. Fertiggestellter Dammabschnitt

Entlang des Brigittenauer Bahnhofes wurde aufgrund der beengten Platzverhältnisse auf einer Länge von rund 750 m eine Winkelstützmauer errichtet (Abb. 31). Wasserseits wurde an die Fundamentplatte als Untergrunddichtung gegen innere Erosion eine 7 m tiefe Spundwand angeschlossen. Die Mauerabschnitte betragen 8 m. Die dort vorhandenen Poller mußten erhalten bleiben. Da für eine getrennte Fundierung der Poller zu wenig Platz war, wurden die Poller in die Fundamentplatte der Mauer integriert. Um den optischen Eindruck dieser Mauer etwas aufzulockern, wurde auf der ganzen Länge eine Strukturschalung verwendet.

Abschnitt Floridsdorfer Brücke bis Nordbahnbrücke: Der hier beginnende breite Streifen zwischen Handelskai und Strom erlaubte es erstmals, auf die in der zweiten Wettbewerbsstufe erarbeiteten Gestaltungsrichtlinien einzugehen. So wurden die Oberflächen entsprechend den unter 3.2.3.2 aufgezählten Kriterien gestaltet. Ein besonderes Augenmerk wurde auf die Ausbildung des Brückenkopfes der Floridsdorfer Brücke gelegt. Die hier ausgeführten Mauern wurden mit einem stark gegliederten Vorsatzbeton versehen. Die Ausführung dieses Vorsatzbetons verlangte eine aufwendige Schalungskonstruktion. Stromauf und stromab der Floridsdorfer Brücke wurde mittels Rütteldruckverfahren ein ehemaliger Seitenarm der Donau abgedichtet.

Abschnitt Nordbahnbrücke bis Traisengasse: Im wesentlichen gelten die gleichen Aussagen wie vorstehend. Der Brückenkopf der Nordbahnbrücke wurde wie bei der Floridsdorfer Brücke besonders gestaltet. Die Pendelstützen des Brückenteiles über dem Damm wurden mit Mauern umgeben, so daß die tiefliegenden Lager wie in einer Schachtel zu liegen kommen. Während der Fundierungsarbeiten für diese Winkelstützmauer wurden in Abständen von 3 – 4 Tagen aus Sicherheitsgründen Setzungsmessungen von einem Zivilingenieurbüro für Vermessungswesen durchgeführt. Weiter wurden mittels Rütteldruckverfahren Altarmabdichtungen vorgenommen.

Abschnitt Traisengasse bis DDSG: An diesem im Ausschreibungsstadium befindlichen Abschnitt wird an den Engstellen beim Donauuferbahnhof eine Raumgitterwand Anwendung finden. Im Bereich des neuen Schiffahrtszentrums bildet das Gebäude den Hochwasserschutz, das stromseitige Ausfahrtstor zum Treppelweg kann im Hochwasserfall wasserdicht verschlossen werden. Der Beginn der Bauarbeiten ist noch für das Jahr 1983 vorgesehen.

Abschnitt DDSG bis Sturgasse: Dieser Abschnitt unterscheidet sich von den anderen bereits errichteten Dammabschnitten nur in den gestalterischen Details, da von der Reichsbrücke stromabwärts eine andere Architektengruppe mit der Planung betraut war. Auch hier wurden Untergrunddichtungen durchgeführt. Ein zur besseren Zugänglichkeit des geschaffenen Naherholungsgebietes in Errichtung befindlicher Fußgängersteg mündet am Damm in eine Aussichtsterrasse, deren darunterliegende Räumlichkeiten für einen gastronomischen Betrieb genützt werden können.

Die weiteren Abschnitte befinden sich derzeit in Planung, wobei besonderes Augenmerk auf die Koordination mit der Planung der künftigen Staustufe Wien zu legen ist. Die technischen Anforderungen an diesen Teil des Dammes werden über die Ansprüche des Hochwasserschutzes hinaus hauptsächlich von den Ansprüchen des Kraftwerksbaues getragen.

Erst die bauliche Anbindung an den Hafenumschließungsdamm Freudenau bei der Seitenhafenstraße und die Fertigstellung des Rechten Donausammelkanales wird für den 2. Wiener Gemeindebezirk entlang des Handelskais die seit 100 Jahre geforderte Hochwassersicherheit bringen.

3.3 Das Gabcikovo-Nagymaros-Staustufenprojekt*

Oberbaurat Dipl.-Ing. **Karl Spring**, Hamburg

3.3.0 Allgemeines

Während in Österreich der Ausbau der Donau zur Schiffahrtsstraße weitgehend abgeschlossen ist, wie aus dem vorhergehenden Aufsatz hervorgeht, hat der Donauausbau in Ungarn zwischen der österreichisch-ungarischen-tschechoslowakischen Grenze bei Bratislava (Preßburg) und Budapest erst seit kurzem begonnen. Das geplante Gabcikovo-Nagymaros-Staustufenprojekt mit seinen vielfältigen Anlagen dürfte eines der größten Binnenwasservorhaben Europas werden und in den nächsten Jahren auf viel Interesse stoßen.

* Zusammengestellt und aus dem Englischen übersetzt nach Unterlagen der Fa. Oviber, Budapest

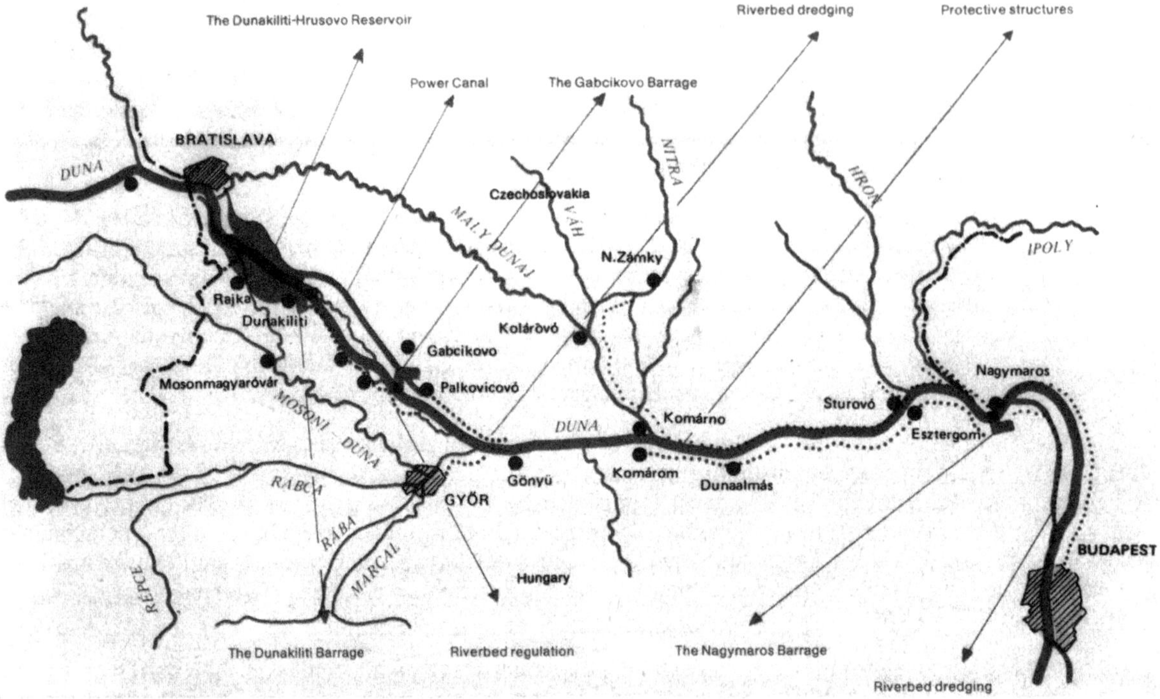

Abb. 32. Lageplan des Gabcikovo-Nagymaros-Staustufenprojekts

3.3.1 Die Aufgaben der Staustufe Gabcikovo

Das Gabcikovo-Nagymaros-Staustufenprojekt dient der Regulierung der 220 km langen Strecke der Donau zwischen Bratislava und Budapest (Abb. 32 und 33). Es besteht aus:

- dem Umleitungskanal (Kraftwasserstraße) und der Staustufe Gabcikovo und
- der Staustufe Nagymaros.

Beide Systeme wirken zusammen als eine technische und wirtschaftliche Einheit.

Für einen Teil der Strecke bildet die Donau die Grenze zwischen der Tschechoslowaki und Ungarn, so daß beide Länder das Projekt im Verhältnis 50 % : 50 % sowohl finanzieren als auch den Nutzen ziehen können. Dies ist Inhalt eines Staatsvertrages, der nach Beendigung der Planungsphase am 16.09.1977 von den Regierungen beider Staaten unterzeichnet werden konnte.

Die vielfachen Nutzungsmöglichkeiten des Staustufenprojektes werden nachstehend aufgezeigt:

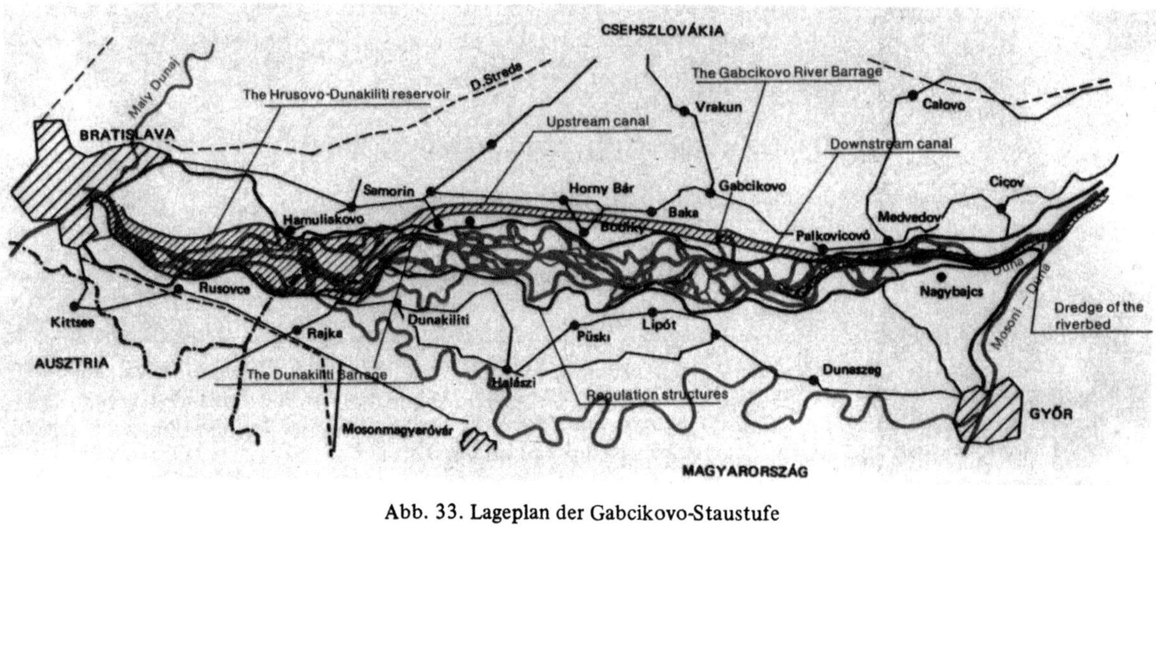

Abb. 33. Lageplan der Gabcikovo-Staustufe

3.3.1.1 Elektrische Energieerzeugung

Die beiden Staustufen erzeugen durchschnittlich 6375 GWh pro Jahr, was etwa einer Menge von 3,8 Mio. t Braunkohle oder 1 Mio. t Öl entspricht. Der Wert der erzeugten Energie erhöht sich noch dadurch, daß Verbrauchsspitzen abgedeckt werden. Die Spitzenerzeugung soll 1510 GWh pro Jahr betragen, von dem Gabcikovo 92 % und Nagymaros 8 % erzeugt. Gabcikovo dient außerdem der Stützung der Netzfrequenz.

Gabcikovo speist über die 400-kV-Leitung Gyór-Pod. Biskupice in das ungarische und tschechoslowakische Netz ein. Auf tschechoslowakischer Seite werden auch 110-kV-Anlagen errichtet. Nagymaros ist mit dem ungarischen Netz in Dorog über eine 120-kV-Leitung verbunden und mit dem tschechoslowakischen in Stürovo über eine 110-kV-Leitung.

3.3.1.2 Internationale Schiffahrt

Die 70 km lange Strecke zwischen Bratislava und Gönyü ist die engste im Mittellauf der Donau. Weitere Stromregulierungen können hier nicht mehr vorgenommen werden. Im Unterlauf dagegen war es möglich, Untiefen weitgehend zu beseitigen, unterstützt durch den Bau der Staustufe bei Djerdjap, die die Sicherheit der Schiffahrt auf diesem Abschnitt erhöhte.

Auch im österreichischen Teil des Stromlaufs sind Staustufen gebaut. Wenn dann auch im Mittellauf die projektierten Arbeiten abgeschlossen sein werden, bestehen für die Schiffahrt keine Behinderungen mehr. Damit werden auch die Forderungen der Donaukommission für eine unbehinderte Schiffahrt in diesem Teil des Stromlaufs erfüllt.

Dies ist um so dringender, als die Verkehrszahlen zwischen Bratislava und Budapest von Jahr zu Jahr steigen. Nach Fertigstellung des Projektes wird eine Zunahme der Steigerungsraten erwartet, denn folgende Vorteile sind damit verbunden:

- die Fahrzeit verkürzt sich um 40 %,
- der Leistungsbedarf je Tonne reduziert sich von 0,37 kW auf 0,15 kW,
- moderne Schiffsführungssyteme können zur Anwendung kommen.

Das Fahrwasser wird 3,6 m bis 4,0 m tief bei einer Mindestbreite von 1,80 m; kleinster Kurvenradius 1000 m; mittlere Strömungsgeschwindigkeit 1,6 m/s.

3.3.1.3 Hochwasserschutz

Die Deiche der Donau und ihrer Nebenflüsse schützen auf der tschechoslowakischen Seite mehr als 200 000 ha und auf der ungarischen etwa 40 000 ha. Der Hochwasserschutz verschlechtert sich jedoch von Jahr zu Jahr, weil sich der Wasserspiegel durch die Geschiebeablagerungen ständig erhöht. Bauliche Unterhaltung und ständige Anpassung wäre schwierig und teuer.

Die Gefahr von Überschwemmungen wird durch den Bau der Staustufen gebannt, die das Hochwasser gefahrlos abführen können. Einerseits sind die Deiche ausreichend hoch bemessen, andererseits verbessert die Vertiefung des Strombetts unterhalb der Staustufen die Abflußsituation. Bei Gabcikovo ergibt sich eine besonders günstige Situation, da sowohl die Kraftwasserstraße als auch das alte Bett der Donau Hochwasser abführen können.

3.3.1.4 Stromregulierungen

Die Donau tritt bei Bratislava in das Flachland ein. Damit sinkt die Stromgeschwindigkeit, Geschiebe lagert sich ab und veranlaßt den Strom zu dauernden Umlagerungen. Die Aufrechterhaltung der Schiffbarkeit erfordert auf der 70 km langen Strecke bis Gönyü ständig Stromregulierungen und Baggerungen, ohne daß Schwierigkeiten für die Schiffahrt zu Niedrigwasserzeiten verhindert werden können. Dies wird sich durch den Bau der beiden Staustufen grundlegend bessern.

3.3.1.5 Regionalentwicklung

Durch das Projekt wird das Abflußverhalten des Stroms verändert. Damit ändern sich auch seine Auswirkungen auf die umliegenden Gebiete, womit folgende Vorteile verbunden sind:

- Entwicklung einer leistungsfähigen Wasserversorgung für Bevölkerung, Industrie und Bewässerung landwirtschaftlicher Flächen,
- die großen Wasserflächen der Stauhaltungen und das alte Donaubett begünstigen Freizeit und Erholung und verbessern das Kleinklima,
- es wird eine vorteilhafte Wirkung auf die wirtschaftliche Entwicklung der Region erhofft.

3.3.2 Beschreibung des Projektes

3.3.2.1 Topografie und geologische Randbedingungen

Wie oben beschrieben, tritt die Donau bei Bratislava in flaches Land und teilt sich in mehrere Arme auf. Unterhalb der Enge von Nagymaros schließt sich die Tiefebene von Pest an. Die Donau durchfließt beckenartige, von Gebirgszügen eingesäumte Formationen. Diese bestehen zu unterst aus Ton, sandigem Ton und Sanden, darüber abgelagertes Geschiebe – Kiese und Sande – aus dem Pleistozän und Holozän. Die Mächtigkeit der Kiesschicht ist im Zentrum des Beckens mit 600 m am größten, während sie am Rande in den oberen Bereichen 12 m – 15 m und in den unteren 8 m – 30 m stark ist.

3.3.2.2 Die Stauhaltung bei Hrusov-Dunakiliti

Sie liegt zum größten Teil im bisherigen Überflutungsgebiet und erstreckt sich bis Bratislava. Das Stauziel liegt auf der Bezugshöhe von 131,20 mB. Das Arbeitsvolumen, bezogen auf 1 m Spiegeldifferenz ist 49 Mio. m^3. Das Gesamtvolumen der Stauhaltung beträgt 200 Mio. m^3. Die Bewirtschaftung der Stauhaltung ermöglicht den Ausgleich der täglichen Abflußschwankungen (Abb. 34).

Die Dämme bestehen aus Kies mit einer inneren Tondichtung. Die Uferböschung ist durch Betonsteine gesichert. Wasserseitig des Damms ist auf einer Breite von 20 m – 150 m eine Dichtungsschicht aufgebracht, um die Sickerwassermengen zu begrenzen. Das landseitig durchtretende Sickerwasser wird in Auslässen und Entwässerungskanälen gefaßt und fließt über Sammelkanäle zur Donau. Erwartete Sickerwassermenge: 40 m^3/s. Die Spiegelhöhe der Entwässerungskanäle wird durch Wehre geregelt. Auf der Krone der Dämme befindet sich ein 5 m breiter Unterhaltungsweg. Es sind Abweiser eingebaut, um die Eisabfuhr zu erleichtern.

3.3.2.3 Das Wehr bei Dunakiliti

Das Bauwerk liegt bei Strom-km 1842 (Abb. 35) und hält ein Stauziel von 131,20 mB. Es muß außerdem die Wassermengen abführen, die das Kraftwerk Gabeikovo nicht verarbeiten kann. Das Wehr ist bemessen für Wassermengen von 3110 m^3/s bei 1 % Auftretenswahrscheinlichkeit, 6360 m^3/s bei 0,1 % und 9730 m^3/s bei 0,01 %. Die sieben Öffnungen im Damm sind je 24 m breit und mit ölhydraulisch angetriebenen Segmenttoren verschlos-

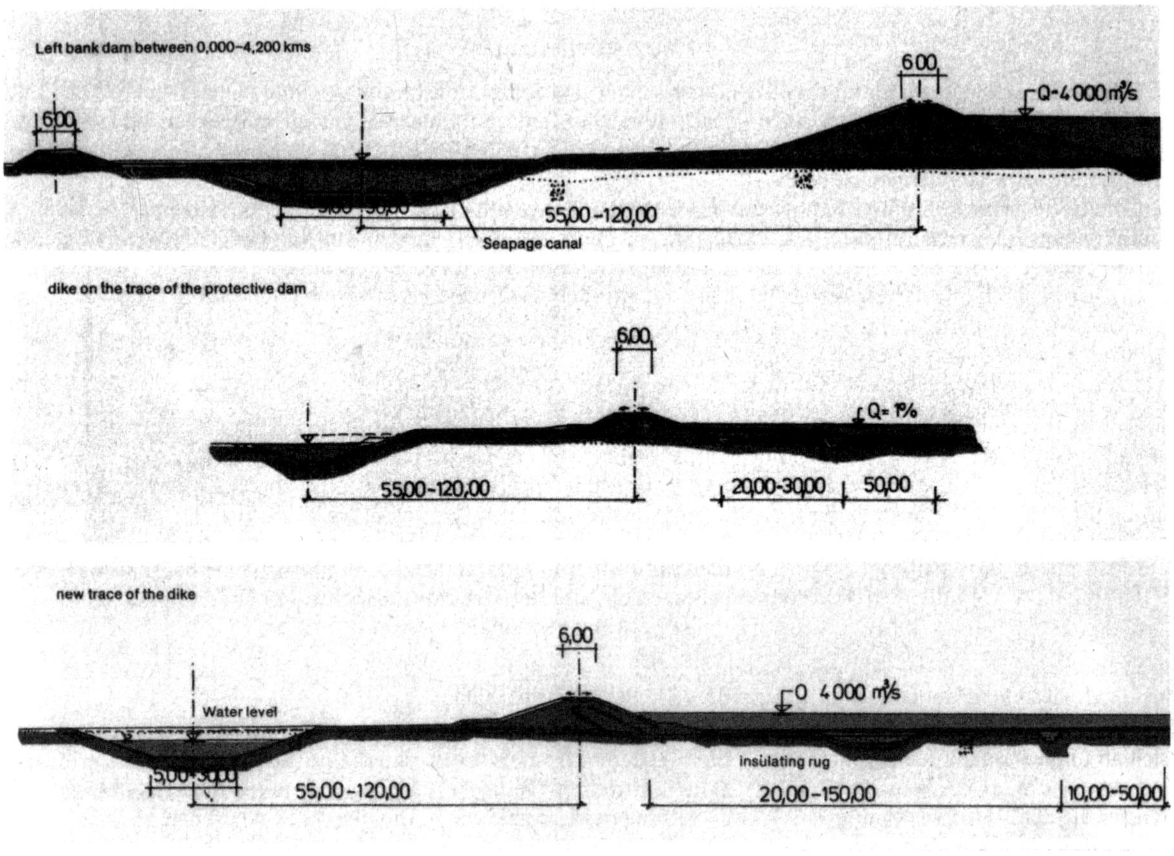

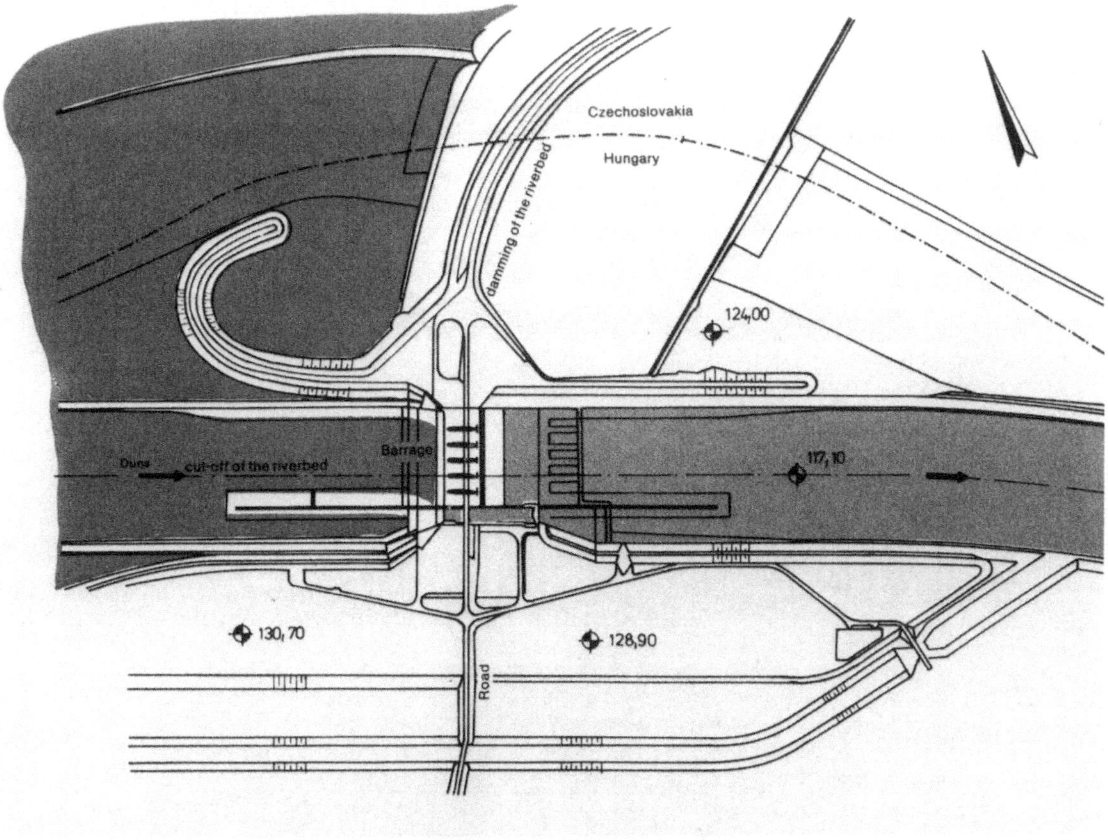

Abb. 35. Lageplan der Wehranlage Dunakiliti

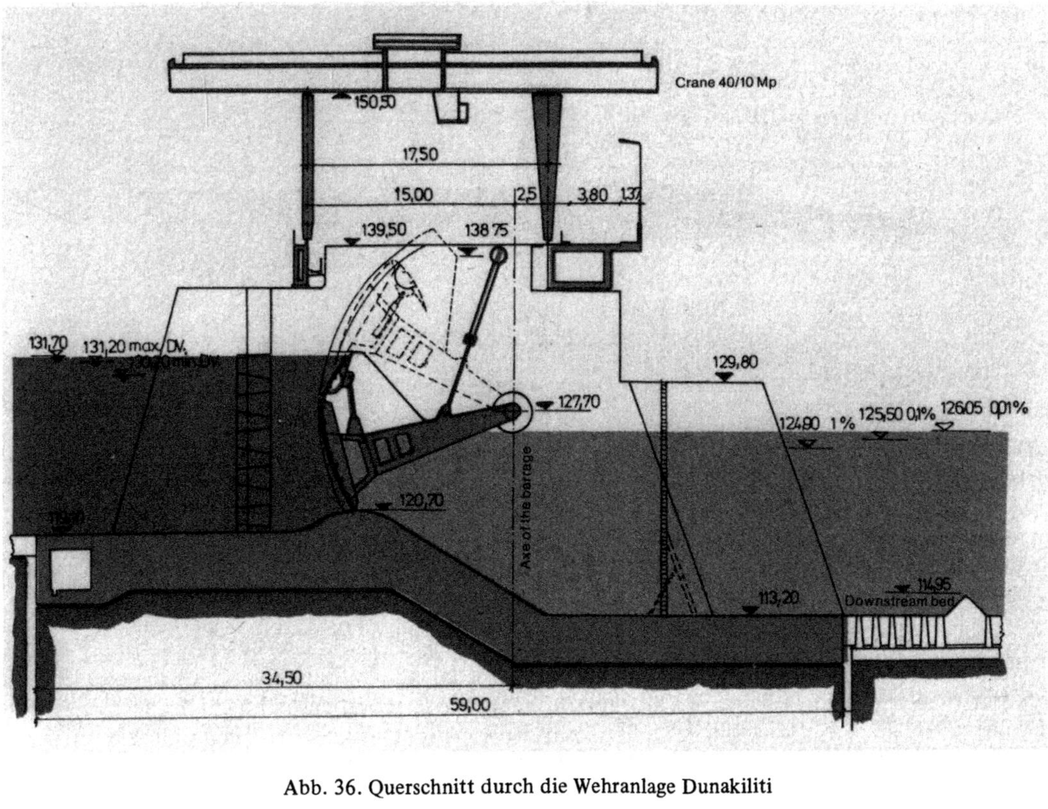

Abb. 36. Querschnitt durch die Wehranlage Dunakiliti

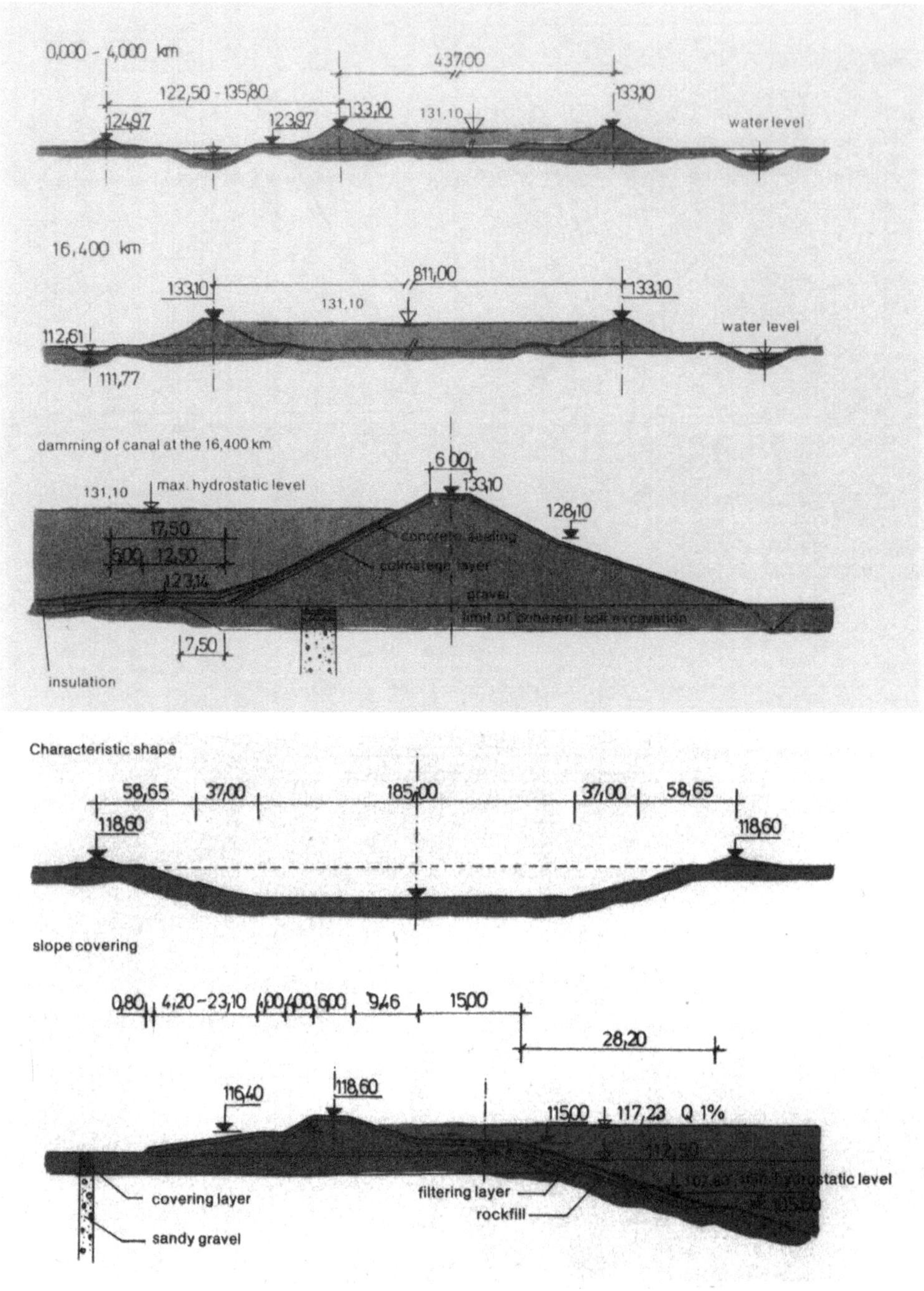

Abb. 37. Charakteristische Querschnitte des Umleitungskanals

sen (Abb. 36). Die Sohlsicherung besteht aus Stahlbeton und ist gegen Unterläufigkeit gesichert. Im unterstromigen Bereich schließen sich Strecken mit Betonsteinen und Gesteinsbrocken an. Über die Sperre verlaufen ein Dienststeg sowie Spuren für zwei Bockkräne. Die rechte Öffnung dient während der Bauzeit provisorisch als Schiffsschleuse mit nutzbaren Kammerabmessungen von 24 m x 125 m. Auf der linken Seite des Wehrs ist eine Turbine mit einer Schluckleistung von 30 m^3/s eingebaut. Zu diesem Bauwerk gehören noch ein Überwinterungshafen, Dienst- und Wohngebäude sowie eine Straße, die zum Dorf führt.

3.3.2.4 Der Umleitungskanal

Er beginnt bei Dunakiliti, ist 25,2 km lang und dient sowohl als Schiffahrtskanal als auch der Abführung von Hochwasser (max. 4000 m^3/s bei 1,3 m/s) und der Energieerzeugung. Ungefähr auf halber Strecke steht das Wasserkraftwerk Gabcikovo. Der oberstromige Teil des Kanals ist 17 km lang. Die Sohlbreite variiert mit der zunehmenden Wassertiefe und nimmt von 542,5 m auf 267,5 m ab, erweitert sich aber vor dem Kraftwerk

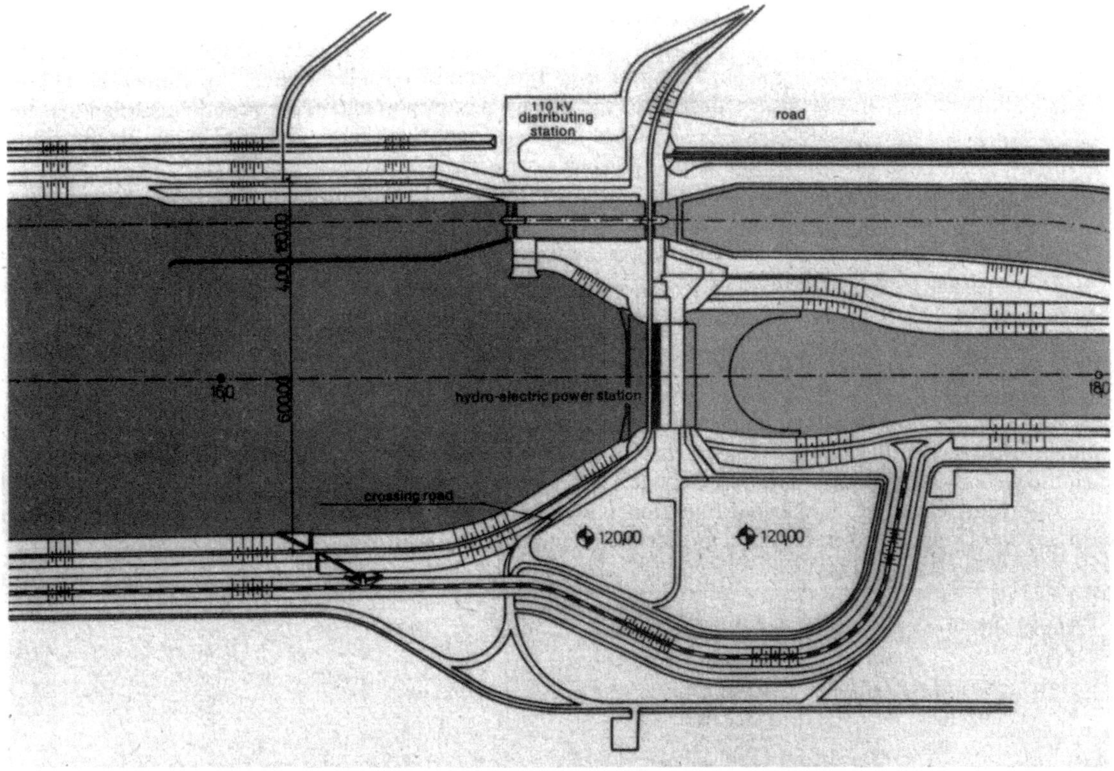

Abb. 38. Lageplan der Wasserkraftanlage und Schleuse Gabcikovo

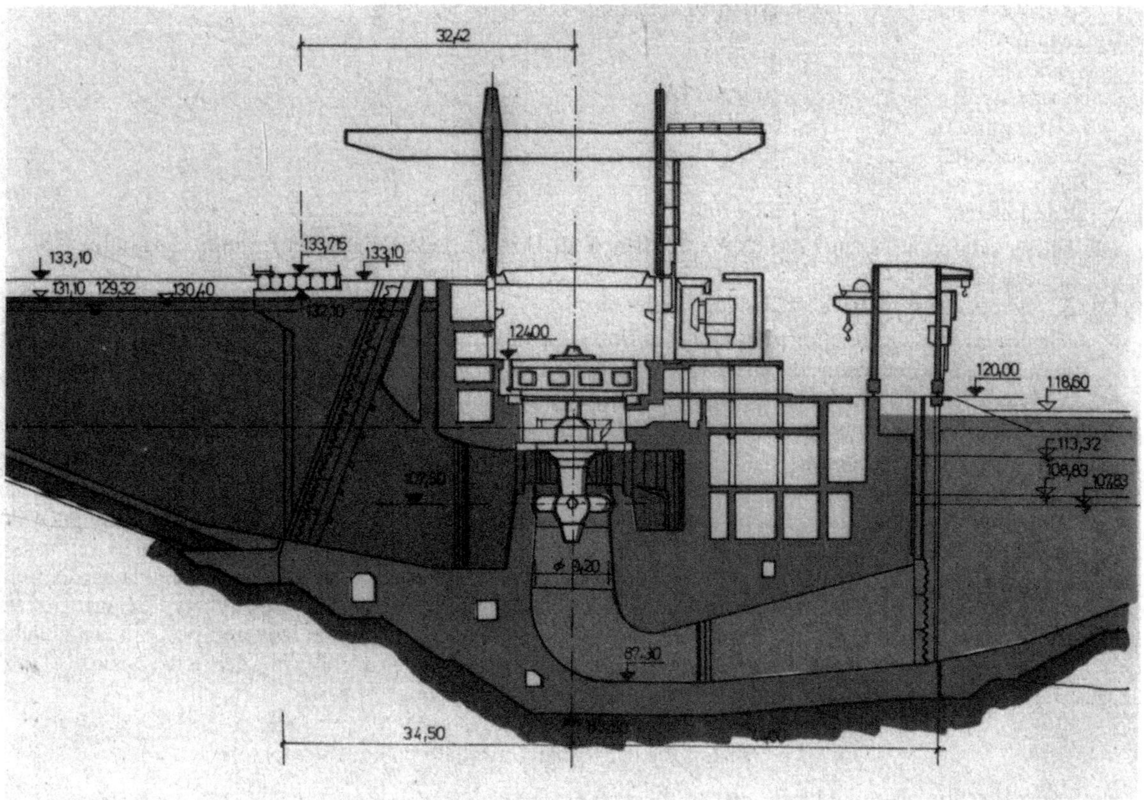

Abb. 39. Querschnitt durch das Maschinenhaus der Wasserkraftanlage Gabcikovo

Gabcikovo auf 730 m für 5 km Länge (Abb. 33). Mit dieser Formgebung soll die Fortpflanzung von Wasserspiegelschwankungen, die sich bei Spitzenbetrieb des Kraftwerks ergeben, verhindert werden.

Die Krone der Dämme liegt 18 m über Gelände und 2 m über dem statischen Wasserspiegel. Die Dämme bestehen aus Kies mit wasserseitiger Dichtungsschürze. Ein Beton-Deckwerk sichert die Böschung. Die Sohldichtung übernimmt der anstehende verdichtete Ton, der wiederum von einer 50 cm starken Kiesschicht insbesondere gegen Ankerwurf geschützt ist. Die Kieslage ist durch Asphalt gesichert. Das durch den Damm tretende Sickerwasser wird in Brunnen gesammelt und über Kanäle abgeführt (Abb. 37).

Der unterstromige Teil des Kanals hat eine Länge von 8,2 km. Er beginnt beim Kraftwerk Gabcikovo und erreicht die Donau bei Palkovicsovo. Sohlbreite ist 186 m, Sohlenlage 18 m unter Gelände. Der Kanal ist auf beiden Seiten von Dämmen eingefaßt. Böschungssicherung erfolgt durch eine 70 cm starke Gesteinsschicht auf 50 cm Filtermaterial. Ober- und unterstromiger Teil wurden gleichzeitig gebaut, um weitgehenden Massenausgleich zu erzielen.

3.3.2.5 Wasserkraftwerk und Schleuse Gabcikovo

Diese Bauwerke werden in Höhe von Strom-km 1821,0 errichtet. Das Wasserkraftwerk, das den Höhenunterschied ausnutzt, befindet sich auf der rechten Seite des Kanals, die Schleuse als By-Pass für die Schiffahrt auf der linken. Dazwischen liegen die 400-kV-Schaltanlage, die Verwaltung und die Nebengebäude (Abb. 38). Eine Straßenbrücke von 10 m Breite führt über Schleuse und Kraftwerk. Der Baugrund besteht aus sandigem Kies. Da er sehr wasserdurchlässig ist, wird er mit Injektionen und Schlitzwänden gedichtet. Das Maschinenhaus (Abb. 39) besteht aus vier Doppelblöcken für die acht aufzunehmenden Einheiten.

Hauptdaten des Kraftwerkes:

a) Turbinen

Stückzahl	8
Typ	Kaplan
Durchmesser-Laufrad	9200 mm
Nenndrehzahl	68,2 min^{-1}
Grenzdrehzahl	188 min^{-1}
Leistung max.	90 MW
Arbeitshöhen	23,40 m – 16,00 m
Mindestarbeitshöhe	11,81 m
Schluckmengen	420 m^3/s – 651 m^3/s

b) Generatoren

Stückzahl	8
Nennleistung	100/90 MW
Leistungsfaktor	0,9
Nennspannung	15,75 kV ± 5 %
Nennfrequenz	50 s^{-1}
Nenndrehzahl	68,2 min^{-1}.

Die Hilfsgeneratoren leisten 1700 kVA und dienen als Erreger für die Hauptgeneratoren. Spannung = 380 V ± 5 %, Leistungsfaktor = 0,4.

Das Kraftwerk speist in die Netze beider Länder ein:

- 6 Generatoren sind zusammengeschaltet in Doppeleinheiten. Sie versorgen über 3-Phasen-Transformatoren die ungarisch-tschechoslowakische 400-kV-Freiluftleitung zwischen Podunajské Biskupice und Györ;
- 2 Generatoren sind auf das tschechoslowakische 110-kV-Netz geschaltet;
- es kann eine Verbindung zwischen beiden Netzen hergestellt werden.

Das Kraftwerk arbeitet computergesteuert und vollautomatisch. Es ist mit zwei Portalkränen mit einer Tragkraft von je 275/50 Mp und zwei kleineren mit je 32/8 Mp ausgerüstet. Die beiden Schleusen liegen auf dem linken Ufer direkt nebeneinander (Abb. 40) und haben eine Hubhöhe von 23,60 m. Kammerabmessungen sind je 34 m x 275 m. Geringste Tiefe über Drempel ist 4,50 m. Beide Kammern sind untereinander so verbunden, daß sie auch als Doppelschleuse gefahren werden können. Die Füll- und Entleerungskanäle laufen längs der Sohle mit Verbindung zum Ober- bzw. Unterwasser. Das Oberhaupt wird von einem versenkbaren Segmenttor verschlossen. Die Vorhäfen sind 160 m breit. Der obere ist 797 m, der untere 1072 m lang und sind mit den üblichen Leiteinrichtungen ausgerüstet. Alle Schiffahrtsbewegungen werden vom Kontrollturm, der in der Nähe des Unterhaupts steht, gesteuert. Eine Gesamtansicht des geplanten Bauwerks zeigt Abb. 41.

3.3.2.6 Vertiefung der Donau unterhalb Palkovicsovo

Unterhalb der Einmündung des Kanals in die Donau ist eine Vertiefung vorgesehen, um das nutzbare Gefälle des Wasserkraftwerkes zu vergrößern und für die anschließende 20 km lange Strecke die nötige Wassertiefe für die

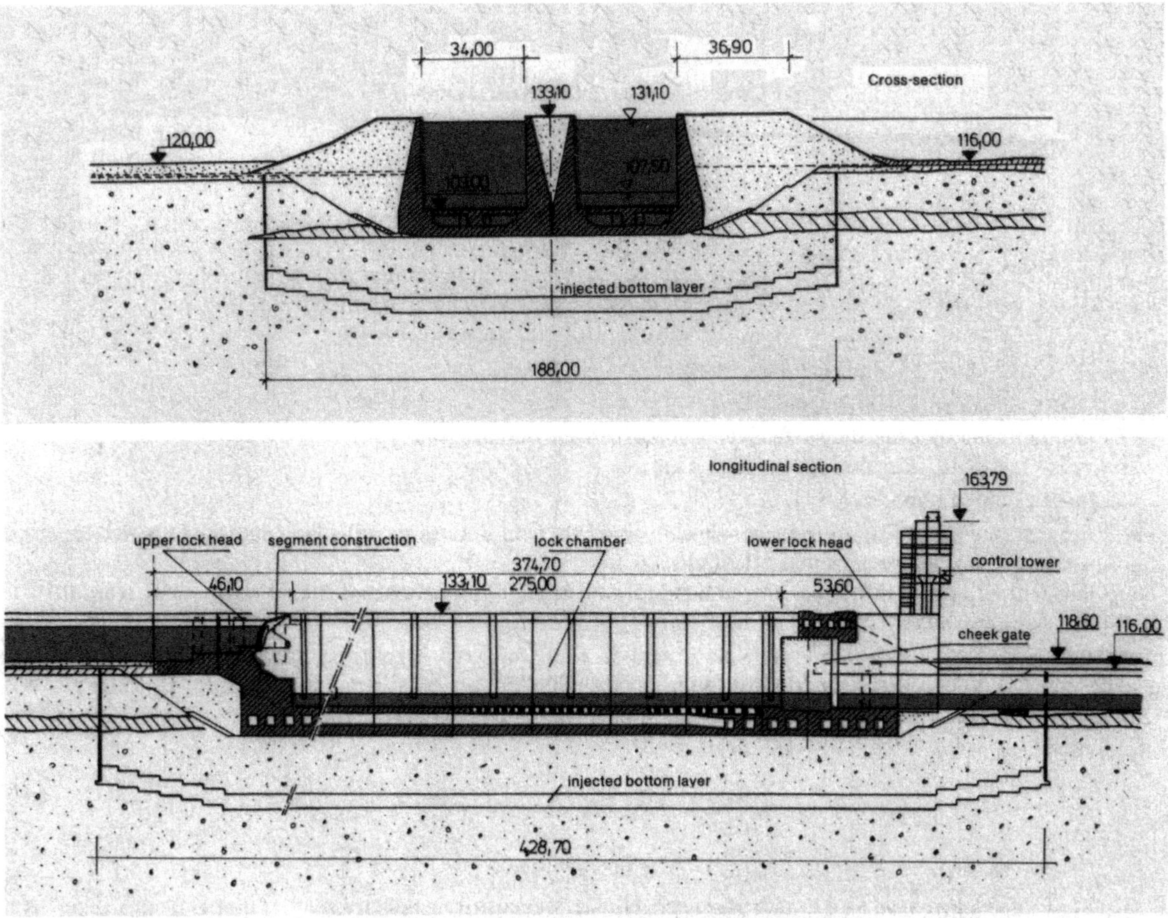

Abb. 40. Quer- und Längsschnitt durch die Schleuse Gabcikovo

Schiffahrt zu gewährleisten. Die zu vertiefende Strecke ist 250 m – 280 m breit; insgesamt fallen 20,5 Mio. m^3 Baggergut an.

3.3.2.7 Regulierung des alten Donaubetts

Das alte Donaubett unterhalb der Sperre bei Dunakiliti (Abb. 33) wird weiterhin eine Rolle spielen, und zwar insbesondere im Abführen von Eis und Geschiebe aus der Staustufe. Die natürlichen Bedingungen und damit die Fähigkeit zur Wasserabfuhr sollen möglichst erhalten bleiben, so daß regelmäßige Unterhaltung erforderlich bleiben wird.

Abb. 41. Gesamtdarstellung der Wasserkraftanlage und Schleuse Gabcikovo

3.4 Die Staustufe Nagymaros*

Oberbaurat Dipl.-Ing. **Dirk von Harlem**, Hamburg

3.4.1 Einleitung

Die Staustufe Nagymaros dient der Donauregulierung auf dem etwa 136 km langen Abschnitt zwischen Györ (Raab) und Budapest und schafft gleichzeitig die optimalen Voraussetzungen für die energetische Nutzung der davorliegenden Staustufe Gabcikovo. Mit ihrem Bau wurde kürzlich begonnen. Wie auch die vorstehend beschriebenen Anlagen von Gabcikovo wurde bzw. wird auch dieses Vorhaben von der Firma Oviber, der nationalen ungarischen Gesellschaft für hydraulische Projekte, geplant und verwirklicht.

Die Hauptaufgaben der Staustufe Nagymaros sind:

- Gewährleistung des vorgeschriebenen Staues,
- in Zusammenarbeit mit der Staustufe Gabcikovo: Energieerzeugung,
- wasserwirtschaftliche, infrastrukturelle Aufgaben.

Die wichtigsten Bauten (Abb. 42) sind:

- die Schutzanlagen an den Ufern auf tschechoslowakischem und ungarischem Gebiet (die Donau bildet hier die Grenze zwischen den beiden Staaten) sowie
- die eigentliche Staustufe mit Stauwehr, Wasserkraftanlage und Doppelschiffsschleuse sowie den erforderlichen Betriebsanlagen am Ufer und im Flußbett.

Im Durchflußbereich bis zu 6000 m^3/s hält die Staustufe, von den jeweils ankommenden Durchflüssen abhängig, verschiedene Stauhöhen. Bei Durchflüssen über 6000 m^3/s wird der Stau eingestellt und das Hochwasser nach Öffnen der Wehranlage abgeleitet. Die Staustufe ist auch imstande, das Eis abzuleiten.

3.4.2 Grunddaten

3.4.2.1 Ingenieurgeologie

Die Staustufe Nagymaros wird an der engsten Stelle der bogenförmigen Schwelle des ungarischen Donautales, im sog. Engpaß von Visegrad, besser noch als Donauknie bekannt, erbaut (Abb. 43). Das Grundgestein bilden mächtige tonig-mergelig-sandsteinige Schichten aus dem Oligozän, die während des Miozäns von Andesit-Ein-

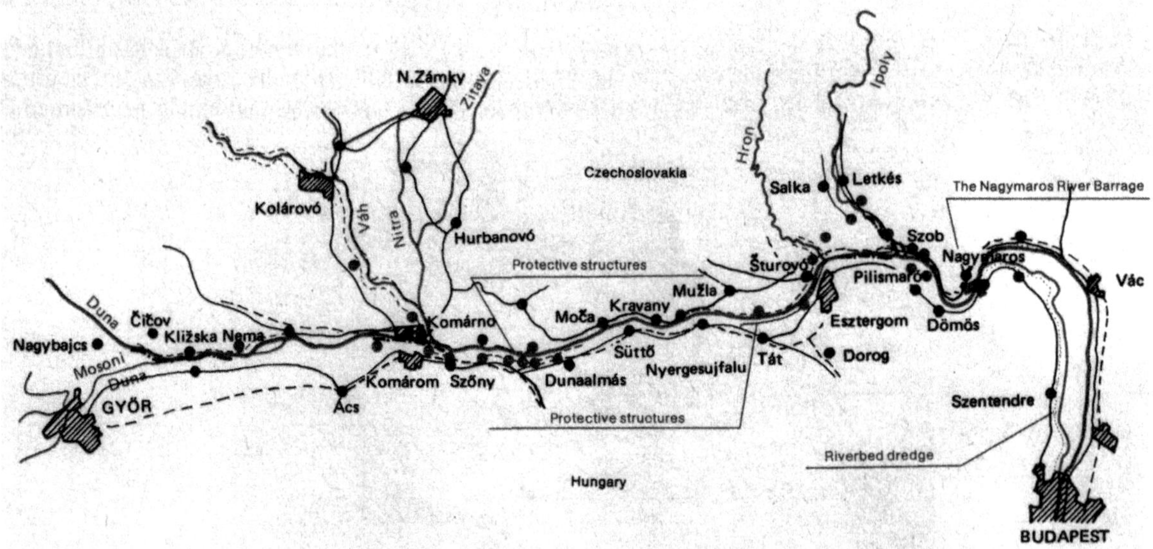

Abb. 42. Generalplan der Nagymaros Staustufe; Duna = Donau; protective structures = Hochwasserschutzmaßnahmen, Eindeichungen; River barrage = Flußstaustufe; Riverbed dredge = Ausbaggerung des Flußbettes

* Zusammengestellt nach Unterlagen der Fa. Oviber, Budapest

Abb. 43. Das Donauknie bei Visegrád, Blick donauaufwärts. Vorn die Ortschaft Visegrád, am anderen Ufer Nagymaros. Der Leitdamm in der Mitte gehört bereits zu den Vorarbeiten der Staustufe (Aufnahme vom Mai 1984)

dringungen durchdrungen bzw. von der an die Oberfläche gelangenden Andesitlave und Tuffstreuung (Agglomerate) des angrenzenden Börzsöny- und Visegradi-Gebirges teilweise auch bedeckt wurden.

In der unmittelbaren Umgebung der Staustufe sind die mergeligen Oligozänsandsteine nur als kleinere Einlagerungen vorzufinden. Die Mehrheit der Gesteine bilden mehr oder weniger rissige Andesite und Tuffagglomerate. Die Gesamtheit der Gesteine wurde von den tektonischen Bewegungen stark in Anspruch genommen. Die Tektonik äußert sich einerseits in Form schärfer abgegrenzter Abgleitflächen, andererseits in Form bröckeliger Zonen mit weniger scharfen Flächen. Sämtliche Gebilde sind verhältnismäßig stark undurchlässigen Charakters. Zur Wasserbewegung kommt es lediglich in den Rissen. Ab und zu, insbesondere in den Andesiten mit Tuff-Agglomerat-Einlagerungen, trifft man auch Risse bedeutenden Ausmaßes. In der Gründungsfläche der Hauptobjekte der Staustufe kommen vom ingenieurgeologischen Standpunkt aus gesehen vier Gesteinstypen vor: Andesit, rissiger Andesit, Andesit mit Tuff-Agglomerat-Einlage und tonmergeliger Sandstein. Der Seismozitätsgrad des Gebietes liegt bei 6° MCS.

3.4.2.2 Hydrologie

Die wichtigsten hydrologischen Daten der Donau lauten aufgrund der seit 1872 geführten Aufzeichnungen des Pegels Nagymaros (Strom-km 1694,6)

vor Ausbau des Staustufensystems:	m^3/s
– Minimalabfluß	590
– Maximalabfluß	8 180
– Mittelabfluß in einem trockenen Jahr (1934)	1 685
Mittelabfluß in einem durchschnittlichen Jahr (1938)	2 350
Mittelabfluß in einem wasserreichen Jahr (1910)	3 261
– 0,01 prozentiger Hochwasserabfluß	11 100
– 0,1 prozentiger Hochwasserabfluß	10 000
– einprozentiger Hochwasserabfluß	8 700
– fünfprozentiger Hochwasserabfluß	7 650
– zehnprozentiger Hochwasserabfluß	7 100

nach Ausbau:	m^3/s
– 0,01 prozentiger Hochwasserabfluß	12 000
– 0,1 prozentiger Hochwasserabfluß	10 400
– einprozentiger Hochwasserabfluß	9 000
– fünfprozentiger Hochwasserabfluß	7 650
– Ausbauabfluß der Staustufe: $HQ_{0,1\,\%}$	10 400
– für die Umschließung des Baugeländes maßgebender Abfluß: $HQ_{5\,\%}$	7 650
– während des Baues der Umschließung maßgebender Abfluß	5 100

3.4.3 Allgemeine Betriebsbedingungen

3.4.3.1 Stau

Das Stauziel wird, in Abhängigkeit von den ankommenden Donauabflüssen, bei normalem Betrieb mit folgenden Werten charakterisiert:

- unter 1000 m^3/s: 107,83 m ü. NN;
- im Bereich von 1000 bis 2300 m^3/s: 107,83 m ü. NN, doch kann sich die Stauhöhe, infolge des Schwellbetriebes der Staustufe Gabcikovo und der von Nagymaros selbst, innerhalb des Bereichs von 107,15 bis 107,83 m ü. NN ändern;
- im Bereich von 2300 bis 3760 m^3/s sinkt die Stauhöhe von 107,83 m ü. NN allmählich bis 107,33 m ü. NN, wobei jedoch der infolge des Schwellbetriebes der zusammenarbeitenden beiden Staustufen auftretende niedrigste Wasserstand 107,15 m ü. NN bleibt;
- im Abflußbereich von 3760 bis 6000 m^3/s ist die Stauhöhe 107,33 m ü. NN;
- Überschreiten die Abflüsse den Wert von 6000 m^3/s, werden sämtliche Öffnungen des Stauwerkes völlig geöffnet.

3.4.3.2 Hochwasserableitung

Die Staustufe Nagymaros wurde für das alle 1000 Jahre einmal mit 0,1 prozentiger Wahrscheinlichkeit erwartete Hochwasser bemessen. Dies bedeutet, daß die Staustufe den 1000jährigen eisfreien Hochwasserabfluß von 10 400 m^3/s bei Freimachung sämtlicher für die Hochwasserableitung geeigneter Öffnungen – einschließlich aller Turbinen und der beiden Schleusenkammern – mit einem Wasserstand unter 107,65 m ü. NN ableiten kann. Den Abfluß 9000 m^3/s leitet die Staustufe, auch wenn eine der Kammerschleusen an der Ableitung nicht teilnimmt, unter dem Wasserstand 107,15 m ü. NN ab.

3.4.3.3 Eisverhältnisse und die Methode des Eisabflusses

Tritt Eisstand im Speicher von Nagymaros ein, muß der Stau in konstanter Höhe gehalten werden. Während dieser Periode arbeitet die Wasserkraftanlage in kontinuierlicher Betriebsweise. Erreicht die Dicke der Eisdecke im Speicher etwa 10 cm und überschreitet der mittlere Tagesabfluß die 1000 m^3/s, kann mit dem Schwellbetrieb der Wasserkraftanlage Nagymaros begonnen werden. Der Eisablaß erfolgt, nach allmählicher Einstellung des Staues, durch das Stauwehr. Der Eisablaß kann entweder bei permanenter oder bei nicht-permanenter Betriebsweise stattfinden.

3.4.4 Schiffahrt

3.4.4.1 Schiffahrt im provisorischen Flußbett während des Baues

Die Schiffahrt muß im Bereich zwischen dem Schiffahrts-Niedrigwasserstand 100,50 m ü. NN ($Q = 1046\ m^3/s$) und dem maximalen Schiffahrtswasserstand 104,49 m ü. NN ($Q = 5787\ m^3/s$) unter Berücksichtigung der folgenden Anforderungen gewährleistet werden:

- Mindesttiefe der Fahrrinne 2,50 m, Mindestbreite der Fahrrinne 180 m, minimaler Krümmungsradius 750 m.

Im provisorischen Flußbett kann dabei die vom Gesichtspunkt der Schiffahrt geduldete höchste Wassergeschwindigkeit von 3,2 m/s ausnahmsweise für eine kürzere Periode von zwei bis drei Tagen bis 3,8 m/s erhöht werden.

3.4.4.2 Schiffahrt während der Inbetriebnahme

Unter Inbetriebnahme wird die Periode verstanden, während der die Schiffahrt vom provisorischen Flußbett zur Kammerschleuse hinübergeleitet wird, es aber noch keinen Stau gibt und die Stauproben durchgeführt werden.

Kennzeichnende Wasserstände sind dann die folgenden:

- Niedrigster Schiffahrtswasserstand: 100,30 bis 100,50 m ü. NN im Oberwasser
- Höchster Schiffahrtswasserstand: 104,49 m ü. NN im Oberwasser
- Niedrigster Schiffahrtswasserstand: 99,25 m ü. NN im Unterwasser
- Höchster Schiffahrtswasserstand: 104,13 m ü. NN im Unterwasser

3.4.4.3 Schiffahrt im Betriebszustand

Zwischen den Abflüssen 1046 m^3/s und 5767 m^3/s unterliegt die betriebsmäßige Schiffahrt keinen Einschränkungen. Bei Wasserständen oberhalb des genannten Bereichs kann die Schiffahrt mit Begrenzungen des Leerprofils fortgesetzt werden.

Die kennzeichnenden Wasserstände sind die folgenden:
- Höchste Stauhöhe: 107,83 m ü. NN im Oberwasser
- Niedrigste Stauhöhe: 107,15 m ü. NN im Oberwasser (nur während einer kurzen Zeitspanne bei Schwellbetrieb)
- Niedrigster Schiffahrtswasserstand: 99,25 m ü. NN im Unterwasser
- Höchster Schiffahrtswasserstand: 104,13 m ü. NN im Unterwasser.

3.4.5 Standort der Staustufe

Der Standort der Staustufe wurde von Gesichtspunkten des Siedlungswesens, der Geographie, des Längsschnittes und der Geologie bestimmt. Die Staustufe Nagymaros wird im Flußkilometer 1.696 zwischen den Gemeinden Nagymaros und Visegrád von Nagymaroser, d. h. nördlichen Donauufer, aus erbaut. An beiden Ufern führen Hauptverkehrsstraßen unmittelbar an der Staustufe vorbei. Die über der Staustufe vorgesehene zweispurige Straßenbrücke bringt gleichzeitig eine ständige Verbindung zwischen den beiden Straßen und verbessert die Verkehrssituation entscheidend, da bislang nur wenige Brücken die beiden Donauufer zwischen Budapest und Nagymaros verbinden. Die Eisenbahnstation von Nagymaros schließt die Staustufe unmittelbar an die internationale Eisenbahnlinie Budapest–Szob–Preßburg an; am Bahnhof wird ein Be- und Entladegleis für die Anlage errichtet.

Der Bau der Staustufe erfolgt in offener Baugrube mit Grundwasserabsenkung. Der Schutzrunddeich der Baugrube ist mit dem linken Donauufer verbunden. Während des Baus wird das Flußbett provisorisch an das südliche Ufer verlegt. Die Flachgründung der Staustufe erfolgt auf einer unterfütterten Steinunterlage.

3.4.6 Anordnung, Anlagen

Neben dem Ufer von Nagymaros wird die Doppelschiffschleuse errichtet, an das Visegráder Ufer das Stauwehr angeschlossen und dazwischen, in der Mitte des Flußbettes, die Wasserkraftanlage erbaut. Die dem Betrieb der Staustufe dienenden Anlagen (Basishafen, Betriebshauptgebäude, Energieversorgung, Notenergieversorgung, Anlagen der Öl- und Treibstoffversorgung, Heizwerk, Bereitschaftswohnsiedlung und Freiluftschaltraum für die

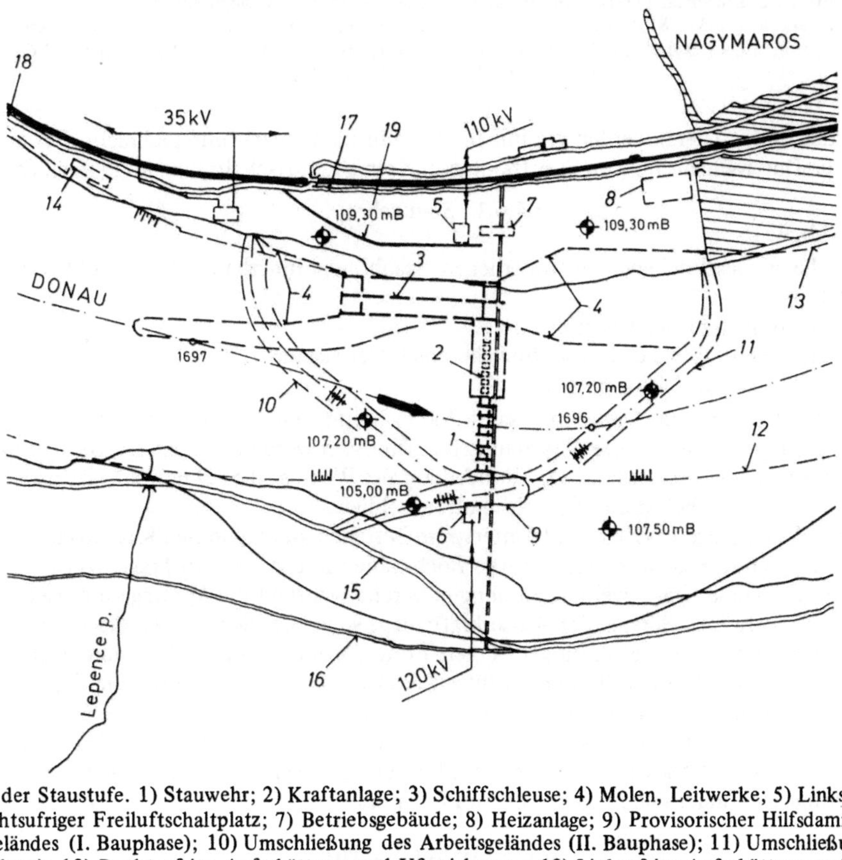

Abb. 44. Lageplan der Staustufe. 1) Stauwehr; 2) Kraftanlage; 3) Schiffschleuse; 4) Molen, Leitwerke; 5) Linksufriger Freiluftschaltplatz; 6) Rechtsufriger Freiluftschaltplatz; 7) Betriebsgebäude; 8) Heizanlage; 9) Provisorischer Hilfsdamm der Umschließung des Arbeitsgeländes (I. Bauphase); 10) Umschließung des Arbeitsgeländes (II. Bauphase); 11) Umschließung des Arbeitsgeländes (III. Bauphase); 12) Rechtsufrige Aufschüttung und Ufersicherung; 13) Linksufrige Aufschüttung und Ufersicherung; 14) Basishafen; 15) Hauptverkehrsstraße Nr. 11; 16) Verlegte Strecke der Hauptverkehrsstraße Nr. 11; 17) Verlegte Strecke der Hauptverkehrsstraße Nr. 12; 18) Hauptverkehrsstraße Nr. 12; 19) Auszubauendes Anschlußgleis

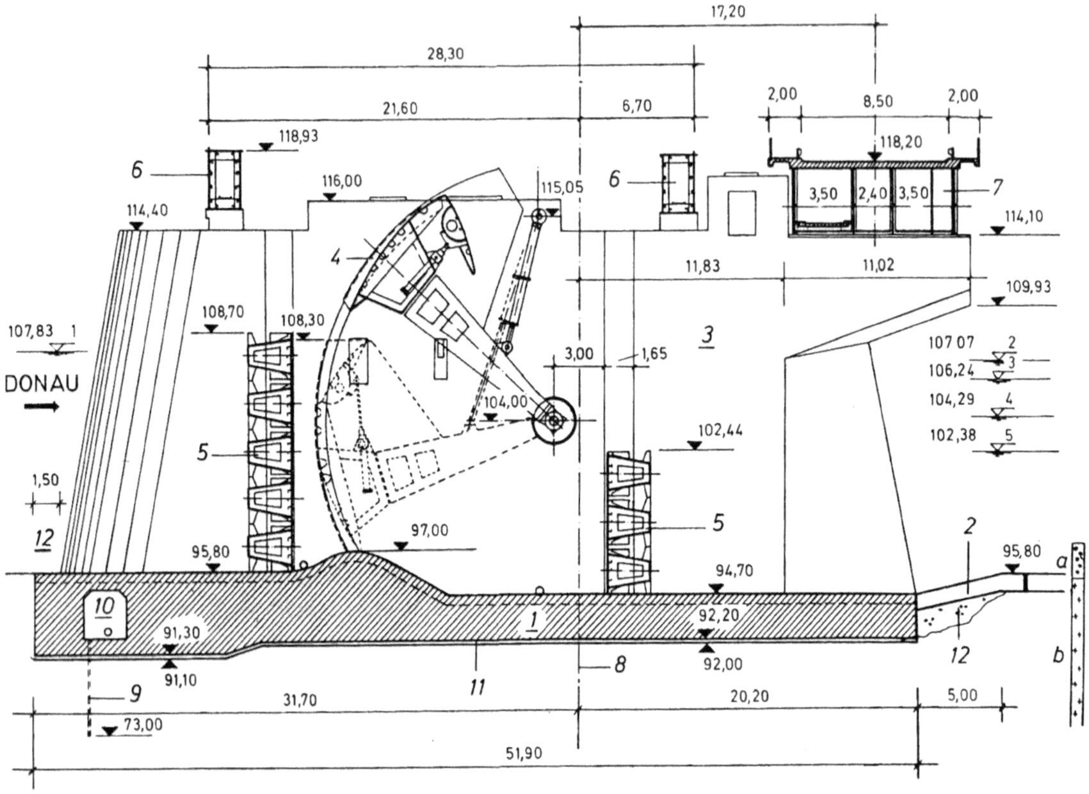

Abb. 45. Hauptabschnitt des Stauwehres. 1) Grundplatte; 2) Tosbecken; 3) Pfeiler; 4) Segmenttafel; 5) Provisorischer Verschluß; 6) Kranbahnträger; 7) Verkehrsbrücke; 8) Achse der Staustufe; 9) Injektierungsvorhang; 10) Entwässerungstunnel; 11) Unterbeton; 12) Ausfüllungsbeton; a Kies; b Andesit; 1 Höchster gestauter Wasserstand; 2 $Q_{0,1\,\%} = 10\,400\ m^3/s$; 3 $Q_{1\,\%} = 9000\ m^3/s$; 4 $Q = 6000\ m^3/s$; 5 $Q = 3760\ m^3/s$

Energieversorgung des linken Ufers) werden am linken, d. h. nördlichen Ufer untergebracht. Für das rechte Ufer ist eine Anlage für die Durchschleusung von Sportbooten und ein Freiluftschaltraum vorgesehen (Abb. 44).

3.4.6.1 Stauwehr

Das Stauwehr (Abb. 45)

- gewährleistet die vorgeschriebenen veränderlichen Stauhöhen innerhalb des Abflußbereiches zwischen NNQ und 6000 m^3/s;
- reguliert die Ableitung des Hochwassers;
- gewährleistet die Ableitung des Eises vom Speicher ins Unterwasser;
- ermöglicht die Ableitung des Schwemmsels.

Das sich am rechten Ufer anschließende, insgesamt 200 m breite Stauwehr verfügt über sieben jeweils 24 m breite Öffnungen, die durch Segmentwehre ölhydraulisch geschlossen werden können. Die Segmentwehre wiederum sind noch durch Klappenwehre ergänzt. Das Fundament des Wehres ist 51,9 m breit, das nachfolgende Tosbecken 85 m, dem sich noch ein befestigter Flußabschnitt anschließt.

Die provisorischen Verschlüsse in Ober- und Unterstrom bestehen aus stählernen Kastenträger-Querschotten, die von zwei über die gesamte Staustufe verfahrbaren Bockkränen mit je 125 Mp Tragkraft und 28,3 m Spannweite eingesetzt werden. Diese Kräne werden im übrigen bereits während der Montage eingesetzt und können auch für Unterhaltungsarbeiten im Bereich der Wasserkraftanlage sowie der Schleuse eingesetzt werden.

Die Pfeiler sind 4 m breite Stahlbeton-Blöcke, deren Form mittels hydraulischer Modellversuche ermittelt wurde. In die Pfeiler eingebaut werden die Zapfenstützen des Hauptverschlusses sowie die Zapfen der bewegenden Arbeitszylinder. Im oberen Teil eines jeden Pfeilers befinden sich die Räume für die technischen Einrichtungen, die Maschinenkammer für die Energieversorgung der Bewegungseinrichtungen, der elektrische Schaltraum, der Raum des Heiztransformators sowie der Bedienkorridor der Verriegelungseinrichtungen. Der Abgabeschacht des Entwässerungstunnels befindet sich hingegen in der Pfeilernase.

3.4.6.2 Wasserkraftanlage

Die 170 m lange und im Fundament 86,2 m breite Wasserkraftanlage (Abb. 46) weist sechs horizontale Rohrturbinen mit vierblätterigen Schaufelrädern und integriertem Generator auf, die jeweils in Doppelblöcken

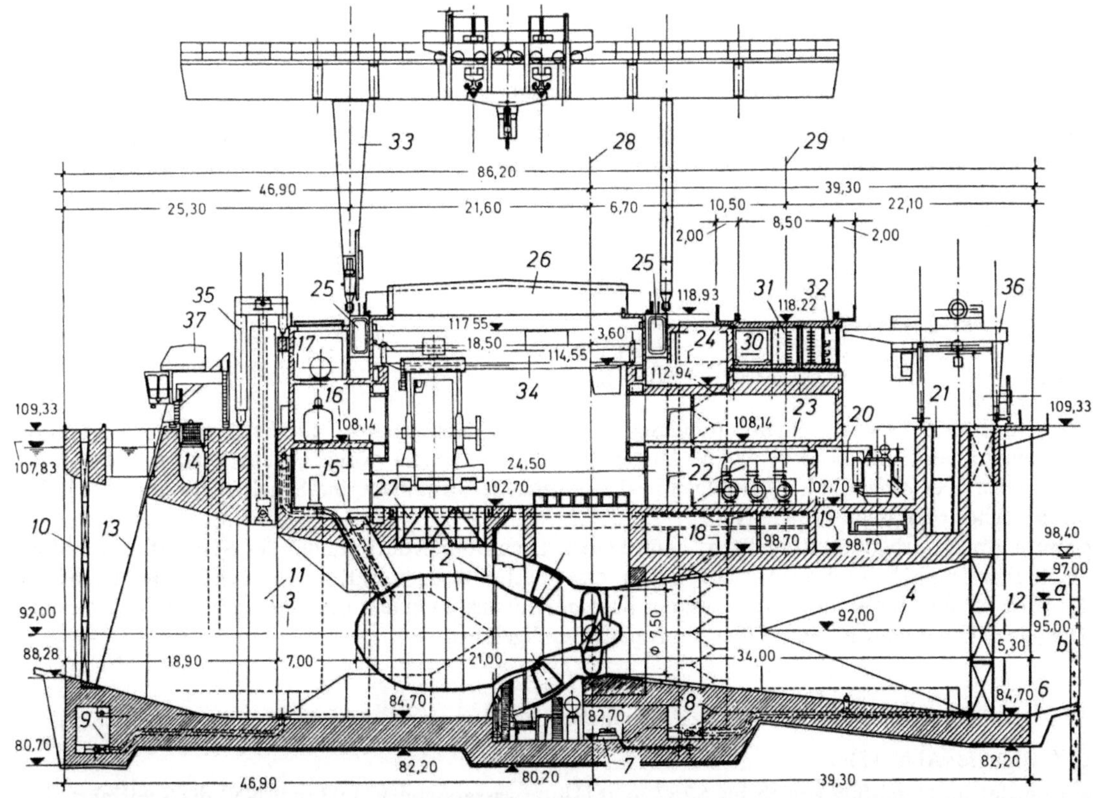

Abb. 46. Hauptschnitt der Wasserkraftanlage. 1) Turbine; 2) Hydrogenerator; 3) Vorkanal; 4) Saugrohr (das Niveau der Turbinenachse kann noch geändert werden); 5) Vorboden; 6) Sturzbett; 7) Pumpenraum für Schmieröl- und Destillierwasserversorgung; 8) Entwässerungskorridor; 9) Injektierungskorridor; 10) Provisorischer Oberwasserverschluß; 11) Schnellverschluß an der Oberwasserseite (kann auch an der Unterwasserseite angewandt werden); 12) Provisorischer Unterwasserverschluß; 13) Rechen im Vorkanal; 14) Schwemmselkanal; 15) Raum für Wärmeaustauscher, Filter und Kühlwasserpumpen; 16) Ölkompressorraum; 17) Raum des Preßölbehälters; 18) Rohr- und Kabelboden; 19) Kabelboden; 20) Transformatorraum; 21) Speicherraum der Unterwasserdammbalken; 22) Raum für den Ventilator der Mantelbelüftung; 23) Schaltraum; 24) Belüftungsmaschinenräume; 25) Kranbahnträger; 26) Rollbare Dachkonstruktion; 27) Decke der Abgabeöffnung des Generators; 28) Mittellinie des Laufrades; 29) Achse der Verkehrsbrücke; 30) Verkehrskorridor der Verkehrsbrücke; 31) Korridor für öffentliche Werke in der Verkehrsbrücke; 32) Kabelkorridor der Verkehrsbrücke; 33) Zwei Stück Freiluftbockkräne mit zwei Konsolen und 2 x 125 Mp Tragfähigkeit; 34) Zwei Stück Hallenlaufkräne mit Tragfähigkeit 35/5 Mp; 35) Tafelhubeinrichtung mit Tragfähigkeit 200 + 200 Mp (kann auch an der Unterwasserseite angewandt werden); 36) Zwei Stück Unterwasser-Bockkräne mit jeweils einer Konsole und Tragfähigkeit 50 + 50 Mp; 37) Rechenreinigungsmaschine; a) Kies; b) Andesit

zusammengefaßt sind und somit drei Einlaßöffnungen aufweisen. Der Achs-Abstand zwischen jeder Turbine beträgt 20 m, die Breite jeder Einlaßöffnung 41,0 m.

Der Schnellverschluß für das Oberwasser besteht für jede Einlaßöffnung aus einer Hubtafel, die von einem Halbportalkran mit 450 Mp Tragkraft eingesetzt und anschließend über elektro-ölhydraulische Zylinder abgesenkt wird. Es können jeweils zwei Hubtafeln gleichzeitig im Simultanlauf eingesetzt werden. Die Absperrung des Unterwassers erfolgt durch Dammbalken mit Hilfe von zwei Unterwasserbockkränen mit jeweils 100 Mp Tragfähigkeit. Die seitlichen Führungen der Dammbalkenverschlüsse sind so ausgelegt, daß hier auch die Hubtafeln des Oberwasserverschlusses eingesetzt werden können. Für Montage- und Reparaturarbeiten im Maschinenhaus stehen zwei Hallenlaufkräne mit 35/5 Mp Tragkraft zur Verfügung. Die Einführung von Bauteilen in das Maschinenhaus erfolgt durch das Rollschiebedach des Gebäudes mittels der beiden bereits erwähnten 125-Mp-Bockkräne.

Die technischen Daten der E-Ausrüstung lauten:

Turbinen:	
Anzahl	6
Durchmesser des Laufrades	7500 mm
Geschwindigkeit	62,5 U/min
maximale Geschwindigkeit	145 U/min
maximale Leistungsabgabe je Turbine	27,4 MW

mittlere Fallhöhe	6,8 m
Wasserdurchlauf am Laufrad und	
bei mittlerer Fallhöhe je Turbine	466 m^3/s
zulässige Fallhöhe für Turbinenarbeit	9,43 – 3,04 m.

Die Gesamtleistung der Anlage von 158 MW bei 2800 m^3/s Wasserdurchlauf kann in einem Durchschnittsjahr an 180 Tagen in einer fünfstündigen Spitzenzeit gefahren werden. Die mittlere jährliche Stromerzeugung beträgt 1025 GWh.

Generatoren:	
Anzahl	6
momentane Ausgangsleistung	27 MVA
nutzbare Ausgangsleistung	26,4 MW
Ausgangsspannung	6,3 kV ± 5 %
Frequenz	50 Hz.

Zwei Maschinensätze speisen einen dreiphasigen 63-MVA-Transformator, ein Satz einen zweiphasigen 31,5-MVA-Transformator mit 115 kV/6,3 kV Ausgangsspannung. Die zugehörige Freiluftschaltanlage auf dem rechten Ufer speist über zwei 120-kV-Leitungen in das ungarische Stromnetz, die Schaltanlage auf dem linken Ufer in das tschechoslowakische 110-kV-Netz.

Die gesamte Anlage arbeitet automatisch, kann jedoch auch vom Kontrollraum der Staustufe aus bedient werden. Zum Bautechnischen sei noch nachgetragen, daß die drei doppelten Rohrturbinen-Blöcke der Wasserkraftanlage und der Füllungs-Entleerungsblock der Kammerschleuse in einem gemeinsamen Baublock errichtet werden. Der ganze Unterbau wird ohne Dilatationsspalte durchgeführt.

3.4.6.3 Doppelschiffschleuse

Die Schiffschleuse (Abb. 47)

- gewährleistet im Durchflußbereich bis 5787 m^3/s (Unterwasserstand 104,93 m ü. NN) die Schiffahrt ohne Einschränkung;
- dient zusätzlich der Ableitung des eisfreien Hochwassers;
- gewährleistet in den Bereichen über 5787 m^3/s die Schiffahrt bei Einschränkungen des Leerprofils.

Die Abmessungen der Schleusenkammern werden entsprechend den „Normen“ der Donaukommission bestimmt von der Länge eines aus neun 1500-t-Schleppkähnen und einem Schlepper bestehenden Schleppzuges.

Die Hauptabmessungen der Kammerschleusen betragen:

– nutzbare Länge	275 m
– nutzbare Breite	2 x 34,0 m
– minimale Wassertiefe über der Schwelle:	
im Betriebszustand	4,5 m
während der Inbetriebsetzung	2,5 m
– maximale Höhe des Leerprofils über dem Schiffahrts-HHW	
im Betriebszustand	10 m
während der Inbetriebsetzung	7,5 m.

Das Schwellenniveau des oberen Kopfes liegt an der Oberwasserseite bei 97,80 m ü. NN. Die den oberen Kopf sperrende Segmenttafel kann so gesenkt werden, daß über der oberen Kante der Konstruktion auch bei minimaler Stauhöhe die vorgeschriebene Wassertiefe von 4,50 m zur Verfügung steht, so daß die obere Kante des gesenkten Segments sich am Niveau von 102,65 m ü. NN befindet. Während der Hochwasserableitung werden die Segmenttafeln so gehoben, daß das Niveau der unteren Kante der Konstruktion in der Höhe von 108,15 m ü. NN liegt. Die Segmenttafeln werden von elektro-ölhydraulischen Arbeitszylindern bewegt.

Das Niveau der Schwelle des unteren Kopfes liegt auf 94,75 m ü. NN, was durch die beim minimalen Schiffahrtswasserstand von 99,25 m ü. NN vorgeschriebene Wassertiefe von 4,50 m bestimmt wird. Die unteren Köpfe werden mit Stemmtoren verschlossen, die mit einem hydraulischen System bewegt werden.

Als provisorische Verschlüsse werden Tafeln verwendet, die am Oberhaupt in Unterwasserführungen mittels Schwimmkran, am Unterhaupt in seitlichen Führungen des Schleusenkopfes von den bereits mehrfach erwähnten Portalkränen eingesetzt werden. Die Füllung bzw. Leerung der Schleusenkammer – Dauer 12 – 14 min – erfolgt durch ein längsseitiges Kanalsystem in den Kammerwänden. Leiteinrichtungen und Kaimauern von 450 m Länge im Oberwasser sowie von 432 m im Unterwasser mit einem minimalen Bewegungsraum von 155 m Breite und 1000 m kleinstem Halbmesser gehören zur weiteren Einrichtung der Schleuse.

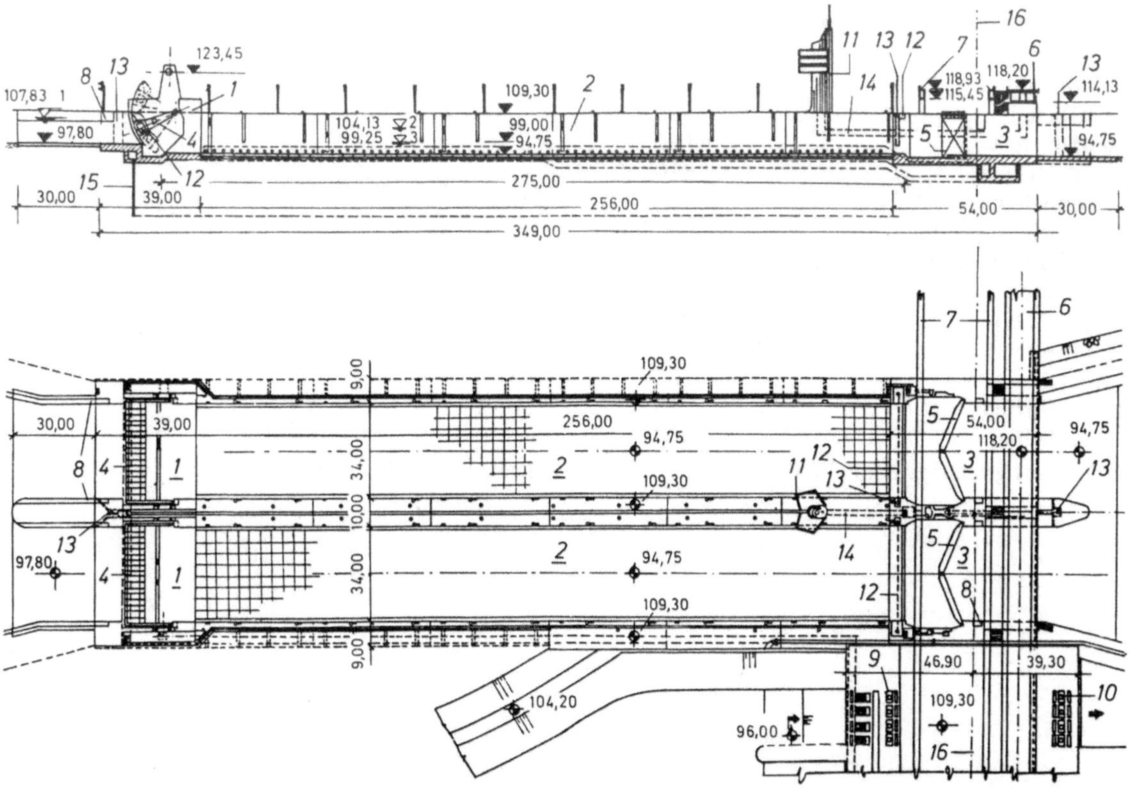

Abb. 47. Grundriß (unten) und Längsschnitt (oben) der Kammerschleuse. 1) Oberer Kopf; 2) Kammer; 3) Unterer Kopf; 4) Segmenttor; 5) Stemmtor; 6) Verkehrsbrücke; 7) Kranbahnträger; 8) Platz für den provisorischen Verschluß; 9) Füllungsschützen; 10) Entleerungsschützen; 11) Kommandoturm; 12) Schutz der Schiffe vor Anprall; 13) Wasserbeobachtungsschacht; 14) Kabeltunnel; 15) Injektierter Vorhang; 1 Höchster Stauwasserstand; 2 Höchster Schiffahrtswasserstand; 3 Niedrigster Schiffahrtswasserstand

3.4.7 Sonstige Arbeiten und bautechnische Daten

Die sich durch die Aufstauung der Donau ergebende Anhebung des Wasserspiegels um gut 6 m erfordert darüber hinaus den Bau von umfangreichen Schutzdeichen sowie Regulierungs-, Eindeichungs- und Drainagearbeiten an acht Zuflüssen auf tschechischer sowie an sieben Nebenflüssen auf ungarischer Seite. Unterhalb der Staustufe sind bis Budapest Baggerarbeiten mit einem Volumen von 6,5 Mio. m^3 Sand ausreichend, um dort einen sicheren Wasserstand für die Donauschiffahrt zu erreichen.

Abb. 48. Schaubild der künftigen Staustufen-Anlage

Die Verwirklichung der Staustufe Nagymaros erfordert folgenden Bauaufwand:

Staustufe:	in 1000 m^3
Erdarbeiten	12 030
Felsarbeiten	588
Dammbauten	9 640
Betonbauwerke	616
Steinarbeiten	963
Technische Ausrüstung	28 000 Mp.
Flutschutz oberhalb der Staustufe:	in 1000 m^3
Erdarbeiten	15 630
Dammbauten	10 200
Sandfilter	1 100
Betonbauwerke	200
Betonarbeiten	640
Steinarbeiten	690.

Über den Fertigstellungstermin liegen zur Zeit noch keine Angaben vor (Abb. 48).

Aktuelle Aufgaben und Probleme des Küstenschutzes in Schleswig-Holstein *

Ministerialdirigent Prof. Dr.-Ing. **Fritz-Ferdinand Zitscher**, Kiel

1 Einführung

Die Aufgaben des Küstenschutzes an den schleswig-holsteinischen Küsten sind im Generalplan „Deichverstärkung, Deichverkürzung und Küstenschutz in Schleswig-Holstein" vom 29. 11. 1977 erfaßt [1]. Dieser Generalplan ist die Fortschreibung des ersten, der nach der Sturmflut vom Februar 1962 im Dezember 1963 herausgegeben worden ist.

Um die Entwicklung neuer Erkenntnisse zu berücksichtigen und die Kosten auf den neuesten Stand zu bringen, wird der Generalplan im Jahre 1985 erneut fortgeschrieben werden. Der Generalplan ist nicht zur eine Richtschnur für die Bewältigung eines umfassenden Programms, sondern er legt auch fest, in welcher Zeitfolge und nach welcher Dringlichkeit die Maßnahmen durchgeführt werden. Bis heute ist ein finanzielles Volumen von ca. 1500 Mio. DM bewältigt, und es wird in den nächsten 10 Jahren noch ein Umfang von ca. 800 Mio. DM auszuführen sein.

Die Westküste Schleswig-Holsteins nimmt dabei gegenüber der Ostseeküste eine hervorragende Stellung ein, denn die Bedrohung der tieferliegenden Marschgebiete bedingt es, vor allem den Deichschutz zu verbessern, nämlich durch Deicherhöhungen, durch eine Verkürzung der Deichlinie und durch die Herstellung zweiter Deichlinien. Die Ostseeküste erhält gleichermaßen wehrfähige Küstenschutzanlagen; denn Sturmflutwasserstände, die mindestens die Höhe vom 13. 11. 1872 erreichen können, sind jederzeit zu erwarten (Abb. 1).

Im Schutze der Deiche an der West- und Ostküste des Landes leben und arbeiten rund 150 000 Menschen und liegen über 25 Prozent der Landesfläche, nämlich rund 350 000 ha. Soll diese riesige Fläche wirkungsvoll geschützt werden, sind große Deichlängen erforderlich. Wenn man fertige und geplante Deichverkürzungen berücksichtigt, ergeben sich die in Tabelle 1 gezeigten Küsten- und Deichlängen an der West- und Ostküste.

Tabelle 1. Küsten- und Deichlängen (in km)

	Westküste		Ostküste		
	Festland (dänische Grenze bis Wedel)	Inseln, Halligen Helgoland	Festland einschl. Förden u. Schlei	Insel Fehmarn	Insgesamt
Landesschutzdeiche	293	63	32	35	423
andere Deiche	2	43	57	6	108
Steilufer	–	21	138	15	174
sonstige Küsten	3	139	236	16	394
zusammen:	298	266	463	72	1099

Zum Gesamtkonzept des Generalplanes gehört es auch, die sandigen Brandungsküsten zu schützen und den seit Jahrhunderten fortschreitenden Erosionsprozeß im Wattenmeer weiter zu drosseln.

Hierfür haben sich an der Nordseeküste seit langem die seewärts zu den Inseln und Halligen verlaufenden Dämme bewährt. Zum Bändigen des seit der Sturmflut von 1634 in ständig zunehmendem Maße voranschreitenden Ausräumungsprozesses der zwischen Pellworm und Nordstrand verlaufenden „Norderhever" bedarf es daneben noch des sogenannten flächenhaften Küstenschutzes, der bei der Deichschutzmaßnahme vor der Hattstedter Marsch Berücksichtigung findet (Abb. 2).

* Nach einem bei der 42. Hauptversammlung der Hafenbautechnischen Gesellschaft e.V. am 29. 9. 1983 in Kiel gehaltenen Vortrag

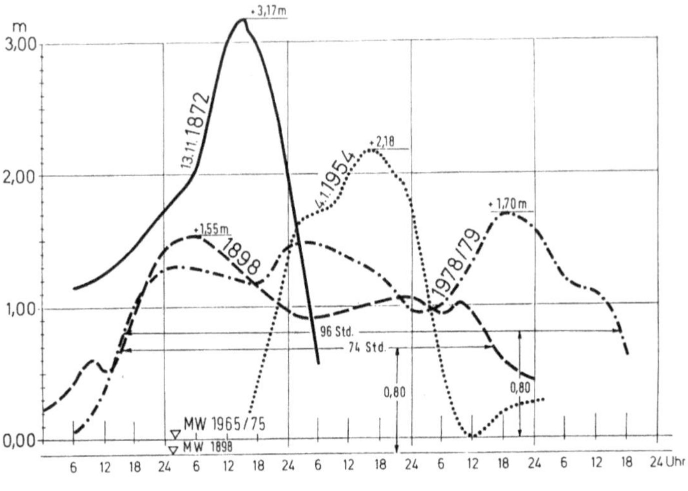

Abb. 1. Flutdauer und Fluthöhen an der Ostseeküste

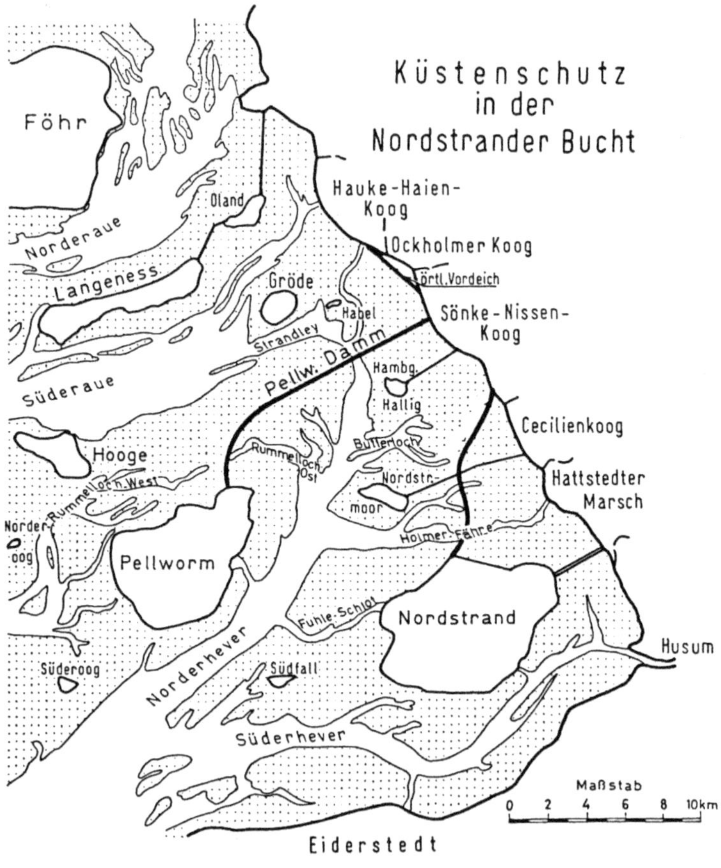

Abb. 2. Übersichtskarte des Einzugsgebietes der Norderhever

Legenden zu Abb. 3

Signatur markiert vermutliche Lage vergangener Kirchen nach Überlieferung

" mit o = o markiert bekannte ungefähre, nicht eingemessene Lage vergangener Kirchen

" mit ⊕ = Schnittpunkt der Kreuzlinien markiert Lagepunkt gegenwärtiger und vergangener Kirchen laut Rechts- und Hochwert

mit ⊕ Schnittpunkt der Kreuzlinien markiert Lagepunkt des Leuchtturms laut Rechts- und Hochwert

+ markiert Punkt im Gelände laut Rechts- und Hochwert

In der ehemaligen Lundenbergharde (Gebiet südwestlich von Husum) ist der Seedeich von 1965 gleich dem von 1861 und 1936.

Kulturspuren im heutigen Watt oder unter heutiger Halligoberfläche:

Salztorfabbau, schematisch

Graben, Grabensystem, Gräben u. Deiche (schemat.)

Deichreste, mit ↙ = Deichbruch

• Siedlungsreste, mit + (+) = Rechts- u. Hochwert (siehe Liste)

+ sonstige Spuren, ihre Bedeutung u. Rechts- u. Hochwert siehe Liste

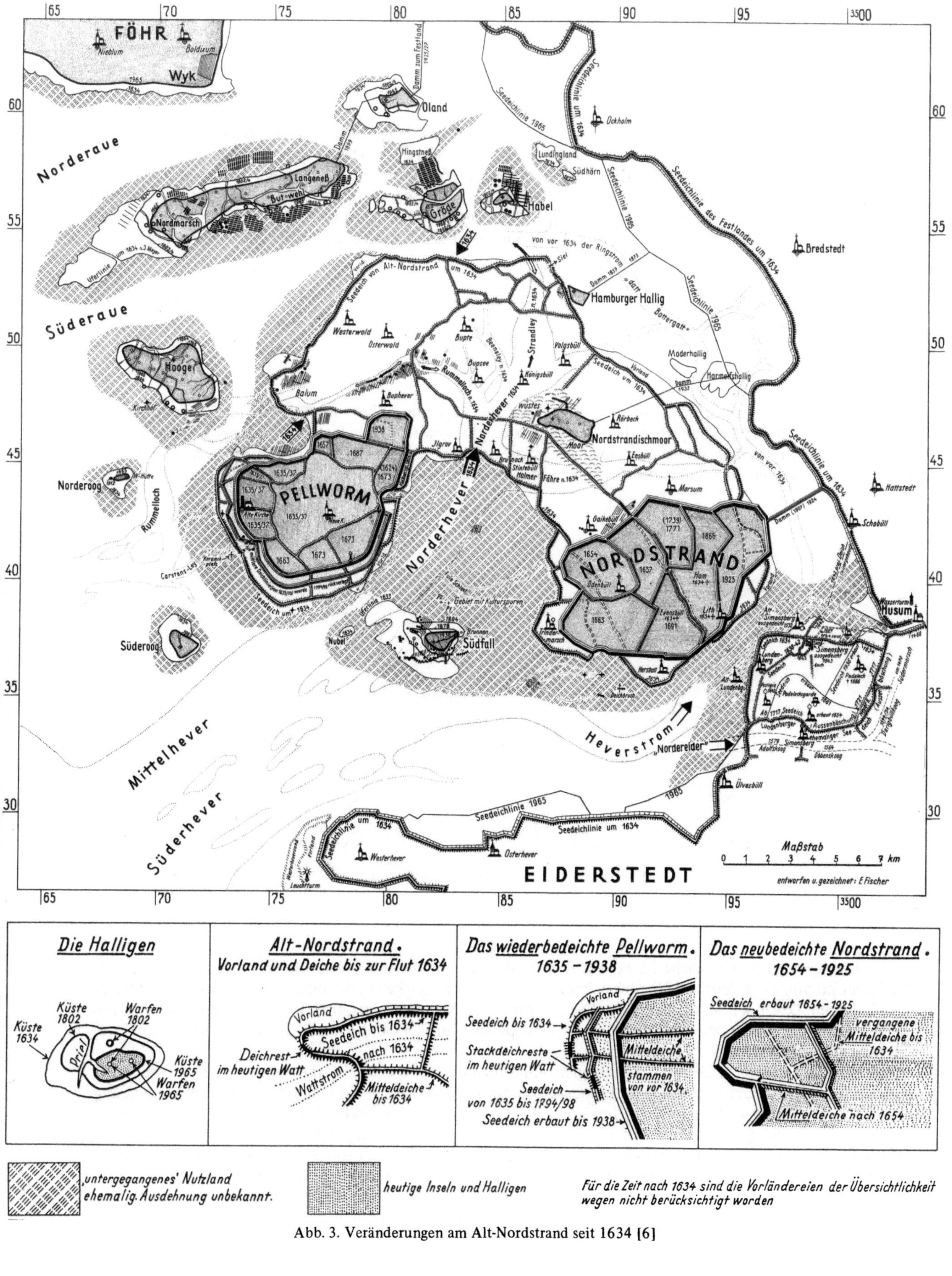

Abb. 3. Veränderungen am Alt-Nordstrand seit 1634 [6]

Die Überzeugung, daß solche Maßnahmen notwendig sind, schreitet in dem Maße fort, wie es gelingt, den Abwägeprozeß vielseitig zu führen, nämlich die ökologischen Belange des Wattenmeeres richtig zu bewerten, aber auch die Notwendigkeit einzusehen, Menschenleben sowie wertvolles Kulturland in der bestmöglichen Weise gegen den Angriff des Meeres zu schützen [4].

Ein Blick in die historische Entwicklung der letzten 700 Jahre läßt erkennen, wie aufopfernd das Ringen mit dem Meere war [3]. Vor allem die Sturmfluten von 1362, 1634, 1717 und 1825 waren es, die katastrophale Ausmaße angenommen haben. Am Beispiel der vor nunmehr 350 Jahren innerhalb einer Nacht mit 24 000 ha fruchtbaren Landes untergegangenen Insel „Alt-Nordstrand" wird deutlich, um welche enormen Landverluste es sich im Laufe der Zeit gehandelt hat (Abb. 3). Das gilt auch für die Geestinseln. Vor allem die Westküste von Sylt ist betroffen, auch hier lehrt der Blick auf alte Karten, daß der Rückgang der Westküste wohl aufgehalten, jedoch nicht endgültig verhindert werden kann.

2 Die Deichverstärkungen

Durch die unerwartet schnelle Wiederkehr sowohl der Sturmflutreihe von 1973 als der Orkanfluten von 1976 und 1981 ist der Generalplan verhältnismäßig bald, und zwar in vollem Umfang, bestätigt worden. Das gilt auch für die gesetzten Prioritäten. Das war nicht ohne weiteres zu erwarten; den die Kriterien hierfür mußten z. T. geschätzt werden. Man kann also feststellen, daß in dieser Disziplin ein gutes Maß an Kenntnissen vorhanden ist.

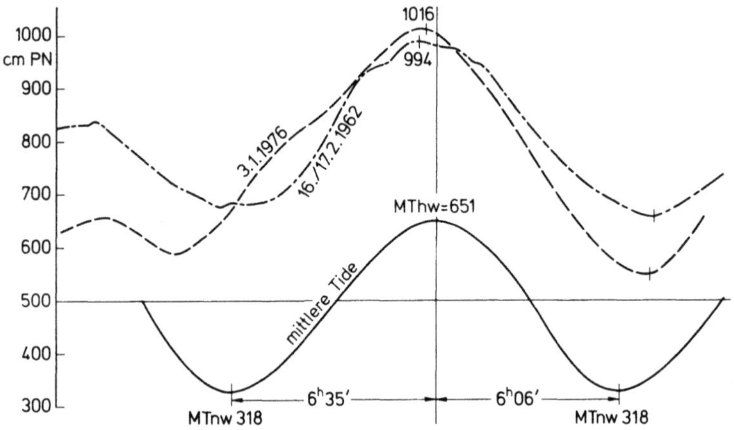

Abb. 4. Sturmflutganglinie des Pegels Büsum 1976

Die Beanspruchung der Deiche ist extrem. Das wird durch die in Abb. 4 dargestellte Prägung der Ganglinie der Sturmflut von 1976 deutlich. Hierdurch kann man verstehen, welcher hydraulischen und dynamischen Beanspruchung ein Deich während einer Sturmflut ausgesetzt ist. Der Ingenieur muß sich damit auseinandersetzen und es vermögen, einen Deich für den Fall zu konzipieren, der vielleicht einmal oder noch seltener in einem Jahrhundert eintritt (Abb. 5).

Ein anderer wichtiger Bereich des Generalplans Küstenschutz sind die Deichverkürzungen, in denen die Sperrwerke eine wichtige Funktion ausüben. Beispielsweise das Eidersperrwerk hat eine erhebliche Deichverkürzung ermöglicht. Die Eidermündung war landeinwärts beidseitig mit zusammen 60 km bedeicht. Auch Vordeichungen tragen zur Verkürzung der Deichlinie erheblich bei. Ich halte das Verkürzen der Deichlänge für außerordentlich wichtig für das Maß der Deichsicherheit; denn auch hier gilt: Jede Kette ist so stark, wie ihr schwächstes Glied! Das stets vorhandene Restrisiko eines jeglichen Deichschutzes wird also entsprechend vermindert. Wenn es gelingt, die Deichlänge an der Westküste von 500 auf 292 km – und das ist das Ziel unseres Generalplans – zu verkürzen, dann sinkt die Gefahr eines Deichbruches nicht nur linear, sondern sogar in erhöhtem Maße! Da die Kräfte, Deiche zu verteidigen und Katastrophenschutz durchzuführen, begrenzt sind, nimmt also die Wirksamkeit der Verteidigung in dem Maße überproportional zu, wie die zu verteidigende Deichstrecke geringer wird.

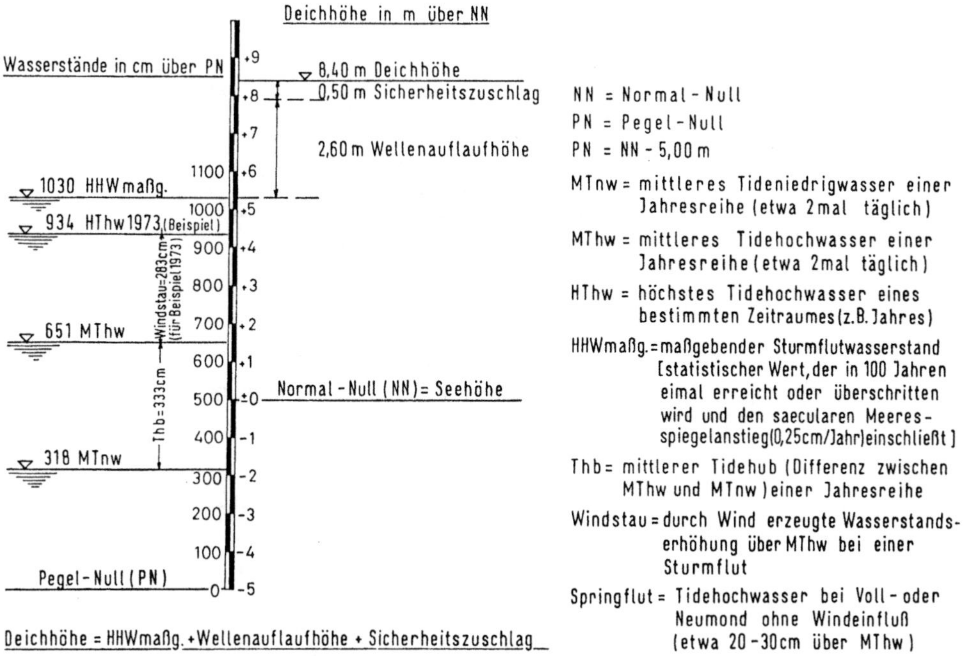

Abb. 5. Tidewasserstände und Bemessung der Deichhöhen

Die Sturmflut von 1976 hat vor allem wieder bestätigt, wie außerordentlich wichtig es ist, daß die Seedeiche eine genügende Höhe haben und daß ihre Außenböschungen flach genug sind. Sofern die Seedeiche noch nicht verstärkt waren, ist es erwartungsgemäß zu erheblichen Deichschäden gekommen.

Die Sturmflutwasserstände der Tabelle 2 lassen erkennen, in welchem Maße hohe Fluten gerade während der letzten Jahrzehnte eingetreten sind.

Tabelle 2. Sturmflutwasserstände an der Nordseeküste (cm PN)

Datum	Husum	Büsum	Cuxhaven
11. 11. 1634	974	951	
24. 12. 1717	1005	951	
25. 2. 1718	1057		
31. 12. 1720	1057		
26. 2. 1726	1035		
7. 10. 1756	1035	990	982
22. 3. 1791	974		920
11. 2. 1792	1000		902
3. 2. 1825	1020	995	966
1. 1. 1855			916
13. 3. 1906	927	932	936
5. 11. 1911	965	849	849
16. 2. 1916	1009	946	910
18. 10. 1936	975	933	923
27. 10. 1936	974	906	862
24. 11. 1938	970	894	850
16. 2. 1962	1021	994	996
14. 12. 1973	963	919	924
3. 1. 1976	1066	1016	1012
21. 1. 1976	988	972	972
24. 11. 1981	1012	972	955

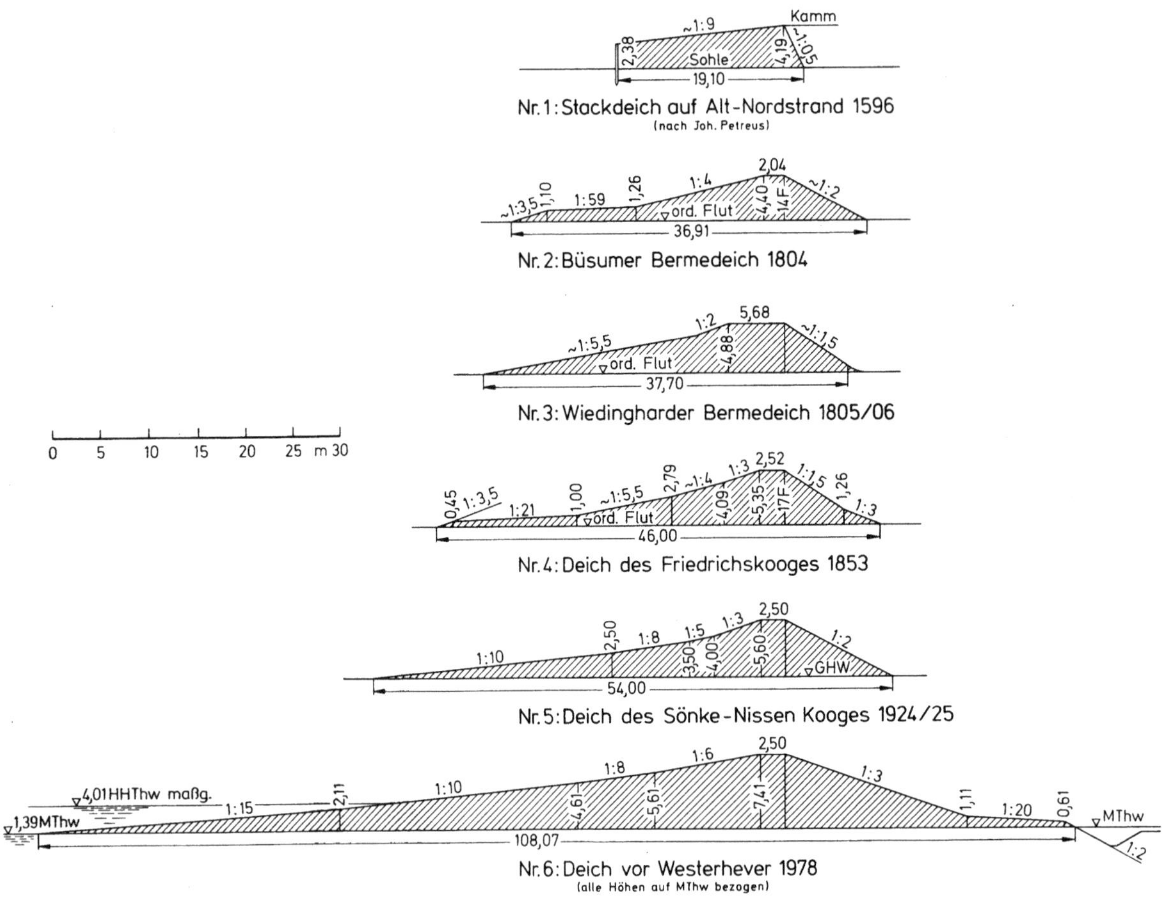

Abb. 6. Entwicklung der Deichprofile an der schleswig-holsteinischen Westküste

Abb. 6 läßt deutlich werden, welche entscheidenden Veränderungen die Querschnittsgestaltung und die Abmessungen der Seedeiche an der schleswig-holsteinischen Westküste haben durchmachen müssen, ehe sie den heutigen Erkenntnissen über die Größe der angreifenden Kräfte des Meeres genügten. Beachtenswert ist die langgestreckte konkave Außenböschung, die durch Rasen ausreichend geschützt ist. Die flachere Binnenböschung wurde gewählt, um den Seedeich gegen überstürzende Wellen sicher zu gestalten.

3 Flächenhafter Küstenschutz

Das Nordfriesische Wattenmeer in seiner Tiefe von ca. 30 km vor der Festlandküste wirkt mit seinen Außensänden, seinen Wattflächen, Inseln und Halligen sowie Vorländern als mehrfach gestaffeltes Schutzsystem gegen den ständigen Angriff des Meeres auf die Küsten, insbesondere gegen Sturmfluten. Grundlage der Existenz und Voraussetzung der Deichsicherheit für die Menschen in den sturmflutgefährdeten Marschen, auf den Inseln und Halligen Nordfrieslands ist der Bestand und die Erhaltung der sich vom Festland zur Nordsee hin erstreckenden Wattsockel. Diese bilden das Fundament der Inseln und Halligen und der von Seedeichen geschützten tiefliegenden Marschen, die Reste des durch die genannten großen Sturmfluten der vergangenen Jahrhunderte und den ständigen Angriff des Meeres untergegangenen Kulturlandes sind [3]. Es ist das vorrangige Anliegen des flächenhaften Küstenschutzes, diese Wattsockel im Interesse des Insel- und Halligschutzes sowie der Deichsicherheit zu erhalten [4].

Für das Gebiet des südlichen Nordfriesischen Wattenmeeres ist es eine historische und wissenschaftlich nach Ursache und Wirkung gesicherte Erkenntnis, daß die Norderhever mit ihren Ausläufern und Nebenprielen ihr Einzugsgebiet und ihren Querschnitt ständig erweitert. Sie hat sich seit dem Untergang der Insel Alt-Nordstrand im Jahre 1634 aus einem kleinen Wattpriel zu dem bestimmenden Wattstrom des südlichen Nordfriesischen Wattenmeeres entwickelt (Abb. 2). Wegen der ständigen Vergrößerung ihres Einzugsgebietes ist beispielsweise der bei Niedrigwasser durchflossene Querschnitt zwischen der Hallig Südfall und der Insel Pellworm heute vierzig Mal größer als vor etwa 300 Jahren. Diese Ausweitung geht zu Lasten des Bestandes der Wattsockel, da die verstärkt ein- und ausströmenden Tidewassermengen zur beschleunigten Erosion nicht nur in den Prielen, sondern vor allem auch auf den Wattflächen führen. Insbesondere hat die Norderhever den Wattrücken zwischen dem Festland und der Insel Pellworm bereits soweit abgetragen, daß ihr Tidewasser in das nördliche Einzugsgebiet der Süderaue überströmt.

Hierdurch hat sich insbesondere das Strandley seit 1909 von NN – 2,0 m bis heute auf NN – 12,00 m vertieft! Während einer mittleren Tide strömen z.B. ca. 40 Mio. m^3 Wasser von der Norderhever in die Süderaue Abb. 2).

Der Wasserübertritt aus der Norderhever in die Süderaue wirkt sich zugleich als erodierender Spülstrom für die Wattsockel der Halligen Habel, Gröde, Langeneß und Hooge aus, so daß deren Bestand stark gefährdet ist.

Die in den übermäßig ausgeweiteten Flutraum der Norderhever einströmenden Wassermengen bewirken einen flächenhaften Abtrag im nördlichen Küstenbereich Nordstrands und beeinträchtigt den Inseldeich, der nur durch aufwendige Deckwerke und Buhnenbau gesichert werden kann.

Um diesen negativen Entwicklungen entgegenzuwirken, steht dem flächenhaften Küstenschutz auf Grund hydrologischer Gesetzmäßigkeiten allein die Methode der Begrenzung und Reduzierung des Einzugsgebietes eines Wattstromes zur Verfügung. Denn es besteht ein gesetzmäßiges Verhältnis zwischen der Größe des Flutraumes eines Watteinzugsgebietes und der Größe des zugehörigen Stromquerschnitts bei MTnw und MThw.

Hydrologisch-morphologisches Gleichgewicht in einem Watteinzugsgebiet bedeutet Gleichgewicht zwischen Erosion und Sedimentation. Im südlichen Nordfriesischen Wattenmeer herrscht indessen infolge der Besonderheiten der Tideverhältnisse und der zu großen Einzugsgebiete der Norderhever und ihrer Nebenarme ein erhebliches Ungleichgewicht.

Der Flutraum soll – wie es sich seit langem bewährt hat – dadurch begrenzt werden, daß die Watteinzugsgebiete durch Sicherungsdämme festgelegt werden. Der Plan sieht den Bau eines ca. 15 km langen Sicherungsdammes auf dem Wattrücken zwischen dem Festland und Pellworm vor (Abb. 2). Dieser Damm wird mit einer Höhe von NN + 3,00 m so ausgebildet, daß er bereits bei mittleren Sturmfluten überströmt wird und dieser Überströmung standhält. Dadurch kann sich der Buchtenstaueffekt in den entstehenden Teiltidebecken der Norderhever und der Süderaue nicht einstellen, der die Sturmflutsicherheit beeinträchtigen würde.

Wesentlich ist, daß durch den Sicherungsdamm eine feste Wattwasserscheide zur Trennung der Tidebecken von Norderhever und Süderaue geschaffen und damit verhindert wird, daß bei normalen Tiden Wasser von der Norderhever in die Süderaue überströmt und die Norderhever sich damit weiter nach Norden ausdehnt. Dies führt zur Beruhigung der Wasserbewegung auf den Platen beiderseits des Sicherungsdammes mit der Folge, daß hier Sedimentation eintritt. Insgesamt kann erwartet werden, daß die Wattsockel um Habel, Gröde und Lageneß stabilisiert werden und wieder auflanden.

Die Festlegung des Einzugsgebietes der Norderhever durch den Sicherungsdamm nach Pellworm reicht indessen nicht, um die Erosion im Gesamtgebiet zum Stillstand zu bringen.

Um in der Norderhever und ihren landseitigen Nebenprielen eine großräumige Beruhigung zu erreichen und die beschriebenen Erosionen zum Stillstand zu bringen, ist es erforderlich, den durch den Sicherungsdamm begrenzten Flutraum der Norderhever weiter zu verkleinern. Das einzig verfügbare Mittel ist die Abdeichung von Wattflächen. Der festgestellte Plan sieht daher in Übereinstimmung mit den Erfordernissen der Deichsicherheit, und zwar der Deichverkürzung, der Schaffung der 2. Deichlinie und der Verhinderung des Buchtenstaues in der inneren Holmer Fähre, eine Vordeichungstrasse in der inneren Nordstrander Bucht vor. Hierdurch wird die mindestens erforderliche Flutraumverringerung für die Norderhever erreicht (Abb. 2).

4 Der Schutz sandiger Küsten

Beispielhaft auch für andere Regionen ist die Westküste der Insel Sylt. Durch ihre gegenüber den vorherrschenden westlichen Winden exponierten Lage ist sie in besonderem Maße ein Gradmesser für die Maßnahmen, sandige Küsten in unserem Lande zu schützen.

Die Insel Sylt einschließlich ihres Sockels besteht bis in große Tiefen aus Sand. Die nach der letzten Eiszeit ansteigenden Nordseewasserstände sowie Brandung, Brandungs- und Tidestömung bewirken deshalb seit etwa 5000 Jahren eine ständige Veränderung der Küste. Sylt ist außerdem auf der Westseite nicht durch ausgedehnte Außensände wie vor den Nachbarinseln Röm und Amrum geschützt. Hohe Wellen gelangen daher kaum gedämpft bis an die Küste und erodieren Dünen, Kliffs und Strände sowie den Unterwasserstrand, beginnend mit der 10 m-Tiefenlinie. Das aufgewirbelte Material wird durch die Brandungsströmung – je nach Hauptwindrichtung – küstenparallel nach Norden oder Süden verfrachtet. Ein Teil davon lagert sich vor bestimmten Inselbereichen wieder ab; 1,8 bis 2,0 Mio. m^3 Sand gehen der Insel jedoch in jedem Jahr durch Verdriftung in die großen Ströme an den Inselenden bzw. direkt seewärts verloren.

Die Westküste Sylts einschließlich des Unterwasserstrandes ist – soweit dies aus zuverlässigen Messungen ablesbar ist – bis 1953 im Mittel um rd. 1 m/Jahr zurückgegangen. Die seit etwa 2 Jahrzehnten zunehmende Sturmfluthäufigkeit und -höhe haben den Küstenrückgang auf 1,5 bis 2,0 m/Jahr verstärkt. Davon sind die Inselmitte und die Inselenden stärker betroffen als die übrigen Bereiche. Die teilweise schon im vorigen Jahrhundert begonnenen Sicherungsarbeiten (Ufermauern, Deckwerke, Buhnen, Tetrapoden-Längswerke usw.) haben diese naturbedingte Entwicklung zum Teil verlangsamen, jedoch nicht aufhalten können.

Insgesamt sind seit 1962 rd. 64 Mio. DM in den Küstenschutz auf Sylt investiert worden. Damit konnten auch 3 Sandvorspülungen finanziert werden, deren Wirksamkeit wesentlich besser ist als alle anderen vorher angewendeten Sicherungsmethoden; denn sie haben trotz der notwendigen Wiederholungen ein deutlich besseres Kosten-Nutzen-Verhältnis. Insbesondere haben Sandvorspülungen nicht die schädlichen Nebenwirkungen wie massive Befestigungen, die durch verstärkten Sandverlust infolge Lee-Erosion und Strandabtrag gekennzeichnet sind.

Ohne Sandaufspülungen wäre der Strand vor Westerland seit 1972 nicht mehr nutzbar und bis heute völlig verlorengegangen. Ohne Sandaufspülungen hätte die Ufermauer vor Westerland, die die strandnahe Bebauung schützt, nicht – zumindest nicht mit vertretbarem Aufwand – gehalten werden können.

Die seit Jahrzehnten gesammelten Erfahrungen zeigen deutlich, daß die Sandvorspülung die in technischer, wirtschaftlicher und landschaftspflegerischer Hinsicht günstigste Küstenschutzmethode auf Sylt ist. Das gilt in vollem Umfang auch dann, wenn der Sand nach etwa 6–8 Jahren erneut ersetzt werden muß.

Die bisherigen Untersuchungsergebnisse zeigen, daß der Küstenrückgang damit weitgehend verzögert werden kann. Es wird noch besonders untersucht, wie sich die regelmäßig zu wiederholenden Sandvorspülungen zu der klimabedingten und daher nicht vorhersehbaren Entwicklung der Sturmfluttätigkeit verhalten. Selbst unter ungünstigen Voraussetzungen kann aber davon ausgegangen werden, daß die Insel innerhalb eines Zeitraumes, der für die übliche Beurteilung eines Lebens- und Wirtschaftsraumes ausreicht, nicht entscheidend verändert wird, sofern – zumindest vor den ufernahen Bebauungsbereichen – in ausreichendem Maße Sand vorgespült wird.

Das Land Schleswig-Holstein hat sich entschlossen, 1984/85 Sand vor Rantum, Westerland, Wennigstedt und Kapen vorzuspülen, um hierdurch einen weiteren bedeutenden Schritt zur Sicherung der Insel Sylt zu tun.

5 Ausblick

Die aktuellen Aufgaben, die langgestreckten Küsten Schleswig-Holsteins an der Nord- und Ostseeküste zu sichern, sind in dem Generalplan 1977 „Deichverstärkung, Deichverkürzung und Küstenschutz in Schleswig-Holstein" erfaßt. Sie werden nach der darin festgelegten Rangfolge erfüllt, und zwar unter ständiger Anpassung an die neuesten Erkenntnisse sowohl über die angreifenden Kräfte des Meeres als auch hinsichtlich moderner Baumethoden.

Dadurch gelingt es, die Probleme des Küstenschutzes systematisch zu erkennen und ihre Lösung auch unter Ausschöpfung heranreifender naturwissenschaftlicher Erkenntnisse zu bewirken.

Schrifttum

1 Scherenberg, R.: Die Fortschreibung des Generalplans „Deichverstärkung, Deichverkürzung und Küstenschutz in Schleswig-Holstein" vom 20. 12. 1963, Wasser und Boden, Heft 10 (1978)

2 Zitscher, F.-F.; Scherenberg, R.; Carow, U.: Die Sturmfluten vom 3. und 21. Januar 1976 an den Küsten Schleswig-Holsteins, Die Küste, Heft 33 (1979)

3 Zitscher, F.-F.: Der Einfluß der Sturmfluten auf die historische Entwicklung des nordfriesischen Lebensraumes. Heft 9 der Heimatkundlichen Schriften des Nordfriesischen Vereins, Husum Druck 1984

4 Partenscky, H. W.; Schwarze, H.: Wissenschaftliches Gutachten zu den hydrologischen und morphologischen Auswirkungen der geplanten Baumaßnahmen in der Nordstrander Bucht; Schriftenreihe der Landesregierung Schleswig-Holstein H. 12 (1981), S. 11–34

5 o. V. Küstenschutz – Lebensnotwendige Aufgabe in Schleswig-Holstein. Schriftenreihe der Landesregierung Schleswig-Holstein. H. 13 (1981)

6 Bantelmann, A.: Alt-Nordstrand um 1634, Zeitschrift der Gesellschaft für Schleswig-Holsteinische Geschichte, Band 102/103 (1977/78)

Hochwasserschutz in Venedig

Dipl.-Ing. **Albert Bergmann**, Bremen

1 Vorbemerkung

Am 4. November 1966 wurde Venedig von einer außerordentlichen Sturmflut heimgesucht. Der Markusplatz stand an diesem Tag mehr als einen Meter unter Wasser, eine Katastrophe, die die Aufmerksamkeit der ganzen Welt auf die wachsenden Gefahren der Stadt lenkte.

Sofort wurde von den italienischen Behörden eine Kommission zum Schutz Venedigs ins Leben gerufen. Die UNESCO startete gleichzeitig eine weltweite Hilfsaktion, die innerhalb kürzester Zeit die Vermittlung einer internationalen Anleihe in Höhe von 250 Milliarden Lire möglich machte. Die oben genannte Kommission und nachfolgende technische und wissenschaftliche Ausschüsse, die aufgrund des „Sondergesetzes für Venedig" (Leggi Speziale per Venezia) von 1973 gegründet wurden, haben mit Unterstützung vieler wissenschaftlicher Institutionen die Probleme Venedigs eingehend untersucht, detaillierte Pläne zur Sicherung Venedigs ausgearbeitet und Vorbereitungen zum Schutz der wichtigsten Bauten bereits getroffen.

Auch weiterhin wird die Weltbevölkerung über die Medien auf die neueste Entwicklung zur Rettung des einmaligen Kulturerbes und die damit verbundenen, teilweise gigantischen Bauvorhaben aufmerksam gemacht. Im Folgenden soll das komplexe System der Lagune und die geplanten Sicherungs- und Schutzmaßnahmen der Lagune und Venedigs vorgestellt werden.

2 Historische Entwicklung Venedigs und der Lagune

2.1 Venedig und die Lagune vor 1900

Um 450 flüchteten Venedigs Vorfahren aus der Gegend von Padua vor den Hunnen auf die 117 sicheren Laguneninseln, gründeten ein schnell wachsendes Gemeinwesen, Seevenetien, und wählten schließlich im Jahre 697 den Dogen als gemeinsames Oberhaupt. Nachdem sich Venedig von der byzantinischen Oberhoheit (552–697) gelöst hatte, zog es den Verkehr und Handel mit dem Orient immer mehr an sich und dehnte seinen Einflußbereich zielstrebig aus. Nach der wirtschaftlichen und kulturellen Blütezeit im 15. und 16. Jahrhundert erlitt Venedig nach der Entdeckung des Seeweges nach Indien (1498 Vasco da Gama) den Verlust des Gewürzmonopols. Aufzehrende Kriege, besonders zu Lande, führten zum Ende als selbständige Republik mit der Besetzung durch die napoleonischen Truppen 1779. Die Handels- und Hafenstadt lebte zwar weiter, doch erst die Eröffnung des Suezkanals 1869 brachte erneuten wirtschaftlichen Aufschwung. Die fortschreitende Industrialisierung und fehlende Ausbaumöglichkeiten des Stadthafens Venedigs führten dann zur Schaffung der Industrie- und Handelszonen am Festland bei Marghera auf aufgespültem Lagunenuntergrund.

Um die Lagune in ihrem heutigen Zustand verstehen zu können, ist besonders die Entwicklung der hydraulischen Probleme in der geschichtlichen Abfolge wichtig. Nur so ist die Bedeutung von Veränderungen zu erfassen und richtig einzuordnen. Die Entstehung dieses geographischen Phänomens vor ca. 6000 Jahren wird durch die folgende zuverlässige Hypothese beschrieben.

Die Lagune in ihrem heutigen Zustand ist danach das Ergebnis eines langsamen Vordringens des Meeres durch den kontinuierlichen Anstieg des Wasserspiegels nach der Würm-Eiszeit und den umfangreichen alluvialen Bodenablagerungen im Mündungsbereich der Flüsse. Im Zusammenwirken der Fluß- und Meeresströmungen im Küstenvorfeld bildete sich aus einem Dünensystem im Schatten der Küstendünung ein natürlicher Schutzwall aus Sand fluvialen Ursprungs; der Lidi.

Schon vor einigen Tausend Jahren kam es zur Bildung der Lagune in schätzungsweise derselben Größe wie heute, jedoch mit acht Öffnungen. Die Flüsse bestimmten in dieser Zeit durch ihren großen Sedimenttransport noch wesentlich den morphologischen und hydraulischen Zustand in der Lagune mit, bis der Mensch eingriff und den natürlichen Vorgang anhielt bzw. rückgängig machte.

Einen Beweis dafür, daß dieser Sedimentationsprozeß bis in die jüngste Zeit anhielt, zeigen prähistorische Funde in der Lagune. Die Überreste aus der Römerzeit, darunter Dammbauten, Gebäudeteile und Manufaktur, die in einer Tiefe von 3,0 m entdeckt wurden, werden auf das erste Jahrhundert nach Christus datiert. Die teilweise bis zu 140 m langen Dämme aus tonnenschweren Felsbrocken sollten möglicherweise damals schon Schutz vor den Meeresfluten bieten. Aus einer Tiefe von 1 m wurden Teile hervorgeholt, die dem späten Mittelalter zuzuordnen sind.

Die Programme zur Erhaltung und wirtschaftlichen Nutzung der Lagune im 15. Jahrhundert waren unvollständig und ebenso wie die heutigen Pläne durch sich widersprechende Interessen und Theorien behindert.

So behauptete man beispielsweise, das einströmende Flußwasser der Brenta trage zur Vergrößerung des Hafens bei. Daraufhin wurde ein Mündungsarm der Brenta, der 1391 umgelegt worden war, 1437 wieder an der alten Stelle geöffnet, um einige Jahre später in Anbetracht der inzwischen eingetretenen Verschlickung des Bacino di San Marco wieder geschlossen zu werden. Bis ins 18. Jahrhundert wurden die Flüsse Piave, Sile und Brenta soweit umgelegt, daß ihre Mündungen heute außerhalb der Lagune liegen.

Dieses führte dazu, daß die dynamischen Kräfte der Tide dominierend wurden und den Lidi zu zerstören drohten. Zu den bereits in früheren Zeiten getroffenen Abwehrmaßnahmen gegen Sturm und Sturmflut gehörte neben dem Bau von Palisaden und Steinmauern ein Verbot, die Kiefern auf dem Lidi als Brennholz zu benutzen und den Sand als Schiffsballast zu entnehmen. Die auf dem südlichen Lidi vorhandenen Uferverstärkungen wurden in den Jahren 1686 und 1691 von den Sturmfluten fortgespült. Erst im 18. Jahrhundert entschloß man sich, aus großen istrischen Steinblöcken ein kyklopisches Mauwerk, die „murazzi", gegen die See zu errichten. Die im Jahre 1783 fertiggestellte „murazzi" besteht heute noch, wurde aber von der Sturmflut im November 1966 stark zerstört.

Durch Sandabtrag vom Lidi und Schlick aus der Lagune entstanden Untiefen in den drei Laguneneinfahrten, die zwar über viele Jahrhunderte für die Schiffahrt ernsthafte Hindernisse waren, doch zu keiner Zeit die Existenz Venedigs als Hafenstadt bedrohten.

Wegen der geringen Entfernung vom Bacino di San Marco galt die Laguneneinfahrt von San Nicola am Lido bis zum 16. Jahrhundert als die wichtigste. Da diese Zufahrt allmählich verschlickte, benutzten größere Schiffe seit 1525 die weiter entfernte Einfahrt von Molamocco, die fünfmal mehr Wasser führte. Während der Herrschaft Napoleons drohte die Einfahrt von Molamocco ebenfalls zu verschlicken. Er befahl daher die Errichtung von Molen, die aber erst zwischen 1810 und 1865 errichtet wurden. Die Sohle des Kanals vertiefte sich danach auf 9 m. Diese Tiefe erreichte auch der Kanal an der Einfahrt bei Lido durch die von 1882 bis 1892 errichteten Molen. Zwischen 1820 und 1903 wurde an Schiffahrtskanälen innerhalb der Lagune ca. 36 Mio. m^3 Sand und Schlick gebaggert.

2.2 Die kranke Lagune – anthropogene Einflüsse und ihre Folgen

Das hydraulische Gleichgewicht der Lagune, das die Venezianer jahrhundertelang durch strenge Gesetze bewahrt und geschützt hatten, ist durch die schon im 19. Jahrhundert begonnenen Baumaßnahmen in und an der Lagune stark beeinflußt worden. Besonders die industrielle Entwicklung nach 1900 und ihre Folgewirkungen haben die Struktur der Lagune erheblich verändert und zusätzlich das biologische Gleichgewicht empfindlich gestört.

Welch Gegensatz zu der folgenden Verordnung, die im sechzehnten Jahrhundert vom venezianischen Staat erlassen wurde: „Die Stadt Venedig ist nach dem Willen der göttlichen Vorsehung auf Wasser gegründet, von Wasser umgeben, und das Wasser dient ihr als schützende Mauer.

Wer daher, aus welchem Grund auch immer, es wagen würde, den öffentlichen Gewässern Schaden zuzufügen, wird als Feind des Vaterlandes angesehen und soll die gleiche Strafe erleiden, wie sie den Missetäter, der die heiligen Mauern seiner Heimatstadt schändet, treffen würde. Dieses Edikt gilt für alle Zeiten".

Zwei Kanäle wurden in diesem Jahrhundert zu den Häfen von Marghera gebaut: der Vittorio-Emanuelle-Kanal mit gradlinigem Verlauf vom Hafen Venedigs zur ersten Industriezone (1926) und der Malamocco-Marghere-Kanal (1968) mit einer Wassertiefe von 14,5 m, der auf seiner Länge von 5 km durch das Lagunengebiet führt und dabei ungefähr dem alten Lauf des Flusses Brenta folgt. Von 1900 bis heute sind mehr als 50 Mio. m^3 Sand und Schlick beim Bau und bei der Unterhaltung der Kanäle gebaggert worden.

Die Lagune, die sich in der nördlichen Adria mit einer Breite von 13 km in einer gebogenen Achse über 55 km erstreckt, wird heute zu 78,65 % von Wasser bedeckt, 4,7 % sind Inseln und 16,65 % der Fläche fallen bei Ebbe trocken. Seit dem 19. Jahrhundert ist die Wasserfläche der Lagune ständig verkleinert worden. 1791 bedeckte sie ein Gebiet von 56 300 ha. Am Ende des 19. Jahrhunderts waren ca. 5000 ha ganz oder teilweise für die Fischzucht (valle da peca) abgetrennt, einige Gebiete aufgefüllt und die Eisenbahnbrücke vom Festland nach Venedig fertiggestellt. In diesem Jahrhundert wurden rd. 2500 ha für die Landwirtschaft urbar gemacht und für eine Straße und einen Flughafen 800 ha entnommen, womit sich die abgetrennten Gebiete auf 8400 ha vergrößerten.

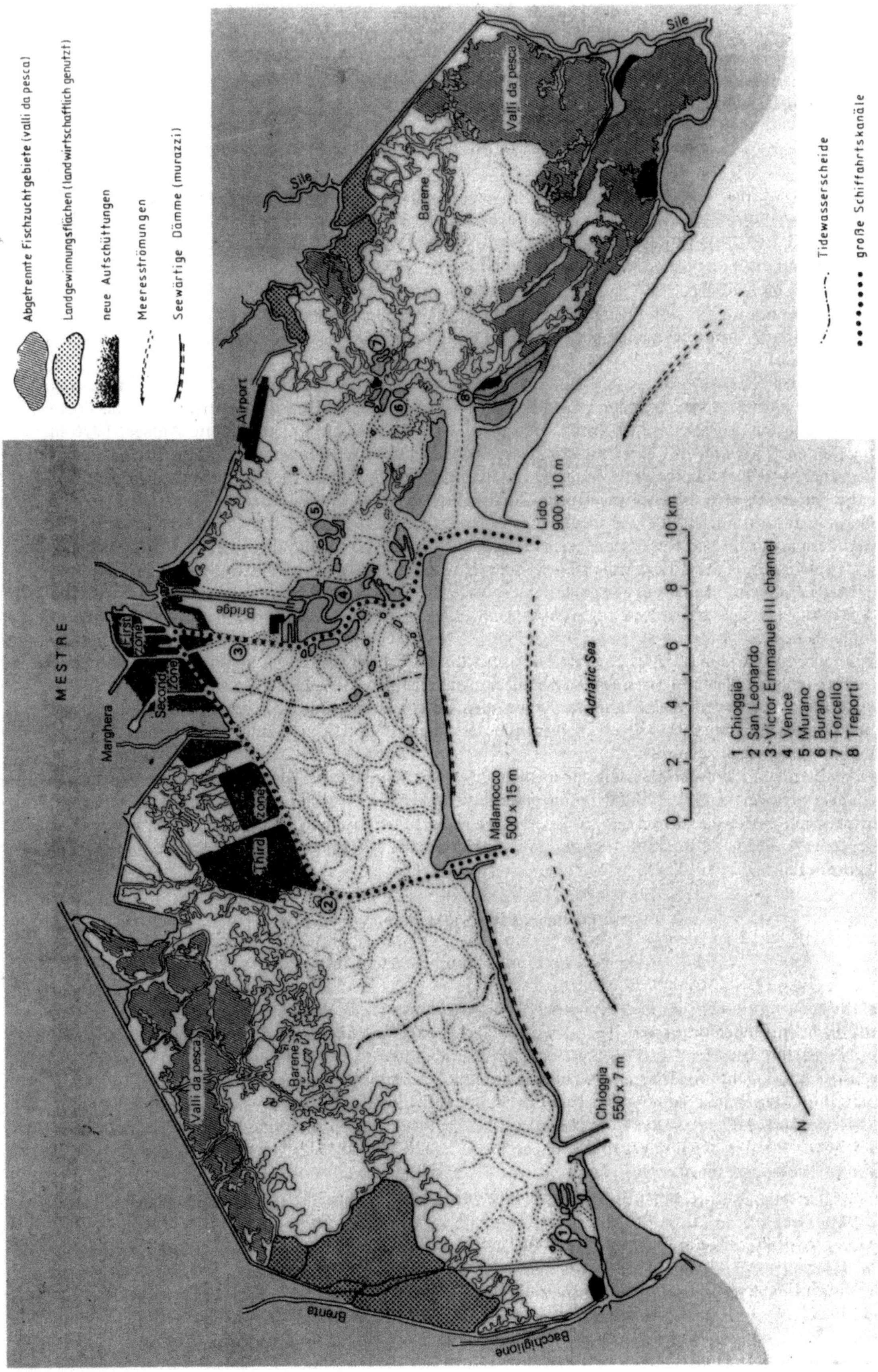

Abb. 1. Die Lagune von Venedig [6]

Um 1950 wurde für die zweite Industriezone 1250 ha, für die folgende dritte Zone 2750 ha abgetrennt. In der Summe hat sich das freie Gebiet der Lagune vom Beginn des 19. Jahrhunderts bis heute um 30% reduziert. Das Wasser der Lagune wurde immer salzhaltiger, die Vertiefung und Verbreiterung der Laguneneinfahrten wirkten sich nachhaltig auf die Morphologie und Hydraulik innerhalb der Lagune aus. Die verminderte Frischwasserzufuhr durch die Umleitung der größten Flüsse und die starken Abwassereinleitungen, besonders aus dem Industriegebiet, verschlechterte die Wasserqualität der Lagune (Abb. 1).

Seit der Errichtung der Industriezone Mestre-Marghera ist Venedig, wie viele andere Städte, der Luft- und Wasserverschmutzung ausgesetzt. Besonders die Verschmutzung der Luft durch Schwefeldioxid, das den Bestand der alten Gebäude gefährdet, hatte alarmierende Ausmaße erreicht. Durch das Gesetz Nr. 171 vom 16. April 1973, auch das „Sondergesetz für Venedig" genannt, ist der Ausstoß der gefährlichen Substanzen durch den Einbau von Filteranlagen, der Errichtung eines engen Kontrollsystems und der Umstellung der Haushaltsheizungen in Venedig auf Methan auf ein akzeptables Maß reduziert worden.

Die chemische und biologische Verschmutzung des Wassers ist ein komplexes und vielschichtiges Problem, da die Lagune die Entwässerung von 200 000 ha aufnehmen muß, die Wasserversorgung der Industrie- und Hafenanlagen mit 1,3 Millionen Einwohnergleichwerten (EGW) zu sichern hat und außerdem durch landwirtschaftliche Aktivitäten belastet wird.

Zur Reduzierung der Wasserverschmutzung sind im letzten Jahrzehnt einige Kläranlagen gebaut worden. Die ersten Kläranlagen zur chemisch-biologischen Klärung der Abwässer entstanden im Industriegebiet von Porto Marghera. Bei der ältesten Anlage, 1972 erbaut, beträgt der Durchsatz 700 m^3/h, die zweite Anlage, 1976 in Betrieb genommen, arbeitet mit einer Leistung von 500 000 EGW. Weitere Kläranlagen sind im Bau (Chioggia und Lido) und in der Planung (gesamte Industriezone von Porto Marghera und Stadtgebiet von Mestre).

Venedig hat zwar ein eigenes Abwassernetz, doch keine eigene Kläranlage und die Abwässer laufen, wie die von Teilen der Industrie und Landwirtschaft auf dem Festland, ungeklärt in die Lagune, Venedig ist daher auf die kontinuierliche und ungestörte Regenerierung des Lagunenwassers durch die Tideströmung angewiesen. Die starke Eutrophierung, bedingt durch die hohen Phosphat- und Nitratabgaben der Industrie, der Haushalte und der Landwirtschaft, hat schädigende Auswirkungen auf die Fisch- und Schalentierzucht. Besondere Probleme bereiten die Rückstände der Landwirtschaft wie Düngemittel und Pestizide, die über den natürlichen Abfluß in die Lagune gelangen.

Die thermische Belastung der Lagune wird hauptsächlich durch die Kraftwerke in Marghera verursacht. Sie bewegt sich innerhalb der zulässigen Grenzen und hat bei ausreichender Tideströmung keine ernsthaften Auswirkungen. Erwähnt werden sollte die potentielle Gefahr, die von der Durchfahrt und dem Entladen der großen Öltanker in der Lagune ausgeht. Dieses Problem müßte in der Zukunft durch die Anlage eines Ölhafens in der Adria außerhalb der Lagune gelöst werden.

Viel diskutiert wird auch der Verfall der Fundamente von Venedigs Palästen, der im wesentlichen durch die ständigen Wellenbewegungen und die Erschütterungen durch den Motorbootverkehr bedingt ist. Diese Gefahr ist durch Geschwindigkeitsbegrenzungen verringert worden. Gegen den chemischen und biologischen Zerfall der Gebäudepfeiler kann heute noch nichts Konkretes getan werden; vielversprechende Studien zur Erhaltung des Mauerwerks liegen schon vor.

3 Wasserstandsentwicklung in Venedig

3.1 Veränderung der Überflutungshäufigkeit

Ungeachtet dessen, was zuvor an Gefahren beschrieben wurde, besteht die größte Sorge Venedigs in der Zunahme und Erhöhung der Sturmfluten. „Landunter" hat Venedig schon zu allen Zeiten gestanden. Das Wasser steht „mannshoch" auf den Straßen, heißt es 1240; ähnliches wird aus den Jahren 1442, 1550 und 1825 berichtet. Doch das waren Jahrhundertereignisse. Seit der Jahrhundertwende kommen die Hochwasser in immer rascherer Folge. Die Wasserstände werden am Pegel Punto della Salute in Venedig gemessen, dessen Pegelnull dem mittleren Meereswasserspiegel von 1897 entspricht. Aus Tab. 1 wird deutlich, wie zwischen 1916 und 1983 die Sturmfluten über 1,30 m über Pegelnull zugenommen haben. Von den 18 Sturmfluttiden in diesem Zeitraum sind 12 Tiden nach 1960 eingetreten.

Die Zunahme der Sturmfluthäufigkeiten wird durch die folgenden Zahlen nochmals verdeutlicht. In den Jahren 1966–1969 erreichte die Sturmflut die 0,8 m Marke im Durchschnitt 54mal und die 1,0 m Marke 9mal. Die entsprechenden Jahresdurchschnittswerte für 1920–1923 sind 4 und 1. Und wie Abb. 2 zeigt, wurde die kritische 0,7 m Marke 1000mal überschritten. Aus der gleichen Abbildung wird auch ersichtlich, daß die Stadt bei einer Sturmflut von 1,40 m vollständig überflutet ist, bei 1,30 m 62,5% der Stadt mit Wasser eingestaut ist, bei einer Höhe von 1,20 m die überflutete Fläche auf 33% fällt, bei 1,10 m noch 15,5% und erst bei 1,00 m nur noch 5% der Stadt von der Sturmflut berührt werden. Die Überflutung des Markusplatzes setzt jedoch schon bei einem Wasserstand von 0,70 m über PN ein.

Tabelle 1. Sturmfluten über Pegelnull aus Pegel Punta della Salute in Venedig 1916–1982 [6]

Datum	[m]
21. November 1916	1,36
16. April 1936	1,47
9. Dezember 1946	1,36
28. Januar 1948	1,32
12. November 1951	1,51
15. Oktober 1960	1,45
4. November 1966	1,94
5. November 1967	1,38
3. November 1968	1,44
18. Dezember 1968	1,32
26. November 1969	1,38
29. Januar 1978	1,32
28. Januar 1979	1,31
17. Februar 1979	1,40
22. Dezember 1979	1,66
22. Oktober 1980	1,34
26. Oktober 1981	1,36
6. Oktober 1982	1,32

Die Erhöhung und Zunahme der Sturmfluten stört nachhaltig das wirtschaftliche und soziale Leben Venedigs. Die tieferliegenden Lager sind besonders betroffen. Welche Ursachen hat die bedrohliche Entwicklung der letzten Jahre und welche Tendenz ist in der Zukunft zu erwarten?

Auf drei Faktoren kann die Erhöhung des Wasserspiegels im wesentlichen zurückgeführt werden:

- die Erhöhung des mittleren Meeresspiegels
- das Absinken der Stadt
- die Erhöhung und Zunahme der Sturmfluten.

Umfangreiche Studien haben in den letzten Jahren gezeigt, daß jeder dieser Faktoren zum Phänomen beiträgt.

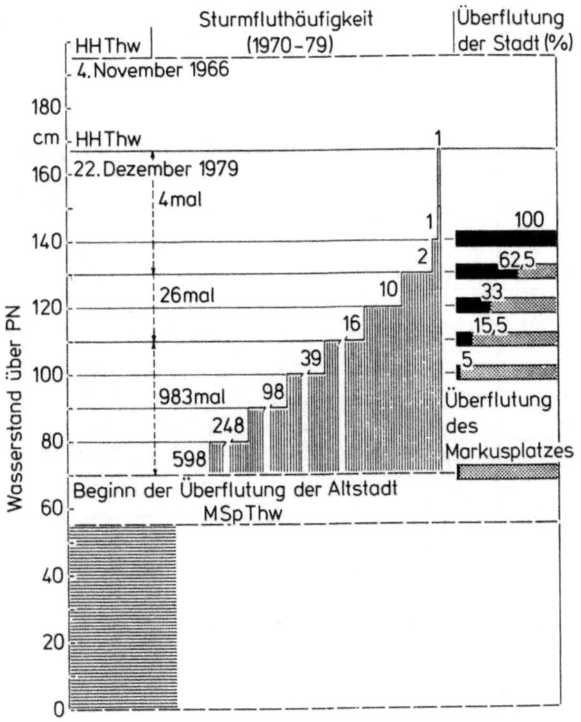

Abb. 2. Sturmfluten in Venedig, Überflutungen der Stadt in Abhängigkeit von Häufigkeit und Höhe der Sturmfluten [6]

3.2 Säkularer Wasserspiegelanstieg

Der Meeresspiegel ist in der ganzen Welt leichten Schwankungen ausgesetzt. Ursache sind hauptsächlich klimatische Veränderungen auf der Erde, die einen Einfluß auf das Polareis haben. Der dadurch bedingte säkulare Anstieg der Meeresspiegel wurde erst in neuester Zeit mit einiger Genauigkeit gemessen. Vom Anfang des Jahrhunderts bis 1967 betrug die durchschnittliche Erhöhung des Meeresspiegels 1,27 mm pro Jahr. Seitdem hat sich die Rate verlangsamt, wahrscheinlich wegen der globalen Abkühlung seit etwa 1940. Aufgrund des säkularen Wasserspiegelanstiegs hat sich der Meeresspiegel in Venedig im 20. Jahrhundert um 9 cm erhöht. Mit aller Wahrscheinlichkeit wird sich dieses Phänomen in der Zukunft fortsetzen.

3.3 Absenkung des Untergrundes

Die geotechnischen Randbedingungen von Venedig schließen ein weites Feld von Problemen ein, die mit den Eigenschaften des Untergrundes und der geschichtlichen Entwicklung Venedigs zusammenhängen. Die wesentlichen Faktoren sind die Absenkung des Untergrundes und die Situation in der Bau- und Stadtplanung. Die Absenkung begründet sich in:

- tektonischen Bewegungen und Konsolidierung der Sedimente unter dem Eigengewicht
- zusätzliche Auflast durch Baumaßnahmen und anschließender Kompaktion
- Grundwasserentnahme aus dem Untergrund.

Venedig liegt auf einer etwa 800 m starken Schicht des Quartärs, deren Sedimente teilweise kontinentalen, teils marinen Ursprungs sind, was auf vertikale Bewegungen des Untergrundes wie des Meeresspiegels, sowie auf die Sedimentablagerungen der Flußmündungen zurückzuführen ist. Die obersten 300 m bestehen zu 2/3 aus Sand und zu 1/3 aus Schluff mit einem Anteil von 2% reinem Ton und sind im wesentlichen schichtig verteilt. Die obersten Horizonte des Untergrundes von Venedig zeigen eine bemerkenswerte Vielfalt. Meist liegt unter einer 3–4 m dicken mehr oder weniger jungen, künstlichen Schicht eine 2–5 m starke Schicht aus Ton oder schluffigem Ton, welcher einen ziemlich niedrigen Scherwiderstand, dafür aber eine hohe Druckfestigkeit besitzt. Darunter wechseln sich Formation aus Ton, schluffigem Ton, sandigem Ton und Feinsand ab.

Nach geologischen und archäologischen Beobachtungen schreitet die Absenkung der Erdkruste seit nachweisbaren Zeiten mit durchschnittlich 1 mm/Jahr fort. Eine Schätzung für die Jahre 1900–1930 sagt aus, daß sich diese Rate verlangsamt hat und heute nur noch 0,5 mm pro Jahr beträgt. Die natürliche Erdabsenkung ist im Vergleich zu der durch menschliche Eingriffe entstandenen relativ gering.

Die Entnahme von Grundwasser zur Versorgung der Industriezentren Marghera und Mestre aus einer Tiefe bis zu 300 m, besonders bei Marghera, Lido und Chioggia, aber auch an Stellen außerhalb der Lagune seit 1930, war der Hauptgrund für die vergrößerte Absenkung, die verstärkt nach 1950 einsetzte.

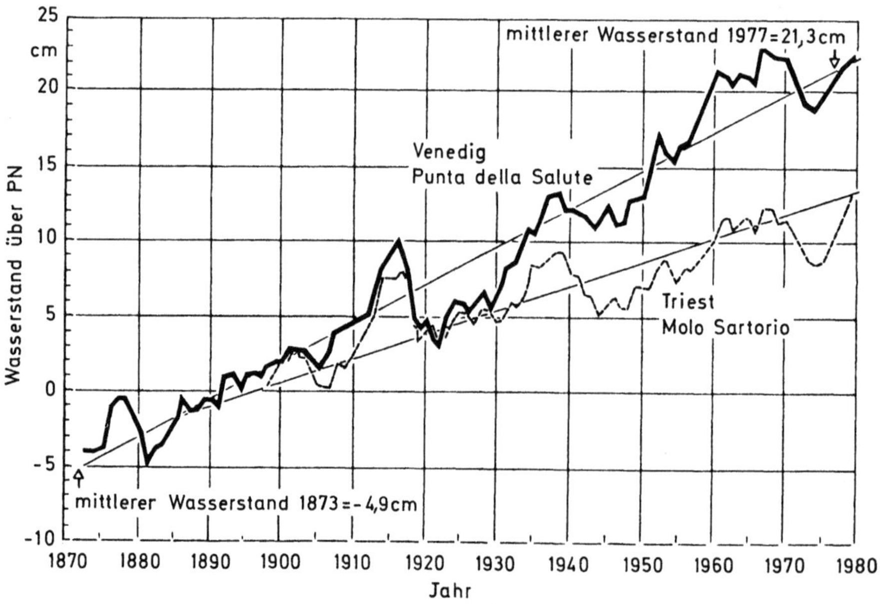

Abb. 3. Vergleich der Wasserstandsentwicklung an den Pegeln Triest und Venedig ab 1897 [6]

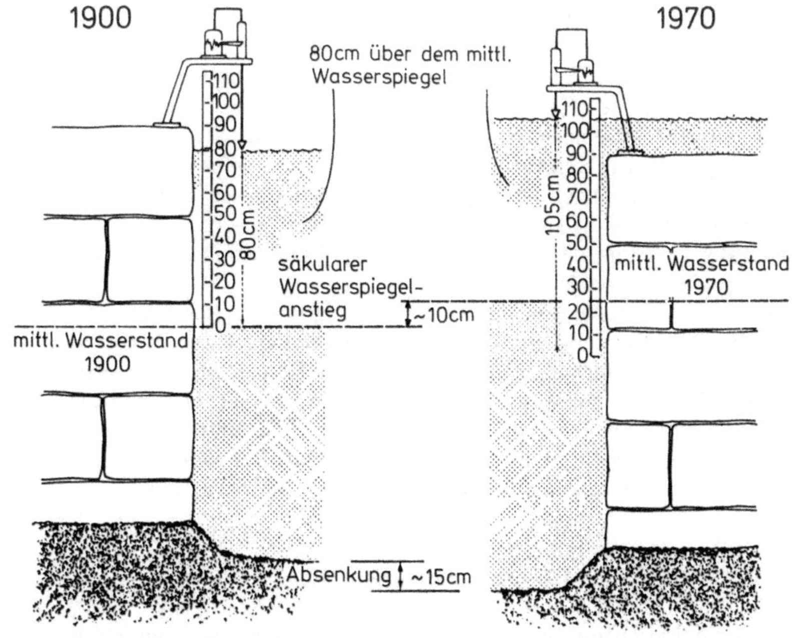

Abb. 4. Auswirkung von säkularem Wasserspiegelanstieg und Absenkung des Untergrundes auf die Gebäude von Venedig bei einer Sturmflut von 80 cm im Jahr 1960 und 1970 [6]

Die Senkungsrate verzehnfachte sich fast und die gesamte Absenkung betrug zwischen 1950 und 1970 12 cm in Marghera und 8 cm in Venedig. Dies wurde begleitet durch den starken Abfall des Wasserdrucks in den artesischen Brunnen, der bis 1970 um 10 m abgefallen war. Vor 1935 wurde der Grundwasserspiegel bis zu einer Tiefe von 300 m nicht mehr als 50 mm pro Jahr abgesenkt. Die Rate erhöhte sich und blieb bis 1970 konstant; für 100 m tiefe Brunnen bei 130 mm Jahr und alle anderen Brunnen bei 260 mm/Jahr. Von 1940 bis 1970 sind die Druckhöhen in den Brunnen um 500 bis 600 mm/Jahr gefallen. Nach dem niedrigsten Stand der Druckhöhe in 1969, die Grundwasserentnahme war reduziert worden, konnte ein langsamer und bemerkenswerter Anstieg der Druckhöhe festgestellt werden. 1980 wurde in Venedig z.B. ein Anstieg der Druckhöhe von 3 m gemessen.

Die Druckhöhe in den artesischen Brunnen hat sich bis heute auf den Stand von 1950 angehoben und die Absenkung des Untergrundes normalisiert. In Venedig hat sich der Boden sogar wieder etwas erhöht. Trotzdem bleibt aus den letzten 50 Jahren eine irreversible Absenkung des Lagunenuntergrundes von 13 cm zurück.

Ein Vergleich der Wasserstandsentwicklung (Abb. 3) der Pegel Punta della Salute in Venedig und Triest, dessen Pegel auf steinigem Untergrund steht, zeigt deutlich das Ergebnis des säkularen Wasserspiegelanstieges (Triest Kurve) und die Summe der Einflüsse aus säkularem Wasserspiegelanstieg und Absenkung des Untergrundes nach 1930 (Venedig Kurve).

Die gemeinsame Wirkung von säkularem Wasserspiegelanstieg und Untergrundabsenkung ist eine Erklärung für die Zunahme der Höhe und Häufigkeit der Sturmfluten, wobei in Relation zu den Gebäuden Venedigs die heutige Hochwassermarke von 1,05 cm einer von 0,80 cm zu Beginn des Jahrhundert entspricht (Abb. 4).

4 Tidedynamik

4.1 Eigenarten der Sturmfluten

Obwohl der säkulare Anstieg des Wasserspiegels und die Erdsenkung die Verwundbarkeit Venedigs im allgemeinen erhöht haben, sind die außergewöhnlichen Sturmfluten von größerer Wichtigkeit. Im Frühjahr können in der Springzeit Tiden auftreten, die eine Höhe von 90 cm über dem mittleren Niveau erreichen. Diese astronomischen Tiden können durch atmosphärische Einflüsse wie Winde und Tiefdruck erhöht werden. Der Sirocco – ein heißer aus Süden wehender Wind – drückt das Wasser in die nördliche Adria, dort wo Venedig liegt, und kann je nach Windgeschwindigkeit, -dauer und -richtung eine Wasserstandserhöhung von 90 cm bringen. Ein anderer Wind, der Bora, der von Nordosten weht, beeinflußt den Wasserspiegel in der Lagune kaum spürbar und wirkt außerdem dem Scirocco entgegen.

Durch starken Abfall des atmosphärischen Drucks kann es zu einer Meeresspiegelerhöhung kommen. Beobachtet wurde, daß Tiefdruckgebiete über Europa im Winter eine Erhöhung bis zu 20 cm verursachten. In den Wintermonaten können saisonalbedingte Einflüsse noch ca. 20 cm hinzufügen. Schließlich kann die Situation noch durch eine Tide hydrodynamischen Charakters verschlimmert werden. Durch die lange, halbgeschlossene Form der Adria kann es zeitweise zu einer schwingenden Bewegung des Wasserkörpers um eine transversale Achse, dem Seiche-Effekt, kommen. Die Randbedingung für die Entstehung der Seiche sind sehr komplex. Auch wenn der Ursprung der Seiche nicht eindeutig festgestellt werden kann, so werden dort die größten Wasserstandserhöhungen in Venedig und im Golf von Triest mit bis zu 60 cm erreicht. Schließlich ist es auch möglich, daß die Meeresströmung unter dem Einfluß von plötzlichen Luftdruckveränderungen selbst eine Wasserstandserhöhung fördert. Darüber ist aber nur wenig bekannt.

Wie oben gezeigt, könnte das Zusammentreffen der drei wichtigsten Möglichkeiten der Tidenerhöhung theoretisch maximal eine Erhöhung des Wasserspiegels von 2,50 m (entspricht einem Wasserstand auf dem Markusplatz von 1,80 m) herbeiführen, obwohl ein solches Zusammentreffen noch nie beobachtet werden konnte. Dennoch wurde am 4. November 1966 ein Wasserstand von 1,94 m erreicht, der hauptsächlich unter dem Einfluß des Scirocco, des atmosphärischen Druckabfalls, saisonbedingter Einflüsse und dem „Seiche"-Effekt entstand. Glücklicherweise trat diese Sturmflut nicht in der Springzeit auf. Der astronomische Anteil betrug 25 cm. Einige Tage später hätte es zu einer zusätzlichen Erhöhung von 35 cm führen können.

4.2 Ausbreitung der Tide

Die Fluten treten durch die drei Öffnungen in die Lagune ein, breiten sich dahinter aus und verteilen sich in dem weitverzweigten Kanalsystem, den ghebbi. Diese von den Strömungen in den Lagunengrund gegrabenen „Priele" werden zum Festland hin immer flacher. In der Ebene wird die Tide durch die Barene gedämpft. Die Barene sind von Röhricht und üppigem Pflanzenbewuchs bedeckte Untiefen, die bei Ebbe trocken fallen bzw. aus dem Wasser hervorragen. Mit der Zeit wurden die natürlichen Kanäle durch künstlich angelegte Kanäle ergänzt, bis schließlich die großen geraden und tiefen Schiffahrtskanäle des Industriezeitalters gebaggert wurden. Weil bei den Schiffahrtskanälen eine gleichbleibende Tiefe vorgehalten wird, verschlicken diese schnell durch die verminderte Tideströmung im Kanalquerschnitt. Die Barene hingegen bleiben durch die gleichmäßigen Tideströmungen frei.

Die großen Schiffahrtskanäle haben die Verteilung der Flutwassermengen in der Lagune zweifellos verändert. Aber die Veränderungen an den Lagunenöffnungen haben die Verteilung noch mehr beeinflußt. Durch die Küstenlängsströmung in Nord-Süd-Richtung sind die Lidi durch Erosion stark gefährdet, da der Materialtransport der Flüsse fehlt. Die weit ins Meer hineingebauten Molen an den Laguneneinfahrten haben diesen Prozeß nicht beeinflußt. Dagegen hat sich aber die Strömungsgeschwindigkeit in diesen Einfahrtskanälen von Malamocco (550 m x 15 m), Chioggia (550 m x 7 m) und in Lido (900 m x 12 m) vergrößert.

So sind z.B. in der Einfahrt von Malamocco durch Erosion Wassertiefen von 20 m entstanden. Die Erweiterung der Lagunenöffnungen verbunden mit dem Ausbaggern der Schiffahrtskanäle von Malamocco nach Marghera und von Lido nach Venedig hat eine Zunahme der Tidewassermenge bewirkt. Bei einem Tidehub von ca. 1,0 m beträgt die Tidewassermenge etwa 324 Mio. m^3 und verteilt sich wie folgt auf die Öffnungen: Lido 40 %, Malamocco 40 % und Choggia 20 %.

Zwar sichert die erhöhte Tidewassermenge den zwingend notwendigen Wasseraustausch zur Regeneration des schadstoffbelasteten Lagunenwassers, doch führt es auch zu starker Erosion in weiten Teilen der ghebbi und anderer Kanäle. Am teilweisen Verfall der ufernahen Gebäude von Fort San Andrea bei Lido sind die Auswirkungen der Erosion sichtbar. Andererseits verschlicken auch viele ghebbi, Barene werden zerstört und neben der veränderten Lagunenspeisung hat sich auch die Zirkulation in der Lagune verändert. Diese Veränderungen einschließlich der Reduzierung der Oberfläche der Lagune trafen mit der Häufung der erhöhten Sturmfluten zusammen. Der Schluß lag natürlich nahe, daß dies die Gründe dafür sind, daß Venedig ein Opfer seiner eigenen Industrialisierung und wirtschaftlichen Entwicklung geworden ist.

Eingehende Untersuchungen dieser Fragen haben aber gezeigt, daß die Veränderungen zwar zu einer Erhöhung der Strömungsgeschwindigkeit in den Laguneneinfahrten während jeder Tidephase und zur veränderten Speisung der Lagune geführt haben und damit die Lagune praktisch zu einem Meeresarm wurde, daß aber die Höhe und Häufigkeit der Sturmfluten dadurch nicht beeinflußt wurden.

Die Entwicklung der Wasserstände bzw. der Tidenhübe inner- und außerhalb der Lagune in der Springzeit von 1930 bis 1971 verdeutlichen diese Aussagen (Abb. 5). Das Verhältnis der Tidenhübe für die Flut- und Ebbephase am Pegel Punta della Salute in Venedig und am Pegel auf der südlichen Mole der Lidoeinfahrt ist für den oben genannten Zeitraum fast gleichbleibend.

Dies zeigt deutlich, daß der Tidenhub durch die Veränderung der Lagunenöffnungen kaum reduziert wurde. Die Verkleinerung des Tidenhubs in der Lagune von 1940–1948 ist wahrscheinlich auf die Verschlickung der

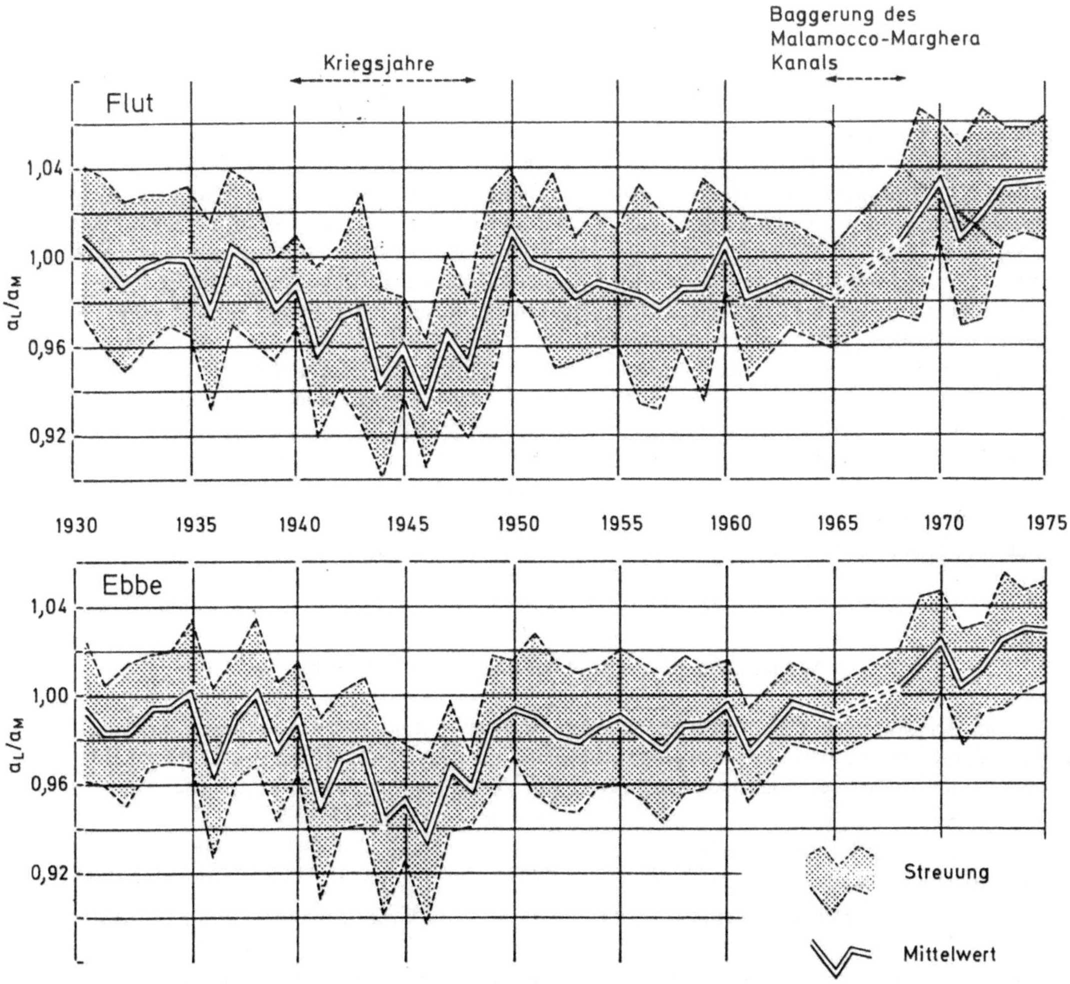

Abb. 5. Verhältnis der Tidehübe zwischen der Lagune und der offenen See von 1930 bis 1975 [6]. a_L = Entwicklung des Tidehubs in Venedig am Pegel Punta della Salute. a_M = Entwicklung des Tidehubs in der offenen See am Pegel auf der südlichen Mole der Lidoeinfahrt

Lidoeinfahrt während des Krieges zurückzuführen; die Vergrößerung des Tidenhubes nach 1965 durch den Bau des Malamocco-Maghera-Kanals bedingt. Die Veränderungen der Lagune und ihrer Öffnungen sind daher offensichtlich von Einfluß, doch beträgt die relative Erhöhung der Springtide in Venedig nur 2 cm, was ein verhältnismäßig kleiner Betrag ist gegenüber dem säkularen Wasserspiegelanstieg und der Absenkung des Untergrundes.

Diese Aussagen stützen sich auf umfangreiche Ergebnisse der Modellversuche, die für die Erforschung der Hydrodynamik der Lagune durchgeführt wurden. Diese Studien begannen mit dem Bau eines physikalischen Modells in Voltabarozzo in der Nähe von Padua Ende der sechziger Jahre (die Ergebnisse der Modellversuche für den 1968 erbauten Malamocco-Maghera-Kanal wurden erst 5 Jahre später geliefert) und bis heute fortgeführt. Jenes Modell wurde durch mathematische Modelle, die vom Hydraulikinstitut der Universität Padua entwickelt wurden, ergänzt. Besonders durch die mathematischen Modelle sind frühere Erkenntnisse bestätigt und eine detaillierte Bewertung der Sturmflutcharakteristik in der Lagune ermöglicht worden. Die Modelle dienen weiterhin hauptsächlich der Erforschung der geeigneten Maßnahmen zum Schutz Venedigs.

5 Schutzmaßnahmen

5.1 „Rettet Venedig" nur eine Formel?

Nach der weltweiten Hilfsaktion, die bis 1977 eine Anleihe von 256 Milliarden Lire aufgebracht hatte, geschah entgegen den Erwartungen zunächst nichts. Obwohl die kritische Situation Venedigs ein sofortiges Handeln geboten hätte, mußte man beobachten, daß sich die Betroffenen nicht auf ein Hilfsprogramm einigen konnten. Die Verabschiedung des Gesetzes zur Rettung Venedigs wurde daher immer wieder verhindert und hinausgezögert. Es grenzt an ein Wunder, daß das Gesetz im April 1973 nach langjähriger Beratung im italienischen Senat die endgültige Zustimmung bekam. Die „öffentliche Hand", in vieler Hinsicht für das Unheil Venedigs verantwortlich, bestimmte die Zusammensetzung der „Kommission zum Schutz Venedigs" nach politischen Kriterien. Die Leitung der Kommission wurde dem von der Gunst der Parteien abhängigen Präsidenten der Region übertragen, dem Präsidenten der Wasserbaubehörde wurde sie entzogen. Zwar ist durch die Neuerrichtung der Region Venetien der Zentralismus fortgefallen, jedoch ist Venedig durch die Eingemeindung von Mestre und Marghera künstlich aufgebläht worden und zu einem „Viertel", nicht einem der wichtisten, herabgesunken.

Die Wirtschaftskraft und das Wählerreservoir befindet sich auf dem Festland und die politischen Kräfte, die ihre Stimmen und ihr Geld von dorther beziehen, entscheiden naturgemäß zu Ungunsten Venedigs.

Erste Voraussetzung zur Rettung und Genesung Venedigs ist die Besinnung Venedigs auf sich selbst. Von den 300 Milliarden Lire (50 Milliarden Lire vom italienischen Staat) ist bisher kaum eine Lire ausgegeben. Aktiv war lediglich die Inflation, die den Wert des Rettungsfonds um die Hälfte reduzierte. Selbst die 55 Milliarden Lire, die für bereits verabschiedete Sanierungspläne vorgesehen sind, liegen aufgrund unüberwundener bürokratischer Hindernisse und Kompetenzstreitigkeiten weiterhin unangetastet auf der Bank.

Es muß befürchtet werden, daß die Bürokratie und die Parlamente den „Rettungswagen" weiterhin so stark bremsen und blockieren, daß eine sinnvolle und schnelle Lösung der Probleme noch lange auf sich warten lassen wird. Vorschläge zur Lösung der gesamten Problematik sind im letzten Jahrzehnt schon ausreichend vorgetragen worden, die Politiker müssen sich endlich entscheiden.

5.2 Maßnahmen zum Schutz der Lagune und Venedigs

Es ist klar, daß der säkularen Wasserspiegelhebung und der Absenkung des Untergrundes nicht direkt entgegengewirkt werden kann und daß diese Vorgänge sich weiterhin negativ auswirken. Unter diesen Umständen gibt es nur drei Möglichkeiten oder Kombinationen davon, um Venedig vor dem Meer zu schützen.

- Erhöhung der Stadt
- Reduzierung der Sturmflutwasserstände
- Errichtung von Sturmflutsperrwerken

Es sind, gleichgültig welche Maßnahmen ergriffen werden, bestimmte Voraussetzungen und Randbedingungen zu erfüllen:

- die mittleren Wasserstände müssen erhalten und der Wasserstand in der Lagune wie die Ebb- und Flutstrommenge gesichert sein, damit das Wasser in der Lagune stets erneuert wird und die Verschmutzung sich in Grenzen hält,
- die Schiffahrt darf nicht durch häufiges Schließen der Sturmflutsperrwerke gestört werden; die Einfahrt Malamocco passieren Schiffe bis zu 65 000 t,
- die Fisch- und Muschelproduktion muß aufrechterhalten werden; die unterschiedlichen Ökosysteme in der Lagune müssen intakt bleiben,
- die Schönheit der Umgebung, d.h. Integration der Bauwerke in die Landschaft und das künstlerische Erbe Venedigs muß respektiert werden.

Umfangreiche Ansätze zur Problemlösung auch von privaten Organisationen und Einzelpersonen waren bei der Diskussion der Varianten bedeutsam und haben lokale, regionale und nationale Behörden und Institutionen mit umfangreichen und weitgefächerten Arbeitshypothesen versorgt, auf die sich ihre Untersuchungen stützen konnten. Einige eigenwillige Vorschläge sollen hier einmal genannt werden.

Eine gigantische Plexiglaskuppel sollte Venedig vor den Unbillen des Wetter schützen. Professor Eugenio Battisti, Ordinarius für Renaissance-Kunst an der Pennsylvania State University, schlug gar vor, Venedig den Amerikanern zu überlassen. Sie allein seien in der Lage, die riesigen Mittel aufzubringen, die Venedig heute zur Rettung braucht. Ravenna hat seine Lagune trockengelegt und Obstbäume darin gepflanzt. Doch diesem Beispiel wollen die Venezianer um keinen Preis folgen, dann wäre ihre Stadt kein Weltwunder mehr. Im folgenden sollten die wichtigsten Vorschläge sowie die aktuellste Lösungsvariante vorgestellt werden.

5.2.1 Erhöhung Venedigs

Da die Stadt stark abgesunken ist und weiterhin sinkt, liegt der Gedanke nahe, die Stadt zu erhöhen. Der interessanteste Vorschlag kam von einer Mailänder Firma, der die Durchführung eines Experimentes auf der kleinen verlassenen Laguneninsel Poveglia gestattet wurde. Für die symbolische Abfindungssumme von 1000 Lire nahm die Firma den wirklichen Kostenaufwand von 90 Millionen Lire auf sich, um eine Fläche von 900 m^3

durch Injektionen aufzuhöhen. In über 72 Bohrlöcher wurde in einer Tiefe von 11 m eine Betonit-Zementmischung injiziert, die den Erdboden um 9 cm erhöhte, ohne daß die Gebäude auf der Insel Schaden davontrugen. Um Venedig spürbar vor den heutigen Sturmfluten unter 1,10 m zu schützen, müßte der Boden mindestens um 40 cm erhöht werden. Die Bevölkerung müßte dann aber trotzdem noch mit durchschnittlich 3 Sturmfluten pro Jahr rechnen.

Auch nach einem geglückten Versuch der Mailänder Firmen scheint es nach dem heutigen Stand der Technik unmöglich, das gesamte Stadtgebiet mit fast 6 km^2 ohne Gefährdung gerade der am tiefsten Punkt der Stadt liegenden Gebäude am Markusplatz (PN + 0,70 cm) so stark zu heben. Von Prof. Dr. H.-E. Reineck, Leiter des Senckenberg-Instituts in Wilhelmshaven, der als einziger deutscher Wissenschaftler an der Tagung der UNESCO im März 1981 in Venedig teilnahm, wird die gezielte Fundamentinjektion bei dem einen oder anderen Gebäude für möglich gehalten, nicht aber die Anhebung einer ganzen Stadt, da die gegebenen geologischen Unregelmäßigkeiten des Untergrundes sich folgenschwer auswirken könnten. Für die Zukunft sind solche Maßnahmen zur Ergänzung anderer Schutzmaßnahmen denkbar. Versuche, die „negative Erdabsenkung" durch künstliche Grundwasserzugabe zu erreichen, haben noch keine befriedigenden Ergebnisse geliefert.

Einen weiteren direkten Schutz der Stadt vor den Sturmfluten würden die Errichtung von kleinen Schutzmauern, die Erhöhung der Ufermauern und Pflasterung und das Pumpen des gesamten Regenwassers der Stadt bieten.

5.2.2 Reduzierung der Sturmflutwasserstände

Wie schon erwähnt, erreichen die hohen Sturmfluten in Venedig die gleiche Höhe wie in der Adria. Es ist aber trotzdem möglich, durch

- Verengung der Laguneneinfahrten
- Verlängerung der Einfahrtsmolen
- Errichtung von Sohlschwellen im Einfahrtskanal und
- Schaffung zusätzlichen Flutraumes

die mittleren Sturmflutwasserstände zu reduzieren. Nach Modellversuchen ist bei einer Einengung der Lidomündung von 900 x 12 m auf 140 x 12 m Schiffahrt noch möglich, doch wird die Tidewassermenge stark reduziert und die Strömungsgeschwindigkeit im eingeengten Abschnitt auch bei mittleren Wasserstandsverhältnissen sehr erhöht, so daß es zu erheblicher Erosion im Mündungskanal kommt. Nach einer Studie des Consortiums A.G.I.L.TE.C. vom Oktober 1979 [8] ermittelte man bei einer Einengung der Lidomündung auf 450 bzw. 250 m und Reduzierung der anderen beiden Öffnungen im gleichen Verhältnis eine Verminderung der Tidewassermenge jährlich um 20 bzw. 35% und eine Erhöhung der Strömungsgeschwindigkeit im eingeengten Bereich bei Sturmfluten auf 2,5 bis 3,0 m/s. Die Errichtung von Sohlschwellen in der Laguneneinfahrt und die Verlängerung der Molen liefern zwar keine Erhöhung der Strömungsgeschwindigkeit, doch führen sie zu einer Minderung des Wasseraustausches und der Abnahme des Tidehubs. Sie stellen durch die Form und Gestalt der Hindernisse im Kanalbett eine Gefahr für die Schiffahrt dar, verursachen hohe Investitionskosten und trüben durch die langen Molen das Bild der Lagune.

Die mathematischen und hydrodynamischen Modelle zeigen auch, daß die Verringerung der Lagunenoberfläche bzw. des Flutraumes durch Vergrößerung der Fischzuchtgebiete und Landgewinnung besonders für die Industrie den Sturmflutwasserstand nur gering beeinflußt haben. Dies führt zu dem Schluß, daß die durchzuführenden „sanften" Maßnahmen wie z.B. die Einengung der Laguneneinfahrten, die Verringerung der Fahrwassertiefe in die Laguneneinfahrten und Schiffahrtskanälen, die Vergrößerung des Flutraumes durch Beseitigung von Fischzuchtgebiet und Barene, die Erhöhung der Stadt und Errichtung kleiner Schutzmauern, Venedig nicht vor den schweren Sturmfluten schützt. Diese Maßnahmen sind deshalb nur als kurzfristige Lösungen zu betrachten, da ja der säkulare Wasserspiegelanstieg und die Absenkung des Untergrundes weiter andauern und den positiven Effekt bald aufgezehrt haben werden. Trotzdem finden diese „sanften" Maßnahmen bei der Bevölkerung Anklang, wobei wahrscheinlich vergessen wird, daß immer noch mit einigen schweren Sturmfluten im Jahr zu rechnen ist.

5.2.3 Errichtung von Sturmflutsperrwerken

Um Venedig zukünftig sicher vor den schweren Sturmfluten zu schützen, können nur Sturmflutsperrwerke diese Fluten von der Lagune in Venedig fernhalten. Aus den Studien der letzten 10 Jahre haben sich zwei grundsätzliche Möglichkeiten der Sturmflutkehrung herausgebildet. Die erste noch bis vor einigen Jahren diskutierte Variante ist durch den augenblicklich offiziellen Lösungsvorschlag abgelöst worden:

- Schutz nur der Lagune von Venedig durch Errichtung von Sturmflutsperrwerken in der Einfahrt Lido und Anlage eines „perforierten" (Sperrwerke, Schleusen u.a.) Dammes von Malamocco nach Marghera
- Errichtung von Sturmflutsperrwerken in allen drei Lagunenöffnungen.

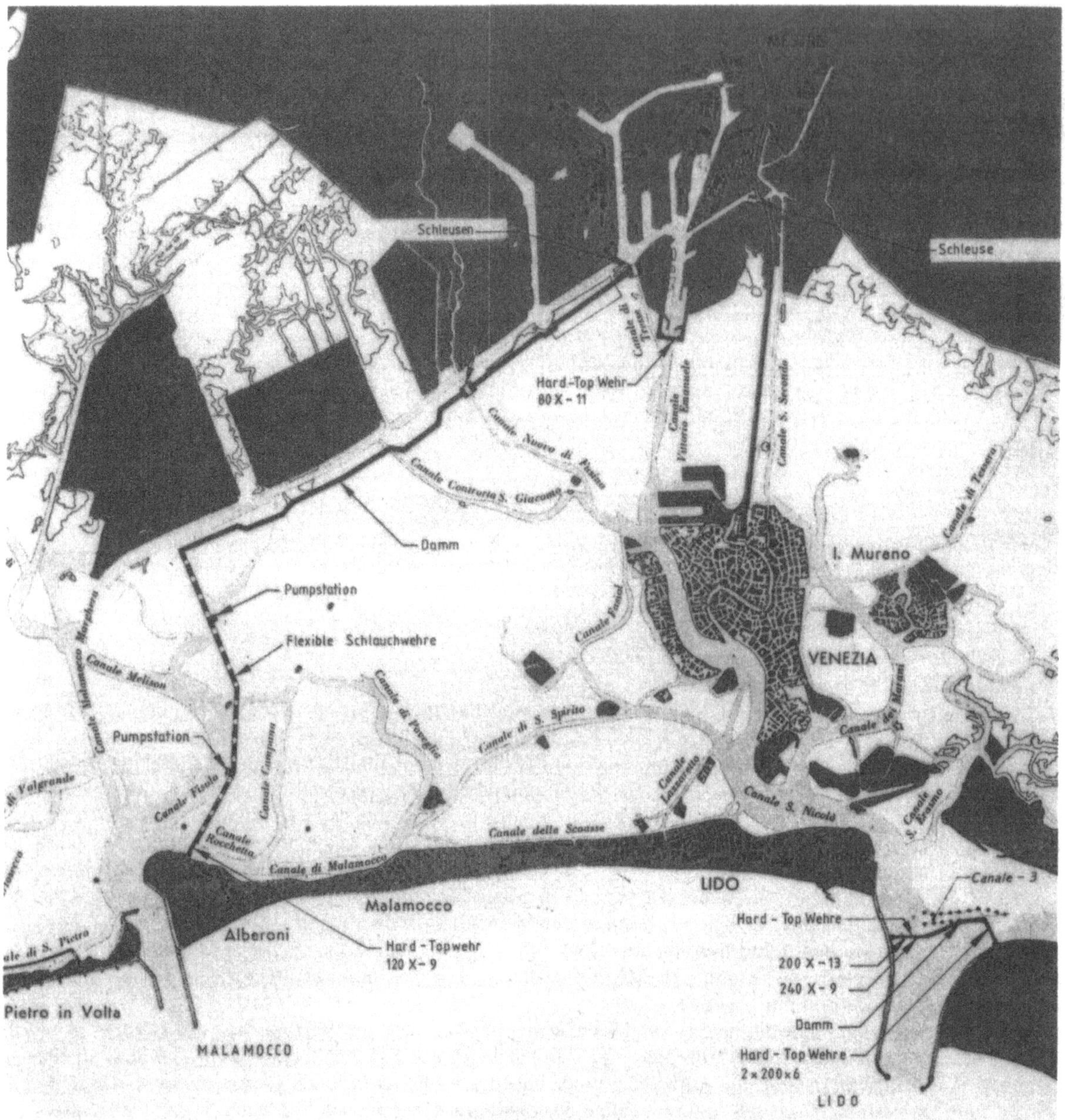

Abb. 6. Die abgetrennte Lagune von Venedig mit allen vorgesehenen Bauwerken nach dem Projekt des Consortiums A.G.I.L.TE.C. [8]

Die wichtigsten Vorläufer der oben genannten Lösungen waren das Stahlzylinder-Projekt, das noch am 14. August 1981 vom Minister für öffentliche Arbeit enthusiastisch als der geeignetste Vorschlag vorgestellt wurde und die Sperrwerk-Variante mit Riesenschläuchen.

Die Abdämmung der Durchfahrtsrinnen mit waagerecht liegenden Stahlzylindern sollte nach einer 3jährigen Planungs- und 5jährigen Bauphase für 1 Mrd. DM erstellt werden. Durch Preßlufteintrag wären die seitlich gelenkten in der Ruhestellung im Lagunengrund liegenden Zylinder für den Sperrzustand aufgehoben worden. 1975 wurde von Professor Colamussis von der Universität Bologna ein Sperrwerk aus neoprenbeschichtetem Polyamidgewebe vorgestellt, daß in einer Bauzeit von weniger als zwei Jahren mit einem Aufwand von 75 bis 100 Mio. DM verwirklicht werden könnte. Das Prinzip ist einfach: zwei bis drei robuste flexible Riesenschläuche werden übereinander in jeder der drei Lagunenöffnungen installiert. Normalerweise liegen sie flach zusammengefaltet und unsichtbar auf einer Breite von 30 m auf dem Meeresgrund. Gehalten werden sie durch Stahltrossen, die an Betonpfählen verankert sind. Zur Sperrung können sie in 30–120 Minuten über Pumpwerk mit Seewasser gefüllt und auf 15 m angehoben werden. Die bestgeeigneten Gewebe für diese Sperrwerkskonstruktion wurden in

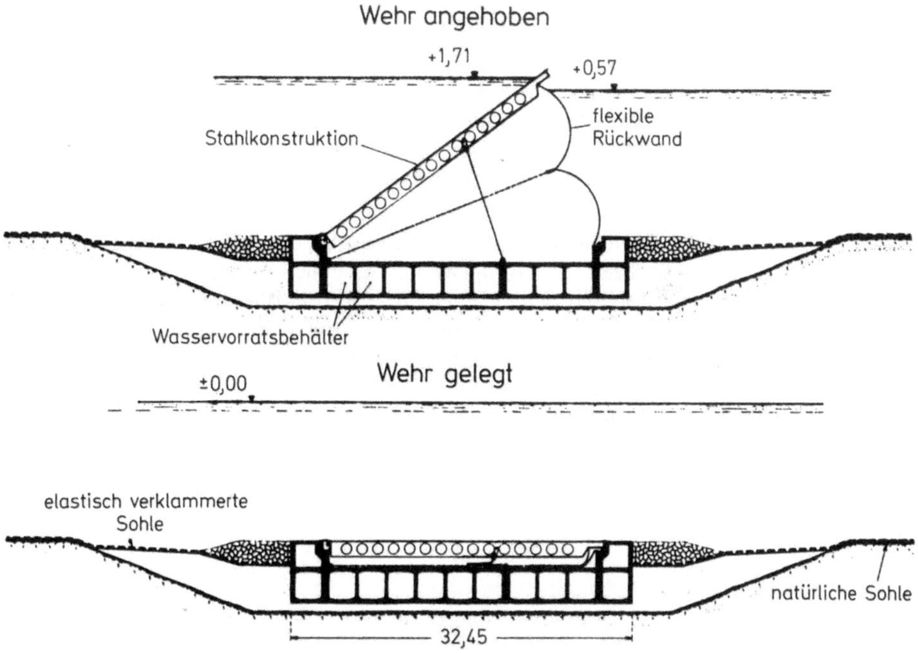

Abb. 7. „Hard-Top-Wehr", Anheben des Wehres durch Füllen der Wehrkammern mit Seewasser [8]

eingehenden Versuchen vom Enka-Glanzstoff-Labor in Wuppertal ermittelt. Modellversuche im Maßstab 1 : 4 haben zufriedenstellende Ergebnisse geliefert.

Das Projekt des Consortiums A.G.I.L.TE.C., Abdämmung der Lagune in Venedig, das der Minister für öffentliche Arbeit im Oktober 1979 der Öffentlichkeit präsentierte, hätte nach Meinung der UNESCO mit einigen Änderungen auch umgesetzt werden können. Der Plan (Abb. 6) sieht vor, nur in der Lidoeinfahrt Sturmflutsperrwerke zu errichten und die Lagune von Venedig durch einen teilweise „perforierten" Damm von Malamocco nach Marghera von der restlichen Lagune zu trennen. Der Schiffahrtsweg zum Industriegebiet Maghera wäre dann frei und die Schiffahrt zum Hafen Venedig in Normalzeiten über die großen Öffnungen der Sturmflutsperrwerke am Anfang und Ende des Dammes gesichert.

Während der Schließung der Sturmflutsperrwerke garantieren drei Schleusen im Deichabschnitt gegenüber dem Industriegebiet die Verbindung zwischen dem Hafen von Venedig und Marghera und hier besonders den notwendigen Personenverkehr. Der Damm beginnt am tiefen Rocchetta Kanal bei Malamocco und erhält dort ein Sturmflutsperrwerk von 120 x 9 m, das sogenannte „Hard-Top-Wehr" (Abb. 7). Er verläuft am Re Fisolo Kanal entlang und wird hier bei einer Wassertiefe von weniger als 1 m auf einer Länge von 5270 m von flexiblen

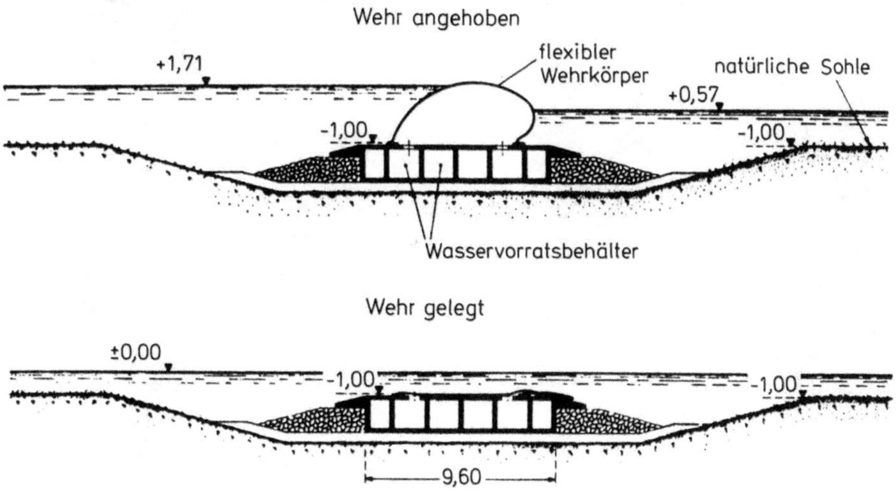

Abb. 8. „Flexibles Schlauchwehr", Anheben des Wehres durch Füllen der Wehrkammern mit Seewasser [8]

Schlauchwehren (Abb. 8) und Pumpstationen unterbrochen. Die gelegten und nur bei einer Sturmflut angehobenen Wehre sichern den notwendigen Wasseraustausch innerhalb der Lagune. Nur der die Lagune teilende Damm ist „perforiert"; entlang des Malamocco-Marghera-Kanals an der Industriezone ist der Damm geschlossen und wird hier nur durch die schon erwähnten drei Schleusen und das Sturmflutsperrwerk (80 m x 11 m) am Vittoria Emanuele Kanal unterbrochen. Die Abdämmung verhindert zum einen die Verschlickung des Schiffahrtkanals und ermöglicht zum anderen den schnellen und direkten Abfluß des verunreinigten Wassers in die Adria, so daß das Venedig-Becken und Venedig davon verschont bleiben.

Nach Modellversuchen wird sich die jährliche Tidewassermenge durch die Baumaßnahmen um 10% reduzieren. Würde man in alle drei Lagunenöffnungen „Hard-Top-Wehre" einbauen, so verringert sich die mittlere jährliche Tidewassermenge um 11% unter folgenden Bedingungen: Alle Wehre offen für Tiden ≤ 80 cm. Wehre teilweise geschlossen für Tiden 110 cm bis 120 cm, Wehre ganz geschlossen für Tiden > 120 cm.

Die Ausführung der oben ausführlich beschriebenen Variante könnte wie folgt ablaufen: In der ersten Phase wird der Damm von Malamocco nach Marghera mit seinen Schleusen und den „flexiblen Schlauch-Wehren" (Abb. 8) fertiggestellt. Danach werden die Molen der Lido-Einfahrt verlängert, um die Einfahrt einzuengen. Diese ersten Maßnahmen reduzieren die Tide um 10 cm, was zu einer beträchtlichen Verringerung der Überflutungshäufigkeit führt. Die zweite Phase wird im wesentlichen durch den Bau der „Hard-Top-Wehre" (Abb. 7) bestimmt.

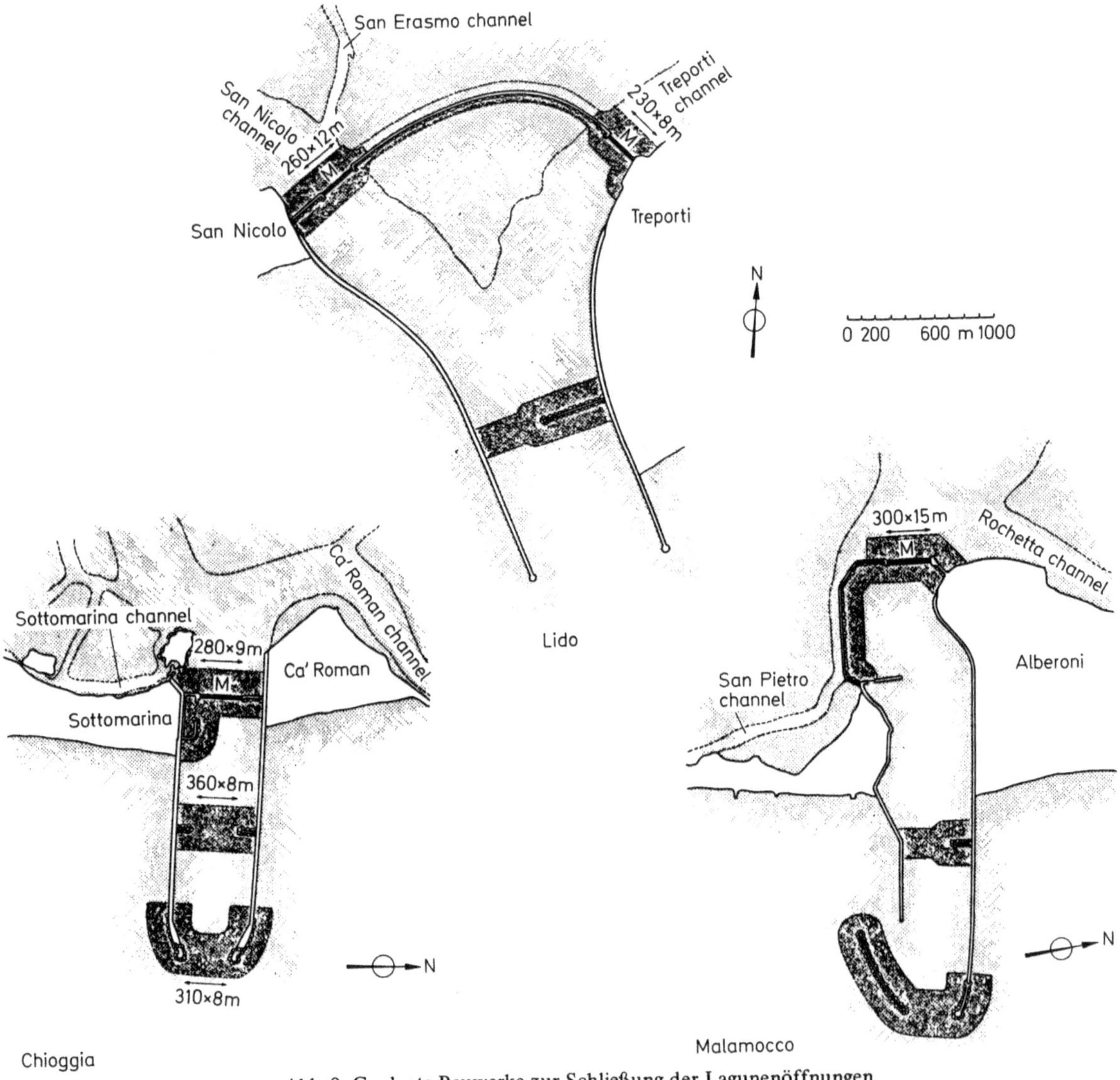

Abb. 9. Geplante Bauwerke zur Schließung der Lagunenöffnungen
M zeigt die Lage der Sturmflutsperrwerke an [6]

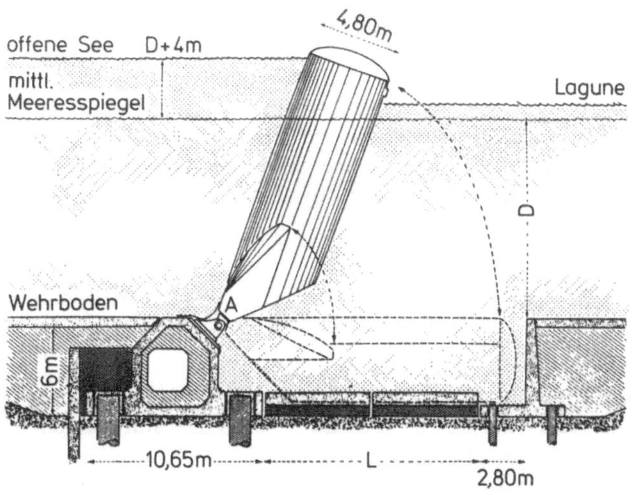

Abb. 10. Querschnitt der geplanten Sturmflutsperrwerke [6]. A = Drehachse, D = Öffnungstiefe, L = Klappenlänge

Diese Lösung der Sturmflutabwehr hätte den Vorteil, daß der Hafen von Marghera immer erreichbar wäre, jedoch besteht die Gefahr, daß eine Lagune für den Tourismus und ein Meeresarm für die Schiffahrt geschaffen wird, obwohl die Bauwerke im Damm dieses vermeiden sollen. Ein Einfluß auf die wirtschaftlichen Aktivitäten in Venedig und die Einschränkung des Schiffsverkehrs zum Vorteil Margheras wird deshalb befürchtet. Weiterhin beeinträchtigt der Damm das Landschaftsbild und widerspricht dem Gesetz von 1973, in dem die Unversehrtheit der Lagune ausdrücklich festgeschrieben ist.

Der augenblicklich offizielle Lösungsvorschlag zum Hochwasserschutz von Venedig sieht die Errichtung von Sturmflutsperrwerken in den drei Laguneneinfahrten vor: Geplant sind feste Bauwerke, die die Breite und Tiefe der Laguneneinlässe reduzieren, die Schiffahrt aber nicht behindern und einen ausreichenden Wasseraustausch sichern. Die Abb. 9 zeigt die drei Laguneneinfahrten mit den Sturmflutsperrwerken und der Lage der querverlaufenden Wellenbrecherfundamente. Die Sperrwerke befinden sich in der Lagune, damit sie den Strömungskräften im offenen Meer weniger ausgesetzt sind. Die Abmessung der Sperrwerke ist für eine max. zulässige Strömungsgeschwindigkeit von 2,5 m/s im Modell ermittelt. Ihre Gesamtöffnungsbreite garantiert den erforderlichen Wasseraustausch innerhalb der Lagune und zum Meer hin, wie er heute vorhanden ist und wie er evtl. sogar vor dem Bau des Malamocco-Marghera-Kanals war. Bei Realisierung der Sturmflutsperrwerke mit den Mindestabmessungen von 260 m x 12 m (zum San Nicolo Kanal) und 230 m x 8 m (zum Treporti Kanal) bei Lido, 300 m x 15 m bei Malamocco und 280 m x 9 m bei Chioggia könnte bei Aufrechterhaltung der Schiffbarkeit in den Einfahrten und Gewährleistung des erforderlichen Wasseraustausches eine Senkung des Wasserspiegels in Venedig von 10 cm erreicht werden.

Der Bau derartiger Sperrwerke mit lichten Weiten von bis zu 300 m und Wehrklappenlänge von 15 m ist eine große technische Aufgabe, die in der Welt ihresgleichen sucht.

Jedes Wehr besteht aus einer Aneinanderreihung von an den Längsseiten miteinander verbundenen Stahlzylindern (Abb. 10). Die Zylinder sind am Fuß offen und hier in einem Drehlager am Wehrboden angelenkt. Im gelegten Zustand schließen die Zylinderflanken mit der Lagunensohle bündig ab, um reibungslosen Schiffsverkehr zu ermöglichen. Bei Sperrung der Lagune im Sturmflutfall wird Preßluft in die Zylinderöffnungen eingeblasen und die gesamte „Wehrklappe" durch Drehung um das Wehrlager gehoben. Beim ersten Anzeichen einer Sturmflut sollen die Sperrwerke geschlossen werden, um Venedig so lange wie möglich zu schützen.

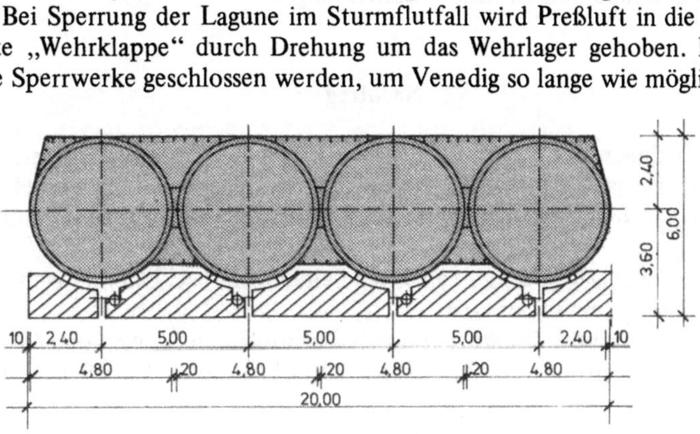

Abb. 11. Schnitt durch die aus 4 Zylindern bestehende starre Segment-Sektion

Dies ist jedoch nur durch Verbesserung der Sturmflutvorhersage möglich. Die Vorhersage wird heute noch wesentlich durch die Zyklonen bestimmt, die durch plötzliches Freisetzen von dynamischer Energie in der lokalen Atmosphäre der Alpen im Zusammenhang mit Kältefronten entstehen. Diese komplizierte meteorologische Situation, die auch bei früheren Sturmfluten weitgehend vorherrschte, wird in der Regel nicht vorhergesagt. Nur durch eine genaue Analyse der Sturmflutereignisse und die Verbesserung und Erweiterung der Erfassung von meteorologischen und hydrologischen Parametern und da im besonderen die Überwachung der atmosphärischen Winde in großen Höhen ist die Vorhersage einer Sturmflut zu verbessern. Angestrebt ist eine Vorhersage von 12 Stunden.

6 Zusammenfassung und Ausblick

Im Schutz eines natürlichen Sandwalls entstand in der Lagune auf 117 Inseln das Naturdenkmal Venedig, dessen soziales, kulturelles und wirtschaftliches Leben wesentlich von den Sturmfluten, deren Höhe besonders in diesem Jahrhundert zunahm, beeinflußt wurde und wird.

Der Anstieg des Wasserspiegels ist im wesentlichen auf die Erhöhung des mittleren Meeresspiegels, das Absinken der Stadt durch starke Grundwasserentnahme und die Erhöhung und Zunahme der Sturmfluten zurückzuführen. Die Grundwasserentnahme ist reduziert und das Absinken der Stadt aufgehalten worden. Den Sturmfluten ist nur durch Erhöhung der Stadt (Untergrundinjektion, kleine Schutzmauern, Erhöhung der Pflasterung), Reduzierung der Sturmflutwasserstände (Verengung der Laguneneinfahrten, Verlängerung der Einfahrtsmolen, Schaffung zusätzlichen Flutraumes) und Errichtung von Sturmflutsperrwerken entgegenzuwirken. Die grundlegenden physikalischen Probleme, die im Zusammenhang mit der Erhöhung des Wasserstandes stehen, wurden eingehend beschrieben und Lösungen zur Sturmflutabwehr und zur Reduzierung des Wasserspiegels vorgestellt.

Neben der Erhöhung des Wasserstandes haben anthropogene Einflüsse das Ökosystem und die Tidedynamik in der Lagune stark beeinflußt und das Lagunensystem in seiner Gesamtheit nachhaltig gestört. Die Abwässer Venedigs, der Industrie und der Landwirtschaft werden teilweise ungeklärt in die Lagune eingeleitet. Für die Industrie und Landwirtschaft wurde die Lagunenoberfläche gegenüber der Größe im Jahre 1800 um 30% reduziert. Flüsse, die in die Lagune mündeten, wurden umgeleitet, große Schiffahrtskanäle wurden zu den Häfen in der Lagune gebaggert und die Laguneneinfahrten wurden verändert.

Bis heute wurde die Aufmerksamkeit bei den Problemlösungen im wesentlichen den physikalischen und dabei besonders den hydrodynamischen Aspekten gewidmet, d.h. dem Schutz Venedigs vor den Sturmfluten. Dabei wurde die ökologische, wirtschaftliche, soziale, ästhetische und kulturelle Bedeutung des Lagunensystems als Ganzes ziemlich außer acht gelassen. Die Zukunft Venedigs kann aber nicht von der Zukunft der Lagune getrennt werden.

Deshalb sollten z.B. während der Bauzeit der Sturmflutsperrwerke, die mindestens 10 Jahre dauern könnte, begleitende physikalische, chemische und biologische Untersuchungen durchgeführt werden, die Folgeschäden frühzeitig erkennen und abwenden helfen. Es ist also die Schaffung eines komplexen Kontrollsystems notwendig, welches nicht nur die Sturmfluten besser vorhersagt, sondern auch die physikalischen, chemischen und biologischen Veränderungen in der Lagune schnell erkennen läßt.

Die Durchführung der erforderlichen Maßnahmen zum Schutze der Lagune und Venedigs werden entscheidend von der Effektivität und der Handlungsbereitschaft der politischen Gremien bestimmt sein. Es bleibt jedoch abzuwarten, welche Lösungsvorschläge wieder verworfen und welche neuen Problemlösungen hochgelobt werden. Venedig braucht klare und schnelle Entscheidungen.

7 Nachtrag

Ende Oktober 1984 unternahmen der Autor, Herr OBR Gerhard Höper und Herr Realschullehrer Karl-Heinz Pauli eine Urlaubs- und Bildungsreise nach Italien. Schwerpunkt waren hierbei ein Besuch Venedigs und seiner Lagune, sowie die Studien des Hydraulischen Instituts der Universität Padova (Padua) und deren umfangreiche Modellversuche.

Am Anreisetag zeigte sich Venedig von seiner typischen Seite im Herbst: Leichter Nebel lag über der Lagune und sanfter Regen hüllte die Stadt in ein fahles Grau.

Menschen huschten bei aufkommender Dunkelheit durch die autoleeren Straßen und Gassen; die dahinschwebenden Gondeln in den endlosen Kanälen vermittelten ein Bild der Ruhe und der heilen Welt. Diese Stimmung wird jedoch bei näherem Hinschauen merklich getrübt. –

Gegenstand dieses Nachtrags soll nun jedoch verstärkt sachliche Gegebenheiten sein, wenn sie sich auch bisweilen mit den noch frischen Reiseeindrücken vermischen werden.

Abb. 12. Palast am Canal grande

Die Gebäude, besonders in den abgelegenen Stadtteilen, sind zusehends stärker durch Wasser und Luft dem Verfall preisgegeben. (Abb. 12 – 15)

Rufen wir uns zunächst den Aufbau der Fundamente in Erinnerung: Meist ruhen die Gebäude auf einer Gründung aus Eichenpfählen mit einem Durchmesser von 20 – 25 cm für die Paläste und 12 – 15 cm für die sonstigen „gewöhnlichen" Häuser. Die Pfähle, mit einer Länge von 2 – 3 m, sind in weichen bis sehr weichen Ton oder Schlick-Ton (mit $p = 2{,}5\ kg/cm^2$) in engen Abständen in einer Baugrube hinter einem Fangedamm aus Pfählen und Lehm eingerammt worden. Über die Pfahlgründungen, die etwa 2 – 3 m unter der Geländeoberfläche enden, wurde eine vielschichtige Holzkonstruktion, die „zatteroni", gelegt. Sie besteht aus zweieinhalb Zentimeter dicken Bohlen aus Lärche, Walnuß oder Mahagoni, die einander kreuzend über das ganze Fundament gelegt wurden. Darüber schließt sich bis in Bodenhöhe, also noch unter Wasser, ein Ziegelmauerwerk an. Eine folgende Lage aus istrischem Marmor bietet bzw. bot dank seiner Dichte guten Schutz gegen aufsteigende Feuchtigkeit.

Von diesem Aufbau der Gründung der Außenwände unterscheidet sich die Konstruktion der Innenwände: sie stehen nämlich z. T. auf Steinlagen bzw. direkt auf den oben beschriebenen „zatteroni", was diffizile Setzungsprobleme in sich birgt. Diese Tatsache bringt besondere Restaurierungsschwierigkeiten.

Neben den notwendigen unzähligen primären Sanierungsarbeiten sind diverse sekundäre Begleitmaßnahmen dringend notwendig, wie z. B. Verordnungen mit dem Ziel einer Reduzierung der Geschwindigkeiten der Motorboote (s. vorne), bzw. eine Reduzierung der Schadstoffeinleitung.

Abb. 13. Typische Häuserfassade

Abb. 14. Tür in Venedig

Abb. 15. Hinterhofidylle

Auffällig ist, daß das Wasser in den Kanälen, außer in Sackgassen, keine Gerüche abgibt, obwohl alle Abwässer noch heute ungeklärt eingeleitet werden.

Das Stadtbild Venedigs ist nach wie vor durch die alten Häuser geprägt. Durch seine natürliche Wachstumsgrenze auf den voll überbauten Inseln ist Venedig eine Stadt ohne „Stadtentwicklung“ im Sinne ständigen Wachstums in unseren europäischen Industriestaaten.

Der Industrievorort Mestre hat diese Funktion voll und ganz übernommen, was bei der „Überfahrt“ deutlich sichtbar wird (Abb. 16). Die industrielle Entwicklung ist so an Venedig vorübergegangen, was seinen besonderen Liebreiz und seine Faszination ja heute in besonderem Maße ausmacht. Venedig ist Wohnsitz und Dienstleistungszentrum.

Der Empfang am Hydraulischen Institut an der Universität von Padova (Padua) durch Herrn Prof. Augusto Ghetti war außerordentlich herzlich. Ausführlich beschrieb er die Entwicklung der technischen Konzepte zum Schutz Venedigs vom ersten internationalen Ideenwettbewerb bis zum heutigen Lösungsvorschlag (Abb. 10, 11). Inzwischen ist sowohl technisch als auch politisch-parlamentarisch eine Lösung der Probleme sehr viel näher gerückt.

Man beabsichtigt die Errichtung der drei Sperrwerke in den Laguneneinfahrten. Wie schon in der deutschen Presse am 12. Oktober 84 berichtet, sind 600 Mrd. Lire (ca. 1 Mrd. DM) von der römischen Abgeordnetenkammer per Gesetz zur Verfügung gestellt worden, wobei der Senat jedoch noch zustimmen muß. Für den Start zur Errichtung der Sperrwerke sind davon 238 Mrd. Lire vorgesehen. Der Rest ist für erste Restaurationen gedacht.

Das gesamte Projekt soll 2 Billionen Lire (3 Mrd. DM) verschlingen. Davon entfallen auf die Sperrwerke 1 Mrd. DM und auf die Restaurierung 2 Mrd. DM.

Abb. 16. Industriezentrum Marghera am Rande der Lagune

Abb. 17. Modellgelände der Uni Padua in Voltabarozzo mit dem Zulaufkanal zur Speisung der Modelle im Vordergrund. Im Hintergrund die Halle mit dem Modell der gesamten Lagune

Abb. 18. Blick über die Lagune in Süd-Nord Richtung mit Venedig in Bildmitte

Außerhalb von Padova, in Voltabarozzo, liegt das weite Versuchsgelände der Universität, dessen hydraulischen Modelle direkt von einem gestauten Fluß gespeist werden. Beim Betreten des Geländes fällt neben den diversen kleinen und freiliegenden Modellen und dem Zulaufkanal die ovale Halle des Modells der Gesamtlagune ins Auge (Abb. 17).

In ihr ist auf 16 000 m^2 die Lagune im Maßstab d. L. 1 : 250 und im Maßstab d. H. 1 : 30 für 20 Millionen DM in Beton nachgebildet (Abb. 18 – 20). Mit dem Bau des Modells wurde 1975 begonnen, neun Jahre nach der verheerenden Sturmflut 1966. Heute, weitere neun Jahre später, sind immer noch keine umfassenden Versuche gefahren worden, da die Großrechneranlage noch fehlt. Nach Aussagen von Prof. Dr. Rinaldo, der uns durch das Gelände führte, ist die Entscheidung für die Lieferung einer italienischen oder einer deutschen Anlage noch nicht gefallen.

Interessant waren die enthusiastischen Ausführungen von Rinaldo zu den Vorschlägen einer ökologischen Initiative, die, kurz gesagt, eine Rückführung in den Zustand des 17. Jahrhunderts verlangt. Das bedeutet eine Schließung der Häfen, eine Verfüllung der Kanäle und Re-Konstruktion der Laguneneinfahrten. Der Konflikt zwischen Ökologie und Ökonomie wird offensichtlich.

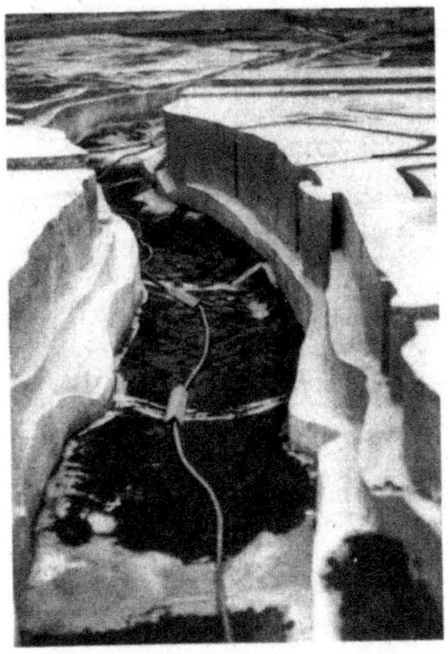

Abb. 19. Malamocco-Marghera Kanal im Modell mit Druckmeßdosen auf der Sohle zur Ermittlung der Wasserstände

Abb. 20. Detaillierte Nachbildung der Natur in einem Modellausschnitt

Abb. 21. Inbetriebnahme des Freiluftmodells Laguneneinfahrt Lido im Maßstab 1 : 20 mit der Modellhalle im Hintergrund

Rinaldo lehnt diese Lösung ab, da sie unrealistisch sei, da sie wirtschaftlichen und arbeitsmarktpolitischen Interessen außeracht läßt. Der nun eingeschlagene Weg trage beiden Ansichten, der ökonomischen wie der ökologischen, Rechnung. Durch die behutsame Einpassung der Sperrwerke in die Laguneneinfahrten ist die Sturmflutabwehr gesichert und die normale Tide kann weiterhin fast ungehindert einschwingen, um für den lebensnotwendigen Wasseraustausch in der Lagune zu sorgen.

Doch blieb der Eindruck insgesamt haften, den auch Prof. Rinaldo zum Schluß deutlich machte: Über 18 Jahre nach der Sturmflut von 1966 ist denkbar wenig geschehen und eine echte Entscheidung für eine Rettung Venedigs wird wohl erst dann gefällt, wenn es erneut von einem extremen Hochwasser heimgesucht werden wird.

Schrifttum

1 Colombo, P.: The subsoil and the geotechnical problems of Venice, UNESCO, Venedig April 1981

2 Engler, G.: Venedig. Bern u. Stuttgart: Hallwag 1978

3 Frassetto, R., C.N.R. – UNESCO: Altimetra del centro storico die Venezia. Implicazioni urabistiche e di difesa dall'acqua alta e dalla subsidenza, Bollettino di geofisca Teorica ed applicata, Vol XVIII N 71, Sep 1976

4 Ghetti, Augusto: Etudes concernant les problemes hydrodynamiques de la Lagune de Venise, Istituto di idraulica dell'Universito' di Padova, Conférence tenue au XVIII CONGRES AIRA Cagliari, Sept. 1979

5 Ghetti, Augusto: The hydraulic problems of the lagoon of Venice. Lecture delivered on Okt. 8 (1973) at the „Giorgio Cini" Foundation

6 Ghetti, A.; Batisse, M.: The overall protection of Venice and its lagoon. Natur and Resources, Vol. XIX, No 4, Okt.–Dez. 1983

7 Lane, F. C.: Seerepublik Venedig. München: Prestel 1972

8 Paoletti, A.; Rossi Cairo G.: Un progretto per il controlle delle acque nella laguna di Venezia, Consorzio: A.G.I.L.TE.C., Okt. 1979

9 Seibold, E.; Berger, W. H.: The Sea Floor, An Introduction to Marine Geology, Berlin, Heidelberg, New York: Springer 1982

10 Vittori, O.: Some questions concerning Venice flood forecasting in relationship to the tide level controll in the Lagune, UNESCO, Venedig April 1981

Anforderungen an Anlagen zum Tankschiffumschlag gefährdender flüssiger Stoffe im Bereich von Binnenwasserstraßen

Bauoberrat Dipl.-Ing. **Heyo Schapp**, Duisburg

1 Allgemeines

Von Anlagen zum Umschlag gefährdender flüssiger Stoffe geht grundsätzlich eine potentielle Gefährdung der Schiffahrt, der Wasserstraßen als Verkehrsweg und des Gewässers aus. Solche Anlagen sind daher sowohl strom- und schiffahrtspolizeilich als auch wasserrechtlich zu genehmigen, soweit die Anlage nicht in einem Planfeststellungsverfahren, z.B. für den gesamten Hafen, bereits mit erfaßt ist. Gemäß Erlaß des Bundesministers für Verkehr (BMV) und gemäß Erlassen der Länder sind bei strom- und schiffahrtspolizeilichen Genehmigungen sowie bei wasserrechtlichen Genehmigungen die „Richtlinien für Anforderungen an Anlagen zum Umschlag gefährdender flüssiger Stoffe im Bereich von Wasserstraßen" [1], die von der Länderarbeitsgemeinschaft Wasser (LAWA) und dem BMV ausgearbeitet worden sind, anzuwenden. Die Einführungserlasse sagen allerdings gleichzeitig, daß der Genehmigungsbehörde ein gewisser Ermessensspielraum hinsichtlich der zu fordernden Auflagen eingeräumt wird. Ferner wird darauf hingewiesen, daß bestehende Anlagen zu überprüfen sind, ob sie in ihrer Gestaltung und ihrer Einrichtung sowie in den geltenden Betriebs- und Verhaltensvorschriften den Anforderungen der Richtlinien entsprechen. Wo dies nicht der Fall ist, sind die bestehenden Verwaltungsakte möglichst bald diesen Anforderungen anzupassen.

Der räumliche Anwendungsbereich der v.g. Richtlinien umfaßt die Binnenwasserstraßen des Bundes einschließlich der an ihnen gelegenen Häfen. Für den Seebereich gibt es keine entsprechenden verbindlichen Vorschriften. Bei Planung und Genehmigung werden allerdings dort die Richtlinien hilfsweise auch herangezogen. Im übrigen können im Zuge von Planfeststellungsverfahren für Umschlaganlagen für gefährdende flüssige Stoffe im Seebereich, wo solche Anlagen in der Regel auch sehr viel größer sind als an Binnenwasserstraßen, gutachterliche und fachtechnische Stellungnahmen der Physikalisch-Technischen Bundesanstalt (PTB), der Bundesanstalt für Materialprüfung (BAM), des Technischen Überwachungsvereins (TÜV) u.ä. gefordert werden. Unter Umständen wird auch ein sicherheitstechnisches Gesamtgutachten einer Universität, das die erwähnten Stellungnahmen verwertet, nötig sein.

Im folgenden werden die wichtigsten Punkte der Richtlinien im einzelnen behandelt und ergänzende Erläuterungen dazu gegeben. Dabei wird auch auf weitere einschlägige Vorschriften eingegangen. Ferner werden Erfahrungen aus der Praxis angesprochen.

Die Richtlinien behandeln u.a. folgende Komplexe:

- Was sind gefährdende flüssige Stoffe?
- Lage und Gestaltung der Umschlagstelle
- Betriebseinrichtungen wie Pumpen, Umschlagleitungen und Armaturen
- Sicherheitseinrichtungen und Schutzvorkehrungen wie Fluchtwege, Alarmanlage, Brandschutz und Beseitigung von Wasserverunreinigungen.

Die wichtigsten einschlägigen Vorschriften in Ergänzung zu den Richtlinien sind:

- Hafenverordnungen der Länder (AHVO)
- Schiffahrtpolizeiverordnungen der einzelnen Wasserstraßengebiete
- Gesetz über die Beförderung gefährlicher Güter
- Vorschriften über die Beförderung gefährlicher Güter auf Binnenwasserstraßen (GGVBinSch/ADNR)
- § 19a des Wasserhaushaltsgesetzes in Verbindung mit der Verordnung über wassergefährdende Stoffe bei der Beförderung in Rohrleitungen sowie § 19g des Wasserhaushaltsgesetzes und darauf Bezug nehmend § 18 des Wassergesetzes für das Land Nordrhein-Westfalen in Verbindung mit der Verordnung über Anlagen zum Lagern, Abfüllen und Umschlagen wassergefährdender Stoffe bzw. die entsprechenden rechtlichen Vorschriften in den anderen Bundesländern.

Formel: CH_3OH **WLN:** Q1 U.N.-Nr. 1230

Merkblatt 123

Stoffname

Deutsch	*Englisch*		*Französisch*
Methylalkohol	**Methanol**		**Méthanol**
Holzalkohol	Acetone alcohol	Methyl hydrate	Alcool méthylique
Holzgeist	Carbinol	Methyl hydroxide	Alcool de bois
Holzspiritus	Colonial spirits	Monohydroxymethane	Carbinol
Methanol	Columbian spirits	Pyroxylic spirit	Esprit de bois
Methol	Green wood spirits	Pyroligneous spirit	Esprit pyroxylique
Methylhydroxid	Holzin (containing formaldehyde)	Standard wood spirits	Méthylène (impur)
Methyloxidhydrat	Manhattan spirits	Wood alcohol	Spiritol
Methynol	Methyl alcohol	Wood naphtha	Spritol
Pyroholzäther	Methylen	Wood spirit	
Carbinol			
Karbinol			
Alcohol methylicus			

Gefahren-Diamant

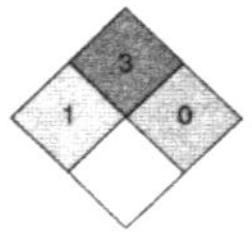

Hazchem-Code: 2 PE

Technische Daten	
Siedepunkt	65 °C
Dampfdruck in mbar	128 bei 20 °C
Dampfdichteverhältnis, Luft = 1	1,10
Schmelzpunkt	−98 °C
Mischbarkeit mit Wasser	vollständig
Spez. Gewicht, Wasser = 1	0,79 bei 0 °C

Feuerbekämpfungsdaten	
Flammpunkt	11 °C c.c.
Zündfähiges Gemisch, Vol.-%	5,5–26,5
Zündtemperatur	455 °C

Transport- und Gefahrenklasse
IMDG-Code (D-GGVSee):
D 3328/*E-F 3087* Kl. 3.2 U.N.-Nr. 1230
RID (D-GGVE): Kl. 3 Rn 301 Ziff. 5
ADR (D-GGVS): Kl. 3 Rn 2301 Ziff. 5
ADNR: Kl. 3 Rn 6301 Ziff. 5
Kategorie Kx

Europarat-Gelbes Buch 78/79: Nr. 603-001-00-X
CAS Nr. 67-56-1
EWG-Richtl./D VgASt: Nr. 603-001-00-X
D Land (VbF): B
GB Blue Book: Fla. L & IMDG-Code E 3087
USA CFR 49: § 172.101, Fla. L
IATA RAR: Art.-Nr. 1121/43 Fla. L

Erscheinungsbild: *Farblose Flüssigkeit. Geruch ähnlich wie Schellackverdünnung.*

Verhalten bei Freiwerden und Vermischen mit Luft: Giftige und brennbare Flüssigkeit. Dämpfe leicht entzündbar. Flüssigkeit verdunstet schnell. Dämpfe bilden mit Luft giftige und explosible Gemische, die schwerer als Luft sind. Sie kriechen am Boden entlang und können bei Zündung zurückschlagen. Entzündung durch heiße Oberflächen, Funken oder offene Flammen.

Verhalten bei Freiwerden und Vermischen mit Wasser: Löst sich vollständig in Wasser auf und bildet auch bei Verdünnung noch giftige und brennbare Mischung. Es können sich über der Wasseroberfläche explosible Gemische bilden. Die Brennbarkeit geht erst verloren, wenn die vielfache Menge Wasser eingemischt wird.

Gesundheitsgefährdung: Flüssigkeit und Dämpfe verursachen Schädigung des Zentralnervensystems, insbesondere der Sehnerven. Die Flüssigkeit kann auch durch die Haut aufgenommen werden. Nieren, Leber, Herz und andere Organe werden geschädigt. Die Folgen treten mit Verzögerung auf. Die Gefährdung durch Einatmen der Dämpfe ist geringer als bei Aufnahme durch den Mund.
Symptome: Rausch, Schwindelgefühle, Kopfschmerzen, Übelkeit und Erbrechen, Schwächeanfälle, nur leichte Narkose, später Sehstörungen, Bewußtlosigkeit, Atemstillstand.
Kurzeinwirkung: Es wurde berichtet, daß 1000 ppm nach einer Stunde Kopfschmerzen, Reizung der Augen und Ermüdungserscheinungen hervorrufen.

Geruchsschwelle = 5 ppm MAK-Wert = 200 ppm H

Bemerkungen: Kann heftig reagieren bei Kontakt mit sauerstoffreichem Material. Stahl, rostfreier Stahl, verzinntes Eisen und die meisten der üblichen Materialien sind als Behälter beständig. Aluminium, galvanisiertes Eisen und einige Kunststoffe können angegriffen werden.

* Laut § 2 der Verordnung zur vorübergehenden Änderung der Verordnung über die Beförderung gefährlicher Güter auf dem Rhein (ADNR) vom 19. Dez. 1972 (BGBl. I S. 2497) darf Methylalkohol abweichend von Rn 10121 i.V.m. Rn 31 120 Kl. 3a Ziff. 5, Kategorie K x, in Tankschiffen befördert werden, wenn die dort festgelegten zusätzlichen Vorschriften erfüllt sind.

D **Bei Straßentransporten** in der Bundesrepublik Deutschland **Fahrzeugkennzeichnung** nach § 8 GGVS. Im **ADR-Verkehr** Fahrzeugkennzeichnung nach Randnummer 10500.

Sicherheitsmaßnahmen für Fahrzeugbesatzung, Polizei und Rettungskräfte:
Polizei und Feuerwehr alarmieren. **Im Gefahrenbereich** Maschine stoppen, Zündung abstellen, nicht rauchen, offenes Feuer löschen, kein elektrisches Gerät, keinen Schalter mit Funkenbildung betätigen. Schweres Atemschutzgerät und volle Schutzkleidung tragen.
Wasserschutzpolizei und Feuerwehr: Kein Boot mit Ottomotor einsetzen. Bei Dieselantrieb Sicherheitsschaltung veranlassen. Radar- und Kommandorufanlage nicht benutzen. Beim Retten nicht ins Wasser springen.

Schutz- und Einsatzmaßnahmen: Alle unbeteiligten Personen nach Luv (gegen den Wind) entfernen. Achtung, falls freiwerdender Methylalkohol in die Kanalisation oder in Abwasserleitungen auf Schiffen gerät, entsteht Explosionsgefahr, deshalb viel Wasser nachlaufen lassen. Experten hinzuziehen. Auf Wasserstraßen Schiffahrtssperre. An Land gefährdetes Gebiet räumen. In Wohn- und Industriegebieten Anwohner warnen. Bei größeren Mengen ausgelaufenen Gutes große Sicherheitszone bilden.

Konzentrationsmessung explosibler bzw. giftiger Dämpfe siehe Tabelle (Anhang 1 der Erläuterungen).

Zuständige Behörden unterrichten.

Bekämpfung der Unfallfolgen:
Feuer: Bei kleinem Brandherd Wasser, Trockenlöschpulver oder Kohlensäure. Bei großem Brandherd alkoholbeständiger Schaum oder Sprühwasser. Tank mit Sprühwasser kühlen. Gefährdete Behälter wenn möglich aus der Gefahrenzone ziehen.
Leckage: Leck schließen, wenn ohne Risiko möglich.
Fließendes Gewässer: Trink-, Brauch- und Kühlwasserentnehmer verständigen.
Stehendes Gewässer: Absperren. Alle Zündquellen beseitigen. Fahrzeuge im gefährdeten Gebiet räumen.
An Land: Eindeichen und abpumpen. In Wohn- und Industriegebieten alle tiefliegenden Räume abdichten, alle Zündquellen beseitigen. Restmengen mit nicht brennbarem, saugfähigem Material wie z.B. trockener Erde, Sand, gemahlenem Kalkstein oder Vermiculit abdecken und in geschlossenem Behälter an sicheren Deponieort zur Vernichtung transportieren.

Experten hinzuziehen.

Gewässerverunreinigung: Giftwirkung auf Fische und Plankton. Nach Lit. 42; 250 mg/l tödlich für Goldfische in 11–15 Stunden, nach Lit. 48; 17000 mg/l tödlich für Fische in 24 Std., toxische Grenzkonzentration für Microcystis aeruginosa 530 mg/l (Lit. 251), Pseudomonas putida 6600 mg/l, Secendesmus quadricauda 8000 mg/l (Lit. 242). Wassergefährdende Flüssigkeit im Sinne der VLwF, Katalog Gruppe M.

Erste Hilfe:
Verletzte an die frische Luft bringen, bequem lagern, beengende Kleidungsstücke lockern. Bei Atemstillstand sofort Atemspende oder Gerätebeatmung. Gegebenenfalls Sauerstoffzufuhr. Benetzte Kleidungsstücke, Schuhe und Strümpfe sofort ausziehen und entfernen. Betroffene Körperstellen reichlich mit Wasser spülen. Bei Augenkontakt die Augen sofort 10–15 Minuten mit Wasser spülen. Die Augenlider dazu mit Daumen und Zeigefinger aufspreizen und gleichzeitig das Auge nach allen Seiten bewegen lassen. Arzt zum Unfallort rufen. Verletzte nicht auskühlen lassen. Bei Erbrechen zumindest Kopf in Seitenlage bringen. Bei Gefahr der Bewußtlosigkeit Lagerung und Transport in stabiler Seitenlage.

Hinweise für den Arzt:
In Verdachtsfällen sofort 30–40 ml Äthylalkohol geben (z.B. 90–120 ml Whisky oder Kirsch). Äthylalkoholgabe wiederholen. Alkalitherapie (Natriumbicarbonat-Infusionen) unter Kontrolle der Alkalireserve (Urin muß gegen Phenolphthalin alkalisch reagieren). Kalium-Verlust ersetzen durch Gabe von KCl + $KHCO_3$ oder KCl + K-Lactat. Cave: Zentrale Lähmung (Analeptica geben). Reichliche Flüssigkeitszufuhr, isotonische Glukoselösung. Augen vor Lichteinfall schützen (Verband) Cave: Latenz bis zum Auftreten von Symptomen!

Abb. 1. Merkblatt aus dem „Handbuch der gefährlichen Güter" von Hommel

2 Was sind gefährdende flüssige Stoffe?

Gefährdende flüssige Stoffe, die gemäß ADNR zum Transport in Tankschiffen zugelassen sind
a) Flüssigkeiten und verflüssigte Gase gemäß Anlage A Teil II der ADNR,
b) wassergefährdende Flüssigkeiten, wie sie in der Verordnung über wassergefährdende Stoffe bei der Beförderung in Rohrleitungen genannt sind, die auch zur Beförderung in Tankschiffen zugelassen sind.

Zu a):

1. Stoffe der Klasse I d. Verdichtete, verflüssigte oder unter Druck gelöste Gase (z. B. Ammoniak)
2. Stoffe der Klasse III a. Entzündbare flüssige Stoffe, die unterteilt sind in Kategorien: Kx Flammpunkt $< 21\,^{\circ}C$, zusätzlich Zündtemp. $< 200\,^{\circ}C$ oder Ex-Bereich > 15 Vol% oder giftige Eigenschaft (namentlich genannt) (z. B. Benzol, Methanol), K0s und K0n Flammpunkt $< 21\,^{\circ}C$ (z. B. Pentan), K1s und K1n Flammpunkt $< 21\,^{\circ}C$ (z. B. Benzine), K2 Flammpunkt $21 - 55\,^{\circ}C$ (z. B. Xylol), K3 Flammpunkt $55 - 100\,^{\circ}C$ (Heizöle und Dieselkraftstoffe)
3. Stoffe der Klasse V. Ätzende Stoffe (z. B. Schwefelsäureanhydrid).

Zu b):

1. Flüssige Mineralölprodukte
2. Teeröle, Steinkohlen- und Braunkohlenteeröle usw.
3. Flüssige Kohlenwasserstoffe
4. Acetylen und Äthylen
5. Organische Säuren
6. Aldehyde
7. Alkohole
8. Ester der Essigsäure
9. halogenhaltige Kohlenwasserstoffe
10. stickstoffhaltige Kohlenwasserstoffe
11. Aromaten wie Benzol, Cumol, Toluol, Xylol
12. anorganische Säuren und Laugen
13. Chlor
14. Ammoniak
15. sonstige flüssige oder gasförmige Stoffe mit Beimengungen der vorgenannten Stoffe

Das „Handbuch der gefährlichen Güter" von Hommel [2] erfaßt die wichtigsten zu transportierenden gefährlichen Güter. Nur der kleinere Teil der dort genannten Güter ist für den Transport als Massengut auf Binnentankschiffen zugelassen. Für jeden Stoff existiert ein „Merkblatt". Darauf sind in systematischer Gliederung dargestellt die verschiedenen gebräuchlichen Stoffnamen in deutscher, englischer und französischer Sprache, die tech-

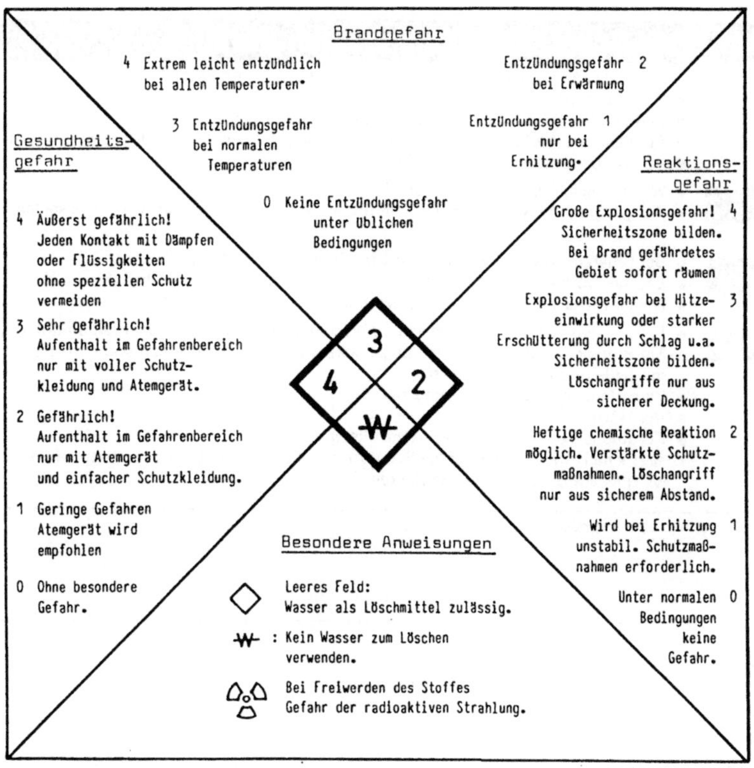

Abb. 2. Gefahrendiamant aus dem „Handbuch der gefährlichen Güter" von Hommel

nischen Daten des Stoffes und Feuerbekämpfungsdaten, die Transport- und Gefahrenklasse sowie das Erscheinungsbild des Stoffes und sein Verhalten bei Freiwerden und Vermischen mit Luft oder mit Wasser. Es sind ferner dargestellt die Gesundheitsgefährdung, Sicherheitsmaßnahmen, Schutz- und Einsatzmaßnahmen, Bekämpfung der Unfallfolgen, Gewässerverunreinigung, Erste Hilfe und Hinweise für den Arzt (Abb. 1). Das Merkblatt enthält außerdem oben rechts auf der ersten Seite den „Gefahrendiamant", ein System zur Sofortbeurteilung der Gefahr nach Unfall mit dem betreffenden gefährlichen Stoff (s. Abb. 2). Es wird in diesem System nach drei Arten von Gefahren unterschieden:

1. Gesundheitsgefahr
2. Brandgefahr
3. Reaktionsgefahr.

ADNR / 1 / IV / 78

Schriftliche Weisungen nach Rn. 10.185 ADNR

BENZOL

Gefahrenklasse: 3 (IIIa) / Rn. 6301 Ziff. 1a), Kategorie Kx

Eigenschaften des Ladegutes:
- Farblose Flüssigkeit mit wahrnehmbarem Geruch
- Erstarrt bei 5,5°C
- Nicht mischbar mit Wasser; leichter als Wasser

Gefahren:
- Leicht entzündbar (Flammpunkt unter 21 °C); flüchtig
- Dämpfe sind unsichtbar, schwerer als Luft und breiten sich am Boden aus
- Bildet mit Luft explosionsfähige Gemische, auch in leeren, ungereinigten Behältern
- Feuereinwirkung kann zur Drucksteigerung führen -Berst- und Explosionsgefahr -
- Stoff verursacht Vergiftung bei Aufnahme durch die Haut
- Schwere, evtl. tödliche Vergiftung durch Einatmen
- Dämpfe verursachen Rauschzustände
- Ausweitung der Brand- und Explosionsgefahren durch Flüssigkeitslachen auf dem Wasser
- Armaturen und Leitungen können sich durch erstarrtes Produkt zusetzen

Schutzausrüstung:
- Umluftunabhängiges Atemschutzgerät oder Filtergerät (nur im Notfall kurzzeitig an Deck benutzen) Filtertyp A/St
- Geeigneter Augenschutz
- Handschuhe, Stiefel und Schutzanzug aus Kunststoff oder synthetischem Gummi

Hinweise auf erste Schutzmaßnahmen nach Unfällen

- Schiffssicherung und Meldung nach „Schiffssicherungsmerkblatt"
- Schutzausrüstung anlegen
- Zündquellen beseitigen, kein offenes Licht, nicht rauchen
- Funkenarme Werkzeuge und explosionsgeschützte Leuchten und Elektrogeräte benutzen
- Auf windzugewandter Seite bleiben

Leck
- Wenn möglich, Undichtheiten beseitigen
- Ausgelaufene Flüssigkeit im Notfall mit viel Wasser (Sprühstrahl) von Deck spülen

Feuer
- Bei Feuereinwirkung Behälter und Umgebung mit viel Wasser kühlen
- Löschen vorzugsweise mit Löschpulver, Schaum oder Wassersprühstrahl
- Niemals scharfen Wasserstrahl verwenden

Erste Hilfe
- Falls Produkt in die Augen gelangt, unverzüglich mit viel Wasser mehrere Minuten spülen
- Mit Produkt verunreinigte Kleidungsstücke unverzüglich entfernen und betroffene Haut mit Seife und Wasser waschen
- Betroffene in frische Luft bringen
- Vor Wärmeverlust schützen
- Künstliche Beatmung nur bei Atemstillstand
- Ärztliche Hilfe erforderlich bei Symptomen, die offensichtlich auf Einatmen oder Einwirkung auf die Haut zurückzuführen sind

Ergänzende Hinweise des Herstellers oder Absenders:

Telefonische Rückfrage: ....
(Absender oder Empfänger) Telefon)

....
(Anschrift)

Abb. 3. Schriftliche Weisungen nach ADNR

Der Grad der Gefahr wird durch eine Zahl von 0 bis 4 dargestellt. Ferner werden durch Symbole drei mögliche Anweisungen gegeben:

1. Wasser als Löschmittel möglich
2. Kein Wasser zum Löschen verwenden
3. Bei Freiwerden des Stoffes Gefahr der radioaktiven Strahlung.

An Bord der Schiffe sind sogenannte „Schriftliche Weisungen nach ADNR Rn. 10.185" (s. Abb. 3) für das transportierte gefährliche Gut mitzuführen. Diese Weisungen für jeden einzelnen Stoff sind dreisprachig, und zwar in deutscher, französischer und holländischer Sprache. Sie sind in einheitlicher Systematik gegliedert und enthalten folgende Angaben über die Ladung: Gefahrenklasse, Eigenschaft des Ladeguts, Gefahren und empfohlene Schutzausrüstung (Einzelheiten für Schutzausrüstung: „Sicherheitsregeln für den Schutz von Personen bei der Beförderung gefährlicher Güter – R 12" der Binnenschiffahrts-Berufsgenossenschaft). Ferner werden Hinweise gegeben auf erste Schutzmaßnahmen nach Unfällen. Diese Weisungen sind dem Schiffsführer vom Absender mitzugeben, damit der Schiffsführer im Gefahrenfalle die richtige Entscheidung treffen kann.

3 Welche Antragsunterlagen sind für Genehmigungsverfahren erforderlich?

Was im Rahmen des Genehmigungs- bzw. Planfeststellungsverfahrens zu beurteilen ist, läßt sich am schnellsten daran aufzeigen, was die Richtlinien als erforderliche Antragsunterlagen vorschreiben. Es sind dies neben den üblichen zeichnerischen Darstellungen und Beschreibungen der Umschlaganlage insbesondere Angaben über Fördergut, Förderleistung, Förderhöhen, Rohrleitungsquerschnitte, Rohrleitungslängen und Rohrleitungsmaterial, zulässige und tatsächliche Betriebsdrücke, Sicherheitseinrichtungen, Alarmplan und Betriebsanweisung.

4 Sicherheits- und Schutzeinrichtungen an Bord von Binnenschiffen und an Land für den Umschlag gefährlicher flüssiger Güter gemäß UN 101

Die Richtlinien für Anlagen zum Umschlag gefährdender flüssiger Stoffe im Bereich von Wasserstraßen sagen unter Pkt. 2.1.2: „Ein Umschlag gefährdender flüssiger Stoffe im Uferbereich der Wasserstraße ist zu vermeiden. Es darf dann zugelassen werden, wenn ausreichende, von der zuständigen obersten Behörde anerkannte Systeme von Sicherheits- und Schutzvorkehrungen (z. B. System UN 101) getroffen werden und die Sicherheit und Leichtigkeit des Verkehrs gewährleistet ist." Weiter heißt es unter Pkt. 3.1.1: „Der Umschlag gefährdender flüssiger Stoffe kann sowohl im Druckbetrieb als auch im Saugbetrieb stattfinden. Beim Druckbetrieb sind von der zuständigen obersten Behörde anerkannte Sicherheitssysteme mit Schnellschlußeinrichtungen oder einem gleichwertigen System zu verwenden, die bewirken, daß in bestimmten Gefahrensituationen, wie z. B. dem Losreißen eines Schiffes, möglichst wenig Fördergut frei wird." Unter Pkt. 3.1.3 heißt es dann weiter: „Der Umschlagvorgang muß bei Gefahr unverzüglich land- und schiffseitig unterbrochen werden können."

Noch einmal kurz zusammengefaßt fordern die Richtlinien also, daß Umschlaganlagen für gefährdende flüssige Stoffe an Wasserstraßen sowie in den daran angrenzenden Parallelhäfen grundsätzlich und in gesonderten Stichhäfen nur bei Druckbetrieb mit Schnellschlußeinrichtungen auf der Land- und Schiffseite ausgerüstet sein müssen, die von beiden Seiten betätigt werden können und die bei Losreißen des Schiffes automatisch schließen. Land- und Schiffseite bilden also ein in sich geschlossenes (= korrespondierendes) Sicherheitssystem.

Solche Sicherheitssysteme sind in der Sicherheitsrichtlinie UN 101 [3] dargestellt. Sie wurde von einer internationalen Arbeitsgruppe entwickelt. An der Arbeitsgruppe waren beteiligt

- die in dem CEFIC zusammengeschlossenen nationalen Chemieverbände aus Belgien, Bundesrepublik Deutschland, England, Frankreich, Holland, Norwegen und Schweiz
- die Mineralölverbände aus Belgien, Bundesrepublik Deutschland, Frankreich, Holland und Schweiz (= Rheinanliegerstaaten) und
- die Vertreter der internationalen Binnenschiffahrt aus Belgien, Bundesrepublik Deutschland, Frankreich, Holland und Schweiz (= Rheinanliegerstaaten).

Bei der Entwicklung der Systeme wurde davon ausgegangen, praktikable Lösungen zu finden, zu denen die erforderlichen Energien für die Steuersysteme an den Umschlagstellen zur Verfügung stehen. Die Apparaturen und Leitungen sollten so beschaffen sein, daß sie mit möglichst geringem Aufwand und einfachen Kenntnissen gewartet, gepflegt und repariert werden können. Sie sollten unter allen Witterungsumständen funktionssicher und bei rauhem Schiffahrtsbetrieb nicht störanfällig sein.

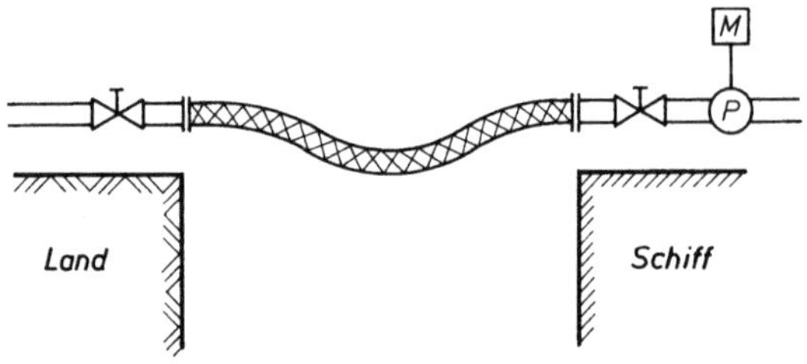

Abb. 4. Umschlag gefährlicher flüssiger Güter mittels schiffseitiger Pumpe

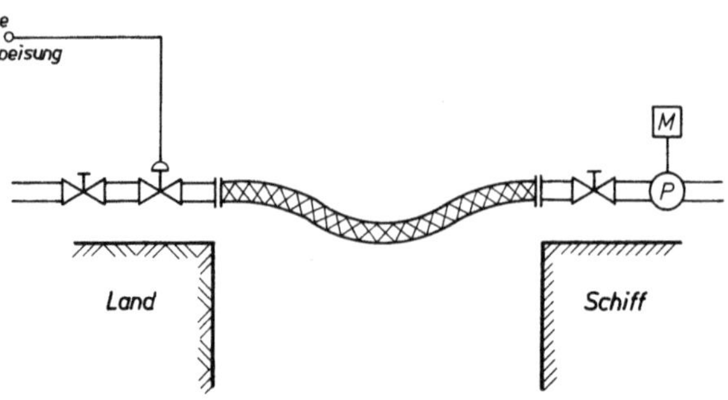

Abb. 5. Umschlag gefährlicher flüssiger Güter mittels schiffseitiger Pumpe

Im folgenden werden anhand von Bildern, beginnend mit den einfachsten Systemen bis zu den verschiedenen Systemen gemäß UN 101 Umschlageinrichtungen und Überwachungs- und Sicherheitseinrichtungen erläutert. Auf den meisten Bildern wurde als bewegliche Umschlagleitung zwischen Land und Schiff ein Schlauch dargestellt. Statt des Schlauches kann auch der Gelenkrohrladearm, auch Schiffsverlader oder Marinelader genannt, verwendet werden.

Zu Abb. 4: Es wird die einfachste Art der Umschlagvorrichtung für flüssige Güter dargestellt. Landseitig ist nur ein von Hand zu betätigendes Hauptabsperrorgan vorhanden. Die Sicherheitseinrichtung der Umschlaganlage ist ungenügend. Schiffseitig ist die Ausrüstung wie auf auch heute noch verkehrenden älteren Tankschiffen: Ein von Hand zu betätigendes Hauptabsperrorgan, eine Produktpumpe und ein Antriebsmotor für die Pumpe. Dieser Antriebsmotor kann entweder die Schiffshauptmaschine oder ein gesonderter Verbrennungs- oder Elektromotor sein. Bei Entladung des Schiffes wird im Druckbetrieb gearbeitet.

Zu Abb. 5: Die landseitige Anlage ist mit einem schnellschließenden Absperrorgan ausgerüstet. Dargestellt ist ein elektrisches Absperrorgan. Alternativ wäre auch ein pneumatisches oder hydraulisches Absperrorgan denkbar. Zusätzlich ist ein von Hand zu betätigendes Absperrorgan vorhanden.

Eine solche Ausrüstung der Umschlaganlage für gefährliche flüssige Güter entspricht der, wie sie vor 10 Jahren noch vielerorts üblich war. Die Sicherheitseinrichtungen an Land und an Bord korrespondieren nicht miteinander. Die Ausrüstung schiffseitig ist wie auf Abb. 4 dargestellt. Bei Entladung des Schiffes wird im Druckbetrieb gearbeitet.

Zu Abb. 6: Die landseitige Anlage ist ausgerüstet wie auf Abb. 5, hat jedoch zusätzlich eine Pumpe. Bei Entladung des Schiffes wird im Saugbetrieb gearbeitet, d.h. die bewegliche Umschlagleitung liegt auf der Saugseite. Bei Undichtigkeit der Saugleitung tritt kein Produkt aus. Bei Bruch der Saugleitung reißt der Stromfaden ab, und der Umschlag ist unterbrochen. Aus Sicherheitsgründen ist dem Saugbetrieb vor dem Druckbetrieb der Vorzug zu geben. Die alten Richtlinien von 1970 forderten aus diesem Grunde für Umschlagstellen, außer solchen in absperrbaren Hafenbecken, den Saugbetrieb. Die neuen Richtlinien von 1975 lassen generell den Saug- sowie den Druckbetrieb zu, fordern allerdings bei Druckbetrieb Sicherheitssysteme mit Schnellschlußeinrichtungen (z.B. System UN 101). Und im Bereich von Wasserstraßen fordern sie grundsätzlich ein solches Sicherheitssystem. Da an den meisten Umschlagstellen sowohl Schiffe entladen als auch beladen werden, herrscht wechselnd Saug- oder Druckbetrieb. Auch wenn bei Beladung des Schiffes mit der auf jedem Schiff ja vorhandenen Produktpumpe gefördert werden sollte, so wird bei Bruch der Saugleitung der Stromfaden zwar abreißen, aber es wird Produkt aus der landseitigen Leitung auslaufen, entsprechend dem Druckgefälle zwischen Flüssigkeitsspiegel im Landtank und der Bruchstelle der Produktenleitung.

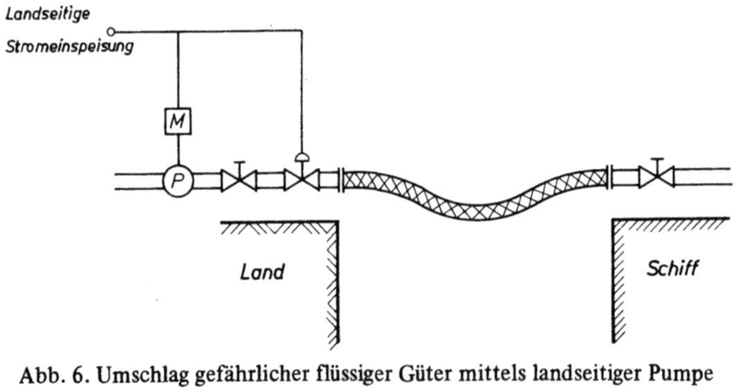

Abb. 6. Umschlag gefährlicher flüssiger Güter mittels landseitiger Pumpe

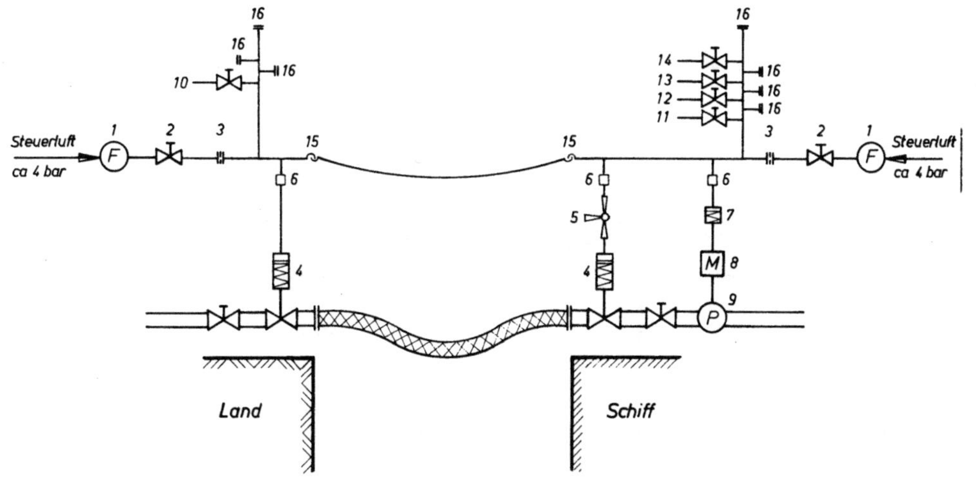

Abb. 7. Umschlag gefährlicher flüssiger Güter mittels schiffseitiger Pumpe. Steuersystem mit Druckgas betrieben gemäß UN 101 Anlage 11. Schiff ist mit Sicherheitssystem ausgerüstet; *1* Filter- und Trockenstation landseitig und schiffseitig; *2* Hauptluftventil für Steuerluft des Sicherheitssystems landseitig und schiffseitig; *3* Lochscheibe 3 mm ϕ als Drossel landseitig und schiffsseitig; *4* Pneumatisches Hauptabsperrorgan (Schnellschlußorgan) der Umschlagleitung landseitig und schiffseitig; *5* Schiffseitiges Zweistellungs-Dreiwege-Ventil; *6* Einstellbares Drosselventil; *7* Pneumatischer Steuerkolben zum sofortigen Abstellen des Pumpen-Dieselmotors oder zur Trennung der Kupplung zwischen Schiffshauptmaschine und Produktpumpe; *8* Antrieb für Produktpumpe; *9* Produktpumpe; *10* Schnellöffnungsarmatur an der Verladestelle; *11* Schnellöffnungsarmatur auf Achterschiff; *12* Schnellöffnungsarmatur auf Mittelschiff; *13* Schnellöffnungsarmatur auf Vorschiff; *14* Schnellöffnungsarmatur auf Steuerstand; *15* Kupplungen für Steuerluftleitung; *16* Anschlüsse für weitere Sicherheitseinrichtungen

Sollte es durch Abtreiben des Schiffes von der Umschlagstelle zum Abreißen der beweglichen Umschlagleitung zwischen Schiff und Land kommen, kann u. U. durch Heberwirkung Produkt aus den Schiffstanks in das Hafenwasser gelangen.

Ein wesentlicher Nachteil des Saugbetriebes gegenüber dem Druckbetrieb ist, daß nur eine geringe geodätische Höhe überwunden werden kann.

Aus Vorgesagtem erkennt man die Problematik der landseitigen Produktpumpe. Sie ist ferner kein Ersatz für ein zwischen Land- und Schiffseite korrespondierendes Sicherheitssystem.

Zu Abb. 7: Dargestellt ist für den Umschlag gefährlicher flüssiger Güter mittels Produktpumpe das pneumatische Überwachungs- und Sicherheitssystem gemäß UN 101. Die Landseite sowie die Schiffseite sind entsprechend ausgerüstet, so daß das Überwachungs- und Sicherheitssystem ein in sich geschlossenes, unabhängiges, also korrespondierendes System bilden. Als Energieträger für das gesamte Steuersystem dient saubere, getrocknete Druckluft oder Inertgas (z. B. Stickstoff) von ca. 4 bis 6 bar. Die Einspeisung kann wahlweise sowohl von der Land- als auch von der Schiffseite her erfolgen.

Landseitig und schiffseitig der beweglichen Umschlagleitung sind pneumatische Schnellschlußorgane vorhanden, die bei Erreichen eines bestimmten Luftdruckes im pneumatischen Steuersystem öffnen. Bei Druckabfall schließen sie durch Federkraft automatisch. Ähnliches gilt für den Antrieb der Produktpumpe, der bei Druckabfall im pneumatischen Steuersystem automatisch abschaltet. Sowohl auf der Landseite als auch auf der Schiffseite sind an verschiedenen Stellen mehrere Durchgangs-Schnellöffnungsarmaturen in das Steuerleitungsnetz eingebaut, die es gestatten, das Leitungsnetz von den verschiedenen möglichen augenblicklichen Standorten der Schlauchwache oder des Schiffspersonals aus jederzeit sofort zu entlüften und damit dann die pneumatischen Absperrorgane in der Produktleitung zu schließen und die Produktpumpe abzuschalten. Bei Abtreiben des Schiffes von der Umschlagstelle strafft sich die bewegliche Steuerluftleitung zwischen Land und Schiff, die kürzer ist als der Produktschlauch, und entkuppelt schließlich. Die Steuerluftleitung entlüftet, es schließen die Absperrorgane und die Produktpumpe schaltet ab, bevor es evtl. zum Reißen des Produktschlauches kommt. Ist die Umschlaganlage nicht wie in Abb. 7 dargestellt mit einem Produktschlauch, sondern mit einem Schiffsverlader ausgerüstet, funktioniert das Sicherheitssystem im Prinzip ähnlich. Statt einer beweglichen Steuerleitung ist am Schiffsverlader die Steuerleitung fest verlegt, und in den Gelenkpunkten des Schiffsverladers sind in die Steuerleitung pneumatische Wegeventile eingebaut, die bei Überschreiten des zulässigen Drehwinkels der Gelenke mittels Nocken geöffnet werden, so daß die Steuerleitung entlüften kann.

Landseitig und schiffseitig hat das pneumatische Steuersystem Anschlußmöglichkeiten für weitere Sicherheitseinrichtungen, wie z. B. Überfüllsicherung der Ladetanks, Sicherung gegen Über- oder Unterdruck in den Produktleitungen, Gasspürgeräte, Rohr-, Schlauchbruch- und Leckagesicherung, Alarmanlage sowie Schnellschlußorgane in einer evtl. vorhandenen Gaspendelleitung.

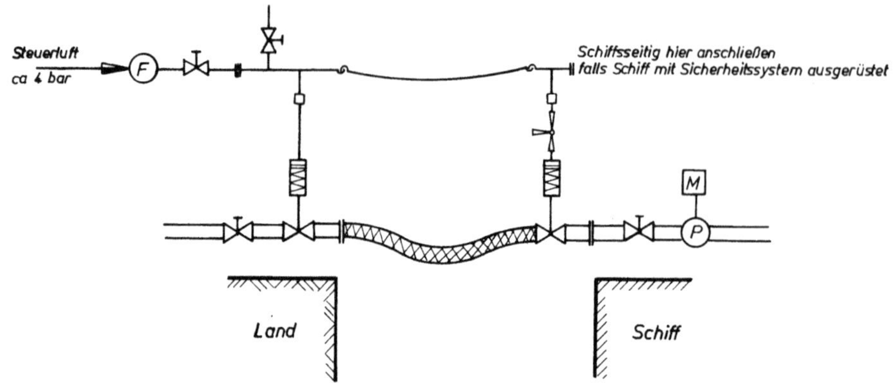

Abb. 8. Umschlag gefährlicher flüssiger Güter mittels schiffseitiger Pumpe. Steuersystem mit Druckgas betrieben gemäß UN 101 Anlage 11. Schiff ist mit Sicherheitssystem noch nicht ausgerüstet. Umschlaganlage hält auch für die Schiffseite pneumatisches Hauptsperrventil vor

Für gewisse Güter, z.B. der Klasse IIIa, die in sogenannten „offenen Tankschiffen" transportiert werden dürfen, genügt gemäß Übergangsvorschrift zum ADNR zunächst bis zum 31.03.1986 in Abweichung zur Darstellung in Abb. 7 allein das landseitige automatische Absperrorgan in der Produktleitung, wenn schiffseitig die Pumpe über das Sicherheitssystem ausschaltet.

Zu Abb. 8: Dargestellt ist der Umschlag gefährlicher flüssiger Güter mittels schiffseitiger Produktpumpe. Das Überwachungs- und Sicherheitssystem gemäß UN 101 ist nur auf der Landseite vorhanden. Die Umschlaganlage hält hier das erforderliche schiffseitige Schnellschlußorgan vor. Es ist wasserseitig der beweglichen Produktleitung fest installiert. Das landseitige und das wasserseitige Schnellschlußorgan werden über ein pneumatisches Steuersystem bedient. Sowohl landseitig als auch schiffseitig kann das pneumatische Steuersystem über Schnellöffnungsarmaturen entlüftet werden, so daß dann die Schnellschlußorgane in der Produktleitung automatisch schließen. Bei Abtreiben des Schiffes von der Umschlagstelle strafft sich die bewegliche Steuerluftleitung zwischen Land und Schiff, die kürzer ist als der Produktschlauch und entkuppelt schließlich. Die Steuerleitung entlüftet, und es schließen die Schnellschlußorgane, bevor es evtl. zum Reißen des Produktschlauches kommt. Alternativ wäre auch hier, wie im Beispiel zu Abb. 7, statt des Produktschlauches ein Schiffsverlader möglich.

Solange die Tankschiffe noch nicht generell mit dem Sicherheitssystem gemäß UN 101 ausgerüstet sind, müssen neu zu planende Umschlaganlagen an Wasserstraßen grundsätzlich mit dem hier beschriebenen Sicherheitssystem oder einem gleichwertigen ausgerüstet werden. Auch vorhandene Umschlaganlagen sollten nach Möglichkeit entsprechend dem Sicherheitssystem umgerüstet werden. Im Rahmen des Ermessens und nach dem Grundsatz der Verhältnismäßigkeit können allerdings für eine Übergangsfrist vereinfachte Sicherheitssysteme, wie sie auf den Abb. 9 und 10 dargestellt sind, akzeptiert werden.

Zu Abb. 9: Dargestellt ist der Umschlag gefährlicher flüssiger Güter mittels schiffseitiger Produktpumpe. Das Schiff ist noch nicht mit dem Überwachungs- und Sicherheitssystem gemäß UN 101 ausgerüstet. Das landseitige Schnellschlußorgan wird über ein pneumatisches Steuersystem bedient.

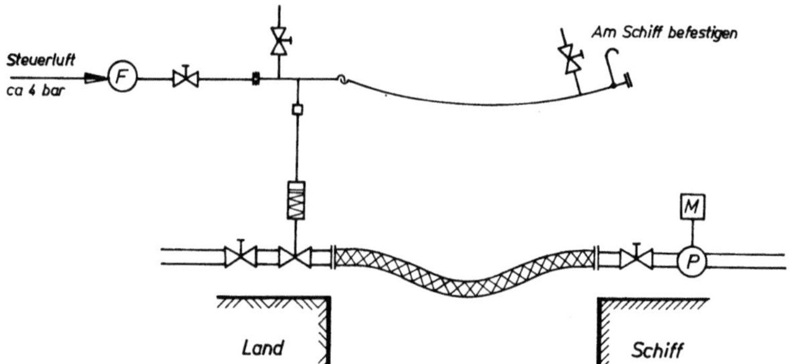

Abb. 9. Umschlag gefährlicher flüssiger Güter mittels schiffseitiger Pumpe. Steuersystem mit Druckgas betrieben gemäß UN 101 Anlage 11. Schiff ist mit Sicherheitssystem noch nicht ausgerüstet. Umschlaganlage gibt die Steuerluft führende Leitung mit Schnellöffnungsventil zum Schiff hinüber

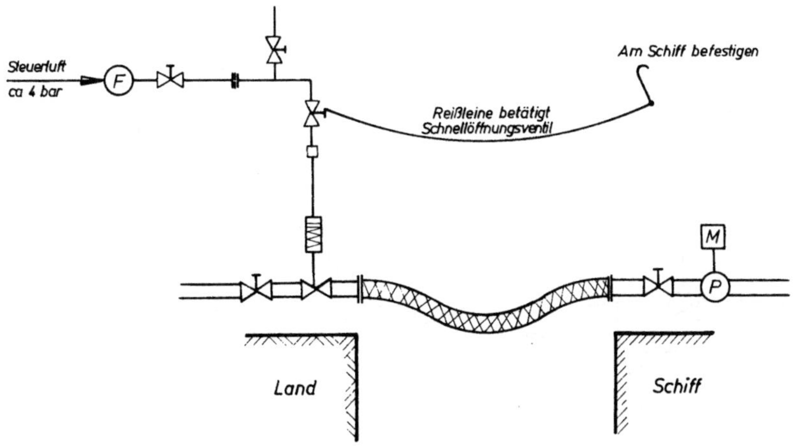

Abb. 10. Umschlag gefährlicher flüssiger Güter mittels schiffseitiger Pumpe. Steuersystem mit Druckgas betrieben gemäß UN 101 Anlage 11. Schiff ist mit Sicherheitssystem noch nicht ausgerüstet. Umschlaganlage gibt Reißleine, die Schnellöffnungsventil betätigt, zum Schiff hinüber

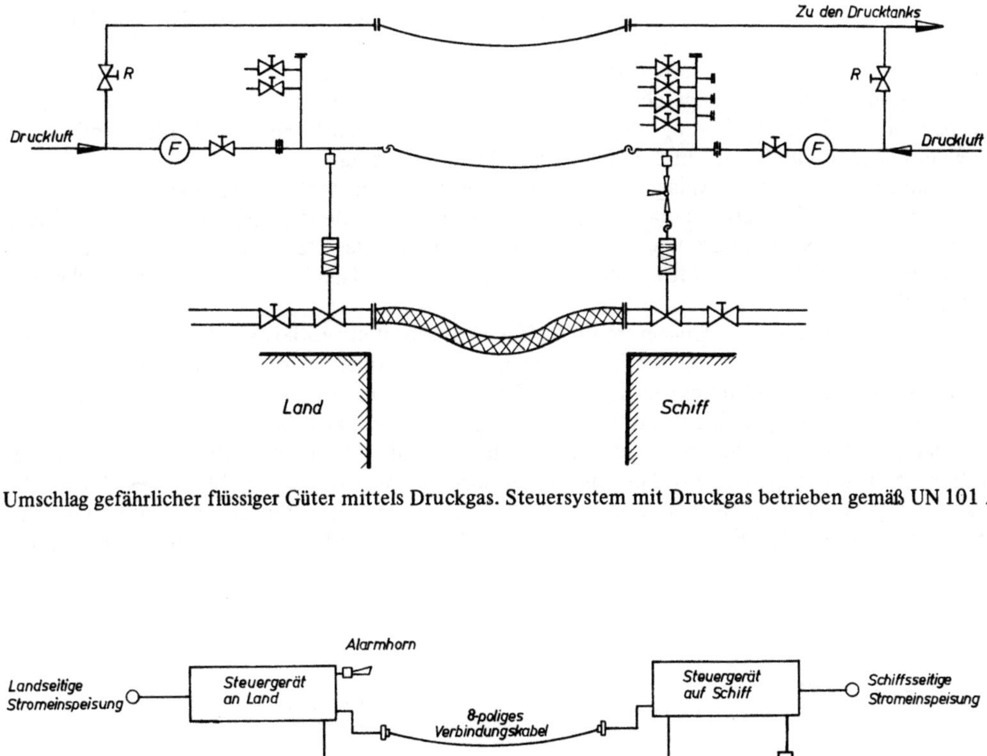

Abb. 11. Umschlag gefährlicher flüssiger Güter mittels Druckgas. Steuersystem mit Druckgas betrieben gemäß UN 101 Anlage 12

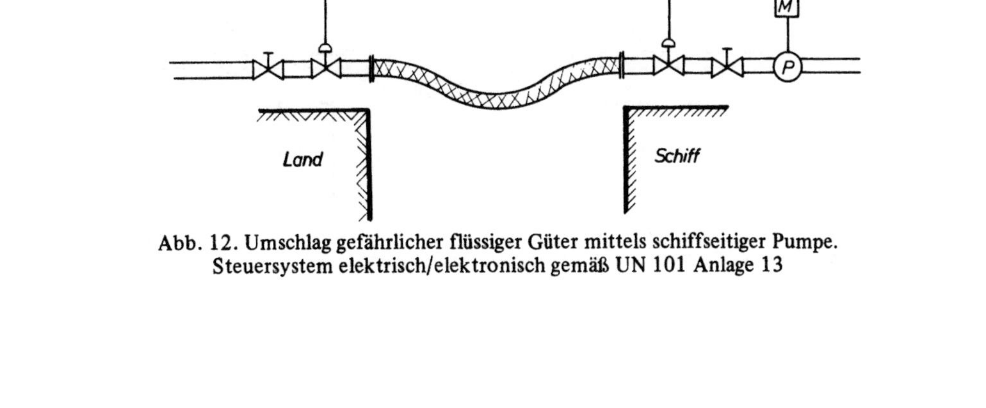

Abb. 12. Umschlag gefährlicher flüssiger Güter mittels schiffseitiger Pumpe.
Steuersystem elektrisch/elektronisch gemäß UN 101 Anlage 13

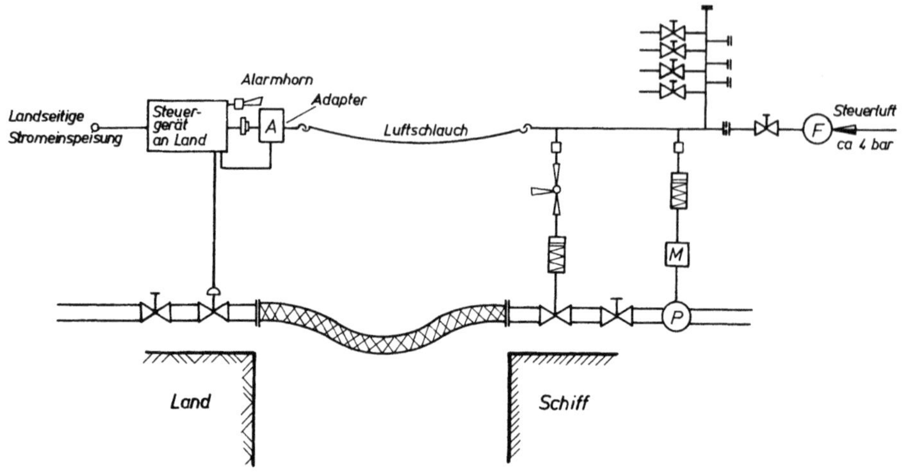

Abb. 13. Umschlag gefährlicher flüssiger Güter mittels schiffseitiger Pumpe. Steuersystem landseitig elektrisch/elektronisch und schiffseitig mit Druckgas gemäß UN 101 Anlage 13

Zusammen mit der beweglichen Produktleitung (Schlauch oder Schiffsverlader) wird eine bewegliche Steuerluftleitung, die kürzer ist als die bewegliche Produktleitung, zum Schiff hinübergegeben und dort befestigt. Zweckmäßigerweise ist das Ende der Steuerluftleitung im Bereich des schiffseitigen Anschlußflansches der beweglichen Produktleitung fest installiert. Am schiffseitigen Ende der Steuerluftleitung, gleichfalls wie auch auf der Landseite kann durch Schnellöffnungsarmaturen die Steuerluftleitung entlüftet und damit das Schnellschlußorgan in der landseitigen Produktleitung geschlossen werden. Bei Abtreiben des Schiffes von der Umschlagstelle strafft sich die bewegliche Steuerluftleitung zwischen Land und Schiff, entkuppelt schließlich und, indem sie entlüftet, schließt das Schnellschlußorgan in der landseitigen Produktleitung.

Dieses System kann an vorhandenen Anlagen mit einer Übergangsfrist akzeptiert werden.

Zu Abb. 10: Hier ist eine Alternativlösung zu Abb. 9 dargestellt. Das Steuerluftsystem ist nur an Land vorhanden. Zwischen Schiff und einer landseitigen Schnellöffnungsarmatur des Steuerluftsystems gibt es eine Reißleine. Mittels Reißleine kann das Steuerluftsystem vom Schiff aus von Hand oder bei Abtreiben des Schiffes automatisch entlüftet werden.

Dieses System kann an vorhandenen Anlagen mit einer Übergangsfrist akzeptiert werden.

Zu Abb. 11: Dargestellt ist der Umschlag gefährlicher flüssiger Güter mittels Druckgas. Das Druckgas verdrängt das Produkt in den Schiffstanks und drückt es durch die Produktleitung zur Landseite. Das Überwachungs- und Steuersystem gemäß UN 101 wird gleichfalls land- und schiffseitig mit Druckgas betrieben.

Zu Abb. 12: Dargestellt ist der Umschlag gefährlicher flüssiger Güter mittels schiffseitiger Produktpumpe. Es ist ein zwischen Land- und Schiffseite vollautomatisches, in sich geschlossenes, unabhängiges Überwachungs- und Sicherheitssystem gemäß UN 101 vorhanden, das elektrisch/elektronisch gesteuert wird. Das hier dargestellte Sicherheitssystem erfüllt die gleichen Funktionen, wie das auf Abb. 7 dargestellte pneumatische Sicherheitssystem.

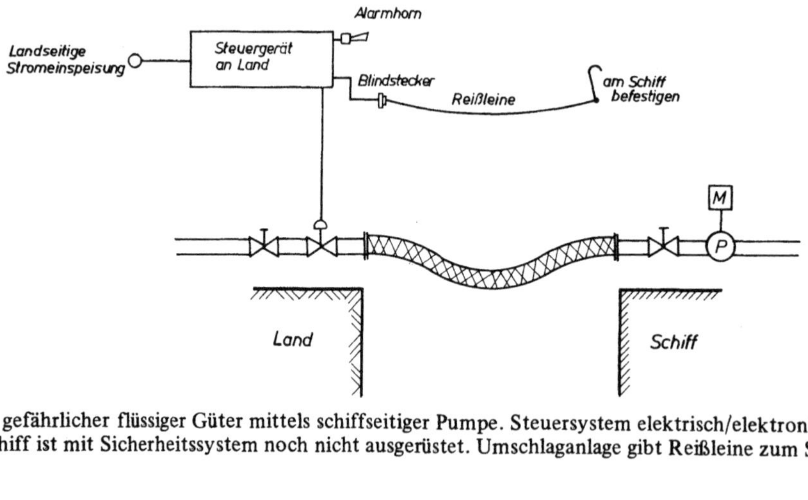

Abb. 14. Umschlag gefährlicher flüssiger Güter mittels schiffseitiger Pumpe. Steuersystem elektrisch/elektronisch gemäß UN 101 Anlage 13. Schiff ist mit Sicherheitssystem noch nicht ausgerüstet. Umschlaganlage gibt Reißleine zum Schiff hinüber

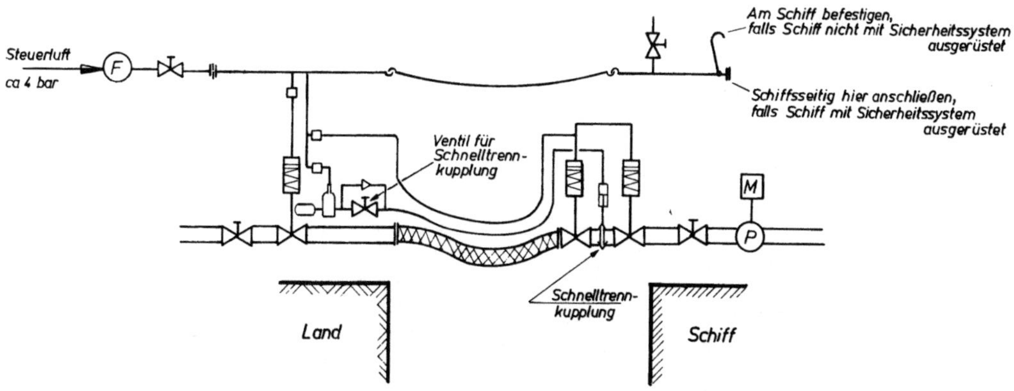

Abb. 15. Schnelltrennvorrichtung gemäß UN 101 Anlage 14. Steuersystem mit Druckgas betrieben. Trennstelle schiffseitig

Zu Abb. 13: Dargestellt ist der Umschlag gefährlicher flüssiger Güter mittels schiffseitiger Produktpumpe. Das Überwachungs- und Sicherheitssystem gemäß UN 101 auf der Landseite wird elektrisch/elektronisch und auf der Schiffseite pneumatisch gesteuert. Das Schiff schließt mit einem Luftschlauch an den Adapter des landseitigen elektrischen/elektronischen Steuergerätes an.

Zu Abb. 14: Dargestellt ist der Umschlag gefährlicher flüssiger Güter mittels schiffseitiger Produktpumpe. Das elektrische/elektronische Überwachungs- und Sicherheitssystem gemäß UN 101 ist nur auf der Landseite vorhanden. Die Schiffseite ist durch eine Reißleine mit dem elektrischen/elektronischen Steuergerät auf der Landseite verbunden. Dieses System ist in der Wirkungsweise den Systemen, wie sie auf Abb. 9 und 10 dargestellt sind, vergleichbar.

Dieses System kann an vorhandenen Anlagen mit einer Übergangsfrist akzeptiert werden.

Zu Abb. 15: Dargestellt ist der Umschlag gefährlicher flüssiger Güter mittels schiffseitiger Produktpumpe. Das pneumatische Überwachungs- und Sicherheitssystem gemäß UN 101 ist nur auf der Landseite vorhanden. Die bewegliche Umschlagleitung (Schlauch oder Schiffsverlader) hat eine pneumatische oder hydraulische Schnelltrennkupplung. Beidseitig dieser Schnelltrennkupplung sitzen Schnellschlußorgane. Bei Abtreiben des Schiffes von der Umschlagstelle strafft sich die bewegliche Steuerluftleitung zwischen Land und Schiff, entkuppelt schließlich und, indem sie entlüftet, schließen die Schnellschlußorgane in der Produktleitung. Mit Verzögerung (nach Schließen der Schnellschlußorgane) wird die Schnelltrennkupplung wirksam. Die Menge des bei der Trennung auslaufenden Produktes ist nur gering. Darin liegt u. a. der besondere Vorteil dieses Systems. Wird die Steuerluftleitung entlüftet, das Ventil für die Schnelltrennkupplung ist jedoch geschlossen, kommt es nicht zum Trennen der Schnelltrennkupplung (z. B. nach Ende des Umschlagvorganges vor „Abschlagen" der beweglichen Umschlagleitung).

Zu Abb. 16: Hier ist eine Alternativlösung zu Abb. 15 dargestellt. Während Schnelltrennkupplung und die beidseitig angeordneten Schnellschlußorgane in Abb. 15 am wasserseitigen Ende der beweglichen Umschlagleitung saßen, sind sie hier landseitig angeordnet. Der Vorteil ist, daß die sehr schweren Schnellschlußorgane beim „An- und Abschlagen" der beweglichen Umschlagleitung nicht bewegt zu werden brauchen.

Parallel mit der beweglichen Umschlagleitung wird eine bewegliche Steuerluftleitung und ein Zugseil zum Schiff herübergegeben. An die Steuerluftleitung sind die Anflanschsicherung und das landseitig der Schnelltrenn-

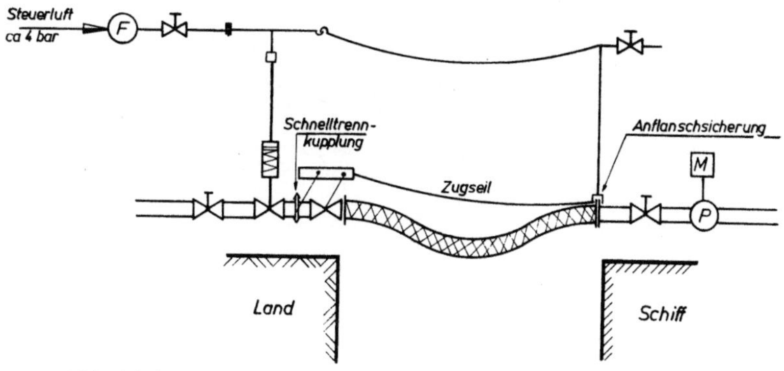

Abb. 16. Schnelltrennvorrichtung in Anlehnung an UN 101 Anlage 14. Steuersystem mit Druckgas betrieben. Trennstelle landseitig

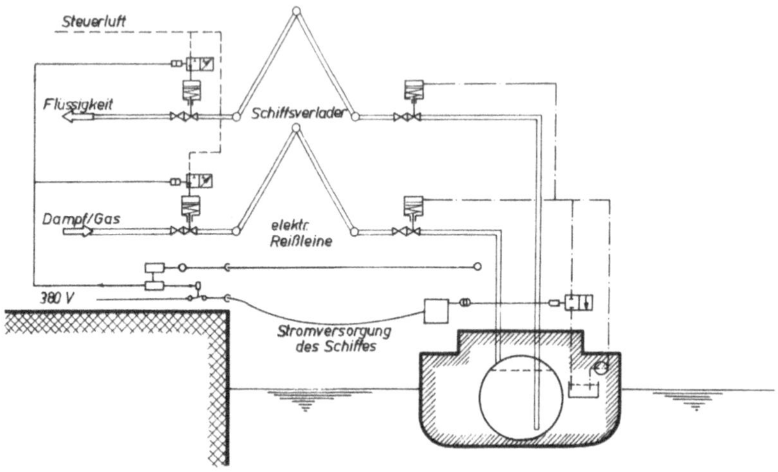

Abb. 17. Umschlag unter Duck verflüssigter Gase, Steuersystem elektrohydraulisch gemäß UN 101 Anlage 21

kupplung sitzende Schnellschlußorgan angeschlossen. An das Zugseil sind das wasserseitig der Schnelltrennkupplung sitzende Schnellschlußorgan und die Schnelltrennkupplung angeschlossen. Die bewegliche Steuerluftleitung und das Zugseil sind am wasserseitigen Ende der beweglichen Umschlagleitung befestigt. Bei Abtreiben des Schiffes von der Umschlagstelle strafft sich die bewegliche Steuerluftleitung zwischen Land und Schiff, entkuppelt schließlich und, indem sie entlüftet, schließt das eine Schnellschlußorgan. Danach wird durch das sich straffende Zugseil das zweite Schnellschlußorgan geschlossen und anschließend die Schnelltrennkupplung getrennt.

Zu Abb. 17: Dargestellt ist die Entladung unter Druck verflüssigter Gase, indem in die Drucktanks des Schiffes Dampf/Gas gedrückt wird. Das flüssige Produkt wird auf diese Weise aus den Schiffstanks verdrängt. Das Überwachungs- und Sicherheitssystem gemäß UN 101 ist auf der Landseite pneumatisch und auf der Schiffseite hydraulisch gesteuert. Die Hydraulik für das Sicherheitssystem an Bord wird durch Stromversorgung, die von der Landseite bereitgestellt wird, versorgt. Zwischen Land und Schiff ist ferner Verbindung durch eine elektrische Reißleine hergestellt. Wird nun entweder durch Drücken der beidseitig der elektrischen Reißleine angeordneten Abschalttaster oder durch Entkuppeln der elektrischen Reißleine der Stromkreis unterbrochen, wird automatisch damit auch die Stromversorgung für die Hydraulik des Sicherheitssystems an Bord abgeschaltet. Die Schnellschlußorgane auf der Schiffseite fahren zu. Auf der Landseite werden die elektrischen Steuerventile an den Druckluftzylindern für die landseitigen Schnellschlußorgane stromlos und öffnen durch Federdruck. Die Druckluft entweicht, und die Schnellschlußorgane fahren durch Federdruck zu.

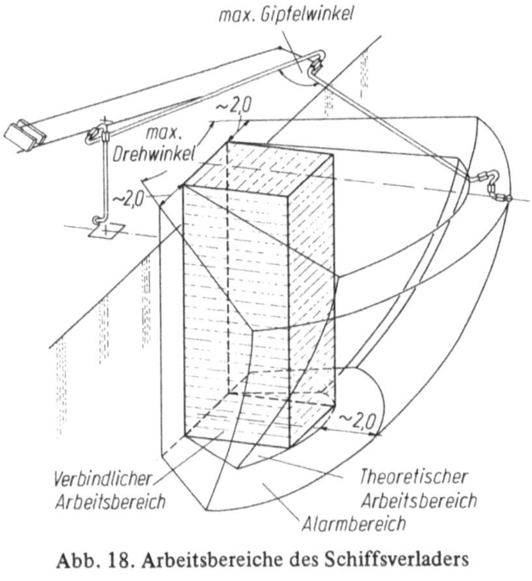

Abb. 18. Arbeitsbereiche des Schiffsverladers

Zu Abb. 18: Dargestellt ist ein Schiffsverlader mit dem verbindlichen Arbeitsbereich, mit dem theoretischen Arbeitsbereich und dem Alarmbereich.

Als verbindlicher Arbeitsbereich ist der quaderförmige Bereich definiert, in dem sich der Anschlußflansch des Schiffes bei jeder möglichen Höhenlage befinden darf, ohne daß er in den Alarmbereich des Schiffsverladers gerät. Der theoretische Arbeitsbereich liegt in einem durch die Geometrie des Schiffsverladers bedingten Kugelausschnitt, der den quaderförmigen verbindlichen Arbeitsbereich gerade einschließt. Der Alarmbereich überschreitet den theoretischen Arbeitsbereich um einen gewissen Betrag (rd. 2,0 m) nach Richtung Vorschiff, Achterschiff und Wasserseite hin und ist gleichfalls durch die Geometrie des Schiffsverladers definiert.

Wird nun der Schiffsverlader bis an die Grenze des theoretischen Arbeitsbereiches gestreckt, so werden an den Gelenken des Schiffsverladers bei entsprechenden Winkelüberschreitungen durch pneumatische Auslaßventile bzw. durch elektrische Initiatoren die Absperrorgane des Schiffsverladers zum automatischen Schließen gebracht. Ferner wird das Freigabeventil für die Schnelltrennkupplung betätigt. Wird der Schiffsverlader jetzt noch weiter bis an die Grenze des Alarmbereiches gestreckt, wird die Nottrennung automatisch ausgelöst.

5 Grundsätzliches zur örtlichen Lage von Umschlagstellen für gefährdende flüssige Stoffe

Umschlagstellen für gefährdende flüssige Stoffe sollen möglichst in Hafenbecken eingerichtet werden, weil sich dort ein Abfließen freigewordener flüssiger Stoffe zur Wasserstraße hin am besten vermeiden läßt. Die Beseitigung freigewordener Stoffe kann so leichter und vollständiger durchgeführt werden. Außerdem ist in einem Hafenbecken eine Gefährdung der Umschlagstelle durch die Schiffahrt auf der Wasserstraße weitgehend ausgeschlossen sowie auch umgekehrt die Schiffahrt durch Gefahren, die von der Umschlagstelle ausgehen können, nicht so direkt betroffen ist.

Da der Bau eines besonderen Hafenbeckens in vielen Fällen aus räumlichen, aber auch aus wirtschaftlichen Gründen nicht möglich oder zu vertreten ist, lassen die Richtlinien den Umschlag auch im Bereich der Wasserstraßen (Parallelhafen) zu, wenn anerkannte Systeme von Sicherheits- und Schutzvorkehrungen (z. B. System UN 101), wie in vorstehendem Kapitel dargestellt, eingebaut werden.

Die Wasser- und Landflächen im Bereich der Umschlaganlage müssen jeweils so groß sein, daß die in den geltenden Vorschriften geforderten Sicherheitsabstände und Schutzstreifen (Gefahrenbereiche) eingehalten werden können. Die AHVO nennt die erforderlichen Sicherheitsabstände und Sicherheitszonen in Abhängigkeit vom umgeschlagenen Gut. Sie sind nachfolgend in einer Übersicht (Tabelle 1) zusammengestellt. Zum Vergleich mit den erforderlichen Sicherheitsabständen in Häfen wird auf die in den Schiffahrtpolizeiverordnungen und im ADNR vorgeschriebenen Sicherheitsabstände, wie sie auf der Wasserstraße und außerhalb von Liegestellen für bestimmte Gefahrenklassen gelten, hingewiesen.

Die Schiffahrtpolizeiverordnungen regeln die erforderlichen Abstände beim Stilliegen zu Fahrzeugen mit blauen Kegeln (Tagbezeichnung für Fahrzeuge mit bestimmten gefährlichen Gütern). Zu Fahrzeugen mit 1 blauem Kegel muß 10 m Mindestabstand, zu Fahrzeugen mit 2 blauen Kegeln muß 50 m Mindestabstand und zu Fahrzeugen mit 3 blauen Kegeln muß 100 m Mindestabstand eingehalten werden. Das ADNR regelt ergänzend hierzu, daß ihrerseits auch Fahrzeuge mit gefährlichen Gütern die vorgenannten Mindestabstände zu anderen Fahrzeugen einhalten müssen.

Darüber hinaus schreibt das ADNR für das Stilliegen von Tankschiffen mit gefährlichen Gütern erforderliche Mindestabstände zu Ortschaften, Kunstbauten und Lagern für Gase oder entzündbare Flüssigkeiten vor. Für Fahrzeuge zum Transport gefährlicher Flüssigkeiten der Klassen I d und III a beträgt dieser Mindestabstand 100 m.

Tabelle 1. Erforderliche Sicherheitsabstände von Fahrzeug zu Fahrzeug oder zu Zündquellen, gemäß AHVO

Umgeschlagene Stoffe gemäß ADNR		erforderlicher Abstand
K0s, K0n K1s, K1n K2	entzündbare flüssige Stoffe	10 m
K3	entzündbare flüssige Stoffe	0 m
Kx	entzündbare flüssige Stoffe Zündtemp < 200 °C	50 m
	Zündtemp > 200 °C	10 m
Id	verdichtete, verflüssigte oder unter Druck gelöste Gase	50 m
V	ätzende Stoffe	10 m

6 Liegeplätze für wartende Tankschiffe

Für Umschlagstellen, die stark frequentiert werden, muß mit in Betracht gezogen werden, daß Tankschiffe ankommen, die nicht gleich bedient werden können. Diesen Tankschiffen muß die Möglichkeit gegeben werden, sicher liegen zu können. Gesonderte Liegestellen für diese Tankschiffe sind die beste Lösung. Soweit ein Hafen in unmittelbarer Nähe ist, der ausreichend Platz bietet, so daß wartende Tankschiffe dort liegen können, kann auch diese Lösung vertreten werden. Allerdings müssen solche Liegeplätze für Fahrzeuge mit blauen Kegeln gemäß Schiffahrtpolizeiverordnungen gekennzeichnet sein bzw. muß für das Stilliegen im Hafen von der Hafenbehörde ein besonderer Liegeplatz zugewiesen werden. Die letzte und am wenigsten befriedigende Lösung, die aber noch akzeptiert werden kann, ist die, daß in vertretbarer Entfernung (≤ 5 km) und in derselben Schleusenhaltung öffentliche Liegestellen sind, die von wartenden Tankschiffen dann bis auf Abruf über Funk oder Telefon durch die Umschlagstelle in Anspruch genommen werden können.

7 Gestaltung der Umschlagstelle und der Festmachevorrichtungen

Die ideale Lösung für das Umschlagufer ist das senkrechte Ufer aus Spundwand oder Beton mit Hafenplanum auf rd. 1,50 m über Wasserspiegel (s. Abb. 19). Am senkrechten Ufer ist die beste Möglichkeit gegeben, sicher festzumachen und zu liegen und im Gefahrenfall schnellstmöglich vom Schiff an Land flüchten zu können. Die Umschlagleitungen sind bei dieser Lösung minimal lang und zwischen Land- und Schiffseite ist direkte mündliche Verständigung und gute Einblickmöglichkeit gegeben. Die landseitige Beleuchtung der Umschlagstelle leuchtet

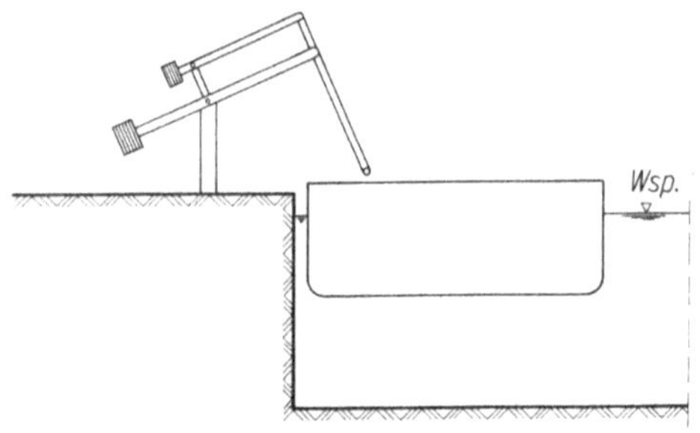

Abb. 19. Umschlagstelle am senkrechten Ufer

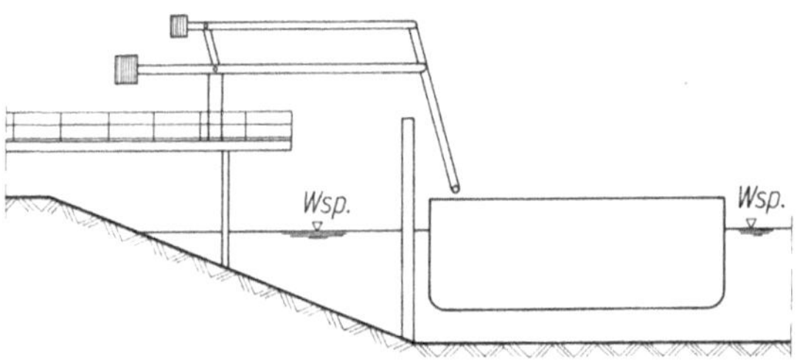

Abb. 20. Umschlagstelle am geböschten Ufer mit Dalben und fester Verladeplattform mit Abstand zum Schiff

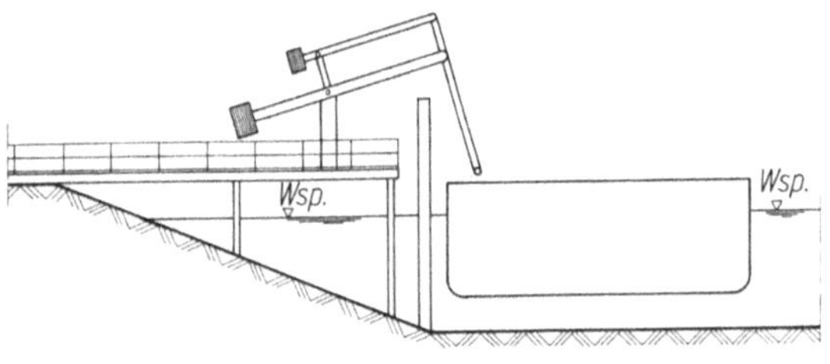

Abb. 21. Umschlagstelle am geböschten Ufer mit Dalben und fester Verladeplattform bis zum Schiff

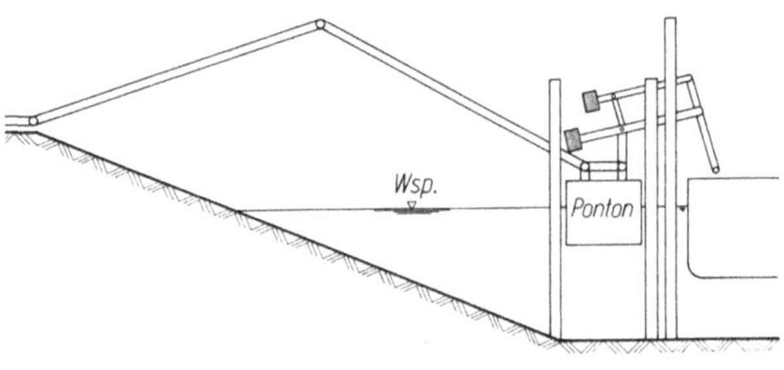

Abb. 22. Umschlagstelle am geböschten Ufer mit Dalben und Verladeponton zwischen Führungsdalben

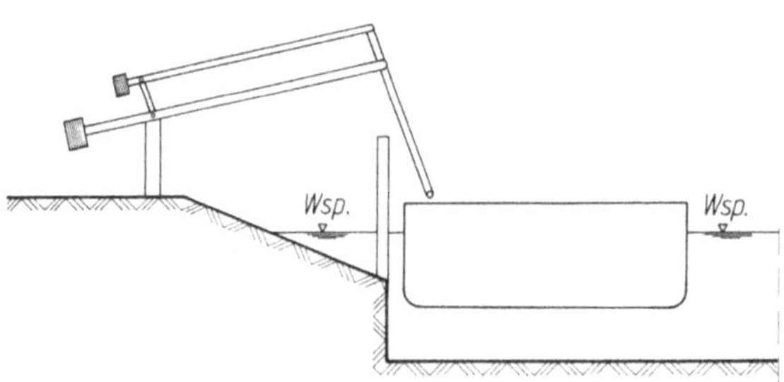

Abb. 23. Umschlagstelle am gebrochenen Ufer Spundwand/Böschung

auch das Schiff gut aus. Bei Bruch der beweglichen Umschlagleitung kann nicht so leicht und so viel austretendes Produkt ins Wasser gelangen. Bei Neuplanungen sollte daher diese Lösung möglichst gewählt werden.

Dort wo wegen sehr großen technischen Aufwandes u. U. vom senkrechten Umschlagufer abgesehen werden muß (z.B. am Rhein mit sehr großen Wasserspiegelschwankungen), wird man die Umschlagstelle am geböschten Ufer mit Dalben zum Anlegen der Schiffe einrichten. Die beweglichen Umschlagleitungen der Landseite sind entweder auf einer festen Verladeplattform mit Abstand zum Schiff (Abb. 20) oder auf einer festen Verladebrücke, die bis zum Schiff reicht (Abb. 21) oder auf einem Ponton, der zwischen Dalben geführt wird (Abb. 22) angeordnet. Am geböschten Ufer werden nicht so leicht gefährliche Gaskonzentrationen während des Umschlags eintreten. Schließlich besteht bei hohen Wasserspiegelschwankungen auch noch die Möglichkeit, das Umschlagufer in gebrochener Bauweise Spundwand/Böschung auszubilden (Abb. 23).

Dalben und Festmachevorrichtungen müssen nach den Regeln der Hafenbautechnik angeordnet und bemessen sein. Die „Empfehlungen des Arbeitsausschusses Ufereinfassungen (EAU)“ sind dabei zu beachten. Besonderes Augenmerk ist darauf zu richten, daß zum Umschlag vorliegende Schiffe auch bei extremer Lage stets sicher festmachen können und daß die Festmachedrähte nicht von den Pollern abgleiten können.

8 Pumpen

Die Richtlinien fordern, wie bereits erwähnt, für Umschlagstellen im Bereich der Wasserstraße grundsätzlich Sicherheitssysteme wie z.B. das System UN 101. In Stichhäfen wird diese Forderung durch die Richtlinie nur für den Druckbetrieb gestellt, weil er gefährlicher ist als der Saugbetrieb. Beim Saugbetrieb nämlich, d.h. die bewegliche Umschlagleitung liegt auf der Saugseite, tritt bei Undichtigkeiten der Saugleitung kein Produkt aus. Bei Bruch der Saugleitung reißt der Stromfaden ab. Der Umschlagvorgang ist damit automatisch unterbrochen. Bei Abreißen der beweglichen Umschlagleitung kann es allerdings zur Heberwirkung kommen, so daß dann aus den Schiffstanks das Produkt über den abgerissenen und über die Bordwand hängenden Schlauch ins Wasser laufen kann. Auch die dazwischengeschaltete Produktpumpe auf dem Schiff verhindert dieses nicht, wenn es sich um eine Pumpe nach dem Zentrifugalsystem (z.B. Kreiselpumpe) handelt.

Es muß sichergestellt sein, daß der zulässige Betriebsdruck der Produktleitung bzw. des Produktschlauches nicht überschritten wird. Auch für den Fall, daß bei geschlossenen Absperrarmaturen die Pumpe weiterläuft, muß dieses gelten. Bei Kreiselpumpen ist diese Forderung in der Regel bereits dadurch erfüllt, daß der maximal erreichbare Flüssigkeitsdruck entsprechend der Kennlinie der jeweiligen Pumpe unterhalb des zulässigen Betriebsdruckes der Leitung liegt. Bei Verdrängerpumpen wie Kolbenpumpen oder Schraubenspindelpumpen ist so gut wie kein Schlupf in der Pumpe, und es können in Abhängigkeit von der Leistung des Pumpenantriebes sehr hohe Flüssigkeitsdrücke erreicht werden. Solche Pumpen sind daher in der Regel mit einem Überströmventil und By-Paß ausgerüstet. Wird nun auf der Druckseite einer solchen Pumpe eine Absperrarmatur in der Leitung geschlossen, dann fördert die Pumpe über den By-Paß ständig im Kreis. Bei Verdrängerpumpen mit Überströmventil und By-Paß muß sichergestellt sein, daß das Überströmventil auf den richtigen Druck eingestellt ist und ordnungsgemäß gewartet und betriebssicher ist.

Viele Umschlagbetreiber wehren sich dagegen, an ihrer Umschlagstelle Saugpumpen installieren zu sollen. Der Grund liegt darin, daß besonders an Umschlagstellen mit hohem Umschlagufer sehr schnell die kritische Saughöhe (es tritt Kavitation = Dampfblasenbildung ein) erreicht wird. Diese ist abhängig vom spezifischen Gewicht und Dampfdruck der Förderflüssigkeit (Dampfdruck wird mit zunehmender Temperatur größer), von den Druckhöhenverlusten in der Saugleitung (Armaturen-, Rohrreibungs- und Krümmerverluste) und von der Fördergeschwindigkeit der Pumpe. Sind die Rohrdurchmesser ausreichend groß gewählt und ist eine geeignete Saugpumpe gewählt worden, kann bei normaler Flüssigkeitstemperatur, z.B. für Benzin eine geodätische Saughöhe von 4 bis 5 m erreicht werden. Hat man jedoch eine Pumpe z.B. mit zu hoher Fördergeschwindigkeit und außerdem zu geringe Rohrdurchmesser gewählt, kann die Saughöhe geringer als 0 m sein, d.h. rechnerisch ergibt sich eine erforderliche Zulaufhöhe.

Es kommt vor, daß Umschlagbetreiber ohne vorherige rechnerische Überprüfung der gewählten Pumpe und der Rohrdurchmesser nach Installation zu ihrer Überraschung feststellen, daß ein Saugbetrieb bei ihrer Anlage nicht möglich ist. Die Genehmigungsbehörde sollte daher, wenn sie die Auflage zur Installation einer Saugpumpe stellt, auch einen rechnerischen Nachweis der möglichen geodätischen Saughöhe verlangen.

9 Anforderungen an feste und bewegliche Umschlagleitungen und Armaturen

Umschlagleitungen müssen mindestens nach der Nenndruckstufe 10 entsprechend DIN 2501 ausgeführt sowie den Beanspruchungen durch den Umschlag und die Art des Fördergutes gewachsen sein.

Die beweglichen Umschlagleitungen müssen so konstruiert sein, daß sie während des Umschlages den Bewegungen des ordnungsgemäß festgemachten Schiffes frei folgen können. Schläuche und bewegliche Rohrleitungen müssen in festgelegten Zeitintervallen durch sachverständige Personen überprüft werden. Darüber ist ein Nachweis zu führen. Beschädigte Schläuche sollten unbedingt aus dem Umschlagbereich entfernt werden, damit sie nicht mehr benutzt werden können.

Zur Überwachung des Betriebsdruckes müssen Druckmesser mit Anzeige des zulässigen Betriebsdruckes vorhanden sein. Sie sollen so angebracht sein, daß das Bedienungspersonal vom wetterfesten Unterstand aus sie gut beobachten kann. Die Druckmesser sollten möglichst großen Durchmesser haben, daß sie gut abgelesen werden können.

10 Schilder und Hinweise

An der Umschlaganlage sind die in einschlägigen Vorschriften geforderten Hinweisschilder vorzuschreiben. Die Hinweisschilder müssen vom Land und vom Wasser aus gut erkennbar sein und bei Dunkelheit und unsichtigem Wetter ausreichend, aber blendfrei beleuchtet sein.

Als Textschild kann z. B. folgendes Schild verwendet werden:

„Umschlag gefährdender flüssiger Stoffe!
Unbefugtes Anlegen und unbefugtes Betreten der Anlage, Feuer, offenes Licht und Rauchen verboten!"

Damit die Schilder schneller ins Auge fallen und auch von Ausländern, die nur unzureichend Deutsch können, verstanden werden, sollten Symbole nach DIN 4819 angebracht werden, wie z. B. für Rauchen verboten oder für Feuer, offenes Licht und Rauchen verboten oder für Zutritt verboten oder für Fluchtweg.

Die AHVO schreibt vor, daß Umschlagstellen, die nur für entzündbare flüssige Stoffe mit einem Flammpunkt von 55 °C oder weniger zugelassen sind, nicht von Fahrzeugen, denen die Beförderung dieser Stoffe nicht gestattet ist, angelaufen werden dürfen und ein Mindestabstand von 10 m zum Schiff einzuhalten ist. Der Betreiber hat die Umschlagstelle durch eine weiße Tafel mit einem blauen auf der Spitze stehenden Dreieck in der Mitte gemäß BinSchStrO zu kennzeichnen. Ferner schreibt die AHVO vor, daß an Umschlagstellen für verdichtete, verflüssigte oder unter Druck gelöste Gase der Klasse 1 d sowie für Stoffe der Kategorie Kx mit einer Zündtemperatur unter 200 °C auf die einzuhaltende Sicherheitszone von 50 m um das Fahrzeug herum durch eine rote Tafel hinzuweisen ist. Diese rote Tafel darf nur während des Umschlages gezeigt werden.

11 Rettungsmittel und Fluchtwege

An der Umschlagstelle sind Rettungsmittel wie Rettungsringe, Boots- und Leinenhaken bereitzuhalten. Viele Umschlagbetreiber, besonders von kleinen Anlagen mit wenig Umschlag, halten diese Rettungsmittel an sicherer Stelle verschlossen, damit sie nicht gestohlen werden. Aus Bequemlichkeit werden dann oft die Rettungsmittel auch bei Umschlag nicht an der Umschlagstelle bereitgehalten. Durch gelegentliche Kontrollen sollten der Umschlagbetreiber und die zuständigen Behörden auf solche Verstöße achten.

An der Umschlagstelle müssen feste Fluchtwege vorhanden sein, die vom Umschlagbetreiber zur Verfügung zu stellen sind. Solche Fluchtwege müssen auffällig gekennzeichnet sein. Sie müssen mindestens 0,8 m breit (bei Bermen 0,7 m) sein und wo nötig ein Schutzgeländer haben. Gegen Flammeneinwirkung von unten muß eine 1,5 m breite Abschirmung vorhanden sein. Die Fluchtwege müssen selbstverständlich frei von Hindernissen gehalten werden. An Umschlagstellen für entzündbare Stoffe genügen Steigeleitern als Fluchtweg nicht. Beim Laden oder Löschen von entzündbaren flüssigen Stoffen der Klasse III a, von giftigen Stoffen der Klasse IV a und von ätzenden Stoffen der Klasse V müssen für das Schiffspersonal zwei unabhängige, feste Fluchtwege vom Vor- und Achterschiff aus vorhanden sein. Wenn es möglich ist, die allgemeine Sicherheit im Umschlagbereich zu erhöhen, z. B. durch anerkannte Sicherheitssysteme wie das Sicherheitssystem UN 101, kann für einen der beiden vorstehend genannten Fluchtwege ersatzweise auch ein gesicherter Übergang im Ladungsbereich des Schiffes (z. B. Anschlußbereich der Produktenübergabeleitung) verwendet werden. Für den Umschlagbetreiber ist dieses dann die kostengünstigste Lösung, wenn im Anschlußbereich der Produktenübergabeleitung zwischen Schiff und Land eine Verbindung z. B. in Form einer Brücke besteht, die als gesicherter Übergang fungieren kann. An diesen gesicherten Übergang sind besonders hohe Anforderungen hinsichtlich Flammeneinwirkung von unten zu stellen, da er sich im Zentralbereich einer möglichen Brandgefahr bei Bruch der Produktenübergabeleitung befindet. Es sind mindestens die Anforderungen, wie vorstehend für den Fluchtweg genannt, zu erfüllen. Einer der beiden Fluchtwege kann auch durch ein zu Wasser gelassenes betriebsbereites Beiboot ersetzt werden. Dieses Beiboot muß an einer im Hinblick auf eine mögliche Gefährdung bei der Flucht im Gefahrenfalle günstigen Stelle ausgelegt sein. Es sollte oberstrom des Ladungs- und des Anschlußbereiches und an der landabgewandten Seite des Schiffes liegen, so daß bei Austritt und Entzündung von Produkt im Bereich der Übergabeleitung das Beiboot möglichst günstig für eine Flucht liegt. Beim Laden oder Löschen von verdichteten, verflüssigten oder unter Druck gelösten Gasen der Klasse I d müssen zwei unabhängige, feste Fluchtwege vom Vor- und Achterschiff aus in jedem Falle vorhanden sein.

Bei Umschlaganlagen im Bereich von großen Wasserspiegelschwankungen (z. B. am Rhein) bestehen für anforderungsgerechte Fluchtwege oftmals gewisse technische Probleme. Gute technische Lösungen sind unter Umständen sehr kostspielig. Am hohen senkrechten Ufer (z. B. Spundwand oder Ufermauer) erfüllt nur die in eine Nische eingebaute Treppe die Anforderungen. Am geböschten Ufer mit Ladeplattform oder schwimmendem Ladeponton und Anlegedalben für das Schiff müssen für einen Fluchtweg u. U. Übergänge in Form von Brücken oder Treppen geschaffen werden. Problematisch ist hier meistens der Übergang vom Schiff auf diese Brücke oder Treppe, da die Höhenlage des Schiffdecks bzw. des Gangbords sehr unterschiedlich in Abhängigkeit vom Wasserstand und von der Abladetiefe ist. Dieser Übergang kann aus einer parallel zum Schiff zwischen Dalben angeordneten Treppe bestehen, die bei jeder Höhenlage des Schiffes ein Übersteigen vom Schiff auf die in der Höhe korrespondierende Treppenstufe zuläßt. Eine zweite Möglichkeit gibt es, um den in der Höhe unterschiedlichen Übergang vom Schiff auf den Fluchtweg herzustellen, indem der gesamte Fluchtweg als Treppe oder Rampensteg mit wechselnder Steigung, abhängig von der Höhenlage des Schiffes, ausgebildet wird. Hierbei muß die Treppenkonstruktion eine Anpassung der Stufenhöhe und -neigung bewirken. Der wasserseitige Teil einer solchen Treppe oder eines solchen Rampensteges kann z. B. an Dalben höhenveränderlich aufgehängt sein. Da derartige technische Lösungen für Treppen in senkrechten hohen Anlegeufern und für höhenveränderliche Treppen oder Rampenstege, vor allen Dingen bei erforderlicher Nachrüstung an alten Anlagen, sehr kostspielig sind, sollten auch neue, bisher nicht ausgeführte technische Konzepte einmal durchdacht werden, die sich bisher nicht nach den Buchstaben der Allgemeinen Hafenverordnungen und nach den Richtlinien für Anforderungen an Anlagen zum Umschlag gefährdender flüssiger Stoffe im Bereich von Wasserstraßen einordnen lassen. Ein solches technisches Konzept wird z. Z. von einem Ingenieurbüro in Duisburg erarbeitet. Als Fluchtmöglichkeit zwischen Schiff und Land dient ein Personenförderkorb, ähnlich wie er an Hochhäusern zur Fassadenreinigung eingesetzt wird, der mittels Winde am senkrechten Ufer oder mittels landseitig angeordnetem leichten Kran, z. B. Säulendrehkran, bewegt wird. Der Personenförderkorb kann mit entsprechendem Schutz gegen Flammeneinwirkung versehen sein. Um ein solches System gleichwertig dem festen Fluchtweg genehmigen zu können, müßte es zunächst von den zuständigen Ministerien der Länder und vom Bundesverkehrsministerium zugelassen werden.

12 Alarmanlage

Auf der Umschlaganlage muß eine weithintönende Alarmeinrichtung vorhanden sein. Die AHVO schreibt vor, daß durch eine solche Alarmeinrichtung das Bleib-weg-Signal, wie es für die Schiffahrt auf Bundeswasserstraßen nach § 8.14 Schiffahrtpolizeiverordnung gilt, ausgelöst werden muß. Das Schallzeichen besteht aus der mindestens 15 Minuten lang ununterbrochenen Wiederholung abwechselnd eines kurzen und eines langen Tones (langer Ton rd. 4 sec, kurzer Ton rd. 1 sec, Pause rd. 1 sec). Gleichzeitig mit dem Schallzeichen muß das Lichtzeichen nach § 4.01 Nr. 2 Schiffahrtpolizeiverordnung gegeben werden. Damit dürfte für die Schiffahrt eindeutig sein, daß das ausgelöste Signal sie ansprechen soll. Die Alarmsignale, wie sie früher an Umschlaganlagen ausgelöst werden konnten, hatten meistens nicht ausreichende Lautstärke und sprachen die Schiffahrt nicht eindeutig genug an. Das Alarmsignal konnte zu leicht als ein landseitig ausgelöstes Signal, das die Schiffahrt nicht betrifft, mißverstanden werden.

13 Brandschutz

Die Gestaltung und Bemessung der Feuerlöscheinrichtungen an der Umschlagstelle sind mit der für den Feuerschutz zuständigen Behörde abzustimmen. Es müssen zur Sofortbekämpfung von Entstehungsbränden tragbare oder kleine fahrbare Feuerlöscher in solcher Anzahl vorhanden sein, daß an jeder Stelle der Anlage ein Feuerlöscher binnen 20 Sekunden eingesetzt werden kann. Ferner müssen Feuerlöschdecken vorgehalten werden.

Die ordnungsbehördliche Verordnung über Feuerlöschgeräte und Feuerlöschmittel des Landes NRW regelt u. a.

1. Löschmittel müssen für die Brandklasse geeignet sein
2. Löschmittel müssen in amtlich zugelassenen Geräten benutzt werden
3. Nachfüllen und Instandsetzen von Feuerlöschgeräten.

Die einzelnen Brandklassen sind in der DIN 14 290 definiert:

Klasse A: Brände fester Stoffe, hauptsächlich organischer Natur, die normalerweise unter Glutbildung verbrennen

Klasse B: Brände von flüssigen oder flüssig werdenden Stoffen

Klasse C: Brände von Gasen

Klasse D: Brände von Metallen

Klasse E: Brände der Klassen A, B, C und D in Gegenwart elektrischer Spannung wie Motoren, Transformatoren, Ölschalter usw. bis 1000 Volt.

Die DIN 14 406 regelt Anforderungen und Prüfungen für tragbare Feuerlöscher. Die DIN 14 493 behandelt ortsfeste Feuerlöschanlagen zum Schutz von Tankanlagen mit dem Löschmittel Schaum.

Wie wichtig Handfeuerlöscher an einer Umschlagstelle für brennbare Flüssigkeiten sein können, zeigt nachfolgender Fall (Auszug aus dem Bericht der Wasserschutzpolizei):

Am 08.07.1975 gegen 20.30 Uhr erfolgte im Hafen Gelsenberg auf dem TMS „Walensee" bei der Beladung mit Superbenzin eine Entzündung der austretenden Gase an den Atmungsöffnungen. Bei den Laderäumen I auf der Backbord- und Steuerbordseite schlugen fast gleichzeitig 3 – 4 m hohe Flammen aus den Atmungsöffnungen der Laderäume (mit Flammendurchschlagsicherung) hervor. Die Flammen wurden von der Besatzung mit Handfeuerlöschern gelöscht. Die Ursache der Verpuffung konnte nicht ermittelt werden.

14 Ölsperren

Die Richtlinien sowie die AHVO fordern, daß der Betreiber der Umschlaganlage zum sofortigen Einsatz geeignete technische Einrichtungen (z.B. Ölsperren) bereitzuhalten und ggf. einzusetzen hat, die das Ausbreiten der Stoffe auf dem Wasser verhindern. Für einen Hafen mit mehreren Umschlagstellen genügt eine Ölsperre, wenn ein schneller Einsatz dieser Einrichtung bei allen Umschlagstellen sichergestellt ist. Allerdings hat die Praxis gezeigt, daß Ölsperren mit vertretbarem technischen Aufwand nicht für Umschlagstellen in sehr starker Strömung wie z.B. in Parallelhäfen am Rhein eingesetzt werden können.

Es gibt drei Arten von Ölsperren:

- die feste Ölsperre
- die schwimmende Ölsperre
- die Druckluft-Ölsperre.

Die feste Ölsperre kann z.B. bestehen aus einer Spundwand. Aus Stabilitätsgründen werden zweckmäßigerweise in gewissen Abständen Stahlpfähle in die Spundwand integriert sein, und die Spundwand wird vergurtet sein. Da eine Ölsperre ihre Wirksamkeit an der Wasseroberfläche entfalten soll, kann die Spundwand gestaffelt geschlagen sein, so daß jede zweite Doppelbohle mit ihrem Fußpunkt bis rd. 1,0 m unter Wasserspiegel reicht. So ist ein ungestörter Wasserausgleich bei schwankendem Wasserspiegel durch die Ölsperre hindurch möglich.

Ein weiteres System einer festen Ölsperre besteht aus Stahlpfählen, die in gewissem Abstand gerammt sind und zwischen die an Drahtverspannungen wie bei einer Hängebrücke Tauchwände angehängt sind. Damit diese Tauchwände nicht durch Schraubenstrahl oder Wellenschlag beschädigt werden, sollten sie aus flexiblem Material (z.B. Förderband o.ä.) bestehen bzw. die einzelnen starren Elemente der Tauchwand sollten durch flexible Verbindungen zusammengeschlossen sein.

Feste Ölsperren, wie vorstehend beschrieben, eignen sich sehr gut als längsseits der Umschlagstelle angeordnete Ölsperre in Parallelhäfen. Nur noch die schmalen Seiten der Ein- und Ausfahrt zur Umschlagstelle wären dann durch eine schwimmende Ölsperre oder Druckluftsperre zu schließen.

Schwimmende Ölsperren gibt es in den verschiedensten Formen. Die einfachste Form stellt der mit Druckluft aufgeblasene Feuerwehrschlauch dar. Die Feuerwehr wendet dieses System häufig zum Zusammenziehen von Öllachen auf dem Wasser an. Für Umschlagstellen ist dieses System der Ölsperre jedoch nicht ausreichend. Diese Ölsperre ragt nicht tief genug in das Wasser hinein und hoch genug über die Wasseroberfläche hinaus, so daß sie bei Wind, Wasserströmung und Wellenschlag zu leicht über- oder unterströmt wird. Eine Ölsperre an einer Umschlagstelle sollte etwa rd. 0,30 m über sowie rd. 0,30 m unter die Wasseroberfläche reichen.

Ein weiteres System einer schwimmenden Ölsperre besteht aus einem aufblasbaren oder ausgeschäumten Schlauch mit anhängender Kielflosse, die unten durch eine Kette oder in anderer Weise beschwert ist.

Weiter gibt es die Netzschläuche, die mit leichtem, oleophilem Material gefüllt sind und nicht nur sperrend, sondern auch ölaufsaugend wirken. Sie haben keine sehr gute Sperrenwirkung bei ungünstigen Verhältnissen, sind jedoch zur abschließenden Reinigung und zum Zusammenziehen von dünnen Ölfilmen auf dem Wasser sehr gut geeignet. Nach Gebrauch werden sie verbrannt oder anderweitig vernichtet.

Wieder andere Systeme von schwimmenden Ölsperren sind als Schürze ausgebildet und bestehen aus mit Kunststoff überzogenem Nylongewebe mit Schwimmkörpern aus Styropor, Schaumstoffen, Plastikhohlkugeln o. a. und Ballastierung der Unterkante durch Kette oder Gewichte.

Schließlich gibt es auch noch die halbstarren schwimmenden Ölsperren. Sie bestehen aus einzelnen Rohrelementen aus Kunststoff oder Aluminium, aus Kanthölzern oder Styroporbalken und sind flexibel miteinander verbunden. Hier gibt es Systeme mit und ohne Kielflosse.

Die schwimmenden Ölsperren für Umschlagstellen haben einige gravierende Nachteile. Sie sind mit Ausnahme der o. g. Netzschläuche, gefüllt mit oleophilem Material, relativ umständlich und zeitaufwendig in der Handhabung. Normalerweise sind wenigstens zwei Mann erforderlich, um sie auszubringen. Oft ist auch der Einsatz eines Bootes nötig. In einer Gefahrensituation für Gesundheit und Leben von Menschen kann eine Schwimmsperre oftmals nicht mehr an der Umschlagstelle ausgebracht werden. Sie kann ferner nicht von flüchtenden Schiffen oder von Feuerlöschbooten durchfahren werden, ohne daß sie beschädigt wird und evtl. dabei die Schiffsschrauben und Ruderanlagen dieser Schiffe beeinträchtigt. Ein besonderes Problem stellt die Lagefixierung der Schwimmsperre um das Schiff herum dar, damit die mindest erforderliche Auffangfläche für evtl. austretendes Gut auf dem Wasser auch zur Verfügung steht. Unter Umständen legt sich die Schwimmsperre an die Bordwand des Schiffes an und kann dann unwirksam sein. Abstandhalter, die mittels Magneten oder Klemmvorrichtungen am Schiff befestigt werden, sind im Betrieb sehr unpraktisch. Im Brandfall kann eine Schwimmsperre zerstört werden. Und als letzter wesentlicher Nachteil ist zu nennen, daß im Gefahrenfall das mit einer Schwimmsperre eingeschlängelte Schiff darin eingeschlossen liegt. Weder kann es ohne weiteres flüchten noch können Rettungsfahrzeuge, wie z.B. Feuerlöschboote, durch die Sperre fahren, ohne sie dabei zu zerstören.

Die Druckluft-Ölsperre, die sehr hohe Investitionskosten hat, kennt alle vorstehend aufgezählten Nachteile der Schwimmsperre nicht. Sie ist als Druckluftleitung, versehen mit Düsen, auf der Hafensohle verlegt. Sie ist im Normalfall durch Gewichte verankert und muß dem Angriff des Schraubenwassers der an- oder ablegenden Schiffe standhalten können. Gefährdet ist eine solche Druckluftsperre allerdings durch „grasende Anker". Durch Schiffahrtzeichen kann der Schiffahrt an solcher Stelle das Benutzen des Ankers untersagt werden. Ist aus nautischen Gesichtspunkten (ungünstige Einfahrt, Gefährdung durch Seitenwind oder Strömung o. ä.) der Einsatz des Ankers ab und zu unbedingt nötig, muß die Druckluftsperre in die Hafensohle eingebettet werden. In der Praxis hat sich die Verlegung der Druckluftsperre unter einer 0,60 m starken Grobkiesbettung bewährt. Man kann jedoch auch das Risiko, daß die Druckluftleitung durch grasende Anker aufgenommen wird, in Kauf nehmen, wenn die Leitung so ausgebildet wird, daß sie an verschiedenen Kuppelstellen entkoppeln kann und damit zwar unwirksam, aber nicht zerstört wird. Der Umschlagvorgang darf in solchem Fall jedoch erst begonnen werden, wenn die Druckluftleitung wieder betriebsbereit gemacht worden ist. Gegebenenfalls kann dann auch aushilfsweise mit einer Schwimmsperre gearbeitet werden, bis die Druckluftsperre wieder instandgesetzt worden ist.

Zusammengefaßt sind als wesentliche Vorteile der Druckluft-Ölsperre zu nennen:

- durch Knopfdruck von verschiedenen Stellen aus in Betrieb zu setzen (betriebsbereit nach 30 bis 60 Sekunden)
- kein zusätzliches Personal erforderlich
- kann während des Betriebes durchfahren werden, ohne seine Wirksamkeit zu verlieren
- kann durch Feuer nicht beschädigt werden.

Eine Druckluft-Ölsperre sollte von einer Fachfirma angelegt werden, da hinsichtlich der Dimensionierung und der Ausbildung der Düsen Erfahrungen erforderlich sind. Bei der Konstruktion der Druckluft-Ölsperre ist z. B. zu berücksichtigen, um welches aufzufangende Produkt es sich handelt, welche Menge auf welcher Fläche zurückgehalten werden muß, wie groß die Wassertiefe ist, mit welcher Wasserströmung und welcher Windstärke und -richtung gerechnet werden muß. In Naturversuchen konnte festgestellt werden, daß nachfolgend genannte maximale Schichtstärken von unterschiedlichen Produkten durch Druckluft-Ölsperren zurückgehalten werden können:

- 50 mm Benzin
- 70 mm Gasöl
- 85 mm Rohöl
- 170 mm Maschinenöl.

Die Funktion der Druckluftsperre soll hier noch kurz erläutert werden (s. Abb. 24). Die aus dem mit Düsen versehenen Druckluftschlauch austretende Luft steigt als „Blasenschleier" zur Wasseroberfläche und erzeugt dabei eine vertikale und an der Wasseroberfläche nach beiden Seiten horizontal umlenkende Wasserströmung. Die Oberflächenströmung auf dem Wasser hält treibendes Öl oder andere Stoffe zurück. Neben dem Effekt der Strömungserzeugung im Wasser hat der „Blasenschleier" noch einen weiteren Effekt. Über der Druckluftsperre ist das Wasser mit Luftblasen durchsetzt. Das Raumgewicht dieses Wasser-Luft-Gemisches ist geringer als das von reinem Wasser. Entsprechend den physikalischen Gesetzen stellt sich daher an dieser Stelle ein höheres Wasserspiegelniveau als im ungestörten Wasserbereich ein. Es bildet sich gewissermaßen ein dynamischer Wasserwall. Auch er trägt dazu bei, daß treibendes Öl zurückgehalten wird.

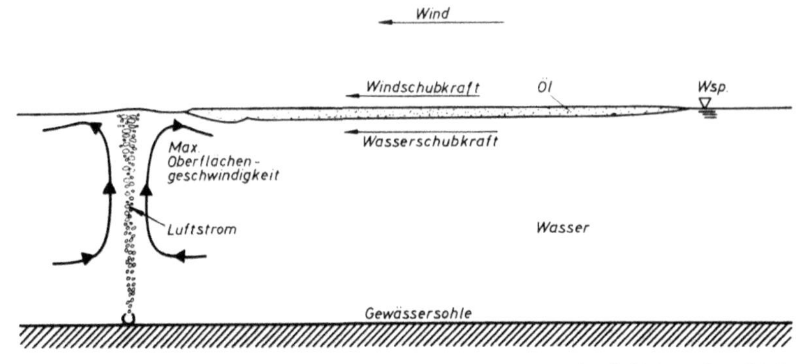

Abb. 24. Funktionsschema einer durch Wind und Wasserströmung beeinflußten Druckluftsperre

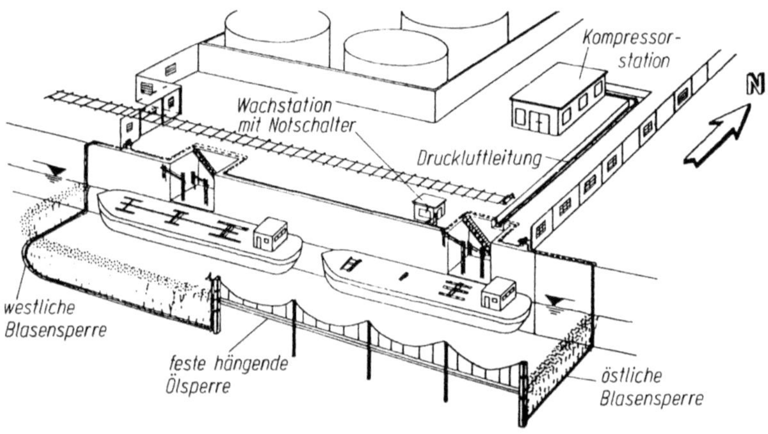

Abb. 25. Schemaskizze der rechts und links durch Druckluftölsperren abgesicherten Tankeranlagestelle der „elf Mineralöl GmbH" im Essener Hafen

An zwei praktischen Beispielen soll gezeigt werden, wie für Umschlagstellen im Bereich der Wasserstraßen wirkungsvolle Ölsperrvorrichtungen als Kombination aus fester Ölsperre und Druckluft-Ölsperre angelegt wurden. Das eine Beispiel zeigt die Umschlagstelle für zwei Schiffe der „elf Mineralöl GmbH" in Essen (s. Abb. 25), und das andere Beispiel zeigt die Umschlagstelle der „GMU mbH" in Wanne-Eickel (s. Abb. 26).

Weil verschiedentlich immer wieder die Frage auftaucht, ob Druckluft-Ölsperren auch dann vernünftigerweise eingerichtet werden sollten, wenn an der Umschlagstelle wasserlösliche brennbare Flüssigkeiten, wie z.B. Methanol, umgeschlagen werden, soll hier kurz darauf eingegangen werden. Die Physikalisch-Technische-Bundesanstalt Braunschweig hat in einem Gutachten diese Thematik behandelt. Sie kommt zu folgendem Ergebnis:

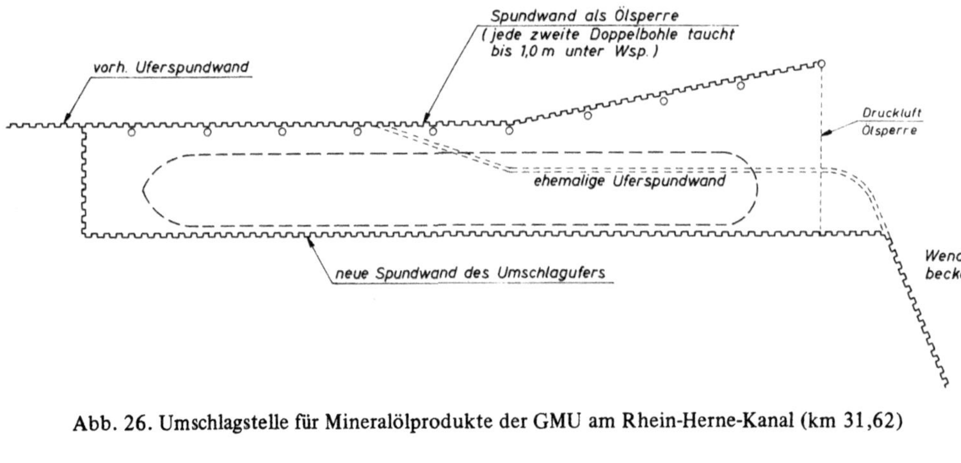

Abb. 26. Umschlagstelle für Mineralölprodukte der GMU am Rhein-Herne-Kanal (km 31,62)

Die Schichtung von Methanol auf dem Wasser ist wegen des starken senkrechten Dichtegradienten sehr ausgeprägt. Sie bewirkt, daß eine an den Rändern eingegrenzte Lache aus Methanol oder Methanol/Wasser-Gemischen auf Wasser schwimmend sich nur extrem langsam auflöst. Auch Wasserbewegungen vermögen nur bei großen Geschwindigkeitsgradienten die Schichtung aufzuheben. Druckluftsperren können vielleicht die Auflösung gefährlicher Lachen begünstigen. Aus Gründen der Explosions- und Brandgefahren sind daher Sperrsysteme gegen Leckagen von wasserlöslichen brennbaren Flüssigkeiten zu empfehlen.

15 Geräte zum Entfernen von auf der Wasseroberfläche treibenden Umschlagstoffen

An der Umschlagstelle sind Geräte bereitzuhalten zum Entfernen von Förderprodukt von der Wasseroberfläche. Die auf dem Wasser schwimmenden Stoffe müssen zunächst eingeschlängelt und dann abgesaugt oder abgeschöpft werden. Die danach noch evtl. verbleibenden Restverunreinigungen werden mit Ölbindemittel gebunden und anschließend abgeschöpft.

Die einfachste Methode zur Beseitigung von auf dem Wasser treibenden Stoffen ist das Abschöpfen mit speziellen Handschöpfgeräten. Diese Methode ist sehr umständlich, und es wird normalerweise sehr viel Wasser dabei mitgeschöpft. Eine weitere Methode ist das Absaugen der Wasseroberfläche durch die Feuerwehr mit Saugschläuchen und Saugköpfen. Bei dieser Methode wird sehr viel Wasser mitgesaugt. Schwimmende Spezialgeräte zum Entfernen von Öl auf Wasserflächen sind in vielfältiger Form auf dem Markt. Sie arbeiten nach dem Prinzip, daß über eine variabel einstellbare Einlaufkante die auf der Wasseroberfläche schwimmenden Stoffe in ein Sammelgefäß laufen und abgepumpt werden. Diese Methode ist sehr effektiv und wirtschaftlich. Es wird nämlich nur ein Minimum an Wasser mitgepumpt. Weiter gibt es die Ölsammelgeräte nach dem Vortex-Prinzip. Dabei wird in einem oben und unten offenen Blechzylinder durch eine Flügelschraube ein Wirbel an der Wasseroberfläche erzeugt. Eine Pumpe saugt das in den Wirbeltrichter einlaufende Öl ab. Schließlich gibt es dann auch noch Ölsammelgeräte und Ölsammelschiffe mit öladhäsiven Walzen, Riemen oder Scheiben. Ölsammelschiffe werden jedoch kaum an einzelnen Umschlagstellen vorgehalten, sondern sind für Großeinsätze gedacht.

16 Ölbindemittel

An der Umschlagstelle müssen zur Beseitigung kleinerer Wasserverunreinigungen Ölbindemittel bereitgehalten werden. Außerdem sind zum Entfernen der Ölbindemittel von der Wasseroberfläche geeignete Geräte erforderlich. Ölbindemittel sind feste Stoffe mit großer äußerer und evtl. auch innerer Oberfläche. Einige Ölbinder sind quellfähig. Das Material ist entweder von Natur aus oder durch Behandlung ölanziehend (oleophil) und wasserabweisend (hydrophob). Es besitzt große Ölbindefähigkeit. Die verwendeten Ölbindemittel müssen für den Zweck geeignet sein. Sie müssen wasserunschädlich sein und müssen nach dem Aufstreuen auch längerfristig schwimmfähig bleiben. Es ist darauf zu achten, daß keine Ölbindemittel, die allein für den Einsatz an Land (z. B. im Tanklager) geeignet sind, verwendet werden.

Es gibt inzwischen eine sehr große Palette von Ölbindemitteln auf dem Markt. Die Bundesanstalt für Gewässerkunde überprüft diese Mittel. Außerdem ist in der Veröffentlichung „Sofortmaßnahmen bei Mineralölunfällen“ alles Wissenswerte über Ölbindemittel, aber auch über Ölsperren und Geräte zum Entfernen von Öl dargestellt. Auch Zusammenstellungen der einzelnen Fabrikate mit ihren Eigenschaften sind darin enthalten.

Absenkmittel dürfen nicht verwendet werden. Emulgatoren und Dispergatoren dürfen im Einzelfall nur mit Zustimmung der Wasserbehörde zum Einsatz kommen. Solche Mittel sollten daher an der Umschlagstelle nicht vorhanden sein.

17 Einrichtungen für Tankwasch- und Ballastwasser

Bei Anlagen zum Beladen von Tankschiffen, insbesondere an Kanälen mit niedrigen Brücken, sind Einrichtungen zur Übernahme von Restmengen, Tankwasch- und Ballastwasser erforderlich. Ausnahmen können gemacht werden, wenn Restmengen und Schmutzwässer anderweitig ordnungsgemäß abgegeben werden können. Eine besondere Art der Tankreinigung stellt das „Ausdämpfen“ dar. Hierunter ist zu verstehen, daß die Kammern der Tankschiffe vor dem Wiederbeladen mit heißem Dampf beaufschlagt werden, wodurch die in den Kammern verbliebenen Restkohlenwasserstoffe verdampft und aus den Tanks in die Atmosphäre hinausgedrückt werden bzw. zusammen mit dem kondensierenden Wasserdampf abgepumpt werden können. Diese Art der Tankreinigung stellt gleichzeitig auch ein Entgasen dar. Nur an besonders hierfür zugelassenen Stellen dürfen Tankschiffe in dieser Form gereinigt und entgast werden.

18 Alarmplan

Der Betreiber der Umschlaganlage hat einen Alarmplan aufzustellen und mit der für den Feuer- und Katastrophenschutz zuständigen Behörde sowie mit der Genehmigungsbehörde abzustimmen. Dieser Alarmplan muß übersichtlich und kurz sein und soll im Bereich der Umschlagstelle gut sichtbar und dauerhaft (z. B. unter Glas

Alarmplan

Anlegestelle .... Tanklager ....

	Während der Dienstzeit	Außerhalb der Dienstzeit
LECKAGEN Austreten von Mineralöl	Meldung an: Meßwarte Tel.: .... oder Pförtner Tel.:	Meldung an: Feuerwehr Tel.: .... Wasserschutzpolizei Tel.: .... Meßwarte Tel.: .... oder Pförtner Tel.: ....
	Sofortmaßnahmen Nächste Umgebung warnen - Produktzulauf stoppen - Pumpen abstellen - Austrittstellen abdichten - Ausbreitung des Öls durch Ölbindemittel verhindern - Vorrat an Ölbindemittel befindet sich	
FEUER und Explosionsgefahr	Alarmauslösung Feuermelder betätigen, Standort .... Sirene für Warnung des Lagers und der Umgebung wird automatisch in Betrieb gesetzt. Telefonische Meldung an Meßwarte Tel.: .... Telefonische Meldung an Pförtner Tel.:	
	Sofortmaßnahmen Pumpen abstellen - Schieber schließen - Bei Feuer an Land: Umschlagstelle räumen! Ruhe bewahren! Zuerst Menschenleben retten! Handfeuerlöscher, Standort: .... Feuerlöschdecken, Standort: .... Lösch-Schaum:	
	Während der Dienstzeit	Außerhalb der Dienstzeit
UNFALL mit Personenschaden	Meldung an: Meßwarte Tel.: .... oder Pförtner Tel.: .... Nächster Arzt Tel.: .... Unfallklinik Tel.: .... Sanitäter Tel.: .... Taxi Tel.:	Meldung an: Unfallklinik Tel.: .... Nächster Arzt Tel.: .... Taxi Tel.: .... Meßwarte Tel.: .... oder Pförtner Tel.: ....
	Sofortmaßnahmen Rettungsring befindet sich .... Verbandskasten befindet sich .... Anweisungen für "Erste Hilfe"	
ALLGEMEINES	Nächste öffentliche Telefonzelle : .... Nächster Betriebsfernsprecher: .... Nachbarschaftshilfe durch: .... Ölsperre) Hilfsboot)	

Abb. 27. Beispiel für einen Alarmplan

PRÜFLISTE

(Rn 131412 und 151412 ADNR)

über die Beachtung der Sicherheitsvorschriften und die Durchführung der erforderlichen Maßnahmen für den Umschlag

LISTE DE CONTROLE

(Marginaux 131412 et 151412 ADNR)

concernant l'observation des preseriptions de sécurité et la mise en oeuvre des mesures nécessaires pour le chargement ou le déchargement

CONTROLE-LIJST

(Rn. 131.412 en 151.412 ADNR)

betreffende de naleving van de veiligheidsvoorschriften en het nemen van de nodige maatregelen voor het laden en lossen

CHECK LIST

(Rn 131,412 and 151,412 ADNR)

Safety precautions and the implementation of the necessary requirements for loading/discharging

von rund .... t .... Klasse .... Ziffer .... Kategorie ....

(Menge)	(Umschlaggut)			(für die Klasse Id: „F" oder „NF", für die Klasse V: nicht zutreffend)
de (quantité)	(environ (cargaison)	classe	chiffre	catégorie (pour la classe I d: «F» ou «NF»; pour la classe V: sans objet)
van ongeveer (hoeveelheid)	(lading)	klasse	cijfer	kategorie (voor klasse Id: „F" of „NF", voor klasse V: niet van toepassing)
Approx tonnage	(Product)	Class	Number	Category (for class Id: "F" or "NF", for class V: not applicable)

durch das Schiff .... Nr. ....

	(Schiffsname)		(amtliche Schiffsnummer)
par le bateau	(nom du bateau)	n°	(numéro officiel)
door het schip	(naam)	no	(officieel registratienummer)
through the ship	(Name)	No.	(official ships number)

in ....

(Ort, Umschlagstelle)

à (lieu poste de chargement ou déchargement)

te (laad- of losplaats)

in (port)

Letztes Ladegut war¹) .... Klasse .... Ziffer .... Kategorie ....

	(Bezeichnung des Gutes)			(für die Klasse Id: „F" oder „NF", für die Klasse V: nicht zutreffend)
La dernière cargaison était¹)	(désignation de la matière)	classe	chiffre	catégorie (pour la classe Id: «F» ou «NF»; pour la classe V: sans objet)
De voorgaande lading was¹)	(stofaanduiding)	klasse	cijfer	kategorie (voor klasse Id: „F" of „NF", voor klasse V: niet van toepassing)
Last cargo was¹)	(Name of the product)	Class	Number	Category (for class Id: "F" or "NF", for class V: not applicable)

I. Fragen an den Schiffsführer

I. Questions au conducteur

I. Vragen aan de schipper

I. Questions for the Ships' Master

1. Ist Ihr Schiff zur Beförderung des Umschlaggutes zugelassen? . . . . . JA NEIN
   Votre bateau est-il admis au transport de la cargaison? . . . . . OUI NON
   Is Uw schip tot het vervoer van de betreffende lading toegelaten? . . . . . JA NEE
   Is your vessel permitted to carry this product? . . . . . YES NO

2. Haben Sie vom Absender die schriftlichen Weisungen nach Rn 10185 erhalten? . . . . . JA NEIN
   Avez-vous obtenu de l'expéditeur les consignes écrites visées au marginal 10185? . . . . . OUI NON
   Heeft U van de afzender de schriftelijk instructies volgens rn. 10185 ontvangen? . . . . . JA NEE
   Have you received the white paper with instructions according to Rn 10185 from the shipper? . . . . . YES NO

3. Ist Ihr Schiff mit Stahlseilen festgemacht? . . . . . JA NEIN
   Votre bateau est-il amarré au moyen de câbles en acier? . . . . . OUI NON
   Is Uw schip met staaldraden vastgemaakt? . . . . . JA NEE
   Is your ship moored by wire rope? . . . . . YES NO

4. Ist das Schiff durch Erdungskabel mit der Rohrleitung an Land elektrisch leitend verbunden? . . . . . JA NEIN
   Le bateau est-il en contact électrique avec la tuyauterie à terre au moyen d'un câble de mise à la masse? . . . . . OUI NON
   Is Uw schip door middel van een verbindingskabel electrisch geleidend verbonden met het leidingsystem van de landinstallatie? . . . . . JA NEE
   Is the ship attached to the shore pipeline electricity conductor by a bonding wire? . . . . . YES NO

5.²) Sind die schiffsseitig bereitgestellten beweglichen Umschlagleitungen fristgerecht geprüft worden und ohne sichtbaren Schaden? . . . . . JA NEIN
   Les tuyauteries mobiles mises à la disposition de la part du bateau on telles été contrôlées dans les délais et sont-elles sans défaut apparent? . OUI NON
   Is de keuringstermijn voor de laad- en losleidingen die door het schip beschikbaar worden gesteld niet verlopen en zijn deze leidingen zonder zichtbare schade? . . . . . JA NEE
   Are the portable flexible hoses fitted at the ships manifold duly tested and showing no visible sign of damage? . . . . . YES NO

---

¹) Beantwortung nur beim Laden erforderlich.
Répondre uniquement en cas de chargement.
Alleen bij laden invullen.
To be answered only if vessel being loaded.

²) Wenn nicht zutreffend „JA" und „NEIN" streichen.
Si sans objet, biffer «OUI» et «NON».
Indien niet van toepassing: „JA" en „NEE" doorhalen.
Where not applicable, delete "YES" and "NO".

Abb. 28

6. Sind die beweglichen Umschlagleitungen an Bord einwandfrei angebracht worden und so gehaltert, daß sie durch die üblichen Schiffsbewegungen nicht gefährdet werden können? Das heißt:
Les tuyauteries mobiles à bord ont-elles été installées correctement et sont-elles fixées de manière à ne pas pouvoir être mises en danger par les mouvements habituels du bateau? c'est-à-dire:
Zijn de beweegbare laad- en losleidingen aan boord juist aangebracht en zodanig bevestigd dat zij geen gevaar lopen door de normale bewegingen van het schip te worden beschadigd? d. w. z.:
Are the portable flexible hoses (load/discharge) in satisfactory order and fitted securely that no normal movement of the vessel will endanger them? i. e.:

6.1 Sind alle Verbindungsflansche mit geeigneten Dichtungen versehen? JA NEIN
Toutes les brides de raccordement sont-elles munies de joints appropriés? OUI NON
Zijn alle aansluitflenzen voorzien van de juiste pakkingen? JA NEE
Are all the connecting flanges fitted with suitable packings? YES NO

6.2 Sind alle Verbindungsbolzen eingesetzt und angezogen? JA NEIN
Tous les boulons de raccordement sont-ils posés et serrés? OUI NON
Zijn alle flensbouten aangebracht en goed aangedraaid? JA NEE
Are all the connecting bolts in situ and tight? YES NO

6.3[2]) Haben die Schläuche genügend Bewegungsspielraum? JA NEIN
Les tuyaux ont-ils assez de jeu? OUI NON
Hebben de slangen voldoende speling? JA NEE
Have the flexible hoses sufficient room for movement? YES NO

7. Sind unter den Anschlußstutzen leere Tropfbleche vorhanden? JA NEIN
Des gattes vides sont-elles installées sous les raccords? OUI NON
Zijn onder de aansluitingen lege lekbakken geplaatst? JA NEE
Are the drip tray fixed under the pipe connections clean? YES NO

8.[2]) Sind alle unbenutzten Anschlüsse der Lade- und Löschleitungen einwandfrei blindgeflanscht? JA NEIN
Tous les raccordements non utilisés des tuyauteries de chargement ou de déchargement sont-ils obturés par des flasques? OUI NON
Zijn alle niet gebruikte aansluitingen der laad- en losleidingen goed afgeblind? JA NEE
Are all the flanges not in use, for discharge or loading, completely blanked off? YES NO

9. Sind die losnehmbaren Teile zwischen Ballast- und Lenzleitungen einerseits und Lade- und Löschleitungen andererseits ausgebaut? JA NEIN
Les parties démontables entre tuyauteries de ballastage et d'épuisement d'une part et les tuyauteries de chargement et de déchargement d'autre part sont-elles enlevées? OUI NON
Zijn de afneembare delen tussen ballast- en lensleidingen enerzijds en laad- en losleidingen onderzijds weggenomen? JA NEE
Are the movable connecting pieces between the ballast and bilge line on the one hand and load and discharge line on the other disconnected? YES NO

10. Sind alle Schieber bzw. Ventile auf richtige Stellung kontrolliert? JA NEIN
Toutes les vannes et toutes les soupapes sont-elles contrôlées en position correcte? OUI NON
Zijn alle kleppen en afsluiters gecontroleerd op hun juiste stand? JA NEE
Have all gate valves and valves been checked for correct position? YES NO

11. Sind die vorgeschriebenen Feuerlöscheinrichtungen
Les extincteurs prescrits sont-ils
Zijn de voorgeschreven brandblusapparaten
Is the required fire fighting apparatus

11.1 fristgerecht geprüft? JA NEIN
contrôlés dans les délais? OUI NON
Conform de voorschriften periodiek gekeurd? JA NEE
Tested and maintained regularily? YES NO

11.2 einsatzbereit? JA NEIN
prêts à fonctionner? OUI NON
Bedrijfsklaar? JA NEE
Ready for use? YES NO

12. Ist die schiffsseitige Überwachung des Umschlags sichergestellt? JA NEIN
La surveillance, côté bateau, du chargement ou du déchargement est-elle assurée? OUI NON
Is een voortdurend toezicht vanaf het schip op de gehele laad- of losoperatie verzekerd? JA NEE
Is the shipside supervision of the transshipment ensured? YES NO

13. Ist die Verständigung zwischen Schiff und Land sichergestellt? JA NEIN
La communication bateau-terre est-elle assurée? OUI NON
Is de communicatie land-schip verzekerd? JA NEE
Is communication between ship and shore ensured? YES NO

14. Sind Sie und Ihre Besatzung über die vorhandenen Möglichkeiten zur Alarmgebung bei Brand oder Unfall informiert? JA NEIN
Vous et votre équipage êtes-vous au courant des possibilités de donner l'alerte en cas d'incendie ou d'accident? OUI NON
Zijn U en Uw bemanning op de hoogte van de mogelijkheden tot het geven van alarm in geval van brand of ongeval? JA NEE
Are you and your crew aware of all existing possibilities for the alarm procedure in case of fire or accident? YES NO

15. Wurde die Lade-/Löschleistung mit der Umschlagstelle verabredet? JA NEIN
La capacité de chargement/déchargement a-t-elle été convenue avec les installations à terre? OUI NON
Is met de landinstallatie de laad/lossnelheid afgesproken? JA NEE
Has the load/discharge capacity been agreed with shore operators? YES NO

16. Ist das Rauchverbot angeordnet? JA NEIN
L'interdiction de fumer est-elle ordonnée? OUI NON
Is het rookverbod bekend gemaakt? JA NEE
Has the "No smoking" regulation been enforced? YES NO

Haben Sie ein Ergänzungsblatt mit hafenpolizeilich und örtlich bedingten Fragen erhalten? JA NEIN
Avez-vous recu l'additif portant sur les conditions requises par les autorités locales et par les polices portuaires? OUI NON
Heeft U een aanvullingsblad met tot de havenpolitie behorende en plaatselijk beperkte vragen ontvangen? JA NEE
Did you receive complementary page about questions asked by the harbour police and local requirements and regulations? YES NO

Der Fragebogen ist für Schiffsführer folgender Schiffe hier beendet: Schiffe, die ausschließlich für K3 zugelassen sind; Schiffe, die Güter der Klasse V mit Ausnahme derjenigen mit einem Flammpunkt unter oder gleich 55°C befördern.

Die Prüfliste ist am Ende des Abschnittes I zu unterschreiben.
Le présent questionnaire s'achève ici pour les conducteurs de bateaux: admis uniquement au transport de K3; transportant des matières de la classe V à l'exception de celles dont le point d'éclair est inférieur ou égal à 55°C.
La liste de contrôle est à signer à la fin de la section I.
De vragenlijst is hiermede beëindigt voor schippers van schepen: welke alleen zijn toegelaten tot het vervoer van K3 producten; welke stoffen van klasse V vervoeren, met uitzondering van die stoffen waarvan het vlampunt gelijk aan of lager is dan 55°C.
De lijst moet door de schipper getekend worden.
This questionnaire is now ended for the masters of the following vessels: Those approved for carrying K3 products only; those approved for carrying products of class V with the exception of products having flash points under or equal to 55 degrees Celsius.
The check list is to be signed at the end of section I.

17. Sind die Bestimmungen über die Verwendung von Feuer und offenem Licht allen Personen an Bord bekannt? JA NEIN
Les dispositions relatives à l'utilisation du feu et de la lumière non protégée sont-elles connues de toutes les personnes à bord? OUI NON
Zijn de voorschriften met betrekking tot het gebruik van vuur en onbeschermd licht bekend aan alle personen die zich aan boord van het schip bevinden? JA NEE
Are the regulations concerning the use of fire and naked lights known and understood by all persons on board? YES NO

---

[2]) Wenn nicht zutreffend „JA" und „NEIN" streichen.
Si sans objet, biffer «OUI» et «NON».
Indien niet van toepassing: „JA" en „NEE" doorhalen.
Where not applicable, delete "YES" and "NO"

Abb. 28

18.[2]) Sind die Heiz-, Koch- und Kühlgeräte mit offener Flamme außer Betrieb?	JA	NEIN
Les appareils de chauffage, de cuisine et de réfrigération à flammes nues sont-ils hors service?	OUI	NON
Zijn de verwarmings-, kook- en koelapparaten met open vlam, buiten werking?	JA	NEE
Are the heating, cooking and cooling facilities on board working with naked flames out of operation?	YES	NO
19.[2]) Sind die Flüssiggasanlagen am Hauptabsperrventil abgeschaltet?	JA	NEIN
Les installations à gaz liquéfiés sont-elles coupées par le robinet d'arrêt principal?	OUI	NON
Zijn de installatie voor vloeibaar gemaakte gassen door middel van de hoofdkraan afgesloten?	JA	NEE
Is the liquefied gas line shut off at the main check valve?	YES	NO
20.[2]) Sind alle Anschlußstecker der elektrischen Geräte vom Stromnetz getrennt?	JA	NEIN
Toutes les fiches de raccordement des appareils électriques sont-elles débranchées du réseau électrique?	OUI	NON
Zijn alle aansluitingen van electrische apparaten van het stroomnet gescheiden?	JA	NEE
Are all the plugs to electrical apparatus disconnected from the electric circuit?	YES	NO
21.[2]) Sind die Radargeräte spannungsfrei gemacht?	JA	NEIN
Les installations de radar sont-elles hors tension?	OUI	NON
Staan de radar installaties niet onder spanning?	JA	NEE
Are all radar installations free of tension?	YES	NO
22.[2]) Sind alle elektrischen Einrichtungen mit roter Kennzeichnung abgeschaltet?	JA	NEIN
Toutes les installations électriques pourvues d'une marque rouge sont-elles coupées?	OUI	NON
Zijn alle rood gemerkte electrische toestellen uitgeschakeld?	JA	NEE
Are all electrical equipments marked red switched off?	YES	NO
23. Sind sämtliche Tankdeckel einwandfrei geschlossen?	JA	NEIN
Tous les couvercles des citernes sont-ils correctement fermés?	OUI	NON
Zijn alle tankdeksels goed gesloten?	JA	NEE
Are all tank hatchcovers securely battened down?	YES	NO
24. Sind die Sichtöffnungen, Probeentnahmeöffnungen und Peilöffnungen der Ladetanks geschlossen oder ggf. durch in gutem Zustand befindliche Flammendurchschlagsicherungen gesichert?	JA	NEIN
Les orifices de contrôle, de prélèvement d'échantillons et de sondage des citernes sont-ils fermés ou le cas échéant protégés par des coupe-flammes en bon état?	OUI	NON
Zijn alle controle- peil- en monstername openingen van de tanks gesloten dan wel voorzien van in goede staat verkerende vlamkerende roosters?	JA	NEE
Are the sighting, ullaging and sampling ports closed or have satisfactory flame screens been inserted in the openings	YES	NO
25.[2]) Sind die dem Bereich der Ladung zugewandten Ansaugöffnungen der Lüftungsanlagen geschlossen und die Ventilatoren der Wohnungen außer Betrieb?	JA	NEIN
Les orifices d'aspiration de l'installation d'aération dirigés vers la zone de cargaison sont-ils fermés et les ventilateurs des logements sont-ils hors service?	OUI	NON
Zijn de naar de ladingzone toegekeerde aanzuigopeningen van het ventilatiesysteem gesloten en de ventilatoren in de verblijven buiten werking gesteld?	JA	NEE
Are all intakes of the venting system facing the cargo operation area closed and ventilators to the accommodation and living spaces sealed?	YES	NO
26. Sind alle Zugänge und Öffnungen von Räumen, die von Deck aus zugänglich oder zum Bereich der Ladung hin gerichtet sind, geschlossen?	JA	NEIN
Tous les accès et ouvertures des locaux qui sont accessibles du pont ou tournés vers la zone de cargaison sont-ils fermés?	OUI	NON
Zijn alle toegangen en openingen van ruimten die van het dek af toegankelijk zijn of naar de ladingzone gekeerd zijn gesloten?	JA	NEE
Are all accesses and openings of spaces accessible from the deck or leading directly to the cargo operational area sealed off?	YES	NO
27. Ist je ein Fluchtweg vom Vor- und Achterschiff aus benutzbar?	JA	NEIN
Un chemin de repli est-il assuré à partir de l'avant et de l'arrière du bateau?	OUI	NON
Is zowel op voor- als achterschip een vluchtweg beschikbaar?	JA	NEE
Is there an escape route from forward and aft of the vessel?	YES	NO
Haben Sie ein Ergänzungsblatt mit hafenpolizeilich und örtlich bedingten Fragen erhalten?	JA	NEIN
Avez-vous recu l'additif portant sur les conditions requises par les autorités locales et par les polices portuaires?	OUI	NON
Heeft U een aanvullingsblad met tot de havenpolitie behorende en plaatselijk beperkte vragen ontvangen?	JA	NEE
Did you receive complementary page about questions asked by the harbour police and local requirements and regulations?	YES	NO

Für Schiffsführer von Schiffen mit Ladungen der Klassen III a oder V ist der Fragebogen hier beendet; die Prüfliste ist am Ende des Abschnittes I zu unterschreiben

Le présent questionnaire s'achève ici pour les conducteurs de bateaux transportant des matières de la classe III a ou V; la liste de contrôle est à signer à la fin de la section I.

De vragenlijst is hier beëindigd voor schippers van schepen die stoffen van klasse III a of V vervoeren; de lijst moet onderaan door de schipper getekend worden.

This questionnaire is now ended for the masters of ships carrying class III a cargoes or class V. The check list is to be signed at the end of section I.

28. Ist mit Hilfe des Gasspürgeräts festgestellt, daß das Schiff, mit Ausnahme von Ladetanks und Umschlagleitungen gasfrei ist?	JA	NEIN
Est-il constaté, au moyen de l'appareil détecteur de gaz, que le bateau, à l'exception des citernes et des tuyauteries de chargement et de déchargement, est exempt de gaz?	OUI	NON
Is met een gasconcentratiemeter vastgesteld dat het schip met uitzondering van de lading tanks en de laad- en losleidingen gasvrij is?	JA	NEE
Is it ensured with the help of fixed fans, that the ship, except for loaded tanks and load lines, is gas free?	YES	NO
29.[2]) Sind die Schnellschlußventile betriebsbereit?	JA	NEIN
Les soupapes à fermeture rapide sont-elles en ordre de marche?	OUI	NON
Zijn de snelafsluiters bedrijfsklaar?	JA	NEE
Are the quick-closing valves ready for use?	YES	NO
30.[2]) Ist die Reißleine gespannt, jedoch nicht straffer als die Festmachdrähte?	JA	NEIN
Le câble de rupture est-il tendu, toutefois pas plus que les câbles d'amarrage?	OUI	NON
Is de breeklijn van het snelsluitsysteem zodanig gespannen dat deze meer vrije slag heeft dan de meertrossen?	JA	NEE
Is the vessel's breaking cable tight out not more so than the mooring cables?	YES	NO
31.[3]) Werden Menge und Druck der Ladung schiffsseitig während des ganzen Ladevorgangs überwacht?	JA	NEIN
La quantité et la pression de la cargaison sont-elles surveillées de la part du bateau pendant le chargement?	OUI	NON
Worden hoeveelheid en druk van het te laden produkt tijdens de lading aan boord voortdurend gecontroleerd?	JA	NEE
Will the volume of cargo and loading pressure be monitored from the vessel during the entire cargo operation?	YES	NO
Haben Sie ein Ergänzungsblatt mit hafenpolizeilich und örtlich bedingten Fragen erhalten?	JA	NEIN
Avez-vous recu l'additif portant sur les conditions requises par les autorités locales et par les polices portuaires?	OUI	NON
Heeft U een aanvullingsblad met tot de havenpolitie behorende en plaatselijk beperkte vragen ontvangen?	JA	NEE
Did you receive complementary page about questions asked by the harbour police and local requirements and regulations?	YES	NO

....	....	....	....
(Ort) (Lieu) (Plaats) (Place)	(Datum) (date) (datum) (Date)	(Uhrzeit) (heure) (Tijd) (Time)	(Unterschrift des Schiffsführers) (signature du conducteur) (Handtekening van de schipper) (Signature of the master)

[2]) Wenn nicht zutreffend „JA" und „NEIN" streichen.
Si sans objet, biffer «OUI» et «NON».
Indien niet van toepassing: „JA" en „NEE" doorhalen.
Where not applicable, delete "YES" and "NO".

[3]) Beim Löschen des Schiffes „JA" und „NEIN" streichen.
En cas de déchargement du bateau rayer «OUI» et «NON».
Bij lossen „JA" en „NEE" doorhalen.
During unloading of vessel, delete "YES" and "NO".

Abb. 28

II. Fragen an die verantwortliche Person der Umschlagstelle

II. Questions à la personne responsable du poste de chargement ou de déchargement
II. Vragen aan de voor het laden en lossen verantwoordelijke persoon van de landinstallatie
II. Questions for the Shore Superintendent

1. Ist das Schiff zur Beförderung des Umschlaggutes zugelassen? . . . . . . JA NEIN
Le bateau est-il admis au transport de la cargaison? . . . . . . OUI NON
Is het schip tot het vervoer van de betreffende lading toegelaten? . . . . . . JA NEE
Has the ship permission to carry the product? . . . . . . YES NO

2.[4]) Haben Sie die Ladepapiere empfangen? . . . . . . JA NEIN
Avez-vous reçu les documents de transport? . . . . . . OUI NON
Heeft U de vervoerdocumenten ontvangen? . . . . . . JA NEE
Have you received the loading documents? . . . . . . YES NO

3. Haben Sie die vom Schiffsführer in der Prüfliste gemachten Angaben ausgewertet und die entsprechenden Maßnahmen getroffen? . . . . . . JA NEIN
Avez-vous tenu compte des renseignements fournis par le conducteur dans la liste de contrôle et pris les mesures correspondantes? . . . . . . OUI NON
Heeft U de door de schipper in de controlelijst verstrekte inlichtingen op han waarde beoordeeld en de dienovereenkomstig noodzakelijke maatregelen getroffen? . . . . . . JA NEE
Have you taken note of the information given by the master in the check list and taken the appropriate action? . . . . . . YES NO

4. Ist die landseitige Überwachung des Umschlags sichergestellt? . . . . . . JA NEIN
La surveillance, côté terre, du chargement ou du déchargement est-elle assurée? . . . . . . OUI NON
Is het toezicht gedurende het laden en lossen van de kant van de landinstallatie verzekerd? . . . . . . JA NEE
Is superintendence of the shore operation ensured? . . . . . . YES NO

5. Ist die Verständigung zwischen Land und Schiff sichergestellt? . . . . . . JA NEIN
La communication terre – bateau est-elle assurée? . . . . . . OUI NON
Is de communicatie land/schip verzekerd? . . . . . . JA NEE
Is communication between shore and ship ensured? . . . . . . YES NO

6. Ist der Ablauf des Umschlags mit dem Schiffsführer verabredet? . . . . . . JA NEIN
Le déroulement du chargement ou du déchargement est-il convenu avec le conducteur? . . . . . . OUI NON
Is de laad- en losprocedure met de schipper afgesproken? . . . . . . JA NEE
Was the cargo operation been agreed upon with the master? . . . . . . YES NO

7. Haben Sie den Schiffsführer über die vorhandenen Möglichkeiten zur Alarmgebung bei Brand oder Unfall informiert? . . . . . . JA NEIN
Avez-vous informé le conducteur des possibilités de donner l'alerte en cas d'incendie ou d'accident? . . . . . . OUI NON
Heeft U de schipper op de hoogte gesteld over de mogelijkheden tot het geven van alarm in geval van brand of ongeval? . . . . . . JA NEE
Have you informed the master of all possibilities of raising the alarm in case of fire or accident? . . . . . . YES NO

8. Sind die beweglichen Umschlagleitungen einwandfrei angebracht worden und so gehaltert, daß sie durch die üblichen Schiffsbewegungen nicht gefährdet werden können? Das heißt:
Les tuyauteries mobiles ont-elles été installées correctement et sont-elles fixées de manière à ne pas pouvoir être mises en danger par les mouvements habituels du bateau? c'est-à-dire:
Zijn de beweegbare laad- en losleidingen correct aangebracht en zodanig bevestigd dat zij geen gevaar lopen door de normale bewegingen van het schip te worden beschadigd? d. w. z.
Are the flexible hoses (load/discharging) in satisfactory order and fitted securely such that normal movement of the vessel will not endanger them? I. E.:

8.1 Sind alle Verbindungsflansche mit geeigneten Dichtungen versehen? . . . . . . JA NEIN
Toutes les brides de raccordement sont-elles munies de joints appropriés? . . . . . . OUI NON
Zijn alle aansluitflenzen voorzien van de juiste pakkingen? . . . . . . JA NEE
Are all the connecting flanges fitted with suitable packings? . . . . . . YES NO

8.2 Sind alle Verbindungsbolzen eingesetzt und angezogen? . . . . . . JA NEIN
Tous les boulons de raccordement sont-ils posés et serrés? . . . . . . OUI NON
Zijn alle flensbouten aanwezig en goed aangedraaid? . . . . . . JA NEE
Are all the connecting bolts in situ and tight? . . . . . . YES NO

8.3[2]) Haben die Schläuche genügend Bewegungsspielraum? . . . . . . JA NEIN
Les tuyaux ont-ils assez de jeu? . . . . . . OUI NON
Hebben de slangen voldoende speling? . . . . . . JA NEE
Have the flexible hoses sufficient room for movement? . . . . . . YES NO

8.4[2]) Sind die Gelenkarme in allen Betriebsachsen frei beweglich und haben sie genügend Spielraum? . . . . . . JA NEIN
Les coudes peuvent-ils se mouvoir librement dans toutes les positions de service et ont-ils assez de jeu? . . . . . . OUI NON
Hebben de laadarmen voldoende vrije beweging in alle richtingen en hebben zij genoeg speling? . . . . . . JA NEE
Are the shoreside loading arms free and mobile in all directions and do they have enough room for easy movement? . . . . . . YES NO

9. Sind die Fluchtwege benutzbar? . . . . . . JA NEIN
Les chemins de repli sont-ils utilisables? . . . . . . OUI NON
Kunnen de vluchtwegen worden gebruikt? . . . . . . JA NEE
Are escapes available? . . . . . . YES NO

10. Ist eine wirksame Beleuchtung der Umschlagstelle und der Fluchtwege sichergestellt? . . . . . . JA NEIN
Un éclairage efficace du poste de chargement ou de déchargement et des chemins de repli est-il assuré? . . . . . . OUI NON
Zijn laad- of losplaats en vluchtwegen voldoende verlicht? . . . . . . JA NEE
Are the escapes and the loading/discharging place adequately illuminated? . . . . . . YES NO

....	....	....	....
(Ort; Umschlagstelle) (lieu: poste de chargement ou de déchargement) (Plaats: laad- of losplaats) (Place)	(Datum) (date) (Datum) (Date)	(Uhrzeit) (heure) (Tijd) (Time)	(Unterschrift der verantwortlichen Person) (signature de la personne responsable) (Handtekening van de verantwoordelijke persoon) (Signature of the responsible person)

[2]) Wenn nicht zutreffend „JA" und „NEIN" streichen.
Si sans objet, biffer «OUI» et «NON».
Indien niet van toepassing: „JA" en „NEE" doorhalen.
Where not applicable, delete "YES" and "NO".

[4]) Beim Laden des Schiffes „JA" und „NEIN" streichen.
En cas de chargement du bateau rayer «OUI» et «NON».
Bij laden „JA" en „NEE" doorhalen.
During loading of ship, delete "YES" and "NO".

Abb. 28. Prüfliste nach ADNR

oder Schutzfolie) angebracht sein. Der Alarmplan muß vorsehen, daß das Bedienungspersonal an der Umschlagstelle bei einer drohenden Gefahr oder einem Unfall sofort die notwendigen Gegenmaßnahmen trifft und unverzüglich die erforderlichen Hilfen (Arzt, Feuerwehr, Polizei) anfordert. Die mögliche Form eines Alarmplanes ist nachfolgend dargestellt. In diesem Alarmplan ist eine Unterteilung in vier mögliche Gruppen von Störfällen vorgenommen worden. Es sind dies die Störfälle: Leckagen, Feuer, Unfall und Allgemeines (Abb. 27).

19 Prüfliste gemäß ADNR

Der Betreiber der Umschlaganlage hat die Verantwortung für den ordnungsgemäßen Zustand und die Sicherheit der Umschlaganlage bis zum Anschlußflansch auf dem Schiff. Auf der Schiffsseite ist allein der Schiffsführer verantwortlich. Das schließt den Umschlagbetreiber aber nicht von der Verantwortung aus, vor Beginn des Umschlages sich insoweit von dem ordnungsgemäßen Zustand an Bord zu vergewissern, daß er sich eine schriftliche Bestätigung darüber vom Schiffsführer geben läßt. Im Anhang 3 zur Anlage B des ADNR ist die Form dieser schriftlichen Bestätigung als Prüfliste vorgeschrieben. Die Prüfliste ist viersprachig (deutsch, französisch, holländisch und englisch) (Abb. 28).

20 Überwachung der Umschlagstelle durch Fernsehanlage

Der Umschlag muß land- und schiffseitig überwacht werden. Das landseitige Überwachungspersonal kann sich mit Zustimmung der Hafenbehörde einer Fernsehanlage bedienen, wenn sichergestellt ist, daß es dadurch die ihr obliegenden Aufgaben in gleicher Weise erfüllen kann. Das heißt also, mit der Fernsehanlage muß der gesamte Umschlagbereich eingesehen werden können. Die Fernsehbilder auf dem Monitor müssen ausreichend deutlich sein, so daß alle wichtigen Einzelheiten erkannt werden können. Die Beleuchtung muß so gut sein, daß auch bei Dunkelheit ein einwandfreies Bild geliefert wird. Zwischen dem Standort der Fernsehmonitoren und der Umschlagstelle sowie dem Schiff muß Gegensprechmöglichkeit gegeben sein. Ferner müssen vom Standort der Fernsehmonitoren aus alle ggf. erforderlich werdenden Maßnahmen durch Fernbedienung eingeleitet werden können (z. B. Betätigen des Sicherheitssystems, der Alarmanlage, der Druckluftsperre). Eine sofortige Bedienung der landseitigen Rettungsmittel sowie der Handfeuerlöscher und Feuerlöschdecken ist dann allerdings vor Ort durch Personal der Umschlagstelle nicht mehr möglich. Insoweit ist die vorstehend genannte allgemeine Forderung der Richtlinien, daß bei Benutzung einer Fernsehüberwachung alle obliegenden Aufgaben wahrzunehmen sein müssen, nicht ganz erfüllbar.

Ein Problem hat sich in der Praxis im Zusammenhang mit der Gegensprechanlage, die ständig eingeschaltet zu sein hat, herausgestellt. Die Pumpenmotoren an Bord der Schiffe haben einen erheblichen Lärmpegel. Um Stimmen aus diesem Lärmpegel heraushören zu können, muß die Gegensprechanlage laut eingestellt sein. Das hat zur Folge, daß im Beobachtungsraum mit den Monitoren ein gesundheitlich schädlicher Lärm herrscht. Das Bedienungspersonal schaltet daher üblicherweise den Ton leiser, wodurch der Zweck der Anlage nicht mehr voll erreicht ist. Außerdem stört der Motorenlärm die Überwachung anderer Anlagen (z. B. Lkw-Beladestation), die üblicherweise gleichzeitig von der zentralen Fernsehüberwachungsstation aus durchgeführt wird.

21 Schlußwort

Unsere arbeitsteilige Volkswirtschaft verlangt den Transport gefährdender flüssiger Stoffe. In Konkurrenz zu Straße und Schiene hat sich die Binnenwasserstraße als ein äußerst leistungsfähiger Verkehrsweg für diese Art Massengut herausgestellt. Ohne Berücksichtigung von Pipelines wird knapp die Hälfte solcher Stoffe mit Binnenschiffen transportiert. Der Transport mittels Schiff kann heute im Vergleich zum Transport auf der Schiene oder der Straße als besonders sicher angesehen werden. Der Umschlagvorgang zwischen Schiff und Land allerdings stellt nach wie vor eine kritische Phase dar. Aus den großen Unfällen der Vergangenheit wurden hier jedoch bereits viele erforderliche Lehren gezogen. Insbesondere aber durch die vorstehend behandelten Richtlinien für Anforderungen an Anlagen zum Umschlag gefährdender flüssiger Stoffe im Bereich von Wasserstraßen wurde der verladenden Industrie und den Genehmigungsbehörden eine nützliche Sicherheitsleitlinie an die Hand gegeben, nach der neue Umschlaganlagen geplant und alte Umschlaganlagen auf ein erforderliches Sicherheitsniveau umgerüstet werden können.

Schrifttum

1 Richtlinien für Anforderungen an Anlagen zum Umschlag gefährdender flüssiger Stoffe im Bereich von Wasserstraßen. Verkehrsblatt Amtlicher Teil 1975, Heft 16, Seite 485
2 Handbuch für gefährliche Güter. Berlin, Heidelberg, New York: Springer 1980
3 Einrichtungen an Bord und an Land für den Umschlag gefährlicher flüssiger Güter. Duisburg: Binnenschiffahrts-Verlag

Erzielbare Baggerleistungen bei schwierigen Bodenverhältnissen

o. Prof. Dr.-Ing., Dr. phys. **Hans-Werner Partenscky**, Hannover

1 Einleitung

Die erzielbare Leistung eines Naßbaggergerätes hängt im Prinzip von seiner installierten Antriebsleistung (in PS) und von der Art, Zusammensetzung, Härte, Homogenität und Schichtung des anstehenden und zu baggernden Bodenmaterials ab.

Man unterscheidet dabei die theoretische und *effektive* Baggerleistung, wobei die letztere im wesentlichen durch Überholungsarbeiten, Reparaturen (Auswechseln von Teilen), das Verholen des Gerätes sowie auch durch die örtlichen Seegangs- und Wetterverhältnisse beeinflußt wird.

Bei normalen Saugbaggern kann bei ruhigen Seegangsverhältnissen von rd. 100 bis 120 effektiven Baggerstunden pro Woche bei 24-Stunden-Betrieb ausgegangen werden, d.h. nur rd. $^1/_3$ der theoretisch möglichen Baggerzeit geht beim Einsatz des Gerätes verloren.

Bei schwierigen Bodenverhältnissen mit verhärteter oder felsartiger Oberfläche wird der Einsatz von Schneidkopf-Saugbaggern (Cutter) erforderlich. Bei Geräten dieser Art hängt die erzielbare Baggerleistung wesentlich von der Härte, Zusammensetzung, Lagerung und Homogenität des anstehenden Bodens ab, da durch sie die Ausfallzeiten (Zahnabbrüche, Reparaturen am Schneidkopf usw.) bestimmt werden.

Bei Ausschreibungen und für die Angebotsbearbeitung ist deshalb eine möglichst genaue Kenntnis des zu baggernden Materials erforderlich. Dies setzt eine genügend große Anzahl von Bohraufschlüssen im späteren Einsatzbereich des Baggergerätes voraus.

2 Bodenkennwerte

2.1 Sandige und bindige Böden

Bei *sandigen* und *schluffigen* Böden wird die Zusammensetzung des Bodenmaterials durch die bekannte Kornverteilungslinie (Sieblinie) gekennzeichnet. Aus ihrem Verlauf und Kornzusammensetzung des Bodenmaterials lassen sich die erzielbaren Baggerleistungen (in m^3/Woche) für ein bestimmtes Gerät mit vorgegebener Antriebsleistung (Pumpenleistung in kW) unter Berücksichtigung der örtlichen Randbedingungen (Gemischdichte, Transportentfernung, Pumpendurchmesser usw.) mit hinreichender Genauigkeit abschätzen, so daß das Risiko bei der Angebotsabgabe nur als relativ gering angesehen werden kann.

2.2 Felsartig verhärtete Böden

Bei *felsartig verhärteten* oder *felsigen Bodenarten* hängt die erzielbare Baggerleistung von der mineralogischen Zusammensetzung des Sohlenmaterials, seiner Härte und Homogenität sowie auch von seiner Schichtung und Mächtigkeit ab. Für eine einigermaßen sichere Angebotsabgabe ist deshalb *eine ausreichende Anzahl von Probebohrungen* im Einsatzbereich erforderlich, deren Auswertung einen hinreichenden Aufschluß über die Härte, Homogenität und Schichtung des Sohlenmaterials gestattet.

Dabei ist es wichtig, welche Eigenschaften des Gesteins zur Beurteilung der erzielbaren Baggerleistung zugrunde gelegt werden. Die *Härte* des anstehenden Materials kann dabei durch vier spezifische Kennwerte beschrieben werden:

- die Druckfestigkeit σ_c (MPa),
- die Zugfestigkeit σ_t (MPa),
- die Punktlast-Festigkeit σ_p (MPa),
- den Härtewert nach Protodyakonov (f-Wert).

Für die Bestimmung der beiden erstgenannten Kennwerte sind Laboruntersuchungen mit einem entsprechenden Gerät (Druckprüfmaschine, Zugmaschine) erforderlich, während die Ermittlung der Punktlast-Festigkeit und des f-Wertes nach Protodyakonov mit relativ einfachen Mitteln (hydraulische Handpumpe, Schlagzylinder und Siebsatz) direkt auf der Baustelle vorgenommen werden kann.

Insbesondere das letztgenannte Verfahren zur Bestimmung der Gesteinshärte nach Protodyakonov eignet sich für den Einsatz an entlegenen Baustellen, da es einen relativ geringen Geräteaufwand erfordert.

Die Schwierigkeit besteht nun darin, eine Beziehung zwischen den verschiedenen Gesteinskennwerten und der mit einem bestimmten Gerät erzielbaren Baggerleistung herzustellen. Hierfür gibt es bei der Vielzahl der Einflußgrößen wie Homogenität, Lagerung und Schichtung praktisch keine exakten theoretischen Ansätze. Man ist deshalb auf *praktische Erfahrungen* bei der Beurteilung der im jeweiligen Falle erzielbaren Förderleistung angewiesen. Diese Erfahrungswerte werden von den jeweiligen Firmen verständlicherweise nicht veröffentlicht. Sie basieren darüber hinaus sehr oft auf unterschiedlichen Gesteinskennwerten, so daß ein Vergleich dieser Werte untereinander sehr erschwert wird.

Im folgenden wird der Versuch unternommen, eine Beziehung zwischen den üblicherweise verwendeten Gesteinskennwerten zu finden und darüber hinaus ihre jeweilige Abhängigkeit von der mit einem Standard-Cuttergerät von 1600 PS Antriebsleistung aufzustellen. Dabei ist jedoch zu beachten, daß diese Abhängigkeiten nicht unbedingt eine allgemeine Gültigkeit besitzen, sondern die bei einer vorgegebenen Bodenhärte erzielbaren Baggerleistungen (in m^3/Woche) noch zusätzlich durch die Lagerungseigenschaften des Bodenmaterials und durch die örtlichen Seegangsverhältnisse mit beeinflußt werden.

3 Geräte zur Bestimmung der Härte-Kennwerte bei felsartigen Böden

3.1 Bestimmung der Druckfestigkeit

Zur Bestimmung der Druckfestigkeit σ_c bei verhärtetem, felsartigen Bodenmaterial müssen zunächst Gesteinsproben vom Seegrund aus dem Bereich der vorgesehenen Baggertiefe entnommen werden. Aus ihnen werden dann zylindrische Bohrkerne von 4 bis 5 cm Durchmesser entnommen, wobei das Verhältnis von Zylinderhöhe zu -durchmesser etwa 2 : 1 betragen sollte [1] (Abb. 1).

Die Bohrkerne werden auf die richtige Länge gebracht und ihre Enden durch Abschliff oder Aufbringen von Zementmörtel parallel gestaltet. Da die erreichbare Druckbelastung vom Wassergehalt der Gesteinsproben mit abhängt, werden die Proben vor dem Abdrücken mindestens 24 Stunden unter Wasser gelagert und anschließend ihre wassergesättigte Rohdichte (wet density) bestimmt.

Das Abdrücken der Bohrkerne erfolgt durch eine übliche Druckprüfmaschine (Abb. 2), wobei sich die Druckfestigkeit wie folgt ergibt:

$$\sigma_c = 4\,P/\pi D^2 \;(\mathrm{kN/mm^2}) \qquad (1)$$

wobei

P = Bruchlast (kN)
D = Probendurchmesser (mm).

Abb. 1. Gesteinsprobe mit Bohrkern

Abb. 2. Druckprüfgerät mit Bohrkern vor dem Abdrücken

3.2 Zugfestigkeit des Gesteins

Zur Bestimmung der Zugfestigkeit σ_t von Gesteinsproben werden die letzteren ebenfalls in zylindrischer Form aus größeren Gesteinsbrocken herausgebohrt (L/D = 2 : 1) und auf einer Zerreißmaschine bis zur Bruchlast belastet. Die Zugfestigkeit des Gesteins ist für die Beurteilung der Baggerbarkeit eines Sohlenmaterials jedoch *weniger geeignet* als die Druckfestigkeit σ_c. Sie wird nur der Vollständigkeit halber hier mit erwähnt.

3.3 Bestimmung der Punktlast-Festigkeit

Ein weiterer Kennwert für die Beurteilung von felsartigem Bodenmaterial ist seine Punktlast-Festigkeit σ_p. Hierbei kann die zylindrische Probe (Bohrkern) sowohl in Längsrichtung (achsialer Test) als auch senkrecht dazu belastet werden (diametraler Test).

Beide Untersuchungsmethoden lassen sich relativ leicht auf der Baustelle ausführen, wobei die Widerstandsfähigkeit des Materials senkrecht zur Bohrkernachse für die Beurteilung seiner Baggerfähigkeit den wichtigeren Kennwert darstellt.

Das Prüfgerät besteht aus einem festen Rahmengestell mit zwei Platten, zwischen denen die zylindrische Gesteinsprobe eingespannt und mittels einer hydraulischen Handpumpe bis zum Bruch abgedrückt wird (Abb. 3 und 4). Die Spitzendruckfestigkeit ergibt sich dann zu:

$$\sigma_p = P/D^2 \ (\mathrm{kN/mm^2}) \qquad (2)$$

wobei

P = Bruchlast (kN)
D = Probendurchmesser (mm).

Der Standard-Probendurchmesser beträgt D = 50 mm bei einer Probenlänge von $L \geqslant 1{,}4$ D. Die mit anderen Probenabmessungen erhaltenen Ergebnisse können mit Hilfe von Tafeln auf die für die Standardprobe gültigen Kennwerte umgerechnet werden [2].

3.4 Bestimmung des Härtewertes nach Protodyakonov

Bei dem von M. M. Protodyakonov entwickelten Prüfverfahren werden aus einer größeren Gesteinsprobe durch mechanische Zerkleinerung jeweils fünf kleinere, annähernd würfelförmige Proben (Volumen etwa 20 cm³) hergestellt [3] (Abb. 5).

Diese luftgetrockneten Proben werden nacheinander in einem senkrechten Stahlzylinder von rd. 76 mm Innendurchmesser mit Hilfe eines Fallgewichtes von 2,4 kp Gewicht aus einer Höhe von 0,60 m so lange beaufschlagt, bis die Probe zertrümmert ist [3]. Im allgemeinen sind dabei, je nach Härte des Gesteins, 5 bis 15 Aufschläge je Probe erforderlich (Abb. 6).

Das zerkleinerte Gesteinsmaterial der 5 Proben wird dann durch ein Sieb mit 0,5 mm Maschenweite gesiebt und das Volumen des Siebdurchganges in einem Meßzylinder (Durchmesser 23 mm) bestimmt.

Abb. 3. Abdrückgerät zur Bestimmung der Spitzendruckfestigkeit

Abb. 4. Eingespannter Bohrkern bei Bestimmung der Spitzendruckfestigkeit

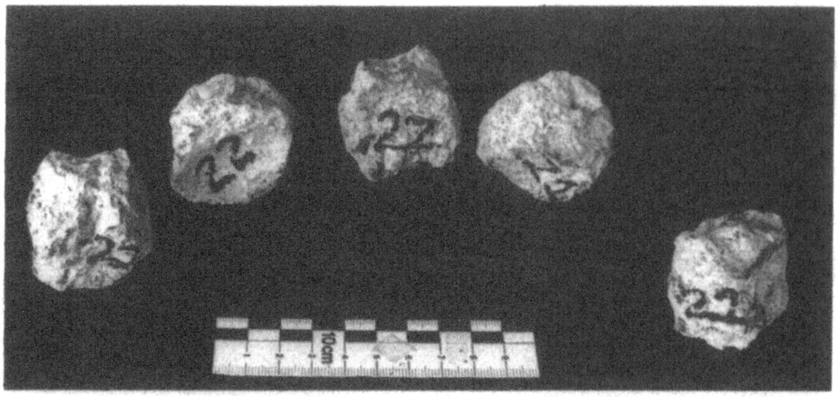

Abb. 5. Würfelförmige Gesteinsproben ($V \sim 20\ cm^3$) zur Bestimmung des Härtewertes nach Protodyakonov

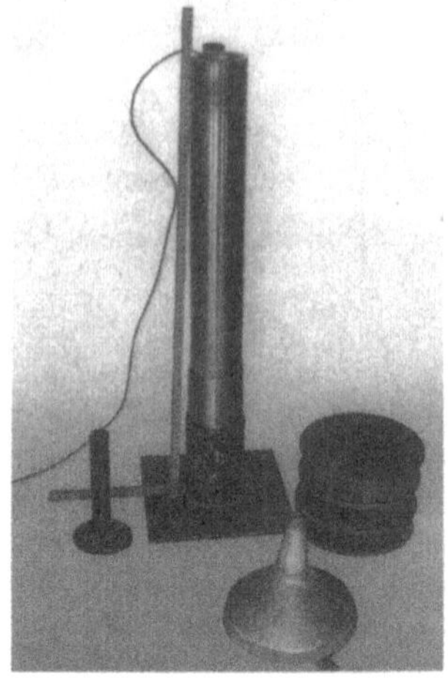

Abb. 6. Gerätesatz zur Bestimmung der Gesteinshärte nach Protodyakonov

Der Härtewert f nach Protodyakonov ergibt sich dann wie folgt:

$$f = \frac{20 \cdot \bar{n}}{l}$$

wobei $\bar{n}$ = mittlere Zahl der Aufschläge
l = Säulenhöhe des Siebdurchganges im Meßzylinder (mm).

Dieses Verfahren ist denkbar einfach und liefert ohne großen Geräteeinsatz brauchbare Werte für die Beurteilung der Gesteinshärte. Die f-Werte nach Protodyakonov sind insbesondere dann von praktischem Wert, wenn es gelingt, eine Beziehung zu den beiden anderen Gesteinskennwerten, σ_c und σ_p, herzustellen.

4 Untersuchungen über die Bodenkennwerte für zwei Hafenanlagen in Saudi-Arabien

In den siebziger Jahren wurden umfangreiche Untersuchungen über die Kennwerte von anstehendem, felsartigen Bodenmaterial (caprock) für zwei Häfen im Königreich Saudi-Arabien (Jubail Commercial und Jubail Industrial Port) am Institut für Materialprüfung an der Universität Hannover sowie auch an der Universität in Delft/Holland und in weiteren niederländischen und englischen Versuchsanstalten ausgeführt [4, 5]. Die Ergebnisse dieser Untersuchungen geben einen ersten Anhalt über den funktionellen Zusammenhang zwischen den vorstehend beschriebenen Gesteinskennwerten σ_c, σ_p und f.

Insgesamt wurden 421 Bohrkerne und 525 Proben in den verschiedenen Laboratorien untersucht [6]. Die Ergebnisse dieser Untersuchungen wurden in den Abb. 7, 8 und 9 dargestellt.

Abbildung 7 zeigt den Zusammenhang zwischen der wassergesättigten Rohdichte und der Druckfestigkeit der untersuchten Gesteinsproben. Die mittlere Abhängigkeit ergibt sich dabei zu [5]:

$$\rho = 2{,}19 \cdot \bar{\sigma}_c^{0{,}043} \tag{4}$$

Dieses Ergebnis zeigt eine gute Übereinstimmung mit gleichartigen Untersuchungen für andere Gesteinsproben [7].

In den Abb. 8 und 9 wurden die Abhängigkeiten zwischen dem f-Wert nach Protodyakonov und der Spitzendruckfestigkeit σ_p (Abb. 8) und der Druckfestigkeit σ_c (Abb. 9) dargestellt. Die funktionellen Zusammenhänge der genannten Kennwerte ergeben sich dabei im Mittel wie folgt [8]:

$$f = 0{,}64 \cdot \bar{\sigma}_p + 1{,}16 \tag{5}$$

und

$$f = 0{,}237 \cdot \bar{\sigma}_c^{0{,}77}, \tag{6}$$

wobei σ_p und σ_c in (kN/mm^2) einzusetzen sind.

Die relativ große Streuung der Versuchsergebnisse deutet auf die Inhomogenität des untersuchten Gesteinsmaterials hin. Diese ist durch kleinere und größere Hohlräume in den Bohrkernen sowie auch durch Muscheleinschlüsse gekennzeichnet.

Abbildung 10 zeigt den funktionellen Zusammenhang zwischen den drei für die Beurteilung möglicher Baggerleistungen maßgebenden Kennwerten für den untersuchten felsartigen Seegrund von Jubail [8].

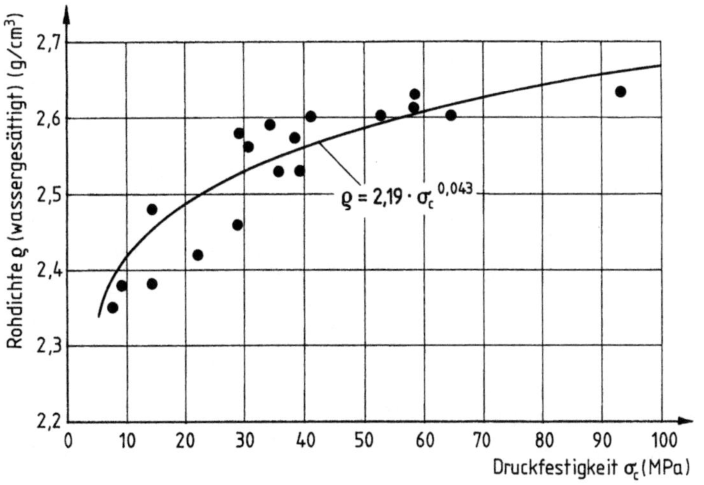

Abb. 7. Wassergesättigte Rohdichte der Gesteinsproben in Abhängigkeit von der Druckfestigkeit

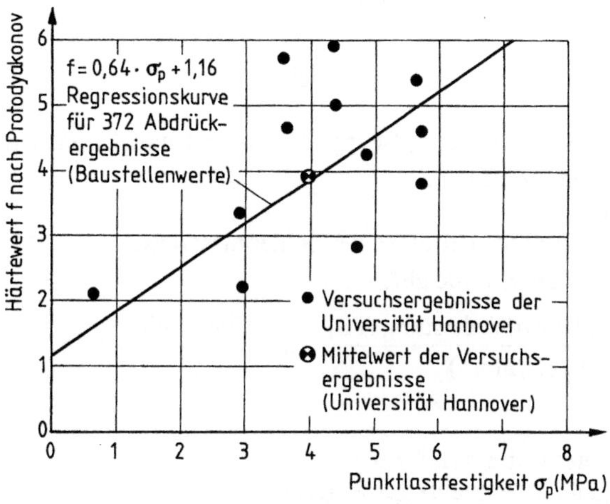

Abb. 8. f-Wert nach Protodyakonov in Abhängigkeit von der Spitzendruckfestigkeit der Gesteinsproben

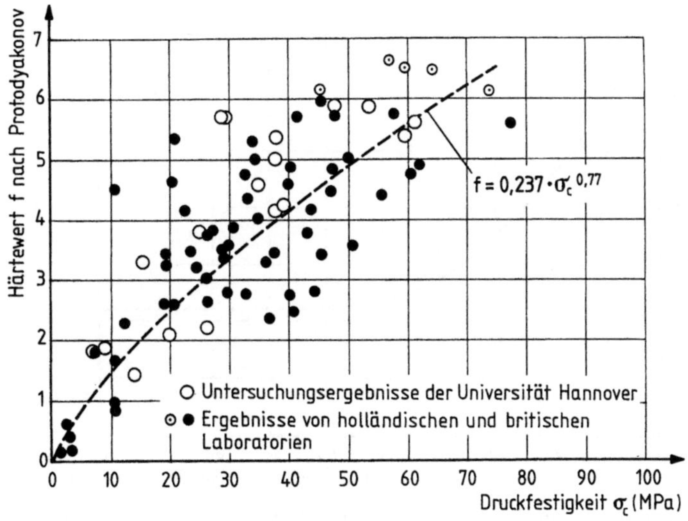

Abb. 9. f-Wert nach Protodyakonov in Abhängigkeit von der Druckfestigkeit der Gesteinsproben

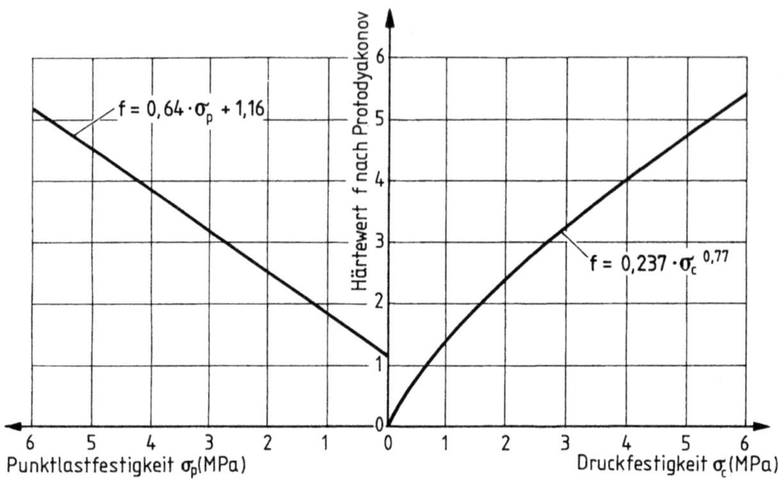

Abb. 10. Mittlerer funktioneller Zusammenhang zwischen den charakteristischen Gesteinskennwerten

5 Erzielbare Baggerleistungen

5.1 Allgemeines

Die erzielbare Baggerleistung eines Schneidkopf-Baggers (Cutters) hängt von den folgenden Faktoren ab:

a) Pumpenleistung des Saugbaggers (in PS)

b) Schneidkopfleistung (in PS)

c) Härte, Lagerung, Homogenität und Schichtdicke des Sohlenmaterials.

Für die Förderleistung des Cutters pro Stunde gilt:

$$Q_{Std} = \eta_s \cdot \frac{\text{Schneidkopf-Antriebsleistung (PS)}}{E_s\ (\text{N/mm}^2)} \cdot \eta_o \cdot \frac{750 \cdot 3600}{10^6} \tag{7}$$

wobei:

Q_{Std} = Förderleistung des Cutters (m^3/Std)

η_s = Ausnutzungsgrad des Schneidkopf-Baggers

η_o = 0,50 = Faktor zur Berücksichtigung von Verholvorgängen usw.

E_s = Spezifische Energie = erforderliche Energie zum Schneiden von 1 m^3 Gestein (N/mm^2).

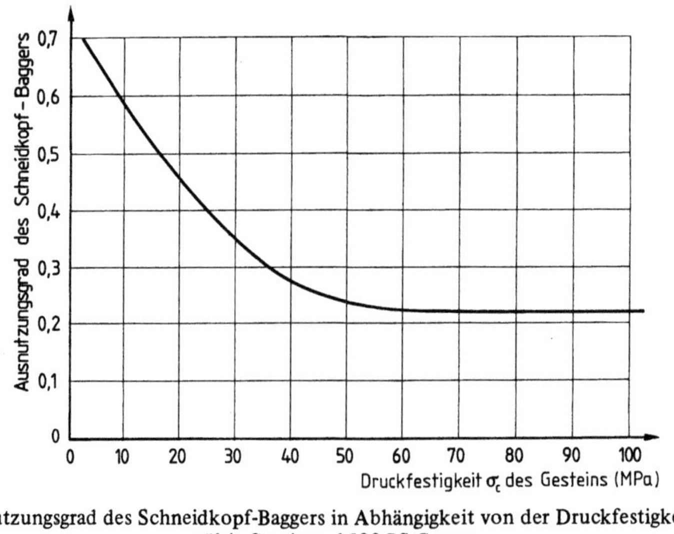

Abb. 11. Ausnutzungsgrad des Schneidkopf-Baggers in Abhängigkeit von der Druckfestigkeit des Gesteins, gültig für einen 1500 PS-Cutter

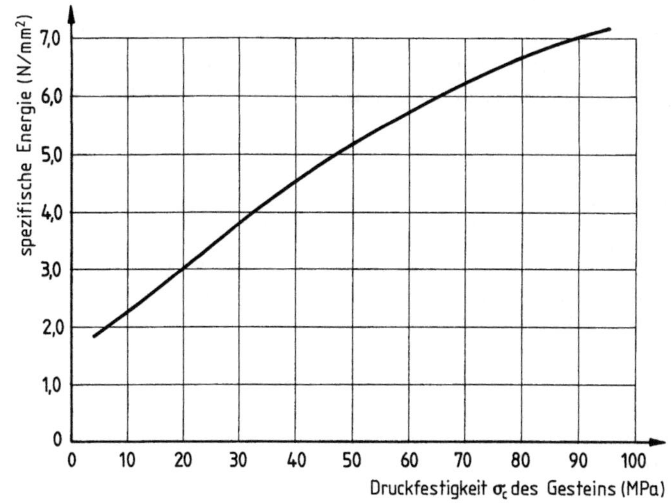

Abb. 12. Spezifische Energie pro m^3-Förderleistung in Abhängigkeit von der Druckfestigkeit des Gesteins

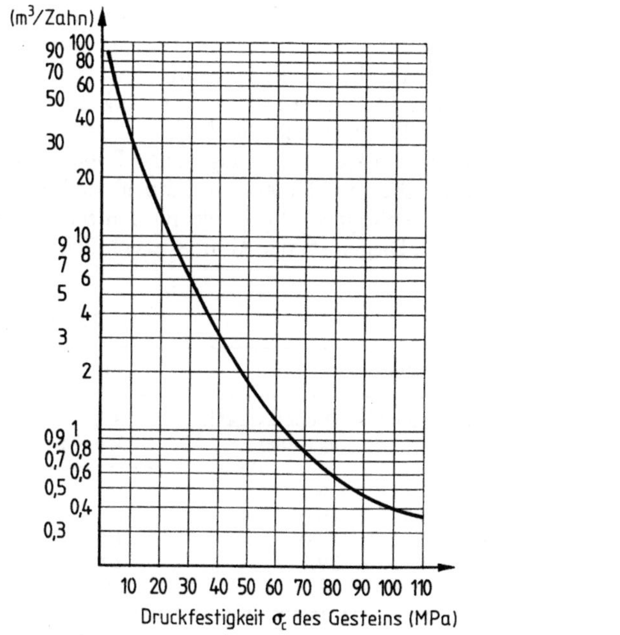

Abb. 13. Zahnverschleiß am Schneidkopf eines Cutters

Für die Förderleistung des Cutters pro Woche gilt:

$$Q_W = Q_{Std} \cdot (168 - \Delta t) \cdot \frac{60}{60 + \frac{Q}{P} \cdot t_z} \tag{8}$$

wobei:

Δt = Verzögerung des Baggerbetriebes durch Überholungs- und Reparaturarbeiten, Seegang usw. (Std)
P = erzielbare Förderleistung pro Schneidkopfzahn (m^3)
t_z = Zeitbedarf für das Auswechseln eines Zahnes (min).

Bei felsigem Untergrund wird die stündliche Förderleistung des Cutters so herabgesetzt, daß die Pumpenleistung praktisch die erzielbare Förderleistung nicht mehr beeinflußt und nur noch die Schneidkopfleistung und die Härte des Gesteins die erreichbare Förderleistung bestimmen.

In Abb. 11 wurde der Ausnutzungsgrad des Baggers η_s in Abhängigkeit von der Druckfestigkeit des Gesteins dargestellt. Der Ausnutzungsgrad nimmt demnach mit zunehmender Gesteinshärte annähernd linear bis auf $\eta_s \approx 0{,}2$ bei $\sigma_c \approx 40$ MPa ab und bleibt dann mit weiter zunehmender Gesteinsfestigkeit annähernd konstant.

Die erforderliche Energie E_s zum Lösen von 1 m^3 Gestein nimmt mit zunehmender Gesteins-Druckfestigkeit ebenfalls zu (Abb. 12), während die pro Zahn lösbare Gesteinsmenge mit zunehmender Gesteinshärte abnimmt (Abb. 13). Die Kurve der Abb. 13 gibt demnach die mittlere Schneidkopfleistung pro Zahn, d.h. den Zahnverschleiß am Schneidkopf pro m^3 Gestein an.

Die Kurven der Abb. 11, 12 und 13 gelten dabei für einen Schneidkopfbagger mit 1500 PS Antriebsleistung am Schneidkopf.

5.2 Verzögerungen im Baggerbetrieb

Die erzielbare Förderleistung des Baggers pro Woche (in m^3/Woche) ergibt sich aus der stündlichen Förderleistung nach Gl. (7), multipliziert mit den *effektiven* Baggerstunden pro Woche.

Von den pro Woche bei durchgehendem Betrieb theoretisch zur Verfügung stehenden 168 Stunden fällt, wie bereits eingangs erläutert, ein gewisser Anteil für allgemeine Unterhaltungs- und Überholungsarbeiten (ca. 24 Std/Woche), für das Verholen und Umsetzen des Baggers und infolge erschwerter Arbeitsbedingungen durch Seegang und Witterung (ca. 30 bis 40 Std/Woche) aus.

Mit zunehmender Härte des Gesteins kommen dann noch die Reparaturen am Schneidkopf (Auswechseln von Zähnen) hinzu, die je nach Festigkeit und Härte des Sohlenmaterials bis zu 40 Std/Woche ausmachen können.

5.3 Erzielbare Förderleistung pro Woche

Die erzielbare Förderleistung eines Schneidkopf-Baggers (in m^3/Woche) ergibt sich nach Gl. (8), wobei der Zeitbedarf für das Auswechseln eines Zahnes im Mittel zu 1,5 bis 2,0 Minuten anzusetzen ist.

Tabelle 1 gibt den durchschnittlichen Zeitbedarf in Stunden/Woche an, der in Abhängigkeit von der Härte des Bodenmaterials für allgemeine Reparaturen und insbesondere für das Auswechseln von beschädigten oder abgebrochenen Zähnen am Schneidkopf eines Cutter-Baggers von 1600 PS installierter Antriebsleistung im Mittel benötigt wird [8]. Die für den *praktischen* Baggereinsatz verbleibenden Einsatzstunden pro Woche sind aus dem Diagramm der Abb. 14 ersichtlich.

Tabelle 1. Ausfallzeiten im Baggerbetrieb

Gesteins-Härte		Ausfallzeiten in Std/Woche		Verbleibende Zeit für effektive Bagger-leistung (Std/Woche)
f-Wert nach [3]	Druckfestigkeit σ_c (MPa)	Allgemeine Verzögerungen	Auswechseln von Zähnen und Reparaturen am Schneidkopf	
1	6,5	5	10,8	94,2
2	16,0	10	15,4	84,6
3	27,0	15	20,3	74,7
4	39,2	20	25,3	64,7
5	52,5	25	31,0	54,0

Die Auftragungen zeigen, daß mit zunehmender Härte des Bodenmaterials die praktisch erzielbare Baggerleistung stark abnimmt und damit der Geräteeinsatz mehr und mehr unwirtschaftlich wird. Die aus wirtschaftlicher Sicht noch vertretbare Grenze kann dabei, je nach der Möglichkeit, das Felsmaterial durch andere Maßnahmen (Unterwassersprengungen usw.) zu lösen und zu beseitigen, bei Druckfestigkeiten des Gesteins von σ_c = 20 bis 25 MPa ($\hat{=}$ 200 bis 250 kp/cm^2) bzw. bei Härtewerten von f = 2,0 bis 2,5 angesetzt werden.

In Abb. 15 wurden die wöchentlich erreichbaren Baggermengen, wie sie sich für einen 1600 PS-Standard-Cutter in Abhängigkeit von der Härte der anstehenden Gesteinsarten ergeben, graphisch aufgetragen.

Der schraffierte Bereich gibt dabei die Schwankungsbreite in der erzielbaren Baggerleistung an. Die bei den Baggerarbeiten für den Hafen Jubail erzielten Baggerleistungen lagen demnach im oberen Grenzbereich der angegebenen Schwankungsbreite [6, 8].

Die erreichbaren Produktionsleistungen von Cutterbaggern mit kleineren bzw. größeren installierten Antriebsleistungen können auf der Basis der für den 1600 PS-Cutter ermittelten Baggerleistung bestimmt werden. Dabei wird in erster Näherung die erreichbare Baggerleistung eines Cutters als direkt proportional zu seiner installierten Antriebsleistung angesetzt [8].

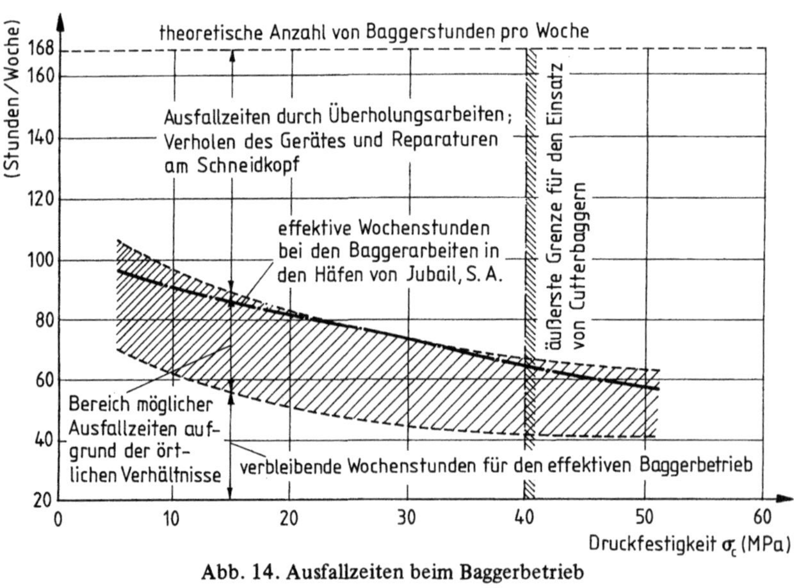

Abb. 14. Ausfallzeiten beim Baggerbetrieb

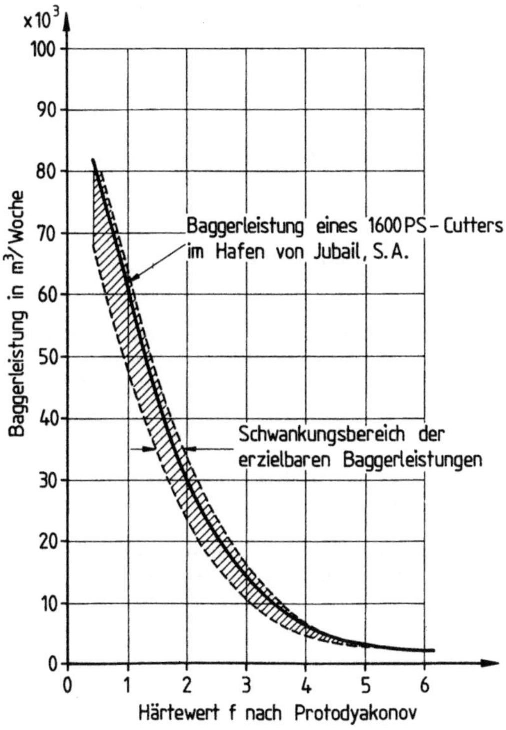

Abb. 15. Erreichbare Förderleistung eines 1600 PS-Schneidkopfbaggers in felsartigen Böden

5.4 Grenzen für den Einsatz von Schneidkopf-Baggern

Wenn aus Gründen der örtlichen Verfügbarkeit eines Baggergerätes der Einsatz eines Cutters auch trotz der zu erwartenden Schäden am Schneidkopf und der entsprechend niedrigen Förderleistung dennoch bei höheren Gesteinsfestigkeiten in Betracht gezogen wird, dann sollte als äußerste Grenze für einen derartigen Einsatz eine Gesteinshärte von $\sigma_c = 40$ bis 45 MPa (400 bis 450 kp/cm^2) angesehen werden. Die entsprechenden f-Werte liegen bei f = 4,0 bis 5,0. Bei noch härterem Sohlenmaterial ist der Cutter-Einsatz *nicht mehr vertretbar*. Das Sohlengestein müßte in diesem Falle *gesprengt* und mit Hilfe von *Eimerkettenbaggern* oder anderen Geräten (Greifern usw.) gefördert werden.

6 Zusammenfassung der Ergebnisse

Die Ergebnisse der vorgelegten Untersuchungen über die bei schwierigen Bodenverhältnissen in See mit felsartig verkrusteten bzw. felsigen Böden mit Cuttern erreichbaren Baggermengen zeigen, daß von einer bestimmten Härte des Bodenmaterials an der Baggereinsatz unwirtschaftlich wird. Diese Grenze hängt weitgehend von den örtlichen Verhältnissen und von der Einsatzmöglichkeit anderer Verfahren (Unterwassersprengungen usw.) ab.

Grundsätzlich kann jedoch aufgrund der Untersuchungen und basierend auf den Erfahrungen des Jubail Harbour Consortiums, S. A., die mit einem 1600 PS-Cutterbagger erzielbare wöchentliche Baggerleistung größenordnungsmäßig in Abhängigkeit von der Härte des Bodenmaterials angegeben werden.

Die Untersuchungen der Universität Hannover geben einen ersten Anhalt über den funktionellen Zusammenhang zwischen den für die jeweilige Gesteinsart maßgebenden Kennwerten, wobei die sehr umfangreichen Prüfergebnisse von niederländischen und englischen Versuchsanstalten mit verarbeitet wurden.

Die Ergebnisse der vorgelegten Untersuchungen über die erzielbaren Baggerleistungen bei felsartigen Seeböden sind durch die im Bereich der Hafenanlagen von Jubail, S. A., vorherrschenden Randbedingungen (Seegang sowie Homogenität, Schichtung und Zusammensetzung des Bodenmaterials) zweifellos mitbeeinflußt. Dennoch können sie als wertvoller Anhalt bei der Angebotsbearbeitung dienen, da mit ihrer Hilfe eine erste Abschätzung erzielbarer Baggerleistungen bei felsartig verkrusteten oder felsigen Böden möglich ist.

Voraussetzung für eine richtige Abschätzung der erzielbaren Baggerleistungen ist jedoch in jedem Falle eine ausreichende geologische Voruntersuchung über die Lagerung und Schichtung des anstehenden Sohlenmaterials im vorgesehenen Baggereinsatzgebiet. Dabei sollte der Bohrlochabstand möglichst nicht größer als 50 m bis 100 m sein, da andernfalls eine hinreichend genaue Beurteilung der Gesteinsart, seiner Homogenität und Schichtstärke nicht möglich ist.

Bei einer zu geringen Anzahl von Bohraufschlüssen (9 Bohrkerne für 6000 m^2 Baggerbereich beim Hafen Jubail) wird das Risiko für die anbietenden Unternehmen zu groß. Dies führt dann zu den bekannten langwierigen Streitigkeiten um berechtigte Nachforderungen, die in jedem Falle vermieden werden sollten.

Schrifttum

1 Vutukuri et al.: Handbook on Mechanical Properties of Rocks, Trans-Tech-Publications, 1974
2 Broch, E.; Franklin, J. A.: The Point-Load Strength Test, Journal of Rock Mechanics, vol. 9, Pergamon Press, 1972
3 Protodyakonov, M. M.: Mechanical Properties and Drillability of Rocks, Proceedings of the 5th Symposium on Rock Mechanics, Univ. of Minnesota, 1962
4 Partenscky, H. W.: Experts Comments on the Hard Soil Claim for the Jubail Commercial Port, S. A., University of Hannover, April 1978 (unveröffentlicht)
5 Wierig, H. J.: Investigation of the Caprock Subsoil Material, University of Hannover, Dec. 1978 (unveröffentlicht)
6 Jubail Harbour Consortium: Port of Jubail, Dredging and Reclamation for the Industrial Harbour, Techn. Reports, vol. I, II and IV, Dec. 1978 (unveröffentlicht)
7 Winkler, E. M.: Stone: Properties, Durability in Man's Environment. Berlin, Heidelberg, New York: Springer 1968
8 Partenscky, H. W.: Comments on the Technical Report of the Jubail Harbour Consortium in Support of their Submission, University of Hannover, Dec. 1978

Register

I. Verfasser- und Namensverzeichnis

II. Orts- und Gewässerverzeichnis

III. Sachverzeichnis